해설

쉽게 배우는

소방전기 설비 및 설계

송영주 저

도서출판 동화기술

머리말

오늘날 인간의 삶의 질 향상과 다양한 욕구를 충족시키기 위해 건축물과 시설물 등은 대형화, 고층화, 심도화되는 추세이며 이에 따른 화재의 발생빈도 및 잠재적 위험요소가 증가되고 있고 화재양상도 복잡해지고 있습니다. 이를 반영(反映)이라도 하듯이 최근 화재안전에 대한 관심이 집중 조명되고 있고 이를 만족시킬 수 있는 소방설비의 역할이 더욱더 중요하게 대두되고 있습니다.

소방설비는 화재로 인한 인명안전 및 재산피해를 최소화 시킬 수 있는 설비로 기기의 종류에 따라 소방전기설비와 소방기계설비로 분류할 수 있는데 경보설비, 유도등 및 유도표지, 피난유도선의 피난설비, 비상콘센트설비와 무선통신보조설비의 소화활동설비가 소방전기설비에 해당됩니다.

소방전기설비를 이해하기 위해서는 단편적인 지식습득이 아닌 숲을 먼저 보고 나무를 살필 수 있는 대관소찰(大觀小察)하는 자세가 필요한데 본 서(書)에서는 법규에서 정한 경보설비, 피난설비, 소화활동설비와 산업현장에서 실무적으로 적용하는데 필요한 비상전원설비, 전기설비기초 및 배선, 도면, 시퀀스 등에 대해 각 분야별 중요사항들을 체계적으로 기술하였고 다양한 문제와 해설을 다루었으며 최근까지의 과년도문제분석, 기술기준, 도시기호 등 소방전기설비에 관련된 다양한 부분을 이 서(書) 한권에 모두 수록하려고 노력하였습니다. 이것을 나타내면 다음과 같습니다.

1. **Part 1에서는 각 분야별 중요사항들을 체계적으로 기술하고 중요사항들을 한눈에 알 수 있도록 암기노트를 제공하고 있습니다. 또한, 소방전기설비기사 과년도 문제분석(1996~2022년)을 수록하여 국가기술자격에 대한 출제경향을 분석하고 분야별 중요사항을 일목요연하게 정리하였습니다.**
2. **Part 2에서는 소방전기설비 및 설계에 대한 다양한 연습문제와 정확한 해설을 수록하여 소방전기설비에 대한 보다 더 효과적인 현장 실증사례와 공부의 접근방향성을 높이도록 하였습니다.**

3. Part 3에서는 소방전기시설에 대한 소방용 기계기구의 형식승인/성능인증 및 제품검사의 기술기준, 설치장소별 감지기 적응성, 도시기호, 그림기호, SI단위와 환산표, 영문약자 표기 등을 부록으로 수록하여 소방전기설비에 관련된 다양한 부분에 대해 미약하지만 보완하려고 노력하였습니다.

4. 끝부분에서는 소방전기설비 및 설계에 대한 중요사항들을 기억하기 위해 항시 휴대가 가능할 수 있도록 암기카드를 다운받아 사용할 수 있는 웹사이트 주소를 제공하고 있습니다.

본 서는 작년에 출판되었던 소방전기설비 및 설계의 해설판으로 독자들의 성원에 부응하기 위해 집필된 것이므로 소방전기설비를 체계적으로 배울 수 있는 대학원, 대학교의 교재로서 사용할 수 있고 기술사, 관리사 및 기사·산업기사 등의 국가기술자격증 취득을 위한 수험서로도 활용할 수 있으며, 산업현장에서 실무자가 쉽게 적용할 수 있는 실용도서로도 활용할 수 있습니다.

최선을 다해 집필하였지만 뜻하지 않은 곳에서의 잘못이나 미흡한 점이 있을지 모르겠습니다. 이 점에 대해서는 독자 여러분의 넓은 이해와 양해를 바라며 올바른 제언(提言)도 함께 부탁드립니다. 잘못된 부분이나 미흡한 점은 추후 개정판에 보완할 것을 약속드리며 독자 여러분들과 저자가 함께 수정하고 보완하여 누구에게나 사랑받고, 디딤돌이 될 수 있는 도서가 되기를 간절히 소망합니다.

끝으로, 본서는 부와 명예를 축적하기 위해 만든 것이 아닌 소방발전을 위한 소명의식과 함께 독자 여러분들의 조금 더 빠른 소방전기 기술의 습득과 이해를 위해서 만들어졌음을 알려드리며 집필에 참고자료가 되었던 국내·외 여러 도서의 저자들과 출판하기까지 많은 도움과 격려를 해주신 교수님들과 대학원생들 그리고 출판을 위해 많은 정성을 기울여주신 도서출판 동화기술 관계자 여러분들께 진심으로 감사의 마음을 전합니다.

저 자

목 차

Part 3 부 록

암기카드 www.donghwapub.co.kr/자료실

PART 1

암기노트 및 소방전기설비기사 과년도 문제분석

CHAPTER 01

암기노트

1 소방시설의 분류 - [소.경.피.활.용]

1) 소화설비 2) 경보설비
3) 피난설비 4) 소화활동설비
5) 소화용수설비

2 경보설비의 종류 - [자.비.누.가.다(단).통.알]

1) 자동화재탐지설비 2) 자동화재속보설비
3) 비상경보설비 4) 비상방송설비
5) 누전경보기 6) 가스누설경보기
7) 단독경보형감지기 8) 통합감시시설
9) 화재알림설비

3 자탐설비의 설치대상

1) 전부 – 6층↑ / 공아기숙 / 지.요.노생.전
2) 600m^2↑– 근.의.위.장.복
3) 1,000m^2↑– 방.목.지.운.업.문.종.운.판.공.창.항.군.발.관.위
4) 2,000m^2↑– 교.동.자.묘
5) 길이 1,000m↑– 터널
6) 지정수량 500배↑– 특수가연물 저장, 취급
7) 100인↑– 400m^2↑인 노유.숙수

4 자탐설비의 구성 - [가(감).수.증(중).발.음.표.배.전]

1) 감지기 2) 수신기
3) 중계기 4) 발신기
5) 음향장치 6) 표시장치
7) 배선 8) 전원

5 자탐설비의 경계구역

1) 수평–면적 600m^2↓, 한 변 길이 50m↓, 지하구 700m↓
2) 수직–계단 · 경사로 별도 설정, 높이 45m↓
3) 기타–옥상, 반자 층수는 아니나 경계구역 면적 포함
2개 층이 500m^2 **미만**이라도 발신기는 층별 설치

6 감지기의 종류 - [열.차.정.보/연.이.광(스.분.공)/복/불]

1) 열감지기– **차동식, 정온식, 보상식**
2) 연기감지기– **이온화식, 광전식(스.분.공)**
3) 복합형감지기
4) 불꽃감지기

7 감지기의 분류(부착높이)

감지기 종류	설치높이(m) 4 미만	4~8 미만	8~15 미만	15~20 미만	20 이상
차동식 스포트형	●	●			
차동식 분포형	●	●	●		
정온식 스포트형	●	특/1종			
정온식 감지선형	●	특/1종			
보상식 스포트형	●	●			
이온화식	●	1/2종	1/2종	1종	
광전식 스포트형	●	1/2종	1/2종	1종	
광전식 분리형	●	1/2종	1/2종	1종	아날로그방식
공기흡입형	●	1/2종	1/2종	1종	아날로그방식
열복합형	●	●			
연기복합형	●	●	●	●	
열연기복합형	●	●			
불꽃 감지기	●	●	●	●	●

8 감지기의 분류(설치장소)

1) 지하 · 무창층, 40m^2 미만, 2.3m↓ – 비화재보적응성 감지기(=교차회로방식 적용하지 않는 감지기)
2) 계단, 복도, 15m↑ ~ 20m↓, 숙.취.입.거– 연기
3) 계단, 경사로에 연기가 멀리 이동–광전식 Spot형, 광전식 분리형(Analogue 포함)
4) 부.면.배.연.물–연기× 경우, 차동식 분포형 1, 2종
5) 화학공장, 격납고, 제련소–광전식 분리형, 불꽃
6) 전산실, 반도체 공장–공기흡입형 감지기
7) 주방, 보일러실–정온식 감지기

9 감지기의 분류(작동표시장치 무설치 가능 감지기)

1) 방폭구조인 감지기
2) 차동식 분포형 감지기
3) 정온식 감지선형 감지기
4) 수신기 자동표시 감지기(무선식 감지기 제외)

10 감지기의 형식에 따른 분류

1) 축적방식 감지기 2) 다신호방식 감지기
3) 아날로그방식 감지기

11 비화재보 적응성 감지기 [축.복.이(아).다.광.분.정.불꽃]

1) 축적방식 감지기 2) 복합형 감지기
3) 아날로그방식 감지기 4) 다신호방식 감지기
5) 광전식분리형 감지기 6) 분포형 감지기
7) 정온식감지선형 감지기 8) 불꽃 감지기

12 다신호식과 복합형의 비교

1) 다신호식 – 감지원리는 **동일**, 성능 등 소자 조합
2) 복합형 – 감지원리가 **다른** 2개 감지소자 조합

분 류	회로구성	논리개념	신호출력	목 적
다신 호식	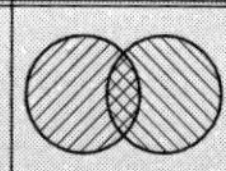	OR (각 기능이 작동할 때 작동)	다신호	비화재보 방지
복합형	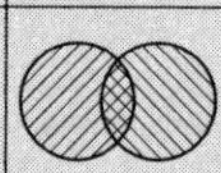	OR (각 기능이 작동할 때 작동)	다신호	상동
	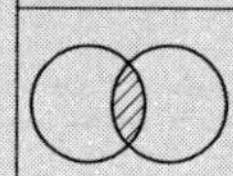	AND (두 기능 모두 작동할 때 작동)	단신호	상동
보상식	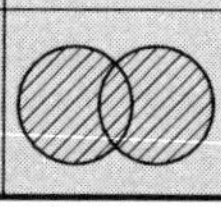	OR (둘 중 하나만 작동해도 작동)	단신호	실보 방지

13 아날로그와 일반감지기의 비교

구 분	일반형	아날로그
동작특성	정해진 온도, 농도 도달 시 수신기에 즉시 송출, 즉시 설비연동	온도, 농도를 연속적으로 수신기에 송출, 수신기가 판단하여 순차적으로 설비연동
수 신 반 회 로 수	경계구역별 1회로 회로수 적음	감지기별 1회로 대용량 수신반 필요
시공방법	$600m^2$마다 1회로 구성 경계구역별 화재감시 동작 감지기 알 수 없음	2가닥 병렬접속 감지기별 화재감시 동작 감지기 알 수 있음
비화재보	발생률 높음	발생률 낮음
가 격	저가	고가
신 뢰 성	낮음	높음
종 류	열(차동, 정온식) 연기(이온, 광전식)	좌동
신 호	On/Off 접점 신호	아날로그 신호

14 감지기의 작동원리

1) 차동식Spot – **일정온도 상승률**↑(일국소) - [공.기.반]

공기식	열기전력식	반도체식	
		서미스터	감열식사이리스터
다이어프램	제벡효과	휘스톤브리지	P-N 반도체소자

2) 차동식분포형 – 일정온도 상승률↑(넓은범위) - [공.전.반]
3) 정온식Spot – **일정온도**↑, 바이메탈 활곡·반전등
4) 정온식감지선형 – 일정온도↑
   (1) 트위스트형 – 전선전체
   (2) 전선형 – 전선일부
5) 보상식Spot – 다이어프램 상승 + 금속 선팽창계수
6) 이온화식 – **이온전류 감소**
7) 광전식Spot – **광량 증가**
8) 광전식분리형 – **광량 감소**
9) 공기흡입형 – **초미립자 검출**
10) 불꽃감지기
   (1) UV – 활성화에너지, **0.18～0.26μm 파장 검출**
   (2) IR – 연소생성물, **4.35 or 4.4μm 파장 검출**

15 열감지기(스포트형)의 비교 - [작.동.훈.시.비.적]

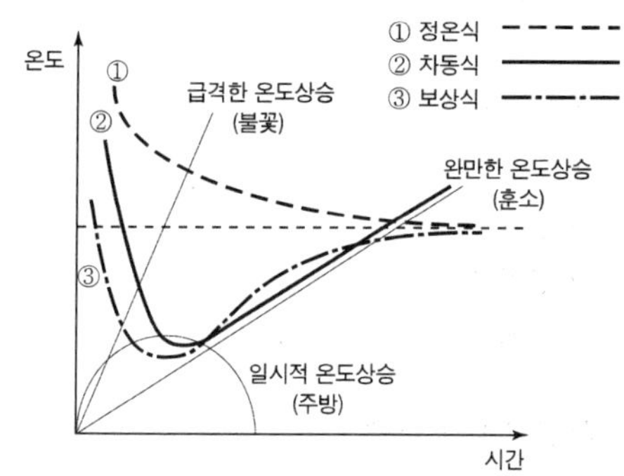

구 뷰	차동식	정온식	보상식
작동원리	주위온도가 일정온도 상승률 이상일 때 작동	주위온도가 일정(설정)온도 이상일 때 작동	차동식 훈소화재 비적응성과 정온식 시간지연 보상
동작빠르기	2	3	1
훈소화재	×(비적응성)	○	○
시간지연	×	○(발생)	×
비화재보	○(발생)	×	○
적 응 성	불꽃	불꽃, 훈소, 주방	불꽃, 훈소

16 감지기의 설치기준

1) 차동식Spot - [공.천.감]
   (1) 공기유입구로부터 1.5m↑ 떨어진 곳에 설치
   (2) 천장 또는 반자의 옥내에 면하는 부분에 설치
   (3) 감지기는 45°↑ 경사되지 말 것
2) 차동식분포형
   (1) 공기관식 - [길.거리.검.문(분)]
      ① 길이 : 20~100m↓
      ② 공기관과 각 변 수평거리 : 1.5m↓
      공기관 상호간 6m(내화 9m)↓
      ③ 검출부 : 5°↑경사 말 것. 0.8~1.5m↓
      ④ 공기관은 도중에서 분기하지 말 것

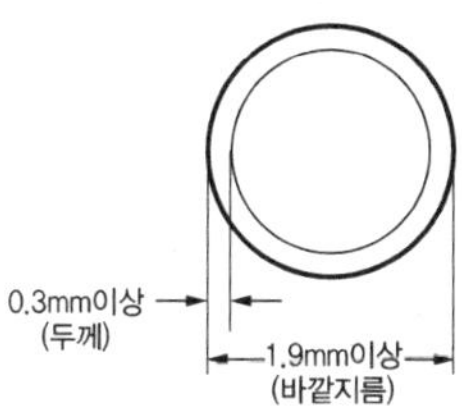

   (2) 열전대식 - [열.면]
      ① 열전대부 : 4~20개↓
      ② 바닥면적 : $18m^2$(내화 $22m^2$) 1개↑
      $72m^2$(내화 $88m^2$)↓ 4개↑
   (3) 열반도체식 - [감.면]
      ① 감지부 : 2~15개↓
      ② 바닥면적 : NFPC 제7조제3항제9호 참조
3) 보상식 Spot형 - **정온점** ≥ 최고주위온도 + 20℃
4) 정온식 Spot형 - **공칭작동온도** ≥ 최고주위온도 + 20℃
5) 정온식감지선형 - [단.굴.보.수.케이.창.분.기.공]
   (1) 단자부와 마감고정금구사이 설치간격 : 10cm↓
   (2) 굴곡반경 : 5cm↑
   (3) 보조선 or 고정금구 사용 늘어지지 않도록 설치
   (4) 수평거리

구 분	1종	2종
내화 구조	4.5m 이하	3.0m 이하
기타 구조	3.0m 이하	1.0m 이하

   (5) 케이블 트레이 : 받침대에 마감금구를 사용설치
   (6) 창고 천장 : 보조선에 설치
   (7) 분전반 내부 : 돌기를 바닥 고정 그 곳에 설치
   (8) 기타 : 형식승인에 따르며 아니면 제조사 시방
   (9) 공칭작동온도 색상 표기

공칭작동온도	외피색상	온도간격
80℃ 이하	백색	5℃
80~120℃ 이하	청색	10℃
120℃ 이상	적색	10℃

6) 연기감지기 - [복.부.낮은.배.0.6]
   (1) 복도 및 계단

구 분	1종, 2종	3종
복도 및 통로	보행거리 30m 마다	보행거리 20m 마다
계단 및 경사로	수직거리 15m 마다	수직거리 10m 마다

   (2) 부착높이

부착높이(m)	1종, 2종	3종
4m 미만	150	50
4m~20m 미만	75	-

   (3) 반자가 낮은 or 좁은 실내 - 출입구 가까운 부분
   (4) 천장 or 반자부근 배기구 - 그 부근에 설치
   (5) 벽 또는 보로부터 0.6m↑ 떨어진 곳에 설치
7) 광전식분리형 - [노.가리.수.송.광.기]
   (1) 광축높이 - 천장 등 높이의 80%↑
   (2) 광축길이 - 공칭감시거리범위 이내(5~100m)
   (3) 수광면 - 햇빛을 직접 받지 않도록 설치
   (4) 송광부과 수광부 - 뒷벽으로부터 1m 이내
   (5) 광축 - 나란한 벽으로부터 0.6m↑ 이격
   (6) 기타 - 형식승인에 따르며 아니면 제조사 시방
8) 불꽃감지기 - [공.감.모.천.수.기]
   (1) 공칭감시거리, 공칭시야각은 형식승인 따를 것

조건	공칭감시거리	공칭시야각
20m 미만 장소	1m 간격	5° 간격 도로형 180° 이상
20m 이상 장소	5m 간격	

   (2) 감시구역이 모두 포용될 수 있도록 설치할 것
   (3) 모서리 or 벽 등에 설치할 것
   (4) 천장 등에 설치시 바닥을 향할 것
   (5) 수분이 많은 (예상)지역은 방수형을 설치할 것
   (6) 기타 - 형식승인에 따르며 아니면 제조사 시방

9) 아날로그방식 감지기 - [공.하.기.30층]
(1) 공칭감지온도 및 농도범위의 적합 장소에 설치
(2) 20m↑ 공칭감지농도 하한값은 감광률 5%/m↓
(3) 기타 – 형식승인에 따르며 아니면 제조사 시방
(4) 30층 이상 고층건축물에 의무 설치

10) 다신호방식 감지기 - [감.기]
(1) 화재신호를 발신하는 감도에 적합한 장소 설치
(2) 기타 – 형식승인에 따르며 아니면 제조사 시방

17 감지기 1개의 최대바닥면적

1) 열감지기

(m^2)

부착높이(m)		차동식, 보상식 스포트형		정온식 스포트형		
		1종	2종	특종	1종	2종
4m 미만	내화구조	90	70	70	60	20
	기타구조	50	40	40	30	15
4~8m 미만	내화구조	45	35	35	30	–
	기타구조	30	25	25	15	–

2) 연기감지기(스포트형 감지기)

(m^2)

부착높이(m)	1종, 2종	3종
4m 미만	150	50
4m ~ 20m 미만	75	–

18 감지기의 설치 제외 장소

- [부.모(먼).목욕.헛.천.(실).고.파.주]

1) 부식성 가스가 체류하고 있는 장소
2) 먼지, 가루 또는 수증기가 다량으로 체류하는 장소
3) 목욕실, 화장실(욕조나 샤워시설이 있는)
4) 헛간 등 외부와 기류가 통하는 장소
5) 천장 또는 반자의 높이가 20m↑인 장소
6) 고온도 및 저온도로서 유지관리가 어려운 장소
7) 파이프덕트 등 2개 층마다 방화구획된 것이나 수평단면적이 $5m^2$↓인 것
8) 프레스, 주조 공장 등 화재발생의 위험이 적은 장소

19 비화재보

1) 종류 – False Alarm / Nuisance Alarm
2) 원인 – [인.기.환.유.설]
(1) 인위적 원인　(2) 기능적 원인
(3) 환경적 원인　(4) 유지관리상 원인
(5) 설치상 원인
3) 대책 – [적.일.구.유.환.자.기]
(1) 적재적소의 대책
(2) 일과성 비화재보 대책
(3) 구조에 대한 대책
(4) 유지보수의 대책
(5) 환경변화 예측
(6) 자탐설비 신뢰성 향상 대책
(7) 기타

20 단일기준감지기의 적응성 및 문제점

구 분	적응성	문제점
정온식 스포트형	불꽃, 훈소, 주방	시간지연
차동식 스포트형	불꽃	훈소화재 적응성 없음
보상식 스포트형	불꽃, 훈소	국내 생산 안 됨
정온식 감지선형	지하구, 터널	Tension유지가 어려워 비화재보 우려
이온화식 감지기	눈에 보이지 않는 연기를 검출(흑색, 회색연기 모두 식별), 불꽃	기류에 의존, 방사성물질 필요
광전식 스포트형	눈에 보이는 연기(회색연기에 민감), 훈소화재	회색의 분진, 증기에 의해 비화재보 우려

21 공기관식 차동식분포형 감지기 시험방법

- [화.작.유.접.리]

1) 화재작동시험 - [주.자.시.T.초 R+, H-]
2) 작동계속시험 - [R-, H+]
3) 유통시험
4) 접점수고시험 - [낮.예.비]
5) 리크시험

22 발신기 설치기준 - [조작.층.수.표시등]

1) 조작이 쉬운 장소
2) 조작 S/W는 바닥으로부터 0.8~1.5m↓
3) 소방대상물의 층마다 설치
4) 수평거리 25m↓(복도 또는 별도로 구획된 실로서 보행거리 40m↑시 추가설치)
5) 표시등 함 상부 설치, 불빛 15°↑ 10m이내 적색등

23 발신기세트 결선도

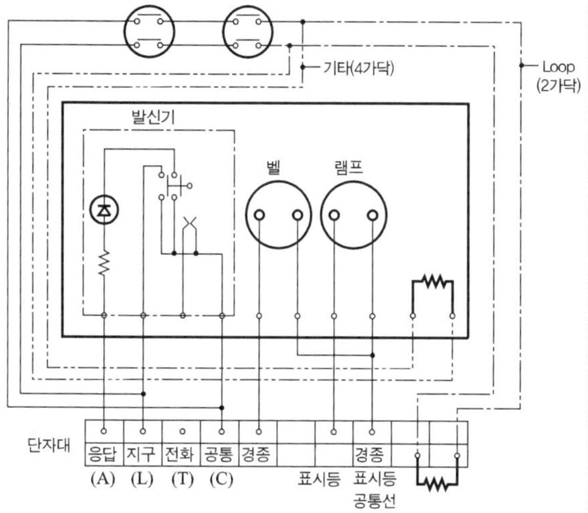

24 중계기 설치기준 - [조.수.상.전]

1) 조작・점검용이, 화재・침수 등의 우려가 없는 장소
2) 수신기와 감지기 사이 설치
3) 상용/예비전원 시험장치 갖출 것
4) 전원입력측 배선에 과전류차단기 설치(집합형 경우)

25 분산형 중계기 설치장소 - [소.스(S).댐.방.할]

1) 소화전함 및 발신기세트 내부
2) S/P 접속박스 및 SVP 내부
3) 댐퍼 수동조작함 및 조작 스위치함 내부
4) 방화셔터, 배연창 연동제어기 내부
5) 방화문 중계기는 근접 댐퍼 수동조작함 내부
6) 할론 Package 및 Panel 내부

26 수신기의 종류

1) P형
2) R형
3) M형(형식승인 삭제)
4) GP형
5) GR형
6) 간이형
7) 무선식

수신기 종류	신호 전달방식	신호의 종류	수신 소요시간	비 고
P형	개별 신호선 방식	전회로 공통신호	5초	축적형은 60초 이내
R형	다중 통신선 방식	회로별 고유신호	5초	
M형	공통 신호선 방식	발신기별 고유신호	20초	–

27 수신기 적용대상

1) P형 2급 : 4층 **미만**, 5회로 **이하**
2) P형 1급 : **4층 이상, 5회로 초과 40회로 이하**
3) R형 : 4층 이상, 40회로 초과(중계기 사용 대형 건축물)

28 수신기의 형식

1) 일반수신기 – 수신완료 5초 이내 동작
2) 축적형수신기 – 축적시간 내에 재수신시 동작
3) 다신호식수신기 – 동일구역 내에 재수신시 동작
4) 아날로그수신기 – 입력신호량에 따라 단계별 출력
5) 복합형수신기 – 일반수신기 + 제어 기능 수신기
6) 인텔리전트수신기 – 일반수신기 + Network기능 수신기

29 수신기의 기능

1) **P형 1급 수신기의 기능[주.예.수.발.화] - 2급(수.발×)**
   (1) 주/예비전원 정전 및 복구시 자동절환 기능
   (2) 예비전원 양부시험 기능
   (3) 수신기와 감지기와의 외부회로 도통시험 기능
   (4) 발신기와 전화연락장치 등을 가질 것
   (5) 화재표시등이나 각종 경종 작동시험 기능
2) **R형 수신기의 기능[주.예.수.고.화] - P형 1급(발 ↔ 고)**
   (1) 고장신호장치가 있을 것

30 R형 수신기의 특징 - [수.길.이.신.화]

1) 선로수가 적게 들어 경제적
2) 선로길이를 길게 할 수 있음
3) 증설 또는 이설이 비교적 용이
4) 신호의 전달이 정확
5) 화재발생지구를 문자로 표시할 수 있음

31 P형 수신기와 R형 수신기의 비교

구 분	P형	R형
시스템 구성	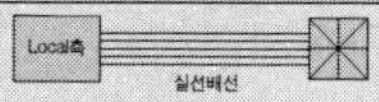	
신호전송방식	1:1 접점방식	다중전송방식
신호전류	공통신호 (전류신호, 접점신호)	고유신호 (통신신호)
자기진단기능	×	○
선로수	多	小
유지관리	곤란	쉬움
화재표시	경계구역 표시	화재발생 위치 표시

32 R형 시스템 다중통신(Multiplexing Communication)

1) 변조방식 – PCM 방식
2) 전송방식 – TDM 방식
3) 신호처리방식 – Polling Addressing 방식
4) 신호선 – Shield Cable, Twist Pair Cable

33 수신기 시험방법 [도.화.지.예.공.동.회.비.절.전(방안)]

1) 회로도통시험
2) 화재표시 작동시험
3) 지구음향장치 작동시험
4) 예비전원 시험
5) 공통선 시험
6) 동시작동 시험
7) 회로저항 시험
8) 비상전원 시험
9) 절연저항 시험
10) 저전압 시험

34 감시제어반에서 도통시험 및 작동시험

1) **스프링클러설비 - [일.급.수.기.유]**
   (1) 일제개방밸브를 사용하는 설비의 화재감지기회로
   (2) 급수배관 개폐밸브의 폐쇄상태 확인회로
   (3) 수조 및 물올림탱크의 저수위 감시회로
   (4) 기동용 수압개폐장치의 압력스위치회로
   (5) 유수검지장치 or 일제개방밸브의 압력스위치회로
2) **화재조기진압 스프링클러설비 - [급.수.기.유]**
3) **옥내 · 외, 물분무, 포소화설비 - [수.기]**

35 수신기 설치기준 - [조.수.설.음.경.종.하나.2.지]

1) 조작 S/W는 바닥으로부터 0.8~1.5m↓
2) 수위실 등 사람이 상주하는 장소
3) 설치장소에는 경계구역 일람도 비치할 것
4) 음향기구는 타기기의 음향과 구별 될 것
5) 감지기 · 중계기, 발신기가 작동하는 경계구역 표시
6) 종합방재반에도 수신기 작동과 연동하여 경계구역 표시
7) 하나의 경계구역은 하나의 표시등 or 문자로 표시
8) 2 이상의 수신기 설치 시 각수신기마다 확인 가능
9) 지구음향장치 배선단락 시에도 다른 층 화재통보 지장 없을 것

36 청각장애인 시각경보장치 설치기준

- [바닥.복도.공연장.광원]

1) 바닥으로부터 2~2.5m↓(2m↓ 0.15m 이내에 설치)
2) 복도, 통로, 청각장애인용 객실 및 공용 사용 거실
3) 공연장, 집회장, 관람장은 무대부 부분 설치
4) 광원은 축전지 설비 or 전기저장장치에 의해 점등

37 음향장치 설치기준 - [주.지.우.정.감.음]

1) 주음향장치는 수신기 내부 또는 그 직근에 설치
2) 지구음향장치는 층마다 설치. 수평거리 25m↓
3) 우선 경보방식 적용 : **11층(공동주택 16층) 이상** 특정소방대상물

발화층	경보층
2층 이상	발화층, **직상 4개 층**
1층	발화층, **직상 4개 층**, 지하층
지하층	발화층, 직상층, 기타 지하층

4) 정격전압의 **80%**에서 음향을 발할 수 있을 것
5) 감지기 및 발신기와 연동 작동할 수 있을 것
6) 음량은 1m 떨어진 위치에서 90dB↑일 것

38 자동화재탐지설비의 설치기준

1) 전원회로 – **내화**배선, 그 밖 – 내화 or 내열배선
2) 종단저항
   (1) **점검 및 관리가 쉬운 장소**에 설치
   (2) 전용함 설치 시 바닥으로부터 1.5m 이내 설치
   (3) 감지기회로 **끝부분**에 설치할 것(외부별도 표시)
3) 감지기회로배선 – **송배선식**
4) 절연구역 – DC 250V Megger로 0.1MΩ↑
5) 경계구역 – 하나의 공통선 접속 7개↓
6) 전로저항 – 50Ω↓

39 국내 감지기 배선방식

1) 송배선방식
   (1) **도통시험**을 위해 배선 도중 분기하지 않는 방식
   (2) **보내기방식[Loop-2회선, 기타(Tree포함-4회선)]**
2) 교차회로방식
   (1) **2 이상의 감지기** 작동시 소화설비 기동출력
   (2) **X배선방식**(Loop, 말단-4회선, 기타-8회선)
   (3) 적용 소화설비-**준비작동식, 일제살수식 S/P, CO_2, 할론, 분말, 할로겐화합물 및 불활성기체**

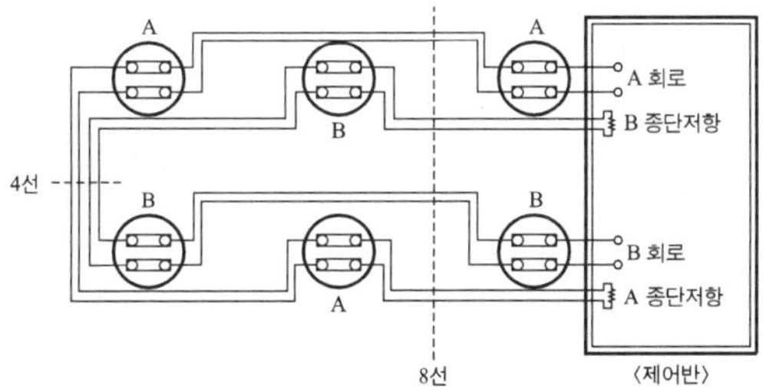

40 감지기 회로의 감시전류와 동작전류

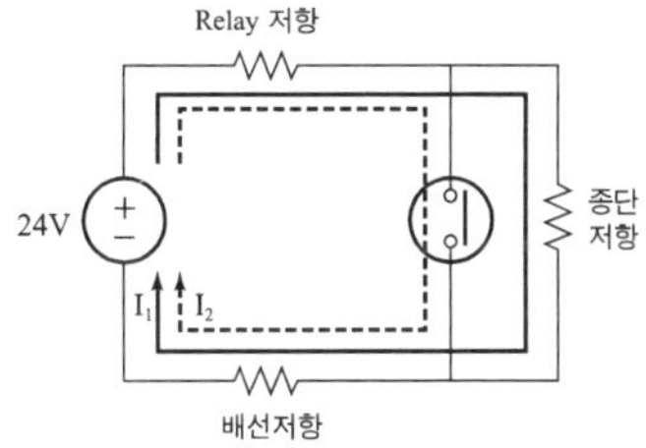

1) 감시전류 $= \dfrac{\text{회로전압(24V)}}{\text{릴레이저항+배선저항+종단저항}}$

2) 동작전류 $= \dfrac{\text{회로전압(24V)}}{\text{릴레이저항+배선저항}}$

41 NFPA72 배선방식

Class	Style	구분	단일고장			동시고장		
			단선	지락	단락	단선&단락	지락&단락	단선&지락
B	4	고장표시	O	O	O	O	O	O
		고장중 경보능력	–	R	–	–	–	–

Class	Style	구분	단일고장			동시고장		
			단선	지락	단락	단선&단락	지락&단락	단선&지락
A	6	고장표시	O	O	O	O	O	O
		고장중 경보능력	R	R	–	–	–	R
	7	고장표시	O	O	O	O	O	O
		고장중 경보능력	R	R	R	–	–	R

42 방재전선 및 방재배선

1) 내화전선 성능기준
   750±5℃ 3시간 가열 **12시간** 경과 뒤 **3A Fuse**를 접속, 내화시험전압을 가할 때 Fuse가 단선되지 않을 것
2) 내열전선 성능기준
   (1) **816±10℃**로 **20분**간 가열, 불꽃 제거시 **10초** 이내에 자연 소화되고 연소길이가 **180mm↓** 일 것
   (2) KSF 2257-1의 내화시험으로 **380℃ 15분**간 가열시 연소길이가 가열로 벽으로부터 **150mm↓** 일 것
3) 내화배선
   (1) FR-8, MI 케이블-케이블 공사(노출공사)
   (2) 기타 방재전선

사용 전선관	금속관, 제2종 금속제 가요전선관, 합성수지관에 수납	
	매설(○)	매설(×) - 노출공사
공사 방법	• 내화구조로 된 **벽 or 바닥 등에 25mm 이상** 매설	• 배선을 내화성능을 갖는 배선 전용실 or 배선용 Shaft, Pit, Duct에 설치 • 타 설비의 배선이 있는 경우-**15cm 이상 이격 or 최대직경의 1.5배 이상 불연성 격벽** 설치

4) 내열배선
   (1) FR-8, FR-3, MI 케이블-케이블 공사방법

(2) 기타 방재전선

전선관 공사	노출 공사
• 금속관, 금속제가요전선관, 금속덕트공사 • Cable공사(불연성덕트 내의 설치에 한함)	• 배선을 내화성능을 갖는 배선전용실 or 배선용 Shaft, Pit, Duct에 설치(단일절연－즉, 기타 방재전선을 Cable 트레이에 실어 배선전용실에 넣음) • 타 설비의 배선이 있는 경우－내화배선과 동일

43 자동화재탐지설비의 전원

1) 상용전원－**축전지, 전기저장장치** or **교류전압 옥내간선, 전용배선**
2) 비상전원－**60분 감시 후 10분↑경보, 축전지설비, 전기저장장치**

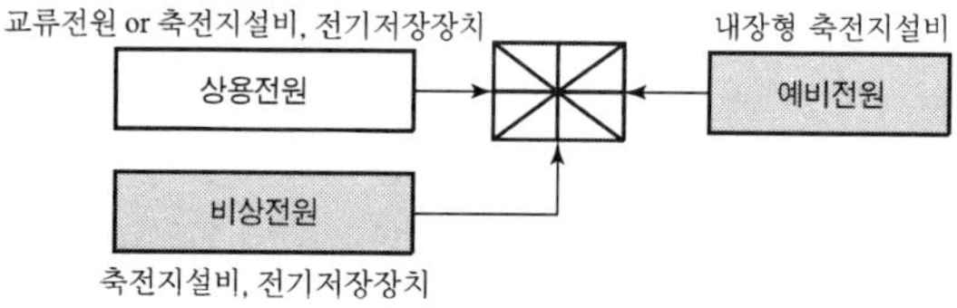

44 자동화재속보설비 설치기준 - [자.속.조.문.성]

1) 자탐과 연동하여 자동적으로 소방관서에 전달될 것
2) 속보기는 소방관서에 통신망으로 통보
3) 조작 S/W는 바닥으로부터 0.8m~1.5m↓
4) 문화재에 설치 시 감지기 직접 연결방식 가능
5) 속보기는 성능인증제품을 사용할 것

45 비상방송설비 설치기준 - [우선화.음.조작.증폭.비.유.음향]

1) 우선 경보방식 적용
2) 확성기의 음성입력은 실외 3W(실내 1W)↑일 것
3) 확성기는 각 층마다, 수평거리는 25m↓일 것
4) 음량조정기는 **3선식** 배선일 것
5) 조작 S/W는 바닥으로부터 0.8~1.5m↓
6) 조작부 기동장치는 작동한 층, 구역표시 가능할 것
7) 조작부 2개 이상일 때 상호 동시통화 가능할 것
8) 증폭기, 조작부는 상시근무장소에 설치할 것
9) 비상방송 개시시간은 **10초**↓일 것
10) 비상경보방송 외의 방송을 차단할 수 있을 것
11) 다른 전기회로에 의해 유도장애가 발생하지 않을 것
12) 음향장치는 정격전압의 80%에서 음향 발할 것

46 비상방송설비 음량조정기(ATT) - 3선식 배선

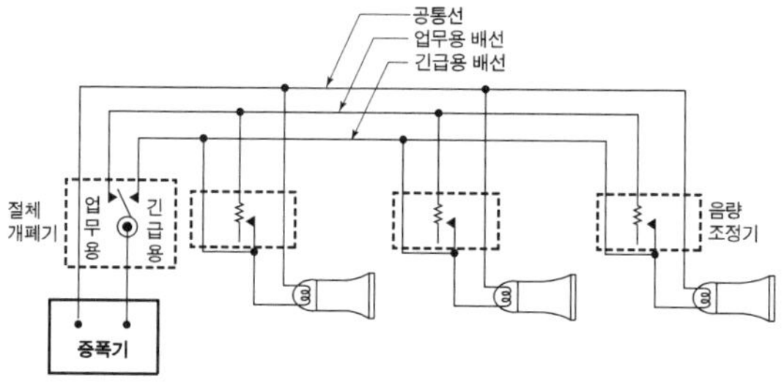

47 비상벨 or 자동식사이렌 설비의 설치기준

1) 부식의 우려가 없는 장소에 설치할 것
2) 지구음향장치는 층마다 설치. 수평거리 25m↓
3) 정격전압의 80%에서 음향을 발할 수 있을 것
4) 음량은 1m 떨어진 위치에서 90dB↑일 것
5) 발신기는 조작쉬운장소, 조작 S/W는 0.8~1.5m↓
6) 발신기는 층마다 설치, 수평거리 25m↓
7) 표시등 함 상부 설치, 불빛 15°↑, 10m 이내 적색등
8) 상용전원－축전지, 전기저장장치 or 교류전압옥내간선, 전용배선
9) 비상전원－**60분 감시 후 10분↑ 경보**, 축전지설비, 전기저장장치
10) 전원회로－내화배선, 그 밖－내화 or 내열 배선

48 단독경보형 감지기의 설치기준 - [실.천.건.2]

1) 각 실마다 설치 (150m^2 초과마다 1개↑ 설치) (30m^2 미만이면 1개실로 봄)
2) 최상층 계단실 천장에 설치(외기 상통 계단실 제외)
3) 건전지 주전원 사용 시 정상작동 되도록 교환할 것
4) 상용전원 주전원 사용 시 2차 전지 규정 제품 사용

49 누전경보기의 구성

1) 수신기 내부 구조 블록도

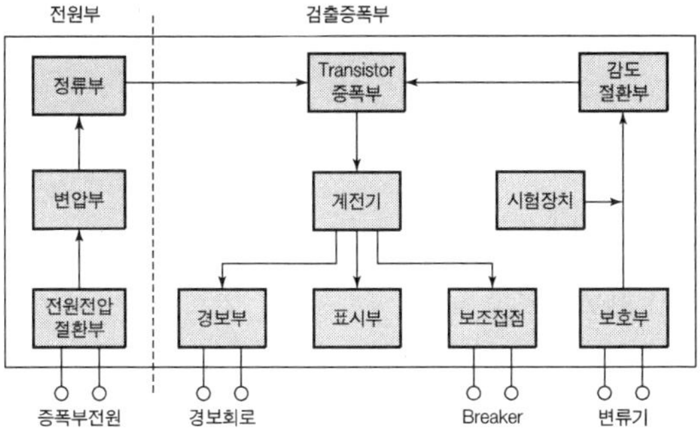

2) 전원부 회로

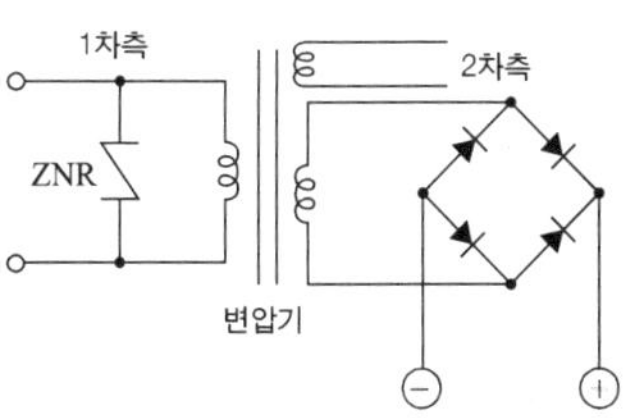

ZNR : 낙뢰 발생 시 충격파로부터 수신기 보호

50 누전경보기의 작동원리

작동원리

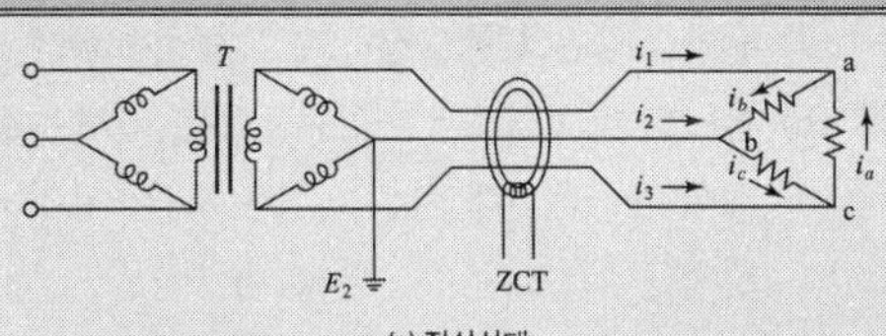

(a) 정상상태

a점: $I_1 = I_b - I_a$ b점: $I_2 = I_c - I_b$ c점: $I_3 = I_a - I_c$

$\therefore I_1 + I_2 + I_3 = 0$

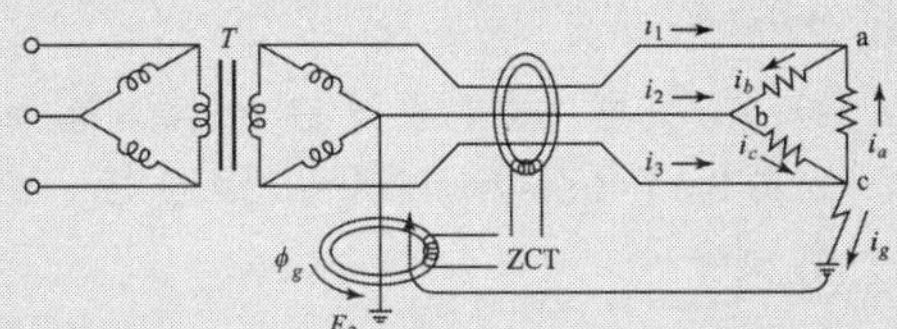

(b) 누전상태

a점: $I_1 = I_b - I_a$ b점: $I_2 = I_c - I_b$ c점: $I_3 = I_a - I_c + I_g$

$\therefore I_1 + I_2 + I_3 = I_g$

51 누전경보기의 설치기준

1) 경계전로의 정격전류 − 60A 초과 1급

정격전류	60A 초과	60A 이하
경보기의 종류	1급	1급, 2급

2) 변류기 − 옥외 인입선 제1지점 부하측/제2종 접지선측
3) 수신부 − 옥내점검편리한 장소, 사람상주하는 곳 설치
4) 수신부 설치제외 장소 − [가.화.습.온.대]
   (1) 가연성·부식성 가스 등이 다량 체류하는 장소
   (2) 화약류를 제조하거나 저장, 취급하는 장소
   (3) 습도가 높은 곳
   (4) 온도변화가 급격한 장소
   (5) 대전류, 고주파회로 등에 영향을 받을 장소
5) 전원 − 전용, 각 극 15A↓ 과전류차단기(20A↓ MCCB) 설치

52 가스누설경보기의 설치기준

<table>
<tr><td>가스
누설</td><td colspan="3">• 수신개시로부터 가스누설표시까지의 시간 − 60초 이내
• 가스누설 표시등 − 황색</td></tr>
<tr><td>예비
전원</td><td colspan="3">• 종류 − 원알칼리계 2차축전지, 리튬계 2차축전지 or 무보수 밀폐형 연축전지
• 용량 − 1회선용(단독형 포함) : 20분 감시 후 10분 경보
− 2회선 이상 : 10분 감시 후 2회선을 작동시키고 10분 경보</td></tr>
<tr><td rowspan="4">절연
저항</td><td>절연저항계</td><td>절연저항</td><td>대상</td></tr>
<tr><td rowspan="3">DC 500V</td><td>5MΩ 이상</td><td>절연된 충전부와 외함 사이</td></tr>
<tr><td>20MΩ 이상</td><td>• 절연된 선로 사이
• 교류입력측과 외함 사이</td></tr>
<tr><td>50MΩ 이상</td><td>10회로 이상</td></tr>
</table>

53 피난구유도등 설치장소

1) 옥내→지상으로 통하는 출입구 및 그 부속실의 출입구
2) 직통계단, 직통계단 계단실 및 그 부속실의 출입구
3) 출입구에 이르는 복도 또는 통로로 통하는 출입구
4) 안전구획된 거실로 통하는 출입구

54 유도등 전원 및 배선

1) 상용전원 – **축전지, 전기저장장치 or 교류전압 옥내 간선, 전용 배선**
2) 비상전원 – **축전지**
3) 유도등의 인입선과 옥내배선은 **직접 연결** 할 것
4) 유도등은 전기회로에 점멸기를 **설치하지 아니하고 항상 점등상태를 유지**할 것

55 유도등 3선식 배선 설치장소 - [외.관.공.사]

1) 외부광에 따라 피난구 또는 피난방향을 쉽게 식별
2) 특정소방대상물의 관계인 주로 사용하는 장소
3) 공연장, 암실 등 어두워야 할 필요가 있는 장소
4) 특정소방대상물에 사람이 없는 경우(무인변전실 등)

56 유도등 3선식 배선 자동점등시기 - [자.비.자.상.방]

1) 자탐설비의 감지기 또는 발신기가 작동되는 때
2) 비상경보설비의 발신기가 작동되는 때
3) 자동소화설비가 작동되는 때
4) 상용전원이 정전되거나 전원선이 단선되는 때
5) 방재센터에서 수동으로 점등하는 때

57 축광방식 피난유도선 설치기준 - [위치.표시.장소.상.부]

1) 바닥으로부터 높이 50cm↓의 위치 or 바닥면에 설치
2) 피난유도 표시부는 50cm↓ 간격으로 연속되도록 설치
3) 구획된 각 실로부터 주출입구 또는 비상구까지 설치
4) 외광 또는 조명장치등에 의하여 상시조명 제공될 것
5) 부착대에 의하여 견고하게 설치할 것

58 광원점등방식 피난유도선 설치기준

1) 바닥으로부터 높이 1m↓의 위치 or 바닥면에 설치
2) 피난유도 표시부는 50cm↓ 간격으로 연속되도록 설치
3) 피난유도 표시부는 매립하는 방식(바닥설치시)
4) 구획된 각 실로부터 주출입구 또는 비상구까지 설치
5) 화재신호 및 수동조작에 의하여 점등되도록 설치
6) 피난유도 제어부는 바닥으로부터 0.8~1.5m↓ 설치
7) 비상전원이 상시 충전상태를 유지하도록 설치

59 휴대용 비상조명등 설치기준 [어.설.(흔).사.외(회).건.용]

1) 어둠 속에서 확인 가능할 것
2) 설치 높이는 바닥으로부터 0.8m 이상 1.5m 이하
3) 사용 시 자동 점등되는 구조
4) 외함은 난연성능이 있을 것
5) 건전지 방전 방지조치, 충전식 배터리 상시 충전
6) 용량은 **20분** 이상

60 제연구획의 구획

1) 거실과 통로는 **상호제연구**획 할 것
2) 하나의 제연구역 **면적 1,000m²↓**일 것
3) 하나의 제연구역 **직경 60m** 초과 금지
4) 하나의 제연구역 **2개 층**에 미치지 아니할 것
5) 통로의 제연구역 **보행중심선길이 60m** 초과 금지

61 비상콘센트 설비

1) 전원회로
   (1) **단상** 교류 220V : 공급용량 **1.5kVA↑**
   (2) 전원회로 **각 층**에 있어서 **2↑** 되도록 설치
   (3) 전원회로 주배전반에서 **전용회로**로 할 것
   (4) 분기배선용 차단기를 **보호함 안**에 설치
   (5) 콘센트마다 배선용차단기 설치, 충전부노출금지
   (6) 개폐기에는 "비상콘센트"라고 표시한 **표지**할 것
   (7) 풀박스 등은 **방청도장**하고, 두께 **1.6mm↑** 철판
   (8) 하나의 전용회로에 비상콘센트는 **10개↓** 할 것 전선 용량은 3개 이상인 경우 **3개**의 용량 이상일 것
2) 플러그접속기
   (1) 단상 교류 220V : 접지형 2극 플러그접속기
   (2) 칼받이의 접지극에는 **제3종** 접지공사
3) 설치기준
   (1) 지상 포함 **11층↑**의 **각 층**마다 설치할 것
   (2) **0.8m↑ 1.5m↓**의 위치에 설치할 것
   (3) 배치
      ① 아파트 또는 바닥면적이 **1,000m² 미만**인 층 – **계단의 출입구**로부터 **5m** 이내에 설치
      ② 바닥면적 **1,000m²↑**인 층(아파트 제외) – **계단의 출입구 or 계단부속실의 출입구**로부터 5m 이내에 설치

(4) 수평거리

① 지하상가 or 지하층 바닥면적의 합계가 3,000m² ↑ – 25m 이내 마다 설치

② ①이 아닌 것 – 50m 이내 마다 설치

③ 터널 – 주행방향 우측측벽 50m 이내마다 설치

(5) 절연저항 및 절연내력

① 절연저항 – 500V Megger 20MΩ ↑

② 절연내력

•150V 이하: 1,000V 1분↑

•150V 초과: (정격전압×2) + 1,000V 1분↑

4) 보호함 설치기준

(1) 쉽게 개폐할 수 있는 **문** 설치

(2) "비상콘센트" **표지** 설치

(3) 상부에 **적색, 표시등** 설치(옥내소화전 표시등과 겸용가능)

62 무선통신보조설비 설치기준

1) 무선통신보조설비

(1) **안테나 설치된 층**의 모든 부분 **통신 가능**할 것

(2) 상호통신 가능 구역

① 옥외 안테나 무전기와 건축물내 무전기 간

② 옥외 안테나 무전기와 방재실 간

③ 건축물내 무전기와 방재실 간

④ 건축물내 무전기 간

2) 누설동축케이블 등 - [소.누.불.화.전.노.고.단.임]

(1) 소방전용주파수대에서 전파의 전송, 복사 적합

(2) (누설)동축케이블과 이에 접속하는 안테나로 구성

(3) 불연 · 난연의 것, 전기적 특성이 변질되지 않을 것

(4) 화재열에 영향이 없도록 부설할 것(4m 이내마다 **금속제** or **자기제** 등으로 고정. 단, **불연재료로 구획된 반자 안**에 설치시 제외)

(5) 전파의 복사 또는 특성이 현저하게 저하되지 않는 곳에 설치

(6) 노출설치 시 피난 및 통행에 영향이 없도록 부설할 것

(7) 고압전로로부터 1.5m 이상 이격(단, **정전기차폐장치**를 유효하게 설치시 제외)

(8) 말단에 무반사 종단저항 설치

(9) (누설)동축케이블의 임피던스는 50Ω

3) 옥외 안테나 - [출.통.표.위]

(1) 건축물, 터널의 출입구 및 출입구 인근 설치

(2) 통신장애가 발생하지 않도록 설치

(3) 안테나, 통신가능거리를 표시한 표지 설치

(4) 사람이 상시 근무하는 장소에 위치표시도 비치

4) 분배기등 - [부.임.점]

(1) 먼지, 습기, 부식 등에 의해 기능 이상하지 말 것

(2) 임피던스 50Ω으로 할 것

(3) 점검 편리하고 화재로부터 피해가 없을 것

5) 증폭기 - [전.표.비.무.디]

(1) 전원은 축전지, 전기저장장치 or 교류전압옥내간선, 전용배선

(2) 증폭기 **전면**에 **표시등, 전압계** 설치

(3) 비상전원용량은 **30분↑** 작동시킬 수 있을 것

(4) 무선이동중계기 설치 시 적합성평가 받은 제품 설치

(5) 디지털방식 무전기 사용 시 지장 없도록 설치

63 비상전원설비의 구비조건 - [용.기.이.장.족(조).구.배]

1) 용량 – 시설에 따라 **10~60분↑** 전원공급 가능할 것

2) 기능 – 상용전원 정전시 비상전원으로 자동절환 될 것

3) 이격 – 축전지, 전기저장장치 설치시 벽과 1.0m↑ 이격

4) 장소 – 점검이 편리하고 화재 침수의 우려가 없을 것

5) 조명 – 점검 및 조작을 위한 조명과 표지 부착할 것

6) 구획 – 타 구획과 방화구획 할 것

7) 배선 – 내화 배선

64 비상전원용량

1) 10분 – 경보설비, 간이S/P(근생 : 20분)

2) 20분 – 나머지 모두, 옥내, S/P(1~29층)

3) 30분 – 무선통신보조설비(중계기)

4) 40분 – 옥내, S/P(30~49층)

5) 60분 – 유도등, 비상조명등 [11층↑, 지하층, 무창층 용도(도 · 소매시장, 지하역사, 지하상가 등)], 옥내, S/P(50층↑)

경보설비 – 60분 감시후 10분↑ 경보(30층 미만)

– 60분 감시후 30분↑ 경보(30층 이상)

65 비상전원 종류

1) 자가발전설비 – 경보, 유도등, 무통 제외

2) 비상전원수전설비 – 1000m² 미만 차고, 주차장 S/P, 포소화설비/간이S/P/비상콘센트만 적용
3) 전기저장장치 – 유도등 제외
4) 축전지설비

66 자가발전설비 용량산출 방식

1) 일반부하

구 분	계산식
① 단순부하	발전기 용량(kVA) =부하설비의 합계 × 수용율 × 여유율
② 기동용량이 큰 부하	$P_n \geq \left(\frac{1}{\Delta v}-1\right)\times X_d' \times P(\text{kVA})$ 여기서, P_n : 발전기의 정격용량(kVA) Δv : 허용전압강하(0.2~0.25) X_d' : 발전기 직축 과도리액턴스 (불분명한 경우 0.25~0.3)
③ ①+② 혼합부하	①, ②에 의해서 계산한 합계를 발전기 출력으로 한다.

2) 소방부하(PG방식 – PG_1~PG_3 중 최대 용량을 선정)

구분	개 념
PG_1	전 소방부하의 정상운전
PG_2	최대용량 전동기 기동시 허용전압강하 고려
PG_3	최대용량의 전동기를 마지막에 기동할 경우
PG_4	고조파 성분을 고려

3) 발전기용 차단기 용량 산출

$$P_s \geq \frac{P_n}{X_d'} \times 1.25(\text{여유율})$$

여기서, P_s : 발전기용 차단기의 용량(kVA)
X_d' : 발전기 직축 과도 리액턴스
P_n : 발전기 정격용량(kVA)

67 축전지의 종류 - [V.Q.T.S.종기]

구 분	납(연)축전지	알칼리축전지
공칭전압(V)	2V	1.2V
공칭용량(Q)	10Ah	5Ah
충전시간(T)	길다	짧다
수 명(S)	짧다(5~15년)	길다
종 류	CS형, HS형	소결식, 포켓식
기 전 력	2.05~2.08V	1.32V

68 축전지 용량의 계산

1) 2차출력 = 표준전압 × 2차전류(kVA)
2) $2\text{차전류} = \frac{\text{축전지의 정격용량}}{\text{축전지의 공칭용량}} + \frac{\text{상시부하}}{\text{표준전압}}$ (A)
3) $1\text{셀당 공칭전압} = \frac{\text{허용최저전압}}{\text{셀수}}$
4) $\text{셀수} = \frac{\text{부하 정격전압}}{1\text{셀의 공칭전압}}$
5) 축전지의 용량
   (1) 일정부하 : $C = \frac{1}{L}KI$
   (2) 증가부하 :
   $$C = \frac{1}{L}\left[K_1I_1 + K_2(I_2 - I_1) + K_3(I_3 - I_2)\right]$$
   $$C = \frac{1}{L}\left[K_1I_1 + K_2I_2 + K_3I_3\right]$$
   (3) 감소부하 : a, b, c 중 제일 큰 것 적용

69 축전지의 충전방식 - 사용중 충전[보.급.부.균.세.회]

1) 보통 충전 – 필요할 때마다 표준시간율로 충전
2) 급속 충전 – 단시간에 2~3배의 전류로 충전
3) 부동 충전 – 자기방전보충 및 대전류 축전지 부담
4) 균등 충전 – 1~3개월마다 10~12시간 충전
5) 세류 충전 – 자기방전량만을 충전(부동충전의 일종)
6) 회복 충전 – 셀페이션 등 기능회복을 위한 충전

70 UPS의 회로도 및 구성요소

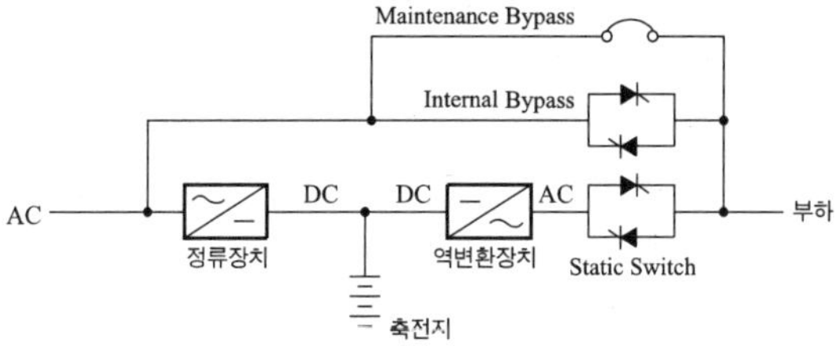

구 성	설 명
정류장치(컨버터)	교류를 직류로 변환(AC → DC)
역변환장치(인버터)	직류를 교류로 변환(DC → AC)
축전지	상용전원 정전시 전원을 공급하기 위한 장치

구 성	설 명
동기절환부 (Static Switch)	인버터 이상시 Internal Bypass회로를 통해 상용전원을 부하에 공급
Maintenance Bypass	컨버터, 인버터 고장 또는 기기의 수리시 상용전원을 부하에 공급
정전압정주파수 장치	CVCF(Constant Voltage Constant Frequency), 컨버터+인버터

71 비상전원수전설비 수전방식

1) 특별고압 or 고압수전 – 방화구획, 옥외개방, 큐비클형
2) 저압수전 – 전용 배전반 · 분전반 or 공용분전반(1,2종)

72 저항 계산

1) 옴의 법칙

$$V = I \times R,\quad I = \frac{V}{R},\quad R = \frac{V}{I}(\Omega)$$

2) 온도 변화에 의한 도체의 저항 계산 수식

$$R_2 = R_1[1 + \alpha_1(t_2 - t_1)](\Omega)$$

여기서, R_1 : t_1에서의 도체의 저항(Ω)
R_2 : t_2에서의 도체의 저항(Ω)
t_1 : 상승 전의 온도(℃)
t_2 : 상승 후의 온도(℃)
α_1 : t_1에서의 저항온도계수

3) 절연저항 시험대상

절연 저항계	절연저항	대 상
직류 250V	0.1MΩ↑	• 1경계구역의 절연저항
직류 500V	5MΩ↑	• 자동화재속보설비 • 비상경보설비 • 누전경보기, 가스누설경보기 • 수신기 • 비상조명등, 유도등 (교류입력측과 외함간)
	20MΩ↑	• 발신기, 중계기, 경종, 비상콘센트 • 기기의 절연된 선로간 • 기기의 충전부와 비충전부간 • 기기의 교류입력측과 외함간 (비상조명등, 유도등 제외)
	50MΩ↑	• 감지기(정온식 감지선형 감지기 제외) • 10회로↑수신기, 가스누설경보기
	1,000MΩ↑	• 정온식 감지선형 감지기

• 감지기 측정위치 – 절연된 단자간, 단자와 외함간

4) 절연저항 판정기준

대지전압(V)	절연저항(MΩ)
150 이하	0.1 이상
150 초과 300 이하	0.2 이상
300 초과 400 미만	0.3 이상
400 이상	0.4 이상

73 전압강하

전기방식	전압강하(간이식) ①	전압강하(간이식) ②	전선 단면적
단상 3선식 직류 3선식 3상 4선식	$e_1 = \frac{17.8LI}{1,000A}$	$e_1 = IR$	$A = \frac{17.8LI}{1,000e_1}$
단상 2선식 직류 2선식	$e_2 = \frac{35.6LI}{1,000A}$	$e_2 = 2IR$	$A = \frac{35.6LI}{1,000e_2}$
3상 3선식	$e_3 = \frac{30.8LI}{1,000A}$	$e_3 = \sqrt{3}\,IR$	$A = \frac{30.8LI}{1,000e_3}$

유도 $e_1 = IR = I \times \rho\frac{L}{A} = I \times \frac{1}{58} \times \frac{100}{C} \times \frac{L}{A}$

$= I \times \frac{1}{58} \times \frac{100}{97} \times \frac{L}{A} = 0.0178 \times \frac{L}{A} = \frac{17.8LI}{1,000A}$

① 전압변동에 의한 부하전류의 변동을 고려한 경우
② 전압변동에 의한 부하전류의 변동을 무시한 경우

• 전압강하가 %로 주어지면 [V]로 수정
(ex. 24V 3%라면 $e = 24 \times 0.03 = 0.72$ [V])

• 전선굵기가 mm로 주어지면 $A = \pi r^2 = \frac{\pi}{4}d^2$로 수정

74 전선

1) 전선 종류

약호	명 칭	최고 허용 온도
OW	옥외용 비닐절연전선	60℃
DV	인입용 비닐절연전선	60℃
NR	450/750V 일반용 단심 비닐절연전선	70℃
HFIX	**450/750V 저독성 난연 가교폴리올레핀 절연전선**	90℃
NRI	300/500V 기기배선용 단심 비닐절연전선	90℃
CV	가교폴리에틸렌 절연비닐 외장케이블	90℃
MI	미네랄 인슐레이션 케이블	90℃
IH	하이파론 절연전선	95℃
FP	내화케이블	–
HP	내열전선	–
GV	접지용 비닐전선	–
E	접지선	–

2) 전선의 구비조건 및 전선 굵기 결정요소

전선의 구비조건	전선 굵기 결정요소
기계적 강도가 클 것 **도**전율이 클 것 **가**설이 쉽고 가격이 저렴할 것 **비**중이 작을 것 **내**구성이 좋을 것	**허**용전류 **기**계적 강도 **전**압강하 **전**력손실 **경**제성

3) 공칭단면적(IEC 규격에서는 ⓐ, ⓑ, ⓒ 삭제)

순서	(mm^2)	순서	(mm^2)	순서	(mm^2)	순서	(mm^2)
ⓐ	0.5	ⓖ	6	ⓜ	70	ⓢ	300
ⓑ	0.75	ⓗ	10	ⓝ	95	ⓣ	400
ⓒ	1.0	ⓘ	16	ⓞ	120	ⓤ	500
ⓓ	1.5	ⓙ	25	ⓟ	150		
ⓔ	2.5	ⓚ	35	ⓠ	185		
ⓕ	4	ⓛ	50	ⓡ	240		

4) 배선기입방법

16mm 후강전선관에 **1.5mm^2 450/750V 저독성 난연가교폴리올레핀 절연전선 4가닥**을 넣어 **천장은폐배선** 한다.

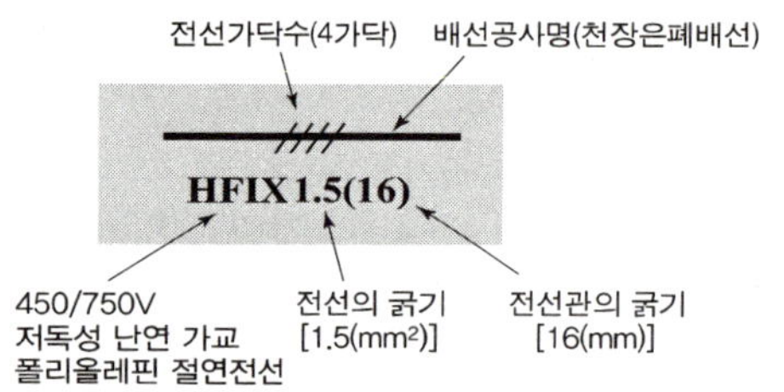

75 합성수지관 공사방법 및 금속관 비교

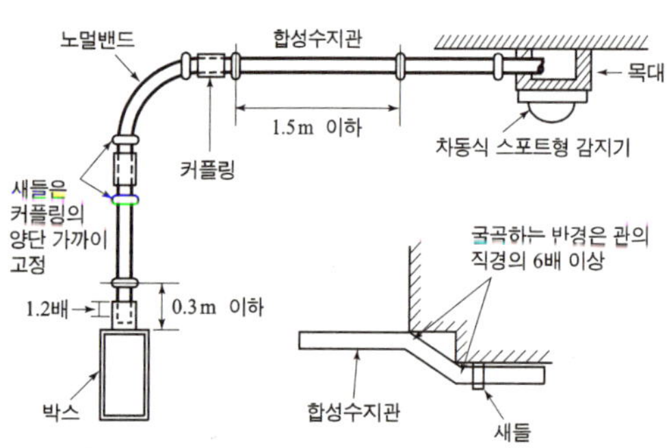

비 교	금속관(전선관)	합성수지관 (경질비닐전선관)
관의 길이	3.66m	4.0m
지지점간 거리	2m 이하	1.5m 이하

76 금속관공사 부품

명칭	설 명	형 태
유니언 커플링	**금속전선관 상호간을 접속** (관이 **고정**되어 있을 때 사용)	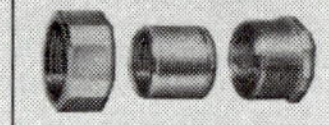
커플링	**금속전선관 상호간을 접속** (관이 **고정되어 있지 않을 때** 사용)	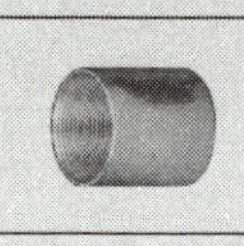
유니버셜 엘보	**노출배관공사**할 때 관을 **직각**으로 굽히는 곳에 사용	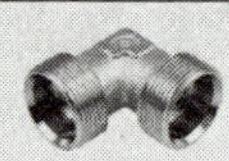
노멀밴드	**매입배관공사**할 때 관을 **직각**으로 굽히는 곳에 사용	
부싱	전선의 절연전선을 보호하기 위해 **금속관 끝**에 취부하여 사용	
로크너트	**금속관과 박스를 접속**할 때 사용되는 부품, 최소 2개를 사용	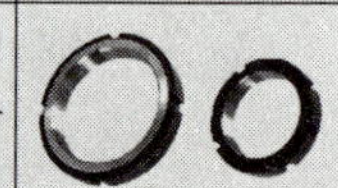
로크너트	**금속관과 박스를 접속**할 때 사용되는 부품, 최소 2개를 사용	
링리듀셔	금속관을 아웃렛박스에 로크너트만으로 고정하기 어려울 때 보조적으로 사용	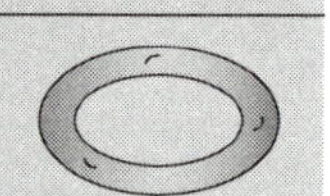
새들	관을 **지지**하는데 사용하는 부품	
리머	**금속관 말단의 모**를 다듬기 위한 기구	
파이프커터	금속관을 **절단**하는 기구	
환형 3방출 정션 박스	**배관 분기**용 박스	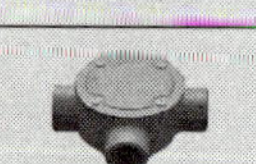

77 가요전선관공사 부품

명 칭	설 명	형 태
스트레이트 박스커넥터	**가요전선관과 박스의 연결**에 사용되는 부품	
콤비네이션 커플링	**가요전선관과 전선관의 연결**에 사용되는 부품	
스플리트 커플링	**가요전선관과 가요전선관의 연결**에 사용되는 부품	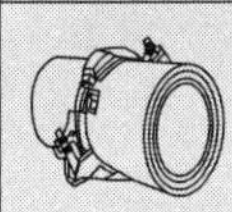

78 전선을 넣을 수 있는 단면적

저압 옥내배선 공사		전선을 넣을 수 있는 단면적
금속덕트		20% 이하
전선관 합성수지관	다른 굵기 전선	32% 이하
	동일 굵기 전선	48% 이하

79 접지

1) KEC 접지 시스템
   (1) 계통접지
      ① 전력계통 이상현상 대비 계통과 대지 접속
      ② TN, TT, IT 계통
   (2) 보호접지
      ① 감전보호목적 기기 한 점 이상 접지
      ② 등전위본딩
   (3) 피뢰시스템 접지
      ① 뇌격전류를 안전하게 방류하기 위한 접지
2) 접지/보호도체 최소단면적
   (1) 상도체 단면적 S(mm^2)에 따라
      ① $S \le 16$: S
      ② $16 < S \le 35$: 16
      ③ $35 < S$: S/2
   (2) 또는 차단시간 5초 이하
      ① $S = \dfrac{\sqrt{I^2 t}}{K}$

3) 접지저항 측정 장치
   (1) 접지저항계법(전자식)
   (2) 코올라우쉬(Kohlrausch) 브리지법

80 전동기 용량

1) 전동기 용량
   (1) 펌프
      ① $P = \dfrac{rQH}{102\eta}K = \dfrac{9.8QH}{\eta}K$ (kW), $Q(m^3/sec)$
      ② $P = \dfrac{0.163QH}{\eta} \times K$, $Q(m^3/min)$
   (2) 송풍기(거실)
      ① $P = \dfrac{9.8 \times 10^{-3} P_t Q}{\eta}K$, $Q(m^3/sec)$
      ② $P = \dfrac{0.163 \times 10^{-3} P_t Q}{\eta}K = \dfrac{P_t Q}{6120\eta}K$, $Q(m^3/min)$

2) 전동기 속도

동기 속도	회전 속도
$N_s = \dfrac{120f}{P}$ (rpm)	$N = \dfrac{120f}{P}(1-S)$ (rpm)
여기서, N_s : 동기속도 P : 극수 f : 주파수(Hz)	여기서, N : 회전속도 P : 극수 f : 주파수(Hz) S : 슬립

- **동기속도**와 **극수**는 **반비례**관계 $\left[N_s \propto \dfrac{1}{P(극수)}\right]$
- **회전수**와 **출력**은 **비례**관계 $[N_s \propto P(출력)]$

3) 절연물 최고허용온도

절연 종류	Y	A	E	B	F	H	C
최고허용 온도(℃)	90	105	120	130	155	180	180 초과

81 콘덴서

1) 역률 개선용 콘덴서 용량

$$Q_c = P(\tan\theta_1 - \tan\theta_2)\ (\text{kVA})$$

$$= P\left(\sqrt{\frac{1}{\cos^2\theta_1}-1} - \sqrt{\frac{1}{\cos^2\theta_2}-1}\right)$$

$$= P(\tan\cos^{-1}\cos\theta_1 - \tan\cos^{-1}\cos\theta_2)$$

2) [kVA] → [μF]로 변환

(1) 1상, 3상 Y결선 : $C = \dfrac{Q_c}{2\pi f V^2} \times 10^9 (\mu\text{F})$

(2) 3상 △결선 : $C = \dfrac{Q_c}{6\pi f V^2} \times 10^9 (\mu\text{F})$

3) 주변기기

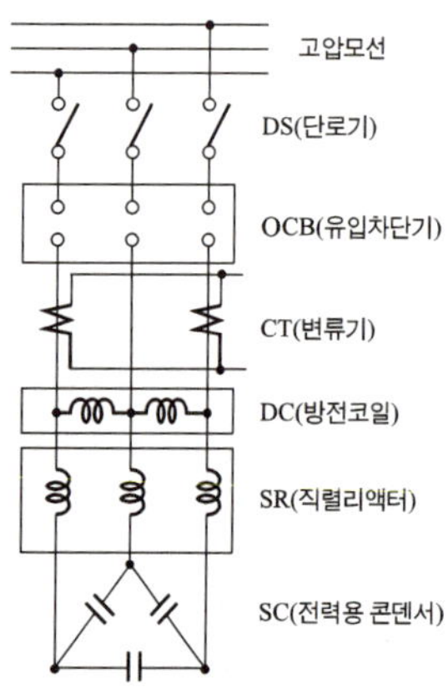

(1) 전력용 콘덴서 - 부하의 역률 개선
(2) 직렬리액터 - 제 5고조파 파형 개선
(3) 방전코일 - 투입시 과전압보호
개방시 잔류전하방전

82 전파정류회로(브리지정류회로)

다이오드	정류회로
2개	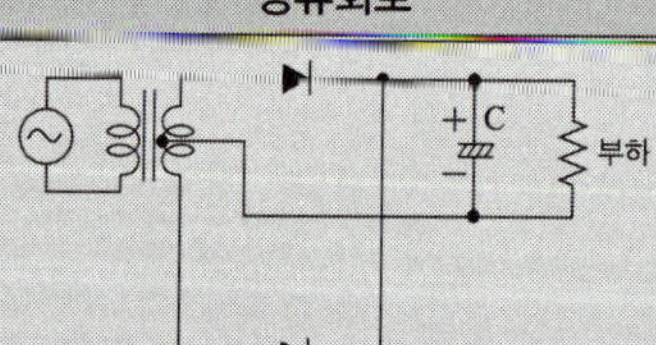
4개	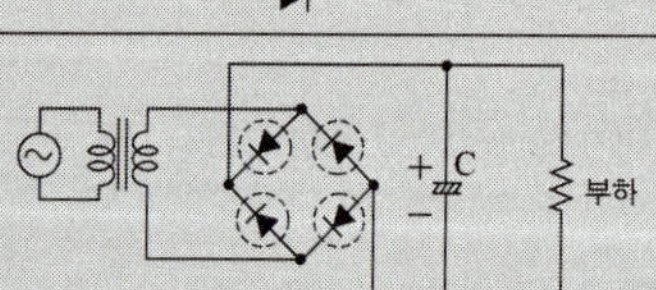

83 조명

1) 실지수 : $K = \dfrac{XY}{H(X+Y)}$

여기서, X : 가로의 길이(m)
Y : 세로의 길이(m)
H : 작업대에서 광원까지의 높이(m)

2) 광원의 등 개수 : FUN = DAE

여기서, F : 광속
U : 조명률
N : 등 개수
D : 감광보상률(D = 1/M, M : 유지율)
A : 면적
E : 조도

3) 수직조도와 경사조도

명칭	수직 조도	경사 조도
정의	광원으로부터 **수직인** 바닥면의 조도	광원으로부터 **경사진** 바닥면의 조도
구성도	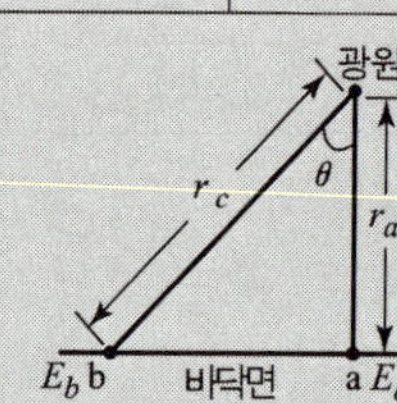	
수식	$E_a = \dfrac{I}{r_a^2}$ E_a : 수직 조도[lx] r_a : 수직 거리[m] I : 광도[cd]	$E_b = \dfrac{I\cos\theta}{r_c^2} = \dfrac{I\left(\dfrac{r_a}{r_c}\right)}{r_c^2}$ E_b : 수직 조도[lx] r_a : 수직 거리[m] r_c : 경사 거리[m] I : 광도[cd] θ : 각도

84 도면배선내역

구분	배선내역
자동화재탐지설비	회로선, 회로공통선, 경종선, 경종표시등공통선, 응답선, 표시등선
옥내소화전설비	기동, 정지, 공통, 기동확인표시등2(자동일 땐)
수신반 ↔ MCC	기동, 정지, 공통, 기동확인표등, 전원표시등(추가)
감지기	송배선 : Loop(2가닥), 기타(4가닥) / 교차회로방식 : Loop, 말단(4가닥), 기타(8가닥)

S/P

건식, 습식	
공통선	
유수검지스위치(PS)	Zone수 (V/V수)
사이렌	
밸브모니터링스위치(TS)	

[공/유,사,발]

[(감),원,화/A,B,SV,PS,TS,사,(수)]

일제살수식, 준비작동식	
감지기공통(조건)	
전원(+)	
전원(−)	
전화	
감지기 A	
감지기 B	
밸브기동(SV)	Zone수 (SVP)
밸브개방확인(PS)	
밸브주의(TS)	
사이렌	
수동기동(조건)	

가스계설비

수신반 ↔ RM	
전원(+)	
전원(−)	
방출지연스위치	
감지기공통(조건)	
복구스위치(조건)	
감지기 A	
감지기 B	
기동스위치	Zone수 (RM수)
사이렌	
방출표시등	
Door S/W(조건)	

수신반 ↔ 방제센터	
공통	
전원표시등	
화재표시등	
감지기 A	
감지기 B	Zone수 (RM수)
방출표시등	
수동기동스위치(조건)	

[전,방,(감),(복)/A,B,기,사,방,(Do)]

[공(중),전,화/A,B,방,(수)]

[공,A,B,방,(수)]

Package형	
공통	
감지기 A	Zone수 (Package)
감지기 B	
방출표시등	
수동기동스위치(조건)	

제연설비

전실제연설비(수신반 ↔ Damper)	
전원(+)	
전원(−)	
복구스위치(조건)	
감지기공통(조건)	
감지기(지구선)	
기동	
배기기동확인	Zone수 (Damper수)
급기기동확인	
수동기동확인	

상가제연설비(밀폐형)	
전원(+)	
전원(−)	
복구스위치(조건)	
감지기공통(조건)	
감지기(지구선)	Zone수 (Damper수)
기동	
기동확인	

[전,(복),(감)/지,기,배,급,수]

상가제연설비(개방형)	
전원(+)	
전원(−)	
복구스위치(조건)	
감지기공통(조건)	
감지기(지구선)	
배기기동	Zone수 (Damper수)
급기기동	
배기기동확인	
급기기동확인	

배연창설비

솔레노이드	
공통	
기동	Zone수
확인	

[공/기,확인]

[전,기,복구/확인]

Motor	
전원(+)	
전원(−)	
기동	
복구	
확인	Zone수

Zone수(전동구동장치)

자동방화문	
전원(+)(조건)	
전원(−)(조건)	
공통	
감지기(지구선)(조건)	Zone수 (층)
기동	
확인	

자동방화셔터	
공통	
감지기(지구선)	Zone수 (연동제어기)
기동	
확인	

[(전),공/,(감),기,확인]

[공/(감),기,확인]

85 시퀀스 제어의 기본 그림기호

번호	접점 명칭	기 능	그림 기호 a 접점	그림 기호 b 접점
1	전자접촉기 접점	주접점 : 전동기 개폐 보조접점 : 제어회로에 적용		
2	수동조작 자동복귀접점	조작 후에 손을 떼면 복귀하는 접점	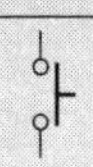	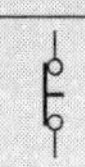
3	접점 또는 수동접점	조작을 가하면 그 상태를 유지하는 접점	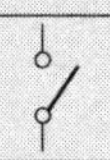	
4	계전기 또는 보조스위치접점	보조접점 : 제어회로에 적용	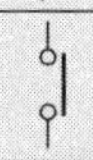	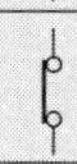
5	조작스위치 잔류접점	조작 후에 손을 떼면 상태를 유지하는 잔류접점	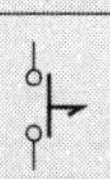	
6	기계적 접점	전기적 원인 이외의 원인에 의해 접점이 개폐되는 접점	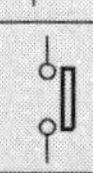	
7			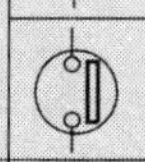	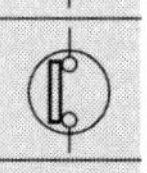
8	한시동작 (순시복귀)접점	동작시간이 늦은 타이머 접점(복귀는 순시에 접점 동작)		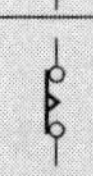
9	(순시동작) 한시복귀접점	복귀시간이 늦은 타이머 접점(동작은 순시에 접점 동작)		
10	수동복귀접점	수동으로 복귀시키는 것으로 전자석 복귀도 포함되는 접점	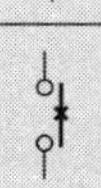	

86 부울대수의 정리

정리	논리합	논리곱
1(항등원)	$A+0=A$	$A\cdot 1=A$
2(한계)	$A+1=1$	$A\cdot 0=0$
3(동일)	$A+A=A$	$A\cdot A=A$
4(부정)	$A+\overline{A}=1$	$A\cdot\overline{A}=0$
5(교환)	$A+B=B+A$	$A\cdot B=B\cdot A$
6(결합)	$A+(B+C)=(A+B)+C$ $A\cdot(B\cdot C)=(A\cdot B)\cdot C$	
7(분배)	$A\cdot(B+C)=(A\cdot B)+(A\cdot C)$ $A+(B\cdot C)=(A+B)\cdot(A+C)$	
8(흡수)	$A+A\cdot B=A,\ A\cdot(A+B)=A$ $A\cdot\overline{B}+B=A+B,\ A+\overline{A}B=A+B$ $A+\overline{AB}=A+\overline{B},\ \overline{A}+AB=\overline{A}+B$	
9(드모르간)	$\overline{A+B}=\overline{A}\cdot\overline{B},\ \overline{A\cdot B}=\overline{A}+\overline{B}$	
10(자기쌍대)	$(A+B)(B+C)(C+A)=$ $A\cdot B+B\cdot C+C\cdot A$	
11(이중부정)	$\overline{\overline{A}}=A$	

87 논리회로

명칭	논리회로	시퀀스회로
AND회로 (직렬회로) (논리곱회로)	입력 A, B가 동시에 1일 때만 출력 X가 1	
	$X=A\cdot B$ 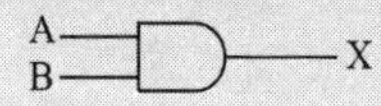	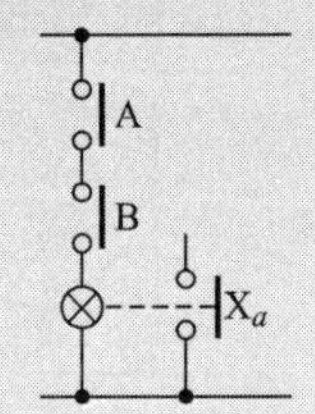
OR회로 (병렬회로) (논리합회로)	입력 A, B 중 어느 하나라도 1이면 출력 X가 1	
	$X=A+B$ 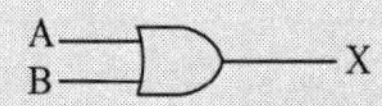	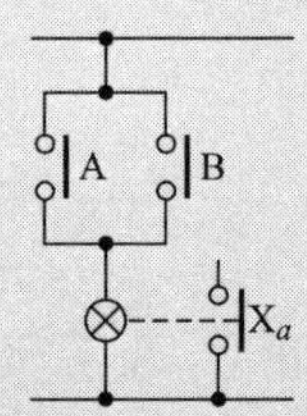
NOT회로 (B접점) (부정회로)	입력 A가 0일 때만 출력 X가 1	
	$X=\overline{A}$ 	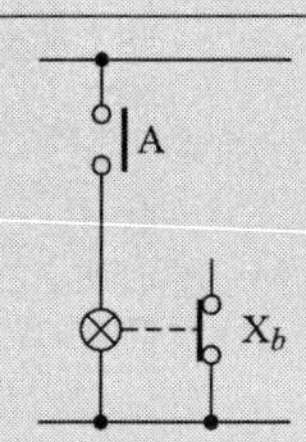
NAND회로	입력 A, B가 동시에 1일 때만 출력 X가 0 (AND회로의 부정)	
	$X=\overline{A\cdot B}=\overline{A}+\overline{B}$ 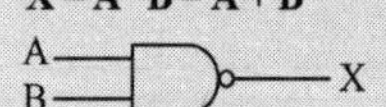	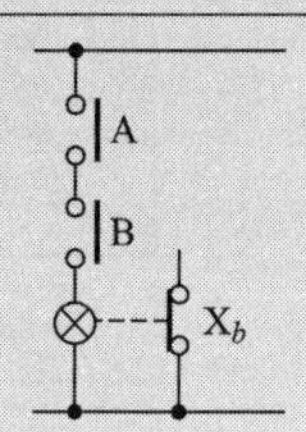
NOR회로	입력 A, B가 동시에 0일 때만 출력 X가 1 (OR회로의 부정)	
	$X=\overline{A+B}=\overline{A}\cdot\overline{B}$ 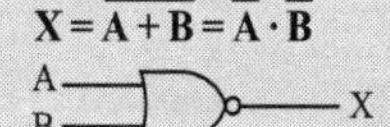	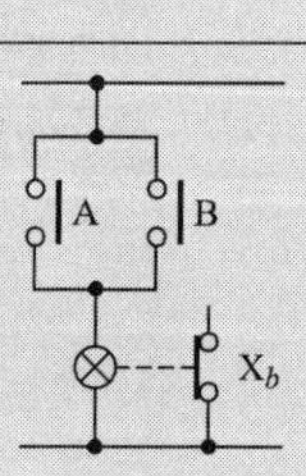

명칭	논리회로	시퀀스회로
Exclusive OR회로	입력 A, B 중 어느 한쪽만이 1이면 출력 X가 1 $X = A \oplus B = \overline{A}B + A\overline{B}$ 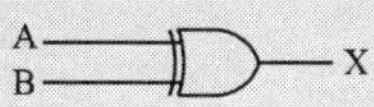	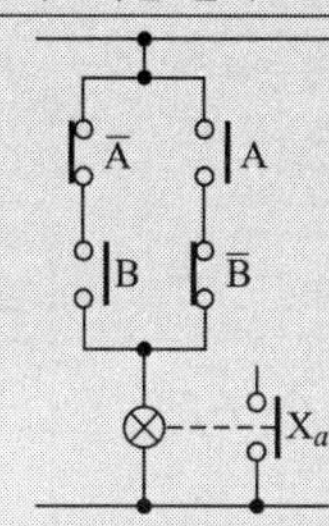
Exclusive NOR회로	입력 A, B가 동시에 0이거나 1일 때만 출력 X가 1 $X = \overline{A \oplus B} = AB + \overline{A}\,\overline{B}$ 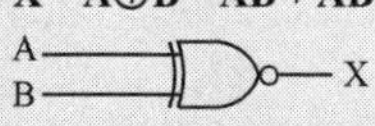	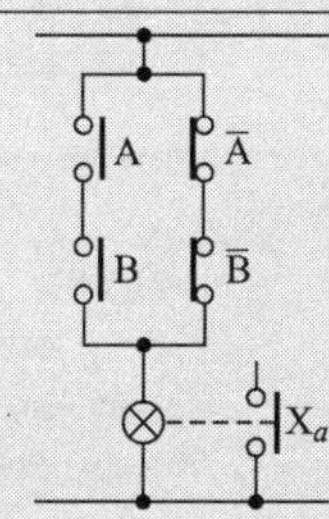

88 시퀀스 필수 암기사항

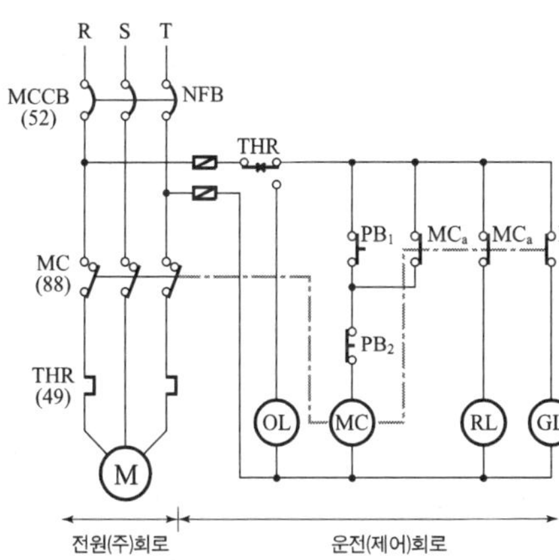

1) 전원회로 부품의 명칭, 기호, 번호, 역할을 암기할 것

명칭	기호	번호	역할
배선용 차단기	MCCB / NFB	52	과부하 단락사고시 전원차단(과부하 및 단락보호용)
전자 접촉기	MC	88	주전원 개폐용
열동 계전기	THR	49	전동기 과부하 보호용(수동복귀)
전자식 과전류 계전기	EOCR	49	전동기 과부하 보호용(수동복귀)

2) 전원(주)회로에서 MCCB 대신 NFB를 사용할 경우 분기선로에 Fuse를 삽입할 것
3) 운전(제어)회로 분기 시 서로 다른 상에서 분기할 것(일반적으로 R, T상에서 분기)
4) 전원(주)회로에 THR 표시가 있으면 운전(제어)회로에도 반드시 표시를 해줄 것
5) 도선이 교차할 경우 교차부분에 동그라미 '•'를 그린다. (예 : ┼)

89 3상 유도전동기 1개소 기동 운전회로(직입기동)

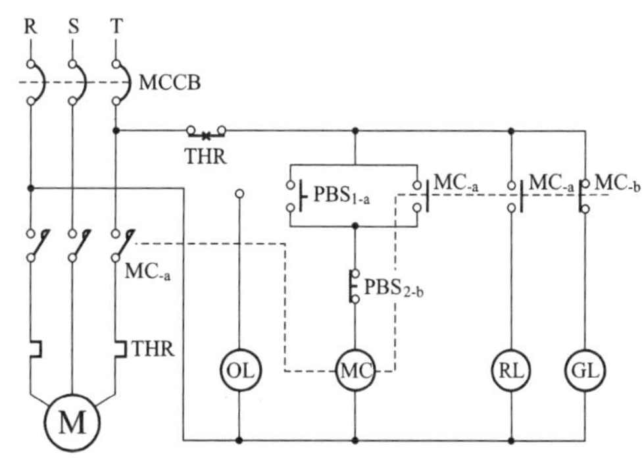

순서	동작설명
1	**전원 투입** • 배선용 차단기 MCCB를 투입한다. • 이 때 MC_{-b}접점을 통하여 정지 표시등 GL이 점등한다.
2	**기동 : PBS_{1-a}를 누른다.** • PBS_{1-a}를 누르면 MC가 여자되어 MC의 주 접점 MC_{-a}가 닫혀 전동기가 운전된다. • 동시에 MC의 보조접점 MC_{-a}가 닫혀 자기유지회로가 구성되고 운전 표시등 RL이 점등되며 MC_{-b}가 열려 GL이 소등된다.
3	**정지 : PBS_{2-b}를 누른다.** • PBS_{2-b}를 누르면 MC가 소자되어 주접점 MC_{-a}가 열려 전동기는 정지 • 동시에 보조접점 MC_{-a}접점이 열려 자기유지가 해제되고 RL이 소등되며 MC_{-b}접점이 닫혀 GL이 점등된다(원상태로 모두 복귀).
4	**과부하** • 정상운전 상태에서 과부하가 걸리면 열동계전기(THR)가 동작한다. 즉 THR_{-b} 접점이 열려 전원이 차단되고 MC가 소자되어 전동기는 정지하고 RL소등, 경고등 OL이 점등된다.

90 3상 유도전동기 2개소 기동 운전회로(직입기동)

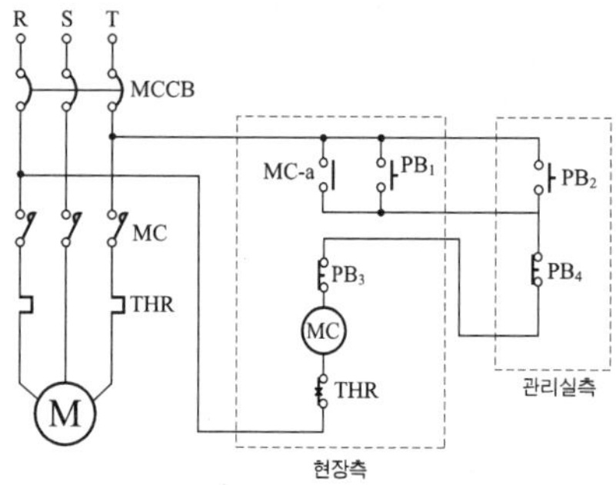

91 3상 유도전동기 정 · 역 운전회로

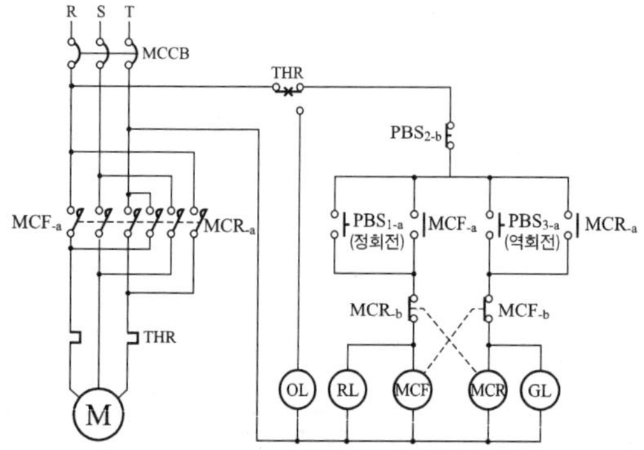

순서	동작설명
1	**전원 투입** • 배선용 차단기 MCCB를 투입한다.
2	**정회전 : PBS_{1-a}를 누른다.** • PBS_{1-a}를 누르면 MCF가 여자되어 MCF의 주접점 MCF_{-a}가 닫혀 전동기가 정회전 한다. • 동시에 MCF의 보조접점 MCF_{-a}가 닫혀 자기유지회로가 구성되고 정회전 운전 표시등 RL이 점등되며 MCF_{-b}가 열려 인터록이 구성되어 안전운전이 된다.
3	**정지 : PBS_{2-b}를 누른다.** • PBS_{2-b}를 누르면 회로가 차단되어 MCF가 소자되고 MCF의 주접점 MCF_{-a}가 열려 전동기가 정지되고 MCF의 보조접점 MCF_{-a}가 열려 자기유지회로가 해제되고 정회전 운전 표시등 RL이 소등된다.
4	**역회전 : PBS_{3-a}를 누른다.** • PBS_{3-a}를 누르면 MCR가 여자되어 MCR의 주접점 MCR_{-a}가 닫혀 전동기가 역회전 한다. • 동시에 MCR의 보조접점 MCR_{-a}가 닫혀 자기유지회로가 구성되고 역회전 운전 표시등 GL이 점등되며 MCR_{-b}가 열려 인터록이 구성되어 안전운전이 된다.
5	**과부하** • 정상운전 상태에서 과부하가 걸리면 열동계전기(THR)가 동작한다. 즉 THR_{-b} 접점이 열려 전원이 차단되고 MCF or MCR이 소자되어 전동기는 정지하고 RL 또는 GL 소등, 경고등 OL이 점등된다.

92 3상 유도전동기 Y-△ 운전회로

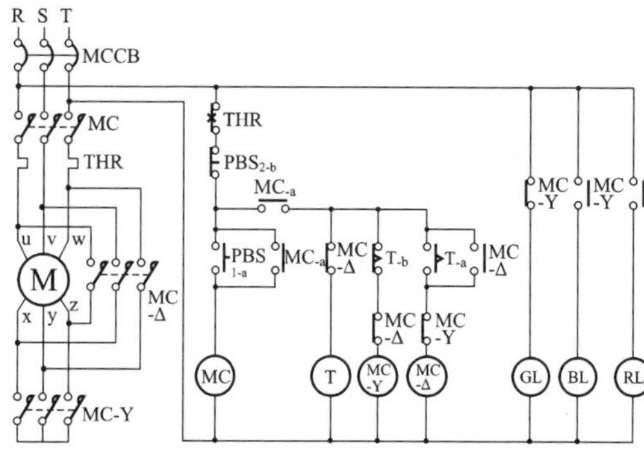

순서	동작설명
1	**전원 투입** • 배선용 차단기 MCCB를 투입한다. • 이 때 MC－Y b접점을 통하여 전원표시등 GL이 점등된다.
2	**Y기동 : PBS_{1-a}를 누른다.** • PBS_{1-a}를 누르면 MC가 여자되어 MC의 주접점이 닫힌다. • 동시에 MC의 보조접점 MC_{-a}가 닫혀 자기유지회로가 구성되고 타이머 T가 여자되며 MC－Y가 여자 된다. • 동시에 MC－Y의 주접점이 닫혀 Y기동하며 MC－Y의 보조접점 a접점이 닫혀 BL이 점등되고 b접점이 열려 GL이 소등된다. 또한, 보조접점 b접점이 열려 MC－△와 인터록이 유지되어 안전한 회로가 된다.
3	**타이머 작동** • 타이머의 설정시간 t가 지나면 타이머 T의 보조접점 T_{-b}가 열려 MC－Y는 소자되고 MC－Y의 주접점이 열려 Y기동이 정지되며 BL은 소등되고 GL은 점등된다. • 동시에 타이머 T의 보조접점 T_{-a}가 닫혀 MC－△는 여자된다.
4	**△운전** • 동시에 MC－△의 주접점이 닫혀 △운전되고 MC－△의 보조접점 a접점이 닫혀 자기유지회로를 구성하며 RL이 점등된다. 또한, 보조접점 b접점이 열려 MC－Y가 소자되어 MC－Y의 접점은 원상태로 복귀된다.
5	**정지 : PBS_{2-b}를 누른다.** • PBS_{2-b}를 누르면 전원이 차단되어 MC, MC－Y, MC－△가 소자되고 전동기는 정지하며 RL은 소등되고 GL은 점등된다.

번호	고려 사항
회로도1	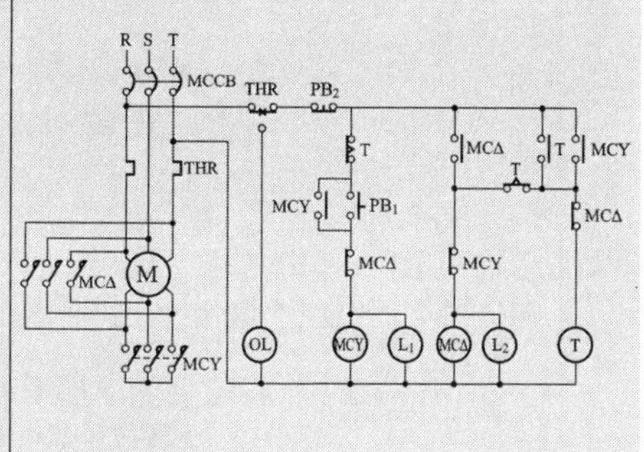
회로도2	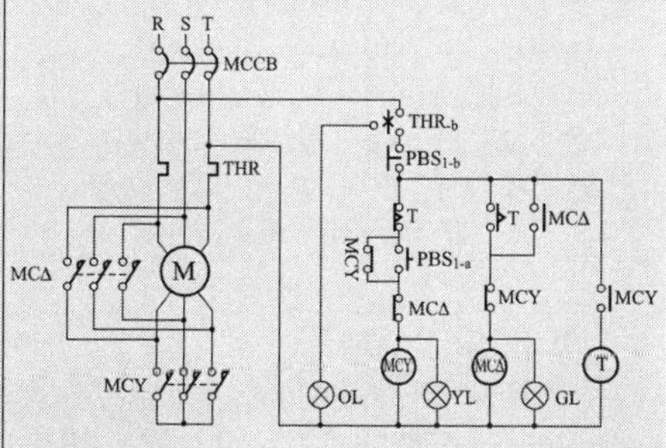
회로도3	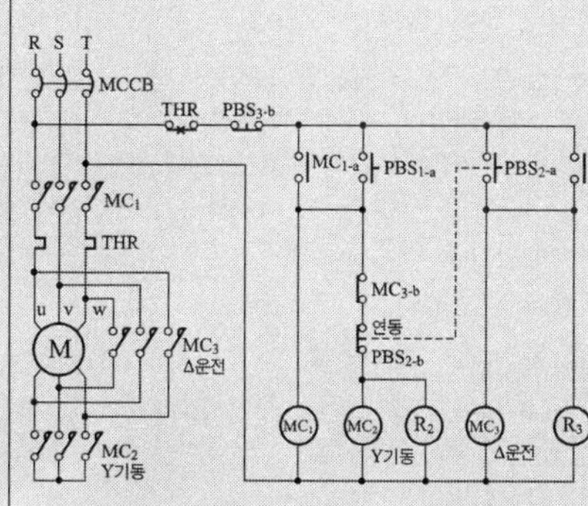
회로도4	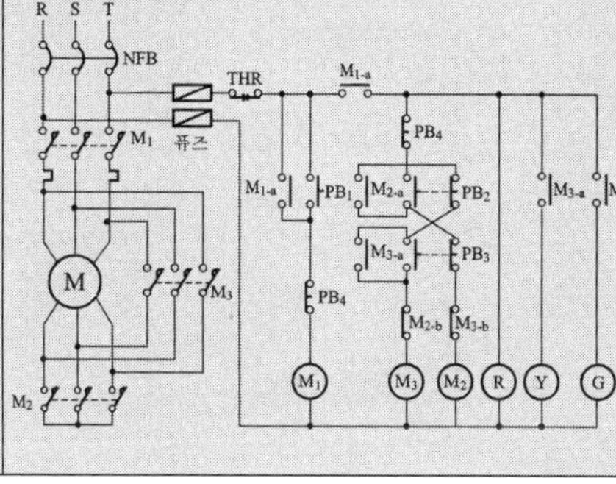
회로도5	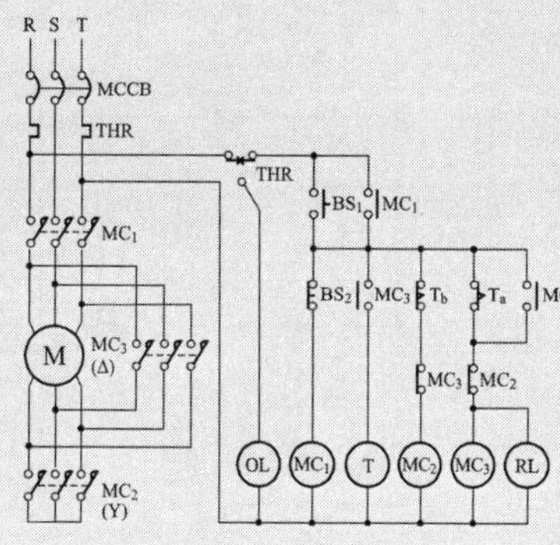
회로도6	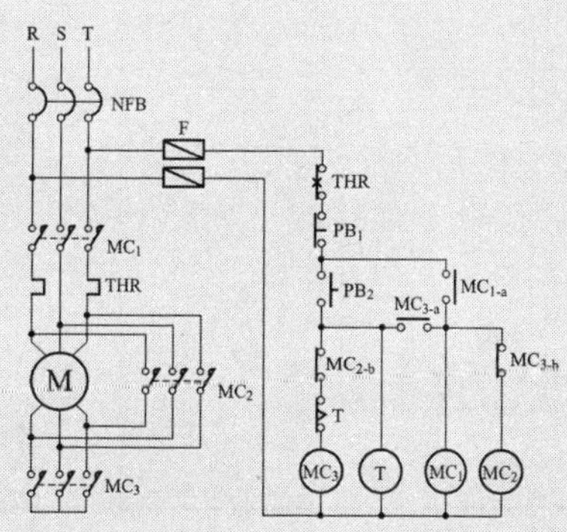
회로도7	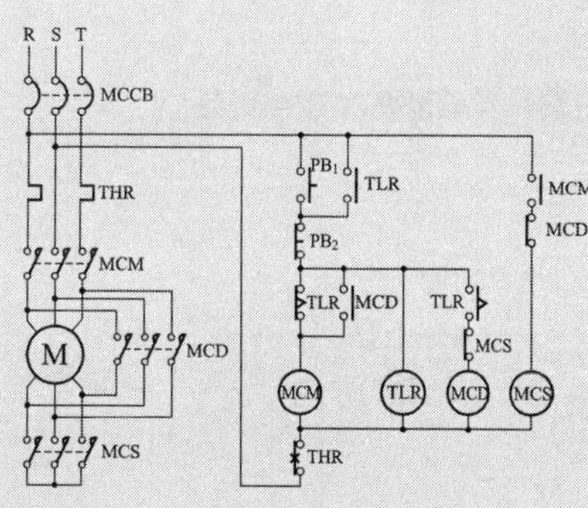
회로도8	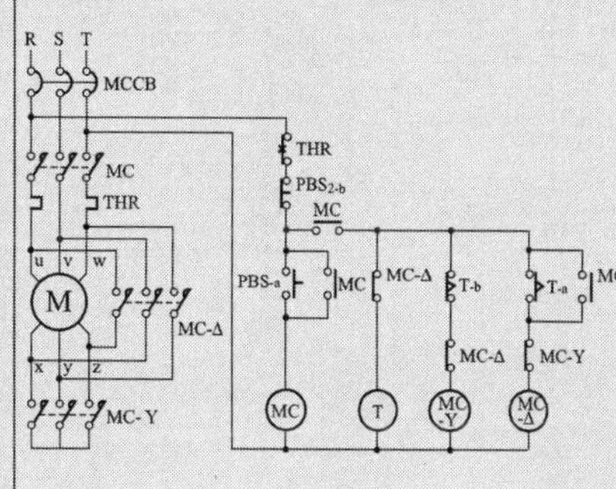

회로도9

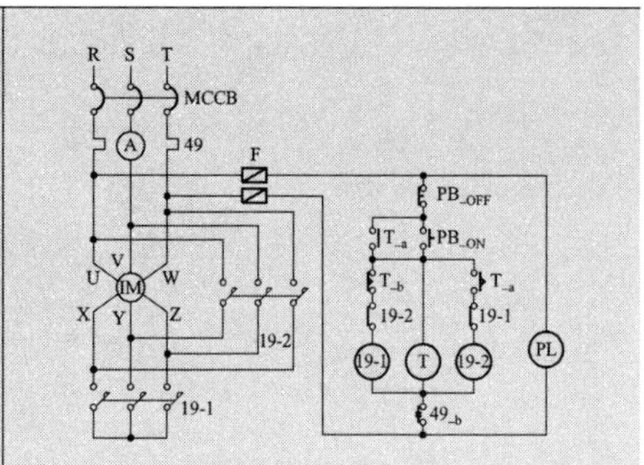

회로도10

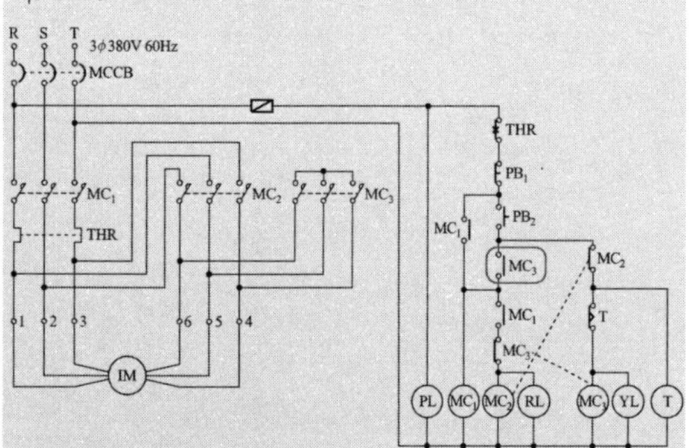

93 3상 유도전동기 양수회로

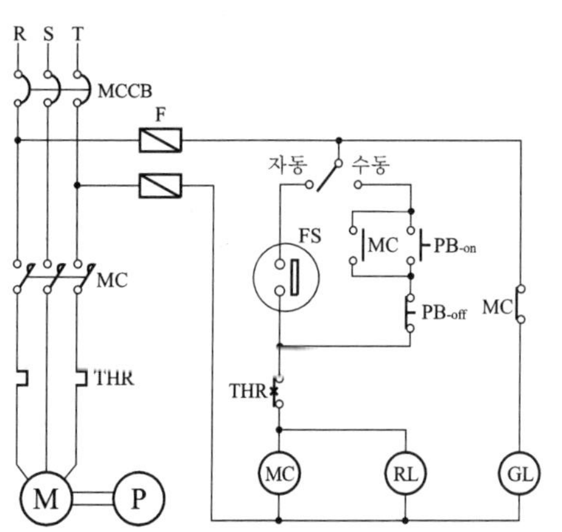

순서	동작설명
	수동 제어
1	**전원 투입** • 배선용 차단기 MCCB를 투입한다. • 이 때 MC(88)의 보조접점 b접점을 통하여 전원 표시등 GL이 점등된다.
2	**기동 : PB-on을 누른다.** • 선택스위치를 수동위치에 놓고, PB-on를 누르면 MC(88)가 여자되어 MC(88)의 주접점이 닫혀 전동기(M)가 회전한다. • 동시에 MC(88)의 보조접점 a접점이 닫혀 자기유지회로가 구성되고 운전표시등 RL이 점등되고 b접점이 열려 GL이 소등된다.
3	**정지 : PB-off을 누른다.** • PB-off를 누르면 MC(88)가 소자되어 MC(88)의 주접점이 열려 전동기(M)가 정지한다. • 동시에 MC(88)의 보조접점 a접점이 열려 자기유지회로가 해지되고 운전표시등 RL이 소등되고 b접점이 닫혀 GL이 점등된다.
	자동 제어
1	**전원 투입** • 배선용 차단기 MCCB를 투입한다. • 이 때 MC(88)의 보조접점 b접점을 통하여 전원표시등 GL이 점등된다.
2	**기동 : 저수위** • 선택스위치를 자동위치에 놓으면 저수위일 때 플로트 스위치(FS)가 폐로 되어 MC(88)가 여자되고 MC(88)의 주접점이 닫혀 전동기(M)가 회전한다. • 동시에 운전표시등 RL이 점등되고 b접점이 열려 GL이 소등된다.
3	**정지 : 고수위** • 고수위가 되면 플로트 스위치(FS)가 개로 되어 MC(88)의 주접점이 열려 전동기(M)가 정지한다. • 동시에 운전표시등 RL이 소등되고 b접점이 닫혀 GL이 점등된다.

94 3상 유도전동기 비상전원 전환회로

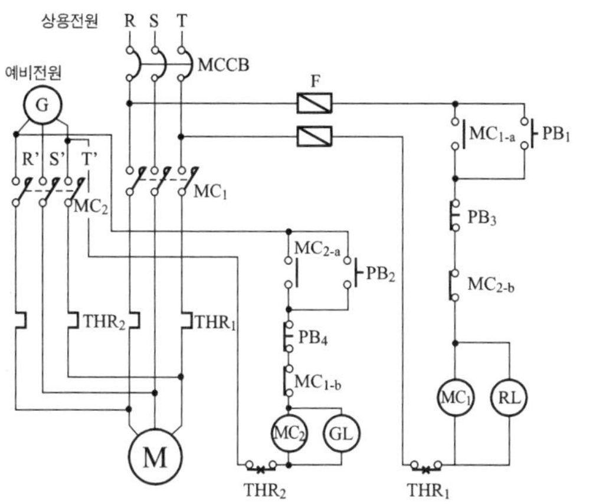

순서	동작설명
1	**상용전원 운전** • 배선용 차단기 MCCB를 투입하고 PB_1을 누르면 MC_1이 여자된다. • 이때 MC_1의 주접점이 닫혀 상용전원에 의해 전동기 M이 회전하고 동시에 보조접점 MC_{1-a}가 닫혀 자기유지회로가 구성되고 상용전원 운전표시등 RL이 점등되며, MC_{1-b}가 열려 MC_2가 동작되지 않도록 한다.
2	**상용전원 정지** • 상용전원 운전 중 PB_3을 누르면 MC_1이 소자되어 MC_1의 주접점이 열려 전동기는 정지하고, 보조접점들은 원상태로 복귀하며 RL은 소등된다.
3	**예비전원 운전** • 상용전원 정전 시 PB_2을 누르면 MC_2가 여자 된다. • 이때 MC_2의 주접점이 닫혀 예비전원에 의해 전동기 M이 회전하고 동시에 보조접점 MC_{2-a}가 닫혀 자기유지회로가 구성되고 예비전원 운전표시등 GL이 점등되며, MC_{2-b}가 열려 MC_1이 동작되지 않도록 한다.
4	**예비전원 정지** • 예비전원 운전 중 PB_4를 누르면 MC_2가 소자되어 MC_2의 주접점이 열려 전동기는 정지하고, 보조접점들은 원상태로 복귀하며 GL은 소등된다.
5	• 상용전원으로 다시 운전을 하려면 '1'의 절차를 따른다.

95 3상 유도전동기 교대운전 회로

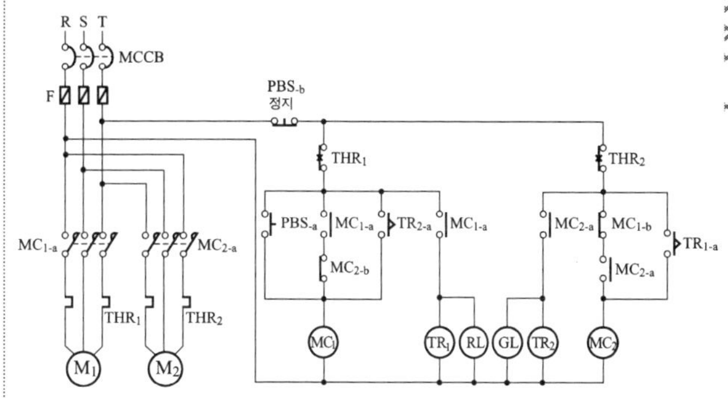

순서	동작설명
1	**전원 투입** • 배선용 차단기 MCCB를 투입한다.
2	**M_1 운전** • 기동 스위치 PBS_{-a}를 누르면 MC_1이 여자된다. • 이 때 주접점 MC_{1-a}가 닫혀 전동기 M_1이 운전되고 보조접점 MC_{1-a}가 닫혀 자기유지회로를 구성하며 타이머 TR_1이 여자되고 RL이 점등된다.
3	**타이머 T_1 운전** • 일정시간 t_1초 후 타이머 TR_1의 보조접점 TR_{1-a}가 닫혀 MC_2가 여자된다. • 이때 MC_2의 주접점 MC_{2-a}가 닫혀 전동기 M_2가 운전되고 보조접점 MC_{2-a}가 닫혀 자기유지회로를 구성하며 타이머 TR_2가 여자되고 GL이 점등된다. • 또한, MC_2의 보조접점 MC_{2-b}가 열려 전동기 M_1이 정지한다.
4	**타이머 T_2 운전** • 일정시간 t_2초 후 타이머 TR_2의 보조접점 TR_{2-a}가 닫혀 MC_1이 여자된다. • 이때 MC_1의 주접점 MC_{1-a}가 닫혀 전동기 M_1이 운전되고 보조접점 MC_{1-a}가 닫혀 자기유지회로를 구성하며 타이머 TR_1이 여자되고 RL이 점등된다. • 또한, MC_1의 보조접점 MC_{1-b}가 열려 전동기 M_2가 정지한다.

96 자동화재탐지설비 제어회로

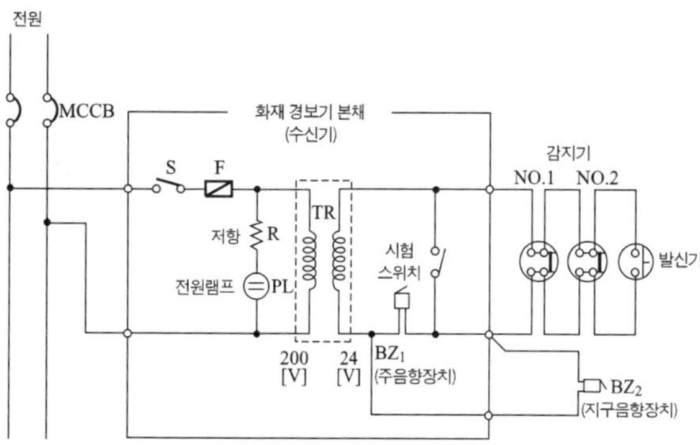

순서	동작설명
1	**전원 투입** • 수신기의 스위치 S를 투입하면 전원표시등 PL이 점등된다.
2	**감지기 작동** • 화재가 발생하여 주위 온도가 상승되거나 연기농도가 짙어지면 감지기(No.1~2)의 접점이 폐로가 되어 수신기의 주음향장치 BZ_1과 화재경계구역의 지구음향장치 BZ_2가 동시에 경보를 발한다.
3	**발신기 작동** • 사람이 화재를 발견했을 경우에는 발신기의 누름버튼 스위치를 눌러 접점이 폐로가 되어 수신기의 주음향장치 BZ_1과 화재 경계구역의 지구음향장치 BZ_2가 동시에 경보를 발한다.
4	**시험스위치 작동** • 자동화재탐지설비의 정상작동 유무를 판단하기위해 시험장치를 작동시키면 접점이 폐로가 되어 수신기의 주음향장치 BZ_1이 경보를 발한다.

소방시설 등을 개설, 이전, 정비 시 공사착공신고 대상 - [수.소.동]

① 수신반
② 소화펌프
③ 동력(감시) 제어반

무선통신보조설비 용어 정의

① 분배기 : Impedance Matching, 신호의 균등분배
② 분파기 : 서로 다른 주파수의 합성된 신호를 분리
③ 혼합기 : 2개 이상의 입력신호를 원하는 비율로 조합 출력
④ 무반사 종단저항 : 반사파를 '0'으로 하기 위해 케이블 끝에 연결하여 교신방해 방지
⑤ 누설동축케이블(LCX) : 특성 임피던스 50Ω

발전기 절연내력 시험 (전기설비기술기준의 판단기준 제14조)

시험 전압	시험 방법
최대사용전압 × 1.5배 (500V 미만은 500V)	권선과 대지 사이 연속 10분간 시험

옥내소화전설비 함의 재질 및 동력제어반

① 함의 재질 - 두께 **1.5mm 이상 강판, 4mm 이상 합성수지제**(문짝 $0.5m^2$ 이상)
② 동력제어반 - 적색, 표지부착, 두께 1.5mm 이상 강판 또는 동등이상 내열성능

준비작동식 밸브 설치 기기 및 기능

① 솔레노이드 밸브 = SV(Solenoid Valve) = 밸브 기동 - 준비작동식 밸브 작동용
② 압력스위치 = PS(Pressure Switch) = 밸브 개방확인 - 2차측 유수를 검지하여 수신기에 신호
③ 탬퍼스위치 = TS(Tamper Switch) = 밸브 주의 - 개폐밸브 폐쇄 확인용

가스계 설비 부속장치

부속장치	사이렌	방출표시등	수동조작함	비상스위치 (방출지연 S/W)
설치위치	실내	실외 출입구 위	실외 출입구 부근	수동식기동장치 부근
설치목적	음향 경보하여 실내인명 대피	소화약제 방출을 알려 외부인 출입금지	• 수동으로 자동문 폐쇄 • 약제방출 신호를 보내 화재진화	소화약제 방출지연

설비별 설치 높이

① 0.8m 이상 1.5m 이하 : 대부분 설비
② 1.0m 이하 : 복도통로유도등, 계단통로유도등
③ 1.5m 이하 : 거실통로유도등(기둥), 종단저항
④ 1.5m 이상 : 피난구 유도등, 거실통로유도등
⑤ 2.0m 이상 2.5m 이하 : 시각경보장치

설비별 음향장치

설비	자동화재탐지설비 비상경보설비	가스누설경보기			누전경보기	
		공업용	단독형, 영업용	고장표시용	음향장치	고장표시용
음량	90dB 이상	90dB 이상	70dB 이상	60dB 이상	70dB 이상	60dB 이상

본 도서에서 사용된 화살표 기호 설명

↥ : 초과 ↑ : 이상 ↓ : 이하 ↧ : 미만

소방청 고시 제2022-10호에 따른 자동화재탐지설비 배선 가닥수 산정 방법 [2022.5.9. 개정]

1. 개정사항

1) 4층 이상의 특정소방대상물에는 발신기와 전화통화가 가능한 수신기를 설치할 것 (NFSC 제5조제1항제2호 삭제)

➡ 자동화재탐지설비 배선내역에서 **전화선 삭제**[기본 가닥수 7가닥에서 **6가닥**(회로선, 회로공통선, 경종선, 경종표시등공통선, 응답선, 표시등선)으로 변경]

2) 화재로 인하여 하나의 층의 지구음향장치 또는 배선이 단락되어도 다른 층의 화재통보에 지장이 없도록 각 층 배선 상에 유효한 조치를 할 것 (NFSC 제5조제3항제9호 신설)

➡ 자동화재탐지설비 배선내역에서 조건에 따라 **경종선**과 **경종표시등공통선 가닥수가 상이함**(주의가 필요함!!)

(1) 유효한 조치(단락보호장치 설치)를 한 경우

① **경종표시등공통선을 1회로 사용하고 최소 가닥수 기준인 경우** <기존방식과 동일>

㉠ 경종표시등공통선은 1가닥으로 산정

㉡ 경종선은 일제경보방식인 경우 1가닥, 우선경보방식인 경우 층수로 산정

- 주의사항 : 우선경보방식이라도 지하층일 경우 1가닥으로 산정

❗ Point

답안 작성 시 **유효한 조치(단락보호장치 설치)**를 하였음을 **반드시 언급**해야 한다.

예1) 화재로 인하여 하나의 층의 지구음향장치 또는 배선이 단락되어도 다른 층의 화재통보에 지장이 없도록 **각 층 배선 상**에 유효한 조치(단락보호장치 설치)를 하였음.

예2) **각 층** 또는 **경종선의 각 회선마다** 배선용차단기(퓨즈)를 설치하였음.

② **경종표시등공통선을 1회로 사용하고 최소 가닥수 기준이 아닌 경우**

㉠ 경종표시등공통선은 1가닥으로 산정

㉡ 경종선은 층수가 증가함에 따라 1가닥씩 증가

- 주의사항 : 우선경보방식이라도 지하층일 경우 층수로 산정

❗ Point

답안 작성 시 **유효한 조치(단락보호장치 설치)**를 하였음을 **반드시 언급**해야 한다.

예1) **수신기**에 유효한 조치(단락보호장치 설치)를 하였음.

예2) **수신기**에 배선용차단기(퓨즈)를 설치하였음.

(2) 유효한 조치(단락보호장치 설치)를 하지 않은 경우, 또는 선로를 증설한 경우

① **경종표시등공통선을 1회로 사용하지 않는 경우**

㉠ 경종표시등공통선은 층수가 증가함에 따라 1가닥씩 증가

㉡ 경종선은 층수가 증가함에 따라 1가닥씩 증가

- 주의사항 : 우선경보방식이라도 지하층도 지상층과 동일하게 층수가 증가함에 따라 1가닥씩 증가

② **경종표시등공통선을 경종공통선, 표시등공통선으로 각각 사용하는 경우**

㉠ 경종선과 경종공통선은 층수가 증가함에 따라 각각 1가닥씩 증가

- 주의사항 : 우선경보방식이라도 지하층도 지상층과 동일하게 층수가 증가함에 따라 각각 1가닥씩 증가

㉡ 표시등선과 표시등공통선은 각각 1가닥으로 산정

Point
답안 작성 시 **유효한 조치(단락보호장치 설치)**를 하였음을 **언급하지 않음.**

3) 층수가 11층(공동주택의 경우에는 16층) 이상의 특정소방대상물은 다음 각 목에 따라 경보를 발할 수 있도록 하여야 한다. (NFSC 제8조제1항제2호 개정)

➡ 우선경보방식의 설치대상과 경보대상의 변경

구분		개정 전	개정 후
설치대상		지상 5층 이상 & 연면적 3,000m^2 초과 특정소방대상물	**11층(공동주택 16층) 이상** 특정소방대상물
경보대상	2층 이상	발화층, 직상층	발화층, **직상 4개** 층
	1층	발화층, 직상층, 지하층	발화층, **직상 4개** 층, 지하층
	지하층	발화층, 직상층, 기타 지하층	발화층, 직상층, 기타 지하층

2. 배선 계통도 계산 예제

<계통도 삽입>

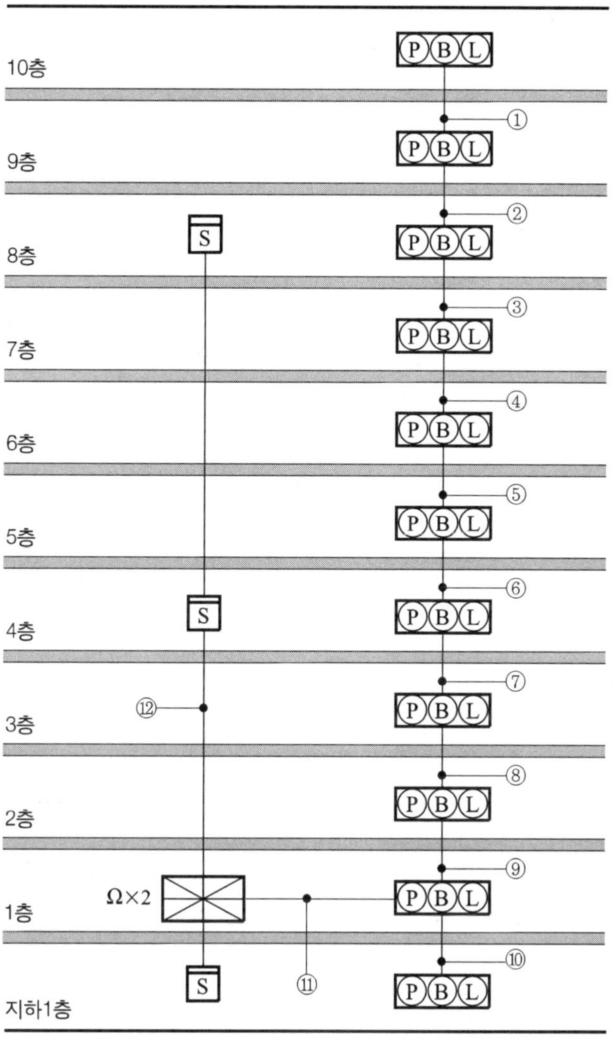

• S 는 계단이 있는 곳임.

2.1_유효한 조치(단락보호장치 설치)를 한 경우

1) 경종표시등공통선을 1회로 사용하고 최소 가닥수 기준인 경우

Exercise 1

다음은 자동화재탐지설비 계통도의 일부분이다. 조건을 참조하여 ①~⑫까지의 최소 가닥수를 산정하고 배선용도를 구하시오.

[조건]
① 각 층 배선 상에 유효한 조치(단락보호장치 설치)를 하였다.
② 경종표시등공통선은 1회로를 사용한다.
③ 최소 가닥수를 기준으로 한다.

Solution

기호	가닥수	배선용도
①	6	**회로선1, 공통선1, 경종선1, 경종표시등공통선1, 응답선1, 표시등선1**
②	7	회로선2, 공통선1, 경종선1, 경종표시등공통선1, 응답선1, 표시등선1
③	8	회로선3, 공통선1, 경종선1, 경종표시등공통선1, 응답선1, 표시등선1
④	9	회로선4, 공통선1, 경종선1, 경종표시등공통선1, 응답선1, 표시등선1
⑤	10	회로선5, 공통선1, 경종선1, 경종표시등공통선1, 응답선1, 표시등선1
⑥	11	회로선6, 공통선1, 경종선1, 경종표시등공통선1, 응답선1, 표시등선1
⑦	12	회로선7, 공통선1, 경종선1, 경종표시등공통선1, 응답선1, 표시등선1
⑧	14	**회로선8, 공통선2**, 경종선1, **경종표시등공통선1**, 응답선1, 표시등선1
⑨	15	회로선9, 공통선2, 경종선1, 경종표시등공통선1, 응답선1, 표시등선1
⑩	6	회로선1, 공통선1, 경종선1, 경종표시등공통선1, 응답선1, 표시등선1
⑪	17	회로선11, 공통선2, 경종선1, 경종표시등공통선1, 응답선1, 표시등선1
⑫	4	지구선2, 공통선2

Caution !

- 4층 이상의 특정소방대상물에는 발신기와 전화통화가 가능한 수신기를 설치할 것(NFSC 제5조제1항제2호 삭제) ➡ 자동화재탐지설비 배선내역에서 **전화선 삭제**[기본 가닥수 7가닥에서 **6가닥**(회로선, 회로공통선, 경종선, 경종표시등공통선, 응답선, 표시등선)으로 변경]
- 화재로 인하여 하나의 층의 지구음향장치 또는 배선이 단락되어도 다른 층의 화재통보에 지장이 없도록 각 층 배선 상에 유효한 조치를 할 것(NFSC 제5조제3항제9호 신설)이란 문구가 신설됨에 따라 **각 층 배선 상에 유효한 조치(단락보호장치 설치)를 하고 최소 가닥수 기준인 일제경보방식일 경우 경종표시등공통선**과 **경종선**은 **1가닥으로 산정**한다.
- 만약, 조건 ①이 주어지지 않는다면 상기 Solution과 같이 답변하고 '**조건 ①'을 답변에 언급**해주어야 한다.

2) 경종표시등공통선을 1회로 사용하고 최소 가닥수 기준이 아닌 경우

Exercise 2

다음은 자동화재탐지설비 계통도의 일부분이다. 조건을 참조하여 ①~⑫까지의 최소 가닥수를 산정하고 배선용도를 구하시오.

[조건]
① 수신기에 유효한 조치(단락보호장치 설치)를 하였다.
② 경종표시등공통선은 1회로를 사용한다.
③ 최소 가닥수 기준이 아니다. 또는 층수가 증가함에 따라 경종선이 1가닥씩 증가한다.

Solution

기호	가닥수	배선용도
①	6	회로선1, 공통선1, 경종선1, 경종표시등공통선1, 응답선1, 표시등선1
②	8	회로선2, 공통선1, **경종선2**, 경종표시등공통선1, 응답선1, 표시등선1
③	10	회로선3, 공통선1, 경종선3, 경종표시등공통선1, 응답선1, 표시등선1
④	12	회로선4, 공통선1, 경종선4, 경종표시등공통선1, 응답선1, 표시등선1
⑤	14	회로선5, 공통선1, 경종선5, 경종표시등공통선1, 응답선1, 표시등선1
⑥	16	회로선6, 공통선1, 경종선6, 경종표시등공통선1, 응답선1, 표시등선1
⑦	18	회로선7, 공통선1, 경종선7, 경종표시등공통선1, 응답선1, 표시등선1
⑧	21	**회로선8, 공통선2, 경종선8, 경종표시등공통선1**, 응답선1, 표시등선1
⑨	23	회로선9, 공통선2, 경종선9, 경종표시등공통선1, 응답선1, 표시등선1
⑩	6	회로선1, 공통선1, 경종선1, 경종표시등공통선1, 응답선1, 표시등선1
⑪	27	**회로선11, 공통선2, 경종선11, 경종표시등공통선1, 응답선1, 표시등선1**
⑫	4	지구선2, 공통선2

Caution !

- 만약, 조건 ①이 주어지지 않는다면 상기 Solution과 같이 답변하고 '**조건 ①'을 답변에 언급**해주어야 한다.
- 화재로 인하여 하나의 층의 지구음향장치 또는 배선이 단락되어도 다른 층의 화재통보에 지장이 없도록 각 층 배선 상에 유효한 조치를 할 것(NFSC 제5조제3항제9호 신설)이란 문구가 신설됨에 따라 **수신기에 유효한 조치(단락보호장치 설치)를 하고 최소 가닥수 기준이 아닌 일제경보방식일 경우 경종표시등공통선은 1가닥으로 산정**하고 **경종선**은 **층수가 증가함에 따라 1가닥씩 증가**해주어야 한다.

2.2_유효한 조치(단락보호장치 설치)를 하지 않은 경우, 또는 선로를 증설한 경우

1) 경종표시등공통선을 1회로로 사용하지 않는 경우

Exercise 2

다음은 자동화재탐지설비 계통도의 일부분이다. 조건을 참조하여 ①~⑫까지의 최소 가닥수를 산정하고 배선용도를 구하시오.

[조건]

① 유효한 조치(단락보호장치 설치)를 하지 않았다. 또는 조건이 주어지지 않음.

② 경종표시등공통선은 1회로를 사용하지 않는다.

Solution

기호	가닥수	배선용도
①	6	회로선1, 공통선1, 경종선1, 경종표시등공통선1, 응답선1, 표시등선1
②	9	**회로선2**, 공통선1, **경종선2**, **경종표시등공통선2**, 응답선1, 표시등선1
③	12	회로선3, 공통선1, 경종선3, 경종표시등공통선3, 응답선1, 표시등선1
④	15	회로선4, 공통선1, 경종선4, 경종표시등공통선4, 응답선1, 표시등선1
⑤	18	회로선5, 공통선1, 경종선5, 경종표시등공통선5, 응답선1, 표시등선1
⑥	21	회로선6, 공통선1, 경종선6, 경종표시등공통선6, 응답선1, 표시등선1
⑦	24	회로선7, 공통선1, 경종선7, 경종표시등공통선7, 응답선1, 표시등선1
⑧	28	**회로선8**, **공통선2**, **경종선8**, **경종표시등공통선8**, 응답선1, 표시등선1
⑨	31	회로선9, 공통선2, 경종선9, 경종표시등공통선9, 응답선1, 표시등선1
⑩	6	회로선1, 공통선1, 경종선1, 경종표시등공통선1, 응답선1, 표시등선1
⑪	37	**회로선11, 공통선2, 경종선11, 경종표시등공통선11, 응답선1, 표시등선1**
⑫	4	지구선2, 공통선2

Caution !

- 화재로 인하여 하나의 층의 지구음향장치 또는 배선이 단락되어도 다른 층의 화재통보에 지장이 없도록 각 층 배선 상에 유효한 조치를 할 것(NFSC 제5조제3항제9호 신설)이란 문구가 신설됨에 따라 **유효한 소치(단락보호장치 설치)를 하지 않을 경우 경종선**은 **층수가 증가함에 따라 1가닥씩 증가**해주어야 한다. 이때 주의할 사항은 우선경보방식이라도 **지하층도 지상층과 동일하게 층수가 증가함에 따라 1가닥씩 증가**해주어야 한다.

- 경종표시등공통선은 1회로로 사용하지 않으므로 **경종표시등공통선은 층수가 증가함에 따라 1가닥씩 증가**해주어야 한다.

2) 경종표시등공통선을 경종공통선, 표시등공통선으로 각각 사용하는 경우

Exercise 2

다음은 자동화재탐지설비 계통도의 일부분이다. 조건을 참조하여 ①~⑫까지의 최소 가닥수를 산정하고 배선용도를 구하시오.

[조건]

① 유효한 조치(단락보호장치 설치)를 하지 않았다. 또는 조건이 주어지지 않음.

② 경종표시등공통선은 경종공통선, 표시등공통선으로 각각 사용한다.

Solution

기호	가닥수	배선용도
①	7	회로선1, 공통선1, 경종선1, **경종공통선1**, 응답선1, 표시등선1, **표시등공통선1**
		회로선1, 공통선1, **경종선2**, 응답선1, 표시등선2
②	10	**회로선2**, 공통선1, **경종선2**, **경종공통선2**, 응답선1, **표시등선1**, **표시등공통선1**
③	13	회로선3, 공통선1, 경종선3, 경종공통선3, 응답선1, 표시등선1, 표시등공통선1
④	16	회로선4, 공통선1, 경종선4, 경종공통선4, 응답선1, 표시등선1, 표시등공통선1
⑤	19	회로선5, 공통선1, 경종선5, 경종공통선5, 응답선1, 표시등선1, 표시등공통선1
⑥	22	회로선6, 공통선1, 경종선6, 경종공통선6, 응답선1, 표시등선1, 표시등공통선1
⑦	25	회로선7, 공통선1, 경종선7, 경종공통선7, 응답선1, 표시등선1, 표시등공통선1
⑧	29	**회로선8, 공통선2, 경종선8, 경종공통선8, 응답선1, 표시등선1, 표시등공통선1**
⑨	32	회로선9, 공통선2, 경종선9, 경종공통선9, 응답선1, 표시등선1, 표시등공통선1
⑩	7	회로선1, 공통선1, 경종선1, 경종공통선1, 응답선1, 표시등선1, 표시등공통선1
⑪	38	**회로선11, 공통선2, 경종선11, 경종공통선11**, 응답선1, **표시등선1, 표시등공통선1**
⑫	4	지구선2, 공통선2

Caution !

- 자동화재탐지설비의 배선가닥수를 최소화하기 위해 일반적으로 경종선과 표시등은 경종표시등공통선으로 공통선을 묶어서 관리하는데 조건에서 경종공통선과 표시등공통선을 각각 별도의 공통선으로 사용한다고 하였으므로, 기호 ①번 배선용도에서 경종표시등공통선은 배선용도에서 빠지고 대신 경종공통선 1가닥, 표시등공통선 1가닥이 된다. 만약, 기호 ①번의 2번째 칸에서처럼 경종공통선, 표시등공통선이란 용어를 사용하지 않는다면 경종선과 경종공통선을 묶어서 경종선 2가닥, 표시등선과 표시등공통선을 묶어서 표시등선 2가닥으로 사용할 수 있다.

- <u>화재로 인하여 하나의 층의 지구음향장치 또는 배선이 단락되어도 다른 층의 화재통보에 지장이 없도록 각 층 배선 상에 유효한 조치를 할 것</u>(NFSC 제5조제3항제9호 신설)이란 문구가 신설됨에 따라 **유효한 조치(단락보호장치 설치)를 하지 않을 경우 경종선**과 **경종공통선**은 **층수가 증가함에 따라 각각 1가닥씩 증가**해주어야 한다. 이때 주의할 사항은 우선경보방식이라도 **지하층도 지상층과 동일하게 층수가 증가함에 따라 각각 1가닥씩 증가**해주어야 한다.

- **표시등선**과 **표시등공통선**은 다른 층의 화재통보와는 무관하므로 **각각 1가닥**으로 산정하면 된다.

독자 여러분께 알려드립니다.

▶ 본 서(書)의 전기설비 도면 부분 중 자동화재탐지설비의 해당 부분에 대해서 풀이 또는 해석을 할 때 조건에서 특별한 언급이 없는 경우 다음과 같은 기준을 적용하여 배선내역이 산정되었음을 알려드립니다.

[기준]

① 개정사항 1)의 내용을 반영하여 자동화재탐지설비의 배선내역에서 **전화선**을 **삭제**하였습니다.

② 개정사항 2)의 내용을 반영하기 위해 2) (1) ①의 내용인 **각 층 배선 상에 유효한 조치(단락 보호장치 설치)를 하고 경종표시등공통선을 1회로 사용하며 최소 가닥수 기준**을 적용한 것을 기본으로 하여 산정하였습니다.

CHAPTER 02

소방전기설비기사 과년도 문제분석

(1996년~2022년)

1 소방전기설비의 분류

1) 상세분류(대분류)

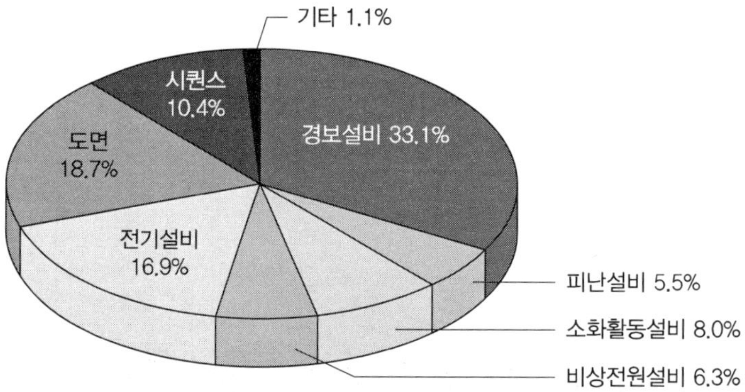

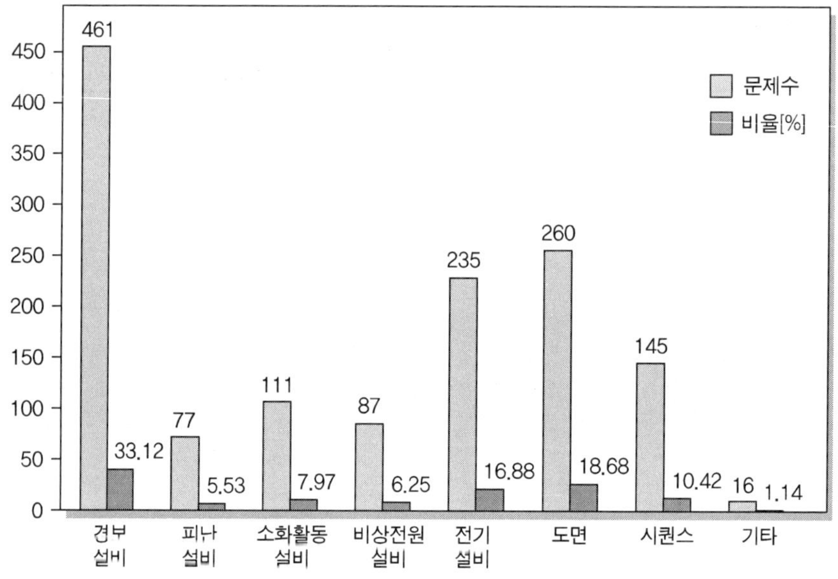

2) 상세분류(중분류)

소방전기설비기사 과년도 문제분석(1996~2022년)

소방시설의 분류			문제수	비율[%]
경보설비	자동화재탐지설비	경계구역	14	1.01
		감지기	210	15.09
		발신기	21	1.51
		중계기	11	0.79
		수신기	49	3.52
		음향장치	12	0.86
		표시등	1	0.07
		배선	26	1.87
		비화재보	6	0.43
		설치대상	2	0.14
		기타	6	0.43
		소계	**358**	**25.72**
	시각경보장치	설치기준	7	0.5
		설치대상	1	0.07
		소계	**8**	**0.57**
	자동화재속보설비	설치기준	**3**	**0.22**
	비상방송설비	설치기준	26	1.87
		음량조정기	7	0.5
		계통도	3	0.22
		기타	2	0.14
		소계	**38**	**2.73**
	누전경보기	설치기준	20	1.44
		구성	9	0.65
		수신부	4	0.29
		작동원리	5	0.36
		기타	5	0.36
		소계	**43**	**3.09**
	단독경보형감지기	설치기준	**3**	**0.22**
	가스누설경보기	설치기준	**8**	**0.57**
	합 계		**461**	**33.12**
피난설비	유도등	피난구유도등	15	1.08
		객석유도등	11	0.79
		통로유도등	7	0.5
		설치기준	10	0.72
		배선	21	1.51
		기타	1	0.07
		소계	**65**	**4.67**
	비상조명등	설치기준	**9**	**0.65**
	피난유도선	광원점등방식	1	0.07
		축광점등방식	2	0.14
		소계	**3**	**0.22**
	합 계		**77**	**5.53**

소방전기설비기사 과년도 문제분석(1996~2022년)

소방시설의 분류			문제수	비율[%]
소화활동설비	비상콘센트설비	설치기준	48	3.45
		계산	7	0.5
		계통도	1	0.07
		비상전원	1	0.07
		소계	**57**	**4.09**
	무선통신보조설비	설치기준	40	2.87
		배선기호	9	0.65
		누설동축케이블	5	0.36
		소계	**54**	**3.88**
	합 계		**111**	**7.97**
비상전원설비	설치대상		**10**	**0.72**
	자가발전설비	구비조건	4	0.29
		계산	8	0.57
		종합	9	0.65
		소계	**21**	**1.51**
	축전지설비	계산	21	1.51
		종합	26	1.87
		점검기구	2	0.14
		소계	**49**	**3.52**
	비상전원수전설비	수전방식	**3**	**0.22**
	UPS	명칭, 구성부품	**4**	**0.29**
	합 계		**87**	**6.25**
전기설비	기초	전력	16	1.15
		저항	17	1.22
		정전용량	1	0.07
		접지	9	0.65
		발전기반	3	0.22
		기타	1	0.07
		소계	**47**	**3.38**
	전압강하	계산	**27**	**1.94**
	전선	종류	3	0.22
		접속	1	0.07
		배선도	17	1.22
		소계	**21**	**1.51**
	저압옥내공사	금속관	36	2.59
		후강전선관	2	0.14
		가요전선관	7	0.5
		종합	1	0.07
		소계	**46**	**3.3**
	전동기	계산	63	4.53
		기타	3	0.22
		소계	**66**	**4.74**
	콘덴서	계산	8	0.57
		주변기기	3	0.22
		소계	**11**	**0.79**
	조명	계산	**7**	**0.5**
	전자회로	정류회로	**7**	**0.5**
	기타	영문약자표기	**3**	**0.22**
	합 계		**235**	**16.88**

소방전기설비기사 과년도 문제분석(1996~2022년)

소방시설의 분류			문제수	비율[%]
도면	자동화재탐지설비	계통도	29	2.08
		평면도	41	2.95
		계통도, 평면도	4	0.29
		발신기	13	0.93
		소계	**87**	**6.25**
	옥내소화전설비	계통도	6	0.43
	습식	계통도	7	0.5
		작동원리	2	0.14
		소계	**9**	**0.65**
	준비작동식	계통도	12	0.86
		평면도	16	1.15
		작동원리	4	0.29
		소계	**32**	**2.3**
	할론설비	계통도	4	0.29
		평면도	22	1.58
		계통도, 평면도	4	0.29
		종합	3	0.22
		기타	5	0.36
		소계	**38**	**2.73**
	CO_2	평면도	10	0.72
		기타	7	0.5
		소계	**17**	**1.22**
	제연설비	전실제연설비	10	0.72
		상가제연설비	5	0.36
		설치기준	2	0.14
		소계	**17**	**1.22**
	제연창설비	솔레노이드	7	0.5
		Motor구동	3	0.22
		구동방식	1	0.07
		설치기준	1	0.07
		소계	**12**	**0.86**
	자동방화문	계통도	5	0.36
	자동방화셔터	구조도	1	0.07
	3로스위치		3	0.22
	종합		33	2.37
	합 계		**260**	**18.68**

소방전기설비기사 과년도 문제분석(1996~2022년)

소방시설의 분류			문제수	비율[%]
시퀀스	무접점회로	논리식	9	0.65
		논리회로	42	3.02
		타임차트	3	0.22
		소계	**54**	**3.88**
	유접점회로	기동정지	29	2.08
		양수펌프	19	1.36
		정역회로	3	0.22
		Y-Δ회로	17	1.22
		상용예비전환	6	0.43
		인터록회로	5	0.36
		급수펌프	2	0.14
		타임차트	3	0.22
		비상방송설비	1	0.07
		릴레이회로	2	0.14
		기타	4	0.29
		소계	**91**	**6.54**
	합 계		**145**	**10.42**
기타			**16**	**1.15**

PART 2

연습문제 풀이 및 해설

CHAPTER 01

경보설비

과년도 문제분석

1. 상세분류

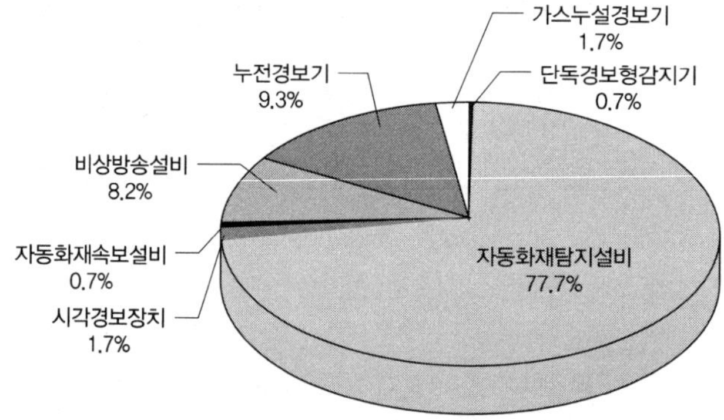

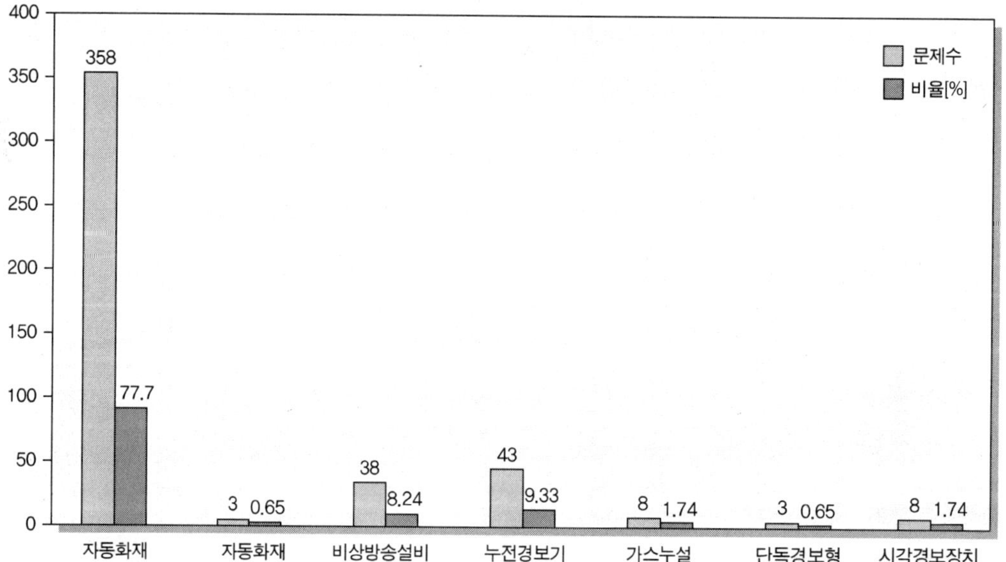

2. 문제유형

경보설비 과년도 문제분석(1996~2022년)

번호	출제년도	문항	시설분류	상세분류(대)	상세분류(중)	문제유형	회수	출제비율
1	2020.11.29	10	경보설비	가스누설경보기	설치기준	가스누설표시등, 구조용도구분, 탐지부	8	1.7%
2	2017.06.25	1	경보설비	가스누설경보기	설치기준	가스누설표시등, 축전지종류, 예비전원용량 등		
3	2013.04.21	9	경보설비	가스누설경보기	설치기준	가스누설표시등, 구조용도구분, 탐지부		
4	2010.04.17	13	경보설비	가스누설경보기	설치기준	가스누설표시등, 축전지종류, 예비전원용량 등		
5	2008.11.02	9	경보설비	가스누설경보기	설치기준	가스누설표시등, 예비전원용량, 절연저항		
6	2008.07.06	7	경보설비	가스누설경보기	설치기준	가스누설표시등, 경보기구		
7	2003.07.13	13	경보설비	가스누설경보기	설치기준	가스누설표시등, 예비전원용량, 절연저항		
8	2001.07.15	10	경보설비	가스누설경보기	설치기준	가스누설표시등, 축전지종류, 절연저항		
9	2020.05.24	5	경보설비	누전경보기	구성	구성요소와 기능	43	9.3%
10	2019.04.14	2	경보설비	누전경보기	구성	구성요소와 기능		
11	2014.11.01	1	경보설비	누전경보기	구성	구성요소와 기능		
12	2009.10.18	11	경보설비	누전경보기	구성	수신부(전원회로, ZNR 목적)		
13	2008.07.06	2	경보설비	누전경보기	구성	수신부(전원회로, ZNR 목적)		
14	2005.07.10	10	경보설비	누전경보기	구성	수신기 구조의 계통도		
15	2005.05.01	1	경보설비	누전경보기	구성	수신부 증폭방식 3가지		
16	2004.04.25	12	경보설비	누전경보기	구성	각 부 명칭		
17	2002.07.07	5	경보설비	누전경보기	구성	수신기 구조의 계통도		
18	2011.11.13	3	경보설비	누전경보기	기타	CT 100/5, 50VA 역할, 명칭		
19	2006.07.09	9	경보설비	누전경보기	기타	CT 100/5, 50VA 명칭, 역할		
20	2001.04.22	10	경보설비	누전경보기	기타	점검기구		
21	1999.09.19	13	경보설비	누전경보기	기타	누전경보기 설치위치		
22	1997.11.16	4	경보설비	누전경보기	기타	누전경보기 설치위치		
23	2022.05.07	3	경보설비	누전경보기	설치기준	설치기준(공칭작동전류, 감도조정장치, 절연저항)		
24	2021.11.13	4	경보설비	누전경보기	설치기준	설치기준(공칭작동전류 용어, 전류치)		
25	2021.07.10	6	경보설비	누전경보기	설치기준	설치기준(경계전로전류, 개폐기, 변류기 용어)		
26	2018.11.10	13	경보설비	누전경보기	설치기준	설치기준(경계전로전류, 개폐기 ZCT 명칭, 기능)		
27	2017.11.11	7	경보설비	누전경보기	설치기준	설치기준(틀린 부분, 접지, 경계전로전류 등)		
28	2011.05.01	8	경보설비	누전경보기	설치기준	설치기준(틀린 부분, 접지, 경계전로전류 등)		
29	2010.10.30	17	경보설비	누전경보기	설치기준	설치기준(명칭, 경계전로전류, 공칭작동전류 등)		
30	2006.11.05	1	경보설비	누전경보기	설치기준	설치기준(경계전로전류, 몇종접지)		
31	2006.04.23	1	경보설비	누전경보기	설치기준	설치기준, 잘못된 회로 수정		
32	2005.10.23	5	경보설비	누전경보기	설치기준	설치기준, 잘못된 회로 수정		
33	2004.07.04	6	경보설비	누전경보기	설치기준	경계전로 등		
34	2002.10.27	4	경보설비	누전경보기	설치기준	설치기준, 잘못된 회로 수정		
35	2002.04.21	2	경보설비	누전경보기	설치기준	설치기준(명칭, 경계전로전류, 공칭작동전류 등)		
36	2000.11.12	9	경보설비	누전경보기	설치기준	설치기준, 잘못된 회로 수정		
37	2000.04.23	4	경보설비	누전경보기	설치기준	설치기준(경계전로전류, 몇종접지)		
38	1999.11.21	4	경보설비	누전경보기	설치기준	설치기준, 잘못된 회로 수정		
39	1998.08.30	9	경보설비	누전경보기	설치기준	설치기준(명칭, 경계전로전류, 공칭작동전류 등)		
40	1998.02.30	9	경보설비	누전경보기	설치기준	설치기준(틀린 곳, 접지, 경계전류, 공칭작동전류)		

번호	출제년도	문항	시설분류	상세분류(대)	상세분류(중)	문제유형	회수	출제비율
41	1996.09.01	5	경보설비	누전경보기	설치기준	설치기준(명칭, 경계전로전류, 공칭작동전류 등)		
42	1996.05.19	7	경보설비	누전경보기	설치기준	설치기준(틀린 곳, 접지, 동선직결이유)		
43	2000.02.20	8	경보설비	누전경보기	수신부	시험종류		
44	1997.08.24	6	경보설비	누전경보기	수신부	측정개소, 절연저항 사용기기, 판정기준		
45	1997.05.11	12	경보설비	누전경보기	수신부	수신부(전원회로, ZNR 목적)		
46	1996.09.01	6	경보설비	누전경보기	수신부	시험종류	43	9.3%
47	2020.10.17	18	경보설비	누전경보기	작동원리	감지원리 설명		
48	2016.11.12	8	경보설비	누전경보기	작동원리	감지원리 설명		
49	2009.04.19	4	경보설비	누전경보기	작동원리	감지원리 설명		
50	1998.08.30	12	경보설비	누전경보기	작동원리	감지원리 설명		
51	2009.07.05	4	경보설비	누전경보기	작동원리	작동순서 표기		
52	2021.07.10	9	경보설비	단독경보형	설치기준	설치기준		
53	2016.04.17	3	경보설비	단독경보형	설치기준	설치기준	3	0.7%
54	2014.11.01	6	경보설비	단독경보형	설치기준	설치기준		
55	2022.05.07	6	경보설비	비상방송설비	기타	용어(확성기, 음량조절기, 증폭기)		
56	2015.04.19	16	경보설비	비상방송설비	기타	AMP와 스피커 간 임피던스 매칭순서		
57	2017.06.25	6	경보설비	비상방송설비	계통도	배선가닥수, 배선내역		
58	2012.07.08	16	경보설비	비상방송설비	계통도	배선가닥수, 배선내역		
59	2009.07.05	14	경보설비	비상방송설비	계통도	배선가닥수, 배선내역		
60	2022.07.24	4	경보설비	비상방송설비	설치기준	설치기준(확성기, 음량조정기, 조작스위치)		
61	2021.07.10	2	경보설비	비상방송설비	설치기준	설치기준(확성기, 음량조정기, 방송개시시간 등)		
62	2020.11.29	1	경보설비	비상방송설비	설치기준	설치기준(확성기, 음량조정기, 조작스위치, 증폭기)		
63	2019.06.29	10	경보설비	비상방송설비	설치기준	설치기준(확성기, 우선경보방식, 방송개시시간)		
64	2018.11.10	3	경보설비	비상방송설비	설치기준	설치기준(확성기, 음량조정기, 조작스위치)		
65	2018.11.10	12	경보설비	비상방송설비	설치기준	설치기준(우선경보방식)		
66	2014.11.01	7	경보설비	비상방송설비	설치기준	설치기준(확성기, 방송개시시간, 우선경보방식)		
67	2014.04.20	9	경보설비	비상방송설비	설치기준	설치기준(확성기, 음량조정기, 방송개시시간 등)		
68	2013.07.14	15	경보설비	비상방송설비	설치기준	설치기준(확성기, 음량조정기, 방송개시시간 등)		
69	2012.11.03	6	경보설비	비상방송설비	설치기준	설치기준(경보방식, 확성기, 조작스위치)		
70	2011.05.01	6	경보설비	비상방송설비	설치기준	설치기준(음량조정기, 조작스위치, 방송개시시간)	38	8.2%
71	2006.11.05	4	경보설비	비상방송설비	설치기준	설치기준(확성기, 음량조정기, 스위치높이 등)		
72	2006.07.09	1	경보설비	비상방송설비	설치기준	설치기준(우선경보방식, 확성기, 스위치높이 등)		
73	2005.10.23	2	경보설비	비상방송설비	설치기준	설치기준(계통도, 음량조정기, 확성기)		
74	2005.07.10	13	경보설비	비상방송설비	설치기준	설치기준(확성기, 음량조정기, 방송개시시간 등)		
75	2004.07.04	10	경보설비	비상방송설비	설치기준	확성기 음성입력, 방송개시시간, 우선경보방식		
76	2003.04.20	13	경보설비	비상방송설비	설치기준	설치기준(계통도, 음량조정기, 확성기)		
77	2002.10.27	2	경보설비	비상방송설비	설치기준	설치기준(확성기, 음량조정기)		
78	2002.07.07	4	경보설비	비상방송설비	설치기준	설치기준(음량조정기, 우선경보방식, 발신기)		
79	2002.04.21	9	경보설비	비상방송설비	설치기준	설치기준(확성기, 음량조정기, 방송개시시간 등)		
80	2000.02.20	12	경보설비	비상방송설비	설치기준	설치기준(확성기, 음량조정기, 방송개시시간 등)		
81	1999.09.19	3	경보설비	비상방송설비	설치기준	설치기준(음량조정기, 조작스위치높이, 확성기 등)		
82	1998.08.30	3	경보설비	비상방송설비	설치기준	설치기준(우선경보방식, 확성기, 스위치높이 등)		
83	1998.02.29	8	경보설비	비상방송설비	설치기준	설치기준(조작스위치, 음량조정기, 우선경보방식)		
84	1997.08.24	3	경보설비	비상방송설비	설치기준	설치기준(방송개시시간, 우선경보방식, 확성기)		
85	1996.09.01	9	경보설비	비상방송설비	설치기준	설치기준(확성기, 음량조정기, 방송개시시간 등)		

번호	출제년도	문항	시설분류	상세분류(대)	상세분류(중)	문제유형	회수	출제비율
86	2022.05.07	7	경보설비	비상방송설비	음량조정기	결선도		
87	2021.07.10	17	경보설비	비상방송설비	음량조정기	결선도		
88	2019.04.14	14	경보설비	비상방송설비	음량조정기	결선도		
89	2012.11.03	11	경보설비	비상방송설비	음량조정기	결선도	38	8.2%
90	2010.07.04	18	경보설비	비상방송설비	음량조정기	결선도		
91	2004.04.25	9	경보설비	비상방송설비	음량조정기	결선도		
92	1997.11.16	11	경보설비	비상방송설비	음량조정기	결선도		
93	2020.11.15	8	경보설비	시각경보장치	설치기준	설치기준		
94	2020.05.24	10	경보설비	시각경보장치	설치기준	설치기준		
95	2019.04.14	16	경보설비	시각경보장치	설치기준	설치기준		
96	2017.06.25	4	경보설비	시각경보장치	설치기준	설치기준	8	1.7%
97	2016.06.26	13	경보설비	시각경보장치	설치기준	설치기준		
98	2015.07.12	8	경보설비	시각경보장치	설치기준	설치기준		
99	2017.11.11	5	경보설비	시각경보장치	설치기준	시각경보기를 설치해야 할 특정소방대상물		
100	2020.07.25	17	경보설비	자속설비	설치기준	설치기준(절연저항)		
101	2012.07.08	14	경보설비	자속설비	설치기준	설치기준(속보기)	3	0.7%
102	1998.08.30	7	경보설비	자속설비	설치기준	설치기준(속보기)		
103	2015.04.19	13	경보설비	자탐설비	감지기	1개의 경계구역		
104	2013.07.14	2	경보설비	자탐설비	감지기	1개의 경계구역		
105	2011.05.01	3	경보설비	자탐설비	감지기	1개의 경계구역		
106	2010.07.04	8	경보설비	자탐설비	감지기	1개의 경계구역		
107	2010.04.17	18	경보설비	자탐설비	감지기	1개의 경계구역		
108	2009.07.05	16	경보설비	자탐설비	감지기	1개의 경계구역		
109	2007.11.04	8	경보설비	자탐설비	감지기	1개의 경계구역		
110	2007.04.22	12	경보설비	자탐설비	감지기	1개의 경계구역		
111	2006.07.09	3	경보설비	자탐설비	감지기	1개의 경계구역		
112	2005.07.10	8	경보설비	자탐설비	감지기	1개의 경계구역		
113	2004.10.31	11	경보설비	자탐설비	감지기	1개의 경계구역		
114	2004.04.25	10	경보설비	자탐설비	감지기	1개의 경계구역		
115	2003.04.27	6	경보설비	자탐설비	감지기	1개의 경계구역		
116	2002.07.07	12	경보설비	자탐설비	감지기	1개의 경계구역	358	77.7%
117	2002.04.21	4	경보설비	자탐설비	감지기	1개의 경계구역		
118	2001.04.22	1	경보설비	자탐설비	감지기	1개의 경계구역		
119	1999.05.30	12	경보설비	자탐설비	감지기	1개의 경계구역		
120	1998.11.15	1	경보설비	자탐설비	감지기	1개의 경계구역		
121	1998.08.30	6	경보설비	자탐설비	감지기	1개의 경계구역		
122	1998.05.10	9	경보설비	자탐설비	감지기	1개의 경계구역		
123	1997.11.16	5	경보설비	자탐설비	감지기	1개의 경계구역		
124	1996.11.17	6	경보설비	자탐설비	감지기	1개의 경계구역		
125	1996.09.01	11	경보설비	자탐설비	감지기	1개의 경계구역		
126	1996.05.19	2	경보설비	자탐설비	감지기	1개의 경계구역		
127	2020.11.29	7	경보설비	자탐설비	감지기	1개의 경계구역(1개의 최대바닥면적)		
128	2020.05.24	11	경보설비	자탐설비	감지기	1개의 경계구역(1개의 최대바닥면적)		
129	2019.11.09	10	경보설비	자탐설비	감지기	1개의 경계구역(1개의 최대바닥면적)		
130	2019.06.29	4	경보설비	자탐설비	감지기	1개의 경계구역(1개의 최대바닥면적)		

번호	출제년도	문항	시설분류	상세분류(대)	상세분류(중)	문제유형	회수	출제비율
131	2017.06.25	12	경보설비	자탐설비	감지기	1개의 경계구역(1개의 최대바닥면적)		
132	2022.11.19	11	경보설비	자탐설비	감지기	1개의 경계구역(1개의 최대바닥면적), 감지기 배치		
133	2015.07.12	2	경보설비	자탐설비	감지기	1개의 경계구역, 감지기 배치		
134	2017.11.11	12	경보설비	자탐설비	감지기	1개의 경계구역, 건물 경계구역		
135	2013.11.09	3	경보설비	자탐설비	감지기	1개의 경계구역, 건물 경계구역		
136	2013.04.21	4	경보설비	자탐설비	감지기	1개의 경계구역, 건물 경계구역		
137	2016.06.26	15	경보설비	자탐설비	감지기	1개의 최대바닥면적		
138	2022.07.24	2	경보설비	자탐설비	감지기	1개의 최대바닥면적(차동식, 광전식스포트형 2종)		
139	2021.11.13	14	경보설비	자탐설비	감지기	1개의 최대바닥면적(차동식, 광전식스포트형 2종)		
140	2020.10.17	2	경보설비	자탐설비	감지기	1개의 최대바닥면적(차동식 스포트형 2종)		
141	2016.06.26	5	경보설비	자탐설비	감지기	1개의 최대바닥면적, 가닥수 표시		
142	2021.04.24	3	경보설비	자탐설비	감지기	감지기의 명칭(정온식스포트형)		
143	2009.10.18	17	경보설비	자탐설비	감지기	감지기의 명칭		
144	2015.11.07	12	경보설비	자탐설비	감지기	감지기의 분류(부착높이)		
145	2006.07.09	14	경보설비	자탐설비	감지기	감지기의 종류, 감지원리 등		
146	2021.07.10	12	경보설비	자탐설비	감지기	경계구역 계산, 감지기개수 계산		
147	2021.04.24	5	경보설비	자탐설비	감지기	경계구역 계산, 감지기개수 계산		
148	2012.07.08	10	경보설비	자탐설비	감지기	경계구역 계산, 감지기개수 계산		
149	2012.04.22	4	경보설비	자탐설비	감지기	경계구역 계산, 감지기개수 계산		
150	2011.11.13	16	경보설비	자탐설비	감지기	경계구역 계산, 감지기개수 계산		
151	1997.01.26	9	경보설비	자탐설비	감지기	공기관식 차동식 분포형 감지기		
152	2020.11.15	9	경보설비	자탐설비	감지기	공기관식 차동식 분포형 감지기 설치기준		
153	2020.07.25	9	경보설비	자탐설비	감지기	공기관식 차동식 분포형 감지기 설치기준	358	77.7%
154	2020.05.24	6	경보설비	자탐설비	감지기	공기관식 차동식 분포형 감지기 설치기준		
155	2019.11.09	5	경보설비	자탐설비	감지기	공기관식 차동식 분포형 감지기 설치기준		
156	2014.11.01	9	경보설비	자탐설비	감지기	공기관식 차동식 분포형 감지기 설치기준		
157	2011.05.01	14	경보설비	자탐설비	감지기	공기관식 차동식 분포형 감지기 설치기준		
158	2004.10.31	9	경보설비	자탐설비	감지기	공기관식 차동식 분포형 감지기 설치기준		
159	2003.07.13	12	경보설비	자탐설비	감지기	공기관식 차동식 분포형 감지기 설치기준		
160	1997.08.24	14	경보설비	자탐설비	감지기	공기관식 차동식 분포형 감지기 설치기준		
161	1997.05.11	4	경보설비	자탐설비	감지기	공기관식 차동식 분포형 감지기 설치기준		
162	2020.10.17	9	경보설비	자탐설비	감지기	공기관식 차동식 분포형 감지기의 시험방법		
163	2013.11.09	15	경보설비	자탐설비	감지기	공기관식 차동식 분포형 감지기의 시험방법		
164	2013.07.14	14	경보설비	자탐설비	감지기	공기관식 차동식 분포형 감지기의 시험방법		
165	2016.11.12	15	경보설비	자탐설비	감지기	공기관식 차동식 분포형 감지기 유통시험		
166	2016.11.12	11	경보설비	자탐설비	감지기	공기관식 차동식 분포형 감지기 접점수고시험		
167	2006.04.23	11	경보설비	자탐설비	감지기	공기관식 차동식 분포형 수열부, 검출부 구성요소		
168	2022.11.19	18	경보설비	자탐설비	감지기	공기관식 차동식 분포형 감지기 설치기준		
169	2021.04.24	6	경보설비	자탐설비	감지기	공기관식 차동식 분포형 감지기 설치기준		
170	2019.11.09	17	경보설비	자탐설비	감지기	공기흡입형 감지기		
171	2007.04.22	10	경보설비	자탐설비	감지기	공기흡입형 감지기		
172	2020.11.29	12	경보설비	자탐설비	감지기	광전식 스포트형, 분리형 감지원리		
173	2013.11.09	16	경보설비	자탐설비	감지기	광전식 스포트형, 분리형 감지원리		
174	2020.11.15	11	경보설비	자탐설비	감지기	광전식분리형 감지기 설치기준		
175	2019.06.29	6	경보설비	자탐설비	감지기	광전식분리형 감지기 설치기준		

번호	출제년도	문항	시설분류	상세분류(대)	상세분류(중)	문제유형	회수	출제비율
176	2018.11.10	15	경보설비	자탐설비	감지기	광전식분리형 감지기 설치기준		
177	2018.06.30	1	경보설비	자탐설비	감지기	광전식분리형 감지기 설치기준		
178	2016.06.26	3	경보설비	자탐설비	감지기	광전식분리형 감지기 설치기준		
179	2007.11.04	9	경보설비	자탐설비	감지기	광전식분리형 감지기 설치기준		
180	2007.07.08	2	경보설비	자탐설비	감지기	교차회로방식 배선도		
181	2022.07.24	10	경보설비	자탐설비	감지기	교차회로방식 적용설비		
182	2014.07.06	11	경보설비	자탐설비	감지기	교차회로방식 적용설비		
183	2012.11.03	7	경보설비	자탐설비	감지기	교차회로방식 적용설비, 교차회로방식제외감지기		
184	2015.07.12	16	경보설비	자탐설비	감지기	교차회로방식 적용이 필요없는 감지기		
185	2015.04.19	6	결보설비	자탐설비	감지기	교차회로방식 적용이 필요없는 감지기		
186	2014.07.06	6	경보설비	자탐설비	감지기	교차회로방식 제외 감지기		
187	2012.04.22	6	경보설비	자탐설비	감지기	교차회로방식 제외 감지기		
188	2009.10.18	3	경보설비	자탐설비	감지기	교차회로방식 제외 감지기		
189	2008.07.06	12	경보설비	자탐설비	감지기	교차회로방식 제외 감지기		
190	2020.10.17	5	경보설비	자탐설비	감지기	높이 20m 이상 설치할 수 있는 감지기		
191	2007.11.04	5	경보설비	자탐설비	감지기	다신호식, 아날로그 감지기		
192	2007.07.08	5	경보설비	자탐설비	감지기	다신호식, 아날로그 감지기		
193	2015.07.12	13	경보설비	자탐설비	감지기	반전바이메탈식 감지기 명칭		
194	2015.07.12	3	경보설비	자탐설비	감지기	배선(교차회로방식)		
195	2011.05.01	9	경보설비	자탐설비	감지기	배선(교차회로방식)		
196	2010.07.04	6	경보설비	자탐설비	감지기	배선(교차회로방식)		
197	2006.07.09	4	경보설비	자탐설비	감지기	배선(교차회로방식)		
198	2002.07.07	13	경보설비	자탐설비	감지기	배선(교차회로방식)	358	77.7%
199	2001.07.15	7	경보설비	자탐설비	감지기	배선(교차회로방식)		
200	1996.01.21	5	경보설비	자탐설비	감지기	배선(교차회로방식)		
201	2020.11.29	16	경보설비	자탐설비	감지기	배선(교차회로방식, 목적, 동작원리)		
202	2022.07.24	7	경보설비	자탐설비	감지기	배선(송배선방식)		
203	2005.07.10	12	경보설비	자탐설비	감지기	배선(송배선방식)		
204	2005.05.01	9	경보설비	자탐설비	감지기	배선(송배선방식)		
205	2000.11.12	14	경보설비	자탐설비	감지기	배선(송배선방식)		
206	1998.11.15	9	경보설비	자탐설비	감지기	배선(송배선방식)		
207	1997.11.16	14	경보설비	자탐설비	감지기	배선(송배선방식)		
208	1996.01.21	12	경보설비	자탐설비	감지기	배선(송배선방식)		
209	2011.11.13	4	경보설비	자탐설비	감지기	배선(송배선방식), 종단저항		
210	2015.11.07	7	경보설비	자탐설비	감지기	배선(송배선방식, 교차회로방식)		
211	2012.11.03	17	경보설비	자탐설비	감지기	배선(종단저항, 감시전류)		
212	2022.07.24	9	경보설비	자탐설비	감지기	배선방식(감시, 동작전류)		
213	2020.10.17	10	경보설비	자탐설비	감지기	배선방식(감시, 동작전류)		
214	2018.11.10	5	경보설비	자탐설비	감지기	배선방식(감시, 동작전류)		
215	2016.04.17	9	경보설비	자탐설비	감지기	배선방식(감시, 동작전류)		
216	2015.07.12	10	경보설비	자탐설비	감지기	배선방식(감시, 동작전류)		
217	2014.04.20	10	경보설비	자탐설비	감지기	배선방식(감시, 동작전류)		
218	2013.04.21	2	경보설비	자탐설비	감지기	배선방식(감시, 동작전류)		
219	2012.04.22	18	경보설비	자탐설비	감지기	배선방식(감시, 동작전류)		
220	2010.04.17	7	경보설비	자탐설비	감지기	배선방식(감시, 동작전류)		

번호	출제년도	문항	시설분류	상세분류(대)	상세분류(중)	문제유형	회수	출제비율
221	2009.07.05	6	경보설비	자탐설비	감지기	배선방식(감시, 동작전류)		
222	2007.07.08	14	경보설비	자탐설비	감지기	배선방식(감시, 동작전류)		
223	2007.04.22	5	경보설비	자탐설비	감지기	배선방식(감시, 동작전류)		
224	2006.04.23	15	경보설비	자탐설비	감지기	배선방식(감시, 동작전류)		
225	1996.01.21	1	경보설비	자탐설비	감지기	배선방식(감시, 동작전류)		
226	2008.04.20	10	경보설비	자탐설비	감지기	배선방식(감시, 동작전류), 종단저항		
227	2020.05.24	18	경보설비	자탐설비	감지기	배선방식(동작전류)		
228	2021.11.13	11	경보설비	자탐설비	감지기	배선방식(동작전류), 단자전압		
229	2021.07.10	16	경보설비	자탐설비	감지기	배선방식(동작전류), 배선저항		
230	1997.01.26	13	경보설비	자탐설비	감지기	부착높이		
231	2019.06.29	12	경보설비	자탐설비	감지기	불꽃감지기 설치기준		
232	2017.04.16	8	경보설비	자탐설비	감지기	불꽃감지기 종류(광기전력효과형), 설치기준		
233	2007.04.22	15	경보설비	자탐설비	감지기	불꽃감지기 종류, 설치기준		
234	2020.11.15	12	경보설비	자탐설비	감지기	비화재보 적응성 감지기		
235	2021.07.10	4	경보설비	자탐설비	감지기	설치기준		
236	2000.04.23	6	경보설비	자탐설비	감지기	설치기준		
237	2014.07.06	14	경보설비	자탐설비	감지기	설치기준(연기감지기, 스포트형, 차동식 분포형)		
238	2022.07.24	15	경보설비	자탐설비	감지기	설치기준(종단저항)		
239	2021.11.13	6	경보설비	자탐설비	감지기	설치기준(종단저항)		
240	2018.06.30	5	경보설비	자탐설비	감지기	설치기준(종단저항)		
241	2000.02.20	7	경보설비	자탐설비	감지기	설치기준(종단저항)		
242	2020.11.29	8	경보설비	자탐설비	감지기	설치제외장소		
243	2016.04.17	16	경보설비	자탐설비	감지기	설치제외장소	358	77.7%
244	2014.04.20	13	경보설비	자탐설비	감지기	설치제외장소		
245	2013.04.21	3	경보설비	자탐설비	감지기	설치제외장소		
246	2012.11.03	14	경보설비	자탐설비	감지기	설치제외장소		
247	2010.04.17	5	경보설비	자탐설비	감지기	설치제외장소		
248	2002.04.21	1	경보설비	자탐설비	감지기	설치제외장소		
249	2019.11.09	11	경보설비	자탐설비	감지기	송배선방식, 교차회로방식		
250	2016.04.17	11	경보설비	자탐설비	감지기	송배선방식, 교차회로방식		
251	2017.04.16	9	경보설비	자탐설비	감지기	실제배선도		
252	2014.07.06	5	경보설비	자탐설비	감지기	실제배선도		
253	2013.04.21	5	경보설비	자탐설비	감지기	실제배선도		
254	2001.07.15	8	경보설비	자탐설비	감지기	연기감지기		
255	2022.05.07	10	경보설비	자탐설비	감지기	연기감지기 배치, 거리표시		
256	1997.05.11	10	경보설비	자탐설비	감지기	연기감지기 설치개수, 단면도 작성		
257	2012.11.03	9	경보설비	자탐설비	감지기	연기감지기 설치개수, 평면도 작성		
258	2018.11.10	2	경보설비	자탐설비	감지기	연기감지기 설치기준		
259	2011.05.01	16	경보설비	자탐설비	감지기	연기감지기 설치기준		
260	1999.01.31	12	경보설비	자탐설비	감지기	연기감지기 설치기준		
261	2016.11.12	4	경보설비	자탐설비	감지기	연기감지기 위치, 경계구역수, 연기감지기종류		
262	1996.09.01	12	경보설비	자탐설비	감지기	연기감지기, 열스포트형 감지기 등		
263	2007.04.22	11	경보설비	자탐설비	감지기	열감지기 비교		
264	2019.04.14	3	경보설비	자탐설비	감지기	열감지기 설치기준(정온식 감지기)		
265	2005.10.23	12	경보설비	자탐설비	감지기	열전대식 차동식 분포형 감지기		

번호	출제년도	문항	시설분류	상세분류(대)	상세분류(중)	문제유형	회수	출제비율
266	2005.05.01	11	경보설비	자탐설비	감지기	열전대식 차동식 분포형 감지기		
267	2000.02.20	5	경보설비	자탐설비	감지기	이온화식 연기감지기		
268	1997.01.26	2	경보설비	자탐설비	감지기	이온화식 연기감지기		
269	2013.04.21	11	경보설비	자탐설비	감지기	이온화식 연기감지기 구조, 설치기준		
270	2011.07.24	13	경보설비	자탐설비	감지기	이온화식 연기감지기 구조, 설치기준		
271	2017.11.11	3	경보설비	자탐설비	감지기	작동표시장치를 설치하지 않아도 되는 감지기		
272	2009.10.18	15	경보설비	자탐설비	감지기	작동표시장치를 설치하지 않아도 되는 감지기		
273	2002.10.27	1	경보설비	자탐설비	감지기	전로저항, 배선방식, 전압강하계산		
274	2014.07.06	13	경보설비	자탐설비	감지기	정온식 감지선형 감지기 설치기준		
275	2012.07.08	11	경보설비	자탐설비	감지기	정온식 감지선형 감지기 설치기준		
276	2020.11.29	17	경보설비	자탐설비	감지기	정온식, 차동식 스포트형 감지기 작동원리		
277	2016.04.17	12	경보설비	자탐설비	감지기	정온식 감지선형 감지기 색상별 공칭작동온도		
278	2009.04.19	3	경보설비	자탐설비	감지기	정온식 감지선형 감지기 외피색상표시		
279	2015.04.19	9	경보설비	자탐설비	감지기	제어백효과(열전대식 감지기 작동원리)		
280	1996.01.21	8	경보설비	자탐설비	감지기	종단저항		
281	1996.05.19	11	경보설비	자탐설비	감지기	종단저항설치이유		
282	2001.04.22	12	경보설비	자탐설비	감지기	종단저항설치이유, 송배선방식		
283	2013.07.14	6	경보설비	자탐설비	감지기	지하공동구 설치 감지기종류, 설치기준, 경계구역		
284	2007.04.22	9	경보설비	자탐설비	감지기	지하공동구 설치가능한 감지기		
285	2016.11.12	16	경보설비	자탐설비	감지기	차동식분포형감지기 1, 2종 적응성있는 환경상태		
286	2012.04.22	12	경보설비	자탐설비	감지기	차동식분포형감지기 검출부 수량		
287	2007.07.08	9	경보설비	자탐설비	감지기	차동식분포형감지기 검출부 수량		
288	2016.11.12	6	경보설비	자탐설비	감지기	차동식분포형감지기 설치기준	358	77.7%
289	2008.04.20	8	경보설비	자탐설비	감지기	차동식분포형감지기 설치기준		
290	2009.04.19	6	경보설비	자탐설비	감지기	차동식분포형감지기 시험방법		
291	2002.07.07	10	경보설비	자탐설비	감지기	차동식분포형감지기 재질, 송배선방식		
292	2020.05.24	7	경보설비	자탐설비	감지기	차동식분포형감지기 종류		
293	1998.11.15	10	경보설비	자탐설비	감지기	차동식스포트형 감지기		
294	2005.07.10	9	경보설비	자탐설비	감지기	차동식스포트형 감지기 구조		
295	2019.11.09	2	경보설비	자탐설비	감지기	차동식스포트형 감지기 구조 명칭, 기능설명		
296	2017.06.25	8	경보설비	자탐설비	감지기	차동식스포트형 감지기 구조 명칭, 기능설명		
297	2015.11.07	16	경보설비	자탐설비	감지기	차동식스포트형 감지기 구조 명칭, 기능설명		
298	2014.04.20	7	경보설비	자탐설비	감지기	차동식스포트형 감지기 구조, 역할		
299	2020.07.25	13	경보설비	자탐설비	감지기	차동식스포트형 감지기 동작특성		
300	2022.11.19	8	경보설비	자탐설비	감지기	축적기능이 없는 감지기 설치장소		
301	2015.11.07	9	경보설비	자탐설비	감지기	축적기능이 없는 감지기 설치장소		
302	2021.07.10	1	경보설비	자탐설비	감지기	축적형 감지기		
303	2014.11.01	2	경보설비	자탐설비	감지기	축적형 감지기		
304	2013.04.21	17	경보설비	자탐설비	감지기	축적형 감지기		
305	2012.07.08	17	경보설비	자탐설비	감지기	축적형 감지기		
306	2011.11.13	10	경보설비	자탐설비	감지기	축적형 감지기		
307	2010.07.04	11	경보설비	자탐설비	감지기	축적형 감지기		
308	2007.11.04	1	경보설비	자탐설비	감지기	축적형 감지기		
309	2010.07.04	1	경보설비	자탐설비	감지기	형식		
310	2010.04.17	8	경보설비	자탐설비	감지기	형식		

번호	출제년도	문항	시설분류	상세분류(대)	상세분류(중)	문제유형	회수	출제비율
311	2008.04.20	12	경보설비	자탐설비	감지기	형식		
312	2016.11.12	14	경보설비	자탐설비	감지기	형식(보상식과 열복합형 비교)		
313	2022.07.24	1	경보설비	자탐설비	경계구역	경계구역 계산		
314	2022.05.07	15	경보설비	자탐설비	경계구역	경계구역 계산		
315	2016.04.17	4	경보설비	자탐설비	경계구역	경계구역 계산		
316	2011.11.13	11	경보설비	자탐설비	경계구역	경계구역 계산		
317	2010.10.30	16	경보설비	자탐설비	경계구역	경계구역 계산		
318	2009.10.18	13	경보설비	자탐설비	경계구역	경계구역 계산		
319	1996.11.17	9	경보설비	자탐설비	경계구역	경계구역 계산		
320	2022.11.19	12	경보설비	자탐설비	경계구역	경계구역 계산, 감지기 종류		
321	2021.11.13	9	경보설비	자탐설비	경계구역	경계구역 계산, 수신기 회로수		
322	2016.06.26	9	경보설비	자탐설비	경계구역	경계구역계산, 수신기형별, 연기감지기설치, 종류		
323	2012.11.03	12	경보설비	자탐설비	경계구역	경계구역 계산, 수신기설치장소, 연기감지기 설치		
324	2020.07.25	11	경보설비	자탐설비	경계구역	설정기준		
325	2013.07.14	1	경보설비	자탐설비	경계구역	외기에 면하여 상시 구분되는 부분		
326	2022.11.19	15	경보설비	자탐설비	경계구역	터널 경계구역수, 발화위치, 감지기 종류		
327	2007.11.04	10	경보설비	자탐설비	기타	검토사항		
328	2016.06.26	1	경보설비	자탐설비	기타	근거리통신망		
329	2008.04.20	2	경보설비	자탐설비	기타	근거리통신망		
330	2006.11.05	10	경보설비	자탐설비	기타	근거리통신망		
331	2021.04.24	7	경보설비	자탐설비	기타	용어(경계구역, 감지기, 시각경보장치)		
332	1997.01.26	4	경보설비	자탐설비	기타	자탐설비 유지관리 사항		
333	2014.07.06	1	경보설비	자탐설비	발신기	P형 1, 2급 발신기 비교	358	77.7%
334	1997.05.11	7	경보설비	자탐설비	발신기	P형 1, 2급 발신기 비교		
335	1999.05.30	9	경보설비	자탐설비	발신기	P형 1급 발신기 구조		
336	2020.07.25	16	경보설비	자탐설비	발신기	결선도		
337	2020.05.24	4	경보설비	자탐설비	발신기	결선도		
338	2020.05.24	12	경보설비	자탐설비	발신기	결선도		
339	2018.04.14	13	경보설비	자탐설비	발신기	결선도		
340	2012.07.08	15	경보설비	자탐설비	발신기	결선도		
341	2001.04.22	3	경보설비	자탐설비	발신기	결선도		
342	2020.11.15	10	경보설비	자탐설비	발신기	결선도, 설치기준		
343	2021.04.24	17	경보설비	자탐설비	발신기	발신기 경종이 계속 울리는 이유?		
344	2012.07.08	5	경보설비	자탐설비	발신기	발신기 경종이 계속 울리는 이유?		
345	2009.07.05	15	경보설비	자탐설비	발신기	발신기 경종이 계속 울리는 이유?		
346	2008.07.06	4	경보설비	자탐설비	발신기	발신기와 감지기 배선		
347	2007.04.22	3	경보설비	자탐설비	발신기	발신기와 감지기 배선		
348	2015.07.12	9	경보설비	자탐설비	발신기	배선도		
349	2011.11.13	5	경보설비	자탐설비	발신기	배선도		
350	2010.10.30	5	경보설비	자탐설비	발신기	배선도		
351	2006.07.09	7	경보설비	자탐설비	발신기	배선도		
352	1998.08.30	1	경보설비	자탐설비	발신기	일제경보방식		
353	2016.04.17	2	경보설비	자탐설비	발신기	일제경보방식 결선		
354	2011.07.24	5	경보설비	자탐설비	배선	방재배선		
355	2010.10.30	4	경보설비	자탐설비	배선	방재배선		

번호	출제년도	문항	시설분류	상세분류(대)	상세분류(중)	문제유형	회수	출제비율
356	2009.07.05	3	경보설비	자탐설비	배선	방재배선		
357	2009.07.05	9	경보설비	자탐설비	배선	방재배선		
358	2000.08.13	14	경보설비	자탐설비	배선	방재배선		
359	1997.11.16	12	경보설비	자탐설비	배선	방재배선		
360	2017.06.25	7	경보설비	자탐설비	배선	방재배선(간격, 불연성격벽)		
361	2017.04.16	11	경보설비	자탐설비	배선	방재배선(간격, 불연성격벽)		
362	2022.11.19	3	경보설비	자탐설비	배선	방재배선(내화배선 공사방법)		
363	2021.11.13	12	경보설비	자탐설비	배선	방재배선(내화배선 공사방법)		
364	2021.04.24	2	경보설비	자탐설비	배선	방재배선(내화배선 공사방법)		
365	2015.07.12	7	경보설비	자탐설비	배선	방재배선(내화배선 공사방법)		
366	2013.04.21	18	경보설비	자탐설비	배선	방재배선(내화배선, 내열배선 배관구조 차이)		
367	2016.06.26	16	경보설비	자탐설비	배선	방재배선(배선, 전선관종류, 관련기준 3가지)		
368	2013.07.14	18	경보설비	자탐설비	배선	방재배선(보호관, 사용전선, 색깔, 모터기동방식)		
369	2018.04.14	10	경보설비	자탐설비	배선	방재배선(분말소화설비)		
370	2017.11.11	1	경보설비	자탐설비	배선	방재배선(분말소화설비)		
371	2019.11.09	6	경보설비	자탐설비	배선	방재배선(옥내소화전설비)		
372	2016.11.12	13	경보설비	자탐설비	배선	방재배선(옥내소화전설비)		
373	2021.04.24	18	경보설비	자탐설비	배선	방재배선(스프링클러설비)		
374	2016.04.17	10	경보설비	자탐설비	배선	방재배선(스프링클러설비)		
375	2008.11.02	5	경보설비	자탐설비	배선	배선의 기능시험		
376	2007.07.08	11	경보설비	자탐설비	배선	설치기준		
377	1998.02.34	13	경보설비	자탐설비	배선	설치기준		
378	2020.10.17	8	경보설비	자탐설비	배선	설치기준(절연저항, 경계구역, 종단저항)	358	77.7%
379	2006.11.05	12	경보설비	자탐설비	배선	설치기준, 전압강하		
380	2019.06.29	17	경보설비	자탐설비	비화재보	트래킹(Tracking) 현상		
381	2018.11.10	9	경보설비	자탐설비	비화재보	Nuisance Alarm 방지대책		
382	2013.04.21	7	경보설비	자탐설비	비화재보	감지기, 수신기 기능상 비화재보 원인		
383	2009.07.05	8	경보설비	자탐설비	비화재보	비화재보의 종류, 대책		
384	2007.07.08	15	경보설비	자탐설비	비화재보	비화재보의 종류, 대책		
385	2011.07.24	17	경보설비	자탐설비	비화재보	비화재의 원인, 대책		
386	2022.05.07	5	경보설비	자탐설비	설치대상	설치대상		
387	2021.07.10	3	경보설비	자탐설비	설치대상	설치대상		
388	2020.11.15	2	경보설비	자탐설비	수신기	P,R형 수신기 비교		
389	2019.11.09	15	경보설비	자탐설비	수신기	P,R형 수신기 비교		
390	2012.04.22	14	경보설비	자탐설비	수신기	P,R형 수신기 비교		
391	2005.05.01	5	경보설비	자탐설비	수신기	P,R형 수신기 비교		
392	2004.10.31	2	경보설비	자탐설비	수신기	P,R형 수신기 비교		
393	2001.07.15	5	경보설비	자탐설비	수신기	P,R형 수신기 비교		
394	2000.11.12	6	경보설비	자탐설비	수신기	P,R형 수신기 비교		
395	1998.05.10	7	경보설비	자탐설비	수신기	P,R형 수신기 비교		
396	2006.11.05	2	경보설비	자탐설비	수신기	P,R형 수신기 신호전달방식		
397	1998.11.15	2	경보설비	자탐설비	수신기	P,R형 수신기 신호전달방식		
398	2021.11.13	5	경보설비	자탐설비	수신기	P형 수신기 예비전원표시등 점등원인		
399	2009.04.19	1	경보설비	자탐설비	수신기	배선, PCM변조방식		
400	2008.11.02	10	경보설비	자탐설비	수신기	배선, PCM변조방식		

번호	출제년도	문항	시설분류	상세분류(대)	상세분류(중)	문제유형	회수	출제비율
401	2014.11.01	17	경보설비	자탐설비	수신기	설치기준		
402	1997.01.26	3	경보설비	자탐설비	수신기	설치기준		
403	2010.04.17	15	경보설비	자탐설비	수신기	수신기 시험방법		
404	2009.10.18	1	경보설비	자탐설비	수신기	수신기 시험방법		
405	2004.04.25	6	경보설비	자탐설비	수신기	수신기 시험방법		
406	2011.05.01	10	경보설비	자탐설비	수신기	수신기 시험방법(공통선시험)		
407	2008.04.20	4	경보설비	자탐설비	수신기	수신기 시험방법(공통선시험)		
408	2006.07.09	12	경보설비	자탐설비	수신기	수신기 시험방법(공통선시험)		
409	2004.07.04	7	경보설비	자탐설비	수신기	수신기 시험방법(공통선시험)		
410	2001.04.22	13	경보설비	자탐설비	수신기	수신기 시험방법(공통선시험)		
411	1998.11.15	8	경보설비	자탐설비	수신기	수신기 시험방법(공통선시험)		
412	2015.11.07	15	경보설비	자탐설비	수신기	수신기 시험방법(공통선,회로저항시험등 판정기준)		
413	2019.11.09	18	경보설비	자탐설비	수신기	수신기 시험방법(공통선시험 목적, 시험방법)		
414	2018.04.14	3	경보설비	자탐설비	수신기	수신기 시험방법(공통선시험 목적, 시험방법)		
415	2017.11.11	8	경보설비	자탐설비	수신기	수신기 시험방법(공통선시험 목적, 시험방법)		
416	2019.11.09	14	경보설비	자탐설비	수신기	수신기 시험방법(동시작동시험 목적)		
417	1998.08.30	4	경보설비	자탐설비	수신기	수신기 시험방법(예비전원시험)		
418	1998.02.35	14	경보설비	자탐설비	수신기	수신기 시험방법(예비전원시험)		
419	2022.07.24	3	경보설비	자탐설비	수신기	수신기 시험방법(예비전원시험, 판정기준)		
420	2018.04.14	2	경보설비	자탐설비	수신기	수신기 시험방법(예비전원시험, 판정기준)		
421	2011.07.24	14	경보설비	자탐설비	수신기	수신기 시험방법(예비전원시험, 판정기준)		
422	2001.11.04	7	경보설비	자탐설비	수신기	수신기 시험방법(예비전원시험, 판정기준)		
423	2001.07.15	2	경보설비	자탐설비	수신기	수신기 시험방법(예비전원시험, 판정기준)	358	77.7%
424	2017.11.11	15	경보설비	자탐설비	수신기	수신기 시험방법(화재표시등 복구되지 않은 경우)		
425	2015.11.07	14	경보설비	자탐설비	수신기	수신기 시험방법(화재표시작동시험, 판정기준)		
426	2019.04.14	6	경보설비	자탐설비	수신기	수신기의 종류		
427	2009.10.18	16	경보설비	자탐설비	수신기	수신기의 종류		
428	2008.07.06	13	경보설비	자탐설비	수신기	수신기의 종류		
429	2011.11.13	12	경보설비	자탐설비	수신기	수신기의 종류, R형 수신기의 특징		
430	2019.04.14	8	경보설비	자탐설비	수신기	스위치 주의등		
431	2017.04.16	5	경보설비	자탐설비	수신기	스위치 주의등 점멸원인		
432	2007.07.08	6	경보설비	자탐설비	수신기	스위치 주의등 점멸원인		
433	2016.06.26	4	경보설비	자탐설비	수신기	신호선 쉴드선 사용이유, 접지이유		
434	2018.06.30	10	경보설비	자탐설비	수신기	전로저항, 공통선 담당구역, 지구음향장치 시험		
435	2013.11.09	10	경보설비	자탐설비	수신기	지구표시등회로 표시		
436	2008.04.20	17	경보설비	자탐설비	수신기	지구표시등회로 표시		
437	2020.11.15	17	경보설비	자탐설비	음향장치	설치기준		
438	2019.06.29	8	경보설비	자탐설비	음향장치	설치기준		
439	2011.07.24	7	경보설비	자탐설비	음향장치	설치기준		
440	1999.05.30	4	경보설비	자탐설비	음향장치	설치기준		
441	2022.11.19	17	경보설비	자탐설비	음향장치	우선경보방식		
442	2020.10.17	15	경보설비	자탐설비	음향장치	우선경보방식		
443	2018.04.14	14	경보설비	자탐설비	음향장치	우선경보방식		
444	2016.04.17	14	경보설비	자탐설비	음향장치	우선경보방식		
445	2010.10.30	15	경보설비	자탐설비	음향장치	우선경보방식		

번호	출제년도	문항	시설분류	상세분류(대)	상세분류(중)	문제유형	회수	출제비율
446	2008.07.06	15	경보설비	자탐설비	음향장치	우선경보방식	358	77.7%
447	2000.11.12	13	경보설비	자탐설비	음향장치	우선경보방식		
448	2021.11.13	17	경보설비	자탐설비	음향장치	직상층 우선경보방식(다이오드)		
449	2011.07.24	6	경보설비	자탐설비	중계기	분산형중계기 설치장소		
450	2007.04.22	8	경보설비	자탐설비	중계기	분산형중계기 설치장소		
451	2022.05.07	18	경보설비	자탐설비	중계기	설치기준		
452	2020.07.25	1	경보설비	자탐설비	중계기	설치기준		
453	2014.04.20	3	경보설비	자탐설비	중계기	설치기준		
454	2011.11.13	2	경보설비	자탐설비	중계기	설치기준		
455	2004.10.31	7	경보설비	자탐설비	중계기	설치기준		
456	2003.07.13	2	경보설비	자탐설비	중계기	설치기준		
457	2000.04.23	13	경보설비	자탐설비	중계기	설치기준		
458	1997.11.16	8	경보설비	자탐설비	중계기	설치기준		
459	2019.06.29	3	경보설비	자탐설비	중계기	집합형과 분산형 비교		
460	2002.07.07	7	경보설비	자탐설비	표시등	기타		

연습문제 풀이 및 해설

01

6분법과 소방시설의 분류, 경보설비의 종류에 대해서 간단하게 설명하시오.

정답

1) 6분법
   ① 소방기본법
   ② 화재의 예방 및 안전관리에 관한 법률(약칭 : 화재예방법)
   ③ 소방시설 설치 및 관리에 관한 법률(약칭 : 소방시설법)
   ④ 소방시설 공사업법
   ⑤ 위험물 안전관리법
   ⑥ 소방의 화재조사에 관한 법률(약칭 : 화재조사법)

2) 소방시설의 분류
   ① 소화설비
   ② 경보설비
   ③ 피난설비
   ④ 소화활동설비
   ⑤ 소화용수설비

3) 경보설비의 종류
   ① 자동화재탐지설비 및 시각경보기
   ② 자동화재속보설비
   ③ 비상방송설비
   ④ 비상경보설비(비상벨설비 및 자동식사이렌설비)
   ⑤ 누전경보기
   ⑥ 가스누설경보기
   ⑦ 단독경보형감지기
   ⑧ 통합감시시설
   ⑨ 화재알림설비

Solution

1. 4분법 → 6분법 개정 (2021.11.30. 제정, 2022.12.1. 시행)

   1) **소방기본법**[국회심의]/**시행령**[대통령령]/**시행규칙**[행정안전부령]

소방관계 법령의 개편

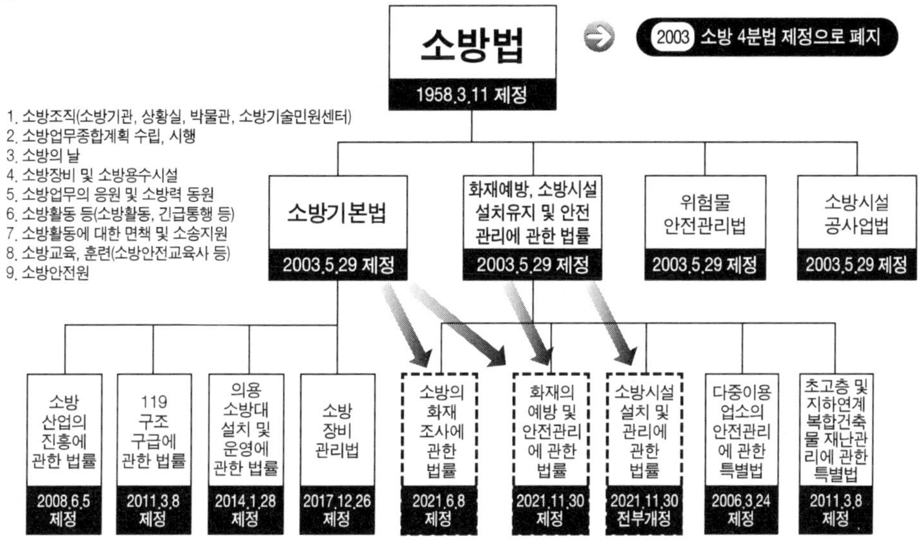

2) 화재예방, 소방시설 설치유지 및 안전관리에 관한 법률/시행령/시행규칙

→ 2) **화재의 예방 및 안전관리에 관한 법률(약칭 : 화재예방법)**

→ 3) **소방시설 설치 및 관리에 관한 법률(약칭 : 소방시설법)**

4) 소방시설 공사업법/시행령/시행규칙

5) 위험물 안전관리법/시행령/시행규칙

6) **소방의 화재조사에 관한 법률(약칭 : 화재조사법)** (2021.6.8. 제정)

2. 소방시설의 분류 – 소방시설법 시행령 별표 1 (2023.12.01. 개정) [소.경.피.활.용]

1) **소화설비** : 물 또는 그 밖의 소화약제를 사용하여 **소화**하는 기계, 기구 또는 설비

(1) 소화기구

① 소화기

② 간이소화용구(에어로졸식, 투척용 소화용구, 소공간용 소화용구 및 소화약제 이외의 것을 이용한 간이소화용구)

③ 자동확산소화기

(2) 자동소화장치

① 주거용 주방 자동소화장치
② 상업용 주방 자동소화장치
③ 캐비닛형 자동소화장치
④ 가스 자동소화장치
⑤ 분말 자동소화장치
⑥ 고체에어로졸 자동소화장치

(3) 옥내소화전설비[호스릴(hose reel) 옥내소화전설비 포함]
(4) 스프링클러설비, 간이스프링클러설비(캐비닛형 포함), 화재조기진압용 스프링클러설비(ESFR)
(5) 물분무등소화설비(물분무, 미분무, 포, CO_2, 할론, 할로겐화합물 및 불활성기체, 분말, **강화액**, 고체에어로졸소화설비)
(6) 옥외소화전설비

2) **경보설비** : 화재발생 사실을 **통보**하는 기계, 기구 또는 설비 [자.비.누.가.다(단).통.알]
(2022.04.28. 공포)
(1) 자동화재탐지설비 및 시각경보기
(2) 자동화재속보설비
(3) 비상방송설비
(4) 비상경보설비(비상벨설비 및 자동식사이렌설비)
(5) 누전경보기
(6) 가스누설경보기
(7) 단독경보형 감지기
(8) 통합감시시설
(9) 화재알림설비

3) **피난구조설비** : 화재가 발생한 경우 **피난**하기 위하여 사용하는 기구 또는 설비
(1) 피난기구－피난사다리, 구조대, 완강기, **간이완강기**, 그 밖에 화재안전기준으로 정한 것
(2) 인명구조기구－방열복, 방화복(안전모, 보호장갑, 안전화 포함), 공기호흡기, 인공소생기
(3) 유도등－유도등(피난구, 통로, 객석), 유도표지, 피난유도선
(4) 비상조명등 및 휴대용 비상조명등

4) **소화활동설비** : 화재를 **진압**하거나 **인명구조활동**을 위하여 사용하는 설비
(1) 제연설비
(2) 연결송수관설비
(3) 연결살수설비
(4) 비상콘센트설비
(5) 무선통신보조설비
(6) 연소방지설비

5) **소화용수설비** : 화재를 진압하는데 필요한 **물**을 **공급**하거나 **저장**하는 설비
(1) 상수도 소화용수설비
(2) 소화수조, 저수조 그 밖의 소화용수설비

PART 2

02

자동화재탐지설비를 설치하여야 할 특정소방대상물이다. 적용기준을 완성하시오.

특정소방대상물	적용기준
근린생활시설(목욕장은 제외한다)	
근린생활시설 중 목욕장	
의료시설(정신의료기관 또는 요양병원은 제외한다)	
요양병원(정신병원과 의료재활시설은 제외한다)	
교정 및 군사시설(국방·군사시설은 제외한다)	

정답

특정소방대상물	적용기준
근린생활시설(목욕장은 제외한다)	연면적 600m^2 이상
근린생활시설 중 목욕장	연면적 1,000m^2 이상
의료시설(정신의료기관 또는 요양병원은 제외한다)	연면적 600m^2 이상
요양병원(정신병원과 의료재활시설은 제외한다)	전부
교정 및 군사시설(국방·군사시설은 제외한다)	연면적 2,000m^2 이상

Solution

자동화재탐재설비의 설치대상(소방시설 설치 및 관리에 관한 법률 시행령 별표 4)

적용기준	특정소방대상물
전체	① 층수가 **6층** 이상인 건축물의 층 ② **공**동주택 중 **아**파트·**기**숙사 및 **숙**박시설의 층 ③ **지하구**[주1)], **요**양병원, **노**유자 **생**활시설, 판매시설 중 **전**통시장
연면적 600m^2 이상	③ **근**린생활시설(목욕장 제외), **의**료시설, **위**락시설, **장**례시설 및 **복**합건축물
연면적 1,000m^2 이상	④ **방**송통신시설, **목**욕장, **지하가**[2)](터널 제외), **운**수시설, **업**무시설, **문화**·집회시설, **종**교시설, **운**동시설, **판**매시설, **공**장, **창**고시설, **항**공기 및 자동차 관련 시설, **국**방·군사시설, **발**전시설, **관**광 휴게시설, **위**험물 저장 및 처리 시설
연면적 2,000m^2 이상	⑤ **교**정 및 군사시설, **교**육연구 및 수련시설(시설 내 기숙사·합숙소 포함, 숙박시설이 있는 수련시설 제외), **동**식물·**자**원순환·**묘**지 관련시설
길이 1,000m 이상	⑥ 터널
지정수량 500배 이상	⑦ ④에 해당되지 않는 공장 및 창고시설로서 **특수가연물**을 저장·취급하는 장소
수용인원 100인 이상	⑧ ②에 해당되지 않는 **연**면적 **400m^2** 이상인 **노**유자시설 및 **숙**박시설이 있는 **수**련시설

주1) 지하구 : 소방시설 설치 및 관리에 관한 법률 시행령 별표 2의 제28항
전력·통신용의 전선이나 **가스·냉난방용의 배관** 또는 **이와 비슷한 것**을 **집합 수용하기 위해 설치**한 것으로서 **사람이 점검** 또는 **보수**하기 위하여 **출입이 가능한 것** 중 **폭 1.8m 이상, 높이 2m 이상, 길이가 50m 이상(전력 또는 통신 사업용은 500m 이상)**인 것

03

자동화재탐지설비를 설치하여야 할 특정소방대상물이다. 적용기준을 완성하시오.

특정소방대상물	적용기준
판매시설 중 전통시장	
판매시설(전통시장 제외한다)	
복합건축물	
업무시설	
교육연구시설	

정답

특정소방대상물	적용기준
판매시설 중 전통시장	전부
판매시설(전통시장 제외한다)	연면적 1,000m^2 이상
복합건축물	연면적 600m^2 이상
업무시설	연면적 1,000m^2 이상
교육연구시설	연면적 2,000m^2 이상

Solution

☞문제 2 참조

04

그림과 같은 건물 평면도의 자동화재탐지설비의 최소 경계구역 수를 구하시오.

1)

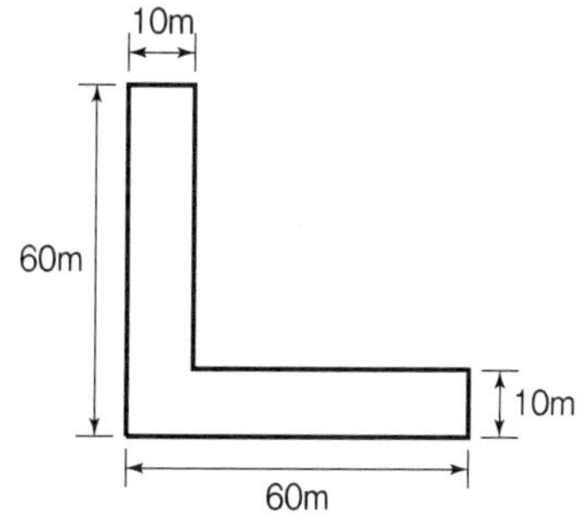

2)

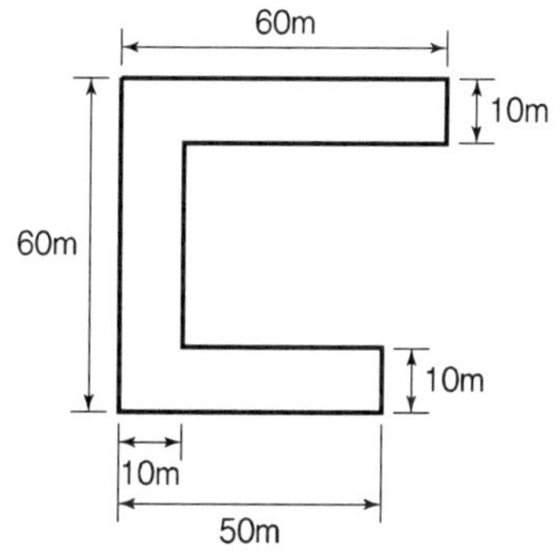

3)

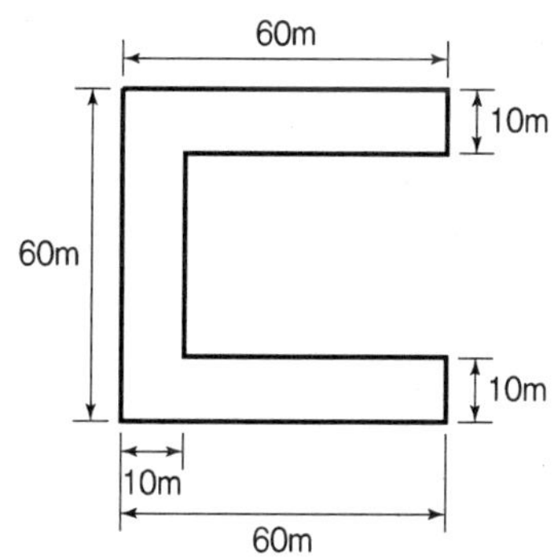

정답

1) 3개의 경계구역　　2) 3개의 경계구역　　3) 4개의 경계구역

Solution

자동화재탐지설비의 **수평적 경계구역**(NFPC 602 제5조제3항, NFTC 602 2.2.3)
하나의 경계구역은 면적 **600**m^2 이하로 하고, 한 변의 길이는 **50m** 이하로 한다.

1)

기호	계산과정	개념도
①	$\frac{(50\times10)m^2}{600m^2}=\frac{500m^2}{600m^2}=0.8\fallingdotseq1$	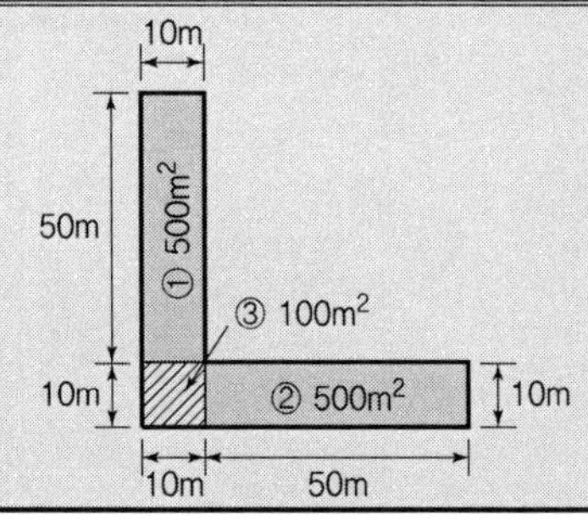
②	$\frac{(50\times10)m^2}{600m^2}=\frac{500m^2}{600m^2}=0.8\fallingdotseq1$	
③	$\frac{(10\times10)m^2}{600m^2}=\frac{100m^2}{600m^2}=0.1\fallingdotseq1$	

2)

기호	계산과정	개념도
①	$\frac{(50\times10)m^2}{600m^2}=\frac{500m^2}{600m^2}=0.8\fallingdotseq1$	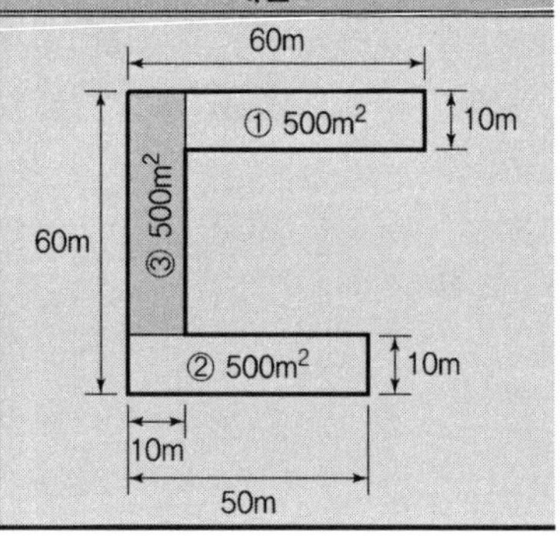
②	$\frac{(50\times10)m^2}{600m^2}=\frac{500m^2}{600m^2}=0.8\fallingdotseq1$	
③	$\frac{(50\times10)m^2}{600m^2}=\frac{500m^2}{600m^2}=0.8\fallingdotseq1$	

3)

기호	계산과정	개념도
①	$\frac{(50\times10)m^2}{600m^2}=\frac{500m^2}{600m^2}=0.8\fallingdotseq1$	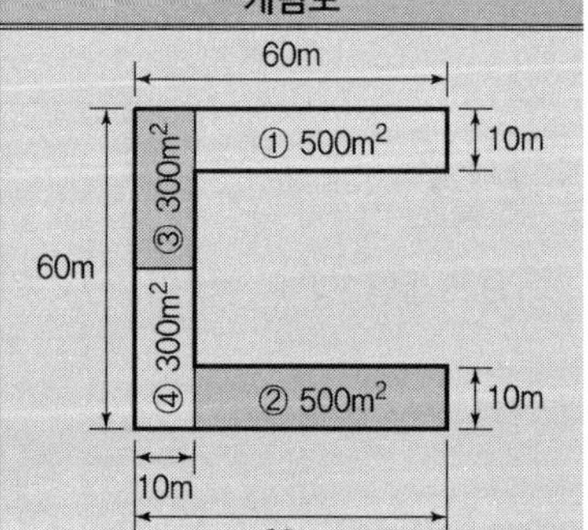
②	$\frac{(50\times10)m^2}{600m^2}=\frac{500m^2}{600m^2}=0.8\fallingdotseq1$	
③	$\frac{(30\times10)m^2}{600m^2}=\frac{300m^2}{600m^2}=0.5\fallingdotseq1$	
④	$\frac{(30\times10)m^2}{600m^2}=\frac{300m^2}{600m^2}=0.5\fallingdotseq1$	

05

다음은 부착높이 및 소방대상물의 구분에 따른 스포트형 열감지기와 연기감지기의 바닥면적을 나타낸 것이다. 빈칸을 모두 채우시오.

1) 스포트형 열감지기의 바닥면적

(단위 : m^2)

부착높이 및 소방대상물의 구분		차동식, 보상식 스포트형		정온식 스포트형		
		1종	2종	특종	1종	2종
4m 미만	내화 구조					
	기타 구조					
4~8m 미만	내화 구조					
	기타 구조					

2) 연기감지기의 바닥면적

(단위 : m^2)

부착높이(m)	1종, 2종	3종
4m 미만		
4~20m 미만		

정답

1) **스포트형 열감지기의 바닥면적**

(단위 : m^2)

부착높이 및 소방대상물의 구분		차동식, 보상식 스포트형		정온식 스포트형		
		1종	2종	특종	1종	2종
4m 미만	내화 구조	90	70	70	60	20
	기타 구조	50	40	40	30	15
4~8m 미만	내화 구조	45	35	35	30	–
	기타 구조	30	25	25	15	–

2) **연기감지기의 바닥면적**

(단위 : m^2)

부착높이(m)	1종, 2종	3종
4m 미만	150	50
4~20m 미만	75	–

06

그림과 같이 구획된 내화구조 건축물에 차동식 스포트형 2종 감지기를 설치하고자 한다. 감지기의 설치높이가 3.5m일 때 다음 물음에 답하시오.

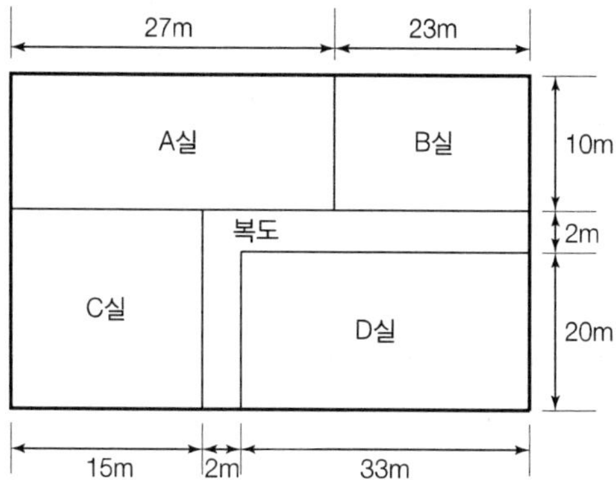

1) 다음 표를 완성하시오.

구 분	계산과정	감지기 수량(개)
A실		
B실		
C실		
D실		

2) 복도에 설치하는 감지기의 종류와 개수를 구하시오.

정답

1)

구 분	계산과정	감지기 수량(개)
A실	$\frac{\text{적용면적}(m^2)}{\text{기준면적}(m^2)} = \frac{27 \times 10}{70} = 3.86$	4개
B실	$\frac{\text{적용면적}(m^2)}{\text{기준면적}(m^2)} = \frac{23 \times 10}{70} = 3.29$	4개
C실	$\frac{\text{적용면적}(m^2)}{\text{기준면적}(m^2)} = \frac{15 \times 22}{70} = 4.71$	5개
D실	$\frac{\text{적용면적}(m^2)}{\text{기준면적}(m^2)} = \frac{33 \times 20}{70} = 9.43$	10개

2) 복도에 설치하는 감지기는 연기감지지 2종으로 보행거리 30m마다 1개 설치

$$\text{감지기의 개수} = \frac{\text{보행거리}}{30\,\text{m}} = \frac{35+22}{30} = \frac{57}{30} = 1.9\,(\text{절상}) \rightarrow 2\text{개}$$

Solution

1) 감지기 개수의 산정 기준

① 계산내용의 답이 **소수점**으로 나올 경우 **절상**하여 감지기 개수를 산정한다.

② 내화구조, 감지기 설치높이 3.5m일 때 **차동식 스포트형 2종** 감지기 1개의 최대바닥면적은 70m^2 이다.

부착높이[m]		차동식, 보상식 스포트형		정온식 스포트형		
		1종	2종	특종	1종	2종
4[m] 미만	내화 구조	90	(70)	70	60	20
	기타 구조	50	40	40	30	15
4~8[m]미만	내화 구조	45	35	35	30	-
	기타 구조	30	25	25	15	-

2) 복도에 설치하는 감지기의 종류와 산정

① 연기감지기 설치기준

구 분	1,2종	3종
복도 및 통로	보행거리 30[m] 마다	보행거리 20[m] 마다
계단 및 경사로	수직거리 15[m] 마다	수직거리 10[m] 마다

② 복도에 설치하는 연기감지기 산정방법

1, 2종	3종
$\text{감지기 개수} = \frac{\text{보행거리}}{30\,\text{m}}$	$\text{감지기 개수} = \frac{\text{보행거리}}{20\,\text{m}}$

③ 복도에 설치하는 연기감지기(2종) 설치 개수

$$\text{감지기의 개수} = \frac{\text{보행거리}}{30\,\text{m}} = \frac{35+22}{30} = \frac{57}{30} = 1.9\,(\text{절상}) \rightarrow 2\text{개}$$

07

그림과 같이 구획된 철골철근콘크리트 건물에 자동화재탐지설비의 감지기를 설치하고자 한다. 다음 물음에 답하시오.

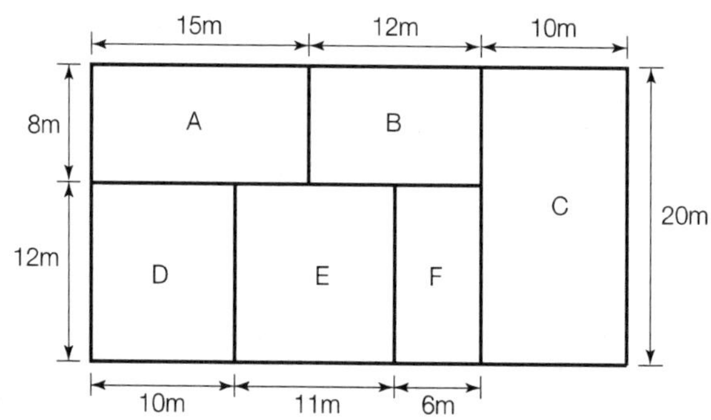

1) 다음 표를 완성하고 감지기 개수를 산정하시오.

구역	설치높이(m)	감지기 종류	계산내용	감지기 개수
A	3.5	연기감지기 2종		
B	4.5	연기감지기 1종		
C	3.5	연기감지기 2종		
D	3.9	정온식 스포트형 1종		
E	4.1	차동식 스포트형 2종		
F	3.5	차동식 스포트형 1종		

2) 해당구역에 감지기를 배치하시오.

3) 경계구역 수를 산정하시오.

정답

1)

구역	설치높이(m)	감지기 종류	계산내용	감지기 개수
A	3.5	연기감지기 2종	$\frac{\text{적용면적}(m^2)}{\text{기준면적}(m^2)} = \frac{15\times8}{150} = 0.8$	1개
B	4.5	연기감지기 1종	$\frac{\text{적용면적}(m^2)}{\text{기준면적}(m^2)} = \frac{12\times8}{75} = 1.28$	2개
C	3.5	연기감지기 2종	$\frac{\text{적용면적}(m^2)}{\text{기준면적}(m^2)} = \frac{10\times20}{150} = 1.33$	2개
D	3.9	정온식 스포트형 1종	$\frac{\text{적용면적}(m^2)}{\text{기준면적}(m^2)} = \frac{10\times12}{60} = 2.0$	2개
E	4.1	차동식 스포트형 2종	$\frac{\text{적용면적}(m^2)}{\text{기준면적}(m^2)} = \frac{11\times12}{35} = 3.77$	4개
F	3.5	차동식 스포트형 1종	$\frac{\text{적용면적}(m^2)}{\text{기준면적}(m^2)} = \frac{6\times12}{90} = 0.8$	1개

2)

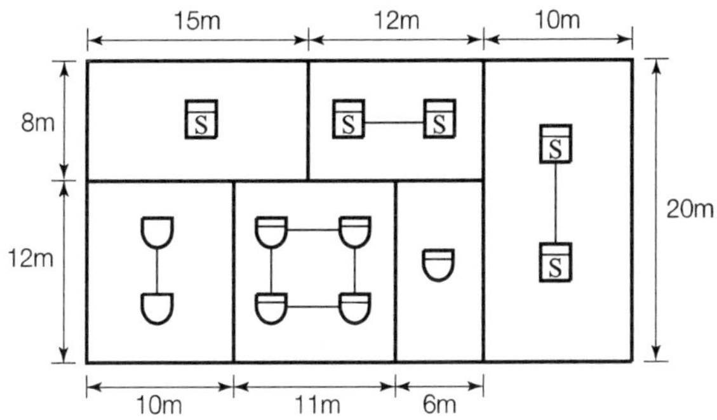

3) 경계구역의 수 $= \dfrac{\text{적용면적}(m^2)}{\text{기준면적}(m^2)} = \dfrac{(15+12+10)\times 20}{600} = 1.23 ≒ 2$경계구역

Solution

1), 2) 감지기 개수의 산정 및 배치

① 계산내용의 답이 소수점으로 나올 경우 절상하여 감지기 개수를 산정한다.

② 철골철근콘크리트 구조는 내화구조이다(**내화구조인지 기타구조인지를 잘 구분하여야 한다.** 실수가 많은 부분이다).

③ 2 이상의 감지기를 설치할 경우, 바닥면적의 가로와 세로를 잘 구분하여 **긴 변에 맞춰 감지기를 설치한다.** 긴 변에 맞추지 않을 경우 틀린 답안이 될 수 있다(B, C, D구역).

④ 가능한 루프(loop) 형태로 감지기를 배치한다(E구역).

⑤ 연기감지기의 바닥면적

(m^2)

부착높이(m)	1종, 2종	3종
4m 미만	150	50
4m~20m 미만	75	–

⑥ 스포트형 열감지기의 바닥면적

(m^2)

부착높이(m)		차동식, 보상식 스포트형		정온식 스포트형		
		1종	2종	특종	1종	2종
4m 미만	내화 구조	90	70	70	60	20
	기타 구조	50	40	40	30	15
4~8m 미만	내화 구조	45	35	35	30	-
	기타 구조	30	25	25	15	-

3) 수평적 경계구역

구 분	원 칙	예 외
층 별	층 마다	2개 층이 $500m^2$ 이하일 때는 하나의 경계구역 가능
면 적	$600m^2$ 이하	주된 출입구에서 건물내부 전체가 보일 때는 $1,000m^2$ 이하
한 변의 길이	50m 이하	지하구의 경우에는 700m 이하

$$\text{수평적 경계구역의 수} = \frac{\text{적용면적}(m^2)}{\text{기준면적}(m^2)} = \frac{(15+12+10)\times 20}{600} = 1.23 ≒ 2\text{경계구역}$$

08

정온식 스포트형 1종 감지기를 바닥면적 $350m^2$인 내화구조인 소방대상물에 설치하려한다. 감지기의 부착높이가 4m라면 몇 개 이상 설치하여야 하는가?

정답

① 계산과정 :

$$\text{감지기 개수} = \frac{\text{적용면적}(m^2)}{\text{기준면적}(m^2)} = \frac{350}{30} = 11.67 ≒ 12\text{개}$$

∴ **12개 이상**

Solution

① 최소 감지기 개수 산정 시 적용하여야 할 전체 바닥면적이 **$600m^2$** 이하인 경우 전체 바닥면적을 기준면적으로 나누어 준다.

- $$\text{감지기 개수} = \frac{\text{적용면적}(m^2)}{\text{기준면적}(m^2)} = \frac{350}{30} = 11.67 ≒ 12\text{개}$$

② 정온식 스포트형 1종 감지기의 바닥면적

- **내화구조**인 소방대상물에 **정온식 스포트형 1종** 감지기의 부착높이가 **4m**일 경우 하나의 감지기가 담당하는 바닥면적(기준면적)은 **$30m^2$**이 된다.

(m^2)

부착높이(m)		차동식, 보상식 스포트형		정온식 스포트형		
		1종	2종	특종	1종	2종
4m 미만	내화 구조	90	70	70	60	20
	기타 구조	50	40	40	30	15
4~8m 미만	내화 구조	45	35	35	30	–
	기타 구조	30	25	25	15	–

caution

※ 최소 감지기 개수 산정시 계산 방법

[조건] 4.5m 내화구조 건물에 차동식 스포트형 감지기 2종 설치한다.

① **전체 바닥면적이 600m^2 이하인 경우**

- **전체 바닥면적**을 **기준면적**으로 **나누**어 준다.
- 예) 감지기 개수 $=\dfrac{\text{전체바닥면적}(\text{m}^2)}{\text{기준면적}(\text{m}^2)}=\dfrac{600}{35}=17.14 \fallingdotseq 18$개

② **전체 바닥면적이 600m^2 초과로 600m^{2}의 배수가 아닌 경우**

- **전체 바닥면적**을 **기준면적**으로 **나누**어서 **최소 감지기 개수를 구한** 후 최소 감지기 개수가 배치될 수 있도록 600m^{2}가 넘지 않는 범위에서 **바닥면적을 조절하여 감지기 개수를 산정**해 주어야 한다.
- 감지기 개수 산정 시 **1경계구역당 감지기 개수를 산정**해야 하므로 계산과정에서 600m^{2}가 넘는 전체 바닥면적에 대해서 기준면적을 적용하게 되면 계산 결과는 같을 수 있지만 의미상 틀리게 된다. 따라서 이 경우 1경계구역당 감지기 개수를 만족시킬 수 있도록 바닥면적을 조절하여 다음과 같이 하여야 한다.
- 예) 전체 바닥면적이 1,100m^{2}인 경우

㉮ 최소 감지기 개수$=\dfrac{\text{전체바닥면적}(\text{m}^2)}{\text{기준면적}(\text{m}^2)}=\dfrac{1{,}100}{35}=31.4 \fallingdotseq 32$개

㉯ 감지기 개수

$$=\frac{\text{적용면적}(\text{m}^2)}{\text{기준면적}(\text{m}^2)}=\left[\left(\frac{600}{35}=17.14 \fallingdotseq 18\text{개(절상)}\right)+\left(\frac{500}{35}=15\text{개}\right)\right]=33\text{개}(\times)$$

㉰ 감지기 개수

$$=\frac{\text{적용면적}(\text{m}^2)}{\text{기준면적}(\text{m}^2)}=\left[\left(\frac{550}{35}=15.7 \fallingdotseq 16\text{개(절상)}\right)+\left(\frac{550}{35}=16\text{개}\right)\right]=32\text{개}(\circ)$$

③ **전체 바닥면적이 600m^2 초과로 600m^{2}의 배수인 경우**

- **경계구역수를 먼저 구한** 후 각 **1경계구역 면적(600m^2)을 기준면적으로 나누**어서 **더해준**다.
- 예) 전체 바닥면적이 1,200m^{2}인 경우

㉮ 경계구역 수 $=\dfrac{\text{전체바닥면적}(\text{m}^2)}{\text{기준면적}(\text{m}^2)}=\dfrac{1{,}200}{600}=2$경계구역

㉯ 감지기 개수

$$=\frac{\text{적용면적}(\text{m}^2)}{\text{기준면적}(\text{m}^2)}=\left[\left(\frac{600}{35}=17.14 \fallingdotseq 18\text{개(절상)}\right)+\left(\frac{600}{35}=18\text{개}\right)\right]=36\text{개}$$

09

그림과 같은 소방대상물에 각종 감지기를 설치하려고 할 때 최소 몇 개의 감지기가 필요한가? (단, 주요구조부는 콘크리트 라멘조로 되어 있으며, 감지기의 부착 높이는 3.5m이다.)

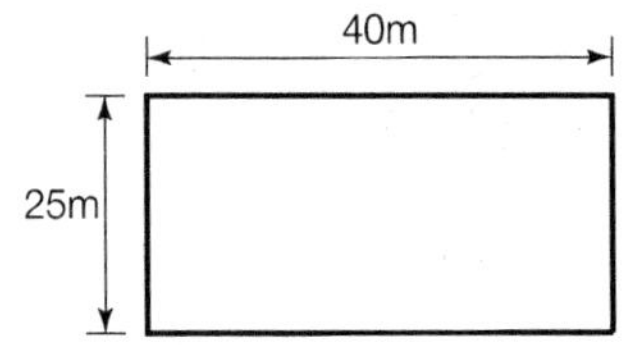

1) 차동식 스포트형 감지기 1종
2) 정온식 스포트형 감지기 1종
3) 광전식 스포트형 감지기 2종

정답

1) 차동식 스포트형 감지기 1종

- 최소 감지기 개수 $= \dfrac{\text{전체바닥면적}(\mathrm{m}^2)}{\text{기준면적}(\mathrm{m}^2)} = \dfrac{(25\times40)}{90} = \dfrac{1{,}000}{90} = 11.1 ≒ 12\text{개}$
- 감지기 개수$= \dfrac{\text{적용면적}(\mathrm{m}^2)}{\text{기준면적}(\mathrm{m}^2)} = \left[\left(\dfrac{600}{90} = 6.67 ≓ 7\text{개}(\text{절상})\right) + \left(\dfrac{400}{90} = 4.44 ≓ 5\text{개}(\text{절상})\right)\right] = 12\text{개}$

or

- 감지기 개수 $= \dfrac{\text{적용면적}(\mathrm{m}^2)}{\text{기준면적}(\mathrm{m}^2)} = \left[\left(\dfrac{500}{90} = 5.26 ≓ 6\text{개}(\text{절상})\right) + \left(\dfrac{500}{90} = 6\text{개}\right)\right] = 12\text{개}$

∴ **12개 이상**

2) 정온식 스포트형 감지기 1종

- 최소 감지기 개수 $= \dfrac{\text{전체바닥면적}(\mathrm{m}^2)}{\text{기준면적}(\mathrm{m}^2)} = \dfrac{(25\times40)}{60} = \dfrac{1{,}000}{60} = 16.7 ≒ 17\text{개}$
- 감지기 개수$= \dfrac{\text{적용면적}(\mathrm{m}^2)}{\text{기준면적}(\mathrm{m}^2)} = \left[\left(\dfrac{(24\times25)}{60} = 10\text{개}\right) + \left(\dfrac{(16\times25)}{60} = 6.67 ≓ 7\text{개}(\text{절상})\right)\right] = 17\text{개}$

∴ **17개 이상**

3) 광전식 스포트형 감지기 2종

- 최소 감지기 개수 $= \dfrac{\text{전체바닥면적}(\mathrm{m}^2)}{\text{기준면적}(\mathrm{m}^2)} = \dfrac{(25\times40)}{150} = \dfrac{1{,}000}{150} = 6.67 ≒ 7\text{개}$
- 감지기 개수$= \dfrac{\text{적용면적}(\mathrm{m}^2)}{\text{기준면적}(\mathrm{m}^2)} = \left[\left(\dfrac{(24\times25)}{150} = 4\text{개}\right) + \left(\dfrac{(16\times25)}{150} = 2.67 ≓ 3\text{개}(\text{절상})\right)\right] = 7\text{개}$

∴ **7개 이상**

Solution

① 최소 감지기 개수 산정 시 적용하여야 할 전체 바닥면적이 **600m² 초과로 600m²의 배수가 아닌 경우** 전체 바닥면적을 기준면적으로 나누어서 **최소 감지기 개수를 구한 후** 최소 감지기 개수가 배치될 수 있도록 **600m²가 넘지 않는 범위에서 바닥면적을 조절**하여 감지기 개수를 산정해 주어야 한다.

② 정온식 스포트형 감지기 1종의 경우

- $\text{최소감지기개수} = \dfrac{\text{전체바닥면적}(m^2)}{\text{기준면적}(m^2)} = \dfrac{(25\times 40)}{60} = \dfrac{1{,}000}{60} = 16.7 \fallingdotseq 17\text{개}$
- $\text{감지기개수} = \dfrac{\text{적용면적}(m^2)}{\text{기준면적}(m^2)} = \left[\left(\dfrac{(24\times 25)}{60} = 10\text{개}\right) + \left(\dfrac{(16\times 25)}{60} = 6.67 \risingdotseq 7\text{개}(\text{절상})\right)\right] = 17\text{개}(\circ)$
- $\text{감지기개수} = \dfrac{\text{적용면적}(m^2)}{\text{기준면적}(m^2)} = \left[\left(\dfrac{500}{60} = 8.33 \risingdotseq 9\text{개}(\text{절상})\right) + \left(\dfrac{500}{60} = 9\text{개}\right)\right] = 18\text{개}(\times)$

③ 광전식 스포트형 감지기 2종의 경우

- $\text{최소감지기개수} = \dfrac{\text{전체바닥면적}(m^2)}{\text{기준면적}(m^2)} = \dfrac{(25\times 40)}{150} = \dfrac{1{,}000}{150} = 6.67 \fallingdotseq 7\text{개}$
- $\text{감지기개수} = \dfrac{\text{적용면적}(m^2)}{\text{기준면적}(m^2)} = \left[\left(\dfrac{(24\times 25)}{150} = 4\text{개}\right) + \left(\dfrac{(16\times 25)}{150} = 2.67 \risingdotseq 3\text{개}(\text{절상})\right)\right] = 7\text{개}(\circ)$
- $\text{감지기개수} = \dfrac{\text{적용면적}(m^2)}{\text{기준면적}(m^2)} = \left[\left(\dfrac{500}{150} = 3.33 \risingdotseq 4\text{개}(\text{절상})\right) + \left(\dfrac{500}{150} = 4\text{개}\right)\right] = 8\text{개}(\times)$

④ 차동식 스포트형 1종, 정온식 스포트형 1종 감지기의 바닥면적

- 내화구조인 소방대상물에 차동식 스포트형 1종 감지기의 부착높이가 3.5m일 경우 하나의 감지기가 담당하는 바닥면적(기준면적)은 **90m²**이 된다.
- 내화구조인 소방대상물에 정온식 스포트형 1종 감지기의 부착높이가 3.5m일 경우 하나의 감지기가 담당하는 바닥면적(기준면적)은 **60m²**이 된다.

(m²)

부착높이(m)		차동식, 보상식 스포트형		정온식 스포트형		
		1종	2종	특종	1종	2종
4m 미만	내화 구조	90	70	70	60	20
	기타 구조	50	40	40	30	15
4~8m 미만	내화 구조	45	35	35	30	−
	기타 구조	30	25	25	15	−

⑤ 광전식 스포트형 2종 감지기의 바닥면적

- 내화구조인 소방대상물에 광전식 스포트형 2종 감지기의 부착높이가 3.5m일 경우 하나의 감지기가 담당하는 바닥면적(기준면적)은 **150m²**이 된다.

(m²)

부착높이(m)	1종, 2종	3종
4m 미만	150	50
4m~20m 미만	75	−

10

내화구조로 된 바닥면적이 1,200m^2 소방대상물에 정온식 스포트형 특종감지기를 설치할 경우 최소 몇 개의 감지기가 필요한가? (단, 감지기의 부착높이는 6m이다.)

정답

① 계산과정 :

- 경계구역 수 $= \frac{적용면적(m^2)}{기준면적(m^2)} = \frac{1,200}{600} = 2경계구역$
- 감지기 개수 $= \frac{적용면적(m^2)}{기준면적(m^2)} = \left[\left(\frac{600}{35} = 17.14 \fallingdotseq 18개(절상)\right) + \left(\frac{600}{35} = 18개\right)\right] = 36개$

∴ **36개 이상**

Solution

① 최소 감지기 개수 산정 시 적용하여야 할 전체 바닥면적이 **600m^2 초과로 600m^{2}의 배수**인 경우 경계구역수를 먼저 구한 후 각 1경계구역 면적(600m^2)을 기준면적으로 나누어서 더해준다.

- 경계구역 수 $= \frac{적용면적(m^2)}{기준면적(m^2)} = \frac{1,200}{600} = 2경계구역$
- 감지기 개수 $= \frac{적용면적(m^2)}{기준면적(m^2)} = \left[\left(\frac{600}{35} = 17.14 \fallingdotseq 18개(절상)\right) + \left(\frac{600}{35} = 18개\right)\right] = 36개$

② 정온식 스포트형 특종 감지기의 바닥면적

- 내화구조인 소방대상물에 정온식 스포트형 특종 감지기의 부착높이가 6m일 경우 하나의 감지기가 담당하는 바닥면적(기준면적)은 **35m^2**이 된다.

(m^2)

부착높이(m)		차동식, 보상식 스포트형		정온식 스포트형		
		1종	2종	특종	1종	2종
4m 미만	내화 구조	90	70	70	60	20
	기타 구조	50	40	40	30	15
4~8m 미만	내화 구조	45	35	35	30	–
	기타 구조	30	25	25	15	–

11

외기에 면하여 상시 개방된 부분이 있는 장소로 외기에 면하는 각 부분으로부터 5m 미만의 부분은 경계구역 면적에 산입하지 않는 장소를 쓰시오.

정답

① 차고 ② 주차장 ③ 창고

Solution

차고, 주차장, 창고 등의 **경계구역 면적 산정**(NFPC 203 제4조제3항, NFTC 203 2.1.3)
외기에 면하여 상시 개방된 부분이 있는 **차고, 주차장, 창고** 등에 있어서는 외기에 면하는 각 부분으로부터 **5m** 미만의 범위 안에 있는 부분은 경계구역의 면적에 산입하지 아니한다.

12

특고압 케이블이 포설된 송배전 전용 지하구의 길이가 다음과 같을 때 최소경계구역을 몇 개로 구분해야 하는지 계산하시오.

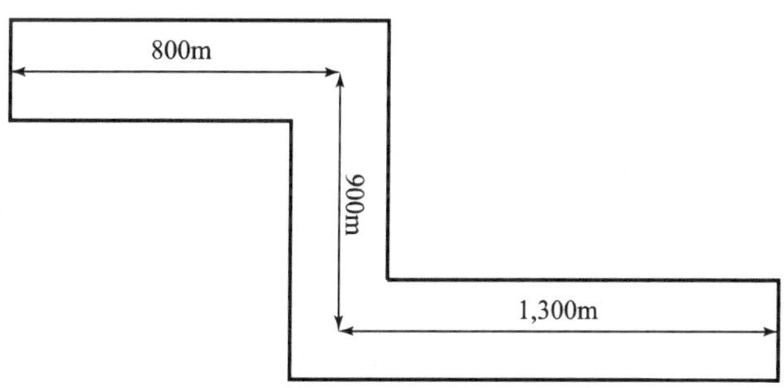

정답

5개

Solution

특고압 케이블이 포설된 송배전 전용 지하구 경계구역(화재안전성능기준 NFPC 605 제13조제1호)
특고압 케이블이 포설된 송배전 전용 지하구의 경우 하나의 경계구역의 길이는 **700m 이하**로 할 것

- 지하구 경계구역 $= \dfrac{\text{지하구 길이}}{700} = \dfrac{(800+900+1{,}300)}{700} = \dfrac{3{,}000}{700} = 4.2 ≒ 5$개

13

다음 그림은 지하 2층에서 지상 5층까지 각 층의 높이가 4m인 소방대상물에 자동화재탐지설비의 경계구역을 설정한 경우이다. 다음 물음에 답하시오.

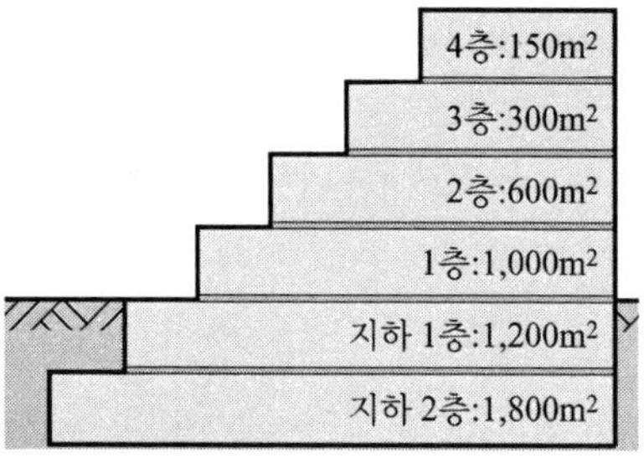

층	산출식	경계구역 수
4층		
3층		
2층		
1층		
지하 1층		
지하 2층		
경계구역의 합계		

1) 층별 바닥면적이 다음 그림과 같을 경우 자동화재탐지설비의 경계구역은 최소 몇 개로 구분하여야 하는지 산출식과 경계구역 수를 구하시오(단, 경계구역은 면적 기준만을 적용하며 계단, 경사로 및 피트 등의 수직 경계구역의 면적은 제외한다).

2) 본 소방대상물에 계단과 엘리베이터가 각각 1개씩 설치되어 있다면 전체 경계구역은 몇 개 인지 구하시오.

정답

1)

층	산출식	경계구역 수
4층 3층	$\frac{(150+300)}{500}=0.9 \fallingdotseq 1$	1 경계구역
2층	$\frac{600}{600}=1$	1 경계구역
1층	$\frac{1,000}{600}=1.67 \fallingdotseq 2$	2 경계구역
지하 1층	$\frac{1,200}{600}=2$	2 경계구역
지하 2층	$\frac{1,800}{600}=3$	3 경계구역
	경계구역의 합계	9 경계구역

2) 12개

Solution

1) 수평적 경계구역

수평적 경계구역에서 하나의 경계구역은 **600m^2 이하**로 하고 한 변의 길이는 **50m 이하**로 하여야 하지만 문제에서 면적 기준만을 적용한다고 하였으므로 면적 600m^2 이하로 경계구역을 산정하면 된다.

층	산출식	경계구역 수
4층 / 3층	$\frac{(150+300)}{500}=0.9 \fallingdotseq 1$	1 경계구역
2층	$\frac{600}{600}=1$	1 경계구역
1층	$\frac{1,000}{600}=1.67 \fallingdotseq 2$	2 경계구역
지하 1층	$\frac{1,200}{600}=2$	2 경계구역
지하 2층	$\frac{1,800}{600}=3$	3 경계구역
경계구역의 합계		9 경계구역

2) 전체 경계구역 수

① 수평 경계구역 : 9개

② 수직 경계구역 :

엘리베이터 1개 + 계단 2개

$$\left[\text{지상층}\left(\frac{4\text{m} \times 4\text{개층}}{45}=1.35 \fallingdotseq 1\text{개}\right) + \text{지하층}\left(\frac{8}{45}=0.17 \fallingdotseq 1\text{개}\right) \right]$$

③ 총 경계구역 수 : 9+3 = 12 경계구역

caution

① 2개 층의 면적 합계가 **500m^2 이하**이면 **하나의 경계구역**으로 산정할 수 있으므로 3층과 4층을 합하여 하나의 경계구역으로 산정하는 것에 주의해야 한다. 다만 2개 층이 500m^2 이하라도 발신기는 층별로 설치해주는 것이 바람직하다.

② 경계구역 산정 시 **소수점**이 발생하면 반드시 **절상**해준다.

14

다음과 같은 철근콘크리트 건축물에 자동화재탐지설비를 설치하려고 한다. 조건을 참고하여 다음 물음에 답하시오.

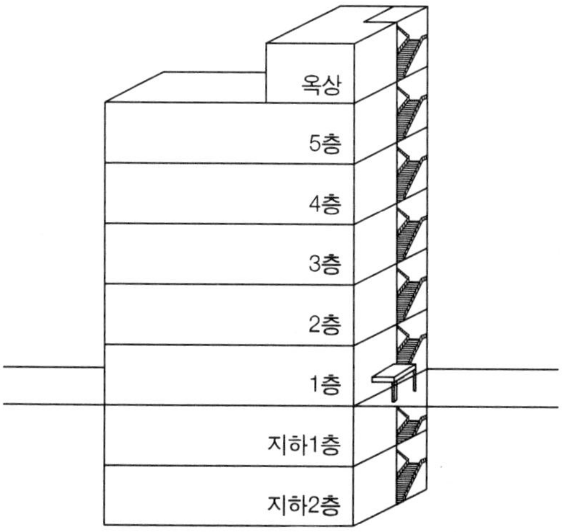

[조건]

- 지하 2층에서 옥상까지 직통계단이 1개소이다.
- 각 층의 반자는 고려하지 않으며, 각 층의 복도는 없다.
- 각 층은 차동식 스포트형 2종 감지기를 설치한다.
- 지하층, 1층의 층고는 4.3m이고, 기타 층은 3.8m이다.
- 옥상의 바닥면적은 150m², 나머지 층은 650m²이다.
- 각 층에는 샤워시설이 있는 화장실이 50m²의 면적을 갖는다. 단, 옥상은 제외한다.

1) 도면 전체의 경계구역수를 구하시오.
2) 차동식 감지기의 설치시 설치개수는 총 몇 개인지 구하시오.
3) 계단에 이온화식 연기감지기 2종을 설치할 경우 설치 개수와 설치장소를 표시하시오.

정답

1) 계산과정 :

① 각층(수평적 경계구역)

- 옥상 : $\dfrac{\text{바닥면적}(\text{m}^2)}{\text{기준면적}(\text{m}^2)} = \dfrac{150}{600} = 0.25 ≒ 1\text{경계구역}$

- 5층～지하2층 : $\dfrac{\text{바닥면적}(\text{m}^2)}{\text{기준면적}(\text{m}^2)} = \dfrac{650}{600} = 1.08 ≒ 2\text{경계구역} \times 7\text{개 층} = 14\text{경계구역}$

② 계단(수직적 경계구역)

- 지상층의 계단 : $\dfrac{\text{수직거리}}{\text{기준높이}} = \dfrac{4.3 + (3.8 \times 5\text{개 층})}{45} = 0.52 ≒ 1\text{경계구역}$
- 지하층의 계단 : $\dfrac{\text{수직거리}}{\text{기준높이}} = \dfrac{4.3 \times 2\text{개 층}}{45} = 0.19 ≒ 1\text{경계구역}$

∴ 옥상 + (5층 ~ 지하2층) + 지상층 계단 + 지하층 계단 = 1 + 14 + 1 + 1 = 17경계구역

∴ **17경계구역**

2) 계산과정 :

① 옥상 : $\dfrac{\text{적용면적}(m^2)}{\text{기준면적}(m^2)} = \dfrac{150}{70} = 2.14 ≒ 3\text{개}$

② 5층 ~ 2층 : $\dfrac{\text{적용면적}(m^2)}{\text{기준면적}(m^2)} = \dfrac{600}{70} = 8.57 ≒ 9\text{개} \times 4\text{개 층} = 36\text{개}$

③ 1층, 지하1층, 지하2층 : $\dfrac{\text{바닥면적}(m^2)}{\text{기준면적}(m^2)} = \dfrac{600}{35} = 17.14 ≒ 18\text{개} \times 3\text{개 층} = 54\text{개}$

∴ **3 + 36 + 54 = 93개**

3) 계산과정 :

① 지상층 : $\dfrac{\text{수직거리}}{\text{부착높이}} = \dfrac{4.3 + (3.8 \times 5\text{개 층})}{15} = 1.55 ≒ 2\text{개}$

② 지하층 : $\dfrac{\text{수직거리}}{\text{부착높이}} = \dfrac{4.3 \times 2\text{개 층}}{15} = 0.57 ≒ 1\text{개}$

∴ **2 + 1 = 3개**

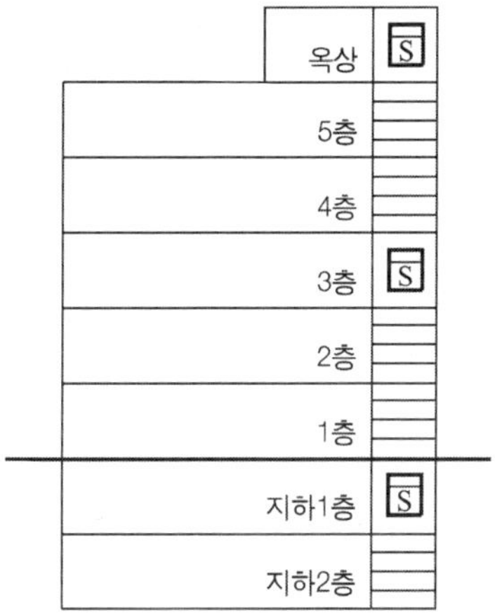

Solution

1) 건물 내의 공간은 일반적으로 거실과 같은 수평적 공간과 계단 및 파이프덕트 등과 같은 수직적인 공간이 있으므로 경계구역은 **수평적 개념**과 **수직적 개념**으로 구분하며 여기에 **설비적 개념**이 추가된다.

(1) **수평적 경계구역**

① 하나의 경계구역은 2개 이상의 건축물에 미치지 않도록 할 것

② 하나의 경계구역은 2개 이상의 층에 미치지 않도록 할 것
단, 500m² 이하의 범위 안에서는 2개 층 가능

③ 하나의 경계구역은 **600m² 이하**로 하고 **한 변의 길이는 50m 이하**로 할 것. 단, 당해 소방대상물의 주된 출입구에서 그 내부 전체가 보이는 것(학교 강당, 체육관)에 있어서는 한 변의 길이가 50m의 범위 내에서 1,000m² 이하로 할 수 있다.

④ 특고압 케이블이 포설된 송·배전 전용 지하구의 경계구역의 길이는 **700m 이하**로 할 것(도로 터널 : 100m 이하)

구 분	원 칙	예 외
층 별	층 마다	2개 층이 500m² 이하일 때는 하나의 경계구역 가능
면 적	600m² 이하	주된 출입구에서 건물내부 전체가 보일 때는 1,000m² 이하
한 변의 길이	50m 이하	특고압 케이블이 포설된 송·배전 전용 지하구의 경우에는 700m 이하

(2) **수직적 경계구역**

① 계단, 경사로(에스컬레이터 경사로 포함), E/L승강로(권상기실이 있는 경우에는 권상기실), 린넨슈트, 파이프피트 및 덕트 등은 별도로 경계구역을 설정

② 하나의 경계구역은 **높이 45m 이하**(계단 및 경사로)

③ 지하층의 계단 및 경사로는 별도의 하나의 경계구역으로 한다(지하 1층 제외).

구 분	계단, 경사로	E/V권상기실, 린넨슈트, 파이프덕트
높 이	45m 이하	제한 없음
지하층 구분	지상층, 지하층 구분 (단, 지하 1층만 있을 경우 제외)	제한 없음

(3) 설비적 경계구역

① S/P설비·물분무등 소화설비 또는 제연설비의 화재감지장치로서 화재감지기를 설치한 경우의 경계구역은 당해 소화설비의 방사구역 또는 제연구역과 동일하게 설정할 수 있다.

② 특수감지기의 경계구역은 감지기별 성능인정기준으로 설정할 수 있다.

소화설비		방호구역	설정기준
S/P 설비	폐쇄형	바닥면적 기준	3,000m^2 미만
		층별 기준	1개 층이 하나의 방호구역
			1개 층 헤드가 10개 이하－3개 층 이내를 하나의 방호구역
	개방형	층별 기준	1개 층이 하나의 방수구역
		헤드 기준	50개 이하
물분무 등 소화설비		방호대상 구역	방사구역 마다 설정
특수 감지기		광전식 분리형	100m마다 설정

2) 감지기 총 개수

① **샤워시설이 있는 화장실은 경계구역 면적에는 포함되나 감지기 설치장소에서는 제외된다.**
(ex. 바닥면적－5층～지하2층 : 650－50＝600m^2)

② 차동식 스포트형 2종 감지기의 바닥면적

(m^2)

부착높이(m)		차동식, 보상식 스포트형		정온식 스포트형		
		1종	2종	특종	1종	2종
4m 미만	내화 구조	90	70	70	60	20
	기타 구조	50	40	40	30	15
4～8m 미만	내화 구조	45	35	35	30	－
	기타 구조	30	25	25	15	－

3) 계단에 이온화식 연기감지기 2종 설치 개수

① 이온화식 연기감지기 2종의 수직거리는 15m이므로 감지기의 개수는 $\frac{\text{수직거리}}{15(\text{m})}$로 구할 수 있다.

(m^2)

구 분	1종, 2종	3종
복도 및 통로	보행거리 30m 마다	보행거리 20m 마다
계단 및 경사로	수직거리 15m 마다	수직거리 10m 마다

15

지하 3층, 지상 14층이고 각 층 높이가 3.5m인 다음과 같은 소방대상물에 수직경계구역을 설정할 경우 다음 각 물음에 답하시오.

1) 본 소방대상물에 자동화재탐지설비의 수직경계구역은 총 몇 개의 회로로 구분해야 하는지 쓰시오.
2) 연기감지기 2종을 설치해야 하는 위치를 도면에 그려 넣으시오.

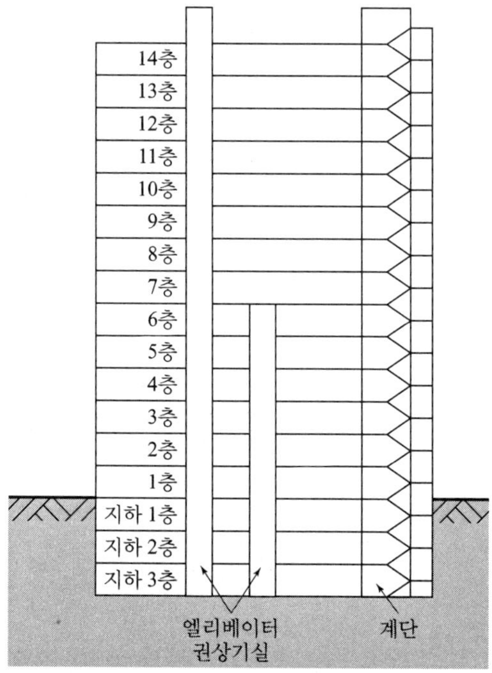

정답

1) 5회로　2) 7개

Solution

1) 수직경계구역 수

① 엘리베이터 : 2회로

② 계단 : 지상층$\left(\dfrac{3.5\text{m} \times 14\text{층}}{45} = 1.09 \fallingdotseq 2\text{회로}\right)$ + 지하층$\left(\dfrac{3.5\text{m} \times 3\text{층}}{45} = 0.233 \fallingdotseq 1\text{회로}\right)$

③ 총 회로 수 : 2+2+1 = 5회로

2) 연기감지기 개수

① 엘리베이터 : 2개

② 계단 : 지상층$\left(\dfrac{3.5\text{m} \times 14\text{층}}{15} = 3.27 \fallingdotseq 4\text{개}\right)$ + 지하층$\left(\dfrac{3.5\text{m} \times 3\text{층}}{15} = 0.7 \fallingdotseq 1\text{개}\right)$

③ 총 개수 : 2+4+1 = 7개

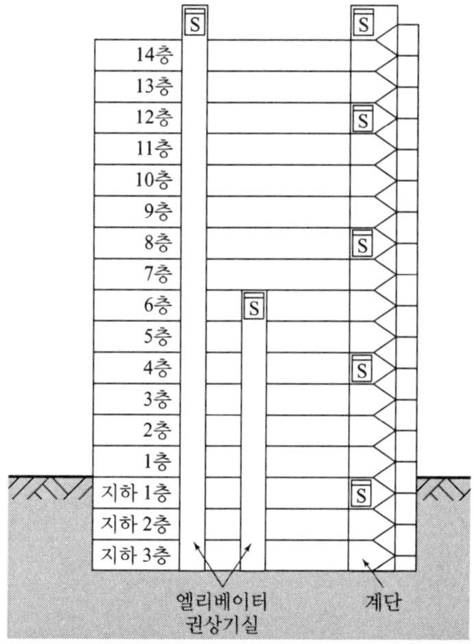

16

다음 그림은 지하 1층에서 지상 5층까지 각 층의 평면이 동일하고, 각 층의 높이가 4m인 사무실 건물에 자동화재탐지설비를 설치한 경우이다. 다음 물음에 답하시오.

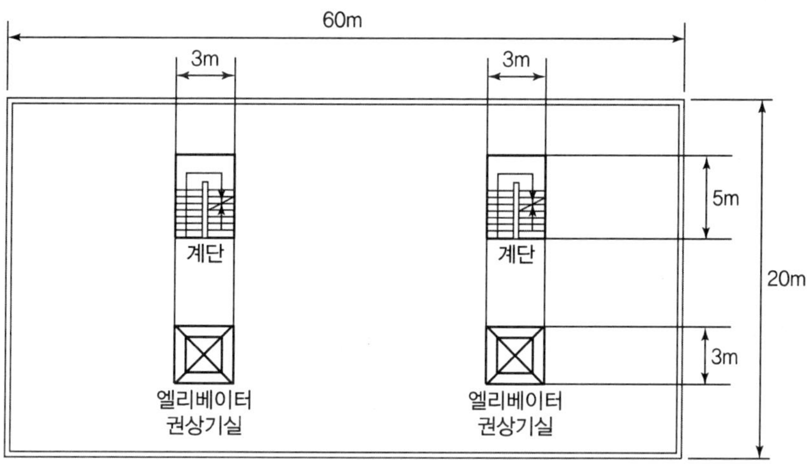

1) 하나의 층에 대한 자동화재탐지설비의 수평 경계구역 수를 구하시오.
2) 사무실 건물에 대한 자동화재탐지설비의 수직 및 수평 경계구역 수를 구하시오.
3) 계단에 설치되는 감지기는 각각 몇 층에 설치해야 하는지 쓰시오.
4) 엘리베이터 권상기실 상부에 설치해야 하는 감지기의 종류를 쓰시오.

정답

1) 2개
2) ① 수평 경계구역 : 12개
   ② 수직 경계구역 : 4개
3) 지상 5층, 지상 2층
4) 연기감지기 2종

Solution

1) 한 층의 수평 경계구역 수 : $\frac{(60\times20-3\times5\times2-3\times3\times2)}{600}=1.98 ≒ 2$

2) ① 수평 경계구역 : 2개 × 6개 층 = 12개
   ② 수직 경계구역 : 엘리베이터 2개소 + 계단($=\frac{4\times6}{45}=0.53 ≒ 1$개) 2개소, 총 4개

3) 계단 설치 연기감지기 : $\frac{4\text{m}\times6\text{개 층}}{15}=1.6 ≒ 2$개, 지상 5층, 지상 2층

4) 연기감지기 2종(특별한 조건이 없는 경우 연기감지기는 2종을 적용한다.)

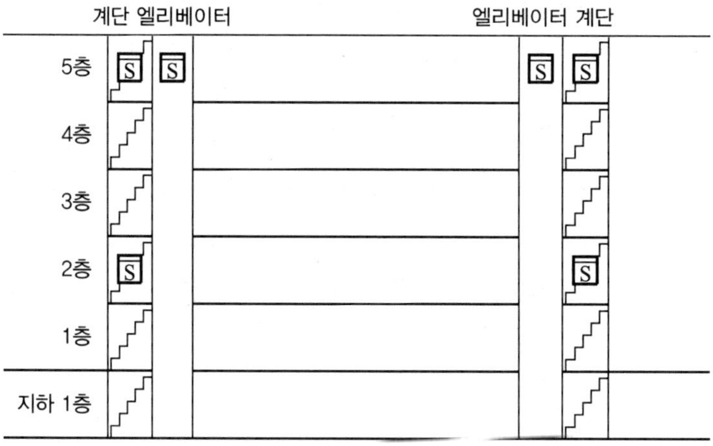

caution

계단, 엘리베이터는 **수직 경계구역 산정 시 사용**되는 것이므로 수평 경계구역 산정 시 필요한 면적에는 포함시키지 않는 것에 주의해야 한다.

17

다음은 설치장소에 따른 감지기의 분류를 나타낸 것이다. 빈칸을 모두 채우시오.

설치 장소	감지기의 종류
지하층, 무창층으로 환기가 잘되지 않는 장소 실내면적이 40m^2 미만인 장소 감지기의 부착면과 실내바닥과의 거리가 2.3m 이하	
	연기 감지기
계단, 경사로에 연기가 멀리 이동해서 감지기에 도달하는 장소	
	연기감지기 설치할 수 없는 경우 −차동식 분포형 감지기 1, 2종
화학공장, 격납고, 제련소	
전산실, 반도체 공장	
	정온식 감지기

정답

설치 장소	감지기의 종류
지하층, 무창층으로 환기가 잘되지 않는 장소 실내면적이 40m^2 미만인 장소 감지기의 부착면과 실내바닥과의 거리가 2.3m 이하	축적방식, 복합형 감지기 아날로그방식, 다신호방식 감지기 광전식분리형, 분포형 감지기 정온식감지선형, 불꽃 감지기
계단·경사로 및 에스컬레이터 경사로 복도(30m 미만 제외) E/L 승강로(권상기실), 린넨슈트, 파이프 피트 및 덕트, 기타 유사한 장소 천장 또는 반자의 높이가 15m 이상 20m 미만인 장소 취침·숙박·입원 등 이와 유사한 용도로 사용되는 거실(공동주택, 오피스텔 등)	연기 감지기
계단, 경사로에 연기가 멀리 이동해서 감지기에 도달하는 장소	광전식 스포트형(아날로그 포함) 광전식 분리형(아날로그 포함)
부식성 가스가 발생할 우려가 있는 장소 먼지 또는 미분 등이 다량으로 체류하고 있는 장소 배기가스가 다량으로 체류하고 있는 장소 연기가 다량으로 유입될 우려가 있는 장소 물방울이 발생하는 장소	연기감지기 설치할 수 없는 경우 −차동식 분포형 감지기 1, 2종
화학공장, 격납고, 제련소	광전식 분리형, 불꽃 감지기
전산실, 반도체 공장	공기흡입형 감지기(ASD)
주방, 보일러실 등 다량의 화기를 단속 취급하는 장소	정온식 감지기

Solution

① **비화재보 적응성 감지기**－NFPC 203 제7조제1항, NFTC 203 2.4.1

비화재보 발생 우려 장소	비화재보 적응성 감지기
지하층, 무창층으로 환기가 잘되지 않는 장소 실내면적이 $40m^2$ 미만인 장소 감지기의 부착면과 실내바닥과의 거리가 2.3m 이하	축적방식, 복합형 감지기 아날로그방식, 다신호방식 감지기 광전식분리형, 분포형 감지기 정온식감지선형, 불꽃 감지기

② 연기 감지기－NFPC 203 제7조제2항, NFTC 203 2.4.2

③ 연기가 멀리 이동해서 감지기에 도달하는 계단, 경사로－광전식 스포트형, 분포형(아날로그 포함)[화재안전기술기준 NFTC 203 2.4.6 표 2.4.6(2)]

④ 연기 감지기를 설치할 수 없는 경우－차동식 분포형 감지기 1, 2종[화재안전기술기준 NFTC 203 2.4.6]

⑤ 화학공장, 격납고, 제련소－광전식분리형, 불꽃 감지기[화재안전기술기준 NFTC 203 2.4.4.1]

⑥ 전산실, 반도체 공장－공기흡입형 감지기(ASD)[화재안전기술기준 NFTC 203 2.4.4.2]

⑦ 주방, 보일러실－정온식 감지기[화재안전기술기준 NFTC 203 2.4.3.4]

18

다음은 부착높이에 따른 감지기의 분류를 나타낸 것이다. 각 감지기의 설치가능 높이와 종별을 나타내시오(단, 모든 종별이 가능한 경우에는 ●를 사용한다).

감지기 종 류	설치높이(m)				
	4 미만	4~8 미만	8~15 미만	15~20 미만	20 이상
차동식 스포트형					
차동식 분포형					
정온식 스포트형					
정온식 감지선형					
보상식 스포트형					
이온화식					
광전식 스포트형					
광전식 분리형					
공기흡입형					
열복합형					
연기복합형					
열연기복합형					
불꽃 감지기					

정답

감지기 종 류	설치높이(m)				
	4 미만	4~8 미만	8~15 미만	15~20 미만	20 이상
차동식 스포트형	●	●			
차동식 분포형	●	●	●		
정온식 스포트형	●	특/1종			
정온식 감지선형	●	특/1종			
보상식 스포트형	●	●			
이온화식	●	1/2종	1/2종	1종	
광전식 스포트형	●	1/2종	1/2종	1종	
광전식 분리형	●	1/2종	1/2종	1종	아날로그방식
공기흡입형	●	1/2종	1/2종	1종	아날로그방식
열복합형	●	●			
연기복합형	●	●	●	●	
열연기복합형	●	●			
불꽃 감지기	●	●	●	●	●

Solution

① **열감지기**인 차동식 스포트형 · 분포형, 정온식 스포트형 · 감지선형, 보상식 스포트형은 기본적으로 **4m 이상 8m 미만**까지는 설치가능하며, 예외적으로 **차동식 분포형**은 **15m 미만**까지 설치가능하다.

② **연기감지기**인 이온화식, 광전식 스포트형 · 분리형, 공기흡입형은 기본적으로 **15m 이상 20m**까지 설치가능하며, **광전식분리형, 공기흡입형의 아날로그식**은 **20m 이상**까지 설치가능하다.

③ 복합형 감지기는 연소생성물인 열, 연기의 기본적인 설치높이와 동일하게 적용한다.

④ **불꽃감지기**는 **20m 이상**까지 설치가능하다.

19

다음 감지기의 최대 부착높이에 대하여 쓰시오.

차동식 스포트형 감지기, 차동식 분포형 감지기 정온식 스포트형 감지기(2종), 불꽃 감지기, 연기복합형 감지기

정답

① 차동식 스포트형 감지기 : 8m 미만
② 차동식 분포형 감지기 : 15m 미만
③ 정온식 스포트형 감지기(2종) : 4m 미만
④ 불꽃 감지기 : 20m 이상
⑤ 연기복합형 감지기 : 20m 미만

Solution

☞문제 18 참조

20

지하 공동구에 자동화재탐지설비를 설치하는 경우 다음 물음에 답하시오.

1) 지하 공동구에 설치 가능한 감지기를 5가지 쓰시오.
2) ( ) 안에 알맞은 내용을 쓰시오.
지하구에 설치하는 감지기는 (①), (②)등의 영향을 받지 아니하고 (③)을 확인할 수 있는 감지기를 설치해야 한다.

정답

1) ① 축적방식 감지기 ② 복합형 감지기
③ 아날로그방식 감지기 ④ 다신호방식 감지기
⑤ 광전식분리형 감지기

2) ① 먼지
② 습기
③ 발화지점

Solution

1) **지하구 또는 터널에 설치하는 감지기**－NFPC 203 제7조제1항, NFTC 203 2.4.1

비화재보 발생 우려 장소	비화재보 적응성 감지기
지하층, 무창층으로 환기가 잘되지 않는 장소 실내면적이 40m^2 미만인 장소 감지기의 부착면과 실내바닥과의 거리가 2.3m 이하	축적방식, 복합형 감지기 아날로그방식, 다신호방식 감지기 광전식분리형, 분포형 감지기 정온식감지선형, 불꽃 감지기

2) 지하구의 화재안전성능기준 NFPC 605 제6조제1항, 화재안전기술기준 NFTC 605 2.2.1.1
   ① 지하구 또는 터널에 설치하는 감지기－NFPC 203 제7조제1항, NFTC 203 2.4.1의 감지기
   ② 지하구에 설치하는 감지기는 **먼지, 습기** 등의 영향을 받지 아니하고 **발화지점**을 확인할 수 있는 감지기를 설치해야 한다.

21

작동표시를 하지 않아도 되는 감지기를 모두 쓰시오.

정답

① 방폭구조인 감지기
② 차동식분포형 감지기
③ 정온식감지선형 감지기
④ 수신기에 작동한 내용이 표시되는 감지기(무선식 감지기 제외)

Solution

1) 확인이 곤란한 구조이거나 곤란한 장소에는 설치하지 않을 수 있다.
2) **작동표시를 하지 않아도 되는 감지기**(KOFEIS 0301 제5조제19항)
   ① 방폭구조인 감지기
   ② 차동식분포형 감지기
   ③ 정온식감지선형 감지기
   ④ 수신기에 작동한 내용이 표시되는 감지기(무선식 감지기 제외)

22

다음 설명하는 감지기는 어떤 것인지 답하시오.

1) 주위온도 또는 연기의 농도변화에 따라 각각 다른 전류 또는 전압을 출력하는 방식으로 실시간으로 검출된 온도 또는 연기농도에 대한 정보만을 수신기에 송출하는 감지기
2) 감지원리는 동일하나 1개의 감지기 내에 서로 다른 성능, 종별, 공칭작동온도, 공칭축적 시간 등의 기능을 갖춘 것으로서 일정시간 간격을 두고 각각 다른 2개 이상의 화재 신호를 발하는 감지기
3) 감지원리가 다른 2개의 감지소자를 조합한 감지기로 두 가지 성능이 동시에 작동될 때(AND회로) 신호를 발하거나 두개의 성능이 각각 작동될 때(OR회로) 신호를 발하는 감지기
4) 비화재보를 방지하기 위해 감지기에 지연회로 또는 축적회로를 설치하여 일정 이상의 온도, 연기가 계속될 때 수신기에 화재신호를 발하는 감지기

정답

1) 아날로그방식 감지기
2) 다신호방식 감지기
3) 복합형 감지기
4) 축적방식 감지기

Solution

종 류	설 명
축적방식 감지기	• 비화재보를 방지하기 위해 감지기에 지연회로 또는 축적회로를 설치하여 일정이상의 온도, 연기가 계속될 때 수신기에 화재신호를 발하는 장치 • 감지기 주위의 온도, 연기가 작동상태에 이르면 곧바로 동작하지 않고 공칭축적시간동안 기다렸다가 수신기에 화재신호를 발하는 장치
다신호방식 감지기	• 감지원리는 동일하나 성능, 종별, 공칭작동온도, 공칭축적시간이 다른 감지소자의 조합 • 다신호식 감지기로부터 신호를 받기위해 다신호 수신기 사용 • 넓은 의미로는 복합형 감지기도 다신호식 감지기의 일종(복합형 OR회로)
아날로그방식 감지기	• 주위온도 또는 연기의 농도변화에 따라 각각 다른 전류 또는 전압을 출력하는 방식 • 기존감지기는 열, 연기, 불꽃을 검출하는 검출기능과 화재인지를 판단하는 판단기능, 화재신호를 수신기로 송출하는 발신기능을 하나의 감지기속에 내장하고 있으나 아날로그 감지기는 검출기능은 감지기가 판단기능은 수신기가 담당
복합형 감지기	• 감지원리가 다른 2개의 감지소자를 조합한 감지기로 두 가지 성능이 동시에 작동될 때(AND회로) 신호를 발하거나 두개의 성능이 각각 작동될 때(OR회로) 신호를 발하는 감지기 • AND회로일 경우 단신호이나 OR회로일 경우 다신호 감지기가 된다.

caution

① 다신호방식 감지기와 복합형 감지기의 차이점

다신호방식 감지기	복합형 감지기
• 감지원리는 동일하나 성능, 종별, 공칭작동온도, 공칭축적시간이 다른 감지소자의 조합 • 각 기능이 작동될 때 화재신호를 발함 • 예 – 공칭작동온도의 조합 : 정온식 스포트형 특종 60℃ + 정온식 스포트형 특종 70℃	• 감지원리가 다른 2개의 감지소자의 조합 • 두 기능이 모두 작동 되는 때 또는 각 기능이 작동 되는 때 화재신호를 발함 • 예 – 열복합형 : 차동식 감지기 + 정온식 감지기

② 복합형 감지기(OR회로)와 보상식 감지기의 차이점

복합형 감지기(OR회로)	보상식 감지기
• 해당되는 요소만 출력 되고 이후 또 다른 요소가 동작되면 두 번째 출력 • 비화재보 방지가 목적	• 차동요소와 정온요소중 하나만 동작해도 출력 • 실보 방지가 목적

23

축적방식 감지기의 설치장소와 설치제외장소를 설명하시오.

정답

설치 장소	설치 제외 장소(비축적형 설치장소)
• 지하층, 무창층으로 환기가 잘되지 않는 장소 • 실내면적이 $40m^2$ 미만인 장소 • 감지기 부착면까지의 높이가 2.3m 이하인 장소	• 교차회로용 감지기가 설치된 장소 • 급속한 연소확대가 우려되는 장소(유류취급소 등) • 축적형 수신기를 설치한 장소

Solution

① 축적방식 감지기는 비화재보를 방지하기 위해 감지기에 지연회로 또는 축적회로를 설치한 것으로 설치장소는 **비화재보 발생 우려 장소**이다.

② 축적방식 감지기의 설치제외 장소는 축적방식 감지기 설치 시 시간지연으로 인해 **연소가 확대될 우려**가 있는 장소이거나 함께 사용할 때 2중 지연으로 감지기의 조기감지라는 대원칙에 위배되는 장소(**교차회로용 감지기, 축적형 수신기 설치 장소**)이다.

24

다신호방식, 복합형, 보상식 감지기를 비교 설명한 것이다. 빈칸을 모두 채우시오.

분 류	회로구성	논리개념	신호출력	목적
다신호방식	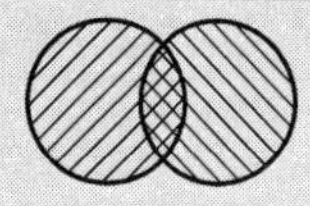		다신호	
복합형		OR (각기능이 작동할 때 작동)		
		AND (두기능이 모두 작동할 때 작동)		
보상식				

정답

분 류	회로구성	논리개념	신호출력	목적
다신호방식		OR (각 기능이 작동할 때 작동)	다신호	비화재보 방지
복합형		OR (각 기능이 작동할 때 작동)	다신호	상동
	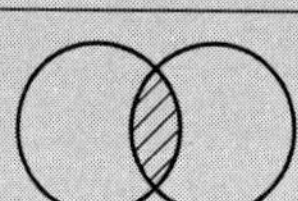	AND (두 기능이 모두 작동할 때 작동)	단신호	상동
보상식		OR (둘 중 하나만 작동해도 작동)	단신호	실보 방지

Solution

☞문제 22 해설 참조

25

다음은 감지기의 감지원리에 대한 설명이다. 다음에 해당하는 감지기를 답하시오.

1) 주위온도가 일국소에서 일정온도 상승률 이상일 때 작동하는 감지기
2) 주위온도가 넓은 범위에서 일정온도 상승률 이상일 때 작동하는 감지기
3) 일국소의 주위온도가 일정온도 이상일 때 작동하는 감지기
4) 급격한 온도상승은 다이어프램 상승에 의해서 검출하고 완만한 온도상승은 금속의 선팽창 계수를 이용하여 검출하는 감지기
5) 이온실에 있는 소량의 방사선원(Am241)에 의한 α선 조사로 이온전류가 형성되고 연기에 의한 이온전류의 감소를 감지하는 감지기
6) 연기챔버에 발광부와 수광부를 설치하고 연기 침입시 수광부에 유입되는 광량의 증가를 검출하는 감지기
7) 발광부와 수광부를 분리하여 설치하고 연기가 광축에 유입시 수광부의 광량이 감소되는 것을 검출하는 감지기
8) 연소 초기단계에서 열분해시 생성된 초미립자를 감지구역내에 설치된 흡입배관을 통해 흡입시켜 미립자를 분석하여 화재신호를 발하는 감지기
9) 특정파장의 복사에너지를 전기에너지로 변환하여 이를 검출하는 감지기

정답

① 차동식 스포트형 감지기
② 차동식 분포형 감지기
③ 정온식 스포트형 감지기
④ 보상식 스포트형 감지기
⑤ 이온화식 감지기
⑥ 광전식 스포트형 감지기
⑦ 광전식 분리형 감지기
⑧ 공기흡입형 감지기(ASD)
⑨ 불꽃 감지기

Solution

감지기 종류	감지기의 작동 원리
차동식 스포트형	주위온도가 **일국소**에서 **일정온도 상승률 이상**일 때 작동
차동식 분포형	주위온도가 **넓은 범위**에서 **일정온도 상승률 이상**일 때 작동
정온식 스포트형	**일국소**의 주위온도가 **일정온도 이상**일 때 작동
정온식 감지선형	외관이 전선으로 되어 있어 **넓은 범위**에서 **일정온도 이상**일 때 작동
보상식 스포트형	차동식의 **다이어프램 상승**과 정온식의 **금속 선팽창계수**를 이용하여 검출
이온화식	이온실에 있는 소량의 방사선원(Am241)에 의한 α선 조사로 이온전류가 형성되고 연기에 의한 **이온전류의 감소**를 감지하는 감지기
광전식 스포트형	연기챔버에 발광부와 수광부를 설치하고 연기 침입 시 수광부에 유입되는 **광량의 증가**를 검출하는 감지기
광전식 분리형	발광부와 수광부를 분리하여 설치하고 연기가 광축에 유입 시 수광부의 **광량이 감소**되는 것을 검출하는 감지기
공기흡입형	연소 초기단계에서 열분해 시 생성된 **초미립자**를 감지구역 내에 설치된 흡입배관을 통해 흡입시켜 미립자를 분석하여 화재신호를 발하는 감지기
불꽃 감지기	특정파장의 **복사에너지**를 전기에너지로 변환하여 이를 검출하는 감지기

26

제벡 효과를 설명하고 제벡 효과를 이용한 감지기의 종류를 쓰시오.

정답

1) 제벡 효과 : 두 종류의 금속을 접합하여 하나의 폐회로를 만들고 두 접합점의 온도를 다르게 하면 열기전력이 발생되는 현상

2) 제벡 효과를 이용한 감지기
   ① 열기전력식 차동식 스포트형 감지기
   ② 열전대식 차동식 분포형 감지기

Solution

1) 제벡 효과

(1) **제벡 효과**(Seebeck effect)

① **두 종류의 금속**을 접합하여 하나의 폐회로를 만들고 두 접합점의 **온도**를 다르게 하면 **열기전력**이 발생되는 현상

② 온도 변화에 따른 열팽창율이 다른 두 금속을 붙여 사용하는 방법
③ 이러한 두 종류의 금속(한 쌍의 금속)을 열전대라고 함
④ 열전대 효과가 가장 큰 것 중 하나가 Constantan(Cu 55% + Ni 45%)

(2) **열전 효과(Thermoelectric effect)**

효 과	설 명
제벡 효과 (Seebeck effect)	두 종류의 금속으로 폐회로를 만들고 **온도**를 다르게 하면 **열기전력**이 발생되는 효과
펠티어 효과 (Peltier effect)	두 종류의 금속으로 폐회로를 만들고 **전류**를 흘리면 **흡열** 또는 **발열**이 일어나는 효과
톰슨 효과 (Thomson effect)	동일한 금속에 **온도차**가 있을 때 전류를 흘리면 **흡열** 또는 **발열**이 일어나는 효과(**온도구배**)

2) 제벡 효과를 이용한 감지기

(1) 차동식 스포트형 – **일국소**에서의 열효과에 의해 작동

구 분	공기식	열기전력식	반도체식	
			서미스터	감열식사이리스터
작동원리	다이어프램 상승	**제벡효과**	휘스톤브리지	P-N 반도체소자

(2) 차동식 분포형 – **넓은 범위**에서의 열효과에 의해 작동

구 분	공기관식	열전대식	열반도체식
작동원리	주위온도 급격상승 ↓ 공기관내 공기 팽창 ↓ 다이어프램 상승 ↓ 접점 폐로 ↓ 화재신호 발생	주위온도 급격상승 ↓ 열기전력발생 (이종금속 온도차) ↓ 코일에 전류 발생 ↓ 접점 폐로 ↓ 화재신호 발생	주위온도 급격상승 ↓ 열기전력 발생(열반도체소자) ↓ 미터 Relay 작동 ↓ 접점 폐로 ↓ 화재신호 발생

주) 열전대식이나 열반도체식이나 열에 의해 기전력이 발생하는 것은 같으나 열전대는 이종금속, 열반도체식은 열반도체소자를 사용하는 차이가 있다.

27

다음 조건에서 설명하는 감지기의 명칭 및 종별을 쓰시오.

[조건]

㉠ 공칭작동온도 : 75℃

㉡ 작동방식 : 반전 바이메탈식, 60V, 0.1A

㉢ 부착높이 : 8m

정답

① 정온식 스포트형 감지기 특종

② 정온식 스포트형 감지기 1종

Solution

1) 정온식 스포트형 감지기

① 작동 원리

바이메탈 활곡, 바이메탈 반전, 금속의 선팽창 계수, 금속팽창, 액체의 팽창 등

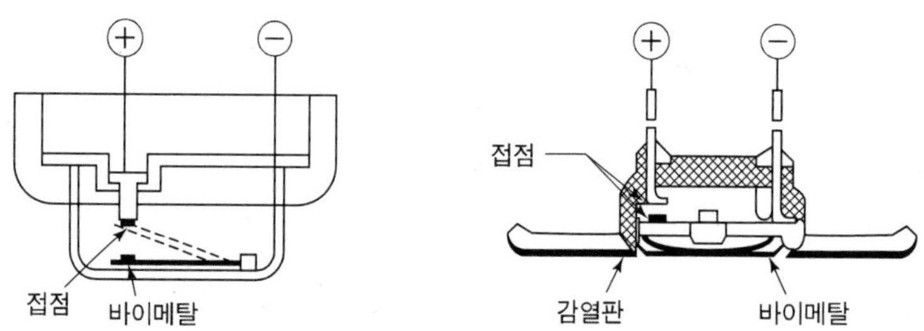

(a) 바이메탈 활곡　　(b) 바이메탈 반전

[바이메탈을 이용한 정온식 스포트형 감지기]

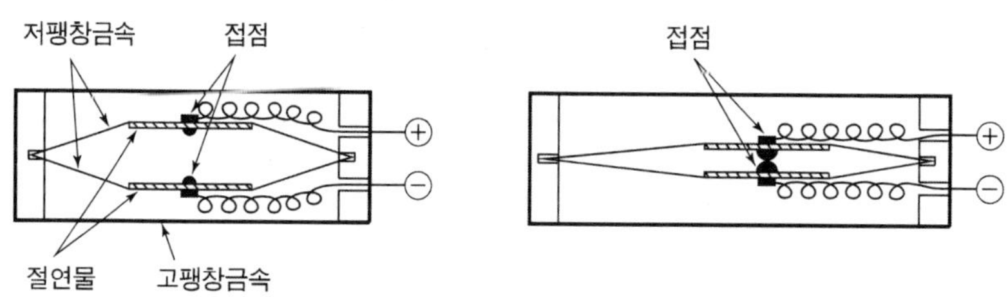

(a) 미작동 상태　　(b) 작동한 상태

[금속의 선팽창계수를 이용한 정온식 스포트형 감지기]

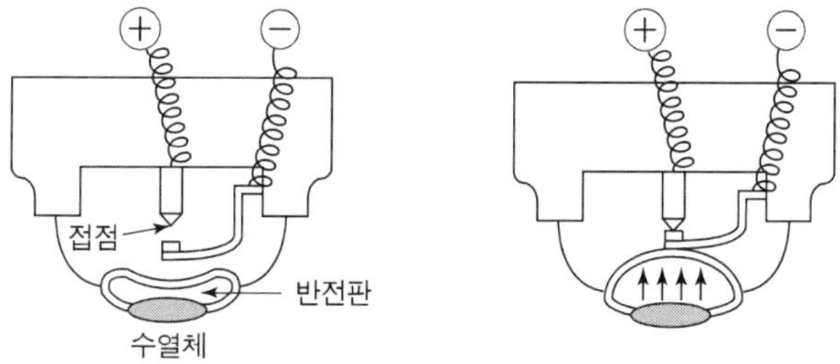

[액체의 팽창을 이용한 정온식 스포트형 감지기]

2) **부착높이에 따른 감지기의 분류** [열/차.정.보, 연/이.광-광.스.분.공, 복, 불]

감지기 종 류	설치높이[m]				
	4 미만	4-8미만	8-15미만	15-20미만	20이상
차동식 스포트형	●	●			
차동식 분포형	●	●	●		
정온식 스포트형	●	특/1종			
정온식 감지선형	●	특/1종			
보상식 스포트형	●	●			
이온화식	●	1/2종	1/2종	1종	
광전식 스포트형	●	1/2종	1/2종	1종	
광전식 분리형	●	1/2종	1/2종	1종	아날로그방식
공기흡입형	●	1/2종	1/2종	1종	아날로그방식
열복합형	●	●			
연기복합형	●	●	●	●	
열연기복합형	●	●			
불꽃 감지기	●	●	●	●	●

주) 광전식 분리형 연기감지기는 아날로그 제품이 생산되지 않으므로 실제로 20 m 이상 장소에 설치할 수 있는 감지기는 공기흡입형과 불꽃 감지기이다.

28

그림은 어떤 감지기의 구조를 나타낸 것이다. 다음 물음에 답하시오.

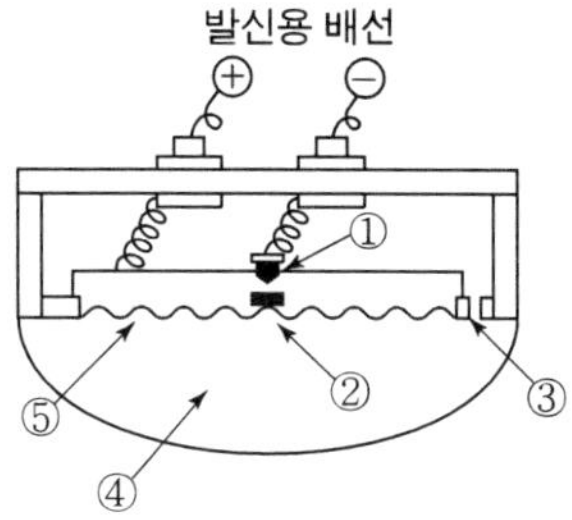

1) 이 감지기의 명칭은 무엇인가?
2) ①~⑤의 명칭을 쓰시오
3) ③의 역할은 무엇인가?
4) 감지기의 동작원리를 쓰시오.

정답

1) 차동식 스포트형 감지기
2) ① 주접점 ② 보조접점 ③ 리크구멍 ④ 감열실 ⑤ 다이어프램
3) 감지기의 오동작 방지
4) 화재 발생 시 감열부의 온도가 급격하게 상승하여 공기가 팽창하면 다이어프램을 밀어 올리는데 이 때 접점이 붙음으로써 화재 신호를 발함

Solution

차동식 스포트형 감지기(공기식)

1), 2)

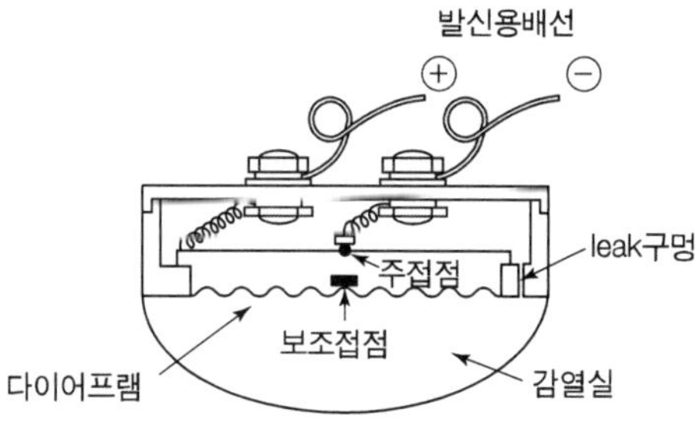

3) **리크구멍** : 실내의 완만한 온도상승에 의한 공기 팽창은 리크구멍으로 공기가 배출되므로 **오동작 방지**의 기능을 한다.
4) 동작원리 : 화재 시 주위온도가 급격하게 상승하면 감열실의 온도가 팽창하여 다이어프램을 밀어 올려 접점을 형성하여 화재신호를 발한다.

29

다음은 차동식, 보상식, 정온식 감지기의 동작특성 그래프이다. ①, ②, ③이 뜻하는 감지기를 쓰시오.

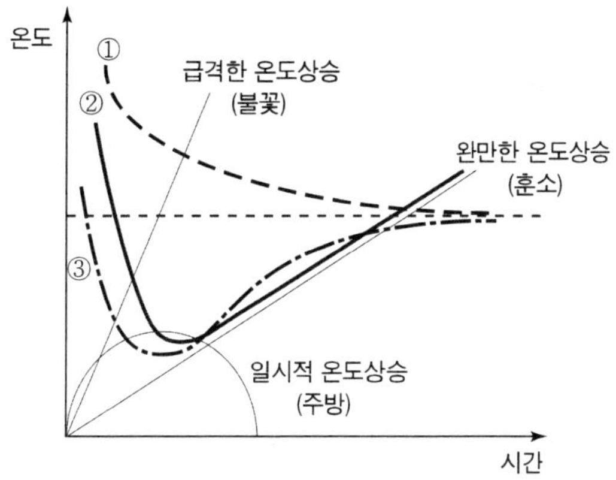

정답

① 정온식 스포트형 감지기
② 차동식 스포트형 감지기
③ 보상식 스포트형 감지기

Solution

열감지기(스포트형) 비교 [작,동,훈,시,비,적]

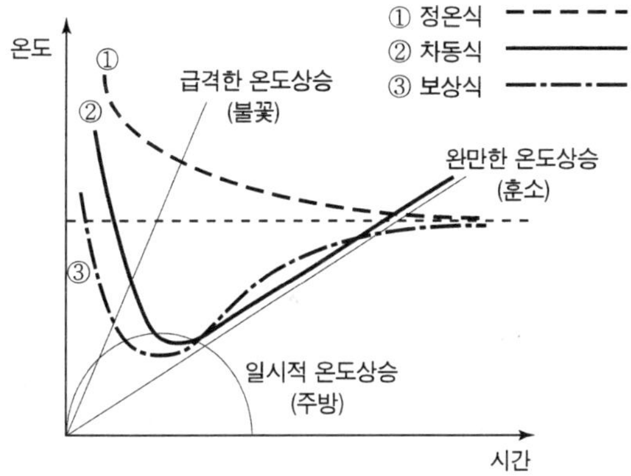

구 분	차동식	정온식	보상식
작동원리	주위온도가 일정온도 상승률 이상일 때 작동	주위온도가 일정(설정)온도 이상일 때 작동	차동식 훈소화재 비적응성과 정온식 시간지연 보상
동작빠르기	2	3	1
훈소화재	×(비적응성)	○	○
시간지연	×	○(발생)	×
비화재보	○(발생)	×	○
적 응 성	불꽃	불꽃, 훈소, 주방	불꽃, 훈소

30

차동식, 정온식, 보상식 스포트형 열 감지기를 비교 설명한 그림이다. 그림을 참조하여 다음 빈칸을 모두 채우시오(단, 동작빠르기는 빠른 순서대로 숫자로 표기하고 적응성을 제외한 부분은 ○, ×로 표기하며, 적응성은 적응성이 있는 화재를 표시하시오).

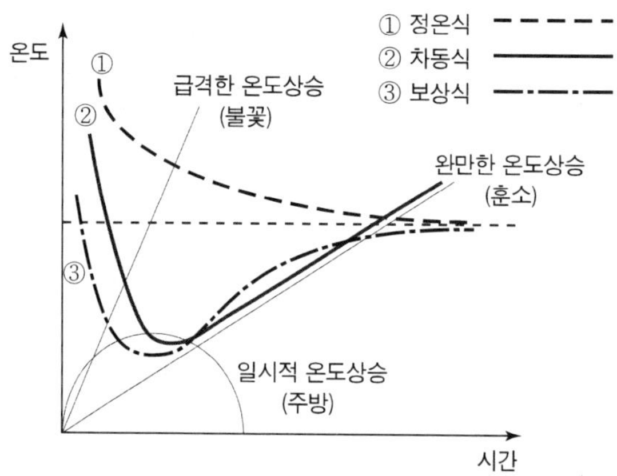

구 분	차동식	정온식	보상식
작동원리	주위온도가 일정 온도 상승률 이상일 때 작동	주위온도가 일정(설정) 온도 이상일 때 작동	차동식 훈소화재 비적응성과 정온식 시간지연 보상
동작빠르기			
훈소화재	×(비적응성)		
시간지연			
비화재보	○(발생)		
적응성			

정답

구 분	차동식	정온식	보상식
작동원리	주위온도가 일정온도 상승률 이상일 때 작동	주위온도가 일정(설정)온도 이상일 때 작동	차동식 훈소화재 비적응성과 정온식 시간지연 보상
동작빠르기	2	3	1
훈소화재	×(비적응성)	○	○
시간지연	×	○(발생)	×
비화재보	○(발생)	×	○
적 응 성	불꽃	불꽃, 훈소, 주방	불꽃, 훈소

Solution

☞문제 29 해설 참조

31

다음 그림은 공기관식 차동식 분포형 감지기의 설치도면이다. 다음의 물음에 답하시오.
(단, 본 건물은 내화구조이고, 하나의 공기관의 총 길이는 65m이며, 도면의 전체가 하나의 1 경계구역이다).

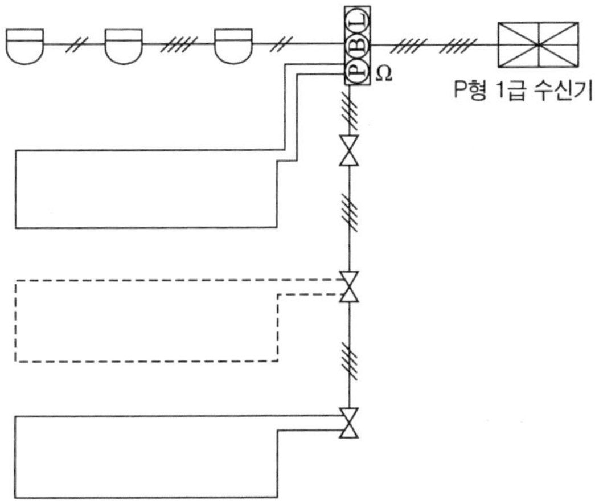

1) 도면중 배선의 가닥수와 공기관이 잘못 설치된 부분이 있다. 잘못된 부분을 찾아 올바른 도면으로 완성하시오.
2) 점선으로 표시된 공기관은 어떤 경우를 나타내는지 설명하시오.
3) 도면 중 ⧖ 는 무엇을 나타내는지 설명하시오.
4) 공기관식 차동식 분포형 감지기의 설치기준에 대해 다음 물음에 답하시오.

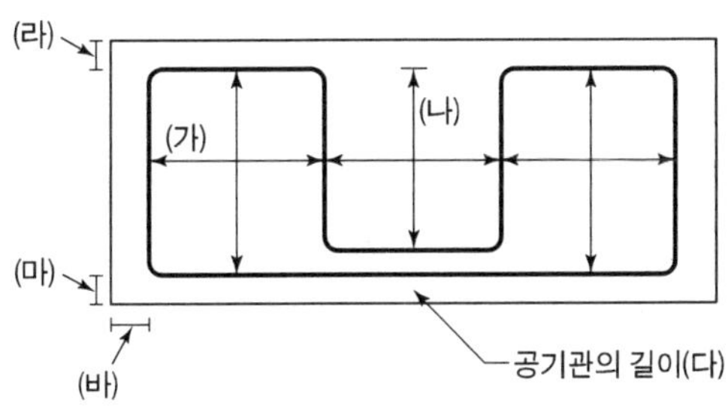

① 위의 그림에서 (가)~(바) 안에 들어갈 알맞은 답을 쓰시오(단, 내화구조와 일반구조로 구분하여 답하시오).
② 감지구역마다 공기관의 노출부분은 얼마 이상이 되도록 하여야 하는가?
③ (　　)는 (　　)° 이상 경사되지 아니하도록 하며 바닥으로부터 (　　)m 이하로 설치하여야 하는가?
④ 공기관의 재질은 무엇으로 하여야 하는가?

5) 공기관식 차동식 분포형 감지기의 수열부과 검출부의 구성요소를 쓰시오.
6) 공기관식 차동식 분포형 감지기를 설치하고 공기의 유출여부를 시험하고자 한다. 이것을 시험하기위한 시험 장치는 무엇인가?
7) 공기관식 차동식 분포형 감지기의 검출부 내부의 다이어프램이 부식되었다면 어떠한 현상이 발생되는가?
8) 공기관식 차동식 분포형 감지기의 리크홀에 이물질 등에 의해 막히게 되었다면 어떠한 현상이 발생되는가?
9) 공기관식 차동식 분포형 감지기의 공기관 길이가 350m이다. 검출부의 수량을 구하시오 (단, 하나의 검출부에 접속하는 공기관의 길이는 최대길이로 한다).

정답

1)
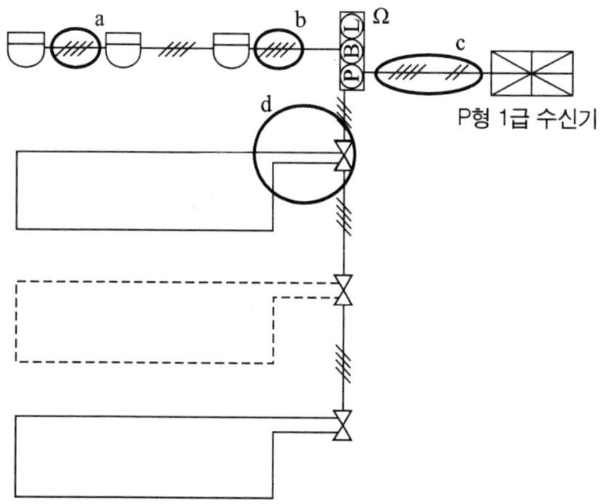

2) 공기관식 차동식 분포형 감지기의 점선 표현 – 가건물 및 천장 안에 설치하는 경우
3) 공기관식 차동식 분포형 감지기의 검출부
4) 공기관식 차동식 분포형 감지기의 설치기준
   ① (가)(나) 6m 이하(내화구조 9m 이하)
   (다) 20m 이상 100m 이하
   (라)(마)(바) 1.5m 이하
   ② 20m 이상
   ③ 검출부, 5°, 0.8m 이상 1.5m 이하
   ④ 동관
5) 수열부 : 공기관, 검출부 : 다이어프램, 리크구멍, 접점, 시험장치
6) 마노미터
7) 감지기의 동작이 늦어진다.
8) 감지기의 동작이 빨라진다.

9) 계산과정 : $\frac{350\text{m}}{100\text{m}} = 3.5 \fallingdotseq 4$개

∴ **4개**

Solution

1) 도면에서 틀린 부분은 다음에 표시된 a, b, c, d 이다.

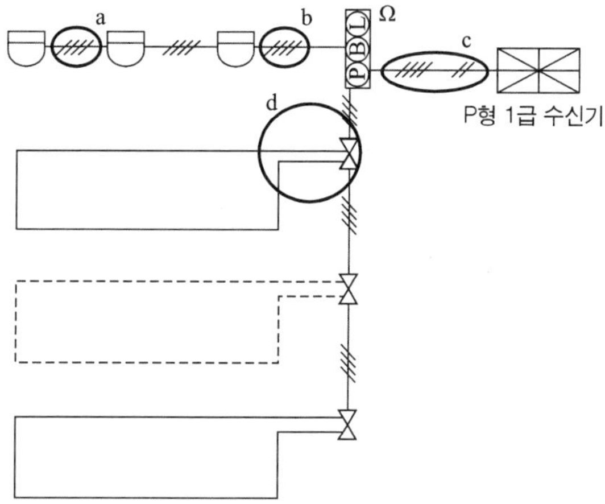

① 자동화재탐지설비의 감지기 배선은 송배선방식으로 Loop인 경우 지구선 1가닥, 공통선 1가닥으로 전체 2가닥이 되며, Loop가 아닌 경우 지구선 2가닥, 공통선 2가닥이 되어 전체 4가닥이 된다. 이 때 **종단저항의 위치가 감지기 옆에 있으면 Loop가 되며, 발신기세트 옆에 있으면 Loop가 아닌 경우**가 된다. 따라서 a, b와 같은 경우 종단저항의 위치가 발신기세트 옆에 있으므로 전체 4가닥(지구선2, 공통선2)이 되어야 한다.

② 자동화재탐지설비의 수신기와 발신기 사이의 배선내역은 **회로선 1가닥, (회로)공통선 1가닥, 경종선 1가닥, 경종표시등공통선 1가닥, 응답선 1가닥, 표시등선 1가닥**으로 **전체 가닥수는 6가닥**이 된다. 따라서 c와 같은 경우 기본 가닥수인 6가닥이 된다.

③ d와 같은 경우 공기관은 발신기세트가 아닌 검출부에 연결이 되어 있어야 한다.

2), 3) **차동식 분포형 감지기의 옥내배선용 그림기호**

그림기호	명칭	비고
	차동식 분포형 감지기의 검출부	: 가건물 및 천장 안에 설치하는 경우
	감지선	: 감지선과 전선의 접속점 : 가건물 및 천장 안에 설치하는 경우 : 관통위치
	공기관	: 가건물 및 천장 안에 설치하는 경우 : 관통위치
	열전대	: 가건물 및 천장 안에 설치하는 경우
	열반도체	

4) **공기관식 차동식 분포형 감지기의 설치기준**

① 길이 : 20~100m 이하

② 수평거리 : 공기관과 각변 1.5m 이하, 공기관 상호간 6m(내화 9m) 이하

③ 검출부 : 5° 이상 경사되지 말 것. 바닥으로부터 0.8~1.5m 이하

④ 공기관은 도중에서 분기하지 말 것

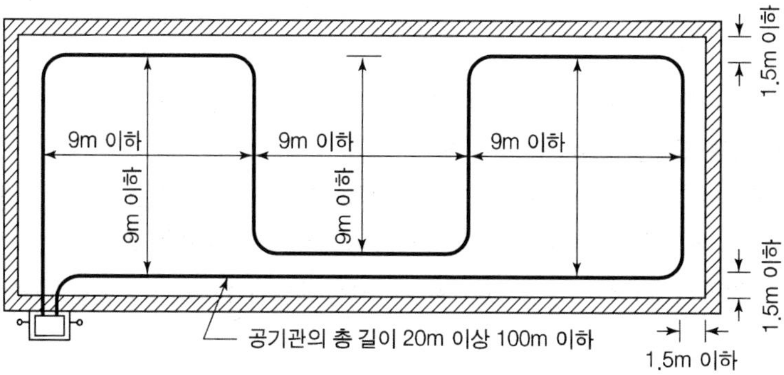

[공기관식 차동식 분포형 감지기 설치기준(내화기준)]

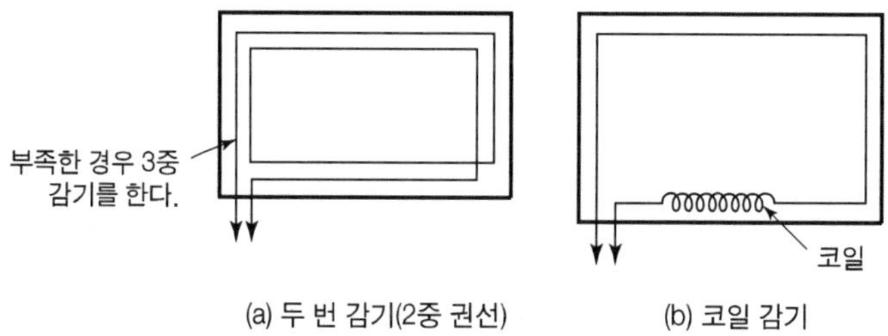

[공기관의 길이가 20m가 안 될 경우의 설치방법]

5) 수열부 : 공기관
검출부 : 다이어프램, 리크구멍, 접점, 시험장치

6) 마노미터 : 유통시험, 접점수고시험, 연소시험에 사용된다.

7) **감지기의 동작이 늦어질 경우(기준치 이상인 경우)**
① 다이어프램의 부식이 발생하여 표면에 구멍이 생겨 리크 저항값이 기준치 이하일 때
② 접점수고치가 기준치보다 높을 경우
③ 공기관의 길이가 주입량에 비해 길 때

8) **감지기의 동작이 빨라질 경우(기준치 미만인 경우)**
① 리크홀에 이물질 등에 의해 막히게 되어 리크 저항값이 기준치 이상일 때
② 접점수고치가 기준치보다 낮을 경우
③ 공기관의 길이가 주입량에 비해 짧을 때

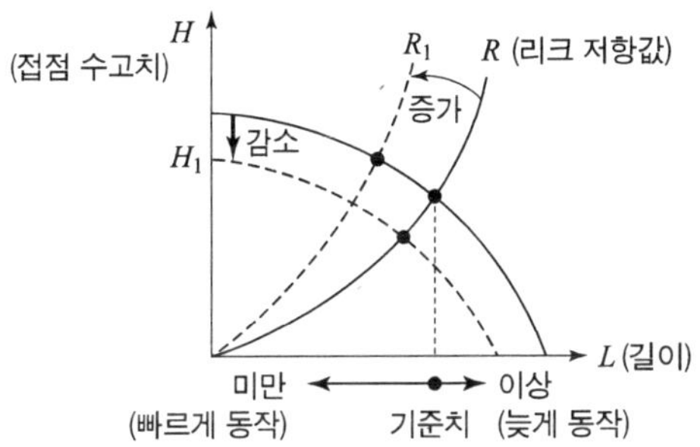

기준치 미만인 경우

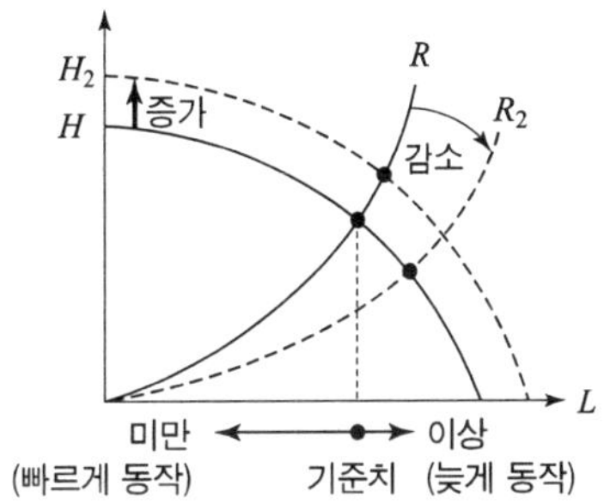

기준치 이상인 경우

구 분	기준치 미만 (R+, H−)	기준치 이상 (R−, H+)
리크 저항값(R)	규정치 보다 크다	규정치 보다 작다
접점 수고치(H)	규정치 보다 낮다	규정치 보다 높다
공기관의 길이(L)	주입량에 비해 짧다	주입량에 비해 길다

9) 검출부 수량은 사용되는 공기관 길이에 대해 공기관 최대길이로 나눈 값을 절상하여 적용하면 된다. 하나의 검출부에 접속하는 공기관의 최대길이는 100m이므로 이것을 계산하면 다음과 같다.

계산과정 : $\frac{350\text{m}}{100\text{m}} = 3.5 ≒ 4$개

∴ **답 : 4개**

32

다음은 열전대식 차동식 분포형 감지기에 대한 도면이다. 다음 물음에 답하시오.

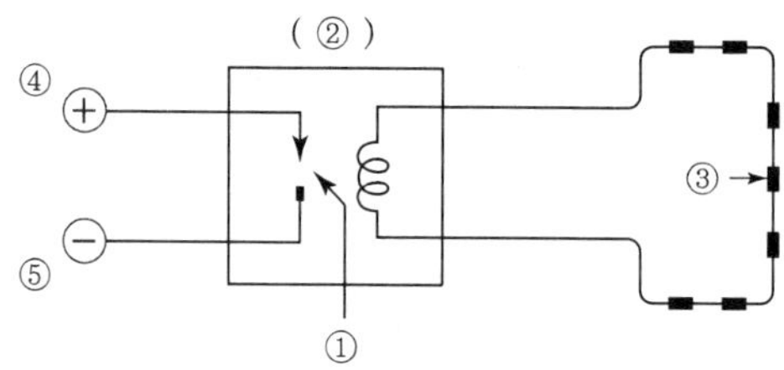

1) ①, ②, ③의 명칭을 쓰시오.
2) ④, ⑤는 수신기의 어떤 선에 연결되는가?
3) 하나의 검출부에 접속하는 열전대는 몇 개 이하로 하여야 하는가?
4) 열전대는 감지구역의 바닥면적이 몇 m^2마다 1개 이상 설치하여야 하는가?

정답

1) 명칭 : ① 접점 ② 검출부(미터릴레이) ③ 열전대
2) 수신기의 연결선 : ④ 회로선 ⑤ 공통선
3) 4~20개 이하
4) $18m^2$(내화 $22m^2$)마다 1개 이상, $72m^2$ 이하는 4개 이상

Solution

열전대식 차동식 분포형 감지기(NFPC 203 제7조제3항제8호, NFTC 203 2.4.3.8)

1), 2) **열전대식 차동식 분포형 감지기 구조도**

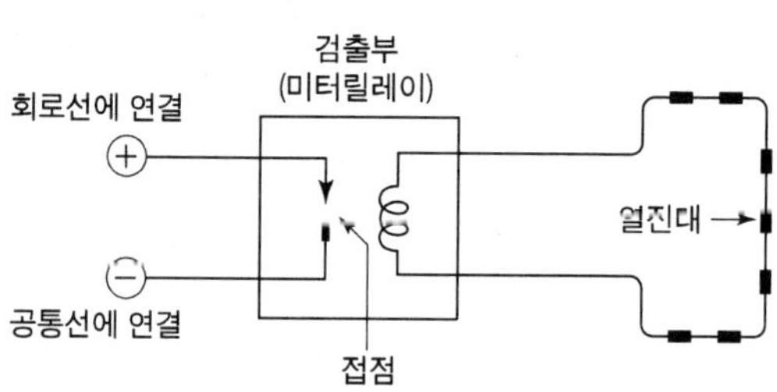

3) 열전대부 : 하나의 검출부에 4~20개 이하. 단, 주소형은 성능인정범위내의 수량
4) 바닥면적 : $18m^2$(내화 $22m^2$)마다 1개 이상, $72m^2$ 이하는 4개 이상

33

다음은 정온식 감지선형 감지기에 관한 사항이다. 다음 물음에 답하시오.

1) 감지기의 단자부와 마감고정금구와의 설치간격 기준은?
2) 감지기의 굴곡반경 기준은?
3) 감지기가 늘어지지 않도록 하기 위하여 어떤 장치를 사용하여 시공하는지 2가지를 쓰시오
4) 내화구조 건축물에 1종 감지기를 설치할 때 감지구역의 각 부분과 수평거리는 최대 몇 m 인가?
5) 케이블트레이에 감지기를 설치하는 경우에는 어디에 무엇을 사용하여 설치하여야 하는가?
6) 보조선을 설치하고 그 보조선에 설치하여야 할 장소는?
7) 분전반 내부에는 무엇을 이용하여 돌기를 바닥에 고정시키는가?
8) 감지기의 공칭작동온도 외피의 색상과 공칭작동온도를 쓰시오
9) 그림에서 'R'은 무엇을 의미하는가?

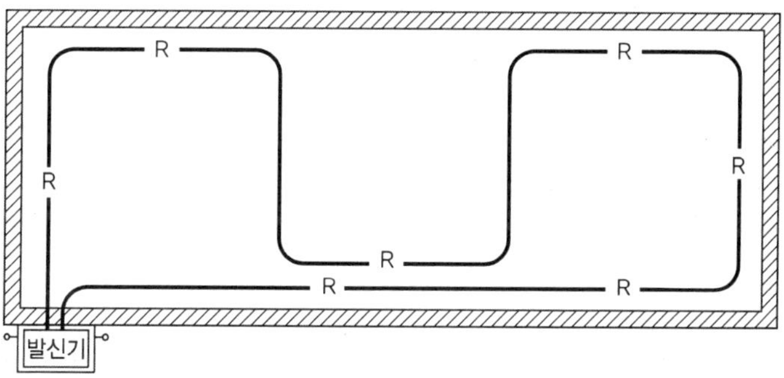

10) 발신기와 감지기의 단자 사이에는 몇 가닥의 전선을 연결하여야 하는가?

정답

1) 10cm 이내
2) 5cm 이상
3) ① 보조선 ② 고정금구
4) 4.5m
5) 케이블트레이 받침대에 마감금구 사용
6) 창고의 천장
7) 접착제
8) ① 백색 : 80℃ 이하 ② 청색 : 120℃ 이하 ③ 적색 : 120℃ 이상
9) 정온식 감지선형 감지기
10) 4가닥

Solution

1)~7) **정온식 감지선형 감지지의 설치기준**(NFPC 203 제7조제3항, NFTC 203 2.4.3.12)

① 단자부와 마감 고정금구사이의 설치간격 : **10cm** 이내(늘어지지 않도록)

② 굴곡반경 : **5cm** 이상

③ **보조선**이나 **고정금구**를 사용하여 늘어지지 않도록 설치

④ 수평거리

구 분	1종	2종
내화 구조	**4.5m** 이하	3.0m 이하
기타 구조	3.0m 이하	1.0m 이하

⑤ 케이블 트레이 : **케이블 트레이 받침대**에 **마감금구**를 사용하여 설치

⑥ **창고 천장** : **보조선**을 설치하고 그 보조선에 설치

⑦ 분전반 내부 : **접착제**를 이용하여 **돌기**를 바닥에 고정하고 그 곳에 설치

⑧ 기타 : 형식승인에 따르며 형식승인이 아닌 것은 제조사의 시방에 따라 설치

8) **공칭작동온도의 색상 표기**[감지기 형식승인 및 검정기술기준(KOFEIS 301)]

공칭작동온도(65~150[℃])	외피색상	온도간격
80 ℃ 이하	백색	5 ℃
80~120 ℃ 이하	청색	10 ℃
120 ℃ 이상	적색	10 ℃

9) 정온식 감지선형 감지기 1종

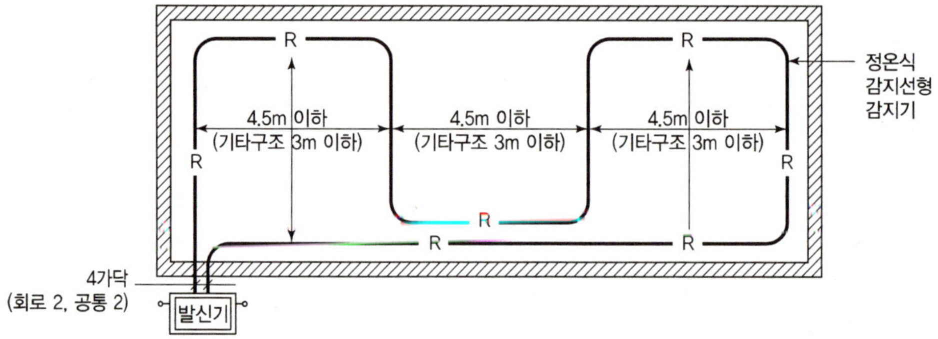

10) 감지기와 발신기 사이의 가닥 수

배선이 발신기로 돌아오므로 **지구선 2가닥**, **공통선 2가닥**으로 전체 **4가닥**이 된다.

34

연기감지기에 대한 다음 물음에 답하시오.

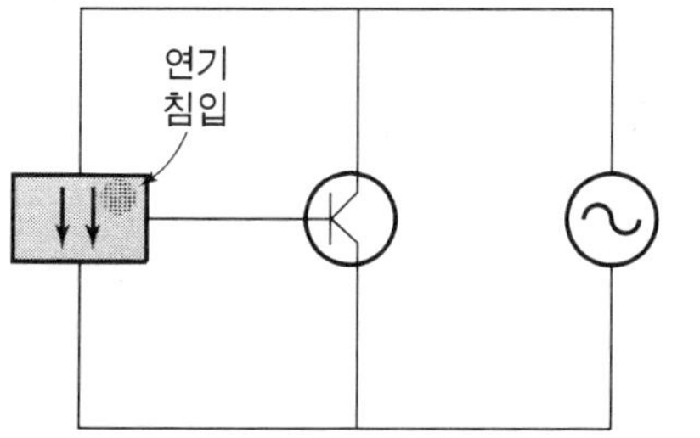

1) 평상시의 전류흐름과 화재시의 전류흐름을 나타내시오.
2) 이 감지기에서 방출하는 방사선은 방사선 α이다. 방사선원은 무엇인가?
3) 이 감지기는 보 또는 벽면으로부터 최소 몇 m 이상 이격시켜야 하는가?
4) 이 감지기는 공기 유입구로부터 몇 m 이상 이격시켜야 하는가?
5) 감지기의 부착높이 및 소방대상물에 따라 다음 표에 의한 바닥면적마다 1개 이상 설치하여야 한다. ①~③에 해당하는 알맞은 면적을 쓰시오.

(단위 : m^2)

부착높이(m)	1종, 2종	3종
4m 미만	①	③
4~20m 미만	②	

6) 연기감지기의 설치기준 3가지만 쓰시오.
7) 그림은 이온화식 연기감지기의 상세 구조도이다. 빈칸을 채우시오.

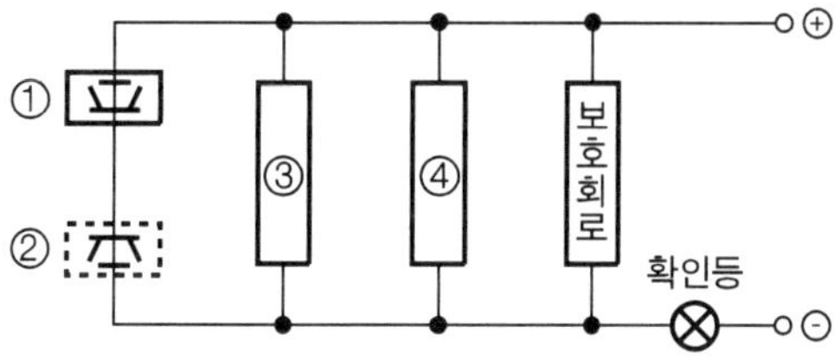

번 호	①	②	③	④
구 조				

정답

1)

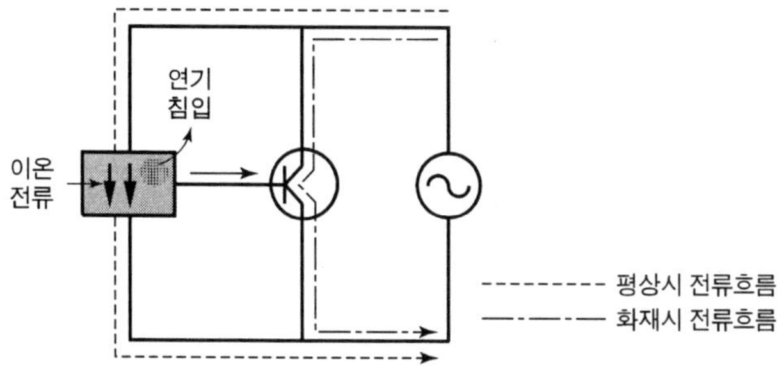

2) 아메리슘241(Am241)

3) 0.6m 이상

4) 1.5m 이상

5) ① 150　　② 75　　③ 50

6) 설치기준

① 천장 또는 반자가 낮은 또는 좁은 실내－출입구의 가까운 부분 설치

② 천장 또는 반자 부근에 배기구가 있는 경우－그 부근에 설치

③ 벽 또는 보로부터 0.6m 이상 떨어진 곳에 설치

7) 그림은 이온화식 연기감지기의 상세 구조도이다. 빈칸을 채우시오.

번 호	①	②	③	④
구 조	내부이온실	외부이온실	신호증폭회로	스위치회로

Solution

1) **이온화식 연기감지기 작동원리**

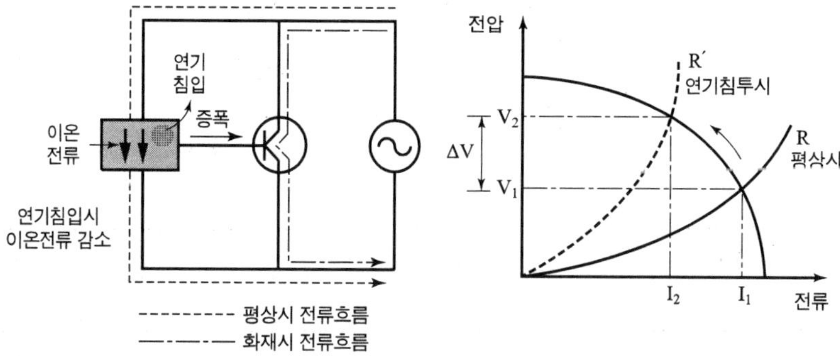

① 이온실에 있는 소량의 방사선원(Am241)에 의한 α선 조사로 이온전류가 형성되고 연기에 의한 이온전류의 변화로 감지(**이온전류 감소**)

② 평상시－내부 이온실 전압＝외부 이온실 전압

③ 화재시 – 내부 이온실 전압≠외부 이온실 전압

④ 연기 침입시 → 저항증가($R \to R'$) → 전류감소($I_1 \to I_2$) → 전압증가($V_1 \to V_2$) → 감도전압(ΔV) 규정치 이상시 동작

2) 공기를 이온화시키기 위해서는 고압이나 방사선을 이용해야 하는데, **아메리슘241(Am241)**은 원자번호 95번의 초우라늄원소이다.

3) 벽 또는 보는 연기의 흐름을 방해하므로 **0.6m** 이상 이격시켜 설치도록 하는 것임

4) 연기감지기는 공기 유입구로부터 **1.5m** 이상 이격시켜야 한다. 공기 배출구가 있을 경우는 그 부근에 설치한다.

5) 연기감지기 1개의 최대바닥면적

(m^2)

부착높이(m)	1종, 2종	3종
4m 미만	150	50
4m ~ 20m 미만	75	–

6) **연기 감지기의 설치기준**(이온화식, 광전식 스포트형 감지기) **[복.부.낮은.배.0.6]**

① **복**도 및 계단

구 분	1,2종	3종
복도 및 통로	보행거리 30m 마다	보행거리 20m 마다
계단 및 경사로	수직거리 15m 마다	수직거리 10m 마다

② **부**착높이 – 감지기 1개의 최대바닥면적 참조 [해설 5)번 참조]

③ 천장 또는 반자가 **낮은** 또는 좁은 실내 – 출입구의 가까운 부분 설치

④ 천장 또는 반자부근에 **배**기구가 있는 경우 – 그 부근에 설치

⑤ 벽 또는 보로부터 **0.6m** 이상 떨어진 곳에 설치

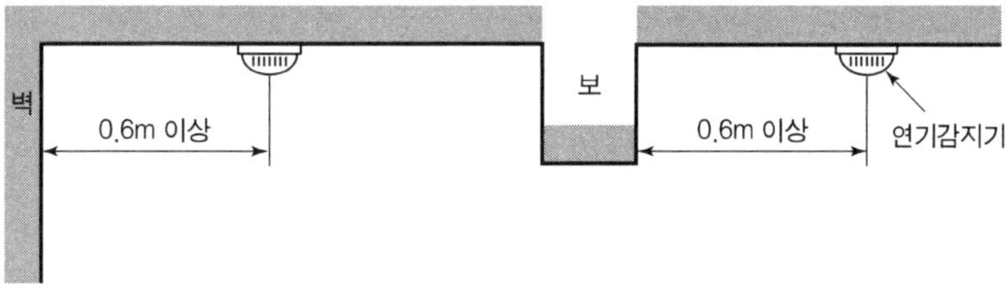

7) 이온화식 연기감지기의 상세구조도

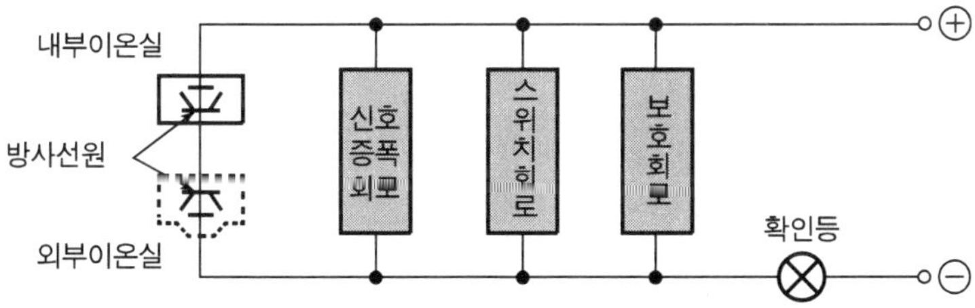

35

자동화재탐지설비의 어떤 감지기의 설치개략도이다. 다음 물음에 답하시오.

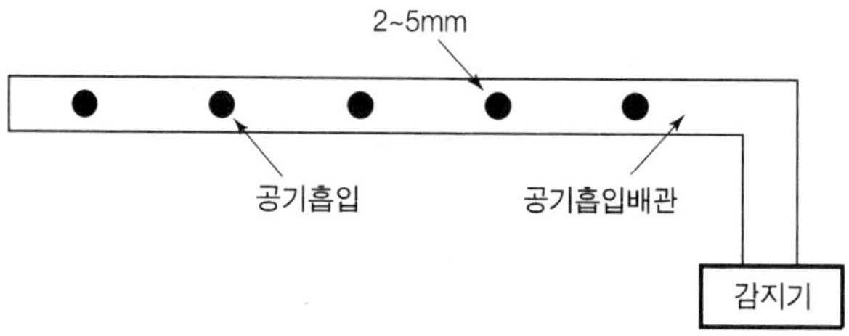

1) 감지기의 명칭은 무엇인가?
2) 이 감지기의 설치장소는 어디인가?
3) 이 감지기에서 공기흡입배관에 설치된 말단 공기흡입구에서 수신기까지 얼마 이내에 연기를 이송할 수 있어야 하는가?

정답

1) 공기흡입형 감지기(ASD)
2) 전산실, 반도체 공장
3) 120초 이내

Solution

1) **공기흡입형 감지기 개요**
   ① 연소 초기단계에서 열분해 시 생성된 **초미립자**를 감지구역 내에 설치된 흡입배관을 통해 **흡입**시켜 미립자를 분석하여 화재신호를 발하는 장치
   ② 재래식 연기감지기(이온화식, 광전식)보다 빠른 응답 특성을 가지고 있는 조기 화재감지 장치로 화재의 확산을 방지하여 인명과 생명을 보호할 수 있는 보다 진보된 시스템

2) **설치장소에 따른 감지기의 분류**(문제 17. 참조)

설치 장소	감지기의 종류
지하층, 무창층으로 환기가 잘되지 않는 장소 실내면적이 40m^2 미만인 장소 감지기의 부착면과 실내바닥과의 거리가 2.3m 이하	축적방식, 복합형 감지기 아날로그방식, 다신호방식 감지기 광전식분리형, 분포형 감지기 정온식감지선형, 불꽃 감지기
계단・경사로 및 에스컬레이터 경사로 복도(30m 미만 제외) E/L 승강로(권상기실), 린넨슈트, 파이프 피트 및 덕트, 기타 유사한 장소 천장 또는 반자의 높이가 15m 이상 20m 미만인 장소 취침・숙박・입원 등 이와 유사한 용도로 사용되는 거실(공동주택, 오피스텔 등)	연기 감지기
계단, 경사로에 연기가 멀리 이동해서 감지기에 도달하는 장소	광전식 스포트형(아날로그 포함) 광전식 분리형(아날로그 포함)
부식성 가스가 발생할 우려가 있는 장소 먼지 또는 미분 등이 다량으로 체류하고 있는 장소 배기가스가 다량으로 체류하고 있는 장소 연기가 다량으로 유입될 우려가 있는 장소 물방울이 발생하는 장소	연기감지기 설치할 수 없는 경우 -차동식 분포형 감지기 1, 2종
화학공장, 격납고, 제련소	광전식 분리형, 불꽃 감지기
전산실, 반도체 공장	공기흡입형 감지기(ASD)
주방, 보일러실 등 다량의 화기를 단속 취급하는 장소	정온식 감지기

3) 연기이송시간(KOFEIS 0301 19항)

광전식 공기흡입형 감지기의 공기 흡입장치는 공기흡입배관의 말단 공기흡입구에서 감지부분까지 **120초** 이내에 연기를 이송할 수 있어야 한다.

36

다음은 광전식 스포트형 감지기와 광전식 분리형 감지기의 원리에 대한 설명이다. ( ) 안에 알맞은 내용을 쓰시오.

- 광전식 스포트형 감지기는 화재발생 시 연기입자에 의해 (①)된 빛이 수광부 내로 들어오는 것을 감지하는 것으로 이러한 검출방식을 (②)식이라 한다.
- 광전식 분리형 감지기는 화재발생 시 연기입자에 의해 수광부의 수광량이 (③)하므로 이를 검출하여 화재신호를 발하는 것으로 이러한 검출방식을 (④)식이라 한다.

정답

① 난반사
② 산란광
③ 감소
④ 감광

Solution

1) 광전식 스포트형 감지기와 광전식 분리형 감지기의 비교

광전식 스포트형 감지기(산란광식)	광전식 분리형 감지기(감광식)
화재발생 시 연기입자에 의해 **난반사**된 빛이 수광부내로 들어오는 것을 감지하는 것으로 이러한 검출방식을 **산란광식**이라 한다.	연기입자에 의해 수광부의 수광량이 **감소**하므로 이를 검출하여 화재신호를 발하는 것으로 이러한 검출방식을 **감광식**이라 한다.
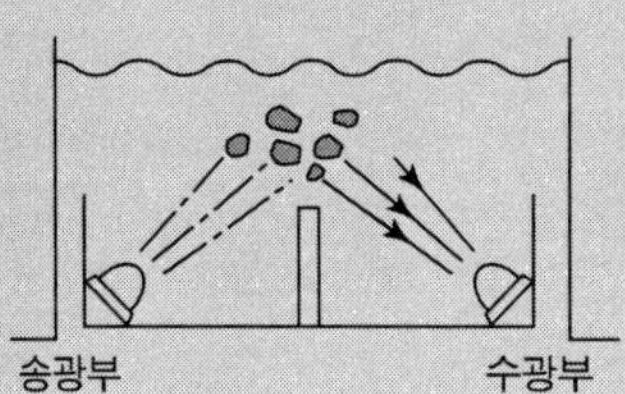	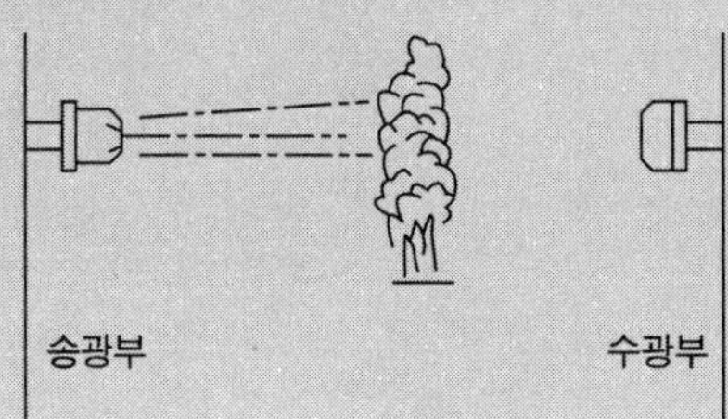

2) 이온화식 감지기와 광전식 스포트형 감지기의 비교

분류	이온화식 스포트형	광전식 스포트형
연기입자	0.01～0.3μm 비가시적 입자	0.3～1.0μm 가시적 입자
적응화재	표면화재, 불꽃화재	훈소화재
연기색상	연기색상 무관	엷은 회색연기에 유리

37

광전식 분리형 감지기의 설치기준이다. 다음 물음에 답하시오.

1) 광축의 높이는 천장 등 높이의 (　　)% 이상일 것
2) 감지기의 광축길이는 (　　) 이내일 것
3) (　　)은 햇빛에 노출되지 않도록 설치할 것
4) 송광부와 수광부는 뒷벽으로부터 (　　)m 이내일 것
5) 광축은 나란한 벽으로부터 (　　)m 이상 이격할 것

정답

1) 80
2) 공칭감시거리범위(5～100m)
3) 수광면
4) 1.0
5) 0.6

Solution

광전식 분리형 감지기 설치기준(NFPC 203 제7조제3항제15호, NFTC 203 2.4.3.15)

① 광축높이－천장 등 높이의 **80%** 이상
② 광축길이－**공칭감시거리**범위 이내(**5～100m**)
③ 수광면－햇빛을 직접 받지 않도록 설치
④ 송광부과 수광부－뒷벽으로부터 **1.0m** 이내
⑤ 광축－나란한 벽으로부터 **0.6m** 이상 이격
⑥ 기타－형식승인에 따르며 형식승인이 아닌 것은 제조사의 시방에 따라 설치

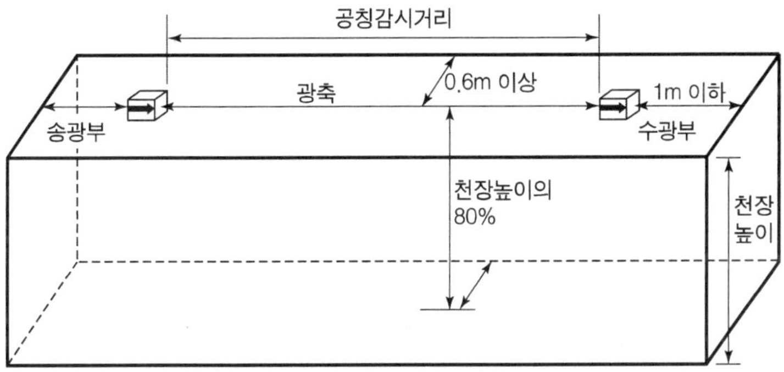

38

다음은 감지기의 개략적인 회로도이다. 이 회로도를 참고하여 다음 물음에 답하시오.

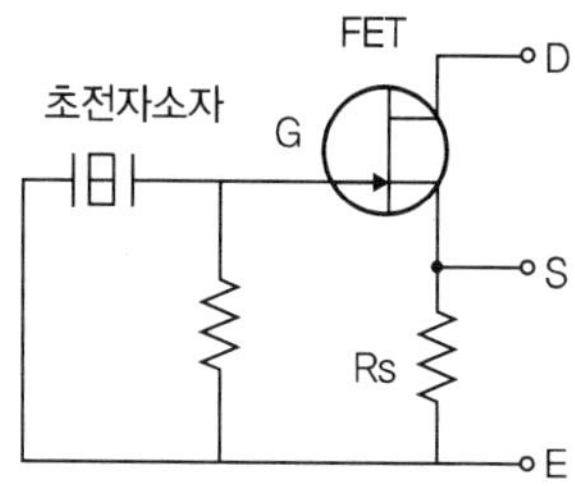

1) 상기 그림과 같은 회로를 갖는 감지기의 명칭을 구체적으로 쓰시오.

2) 초전자(반도체) 소자에서 발생 되는 광기전력 효과에 대해서 쓰시오.

3) 상기 회로의 감지기는 어떤 화재 성상에 적응성이 있는지 쓰시오.

4) 상기 회로를 가지는 감지기의 설치기준에 대해서 다음 ( ) 안을 채우시오.
   - 감지기는 (①)과 (②)를 기준으로 감시구역이 모두 포용될 수 있도록 설치할 것
   - 감지기는 화재감지를 유효하게 감지할 수 있는 (③) 또는 (④) 등에 설치할 것
   - 감지기를 (⑤)에 설치하는 경우에는 바닥을 향하여 설치할 것
   - 수분이 많은(예상) 지역은 (⑥)을 설치할 것

정답

1) 자외선 불꽃감지기(광기전력 효과형)
2) 초전자(반도체) 소자에 빛이 조사될 때 기전력이 발생되는 현상
3) 불꽃 연소
4) ① 공칭감시거리
   ② 공칭시야각
   ③ 모서리
   ④ 벽
   ⑤ 천장
   ⑥ 방수형

Solution

1), 2) **자외선 불꽃감지기의 검출원리**

구 분	감지원리	검출소자
광전효과	물체에 빛이 조사될 때 **광전자** 방출을 검출	UV Tron
광도전효과	반도체에 빛이 조사될 때 **전기저항** 변화 검출	PbS, PbSe
광기전력 효과	반도체에 빛이 조사될 때 **기전력** 발생 검출	SPD

3) **불꽃감지기의 적응성**

연소의 형태 중 불꽃의 존재유무에 따라 불꽃이 있는 불꽃연소와 불꽃이 없는 작열연소(=표면연소)로 구분하는데 불꽃 감지기는 특정파장의 복사에너지를 전기에너지로 변환하여 검출하는 방식이므로 특정파장을 방출할 수 있는 **불꽃연소**에 더 적응성이 있다.

불꽃 연소(=발염 연소)	표면 연소(=작열 연소)
불꽃이 있으나 불티가 없는 연소	불꽃이 없는 연소, **불티**만 있는 연소

4) **불꽃감지기의 설치기준(NFPC 203 제7조제3항제13호, NFTC 203 2.4.3.13)** [공.감.모.천.수.기]

① **공칭감시거리** 및 **공칭시야각**은 형식승인을 따를 것

조 건	공칭감시거리	공칭시야각
20m **미만** 장소	1m 간격	5° 간격 도로형 180° 이상
20m **이상** 장소	5m 간격	

② **감시구역**이 모두 포용될 수 있도록 설치할 것

③ **모서리** or **벽** 등에 설치할 것

④ **천장** 등에 설치시 **바닥**을 향할 것

⑤ **수분**이 많은 (예상)지역은 **방수형**을 설치할 것

⑥ 기타－형식승인에 따르며 형식승인이 아닌 것은 제조사의 시방에 따라 설치

39

그림과 같은 복도에 연기감지기를 설치하고자 한다. 각각의 도면에 연기감지기 2종과 연기감지기 3종을 배치하고 감지기 간 및 감지기와 복도 간 거리를 각각 기재하시오.

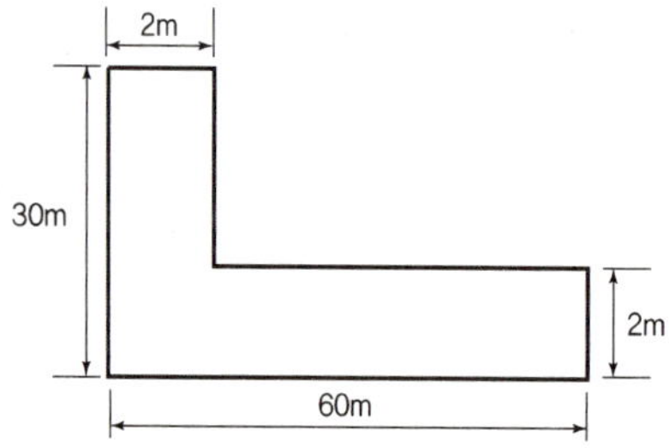

[연기감지기 2종]

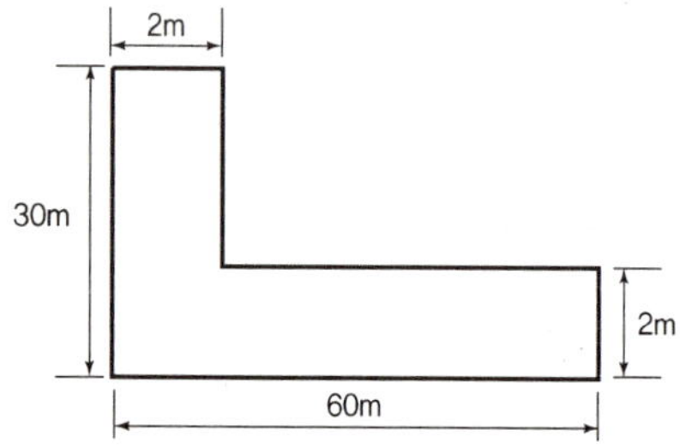

[연기감지기 3종]

정답

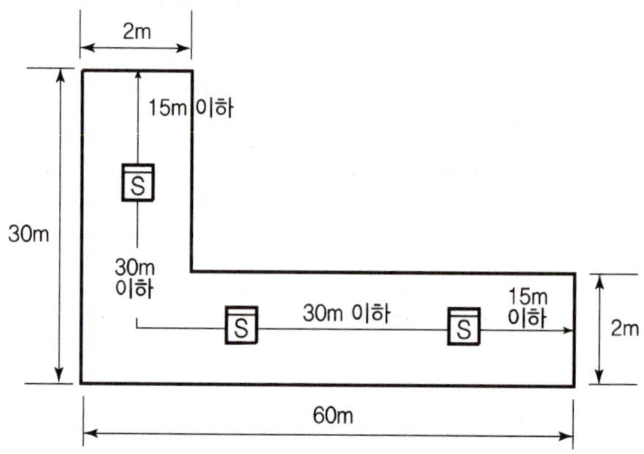

[연기감지기 2종]

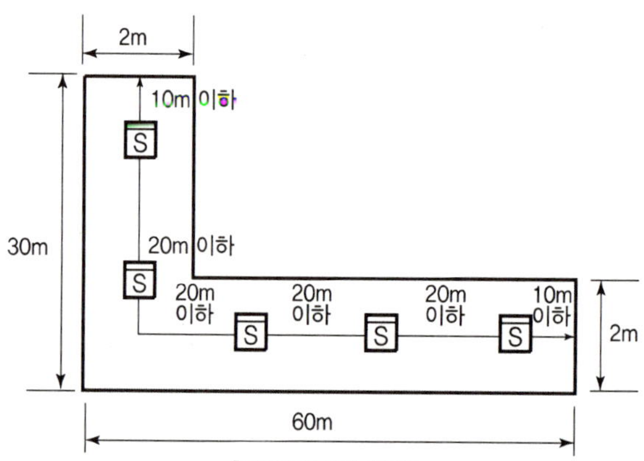

[연기감지기 3종]

Solution

연기감지기의 설치기준(NFPC 203 제7조제3항제10호, NFTC 203 2.4.3.10) [복.부.낮은.배.0.6]

① 복도 및 계단

구 분	1,2종	3종
복도 및 통로	**보행거리 30m 마다**	**보행거리 20m 마다**
계단 및 경사로	수직거리 15m 마다	수직거리 10m 마다

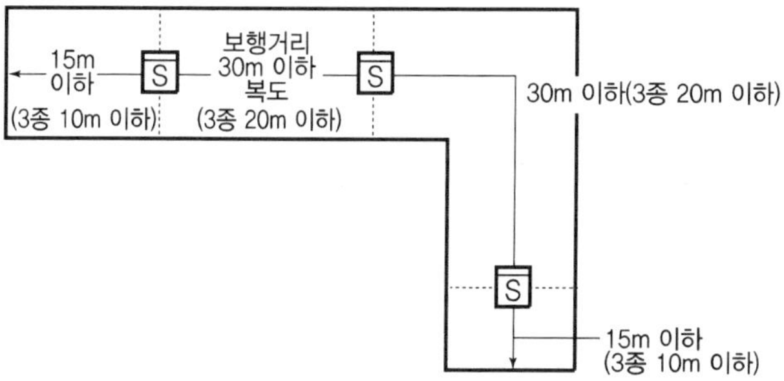

[연기감지기 2종의 설치]

② 부착 높이－1개의 최대경계면적

부착높이[m]	1종, 2종	3종
4m 미만	150	50
4m ~ 20m 미만	75	

③ 천장 또는 반자가 낮은 또는 좁은 실내－**출입구**의 가까운 부분 설치

④ 천장 또는 반자부근에 **배기구**가 있는 경우－그 부근에 설치

⑤ 벽 또는 보로부터 **0.6m** 이상 떨어진 곳에 설치

연기는 배기구로 모이게 되므로 연기감지기는 배기구 근처에 설치하는 것이 화재감지에 유리하며, 벽 또는 보는 연기의 흐름을 방해하므로 0.6m 이상 이격시켜 설치도록 하는 것임

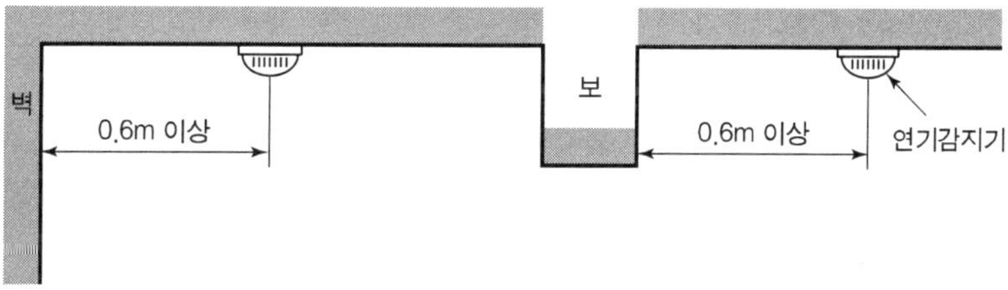

[벽 또는 보로부터의 연기감지기 이격거리]

40

감지기의 설치 제외 장소 중 5가지를 쓰시오.

정답

① 부식성 가스가 체류하고 있는 장소
② 먼지, 가루 또는 수증기가 다량으로 체류하는 장소 or 주방 등 평상시에 연기가 발생하는 장소(연기감지기에 한함)
③ 목욕실, 화장실(욕조나 샤워시설이 있는) 기타 이와 유사한 장소
④ 헛간 등 외부와 기류가 통하는 장소로 화재발생을 유효하게 감지할 수 없는 장소
⑤ 천장 또는 반자의 높이가 20m 이상인 장소 단, 비화재보 적응성 감지지로서 부착높이에 따라 적응성이 있는 장소 제외

Solution

1) **비화재보 우려장소, 적응성이 없는 장소** or **화재가혹도가 없거나 거의 없는 장소**는 감지기의 설치제외가 가능하다.

2) **감지기 설치 제외 장소** [부.모(먼).목욕.헛.천.(실).고.파.주] – 화재안전기술기준 NFTC 203 2.4.5
   (1) 비화재보 우려장소
      ① **부**식성 가스가 체류하고 있는 장소
      ② **먼**지, 가루 또는 수증기가 다량으로 체류하는 장소 or 주방 등 평상시에 연기가 발생하는 장소(연기감지기에 한함)
   (2) 적응성이 없는 장소
      ① **목욕**실, 화장실(욕조나 샤워시설이 있는) 기타 이와 유사한 장소
      ② **헛**간 등 외부와 기류가 통하는 장소로 화재발생을 유효하게 감지할 수 없는 장소
      ③ **천**장 또는 반자의 높이가 20m 이상인 장소
      단, 비화재보 적응성 감지지로서 부착높이에 따라 적응성이 있는 장소 제외
      ④ **고**온도 및 저온도로서 감지지의 기능이 정지되기 쉽거나 유지관리가 어려운 장소
   (3) 화재가혹도가 없거나 거의 없는 장소
      ① **파**이프덕트 등 그 밖의 이와 비슷한 것으로서 2개 층마다 방화구획된 것이나 수평단면적이 $5m^2$ 이하인 것
      ② 프레스, **주**조 공장 등 화재발생의 위험이 적은장소로서 유지관리가 어려운 장소

3) 고려사항
   (1) 화장실에 욕조나 샤워시설이 없는 일반 사무실, 공공시설용 화장실은 흡연으로 인한 화재발생 빈도가 높으므로 감지기를 설치해주는 것이 바람직 할 것이다.
   (2) 다만, 화장실에 욕조나 샤워시설이 없는 경우라도 용적이 $20m^3$ 이하이면 감지기 설치

제외가 가능하였으나 화재감지의 사각지대를 해소하기 위해 최근 감지기 설치제외장소에서 삭제되었다. 따라서 영업매장, 교습학원 등 내에 별도의 구획된 $20m^3$ 이하의 실에도 감지기를 설치해야 한다. 다만, 구획된 실의 1면 이상이 개방(상부가 1면의 1/2 이상 개방된 경우 포함)되어 상시 기류가 통하거나, 공동주택 등의 붙박이장처럼 가구류에 속하는 부분에는 감지기를 설치하지 않을 수 있다(2015.1.23. 개정).

41

자동화재탐지설비가 정상 작동 되었다고 하더라도 실제 화재가 아닌 경우를 비화재보라 하는데 비화재보를 방지할 수 있는 대책 5가지를 쓰시오.

정답

① 적재적소의 대책 – 적합한 장소에 적합한 감지기의 기술적 설치
② 일과성 비화재보 대책 – 비화재보 적응성 감지기 설치
③ 구조에 대한 대책 – 감지기 구조에 대한 시험 강화
④ 유지보수에 대한 대책 – 감기지의 정기적인 점검 및 경년변화에 따른 유지보수
⑤ 환경변화에 대한 대책 – 감지기 개수를 줄이고 감시범위가 넓은 감지기 사용

Solution

1. 비화재보의 발생원인

구 분	발생원인	비고
인위적 원인	조리에 의한 열, 연기, 흡연, 자동차 배기가스	60%
	공사 중에 발생하는 분진, 전선의 합선, 단선, 감지기 소손	
기능상 원인	모래 등의 먼지, 수증기, 결로, 벌레 or 쥐 등의 침입	6.0%
	자동화재탐지설비의 부품, 회로불량, 경년열화에 의한 감도변화	
환경상 원인	풍압, 압력, 온도 등의 이상변화	1.0%
	빛, 연기, 먼지, 분진, 습기 등의 이상변화	
유지관리상 원인	건축물의 갈라진 틈에 의한 누수	0.4%
	주기적인 청소 등의 관리불량	
설치상 원인	시공부적합 – 감지기 선정오류, 배선접속 불량, 부착 불량	0.6%
	환경불량 – 감지기 설치 후 환경변화	

2. **비화재보의 방지대책** [적.일.구.유.환.자.기]

1) **적**재적소의 대책
   (1) 적합한 장소에 적합한 감지기를 기술적 측면에서 설치(비화재보 70% 정도 감소)
   (2) 소방법규에 의한 감지기 적용 외에도 경험, 사례연구를 보고한 자료 참조
2) **일**과성 비화재보 대책(신뢰성이 높은 기기 채택)
   (1) 비화재보 적응성 감지기 설치
      ① 축적형 감지기
      ② 복합형 감지기
      ③ 아날로그식 감지기
      ④ 다신호식 감지기
      ⑤ 광전식 분리형 감지기
      ⑥ 분포형 감지기
      ⑦ 정온식 감지선형 감지기
      ⑧ 불꽃 감지기
   (2) 기타설비(비화재보 적응성 감지기 설치시 제외)
      ① 축적형 수신기, 중계기
      ② 아날로그, 다신호식 수신기
      ③ 기존 자탐설비에 축적부가장치 설치
3) **구**조에 대한 대책(신뢰성이 높은 기기 채택)
   (1) 감지기 구조에 대한 시험강화－습도, 분진, 유도전압, 충격전압 시험 등
   (2) 구조의 개선－연기감지기에 1mm 이하의 그물망 설치
4) **유**지보수의 대책
   (1) 감지기 자체의 결함보다는 주위환경적인 요인이 더 많음
   (2) 감지기, 중계기, 수신기 등의 점검과 보수, 정기적인 청소 시행
5) **환**경변화 예측
   (1) 환경여건에 적절한 감지기 교환으로 비화재보 70% 정도 감소
   (2) 감지기의 수를 줄이고 감시범위가 넓은 감지기 사용
6) **자**탐설비의 신뢰성 향상 대책
   (1) 능동적 감지기 설치(DVSD, ASD 등)
   (2) 방수형 감기지 온・냉수에 의한 방수시험 첨가
7) **기**타
   (1) 소방설비의 교육 및 홍보
   (2) 소방법규에 의한 정밀 시공 및 규격, 승인제품 사용

42

감지기와 수신기의 기능상 문제로 인한 비화재보의 발생원인 3가지 쓰시오.

정답

① 감지기, 수신기의 부품 불량
② 감기지, 수신기의 회로 불량
③ 경년열화에 의한 감도 변화

Solution

1) **비화재보의 발생원인** [인.기.환.유.설]

구 분	발생원인	비고
인위적 원인	조리에 의한 열, 연기, 흡연, 자동차 배기가스	60[%]
	공사 중에 발생하는 분진, 전선의 합선, 단선, 감지기 소손	
기능상 원인	**모래 등의 먼지, 수증기, 결로, 벌레 or 쥐 등의 침입**	6.0[%]
	자동화재탐지설비의 부품, 회로 불량, 경년열화에 의한 감도변화	
환경상 원인	풍압, 압력, 온도 등의 이상변화	1.0[%]
	빛, 연기, 먼지, 분진, 습기 등의 이상변화	
유지관리상 원인	건축물의 갈라진 틈에 의한 누수	0.4[%]
	주기적인 청소 등의 관리불량	
설치상 원인	시공 부적합 - 감지기 선정오류, 배선접속 불량, 부착 불량	0.6[%]
	환경불량 - 감지기 설치 후 환경변화	

2) **기능상 요인의 비화재보**
① 자동화재탐지설비의 부품 불량
② 자동화재탐지설비의 회로 불량
③ 경년열화에 의한 감도 변화
④ 모래, 먼지, 수증기, 결로 등에 의한 오동작

caution

기능상 문제로 인한 비화재보의 발생원인이므로 인위적 요인, 기능상 요인, 환경상 요인, 유지관리상 요인, 설치상 요인 등으로 답하지 않도록 주의해야 한다.

43

공기관식 차동식 분포형 감지기의 시험방법과 판정기준에는 여러 가지가 있다. 다음 물음에 답하시오.

1) 공기관식 차동식 분포형 감지기의 시험 종류에 대해서 쓰시오.
2) 화재작동시험의 시험방법에 대해서 설명하시오.
3) 화재작동시험의 판정기준에 대해서 설명하시오.

정답

1) **공기관식 차동식 분포형 감지기의 시험 종류**

① 화재작동시험 ② 작동계속시험 ③ 유통시험
④ 접점수고시험 ⑤ 리크시험

2) **화재작동시험의 시험방법** [주.자.시.T.초]

① **주**경종 ON, 지구경종 OFF
② **자**동복구 스위치 시험위치(누른다.)
③ **시**험코크(시험레버) 시험위치(레버를 P,A 위치로 돌린다.)
④ Test pump 공기주입(공기주입시험기를 시험구멍(T)에 접속 후 공기 주입)
⑤ **초**시계 측정(접점형성 시까지)

3) **화재작동시험의 판정기준**

구 분	기준치 미만 ($R+$, $H-$)	기준치 이상 ($R-$, $H+$)
리크 저항값(R)	규정치 보다 크다	규정치 보다 작다
접점 수고치(H)	규정치 보다 낮다	규정치 보다 높다
공기관의 길이(L)	주입량에 비해 짧다	주입량에 비해 길다

Solution

1. **공기관식 차동식분포형 감지기의 시험방법**

1) 화재작동시험

시험 목적	감지기의 작동 및 작동시간의 정상여부 확인
시험 방법	① 주경종 ON, 지구경종 OFF ② 자동복구 스위치 시험위치(누른다.) ③ 시험코크(시험레버) 시험위치(레버를 P,A 위치로 돌린다.) ④ Test pump 공기주입(공기주입시험기를 시험구멍(T)에 접속 후 공기 주입) ⑤ 초시계 측정(접점형성 시까지)

판정 기준

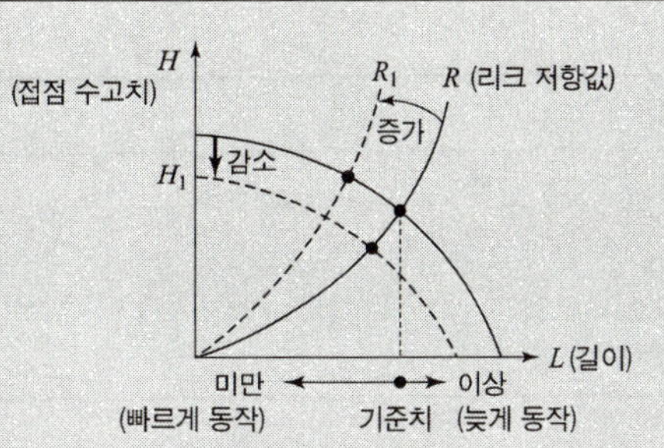

기준치 미만인 경우

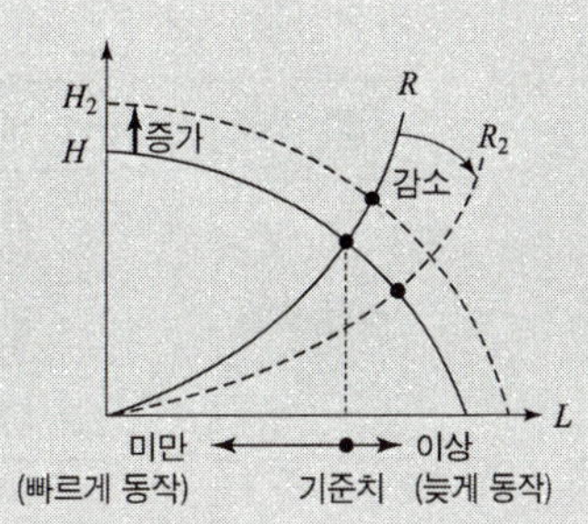

기준치 이상인 경우

구 분	기준치 미만 ($R+$, $H-$)	기준치 이상 ($R-$, $H+$)
리크 저항값(R)	규정치 보다 크다	규정치 보다 작다
접점 수고치(H)	규정치 보다 낮다	규정치 보다 높다
공기관의 길이(L)	주입량에 비해 짧다	주입량에 비해 길다

2) 작동계속시험

시험 목적	감지기의 접점이 형성된 후 지속시간의 정상여부 확인
시험 방법	① 주경종 ON, 지구경종 OFF ② 자동복구 스위치 시험위치(누른다.) ③ 시험코크(시험레버) 시험위치(레버를 P,A 위치로 돌린다.) ④ Test pump 공기주입(공기주입시험기를 시험구멍(T)에 접속 후 공기 주입) ⑤ 초시계 측정(접점형성 시까지) ② 화재작동시험 후 작동정지까지의 시간 측정(계속시간)

3) 유통시험

시험 목적	공기관의 유통상태(폐쇄, 누설) 및 길이 적정성 확인
시험 방법	① 공기관의 첫 번째 단자(P_1)를 제거 한 후 마노미터 접속 ② 시험코크(시험레버) 시험위치(레버를 P,A 위치로 돌린다.) ③ Test pump 공기주입 (공기주입시험기를 시험구멍(T)에 접속 후 공기 주입 - 수위 100mm 유지) ④ 공기주입시험기를 시험구멍(T)에서 분리하여 공기관 내부 공기를 배출시킴 ⑤ 초시계 측정(수위가 50mm될 때까지)

4) 접점수고시험

시험 목적	비화재보 및 실보의 원인을 파악하는 것으로 적정한 수고치를 유지하고 있는지 판단
시험 방법	① 공기관의 첫 번째 단자(P_1)를 제거 한 후 마노미터 접속 ② 시험코크(시험레버) 시험위치(레버를 D,L 위치로 돌린다.) ③ Test pump 공기주입(공기주입시험기를 첫 번째 단자(P_1)에 접속 후 공기 주입) ④ 접점수고치 측정(감지기 접점이 붙는 순간 마노미터 수위를 읽음)

5) 리크시험

시험 목적	리크공의 저항이 적정한지 여부 확인
시험 방법	① 공기관의 두 번째 단자(P_2)를 풀어 공기관을 분리 ② 시험코크(시험레버) 시험위치(레버를 D,L 위치로 돌린다.) ③ Test pump 공기주입(공기주입시험기를 두 번째 단자(P_2)에 접속 후 공기 주입) ④ 공기누설여부를 점검한다.

44

P형 1급 발신기와 P형 2급 발신기에 대하여 다음 문제에 답하시오.

1) P형 1급 발신기와 P형 2급 발신기에 대하여 비교하시오.
2) P형 1급 발신기와 P형 2급 발신기의 구조를 간단히 그리고, 명칭을 쓰시오.
3) 각 명칭에 대하여 간략히 설명하시오.

정답

1) **P형 1급 발신기와 P형 2급 발신기의 비교**

비 교	P형 1급	P형 2급
구 조	명판, 누름버튼, 보호판, 전화 Jack, 응답표시등	명판, 누름버튼, 보호판
전화 Jack	○	×
응답표시등	○(LED)	×
접속 수신기	P형 1급, R형 수신기	P형 2급 수신기

2) **P형 1급 발신기와 P형 2급 발신기의 구조 비교**

비 교	P형 1급	P형 2급
구 조	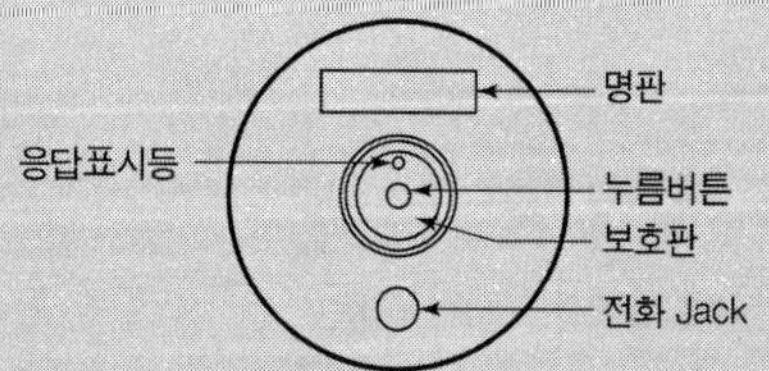	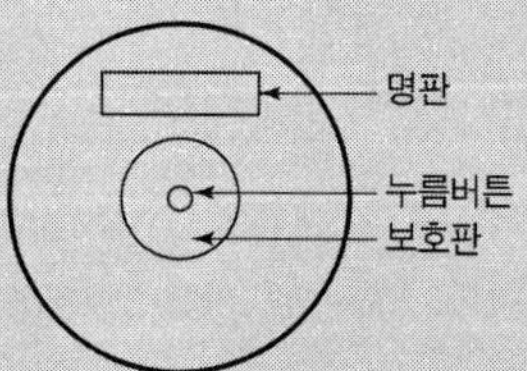

3) 명칭 설명

① 명판 : 발신기를 표시해줌

② 누름버튼 : 수동으로 조작하여 화재 신호를 수신기에 발신하는 장치

③ 보호판 : 누름버튼 보호

④ 전화 Jack : 수신기와 발신기간 서로 통화할 수 있도록 전화기를 사용하는 잭

⑤ 응답표시등 : 발신기의 신호가 수신기에 전달되었는지 확인해 주는 표시등

Solution

P형 1급 발신기와 P형 2급 발신기의 비교

비 교	P형 1급	P형 2급
구 조	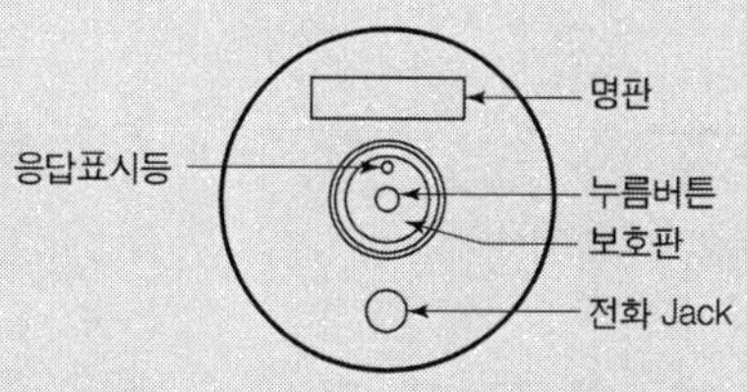	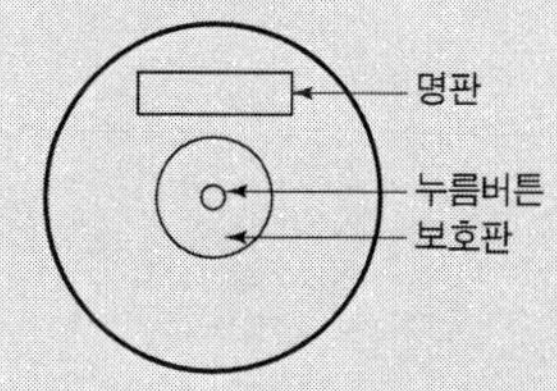
전화 Jack	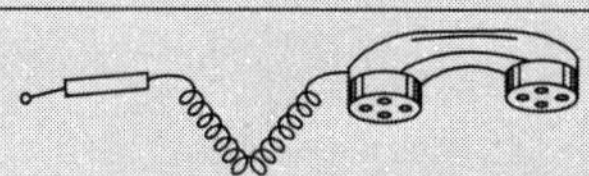	×
응답표시등	○(LED)	×
접속수신기	P형 1급, R형 수신기	P형 2급 수신기
명칭설명	• 명판 : 발신기를 표시해줌 • 누름버튼 : 수동으로 조작하여 화재 신호를 수신기에 발신하는 장치 • 보호판 : 누름버튼 보호 • 전화 Jack : 수신기와 발신기간 서로 통화할 수 있도록 전화기를 사용하는 잭 • 응답표시등 : 발신기의 신호가 수신기에 전달되었는지 확인해 주는 표시등	

45

다음은 P형 1급 수동발신기의 내부 결선도이다. 미완성인 내부결선도를 완성하고, A, B, C의 명칭을 쓰시오.

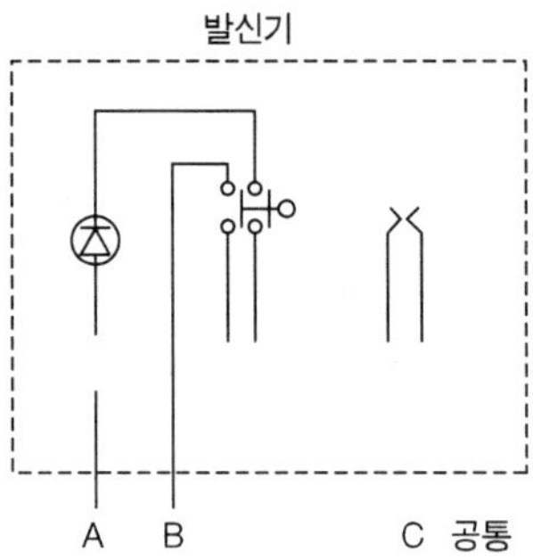

정답

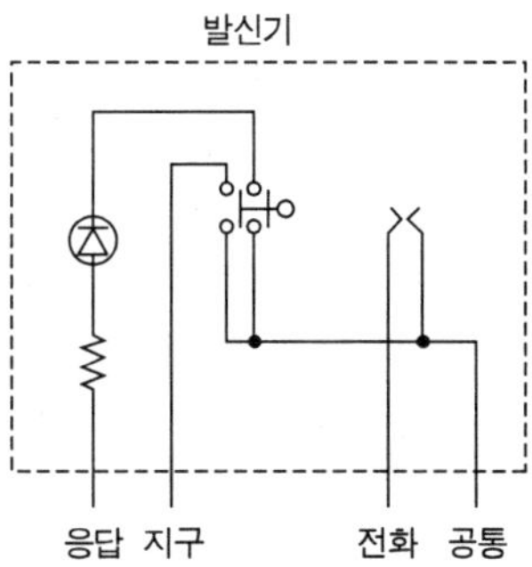

Solution

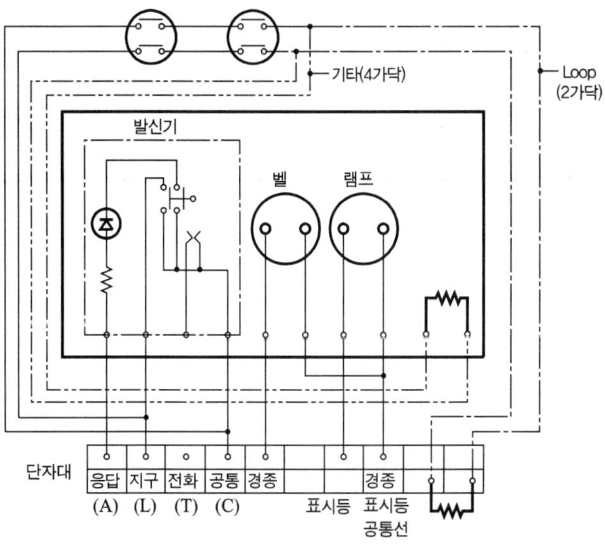

[발신기 세트 결선도]

1) 일점 쇄선－종단저항이 **단자내**에 있어 **Loop 형성**,
   발신기 ↔ 감지기 가닥수 : **2가닥**
2) 이점 쇄선－종단저항이 **발신기세트 함내** 있음,
   발신기 ↔ 감지기 가닥수 : **4가닥**

caution

'4층 이상의 특정소방대상물에는 발신기와 전화 통화가 가능한 수신기를 설치할 것'이란 내용이 삭제됨에 따라 자동화재탐지설비 배선내역에서 **전화선** 삭제 (2022.5.9. 개정)

46

다음 주어진 부분 및 단자를 사용하여 P형 1급 발신기의 내부회로를 완성하고 ①~④단자의 용도를 설명하시오.

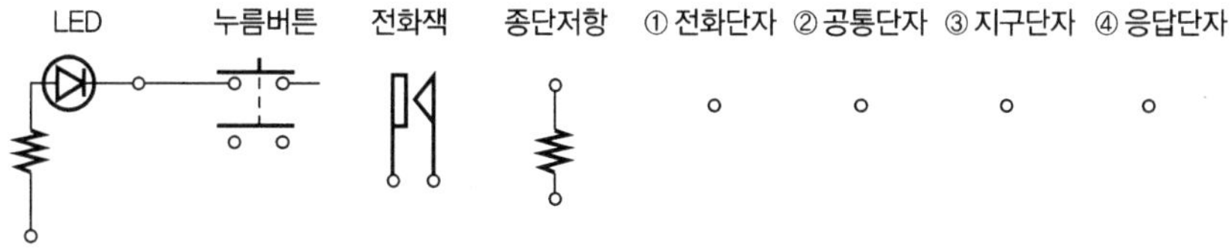

정답

P형 1급 발신기의 내부 회로도

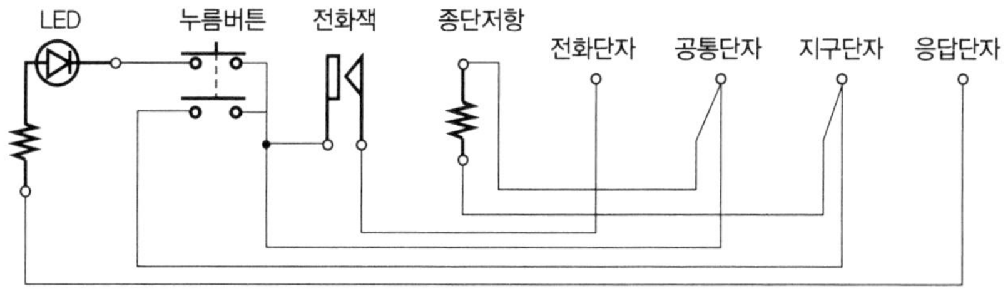

① 전화단자 : 수신기와 발신기간 상호 전화연락을 하기 위한 단자
② 공통단자 : 응답, 지구, 전화 단자를 공유한 단자
③ 지구단자 : 화재신호를 수신기에 알리기 위한 단자
④ 응답단자 : 발신기의 신호가 수신기에 전달되었는지 확인해 주는 단자

Solution

P형 1급 발신기의 부품 명칭

용 어	설 명
LED	발신기의 신호가 수신기에 전달되었는지 확인해 주는 표시등
누름버튼	수동으로 조작하여 수신기에 화재 신호를 발신하는 스위치
전화잭	수신기와 발신기간 상호 전화연락을 하기 위한 잭
종단저항	외부배선의 도통시험을 용이하기 위해 감지기 끝부분에 설치하는 저항
전화단자	수신기와 발신기간 상호 전화연락을 하기 위한 단자
공통단자	응답, 지구, 전화 단자를 공유한 단자
지구단자	화재신호를 수신기에 알리기 위한 단자
응답단자	발신기의 신호가 수신기에 전달되었는지 확인해 주는 단자

caution

'4층 이상의 특정소방대상물에는 발신기와 전화 통화가 가능한 수신기를 설치할 것'이란 내용이 삭제됨에 따라 자동화재탐지설비 배선내역에서 **전화선** 삭제 (2022.5.9. 개정)

47

자동화재 탐지설비의 발신기의 누름버튼을 눌러 화재신호를 발신한 후 수신기에서 복구 시켰는데도 경종이 계속 울렸다. 그 이유와 해결방안을 쓰시오.

정답

① 경종이 계속 울리는 이유 : 발신기 스위치를 되돌려 놓지 않았기 때문이다.
② 해결방안 : 발신기 스위치를 되돌려 놓는다.

Solution

발신기의 누름버튼을 눌러 화재신호를 발신한 후 다시 되돌려 놓지 않으면 수신기에서 복구스위치를 아무리 눌러도 경종이 계속 울리게 된다.

시퀀스 **푸시버튼** 스위치 : **수동조작 자동복귀** 점검
발신기 **누름버튼** 스위치 : **수동조작 수동복귀** 점검

48

다음은 발신기와 감지기, 수신기로 이어지는 회로도이다. 잘못된 곳을 찾아 올바르게 고치시오. (단, 종단저항은 발신기함에 내장하시오.)

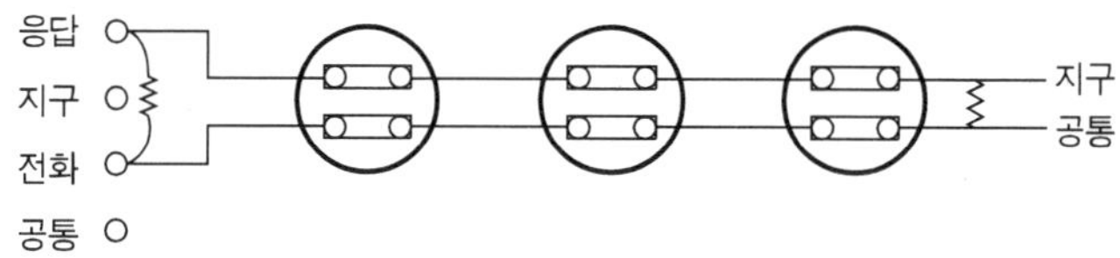

정답

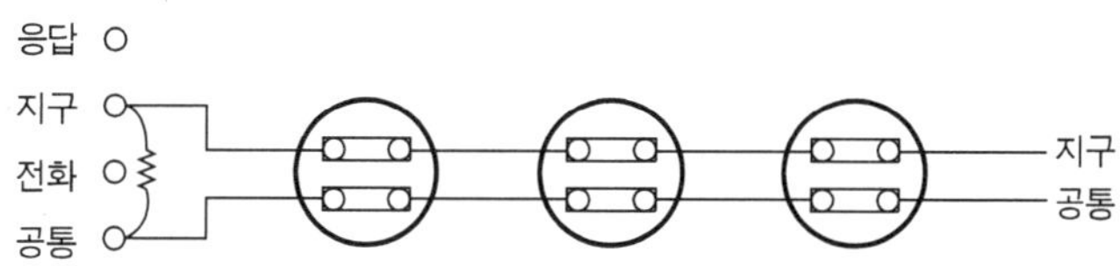

Solution

송배선방식

① 감지기 사이의 회로배선은 외부배선의 **도통시험**을 **용이**하게 하기 위해 도중에 분기하지 않는 **송배선방식**으로 해야 한다.

② 송배선방식으로 회로를 배선하기 위해서는 **종단저항**을 **감지기 끝**부분에 설치하거나 **발신기 세트**에 **내장**하여야 한다.

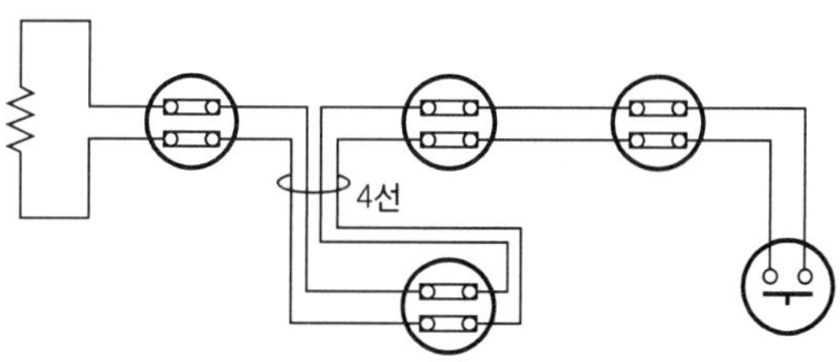

③ 종단저항을 발신기 세트에 내장할 경우 발신기의 **지구단자**와 **공동단자**에 접속한다.

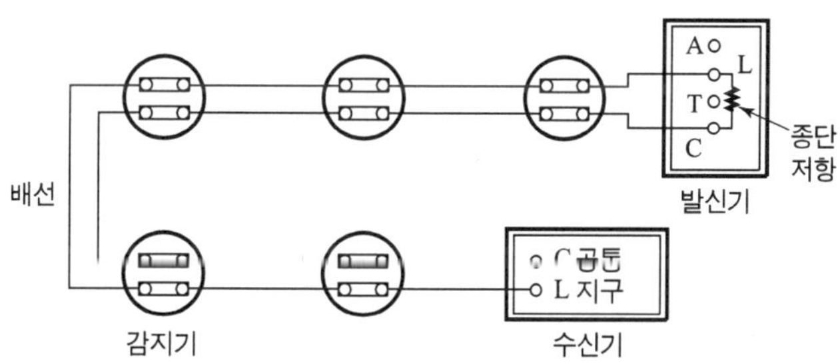

49

자동화재탐지설비의 P형 수신기에 연결되는 발신기와 감지기의 미완성 결선도를 다음 조건을 참조하여 완성하시오.

[조건]

㉠ 발신기에 설치된 단자의 명칭은 왼쪽부터 응답, 지구 전화, 공통이다.

㉡ 종단저항은 감지기 내장형으로 설치한다.

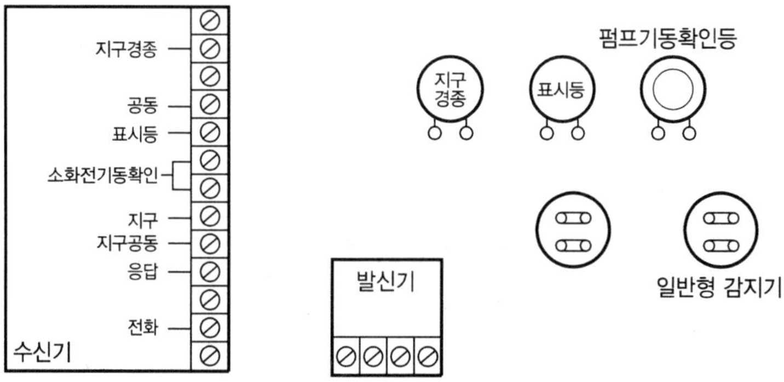

정답

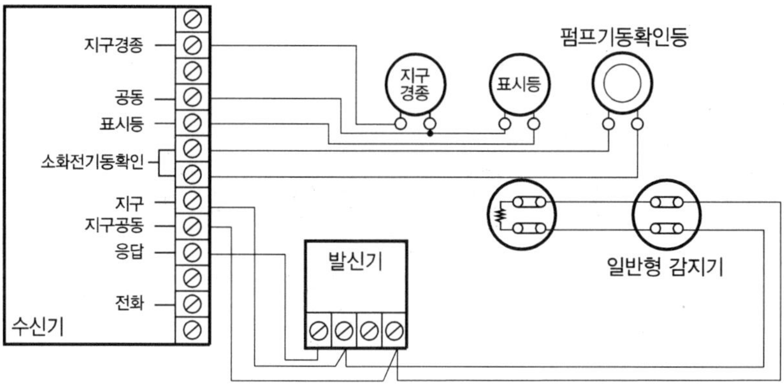

Solution

수신기에 연결되는 **발신기, 감지기 결선도**

① 조건 ㉡에서 종단저항은 **감지기 내장형**이므로 **감지기 말단**에 설치하여야 한다.

② 결선도를 다음과 같이 그려도 정답이다.

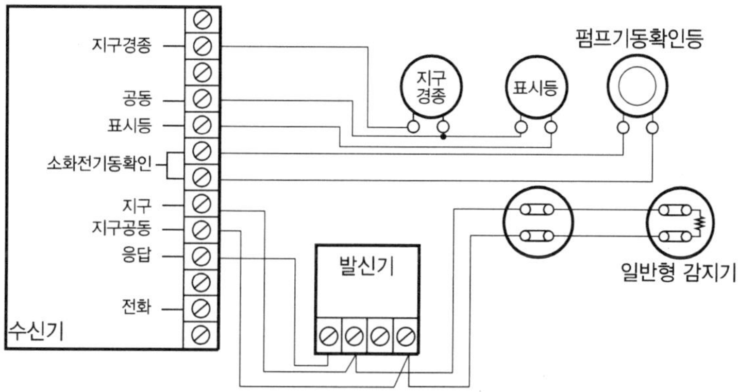

③ 종단저항이 발신기에 설치되어 있는 경우의 결선도

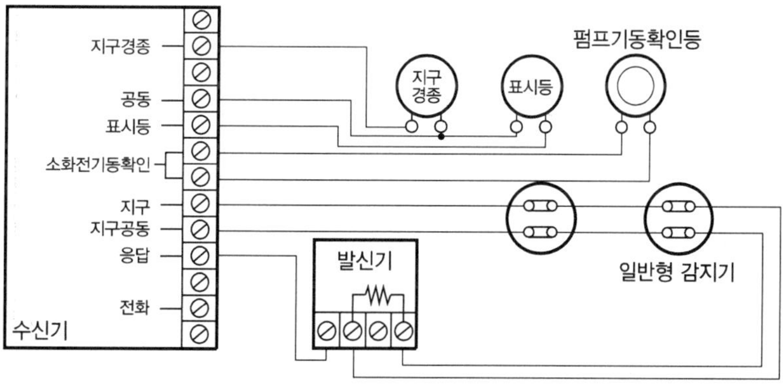

caution

'4층 이상의 특정소방대상물에는 발신기와 전화 통화가 가능한 수신기를 설치할 것'이란 내용이 삭제됨에 따라 자동화재탐지설비 배선내역에서 **전화선** 삭제 (2022.5.9. 개정)

50

자동화재탐지설비의 중계기의 설치기준 4가지를 쓰시오.

정답

① 설치장소 : 조작 및 점검이 용이하고, 화재 및 침수 등의 우려가 없는 장소
② 설치위치 : 수신기와 감지기 사이
③ 상용전원 및 예비전원 시험 장치를 갖출 것
④ 집합형 중계기의 경우 전원입력 측 배선에 과전류 차단기 설치할 것

Solution

중계기의 설치기준 [조.수.상.전] (NFPC 203 제6조, NFTC 203 2.3)
① 설치장소 : **조작 및 점검이 용이**하고, 화재 및 침수 등의 우려가 없는 장소
② 설치위치 : **수신기와 감지기 사이**
③ **상용전원 및 예비전원 시험 장치**를 갖출 것
④ **집합형 중계기**의 경우 **전원입력 측 배선에 과전류 차단기** 설치할 것

51

분산형 중계기의 설치장소 4가지를 쓰시오.

정답

① 소화전함 및 단독 발신기세트 내부
② 댐퍼 수동조작함 및 조작스위치함 내부
③ S/P 접속박스 및 SVP 내부
④ 할론 Package 및 Panel 내부

Solution

구 분	집합형	분산형
설치장소	전기pit실(EPS 실) 등에 설치	발신기함 또는 개별 격납함에 설치 [소.스(s).댐.방.할] • **소**화전함 및 단독 발신기세트 내부 • S/P 접속박스 및 SVP 내부 • **댐**퍼 수동조작함 및 조작스위치함 내부 • **방**화셔터, 배연창 연동제어기 내부 • **방**화문 중계기는 근접댐퍼 수동조작함 내부 • **할**론 Package 및 Panel 내부

52

다음은 수신기의 종류와 형식에 대한 설명이다. 다음에 해당하는 수신기를 답하시오.

1) 각 경계구역별 개별신호선에 의한 공통신호방식인 수신기
2) 각 회로별 고유신호선에 의한 다중통신방식인 수신기
3) M형 발신기를 이용하여 소방관서의 수신기에 통보하는 수신기
4) 화재신호 수신 후 바로 동작하지 않고 축적시간 내에 화재신호가 재수신될 때 동작하는 수신기
5) 화재신호 수신 후 바로 동작하지 않고 동일구역 내의 화재신호가 재수신될 때 동작하는 수신기
6) 감지기로부터 단순한 On/Off를 수신하는 것이 아니라 지속적인 온도나 연기농도를 수신하여 입력신호량에 따라 단계별로 출력하는 수신기
7) 일반수신기의 기능과 함께 제어기능이 포함되어 있는 수신기
8) 일반수신기의 기능과 함께 Network 기능이 포함되어 있는 수신기
9) P형 1급 수신기의 기능과 함께 G형 가스화재 탐지설비 기능이 포함되어 있는 수신기
10) R형 수신기의 기능과 함께 G형 가스화재 탐지설비 기능이 포함되어 있는 수신기

정답

① P형 수신기 ② R형 수신기
③ M형 수신기 ④ 축적형 수신기
⑤ 다신호식 수신기 ⑥ 아날로그 수신기
⑦ 복합식 수신기 ⑧ 인텔리전트 수신기
⑨ GP형 수신기 ⑩ GR형 수신기

Solution

수신기의 기능

수신기 종류·형식	수신기의 기능
P형 수신기	각 경계구역별 **개별신호선**에 의한 **공통신호방식**인 수신기
R형 수신기	각 회로별 **고유신호선**에 의한 **다중통신방식**인 수신기
M형 수신기	M형 발신기를 이용하여 **소방관서**의 수신기에 통보하는 수신기
축적형 수신기	화재신호 수신 후 바로 동작하지 않고 **축적시간** 내에 화재신호가 재수신될 때 동작하는 수신기
다신호식 수신기	화재신호 수신 후 바로 동작하지 않고 **동일구역** 내의 화재신호가 재수신될 때 동작하는 수신기
아날로그 수신기	감지기로부터 단순한 On/Off를 수신하는 것이 아니라 **지속적인 온도**나 **연기농도**를 **수신**하여 입력신호량에 따라 단계별로 출력하는 수신기
복합식 수신기	일반수신기의 기능과 함께 **제어기능**이 포함되어 있는 수신기
인텔리전트 수신기	일반수신기의 기능과 함께 **Network 기능**이 포함되어 있는 수신기
GP형 수신기	G형 가스화재 탐지설비+P형 1급 수신기
GR형 수신기	G형 가스화재 탐지설비+R형 수신기

53

P형 수신기와 R형 수신기에 관한 다음 물음에 답하시오.

1) P형 수신기와 R형 수신기의 특성을 비교하여 5가지 쓰시오.
2) P형 수신기와 R형 수신기의 신호전달 방식의 차이점을 설명하시오.
3) 공장이나 초대형 건물에서 P형 수신기보다 R형 수신기를 많이 선호하는 이유 5가지를 쓰시오.

정답

1) P형 수신기와 R형 수신기의 특성 비교

구 분	P형	R형
신호전송방식	1 : 1접점방식	다중전송방식
신호전류	공통신호(전류신호, 접점신호)	고유신호(통신신호)
자기진단기능	×	○
선로수	多	小
유지관리	곤란	쉬움
화재표시	경계구역 표시	화재발생 위치 표시

2) P형 수신기와 R형 수신기의 신호전달방식 비교

구 분	P형	R형
신호전송방식	1 : 1접점방식	다중전송방식

3) R형 수신기 선호 이유

① 선로수가 적게 들어 경제적
② 선로길이를 길게 할 수 있음
③ 이설 및 증설이 비교적 용이함
④ 신호전달이 정확함
⑤ 회재발생지구를 문자 or 숫자로 선명하게 표시

Solution

1), 2) **P형 수신기와 R형 수신기의 비교** [시.신.신.자.선.유.화]

구 분	P형	R형
시스템 구성		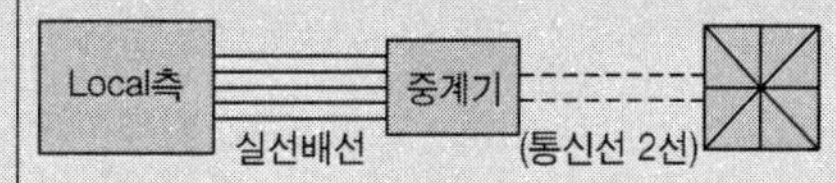
신호전송방식	1 : 1접점방식	다중전송방식
신호전류	공통신호(전류신호, 접점신호)	고유신호(통신신호)
자기진단기능	×	○
선로수	多	小
유지관리	곤란	쉬움
화재표시	경계구역 표시	화재발생 위치 표시

3) **R형 수신기의 특징** [수.길.이.신.화]

① 선로**수**가 적게 들어 경제적

② 선로**길**이를 길게 할 수 있음

③ **이**설 및 증설이 비교적 용이함

④ **신**호전달이 정확함

⑤ **화**재발생지구를 문자 or 숫자로 선명하게 표시

54

자동화재탐지설비의 R형 수신기에 대한 다음 물음에 답하시오.

1) 다중통신방법에 대해 설명하시오.
2) 신호선 종류 2가지를 쓰시오.
3) 신호선 중 Shield cable을 사용하는 이유는 무엇인가?
4) 신호선 중 Twist pair cable을 사용하는 이유는 무엇인가?
5) R형 수신기의 통신방식 중 PCM변조방식에 대해서 쓰시오.

정답

1) 다중통신방법 : 2선의 신호선만을 사용하여 양방향 통신으로 수많은 입출력 신호를 고유신호로 변환하여 전송하는 방식을 다중통신(Multiplexing communication)이라 한다.
2) 신호선 종류
   ① 내열성 케이블(H-CVV-SB)
   ② 난연성 케이블(FR-CVV-SB)
3) Shield cable 사용 이유 - 정전유도방지(전자파로부터 차폐시키기 위함)
4) Twist pair cable 사용 이유 - 전자유도방지(자계를 상쇄시키기 위함)
5) PCM 변조방식 : 모든 Data(동작위치, 동작구역, 동작설비 등)를 '0'과 '1'의 디지털 Data로 변환하여 8bit의 Pulse로 변환시켜 통신선로를 이용하는 송수신방식

Solution

다중통신(Multiplexing communication) 방식

1) 변조방식
   (1) **펄스코드변조 방식(PCM : Pulse Code Modulation)**
      ① 전류신호를 Pulse로 변조하여 전송하는데 **Pulse를 부호로 변조하는 방식**
      ② 모든 Data(동작위치, 동작구역, 동작설비 등)를 **'0'과 '1'의 디지털 Data로 변환하여 8bit의 Pulse로 변환시켜 통신선로를 이용하는 송수신방식**
      ③ R형 시스템은 일반적으로 Noise를 최소화하고 경제성을 위해 이 방식을 적용한다.

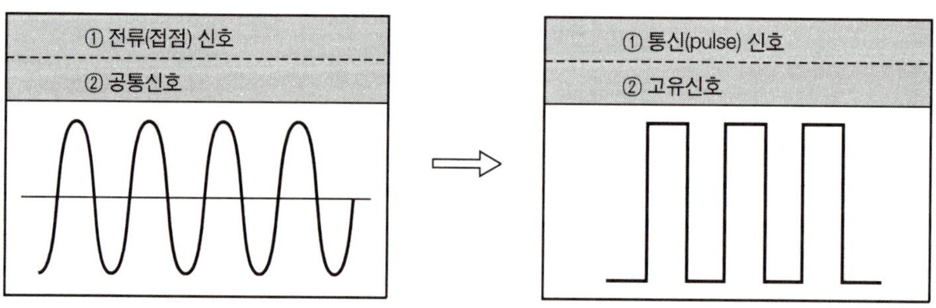

(2) 펄스진폭변조 방식(PAM; Pulse Amplitude Modulation)

① 전류신호를 Pulse로 변조하여 전송하는데 **Pulse를 진폭으로 변조하는 방식**

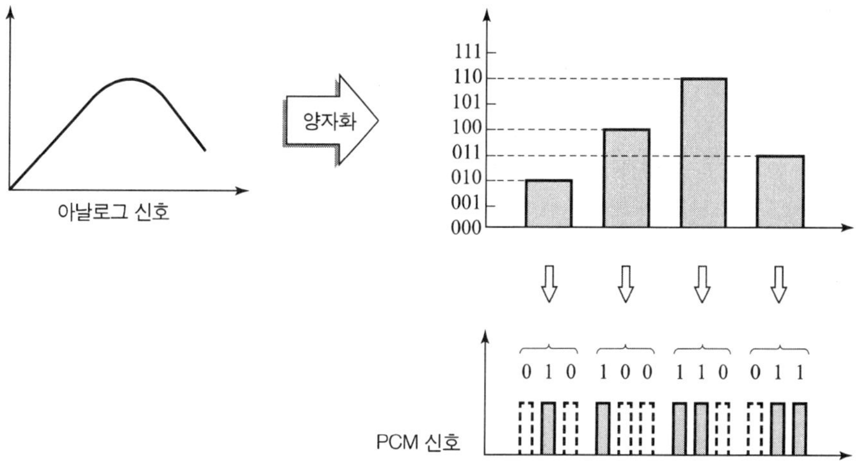

[아날로그 신호에서 PCM 신호까지 변환과정]

2) 전송방식

(1) 시분할 방식(TDM : Time Division Multiplexing)

① 좁은 시간간격으로 Pulse를 분할하고 순서대로 시간차를 두고 중계기에 송수신하는 방식으로 PCM으로 변조한 경우에 일반적으로 많이 적용하는 전송방식이다.

② 다중신호는 Pulse 모양으로 끊기게 되지만 Pulse의 1bit 시간이 짧아 시스템에서는 시간지연을 느낄 수 없어 실용상 문제가 없다.

(2) 주파수분할 방식(FDM : Frequency Division Multiplexing)

① 여러 개의 서로 다른 신호를 각기 다른 주파수의 신호로 변환해서 하나의 전송로로 송신한 후 수신측에서 각기 필요한 주파수 대역만을 선별 수신하는 전송방식이다.

3) 신호처리 방식 – **Polling Addressing 방식**

4) 신호선

(1) **Shield Cable(정전유도방지) : 내열성, 난연성 케이블** – 편단접지

(2) **Twist Pair Cable(전자유도방지)**

55

초고층 빌딩 등에 사용되는 R형 수신기용 신호선으로 사용되는 실드선에 대하여 다음 물음에 답하시오.

1) 신호선을 실드선을 사용하는 이유를 쓰시오.
2) 신호선을 서로 꼬아서 사용하는 이유를 쓰시오.
3) 실드선을 접지하는 이유를 쓰시오.

정답

1) 정전유도 방지 – 전자파 방해 방지
2) 전자유도 방지 – 자계를 서로 상쇄시키기 위해
3) 유도된 전자파를 대지로 흘려보내기 위해

Solution

실드선(Shield wire) – 화재안전기술기준 NFTC 203 2.8.1.2.1

구 분	설 명
사용하는 곳	**아날로그식, 다신호식 감지기**나 **R형 수신기용**으로 사용하는 배선
사용 목적	**정전유도 방지 – 전자파 방해**를 **방지**하기 위하여 사용
Twist 사용 이유	**전자유도 방지 – 자계**를 서로 **상쇄**시키기 위해 사용
접지 이유	유도된 전자파를 대지로 흘려보내기 위해 사용
종류	내열성 케이블, 난연성 케이블
광케이블 사용	**전자파 방해**를 받지 않고 **내열성능**이 있는 경우 사용 가능

56

자동화재탐지설비의 수신기 설치기준 5가지를 쓰시오.

정답

① 조작 S/W는 바닥으로부터 0.8～1.5m 이하인 장소에 설치할 것
② 수위실 등 사람이 상주하는 장소에 설치할 것
③ 설치장소에는 경계구역 일람표를 비치할 것
④ 음향 기구는 타 기기의 음향 등과 구분될 것
⑤ 감지기, 중계기, 발신기가 작동하는 경계구역을 표시할 수 있을 것

Solution

수신기 설치기준(NFPC 203 제5조제3항, NFTC 203 2.2.3) [조.수.설.음.경.종.하나.2.지]

① **조**작 S/W는 바닥으로부터 0.8~1.5m 이하인 장소에 설치할 것
② **수위실** 등 **사람**이 **상주**하는 **장소**에 설치할 것. 만약, 상시 사람이 근무하는 장소가 없으면 **관계인이 쉽게 접근**할 수 있고 **관리**가 **용이한 장소**에 설치할 것
③ **설**치장소에는 경계구역 일람표를 비치할 것
④ **음**향 기구는 타 기기의 음향 등과 구분될 것
⑤ 감지기, 중계기, 발신기가 작동하는 **경**계구역을 표시할 수 있을 것
⑥ **종**합방재반 설치 시 수신기와 연계하여 경계구역을 표시할 수 있을 것
⑦ **하나**의 경계구역은 하나의 표시등 또는 문자로 표시되도록 할 것
⑧ 하나의 소방대상물에 **2** 이상의 수신기 설치 시 각 수신기마다 화재발생 상황을 확인 가능할 것
⑨ 하나의 층에 **지**구음향장치 배선 단락시 다른 층의 화재통보에 지장이 없도록 할 것 <2022.5.9. 신설>

57

자동화재탐지설비의 수신기 구조에서 스위치 주의등 점멸시의 원인을 쓰시오.

정답

① 주경종 정지 스위치 ON시
② 지구경종 정지 스위치 ON시
③ 도통시험 스위치 ON시
④ 자동복구 스위치 ON시

Solution

스위치 주의등이 점멸되는 경우 [주.지.도.자.]	스위치 주의등이 점멸되지 않는 경우
• **주**경종 정지 스위치 ON시 • **지**구경종 정지 스위치 ON시 • **도**통시험 스위치 ON시 • **자**동복구 스위치 ON시	• 예비전원 시험 스위치 ON시 • 시험복구 스위치 ON시

58

수신기의 시험방법을 5가지 쓰시오.

정답

① 회로도통시험 ② 화재표시작동시험
③ 지구음향장치작동시험 ④ 예비전원시험
⑤ 공통선시험 ⑥ 동시작동시험
⑦ 회로저항시험 ⑧ 비상전원시험
⑨ 절연저항시험 ⑩ 저전압시험

Solution

수신기 시험방법 [도.화.지.예(그려보자).공.동.회.비.절.전(방안)]

종 류	목 적	시험방법	판정기준
회로**도**통시험	감지기회로의 단선유무와 기기 등의 접속 상황 확인	① 회로도통시험스위치를 시험위치에 놓음 ② 회로선택스위치를 차례로 회전시킴 ③ 전압계 내 표시부위(LED Type인 경우 점등상태) 확인 및 종단저항 등의 접속상황 확인	전압계 지시가 녹색이면 정상(2~6V) 전압계 지시가 적색이면 단락 전압계 지시가 '0'이면 단선
화재표시 작동시험	감지기, 발신기 작동 시 수신기의 당해 지구표시등, 화재표시등의 점등 및 음향 장치 명동 확인	① 화재표시작동시험스위치를 시험 위치에 놓음 ② 자동복구 S/W 시험위치 ③ 회로선택스위치를 차례로 회전시킴	지구표시등, 화재표시등의 점등 및 음향장치의 명동이 정상일 것 계전기의 자기유지 기능이 정상일 것
지구음향장치 작동시험	임의 감지기와 연동하여 당해 지구음향장치의 정상작동 여부 확인	임의의 감지기 or 발신기를 작동시킴	당해 지구음향장치가 정상 작동될 것 음향장치 중심에서 1m 떨어진 위치에서 90dB 이상일 것
예비전원시험	상용, 비상전원 정전시 예비전원으로 자동절환 되고 정전복구 시 상용전원으로의 자동절환 여부 확인	① 예비전원시험스위치를 시험위치에 놓는다. ② 전압계 지시값 및 자동절환 릴레이 작동상황 확인	전압계 지시값이 지정치 이내일 것(약 24V) 절환상황 및 복구 작동이 정상일 것

<table>
<tr><th>종 류</th><th>목 적</th><th>시험방법</th><th>판정기준</th></tr>
<tr><td>공통선시험[1]
(경계구역
7회로 이상)</td><td>공통선이 담당하고 있는 경계구역수의 적정여부 확인</td><td>① 수신기 내의 접속단자 공통선을 1선 제거한다.
② 회로선택스위치를 차례로 회전시킴
③ 시험용 계기(전압계 또는 LED)의 지시등이 '단선'을 지시한 경계구역의 회선수 조사</td><td>하나의 공통선이 담당하고 있는 경계구역의 수가 7 이하일 것</td></tr>
<tr><td>동시작동시험[2]
(경계구역
2회로 이상)</td><td>감지기 수회선 동시 작동 시 수신기의 기능 이상 유무 확인</td><td>① 화재표시작동시험스위치를 시험 위치에 놓음
② 5회선(5회선 미만은 전회선)을 동시에 작동시킴
③ 주음향장치 및 지구음향장치를 명동시킴</td><td>수신기, 부수신기, 표시장치, 음향장치 등의 기능이 정상일 것</td></tr>
<tr><td>회로저항시험</td><td>감지기 1회선의 선로 저항 값을 확인</td><td>① 저항계를 사용하여 공통선과 표시선 사이의 전로저항 측정
② 개로식인 경우 회로의 말단을 도통 상태로 하여 측정</td><td>감지기 1회선의 합성저항치가 50Ω 이하일 것</td></tr>
<tr><td>비상전원시험</td><td>상용전원 정전시 비상전원으로 자동절환 되고
정전복구 시 상용전원으로
자동절환 여부 확인</td><td>① 축전지설비에 한하여 시행
② 충전용 전원을 개로하고 전압계 지시 값의 적정여부 확인
③ 화재표시작동시험에 준하여 실행</td><td>정격전압의 80% 이상일 것
절환상황 및 복구 작동이 정상일 것</td></tr>
<tr><td>절연저항시험</td><td>선로의 절연상태 확인</td><td>① DC 250V Megger 사용하여 측정
② 기기부착 전-배선 상호간,
기기부착 후-배선과 대지 사이</td><td><table><tr><th>대지전압 (V)</th><th>150 이하</th><th>300 이하</th><th>400 미만</th><th>400 이상</th></tr><tr><td>절연저항 (MΩ)</td><td>0.1 이상</td><td>0.2 이상</td><td>0.3 이상</td><td>0.4 이상</td></tr></table></td></tr>
<tr><td>저전압시험</td><td>저전압 상태에서 정상동작 여부 확인</td><td>① 교류전원 전압을 정격 전압의 80% 이하로 할 것
② 축전지설비는 축전지 단자를 절환하여 80% 이하로 할 것
③ 화재표시작동시험에 준하여 실행</td><td>화재신호를 정상적으로 수신할 수 있을 것</td></tr>
</table>

주 1) 공통선시험은 7회선 이하는 제외한다.
2) 동시작동시험은 1회선의 것은 제외한다.

59

P형 1급 수신기에서 회로도통시험에 관한 다음 물음에 답하시오(단, 수신기의 자체고장은 없다).

1) 회로도통시험의 목적을 쓰시오.
2) 회로도통시험의 시험방법을 쓰시오.
3) 회로도통시험의 판정기준을 쓰시오.
4) 회로도통시험시 정상신호가 나타나지 않았을 경우 그 이유가 무엇인지 5가지 쓰시오.

정답

1) 감지기회로의 단선유무와 기기 등의 접속 상황 확인
2) 회로도통시험의 시험방법
   ① 회로도통시험스위치를 시험위치에 놓음
   ② 회로선택스위치를 차례로 회전시킴
   ③ 전압계 내 표시부위 확인(LED TYPE인 경우 점등상태 확인) 및 종단저항 등의 접속 상황 확인
3) 회로도통시험의 판정기준
   ① 전압계 지시가 녹색이면 정상(2～6V)
   ② 전압계 지시가 적색이면 단락
   ③ 전압계 지시가 '0'이면 단선
4) 회로도통시험시 정상신호가 나타나지 않는 이유
   ① 감지기의 고장
   ② 감지기회로의 단선
   ③ 감지기회로의 단락
   ④ 종단저항 접속불량
   ⑤ 종단저항의 누락

Solution

회로도통시험

목 적	감지기회로의 단선유무와 기기 등의 접속 상황 확인
시험방법	① 회로도통시험스위치를 시험위치에 놓음 ② 회로선택스위치를 차례로 회전시킴 ③ 전압계 내 표시부위 확인 및 종단저항 등의 접속 상황 확인
판정기준	① 전압계 지시가 녹색이면 정상(2～6V) ② 전압계 지시가 적색이면 단락 ③ 전압계 지시가 '0'이면 단선
정상신호가 아닌 경우	① 감지기의 고장 ② 감지기회로의 단선 또는 단락 ③ 종단저항 접속불량 또는 누락

60

수신기에서 예비전원시험에 관한 다음 물음에 답하시오.

1) 예비전원시험의 목적을 쓰시오.
2) 예비전원시험의 시험방법을 쓰시오.
3) 예비전원시험의 판정기준을 쓰시오.

정답

1) 상용, 비상전원 정전 시 예비전원으로 자동절환 되고 정전복구 시 상용전원으로 자동절환 여부 확인
2) 예비전원시험의 시험방법
   ① 예비전원시험스위치를 시험 위치에 놓는다.
   ② 전압계 지시값 및 자동절환 릴레이 작동상황 확인
3) 예비전원시험의 판정기준
   ① 전압계 지시값이 지정치 이내일 것(약 24V)
   ② 절환상황 및 복구 작동이 정상일 것

Solution

예비전원시험

목 적	상용, 비상전원 정전시 예비전원으로 자동절환 되고 정전복구 시 상용전원으로 자동절환 여부 확인
시험방법	① 예비전원시험스위치를 시험 위치에 놓는다. ② 전압계 지시값 및 자동절환 릴레이 작동상황 확인
판정기준	① 전압계 지시값이 지정치 이내일 것(약 24V) ② 절환상황 및 복구 작동이 정상일 것

61

수신기의 공통선 시험의 목적과 방법 그리고 판정기준을 쓰시오.

정답

1) 시험목적 - 공통선이 담당하고 있는 경계구역수의 적정여부 확인
2) 공통선 시험의 시험방법
   ① 수신기 내의 접속단자 공통선을 1선 제거한다.
   ② 회로선택스위치를 차례로 회전시킴
   ③ 시험용 계기(전압계 또는 LED)의 지시등이 '단선'을 지시한 경계구역의 회선수 조사
3) 공통선 시험의 판정기준
   하나의 공통선이 담당하고 있는 경계구역의 수가 7 이하일 것

Solution

공통선시험

목　적	공통선이 담당하고 있는 경계구역수의 적정여부 확인
시험방법	① 수신기 내의 접속단자 공통선을 1선 제거한다. ② 회로선택스위치를 차례로 회전시킴 ③ 시험용 계기의 지시등이 '단선'을 지시한 경계구역의 회선수 조사
판정기준	하나의 공통선이 담당하고 있는 경계구역의 수가 7 이하일 것

62

수신기의 동시작동시험에 관한 다음 물음에 답하시오.

1) 동시작동시험의 목적을 쓰시오.
2) 동시작동시험의 시험방법을 쓰시오.
3) 동시작동시험의 판정기준을 쓰시오.

정답

1) 감지기 수회선 동시 작동 시 수신기의 기능 이상 유무 확인
2) 동시작동시험의 시험방법
   ① 화재표시작동시험스위치를 시험 위치에 놓음
   ② 5회선(5회선 미만은 전회선)을 동시에 작동시킴
   ③ 주음향장치 및 지구음향장치를 명동시킴
3) 동시작동시험의 판정기준
   수신기, 부수신기, 표시기, 음향장치 등의 기능이 정상일 것

Solution

동시작동시험

목 적	감지기 수회선 동시 작동 시 수신기의 기능 이상 유무 확인
시험방법	① 화재표시작동시험스위치를 시험 위치에 놓음 ② 5회선(5회선 미만은 전회선)을 동시에 작동시킴 ③ 주음향장치 및 지구음향장치를 명동시킴
판정기준	수신기, 부수신기, 표시기, 음향장치 등의 기능이 정상일 것

63

수신기의 화재표시 작동시험에 대한 다음 물음에 답하시오.

1) 수신기의 화재표시 작동시험을 실시할 때 확인사항 3가지를 쓰시오.
2) 수신기의 화재표시 작동시험 후 화재가 발생하지 않았는데 화재표시등과 지구표시등이 점등되어 복구스위치를 눌렀으나 복구되지 않는 경우 3가지를 쓰시오(단, 복구스위치는 정상이다.)

정답

1) 수신기 화재표시 작동시험 확인사항 3가지
   ① 계전기의 자기유지 기능 정상
   ② 음향장치의 명동 정상
   ③ 지구표시등, 화재표시등의 표시장치 점등
2) 화재표시 작동시험 후 복구되지 않은 3가지
   ① 복구스위치 배선 불량
   ② 릴레이 자체 불량
   ③ 릴레이 배선 불량

Solution

1) **수신기 화재표시 작동시험**

종 류	목 적	시험방법	판정기준
화재표시 작동시험	감지기, 발신기 작동 시 수신기의 당해 지구표시등, 화재표시등의 점등 및 음향 장치 명동 확인	① 화재표시작동시험스위치를 시험 위치에 놓음 ② 자동복구S/W 시험위치 ③ 회로선택스위치를 차례로 회전시킴	지구표시등, 화재표시등의 점등 및 음향장치의 명동이 정상일 것 계전기의 자기유지 기능이 정상일 것

2) **복구스위치를** 눌러도 **화재표시등**과 **지구표시등**이 **소등**되지 않는 경우
   복구스위치－계전기(릴레이)－지구표시등, 화재표시등으로 배선되므로
   ① 복구스위치 자체 불량
   ② 복구스위치 배선 불량
   ③ 계전기(릴레이) 자체 불량
   ④ 계전기(릴레이) 배선 불량
   ⑤ 지구표시등, 화재표시등의 표시장치 자체 불량
   ⑥ 지구표시등, 화재표시등의 표시장치 배선 불량

caution

단서에서 복구스위치는 정상 작동되는 것으로 판단되므로 **복구스위치 불량**이라고 적으면 **안된다.**

64

다음은 다이오드 매트릭스 회로를 사용하여 수신기의 경계구역을 표시한 그림의 일부분이다. 다이오드를 추가하여 회로를 완성하시오(단, 그림의 1~8은 1~8 경계구역을 의미한다).

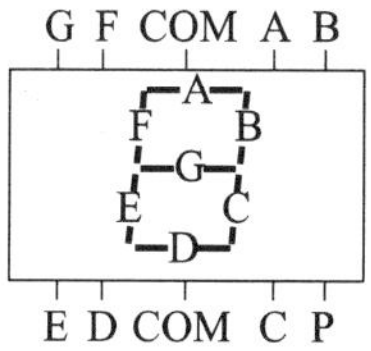

‖ 디스플레이 ‖

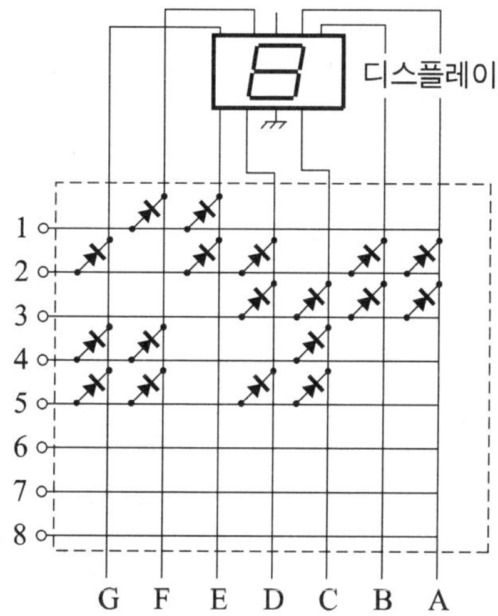

정답

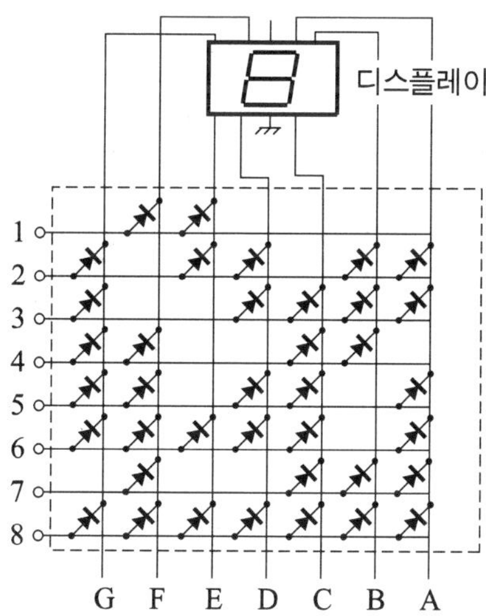

Solution

다이오드 매트릭스를 사용한 **수신기**의 **경계구역** 표시방법

세그먼트 구성 1

숫자	0	1	2	3	4	5	6	7	8	9
세그먼트	0	1	2	3	4	5	6	7	8	9

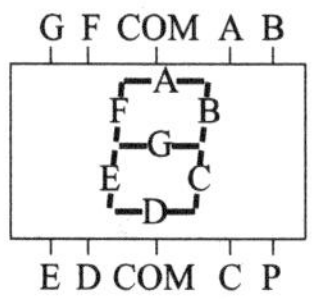

‖ 디스플레이 ‖

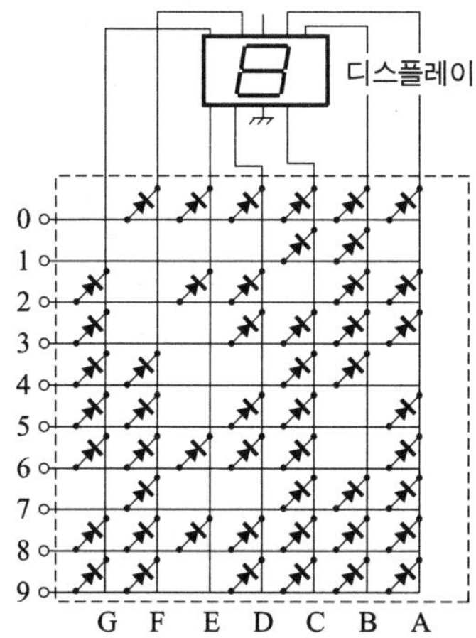

‖ 세그먼트 구성 1 ‖

세그먼트 구성 2

숫자	0	1	2	3	4	5	6	7	8	9
세그먼트	0	1	2	3	4	5	6	7	8	9

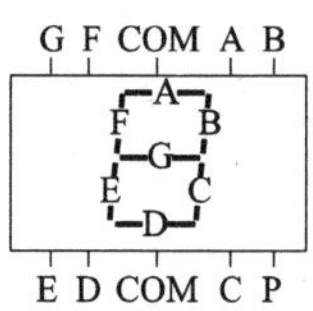

‖ 디스플레이 ‖

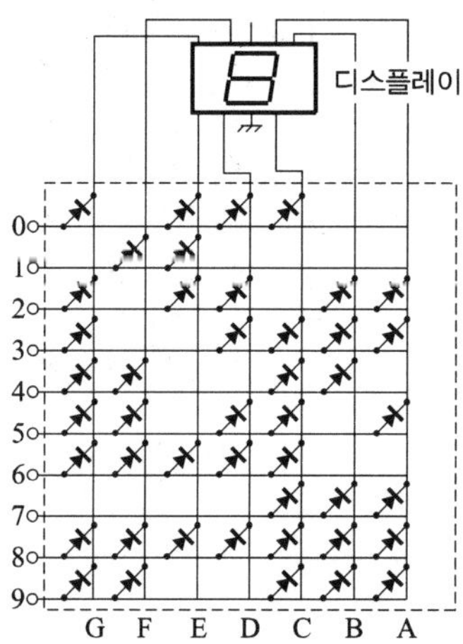

‖ 세그먼트 구성 2 ‖

65

자동화재탐지설비에서 우선경보방식의 적용대상 및 적용기준에 대해서 설명하시오.

정답

① 적용대상 – 11층(공동주택 16층) 이상 특정소방대상물

발화층	경보층
2층 이상	발화층, 직상 4개 층
1층	발화층, 직상 4개 층, 지하층
지하층	발화층, 직상층, 기타 지하층

Solution

우선경보방식(화재안전기술기준 NFTC 203 2.5.1.2)

① 적용대상 – **11층(공동주택 16층) 이상** 특정소방대상물에는 우선경보방식 적용(2023.2.10. 시행)

발화층	경보층
2층 이상	발화층, **직상 4개** 층
1층	발화층, **직상 4개** 층, 지하층
지하층	발화층, 직상층, 기타 지하층

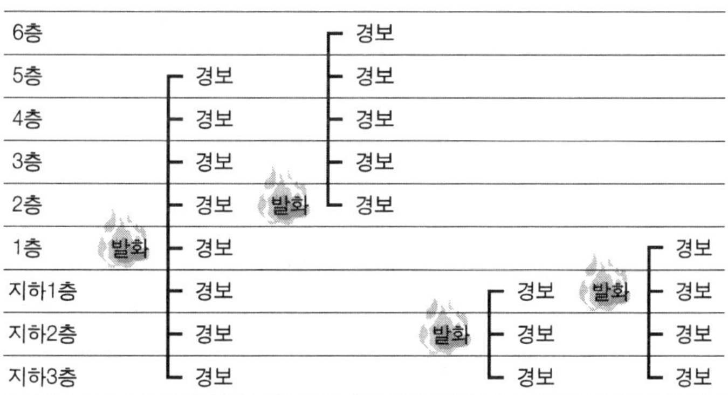

② 고층건축물(30층 이상이거나 높이 120m 이상인 건축물)

발화층	경보층
2층 이상	발화층, 직상 4개 층
1층	발화층, 직상 4개 층, 지하층
지하층	발화층, 직상층, 기타 지하층

자동화재탐지설비 및 시각경보장치의 화재안전기준(NFSC 203) 제8조제1항제2의2호에 2012.2.15 설치하도록 개정되었으나 고층건축물의 화재안전성을 강화하기 위해 NFSC 203에서는 삭제되고 고층건축물의 화재안전기술기준(NFTC 604) 2.4.2로 제정됨(2013.6.11. 제정, 2022.12.1. 재개정).

66

자동화재탐지설비의 음향장치 설치기준을 6가지 쓰시오.

정답

① 주음향장치는 수신기 내부 또는 그 직근에 설치할 것
② 지구음향장치는 소방대상물의 층마다 설치하되, 음향장치까지의 수평거리는 25m 이하. 다만 비상방송설비를 자동화재탐지설비의 감지기와 연동할 때에는 지구음향장치 생략가능
③ 11층(공동주택 16층) 이상 특정소방대상물에는 우선경보방식 적용
④ 정격전압의 80% 전압에서 음향을 발할 수 있을 것. 다만, 건전지를 주전원으로 사용하는 음향장치는 그렇지 않다.
⑤ 감지기 및 발신기의 작동과 연동하여 작동할 수 있을 것
⑥ 음량은 음향장치의 중심으로부터 1m 떨어진 위치에서 90dB 이상일 것

Solution

자동화재탐지설비 음향장치 설치기준(NFPC 203 제8조, NFTC 203 2.5.1) [주.지.우.정.감.음]

① 주음향장치는 **수신기 내부** 또는 **그 직근**에 설치할 것
② 지구음향장치는 **소방대상물의 층**마다 설치하되, 음향장치까지의 **수평거리는 25m** 이하. 다만 비상방송설비를 자동화재탐지설비의 감지기와 연동할 때에는 지구음향장치 생략가능

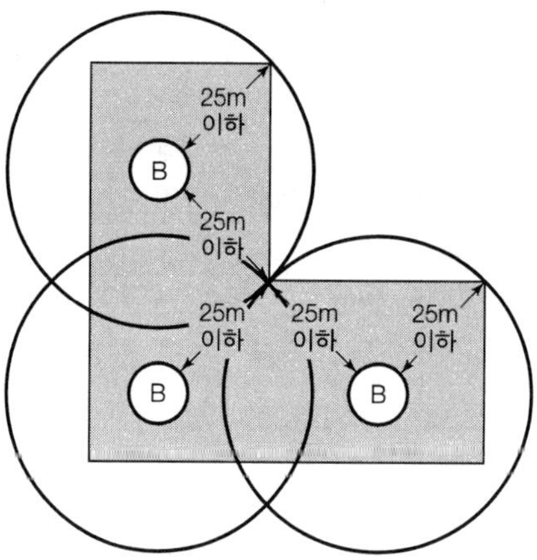

[음향장치 수평거리]

③ **11층(공동주택 16층) 이상** 특정소방대상물에는 **우선경보방식** 적용(☞문제 65 참조)
④ 정격전압의 **80% 전압**에서 음향을 발할 수 있을 것. 다만, 건전지를 주전원으로 사용하는 음향장치는 그렇지 않다(무선식 음향장치).
⑤ 감지기 및 발신기의 작동과 연동하여 작동할 수 있을 것
⑥ 음량은 음향장치의 중심으로부터 **1m** 떨어진 위치에서 **90dB 이상**일 것

67

자동화재탐지설비의 배선에 관한 다음 물음에 답하시오.

1) 감지기 선로 말단에 종단저항을 설치하는 이유
2) 감지기 배선을 송배선방식으로 하는 이유
3) 종단저항 설치기준 3가지

정답

1) 종단저항 설치이유 : 회로 도통시험을 용이하게 하기 위해서
2) 송배선방식 이유 : 회로 도통시험을 용이하게 하기 위해서
3) 종단저항 설치기준
   ① 점검 및 관리가 쉬운 장소에 설치할 것
   ② 전용함에 설치하는 경우 그 설치높이는 바닥으로부터 1.5m 이내일 것
   ③ 감지기 회로의 끝부분에 설치할 것, 단 종단 감지기에 설치할 경우에는 구별이 쉽도록 해당 감지기 기판 및 감지기 외부에 별도의 표시를 할 것(2013.6.10. 개정).

Solution

1) **송배선방식**
   ① NFPC 203 제11조제4호, NFTC 203 2.8.1.4－감지기 사이의 회로의 배선은 **송배전(선)** 식으로 할 것
   ② 수신기에서 2차측 외부배선의 **도통시험을 용이하게 하기위해 배선의 도중에서 분기하지 않도록 하는 배선방식**(Loop-2회선, Tree-4회선)
   ③ 일명 **보내기방식**이라 한다.

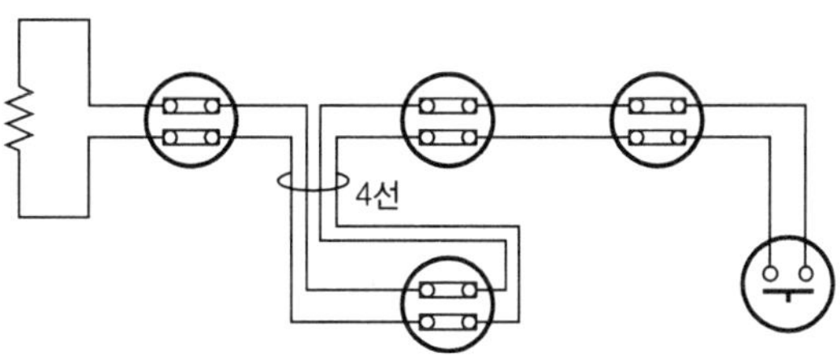

(a) 송배선방식 예

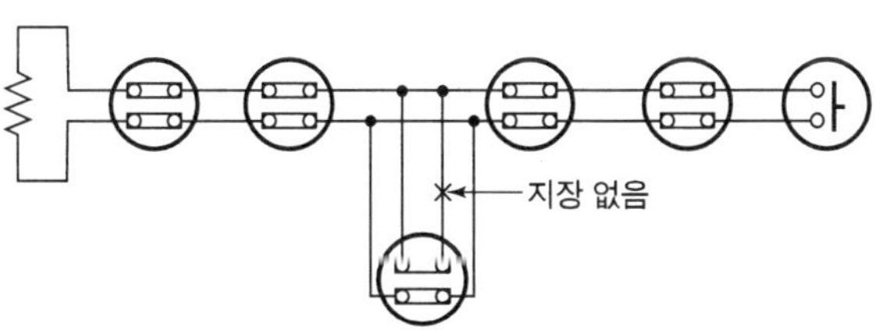

(b) 송배선방식의 잘못된 예

2) 감지기회로의 **도통시험을 위한 종단저항**은 다음 기준을 따를 것

① **점검 및 관리가 쉬운 장소**에 설치할 것

② 전용함에 설치하는 경우 그 설치높이는 바닥으로부터 **1.5m 이내**일 것

③ 감지기 회로의 **끝**부분에 설치할 것, 단 종단 감지기에 설치할 경우에는 구별이 쉽도록 해당 감지기 **기판** 및 감지기 **외부**에 **별도**의 **표시**를 할 것(2013.6.10. 개정).

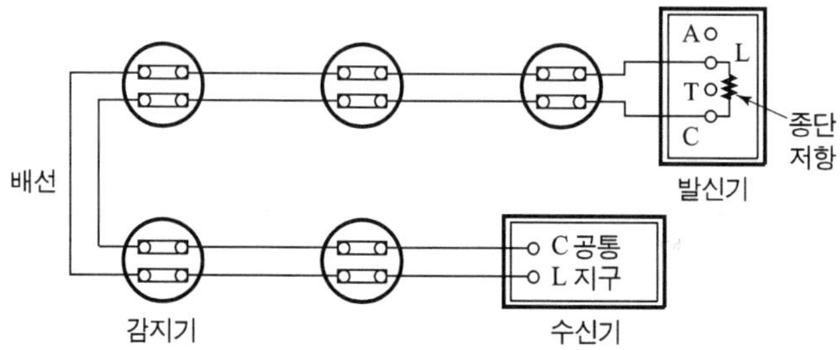

[종단저항 설치위치]

68

감지기 회로에 관한 다음 물음에 답하시오.

1) 감지기회로 사이의 배선방식은 무엇인가?

2) 감지기 회로의 전로저항은 몇 Ω 이하로 하여야 하는가?

3) 수신기에서 150m 떨어진 경종 5개가 모두 작동하였다. 이 선로의 전압 강하는 얼마인가?
(단, 경종 1 개의 작동 전류는 50mA이고, 전선의 굵기는 $2.5mm^2$이다.)

정답

1) 송배선방식

2) 50 Ω 이하

3) 0.53V

Solution

1) 감지기 사이의 회로배선은 **송배선식**으로 할 것(NFPC 203 제11조제4호, NFTC 203 2.8.1.4)

2) 감지기 회로의 전로저항은 **50Ω 이하**가 되도록 함(NFPC 203 제11조제8호, NFTC 203 2.8.1.8)

3) 전압강하 계산

- 자동화재탐지설비에서의 전압강하 계산은 아무런 조건이 없으면 **단상 2선식**을 적용한다.
- 전기방식에 따른 전압강하 계산식

[조건]	
• 교류의 경우 역률 $\cos\theta = 1$, 연동선 $\rho = 1/58$ • 각상 부하 평형 • 전선의 도전율은 97%	$e_1 = IR = I \times \rho\frac{L}{A} = I \times \frac{1}{58} \times \frac{100}{C} \times \frac{L}{A}$ $= I \times \frac{1}{58} \times \frac{100}{97} \times \frac{L}{A} = 0.0178 \times \frac{L}{A} I$ $= \frac{17.8LI}{1{,}000A}$

전기방식	전압강하(정식)	전압강하(간이식)		전선 단면적
		①	②	
단상 3선식 직류 3선식 3상 4선식	$e_1 = IR$ $e = E_s - E_r = I(R\cos\theta + X\sin\theta)$	$e_1 = \frac{17.8LI}{1{,}000A}$	$e_1 = IR$	$A = \frac{17.8LI}{1{,}000e_1}$
단상 2선식 직류 2선식	$e_2 = 2IR = 2e_1$ $e = E_s - E_r = 2I(R\cos\theta + X\sin\theta)$	$e_2 = \frac{35.6LI}{1{,}000A}$	$e_2 = 2IR$	$A = \frac{35.6LI}{1{,}000e_2}$
3상 3선식	$e_3 = \sqrt{3}IR = \sqrt{3}e_1$ $e = E_s - E_r = \sqrt{3}I(R\cos\theta + X\sin\theta)$	$e_3 = \frac{30.8LI}{1{,}000A}$	$e_3 = \sqrt{3}IR$	$A = \frac{30.8LI}{1{,}000e_3}$

① 전압변동에 의한 부하전류의 변동을 고려한 경우
② 전압변동에 의한 부하전류의 변동을 무시한 경우
A : 전선의 단면적, L : 전선 1본의 길이(m)
C : 전선의 도전율(97%), ρ : 고유저항
e_1 : 외측선 또는 각상의 1선과 중성선 사이의 전압 강하(V)
e_2, e_3 : 각 선간의 전압 강하(V)

• 계산과정 : $e = \frac{35.6LI}{1{,}000A}$ 이므로 $e = \frac{35.6 \times 150 \times (50 \times 10^{-3} \times 5)}{1{,}000 \times 2.5} = 0.534\,(\text{V}) ≒ 0.53\,(\text{V})$

69

다음은 할로겐화합물 및 불활성기체 소화설비 기동용 연기감지기 회로에 관한 결선도이다. 다음 물음에 답하시오(단, 종단저항은 제어반 내에 설치한다).

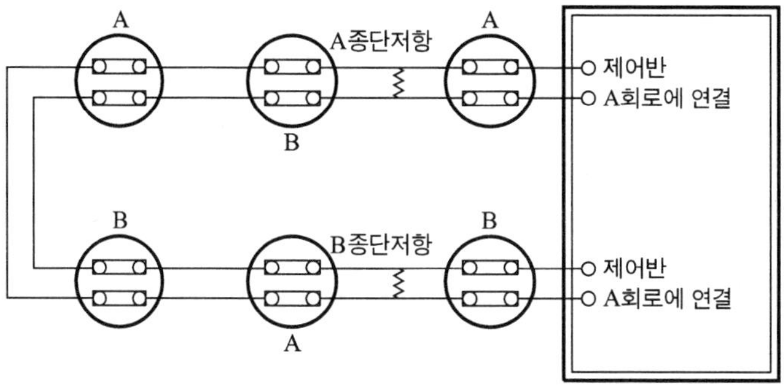

〈제어반〉

1) 결선도에서 잘못된 곳을 찾아 올바르게 그리시오.
2) 잘못 결선한 이유를 설명하시오.
3) 감지기회로의 배선을 교차회로로 배선으로 해야 하는 소화설비에 교차회로방식을 적용하지 않는 감지기를 5가지 쓰시오.

정답

1) 교차회로방식

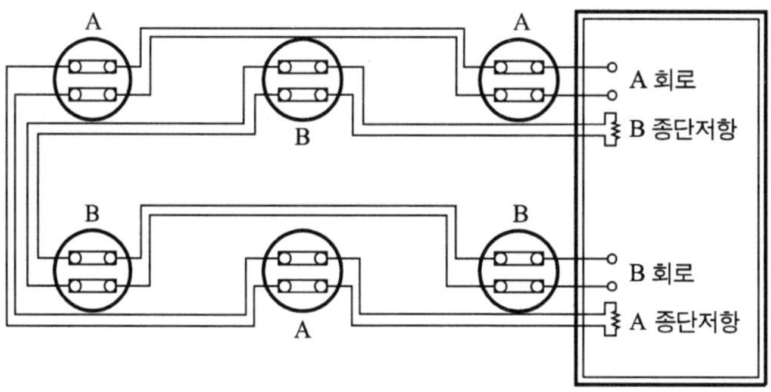

〈제어반〉

2) 잘못 결선한 이유
   ① 할로겐화합물 및 불활성기체 소화설비는 A회로와 B회로를 구분하여 교차회로 방식으로 적용해야 한다.
   ② 종단저항의 위치는 회로도통시험을 할 수 있는 제어반 내에 설치되어야 한다.

3) 교차회로방식을 적용하지 않는 감지기
   ① 축적방식 감지기
   ② 복합형 감지기
   ③ 아날로그방식 감지기
   ④ 다신호방식 감지기
   ⑤ 불꽃 감지기

Solution

1) **교차회로방식**

① 교차회로방식은 소화설비의 기동용 장치에 이용되는 자동화재탐지설비의 오동작을 방지하도록 설치하기 때문에 일명 **X배선방식(가위배선방식)**이라고도 한다.

② 감지기가 화재를 감지하는 것은 송배선방식의 자동화재탐지설비와 기능이 같으나 **1개회로의 감지기가 작동하였을 때**는 그와 연동되는 소화설비가 작동되지 않고, **사이렌 등의 경보설비만 작동**

③ 2개회로 즉, 감지기가 회로별로 1개씩 인접한 **2 이상의 감지기가 작동 되어야 수신 반에서 소화설비를 작동시키는 기동출력을 내보내게 됨**으로 1개회로만의 감지에 의한 방식(송배선식)보다 오동작의 확률을 훨씬 감소시킬 수 있는 방식이다.

④ 교차회로방식으로 구성되는 화재감지기의 수량은 **송배선방식의 감지기수량**에 비해 **2배**가 된다.

⑤ **교차회로방식을 적용하는 소화설비**

㉠ **준비작동식 스프링클러설비**
㉡ **일제살수식 스프링클러설비**
㉢ **이산화탄소 소화설비**
㉣ **할론 소화설비**
㉤ **분말 소화설비**
㉥ **할로겐화합물 및 불활성기체 소화설비**

⑥ **교차회로방식을 적용하지 않는 감지기**(=비화재보 적응성 감지기)

㉠ **축적방식 감지기**
㉡ **복합형 감지기**
㉢ **아날로그방식 감지기**
㉣ **다신호방식 감지기**
㉤ **광전식 분리형 감지기**
㉥ **분포형 감지기**
㉦ **정온식 감지선형 감지기**
㉧ **불꽃 감지기**

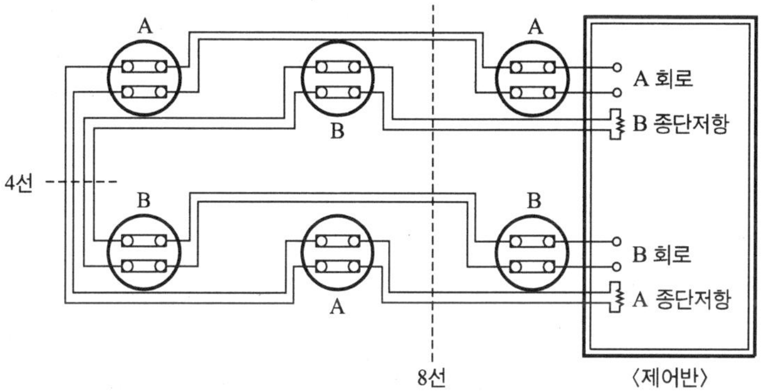

[교차회로 방식의 실제 배선 예]

70

수신기, 감지기, 발신기가 다음과 같이 배치되어 있을 때 송배선방식이 될 수 있도록 배선도를 완성하시오.

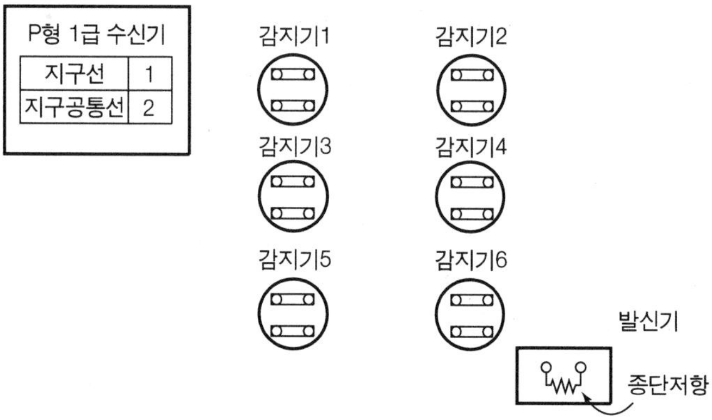

정답

1) 송배선방식

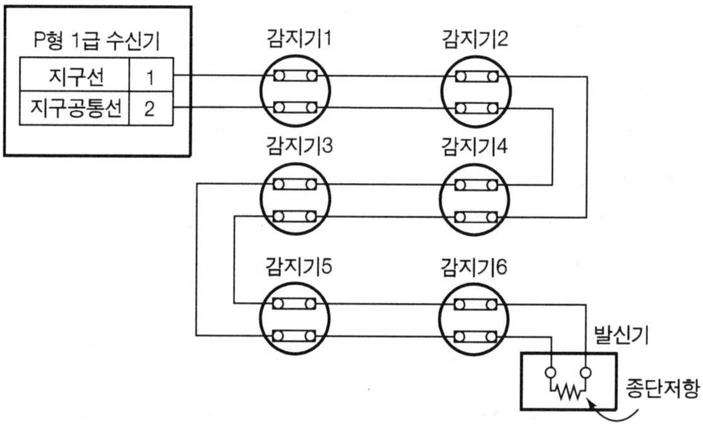

Solution

1) **송배선방식**

① 자동화재탐지설비 및 시각경보장치의 화재안전성능기준(NFPC 203) 제11조제4호 – 감지기 사이의 회로의 배선은 송배전식으로 할 것

② 수신기에서 2차측 외부배선의 **도통시험을 용이하게 하기 위해 배선의 도중에서 분기하지 않도록 하는 배선방식**(Loop-2회선, Tree-4회선)

③ 일명 **보내기방식**이라 한다.

2) **실제 배선도**

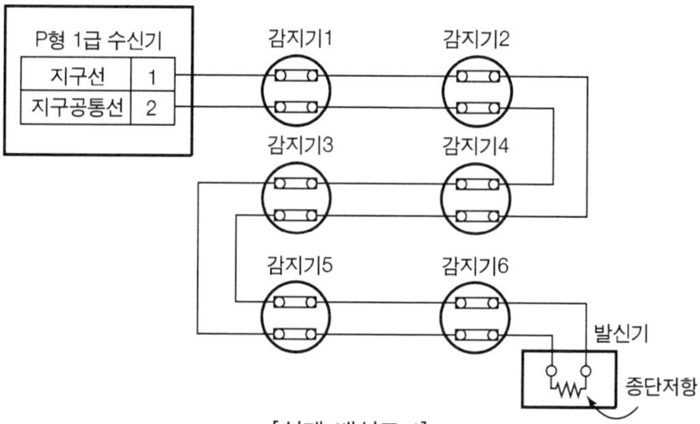

[실제 배선도 1]

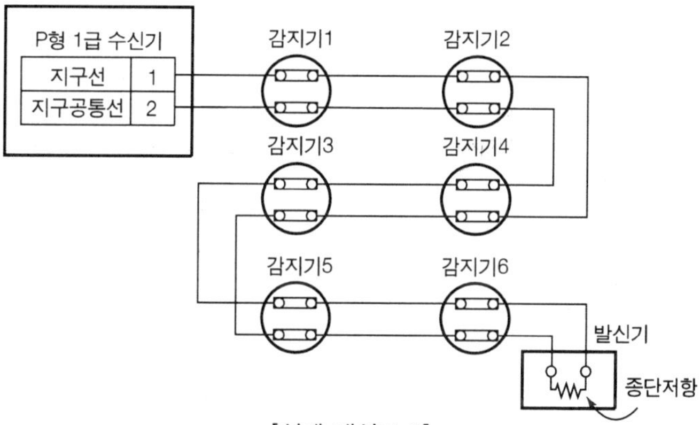

[실제 배선도 2]

71

다음은 자동화재탐지설비의 평면도이다. 이것을 기준으로 아래쪽의 실제 배선도를 작성하시오.

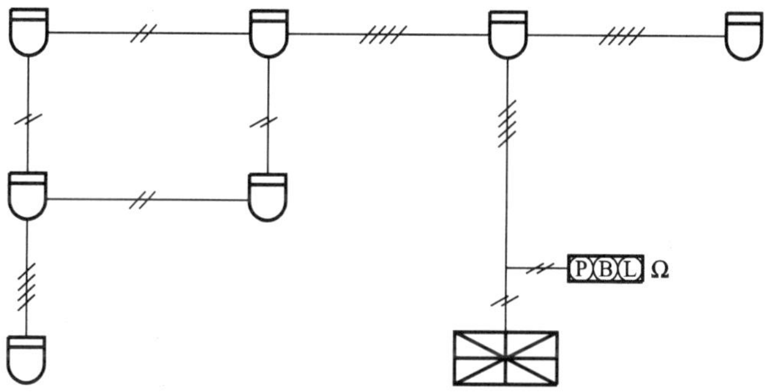

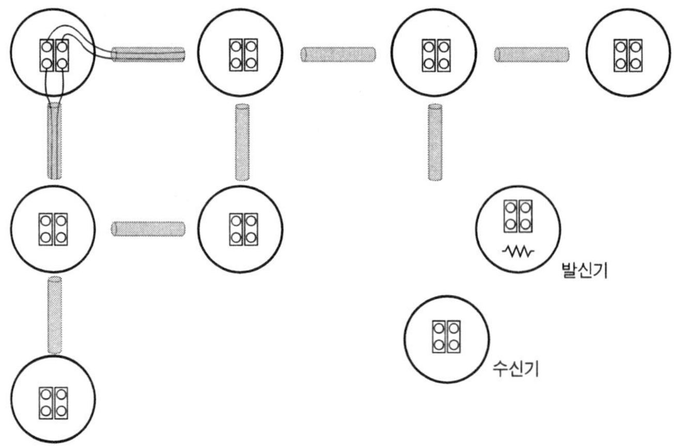

정답

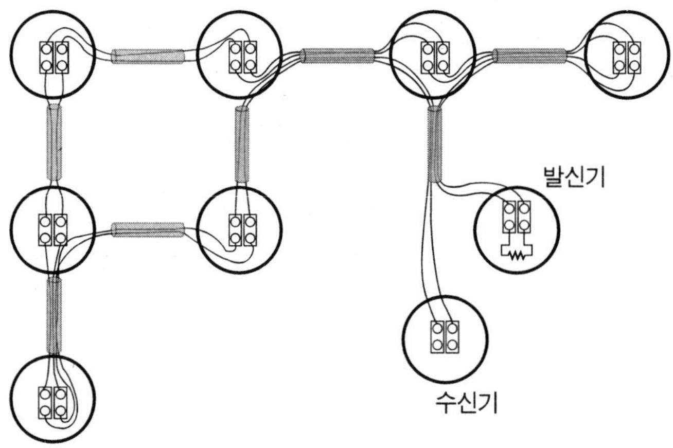

Solution

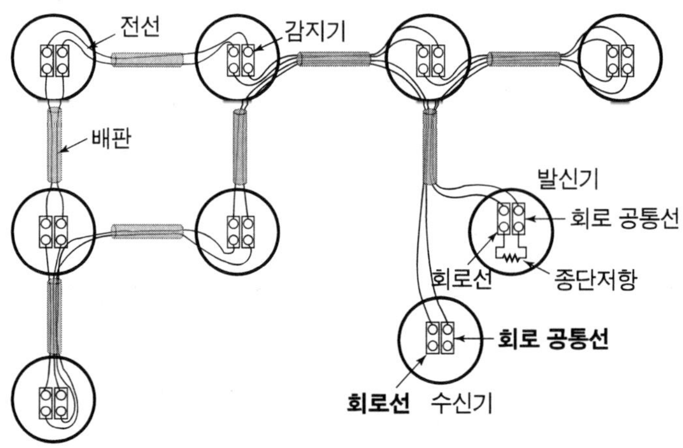

72

자동화재탐지설비 감지기회로의 등가회로를 나타낸 것이다. 선로저항은 0.1kΩ, 감시전류는 5mA, 릴레이 저항은 950Ω, 회로의 전압이 DC24V일 때 다음 물음에 답하시오.

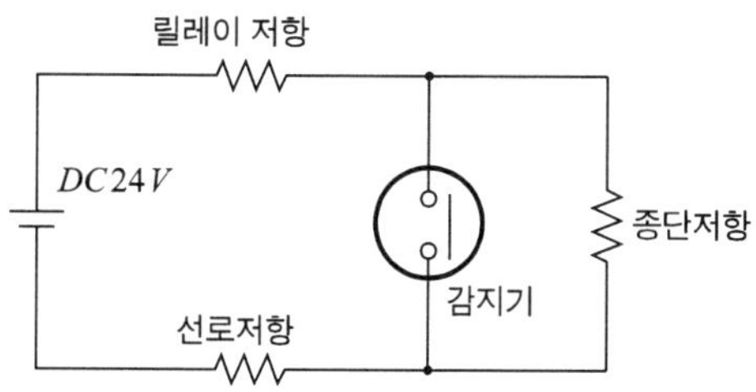

1) 종단저항은 몇 kΩ인가?
2) 감지기의 동작전류는 몇 mA인가?
3) 감지기의 감시전류는 몇 mA인가?

정답

1) • 전체저항(R) $= \dfrac{V}{I} = \dfrac{24}{5\times10^{-3}} = 4{,}800\,(\Omega)$

• 종단저항 $= 4{,}800 - 950 - (0.1\times10^{3}) = 3{,}750\,(\Omega) = 3.75\,(\mathrm{k\Omega})$

∴ **답 : 3.75 (kΩ)**

2) • 동작전류 $= \dfrac{24}{950+(0.1\times10^{3})} = 0.0228571\,(\mathrm{A}) \fallingdotseq 22.86\,(\mathrm{mA})$

∴ **답 : 22.86 (mA)**

3) • 감시전류 $= \dfrac{24}{(3.75\times10^{3})+950+(0.1\times10^{3})} = 0.005\,(\mathrm{A}) \fallingdotseq 5\,(\mathrm{mA})$

∴ **답 : 5 (mA)**

Solution

1) **종단저항** 계산

① 옴의 법칙 적용

• $\mathrm{I} = \dfrac{\mathrm{V}}{\mathrm{R}}(\mathrm{A}) \rightarrow \mathrm{R} = \dfrac{\mathrm{V}}{\mathrm{I}}(\Omega)$

여기서, I = 감시전류(A), R = 전체저항(Ω), V = 전압(V)

• 전체저항 $\mathrm{R} = \dfrac{\mathrm{V}}{\mathrm{I}} = \dfrac{24}{5\times10^{-3}} = 4{,}800\,(\Omega)$

② 전체저항 = 종단저항 + 릴레이저항 + 배선저항

→ 종단저항 = 전체저항 − 릴레이저항 − 배선저항

- 종단저항 R = 4800 − 950 − (0.1×10^3) = 3,750 (Ω) = 3.75 (kΩ)

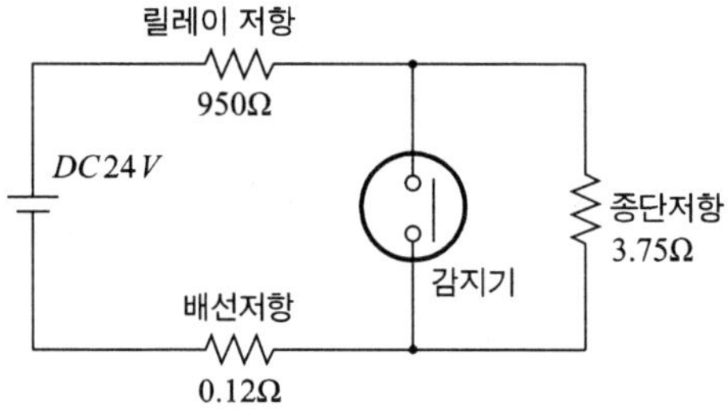

2) 감지기의 동작전류

$$I = \frac{V}{R} = \frac{\text{회로전압}}{\text{릴레이저항} + \text{배선저항}} = \frac{24}{950 + (0.1 \times 10^3)} = 0.0228571\,(A) \fallingdotseq 22.86\,(mA)$$

caution

만약 2) 문제에서 배선저항을 무시한다는 조건이 있으면 감지기의 동작전류

$$I = \frac{V}{R} = \frac{\text{회로전압}}{\text{릴레이저항}} = \frac{24}{950} = 0.025263\,(A) \fallingdotseq 25.263\,(mA)$$

3) 감지기의 감시전류

$$I = \frac{V}{R} = \frac{\text{회로전압}}{\text{종단저항} + \text{릴레이저항} + \text{배선저항}}$$

$$= \frac{24}{(3.75 \times 10^3) + 950 + (0.1 \times 10^3)} = 0.005A \fallingdotseq 5\,(mA)$$

caution

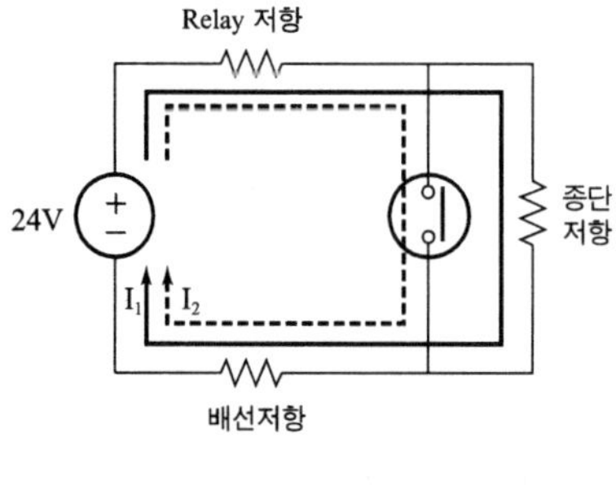

(1) 감시전류(I_1)

$$\text{김시진류} = \frac{\text{회로전압}(24V)}{\text{릴레이저항} + \text{배선저항} + \text{종단저항}}$$

(2) 동작전류(I_2)

$$\text{동작전류} = \frac{\text{회로전압}(24V)}{\text{릴레이저항} + \text{배선저항}}$$

※ 배선저항 = 선로저항

73

P형 수신기와 감지기와의 배선회로에서 종단저항은 10kΩ, 릴레이 저항은 850Ω, 배선회로의 저항은 50Ω이며 회로전압이 DC 24V일 때 다음 물음에 답하시오.

1) 평상 시 감시전류는 몇 mA인가?

2) 감지기가 동작할 때의 전류는 몇 mA인가?

정답

1) 2.2 (mA)

2) 26.67 (mA)

Solution

1) 감시전류 $I = \dfrac{\text{회로전압}(24\,V)}{\text{릴레이저항}+\text{배선저항}+\text{종단저항}} = \dfrac{24}{850+50+10\times10^3} = 2.2\,(mA)$

2) 동작전류 $I = \dfrac{\text{회로전압}(24\,V)}{\text{릴레이저항}+\text{배선저항}} = \dfrac{24}{850+50} \fallingdotseq 26.67\,(mA)$

caution

만약, 2) 문제에서 배선저항을 무시한다는 조건이 있으면

동작전류 $I = \dfrac{\text{회로전압}(24\,V)}{\text{릴레이저항}} = \dfrac{24}{850} \fallingdotseq 28.24\,(mA)$가 된다.

74

P형 수신기와 감지기와의 배선회로에서 종단저항은 10kΩ, 릴레이 저항은 1,000Ω, 감시전류는 2.2mA, 회로전압이 DC 24V일 때 감지지가 동작할 때의 전류는 몇 mA인가?

정답

24 (mA)

Solution

1) 감시전류 $I = \dfrac{\text{회로전압}(24V)}{\text{릴레이저항}+\text{배선저항}+\text{종단저항}} = 2.2\,(mA)$

$$\text{배선저항} = \frac{\text{회로전압}(24V)}{\text{감시전류}} - \text{종단저항} - \text{릴레이저항}$$

$$= \frac{24}{2.2\times 10^{-3}} - (10\times 10^{3}) - 1{,}000 = -90.909 \fallingdotseq -90.91\,(\Omega)$$

2) 동작전류 $I = \dfrac{\text{회로전압}(24V)}{\text{릴레이저항}} = \dfrac{24}{1{,}000} \fallingdotseq 24\,(mA)$

caution

저항 값이 "－"이면 저항 값을 무시하고 계산한다. 따라서 동작전류 계산 시 배선저항은 무시하고 계산한다.

75

방재배선 배관공사 방법 중 내화배선과 내열배선의 배관 종류를 쓰시오.

정답

1) 내화배선 : 금속관, 2종 금속제 가요전선관, 합성수지관
2) 내열배선 : 금속관, 금속제 가요전선관, 금속덕트, 케이블 공사(불연성 덕트)

Solution

1) **내화 배선**

① 내화전선(FR-8), MI 케이블 – 케이블 공사방법에 따름(**노출공사** 가능)

② 기타 방재전선

사용 전선관	금속관, 2종 금속제 가요전선관, 합성수지관에 수납	
	매설(○)	매설(×) – 노출공사
공사방법	· 내화구조로 된 **벽 or 바닥 등에 25mm 이상** 매설	· 배선을 내화성능을 갖는 배선전용실 or 배선용 Shaft, Pit, Duct에 설치(**이중절연**. 즉, 방재전선을 금속관 등에 넣고 배선전용실에 넣음) · 타 설비의 배선이 있는 경우 – 15cm 이상 이격 or 최대직경의 1.5배 이상 불연성 격벽 설치

2) **내열 배선**

① 내화전선(FR-8), 내열전선(FR-3), MI 케이블 – 케이블 공사방법에 따름

② 기타 방재전선

전선관 공사	노출 공사
· 금속관, 금속제가요전선관, 금속덕트공사 · Cable공사(불연성덕트 내의 설치에 한함)	· 배선을 내화성능을 갖는 배선전용실 or 배선용 Shaft, Pit, Duct에 설치(단일절연-즉, 기타 방재전선을 Cable 트레이에 실어 배선전용실에 넣음) · 타 설비의 배선이 있는 경우 – 내화배선과동일

caution

※ 금속제 가요전선관의 1, 2종 구분

① 1종 – 내부에 금속이 없고 외부에 폴리에틸렌비닐 피복만 존재

② 2종 – 내부에 구부릴 수 있는 금속이 있고 외부에 폴리에틸렌비닐 피복 존재

→ 바닥이나 벽 속에 매입해도 내부의 전선 파손이 없음

76

1층 수위실에 있는 수신기를 지하 1층의 방제센터로 이설하고자 할 때, 수신기의 전원선은 배선전용실인 EPS실을 이용하여 시공하고자 한다. 이 때 다음 물음에 답하시오.

1) 수신기의 전원을 수납하는 배선의 종류와 전선관의 종류에 대해서 쓰시오.
2) 배선전용실을 이용하여 전원선을 시공하고자 할 경우 관련된 기준을 3가지 쓰시오.

정답

1) 배선의 종류 : 내화 배선
   전선관의 종류 : 금속관, 2종 금속제 가요전선관, 합성수지관
2) 배선전용실의 관련 기준
   ① 배선을 내화성능을 갖는 것으로 할 것
   ② 다른 설비의 배선과 15cm 이상 이격할 것
   ③ 최대직경의 1.5배 이상의 불연성 격벽 설치

Solution

1) 자동화재탐지설비의 **전원회로**의 배선은 옥내소화전설비의 화재안전기술기준 NFTC 102 2.7에 따라 **내화 배선**을 해야 한다.
2) **배선전용실 관련 기준** – 옥내소화전설비의 화재안전기술기준 NFTC 102 2.7.2
   ① 배선을 **내화성능**을 갖는 것으로 할 것
   ② 다른 설비의 배선과 **15cm** 이상 이격할 것
   ③ 최대직경의 **1.5배** 이상의 **불연성 격벽** 설치

77

다음은 내화배선 공사법에 관한 내용이다. (가), (나), (다)에 들어갈 알맞은 답을 쓰시오.

1) 매설을 할 경우 – 내화구조로 된 벽 또는 바닥 등에 (가) 이상의 깊이로 매설할 것
2) 매설을 하지 않을 경우(노출공사)
   - 배선을 내화성능을 갖는 배선전용실 또는 배선용 샤프트, 피트, 덕트에 설치할 것
   - 타 설비의 배선이 있는 경우 (나) 이상 이격하거나 배선 최대직경의 (다)배 이상의 불연성 격벽을 설치할 것

정답

(가) 25mm (나) 15cm (다) 1.5배

Solution

내화 배선

① 내화전선(FR-8), MI 케이블 – 케이블 공사방법에 따름(**노출공사 가능**)

② 기타 방재전선

사용 전선관	금속관, 2종 금속제 가요전선관, 합성수지관에 수납	
공사방법	매설(○)	매설(×) – 노출공사
	• 내화구조로 된 **벽 or 바닥 등에 25mm 이상** 매설	• 배선을 내화성능을 갖는 배선전용실 or 배선용 Shaft, Pit, Duct에 설치(**이중절연**. 즉, 방재전선을 금속관 등에 넣고 배선전용실에 넣음) • 타 설비의 배선이 있는 경우 – 15cm 이상 이격 or 최대직경의 1.5배 이상 불연성 격벽 설치

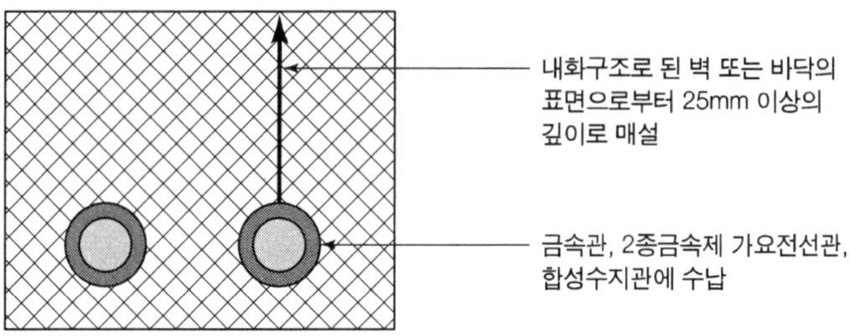

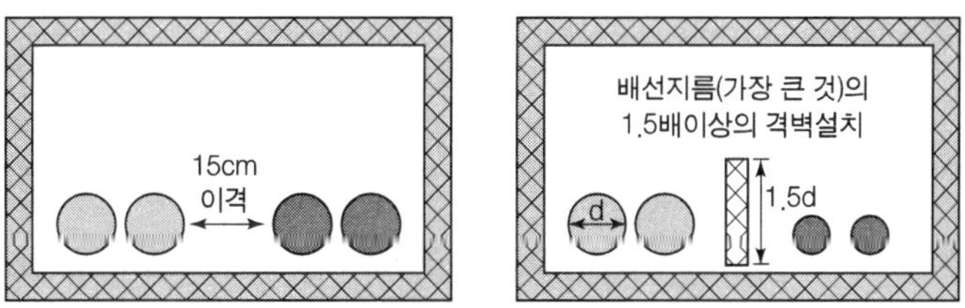

[내화배선 공사방법]

78

다음은 CO_2 소화설비의 방재배선 Block Diagram을 나타낸 것이다. 방재배선 Block Diagram을 완성하시오

(단, ━━ : 내화배선,
▨▨▨ : 내열배선,
—— : 일반배선,
----- : 배관).

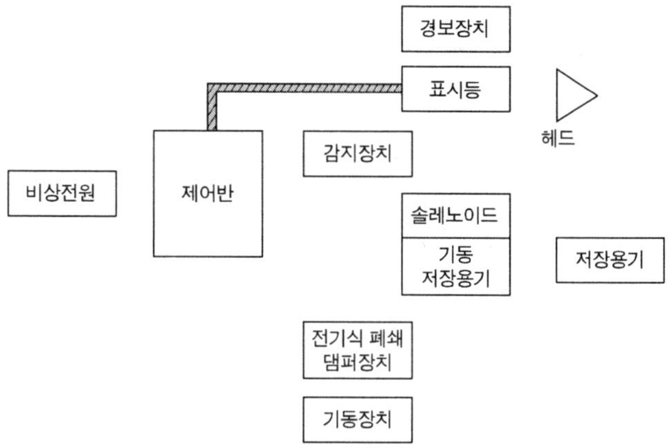

정답

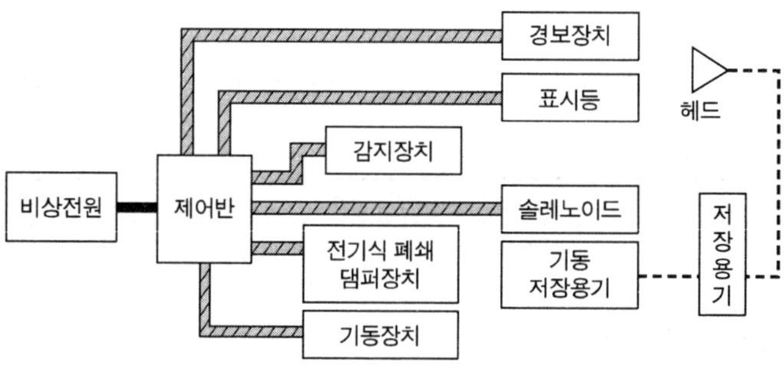

Solution

방재배선 Block Diagram

━━ 내화배선, ▨▨▨ 내열배선, —— 일반배선, ▪ ▪ ▪ 실드선 차폐배선, •••••• 수도관 or 가스관

1) 옥내소화전 설비

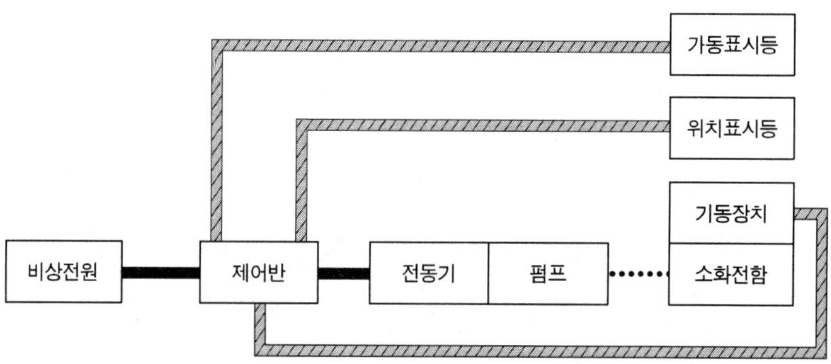

2) 옥외소화전 설비

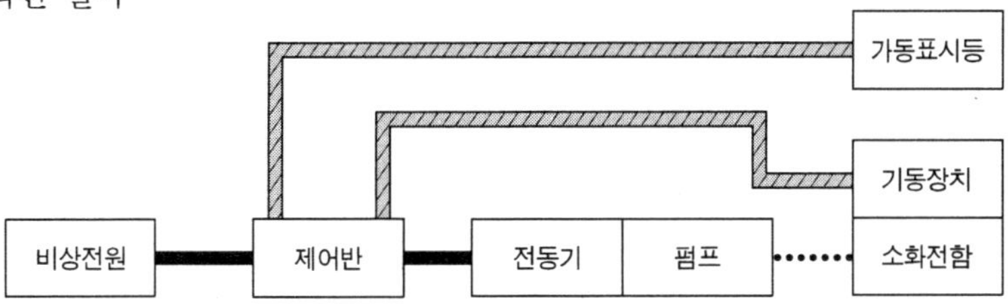

3) 자동화재탐지설비

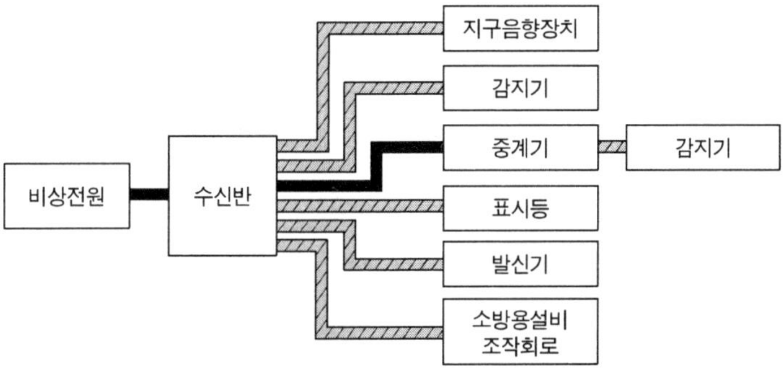

4) 물분무 등 소화설비

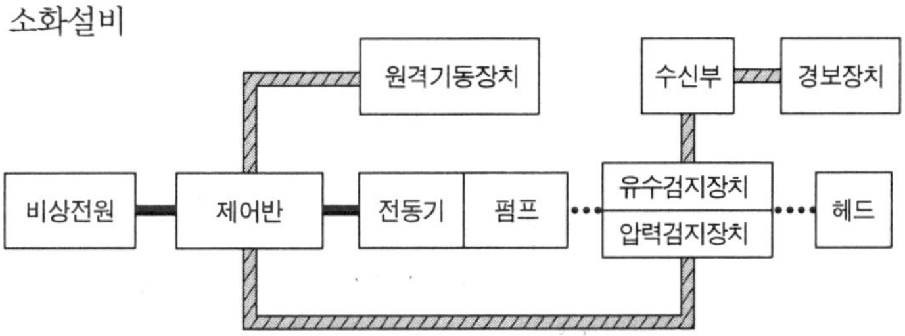

5) 비수계 소화설비(CO_2, 분말, 할론소화설비)

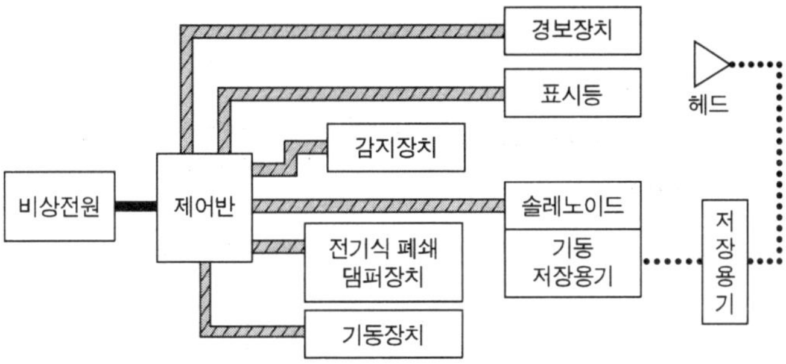

caution

만약, 배관을 표시하라는 말이 없으면 표시하지 않는 것이 좋다.

6) 방송설비

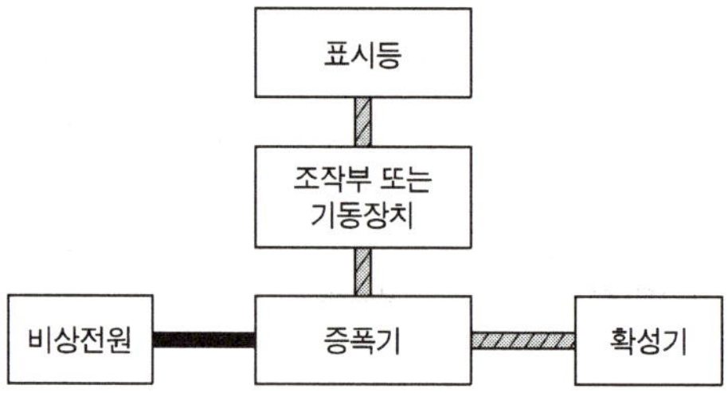

7) 제연설비

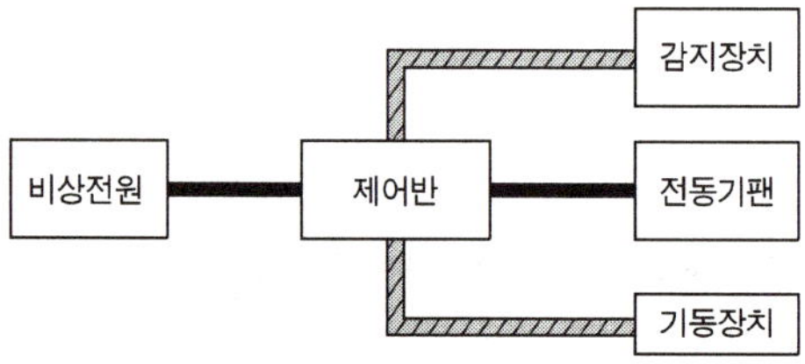

8) 유도등

9) 비상콘센트설비

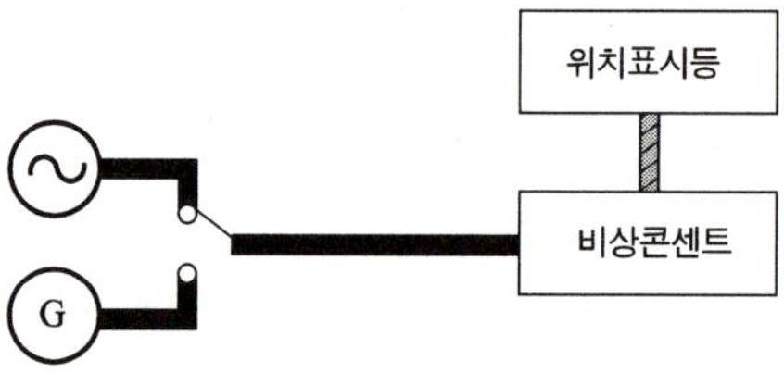

10) 옥내소화전설비(자동화재탐지설비 포함)

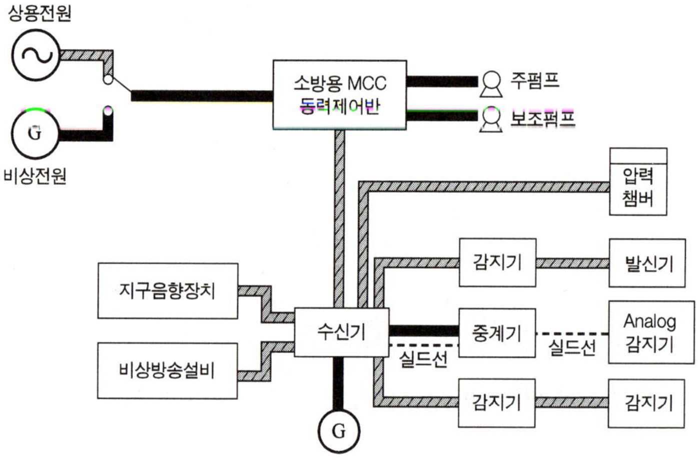

79

비상방송설비에 관한 다음 물음에 답하시오.

1) 비상방송설비 구성요소를 완성시키시오.

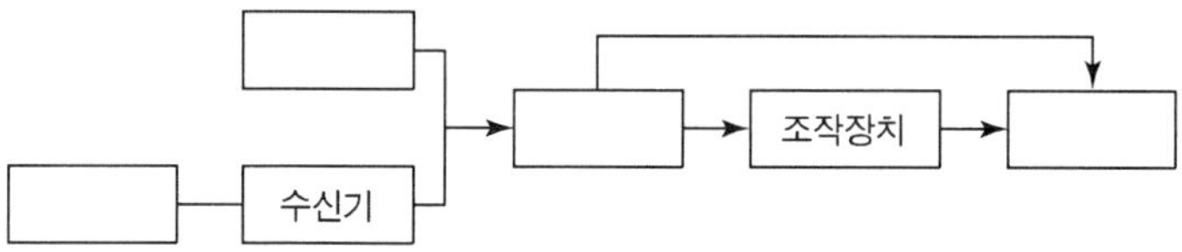

2) 비상방송설비의 경보방식은 어떤 방식인가?
3) 확성기의 음성입력은 실내 · 외 몇 W인가?
4) 확성기의 설치위치 및 수평거리는 몇 m인가?
5) 음량조정기의 배선방식은 무엇인가?
6) 조작부 조작 S/W의 설치높이는 몇 m인가?
7) 조작부 및 증폭기의 설치장소는 어디인가?
8) 화재수신 후 비상방송개시시간은 몇 초 이하인가?
9) 음향장치는 정격전압의 몇 %에서 동작 가능해야 하는가?
10) 전로와 대지사이의 절연저항을 측정하는 기기와 판정기준은 무엇인가?

정답

1) 비상방송설비 구성요소

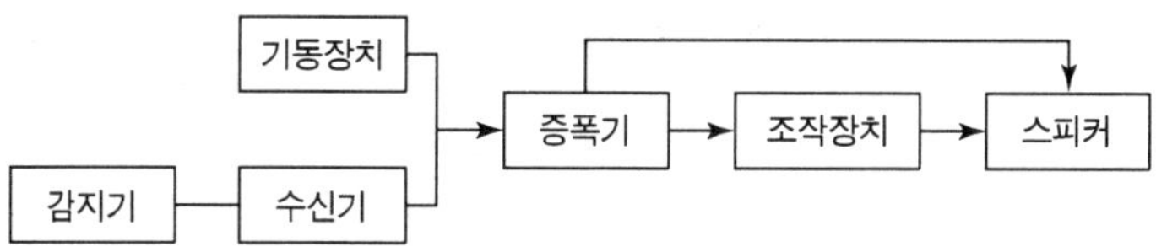

2) 우선경보방식
3) 실내 1W, 실외 3W 이상
4) 확성기는 각 층마다 설치하고 수평거리 25m 이하
5) 3선식 배선방식
6) 0.8m 이상 1.5m 이하
7) 조작부 및 증폭기는 수위실 등 상시 사람이 근무하는 장소에 설치
8) 10초 이하
9) 음향장치는 정격전압의 80%에서 동작 가능할 것
10) DC 250V Megger로 0.1MΩ 이상이 되도록 할 것

Solution

1) **비상방송설비 구성요소**

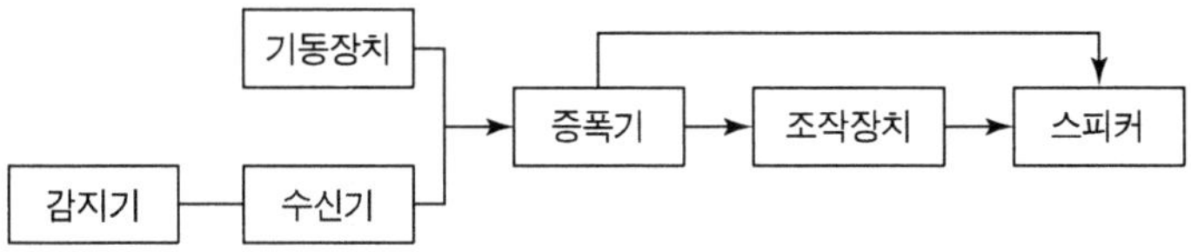

2) **비상방송설비 설치기준** [우선.화.음.조작.증폭.비.유.음향]

(1) 음향장치

① **우선경보방식[11층(공동주택 16층) 이상** 특정소방대상물] (2023.2.10. 개정시행)

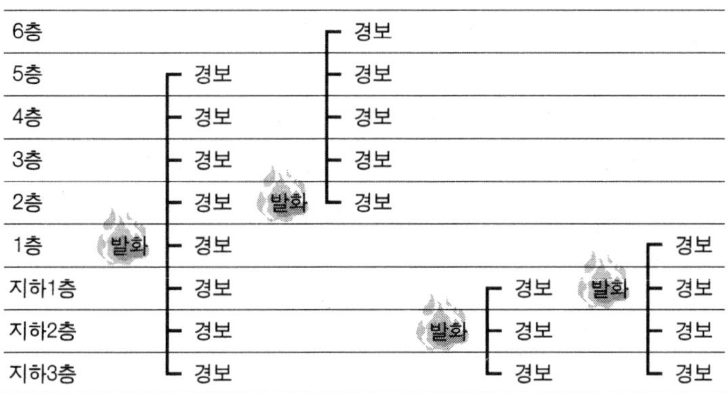

발화층	경보층
2층 이상	발화층, **직상 4개** 층
1층	발화층, **직상 4개** 층, 지하층
지하층	발화층, 직상층, 기타 지하층

고층건축물(30층 이상이거나 높이 120m 이상인 건축물)[1)]

발화층	경보층
2층 이상	발화층, 직상 4개 층
1층	발화층, 직상 4개 층, 지하층
지하층	발화층, 직상층, 기타 지하층

1) 비상방송설비의 화재안전기준(NFSC 202) 제7의2조에 2012.2.15 설치하도록 개정되었으나 고층건축물의 화재안전성을 강화하기 위해 NFSC 202에서는 삭제되고 고층건축물의 화재안전기준(NFSC 604) 제7조제1항으로 제정됨(2013.6.11. 제정)(NFTC 604 2.3.1)(2022.12.1. 재개정).

② 확성기의 음성입력은 **3W(실내 1W)** 이상일 것
③ 확성기는 각 **층**마다 설치하고 **수평거리 25m** 이하일 것
④ **음량조정기의 배선**은 **3선식**으로 할 것
⑤ 조작부 조작S/W는 **0.8~1.5m 이하**에 설치할 것
⑥ 조작부 기동장치는 **작동한 층 및 구역을 표시**할 수 있는 것으로 할 것
⑦ 조작부가 2개 이상일 때 상호 동시통화 가능할 것
⑧ 조작부 및 증폭기는 **수위실 등 상시 사람이 근무하는 장소**에 설치
⑨ 화재수신 후 비상 방송개시시간은 **10초 이하**일 것
⑩ 비상경보방송 외의 방송을 차단할 수 있을 것
⑪ 다른 전기회로에 의해 **유도장애**가 발생하지 않을 것
⑫ 음향장치는 자동화재탐지설비와 연동작동하고 **정격전압의 80%에서 동작** 가능할 것

(2) 배선

① 1개 층의 확성기 또는 배선의 단락, 단선으로 다른 층의 경보에 지장이 없도록 할 것
② **전원회로 배선 - 내화배선**, 그 밖의 배선 - 내화 or 내열배선
③ 전로와 대지사이 및 배선상호간의 절연저항은 1경계구역 마다 **DC 250V Megger로 0.1MΩ 이상**이 되도록 할 것
④ 비상방송설비의 배선은 다른 전선과 별도의 관 · 덕트 · 몰드 · 박스 등에 설치할 것

(3) 전원

① 상용전원 - 축전지, 전기저장장치 or 교류전압 옥내간선, 전원까지의 배선은 전용으로 할 것
② 비상전원 - 60분 감시 후 10분 이상, 30층 이상[2]인 경우 30분 이상 경보할 수 있는 축전지 설비 or 전기저장장치
③ 개폐기 - "비상방송설비용" 표지할 것

---

2) 비상방송설비의 화재안전기준(NFSC 202) 제6조제2항에 2012.2.15 설치하도록 개정되었으나 고층건축물의 화재안전성을 강화하기 위하여 NFSC 202에서는 삭제되고 고층건축물의 화재안전기준(NFSC 604) 제7조제2항으로 제정됨(2013.6.11. 제정)(NFTC 604 2.3.2)(2022.12.1. 재개정).

80

비상방송설비의 음량조정기는 반드시 3선식 배선방식을 적용해야 한다. 다음 결선도를 완성하시오.

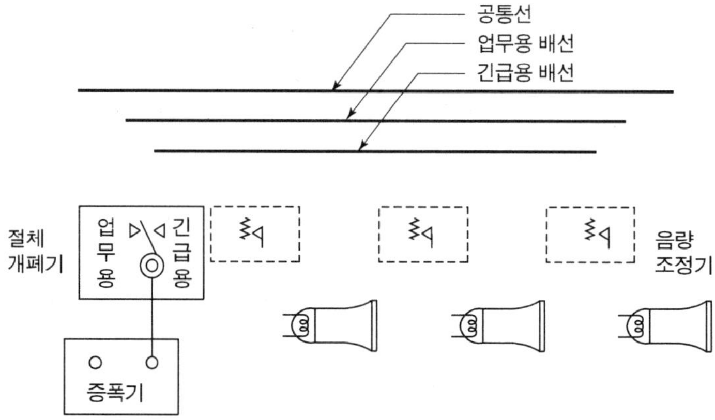

정답

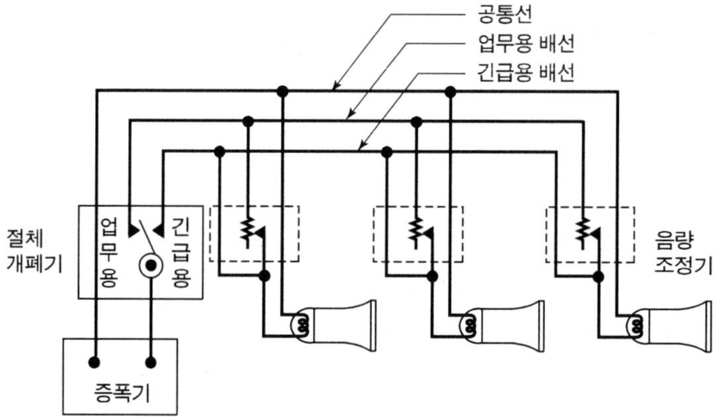

Solution

음량조정기(ATT)

① 가변저항을 이용하여 전류를 변화시켜 음량을 조절하는 장치

② 음량조정기는 반드시 **3선식 배선방식(비상선 – 공통선 – 일반선)**으로 적용

81

다음은 6층 건물의 비상방송설비에 대한 3선식 배선방식 단선결선도이다. 실제배선도를 완성하고 배선의 가닥수와 배선내역을 쓰시오.

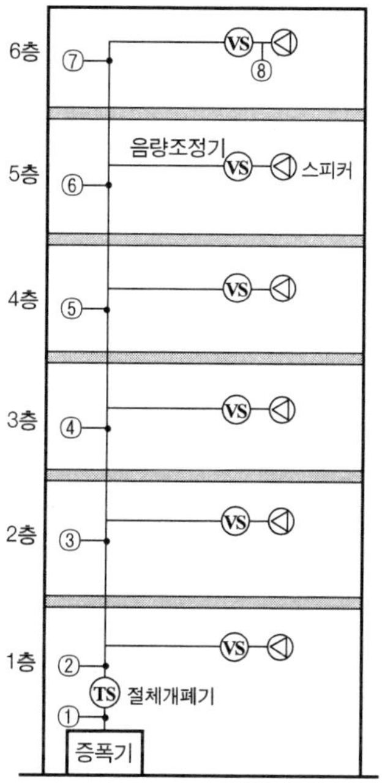

정답

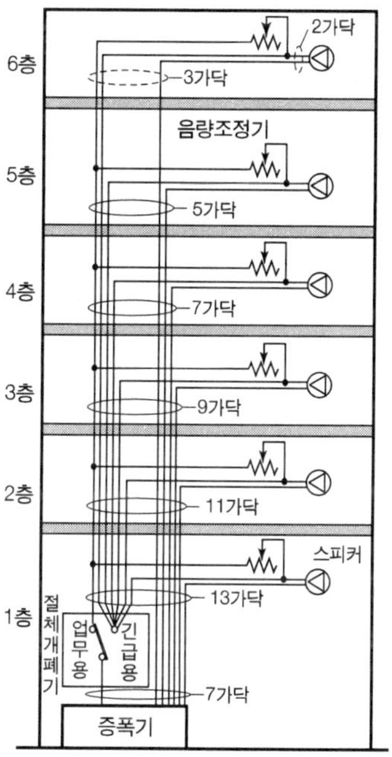

번 호	가닥수	배선 내역
①	7	증폭기 1, 공통선 6
②	13	업무용(일반선) 1, 긴급용(비상선) 6, 공통선 6
③	11	업무용(일반선) 1, 긴급용(비상선) 5, 공통선 5
④	9	업무용(일반선) 1, 긴급용(비상선) 4, 공통선 4
⑤	7	업무용(일반선) 1, 긴급용(비상선) 3, 공통선 3
⑥	5	업무용(일반선) 1, 긴급용(비상선) 2, 공통선 2
⑦	3	업무용(일반선) 1, 긴급용(비상선) 1, 공통선 1
⑧	2	스피커 2

Solution

3선식 배선 – NFPC 202 제5조제1호, NFTC 202 2.2.1.1[3)]
– 가닥수 : 층당 2선씩 증가(긴급용1, 공통선1)

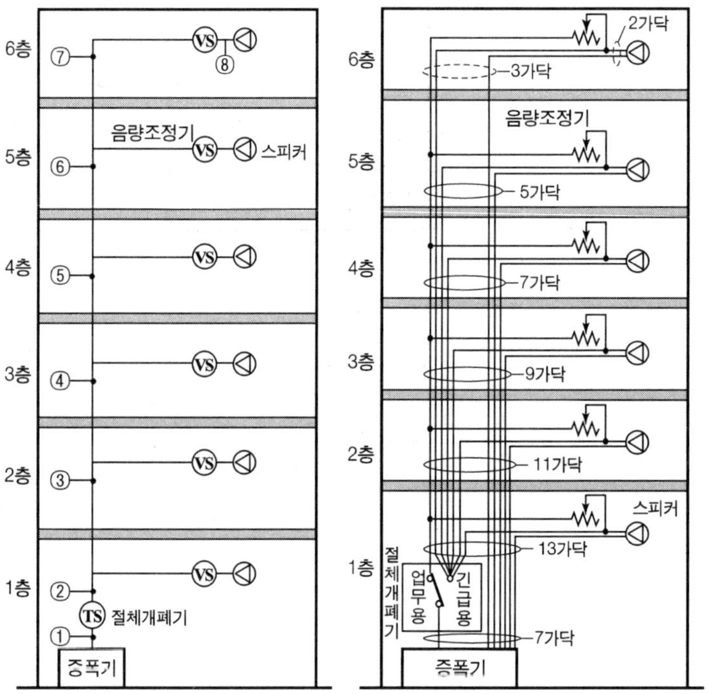

3) 화재로 인하여 하나의 층의 확성기 또는 배선이 단락 또는 단선되어도 다른 층의 화재통보에 지장이 없도록 할 것 – 비상방송설비 배선 단락(합선) ⇨ 과도한 전류 발생 ⇨ 증폭기(앰프) 손상방지를 위해 보호차단기 작동 ⇨ 증폭기 음성출력이 차단되어 방송이 불가능하다. 따라서 이를 개선하기 위해서는 각 회선마다 퓨즈설치, 각 층마다 증폭기(앰프) 또는 다채널 앰프 적용, 특허제품(단락신호 검출장치, 폴리스위치를 이용한 시스템, RX방식 리시버, 이상부하컨트롤러)등의 사용을 검토하여야 한다.

82

비상방송설비에서 AMP(앰프)와 스피커 간 임피던스 매칭을 하기 위한 순서를 쓰시오.

정답

1) 스피커의 임피던스와 음성입력 선정(실내 1W, 실외 3W)
2) AMP(앰프)의 출력 선정
3) AMP(앰프)의 출력 모드 선정

Solution

AMP(앰프)와 **스피커** 간 **임피던스 매칭순서**

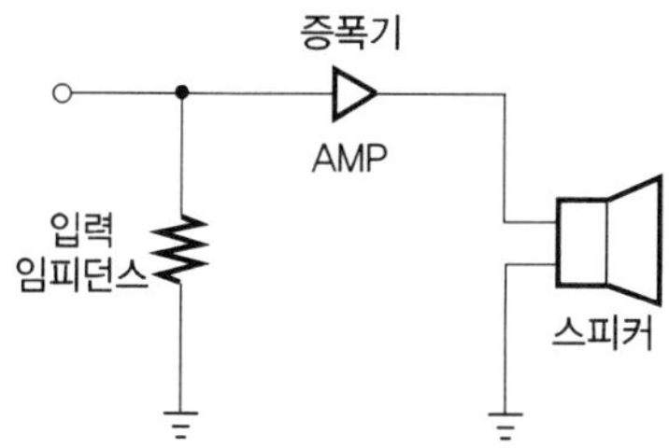

① 스피커의 **임피던스**와 **음성입력** 선정(**실내 1W**, **실외 3W**)
② AMP(앰프)의 **출력** 선정(몇 W인가?)
③ AMP(앰프)의 **출력모드** 선정(스트레오 모드, 브릿지 모드 인지?)

83

다음은 3상 3선식의 누전경보기 작동원리를 나타낸 것이다. 정상 시와 누전 시의 전류값을 구하시오.

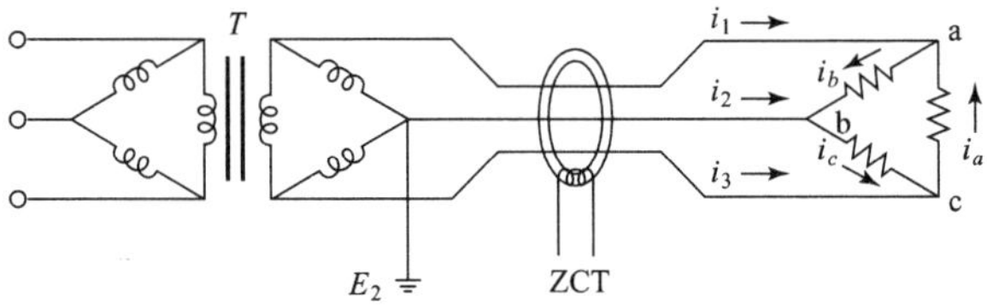

(a) 정상 시

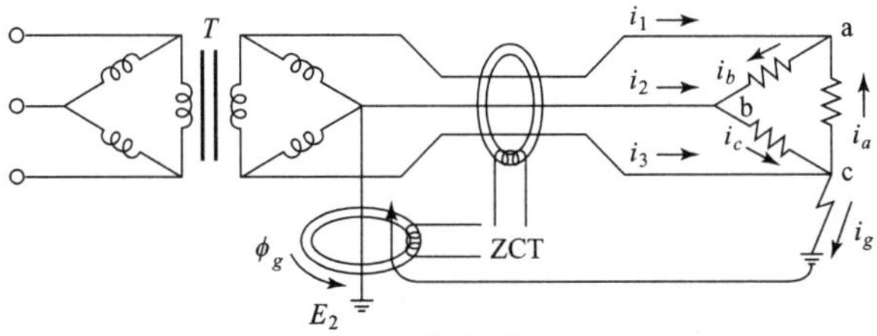

(b) 누설 시

1) 정상 시의 전류값 2) 누전 시의 전류값

정답

1) 정상 시의 전류값

a점 : $I_1 = I_b - I_a$

b점 : $I_2 = I_c - I_b$

c점 : $I_3 = I_a - I_c$ $\therefore I_1 + I_2 + I_3 = 0$

2) 누전 시의 전류값

a점 : $I_1 = I_b - I_a$

b점 : $I_2 = I_c - I_b$

c점 : $I_3 = I_a - I_c + I_g$ $\therefore I_1 + I_2 + I_3 = I_g$

Solution

키르히호프 제1법칙(KCL) – 마디에 들어오는 전류의 합과 나가는 전류의 합은 같다.

정상 시의 전류값	누전 시의 전류값
• 들어오는 전류 = 나가는 전류 a점 : $I_1 + I_a = I_b \rightarrow I_1 = I_b - I_a$ b점 : $I_2 + I_b = I_c \rightarrow I_2 = I_c - I_b$ c점 : $I_3 + I_c = I_a \rightarrow I_3 = I_a - I_c$ $\therefore I_1 + I_2 + I_3 = 0$	• 들어오는 전류 = 나가는 전류 a점 : $I_1 + I_a = I_b \rightarrow I_1 = I_b - I_a$ b점 : $I_2 + I_b = I_c \rightarrow I_2 = I_c - I_b$ c점 : $I_3 + I_c = I_a + I_g \rightarrow I_3 = I_a - I_c + I_g$ $\therefore I_1 + I_2 + I_3 = I_g$

84

다음의 조건을 참고하여 누전경보기의 작동순서를 기호로 나열하시오.

[조건]

㉠ 관계인에게 경보, 누전표시 및 회로 차단

㉡ 변류기에 유도전압 유기

㉢ 계전기(릴레이) 작동

㉣ 수신기 전압 증폭

㉤ 누전점 발생

㉥ 누설전류에 의한 자속 발생

정답

㉤ → ㉥ → ㉡ → ㉣ → ㉢ → ㉠

Solution

누전경보기의 작동순서

㉤ 누전점 발생

↓

㉥ 누설전류에 의한 자속 발생

↓

㉡ 변류기에 유도전압 유기

↓

㉣ 수신기 전압 증폭

↓

㉢ 계전기(릴레이) 작동

↓

㉠ 관계인에게 경보, 누전표시 및 회로 차단

85

누전경보기에 관한 다음 물음에 답하시오.

1) 누전경보기의 수신기 내부 구조 블록도이다. 빈 곳을 완성하시오.

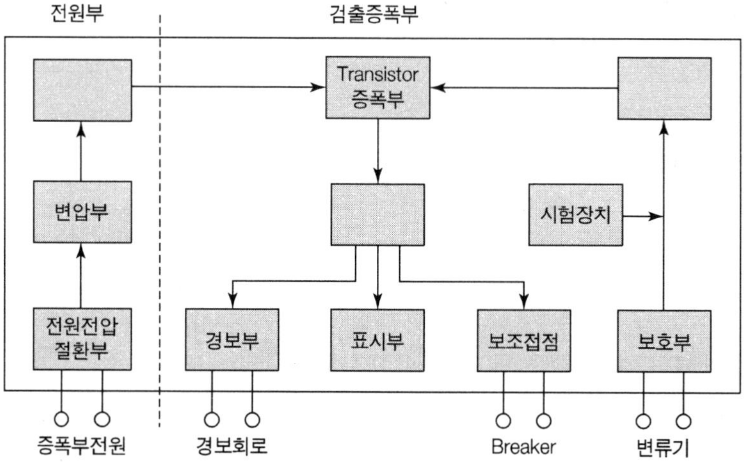

2) 누전경보기의 수신기 증폭방식을 쓰시오.

3) 누전경보기의 수신기 전원부의 회로구성을 완성하시오.

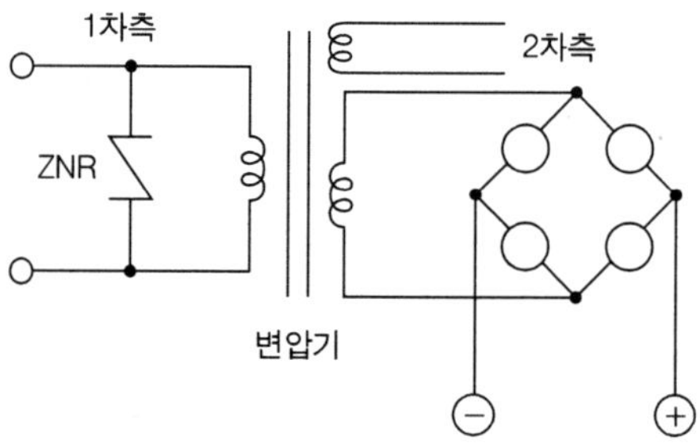

4) 누전경보기의 수신기 전원부 1차측 설치된 ZNR의 목적은 무엇인가?

정답

1) 수신기 내부 구조 블록도

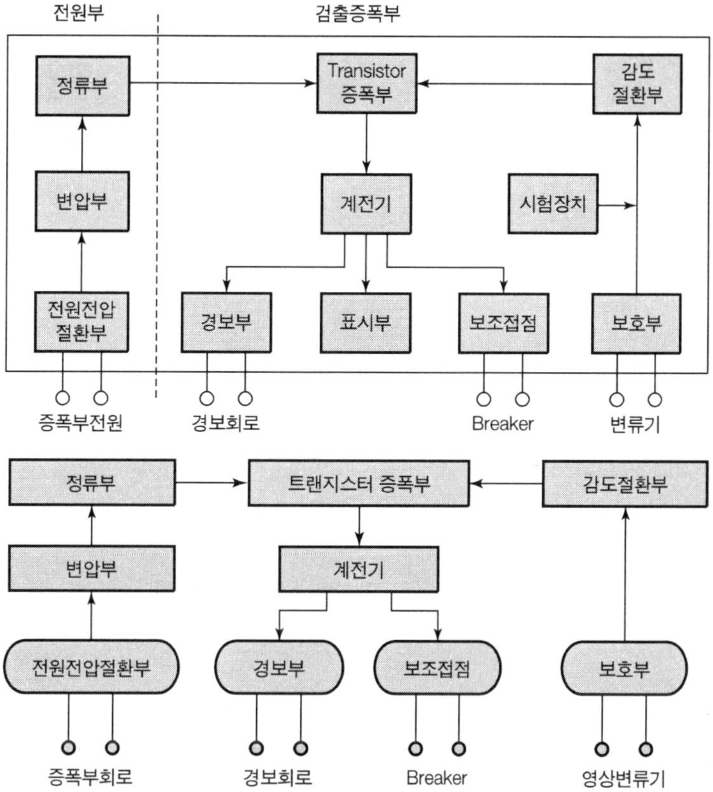

[누전경보기 수신기 내부구조 블록도 및 간략도]

2) 누전경보기의 수신기 증폭방식

① 매칭 트랜스 or 트랜지스터를 조합하여 계전기를 동작

② 트랜지스터 or IC로 증폭하여 계전기를 동작

③ 트랜지스터 or IC와 미터릴레이를 조합 증폭하여 계전기를 동작

3) 누전경보기의 수신기 전원부의 회로구성

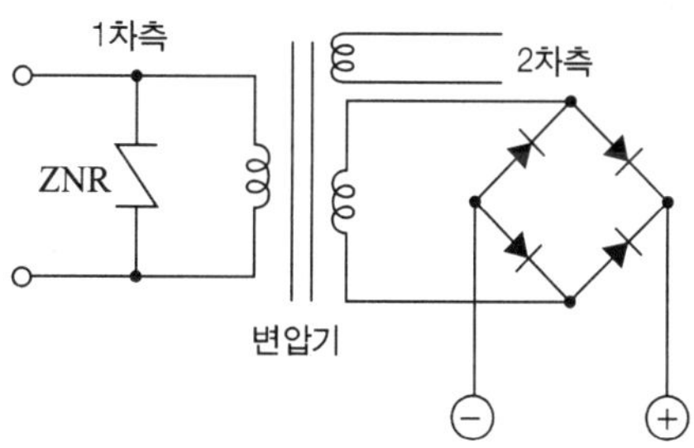

4) ZNR : 낙뢰 발생 시 충격파로부터 수신기 보호

86

누전경보기에 관한 다음 물음에 답하시오.

1) 1급 누전경보기를 설치해야 할 경계전로의 정격전류는 얼마인가?
2) (   )을 완성하시오.
   변류기는 옥외 인입선의(①) 또는 (②)의 점검 쉬운 곳에 설치하며 옥외 설치시 (③) 사용
3) 음향장치를 설치하는 곳은 어디인가?
4) 누전경보기의 수신부 설치제외장소는 어디인가?
5) 회로를 차단할 수 있는 차단기의 종류와 용량은 각각 얼마인가?
6) 누전경보기를 시험할 수 있는 시험 종류에 대해서 쓰시오.
7) ZCT의 명칭과 기능을 쓰시오.
8) CT 100/5, 50VA의 의미를 설명하시오.
9) 다음은 누전경보기 점검사항이다. 이들 시험에 필요한 시험기 또는 측정기를 쓰시오.
   ① 누설전류 검출시험
   ② 배선 및 충전부와 대지 간의 절연상태의 측정
   ③ 경보부저(Buzzer)의 음압시험
   ④ 수신기에 의한 외부배선, Fuse, 표시등 등의 도통시험

정답

1) 60A 초과
2) ① 제1지점의 부하측 ② 제2종 접지선측 ③ 옥외형
3) 수위실 등 상시 사람이 상주하는 곳에 설치
4) 설치제외 장소
   ① **가**연성 증기, 먼지, 가스 등이나 부식성 가스 등이 다량 체류하는 장소
   ② **화**약류를 제조하거나 저장, 취급하는 장소
   ③ **습**도가 높은 곳
   ④ **온**도변화가 급격한 장소
   ⑤ **대**전류 회로, 고주파 발생회로 등에 의한 영향을 받을 우려가 있는 장소
5) 회로 차단기 종류와 용량
   ① 15A 이하의 과전류 차단기
   ② 20A 이하의 배선용 차단기(MCCB)
6) 누전경보기 시험 종류 – 동작시험, 도통시험, 누설전류 측정시험
7) ① 명칭 : 영상변류기 ② 기능 : 누설전류검출
8) ① CT : 변류기 ② 100/5 : 100 – 1차측 변류비, 5 – 2차측 변류비 ③ 50VA : 정격용량
9) ① 영상변류기 ② 절연저항계(Megger) ③ 음량계 ④ 회로시험기

Solution

1)~5) **누전경보기 설치기준**

1) 경계전로의 정격전류

정격전류	60A 초과	60A 이하
경보기의 종류	1급	1급, 2급

2) 변류기

(1) 변류기는 옥외 인입선의 **제1지점의 부하측** 또는 **제2종 접지선측**의 점검 쉬운 곳에 설치

(2) 변류기는 옥외 설치시 옥외형 사용

책임분계점(재산분계점) 옥외 ⇦	⇨ 옥내(인입선의 제1지점)
① 고압 : 전봇대의 수용가 주상 변압기 1차측(고압)까지	주상 변압기 2차측(저압)에서 Main 차단기
② 저압 : 수용가 전력량계(WH) 1차측까지	수용가 전력량계 2차측에서 Main 차단기

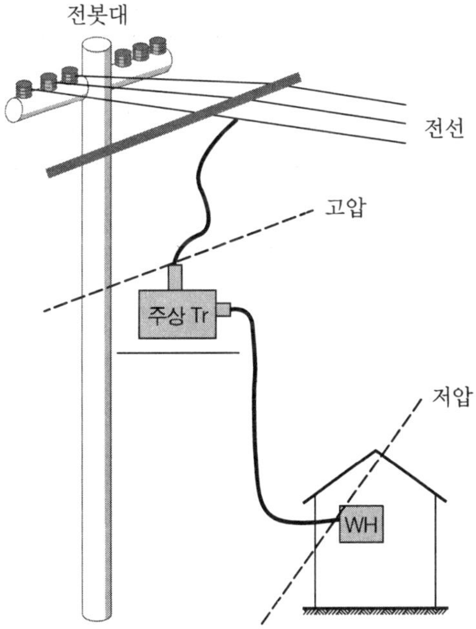

3) 수신부

(1) 옥내의 점검이 편리한 장소에 설치하되, 가연성의 증기나 먼지 등이 체류할 우려가 있는 장소에는 차단기구를 가진 수신기를 설치

(2) 음향장치는 수위실 등 상시 사람이 상주하는 곳에 설치

(3) 설치 제외 장소 [가.화.습.온.대]

① **가**연성 증기, 먼지, 가스 등이나 부식성 가스 등이 다량 체류하는 장소

② **화**약류를 제조하거나 저장, 취급하는 장소

③ 습도가 높은 곳

④ 온도변화가 급격한 장소

⑤ 대전류 회로, 고주파 발생회로 등에 의한 영향을 받을 우려가 있는 장소

4), 5) 전원

(1) 전원은 분전반으로부터 전용으로 한다.

(2) 각 극을 개폐할 수 있는 개폐기 및 **15A 이하의 과전류 차단기(20A 이하의 MCCB)** 설치

(3) 전원을 분기할 때에는 다른 차단기에 의해 전원이 차단되지 않도록 할 것

6) **누전경보기 시험방법**

시 험	시험 방법
동작 시험	스위치를 시험위치에 두고 회로시험 스위치로 각 구역을 선택하여 누전 시와 같은 작동이 행하여지는지를 확인한다.
도통 시험	스위치를 시험위치에 두고 회로시험 스위치로 각 구역을 선택하여 변류기와의 접속 이상 유무를 점검한다. 이상 시에는 도통감시등이 점등된다.
누설전류 측정시험	스위치를 누르고 회로시험 스위치 해당구역을 선택하면 누전되고 있는 전류량이 누설전류 표시부에 숫자로 나타난다. 평상시 누전량의 점검시 사용

7,8) **영상변류기**와 **변류기**의 **비교**

명칭	영상변류기(ZCT)	변류기(CT)
역할	누설전류검출	일반전류검출(대전류→소전류 변환)
그림기호	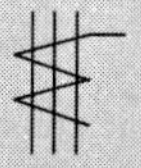	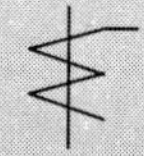
표시예	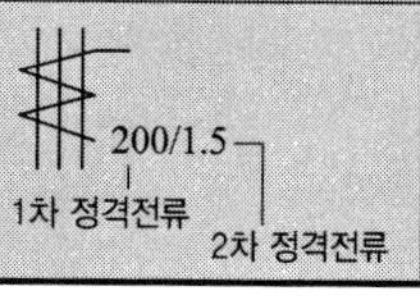	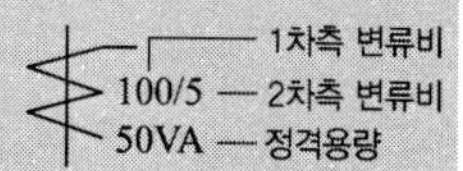

87

다음의 그림은 누전경보기의 설치 회로도이다. 이 회로도를 보고 다음 각 물음에 답하시오(단, 회로도의 잘못된 부분은 모두 정상으로 수정한 것으로 가정하고 답할 것).

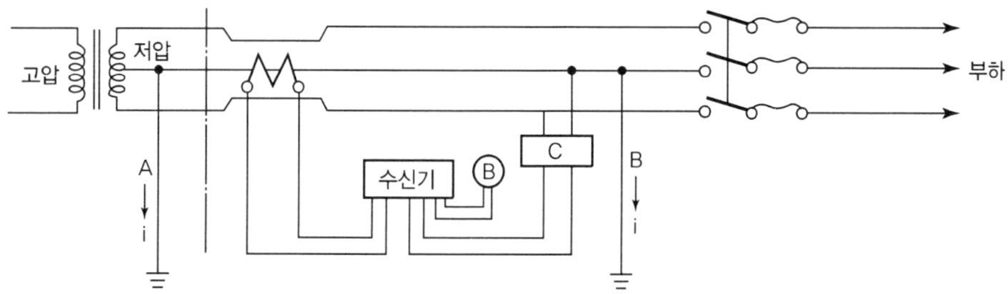

수신기 : 1급, [C] : 과전류차단기, (B) : 음향장치

1) 회로에서 잘못된 부분을 3가지 지적하여 올바르게 수정하시오.
2) A의 접지선에 접지하여야 할 접지의 종류를 쓰시오.
3) 회로에서 과전류차단기 용량은 몇 A 이하이어야 하는가?
4) 회로의 음향장치는 정격전압의 몇 % 전압에서 음향을 발할 수 있어야 하는가?
5) 누전경보기의 공칭동작전류치는 몇 mA 이하이어야 하는가?
6) 회로에서 변류기의 절연저항을 측정하였을 경우 절연저항값은 몇 MΩ 이상이어야 하는가?

정답

1) 잘못된 부분을 올바르게 수정
   ① 영상변류기가 1선만 관통 → 영상변류기를 3선 모두 관통 시킬 것
   ② 2종 접지선의 전원측(A)과 부하측(B)에 설치 → 전원측(A)만 설치
   ③ 차단기 2차측 중성선에 퓨즈 설치 → 동선으로 직결
2) 제2종 접지공사(변압기 중성점 접지공사)
3) 15A 이하
4) 80%
5) 200mA 이하
6) 5MΩ 이하

Solution

1) 올바른 회로

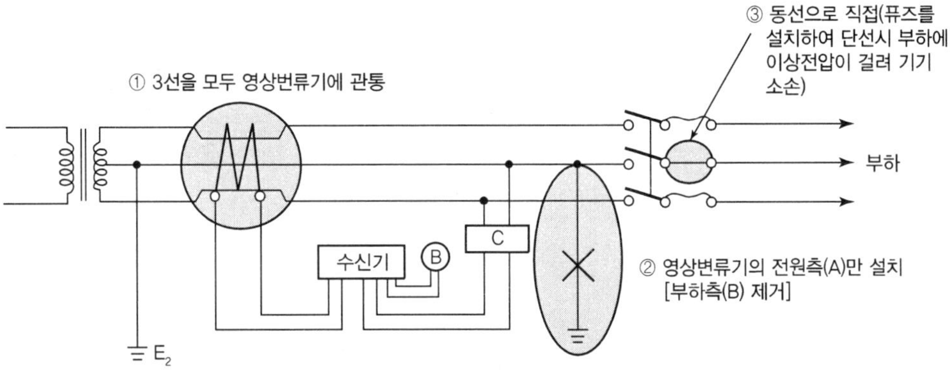

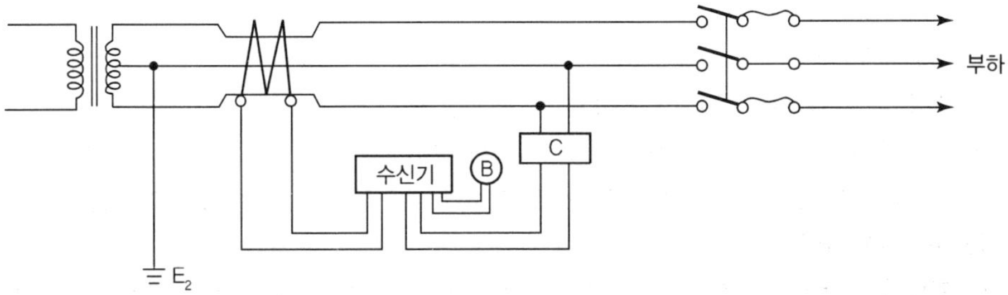

2) **접지공사**의 종류－접지종별 및 접지저항 기준 폐지(KEC 140)(2021.1.1. 시행)

접지대상	현행 접지방식	KEC 접지방식
(특)고압 설비	1종 : 접지저항 10Ω	• 계통접지 : TN, TT, IT 계통 • 보호접지 : 등전위본딩 등 • 피뢰시스템접지
600V 이하 설비	특3종 : 접지저항 10Ω	
400V 이하 설비	3종 : 접지저항 10Ω	
변압기	2종 : 150/1선지락전류	'변압기 중성점 접지'로 명칭 변경

접지대상	현행 접지도체 최소단면적	KEC 접지/보호도체 최소단면적
(특)고압 설비	1종 : 6.0mm² 이상	상도체 단면적 S(mm²)에 따라 선정 • $S \le 16$: S • $16 < S \le 35$: 16 • $35 < S$: $S/2$ 또는 차단시간 5초 이하의 경우 • $S = \frac{\sqrt{I^2 t}}{k}$
600V 이하 설비	특3종 : 2.5mm² 이상	
400V 이하 설비	3종 : 2.5mm² 이상	
변압기	2종 : 16.0mm² 이상	

3) **차단기**의 용량

① **과전류 차단기**－15A 이하

② **배선용 차단기**－20A 이하

4) 음향장치는 정격전압의 **80%** 전압에서 음향을 발할 수 있어야 한다. – 누전경보기의 형식승인 및 제품검사의 기술기준 제4조

5) 영상변류기의 공칭작동전류와 감도조정장치의 조정범위(최대치)

공칭작동전류치	감도조정
200mA 이하	1A

6) 절연저항

절연저항계	절연저항	대 상
직류 250[V]	0.1MΩ 이상	• 1 경계구역의 절연저항
직류 500[V]	5MΩ 이상	• 자동화재속보설비 • 비상경보설비 • **누전경보기** • 가스누설경보기 • 수신기 • 비상조명등, 유도등(교류입력측과 외함간)
	20MΩ 이상	• 발신기 • 중계기 • 경종 • 비상콘센트 • 기기의 절연된 선로간 • 기기의 충전부와 비충전부간 • 기기의 교류입력측과 외함간(비상조명등, 유도등 제외)
	50MΩ 이상	• 감지기(정온식 감지선형 감지기 제외) • 10회로 이상인 수신기, 가스누설경보기
	1,000MΩ 이상	• 정온식 감지선형 감지기

PART 2

88

가스누설경보기에 관한 다음 물음에 답하시오.

1) 가스누설경보기를 구조기준과 경보방식에 따라 분류하시오.
2) 수신개시로부터 가스누설표시까지의 소요시간은?
3) 가스누설표시등은 점등시 어떤 색으로 표시되는가?
4) 가스누설표시등에 사용되는 예비전원의 종류는 무엇이며, 1회선용의 용량은?
5) 가스누설표시등의 절연저항 측정기기는 무엇이며, 절연된 충전부와 외함 사이는 얼마 이상이어야 하는가?
6) 가스누설경보기 중 가스누설을 검지하여 중계기 또는 수신부에 가스누설의 신호를 보내는 부분 또는 가스누설을 검지하여 이를 음향으로 경보하고 동시에 중계기 또는 수신부에 가스누설신호를 발신하는 부분을 무엇이라 하는가?
7) 가스누설경보기 중 화재의 발생 또는 화재의 발생이 예상되는 상황에 대하여 경보를 발하여 주는 설비의 명칭은?

정답

1) 가스누설경보기의 분류
   ① 구조기준 – 단독형, 분리형
   ② 경보방식 – 즉시경보형, 경보지연형, 반즉시경보형
2) 60초 이내
3) 황색
4) 예비전원
   ① 종류 – 원알칼리계 2차축전지, 리튬계 2차축전지 or 무보수 밀폐형 연축전지
   ② 용량 – 1회선용(단독형 포함) : 20분 감시 후 10분 경보
5) 절연저항
   ① 측정기기 – 절연저항계 DC 500V
   ② 절연된 충전부와 외함사이의 절연저항 – 5MΩ 이상
6) 탐지부
7) 경보기구

Solution

1) **가스누설경보기의 분류**

분 류	설 명
구조 기준	• **단독형**(탐지부와 수신부 일체) • **분리형**(탐지부와 수신부 분리) – **영업용**(1회로), **공업용**(1회로 이상)
경보 방식	• **즉시 경보형** – 가스농도가 설정 값에 이르면 즉시 경보 • **경보 지연형** – 가스농도가 설정 값에 도달한 후 20~60초 지속되는 경우 경보 • **반즉시 경보형** – 가스농도가 높을수록 경보지연시간을 짧게 한 것

2)~5) **가스누설경보기의 설치기준**

<table>
<tr><td>가스누설</td><td colspan="3">• 수신개시로부터 가스누설표시까지의 소요시간 – 60초 이내
• 가스누설 표시등 – 황색</td></tr>
<tr><td>예비전원</td><td colspan="3">• 종류 – 원알칼리계 2차축전지, 리튬계 2차축전지 or 무보수 밀폐형 연축전지
• 용량 – 1회선용(단독형 포함) : 20분 감시 후 10분 경보
– 2회선 이상 : 10분 감시 후 2회선을 작동시키고 10분 경보</td></tr>
<tr><td rowspan="4">절연저항</td><td>절연저항계</td><td>절연저항</td><td>대상</td></tr>
<tr><td rowspan="3">DC 500V</td><td>5MΩ 이상</td><td>절연된 충전부와 외함 사이</td></tr>
<tr><td>20MΩ 이상</td><td>• 절연된 선로 사이
• 교류입력측과 외함 사이</td></tr>
<tr><td>50MΩ 이상</td><td>10회로 이상</td></tr>
</table>

6)~7) **가스누설경보기의 용어**

용 어	설 명
가연성가스 경보기	보일러 등 가스연소기에서 액화석유가스(LPG), 액화천연가스(LNG) 등의 **가연성 가스**가 새는 것을 **탐지**하여 관계자나 이용자에게 **경보**하여 주는 것
일산화탄소 경보기	**일산화탄소**가 새는 것을 **탐지**하여 관계자나 이용자에게 **경보**하여 주는 것
탐지부	가스누설경보기 중 **가스누설**을 **탐지**하여 **중계기** 또는 **수신부**에 가스누설의 **신호**를 **발신**하는 부분 또는 가스누설을 탐지하여 이를 **음향**으로 **경보**하고 동시에 중계기 또는 수신부에 가스누설의 신호를 발신하는 부분
수신부	가스누설경보기 중 탐지부에서 발하여진 가스누설 신호를 **직접** 또는 **중계기**를 통하여 **수신**하고 이를 관계자에게 **음향**으로서 **경보**하여 주는 것
분리형	탐지부와 수신부가 **분리**되어 있는 형태의 경보기
단독형	탐지부와 수신부가 **일체**로 되어있는 형태의 경보기
가스연소기	가스레인지 또는 가스보일러 등 가연성가스를 이용하여 **불꽃**을 **발생**하는 장치
지구경보부	가스누설경보기의 수신부로부터 발하여진 신호를 받아 **경보음**을 발하는 것으로서 **경보기**에 **추가**로 **부착**하여 사용되는 부분
부속장치	가스누설경보기에 연결하여 사용되는 **환풍기** 또는 **지구경보부** 등에 **작동신호원**을 **공급**시켜 주기 위하여 경보기에 부수적으로 설치되어진 장치

89

단독경보형 감지기의 설치기준이다. 다음 ( )안에 들어갈 알맞은 내용을 채우시오.

1) 각 실 마다 설치하되, 바닥면적 (①)를 초과하는 경우에는 (①)마다 1개 이상을 설치하여야 한다.
2) 각 실(이웃하는 실내의 바닥면적이 각각 (②) 미만이고 벽체 상부의 전부 또는 일부가 개방되어 이웃하는 실내와 공기가 상호유통되는 경우에는 이를 (③)의 실로 본다.
3) (④)를 주전원으로 사용하는 단독경보형 감지기는 정상적인 작동상태를 유지할 수 있도록 (④)를 교환할 것
4) 상용전원을 주전원으로 사용하는 단독경보형 감지기의 (⑤)는 제품검사에 합격한 것을 사용하는 것

정답

① $150m^2$ ② $30m^2$ ③ 1개 ④ 건전지 ⑤ 2차전지

Solution

단독경보형 감지기의 설치기준(NFPC 201 제5조, NFTC 2.2)

① 각 실(이웃하는 실내의 바닥면적이 각각 **$30m^2$** 미만이고 벽체 상부의 전부 또는 일부가 개방되어 이웃하는 실내와 공기가 상호유통되는 경우에는 이를 **1개**의 실로 본다)마다 설치하되, 바닥면적 **$150m^2$**를 초과하는 경우에는 **$150m^2$** 마다 1개 이상을 설치할 것
② 최상층의 계단실의 **천장**(외기가 상통하는 계단실의 경우 제외)에 설치할 것
③ 건전지를 주전원으로 사용하는 단독경보형 감지기는 정상적인 작동상태를 유지할 수 있도록 **건전지**를 교환할 것
④ 상용전원을 주전원으로 사용하는 단독경보형 감지기의 **2차전지**는 제품검사에 합격한 것을 사용할 것

90

시각경보장치에 관한 다음 물음에 답하시오.

1) 시각경보장치를 설치하여야 하는 특정소방대상물을 5가지 쓰시오.

2) 시각경보장치의 설치기준에 대한 다음 ( )안을 완성하시오.

(1) 복도 · 통로 · 청각장애인용 객실 및 공용으로 사용하는 (①)에 설치하며, 각 부분에 유효하게 경보를 발할 수 있는 위치에 설치할 것

(2) 공연장 · 집회장 · 관람장 또는 이와 유사한 장소에 설치하는 경우에는 시선이 집중되는 (②)부분 등에 설치할 것

(3) 바닥으로부터 (③) 이상 (④) 이하의 높이에 설치할 것. 다만, 천장높이가 2m 이하는 (⑤)에서 (⑥) 이내의 장소에 설치하여야 한다.

정답

1) 시각경보장치를 설치하여야 하는 특정소방대상물

① 근린생활시설

② 문화 및 집회시설

③ 종교시설

④ 판매시설

⑤ 운수시설

2) 시각경보장치의 설치기준

① 거실

② 무대부

③ 2m

④ 2.5m

⑤ 천장

⑥ 0.15m

Solution

1) **시각경보장치**를 **설치**하여야 하는 **특정소방대상물**(소방시설법 시행령 별표 4)

① 근린생활시설	② 문화 및 집회시설	③ 종교시설	④ 판매시설
⑤ 운수시설	⑥ 운동시설	⑦ 위락시설	⑧ 물류터미널
⑨ 의료시설	⑩ 노유자시설	⑪ 업무시설	⑫ 숙박시설
⑬ 발전시설 및 장례식장	⑭ 도서관	⑮ 방송국	⑯ 지하상가

2) **시각경보장치**의 **설치기준**(NFPC 203 제8조제2항, NFTC 2.5.2)

① **복도 · 통로 · 청각장애인용 객실** 및 공용으로 사용하는 **거실**에 설치하며, 각 부분에 유효하게 경보를 발할 수 있는 위치에 설치할 것

② **공연장 · 집회장 · 관람장** 또는 이와 유사한 장소에 설치하는 경우에는 시선이 집중되는 **무대부 부분** 등에 설치할 것

③ 바닥으로부터 **2m 이상 2.5m 이하**의 높이에 설치할 것. 다만, 천장높이가 **2m 이하**는 **천장**에서 **0.15m** 이내의 장소에 설치하여야 한다.

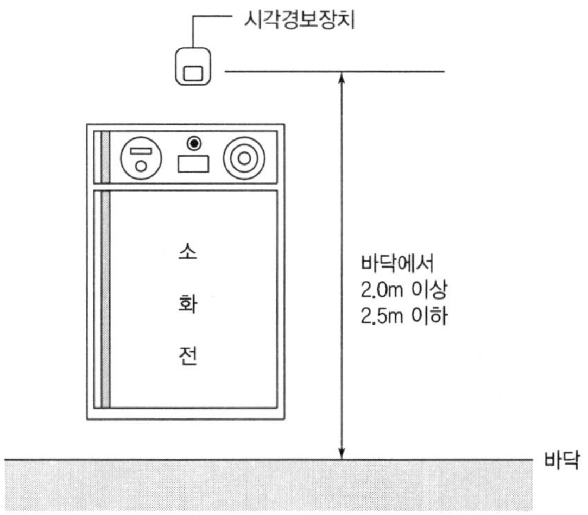

④ 광원은 **전용**의 **축전지설비** 또는 **전기저장장치**에 의해 점등되도록 할 것(단, 시각경보기에 작동전원을 공급할 수 있도록 형식승인을 얻은 **수신기**를 설치한 경우는 제외)

CHAPTER 02

피난설비

과년도 문제분석

1. 상세분류

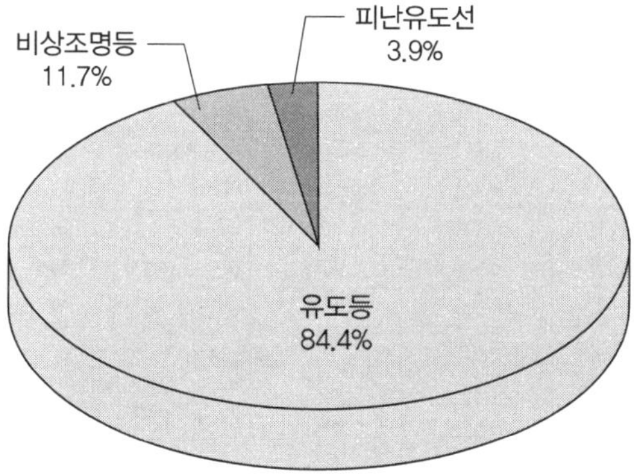

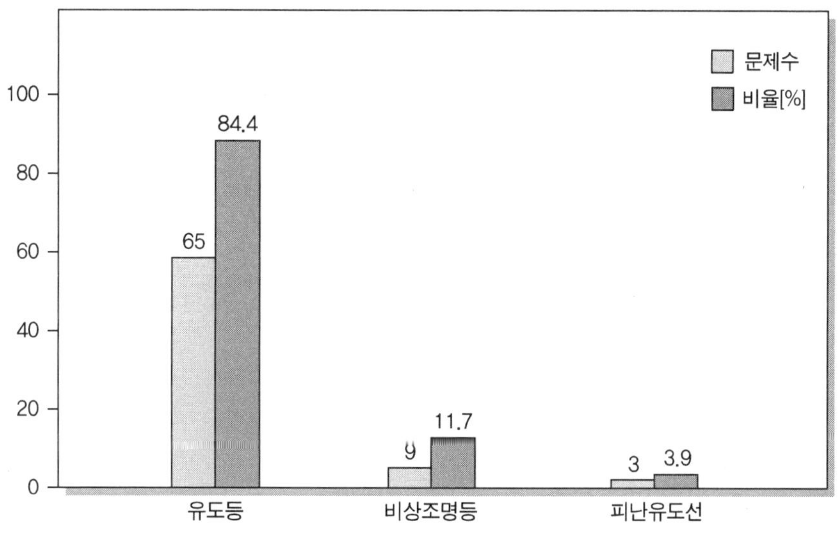

2. 문제유형

피난설비 과년도 문제분석(1996~2022년)

번호	출제년도	문항	시설분류	상세분류(대)	상세분류(중)	문제유형	회수	출제비율
1	2022.07.24	18	피난설비	비상조명등	설치기준	비상조명등 설치기준, 유도등 비상전원		
2	2019.11.09	16	피난설비	비상조명등	설치기준	비상조명등 설치기준		
3	2019.06.29	19	피난설비	비상조명등	설치기준	비상조명등 설치기준		
4	2002.07.07	8	피난설비	비상조명등	설치기준	설치기준(축전지 공칭용량)		
5	2000.11.12	5	피난설비	비상조명등	설치기준	설치기준(축전지 공칭용량)	9	11.7%
6	2015.07.12	14	피난설비	비상조명등	설치기준	휴대용비상조명등 설치기준, 배치기준		
7	2011.07.24	9	피난설비	비상조명등	설치기준	휴대용비상조명등 설치기준		
8	2020.10.17	7	피난설비	비상조명등	설치기준	휴대용비상조명등 설치대상		
9	2018.04.14	4	피난설비	비상조명등	설치기준	휴대용비상조명등 설치대상		
10	2017.11.11	4	피난설비	유도등	객석유도등	객석유도등 설치제외장소		
11	2014.07.06	9	피난설비	유도등	객석유도등	객석유도등 설치제외장소		
12	2022.05.07	17	피난설비	유도등	객석유도등	객석유도등 수량		
13	2020.11.15	6	피난설비	유도등	객석유도등	객석유도등 수량		
14	2020.07.25	8	피난설비	유도등	객석유도등	객석유도등 수량		
15	2018.11.10	14	피난설비	유도등	객석유도등	객석유도등 수량		
16	2018.04.14	12	피난설비	유도등	객석유도등	객석유도등 수량		
17	2015.04.19	12	피난설비	유도등	객석유도등	객석유도등 수량		
18	2011.07.24	1	피난설비	유도등	객석유도등	객석유도등 수량		
19	2005.05.01	6	피난설비	유도등	객석유도등	객석유도등 수량		
20	1996.09.01	3	피난설비	유도등	객석유도등	객석유도등 수량		
21	2021.11.13	15	피난설비	유도등	기타	유도등, 유도표지 설치장소		
22	2019.06.29	1	피난설비	유도등	배선	결선도, 배선방식 차이점		
23	2015.11.07	11	피난설비	유도등	배선	결선도, 배선방식 차이점		
24	2011.05.01	12	피난설비	유도등	배선	2선식, 3선식 비교		
25	2008.07.06	5	피난설비	유도등	배선	2선식, 3선식 비교		
26	2006.11.05	11	피난설비	유도등	배선	2선식, 3선식 비교		
27	2022.05.07	13	피난설비	유도등	배선	3선식 배선(자동점등조건)		
28	2021.11.13	2	피난설비	유도등	배선	3선식 배선(자동점등조건)	65	84.4%
29	2018.11.10	11	피난설비	유도등	배선	3선식 배선(자동점등조건)		
30	2014.04.20	4	피난설비	유도등	배선	3선식 배선(자동점등조건)		
31	2013.07.14	9	피난설비	유도등	배선	3선식 배선(자동점등조건)		
32	2011.11.13	7	피난설비	유도등	배선	3선식 배선(자동점등조건)		
33	2010.04.17	12	피난설비	유도등	배선	3선식 배선(자동점등조건)		
34	2009.07.05	13	피난설비	유도등	배선	3선식 배선(자동점등조건)		
35	2007.11.04	13	피난설비	유도등	배선	3선식 배선(자동점등조건)		
36	2004.07.04	3	피난설비	유도등	배선	3선식 배선(자동점등조건)		
37	2001.11.04	9	피난설비	유도등	배선	3선식 배선(자동점등조건)		
38	2001.04.22	5	피난설비	유도등	배선	3선식 배선(자동점등조건)		
39	1996.11.17	12	피난설비	유도등	배선	3선식 배선(자동점등조건)		
40	2012.11.03	13	피난설비	유도등	배선	가닥수, 배선용도		
41	2000.04.23	11	피난설비	유도등	배선	유도등의 회로도		
42	1997.01.26	1	피난설비	유도등	배선	유도등의 회로도		
43	2007.11.04	15	피난설비	유도등	설치기준	객석유도등 수량, 설치		
44	2022.11.19	9	피난설비	유도등	설치기준	비상전원 설치기준		
45	2008.04.20	13	피난설비	유도등	설치기준	설치기준		
46	1996.05.19	8	피난설비	유도등	설치기준	설치기준(전원, 비상전원, 용량)		

번호	출제년도	문항	시설분류	상세분류(대)	상세분류(중)	문제유형	회수	출제비율
47	2007.07.08	8	피난설비	유도등	설치기준	용어정의	65	84.4%
48	2020.10.17	11	피난설비	유도등	설치기준	유도표지 최소 설치개수		
49	2004.07.04	2	피난설비	유도등	설치기준	전원, 비상전원		
50	2003.07.13	11	피난설비	유도등	설치기준	전원, 비상전원		
51	2001.11.04	10	피난설비	유도등	설치기준	전원, 비상전원		
52	1999.01.31	10	피난설비	유도등	설치기준	전원, 비상전원, 3선식배선 자동점등조건		
53	2020.10.17	12	피난설비	유도등	통로유도등	복도통로유도등 설치기준		
54	2021.04.24	15	피난설비	유도등	통로유도등	설치기준		
55	2018.11.10	8	피난설비	유도등	통로유도등	설치기준		
56	2017.06.25	9	피난설비	유도등	통로유도등	설치기준, 조도 측정방법, 바탕색		
57	2020.07.25	7	피난설비	유도등	통로유도등	통로유도등 설치제외장소		
58	2018.06.30	7	피난설비	유도등	통로유도등	통로유도등 수량, 설치		
59	2012.07.08	13	피난설비	유도등	통로유도등	통로유도등 수량, 설치		
60	2012.07.08	2	피난설비	유도등	피난구유도등	설치기준		
61	2009.10.18	4	피난설비	유도등	피난구유도등	설치기준		
62	1999.11.21	13	피난설비	유도등	피난구유도등	설치기준		
63	1999.09.19	1	피난설비	유도등	피난구유도등	설치기준		
64	1998.05.10	14	피난설비	유도등	피난구유도등	설치기준		
65	1997.08.24	4	피난설비	유도등	피난구유도등	설치기준		
66	2014.07.06	12	피난설비	유도등	피난구유도등	설치높이, 표시면 색상		
67	2020.11.29	18	피난설비	유도등	피난구유도등	설치장소		
68	2013.07.14	3	피난설비	유도등	피난구유도등	설치장소		
69	2013.11.09	8	피난설비	유도등	피난구유도등	설치장소, 설치높이, 바탕색, 문자표		
70	2018.06.30	4	피난설비	유도등	피난구유도등	설치제외장소		
71	2005.07.10	3	피난설비	유도등	피난구유도등	설치제외장소		
72	2014.11.01	16	피난설비	유도등	피난구유도등	적색 LED 점등 의미		
73	2002.10.27	14	피난설비	유도등	피난구유도등	종류, 피난구유도등 설치장소		
74	2010.04.17	3	피난설비	유도등	피난구유도등	종류, 형식		
75	2021.11.13	7	피난설비	피난유도선	축광점등방식	설치기준	3	3.9%
76	2012.04.22	11	피난설비	피난유도선	축광점등방식	설치기준		
77	2010.07.04	15	피난설비	피난유도선	광원점등방식	기능		

연습문제 풀이 및 해설

01

유도등에 관한 다음 물음에 답하시오.

1) 다음 빈칸을 완성하시오.

종류	피난구 유도등	통로 유도등(피난통로를 안내하기 위한 유도등)			객석 유도등
		거실통로유도등	복도통로유도등	계단통로유도등	
정의	①	②	피난통로가 되는 복도에 설치하는 유도등	피난통로가 되는 계단, 경사로에 설치하는 유도등	③
설치높이	④	1.5m 이상	⑤	1m 이하	
설치거리		⑥	보행거리 20m	⑦	
조명도		⑧			0.2 lx 이상
색깔	⑨	백색바탕에 녹색문자			
설치개수		보행거리/20m－1			⑩

2) 유도등의 전원으로 사용되는 것은 무엇인가?

3) 유도등의 비상전원으로 사용되는 것은 무엇이며, 용량은 얼마 이상 되어야 하는가?

정답

1) 다음 빈칸을 완성하시오.

① 피난구 또는 피난경로로 사용되는 출입구를 표시하여 피난을 유도하는 유도등

② 거주 등의 목적으로 거실, 주차장 등 개방된 통로에 설치하는 유도등

③ 객석의 통로, 바닥, 벽 등에 설치하는 유도등

④ 1.5m 이상

⑤ 1m 이하

⑥ 보행거리 20m

⑦ 경사로참, 계단참마다

⑧ 1 lx 이상

⑨ 녹색바탕에 백색문자

⑩ 직선길이/4m－1

2) 유도등의 전원 － ① 축전지 ② 전기저장장치 ③ 교류전압옥내간선

3) 유도등의 비상전원

(1) 축전지(60분 이상 작동)

① 지하층을 제외한 11층 이상의 소방대상물

② 지하층 or 무창층으로 도소매시장, 여객자동차터미널, 지하상가, 지하역사

(2) 축전지(20분 이상 작동) – 그 외 소방대상물

Solution

1) 유도등의 설치기준

종류	피난구 유도등	통로 유도등(피난통로를 안내하기 위한 유도등)			객석 유도등
		거실통로유도등	복도통로유도등	계단통로유도등	
정의	피난구 또는 피난경로로 사용되는 출입구를 표시하여 피난을 유도하는 유도등	거주 등의 목적으로 거실, 주차장 등 개방된 통로에 설치하는 유도등으로 피난방향을 명시	피난통로가 되는 복도에 설치하는 유도등	피난통로가 되는 계단, 경사로에 설치하는 유도등	객석의 통로, 바닥, 벽 등에 설치하는 유도등
설치높이	1.5m 이상	1.5m 이상 기둥 – 1.5m 이하	1m 이하	1m 이하	
설치거리		보행거리 20m	보행거리 20m	경사로참, 계단참마다	
조명도		1 lx 이상			0.2 lx 이상
색깔	녹색바탕에 백색문자	백색바탕에 녹색문자			
설치개수		보행거리/20m – 1			직선길이/4m – 1

2) 유도등의 전원

① 축전지, 전기저장장치 or 교류전압옥내간선

② 전원까지의 배선은 전용으로 시공

3) 유도등의 비상전원

① 축전지(60분 이상 작동)

(1) 지하층을 제외한 11층 이상의 소방대상물

(2) 지하층 or 무창층으로 도소매시장, 여객자동차터미널, 지하상가, 지하역사

② 축전지(20분 이상 작동) – 그 외 소방대상물

02

피난구 유도등의 설치장소와 설치제외 장소를 쓰시오.

정답

1) 설치장소
   ① 옥내로부터 직접 지상으로 통하는 출입구 및 그 부속실 출입구
   ② 직통계단, 직통계단 계단실 및 그 부속실의 출입구
   ③ 출입구에 이르는 복도 또는 통로로 통하는 출입구
   ④ 안전구획된 거실로 통하는 출입구

2) 설치제외 장소
   ① 바닥면적이 1,000m^2 미만인 층으로서 옥내로부터 직접 지상으로 통하는 출입구
   ② 대각선 길이가 15m 이내인 구획된 실의 출입구
   ③ 거실 각 부분으로부터 하나의 출입구에 이르는 보행거리가 20m 이하이고 비상조명등과 유도표지가 설치된 거실의 출입구
   ④ 출입구가 3개소 이상 있는 거실로서 그 거실 각 부분으로부터 하나의 출입구에 이르는 보행거리가 30m 이하인 경우에는 주된 출입구 2개소외의 출입구(유도표지가 부착된 출입구)

Solution

1) **피난구유도등의 설치장소**

<table>
<tr>
<td>옥내로부터 직접 지상으로 통하는 출입구 및 그 부속실의 출입구</td>
<td>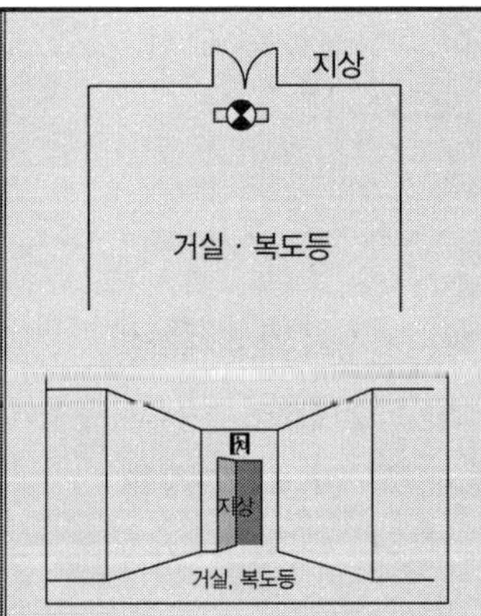

부속실 無</td>
<td>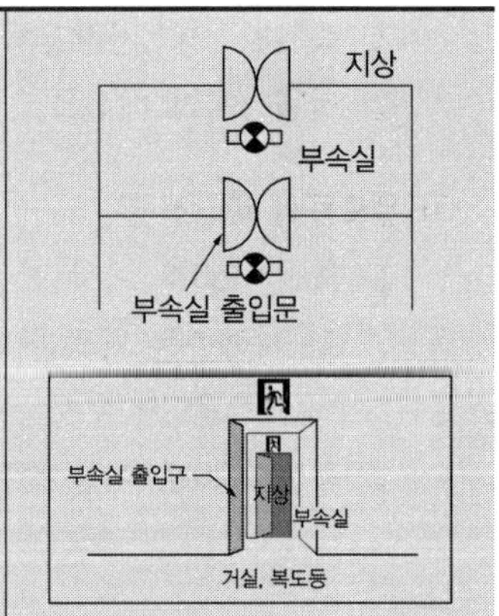

부속실 有</td>
</tr>
</table>

직통계단, 직통계단 계단실 및 그 부속실의 출입구	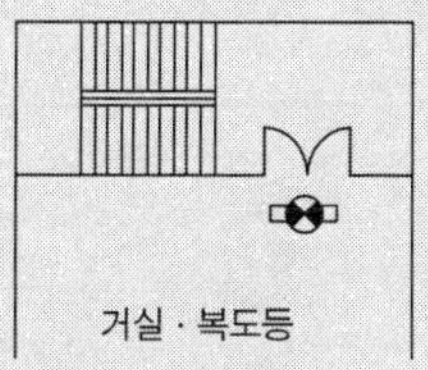 부속실 無	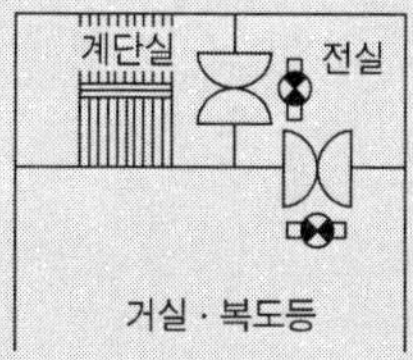 부속실 有
출입구에 이르는 복도 또는 통로로 통하는 출입구	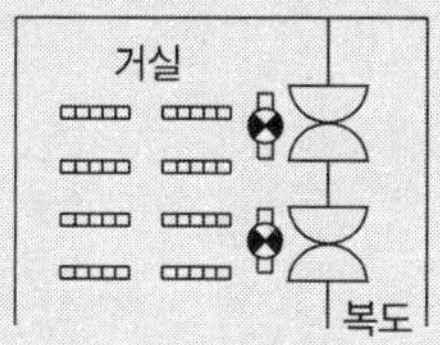 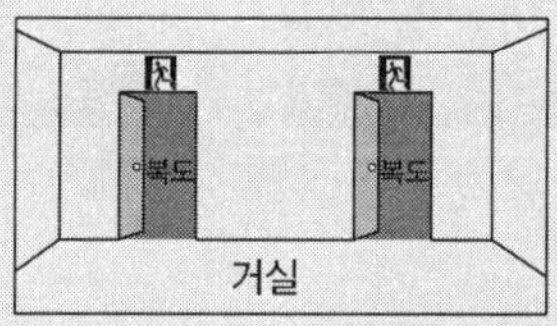 거실에서 복도로 연결된 경우	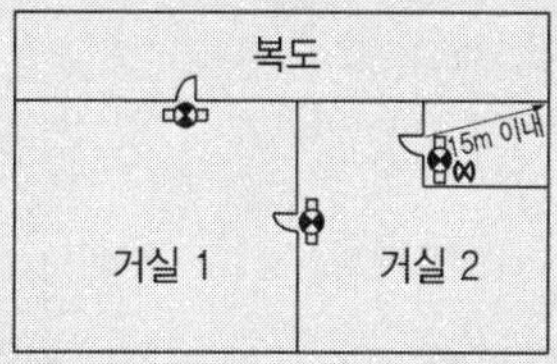 경유 거실인 경우 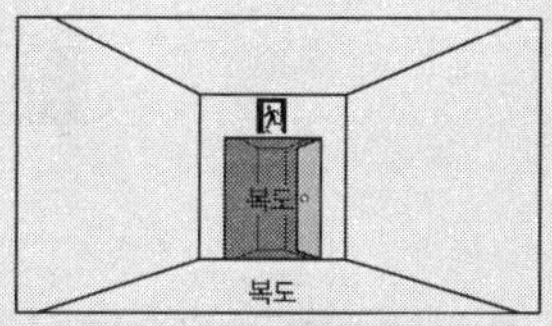 복도에 방화문이 있는 경우
안전구획된 거실로 통하는 출입구	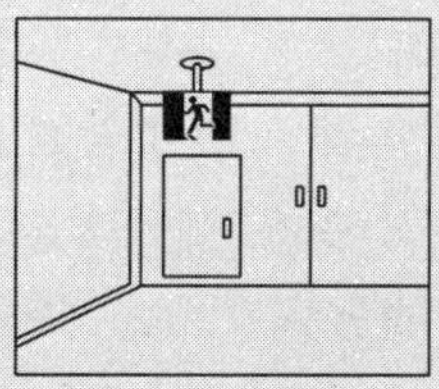 안전구획 : 입면도	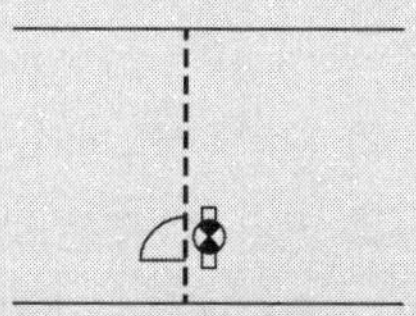 안전구획 : 평면도

① **입체형** or **수직형** 피난구유도등 설치(2021.7.8. 신설)

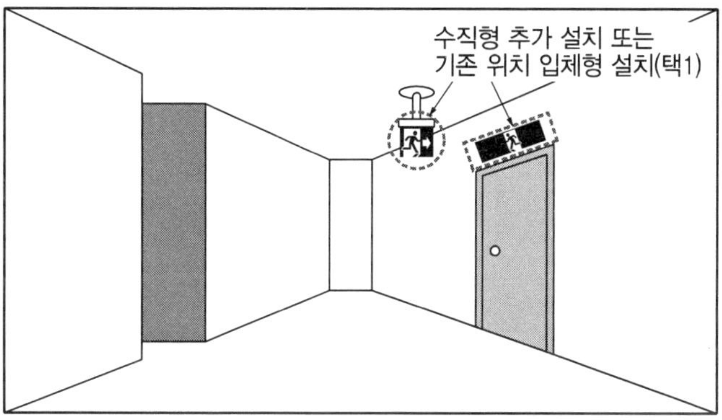

② 바닥으로부터 높이 **1.5m 이상**, **출입부 인접**부분에 설치(2014.8.18. 개정)

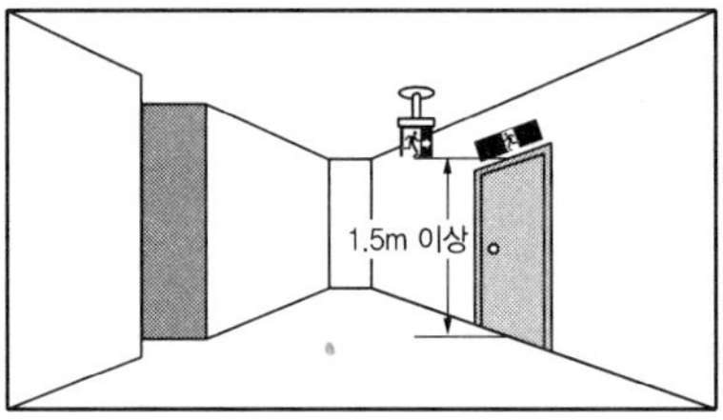

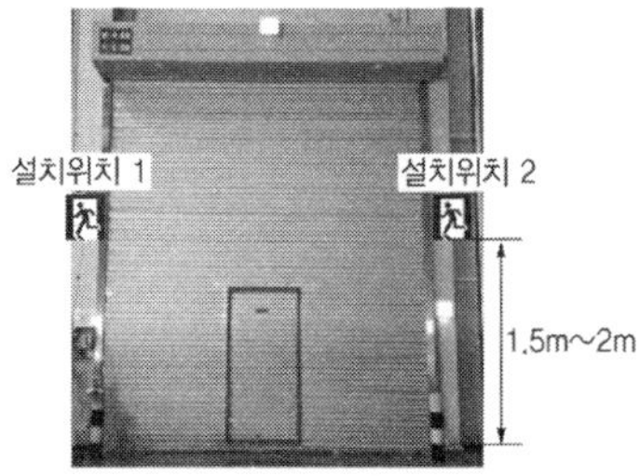

2) **피난구유도등의 설치제외 장소**

① 바닥면적이 **1,000m² 미만**인 층으로서 옥내로부터 직접 지상으로 통하는 출입구(외부의 식별이 용이한 경우에 한함)

② 대각선 길이가 **15m 이내**인 구획된 실의 출입구

③ 거실 각 부분으로부터 하나의 출입구에 이르는 보행거리가 **20m 이하**이고 **비상조명등**과 **유도표지**가 설치된 거실의 출입구

④ 출입구가 **3개소 이상** 있는 거실로서 그 거실 각 부분으로부터 하나의 출입구에 이르는 보행거리가 **30m 이하**인 경우에는 **주된 출입구 2개소외의 출입구**(**유도표지가 부착된 출입구**를 말한다). 다만, 공연장・집회장・관람장・전시장・판매시설 및 영업시설・숙박시설・노유자시설・의료시설의 경우에는 그러하지 아니하다.

03

피난구 유도등에는 적색 LED와 녹색 LED가 설치되어 있다. 평상시 적색 LED가 점등되었다면 이는 무엇을 의미하는 것인가?

정답

축전지 등의 비상전원 불량 또는 이상

Solution

피난구 유도등의 구성

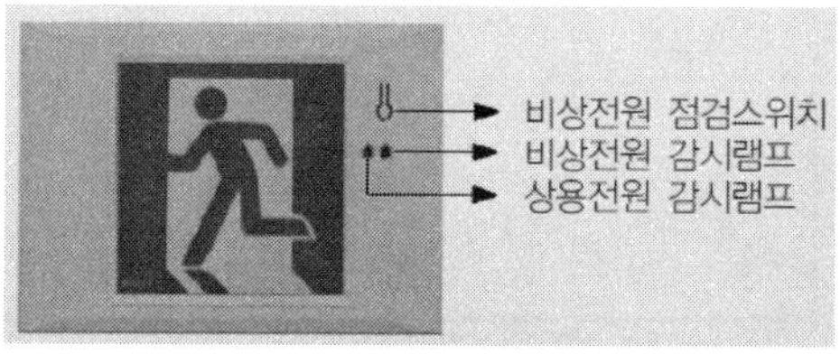

구 성	설 명
비상전원 점검스위치	누르거나 당겨서 **비상전원 이상유무 확인**
비상전원 감시램프	축전지 등의 **비상전원 불량** 또는 **이상** 시 **적색 LED 점등**
상용전원 감시램프	**상용전원 정상**시 **녹색 LED 점등**

04

통로 유도등에 관한 다음 물음에 답하시오.

1) 복도 통로 유도등의 설치기준을 쓰시오.
2) 그림과 같은 사무실의 평면도에 복도 통로 유도등을 설치하고자 할 때 복도 통로 유도등의 수량을 산출하고 설치하시오.

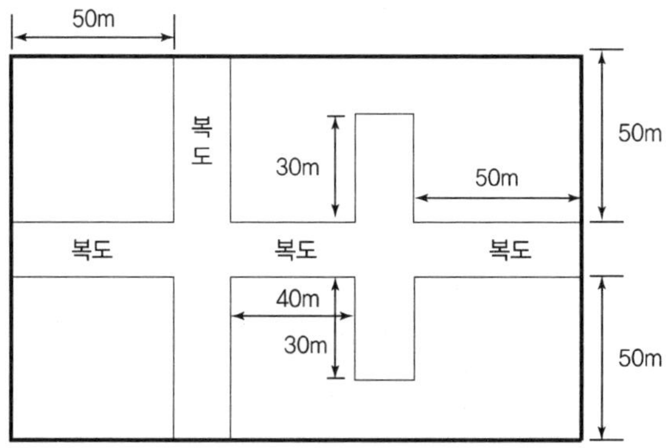

3) 벽면에 설치하는 통로 유도등과 바닥에 설치하는 통로 유도등의 조도 측정방법과 조도기준에 대해서 쓰시오.
4) 통로 유도등 표시면의 바탕색은 무엇인지 쓰시오.

정답

1) 복도 통로 유도등의 설치기준
   ① 복도에 설치할 것, 피난구유도등이 설치된 출입구의 맞은편 복도에는 입체형 또는 바닥에 설치할 것
   ② 구부러진 모퉁이 및 보행거리 20m마다 설치할 것
   ③ 바닥으로부터 높이 1m 이하의 위치에 설치할 것
   ④ 바닥에 설치하는 통로 유도등은 하중에 따라 파괴되지 아니하는 강도의 것으로 할 것

2) 복도 통로 유도등의 수량 – 18개

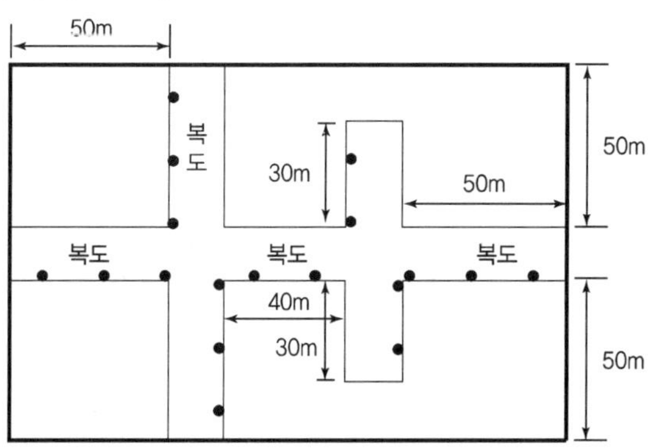

3) ① 벽면설치 통로 유도등 : 통로 유도등 바로 밑의 바닥으로부터 수평으로 0.5m 떨어진 지점에서 측정하여 1 lx 이상

② 바닥매설 통로 유도등 : 통로 유도등의 직상부 1m의 높이에서 측정하여 1 lx 이상

4) 백색

Solution

1) **복도 통로 유도등**의 **설치기준**(NFPC 303 제6조제1항, NFTC 303 2.3.1.1)

① **복도**에 설치할 것, 피난구유도등이 설치된 출입구의 맞은편 복도에는 **입체형** 또는 **바닥**에 설치할 것

② **구부러진 모퉁이** 및 **보행거리 20m**마다 설치할 것

③ 바닥으로부터 높이 **1m 이하**의 위치에 설치할 것. 다만, 지하층 또는 무창층의 용도가 도매시장 · 소매시장 · 여객자동차터미널 · 지하역사 또는 지하상가인 경우에는 복도 · 통로 중앙부분의 바닥에 설치하여야 한다.

④ 바닥에 설치하는 통로 유도등은 **하중**에 따라 파괴되지 아니하는 강도의 것으로 할 것

2) 복도 통로 유도등의 수량 및 설치

① 복도 통로 유도등은 **구부러진 모퉁이** 및 **보행거리 20m**마다 설치한다.

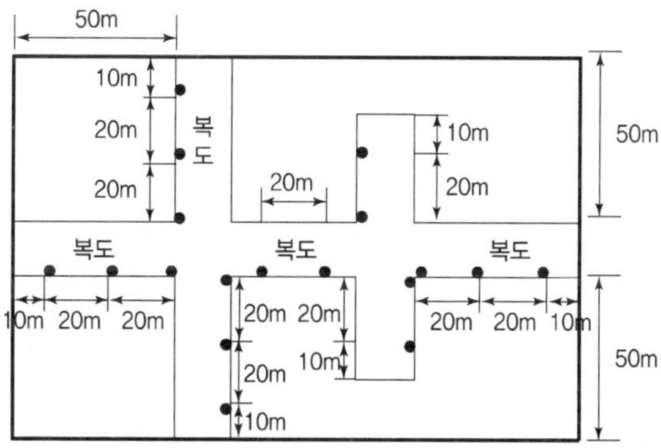

3) **통로 유도등**의 **조도 측정방법**과 **기준**

벽면설치 통로 유도등	바닥매설 통로 유도등
통로 유도등 바로 밑의 바닥으로부터 수평으로 **0.5m** 떨어진 지점에서 측정하여 **1 lx 이상**	통로 유도등의 직상부 **1m**의 높이에서 측정하여 **1 lx 이상**

4) **표시면**의 **색상**

통로 유도등	피난구 유도등
백색 바탕에 **녹색** 문자	**녹색** 바탕에 **백색** 문자

05

객석 유도등에 관한 다음 물음에 답하시오.

1) 그림과 같은 건축물의 평면도에 객석 유도등을 설치하고자 할 때 객석 유도등의 수량을 산출하고 객석 유도등을 설치하시오.

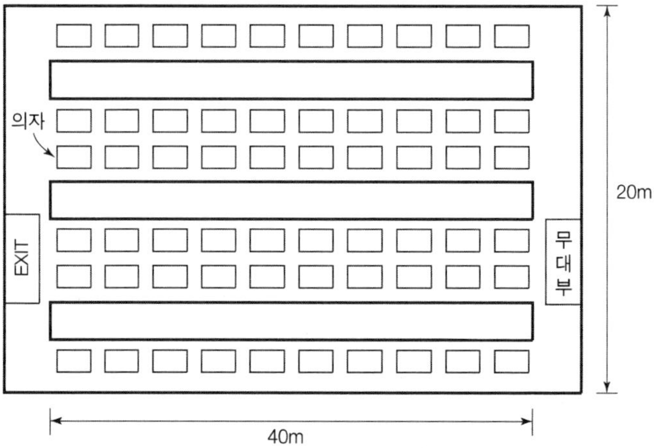

2) 객석 유도등을 설치하지 않아도 되는 경우를 쓰시오.

정답

1) 설치 개수 27개

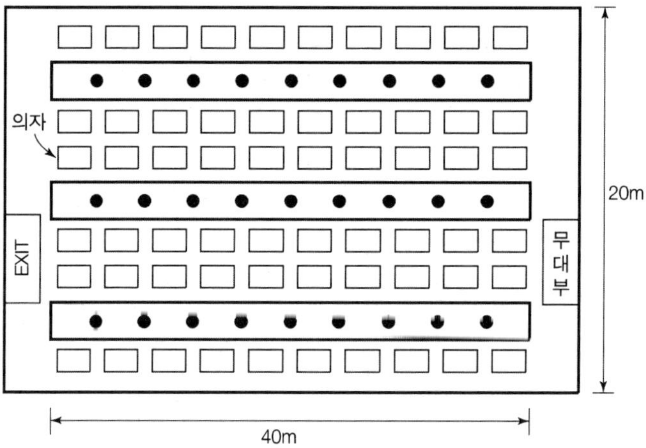

2) 객석 유도등 설치제외 장소

① 주간에만 사용하는 장소로서 채광이 충분한 객석

② 거실 등의 각 부분으로부터 하나의 거실출입구에 이르는 보행거리가 20m 이하인 객석의 통로로서 그 통로에 통로 유도등이 설치된 객석

Solution

1) **객석 유도등의 설치 개수**

① 설치개수 $= \dfrac{\text{객석통로의 직선부분의 길이}}{4} - 1 = \dfrac{40}{4} - 1 = 9$개

∴ 9개 × 통로 3개 = 27개

② 객석 유도등은 객석의 통로, 바닥 또는 벽에 설치하여야 하므로 이 문제에서 객석 유도등은 건축물의 중앙 및 좌우 **3개**의 **통로**에 균등하게 배치하면 된다.

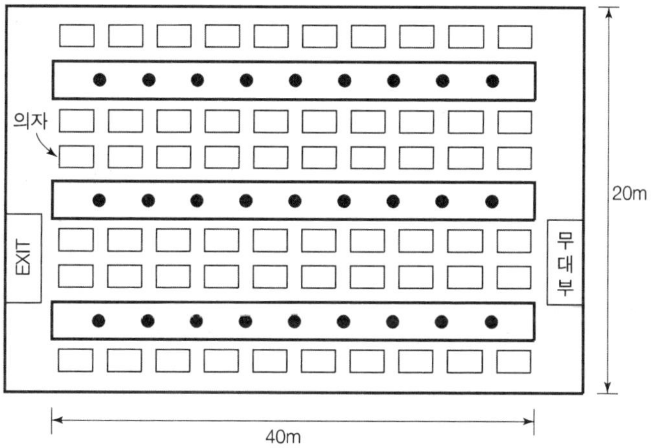

2) **객석 유도등의 설치제외장소**

① **채광**이 충분한 객석(**주간**에만 사용하는 장소)

② **통로 유도등**이 설치된 객석(거실 각 부분에서 거실 출입구까지의 **보행거리 20m** 이하)

06

피난구 유도등에 관한 다음 물음에 답하시오.

1) 피난구 유도등의 2선식 배선방식과 3선식 배선방식의 미완성 결선도를 완성하시오.

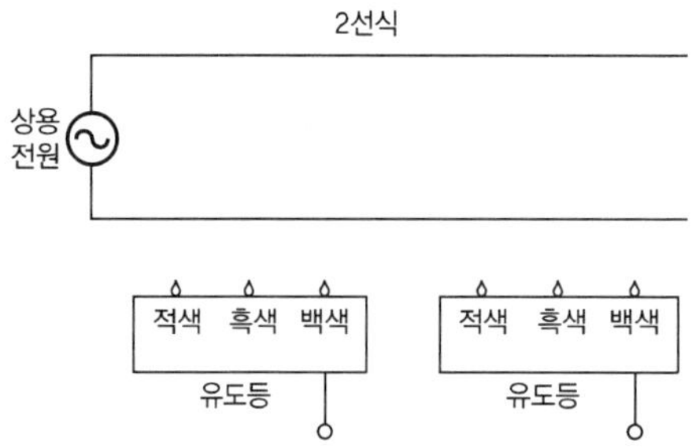

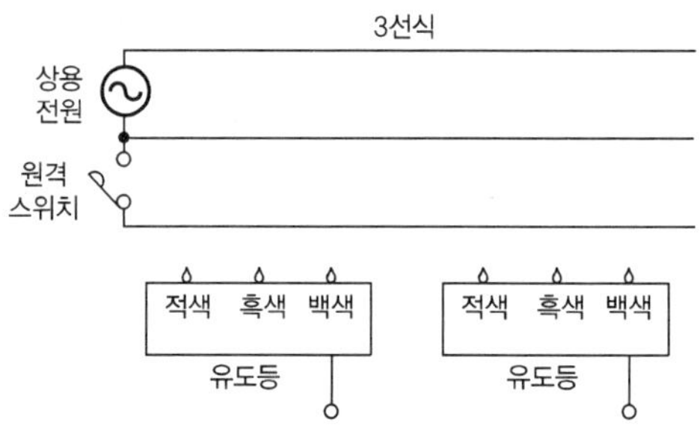

2) 피난구 유도등의 2선식 배선방식과 3선식 배선방식의 차이점을 설명하시오.

구 분	2선식	3선식
점등상태		
충전상태		

정답

1) 결선도

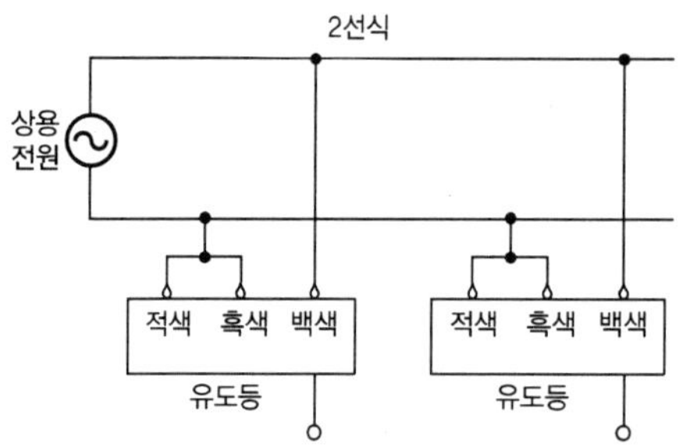

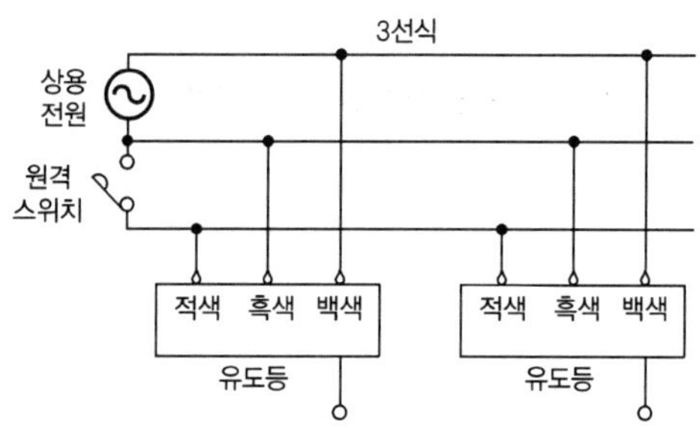

2) 결선도

구 분	2선식	3선식
점등상태	평상시 및 화재시 : 항상 점등	평상시 : 소등(원격스위치 ON 점등) 화재시 : 점등
충전상태	평상시 : 항상 충전 화재시 : 방전	평상시 : 항상 충전 화재시 : 방전

Solution

2선식 배선과 3선식 배선의 비교

구 분	2선식 배선	3선식 배선
배선형태	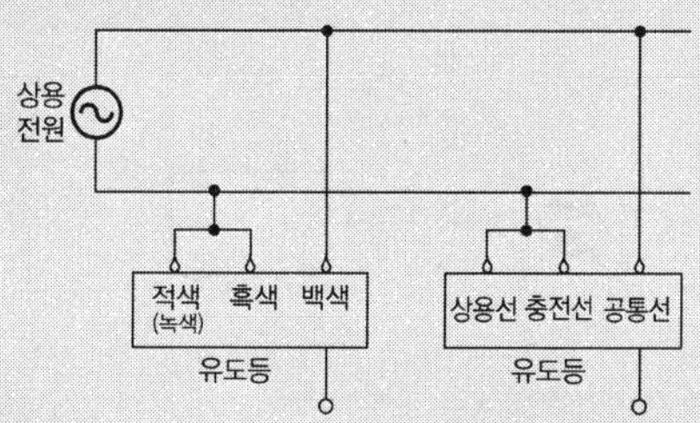	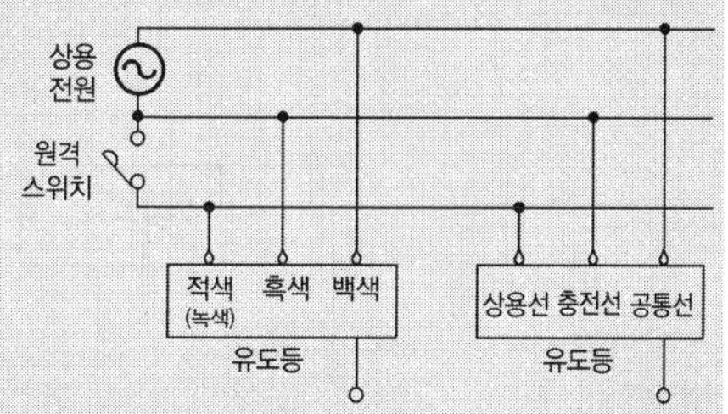
점등상태	평상시 : **상용전원**에 의해 점등 화재시 : **비상전원**에 의해 점등	평상시 : 소등(원격스위치 ON시 **상용전원**에 의해 점등) 화재시 : **비상전원**에 의해 점등
충전상태	평상시 : 항상 충전 화재시 : 충전되지 않고 방전	평상시 : 항상 충전 화재시 : 충전되지 않고 방전
장 점	배선 절약 외관 상태로 고장식별 가능	에너지 절약 등기구 수명 연장
단 점	에너지 소모 많음 등기구 수명 단축	배선 소요 많음 외관 상태로 고장식별 곤란

07

다음의 그림은 자동화재탐지설비의 수신기와 유도등의 3선식 배선 결선도이다. 기호 A, B의 가닥수와 배선의 용도를 구하시오.

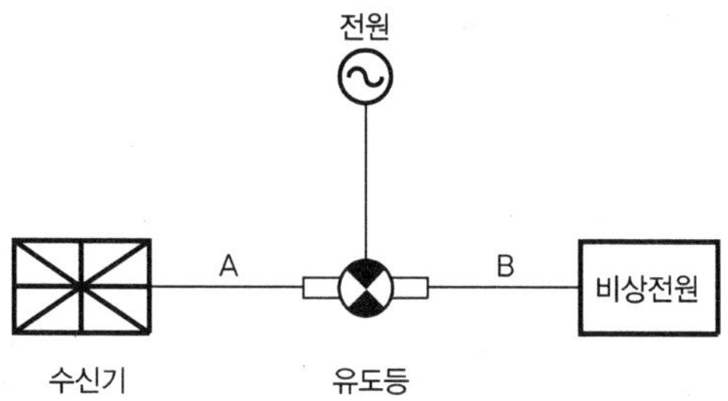

정답

A : 2가닥(충전선 1, 상용선 1)

B : 2가닥(공통선 1, 충전선 1)

Solution

실제 배선도

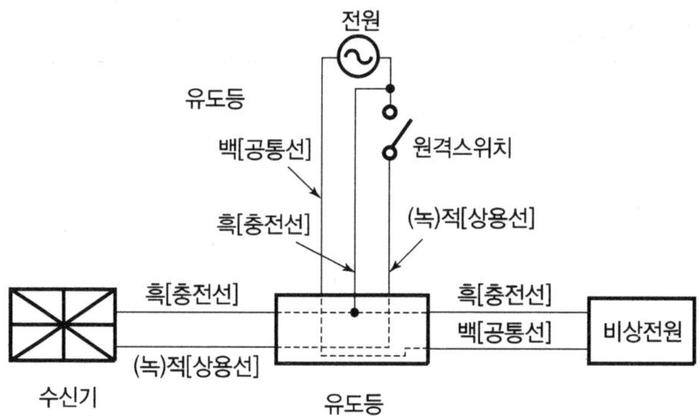

① 수신기에는 **충전선 1, 상용선 1**이 연결된다.

② 비상선원에는 **공통선 1, 충전선 1**이 연결된다.

08

유도등은 항상 점등상태를 유지할 수 있는 2선식 배선이 원칙이나 상시 충전되는 구조에는 3선식 배선을 할 수 있다. 3선식 배선의 설치가능 장소와 자동점등조건에 대해서 설명하시오.

정답

1) 설치가능 장소
   ① 외부광에 따라 피난구 또는 피난방향을 쉽게 식별할 수 있는 장소
   ② 특정소방대상물의 관계인 또는 종사원이 주로 사용하는 장소(전기실 등)
   ③ 공연장, 암실 등 어두워야 할 필요가 있는 장소
   ④ 특정소방대상물 또는 그 부분에 사람이 없는 경우(무인 변전실 등)

2) 자동점등조건
   ① 자동화재탐지설비의 감지기 또는 발신기가 작동되는 때
   ② 비상경보설비의 발신기가 작동되는 때
   ③ 자동소화설비가 작동되는 때
   ④ 상용전원이 정전되거나 전원선이 단선되는 때
   ⑤ 방재센타에서 수동으로 점등하는 때

Solution

3선식 배선 [외.관.공.사/자.비.자.상.방]

구분	내용
설치가능 장소	• **외**부광에 따라 피난구 또는 피난방향을 쉽게 식별할 수 있는 장소 • 특정소방대상물의 **관**계인 또는 종사원이 주로 사용하는 장소(전기실 등) • **공**연장, 암실 등 어두워야 할 필요가 있는 장소 • 특정소방대상물 또는 그 부분에 **사**람이 없는 경우(무인 변전실 등)
자동점등조건	• **자**동화재탐지설비의 감지기 또는 발신기가 작동되는 때 • **비**상경보설비의 발신기가 작동되는 때 • **자**동소화설비가 작동되는 때 • **상**용전원이 정전되거나 전원선이 단선되는 때 • **방**재센타에서 수동으로 점등하는 때
장 · 단점	• 평상시 소등 가능하여 등기구 수명 연장 가능하며 에너지 절약 가능 • 외관상태로는 고장상태 식별곤란 → 유지관리 미흡 시 인명피해가 가중됨

09

피난유도선의 종류 중 축광방식의 기능과 설치기준을 쓰시오.

정답

1) 축광방식 기능 – 햇빛이나 전등불에 따라 축광하는 방식
2) 축광방식 설치기준
   ① 바닥으로부터 높이 50cm 이하의 위치 또는 바닥 면에 설치
   ② 피난유도 표시부는 50cm 이내의 간격으로 연속되도록 설치
   ③ 외광 또는 조명장치, 비상조명등에 의하여 상시 조명이 제공되도록 설치
   ④ 부착대에 의하여 견고하게 설치할 것
   ⑤ 구획된 각 실로부터 주출입구 또는 비상구까지 설치할 것

Solution

1) 피난유도선의 종류
   ① 축광방식 – 햇빛이나 전등불에 따라 축광하는 방식
   ② 광원점등방식 – 전류에 따라 빛을 발하는 방식

2) 피난유도선의 설치기준(NFPC 303 제9조, NFTC 303 2.6)

축광방식	• 바닥으로부터 높이 50cm 이하의 **위치** 또는 바닥 면에 설치 • 피난유도 **표시부**는 50cm 이내의 간격으로 연속되도록 설치 • 외광 또는 조명장치, 비상조명등에 의하여 **상시 조명**이 제공되도록 설치 • **부착대**에 의하여 견고하게 설치할 것
광원점등방식	• 바닥으로부터 높이 1m 이하의 위치 또는 바닥 면에 설치할 것 • 피난유도 표시부는 50cm 이내의 간격으로 연속되도록 설치하되 실내장식물 등으로 설치가 곤란 시 1m 이내로 설치할 것 • 피난유도 **제어부**는 바닥으로부터 0.8~1.5m 이하 설치 • 수신기로부터의 **화재신호 및 수동조작**에 의하여 광원이 점등되도록 설치 • 비상전원이 상시 충전상태를 유지하도록 설치 • 바닥에 설치되는 피난유도 표시부는 매립하는 방식을 사용
공 통	• 구획된 각 실로부터 주출입구 또는 비상구까지 설치할 것

10

비상조명등설비에 관한 다음 물음에 답하시오.

1) 다음 빈칸을 완성하시오.

- 유도등은 평상시 (①)되어 있으나 비상조명등은 (②)되어 있고 비상전원으로 유도등은 (③)를, 비상조명등은 (④)를 인정한다.
- 충전전류 용량은 당해 비상조명등의 공칭용량의 (⑤)의 충전을 한 것을 (⑥) 비상점등(방전)한 후 정격전압으로 (⑦) 충전을 하는 경우 당해 비상조명등을 (⑧) 비상점등 할 수 있는 용량이어야 한다.

2) 비상조명등의 조도는 바닥에서 몇 lx 이상이어야 하는가?
3) 비상조명등의 비상전원용량은 얼마 이상되어야 하는가?
4) 휴대용 비상조명등의 설치기준을 4가지 쓰시오.
5) 휴대용 비상조명등의 배치기준을 쓰시오(단, 지하상가인 경우).

정답

1) 다음 빈칸을 완성하시오.

① 점등	② 소등	③ 축전지	④ 자가발전설비와 축전지, 전기저장장치
⑤ 150%	⑥ 12시간	⑦ 48시간	⑧ 20분 이상

2) 1 lx 이상

3) 비상전원용량
   (1) 60분 이상 작동
      ① 지하층을 제외한 11층 이상의 소방대상물
      ② 지하층 or 무창층으로 도・소매시장, 여객자동차터미널, 지하상가 또는 지하역사
      ③ 도로터널
   (2) 축전지(20분 이상 작동) – 그 외 소방대상물

4) 휴대용 비상조명등의 설치기준
   ① 외함은 난연성능이 있을 것
   ② 설치높이는 바닥으로부터 0.8m 이상 1.5m 이하의 높이에 설치할 것
   ③ 어둠속에서도 확인할 수 있도록 할 것
   ④ 사용시 자동으로 점등되는 구조일 것
   ⑤ 건전지는 방전방지조치를 하여야 하고, 충전식 배터리의 경우 상시 충전될 것
   ⑥ 건전지 및 충전식 배터리의 용량은 20분 이상 유효하게 사용할 수 있을 것

5) 보행거리 25m 이내마다 3개 이상 설치

Solution

1) **유도등과 비상조명등의 비교**

유도등은 평상시 **점등**되어 있으나 비상조명등은 **소등**되어 있고 유도등은 비상전원으로 **축전지**만을, 비상조명등은 **자가발전설비와 축전지** or **전기저장장치**를 인정하는 것이 차이다.

1-1) 축전지 공칭용량, 충전전류 용량 등의 시험(비상조명등 검정기술기준 12)

① 공칭용량은 **10시간율 전류**(축전지에 지정된 공칭용량치를 10으로 나누어 얻은 수치에 상당한 암페어수)로 10시간을 방전한 후 10시간율 전류로서 공칭용량의 150%에 상당하는 충전을 하고 다시 5시간율 전류로 **방전종지전압**(전지당 공칭전압의 80%)까지 방전하는 경우 **1시간** 이상 연속 방전되어야 한다.

② 충전전류 용량은 당해 비상조명등의 공칭용량의 **150%**의 충전을 한 것을 **12시간** 비상점등(방전)한 후 정격전압으로 **48시간** 충전을 하는 경우 당해 비상조명등을 **20분** 이상 비상점등 할 수 있는 용량이어야 한다.

2) **비상조명등의 조도**

비상조명등이 설치된 각 부분의 바닥에서 **1 lx** 이상일 것

3) **비상조명등의 비상전원용량**

비상전원용량	특정 소방대상물
60분 이상	• 지하층을 제외한 11층 이상의 소방대상물 • 지하층 또는 무창층으로 도·소매시장, 여객자동차 터미널, 지하상가 또는 지하역사 등 • 도로터널(NFPC 603 제10조)
20분 이상	• 그 밖의 소방대상물

4) **휴대용 비상조명등 설치기준**

① **외함**은 **난연성능**이 있을 것

② 설치높이는 **바닥**으로부터 **0.8m 이상 1.5m 이하**의 높이에 설치할 것

③ **어둠**속에서도 확인할 수 있도록 할 것

④ 사용시 **자동으로 점등**되는 구조일 것

⑤ **건전지**는 **방전방지조치**를 하여야 하고, **충전식 배터리**의 경우 상시 **충전**될 것

⑥ **건전지 및 충전식 배터리**의 용량은 **20분 이상 유효**하게 사용할 수 있을 것

5) **휴대용 비상조명등 배치기준**

① 숙박시설, 다중이용업소－객실 또는 영업장 안의 구획된 실마다 1개 이상 설치

② 대규모 점포(ex. 백화점, 대형점, 쇼핑센터) 및 영화상영관－보행거리 50m 이내마다 3개 이상 설치

③ 지하상가 및 지하역사－보행거리 25m 이내마다 3개 이상 설치

CHAPTER 03

소화활동설비

과년도 문제분석

1. 상세분류

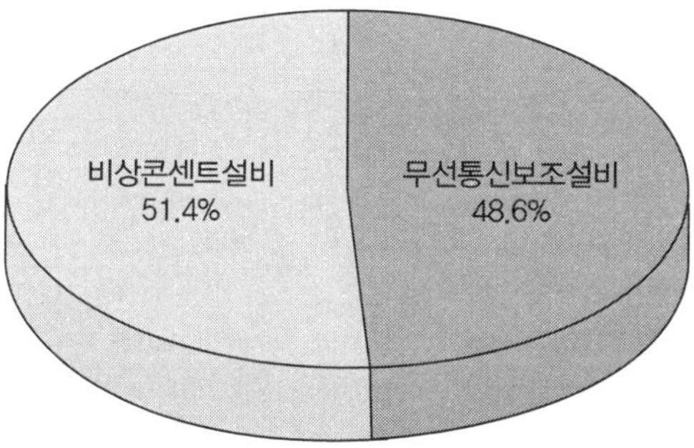

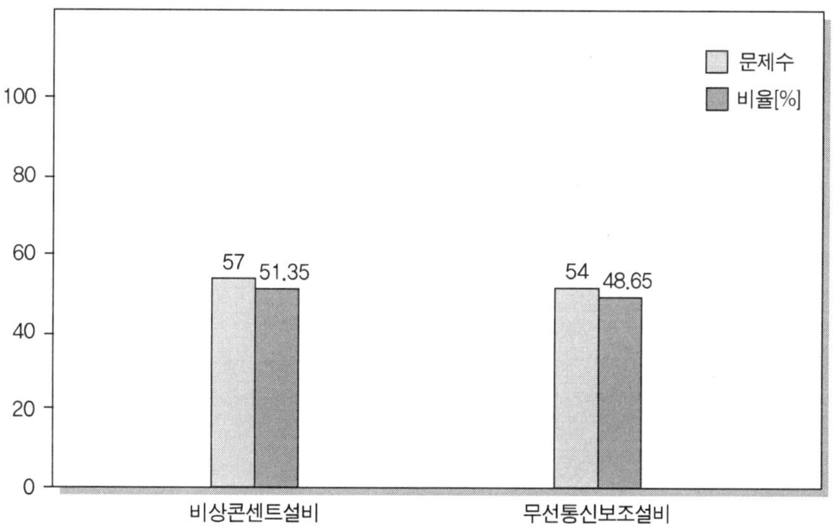

2. 문제유형

소화활동설비 과년도 문제분석(1996~2022년)

번호	출제년도	문항	시설분류	상세분류(대)	상세분류(중)	문제유형	회수	출제비율
1	2020.05.24	16	소화활동설비	무선통신설비	누설동축케이블	누설동축케이블의 기호	54	48.6%
2	2008.11.02	11	소화활동설비	무선통신설비	누설동축케이블	누설동축케이블의 기호		
3	2014.11.01	10	소화활동설비	무선통신설비	누설동축케이블	설치기준		
4	2013.07.14	12	소화활동설비	무선통신설비	누설동축케이블	설치기준		
5	2012.07.08	3	소화활동설비	무선통신설비	누설동축케이블	설치기준		
6	2003.04.27	9	소화활동설비	무선통신설비	배선기호	옥내배선용 그림기호(무통심벌)		
7	2002.10.27	5	소화활동설비	무선통신설비	배선기호	옥내배선용 그림기호(무통심벌)		
8	2000.04.23	9	소화활동설비	무선통신설비	배선기호	옥내배선용 그림기호(무통심벌)		
9	1999.11.21	11	소화활동설비	무선통신설비	배선기호	옥내배선용 그림기호(무통심벌)		
10	1999.09.19	8	소화활동설비	무선통신설비	배선기호	옥내배선용 그림기호(무통심벌)		
11	1998.02.27	6	소화활동설비	무선통신설비	배선기호	옥내배선용 그림기호(무통심벌)		
12	1997.08.24	11	소화활동설비	무선통신설비	배선기호	옥내배선용 그림기호(무통심벌)		
13	1997.01.26	8	소화활동설비	무선통신설비	배선기호	옥내배선용 그림기호(무통심벌)		
14	1996.05.19	10	소화활동설비	무선통신설비	배선기호	옥내배선용 그림기호(무통심벌)		
15	2013.07.14	10	소화활동설비	무선통신설비	설치기준	무반사종단저항 설치목적		
16	2015.04.19	11	소화활동설비	무선통신설비	배선기호	설치기준		
17	2013.11.09	7	소화활동설비	무선통신설비	설치기준	설치기준		
18	2005.05.01	14	소화활동설비	무선통신설비	설치기준	설치기준(LCX)		
19	1996.11.17	8	소화활동설비	무선통신설비	설치기준	설치기준(LCX,무반사종단저항,이격거리,임피던스)		
20	2021.07.10	8	소화활동설비	무선통신설비	설치기준	설치기준(무반사종단저항 설치위치, 설치목적)		
21	2022.11.19	14	소화활동설비	무선통신설비	설치기준	설치기준(무반사종단저항)		
22	2010.10.30	2	소화활동설비	무선통신설비	설치기준	설치기준(무반사종단저항)		
23	2002.07.07	11	소화활동설비	무선통신설비	설치기준	설치기준(무반사종단저항)		
24	2005.10.23	13	소화활동설비	무선통신설비	설치기준	설치기준(무반사종단저항)		
25	1997.11.16	10	소화활동설비	무선통신설비	설치기준	설치기준(무반사종단저항, 전원용량, 증폭기)		
26	2020.11.29	4	소화활동설비	무선통신설비	설치기준	설치기준(무반사종단저항,증폭기,무선기기접속단자)		
27	2004.04.25	11	소화활동설비	무선통신설비	설치기준	설치기준(무반사종단저항, 비상전원용량 등)		
28	2019.06.29	2	소화활동설비	무선통신설비	설치기준	설치기준(무선기기 접속단자)		
29	2014.04.20	15	소화활동설비	무선통신설비	설치기준	설치기준(무선기기 접속단자)		
30	2004.10.31	1	소화활동설비	무선통신설비	설치기준	설치기준(무선기기 접속단자)		
31	2011.11.13	13	소화활동설비	무선통신설비	설치기준	설치기준(무선기기 접속단자), 임피던스 매칭		
32	2011.05.01	13	소화활동설비	무선통신설비	설치기준	설치기준(무선통신설비의 종류)		
33	2018.11.10	7	소화활동설비	무선통신설비	설치기준	설치기준(분배기)		
34	2006.04.23	6	소화활동설비	무선통신설비	설치기준	설치기준(분배기)		
35	2019.11.09	4	소화활동설비	무선통신설비	설치기준	설치기준(분배기, 분파기, 혼합기 용어설명)		
36	2012.04.22	7	소화활동설비	무선통신설비	설치기준	설치기준(분배기, 분파기, 혼합기 용어설명)		
37	2004.07.04	9	소화활동설비	무선통신설비	설치기준	설치기준(분배기, 분파기, 혼합기 용어설명)		
38	1998.11.15	14	소화활동설비	무선통신설비	설치기준	설치기준(이격거리, 접속단자, 케이블지지방법)		
39	2008.07.06	10	소화활동설비	무선통신설비	설치기준	설치기준(종합)		
40	1999.11.21	1	소화활동설비	무선통신설비	설치기준	설치기준(중계기)		

번호	출제년도	문항	시설분류	상세분류(대)	상세분류(중)	문제유형	회수	출제비율
41	2006.11.05	5	소화활동설비	무선통신설비	설치기준	설치기준(증폭기)	54	48.6%
42	2006.07.09	5	소화활동설비	무선통신설비	설치기준	설치기준(증폭기)		
43	2003.07.13	9	소화활동설비	무선통신설비	설치기준	설치기준(증폭기)		
44	2001.11.04	2	소화활동설비	무선통신설비	설치기준	설치기준(증폭기)		
45	2000.11.12	1	소화활동설비	무선통신설비	설치기준	설치기준(증폭기)		
46	2000.08.13	2	소화활동설비	무선통신설비	설치기준	설치기준(증폭기)		
47	2000.02.20	6	소화활동설비	무선통신설비	설치기준	설치기준(증폭기)		
48	1996.01.21	4	소화활동설비	무선통신설비	설치기준	설치기준(증폭기)		
49	1997.05.11	2	소화활동설비	무선통신설비	설치기준	설치기준(증폭기)		
50	1998.05.10	10	소화활동설비	무선통신설비	설치기준	설치기준(증폭기)		
51	2003.10.26	1	소화활동설비	무선통신설비	설치기준	설치기준(증폭기, 무선기 접속단자)		
52	2003.10.26	2	소화활동설비	무선통신설비	설치기준	설치기준(증폭기, 무선기 접속단자)		
53	2011.07.24	3	소화활동설비	무선통신설비	설치기준	설치기준(증폭기, 임피던스 등)		
54	1999.05.30	5	소화활동설비	무선통신설비	설치기준	설치기준, 옥내배선용 그림기호		
55	2011.05.01	1	소화활동설비	비상콘센트	계산	전류, 전력용콘덴서, 접지공사 종류	57	51.4%
56	2006.11.05	13	소화활동설비	비상콘센트	계산	허용전류 계산		
57	2013.07.14	4	소화활동설비	비상콘센트	계산	허용전류 계산, 비상콘센트함 개수		
58	2021.07.10	14	소화활동설비	비상콘센트	계산	회로수 계산		
59	2020.11.29	14	소화활동설비	비상콘센트	계산	회로수 계산		
60	2012.04.22	9	소화활동설비	비상콘센트	계산	회로수 계산		
61	2004.04.25	4	소화활동설비	비상콘센트	계산	회로수 계산		
62	2012.11.03	5	소화활동설비	비상콘센트	계통도	계통도작성		
63	2016.04.17	1	소화활동설비	비상콘센트	비상전원	비상전원설치제외기준		
64	2019.04.14	13	소화활동설비	비상콘센트	설치기준	비상콘센트 보호함의 설치기준		
65	2013.11.09	14	소화활동설비	비상콘센트	설치기준	비상콘센트 보호함의 설치기준		
66	2013.07.14	11	소화활동설비	비상콘센트	설치기준	비상콘센트 보호함의 설치기준		
67	2012.11.03	2	소화활동설비	비상콘센트	설치기준	설치기준		
68	1999.01.31	7	소화활동설비	비상콘센트	설치기준	설치기준(LCX, 무선기 접속단자, 증폭기)		
69	2020.11.15	1	소화활동설비	비상콘센트	설치기준	설치기준(공급용량, 절연저항)		
70	2007.07.08	13	소화활동설비	비상콘센트	설치기준	설치기준(목적, 배선, 접지공사, 회로수)		
71	2019.04.14	15	소화활동설비	비상콘센트	설치기준	설치기준(목적, 접지공사, 가닥수, 전류계산)		
72	2010.07.04	7	소화활동설비	비상콘센트	설치기준	설치기준(목적, 접지공사, 가닥수, 전류계산)		
73	2001.11.04	14	소화활동설비	비상콘센트	설치기준	설치기준(목적, 접지저항, 가닥수)		
74	1996.11.17	2	소화활동설비	비상콘센트	설치기준	설치기준(배선, 분기차단기)		
75	1997.11.16	13	소화활동설비	비상콘센트	설치기준	설치기준(배선, 절연저항, 개수, 그림기호)		
76	2001.04.22	14	소화활동설비	비상콘센트	설치기준	설치기준(보호함)		
77	1999.05.30	14	소화활동설비	비상콘센트	설치기준	설치기준(보호함)		
78	2014.07.06	4	소화활동설비	비상콘센트	설치기준	설치기준(비상전원,절연저항 측정방법)		
79	1999.01.31	7	소화활동설비	비상콘센트	설치기준	설치기준(LCX, 무선기 접속단자, 증폭기)		
80	2011.07.24	12	소화활동설비	비상콘센트	설치기준	설치기준(상용전원회로의 배선 분기)		
81	2021.04.24	11	소화활동설비	비상콘센트	설치기준	설치기준(설치대상)		
82	2018.04.14	1	소화활동설비	비상콘센트	설치기준	설치기준(설치대상)		
83	2003.10.26	3	소화활동설비	비상콘센트	설치기준	설치기준(설치대상, 절연저항)		
84	2000.04.23	5	소화활동설비	비상콘센트	설치기준	설치기준(설치대상, 절연저항)		
85	1997.05.11	11	소화활동설비	비상콘센트	설치기준	설치기준(설치대상, 절연저항, 검상시험방법)		
86	1997.01.26	10	소화활동설비	비상콘센트	설치기준	설치기준(용량)		
87	2012.07.08	4	소화활동설비	비상콘센트	설치기준	설치기준(용량, 그림기호(심벌), 절연저항)		
88	1998.11.15	5	소화활동설비	비상콘센트	설치기준	설치기준(용량, 절연저항, 심벌)		

번호	출제년도	문항	시설분류	상세분류(대)	상세분류(중)	문제유형	회수	출제비율
89	2000.11.12	12	소화활동설비	비상콘센트	설치기준	설치기준(전압, 용량)	57	51.4%
90	1996.09.01	2	소화활동설비	비상콘센트	설치기준	설치기준(전압, 용량)		
91	1996.05.19	5	소화활동설비	비상콘센트	설치기준	설치기준(전압, 용량, 개수, 그림기호(심벌))		
92	2010.04.17	10	소화활동설비	비상콘센트	설치기준	설치기준(전용배선의 분기점)		
93	1999.11.21	8	소화활동설비	비상콘센트	설치기준	설치기준(전용배선의 분기점)		
94	1997.08.24	2	소화활동설비	비상콘센트	설치기준	설치기준(전용배선의 분기점)		
95	2014.04.20	8	소화활동설비	비상콘센트	설치기준	설치기준(전원, 배선용차단기 등)		
96	2011.05.01	4	소화활동설비	비상콘센트	설치기준	설치기준(전원, 절연저항, 심벌)		
97	2005.10.23	3	소화활동설비	비상콘센트	설치기준	설치기준(전원, 절연저항, 심벌)		
98	2003.07.13	1	소화활동설비	비상콘센트	설치기준	설치기준(전원, 절연저항, 심벌)		
99	2008.04.20	6	소화활동설비	비상콘센트	설치기준	설치기준(전원회로)		
100	2019.04.14	1	소화활동설비	비상콘센트	설치기준	설치기준(전원회로, 공급용량)		
101	2022.05.07	1	소화활동설비	비상콘센트	설치기준	설치기준(전원회로, 분기배선용차단기)		
102	2018.06.30	8	소화활동설비	비상콘센트	설치기준	설치기준(전원회로, 전용회로 등)		
103	2017.11.11	11	소화활동설비	비상콘센트	설치기준	설치기준(전원회로, 절연저항값, 절연내력방법)		
104	2020.10.17	3	소화활동설비	비상콘센트	설치기준	설치기준(접지공사, 접지저항)		
105	2004.07.04	5	소화활동설비	비상콘센트	설치기준	설치기준(접지공사, 접지저항)		
106	2001.07.15	9	소화활동설비	비상콘센트	설치기준	설치기준(접지공사, 접지저항)		
107	2008.11.02	12	소화활동설비	비상콘센트	설치기준	설치기준(접지극 몇종 공사, 접지저항)		
108	2003.04.27	11	소화활동설비	비상콘센트	설치기준	설치기준(종합)		
109	2013.04.21	16	소화활동설비	비상콘센트	설치기준	설치기준(플러스접속기, 개수, 절연저항)		
110	1998.08.30	8	소화활동설비	비상콘센트	설치기준	설치기준(플러그접속기, 개수, 절연저항)		
111	2020.07.25	10	소화활동설비	비상콘센트	설치기준	설치대상, 설치개수		

연습문제 풀이 및 해설

01

비상콘센트설비에 관한 다음 물음에 답하시오.

1) 다음 빈칸을 완성하시오.

> 비상콘센트설비는 화재시 소방대가 활동하기 위한 (①)나 (②)의 장비에 (③)을 공급하기 위한 설비를 말한다.

2) 비상콘센트를 설치하여야 할 특정소방대상물 3가지를 쓰시오.
3) 저압, 고압 수전인 경우 상용전원회로의 배선은 어느 곳에서 분기해서 전용으로 배선해야 하는가?
4) 비상콘센트설비의 그림기호를 쓰시오.
5) 단상 전원회로 공급용량은 얼마 이상인가?
6) 전원으로부터 각 층의 비상콘센트에 분기되는 경우에 보호함 안에 설치해야 하는 설비는 무엇인가?
7) 하나의 전용회로에 사용되는 전선용량은 어떻게 구하는지 쓰시오.
8) 플러그접속기는 구체적으로 어떤 형(종류)을 사용하는지 쓰시오.
9) 플러그접속기의 칼받이 접지극에 대한 접지공사 종류 및 접지저항을 쓰시오.
10) 아파트 또는 바닥면적이 1,000m^2 미만인 층의 비상콘센트의 배치는 계단의 출입구로부터 몇 m 이내이어야 하는가?
11) 전원회로의 배선과 그 밖의 회로의 배선종류에 대해서 쓰시오.
12) 비상콘센트설비의 절연저항 측정기기 및 판정기준에 대해서 쓰시오.
13) 비상콘센트설비의 절연내력 방법 및 판정기준에 대해서 쓰시오.
14) 지상 20층인 건물에 비상콘센트를 설치하여야 할 층에 2개씩 설치한다면 비상콘센트는 몇 개가 필요한지 직접 계통도에 그려 넣으시오. 이 때, 몇 회로 몇 가닥이 필요한가?

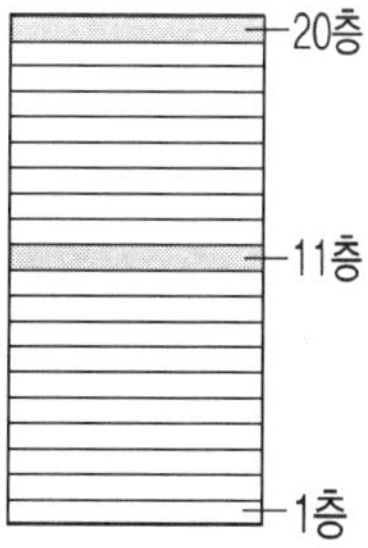

문제 14)번 그림

15) 단상 교류에 5kW 펌프를 연결하여 운전하면 몇 A의 전류가 흐르는가? (단, 역률은 65%이다.)
16) 비상콘센트설비의 비상전원에 대해서 쓰시오.
17) 비상콘센트설비의 비상전원 제외기준에 대해서 쓰시오.
18) 비상콘센트설비의 보호함 설치기준에 대해서 쓰시오.

정답

1) ① 조명설비 ② 소화활동설비 ③ 전원

2) 비상콘센트설비의 설치대상

① 11층 이상의 층

② 지하 3층 이상이고 지하층의 바닥면적 합계가 1,000m^2 이상인 것은 지하 전층

③ 지하가중 터널길이 500m 이상

3) 상용전원 전용분기배선방식

① 저압수전 - 인입개폐기 직후부터 분기하여 전용배선

② 고압수전 - 전력용 변압기 2차측의 주차단기 1차측 또는 2차측에서 분기하여 전용배선

4) 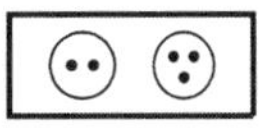

5) 1.5kVA 이상

6) 분기배선용 차단기

7) 비상콘센트(3개 이상인 경우 3개)의 공급용량을 합한 용량 이상일 것

8) 접지형

9) ~~제3종 접지공사, 100Ω 이하~~ - 보호접지공사(등전위 본딩), 기준 없음

10) 5m 이내

11) 배선

① 전원회로 - 내화배선

② 그 밖의 배선 - 내화 또는 내열배선

12) 절연저항

① 측정기기 - 500V 절연저항계

② 판정기준 - 전원부와 외함 사이는 20MΩ 이상일 것

13) 절연내력

① 정격전압 150V 이하 : 1000V 실효전압을 1분 이상 견딜 수 있을 것

② 정격전압 150V 초과 : (정격전압 × 2) + 1000V 실효전압을 1분 이상 견딜 것

14) 단상 2회로(4가닥) → 총 4가닥

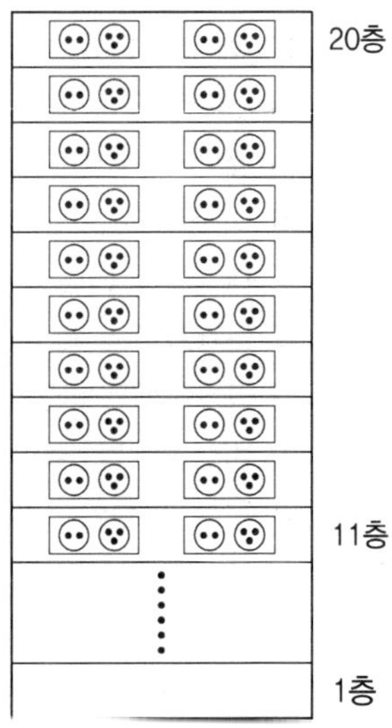

[문제 14)번 정답그림]

15) $I = \dfrac{P}{V\cos\theta} = \dfrac{5\times10^3}{220\times0.65} = 34.965\ \text{A}$

16) 비상전원

① 자가발전설비 ② 축전지설비

③ 전기저장장치 ④ 비상전원수전설비

17) 비상전원 제외기준

① 둘 이상의 변전소에서 전력을 동시 공급받는 경우

② 하나의 변전소에서 전력공급이 중단될 때 자동으로 타변전소에서 전력공급이 가능한 상용전원 설치

18) 보호함의 설치기준

① 쉽게 개폐할 수 있는 문을 설치할 것

② 표면에 "비상콘센트"라고 표시한 표지를 할 것

③ 상부에 적색의 표시등을 설치할 것

Solution

1) **비상콘센트설비의 개요**

고층건물 화재시 전원 개폐장치의 단락 등으로 **11층 이상**이나 **지하 3층 이상**은 소화활동에 어려움이 발생한다. 따라서 화재시 소방대가 활동하기 위한 **조명설비**나 **소화활동설비**의 장비에 **전원**을 공급하기 위한 설비를 말한다.

2) **비상콘센트설비의 설치대상**(소방시설법 시행령 별표 4)

설치대상	조건
지상층	**11층 이상**
지하전층	**지하 3층 이상**이고, 지하층 바닥면적 합계가 1,000m^2 이상
지하가중 터널	길이 500m 이상

3) **비상콘센트설비의 상용전원 전용분기배선방식**

상용전원	
저압수전	**고압, 특별고압 수전**
• **인입개폐기 직후**에서 분기하여 전용배선으로 할 것	• **전력용 변압기 2차측의 주차단기 1차측 또는 2차측**에서 분기하여 전용배선으로 할 것

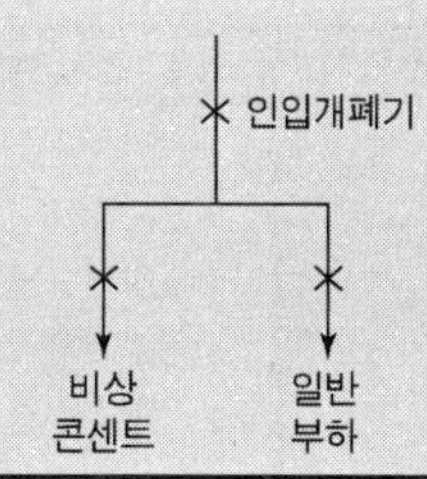

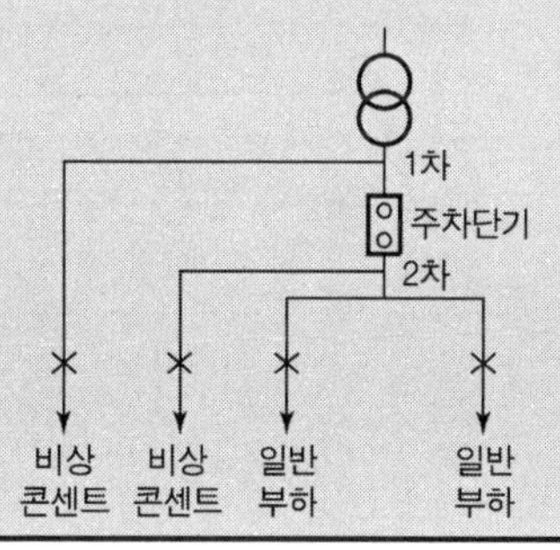

4) **비상콘센트설비의 그림기호**

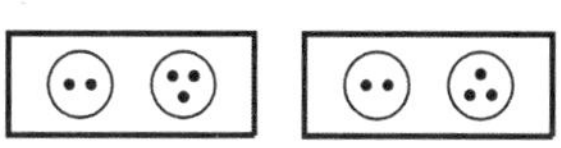

[옳은 심벌] [틀린 심벌]

5) **비상콘센트설비의 전원회로 공급용량**

단상 교류 220V인 것 : 공급용량은 **1.5kVA 이상**

6) **배선용 차단기**

① 전원으로부터 각 층의 비상콘센트에 분기되는 경우에는 **분기배선용 차단기**를 보호함 안에 설치할 것

② 콘센트마다 배선용 차단기(KS C 8321)를 설치하여야 하며, 충전부가 노출되지 않도록 할 것

7) **하나의 전용회로**에 사용하는 **전선용량**

① 하나의 전용회로에 설치하는 비상콘센트는 **10개 이하**로 할 것

② 이때 전선의 용량은 각 비상콘센트(3개 이상인 경우 **3개**)의 공급용량을 합한 용량 이상일 것

8), 9) **비상콘센트설비의 플러그접속기**

① 단상 교류 220V의 것 : **접지형 2극** 플러그접속기(KS C 8305)

② 비상콘센트의 플러그접속기의 칼받이의 접지극에는 **접지공사**를 해야 한다.

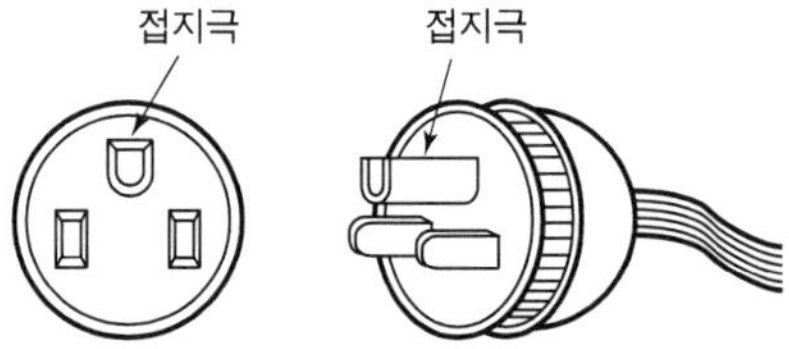

▲단상 교류

③ 접지공사의 종류－접지종별 및 접지저항 기준 폐지(KEC 140)(2021.1.1. 시행)

접지대상	현행 접지방식	KEC 접지방식
(특)고압 설비	1종 : 접지저항 10Ω	• 계통접지 : TN, TT, IT 계통 • 보호접지 : 등전위본딩 등 • 피뢰시스템접지
600V 이하 설비	특3종 : 접지저항 10Ω	
400V 이하 설비	3종 : 접지저항 10Ω	
변압기	2종 : 150/1선지락전류	'변압기 중성점 접지'로 명칭 변경

접지대상	현행 접지도체 최소단면적	KEC 접지/보호도체 최소단면적
(특)고압 설비	1종 : 6.0mm^2 이상	상도체 단면적 S(mm^2)에 따라 선정 • $S \le 16$: S • $16 < S \le 35$: 16 • $35 < S$: S/2 또는 차단시간 5초 이하의 경우 • $S = \frac{\sqrt{I^2 t}}{k}$
600V 이하 설비	특3종 : 2.5mm^2 이상	
400V 이하 설비	3종 : 2.5mm^2 이상	
변압기	2종 : 16.0mm^2 이상	

10) **비상콘센트설비의 배치기준**

① 아파트 또는 바닥면적이 1,000m^2 미만인 층－계단의 출입구로부터 **5m** 이내에 설치

② 바닥면적 1,000m^2 이상인 층(아파트 제외)－계단의 출입구 또는 계단부속실의 출입구로부터 5m 이내에 설치

11) **비상콘센트설비의 배선**

① 전원회로－내화 배선

② 기타회로－내화 or 내열 배선

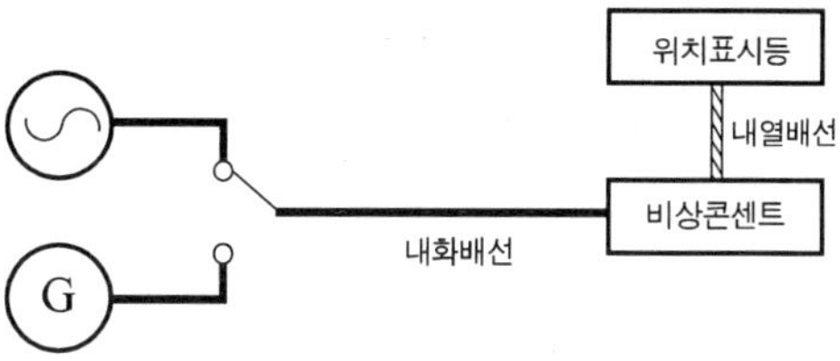

12), 13) **비상콘센트의 절연저항 및 절연내력의 기준**

구 분	기 준
절연저항	• 전원부와 외함 사이는 **500V 절연저항계**로 측정 시 **20MΩ** 이상일 것
절연내력	• 정격전압 150V 이하 : **1,000V** 실효전압을 **1분** 이상 견딜 수 있을 것 • 정격전압 150V 초과 : **(정격전압 × 2)+1,000V** 실효전압을 **1분** 이상 견딜 것

14) **비상콘센트설비 계통도**

① 단상 2회로(4가닥)

② 만약, 접지선이 있다면 단상 2회로(4가닥),
집지선 2가닥 → 총 6가닥

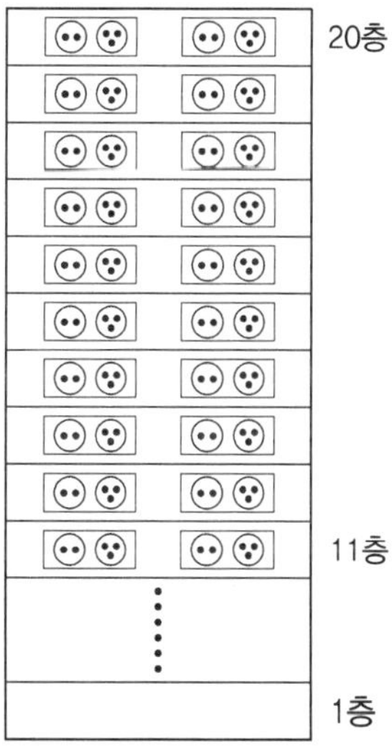

[문제 14)번 정답그림]

15) **전류 계산**

단상 전력 $P = VI\cos\theta$

여기서,

P : 단상 전력(kW), V : 전압(V), I : 전류(A), cosθ: 역률

$$I = \frac{P}{V\cos\theta} = \frac{5\times10^3}{220\times0.65} = 34.965\ \text{A}$$

주의 : 비상콘센트설비의 전원회로에서 **단상** 교류의 전압은 **220V**이다.

16) **비상콘센트설비의 비상전원**(NFPC 504 제4조제2항, NFTC 504 2.1.1.2)

① 자가발전설비

② 축전지설비

③ 전기저장장치

④ 비상전원수전설비

17) **비상콘센트설비의 비상전원 제외기준**

① **둘 이상**의 **변전소**에서 **전력**을 **동시공급** 받는 경우

② 하나의 변전소에서 전력공급이 중단될 때 자동으로 **타변전소**에서 **전력공급**이 **가능한 상용전원** 설치

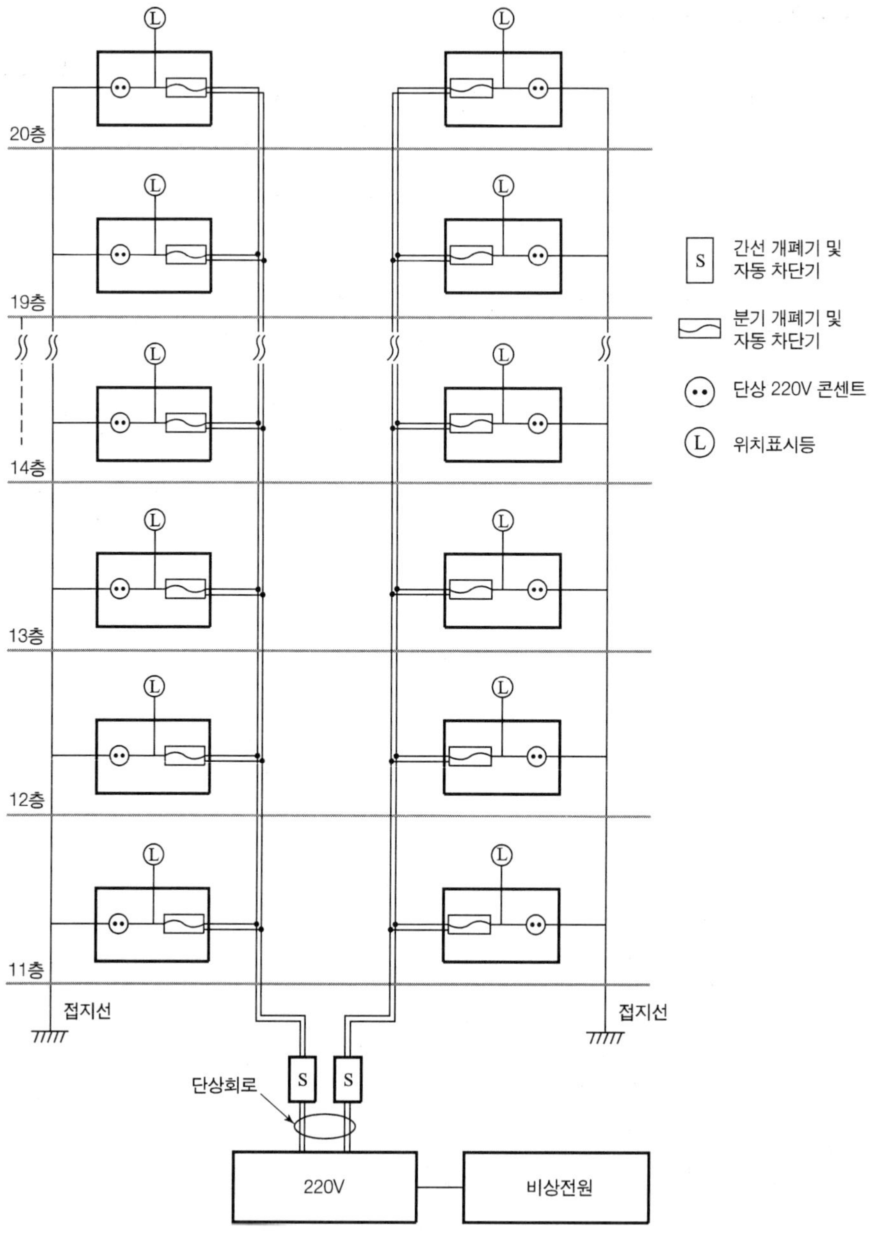

[문제14)번 비상콘센트설비 계통도]

18) **비상콘센트설비 보호함의 설치기준**

① 쉽게 개폐할 수 있는 **문**을 설치할 것

② **표면**에 "비상콘센트"라고 표시한 **표지**를 할 것

③ 상부에 **적색**의 **표시등**을 설치할 것(단, 비상콘센트의 보호함을 옥내소화전함 등과 접속하여 설치하는 경우에는 **옥내소화전함** 등의 **표시등**과 **겸용** 가능)

02

15층 건축물에 비상콘센트를 설치하여야 할 층에 1개씩 설치하였다. 다음 각 물음에 답하시오.

1) 간선의 허용전류를 구하시오(단, 역률은 0.7이며, 안전율은 1.25배를 적용한다).

2) 이 건축물에 설치하여야 할 비상콘센트 함의 개수는 몇 개인가?

정답

1) 간선의 허용전류

① 정격전류 $I_1 = \dfrac{(1.5 \times 10^3) \times 3\text{개}}{220} = 20.454 \fallingdotseq 20.45\,(\text{A})$

② 허용전류 $I_2 = 20.45 \times 1.25 = 25.562 \fallingdotseq 25.56\,(\text{A})$

2) 5개

Solution

1) **간선의 허용전류**

① 비상콘센트 설비의 전원회 공급용량 – **단상 220V 1.5kVA 이상**

② 전선의 용량은 비상콘센트의 공급용량을 합한 용량 이상으로 하되, 최대 **3개** 까지의 용량으로 한다.

③ 단상교류의 공급용량이 1.5kVA로서 단위가 kVA이므로 **역률을 적용하지 않는다.**

④ 단상 전력 $P = VI\cos\theta\,(\text{W})$에서 $\cos\theta = 1$이므로 $P = VI\,(\text{VA})$

⑤ 정격 전류 $I_1 = \dfrac{P}{V} = \dfrac{(1.5 \times 10^3) \times 3\text{개}}{220} = 20.454 \fallingdotseq 20.45\,(\text{A})$

⑥ 허용 전류 : 일반적으로 50A 이하이면 1.25배를 적용하고 50A를 초과하면 1.1배 안전율을 적용하는데 조건에서 안전율을 1.25배를 적용한다고 했으므로 1.25배를 적용한다.

$I_2 = 1.25\text{배} \times \text{정격전류} = 1.25 \times 20.45 = 25.562 \fallingdotseq 25.56\,(\text{A})$

2) **비상콘센트의 설치**

① 비상콘센트는 11층 이상의 층에 설치하여야 하므로 **11~15층**까지 설치하여야 한다.

② 전원회로는 각 층에 있어서 2이상 되도록 설치하여야 하나 조건에서 1개씩 설치하는 조건이므로 총 개수는 5개이다.

03

무선통신보조설비의 종류 3가지를 쓰고 간단히 설명하시오.

정답

1) 누설동축케이블 방식 : 동축케이블과 누설동축케이블을 조합한 것
2) 공중선 방식 : 동축케이블과 공중선을 조합한 것
3) 누설동축케이블과 공중선 혼합방식 : 누설동축케이블과 공중선방식을 혼합한 것

Solution

무선통신보조설비의 종류

종류	구성 및 특징
누설동축케이블	· 동축케이블+누설동축케이블 · **터널, 지하철역** 등 폭이 좁고 긴 지하가나 건축물 내부에 적합 · **전파를 균일하고 광범위하게 방사**할 수 있다. · 케이블이 외부에 노출되므로 **유지보수**가 **용이**하다. 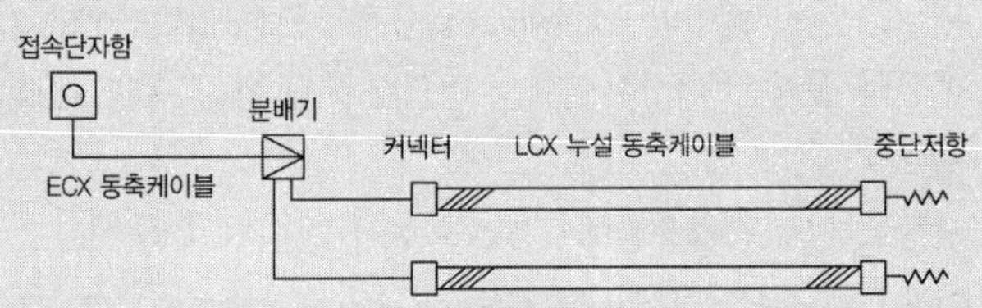
공중선	· 동축케이블+공중선(안테나) · 장애물이 적은 **대강당, 극장** 등에 적합 · 말단에서는 전파의 강도가 떨어져서 통화의 어려움이 있다. · 누설 동축케이블 방식보다 **경제적**이다. · 케이블을 반자 내 은폐할 수 있으므로 화재 시 영향이 적고 미관을 해치지 않는다. 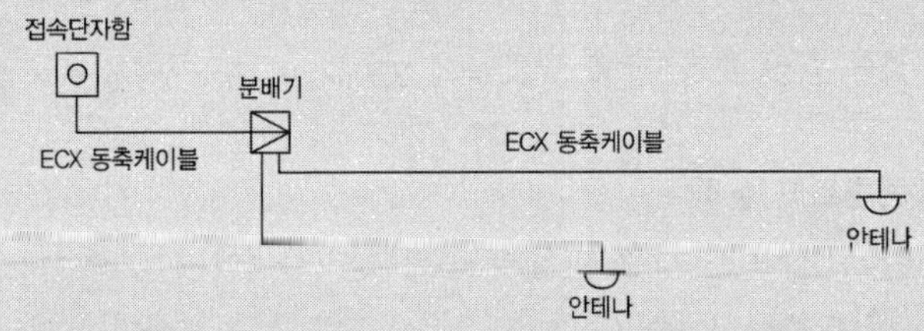
누설동축케이블 및 공중선	· 누설동축케이블의 장점과 공중선의 장점을 이용 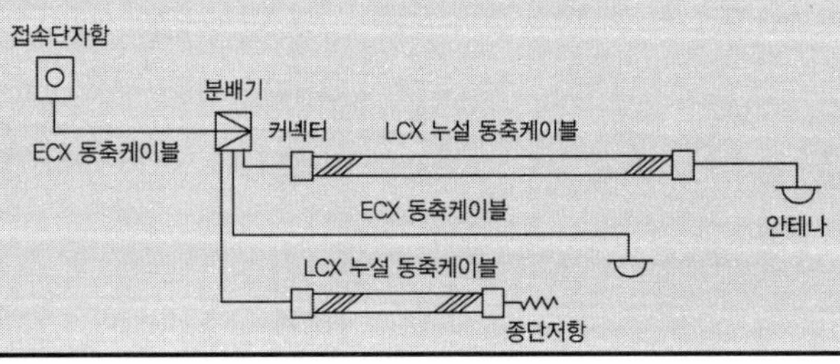

04

무선통신보조설비의 누설동축케이블 기호가 뜻하는 것이 무엇인지 쓰시오.

L C X	–	F R	–	S S	–	32	C	–	14	6
①		②		③		④	⑤		⑥	⑦

정답

① 누설동축케이블　② 난연성(내열성)　③ 자기지지　④ 절연체 외경
⑤ 특성임피던스　⑥ 사용주파수　⑦ 결합손실표시

Solution

누설동축케이블 기호 표시

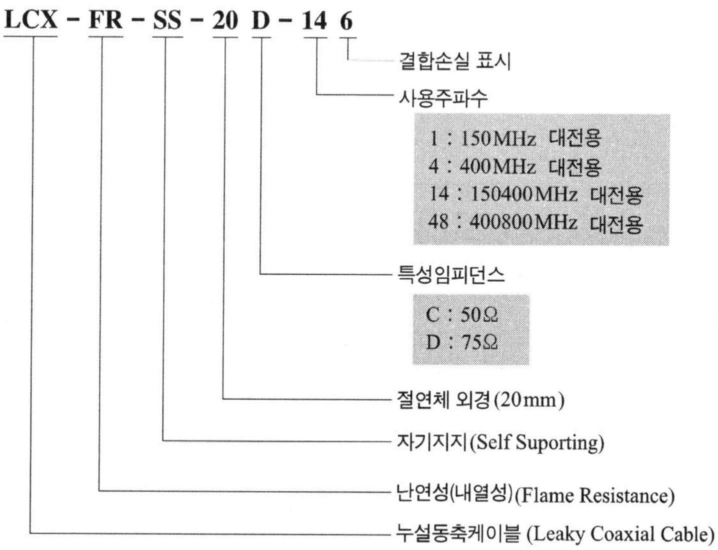

05

무선통신보조설비에 관한 다음 각 물음에 답하시오.

1) 다음 각 기호의 명칭을 쓰시오.

2) 안테나의 기호를 그리시오(내열형도 같이 그릴 것).

3) 누설동축케이블을 천장에 은폐하는 경우의 그림기호를 그리시오.

정답

1) ① 무선기접속단자(소방용) ② 분배기 ③ 혼합기 ④ 분기기

2) • 안테나 :  • 안테나(내열형) : 

3) — – —

Solution

옥내배선기호

누설동축케이블	———	• 천장에 은폐하는 경우 : — – —
안테나		• 내열형 : 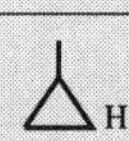
혼합기		
분배기	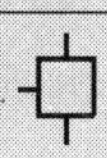	
분파기(필터포함)		
분기기	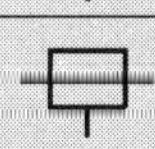	
무선기 접속단자		• 소방용 : 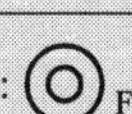 • 경찰용 :  • 자위용 : 

06

누설동축케이블 등의 설치기준에 관한 다음 물음에 답하시오.

1) 누설동축케이블의 끝부분에는 어떤 종류의 저항을 설치하여야 하고, 그 이유를 쓰시오.
2) 누설동축케이블 또는 동축케이블, 분배기, 분파기, 혼합기 등의 임피던스는 몇 Ω으로 해야 하는가?
3) 누설동축케이블은 몇 m 이내 마다 금속제 또는 자기제 등의 지지금구로 벽・천장・기둥 등에 견고하게 고정시켜하고, 다만 어떤 경우에는 그러지 않아도 되는가?
4) 누설동축케이블은 고압전로로부터 얼마이상 이격하여야 하는가? 다만 어떤 경우에는 그러지 않아도 되는가?
5) 증폭기의 비상전원은 몇 분 이상 유효하게 작동시킬 수 있어야 하는가?
6) 무선기 접속단자는 바닥으로부터 얼마의 위치에 설치해야 하는가?
7) 증폭기 전면에는 주회로 전원의 정상여부를 확인할 수 있는 무엇을 설치하여야 하는가?
8) 옥외안테나 설치기준을 쓰시오.
9) 무선통신보조설비의 분배기, 혼합기, 분파기 등의 설치기준을 3가지 쓰시오.

정답

1) 저항종류 : 무반사 종단저항
   이　　유 : 누설 동축케이블의 종단부에 전송된 전파는 케이블 종단에서 반사되어 교신을 방해하게 되고 송신효율이 떨어진다. 이를 방지하기 위해서 사용된다.
2) 50Ω
3) 4m 이내, 불연재료로 구획된 반자안에 설치할 경우
4) 1.5m 이상. 단, 정전기 차폐장치를 유효하게 설치한 경우
5) 30분 이상
6) 바닥으로부터 높이 0.8～1.5m 이하
7) 표시등, 전압계
8) 옥외안테나
   ① 건축물, 지하가, 터널 또는 공동구의 출입구 및 출입구 인근에서 통신이 가능한 장소에 설치할 것
   ② 다른 용도로 사용되는 안테나로 인한 통신장애가 발생하지 않도록 설치할 것
   ③ 옥외안테나는 견고하게 설치하며 파손의 우려가 없는 곳에 설치하고 그 가까운 곳의 보기 쉬운 곳에 '무선통신보조설비 안테나'라는 표시와 함께 통신 가능거리를 표시한 표지를 설치할 것
   ④ 수신기가 설치된 장소 등 사람이 상시 근무하는 장소에는 옥외 안테나의 위치가 모두 표시된 옥외안테나 위치표시도를 비치할 것

9) 분배기, 혼합기, 분파기
   ① 먼지, 습기, 부식 등에 의해 기능 이상하지 말 것
   ② 임피던스 50Ω으로 할 것
   ③ 점검 편리하고 화재로부터 피해가 없는 장소에 설치할 것

Solution

1) **무선통신보조설비의 설치기준**

(1) 무선통신보조설비
   ① **안테나 설치된 층**의 모든 부분 **통신 가능**할 것
   ② 상호통신 가능 구역
      - 옥외 안테나 무전기와 건축물내 무전기 간
      - 옥외 안테나 무전기와 방재실 간
      - 건축물내 무전기와 방재실 간
      - 건축물내 무전기 간

(2) 누설동축케이블 등[소.누.불.화.전.노.고.단.임]
   ① 소방전용주파수대에서 전파의 전송, 복사 적합
   ② (누설)동축케이블과 이에 접속하는 안테나로 구성
   ③ 불연·난연의 것, 전기적 특성이 변질되지 않을 것
   ④ 화재열에 영향이 없도록 부설할 것(4m 이내마다 **금속제** or **자기제** 등으로 고정. 단, **불연재료로 구획된 반자 안**에 설치시 제외)
   ⑤ 전파의 복사 또는 특성이 현저하게 저하되지 않는 곳에 설치
   ⑥ 노출설치 시 피난 및 통행에 영향이 없도록 부설할 것
   ⑦ 고압전로로부터 1.5m 이상 이격(단, **정전기차폐장치**를 유효하게 설치시 제외)
   ⑧ 말단에 무반사 종단저항 설치
   ⑨ (누설)동축케이블의 임피던스는 50Ω

(3) 옥외안테나[출.통.표.위]
   ① **건축물, 지하가, 터널 또는 공동구의 출입구** 및 **출입구 인근**에서 통신이 가능한 장소에 설치 할 것
   ② 다른 용도로 사용되는 안테나로 인한 **통신장애가 발생하지 않도록** 설치할 것
   ③ 옥외안테나는 견고하게 설치하며 파손의 우려가 없는 곳에 설치하고 그 가까운 곳의 보기 쉬운 곳에 '**무선통신보조설비 안테나**'라는 표시와 함께 **통신 가능거리**를 표시한 **표지**를 설치할 것
   ④ 수신기가 설치된 장소 등 **사람이 상시 근무하는 장소**에는 옥외 안테나의 위치가 모두 표시된 **옥외안테나 위치표시도**를 **비치**할 것

(4) 분배기등[부.임.점]

① 먼지, 습기, 부식 등에 의해 기능 이상하지 말 것

② 임피던스 **50Ω**으로 할 것

③ 점검 편리하고 화재로부터 피해가 없는 장소에 설치할 것

(5) 증폭기[전.표.비.무.디]

① 전원은 축전지, 전기저장장치 or 교류전압 옥내간선으로 하고 전용배선 사용

② 증폭기 전면에 주회로 전원의 정상유무를 알 수 있는 **표시등**, **전압계**를 설치

③ 비상전원용량은 **30분** 이상 작동시킬 수 있을 것

④ 무선이동중계기를 설치하는 경우에는 전파법 제58조의 2에 따른 적합성 평가를 받은 제품으로 설치할 것(2015.1.23. 개정)

⑤ 디지털 방식의 무전기를 사용하는데 지장이 없도록 설치할 것(2021.3.25. 신설)

2) 무반사 종단저항

(1) 개요

① 누설 동축케이블의 종단부에 전송된 전파는 케이블 종단에서 반사되어 교신을 방해하게 되고 송신효율이 떨어진다.

② 따라서 **송신부로 되돌아오는 반사파를 방지**하기 위하여 **무반사 종단저항을 누설 동축케이블의 끝부분에 설치**한다.

(2) 무반사 종단저항의 원리

① 전압 또는 전류가 케이블을 따라서 전파되어 가다가 임피던스가 다른 지점에 도달하면 일부는 투과하고 일부가 그 점에서 반사한다.

② 전송되는 전파가 동축케이블의 종단부에 도달하면 갑자기 임피던스가 무한대로 되므로 그 점에서 반사하여 전송점으로 되돌아온다.

③ 반사가 일어나면 동축케이블에는 정방향 진행파와 반사파의 합성파가 형성되어 전송된 신호를 왜곡시켜 잡음을 발생한다.

④ 그림과 같이 특성임피던스가 Z_1인 케이블에 전압의 입사파 V_i가 진행하다가 임피던스가 Z_2인 점에 도달하면 반사파 V_r는 다음 식으로 계산된다.

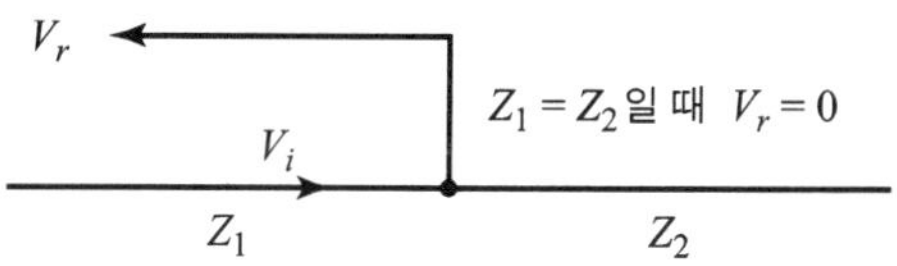

$$V_r = \frac{Z_2 - Z_1}{Z_2 + Z_1} V_i$$

[무반사 종단저항 개념도]

이 식에서 $Z_1 = Z_2$이면 반사파의 크기는 0이 되는데, 이와 같이 **반사파를 0으로 하기 위해서 케이블의 끝에 연결하는 저항**을 **무반사 종단저항**이라고 한다.

07

무선통신보조설비의 분배기, 혼합기, 분파기, 증폭기에 대하여 간단히 설명하시오.

정답

① 분배기 : 신호의 전송로가 분기되는 장소에 설치하는 것으로 Impedance Matching과 신호의 균등 분배

② 혼합기 : 2개 이상의 입력신호를 원하는 비율로 비례적으로 조합하여 출력

③ 분파기 : 서로 다른 주파수의 합성된 신호를 주파수에 따라서 분리

④ 증폭기 : 전기신호를 증폭시키기 위한 장치

Solution

무선통신보조설비의 구성 및 기능

구성	기능	그림
누설동축케이블 (LCX)	• 동축케이블의 외부도체에 Slot을 만들어 전파가 외부로 새어 나가도록 함 • 특성 임피던스 - 50Ω	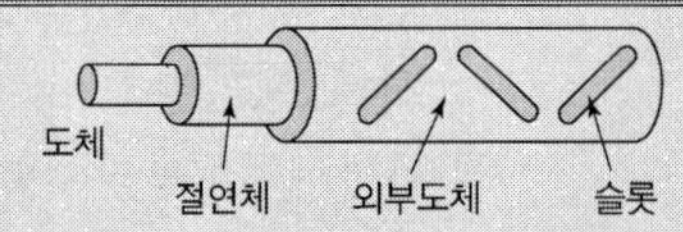
분배기 (Allotter)	• 신호의 전송로가 분기되는 장소에 설치하는 것으로 Impedance Matching과 **신호의 균등 분배**	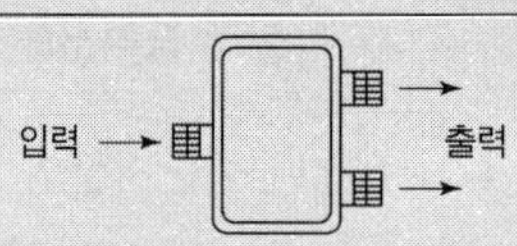
혼합기 (Mixer)	• 2개 이상의 입력신호를 원하는 비율로 비례적으로 **조합**하여 **출력**	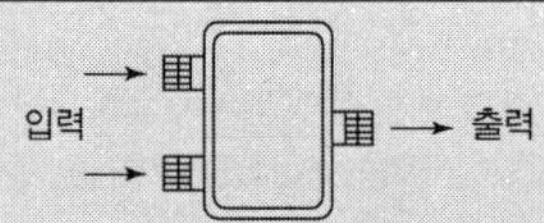
분파기 (Branching filter)	• 서로 다른 주파수의 **합성된 신호**를 주파수에 따라서 **분리**	
증폭기 (Amplifier)	• 전기신호를 **증폭**시키기 위한 장치 • 전자관, 트랜지스터, 자기 증폭기 등	
무반사 종단저항	• 반사파를 "0" 으로 하기 위해 케이블 끝에 연결하는 저항	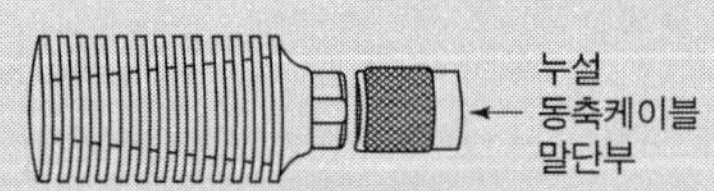
접속단자 (Cable connector)	• 상호간에 교신을 위하여 무전기를 접속하는 단자 • 접속용 케이블을 사용하여 상호접속	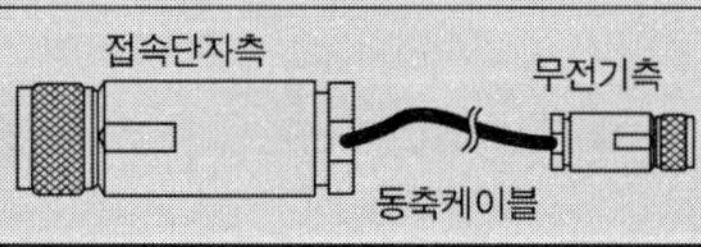

08

무선통신보조설비의 증폭기의 설치기준을 4가지 쓰시오.

정답

① 전원은 축전지, 전기저장장치 or 교류전압 옥내간선으로 하고 전용배선 사용
② 증폭기 전면에 주회로 전원의 정상유무를 알 수 있는 표시등, 전압계를 설치
③ 비상전원용량은 30분 이상 작동시킬 수 있을 것
④ 무선이동중계기를 설치하는 경우에는 전파법 제58조의2에 따른 적합성 평가를 받은 제품으로 설치할 것

Solution

무선통신보조설비 증폭기등의 설치기준(화재안전기술기준 NFTC 505 2.5)
① **전**원은 축전지, 전기저장장치 or 교류전압 옥내간선으로 하고 전용배선 사용
② 증폭기 전면에 주회로 전원의 정상유무를 알 수 있는 **표**시등, 전압계를 설치
③ **비**상전원용량은 30분 이상 작동시킬 수 있을 것
④ **무**선이동중계기를 설치하는 경우에는 전파법 제58조의2에 따른 적합성 평가를 받은 제품으로 설치할 것(2015.1.23 개정)
⑤ **디**지털 방식의 무전기를 사용하는데 지장이 없도록 설치할 것(2021.3.25. 신설)

08-1

다음은 무선통신 보조설비의 증폭기에 관한 내용이다. 빈 칸에 알맞은 답을 쓰시오.

1. 전원은 전기가 정상적으로 공급되는 ( ) 또는 ( )으로 하고, 전원까지의 배선은 ( )으로 할 것
2. 증폭기의 전면에는 주 회로의 전원이 정상인지의 여부를 표시할 수 있는 ( ) 및 ( )를 설치할 것
3. 증폭기에는 비상전원이 부착된 것으로 하고 당해 비상전원용량은 무선통신보조설비를 유효하게 ( ) 이상 작동시킬 수 있는 것으로 할 것
4. 무선이동중계기를 설치하는 경우에는 전파법 제58조의2에 따른 ( ) 제품으로 설치할 것

해답

1. 축전지, 전기저장장치, 교류전압 옥내간선, 전용
2. 표시등, 전압계 3. 30분 4. 적합성 평가를 받은

CHAPTER 04

비상전원설비

과년도 문제분석

1. 상세분류

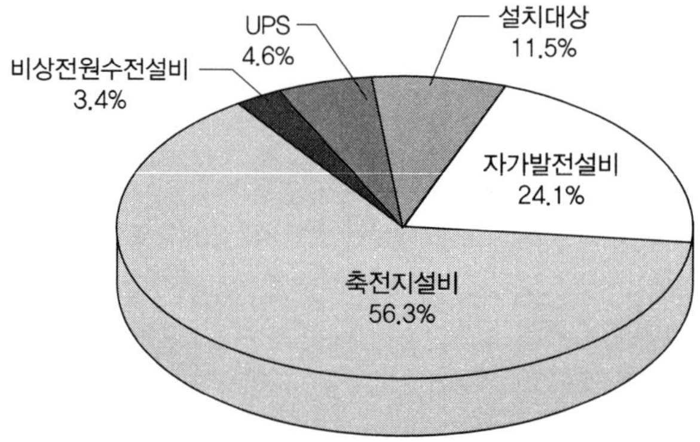

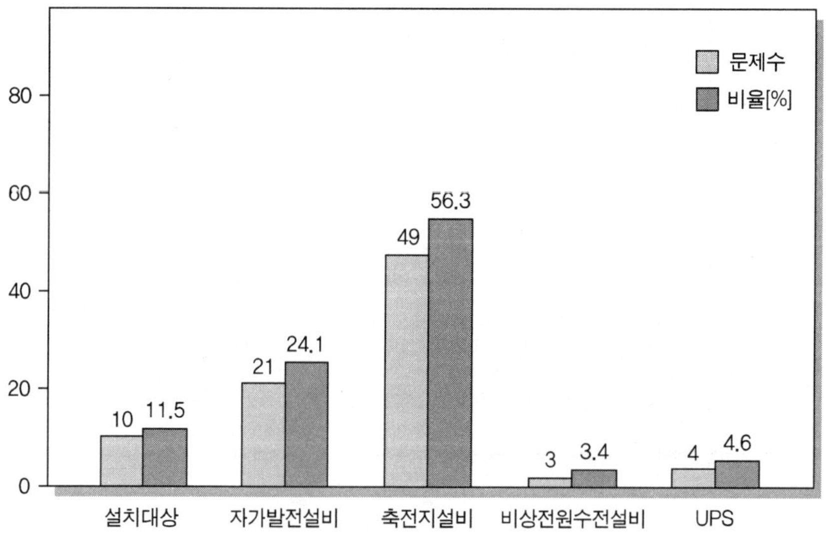

2. 문제유형

비상전원설비 과년도 문제분석(1996~2022년)

번호	출제년도	문항	시설분류	상세분류(대)	상세분류(중)	문제유형	회수	출제비율
1	2005.10.23	1	비상전원설비	UPS		명칭, bypass회로	4	4.6%
2	2008.04.20	2	비상전원설비	UPS		명칭, 구성부품		
3	2006.04.23	3	비상전원설비	UPS		명칭, 구성부품		
4	2004.07.04	4	비상전원설비	UPS		명칭, 구성부품		
5	2017.06.25	11	비상전원설비	비상전원수전설비	수전방식	수전방식	3	3.4%
6	2010.07.04	5	비상전원설비	비상전원수전설비	수전방식	수전방식		
7	2022.05.07	2	비상전원설비	비상전원수전설비	수전방식	큐비클형 설치기준		
8	2014.11.01	13	비상전원설비	설치대상		발전기-부하간 설치기기	10	11.5%
9	2019.04.14	9	비상전원설비	설치대상		비상전원 종류		
10	2018.11.10	6	비상전원설비	설치대상		비상전원 종류		
11	2017.11.11	9	비상전원설비	설치대상		비상전원 종류		
12	2015.07.12	4	비상전원설비	설치대상		비상전원 종류		
13	1996.11.17	7	비상전원설비	설치대상		비상전원 종류		
14	2020.11.15	5	비상전원설비	설치대상	비상조명등	비상전원 종류, 용량		
15	2013.07.14	16	비상전원설비	설치대상		비상전원설치기준		
16	2010.10.30	12	비상전원설비	실치대상		비상전원종류, 용량		
17	2008.11.02	1	비상전원설비	설치대상		옥내소화전설비 종류, 설치기준		
18	2017.04.16	13	비상전원설비	자가발전설비	계산	발전기용량, 발전기 차단용량	21	24.1%
19	2016.06.26	11	비상전원설비	자가발전설비	계산	발전기용량, 발전기 차단용량		
20	2014.07.06	10	비상전원설비	자가발전설비	계산	발전기용량, 발전기 차단용량		
21	2010.04.17	11	비상전원설비	자가발전설비	계산	발전기용량, 발전기 차단용량		
22	2009.07.05	7	비상전원설비	자가발전설비	계산	발전기용량, 발전기 차단용량		
23	2006.11.05	6	비상전원설비	자가발전설비	계산	발전기용량, 발전기 차단용량		
24	1999.11.21	2	비상전원설비	자가발전설비	계산	발전기용량, 발전기 차단용량		
25	1996.05.19	1	비상전원설비	자가발전설비	계산	발전기용량, 발전기 차단용량		
26	2020.07.25	5	비상전원설비	자가발전설비	구비조건	옥내소화전설비 비상전원 설치대상, 설치기준		
27	2019.04.14	7	비상전원설비	자가발전설비	구비조건	구비조건		
28	2017.06.25	5	비상전원설비	자가발전설비	구비조건	구비조건		
29	2009.10.18	2	비상전원설비	자가발전설비	구비조건	구비조건		
30	2005.05.01	8	비상전원설비	자가발전설비	종합	ATS, 발전기용량계산, 축전지 충전방식		
31	1998.08.30	13	비상전원설비	자가발전설비	종합	ATS, 발전기용량계산, 축전지 충전방식		
32	2005.07.10	14	비상전원설비	자가발전설비	종합	병렬운전조건, 발전기용량 계산		
33	2015.11.07	8	비상전원설비	자가발전설비	종합	부품명칭		
34	2009.04.19	8	비상전원설비	자가발전설비	종합	부품명칭		
35	2019.06.29	15	비상전원설비	자가발전설비	종합	부품명칭(ATS)		
36	1999.01.31	14	비상전원설비	자가발전설비	종합	여자방식, 보호장치, 자동절환개폐기		
37	2014.04.20	12	비상전원설비	자가발전설비	종합	절연내력 시험전압과 시험방법		
38	2011.07.24	10	비상전원설비	자가발전설비	종합	절연내력 시험전압과 시험방법		
39	2010.04.17	9	비상전원설비	축전지	계산	2차출력 계산	49	56.3%
40	2001.04.22	11	비상전원설비	축전지	계산	2차출력 계산		
41	2015.07.12	6	비상전원설비	축전지	계산	2차충전전류		
42	2011.05.01	7	비상전원설비	축전지	계산	공칭전압, 축전지용량 계산		

번호	출제년도	문항	시설분류	상세분류(대)	상세분류(중)	문제유형	회수	출제비율
43	1997.01.26	11	비상전원설비	축전지	계산	셀수 계산	49	56.3%
44	2022.11.19	2	비상전원설비	축전지	계산	축전지용량 계산		
45	2018.04.14	5	비상전원설비	축전지	계산	축전지용량 계산		
46	2016.06.26	7	비상전원설비	축전지	계산	축전지용량 계산		
47	2014.11.01	8	비상전원설비	축전지	계산	축전지용량 계산		
48	2011.05.01	2	비상전원설비	축전지	계산	축전지용량 계산		
49	2004.10.31	10	비상전원설비	축전지	계산	축전지용량 계산		
50	2002.04.21	10	비상전원설비	축전지	계산	축전지용량 계산		
51	2000.08.13	10	비상전원설비	축전지	계산	축전지용량 계산		
52	1999.09.19	5	비상전원설비	축전지	계산	축전지용량 계산		
53	1998.02.24	3	비상전원설비	축전지	계산	축전지용량 계산		
54	2016.11.12	7	비상전원설비	축전지	계산	축전지용량 계산, CS, HS형 방전상태		
55	2016.04.17	15	비상전원설비	축전지	계산	축전지용량, 충전방식, 공칭전압		
56	2009.10.18	6	비상전원설비	축전지	계산	축전지용량, 1셀당 공칭전압		
57	2010.10.30	6	비상전원설비	축전지	계산	축전지용량, 충전방식 등		
58	2010.07.04	12	비상전원설비	축전지	계산	축전지용량, 충전방식 등		
59	2008.11.02	8	비상전원설비	축전지	계산	축전지용량, 충전방식 등		
60	2017.04.16	4	비상전원설비	축전지	점검기구	기능점검 점검기구 4가지		
61	2009.07.05	12	비상전원설비	축전지	점검기구	기능점검 점검기구 4가지		
62	2008.07.06	8	비상전원설비	축전지	종합	고장원인, 용어설명, 충전방식		
63	2002.10.27	12	비상전원설비	축전지	종합	고장원인, 용어설명, 충전방식		
64	1999.05.30	8	비상전원설비	축전지	종합	고장원인, 용어설명, 충전방식		
65	2015.04.19	14	비상전원설비	축전지	종합	보수율, 셀수표현, 충전방식		
66	2000.08.13	4	비상전원설비	축전지	종합	보수율, 셀수계산, 충전방식		
67	1998.11.15	11	비상전원설비	축전지	종합	보수율, 용량환산계수, 축전지용량 계산		
68	2020.10.17	14	비상전원설비	축전지	종합	보수율, 축전지용량 계산, 공칭전압		
69	2012.07.08	6	비상전원설비	축전지	종합	부동충전방식,회복충전방식,2차충전전류계산		
70	1997.08.24	1	비상전원설비	축전지	종합	부동충전방식, 회복충전방식, 2차충전전류		
71	1998.05.10	4	비상전원설비	축전지	종합	불량원인, 2차충전전류, 보수율, 충전방식		
72	2002.07.07	9	비상전원설비	축전지	종합	셀계산, 충전시 발생가스, 설페이션현상		
73	1997.05.11	9	비상전원설비	축전지	종합	축전지 비교, 공칭전압, 용량, 충전방식		
74	2020.05.24	17	비상전원설비	축전지	종합	연축전지 셀계산, 충전시 발생가스, 설페이션현상		
75	1996.11.17	13	비상전원설비	축전지	종합	정격전압, 방전종지전압, 충전방식 등		
76	1999.09.19	10	비상전원설비	축전지	종합	축전지비교, 축전지용량		
77	1999.11.21	12	비상전원설비	축전지	종합	축전지용량, 충전방식 등		
78	2019.04.14	11	비상전원설비	축전지	종합	축전지용량계산, 보수율, 충전방식		
79	2021.11.13	1	비상전원설비	축전지	종합	축전지용량계산, 부동충전방식, 전해액변색원인		
80	2018.06.30	12	비상전원설비	축전지	종합	축전지용량계산, 충전방식, 공칭전압		
81	2011.11.13	8	비상전원설비	축전지	종합	축전지용량계산, 충전방식, 공칭전압		
82	2012.11.03	3	비상전원설비	축전지	종합	충전방식, 회복충전방식, 2차충전전류계산		
83	2007.11.04	2	비상전원설비	축전지	종합	충전방식, 2차충전전류 계산		
84	2003.04.27	4	비상전원설비	축전지	종합	충전방식, 2차충전전류 계산		
85	2002.10.27	13	비상전원설비	축전지	종합	충전방식, 2차충전전류 계산, ATS		
86	2020.07.25	6	비상전원설비	축전지	종합	충전방식, 축전지용량 계산		
87	1997.11.16	6	비상전원설비	축전지	종합	충전방식, 축전지용량 계산, 공칭전압		

연습문제 풀이 및 해설

01

소방관련법상 사용하는 비상전원 종류를 쓰시오.

정답

① 자가발전설비 ② 축전지설비 ③ 전기저장장치 ④ 비상전원수전설비

Solution

비상전원 설치대상

설비 종류		비상전원 설치대상	발전[1]	축전[2]	저장[3]	수전[4]	용량
소화설비	옥내소화전	• 7층 이상 연면적 $2,000m^2$ 이상 • 지하층 바닥면적 합계 $3,000m^2$ 이상	○	○	○		1~29층: 20분 30~49층: 40분 50층 이상: 60분
	S/P	• 차고, 주차장으로 S/P설치 바닥면적합계 $1,000m^2$ 미만	○	○	○	○	
		• 기타 대상	○	○	○		
	포소화설비	• 폼헤드, 고정포방출설비설치 바닥면적합계 $1,000m^2$ 미만 • 호스릴포 or 포소화전만 설치한 차고, 주차장	○	○	○	○	20분
		• 기타 대상	○	○	○		
	물분무등	• 대상건물 전체	○	○	○		
	간이 S/P	• 대상건물 전체(단, 전원이 필요한 경우)	○	○	○	○	10분 (근생 20분)
	ESFR S/P	• 대상건물 전체	○	○	○		20분
경보설비	자탐, 비경, 비방[5]	• 대상건물 전체		○	○		60분 감시 10분 경보[6]
피난설비	유도등	• 11층 이상의 층 • 지하층, 무창층 용도(도·소매시장, 지하역사, 지하상가)		○			60분
		• 기타 대상		○			20분
	비상조명등	• 11층 이상의 층 • 지하층, 무창층 용도(도·소매시장, 지하역사, 지하상가)	○	○	○		60분
		• 기타 대상	○	○	○		20분
소화활동설비	제연설비	• 대상건물 전체	○	○	○		20분
	연결송수관설비	• 높이 70m 이상 건물(중간펌프)	○	○	○		20분
	비상콘센트설비	• 7층 이상 연면적 $2,000m^2$ 이상 • 지하층 바닥면적 합계 $3,000m^2$ 이상	○	○[8]	○	○	20분
	무통[5]	• 증폭기를 설치한 경우		○	○		30분

주 1) 발전 : 자가발전설비, 2) 축전 : 축전지설비, 3) 저장 : 전기저장장치, 4) 수전 : 비상전원수전설비
5) 자탐 : 자동화재탐지설비, 비경 : 비상경보설비, 비방 : 비상방송설비, 무통 : 무선통신보조설비
6) 30층 이상인 경우의 자탐, 비방설비는 60분 감시, 30분 이상 경보(NFSC 604)(2013.6.11.)
7) 전기저장장치 : 정전 시에도 소방시설의 정상작동을 위한 비상전원으로 신기술 제품인 전기저장장치(외부 전기에너지를 저장해두었다가 필요한 때 전기를 공급하는 장치)를 설치할 수 있도록 개정됨(2016.7.13.).
8) '화재안전성능기준'을 마련하기 위해 현행 '화재안전기준'을 '화재안전성능기준'으로 전부 개정하면서 추가됨(2022.11.25. 전부개정).

02

비상전원에 대한 다음 물음에 답하시오.

1) 다음 표에 각 설비에 해당하는 비상전원을 고르시오.

구 분	자가발전설비	축전지설비	전기저장장치	비상전원수전설비
옥내소화전	○	○	○	
물분무등				
유도등				
비상조명등				
제연설비				
비상콘센트설비				

2) 옥내소화전설비가 설치되어 있는 건축물의 비상전원 설치기준 5가지를 쓰시오.

정답

1) **비상전원 설치대상**

구 분	자가발전설비	축전지설비	전기저장장치	비상전원수전설비
옥내소화전	○	○	○	
물분무등	○	○	○	
유도등		○		
비상조명등	○	○	○	
제연설비	○	○	○	
비상콘센트설비	○	○	○	○

2) **옥내소화전설비**의 **비상전원 설치기준**

① 점검에 편리하고 화재 및 침수 등의 재해로 인한 피해를 받을 우려가 없는 곳에 설치할 것

② 옥내소화전설비를 유효하게 20분 이상 작동할 수 있어야 할 것

③ 상용전원으로부터 전력의 공급이 중단된 때에는 자동으로 비상전원으로부터 전력을 공급받을 수 있도록 할 것

④ 비상전원의 설치장소는 다른 장소와 방화구획 할 것. 이 경우 그 장소에는 비상전원의 공급에 필요한 기구나 설비외의 것을 두지 말 것(열병합발전설비에 필요한 기구나 설비는 제외)

⑤ 비상전원을 실내에 설치하는 때에는 그 실내에 비상조명등을 설치할 것

Solution

1) **비상전원 설치대상**

☞ 문제 1 해설 참조

2) **옥내소화전설비**의 **비상전원 설치기준**(NFPC 102 제8조제3항, NFTC 102 2.5.3)

① **점검**에 **편리**하고 **화재** 및 **침수** 등의 재해로 인한 피해를 받을 **우려가 없는 곳**에 설치할 것

② 옥내소화전설비를 유효하게 **20분** 이상 작동할 수 있어야 할 것

③ 상용전원으로부터 전력의 공급이 중단된 때에는 **자동**으로 **비상전원**으로부터 전력을 **공급**받을 수 있도록 할 것

④ 비상전원의 설치장소는 다른 장소와 **방화구획** 할 것. 이 경우 그 장소에는 비상전원의 공급에 필요한 기구나 설비 외의 것을 두지 말 것(열병합발전설비에 필요한 기구나 설비는 제외)

⑤ 비상전원을 실내에 설치하는 때에는 그 실내에 **비상조명등**을 설치할 것

03

다음 그림에서 ( ) 안에 들어갈 스위치는 무엇인지 쓰시오.

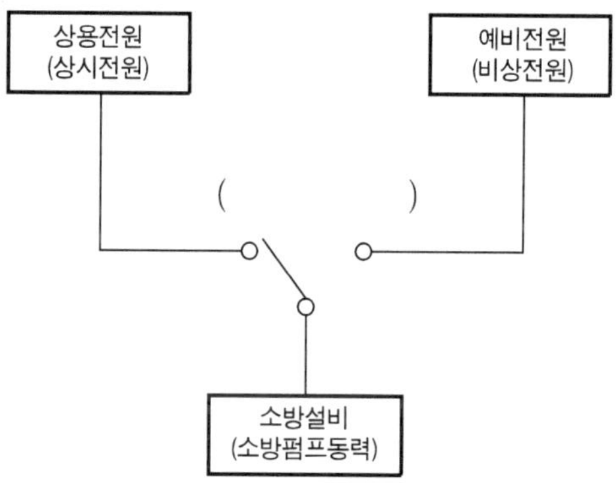

정답

자동절환개폐기(자동절환스위치)

Solution

자동절환개폐기 구성도

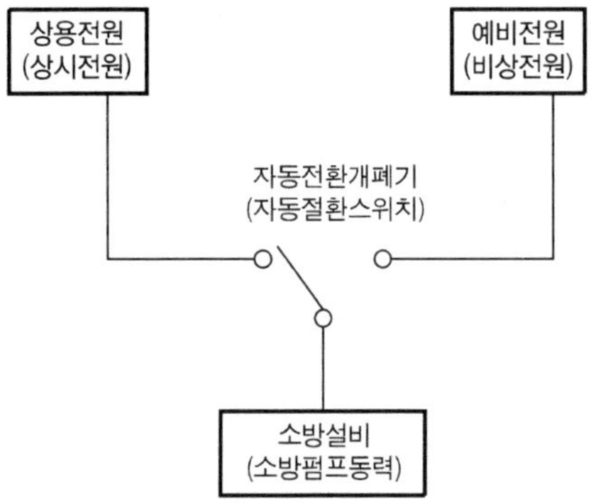

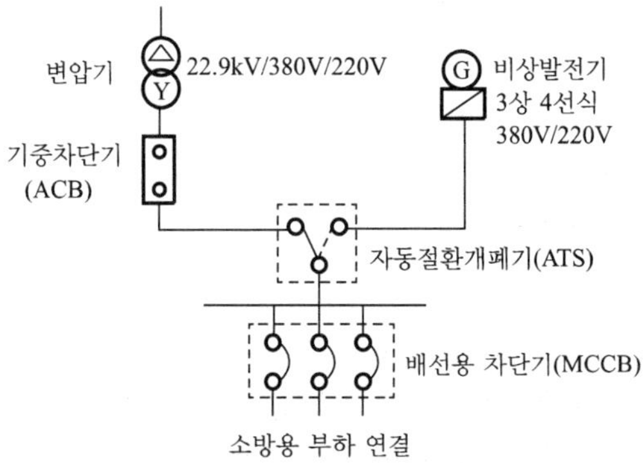

04

기동용량이 750kVA인 유도전동기 부하에 사용할 비상용 자가발전설비에 관한 다음 물음에 답하시오.

1) 발전기용량을 구하시오(단, 이때 발생되는 전압강하는 20%, 발전기 직축 과도리액턴스는 25%, 차단용량의 여유율은 25%이다).
2) 위의 조건을 보고 발전기용 차단기의 차단용량은 몇 MVA인지 구하시오.
3) 정격전압이 220V인 비상용 발전기의 절연내력시험을 할 경우 시험전압과 시험방법을 쓰시오.

정답

① $P_n \geq \left(\dfrac{1}{\Delta v} - 1\right) \times X_d' \times P\ (\text{kVA})$

$\geq \left(\dfrac{1}{0.2} - 1\right) \times 0.25 \times 750 = 750\ (\text{kVA})$

∴ 답 : 750 (kVA)

② $P_s \geq \dfrac{P_n}{X_d'} \times 1.25(\text{여유율})$

$\geq \dfrac{750}{0.25} \times 1.25 = 3{,}750\,(\text{kVA}) = 3.75\,(\text{MVA})$

∴ 답 : 3.75 (MVA)

③ 시험전압 : 500V, 시험방법 : 권선과 대지 사이에 연속하여 10분간 가함

Solution

1) **발전기의 용량 산출**

$$P_n \geq \left(\frac{1}{\Delta v} - 1\right) \times X_d' \times P\ (\text{kVA})$$

여기서, P_n : 발전기의 정격용량(kVA)

Δv : 허용전압강하(0.2～0.25)

X_d' : 발전기 직축 과도리액턴스(불분명한 경우 0.25～0.3)

P : 기동용량(kVA) $= \dfrac{\sqrt{3} \times \text{정격전압} \times \text{기동전류}}{1{,}000}$

기동용량은 2대 이상의 전동기가 동시에 시동할 때에는 2대의 기동용량을 합한 값과 1대의 기동용량을 비교하여 큰 값을 적용한다.

2) **발전기용 차단기의 용량 산출**

$$P_s \geq \frac{P_n}{X_d'} \times 1.25(\text{여유율})$$

여기서, P_s : 발전기용 차단기의 용량(kVA)

X_d' : 발전기 직축 과도 리액턴스

P_n : 발전기 정격용량(kVA)

3) **발전기 절연내력 시험**(전기설비기술기준의 판단기준 제14조)

시험전압	시험방법
최대사용전압 × 1.5배 (500V 미만은 500V)	권선과 대지 사이에 연속하여 10분간 가함

05

축전지설비에 관한 다음 물음에 답하시오.

1) 알칼리 축전지를 연축전지와 비교하여 장점 2가지와 단점 2가지를 쓰시오.
2) 알칼리 축전지와 연축전지의 셀당 전압은 몇 V인가?
3) 저압회로의 표준전압이 200V일 때 연축전지와 알칼리 축전지는 몇 셀 정도가 있어야 비상시에 사용이 가능한가?
4) 알칼리 축전지의 정격용량이 50Ah, 표준전압 120V, 상시부하 3kW인 부동충전방식의 충전기 2차 출력은 몇 kVA인가?
5) 다음 회로의 충전방식을 무엇이라 하는가?

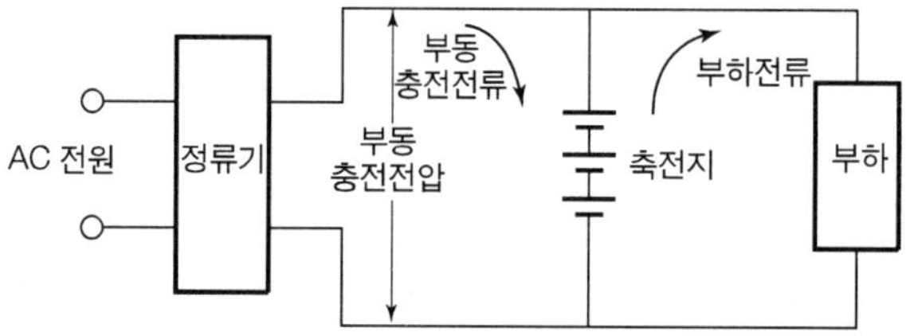

6) 과방전 및 설페이션(sulphation) 현상 등이 생겼을 때 기능회복을 위하여 실시하는 충전방식을 무엇이라 하는가?
7) 자기방전량만을 항상 충전하는 충전방식을 무엇이라 하는가?

정답

1) 장・단점
   ① 장점 : 과방전, 과전류에 강하다. 보존이 용이해 수명이 길다.
   ② 단점 : 고가이다. 단자전압이 낮다.
2) 알칼리 축전지 : 1.2V, 연 축전지 : 2.0V
3) 연축전지$=\dfrac{200}{2.0}=100$셀, 알칼리축전지$=\dfrac{200}{1.2}=166.66=167$셀

   ∴ **답 : 연축전지＝100셀, 알칼리축전지－167셀**

4) $I=\dfrac{50}{5}+\dfrac{3\times10^3}{120}=35\,(\mathrm{A})$, $P=120\times35=4{,}200\,(\mathrm{VA})=4.2\,(\mathrm{kVA})$

   ∴ **답 : 4.2 (kVA)**

5) 부동충전방식
6) 회복충전방식
7) 세류충전방식

Solution

1), 2) **2차 전지의 특징**

구 분	납(연)축전지	알칼리축전지
공칭전압(V)	2V	1.2V
공칭용량(Q)	10Ah	5Ah
충전시간(T)	길다	짧다
수 명(S)	짧다(5~15년)	길다
종 류	클래드식(CS형), 페이스트식(HS형)	소결식, 포켓식
기 전 력	2.05~2.08V	1.32V
특 징	• 경제적 : 단가 낮다. • 축전지 필요 셀 수 적어도 됨 • 충방전 전압 차이가 적다. • 전해액 비중으로 충방전 상태 추정 가능	• 과방전, 과전류에 강하다. • 부식성 가스 발생 無 • 보존이 용이 • 극판의 기계적 강도가 강하다.
화학반응식	$PbO_2+2H_2SO_4+Pb \rightleftarrows PbSO_2+2H_2O+PbSO_4$	$2NiOOH+2H_2O+Cd \rightleftarrows 2Ni(OH)_2+Cd(OH)_2$

3) **축전지 셀 수**

① $\text{셀수} = \dfrac{\text{부하 정격전압}}{\text{1셀의 공칭전압}}$

② $\text{연축전지} = \dfrac{200}{2.0} = 100\text{셀}$, $\text{알칼리축전지} = \dfrac{200}{1.2} = 166.66 = 167\text{셀}$

4) **축전지 2차 출력의 계산**

① $\text{2차출력} = \text{표준전압} \times \text{2차전류(kVA)}$

② $\text{2차전류} = \dfrac{\text{축전지의 정격용량}}{\text{축전지의 공칭용량}} + \dfrac{\text{상시부하}}{\text{표준전압}}\text{(A)}$

③ $\text{2차 전류} = \dfrac{\text{축전지의 정격용량}}{\text{축전지의 공칭용량}} + \dfrac{\text{상시부하}}{\text{표준전압}} = \dfrac{50}{5} + \dfrac{3\times10^3}{120} = 35\text{ (A)}$

$\text{2차출력} = \text{표준전압} \times \text{2차 전류} = 120 \times 35 = 4{,}200\text{ (VA)} = 4.2\text{ (kVA)}$

5)~7) **축전지 충전방식**

① 보통 충전 - 필요할 때마다 표준시간율로 충전

② 급속 충전 - 단시간에 2~3배의 전류로 충전

③ 부동 충전 - 자기방전보충 및 일시적인 대전류는 축전지로 부담, 가장 많이 사용

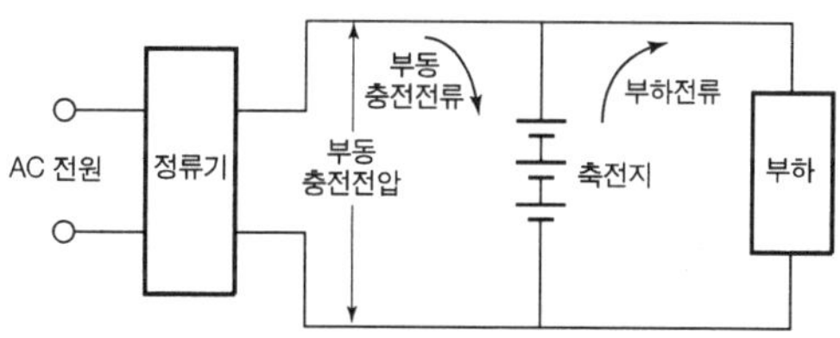

[부동충전방식]

④ 균등 충전 - 1~3개월마다 10~12시간 충전하여 전해조용량 균일화시킴

⑤ 세류 충전(트리클 충전) - 자기방전량만을 항상 충전(부동충전의 일종)

⑥ 회복 충전 - 과방전 및 설페이션(sulphation)현상 등이 생겼을 때 기능회복을 위하여 실

시하는 충전방식

⑦ 전자동 충전－자동전류제한장치를 부착하여 충전, 충전이 끝나면 자동으로 균등 충전으로 변환

06

비상용 조명부하가 50W 100등, 60W 50등이 있다. 방전시간은 30분이며 연축전지 HS형 54셀, 허용최저전압 90V, 최저 축전지온도 5℃일 때 축전지 용량을 구하시오(단, 전압은 100V이며 연축전지의 용량환산시간 K는 표와 같으며, 보수율은 0.8이라고 한다).

연축전지의 용량환산시간 K

형식	온도℃	10분			30분		
		1.6V	1.7V	1.8V	1.6V	1.7V	1.8V
CS	25	0.9 0.8	1.15 1.06	1.6 1.42	1.41 1.34	1.6 1.55	2.0 1.88
	5	1.15 1.1	1.35 1.25	2.0 1.8	1.75 1.75	1.85 1.8	2.45 2.35
	−5	1.35 1.25	1.6 1.5	2.65 2.25	2.05 2.05	2.2 2.2	3.1 3.0
HS	25	0.58	0.7	0.93	1.03	1.14	1.38
	5	0.62	0.74	1.05	1.11	1.22	1.54
	−5	0.68	0.82	1.15	1.2	1.35	1.68

정답

122 (Ah)

Solution

① 1셀당 공칭전압 $=\dfrac{\text{허용최저전압}}{\text{셀수}}=\dfrac{90}{54}=1.666 \fallingdotseq 1.7\,(\text{V/cell})$

② 용량환산계수

축전지의 종류(연축전지 HS형), 방전시간(30분), 최저전지온도(−5℃), 1셀당 공칭전압(1.7 V/cell)을 적용하여 표에서 구함 → $K=1.22$

③ 방전전류 $P=VI \rightarrow I=\dfrac{P}{V}=\dfrac{50\times100+60\times50}{100}=80(\text{A})$

④ 축전지용량 $C=\dfrac{1}{L}KI=\dfrac{1}{0.8}\times1.22\times80=122\,(\text{Ah})$

답 : 122 (Ah)

07

방전전류가 시간과 함께 감소하는 다음과 같은 패턴곡선의 축전지 용량을 구하시오. 이 때 용량환산시간은 아래와 같고 보수율은 0.8로 한다.

시간(min)	10분	20분	30분	60분	100분	110분	120분	170분	180분	200분
용량환산시간(K)	1.30	1.45	1.75	2.55	3.45	3.65	3.85	4.85	5.05	5.30

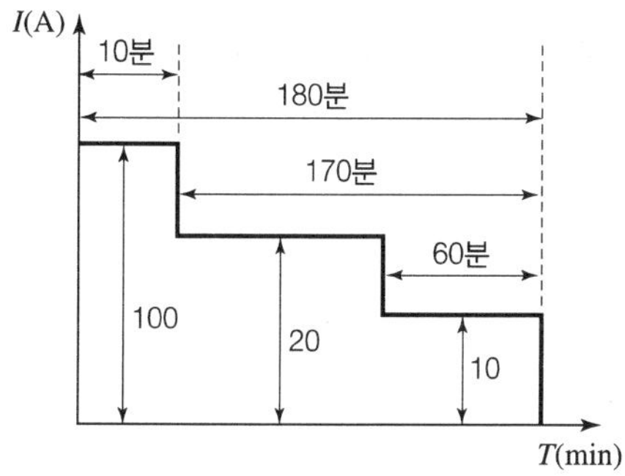

정답

162.5 (Ah)

Solution

C_a 용량	C_b 용량	C_c 용량
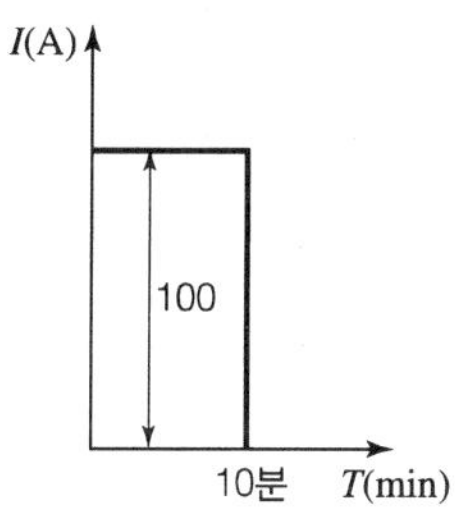	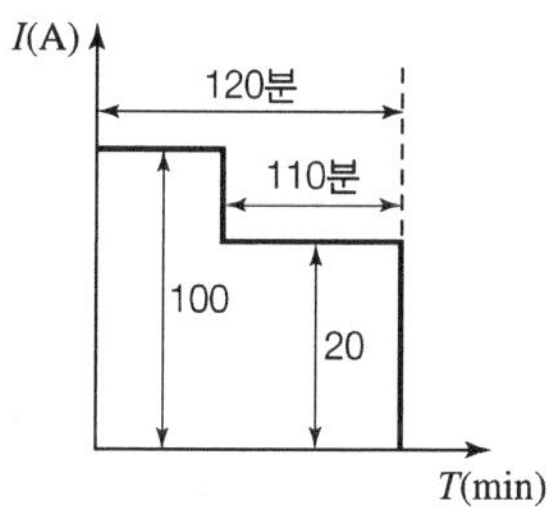	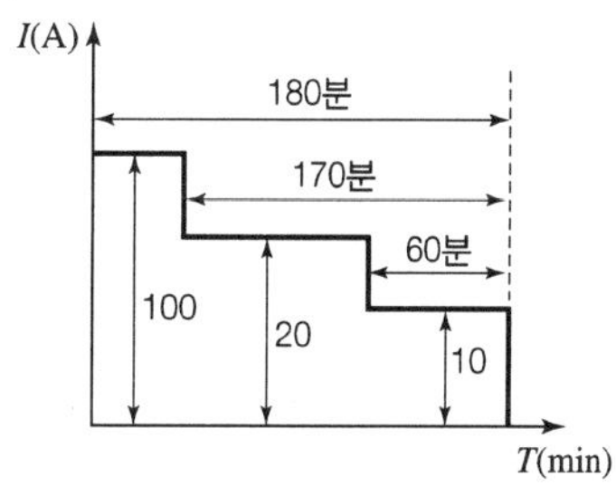
$C_a = \frac{1}{L}K_1I_1$ $= \frac{1}{0.8}\times 1.30\times 100$ $= 162.5\ \text{(Ah)}$	$C_b = \frac{1}{L}[K_1I_1 + K_2(I_2 - I_1)]$ $= \frac{1}{0.8}[3.85\times 100$ $+3.65\times(20-100)]$ $= 116.25\ \text{(Ah)}$	$C_c = \frac{1}{L}[K_1I_1 + K_2(I_2 - I_1) + K_3(I_3 - I_2)]$ $= \frac{1}{0.8}[5.05\times 100 + 4.85\times(20-100)$ $+2.55\times(10-20)]$ $= 114.375\ \text{(Ah)}$

C_a, C_b, C_c 중의 최대값인 162.5 Ah 이상의 축전지를 선정한다.

08

자동화재탐지설비의 비상전원으로 사용되는 축전지설비의 용량을 산출하고자 한다. 주어진 조건을 이용하여 다음 각 물음에 답하시오.

[조건]

① 보수율은 0.8이다.
② 감시전류는 0.1A이다.
③ 2회선 작동전류 및 다른 회선 감시시의 전류는 0.7A이다.
④ 감시시간에 대한 용량환산계수는 1.8이다.
⑤ 동작시간에 대한 용량환산계수는 0.5이다.

1) 1분간 2회선 작동함과 동시에 다른 회선을 감시하는 경우와 10분간 2회선 작동함과 동시에 다른 회선을 감시하는 경우의 축전지 용량[Ah]을 구하시오.
2) 60분간 감시 후 2회선이 10분간 작동하는 경우의 축전지 용량[Ah]을 구하시오.

정답

1) 0.44 (Ah)
2) 0.6 (Ah)

Solution

감시와 작동을 동시에 하는 경우	감시후 작동하는 경우
① [조건] ③을 적용－정전류 부하	① [조건] ②~⑤를 적용－증가부하
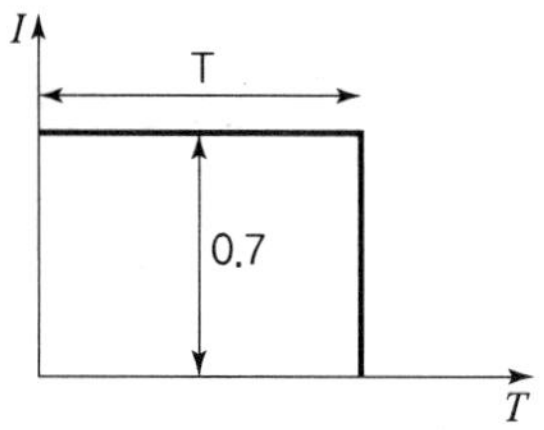	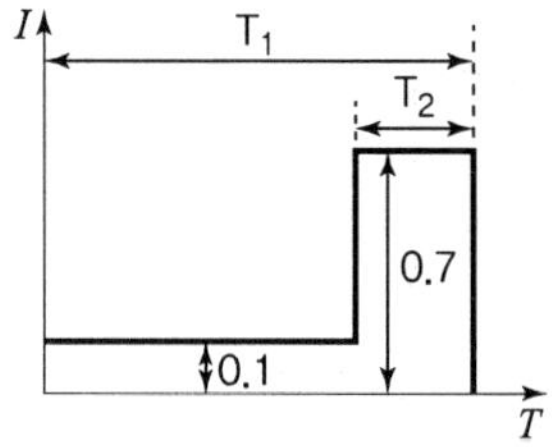
② 축전지 용량	② 축전지 용량
$C=\frac{1}{L}KI$ $=\frac{1}{0.8}\times 0.5\times 0.7=0.44\,(\text{Ah})$	$C=\frac{1}{L}[K_1I_1+K_2(I_2-I_1)]$ $=\frac{1}{0.8}[1.8\times 0.1+0.5(0.7-0.1)]=0.6\,(\text{Ah})$

09

다음 조건을 참고하여 자동화재탐지설비의 비상전원으로 사용되는 축전지 용량을 구하시오.

[조건]

㉠ 수신기는 1대이며, 감시전류는 300mA, 경보전류는 500mA이다.

㉡ 감지기는 100개이며, 감지기 각각의 감시전류는 10mA, 경보전류는 30mA이다.

㉢ 발신기는 50개이며, 발신기 각각의 감시전류는 20mA, 경보전류는 40mA이다.

㉣ 경종은 20개이며, 경종의 각각의 경보전류는 50mA이다.

정답

4.229 (Ah)

Solution

1) **자동화재탐지설비**의 **비상전원**(NFPC 203 제10조제2항, NFTC 203 2.7.2)
자동화재탐지설비에는 그 설비에 대한 **감시상태**를 **60분**간 지속한 후 유효하게 **10분** 이상 **경보**할 수 있는 **축전지설비**(수신기에 내장하는 경우를 포함한다) 또는 **전기저장장치**(외부 전기에너지를 저장해 두었다가 필요한 때 전기를 공급하는 장치)를 설치하여야 한다.

2) 계산 과정

① 감시전류 : $1 \times 300 \times 10^{-3} + 100 \times 10 \times 10^{-3} + 50 \times 20 \times 10^{-3} = 2.3\,(\text{A})$

② 경보전류 : $1 \times 500 \times 10^{-3} + 100 \times 30 \times 10^{-3} + 50 \times 40 \times 10^{-3} + 20 \times 50 \times 10^{-3} = 6.5\,(\text{A})$

③ 경보하는 동안 감시를 하지 않는 경우

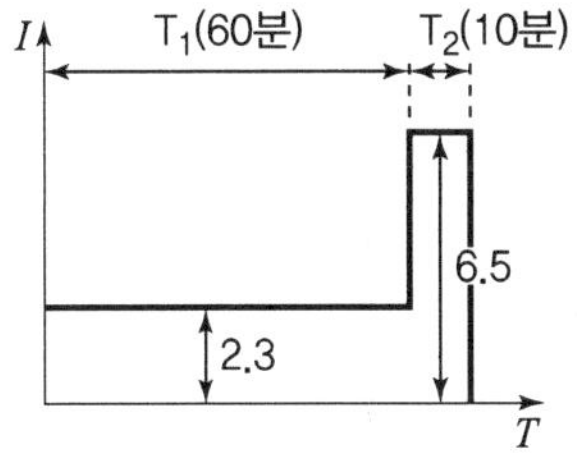

$$C = \frac{1}{L}[K_1 I_1 + K_2 I_2]$$
$$= \frac{1}{0.8}\left[1 \times 2.3 + \frac{1}{6} \times 6.5\right]$$
$$= 4.229\,(\text{Ah})$$

④ 경보하는 동안 감시를 하는 경우

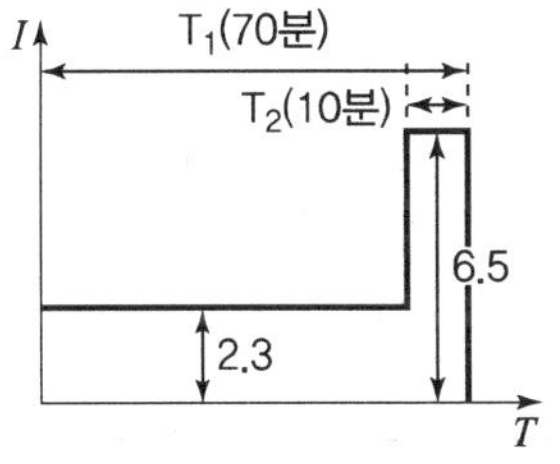

$$C = \frac{1}{L}[K_1 I_1 + K_2(I_2 - I_1)]$$
$$= \frac{1}{0.8}\left[\frac{7}{6} \times 2.3 + \frac{1}{6}(6.5 - 2.3)\right]$$
$$= 4.229\,(\text{Ah})$$

10

축전지 용량에 관한 다음 물음에 답하시오.

1) 사용전압이 110V인 유도등 20kVA와 비상조명설비 30kVA가 있을 때 축전지 용량(Ah)는 얼마인가? (단, 보수율은 0.8, 용량환산시간은 0.6이다.)

2) 비상용 조명부하가 40W 80등, 60W 70등이 있다. 방전시간은 30분이고 납축전지 HS형 51셀, 허용최저전압이 90V, 최저 축전지 온도가 5℃일 때 축전지의 용량을 구하시오. (단, 단자전압은 100V이고, 납축전지의 용량환산시간 K는 다음 표와 같으며 보수율은 0.8이다.)

납축전지의 용량환산시간 K

형식	온도(℃)	10분			30분		
		1.6V	1.7V	1.8V	1.6V	1.7V	1.8V
CS	25	0.8	1.2	1.6	1.42	1.63	2.0
	5	1.2	1.35	2.0	1.7	1.85	2.5
	−5	1.35	1.6	2.65	2.05	2.2	3.2
HS	25	0.56	0.7	0.94	1.01	1.16	1.38
	5	0.62	0.74	1.04	1.12	1.23	1.55
	−5	0.69	0.83	1.14	1.21	1.36	1.71

3) 다음 그림은 사용부하의 방전전류-시간 특선곡선이다. 다음 물음에 답하시오.
(단, 축전지의 개수는 85개이며, 최저 허용 전압은 1.06V이고, L=0.8, 축전지 형식은 AH형으로 한다.)

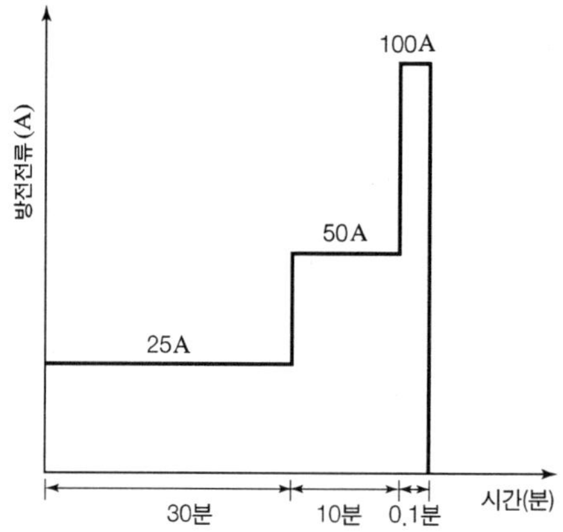

용량환산시간계수 K(5℃에서)

형식	최저허용전압(V/셀)	0.1분	1분	5분	10분	20분	30분	60분	120분
AH	1.10	0.31	0.48	0.56	0.67	0.88	1.04	1.58	2.60
	1.06	0.22	0.39	0.44	0.54	0.71	0.86	1.40	2.45
	1.00	0.18	0.28	0.38	0.46	0.64	0.74	1.32	2.30

① 축전지의 용량산정 시 용량저하를 고려하여 여유를 주는 계수인 L을 무엇이라 하는가?

② 용량환산계수 K_1, K_2, K_3를 구하시오.

③ 축전지 용량을 구하시오.

4) 축전지의 기능점검시 필요한 점검기구 4가지를 쓰시오.

정답

1) 340.91 (Ah)
2) 143.38 (Ah)
3) 88.13 (Ah)
4) 비중계, 스포이드, 절연저항계, 전류전압측정계

Solution

1) 축전지용량 계산

① 전류 계산

$$P = VI \rightarrow I = \frac{P}{V}$$

여기서, P : 전력(W), V : 전압(V), I : 전류(A)

$$I = \frac{P}{V} = \frac{20 \times 10^3 + 30 \times 10^3}{110} \fallingdotseq 454.545 = 454.55\ (\mathrm{A})$$

② 축전지 용량

$$C = \frac{1}{L} KI\ (\mathrm{Ah})$$

여기서, C : 필요 축전지 용량(Ah), L : 보수율(일반적으로 0.8)
K : 용량환산시간(h), I : 부하특성별 방전전류(A)

$$C = \frac{1}{0.8} \times 0.6 \times 454.55 \fallingdotseq 340.912 = 340.91\ (\mathrm{Ah})$$

∴ **답 : 340.91 (Ah)**

2) 축전지용량 계산

① 축전지의 공칭전압 $= \dfrac{\text{허용최저전압(V)}}{\text{셀수}} = \dfrac{90}{51} \fallingdotseq 1.76 = 1.8\ (\mathrm{V}/\text{셀})$

② 전류계산

$$P = VI \rightarrow I = \frac{P}{V}$$

여기서, P : 전력(W), V : 전압(V), I : 전류(A)

$$I = \frac{P}{V} = \frac{40 \times 80 + 60 \times 70}{100} = 74\,(\mathrm{A})$$

③ 용량환산시간 K

형식	온도(℃)	10분			30분		
		1.6V	1.7V	1.8V	1.6V	1.7V	1.8V
CS	25	0.8	1.2	1.6	1.42	1.63	2.0
	5	1.2	1.35	2.0	1.7	1.85	2.5
	−5	1.35	1.6	2.65	2.05	2.2	3.2
HS	25	0.56	0.7	0.94	1.01	1.16	1.38
	5	0.62	0.74	1.04	1.12	1.23	1.55
	−5	0.69	0.83	1.14	1.21	1.36	1.71

④ 축전지 용량

$$C = \frac{1}{L} KI\,(\mathrm{Ah})$$

여기서, C : 필요 축전지 용량(Ah), L : 보수율(일반적으로 0.8)

K : 용량환산시간(h), I : 부하특성별 방전전류(A)

$$C = \frac{1}{0.8} \times 1.55 \times 74 \fallingdotseq 143.375\mathrm{Ah} = 143.38\,(\mathrm{Ah})$$

∴ **답 : 143.38 (Ah)**

3) 축전지용량 계산

① 용량저하율(=보수율)

축전지의 용량산정시 용량저하를 고려하여 여유를 주는 계수 또는 부하를 만족하는 용량을 감정하기 위한 계수

② 위의 특성곡선에서 방전시간이 각 각 30분, 10분, 0.1분이고, 최저 허용전압이 1.06 (V/셀)이므로 다음 표에서 찾게 되면, $K_1 = 0.86$, $K_2 = 0.54$, $K_3 = 0.22$가 된다.

용량환산시간계수 K (5℃에서)

형식	최저허용전압[V/셀]	0.1분	1분	5분	10분	20분	30분	60분	120분
AH	1.10	0.31	0.48	0.56	0.67	0.88	1.04	1.58	2.60
	1.06	0.22	0.39	0.44	0.54	0.71	0.86	1.40	2.45
	1.00	0.18	0.28	0.38	0.46	0.64	0.74	1.32	2.30

③ 증가부하 계산식

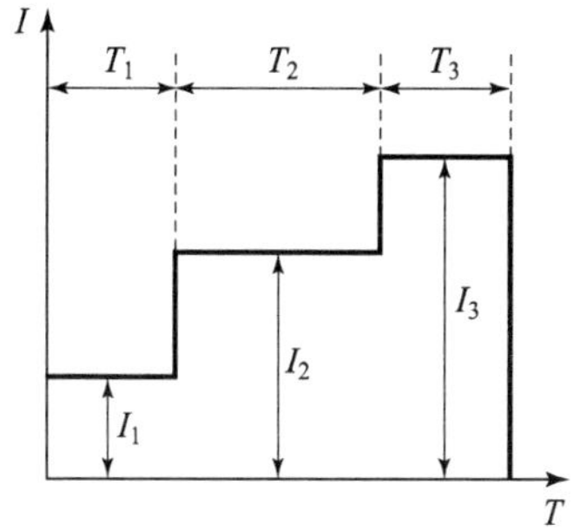

$$C = \frac{1}{L}[K_1I_1 + K_2I_2 + K_3I_3]$$

여기서, C : 필요 축전지 용량(Ah)

L : 보수율(일반적으로 0.8)

K : 용량환산시간(h)

I : 부하특성별 방전전류(A)

※ 시간의 범위가 어디까지 인지가 매우 중요

④ 축전지용량

$$C = \frac{1}{L}[K_1I_1 + K_2I_2 + K_3I_3]$$

$$C = \frac{1}{0.8}[0.86 \times 25 + 0.54 \times 50 + 0.22 \times 100] = 88.125 \fallingdotseq 88.13\,(\text{Ah})$$

∴ 답 : 88.13 (Ah)

caution

※ 축전지 용량 계산식

① 정전류부하(일정 부하)

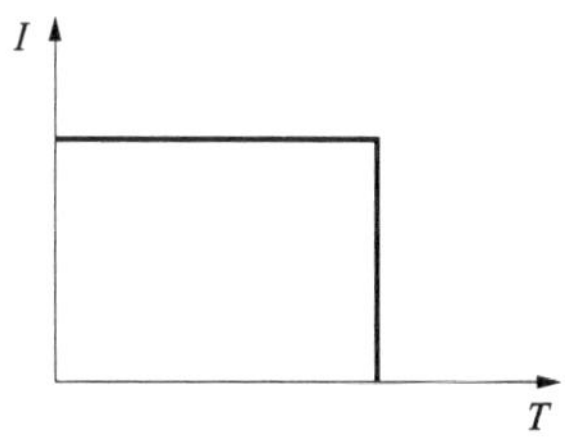

$$C = \frac{1}{L}KI\,(\text{Ah})$$

여기서, C : 필요 축전지 용량(Ah)

L : 보수율(일반적으로 0.8)

K : 용량환산시간(h)

I : 부하특성별 방전전류(A)

② 증가부하

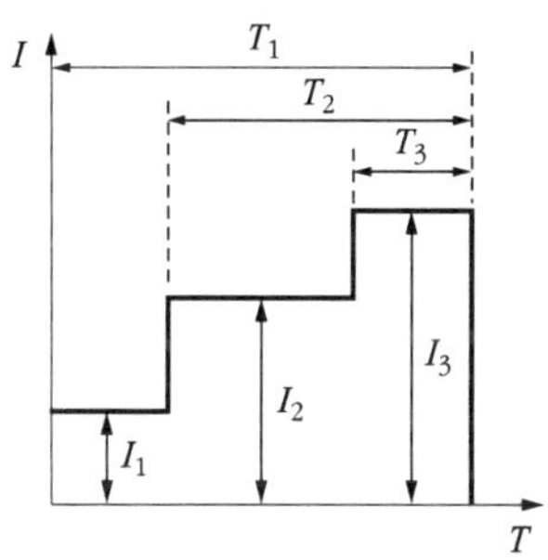

$$C = \frac{1}{L}[K_1I_1 + K_2(I_2 - I_1) + K_3(I_3 - I_2)]$$

cf) 만약, 증가부하에서 시간이 다음과 같이 주어진다면

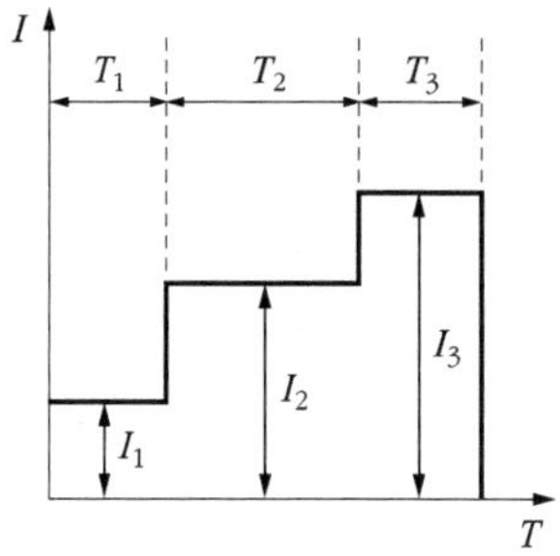

$$C = \frac{1}{L}\left[K_1 I_1 + K_2 I_2 + K_3 I_3\right]$$

③ 감소부하 − (a), (b), (c) 중 가장 큰 용량을 선정

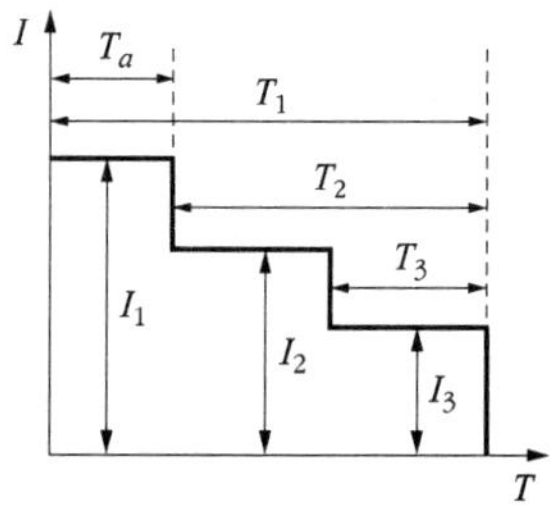

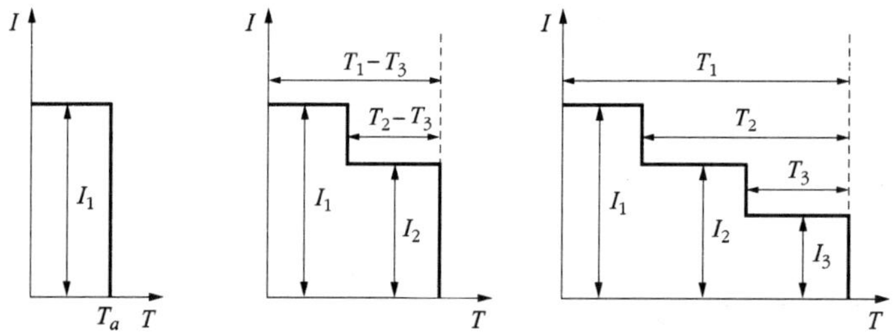

(a) (b) (c)

(a) $C_a = \frac{1}{L} K_1 I_1$ (b) $C_b = \frac{1}{L}\left[K_1 I_1 + K_2 (I_2 - I_1)\right]$

(c) $C_c = \frac{1}{L}\left[K_1 I_1 + K_2 (I_2 - I_1) + K_3 (I_3 - I_2)\right]$

cf) 만약, 감소부하에서 시간이 다음과 같이 주어진다면

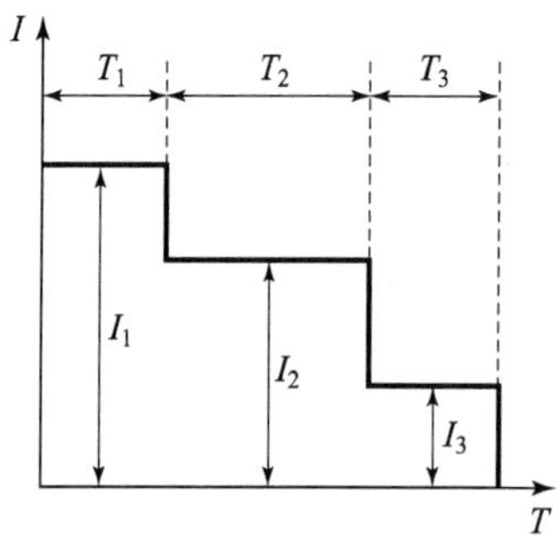

$$C = \frac{1}{L}\left[K_1 I_1 + K_2 I_2 + K_3 I_3\right]$$

11

다음은 연축전지의 고장과 불량에 관한 현상들이다. 이러한 현상의 원인을 쓰시오.

① 전압계가 역전, 단전지 전압의 비중저하
② 전해액의 감소가 빠름
③ 전해액이 변색되고, 충전하지 않은 정지 중에도 많은 가스의 발생
④ 전셀의 전압 불균형이 크고 비중이 낮음

정답

① 전압계가 역전, 단전지 전압의 비중저하 – 극성을 반대로 충전
② 전해액의 감소가 빠름 – 과충전(충전전압이 높음)
③ 전해액이 변색되고, 충전하지 않은 정지중에도 많은 가스의 발생 – 불순물의 함유
④ 전셀의 전압 불균형이 크고 비중이 낮음 – 과방전

12

다음은 소방시설용 비상전원수전설비로서 고압 또는 특고압으로 수전하는 도면이다. 다음 각 물음에 답하시오.

1) 일반회로의 과부하 또는 단락사고 시에 CB_{10}이 어떤 기기보다 먼저 차단되어서는 안되는지 쓰시오.
2) CB_{11}은 어느 것과 동등 이상의 차단용량이어야 하는지 쓰시오.

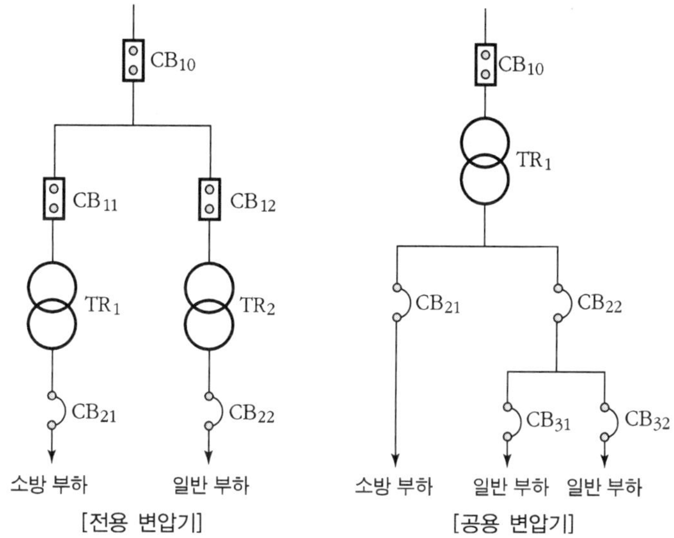

정답

1) CB_{12} 및 CB_{22}

2) CB_{12}

Solution

비상전원수전설비의 특별고압 또는 고압 수전

<table>
<tr><th>전용 변압기 전원공급</th><th>공용 변압기 전원공급</th></tr>
<tr><td>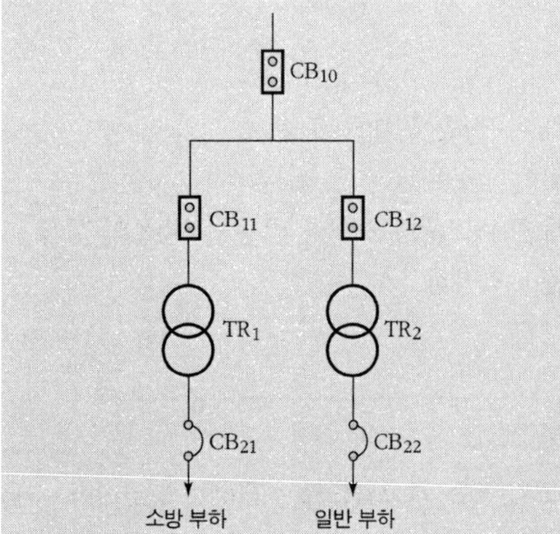
</td><td>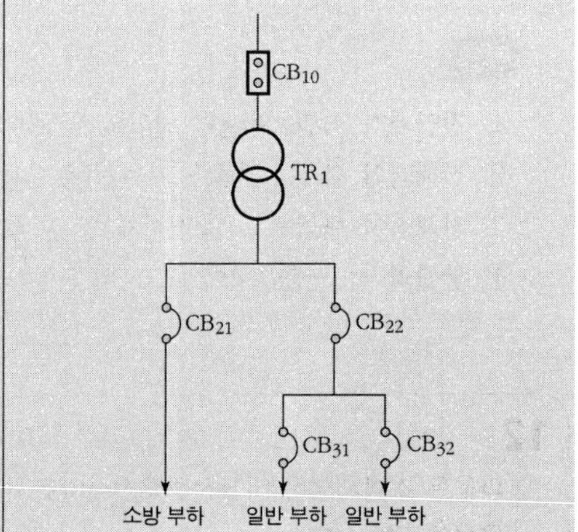
</td></tr>
<tr><td>• 일반회로의 과부하 또는 단락사고 시에 CB_{10}이 CB_{12} 및 CB_{22}보다 먼저 차단되어서는 아니 된다.
• CB_{11}은 CB_{12}와 동등 이상의 차단용량일 것.</td><td>• 일반회로의 과부하 또는 단락사고 시에 CB_{10}이 CB_{22} 및 CB_{31}, CB_{32}보다 먼저 차단되어서는 아니 된다.
• CB_{21}은 CB_{22}와 동등 이상의 차단용량일 것.</td></tr>
</table>

13

소방시설용 비상전원수전설비의 화재안전기준에서 큐비클형의 설치기준에 관한 다음 각 물음에 답하시오.

1) (①) 큐비클 또는 공용 큐비클식으로 할 것
2) 외함은 두께 (②)mm 이상의 강판과 이와 동등 이상의 강도와 (③)이 있는 것으로 제작하여야 하며, 개구부에는 (④) 방화문 또는 (⑤) 방화문을 설치할 것
3) 외함의 바닥에서 (⑥)cm[시험단자, 단자대 등의 충전부는 (⑦)cm] 이상의 높이에 설치할 것

정답

1) ① 전용
2) ② 2.3　③ 내화성능　④ 60분+, 60분　⑤ 30분
3) ⑥ 10　⑦ 15

Solution

큐비클형의 **설치기준**(NFPC 602 제5조제3항, NFTC 602 2.2.3)
1) **전용** 큐비클 또는 **공용** 큐비클식으로 설치할 것
2) 외함은 두께 **2.3mm** 이상의 강판과 이와 동등이상의 강도와 내화성능이 있는 것으로 제작하여야 하며, 개구부에는 **60+**방화문, **60분** 방화문 또는 **30분** 방화문을 설치할 것
3) 외함은 건축물의 바닥 등에 견고하게 고정할 것
4) 외함에 수납하는 수전설비, 변전설비, 그 밖의 기기 및 배선의 적합기준
   ① **외함** 또는 **프레임** 등에 견고하게 고정할 것
   ② 외함의 바닥에서 **10cm**(시험단자, 단자대 등의 충전부는 **15cm**) 이상의 높이에 설치할 것
5) 전선 인입구 및 인출구에는 **금속관** 또는 **금속제 가요전선관**을 쉽게 접속할 수 있도록 할 것

14

다음은 UPS의 구성도이다. 다음 물음에 답하시오.

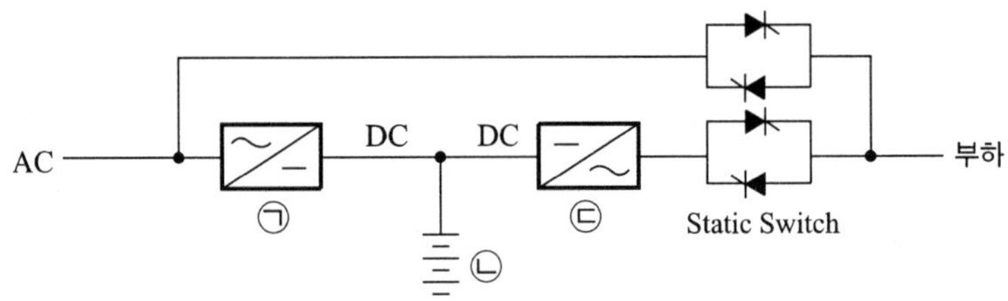

1) UPS의 우리말 명칭을 쓰시오.
2) UPS의 구성도에 Maintenance Bypass 회로를 추가하려고 한다. 바르게 그려 넣으시오.
3) Maintenance Bypass 회로의 용도는 무엇인지 설명하시오.
4) 위 구성도에서 ㉠, ㉡, ㉢의 명칭 및 기능을 설명하시오.
5) UPS장치의 구성요소 중 CVCF는 무엇이며, 그 기능을 쓰시오.

정답

1) 무정전 전원공급장치

2)

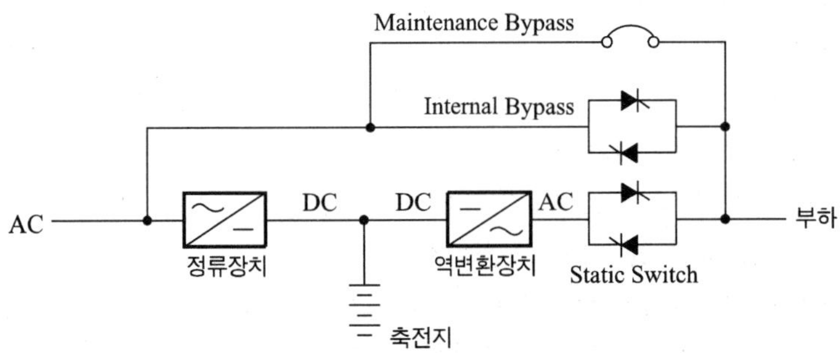

3) 컨버터, 인버터 고장 또는 기기의 수리 시 상용전원을 부하에 공급

4) ㉠ 정류장치(컨버터) : 교류를 직류로 변환(AC → DC)

㉡ 축전지 : 상용전원 정전시 전원을 공급하기 위한 장치

㉢ 역변환장치(인버터) : 직류를 교류로 변환(DC → AC)

5) 정전압 정주파수 장치 : 정류장치(컨버터)와 역변환장치(인버터)를 합한 것

Solution

무정전 전원공급 장치(UPS : Uninterruptible Power Supply)

상용전원 정전시 비상전원으로 무순단 자동 절환되어 무정전으로 부하에 전원을 공급하기위한 장치로서 'UPS'라고 부른다.

① 회로도

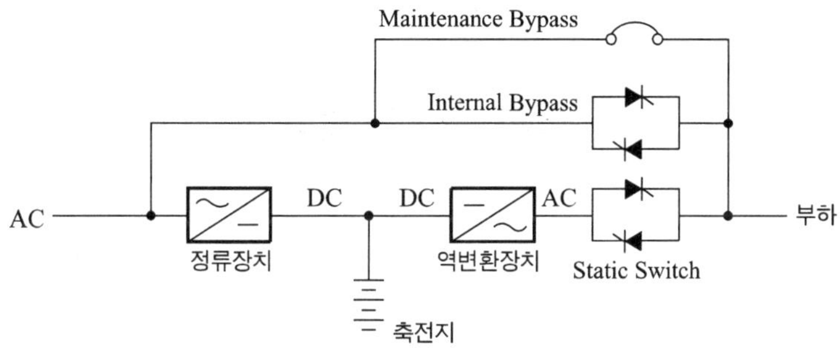

② UPS의 구성요소

구 성	설 명
정류장치(컨버터)	교류를 직류로 변환(AC → DC)
역변환장치(인버터)	직류를 교류로 변환(DC → AC)
축전지	상용전원 정전시 전원을 공급하기 위한 장치
동기절환부(Static Switch)	인버터 이상시 Internal Bypass를 통해 상용전원을 부하에 공급
Maintenance Bypass	컨버터, 인버터 고장 또는 기기의 수리 시 상용전원을 부하에 공급
정전압정주파수 장치	CVCF(Constant Voltage Constant Frequency), 컨버터 + 인버터

CHAPTER 05

전기설비 기초 및 배선

과년도 문제분석

1. 상세분류

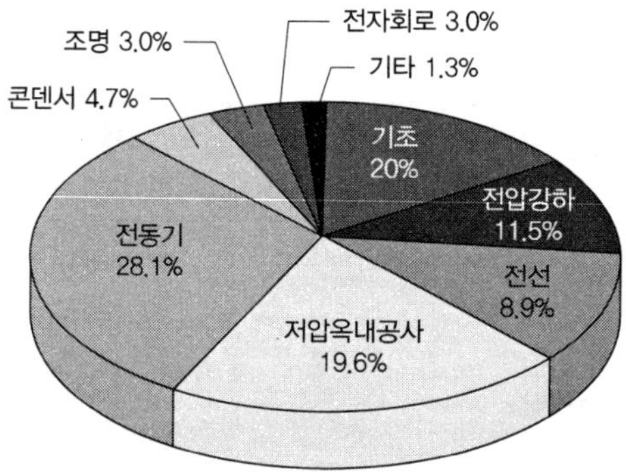

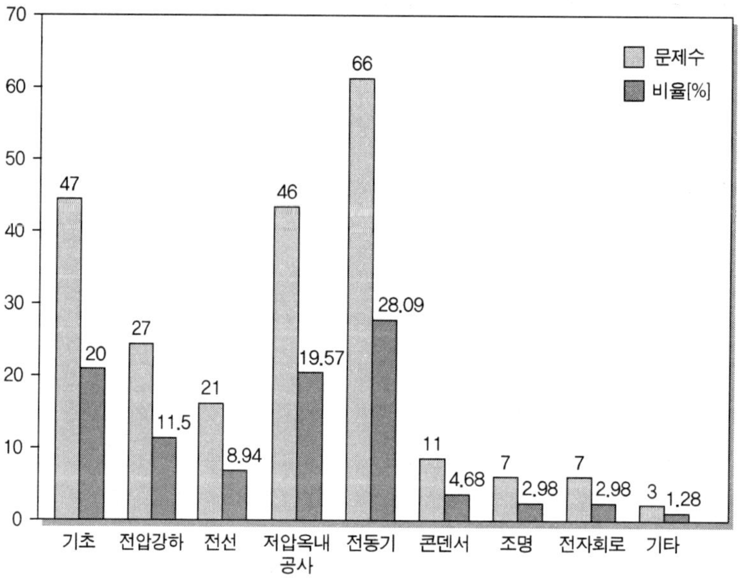

PART 2

2. 문제유형

전기설비 과년도 문제분석(1996~2022년)

번호	출제년도	문항	시설분류	상세분류(대)	상세분류(중)	문제유형	회수	출제비율
1	2007.04.22	7	전기설비	기초	기타	영문약자 표기	47	20.0%
2	2006.04.23	2	전기설비	기초	발전기반	영문약자 표기		
3	2002.10.27	9	전기설비	기초	발전기반	영문약자 표기		
4	1998.05.10	6	전기설비	기초	발전기반	영문약자 표기		
5	2013.11.09	6	전기설비	기초	저항	감지기 절연저항시험 사용기기, 판정기준		
6	2020.11.29	15	전기설비	기초	저항	감지기의 절연저항 사용기기, 판정기준		
7	2019.11.09	1	전기설비	기초	저항	감지기의 절연저항 사용기기, 판정기준, 측정위치		
8	2013.07.14	5	전기설비	기초	저항	누설전류, 절연저항		
9	1999.01.31	11	전기설비	기초	저항	누설전류, 절연저항		
10	2020.11.15	13	전기설비	기초	저항	도체의 저항 계산		
11	2013.04.21	13	전기설비	기초	저항	도체의 저항 계산		
12	2010.10.30	14	전기설비	기초	저항	도체의 저항 계산		
13	2009.04.19	7	전기설비	기초	저항	도체의 저항 계산		
14	2000.02.20	2	전기설비	기초	저항	도체의 저항 계산		
15	2014.11.01	5	전기설비	기초	저항	절연저항 사용기기, 판정기준		
16	2010.07.04	16	전기설비	기초	저항	절연저항 사용기기, 판정기준		
17	2000.02.20	10	전기설비	기초	저항	절연저항 사용기기, 판정기준		
18	1996.09.01	10	전기설비	기초	저항	절연저항 사용기기, 판정기준		
19	2007.11.04	3	전기설비	기초	저항	절연저항계산		
20	2004.10.31	4	전기설비	기초	저항	절연저항계산		
21	2001.11.04	8	전기설비	기초	저항	절연저항계산		
22	2013.11.09	4	전기설비	기초	전력	3상전력 측정방법		
23	2014.04.20	16	전기설비	기초	전력	변류기		
24	2002.04.21	8	전기설비	기초	전력	분기회로수 계산		
25	2010.10.30	7	전기설비	기초	전력	전력 계산		
26	2006.07.09	10	전기설비	기초	전력	전력 계산		
27	2004.07.04	12	전기설비	기초	전력	전력 계산, 전류계산		
28	2021.04.24	13	전기설비	기초	전력	전류계산		
29	2020.07.25	4	전기설비	기초	전력	전류계산		
30	2019.04.14	10	전기설비	기초	전력	전류계산		
31	2017.11.11	14	전기설비	기초	전력	전류계산		
32	2016.06.26	12	전기설비	기초	전력	전류계산		
33	2013.04.21	8	전기설비	기초	전력	전류계산		
34	2012.04.22	8	전기설비	기초	전력	전류계산		
35	2004.04.25	1	전기설비	기초	전력	전류계산		
36	2021.11.13	18	전기설비	기초	전력	전류계산(2차전류, 변류비 이용)		
37	2004.04.25	5	전기설비	기초	전력	전류계산, 변류기사용 비		
38	2014.11.01	18	전기설비	기초	접지	임피던스 미터 용도, 측정방법		
39	2006.04.23	13	전기설비	기초	접지	전자식 접지저항계 결선, 명칭		
40	2011.07.24	8	전기설비	기초	접지	접지공사, 접지저항값		
41	2012.04.22	13	전기설비	기초	접지	접지공사, 접지저항값, 굵기		
42	2019.04.14	5	전기설비	기초	접지	접지선 연결공사방법		
43	2005.05.01	17	전기설비	기초	접지	접지선 연결공사방법		

번호	출제년도	문항	시설분류	상세분류(대)	상세분류(중)	문제유형	회수	출제비율
44	2012.07.08	12	전기설비	기초	접지	접지저항값	47	20.0%
45	2020.05.24	8	전기설비	기초	접지	접지저항값, 접지선의 굵기		
46	2006.04.23	10	전기설비	기초	접지	접지저항값, 접지선의 굵기		
47	2008.07.06	16	전기설비	기초	정전용량	정전용량 계산		
48	2019.11.09	13	전기설비	기타		영문약자 표기	3	1.3%
49	2008.07.06	1	전기설비	기타		영문약자 표기		
50	2002.04.21	12	전기설비	기타		영문약자 표기		
51	2020.11.15	7	전기설비	저압옥내공사	가요전선관	배선공사방법	46	19.6%
52	2022.05.07	9	전기설비	저압옥내공사	가요전선관	부품		
53	2010.07.04	17	전기설비	저압옥내공사	가요전선관	부품		
54	2008.07.06	11	전기설비	저압옥내공사	가요전선관	부품		
55	2002.07.07	2	전기설비	저압옥내공사	가요전선관	부품		
56	1999.05.30	11	전기설비	저압옥내공사	가요전선관	부품		
57	2013.04.21	12	전기설비	저압옥내공사	가요전선관	시공장소		
58	2015.11.07	3	전기설비	저압옥내공사	금속관	공사방법, 금속관공사시 유의사항		
59	2001.11.04	6	전기설비	저압옥내공사	금속관	금속관 길이, 박스접속, 직각 굽은곳 노출배관		
60	1998.02.25	4	전기설비	저압옥내공사	금속관	금속관 길이, 박스접속, 직각 굽은곳 노출배관		
61	1996.11.17	11	전기설비	저압옥내공사	금속관	금속관 길이, 박스접속, 직각 굽은곳 노출배관		
62	2021.07.10	11	전기설비	저압옥내공사	금속관	부품		
63	2019.11.09	3	전기설비	저압옥내공사	금속관	부품		
64	2016.11.12	10	전기설비	저압옥내공사	금속관	부품		
65	2014.07.06	7	전기설비	저압옥내공사	금속관	부품		
66	2012.07.08	7	전기설비	저압옥내공사	금속관	부품		
67	2012.04.22	5	전기설비	저압옥내공사	금속관	부품		
68	2009.10.18	5	전기설비	저압옥내공사	금속관	부품		
69	2009.07.05	2	전기설비	저압옥내공사	금속관	부품		
70	2007.04.22	1	전기설비	저압옥내공사	금속관	부품		
71	2005.05.01	12	전기설비	저압옥내공사	금속관	부품		
72	2003.10.26	5	전기설비	저압옥내공사	금속관	부품		
73	2003.07.13	14	전기설비	저압옥내공사	금속관	부품		
74	2000.04.23	7	전기설비	저압옥내공사	금속관	부품		
75	1998.08.30	5	전기설비	저압옥내공사	금속관	부품		
76	2019.06.29	14	전기설비	저압옥내공사	금속관	설치기준		
77	2016.06.26	10	전기설비	저압옥내공사	금속관	설치기준		
78	2014.04.20	14	전기설비	저압옥내공사	금속관	설치기준		
79	2013.04.21	15	전기설비	저압옥내공사	금속관	설치기준		
80	2011.11.13	6	전기설비	저압옥내공사	금속관	설치기준		
81	2009.04.19	2	전기설비	저압옥내공사	금속관	설치기준		
82	2008.04.20	3	전기설비	저압옥내공사	금속관	설치기준		
83	2007.07.08	3	전기설비	저압옥내공사	금속관	설치기준		
84	2004.10.31	3	전기설비	저압옥내공사	금속관	설치기준		
85	2004.04.25	2	전기설비	저압옥내공사	금속관	설치기준		
86	2000.08.13	8	전기설비	저압옥내공사	금속관	설치기준		
87	1997.11.16	7	전기설비	저압옥내공사	금속관	설치기준		
88	2002.10.27	11	전기설비	저압옥내공사	금속관	설치기준, 접지공사, 최소굵기		
89	2017.04.16	15	전기설비	저압옥내공사	금속관	접지공사 방법		

번호	출제년도	문항	시설분류	상세분류(대)	상세분류(중)	문제유형	회수	출제비율
90	1998.05.10	8	전기설비	저압옥내공사	금속관	최소굵기	46	19.6%
91	2003.10.26	8	전기설비	저압옥내공사	금속관	최소굵기		
92	2000.08.13	13	전기설비	저압옥내공사	금속관	최소굵기		
93	1999.01.31	3	전기설비	저압옥내공사	금속관	최소굵기, 접지공사		
94	2010.10.30	13	전기설비	저압옥내공사	종합	금속관공사, 가요전선관공사 부품		
95	2009.04.19	9	전기설비	저압옥내공사	후강전선관	1본길이, 호칭표시방법		
96	1997.01.26	12	전기설비	저압옥내공사	후강전선관	최소굵기		
97	2014.07.06	3	전기설비	전동기	계산	극수와 정격출력 계산	66	28.1%
98	2005.10.23	9	전기설비	전동기	계산	동기속도 계산		
99	1996.11.17	3	전기설비	전동기	계산	동기속도 계산		
100	2020.10.17	6	전기설비	전동기	계산	동기속도, 회전속도 계산		
101	2011.11.13	9	전기설비	전동기	계산	동기속도, 회전속도 계산		
102	2009.10.18	7	전기설비	전동기	계산	동기속도, 회전속도 계산		
103	2005.05.01	10	전기설비	전동기	계산	동기속도, 회전속도 계산		
104	2003.04.27	12	전기설비	전동기	계산	동기속도, 회전속도 계산		
105	2015.04.19	15	전기설비	전동기	계산	송풍기 전동용량 계산		
106	2006.07.09	15	전기설비	전동기	계산	전동기, 축전지용량 계산		
107	2010.10.30	8	전기설비	전동기	계산	전동기속도 계산		
108	2022.11.19	7	전기설비	전동기	계산	전동기용량 계산		
109	2022.07.24	5	전기설비	전동기	계산	전동기용량 계산		
110	2020.10.17	13	전기설비	전동기	계산	전동기용량 계산		
111	2020.07.25	14	전기설비	전동기	계산	전동기용량 계산		
112	2020.05.24	2	전기설비	전동기	계산	전동기용량 계산		
113	2019.06.29	7	전기설비	전동기	계산	전동기용량 계산		
114	2018.11.10	1	전기설비	전동기	계산	전동기용량 계산		
115	2015.04.19	7	전기설비	전동기	계산	전동기용량 계산		
116	2013.07.14	8	전기설비	전동기	계산	전동기용량 계산		
117	2012.11.03	15	전기설비	전동기	계산	전동기용량 계산		
118	2012.04.22	3	전기설비	전동기	계산	전동기용량 계산		
119	2011.07.24	4	전기설비	전동기	계산	전동기용량 계산		
120	2010.10.30	9	전기설비	전동기	계산	전동기용량 계산		
121	2010.07.04	2	전기설비	전동기	계산	전동기용량 계산		
122	2010.04.17	6	전기설비	전동기	계산	전동기용량 계산		
123	2009.10.18	14	전기설비	전동기	계산	전동기용량 계산		
124	2009.07.05	5	전기설비	전동기	계산	전동기용량 계산		
125	2009.04.19	11	전기설비	전동기	계산	전동기용량 계산		
126	2008.11.02	6	전기설비	전동기	계산	전동기용량 계산		
127	2008.07.06	3	전기설비	전동기	계산	전동기용량 계산		
128	2007.11.04	7	전기설비	전동기	계산	전동기용량 계산		
129	2007.07.08	12	전기설비	전동기	계산	전동기용량 계산		
130	2006.04.23	4	전기설비	전동기	계산	전동기용량 계산		
131	2004.10.31	8	전기설비	전동기	계산	전동기용량 계산		
132	2004.07.04	11	전기설비	전동기	계산	전동기용량 계산		
133	2003.10.26	7	전기설비	전동기	계산	전동기용량 계산		
134	2001.07.15	6	전기설비	전동기	계산	전동기용량 계산		
135	2001.04.22	2	전기설비	전동기	계산	전동기용량 계산		
136	2000.11.12	7	전기설비	전동기	계산	전동기용량 계산		
137	2000.04.23	3	전기설비	전동기	계산	전동기용량 계산		
138	2000.02.20	9	전기설비	전동기	계산	전동기용량 계산		

번호	출제년도	문항	시설분류	상세분류(대)	상세분류(중)	문제유형	회수	출제비율
139	1999.05.30	10	전기설비	전동기	계산	전동기용량 계산		
140	1998.11.15	6	전기설비	전동기	계산	전동기용량 계산		
141	1998.05.10	3	전기설비	전동기	계산	전동기용량 계산		
142	1996.01.21	2	전기설비	전동기	계산	전동기용량 계산		
143	2021.04.24	8	전기설비	전동기	계산	전동기용량 계산, 변압기 1대 용량 계산		
144	2020.11.15	3	전기설비	전동기	계산	전동기용량 계산, 변압기 1대 용량 계산		
145	2005.10.23	1	전기설비	전동기	계산	전동기용량 계산, 변압기 1대 용량 계산		
146	2003.07.13	8	전기설비	전동기	계산	전동기용량 계산, 변압기 1대 용량 계산		
147	2002.10.27	10	전기설비	전동기	계산	전동기용량 계산, 변압기 1대 용량 계산		
148	2000.08.13	9	전기설비	전동기	계산	전동기용량 계산, 변압기 1대 용량 계산		
149	1999.09.19	15	전기설비	전동기	계산	전동기용량 계산, 변압기 1대 용량 계산		
150	1998.08.30	14	전기설비	전동기	계산	전동기용량 계산, 변압기 1대 용량 계산		
151	1997.08.24	9	전기설비	전동기	계산	전동기용량 계산, 변압기 1대 용량 계산	66	28.1%
152	2019.11.09	7	전기설비	전동기	계산	전동기용량 계산, 콘덴서용량 계산		
153	2014.11.01	12	전기설비	전동기	계산	전동기용량 계산, 콘덴서용량 계산		
154	2014.07.06	8	전기설비	전동기	계산	전동기용량 계산, 콘덴서용량 계산		
155	2008.04.20	5	전기설비	전동기	계산	전동기용량 계산, 콘덴서용량 계산		
156	2019.06.29	9	전기설비	전동기	계산	전동기용량, 부하용량, 변압기 1대 용량 계산		
157	2020.07.25	18	전기설비	전동기	계산	회전속도 계산		
158	2009.04.19	13	전기설비	전동기	계산	회전속도 계산		
159	2001.11.04	12	전기설비	전동기	계산	회전속도 계산		
160	2019.06.29	11	전기설비	전동기	기타	기동방식		
161	2021.04.24	16	전기설비	전동기	기타	기동방식, 콘덴서용량 계산		
162	2008.11.02	2	전기설비	전동기	기타	절연물 최고허용온도		
163	2022.11.19	16	전기설비	전선	배선도	배선기입방법		
164	2011.07.24	11	전기설비	전선	배선도	배선기입방법		
165	2007.04.22	6	전기설비	전선	배선도	배선기입방법		
166	2004.10.31	12	전기설비	전선	배선도	배선기입방법		
167	1999.05.30	6	전기설비	전선	배선도	배선기입방법		
168	1996.05.19	12	전기설비	전선	배선도	배선기입방법		
169	1998.05.10	1	전기설비	전선	배선도	옥내배선기입방법		
170	2022.07.24	8	전기설비	전선	배선도	옥내배선용 그림기호		
171	2022.05.07	16	전기설비	전선	배선도	옥내배선용 그림기호		
172	2021.07.10	18	전기설비	전선	배선도	옥내배선용 그림기호		
173	2015.11.07	5	전기설비	전선	배선도	옥내배선용 그림기호	21	9.6%
174	2001.07.15	4	전기설비	전선	배선도	옥내배선용 그림기호		
175	2000.08.13	6	전기설비	전선	배선도	옥내배선용 그림기호		
176	2000.02.20	14	전기설비	전선	배선도	옥내배선용 그림기호		
177	1996.09.01	13	전기설비	전선	배선도	옥내배선용 그림기호		
178	2020.07.25	3	전기설비	전선	배선도	옥내배선용 그림기호(차단기심벌)		
179	2010.10.30	18	전기설비	전선	배선도	옥내배선용 그림기호(차단기심벌)		
180	2007.11.04	12	전기설비	전선	접속	접속시 주의사항		
181	2007.07.08	1	전기설비	전선	종류	전선, 기기 명칭, 영문약자 표기		
182	2000.11.12	2	전기설비	전선	종류	전선의 약호		
183	1996.01.21	11	전기설비	전선	종류	전선의 약호		
184	2003.10.26	12	전기설비	전압강하	계산	경동선 전기저항 계산		
185	2005.07.10	7	전기설비	전압강하	계산	공칭단면적	27	11.5%
186	2017.06.25	13	전기설비	전압강하	계산	사이렌 단자전압 계산		
187	2014.11.01	11	전기설비	전압강하	계산	전류계산, 전선굵기 계산		

번호	출제년도	문항	시설분류	상세분류(대)	상세분류(중)	문제유형	회수	출제비율
188	2014.04.20	5	전기설비	전압강하	계산	전선의 굵기 계산	27	11.5%
189	2009.10.18	8	전기설비	전압강하	계산	전선의 굵기 계산		
190	2022.07.24	12	전기설비	전압강하	계산	전압강하 계산		
191	2022.05.07	12	전기설비	전압강하	계산	전압강하 계산		
192	2010.10.30	10	전기설비	전압강하	계산	전압강하 계산		
193	2010.07.04	14	전기설비	전압강하	계산	전압강하 계산		
194	2008.11.02	13	전기설비	전압강하	계산	전압강하 계산		
195	2007.04.22	13	전기설비	전압강하	계산	전압강하 계산		
196	2005.05.01	7	전기설비	전압강하	계산	전압강하 계산		
197	2004.04.25	15	전기설비	전압강하	계산	전압강하 계산		
198	2000.11.12	4	전기설비	전압강하	계산	전압강하 계산		
199	1999.09.19	14	전기설비	전압강하	계산	전압강하 계산		
200	1997.05.11	6	전기설비	전압강하	계산	전압강하 계산		
201	1996.09.01	4	전기설비	전압강하	계산	전압강하 계산		
202	2015.11.07	1	전기설비	전압강하	계산	전압강하 계산, 전선굵기(mm)		
203	2020.11.15	4	전기설비	전압강하	계산	전압강하 계산(전류변동에 의한 전압강하 없음)		
204	2011.07.24	2	전기설비	전압강하	계산	전압강하 계산, 경종작동여부, 우선경보방식대상물		
205	2006.07.09	11	전기설비	전압강하	계산	전압강하 계산, 공칭단면적 선택		
206	2018.04.14	15	전기설비	전압강하	계산	최말단경종동작시 소모전류, 전압강하, 작동유무		
207	2016.06.26	6	전기설비	전압강하	계산	최말단경종동작시 소모전류, 전압강하, 작동유무		
208	2013.11.09	13	전기설비	전압강하	계산	표시등소모전류, 경종소모전류, 전압강하계산		
209	2016.11.12	12	전기설비	전압강하	계산	표시등, 경종소모전류, 전압강하		
210	2014.07.06	2	전기설비	전압강하	계산	표시등, 경종소모전류, 전압강하, 경종작동유무		
211	2010.10.30	11	전기설비	전자회로	정류회로	반파정류회로	7	3.0%
212	2021.07.10	10	전기설비	전자회로	정류회로	전파정류회로		
213	2020.11.15	16	전기설비	전자회로	정류회로	전파정류회로		
214	2013.11.09	9	전기설비	전자회로	정류회로	전파정류회로		
215	2008.04.20	14	전기설비	전자회로	정류회로	전파정류회로		
216	2007.11.04	14	전기설비	전자회로	정류회로	전파정류회로		
217	2010.07.04	4	전기설비	전자회로	정류회로	트랜지스터 기호		
218	2012.11.03	4	전기설비	조명	계산	FUN=DAE공식	7	3.0%
219	2003.04.27	1	전기설비	조명	계산	FUN=DAE공식		
220	2001.11.04	13	전기설비	조명	계산	FUN=DAE공식		
221	2000.08.13	3	전기설비	조명	계산	FUN=DAE공식		
222	1998.11.15	12	전기설비	조명	계산	FUN=DAE공식		
223	2014.11.01	4	전기설비	조명	계산	바닥면 조도계산		
224	2003.10.26	10	전기설비	조명	계산	실지수		
225	2022.11.19	10	전기설비	콘덴서	계산	콘덴서용량 계산	11	4.7%
226	2003.07.13	10	전기설비	콘덴서	계산	콘덴서용량 계산		
227	2003.04.27	2	전기설비	콘덴서	계산	콘덴서용량 계산		
228	2000.04.23	2	전기설비	콘덴서	계산	콘덴서용량 계산		
229	1999.01.31	9	전기설비	콘덴서	계산	콘덴서용량 계산		
230	1996.05.19	3	전기설비	콘덴서	계산	콘덴서용량 계산		
231	2020.11.29	13	전기설비	콘덴서	계산	콘덴서용량 계산, 기동방식		
232	2022.07.24	6	전기설비	콘덴서	계산	콘덴서용량 계산, 전동기 무효전력		
233	2005.05.01	16	전기설비	콘덴서	주변기기	방전코일		
234	1997.01.26	14	전기설비	콘덴서	주변기기	방전코일		
235	1996.01.21	6	전기설비	콘덴서	주변기기	방전코일		

연습문제 풀이 및 해설

01

단상 110V 20W 복도통로유도등을 50개 설치할 때 최소전류는 몇 A인가?
(단, 역률은 0.9이며 효율은 0.85이다.)

정답

$$I = \frac{20 \times 50}{110 \times 0.9} = 10.1\,(\mathrm{A})$$

∴ **답 : 10.1 (A)**

Solution

① 단상 유효전력

$$P_a = VI\cos\theta$$

여기서, P_a : 유효전력(W), V : 전압(V), I : 전류(A), $\cos\theta$: 역률

② **소비전력**은 **유효전력**으로 표현되며 **효율**은 사용되지 않으므로 **무시**한다.

③ 전류 $I = \dfrac{P_a}{V\cos\theta} = \dfrac{20 \times 50\text{개}}{110 \times 0.9} = 10.1\,(\mathrm{A})$

02

3상 380V, 50kW 유도전동기를 기동시킬 때 발생되는 기동전류는 몇 A인가?
(단, 역률은 0.7이다.)

정답

$$I = \frac{50 \times 10^3}{\sqrt{3} \times 380 \times 0.7} = 108.527 \fallingdotseq 108.53\,(\mathrm{A})$$

∴ **답 : 108.53 (A)**

Solution

① **3상 유효전력**

$$P_a = \sqrt{3}\, VI\cos\theta$$

여기서, P_a : 유효전력(W), V : 전압(V), I : 전류(A), $\cos\theta$: 역률

② 전류 $I = \dfrac{P_a}{\sqrt{3}\, V\cos\theta} = \dfrac{50\times10^3}{\sqrt{3}\times380\times0.7} = 108.527 ≒ 108.53\,(\mathrm{A})$

03

전력 측정방법에 대한 다음 물음에 답하시오.

1) 2전력계법을 사용하여 3상 유도전동기의 전력을 측정하기 위한 미완성 도면을 완성하고 유효전력 계산식을 쓰시오.

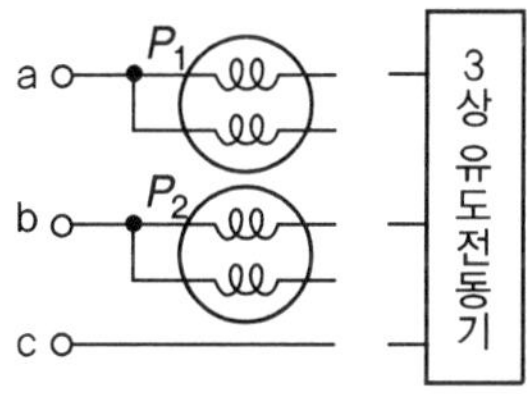

2) 2전력계법을 사용하여 3상전력을 측정하였더니 각 전력계가 지시하는 값은 800[W], 600[W]이다. 이때 부하에 공급되는 유효전력, 무효전력, 역률을 구하시오.

정답

1) 2전력계법 구성도 및 유효전력

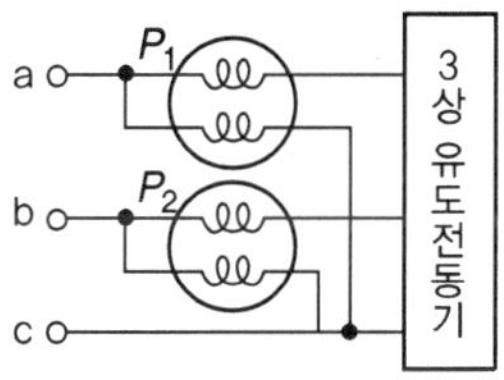

유효전력 $P_a = P_1 + P_2$

2) ① 유효전력 : 1,400 (W)

② 무효전력 : 346.41 (Var)

③ 역률 : 0.97

Solution

1) 3상 전력의 측정방법

명 칭	2전력계법	3전력계법
정 의	단상전력계 **2개**로 3상전력 측정 (중성선과 무관하게 단상전력계 2개를 각 상에 연결하여 각 전력계의 지시값을 더한다.)	단상전력계 **3개**로 3상전력 측정 (단상전력계 3대를 각 상과 중성선에 연결하여 각 전력계의 지시값을 더한다.)
구성도	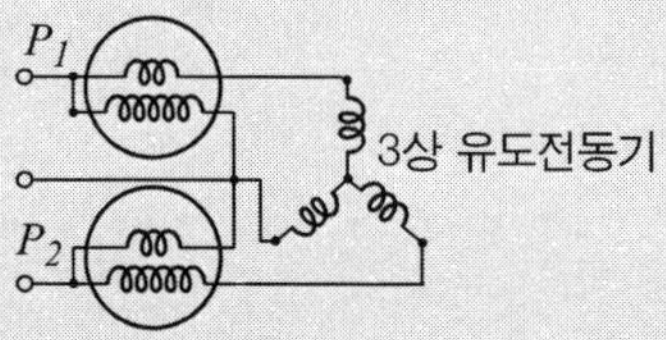 여기서, P_1, P_2 : 전력계 지시값(W)	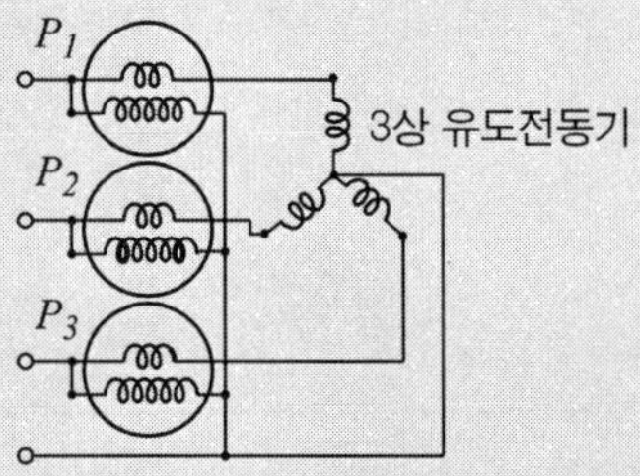 여기서, P_1, P_2, P_3 : 전력계 지시값(W)
유효전력	$P_a = P_1 + P_2$ (W)	$P_a = P_1 + P_2 + P_3$ (W)
무효전력	$P_r = \sqrt{3}(P_1 - P_2)$ (Var)	$P_r = P_a \tan\theta = P_a \tan\cos^{-1}\cos\theta$ (Var) $= P_a\left(\sqrt{\dfrac{1}{\cos^2\theta} - 1}\right)$ (Var)
역률	$\cos\theta = \dfrac{P_1 + P_2}{2\sqrt{P_1^2 + P_2^2 - P_1P_2}}$	$\cos\theta = \dfrac{P_a}{\sqrt{P_a^2 + P_r^2}}$

2전력계법을 사용하면 단상전력계 2개만으로도 3상전력을 측정할 수 있으므로 일반적으로 3전력계법은 잘 사용하지 않는다.

2) 2전력계 계산

① 유효전력 $P_a = P_1 + P_2 = 800 + 600 = 1{,}400$ (W)

② 무효전력 $P_r = \sqrt{3}(P_1 - P_2) = \sqrt{3}(800 - 600) = 200\sqrt{3} = 346.41$ (Var)

③ 역률 $\cos\theta = \dfrac{P_1 + P_2}{2\sqrt{P_1^2 + P_2^2 - P_1P_2}} = \dfrac{800 + 600}{2\sqrt{800^2 + 600^2 - 800 \times 600}} ≒ 0.97$

04

경동선은 온도 20℃에서 온도계수(α)가 0.00381이다. 온도 20℃의 경동선 저항값이 50Ω라고 할 때 온도가 120℃로 상승하게 되면 저항값은 몇 Ω인가?

정답

$R = 50[1 + 0.00381(120 - 20)] = 69.05\ (\Omega)$

∴ **답 : 69.05 (Ω)**

Solution

① **온도 변화에 의한 도체의 저항 계산** 수식

$$R_2 = R_1[1 + \alpha_1(t_2 - t_1)]\ (\Omega)$$

여기서, R_1 : t_1에서의 도체의 저항(Ω)

R_2 : t_2에서의 도체의 저항(Ω)

t_1 : 상승 전의 온도(℃)

t_2 : 상승 후의 온도(℃)

α_1 : t_1에서의 저항온도계수

② 도체의 저항 R_2 계산

$R_2 = R_1[1 + \alpha_1(t_2 - t_1)] = 50[1 + 0.00381(120 - 20)] = 69.05\ (\Omega)$

05

절연저항에 대한 다음 물음에 답하시오.

1) 감지기회로의 배선상호간 절연저항을 1경계구역마다 시험하고자 한다. 사용기기와 판정기준은 무엇인가?
2) 10회로 이상의 수신기에 대한 절연저항을 시험하고자 한다. 사용기기와 판정기준은 무엇인가?
3) 220V전로에 비상경보설비의 절연저항 5MΩ라면 누설전류는 몇 mA인가?
4) 절연저항계(Megger)의 판정기준에 대해서 설명하시오.

정답

1) ① 사용기기－직류 250V 절연저항계 ② 판정기준－0.1MΩ 이상
2) ① 사용기기－직류 500V 절연저항계 ② 판정기준－50MΩ 이상
3) $I = \dfrac{220}{5 \times 10^6} = 0.044\,(\text{mA})$

∴ **답 : 0.044 (mA)**

4) 절연저항계(Megger)의 판정기준

대지전압(V)	절연저항(MΩ)
150 이하	0.1 이상
150 초과 300 이하	0.2 이상
300 초과 400 미만	0.3 이상
400 이상	0.4 이상

Solution

1), 2) **절연저항 시험대상**

절연저항계	절연저항	대 상
직류 250V	0.1MΩ 이상	• 1 경계구역의 절연저항
직류 500V	5MΩ 이상	• 자동화재속보설비 • 비상경보설비 • 누전경보기 • 가스누설경보기 • 수신기 • 비상조명등, 유도등(교류입력측과 외함간)
	20MΩ 이상	• 발신기 • 중계기 • 경종 • 비상콘센트 • 기기의 절연된 선로간 • 기기의 충전부와 비충전부간 • 기기의 교류입력측과 외함간(비상조명등, 유도등 제외)
	50MΩ 이상	• 감지기(정온식 감지선형 감지기 제외) • 10회로 이상인 수신기, 가스누설경보기
	1,000MΩ 이상	• 정온식 감지선형 감지기

3) 누설전류 $I = \frac{V}{R} = \frac{220}{5 \times 10^6} = 0.044\,(\mathrm{mA})$

4) **절연저항계 외형** 및 **판정기준**

<table>
<tr><th>외형</th><th>설명 및 판정기준</th></tr>
<tr><td>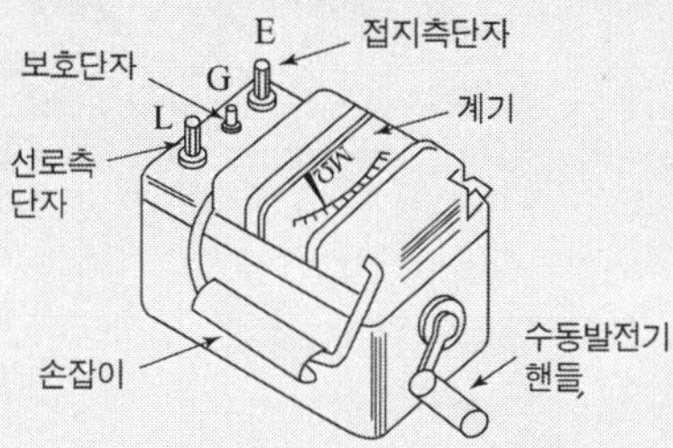
</td><td>• 선로측단자 : 배선(선로)의 2차측 연결 단자
• 접지측단자 : 배선(선로) or 접지선의 2차측 연결 단자
• 수동발전기핸들 : 고전압 발생 장치
• 판정기준
<table>
<tr><th>대지전압(V)</th><th>절연저항(MΩ)</th></tr>
<tr><td>150 이하</td><td>0.1 이상</td></tr>
<tr><td>150 초과 300 이하</td><td>0.2 이상</td></tr>
<tr><td>300 초과 400 미만</td><td>0.3 이상</td></tr>
<tr><td>400 이상</td><td>0.4 이상</td></tr>
</table></td></tr>
</table>

06

다음 ( ) 안에 알맞은 내용을 쓰시오.

자동화재속보설비의 절연된 (①)와 외함 간의 절연저항은 직류 500V의 절연저항계로 측정한 값은 (②) 이상 이어야 하고 교류입력측과 외함 간에는 (③)이상 이어야 한다. 그리고 절연된 선로 간의 절연저항은 직류 500V의 절연저항계로 측정한 값이 (④)이상 이어야 한다.

정답

① 충전부 ② 5MΩ ③ 20MΩ ④ 20MΩ

Solution

1) **자동화재속보설비**의 속보기의 **성능인증** 및 **제품검사**의 **기술기준 제10조**
   ① 절연된 **충전부**와 **외함간**의 절연저항은 **직류 500V**의 절연저항계로 측정한 값이 **5MΩ(교류입력측**과 **외함간**에는 **20MΩ)** 이상이어야 한다.
   ② 절연된 선로간의 절연저항은 직류 500V의 절연저항계로 측정한 값이 **20MΩ** 이상이어야 한다.
2) 절연저항 시험대상－문제 5 해설 참조

07

수신기로부터 0.5km 떨어진 장소에 감지기가 접속되어 있다. 감지기 회로에서 소비되는 전류가 200mA이고 전선이 2.5mm^2일 때 전압강하는 몇 V 인가?

정답

$$e = \frac{35.6 \times 500 \times 200 \times 10^{-3}}{1{,}000 \times 2.5} = 1.42\,(\mathrm{V})$$

∴ 답 : 1.42 (V)

Solution

① **전기방식에 따른 전압강하, 전선단면적**

전기방식	전압강하(정식)	전압강하(간이식) ①	전압강하(간이식) ②	전선 단면적
단상 3선식 직류 3선식 3상 4선식	$e_1 = IR$ $e = E_s - E_r = I(R\cos\theta + X\sin\theta)$	$e_1 = \frac{17.8LI}{1{,}000A}$	$e_1 = IR$	$A = \frac{17.8LI}{1{,}000e_1}$
단상 2선식 직류 2선식	$e_2 = 2IR = 2e_1$ $e = E_s - E_r = 2I(R\cos\theta + X\sin\theta)$	$e_2 = \frac{35.6LI}{1{,}000A}$	$e_2 = 2IR$	$A = \frac{35.6LI}{1{,}000e_2}$
3상 3선식	$e_3 = \sqrt{3}\,IR = \sqrt{3}\,e_1$ $e = E_s - E_r = \sqrt{3}\,I(R\cos\theta + X\sin\theta)$	$e_3 = \frac{30.8LI}{1{,}000A}$	$e_3 = \sqrt{3}\,IR$	$A = \frac{30.8LI}{1{,}000e_3}$

① 전압변동에 의한 부하전류의 변동을 고려한 경우
② 전압변동에 의한 부하전류의 변동을 무시한 경우
A : 전선의 단면적
L : 전선 1본의 길이(m)
C : 전선의 도전율(97%)
ρ : 고유저항
e_1 : 외측선 또는 각상의 1선과 중성선 사이의 전압 강하(V)
e_2, e_3 : 각 선간의 전압 강하(V)

② 자동화재탐지설비의 **감지기회로**는 **단상 2선식**을 적용한다.

③ 계산과정

$$e = \frac{35.6LI}{1{,}000A} = \frac{35.6 \times 500 \times 200 \times 10^{-3}}{1{,}000 \times 2.5} = 1.42\,(\mathrm{V})$$

08

수신기로부터 배선거리 100m의 위치에 경종이 접속되어 있다. 경종이 명동될 때의 경종의 단자전압을 구하시오(단, 사이렌이 정격전력은 48W이며, 전선은 2.5mm^2 NRI 전선이고 2.5mm^2 NRI 전선의 km당 전기저항은 8.75Ω이다. 또한, 전압변동에 의한 부하전류의 변동은 무시한다).

정답

$$V_r = V_s - e = V_s - 2IR = 24 - 2 \times \left(\frac{48}{24}\right) \times \left(\frac{100}{1,000} \times 8.75\right)$$
$$= 24 - 3.5 = 20.5\,(\text{V})$$

∴ 답 : 20.5 (V)

Solution

1) **전기방식에 따른 전압강하, 전선단면적**

전기방식	전압강하(정식)	전압강하(간이식)		전선 단면적
		①	②	
단상 3선식 직류 3선식 3상 4선식	$e_1 = IR$ $e = E_s - E_r = I(R\cos\theta + X\sin\theta)$	$e_1 = \dfrac{17.8LI}{1,000A}$	$e_1 = IR$	$A = \dfrac{17.8LI}{1,000e_1}$
단상 2선식 직류 2선식	$e_2 = 2IR = 2e_1$ $e = E_s - E_r = 2I(R\cos\theta + X\sin\theta)$	$e_2 = \dfrac{35.6LI}{1,000A}$	$e_2 = 2IR$	$A = \dfrac{35.6LI}{1,000e_2}$
3상 3선식	$e_3 = \sqrt{3}\,IR = \sqrt{3}\,e_1$ $e = E_s - E_r = \sqrt{3}\,I(R\cos\theta + X\sin\theta)$	$e_3 = \dfrac{30.8LI}{1,000A}$	$e_3 = \sqrt{3}\,IR$	$A = \dfrac{30.8LI}{1,000e_3}$

① 전압변동에 의한 부하전류의 변동을 고려한 경우
② 전압변동에 의한 부하전류의 변동을 무시한 경우

A : 전선의 단면적, L : 전선 1본의 길이(m) e_1 : 외측선 또는 각상의 1선과 중성선 사이의 전압 강하(V)
C : 전선의 도전율(97%), ρ : 고유저항 e_2, e_3 : 각 선간의 전압 강하(V)

2) 자동화재탐지설비의 **수신기회로**는 **단상 2선식**을 적용한다.

3) 계산과정

① 전류 $I = \dfrac{P}{V} = \dfrac{48}{24} = 2\,(\text{A})$

② 배선저항은 $R = \left(\dfrac{100}{1,000} \times 8.75\right) = 0.875\,(\Omega)$

③ 단상 2선식의 전압강하 간이식 ②를 적용 – 전압변동에 의한 부하전류의 변동을 무시할 때 적용 : $e = 2IR = 2 \times 2 \times 0.875 = 3.5\,(\text{V})$

④ 경종의 단자전압 $V_r = V_s - e = 24 - 3.5 = 20.5\,(\text{V})$

caution

※ **단자전압계산**

1) **전압변동에 의한 부하전류의 변동은 무시한 경우**

① 전압강하의 정식 계산식을 적용하여 구한 **간이식 ②**를 적용

② 단자전압 $V_r = V_s - e = V_s - 2IR = 24 - 2 \times 2 \times 0.875 = 24 - 3.5 = 20.5\,(\mathrm{V})$

2) **전압변동에 의한 부하전류의 변동을 무시하지 않는 경우**

① **등가회로**를 **작성**하고 **전압분배 법칙**을 **적용**

② 경종저항 $R = \dfrac{V^2}{P} = \dfrac{24^2}{48} = 12\,(\Omega)$ $(\because\ P = VI = \dfrac{V^2}{R} = I^2R)$

③ 배선저항은 $R = \left(\dfrac{100}{1{,}000} \times 8.75\right) = 0.875\,(\Omega)$

④ 등가회로

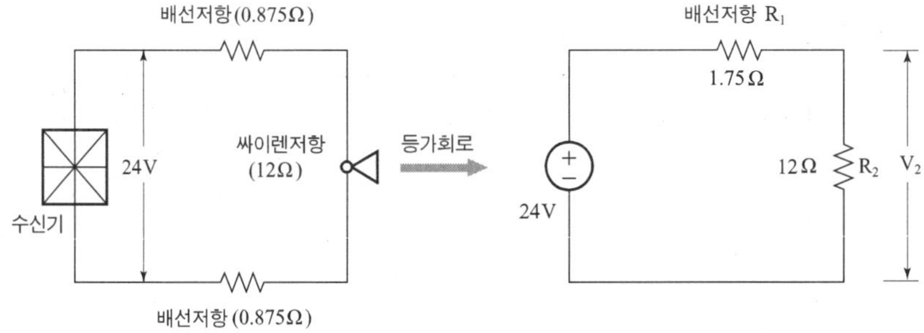

⑤ 경종의 단자전압 $V_2 = \dfrac{R_2}{R_1 + R_2} V = \dfrac{12}{1.75 + 12} \times 24 = 20.95\,(\mathrm{V})$

09

3상 3선식 380V로 운전되는 유도전동기의 용량이 100kW이다. 유도전동기까지의 배선길이는 100m이며 전압강하를 3V까지 허용한다고 할 경우 배선의 굵기를 구하고 공칭단면적을 적용하여 답하시오(단, 역률은 90%이다).

정답

$$I = \frac{100 \times 10^3}{\sqrt{3} \times 380 \times 0.9} = 168.82\,(\mathrm{A})$$

$$A = \frac{30.8 \times 100 \times 168.82}{1000 \times 3} = 173.32\,(\mathrm{mm}^2)$$

∴ 답 : 185 (mm^2)

Solution

1) 3상 유효전력 & 전류

$$\boxed{P_a = \sqrt{3}\, VI\cos\theta} \rightarrow I = \frac{P_a}{\sqrt{3}\, V\cos\theta} = \frac{100\times 10^3}{\sqrt{3}\times 380\times 0.9} = 168.82\,(\mathrm{A})$$

여기서, P_a : 유효전력(W), V : 전압(V), I : 전류(A), $\cos\theta$: 역률

2) 전기방식에 따른 전압강하, 전선단면적

전기방식	전압강하(정식)	전압강하(간이식) ①	전압강하(간이식) ②	전선 단면적
단상 3선식 직류 3선식 3상 4선식	$e_1 = IR$ $e = E_s - E_r = I(R\cos\theta + X\sin\theta)$	$e_1 = \frac{17.8LI}{1,000A}$	$e_1 = IR$	$A = \frac{17.8LI}{1,000e_1}$
단상 2선식 직류 2선식	$e_2 = 2IR = 2e_1$ $e = E_s - E_r = 2I(R\cos\theta + X\sin\theta)$	$e_2 = \frac{35.6LI}{1,000A}$	$e_2 = 2IR$	$A = \frac{35.6LI}{1,000e_2}$
3상 3선식	$e_3 = \sqrt{3}IR = \sqrt{3}e_1$ $e = E_s - E_r = \sqrt{3}I(R\cos\theta + X\sin\theta)$	$e_3 = \frac{30.8LI}{1,000A}$	$e_3 = \sqrt{3}IR$	$A = \frac{30.8LI}{1,000e_3}$

① 전압변동에 의한 부하전류의 변동을 고려한 경우
② 전압변동에 의한 부하전류의 변동을 무시한 경우

A : 전선의 단면적, L : 전선 1본의 길이(m) e_1 : 외측선 또는 각상의 1선과 중성선 사이의 전압 강하(V)
C : 전선의 도전율(97%), ρ : 고유저항 e_2, e_3 : 각 선간의 전압 강하(V)

3) 계산과정(3상 3선식 전선 단면적)

$$A = \frac{30.8LI}{1,000e} = \frac{30.8\times 100\times 168.82}{1,000\times 3} = 173.32\,(\mathrm{mm}^2)$$ → 절상하여 185 (mm^2)를 적용한다.

4) 공칭단면적(IEC 규격에서는 ⓐ, ⓑ, ⓒ삭제)

순서	공칭단면적(mm^2)	순서	공칭단면적(mm^2)	순서	공칭단면적(mm^2)	순서	공칭단면적(mm^2)
ⓐ	0.5	ⓖ	6	ⓜ	70	ⓢ	300
ⓑ	0.75	ⓗ	10	ⓝ	95	ⓣ	400
ⓒ	1.0	ⓘ	16	ⓞ	120	ⓤ	500
ⓓ	1.5	ⓙ	25	ⓟ	150		
ⓔ	2.5	ⓚ	35	ⓠ	185		
ⓕ	4	ⓛ	50	ⓡ	240		

10

분전반에서 100m의 거리에 직류 24V, 전류 1.0A인 준비작동식 스프링클러설비용 솔레노이드밸브를 설치하려고 한다. 전선의 굵기는 몇 mm^2인지 계산상의 최소 굵기를 구하시오. (단, 전압강하는 3% 이내이고, 전선은 동선을 사용한다.)

정답

$e = 24 \times 0.03 = 0.72\,(\mathrm{V})$

$$A = \frac{35.6LI}{1{,}000e} = \frac{35.6 \times 100 \times 1.0}{1{,}000 \times (24 \times 0.03)} = 4.94\,(\mathrm{mm^2})$$

∴ **답 4.94 (mm^2)**

Solution

① 전압강하

전압강하가 3% 이므로 $e = 24 \times 0.03 = 0.72\,(\mathrm{V})$

② 전선의 굵기

단상 2선식의 전압강하 간이식을 적용해서 전선의 굵기를 구하면,

$$e = \frac{35.6LI}{1{,}000A} \rightarrow A = \frac{35.6LI}{1{,}000e} = \frac{35.6 \times 100 \times 1.0}{1{,}000 \times (24 \times 0.03)} = 4.94\,(\mathrm{mm^2})$$

caution

전선의 굵기를 구할 때 전압강하의 단위가 (V)로 주어지는 경우와 %로 주어지는 경우의 계산식에 주의해야 한다.

11

수신반에서 100m 떨어진 장소의 감지기가 작동할 때 소비된 전류가 500mA라고 한다. 이때의 전압강하를 구하시오(단, 전선의 굵기는 1.6mm이다).

정답

$A=\pi r^2=\pi\times(0.8)^2=2.01\ (\mathrm{mm}^2)$

$$e=\frac{35.6LI}{1{,}000A}=\frac{35.6\times100\times500\times10^{-3}}{1{,}000\times(\pi\times0.8^2)}=0.8853\ (\mathrm{V})$$

∴ **답 : 0.8853 (V)**

Solution

① 전선의 굵기

전선의 굵기 단위가 (mm)로 주어졌으므로 전선의 단면적 단위인 (mm²)로 변환해야 한다.

$$A=\pi r^2=\frac{\pi d^2}{4}$$

여기서, A : 전선의 단면적(mm²), r : 전선의 반지름(mm), d : 전선의 지름(mm)

$A=\pi r^2=\pi\times(0.8^2)=2.01\ (\mathrm{mm}^2)$

② 전압강하

단상 2선식의 전압강하 간이식을 적용하면

$$e=\frac{35.6LI}{1{,}000A}=\frac{35.6\times100\times500\times10^{-3}}{1{,}000\times(\pi\times0.8^2)}=0.8853\ (\mathrm{V})$$

caution

전압강하 구할 때 전선의 굵기 단위가 (mm)로 주어지면 전선의 단면적 단위인 (mm²)로 **변환**해야 한다.

12

경비실에서 500m 떨어진 공장(지상 11층, 지하 1층)에 각 층별 발신기세트를 2회로씩 사용(총 24회로)하며, 전선을 HFIX 2.5mm^{2}할 때 우선경보방식에서의 전압강하를 구하여라(단, 발신기의 경종은 50mA, 표시등은 30mA의 전류가 소모된다).

정답

$$e = \frac{35.6LI}{1{,}000A} = \frac{35.6 \times 500 \times 1.32}{1{,}000 \times 2.5} = 9.4\,(\mathrm{V})$$

∴ **답 : 9.4 (V)**

Solution

① 표시등의 소비전류

표시등은 전층에서 소비되므로 표시등은 12개×2회로×30 (mA) = 0.72 (A)

② 경종의 소비전류

우선경보방식이므로 경종은 최대 6개 층×2회로×50 (mA) = 0.6 (A)

③ 전체 소비전류

표시등 소비전류 + 경종 소비전류 = 0.72 + 0.6 = 1.32 (A)

④ 전압강하

단상 2선식의 전압강하 간이식 적용

$$e = \frac{35.6LI}{1{,}000A} = \frac{35.6 \times 500 \times 1.32}{1{,}000 \times 2.5} = 9.4\,(\mathrm{V})$$

13

경비실에서 500m 떨어진 공장(지상 11층, 지하 1층)에 각 층별 발신기세트를 2회로씩 사용(총 24회로)하며, 전선을 HFIX 2.5mm^{2}할 때 최말단 경종 동작 시 전압강하를 구하여라(단, 발신기의 경종은 50mA, 표시등은 30mA의 전류가 소모된다).

정답

$$e = \frac{35.6LI}{1,000A} = \frac{35.6 \times 500 \times 0.82}{1,000 \times 2.5} = 5.4\,(\mathrm{V})$$

∴ **답 : 5.4 (V)**

Solution

① 표시등의 소비전류
표시등은 전층에서 소비되므로 표시등은 12개×2회로×30 (mA) = 0.72 (A)

② 경종의 소비전류
최말단 경종이 동작되므로 경종은 최말단 경종 1개 층×2회로×50 (mA) = 0.1 (A)

③ 전체 소비전류
표시등 소비전류 + 경종 소비전류 = 0.72 + 0.1 = 0.82 (A)

④ 전압강하
단상 2선식의 전압강하 간이식 적용

$$e = \frac{35.6LI}{1,000A} = \frac{35.6 \times 500 \times 0.82}{1,000 \times 2.5} = 5.4\,(\mathrm{V})$$

caution

경종의 소비전류 계산 시 **최말단 경종**이 **동작**하는 경우는 지상 11층의 발신기세트 2회로만이 동작한 경우이므로 **경종 2개**가 동작한 것으로 계산하여야 한다. 만약, 최말단 경종 동작이 아니고 문제 12와 같이 **우선경보방식**을 적용하는 경우는 가장 많은 경종이 동작하는 경우를 가정하여 6개 층(지하 1층, 지상 1층~5층)의 발신기세트 12회로가 동작한 **경종 12개**가 작동한 것으로 계산하여야 한다.

14

전선의 약호인 OW, NR, NRI, CV, HFIX, GV의 명칭 및 최고허용온도를 쓰시오.

정답

① OW : 옥외용 비닐절연전선(60℃)
② NR : 450/750V 일반용 단심 비닐절연전선(70℃)
③ NRI : 300/500V 기기배선용 단심 비닐절연전선(90℃)
④ CV : 가교폴리에틸렌 절연비닐 외장 케이블(90℃)
⑤ HFIX : 450/750V 저독성 난연 가교폴리올레핀 절연전선
⑥ GV : 접지용 비닐전선

Solution

전선의 종류

약 호	명 칭	최고허용온도
OW	옥외용 비닐절연전선	60℃
DV	인입용 비닐절연전선	
NR	450/750V 일반용 단심 비닐절연전선	70℃
HFIX	450/750V 저독성 난연 가교폴리올레핀 절연전선	90℃
NRI	300/500V 기기배선용 단심 비닐절연전선	
CV	가교폴리에틸렌 절연비닐 외장케이블	
MI	미네랄 인슐레이션 케이블	
IH	하이파론 절연전선	95℃
FP	내화케이블	–
HP	내열전선	
GV	접지용 비닐전선	
E	접지선	

15

전선의 굵기 결정요소 및 전선 접속 시 주의사항을 쓰시오.

정답

1) 전선의 굵기 결정요소
   ① 허용전류 : 안전하게 흘릴 수 있는 최대전류
   ② 기계적 강도 : 기계적인 힘에 견딜 수 있는 능력
   ③ 전압강하 : 송전전압과 수전전압의 차
   ④ 전력손실 : 1초 동안 전기가 일을 할 때 소비되는 손실
   ⑤ 경제성 : 최소경비가 되도록 결정

2) 전선 접속 시 주의사항
   ① 전선이 강도를 20% 이상 감소시키지 아니할 것
   ② 접속부분은 절연전선의 절연물과 동등 이상의 절연능력이 있을 것
   ③ 접속슬리브, 전선 접속기류를 사용하여 접속하거나 또는 납땜을 할 것
   ④ 전기화학적 성질이 다른 도체를 접속하는 경우 접속부분에 부식이 생기지 않도록 할 것
   ⑤ 접속으로 인하여 전기저항이 증가하지 않을 것

Solution

1) **전선의 구비조건** 및 **전선 굵기 결정요소**

전선의 구비조건 [기.도.가.비.내]	전선 굵기 결정요소 [허.기.진(전).전.경]
기계적 강도가 클 것	**허**용전류 : 안전하게 흘릴 수 있는 최대전류
도전율이 클 것	**기**계적 강도 : 기계적인 힘에 견딜 수 있는 능력
가설이 쉽고 가격이 저렴할 것	**전**압강하 : 송전전압과 수전전압의 차
비중이 작을 것	**전**력손실 : 1초 동안 전기가 일을 할 때 소비되는 손실
내구성이 좋을 것	**경**제성 : 최소경비가 되도록 결정

2) **전선 접속 시 주의사항**
   ① 전선이 강도를 20% 이상 감소시키지 아니할 것
   ② 접속부분은 절연전선의 절연물과 동등 이상의 절연능력이 있을 것
   ③ 접속슬리브, 전선 접속기류를 사용하여 접속하거나 또는 납땜을 할 것
   ④ 전기화학적 성질이 다른 도체를 접속하는 경우 접속부분에 부식이 생기지 않도록 할 것
   ⑤ 접속으로 인하여 전기저항이 증가하지 않을 것

16

16mm 후강전선관에 1.5mm^2, 450/750V 저독성 난연 가교폴리올레핀 절연전선 4가닥을 넣어 천장은폐 배선할 경우 배선도를 나타내시오.

정답

HFIX 1.5(16)

Solution

배선기입방법

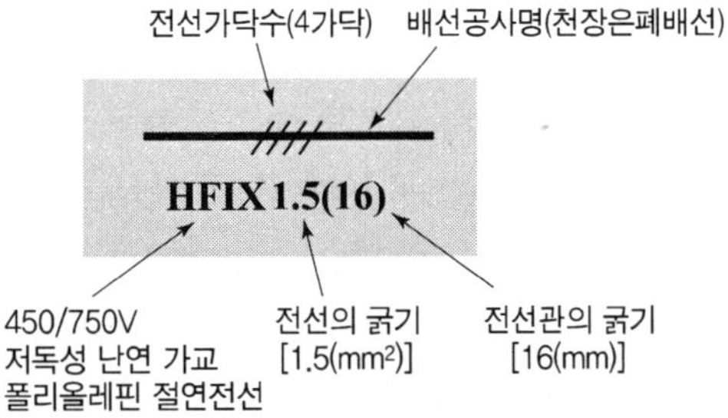

17

다음 옥내배선용 그림 기호의 명칭을 쓰시오.

그림 기호	명칭	그림기호	명칭

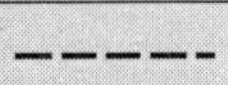		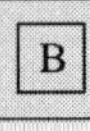	

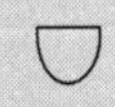			

정답

그림 기호	명칭	그림기호	명칭
———	천장은폐배선	Ⓑ	경보벨
— — — —	바닥은폐배선	[B]	배선용 차단기
············	노출배선	[E]	누전 차단기
◡	정온식	[⊙⊙]	비상 콘센트
[S]	연기감지기	⧖	차동식분포형 감지기의 검출부

Solution

옥내 배선용 그림 기호

명 칭	그림기호	적 요
천장은폐배선	———	• 천장 속의 배선을 구별하는 경우 : —·—·—·
바닥은폐배선	— — — —	
노출 배선	············	• 바닥면 노출배선을 구별하는 경우 : —··—··—
정온식스포트형 감지기	◡	• 방수형 : ◡ • 내산형 : ◡ • 내알칼리형 : ◡ • 방폭형 : ◡$_{EX}$
연기감지기	[S]	• 점검 박스 붙이형 : [S] • 매입형 : [S]
경보벨	Ⓑ	• 방수용 : Ⓑ • 방폭형 : Ⓑ$_{EX}$
배선용 차단기	[B]	• 모터브레이크를 표시하는 경우 : [B]
누전차단기	[E]	• 과전류 소자붙이 : [BE]
비상 콘센트	[⊙⊙]	
차동식분포형 감지기의 검출부	⧖	

18

저압옥내배선의 금속관공사에 대한 다음 물음에 답하시오.

1) (　　)을 완성하시오.

> ① 금속관 공사에는 조영재 표면에 금속관을 노출하여 부착하는 (㉠) 공사, 콘크리트 속에 부설하는 (㉡) 공사, 이중천장 속에 배관하는 (㉢) 공사 등이 있으며, 금속관의 종류에는 후강전선관과 박강전선관이 있다. (㉣) 전선관의 크기는 내경에 가까울수록 짝수로, (㉤) 전선관의 크기는 외경에 가까울수록 홀수를 나타낸다.
>
> ② 금속관을 구부릴 때 금속관의 단면이 심하게 변형되지 아니하도록 구부려진 굴곡 바깥 지름은 안지름의 (㉥) 이상이 되어야 한다.
>
> ③ 아웃렛박스 사이 또는 전선인입구를 가지는 기구 내의 금속관에는 (㉦)가 초과하는 직각 또는 직각에 가까운 굴곡개소를 만들어서는 안된다.
>
> ④ 관의 굴곡개소가 많은 경우 또는 관의 길이가 (㉧)를 초과하는 경우에는 풀박스를 설치하는 것이 바람직하다.
>
> ⑤ 금속관을 조영재에 따라서 시설하는 경우에는 새들 또는 행거 등으로 견고하게 지지하고, 그 간격은 (㉨) 이하로 하는 것이 바람직하다.
>
> ⑥ 금속관은 부식방지를 위하여 직접 땅속에 매입하여 배관하여서는 아니된다. 다만 공사상 부득이한 경우 후강전선관을 사용하고 이것에 방수, (㉩)조치로서 (㉪)를 감싸거나 (㉫)로 감싸는 등의 보호장치를 해야 한다.
>
> ⑦ 금속관과 박스, 그 밖의 이와 유사한 것을 접속하는 경우로서 틀어 끼우는 방법에 의하지 아니할 때에는 (㉬) 2개를 사용하며 박스의 내, 외면을 견고하게 조인다.
> 단, (㉭) 등으로 견고하게 부착할 경우에는 그러하지 아니한다.
>
> ⑧ (㉮)을 사용해야 한다. 관내에서 전선의 (㉯)이 없어야 한다.
>
> ⑨ 저압옥내배선의 사용전압이 400V 미만인 경우 관에는 (㉰)에 준하여 접지공사를 할 것. 다만, 다음 중 1에 해당하는 경우에는 그러하지 아니한다.
> - 관의 길이(2개 이상의 관을 접속하여 사용하는 경우에는 그 전체의 길이를 말한다.)가 (㉱) 이하인 것을 건조한 장소에 시설하는 경우
> - 옥내 배선의 사용전압이 직류 300V 또는 교류 대지전압 150V 이하인 경우에 그 전선을 넣는 관의 길이가 (㉲) 이하인 것을 사람이 쉽게 접촉할 우려가 없도록 시설하는 때 또는 (㉳)한 장소에 시설하는 때

2) 금속관 1본의 길이는 몇 m인가?

3) 금속관공사에 이용되는 부품에 대한 용도를 간단하게 설명하시오.

① 유니언커플링　② 유니버셜엘보　③ 노멀밴드　④ 부싱
⑤ 로크너트

정답

1) ㉠ 노출배관 ㉡ 매입배관 ㉢ 천장은폐 ㉣ 후강 ㉤ 박강 ㉥ 6배
㉦ 3개소 ㉧ 30m ㉨ 2m ㉩ 방부 ㉪ 주트(jute: 황마)
㉫ 콘크리트 ㉬ 로크너트 ㉭ 부싱 ㉮ 절연접속 ㉯ 접속
㉰ KEC 211(감전에 의한 보호), 140(접지시스템) ㉱ 4m ㉲ 8m ㉳ 건조

2) 3.66m

3) 금속관공사에 사용되는 부품
   ① 유니언 커플링 – 금속전선관 상호간을 접속(관이 고정되어 있을 때 사용)
   ② 유니버셜엘보 – 노출배관공사할 때 관을 직각으로 굽히는 곳에 사용하는 부품
   ③ 노멀밴드 – 매입배관공사할 때 관을 직각으로 굽히는 곳에 사용하는 부품
   ④ 부싱 – 전선의 절연전선을 보호하기위해 금속관 끝에 취부하여 사용되는 부품
   ⑤ 로크너트 – 금속관과 박스를 접속할 때 사용되는 부품(최소 2개를 사용)

Solution

1) **금속관 공사**의 **배선방법**
   ① 금속관 공사에는 조영재 표면에 금속관을 노출하여 부착하는 **노출배관**공사, 콘크리트 속에 부설하는 **매입배관**공사, 이중천장 속에 배관하는 **천장은폐**공사 등이 있으며, 금속관의 종류에는 후강전선관과 박강전선관이 있다. **후강**전선관의 크기는 내경에 가까울수록 짝수로, **박강**전선관의 크기는 외경에 가까울수록 홀수를 나타낸다.
   ② 금속관을 구부릴 때 금속관의 단면이 심하게 변형되지 아니하도록 구부려진 굴곡 바깥 지름은 안지름의 **6배** 이상이 되어야 한다.
   ③ 아웃렛박스 사이 또는 전선인입구를 가지는 기구 내의 금속관에는 **3개소**가 초과하는 직각 또는 직각에 가까운 굴곡개소를 만들어서는 안 된다.
   ④ 관의 굴곡개소가 많은 경우 또는 관의 길이가 **30m**를 초과하는 경우에는 **풀박스**를 설치하는 것이 바람직하다.
   ⑤ 금속관을 조영재에 따라서 시설하는 경우에는 **새들** 또는 **행거** 등으로 견고하게 지지하고, 그 간격은 **2m 이하**로 하는 것이 바람직하다.
   ⑥ 금속관은 부식방지를 위하여 직접 땅속에 매입하여 배관하여서는 아니된다. 다만 공사상 부득이한 경우 후강전선관을 사용하고 이것에 방수, **방부**조치로서 **주트(jute: 황마)**를 감싸거나 **콘크리트**로 감싸는 등의 보호장치를 해야 한다.
   ⑦ 금속관과 박스, 그 밖의 이와 유사한 것을 접속하는 경우로서 틀어 끼우는 방법에 의하지 아니할 때에는 **로크너트** 2개를 사용하며 박스의 내, 외면을 견고하게 조인다.
   단, **부싱** 등으로 견고하게 부착할 경우에는 그러하지 아니한다.
   ⑧ **절연접속**을 사용해야 한다. 관내에서 전선의 **접속**이 없어야 한다.
   ⑨ 저압옥내배선의 사용전압이 400V 미만인 경우 관에는 KEC 211(감전에 의한 보호), 140(접지시스템)에 준하는 접지공사를 할 것. 다만, 다음 중 1에 해당하는 경우에는 그

러하지 아니한다.

- 관의 길이(2개 이상의 관을 접속하여 사용하는 경우에는 그 전체의 길이를 말한다.)가 4m 이하인 것을 건조한 장소에 시설하는 경우
- 옥내 배선의 사용전압이 직류 300V 또는 교류 대지전압 150V 이하인 경우에 그 전선을 넣는 관의 길이가 8m 이하인 것을 사람이 쉽게 접촉할 우려가 없도록 시설하는 때 또는 **건조**한 장소에 시설하는 때

2) **금속관과 합성수지관의 길이**

비 교	금속관(전선관)	합성수지관(경질비닐전선관)
관의 길이	3.66m	4.0m
지지점간 거리	2m 이하	1.5m 이하

3) **금속관공사에 사용되는 부품**

명 칭	설 명	형 태
유니언커플링 (union coupling)	**금속전선관 상호간을 접속**하는데 사용되는 부품(관이 **고정**되어 있을 때 사용)	
커플링 (coupling)	**금속전선관 상호간을 접속**하는데 사용되는 부품(관이 **고정되어 있지 않을 때** 사용)	
유니버셜엘보 (universal elbow)	**노출배관공사**할 때 관을 **직각**으로 굽히는 곳에 사용하는 부품	
노멀밴드 (normal bend)	**매입배관공사**할 때 관을 **직각**으로 굽히는 곳에 사용하는 부품	
부싱 (bushing)	전선의 절연전선을 보호하기위해 **금속관 끝**에 취부하여 사용되는 부품	
로크너트 (lock nut)	**금속관과 박스를 접속**할 때 사용되는 부품 최소 2개를 사용	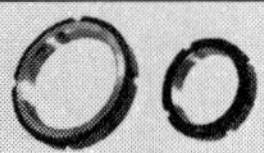
링리듀셔 (ring reducer)	금속관을 아웃렛박스에 로크너트만으로 고정하기 어려울 때 보조적으로 사용되는 부품	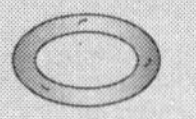
새들 (saddle)	관을 **지지**하는데 사용하는 부품	
리머 (reamer)	**금속관 말단의 모**를 다듬기 위한 기구	
파이프커터 (pipe cutter)	금속관을 **절단**하는 기구	
환형 3방출 정션 박스	**배관 분기**용 박스	

19

저압옥내배선의 합성수지관공사에 대한 다음 물음에 답하시오.

1) (   )을 완성하시오.

> ① 관 상호간 및 관과 박스의 삽입 깊이는 관 바깥지름의 (㉠)(접착제를 사용하는 경우에는 0.8배) 이상으로 하고 또는 꽂음 접속에 의하여 견고하게 접속할 것
> ② 관 지지점간의 거리는 (㉡) 이하로 하고, 또한 그 지지점은 관의 끝·관과 박스의 접속점 및 관 상호간의 접속점 등에 가까운 곳에 시설할 것

2) 합성수지관 1본의 길이는 몇 m인가?

3) 합성수지관의 장점에 대해서 설명하시오.

정답

1) ㉠ 1.2배 ㉡ 1.5m 2) 4.0m

3) 합성수지관의 장점

① 가볍고 시공이 용이하다. ② 내부식성이다.
③ 가격이 저렴하다. ④ 절단이 용이하다.
⑤ 접지가 불필요하다.

Solution

1) **합성수지관 공사의 배선방법**

① 관 상호간 및 관과 박스의 삽입 깊이는 관 바깥지름의 **1.2배**(접착제를 사용하는 경우에는 **0.8배**) **이상**으로 하고 또는 **꽂음 접속**에 의하여 견고하게 접속할 것

② 관 지지점간의 거리는 **1.5m 이하**로 하고, 또한 그 지지점은 **관의 끝·관과 박스의 접속점 및 관 상호간의 접속점** 등에 가까운 곳에 시설할 것

2) **금속관과 합성수지관의 길이**

비 교	금속관(전선관)	합성수지관(경질비닐전선관)
관의 길이	3.66m	4.0m
지지점간 거리	2m 이하	1.5m 이하

3) **합성수지관의 장점**

① 가볍고 시공이 용이하다. ② 내부식성이다.
③ 가격이 저렴하다. ④ 절단이 용이하다.
⑤ 접지가 불필요하다.

20

저압옥내배선의 가요전선관 공사에 대한 다음 물음에 답하시오.

1) 저압옥내배선의 가요전선관 공사에 이용되는 부품에 대한 용도를 간단하게 설명하시오.
   ① 스트레이트박스 커넥터
   ② 콤비네이션 커플링
   ③ 스플리트 커플링

2) 가요전선관 공사의 시공장소에 대해서 쓰시오.

정답

1) 가요전선관 공사의 부품
   ① 스트레이트박스 커넥터 : 가요전선관과 박스의 연결에 사용되는 부품
   ② 콤비네이션 커플링 : 가요전선관과 전선관의 연결에 사용되는 부품
   ③ 스플리트 커플링 : 가요전선관과 가요전선관의 연결에 사용되는 부품

2) 가요전선관 공사의 시공장소
   ① 굴곡장소가 많거나 금속관 공사의 시공이 어려운 경우
   ② 전동기와 옥내배선을 연결한 경우

Solution

1) **가요전선관 공사의 부품**

명 칭	설 명	형 태
스트레이트박스 커넥터 (Straight box connector)	**가요전선관과 박스의 연결**에 사용되는 부품	
콤비네이션 커플링 (Combination coupling)	**가요전선관과 전선관의 연결**에 사용되는 부품	
스플리트 커플링 (Split coupling)	**가요전선관과 가요전선관의 연결**에 사용되는 부품	

2) **가요전선관 공사의 시공장소**
   ① **굴곡장소**가 **많거나 금속관 공사**의 **시공**이 **어려운** 경우
   ② **전동기**와 **옥내배선**을 **연결**한 경우

21

MCC에서 소화펌프 모터에 전기를 공급하는 전동기설비에 대하여 다음 물음에 답하시오.

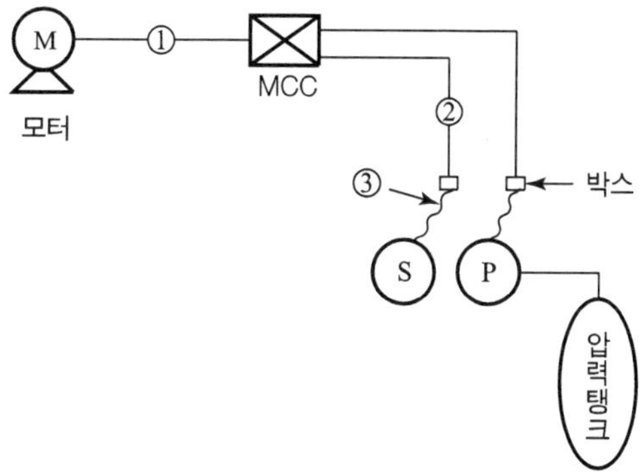

1) ①~③의 케이블을 보호하는 관의 종류를 쓰시오.
2) MCC와 소화펌프 사이의 배선에 사용되는 전선을 쓰시오.

정답

1) ① 금속관 ② 금속관 ③ 가요전선관
2) HFIX : 450/750V 저독성 난연 가교폴리올레핀 절연전선

Solution

1) **저압옥내배선 공사 사례**

(※ 가요전선관 공사의 시공장소 – 문제 20번 해설 참조)

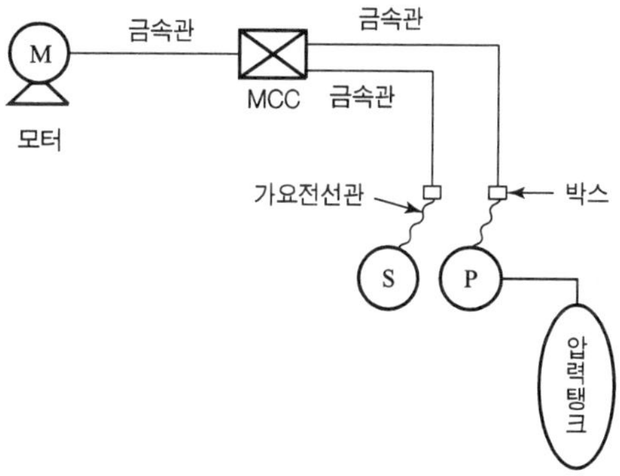

2) MCC와 **소화펌프** 사이의 **배선**
① MCC~모터 사이의 배선은 **내화배선**이어야 한다.
② 내화배선으로 사용할 수 있는 전선은 옥내소화전설비의 화재안전기술기준 NFTC 102 표 2.7.2(1)에서 제시하고 있는 다음 8가지 중 1가지만 답하면 된다.

1. **450/750V 저독성 난연 가교 폴리올레핀 절연전선(HFIX)**
2. 0.6/1KV 가교 폴리에틸렌 절연 저독성 난연 폴리올레핀 시스 전력 케이블
3. 6/10kV 가교 폴리에틸렌 절연 저독성 난연 폴리올레핀 시스 전력용 케이블
4. 가교 폴리에틸렌 절연 비닐시스 트레이용 난연 전력 케이블
5. 0.6/1kV EP 고무절연 클로로프렌 시스 케이블
6. 300/500V 내열성 실리콘 고무 절연전선(180℃)
7. 내열성 에틸렌-비닐 아세테이트 고무 절연 케이블
8. 버스덕트(Bus Duct)
9. 기타 동등이상의 내화성능이 있다고 주무장관이 인정하는 것

22

접지에 대한 다음 물음에 답하시오.

1) 접지공사 종류에 따른 접지저항과 접지선의 굵기를 설명하시오.
2) 접지저항 측정방법 종류를 2가지 쓰시오.
3) 접지봉과 접지선의 연결방법 3가지를 쓰시오.

정답

1) 접지공사의 종류에 따른 접지저항, 접지선의 굵기 - 기준 폐지(KEC 140)(2021.1.1. 시행)

접지대상	현행 접지방식	KEC 접지방식
(특)고압 설비	1종 : 접지저항 10Ω	• 계통접지 : TN, TT, IT 계통 • 보호접지 : 등전위본딩 등 • 피뢰시스템접지
600V 이하 설비	특3종 : 접지저항 10Ω	
400V 이하 설비	3종 : 접지저항 10Ω	
변압기	2종 : 150/1선지락전류	'변압기 중성점 접지'로 명칭 변경

접지대상	현행 접지도체 최소단면적	KEC 접지/보호도체 최소단면적
(특)고압 설비	1종 : 6.0mm^2 이상	상도체 단면적 S(mm^2)에 따라 선정 • $S \le 16$: S • $16 < S \le 35$: 16 • $35 < S$: $S/2$ 또는 차단시간 5초 이하의 경우 • $S = \frac{\sqrt{I^2 t}}{k}$
600V 이하 설비	특3종 : 2.5mm^2 이상	
400V 이하 설비	3종 : 2.5mm^2 이상	
변압기	2종 : 16.0mm^2 이상	

2) 접지저항 측정방법

① 접지 저항계법(전자식) ② 코올라우쉬 브리지법

3) 접지봉과 접지선의 연결방법

① 용융접속 ② 납땜접속 ③ 슬리브 압착 접속

Solution

1) **접지공사의 종류** – 접지종별 및 접지저항 기준 폐지(KEC 140)(2021.1.1. 시행)

접지대상	현행 접지방식	KEC 접지방식
(특)고압 설비	1종 : 접지저항 10Ω	• 계통접지 : TN, TT, IT 계통 • 보호접지 : 등전위본딩 등 • 피뢰시스템접지
600V 이하 설비	특3종 : 접지저항 10Ω	
400V 이하 설비	3종 : 접지저항 10Ω	
변압기	2종 : 150/1선지락전류	'변압기 중성점 접지'로 명칭 변경

접지대상	현행 접지도체 최소단면적	KEC 접지/보호도체 최소단면적
(특)고압 설비	1종 : 6.0mm^2 이상	상도체 단면적 S(mm^2)에 따라 선정 • $S \le 16$: S • $16 < S \le 35$: 16 • $35 < S$: $S/2$ 또는 차단시간 5초 이하의 경우 • $S = \frac{\sqrt{I^2 t}}{k}$
600V 이하 설비	특3종 : 2.5mm^2 이상	
400V 이하 설비	3종 : 2.5mm^2 이상	
변압기	2종 : 16.0mm^2 이상	

2) **접지저항 측정 방법**

① 접지 저항계법(전자식) ② 코올라우쉬(Kohlrausch) 브리지법

3) **접지봉과 접지선 연결방법**

① 용융접속 – 내구성이 제일 좋음 ② 납땜접속 ③ 슬리브 압착 접속

23

임피던스 미터(RLC Meter)의 용도 및 측정방법에 대해서 쓰시오.

1) 용도
2) 측정방법

정답

1) 용도 – 저항(R), 인덕턴스(L), 커패시턴스(C) 측정

2) 측정방법
   ① 주파수 범위를 설정한다.
   ② 측정하고자 하는 부품의 양단에 탐침을 접촉한다.
   ③ 측정버튼을 눌러 임피던스를 측정한다.

Solution

임피던스 미터

1) 용도 – 저항(R), 인덕턴스(L), 커패시턴스(C) 측정

2) 측정방법
   ① 주파수 범위를 설정한다.
   ② 측정하고자 하는 부품의 양단에 탐침을 접촉한다.
   ③ 측정버튼을 눌러 임피던스를 측정한다.

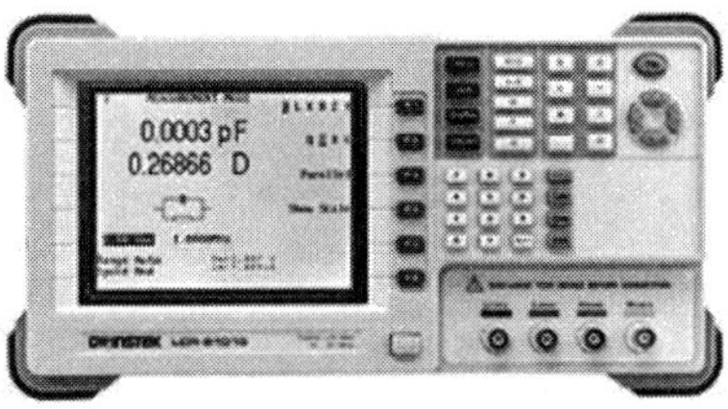

[임피던스 미터의 외형 및 구성]

24

유량 10m³/min, 양정 100m인 스프링클러 가압펌프 전동기의 용량은 몇 kW인가?
(단, 펌프효율은 85%, 전달계수는 1.1이다.)

정답

$$P = \frac{9.8 \times 10 \times 100}{0.85 \times 60} \times 1.1 = 211.37\,(\text{kW})$$

∴ 답 : 211.37 (kW)

Solution

① **전동기 용량** 수식

$$P = \frac{rQH}{102\eta} K = \frac{9.8\,QH}{\eta} K\,(\text{kW})$$

여기서, P : 전동기용량(kW)
r : 비중량(kg_f/m^3) [물의 비중량 : 1,000]
Q : 토출량(m^3/sec)
H : 전양정(m)
η : 효율
K : 전달계수

② 계산과정

문제에서 유량 단위가 (m^3/min)이므로 수식에 적용할 수 있도록 (m^3/sec)로 변환

$\frac{m^3}{min} \rightarrow \frac{m^3}{sec}$ 로 변환하면, $\frac{m^3}{min} \times \frac{1min}{60sec} = \frac{1}{60}\frac{m^3}{sec}$ 이므로

$$P = \frac{9.8\,QH}{\eta} K = \frac{9.8 \times 10 \times 100}{0.85 \times 60} \times 1.1 = 211.37\,(\text{kW})$$

25

토출량 2,400 lpm, 양정 100m인 스프링클러 가압펌프 전동기의 용량은 몇 kW인가?
(단, 펌프효율은 60%, 전달계수는 1.1이다.)

정답

$$P=\frac{9.8QH}{\eta}K=\frac{9.8\times 2{,}400\times 100}{0.6\times 1{,}000\times 60}\times 1.1=71.87\,(\mathrm{kW})$$

∴ 답 : 71.87 (kW)

Solution

① 전동기 용량 수식 : 문제 24 참조

② 계산과정

문제에서 유량 단위가 (lpm)이므로 수식에 적용할 수 있도록 (m^3/sec)로 변환

$\frac{l}{\mathrm{min}}\rightarrow\frac{\mathrm{m}^3}{\mathrm{sec}}$ 로 변환하면 $\frac{l}{\mathrm{min}}\times\frac{1\mathrm{m}^3}{1{,}000l}\times\frac{1\mathrm{min}}{60\mathrm{sec}}=\frac{1}{1{,}000\times 60}\frac{\mathrm{m}^3}{\mathrm{sec}}$

$$P=\frac{9.8QH}{\eta}K=\frac{9.8\times 2{,}400\times 100}{0.6\times 1{,}000\times 60}\times 1.1=71.87\,(\mathrm{kW})$$

caution

※ 전동기 용량을 구하는 공식

펌프	송풍기(제연설비)
$P=\frac{rQH}{102\eta}K=\frac{9.8QH}{\eta}K(\mathrm{kW})$ P : 전동기용량(kW) r : 비중량(kg_f/m^3)(물의 비중량 :1,000) Q : 토출량(m^3/sec) H : 전양정(m) η : 효율 K : 전달계수	$P=\frac{P_tQ}{102\eta}K=\frac{9.8\times 10^{-3}P_tQ}{\eta}K(\mathrm{kW})$ P : 전동기용량(kW) P_t : 풍압(kg_f/m^2, mmAq, mmH_2O) Q : 풍량(m^3/sec) η : 효율 K : 전달계수
$P=\frac{0.163QH}{\eta}K\,(\mathrm{kW})$ P : 전동기용량(kW) Q : 토출량(m^3/min) H : 전양정(m) η : 효율 K : 전달계수	$P=\frac{P_tQ}{6{,}120\eta}K\,(\mathrm{kW})$ P : 전동기용량(kW) P_t : 풍압(kg_f/m^2, mmAq, mmH_2O) Q : 풍량(m^3/min) η : 효율 K : 전달계수

26

문제 25에서 구한 전동기에 단상 변압기 3대로 3상 전력을 공급하고 있다. 만약, 변압기 1대가 고장 나서 2대로 V결선하여 전력을 공급한다면 단상 변압기 1대의 용량은 몇 kVA인가? (단, 전동기의 역률은 90%로 가정한다.)

정답

$$P_v = \frac{P}{\sqrt{3}\cos\theta} = \frac{71.87}{\sqrt{3}\times 0.9} = 46.1\ (\text{kVA})$$

∴ 답 : 46.1 (kVA)

Solution

① V결선시의 **단상변압기** 1대의 **용량** 수식

$$P_v = \frac{P}{\sqrt{3}\cos\theta}$$

여기서, P_v : V결선시의 단상 변압기 1대의 용량(kVA)

P : △, Y결선시의 전동기 용량(kW)

$\cos\theta$: 역률

② 계산과정 : $P_v = \frac{P}{\sqrt{3}\cos\theta} = \frac{71.87}{\sqrt{3}\times 0.9} = 46.1\ (\text{kVA})$

27

100m^{3}의 물을 지하 저수조에서 50m 높이의 소방용 고가수조에 물을 퍼 올릴 때 50kW의 전동기를 사용한다면 얼마동안 전동기가 운전되어야 하는가?
(단, 펌프의 효율은 80%이며 전달계수는 1.2이다.)

정답

$$t = \frac{9.8QH}{\eta P}K = \frac{9.8\times 100\times 50}{0.8\times 50}\times 1.2 = 1{,}470\text{초}$$

∴ 답 : 1,470 초

Solution

① **전동기 용량 수식 변경**

$$P = \frac{rQH}{102\eta}K = \frac{9.8QH}{\eta}K(\text{kW})$$

수식에서 Q(m³/sec)인데 만약 Q(m³)로 **표현된다면** $P = \frac{9.8QH}{\eta t}K$로 변형이 가능하다.

② 계산과정 : $t = \frac{9.8QH}{\eta P}K = \frac{9.8 \times 100 \times 50}{0.8 \times 50} \times 1.2 = 1{,}470$초

28

풍량이 10m³/s이고 풍압이 50mmHg인 전동기의 용량은 몇 kW인가?
(단, 펌프효율은 70%이고 여유계수는 1.1이라고 한다.)

정답

$$P_t = \frac{10332 \times 50}{760} = 679.74\,(\text{mmH}_2\text{O})$$

$$P = \frac{9.8 \times 10^{-3} P_t Q}{\eta}K = \frac{9.8 \times 10^{-3} \times 679.74 \times 10}{0.7} \times 1.1 = 104.68\,(\text{kW})$$

∴**답 : 104.68 (kW)**

Solution

① 송풍기의 전동기 용량을 구하는 문제이므로 $P = \frac{P_t Q}{102\eta}K = \frac{9.8 \times 10^{-3} P_t Q}{\eta}K$ 수식을 적용한다.

② 수식의 풍압 P_t의 단위가 mmH_2O이고, 문제의 풍압 P_t의 단위가 mmHg이므로 단위변환 시행

$1\,\text{atm} = 760\,\text{mmHg} = 10332\,\text{mmH}_2\text{O}$이므로 비례식으로 변환하면

$760\,(\text{mmHg}) : 10332\,(\text{mmH}_2\text{O}) = 50\,(\text{mmHg}) : X$

$$X = \frac{10332 \times 50}{760} = 679.7368 \fallingdotseq 679.74\,(\text{mmH}_2\text{O})$$

③ 전동기 용량 계산

$$P = \frac{P_t Q}{102\eta}K = \frac{9.8 \times 10^{-3} P_t Q}{\eta}K = \frac{9.8 \times 10^{-3} \times 679.74 \times 10}{0.7} \times 1.1$$

$$= 104.679\,(\text{kW}) \fallingdotseq 104.68\,(\text{kW})$$

caution

① 전동기 용량 전달매체

전동기 용량을 구할 때 전달매체가 물인 경우 펌프의 수식을 적용하고, 전달매체가 공기인 경우 송풍기의 수식을 적용한다.

펌프	송풍기
$P=\dfrac{rQH}{102\eta}K=\dfrac{9.8QH}{\eta}$ P : 전동기용량(kW) r : 비중량(kg_f/m^3)(물의 비중량 :1,000) Q : 토출량(m^3/sec) H : 전양정(m) η : 효율 K : 전달계수	$P=\dfrac{P_tQ}{102\eta}K=\dfrac{9.8\times10^{-3}P_tQ}{\eta}K$ P : 전동기용량(kW) P_t : 풍압(kg_f/m^2, mmAq, mmH_2O) Q : 풍량(m^3/sec) η : 효율 K : 전달계수

② 압력단위 변환 과정

$1\,atm = 760\,mmHg = 14.7\,psi\ (lb_f/in^2)$

$= 10332\ kg_f/m^2\ (= mmH_2O,\ mmAq)$

$= 1.0332\ kg_f/cm^2\ (1\ m = 100\ cm)$

$= 10.1325\ N/cm^2\ (1\,kg_f = 9.8\,N)$

$= 101.325\ kPa\ (1\ N/cm^2 = 10\ kPa)$

$= 1013.25\ hPa\ (10^2 = h,\ 10^3 = k)$

$= 1013.25\ mbar\ (1\ hPa = 1\ mbar)$

29

보충량 18,000CMH, 누설량 30m^3/min, 전압 50mmAq인 제연설비용 송풍기의 전동기의 용량[kW]을 구하시오(단, 펌프효율은 60%이고 전달계수는 1.1이다).

정답

$$Q = 330\frac{m^3}{min} \times \frac{1min}{60sec} = 5.5\frac{m^3}{sec}$$

$$P = \frac{9.8 \times 10^{-3} P_t Q}{\eta} K = \frac{9.8 \times 10^{-3} \times 50 \times 5.5}{0.6} \times 1.1 = 4.94\,(kW)$$

∴답 : 4.94 (kW)

Solution

① 송풍기의 전동기 용량을 구하는 문제이므로 $P = \frac{P_t Q}{102\eta} K = \frac{9.8 \times 10^{-3} P_t Q}{\eta} K$ 수식을 적용한다.

② 수식의 풍량 Q의 단위가 m^3/sec인데, 문제의 풍량 Q의 단위가 CMH, m^3/min 이므로 단위 변환 시행

CMH(=Cubic Meter per Hour) = m^3/h

보충량 18,000CMH $= 18{,}000\frac{m^3}{h} \times \frac{1h}{60min} = 300\frac{m^3}{min}$

풍량 = 보충량 + 누설량 $= 300\frac{m^3}{min} + 30\frac{m^3}{min} = 330\frac{m^3}{min}$

풍량(Q) $= 330\frac{m^3}{min} \times \frac{1min}{60sec} = 5.5\frac{m^3}{sec}$

③ 전동기 용량 계산

$$P = \frac{P_t Q}{102\eta} K = \frac{9.8 \times 10^{-3} P_t Q}{\eta} K = \frac{9.8 \times 10^{-3} \times 50 \times 5.5}{0.6} \times 1.1 = 4.94\,(kW)$$

30

3상 380V, 60Hz, 100kW의 스프링클러 펌프와 직결된 전동기가 있다. 이 전동기의 동기속도와 회전속도를 구하시오(단, 슬립은 0.04, 극수는 4극이다).

정답

① 동기속도 $N_s = \frac{120f}{P} = \frac{120 \times 60}{4} = 1{,}800\ (\text{rpm})$

② 회전속도 $N = \frac{120f}{P}(1-S) = \frac{120 \times 60}{4}(1-0.04) = 1{,}728\ (\text{rpm})$

∴ **답 : 동기속도 – 1,800 (rpm), 회전속도 – 1,728 (rpm)**

Solution

① **전동기의 속도**

동기 속도	회전 속도
$N_s = \frac{120f}{P}$ (rpm) 여기서, N_s : 동기속도 P : 극수 f : 주파수(Hz)	$N = \frac{120f}{P}(1-S)$ (rpm) 여기서, N : 회전속도 P : 극수 f : 주파수(Hz) S : 슬립

② 계산과정

$$N_s = \frac{120f}{P} = \frac{120 \times 60}{4} = 1{,}800\ (\text{rpm})$$

$$N = \frac{120f}{P}(1-S) = \frac{120 \times 60}{4}(1-0.04) = 1{,}728\ (\text{rpm})$$

31

극수변환식 3상 농형유도전동기가 있다. 고속측은 2극이고 정격출력은 50[kW]이다. 저속측이 1/2 속도라면 저속측의 극수와 정격출력을 구하시오(단, 슬립과 정격토크는 저속측, 고속측 모두 같다.)

정답

1) 극수 : 4극
2) 정격출력 : 25 (kW)

Solution

1) 극수

① 동기속도

$$N_s = \frac{120f}{P}\ (\text{rpm})$$

여기서, N_s : 동기속도(rpm), P : 극수, f : 주파수(Hz)

② 극수와 동기속도와의 관계 $P \propto \frac{1}{N_S}$(반비례 관계)

③ 비례식 적용

고속측 극수 : 저속측 극수 = 고속측 동기속도 : 저속측 동기속도

$$2 : P = \frac{1}{N_s} : \frac{1}{\frac{1}{2}N_s}$$

$$\frac{P}{N_s} = \frac{2}{\frac{1}{2}N_s} \rightarrow P = \frac{2}{\frac{1}{2}N_s} \times N_s = 4\text{극}$$

2) 정격출력

① 출력

$$P = 9.8\omega\tau = 9.8 \times 2\pi\frac{N}{60} \times \tau\ (\text{W})$$

여기서, P : 출력(W), ω : 각속도(rad/s), N : 회전수(rpm), τ : 토크(kg·m)

② 회전수와 출력과의 관계 $P \propto N$(비례관계)

③ 비례식 적용

고속측 출력 : 저속측 출력 = 고속측 회전수 : 저속측 회전수

$$50 : P = N : \frac{1}{2}N$$

$$PN = 50 \times \frac{1}{2}N \rightarrow P = \frac{50 \times \frac{1}{2}N}{N} = 25\ (\text{kW})$$

32

전동기의 절연물 최고허용온도는 절연종류에 따라 달라지는데 다음 빈 칸을 모두 채우시오.

절연종류[종]	Y	A	②	B	F	④	C
최고허용온도℃	①	105	120	130	③	180	180 초과

정답

① 90 ② E ③ 155 ④ H

Solution

전동기의 절연물 최고허용온도

① 전기기계의 절연 종별은 내열 특성으로부터 Y, A, E, B, F, H, C종으로 구별할 수 있다.
② 일반적으로 저압전동기는 E종, 고압전동기는 B종을 적용한다.

절연종류[종]	Y	A	E	B	F	H	C
최고허용온도℃	90	105	120	130	155	180	180 초과

33

역률 0.85, 출력 100kW인 전동기 부하에 병렬로 전력용 콘덴서를 설치하여 역률을 0.95로 개선하려고 한다. 전력용 콘덴서의 용량은 몇 kVA가 필요한가?

정답

$$Q_c = P\left(\sqrt{\frac{1}{\cos^2\theta_0}-1} - \sqrt{\frac{1}{\cos^2\theta_1}-1}\right) = 100\left(\sqrt{\frac{1}{0.85^2}-1} - \sqrt{\frac{1}{0.95^2}-1}\right) = 29.1\,(\text{kVA})$$

∴ 답 : 29.1(kVA)

Solution

① **전력용 콘덴서의 용량 수식**

$$\begin{aligned} Q_c = Q_1 - Q_2 &= P(\tan\theta_0 - \tan\theta_1) \\ &= P\left(\frac{\sin\theta_0}{\cos\theta_0} - \frac{\sin\theta_1}{\cos\theta_1}\right) \\ &= P\left(\frac{\sqrt{1-\cos^2\theta_0}}{\cos\theta_0} - \frac{\sqrt{1-\cos\theta_1^2}}{\cos\theta_1}\right) \quad \left(\because \begin{array}{l}\sin^2\theta+\cos^2\theta=1, \\ \sin\theta=\sqrt{1-\cos^2\theta}\end{array}\right) \\ &= P\left(\sqrt{\frac{1}{\cos^2\theta_0}-1} - \sqrt{\frac{1}{\cos^2\theta_1}-1}\right)\,(\text{kVA}) \\ &= P(\tan\cos^{-1}\cos\theta_0 - \tan\cos^{-1}\cos\theta_1)\,(\text{kVA}) \end{aligned}$$

여기서, Q_c : 전력용 콘덴서의 용량(kVA)

P : 유효전력(kW)

$\cos\theta_0$: 개선전의 역률

$\cos\theta_1$: 개선후의 역률

② 계산과정

$$Q_c = P\left(\sqrt{\frac{1}{\cos^2\theta_0}-1} - \sqrt{\frac{1}{\cos^2\theta_1}-1}\right) = 100\left(\sqrt{\frac{1}{0.85^2}-1} - \sqrt{\frac{1}{0.95^2}-1}\right) = 29.1\,(\text{kVA})$$

$$Q_c = P(\tan\cos^{-1}\cos\theta_0 - \tan\cos^{-1}\cos\theta_1) = 100(\tan\cos^{-1}0.85 - \tan\cos^{-1}0.95) = 29.1\,(\text{kVA})$$

34

출력 20kW, 역률 80%인 3상 380V용 유도전동기가 연결된 회로를 역률 90%로 개선시키기 위해 사용되는 콘덴서의 용량(μF)을 구하시오(단, 전원주파수는 60Hz이며 콘덴서는 3상 Δ 결선이다).

정답

$$Q_c(\text{kVA}) = P\left(\sqrt{\frac{1}{\cos^2\theta_0}-1} - \sqrt{\frac{1}{\cos^2\theta_1}-1}\right) = 20\left(\sqrt{\frac{1}{0.8^2}-1} - \sqrt{\frac{1}{0.9^2}-1}\right) = 5.31\ (\text{kVA})$$

$$C = \frac{5.31}{6\times 3.14\times 60\times 380^2}\times 10^9(\mu\text{F}) = 32.53\ (\mu\text{F})$$

∴ 정답 : 32.53(μF)

Solution

전력용 콘덴서의 용량(μF)의 변환

① 1상, 3상 Y결선

$$Q_c = 2\pi fCV^2\times 10^{-9}\ (\text{kVA}) \quad \rightarrow C = \frac{Q_c}{2\pi f V^2}\times 10^9\ (\mu\text{F})$$

$$C = \frac{5.31}{2\times 3.14\times 60\times 380^2}\times 10^9\ (\mu\text{F}) = 97.59\ (\mu\text{F})$$

② 3상 Δ결선

$$Q_c = 6\pi fCV^2\times 10^{-9}\ (\text{kVA}) \quad \rightarrow \quad C = \frac{Q_c}{6\pi f V^2}\times 10^9\ (\mu\text{F})$$

$$C = \frac{5.31}{6\times 3.14\times 60\times 380^2}\times 10^9\ (\mu\text{F}) = 32.53\ (\mu\text{F})$$

35

전력용 콘덴서의 역할은 무엇이며, 주변기기인 직렬리액터와 방전코일의 역할을 설명하시오.

정답

① 전력용 콘덴서－부하의 역률 개선

② 직렬리액터－제 5고조파 제거

③ 방전코일－투입시 과전압으로부터 보호, 개방시 잔류전하 방전

Solution

콘덴서 회로의 주변기기

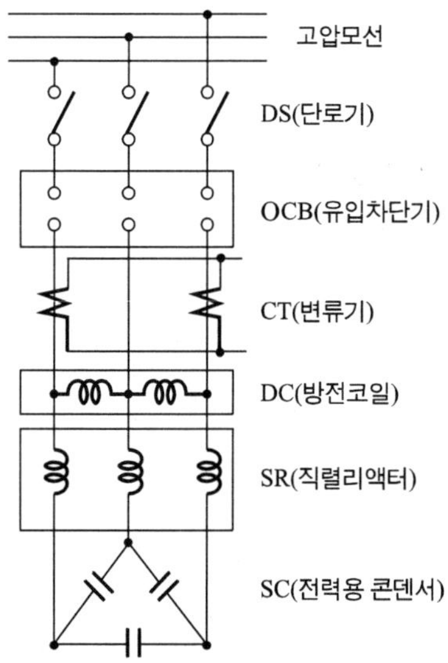

주변 기기	역 할
전력용 콘덴서(진상용 콘덴서, 스태틱 콘덴서)	부하의 역률 개선
직렬 리액터(series reactor)	제 5고조파 파형 개선
방전코일(discharge coil)	투입시 과전압으로부터 보호, 개방시 잔류전하 방전

36

다음은 전파정류회로(브릿지 정류회로)의 미완성 도면이다. 다음 각 물음에 답하시오.

1) 정류 다이오드 4개를 사용하여 회로를 완성하시오.

2) 회로상 C의 역할을 쓰시오.

정답

1) 전파정류회로

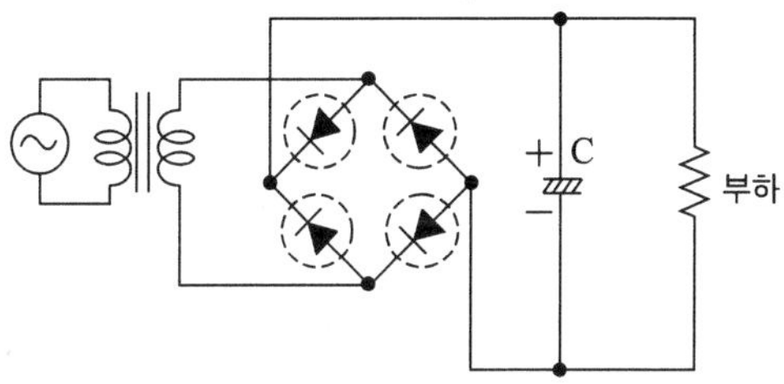

2) 직류전압을 일정하게 유지한다.

Solution

1) **다이오드 4개**를 이용한 **전파정류회로**

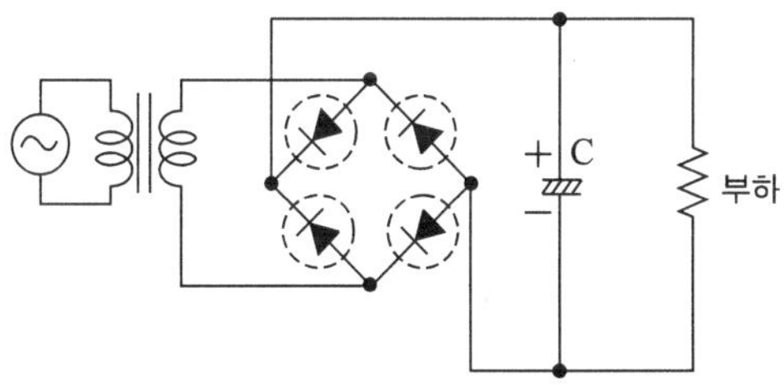

(a) 올바른 회로

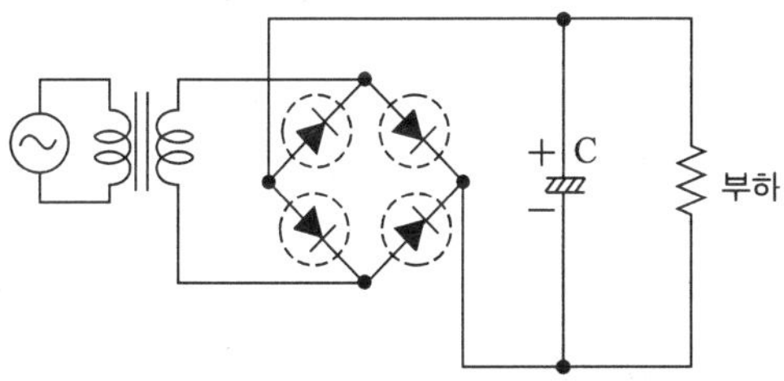

(b) 잘못된 회로

① **콘덴서**의 **극성**(+, −)과 다이오드의 결선에 **주의**해야 한다.

② **다이오드 2개**를 이용한 **전파정류회로**

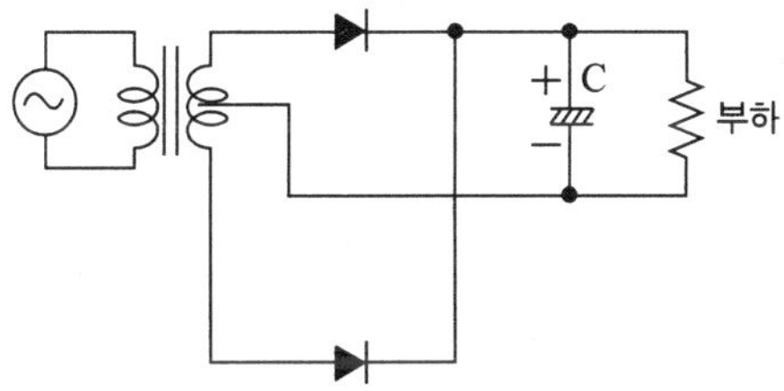

2) **콘덴서**(Condenser)는 **직류전압**을 일정하게 유지하기 위하여 **정류회로**의 **출력단**에 설치한다.

3) 브리지 정류회로의 부하전압 특성

콘덴서 유무	정류회로	부하전압
콘덴서가 있는 경우	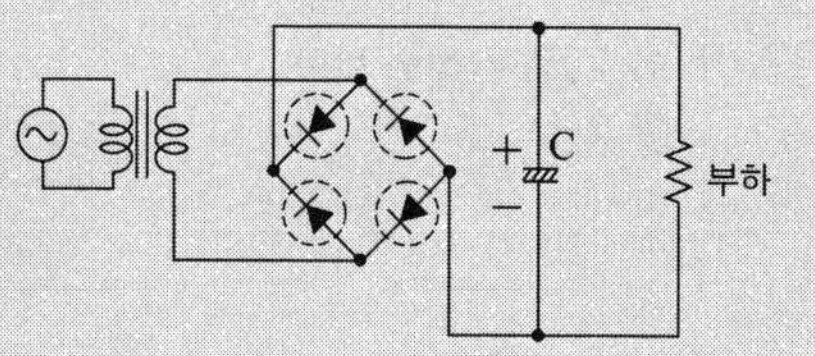	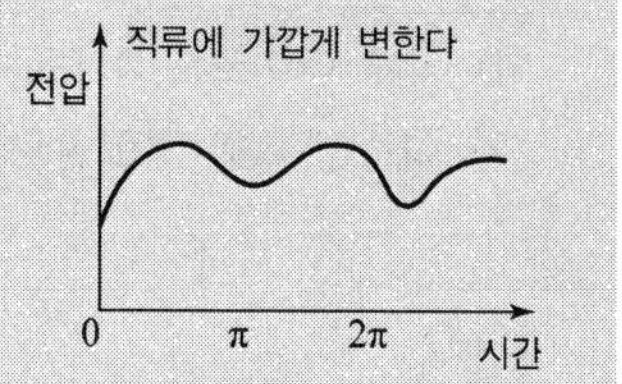
콘덴서가 없는 경우	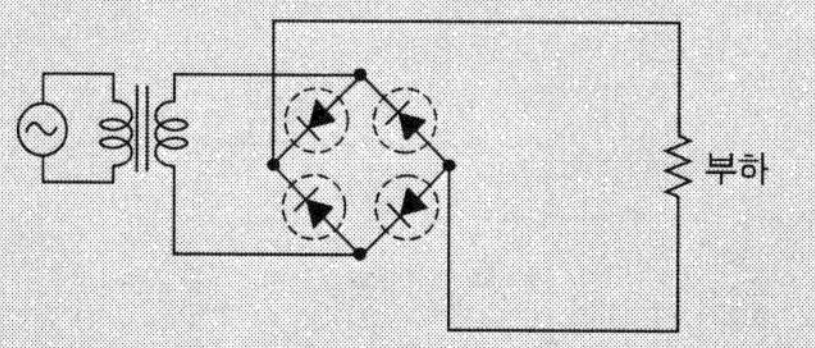	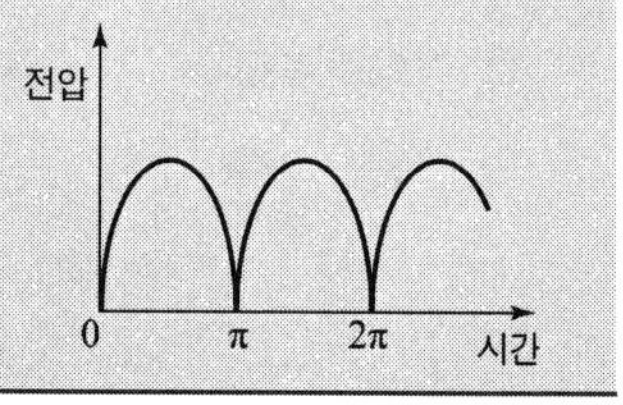

37

길이 15m, 폭 10m인 전산실의 조명률은 50%, 40W 형광등 1등당 광속이 2400 lm 일 경우 조도를 500 lx로 유지한다면 형광등(40W/2등용)은 몇 개가 필요한가?
(단, 유지율은 80%이다.)

정답

40개

Solution

① 광원의 등개수

FUN = DAE

여기서, F : 광속, U : 조명률, D : 감광보상률$\left(=\frac{1}{M}\right)$, M : 유지율
N : 등개수, A : 면적, E : 조도

② 계산과정

등수 $N=\frac{DAE}{FU}=\frac{AE}{MFU}=\frac{(15\times 10)\times 500}{0.8\times 2400\times 0.5}=78.125 ≒ 79$등

$\therefore$ 2등용 등기구 $=\frac{79\text{등}}{2\text{등용}}=39.5=40$개

38

바닥으로부터 2m 높이에 설치된 피난구유도등의 바닥면 조도가 25 lx로 측정될 때 밑으로 0.5m를 내려 바닥으로부터 1.5m 높이로 변경 설치한다면 바닥면 조도는 얼마인지 구하시오.

정답

44.4 lx

Solution

수식조도

수직 조도는 역자승의 법칙을 적용 → $E=\frac{I}{r^2}$

개념도	비례식 적용
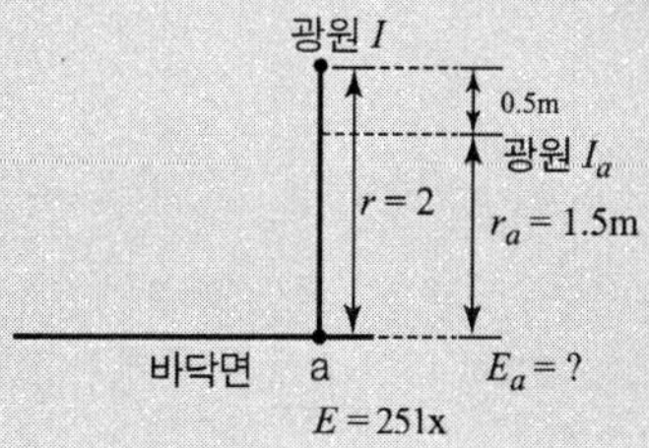	$E : E_a = \frac{I}{r^2} : \frac{I}{r_a^2} \rightarrow E : E_a = \frac{1}{r^2} : \frac{1}{r_a^2}$ $25 : E_a = \frac{1}{2^2} : \frac{1}{1.5^2}$ $E_a \times \frac{1}{2^2} = 25 \times \frac{1}{1.5^2}$ $E_a = 2^2 \times 25 \times \frac{1}{1.5^2} = 44.4\ (lx)$

39

바닥으로부터 1m 높이에 계단통로유도등을 설치한 경우 a점의 바닥면 조도가 2.5 lx로 측정될 때 밑의 바닥면으로부터 수평으로 1m 떨어진 b점의 조도를 구하시오.

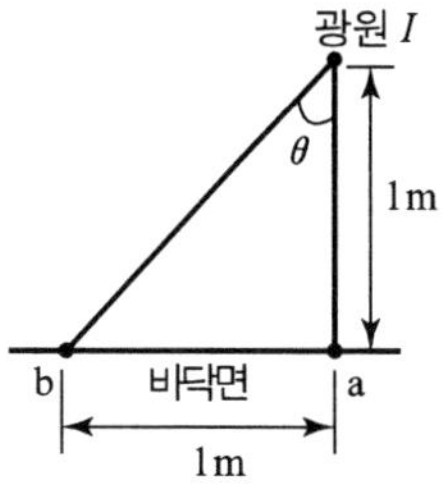

정답

0.884 lx

Solution

경사 조도 → $E_b = \dfrac{I\cos\theta}{r_c^2} = \dfrac{I\left(\dfrac{r_a}{r_c}\right)}{r_c^2}$

개념도	비례식 적용
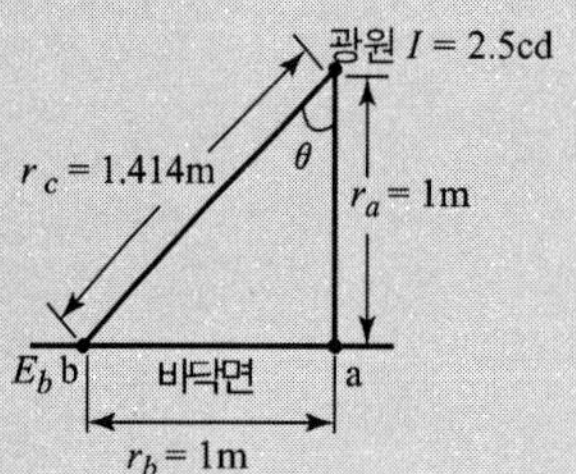	피타고라스의 정리 $r_c = \sqrt{r_a^2 + r_b^2} = \sqrt{1^2 + 1^2} = 1.414\ [m]$ b점의 경사 조도 $E_b = \dfrac{I\cos\theta}{r_c^2} = \dfrac{I\left(\dfrac{r_a}{r_c}\right)}{r_c^2} = \dfrac{2.5\times\left(\dfrac{1}{1.414}\right)}{1.414^2} = 0.884\ (lx)$

CHAPTER 06

도 면

과년도 문제분석

1. 상세분류

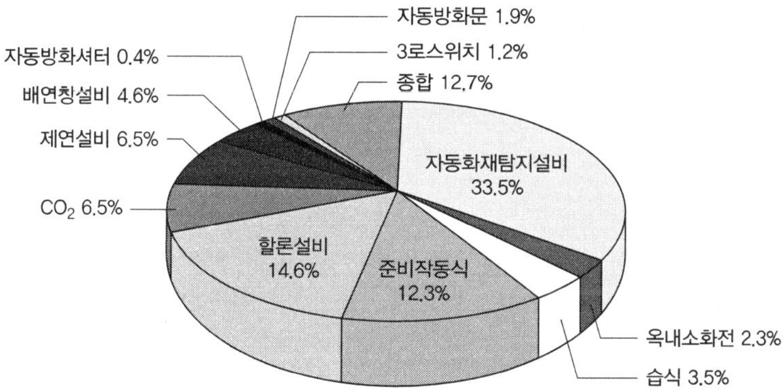

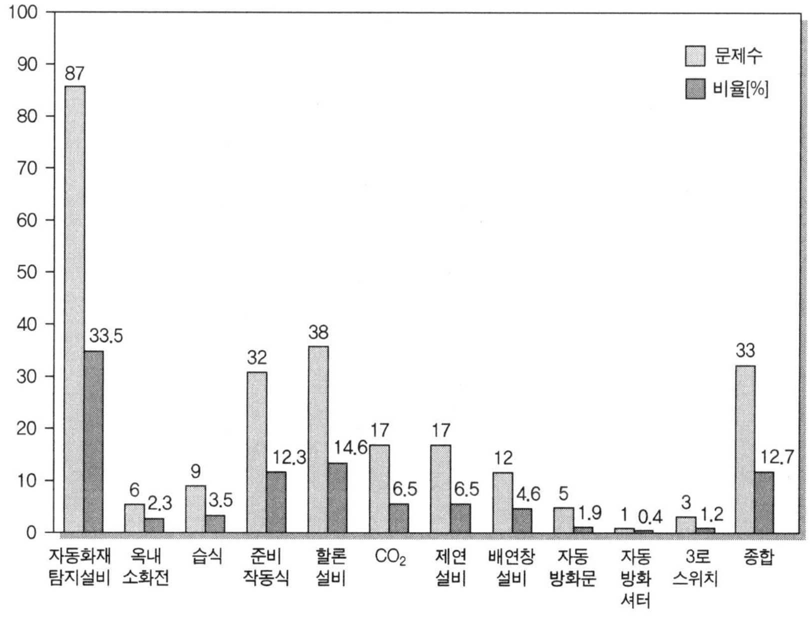

2. 문제유형

도면 과년도 문제분석(1996~2022년)

번호	출제년도	문항	시설분류	상세분류(대)	상세분류(중)	문제유형	회수	출제비율
1	2020.05.24	15	도면	3로스위치		배선가닥수, 실제배선도		
2	2005.07.10	4	도면	3로스위치		배선가닥수, 실제배선도	3	1.2%
3	1999.01.31	13	도면	3로스위치		배선가닥수, 실제배선도		
4	2019.06.29	18	도면	CO_2	기타	기동용기 미개방 이유		
5	2014.04.20	11	도면	CO_2	기타	기동용기 미개방 이유		
6	2008.04.20	11	도면	CO_2	기타	기동용기 미개방 이유		
7	2021.04.24	14	도면	CO_2	기타	설치기준		
8	1999.01.31	8	도면	CO_2	기타	설치기준		
9	2013.11.09	12	도면	CO_2	기타	수동식기동장치 설치기준		
10	2008.11.02	7	도면	CO_2	기타	수동식기동장치 설치기준		
11	2013.11.09	17	도면	CO_2	평면도	RM명칭, 배선가닥수, 배선내역, 전선관 굵기		
12	1999.09.19	2	도면	CO_2	평면도	감지기 개수, 배선가닥수	17	6.5%
13	1996.11.17	5	도면	CO_2	평면도	배선가닥수, 명칭		
14	2015.11.07	10	도면	CO_2	평면도	배선가닥수, 배선내역		
15	2000.08.13	12	도면	CO_2	평면도	배선가닥수, 배선내역, 감지기개수		
16	2006.04.23	5	도면	CO_2	평면도	배선가닥수, 배선내역, 기기명		
17	2022.11.19	6	도면	CO_2	평면도	배선가닥수, 배선용도		
18	2001.11.04	5	도면	CO_2	평면도	배선가닥수, 종단저항개수		
19	1999.11.21	6	도면	CO_2	평면도	배선내역, 배선가닥수		
20	2002.10.27	3	도면	CO_2	평면도	잘못 설계된 점, 배선가닥수		
21	1998.02.28	7	도면	습식	계통도	계통도작성, 배선가닥수표기		
22	2020.10.17	1	도면	습식	계통도	배선가닥수, 배선내역		
23	2019.06.29	13	도면	습식	계통도	배선가닥수, 배선내역		
24	2008.11.02	3	도면	습식	계통도	배선가닥수, 배선내역		
25	2005.10.23	8	도면	습식	계통도	배선가닥수, 배선내역	9	3.5%
26	2002.04.21	3	도면	습식	계통도	배선가닥수, 배선내역		
27	1996.11.17	10	도면	습식	계통도	배선가닥수, 배선내역		
28	2008.07.06	9	도면	습식	작동원리	작동순서 표기		
29	2002.04.21	5	도면	습식	작동원리	작동순서 표기		
30	2017.06.25	2	도면	옥내소화전	계통도	배선가닥수, 감시제어반 내용		
31	2012.07.08	18	도면	옥내소화전	계통도	배선가닥수, 명칭, 전선관 종류, 저수위작동신호		
32	2009.10.18	18	도면	옥내소화전	계통도	배선가닥수, 감시제어반 내용		
33	2015.11.07	6	도면	옥내소화전	계통도	배선가닥수, 배선내역	6	2.3%
34	1999.11.21	9	도면	옥내소화전	계통도	배선가닥수, 배선내역		
35	1997.08.24	5	도면	옥내소화전	계통도	배선가닥수, 배선내역		
36	2020.05.24	14	도면	자동방화문	계통도	명칭, 배선가닥수, 배선내역		
37	2017.04.16	7	도면	자동방화문	계통도	명칭, 배선가닥수, 배선내역		
38	2012.04.22	16	도면	자동방화문	계통도	실제배선도	5	1.9%
39	2018.04.14	11	도면	자동방화문	계통도	설치목적, 실제 배선도		
40	2004.07.04	13	도면	자동방화문	계통도	실제배선도		
41	2010.04.17	16	도면	자동방화셔터	구조도	명칭	1	0.4%

번호	출제년도	문항	시설분류	상세분류(대)	상세분류(중)	문제유형	회수	출제비율
42	2005.05.01	3	도면	자탐설비	계통도	간선계통도 작성	87	33.5%
43	2014.11.01	14	도면	자탐설비	계통도	감지기, 발신기, 수신기 종류, 수량		
44	2018.06.30	13	도면	자탐설비	계통도	결선도(일제경보방식), 발신기 설치기준		
45	2015.04.19	8	도면	자탐설비	계통도	계통도작성(5회로, 일제경보방식)		
46	2019.04.14	4	도면	자탐설비	계통도	공사비 산출내역		
47	2020.10.17	16	도면	자탐설비	계통도	배선가닥수		
48	1998.11.15	4	도면	자탐설비	계통도	배선가닥수		
49	1998.05.10	2	도면	자탐설비	계통도	배선가닥수		
50	1997.05.11	5	도면	자탐설비	계통도	배선가닥수		
51	2003.10.26	13	도면	자탐설비	계통도	배선가닥수, 계단설치 감지기		
52	1998.08.30	11	도면	자탐설비	계통도	배선가닥수, 물량산출		
53	2019.11.09	8	도면	자탐설비	계통도	배선가닥수, 배선내역		
54	2015.04.19	10	도면	자탐설비	계통도	배선가닥수, 배선내역		
55	2011.11.13	15	도면	자탐설비	계통도	배선가닥수, 배선내역		
56	2009.04.19	16	도면	자탐설비	계통도	배선가닥수, 배선내역		
57	2005.10.23	7	도면	자탐설비	계통도	배선가닥수, 배선내역		
58	2005.07.10	11	도면	자탐설비	계통도	배선가닥수, 배선내역		
59	2004.07.04	8	도면	자탐설비	계통도	배선가닥수, 배선내역		
60	2004.04.25	8	도면	자탐설비	계통도	배선가닥수, 배선내역		
61	2003.07.13	6	도면	자탐설비	계통도	배선가닥수, 배선내역		
62	2003.04.27	10	도면	자탐설비	계통도	배선내역, 배선가닥수		
63	2000.04.23	10	도면	자탐설비	계통도	배선가닥수, 배선내역		
64	2000.02.20	1	도면	자탐설비	계통도	배선가닥수, 배선내역		
65	1999.01.31	2	도면	자탐설비	계통도	배선가닥수, 배선내역		
66	1997.01.26	5	도면	자탐설비	계통도	배선가닥수, 배선내역		
67	2018.04.14	9	도면	자탐설비	계통도	배선가닥수, 배선내역, 옥내배선용 기호		
68	2015.11.07	4	도면	자탐설비	계통도	배선가닥수, 배선내역, 옥내배선용 기호		
69	2019.04.14	18	도면	자탐설비	계통도	배선가닥수, 종단저항개수, 옥내배선용 기호		
70	1996.05.19	9	도면	자탐설비	계통도	배선가닥수, 수동발신기세트함, 감지기 명칭		
71	2005.10.23	6	도면	자탐설비	계통도, 평면도	배선가닥수, 물량산출		
72	2002.07.07	3	도면	자탐설비	계통도, 평면도	배선가닥수, 물량산출		
73	2000.11.12	3	도면	자탐설비	계통도, 평면도	배선가닥수, 물량산출		
74	2017.04.16	2	도면	자탐설비	계통도, 평면도	배선가닥수, 전선관 굵기, 수동발신기세트함		
75	2001.11.04	4	도면	자탐설비	발신기	결선도(우선경보방식)		
76	2009.04.19	15	도면	자탐설비	발신기	발신기 설치기준		
77	2001.11.04	11	도면	자탐설비	발신기	배선내역		
78	2001.07.15	11	도면	자탐설비	발신기	배선내역		
79	2002.07.07	6	도면	자탐설비	발신기	배선도		
80	2006.11.05	15	도면	자탐설비	발신기	배선도, 설치기준		
81	2007.11.04	11	도면	자탐설비	발신기	우선경보방식		
82	2007.07.08	4	도면	자탐설비	발신기	우선경보방식		
83	2001.04.22	7	도면	자탐설비	발신기	우선경보방식		
84	1999.09.19	6	도면	자탐설비	발신기	우선경보방식		
85	1998.05.10	11	도면	자탐설비	발신기	우선경보방식		
86	1996.01.21	13	도면	자탐설비	발신기	우선경보방식		

번호	출제년도	문항	시설분류	상세분류(대)	상세분류(중)	문제유형	회수	출제비율
87	1996.09.01	1	도면	자탐설비	발신기	일제경보방식	87	33.5%
88	1998.05.10	12	도면	자탐설비	평면도	감지기수량, 그림기호, 도면작성		
89	1997.08.24	10	도면	자탐설비	평면도	감지기수량, 배선가닥수, 계통도		
90	1997.05.11	1	도면	자탐설비	평면도	감지기의 개수, 4각박스, 배선가닥수, 계통도		
91	2020.11.15	14	도면	자탐설비	평면도	내선전공 노임요율, 공량, 인건비 산출		
92	2000.08.13	11	도면	자탐설비	평면도	명칭, 배선가닥수, 물량산출		
93	1999.01.31	1	도면	자탐설비	평면도	명칭, 배선가닥수, 물량산출		
94	1998.02.31	10	도면	자탐설비	평면도	명칭, 배선가닥수, 물량산출		
95	2001.07.15	13	도면	자탐설비	평면도	물량산출, 배전반 그림		
96	2021.11.13	13	도면	자탐설비	평면도	배선가닥수, 심벌명칭, 로크너트, 부싱 개수		
97	2015.07.12	17	도면	자탐설비	평면도	배선, 배관물량 산출		
98	2020.11.29	11	도면	자탐설비	평면도	배선가닥수		
99	2006.04.23	14	도면	자탐설비	평면도	배선가닥수, 계통도		
100	2001.04.22	9	도면	자탐설비	평면도	배선가닥수, 계통도		
101	1999.11.21	10	도면	자탐설비	평면도	배선가닥수, 계통도		
102	1997.11.16	2	도면	자탐설비	평면도	배선가닥수, 계통도		
103	2000.04.23	12	도면	자탐설비	평면도	배선가닥수, 로크너트, 부싱 개수		
104	1997.11.16	1	도면	자탐설비	평면도	배선가닥수, 로크너트, 부싱 개수		
105	2017.06.25	3	도면	자탐설비	평면도	배선가닥수, 명칭과 형별, 물량산출		
106	2011.11.13	17	도면	자탐설비	평면도	배선가닥수, 물량산출		
107	2015.07.12	1	도면	자탐설비	평면도	배선가닥수, 배선내역		
108	2005.05.01	15	도면	자탐설비	평면도	배선가닥수, 배선내역		
109	1999.05.30	2	도면	자탐설비	평면도	배선가닥수, 심벌명칭, 부싱, 로크너트개수		
110	2004.10.31	5	도면	자탐설비	평면도	배선가닥수, 잘못된 점, 부싱개수, 감지기명칭		
111	2014.04.20	17	도면	자탐설비	평면도	배선가닥수, 전선관 굵기, 계통도		
112	2002.10.27	8	도면	자탐설비	평면도	배선가닥수, 전선관 굵기, 계통도		
113	2020.07.25	15	도면	자탐설비	평면도	배선가닥수, 전선관 굵기, 계통도, 연기감지기 매입		
114	2017.11.11	13	도면	자탐설비	평면도	배선가닥수, 전선관 굵기, 계통도, 연기감지기 매입		
115	2016.11.12	2	도면	자탐설비	평면도	배선가닥수, 총노무비계산		
116	2016.04.17	5	도면	자탐설비	평면도	배선가닥수, 총노무비계산		
117	2014.07.06	18	도면	자탐설비	평면도	배선가닥수, 총노무비계산		
118	2010.10.30	1	도면	자탐설비	평면도	배선가닥수, 총노무비계산		
119	2003.04.27	8	도면	자탐설비	평면도	배선내역, 배선가닥수, 물량산출		
120	2010.04.17	17	도면	자탐설비	평면도	배선물량 산출		
121	2016.04.17	6	도면	자탐설비	평면도	연기감지기 개수 산정, 가닥수 표시		
122	1996.09.01	14	도면	자탐설비	평면도	잘못된 점, 배선가닥수, 부싱개수,감지기이름		
123	2013.07.14	7	도면	자탐설비	평면도	잘못된 점, 전선관 굵기, 수동발신기세트함		
124	1999.09.19	7	도면	자탐설비	평면도	잘못된 점, 전선관 굵기, 수동발신기세트함		
125	1996.11.17	1	도면	자탐설비	평면도	잘못된 점, 전선관 굵기, 수동발신기세트함		
126	2008.11.02	17	도면	자탐설비	평면도	전선관, 전선 물량 계산		
127	2016.11.12	3	도면	자탐설비	평면도	전선관, 전선 물량 계산, 감지구역 바닥면적		
128	2009.04.19	17	도면	자탐설비	평면도	최소경계구역수, 도면 완성		

번호	출제년도	문항	시설분류	상세분류(대)	상세분류(중)	문제유형	회수	출제비율
129	2016.06.26	2	도면	제연설비	상가제연설비	밀폐형(배선가닥수, 배선내역)	17	6.5%
130	2008.11.02	4	도면	제연설비	상가제연설비	밀폐형(배선가닥수, 배선내역)		
131	2005.07.10	2	도면	제연설비	상가제연설비	밀폐형(배선가닥수, 배선내역)		
132	1999.05.30	13	도면	제연설비	상가제연설비	밀폐형(배선가닥수, 배선내역)		
133	1997.11.16	3	도면	제연설비	상가제연설비	밀폐형(배선가닥수, 배선내역)		
134	1996.01.21	9	도면	제연설비	설치기준	배출기 설치기준		
135	2000.02.20	13	도면	제연설비	설치기준	설치기준		
136	1996.05.19	4	도면	제연설비	전실제연설비	명칭, 배선가닥수, 단자대 설치높이		
137	2019.04.14	17	도면	제연설비	전실제연설비	명칭, 배선가닥수, 수동조작함 설치높이		
138	2000.11.12	8	도면	제연설비	전실제연설비	배선가닥수, 명칭, 단자대 설치높이		
139	2020.11.29	3	도면	제연설비	전실제연설비	배선가닥수, 배선내역		
140	2016.04.17	8	도면	제연설비	전실제연설비	배선가닥수, 배선내역		
141	2009.07.05	10	도면	제연설비	전실제연설비	배선가닥수, 배선내역		
142	2004.10.31	14	도면	제연설비	전실제연설비	배선가닥수, 배선내역		
143	1998.11.15	13	도면	제연설비	전실제연설비	배선가닥수, 배선내역		
144	2005.07.10	5	도면	제연설비	전실제연설비	배선가닥수, 배선내역, 단자반 높이		
145	2003.07.13	4	도면	제연설비	전실제연설비	배선가닥수, 배선내역, 단자반 높이		
146	2017.04.16	1	도면	배연창설비	Motor방식	배선가닥수, 배선내역, 6층 이상의 건물 시설	12	4.6%
147	2011.07.24	16	도면	배연창설비	Motor방식	배선가닥수, 배선내역, 6층 이상의 건물 시설		
148	2005.05.01	13	도면	배연창설비	Motor방식	배선가닥수, 배선내역, 6층 이상의 건물 시설		
149	2013.04.21	10	도면	배연창설비	구동방식	설치기준, 구동방식 등		
150	2003.10.26	11	도면	배연창설비	설치기준	구동방식, 유효면적		
151	2018.04.14	6	도면	배연창설비	솔레노이드	배선가닥수, 배선내역		
152	2017.11.11	10	도면	배연창설비	솔레노이드	배선가닥수, 배선내역		
153	2015.07.12	5	도면	배연창설비	솔레노이드	배선가닥수, 배선내역		
154	2009.10.18	9	도면	배연창설비	솔레노이드	배선가닥수, 배선내역		
155	2003.04.27	3	도면	배연창설비	솔레노이드	배선가닥수, 배선내역		
156	1999.09.19	9	도면	배연창설비	솔레노이드	배선가닥수, 배선내역		
157	1997.05.11	8	도면	배연창설비	솔레노이드	배선가닥수, 배선내역		
158	2013.04.21	10	도면	준비작동식	계통도	배석가닥수, 배선내역, 설치되는 기기 명칭기능	32	12.3%
159	2015.04.19	5	도면	준비작동식	계통도	배선가닥수, 배선내역		
160	2010.07.04	5	도면	준비작동식	계통도	배선가닥수, 배선내역		
161	2009.10.18	12	도면	준비작동식	계통도	배선가닥수, 배선내역		
162	2006.07.09	6	도면	준비작동식	계통도	배선가닥수, 배선내역		
163	2004.07.04	1	도면	준비작동식	계통도	배선가닥수, 배선내역		
164	2000.02.20	3	도면	준비작동식	계통도	배선가닥수, 배선내역		
165	2001.07.15	12	도면	준비작동식	계통도	배선가닥수, 배선내역, 계통도		
166	2012.07.08	8	도면	준비작동식	계통도	배선가닥수, 배선내역, 기호		
167	2018.06.30	2	도면	준비작동식	계통도	배선가닥수, 배선용도		
168	2012.04.22	15	도면	준비작동식	계통도	배선가닥수, 유수검지장치 작동방법, 교차회로		
169	2017.04.16	3	도면	준비작동식	계통도	배선가닥수, 전기적 작동방법, 교차회로방식		
170	2015.11.07	13	도면	준비작동식	작동원리	설비명칭, 작동원리 설명		
171	2006.11.05	3	도면	준비작동식	작동원리	작동원리 설명		
172	2001.07.15	1	도면	준비작동식	작동원리	작동순서 표기		
173	1998.02.23	2	도면	준비작동식	작동원리	작동순서 표기		

번호	출제년도	문항	시설분류	상세분류(대)	상세분류(중)	문제유형	회수	출제비율
174	1999.11.21	7	도면	준비작동식	평면도	1개의 경계구역, 배선가닥수, 배선내역	32	12.3%
175	2022.05.07	8	도면	준비작동식	평면도	SVP판넬 구성도		
176	2017.04.16	6	도면	준비작동식	평면도	SVP판넬 구성도		
177	2007.04.22	2	도면	준비작동식	평면도	SVP판넬 구성도		
178	1999.05.30	7	도면	준비작동식	평면도	SVP판넬 구성도		
179	2016.11.12	1	도면	준비작동식	평면도	SVP판넬 구성도, 계통도 가닥수		
180	2003.10.26	9	도면	준비작동식	평면도	감지기수량, 계통도, 배선가닥수		
181	2002.04.21	11	도면	준비작동식	평면도	감지기수량, 계통도, 배선가닥수		
182	2018.06.30	6	도면	준비작동식	평면도	감지기수량, 배선가닥수		
183	1996.09.01	8	도면	준비작동식	평면도	감지기수량, 평면도작성, 계통도, 배선가닥수		
184	2001.04.22	8	도면	준비작동식	평면도	명칭, 배선가닥수, 물량산출		
185	1996.01.21	10	도면	준비작동식	평면도	배선가닥수		
186	2015.04.19	3	도면	준비작동식	작동원리	배선가닥수, 명칭, 간선계통도 작성		
187	2006.07.09	2	도면	준비작동식	평면도	배선가닥수, 물량산출		
188	2004.04.25	14	도면	준비작동식	평면도	배선가닥수, 배선기입방법, 명칭, 계통도		
189	2014.07.06	15	도면	준비작동식	평면도	배선가닥수, 평면도작성, 배선가닥수		
190	2003.04.27	14	도면	할론설비	계통도	배선내역, 배선가닥수	38	14.6%
191	2001.07.15	3	도면	할론설비	계통도	배선가닥수, 배선내역		
192	1996.05.19	14	도면	할론설비	계통도	배선가닥수, 배선내역		
193	2003.07.13	3	도면	할론설비	계통도	제어반, 계통도 배선가닥수, 배선내역		
194	2021.11.13	3	도면	할론설비	기타	사이렌, 방출등 설치위치, 설치목적		
195	2006.04.23	7	도면	할론설비	기타	사이렌, 방출등 설치위치, 설치목적		
196	2005.10.23	11	도면	할론설비	기타	사이렌, 방출등 설치위치, 설치목적		
197	2004.04.25	3	도면	할론설비	기타	사이렌, 방출등 설치위치, 설치목적		
198	2000.08.13	1	도면	할론설비	기타	사이렌, 방출등 설치위치, 설치목적		
199	2001.11.04	1	도면	할론설비	평면도	감지기개수, 배선가닥수		
200	1997.05.11	3	도면	할론설비	평면도	감지기의 개수, 배선가닥수		
201	1999.05.30	1	도면	할론설비	평면도	감지기개수, 배선가닥수, 배선내역, 사용전선		
202	2005.07.10	6	도면	할론설비	평면도	감지기수량, 배치도, 배선가닥수, 전선 종류		
203	2021.04.24	9	도면	할론설비	평면도	명칭, 배선가닥수		
204	2017.11.11	2	도면	할론설비	평면도	명칭, 배선가닥수		
205	2015.04.19	4	도면	할론설비	평면도	명칭, 배선가닥수, 물량산출		
206	2018.06.30	11	도면	할론설비	평면도	명칭, 배선가닥수, 박스개수, 부싱개수		
207	2022.11.19	4	도면	할론설비	평면도	명칭, 배선굵기		
208	2002.04.21	6	도면	할론설비	평면도	배선가닥수		
209	2002.04.21	14	도면	할론설비	평면도	배선가닥수, 박스개수, 부싱개수		
210	2011.05.01	15	도면	할론설비	평면도	배선가닥수, 배선용도		
211	2018.06.30	3	도면	할론설비	평면도	배선가닥수, 배선용도, Zone 추가시 늘어난 전선명		
212	2010.04.17	2	도면	할론설비	평면도	배선기입방법, 종단저항 수		
213	2007.07.08	7	도면	할론설비	평면도	잘못 설계된 점		
214	2001.04.22	4	도면	할론설비	평면도	잘못 설계된 점		
215	1999.11.21	3	도면	할론설비	평면도	잘못 설계된 점		
216	1996.05.19	6	도면	할론설비	평면도	잘못된 점		
217	1997.01.26	6	도면	할론설비	평면도	컴퓨터실 설계		

번호	출제년도	문항	시설분류	상세분류(대)	상세분류(중)	문제유형	회수	출제비율
218	1998.11.15	3	도면	할론설비	평면도	평면도 작성	38	14.6%
219	2022.11.19	5	도면	할론설비	평면도	평면도 작성, 배선용도		
220	2008.04.20	9	도면	할론설비	평면도	회로도 및 외부결선도 작성		
221	2012.04.22	1	도면	할론설비	평면도,계통도	배선가닥수, 배선내역 명칭		
222	2009.04.19	14	도면	할론설비	평면도,계통도	배선가닥수, 배선내역		
223	2000.04.23	14	도면	할론설비	평면도,계통도	배선가닥수, 배선내역		
224	1998.02.22	1	도면	할론설비	평면도,계통도	배선가닥수, 배선내역		
225	2007.04.22	14	도면	할론설비	종합	전산실 설계		
226	2006.11.05	8	도면	할론설비	종합	컴퓨터실 설계		
227	2004.04.25	7	도면	할론설비	종합	컴퓨터, 전기실 설계		
228	2010.04.17	4	도면	종합	습식+옥내	배선가닥수, 배선내역	33	12.7%
229	2018.06.30	9	도면	종합	습식+옥내	배선가닥수, 배선내역, 습식S/P 음향장치		
230	2017.11.11	6	도면	종합	습식+옥내	자탐+옥내+습식 배선가닥수, 배선내역		
231	2008.04.20	16	도면	종합	자탐+습식	배선가닥수, 배선내역, 음향장치 설치기준		
232	2013.11.09	2	도면	종합	자탐+습식	배선가닥수, 스프링클러 동력제어반 설치기준		
233	2022.05.07	14	도면	종합	자탐+옥내	배선가닥수, 배선용도		
234	2020.11.29	5	도면	종합	자탐+옥내	배선가닥수, 감지기회로 종단저항, 전로저항		
235	2018.04.14	7	도면	종합	자탐+옥내	배선가닥수, 명칭, 발신기 표시등		
236	2014.04.20	6	도면	종합	자탐+옥내	배선가닥수, 배선내역설치기준		
237	2017.06.25	10	도면	종합	자탐+옥내	배선가닥수, 배선내역		
238	2014.07.06	17	도면	종합	자탐+옥내	배선가닥수, 배선내역		
239	2013.07.14	17	도면	종합	자탐+옥내	배선가닥수, 배선내역		
240	2010.07.04	10	도면	종합	자탐+옥내	배선가닥수, 배선내역		
241	2006.11.05	14	도면	종합	자탐+옥내	배선가닥수, 배선내역		
242	2007.11.04	16	도면	종합	자탐+옥내	배선가닥수, 배선내역, 명칭		
243	2012.11.03	10	도면	종합	자탐+옥내	배선가닥수, 배선내역, 발신기위치표시 등		
244	2018.11.10	4	도면	종합	자탐+옥내	배선가닥수, 배선내역, 수신기 설치기준		
245	2015.07.12	11	도면	종합	자탐+옥내	배선가닥수, 배선내역, 수신기 설치기준		
246	2013.04.21	1	도면	종합	자탐+옥내	배선가닥수, 배선내역, 수신기설치기준		
247	2013.11.09	1	도면	종합	자탐+옥내	배선가닥수,배선내역,옥내소화전함의두께,재질		
248	2008.07.06	17	도면	종합	자탐+옥내	배선가닥수, 배선내역, 자탐 설치기준		
249	2016.04.17	7	도면	종합	자탐+옥내	배선가닥수, 배선내역, 종합저항 설치목적 등		
250	2021.07.10	7	도면	종합	자탐+옥내	배선가닥수, 배선용도, 수신기 설치기준		
251	2021.04.24	4	도면	종합	자탐+옥내	배선가닥수, 옥내소화전설비 배선용도 명칭		
252	2022.07.24	13	도면	종합	자탐+옥내	배선가닥수, 자탐설치기준		
253	2008.11.02	14	도면	종합	자탐+옥내	배선가닥수, 종단저항설치기준, 전로저항		
254	2009.07.05	1	도면	종합	자탐+준비	배선가닥수, 감지기수량, 계통도 작성		
255	2020.05.24	13	도면	종합	자탐+준비	배선가닥수, 배선내역		
256	2019.11.09	12	도면	종합	자탐+준비	배선가닥수, 배선내역		
257	2016.06.26	14	도면	종합	자탐+준비	배선가닥수, 배선내역		
258	2014.04.20	2	도면	종합	자탐+준비	배선가닥수, 배선내역		
259	2011.07.24	18	도면	종합	자탐+준비	배선가닥수, 배선내역		
260	2014.11.01	15	도면	종합	자탐옥내습식	배선가닥수, 배선내역 전선길이, 부착기기명		

연습문제 풀이 및 해설

01

지상5층의 자동화재탐지설비에서 P형 1급 5회로용 수신기를 1층에 설치한다고 할 때 이 설비의 입상계통도를 그리고 입상전선의 최소 가닥수를 나타내시오(단, 경보방식은 일제경보방식이다).

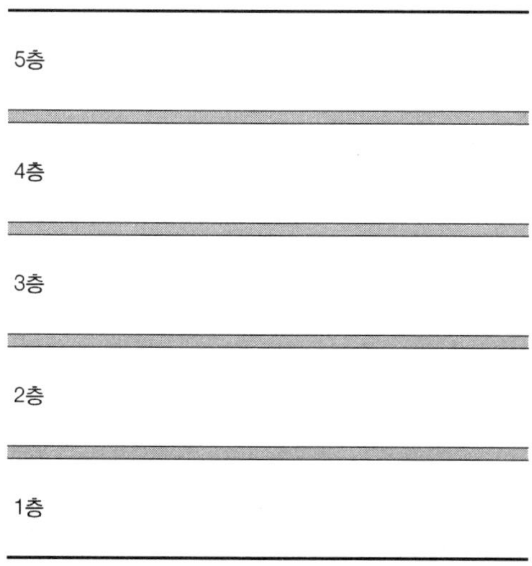

정답

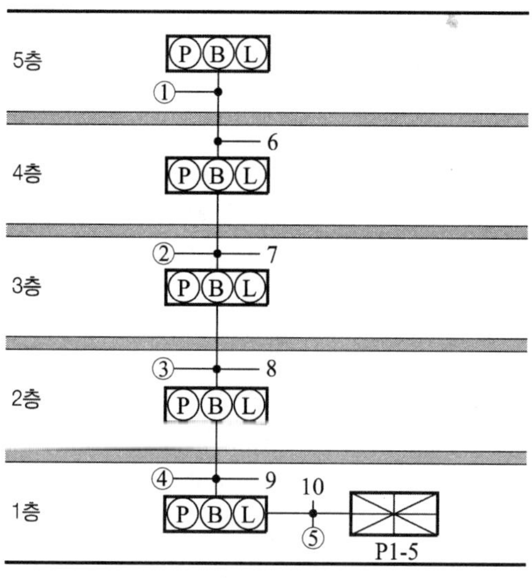

일제경보방식의 가닥수, 배선용도

기호	가닥수	배선용도
①	6	회로선1, 공통선1, 경종선1, 경종표시등공통선1, **~~전화선1~~**, 응답선1, 표시등선1
②	7	회로선2, 공통선1, 경종선1, 경종표시등공통선1, **~~전화선1~~**, 응답선1, 표시등선1
③	8	회로선3, 공통선1, 경종선1, 경종표시등공통선1, **~~전화선1~~**, 응답선1, 표시등선1
④	9	회로선4, 공통선1, 경종선1, 경종표시등공통선1, **~~전화선1~~**, 응답선1, 표시등선1
⑤	10	회로선5, 공통선1, 경종선1, 경종표시등공통선1, **~~전화선1~~**, 응답선1, 표시등선1

※ 각 층 배선 상에 유효한 조치(단락보호장치 설치)를 하였음.

Solution

① **자동화재탐지설비**의 **도면문제**에서는 경종선의 가닥수 때문에 반드시 **각 층 배선상에 유효한 조치(단락보호장치 설치)** 유무와 함께 소방대상물이 **우선경보방식**인지 **일제경보방식**인지를 **먼저 구분**해야 한다.

② 일제경보방식에서 배선가닥수가 늘어날 수 있는 경우는 회로선과 (회로)공통선 뿐이다.

③ 회로선은 **종단저항수** or **경계구역번호수** or **발신기세트수**로 선정한다.

④ (회로)공통선은 조건이 없으면 **7회로마다 1회로 추가(회로선/7＝결과치 절상)** 한다.

⑤ 경종선은 **일제경보방식**이므로 **1가닥**으로 산정한다.

⑥ 경종표시등공통선은 아무런 조건이 없으므로 1가닥으로 산정한다.

⑦ 예를 들어 기호 **⑤번** 배선용도를 살펴보면 회로선은 발신기세트 개수가 5개 이므로 5가닥이 되고, (회로)공통선은 주어진 조건이 없으므로 [(회로선 5)/7＝0.7(절상) → 1개] 1가닥이 되며, 경종선, 경종표시등공통선, 응답선, 표시등선도 각각 1개씩으로 전체가닥수는 **10가닥**이 된다.

caution

① <u>4층 이상의 특정소방대상물에는 발신기와 전화통화가 가능한 수신기를 설치할 것(NFSC 제5조제1항제2호 삭제)</u>이란 문구가 삭제됨에 따라 자동화재탐지설비 배선내역은 **전화선이 삭제되어** 기본 가닥수 7가닥에서 **6가닥**(회로선, 회로공통선, 경종선, 경종표시등공통선, 응답선, 표시등선)으로 변경되었다(2022.5.9. 개정).

② 본 서(書)에서는 독자 여러분께 알림으로 장 서두에 '각 층 배선 상에 유효한 조치(단락보호장치 설치)를 하고 경종표시등공통선을 1회로 사용하며 최소 가닥수 기준을 적용한 것을 기본으로 하여 산정한다'고 언급을 해서 생략해도 되지만 실제 답안 작성 시의 예를 들기 위해 Solution 부분에 **각 층 배선상에 유효한 조치(단락보호장치 설치)를 하였음을 언급**해주었다.

02

자동화재탐지설비에 대한 다음 각 물음에 답하시오.

1) 지하1층, 지상3층이고 연면적이 2,800m^{2}인 특정소방대상물에 P형 5회로 수신기와 수동발신기, 경종, 표시등의 결선도를 완성하시오.

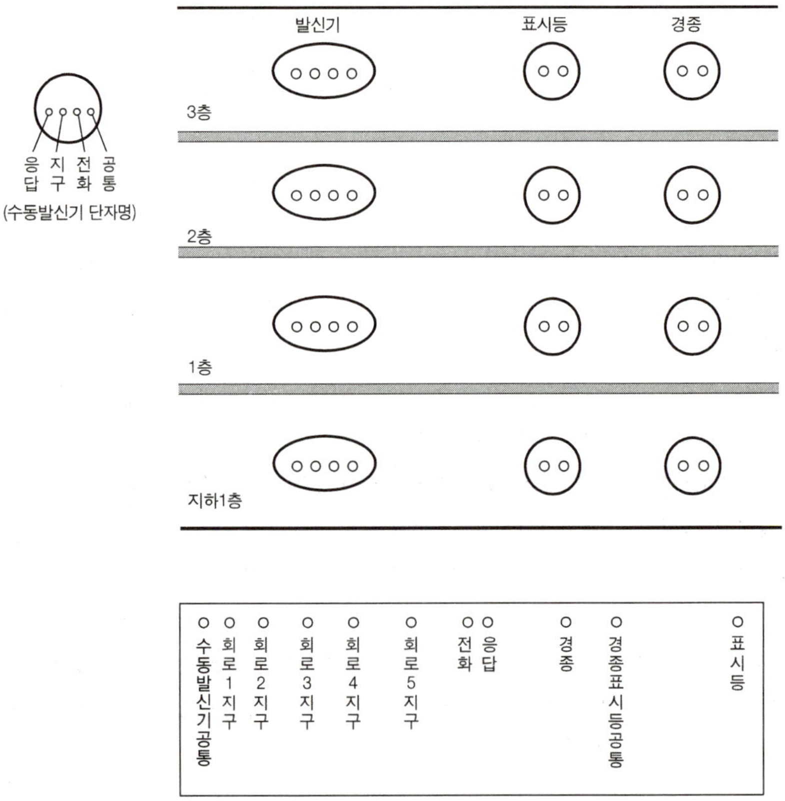

2) 종단저항은 어느 선과 어느 선 사이에 연결하여야 되는지 쓰시오.
3) 발신기 함의 상부에 설치하는 표시등의 색깔은 무엇인가?
4) 발신기 표시등의 점멸상태는 어떻게 되어야 하는지 그 상태를 쓰시오.
5) 발신기 표시등은 그 불빛의 부착면으로부터 몇 도 이상의 범위 안에서 몇 m의 거리에서 식별할 수 있어야 하는가?

정답

1) 일제경보방식(=일제명동방식) 결선도 : 그림 1
2) 지구선과 지구공통선(수동발신기공통선) 3) 적색
4) 항상 점등 5) 15° 이상의 범위 안에서 10m 거리에서 식별

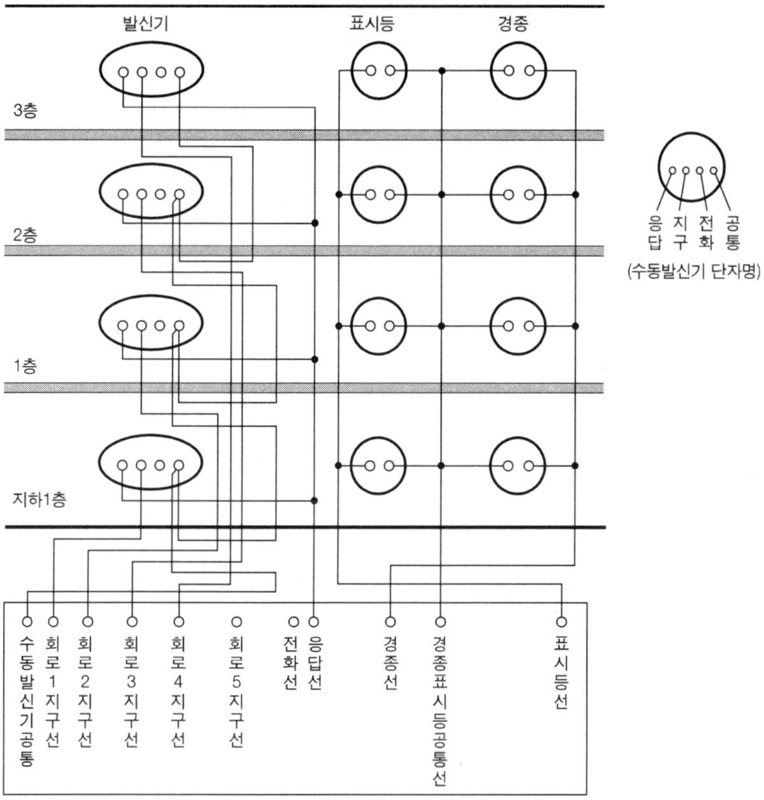

그림 1. 일제경보방식(=일제명동방식) 결선도

Solution

1) 지하 1층, 지상 3층이고 연면적이 2,800m²로 이 특정소방대상물은 우선경보방식의 조건을 만족하지 않으므로 **일제경보방식**으로 배선해야 한다.
2) 종단저항은 **회로선(=지구선)**과 **회로공통선(=지구공통선, 수동발신기공통선)** 사이에 연결한다.

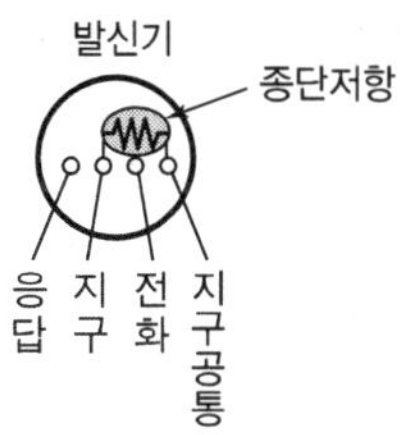

3)~5) **발신기 표시등의 설치기준**

① **조작이 쉬운 장소**에 설치

② 소방대상물의 **층**마다 설치하되, 발신기까지의 **수평거리**는 **25m 이하**. 다만 보행거리가 40m 이상일 경우 추가 설치

③ **스위치**는 바닥으로부터 **0.8m 이상 1.5m 이하** 높이에 설치

④ **표시등**은 함의 상부에 설치하되, 그 불빛은 부착면으로부터 **15° 이상**의 범위 안에서

10m 이내의 어느 곳에서도 쉽게 식별할 수 있는 **적색등**일 것

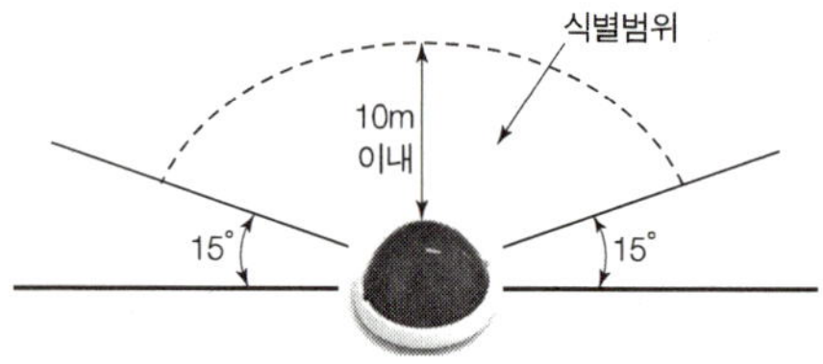

[발신기 표시등의 식별범위]

caution

① 결선 시 **회로 공통선(=지구 공통선)**을 특히 주의해서 결선해야 한다. 회로 공통선은 **송배선방식**이므로 회로 공통선이 발신기 단자로 **들어갔다가 다시 나오도록 배선**해야 한다.

② **우선경보방식**의 **결선** 예

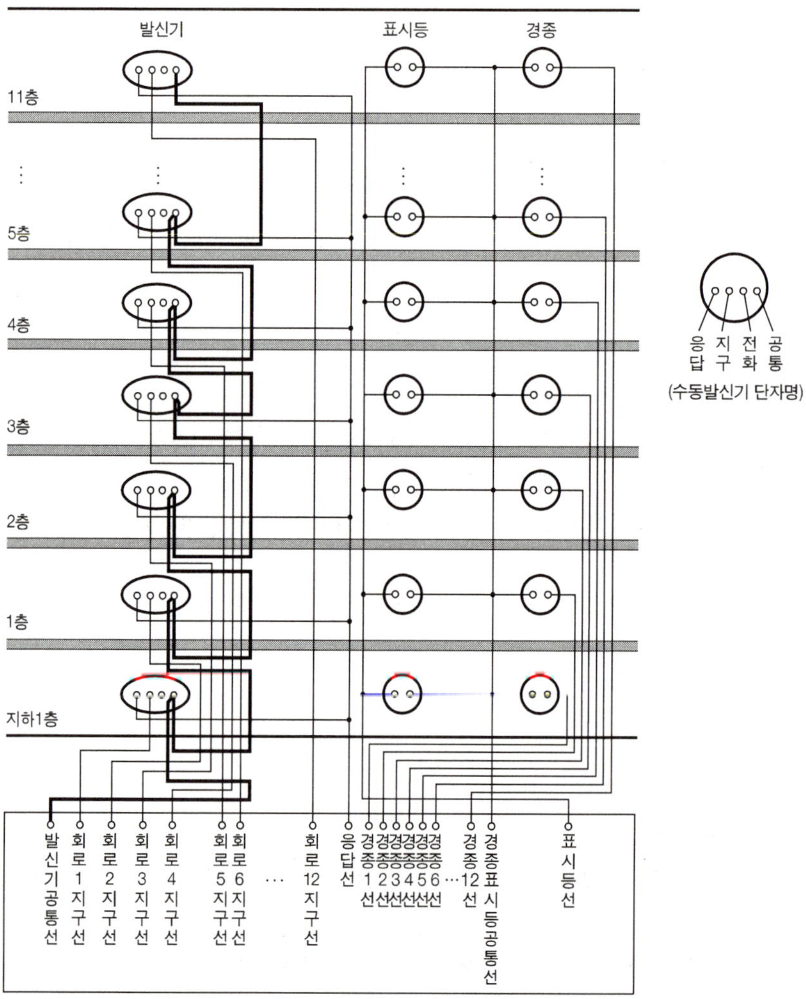

① 일제경보방식과 우선경보방식의 차이점은 단지 **경종선**의 결선방식이 달라진다.

② 선이 '**접속**'과 '교차'에 대해서 주의하고 접속되는 부분에는 반드시 **점(•)**을 찍는다.

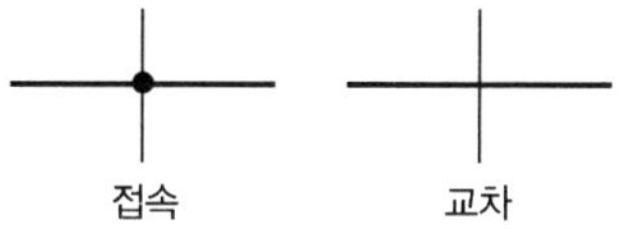

3) **표시등**과 **발신기표시등**의 **식별**

구 분	표시등	발신기 표시등
설 비	옥내, 옥외소화전설비, 연결송수관설비	자동화재탐지설비, 비상경보설비, 스프링클러, 미분무, 포소화설비
식별 범위	부착면과 **15° 이하**의 각도로도 발산되어야 하며 주위의 밝기가 **0 lx**인 장소에서 측정하여 **10m** 떨어진 위치에서 켜진 등이 확실히 식별 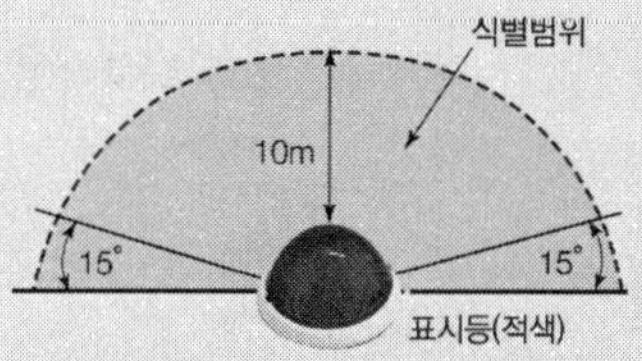	부착면으로부터 **15° 이상**의 범위 안에서 **10m 이내**의 거리에서 식별 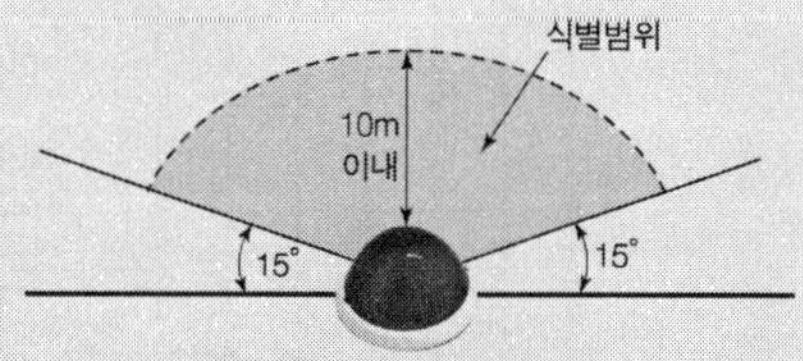

03

P형 1급 수신기의 1경계구역에 대한 결선도를 완성하시오.

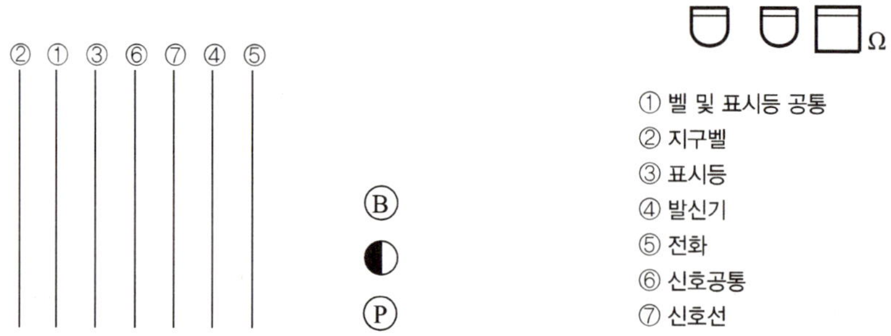

(B) : 벨 ◐ : 표시등 (P) : P-1 발신기 ⊓ : 감지기 □Ω : 종단저항

정답

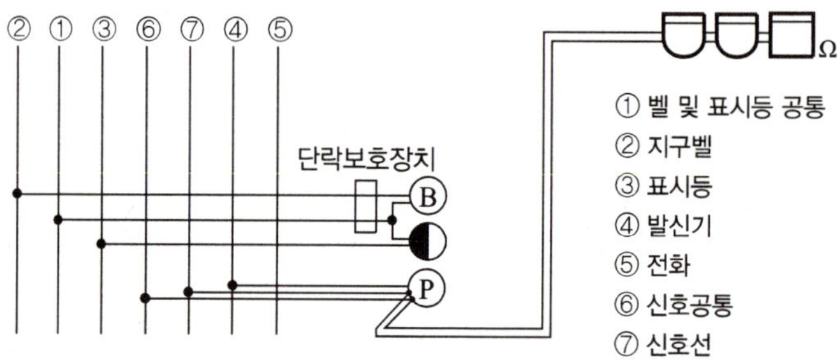

Solution

P형 1급 수신기와 발신기 세트와의 배선1

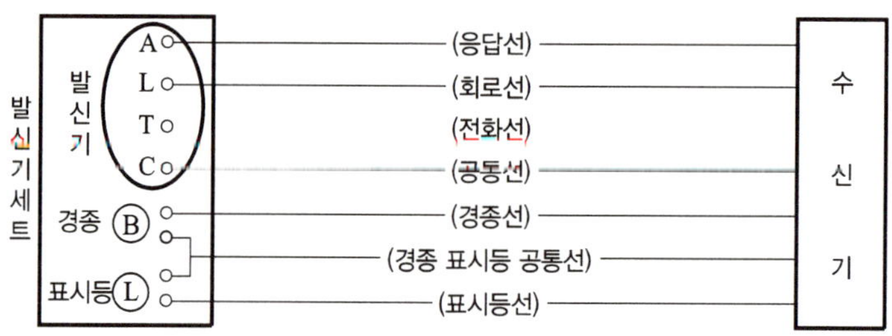

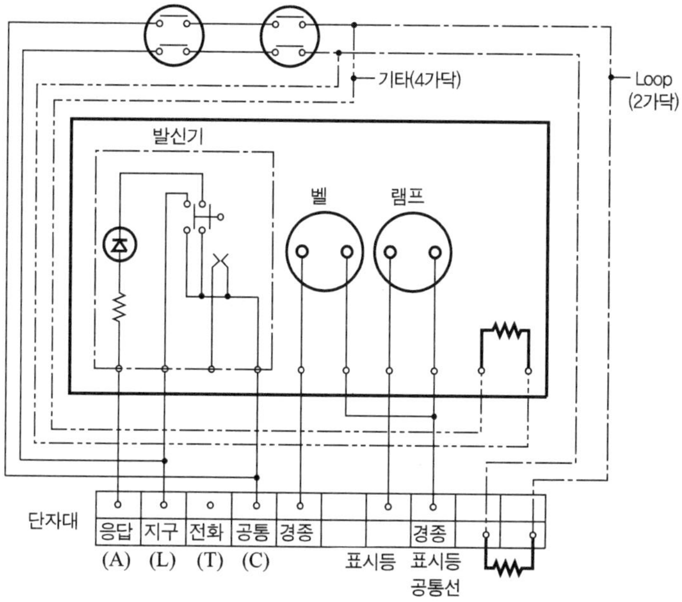

[발신기 세트 결선도]

04

다음은 자동화재탐지설비 계통도의 일부분이다. ①~④까지의 최소 가닥수를 산정하고 배선 용도를 구하시오.

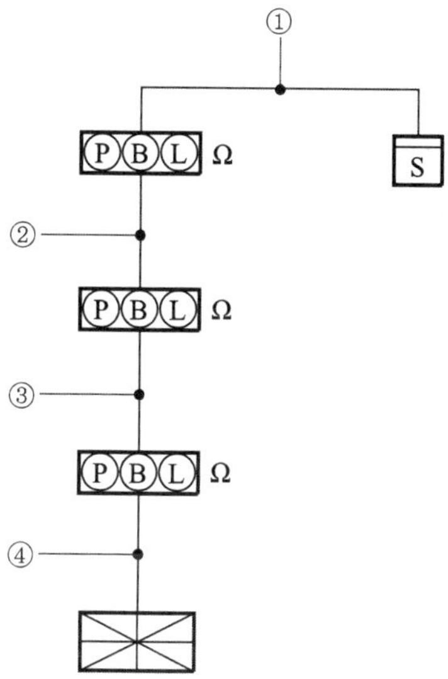

정답

기호	가닥수	배선용도
①	4	지구선2, 공통선2
②	6	회로선1, 공통선1, 경종선1, 경종표시등공통선1, 응답선1, 표시등선1
③	7	회로선2, 공통선1, 경종선1, 경종표시등공통선1, 응답선1, 표시등선1
④	8	회로선3, 공통선1, 경종선1, 경종표시등공통선1, 응답선1, 표시등선1

※ 각 층 배선 상에 유효한 조치(단락보호장치 설치)를 하였음.

Solution

기호	가닥수	배선내역	배선용도
①	4	16C (HFIX1.5-4)	지구선2, 공통선2
②	6	22C (HFIX2.5-6)	회로선1, 공통선1, 경종선1, 경종표시등공통선1, 응답선1, 표시등선1
③	7	28C (HFIX2.5-7)	회로선2, 공통선1, 경종선1, 경종표시등공통선1, 응답선1, 표시등선1
④	8	28C (HFIX2.5-8)	회로선3, 공통선1, 경종선1, 경종표시등공통선1, 응답선1, 표시등선1

① 자동화재탐지설비의 **감지기 배선**은 송배선방식으로 **Loop인 경우** 지구선 1가닥, 공통선 1가닥으로 전체 **2가닥**이 되며, **Loop가 아닌 경우** 지구선 2가닥, 공통선 2가닥이 되어 전체 **4가닥**이 된다.

② 기호 ①번에서의 감지기 배선은 **종단저항(Ω)**이 **발신기세트 옆**(ⓅⒷⓁ Ω)에 있어 Loop가 아닌 경우로 지구선 2가닥, 공통선 2가닥이 되어 전체 **4가닥**이 된다.

caution

만약, 기호 ①번에서 종단저항(Ω)이 발신기세트함 옆(ⓅⒷⓁ Ω)이 아닌 **감지기 옆**(S Ω)에 있다면, 기호 ①번 가닥수는 Loop형태가 되어 지구선1, 공통선1, 전체 **2가닥**이 된다.

05

다음은 자동화재탐지설비 계통도의 일부분이다. 조건을 참조하여 ①~③까지의 최소 가닥수를 산정하고 배선용도를 구하시오.

[조건]

① 종단저항은 기기수용상자 내에 설치한다.

② P, B, L은 각각 별도 공통선을 취한다.

③ 유효한 조치(단락보호장치 설치)를 하지 않았다.

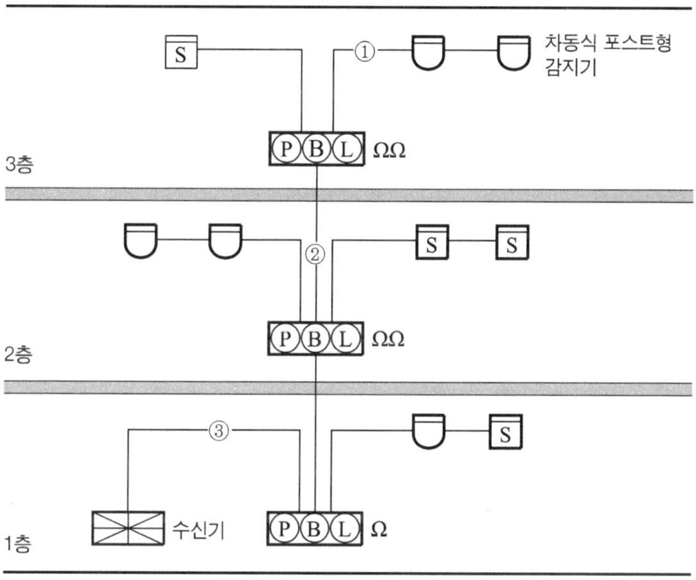

정답

기호	가닥수	배선용도
①	4	지구선2, 공통선2
②	8	회로선2, 공통선1, **경종선1**, **경종공통선1**, 응답선1, **표시등선1**, **표시등공통선1**
		회로선2, 공통선1, **경종선2**, 응답선1, **표시등선2**
③	15	회로선5, 공통선1, **경종선3**, **경종공통선3**, 응답선1, **표시등선1**, **표시등공통선1**
		회로선5, 공통선1, **경종선6**, 응답선1, **표시등선2**

Solution

기호	가닥수	배선내역	배선용도
①	4	16C (HFIX1.5-4)	지구선2, 공통선2
②	8	28C (HFIX2.5-8)	회로선2, 공통선1, **경종선2**, 응답선1, **표시등선2**
③	15	36C (HFIX2.5-15)	회로선5, 공통선1, **경종선6**, 응답선1, **표시등선2**

① 기호 ①번에서의 감지기 배선은 **종단저항(Ω)**이 **발신기세트 옆**(ⓅⒷⓁΩΩ)에 있어 Loop가 아닌 경우로 지구선 2가닥, 공통선 2가닥이 되어 전체 **4가닥**이 된다.

② 회로선은 종단저항수 or 경계구역번호수 or 발신기세트 개수로 선정하는데 도면에 이들이 동시에 표시되어 있는 경우 **종단저항수 > 경계구역번호수 > 발신기세트수** 순서로 찾는다.

③ 기호 **②번**에서 회로선은 종단저항이 2개이므로 2가닥, 공통선은 주어진 조건이 없으므로 [(회로선 2)/7 = 0.28(절상) → 1개] 1가닥, 경종선과 표시등선은 조건에 따라 2가닥, 응답선은 1가닥으로 전체 가닥수는 **8가닥**이 된다.

caution

① 자동화재탐지설비의 배선가닥수를 최소화하기 위해 일반적으로 경종선과 표시등은 경종표시등공통선으로 공통선을 묶어서 관리하는데 조건에서 'P, B, L은 각각 별도의 공통선을 취한다.'라고 하였으므로, 기호 ②번 1번째 칸에서처럼 경종표시등공통선은 배선용도에서 빠지고 대신 경종공통선 1가닥, 표시등공통선 1가닥이 된다. 만약, 기호 ②번의 2번째 칸에서처럼 경종공통선, 표시등공통선이란 용어를 사용하지 않는다면 경종선과 경종공통선을 묶어서 경종선 2가닥, 표시등선과 표시등공통선을 묶어서 표시등선 2가닥으로 사용할 수 있다.

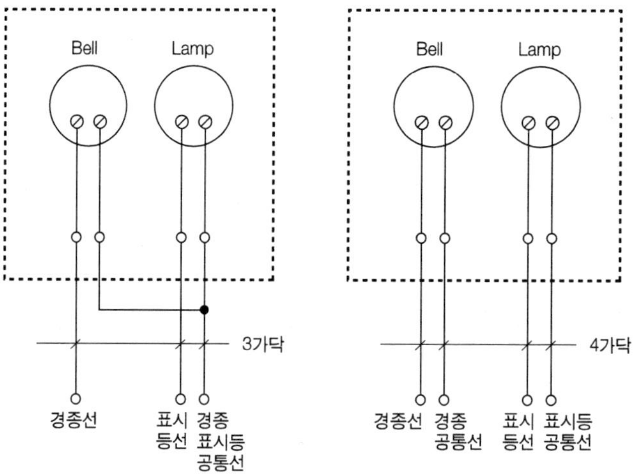

〈일반적인 배선〉 〈조건에 따른 배선〉

② <u>화재로 인하여 하나의 층의 지구음향장치 또는 배선이 단락되어도 다른 층의 화재통보에 지장이 없도록 각 층 배선 상에 유효한 조치를 할 것</u>(NFSC 제5조제3항제9호 신설)이란 문구가 신설됨에 따라 **유효한 조치(단락보호장치 설치)를 하지 않은 경우 경종선과 경종공통선은 층수가 증가함에 따라 1가닥씩 증가**해주어야 한다. **표시등선**과 **표시등공통선**은 다른 층의 화재통보와는 무관하므로 **각각 1가닥**으로 산정하면 된다.

06

다음은 자동화재탐지설비 계통도의 일부분이다. 조건을 참조하여 ①~⑦까지의 최소 가닥수를 산정하고 배선용도를 구하시오.

[조건]

- 7경계구역이 넘을시 발신기공통선 및 경종표시공통선 1선씩 추가한다.

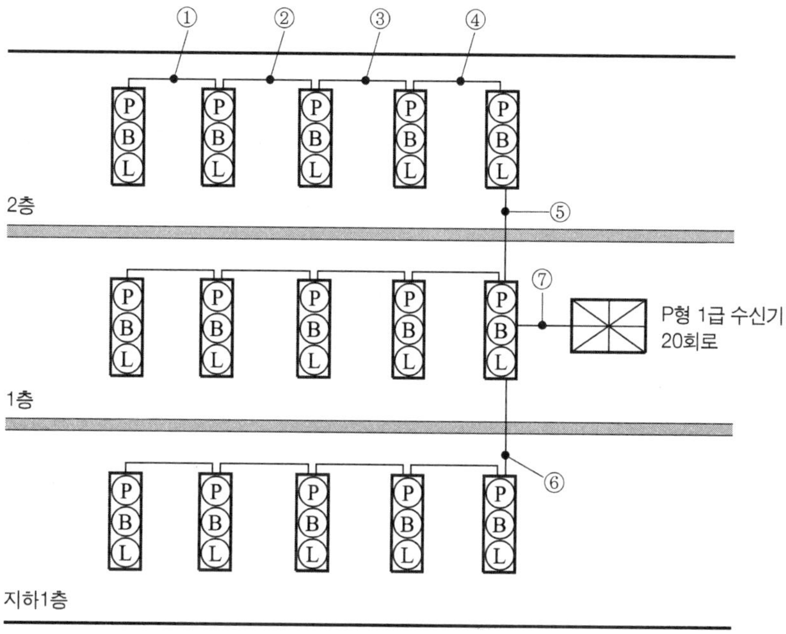

정답

기호	가닥수	배선용도
①	6	회로선1, 공통선1, 경종선1, 경종표시등공통선1, 응답선1, 표시등선1
②	7	회로선2, 공통선1, 경종선1, 경종표시등공통선1, 응답선1, 표시등선1
③	8	회로선3, 공통선1, 경종선1, 경종표시등공통선1, 응답선1, 표시등선1
④	9	회로선4, 공통선1, 경종선1, 경종표시등공통선1, 응답선1, 표시등선1
⑤	10	회로선5, 공통선1, 경종선1, 경종표시등공통선1, 응답선1, 표시등선1
⑥	10	회로선5, 공통선1, 경종선1, 경종표시등공통선1, 응답선1, 표시등선1
⑦	24	회로선15, **공통선3**, 경종선1, **경종표시등공통선3**, 응답선1, 표시등선1

※ 각 층 배선 상에 유효한 조치(단락보호장치 설치)를 하였음.

Solution

기호	가닥수	배선내역	배선용도
①	6	22C (HFIX2.5-6)	회로선1, 공통선1, 경종선1, 경종표시등공통선1, 응답선1, 표시등선1
②	7	28C (HFIX2.5-7)	회로선2, 공통선1, 경종선1, 경종표시등공통선1, 응답선1, 표시등선1
③	8	28C (HFIX2.5-8)	회로선3, 공통선1, 경종선1, 경종표시등공통선1, 응답선1, 표시등선1
④	9	28C (HFIX2.5-9)	회로선4, 공통선1, 경종선1, 경종표시등공통선1, 응답선1, 표시등선1
⑤	10	28C (HFIX2.5-10)	회로선5, 공통선1, 경종선1, 경종표시등공통선1, 응답선1, 표시등선1
⑥	10	28C (HFIX2.5-10)	회로선5, 공통선1, 경종선1, 경종표시등공통선1, 응답선1, 표시등선1
⑦	24	42C (HFIX2.5-24)	회로선15, **공통선3**, 경종선1, **경종표시등공통선3**, 응답선1, 표시등선1

※ 각 층 배선 상에 유효한 조치(단락보호장치 설치)를 하였음.

① 기호 **①번**에서 회로선은 발신기세트 개수가 1개이므로 1가닥, 공통선과 경종표시등공통선은 7경계구역이 넘을시 1가닥이 추가 되므로 주어진 조건에 따라 [(회로선 1)/7 = 0.14(절상) → 1개] 각각 1가닥, 경종선, 응답선, 표시등선은 각각 1가닥으로 전체 가닥수는 **6가닥**이 된다.

② 기호 **⑤, ⑥번**에서 회로선은 발신기세트 개수가 5개이므로 5가닥, 공통선과 경종표시등공통선은 7경계구역이 넘을시 1가닥이 추가 되므로 주어진 조건에 따라 [(회로선 5)/7 = 0.71(절상) → 1개] 각각 1가닥, 경종선, 응답선, 표시등선은 각각 1가닥으로 전체 가닥수는 **10가닥**이 된다.

③ 기호 **⑦번**에서 회로선은 발신기세트수가 15개이므로 15가닥, **공통선과 경종표시등공통선은 7경계구역이 넘을시 1가닥이 추가 되므로 주어진 조건에 따라 [(회로선 15)/7 = 2.14(절상) → 3개] 각각 3가닥**, 경종선, 응답선, 표시등선은 각각 1가닥으로 전체 가닥수는 **24가닥**이 된다.

caution

일제경보방식에서 경종표시등공통선은 기본 1가닥이나 조건에서 7경계구역이 넘을시 발신기공통선 및 경종표시등공통선이 1선씩 추가되므로 기호 ⑦번 배선용도에서 경종표시등공통선은 (회로선 15)/7 = 2.14(절상) → 3가닥이 된다. **경종표시등공통선이라고 해서 (경종선 1)/7 = 0.14(절상) → 1가닥으로 해서는 안 된다.**

07

다음은 자동화재탐지설비 계통도의 일부분이다. 조건을 참조하여 ①~⑥까지의 최소 가닥수를 산정하고 배선용도를 구하시오.

[조건]

• 계단에 설치되는 연기감지기는 별개의 회로로 구성한다.

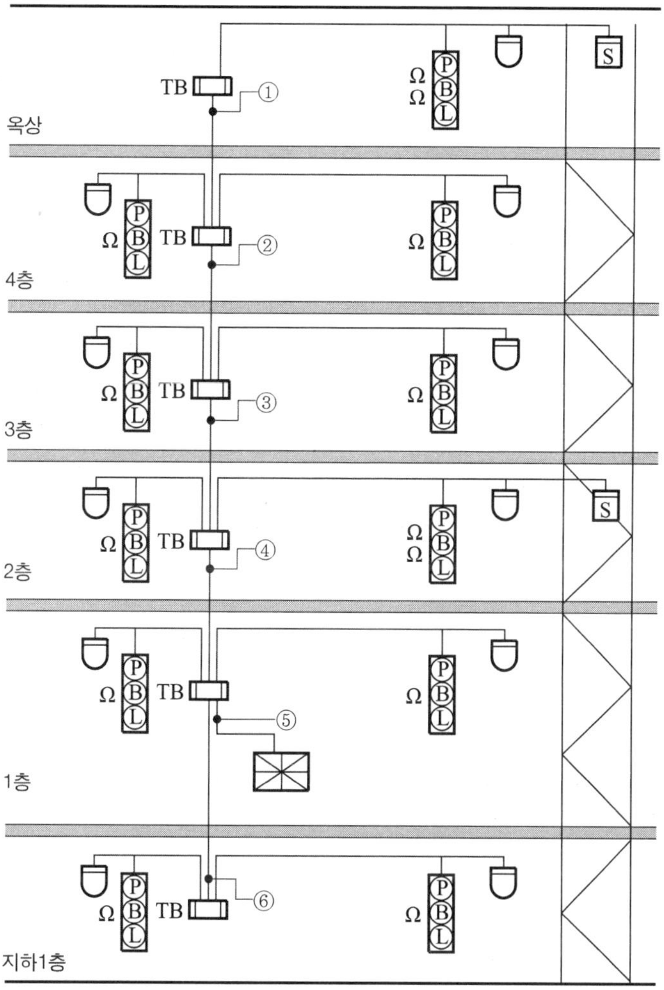

정답

기호	가닥수	배선용도
①	7	회로선2, 공통선1, 경종선1, 경종표시등공통선1, 전화선1, 응답선1, 표시등선1
②	9	회로선4, 공통선1, 경종선1, 경종표시등공통선1, 전화선1, 응답선1, 표시등선1
③	11	회로선6, 공통선1, 경종선1, 경종표시등공통선1, 전화선1, 응답선1, 표시등선1
④	15	회로선9, **공통선2**, 경종선1, 경종표시등공통선1, 전화선1, 응답선1, 표시등선1
⑤	19	회로선13, 공통선2, 경종선1, 경종표시등공통선1, 전화선1, 응답선1, 표시등선1
⑥	7	회로선2, 공통선1, 경종선1, 경종표시등공통선1, 전화선1, 응답선1, 표시등선1

※ 각 층 배선 상에 유효한 조치(단락보호장치 설치)를 하였음.

Solution

기호	가닥수	배선내역	배선용도
①	7	22C (HFIX2.5-7)	회로선2, 공통선1, 경종선1, 경종표시등공통선1, 응답선1, 표시등선1
②	9	28C (HFIX2.5-9)	회로선4, 공통선1, 경종선1, 경종표시등공통선1, 응답선1, 표시등선1
③	11	28C (HFIX2.5-11)	회로선6, 공통선1, 경종선1, 경종표시등공통선1, 응답선1, 표시등선1
④	15	36C (HFIX2.5-15)	회로선9, **공통선2**, 경종선1, 경종표시등공통선1, 응답선1, 표시등선1
⑤	19	36C (HFIX2.5-19)	회로선13, 공통선2, 경종선1, 경종표시등공통선1, 응답선1, 표시등선1
⑥	7	22C (HFIX2.5-7)	회로선2, 공통선1, 경종선1, 경종표시등공통선1, 응답선1, 표시등선1

※ 각 층 배선 상에 유효한 조치(단락보호장치 설치)를 하였음.

① 회로선은 종단저항수 or 경계구역번호수 or 발신기세트수로 선정하는데 도면에 이들이 동시에 표시되어 있는 경우 **종단저항수 > 경계구역번호수 > 발신기세트수** 순서로 찾는다.
기호 **①번**에서 회로선은 종단저항이나 발신기세트 개수를 세면되는데 종단저항이 발신기세트보다 우선순위가 앞서므로 **종단저항**을 세어야 한다.

② 기호 **①번**에서 종단저항 개수가 2개이므로 2가닥, 공통선은 주어진 조건이 없으므로 [(회로선 2)/7 = 0.28(절상) → 1개] 1가닥, 경종선, 경종표시등공통선, 응답선, 표시등선은 각각 1가닥으로 전체 가닥수는 **7가닥**이 된다.

③ 기호 **④번**에서 종단저항 개수가 9개이므로 9가닥, 공통선은 주어진 조건이 없으므로 [(회로선 9)/7 = 1.28(절상) → 2개] 2가닥, 경종선, 경종표시등공통선, 응답선, 표시등선은 각각 1가닥으로 전체 가닥수는 **15가닥**이 된다.

> **caution**
>
> **(회로)공통선은 조건이 없으면 7회로마다 1선이 추가**되므로 기호 ④번에서 공통선은 (회로선 9)/7 = 1.28(절상) → 2가닥이 된다.

08

다음은 지하1층, 지상11층, 연면적이 10,000m^{2}인 건물에 설치된 자동화재탐지설비의 계통도이다. ①~⑪까지의 최소 가닥수를 산정하고 배선용도를 구하시오.

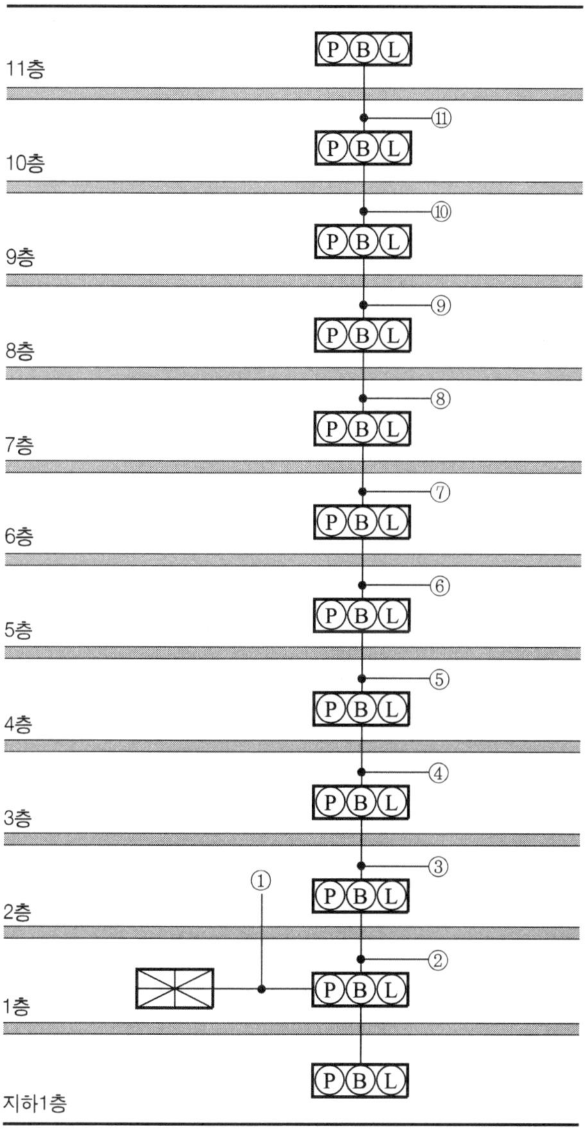

정답

기호	가닥수	배선용도
⑪	6	회로선1, 공통선1, 경종선1, 경종표시등공통선1, 응답선1, 표시등선1
⑩	8	회로선2, 공통선1, **경종선2**, **경종표시등공통선1**, 응답선1, 표시등선1
⑨	10	회로선3, 공통선1, 경종선3, 경종표시등공통선1, 응답선1, 표시등선1
⑧	12	회로선4, 공통선1, 경종선4, 경종표시등공통선1, 응답선1, 표시등선1
⑦	14	회로선5, 공통선1, 경종선5, 경종표시등공통선1, 응답선1, 표시등선1
⑥	16	회로선6, 공통선1, 경종선6, 경종표시등공통선1, 응답선1, 표시등선1
⑤	18	회로선7, 공통선1, 경종선7, 경종표시등공통선1, 응답선1, 표시등선1
④	21	**회로선8**, **공통선2**, 경종선8, 경종표시등공통선1, 응답선1, 표시등선1
③	23	회로선9, 공통선2, 경종선9, 경종표시등공통선1, 응답선1, 표시등선1
②	25	회로선10, 공통선2, 경종선10, 경종표시등공통선1, 응답선1, 표시등선1
①	29	**회로선12, 공통선2, 경종선12, 경종표시등공통선1, 응답선1, 표시등선1**

※ 각 층 배선 상에 유효한 조치(단락보호장치 설치)를 하였음.

Solution

기호	가닥수	배선내역	배선용도
⑪	6	22C (HFIX2.5-6)	회로선1, 공통선1, 경종선1, 경종표시등공통선1, 응답선1, 표시등선1
⑩	8	28C (HFIX2.5-8)	회로선2, 공통선1, **경종선2**, **경종표시등공통선1**, 응답선1, 표시등선1
⑨	10	28C (HFIX2.5-10)	회로선3, 공통선1, 경종선3, 경종표시등공통선1, 응답선1, 표시등선1
⑧	12	28C (HFIX2.5-12)	회로선4, 공통선1, 경종선4, 경종표시등공통선1, 응답선1, 표시등선1
⑦	14	36C (HFIX2.5-14)	회로선5, 공통선1, 경종선5, 경종표시등공통선1, 응답선1, 표시등선1
⑥	16	36C (HFIX2.5-16)	회로선6, 공통선1, 경종선6, 경종표시등공통선1, 응답선1, 표시등선1
⑤	18	36C (HFIX2.5-18)	회로선7, 공통선1, 경종선7, 경종표시등공통선1, 응답선1, 표시등선1
④	21	36C (HFIX2.5-21)	**회로선8**, **공통선2**, 경종선8, 경종표시등공통선1, 응답선1, 표시등선1
③	23	42C (HFIX2.5-23)	회로선9, 공통선2, 경종선9, 경종표시등공통선1, 응답선1, 표시등선1
②	25	42C (HFIX2.5-25)	회로선10, 공통선2, 경종선10, 경종표시등공통선1, 응답선1, 표시등선1
①	29	54C (HFIX2.5-29)	**회로선12, 공통선2, 경종선12, 경종표시등공통선1, 응답선1, 표시등선1**

※ 각 층 배선 상에 유효한 조치(단락보호장치 설치)를 하였음.

caution

① 자동화재탐지설비의 도면문제에서는 경종선과 경종표시등공통선의 가닥수 때문에 유효한 조치(단락보호장치 설치) 여부와 함께 소방대상물이 우선경보방식인지 일제경보방식인지를 먼저 구분해야 한다. 일반적으로 가닥수 산정 시 최소 가닥수를 기준으로 하고, 지상 11층 이상의 특정소방대상물은 우선경보방식을 따르므로 상기 계통도는 유효한 조치(단락보호장치 설치)를 한 최소가닥수 기준의 우선경보방식으로 적용해야 한다.

② 화재로 인하여 하나의 층의 지구음향장치 또는 배선이 단락되어도 다른 층의 화재통보에 지장이 없도록 각 층 배선 상에 유효한 조치를 할 것(NFSC 제5조제3항제9호 신설)이란 문구가 신설됨에 따라 **각 층 배선 상에 유효한 조치(단락보호장치 설치)를 하고 최소 가닥수 기준인 우선경보방식일 경우 경종표시등공통선**은 1가닥으로 산정하고 경종선은 층수가 증가함에 따라 1가닥씩 증가해주어야 한다.

③ ①번 배선용도에서 회로선은 발신기세트 수를 세면 되므로 12가닥, 공통선은 주어진 조건이 없으므로[(회로선12)/7 = 1.71(절상) → 2개] 2가닥, 경종선은 각 층 배선 상에 유효한 조치(단락보호장치 설치)를 한 우선경보방식에서는 층수를 세면 되므로 12가닥, 경종표시등공통선은 유효한 조치(단락보호장치 설치)를 하였으므로 1가닥, 응답선, 표시등선은 각각 1가닥으로 전체 가닥수는 29가닥이 된다.

09

다음은 자동화재탐지설비 계통도의 일부분이다. 조건을 참조하여 ①~⑬까지의 최소 가닥수를 산정하고 배선용도를 구하시오.

[조건]

① 건물의 규모는 지하2층, 지상11층이며 연면적은 11,000m^2인 사무실이다.

② 7경계구역이 넘을 시 발신기공통선 및 경종표시등공통선 1선씩 추가한다.

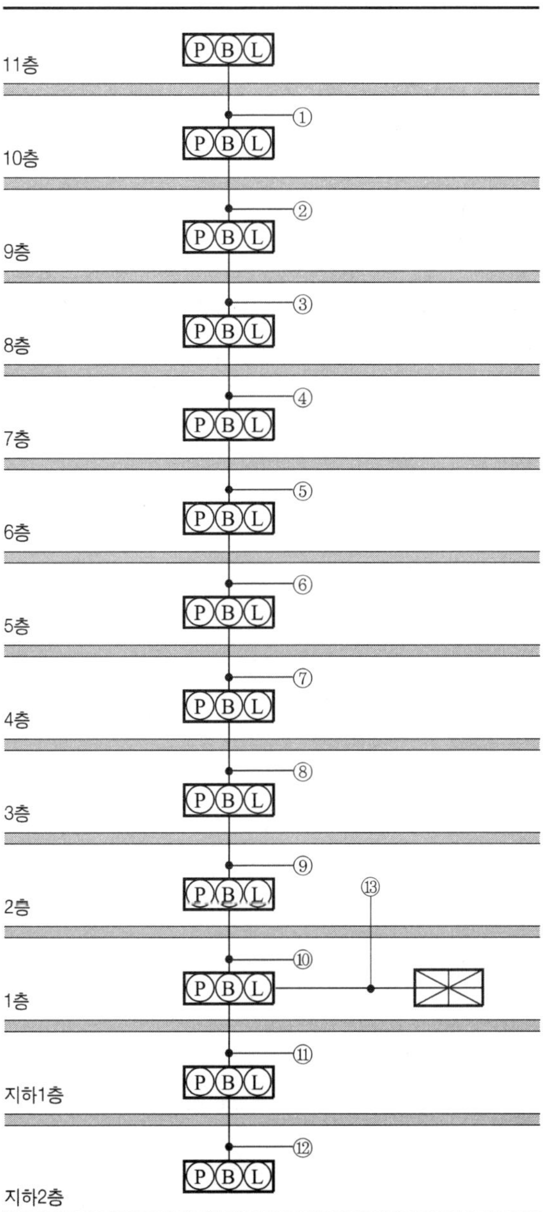

정답

기호	가닥수	배선용도
①	6	회로선1, 공통선1, 경종선1, 경종표시등공통선1, 응답선1, 표시등선1
②	8	회로선2, 공통선1, **경종선2**, **경종표시등공통선1**, 응답선1, 표시등선1
③	10	회로선3, 공통선1, 경종선3, 경종표시등공통선1, 응답선1, 표시등선1
④	12	회로선4, 공통선1, 경종선4, 경종표시등공통선1, 응답선1, 표시등선1
⑤	14	회로선5, 공통선1, 경종선5, 경종표시등공통선1, 응답선1, 표시등선1
⑥	16	회로선6, 공통선1, 경종선6, 경종표시등공통선1, 응답선1, 표시등선1
⑦	18	회로선7, 공통선1, 경종선7, 경종표시등공통선1, 응답선1, 표시등선1
⑧	22	**회로선8**, **공통선2**, **경종선8**, **경종표시등공통선2**, 응답선1, 표시등선1
⑨	24	회로선9, 공통선2, 경종선9, 경종표시등공통선2, 응답선1, 표시등선1
⑩	26	회로선10, 공통선2, 경종선10, 경종표시등공통선2, 응답선1, 표시등선1
⑪	7	회로선2, 공통선1, 경종선1, 경종표시등공통선1, 응답선1, 표시등선1
⑫	6	회로선1, 공통선1, 경종선1, 경종표시등공통선1, 응답선1, 표시등선1
⑬	31	**회로선13**, **공통선2**, **경종선12**, **경종표시등공통선2**, 응답선1, 표시등선1

※ 각 층 배선 상에 유효한 조치(단락보호장치 설치)를 하였음.

Solution

기호	가닥수	배선내역	배선용도
①	6	22C (HFIX2.5-6)	회로선1, 공통선1, 경종선1, 경종표시등공통선1, 응답선1, 표시등선1
②	8	28C (HFIX2.5-8)	회로선2, 공통선1, **경종선2**, **경종표시등공통선1**, 응답선1, 표시등선1
③	10	28C (HFIX2.5-10)	회로선3, 공통선1, 경종선3, 경종표시등공통선1, 응답선1, 표시등선1
④	12	28C (HFIX2.5-12)	회로선4, 공통선1, 경종선4, 경종표시등공통선1, 응답선1, 표시등선1
⑤	14	36C (HFIX2.5-14)	회로선5, 공통선1, 경종선5, 경종표시등공통선1, 응답선1, 표시등선1
⑥	16	36C (HFIX2.5-16)	회로선6, 공통선1, 경종선6, 경종표시등공통선1, 응답선1, 표시등선1
⑦	18	36C (HFIX2.5-18)	회로선7, 공통선1, 경종선7, 경종표시등공통선1, 응답선1, 표시등선1
⑧	22	42C (HFIX2.5-22)	**회로선8**, **공통선2**, **경종선8**, **경종표시등공통선2**, 응답선1, 표시등선1
⑨	24	42C (HFIX2.5-24)	회로선9, 공통선2, 경종선9, 경종표시등공통선2, 응답선1, 표시등선1
⑩	26	42C (HFIX2.5-26)	회로선10, 공통선2, 경종선10, 경종표시등공통선2, 응답선1, 표시등선1
⑪	7	22C (HFIX2.5-7)	회로선2, 공통선1, 경종선1, 경종표시등공통선1, 응답선1, 표시등선1
⑫	6	22C (HFIX2.5-6)	회로선1, 공통선1, 경종선1, 경종표시등공통선1, 응답선1, 표시등선1
⑬	31	54C (HFIX2.5-31)	**회로선13**, **공통선2**, **경종선12**, **경종표시등공통선2**, 응답선1, 표시등선1

※ 각 층 배선 상에 유효한 조치(단락보호장치 설치)를 하였음.

caution

① 자동화재탐지설비의 도면문제에서는 경종선과 경종표시등공통선의 가닥수 때문에 유효한 조치(단락보호장치 설치) 여부와 함께 소방대상물의 경보방식을 먼저 구분해야 한다. 일반적으로 가닥수 산정 시 최소 가닥수를 기준으로 하고, 지상 11층 이상의 특정소방대상물은 우선경보방식을 따르므로 상기 계통도는 각 층 배선 상에 유효한 조치(단락보호장치 설치)를 한 최소 가닥수 기준의 우선경보방식으로 적용한다.

② 화재로 인하여 하나의 층의 지구음향장치 또는 배선이 단락되어도 다른 층의 화재통보에 지장이 없도록 각 층 배선 상에 유효한 조치를 할 것(NFSC 제5조제3항제9호 신설)이란 문구가 신설됨에 따라 **각 층 배선 상에 유효한 조치(단락보호장치 설치)를 하고 최소 가닥수 기준인 우선경보방식일 경우 경종표시등공통선**은 1가닥으로 산정하고 **경종선은 층수가 증가함에 따라 1가닥씩 증가**해주어야 한다. 이때 주의할 사항은 우선경보방식이라도 **지하층은 1가닥으로 산정**한다.

③ ⑬번 배선용도에서 회로선은 발신기세트 수를 세면 되므로 13가닥, 공통선은 주어진 조건이 없으므로[(회로선13)/7 = 1.86(절상) → 2개] 2가닥, 경종선은 각 층 배선 상에 유효한 조치(단락보호장치 설치)를 한 우선경보방식에서는 층수를 세고 지하층은 1가닥으로 산정하므로(지상 11가닥 + 지하 1가닥) 12가닥, 경종표시등공통선은 유효한 조치(단락보호장치 설치)를 하였으므로 1가닥이어야 하지만 조건 ②에서 7경계구역을 넘을 시 경종표시등공통선도 1가닥 추가되므로[(회로선13)/7 = 1.86(절상) → 2개] 2가닥, 응답선, 표시등선은 각각 1가닥으로 전체 가닥수는 31가닥이 된다.

10

다음은 자동화재탐지설비 계통도의 일부분이다. 조건을 참조하여 ①~⑮까지의 최소 가닥수를 산정하고 배선용도를 구하시오.

[조건]

① 지하3층, 지상11층 각 층의 바닥면적은 500m^{2}인 사무실이다.

② 7경계구역이 넘을 시 발신기공통선 및 경종표시등공통선 1선씩 추가한다.

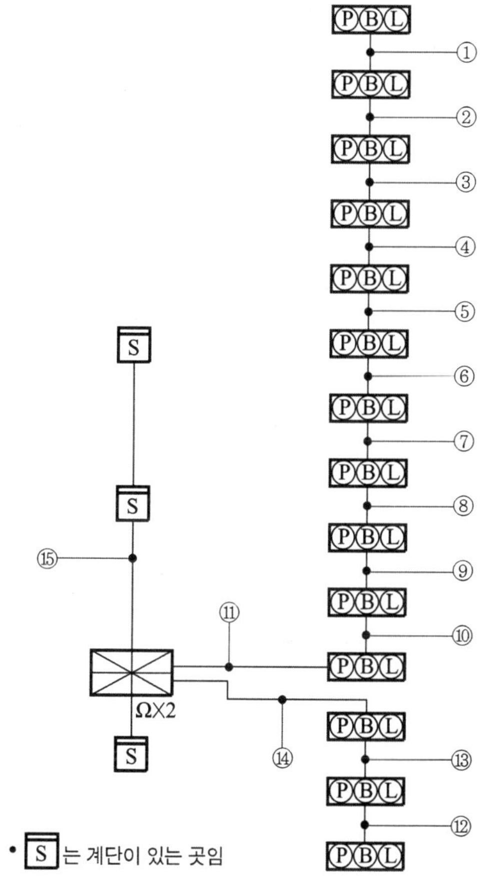

정답

기호	가닥수	배선용도
①	6	회로선1, 공통선1, 경종선1, 경종표시등공통선1, 응답선1, 표시등선1
②	8	회로선2, 공통선1, **경종선2, 경종표시등공통선1**, 응답선1, 표시등선1
③	10	회로선3, 공통선1, 경종선3, 경종표시등공통선1, 응답선1, 표시등선1
④	12	회로선4, 공통선1, 경종선4, 경종표시등공통선1, 응답선1, 표시등선1
⑤	14	회로선5, 공통선1, 경종선5, 경종표시등공통선1, 응답선1, 표시등선1
⑥	16	회로선6, 공통선1, 경종선6, 경종표시등공통선1, 응답선1, 표시등선1
⑦	18	회로선7, 공통선1, 경종선7, 경종표시등공통선1, 응답선1, 표시등선1
⑧	22	**회로선8, 공통선2, 경종선8, 경종표시등공통선2**, 응답선1, 표시등선1
⑨	24	회로선9, 공통선2, 경종선9, 경종표시등공통선2, 응답선1, 표시등선1
⑩	26	회로선10, 공통선2, 경종선10, 경종표시등공통선2, 응답선1, 표시등선1
⑪	28	**회로선11, 공통선2, 경종선11, 경종표시등공통선2, 응답선1, 표시등선1**
⑫	6	회로선1, 공통선1, **경종선1**, 경종표시등공통선1, 응답선1, 표시등선1
⑬	7	회로선2, 공통선1, 경종선1, 경종표시등공통선1, 응답선1, 표시등선1
⑭	8	회로선3, 공통선1, 경종선1, 경종표시등공통선1, 응답선1, 표시등선1
⑮	4	지구선2, 공통선2

※ 각 층 배선 상에 유효한 조치(단락보호장치 설치)를 하였음.

Solution

기호	가닥수	배선내역	배선용도
①	6	22C (HFIX2.5-6)	회로선1, 공통선1, 경종선1, 경종표시등공통선1, 응답선1, 표시등선1
②	8	28C (HFIX2.5-8)	회로선2, 공통선1, **경종선2, 경종표시등공통선1**, 응답선1, 표시등선1
③	10	28C (HFIX2.5-10)	회로선3, 공통선1, 경종선3, 경종표시등공통선1, 응답선1, 표시등선1
④	12	28C (HFIX2.5-12)	회로선4, 공통선1, 경종선4, 경종표시등공통선1, 응답선1, 표시등선1
⑤	14	36C (HFIX2.5-14)	회로선5, 공통선1, 경종선5, 경종표시등공통선1, 응답선1, 표시등선1
⑥	16	36C (HFIX2.5-16)	회로선6, 공통선1, 경종선6, 경종표시등공통선1, 응답선1, 표시등선1
⑦	18	36C (HFIX2.5-18)	회로선7, 공통선1, 경종선7, 경종표시등공통선1, 응답선1, 표시등선1
⑧	22	42C (HFIX2.5-22)	**회로선8, 공통선2, 경종선8, 경종표시등공통선2**, 응답선1, 표시등선1
⑨	24	42C (HFIX2.5-24)	회로선9, 공통선2, 경종선9, 경종표시등공통선2, 응답선1, 표시등선1
⑩	26	42C (HFIX2.5-26)	회로선10, 공통선2, 경종선10, 경종표시등공통선2, 응답선1, 표시등선1
⑪	28	42C (HFIX2.5-28)	**회로선11, 공통선2, 경종선11, 경종표시등공통선2, 응답선1, 표시등선1**
⑫	6	22C (HFIX2.5-6)	회로선1, 공통선1, **경종선1**, 경종표시등공통선1, 응답선1, 표시등선1
⑬	7	22C (HFIX2.5-7)	회로선2, 공통선1, 경종선1, 경종표시등공통선1, 응답선1, 표시등선1
⑭	8	28C (HFIX2.5-8)	회로선3, 공통선1, 경종선1, 경종표시등공통선1, 응답선1, 표시등선1
⑮	4	16C (HFIX1.5-4)	지구선2, 공통선2

※ 각 층 배선 상에 유효한 조치(단락보호장치 설치)를 하였음.

caution

① 일반적으로 가닥수 산정 시 최소 가닥수를 기준으로 하고, 지상 11층 이상의 특정소방대상물은 우선경보방식을 따르므로 상기 계통도는 각 층 배선 상에 유효한 조치(단락보호장치 설치)를 한 최소 가닥수 기준의 우선경보방식으로 적용한다.

② **각 층 배선 상에 유효한 조치(단락보호장치 설치)를 하고 최소 가닥수 기준인 우선경보방식일 경우 경종표시등공통선**은 1가닥으로 산정하고 **경종선**은 **층수가 증가함에 따라 1가닥씩 증가**해주어야 한다. 이때 주의할 사항은 우선경보방식이라도 **지하층은 1가닥으로 산정**한다.

③ 우선경보방식의 설치대상이 변경(2022.5.9.)되면서 면적 조건이 사라지게 됨에 따라 조건 ①의 '바닥면적 500 m^2' 조건은 가닥수 산정 시 배제하면 된다.

④ ⑪번 배선용도에서 회로선은 발신기세트 수를 세면 되므로 11가닥, 공통선은 주어진 조건이 없으므로[(회로선11)/7 = 1.57(절상) → 2개] 2가닥, 경종선은 각 층 배선 상에 유효한 조치(단락보호장치 설치)를 한 우선경보방식에서는 층수를 세면 되므로 11가닥, 경종표시등공통선은 유효한 조치(단락보호장치 설치)를 하였으므로 1가닥이어야 하지만 조건 ②에서 7경계구역을 넘을 시 경종표시등공통선도 1가닥 추가되므로[(회로선11)/7 = 1.57(절상) → 2개] 2가닥, 응답선, 표시등선은 각각 1가닥으로 전체 가닥수는 28가닥이 된다.

11

다음은 자동화재탐지설비 계통도의 일부분이다. 조건을 참조하여 ①~⑥까지의 최소 가닥수를 산정하고 배선용도를 구하시오.

[조건]

① 건물의 연면적은 4,500m^{2}이다.

② 벨과 표시등 공통선은 회로표시선공통선과 별도로 한다.

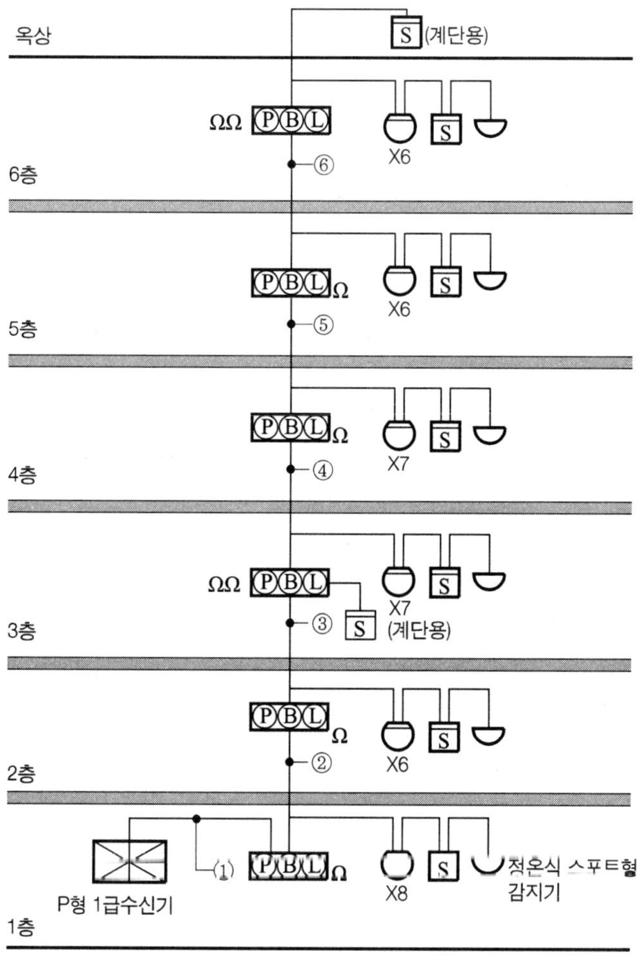

정답

기호	가닥수	배선용도
⑥	7(7)	회로선2, 공통선1, 경종선1, 경종표시등공통선1, 응답선1, 표시등선1
⑤	8(9)	회로선3, 공통선1, **경종선1(2), 경종표시등공통선1**, 응답선1, 표시등선1
④	9(11)	회로선4, 공통선1, 경종선1(3), 경종표시등공통선1, 응답선1, 표시등선1
③	11(14)	회로선6, 공통선1, 경종선1(4), 경종표시등공통선1, 응답선1, 표시등선1
②	12(16)	회로선7, 공통선1, 경종선1(5), 경종표시등공통선1, 응답선1, 표시등선1
①	14(19)	**회로선8, 공통선2, 경종선1(6), 경종표시등공통선1**, 응답선1, 표시등선1

※ 각 층 배선 상에 유효한 조치(단락보호장치 설치)를 하였음.

※ ( ) 최소 가닥수 기준이 아닌 경우이다(수신기에 유효한 조치를 한 경우이다).

Solution

기호	가닥수	배선내역	배선용도
⑥	7	22C (HFIX2.5-7)	회로선2, 공통선1, 경종선1, 경종표시등공통선1, 응답선1, 표시등선1
⑤	8	28C (HFIX2.5-8)	회로선3, 공통선1, 경종선1, 경종표시등공통선1, 응답선1, 표시등선1
④	9	28C (HFIX2.5-9)	회로선4, 공통선1, 경종선1, 경종표시등공통선1, 응답선1, 표시등선1
③	11	28C (HFIX2.5-11)	회로선6, 공통선1, 경종선1, 경종표시등공통선1, 응답선1, 표시등선1
②	12	28C (HFIX2.5-12)	회로선7, 공통선1, 경종선1, 경종표시등공통선1, 응답선1, 표시등선1
①	14	36C (HFIX2.5-14)	**회로선8, 공통선2, 경종선1, 경종표시등공통선1**, 응답선1, 표시등선1

① 자동화재탐지설비의 도면문제에서는 경종선의 가닥수 때문에 반드시 소방대상물이 우선경보방식인지 일제경보방식인지를 먼저 구분해야 한다. 상기 계통도는 **지상 6층, 연면적 4,500m^2**인 소방대상물이므로 **일제경보방식**을 적용해야 한다.

② 기호 **①번**에서 종단저항 개수가 8개이므로 8가닥, (회로)공통선은 조건이 없으므로 [(회로선 8)/7 = 1.14(절상) → 2개] 2가닥, 경종선은 일제경보방식이므로 1가닥이 되며, 경종표시등공통선은 조건이 없으므로 1가닥이 되며, 응답선, 표시등선도 각각 1가닥으로 전체 가닥수는 **14가닥**이 된다.

caution

① 우선경보방식의 설치대상이 변경(2022.5.9.)되면서 면적 조건이 사라지게 됨에 따라 조건 ①의 '건물의 연면적은 4,500m^{2}이다.' 조건은 가닥수 산정 시 배제하면 된다. 따라서, 상기 계통도는 일제경보방식을 적용하면 된다.

② 화재로 인하여 하나의 층의 지구음향장치 또는 배선이 단락되어도 다른 층의 화재통보에 지장이 없도록 각 층 배선 상에 유효한 조치를 할 것(NFSC 제5조제3항제9호 신설)이란 문구가 신설됨에 따라 **각 층 배선 상에 유효한 조치(단락보호장치 설치)를 하고 최소 가닥수 기준인 일제경보방식일 경우 경종표시등공통선**과 **경종선**은 **1가닥으로 산정**한다.

만약, **수신기에 유효한 조치(단락보호장치 설치)를 하고 최소 가닥수 기준이 아닌 일제경보방식일 경우 경종표시등공통선**은 1가닥으로 산정하고 **경종선**은 **층수가 증가함에 따라 1가닥씩 증가**해주어야 한다.

12

다음은 지하 1층, 지상 11층, 연면적이 11,000m^2인 건물에 설치된 자동화재탐지설비 계통도의 일부분이다. 다음 각 물음에 답하시오.

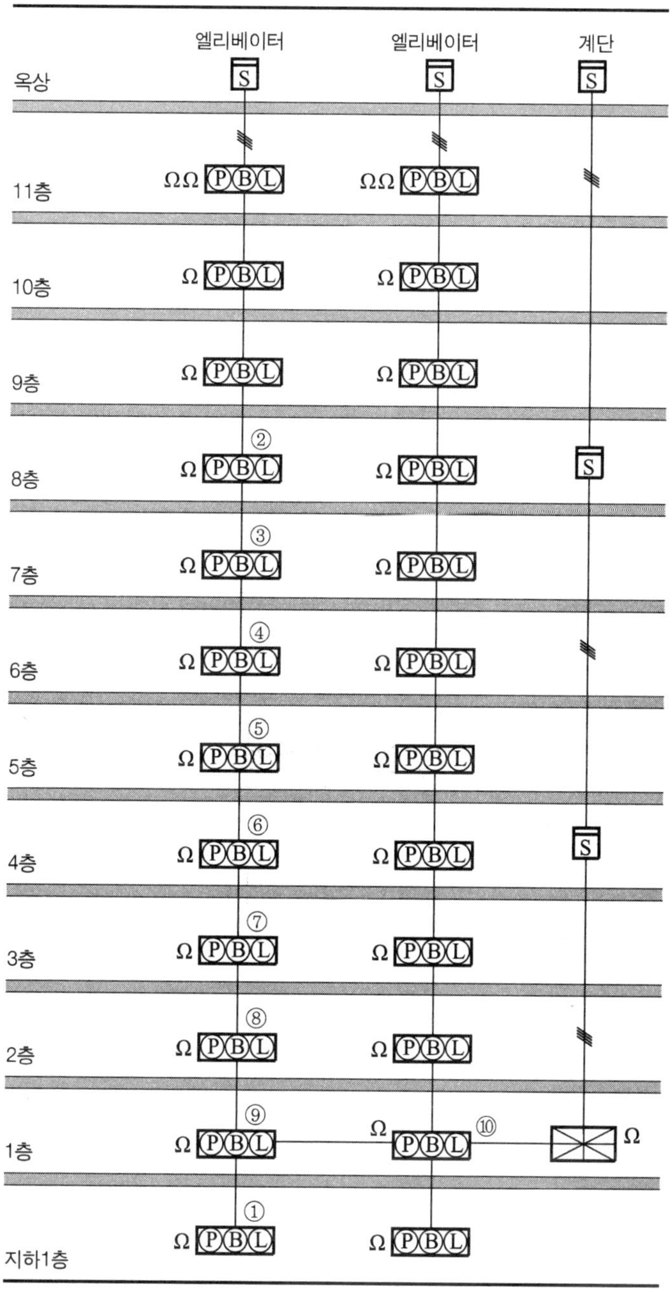

1) 기호 ①~⑩의 최소 전선 가닥수는?
2) 2층과 5층 동시화재시 우선적으로 경보를 발하여야 할 층은?
3) 음향장치는 정격전압의 몇 %에서 음향을 발하여야 하는가?
4) 음향장치의 음량은 부착된 음향경보장치로부터 1m 떨어진 위치에서 몇 dB 이상이 되도록 해야 하는가?

정답

1)

기호	가닥수	배선용도
①	6	회로선1, 공통선1, 경종선1, 경종표시등공통선1, 응답선1, 표시등선1
②	11	회로선4, 공통선1, **경종선3, 경종표시등공통선1**, 응답선1, 표시등선1
③	13	회로선5, 공통선1, 경종선4, 경종표시등공통선1, 응답선1, 표시등선1
④	15	회로선6, 공통선1, 경종선5, 경종표시등공통선1, 응답선1, 표시등선1
⑤	17	회로선7, 공통선1, 경종선6, 경종표시등공통선1, 응답선1, 표시등선1
⑥	20	**회로선8, 공통선2, 경종선7, 경종표시등공통선1**, 응답선1, 표시등선1
⑦	22	회로선9, 공통선2, 경종선8, 경종표시등공통선1, 응답선1, 표시등선1
⑧	24	회로선10, 공통선2, 경종선9, 경종표시등공통선1, 응답선1, 표시등선1
⑨	26	회로선11, 공통선2, 경종선10, 경종표시등공통선1, 응답선1, 표시등선1
⑩	45	**회로선26, 공통선4, 경종선12, 경종표시등공통선1, 응답선1, 표시등선1**

※ 각 층 배선 상에 유효한 조치(단락보호장치 설치)를 하였음.

2) 2층 이상은 발화층, 직상 4개 층 발화이므로 2층, 3층, 4층, 5층, 6층, 7층, 8층, 9층

3) 80%

4) 90dB

Solution

기호	가닥수	배선내역	배선용도
①	6	22C (HFIX2.5-6)	회로선1, 공통선1, 경종선1, 경종표시등공통선1, 응답선1, 표시등선1
②	11	28C (HFIX2.5-11)	회로선4, 공통선1, 경종선3, 경종표시등공통선1, 응답선1, 표시등선1
③	13	36C (HFIX2.5-13)	회로선5, 공통선1, 경종선4, 경종표시등공통선1, 응답선1, 표시등선1
④	15	36C (HFIX2.5-15)	회로선6, 공통선1, 경종선5, 경종표시등공통선1, 응답선1, 표시등선1
⑤	17	36C (HFIX2.5-17)	회로선7, 공통선1, 경종선6, 경종표시등공통선1, 응답선1, 표시등선1
⑥	20	36C (HFIX2.5-20)	회로선8, 공통선1, 경종선7, 경종표시등공통선1, 응답선1, 표시등선1
⑦	22	42C (HFIX2.5-22)	회로선9, 공통선1, 경종선8, 경종표시등공통선1, 응답선1, 표시등선1
⑧	24	42C (HFIX2.5-24)	회로선10, 공통선2, 경종선9, 경종표시등공통선1, 응답선1, 표시등선1
⑨	26	42C (HFIX2.5-26)	회로선11, 공통선2, 경종선10, 경종표시등공통선1, 응답선1, 표시등선1
⑩	45	54C (HFIX2.5-45)	**회로선26, 공통선4, 경종선12**, 경종표시등공통선1, 응답선1, 표시등선1

※ 각 층 배선 상에 유효한 조치(단락보호장치 설치)를 하였음.

1) 배선내역

① 자동화재탐지설비의 도면문제에서는 경종선의 가닥수 때문에 반드시 소방대상물이 우선경보방식인지 일제경보방식인지를 먼저 구분해야 한다. 상기 계통도는 **지하 1층, 지상 11층, 연면적 11,000m²**인 소방대상물이므로 우선경보방식을 적용해야 한다.

② 기호 **⑩번**에서 종단저항 개수가 26개이므로 26가닥, (회로)공통선은 조건이 없으므로 [(회로선 26)/7 = 3.71(절상) → 4개] 4가닥, 경종선은 우선경보방식이므로 층수를 세면 되므로 12가닥이 되며, 경종표시등공통선, 응답선, 표시등선도 각각 1가닥으로 전체 가닥수는 **45가닥**이 된다.

2), 3), 4) **자동화재탐지설비**의 **음향장치 설치기준**
(NFPC 203 제8조제1항, NFTC 203 2.5.1)
[주.지.우.정.감.음]

① 주음향장치는 **수신기 내부 또는 그 직근**에 설치할 것

② 지구음향장치는 **소방대상물의 층**마다 설치하되, 음향장치까지의 **수평거리는 25m 이하**. 다만 비상방송설비를 자동화재탐지설비의 감지기와 연동할 때에는 지구음향장치 생략 가능

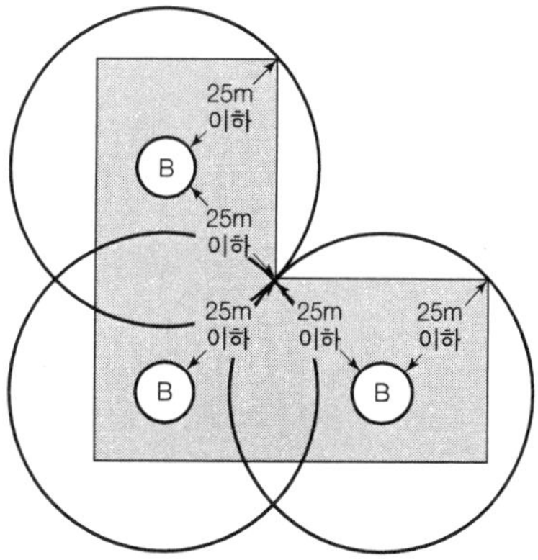

[음향장치 수평거리]

③ **우선경보방식** 적용

㉮ **11층(공동주택 16층) 이상** 특정소방대상물

발화층	경보층
2층 이상	발화층, **직상 4개** 층
1층	발화층, **직상 4개** 층, 지하층
지하층	발화층, 직상층, 기타 지하층

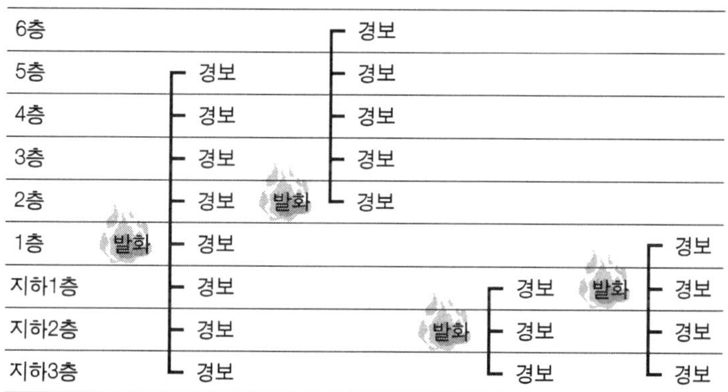

㉯ 고층건축물(30층 이상이거나 높이 120m 이상인 건축물)

발화층	경보층
2층 이상	발화층, 직상 4개 층
1층	발화층, 직상 4개 층, 지하층
지하층	발화층, 직상층, 지하층

④ 정격전압의 **80% 전압**에서 음향을 발할 수 있을 것

⑤ 감지기 및 발신기의 작동과 연동하여 작동할 수 있을 것

⑥ 음량은 음향장치의 중심으로부터 1m 떨어진 위치에서 **90dB 이상**일 것

13

다음은 자동화재탐지설비 계통도의 일부분이다. 조건을 참조하여 ①~⑦까지의 최소 가닥수를 산정하고 배선용도를 구하시오.

[조건] ① 건물의 규모는 지하 3층 지상 11층이며, 연면적은 15,000m^{2}이다.
② 옥내소화전함은 자동기동방식이다.

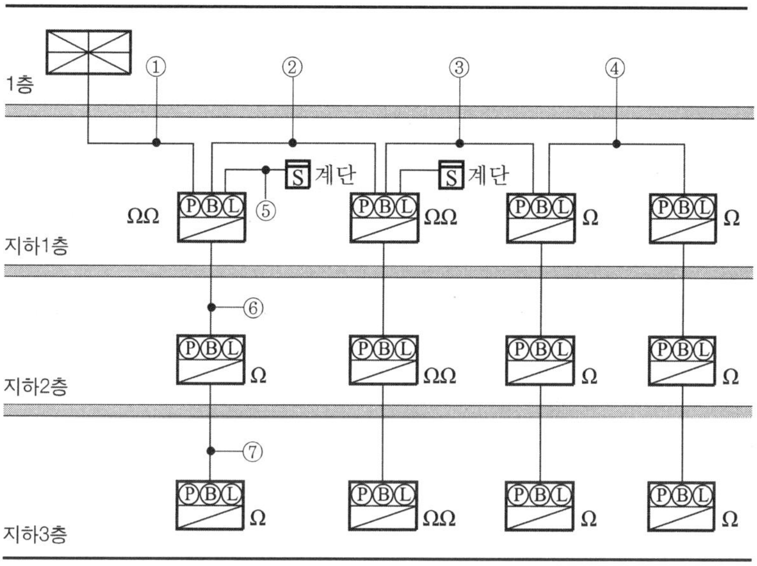

정답

기호	가닥수	배선용도
①	25(28)	**회로선16, 공통선3, 경종선1, 경종표시등공통선1, 응답선1, 표시등선1, 기동확인표시등2, (기동1, 정지1, 공통1)**
②	20(23)	회로선12, 공통선2, 경종선1, 경종표시등공통선1, 응답선1, 표시등선1, 기동확인표시등2, (기동1, 정지1, 공통1)
③	13(16)	회로선6, 공통선1, 경종선1, 경종표시등공통선1, 응답선1, 표시등선1, 기동확인표시등2, (기동1, 정지1, 공통1)
④	10(13)	회로선3, 공통선1, 경종선1, 경종표시등공통선1, 응답선1, 표시등선1, 기동확인표시등2, (기동1, 정지1, 공통1)
⑤	4	지구선2, 공통선2
⑥	9(12)	회로선2, 공통선1, 경종선1, 경종표시등공통선1, 응답선1, 표시등선1, 기동확인표시등2, (기동1, 정지1, 공통1)
⑦	8(11)	회로선1, 공통선1, 경종선1, 경종표시등공통선1, 응답선1, 표시등선1, 기동확인표시등2, (기동1, 정지1, 공통1)

※ 각 층 배선 상에 유효한 조치(단락보호장치 설치)를 하였음.

※ ( ) 옥내소화전설비의 기동방식이 수동방식일 때의 가닥수이다.

Solution

기호	가닥수	배선내역	배선용도
①	25(28)	42C (HFIX2.5-25)	**회로선16, 공통선3, 경종선1, 경종표시등공통선1, 응답선1, 표시등선1, 기동확인표시등2, (기동1, 정지1, 공통1)**
②	20(23)	36C (HFIX2.5-20)	회로선12, 공통선2, 경종선1, 경종표시등공통선1, 응답선1, 표시등선1, 기동확인표시등2, (기동1, 정지1, 공통1)
③	13(16)	36C (HFIX2.5-13)	회로선6, 공통선1, 경종선1, 경종표시등공통선1, 응답선1, 표시등선1, 기동확인표시등2, (기동1, 정지1, 공통1)
④	10(13)	28C (HFIX2.5-10)	회로선3, 공통선1, 경종선1, 경종표시등공통선1, 응답선1, 표시등선1, 기동확인표시등2, (기동1, 정지1, 공통1)
⑤	4	16C (HFIX1.5-4)	지구선2, 공통선2
⑥	9(12)	28C (HFIX2.5-9)	회로선2, 공통선1, 경종선1, 경종표시등공통선1, 응답선1, 표시등선1, 기동확인표시등2, (기동1, 정지1, 공통1)
⑦	8(11)	28C (HFIX2.5-8)	회로선1, 공통선1, 경종선1, 경종표시등공통선1, 응답선1, 표시등선1, 기동확인표시등2, (기동1, 정지1, 공통1)

※ 각 층 배선 상에 유효한 조치(단락보호장치 설치)를 하였음.

※ ( ) 옥내소화전설비의 기동방식이 수동방식일 때의 가닥수이다.

caution

① 일반적으로 가닥수 산정 시 최소 가닥수를 기준으로 하고, 지상 11층 이상의 특정소방대상물은 우선경보방식을 따르므로 상기 계통도는 각 층 배선 상에 유효한 조치(단락보호장치 설치)를 한 최소 가닥수 기준의 우선경보방식으로 적용한다.

② 화재로 인하여 하나의 층의 지구음향장치 또는 배선이 단락되어도 다른 층의 화재통보에 지장이 없도록 각 층 배선 상에 유효한 조치를 할 것(NFSC 제5조제3항제9호 신설)이란 문구가 신설됨에 따라 **각 층 배선 상에 유효한 조치(단락보호장치 설치)를 하고 최소 가닥수 기준인 우선경보방식일 경우 경종표시등공통선**은 1가닥으로 산정하고 **경종선**은 **층수가 증가함에 따라 1가닥씩 증가**해주어야 한다. 이때 주의할 사항은 우선경보방식이라도 **지하층은 1가닥으로 산정**한다.

③ ①번 배선용도에서 회로선은 종단저항 수를 세면 되므로 16가닥, 공통선은 주어진 조건이 없으므로[(회로선16)/7 = 2.285(절상) → 3개] 3가닥, 경종선은 각 층 배선 상에 유효한 조치(단락보호장치 설치)를 한 우선경보방식에서는 층수를 세고 지하층은 1가닥으로 산정하므로(**지하 1가닥**) 1가닥, 경종표시등공통선은 유효한 조치(단락보호장치 설치)를 하였으므로 1가닥, 응답선, 표시등선은 각각 1가닥으로 전체 가닥수는 25가닥이 된다.

14

다음은 자동화재탐지설비 계통도이다. 조건을 보고 ㉠~㉥까지의 최소 가닥수를 산정하시오.

[조건]

① 각 층의 바닥면적은 500m^{2}이다.

② 종단저항은 감지기 말단에 설치한 것으로 한다.

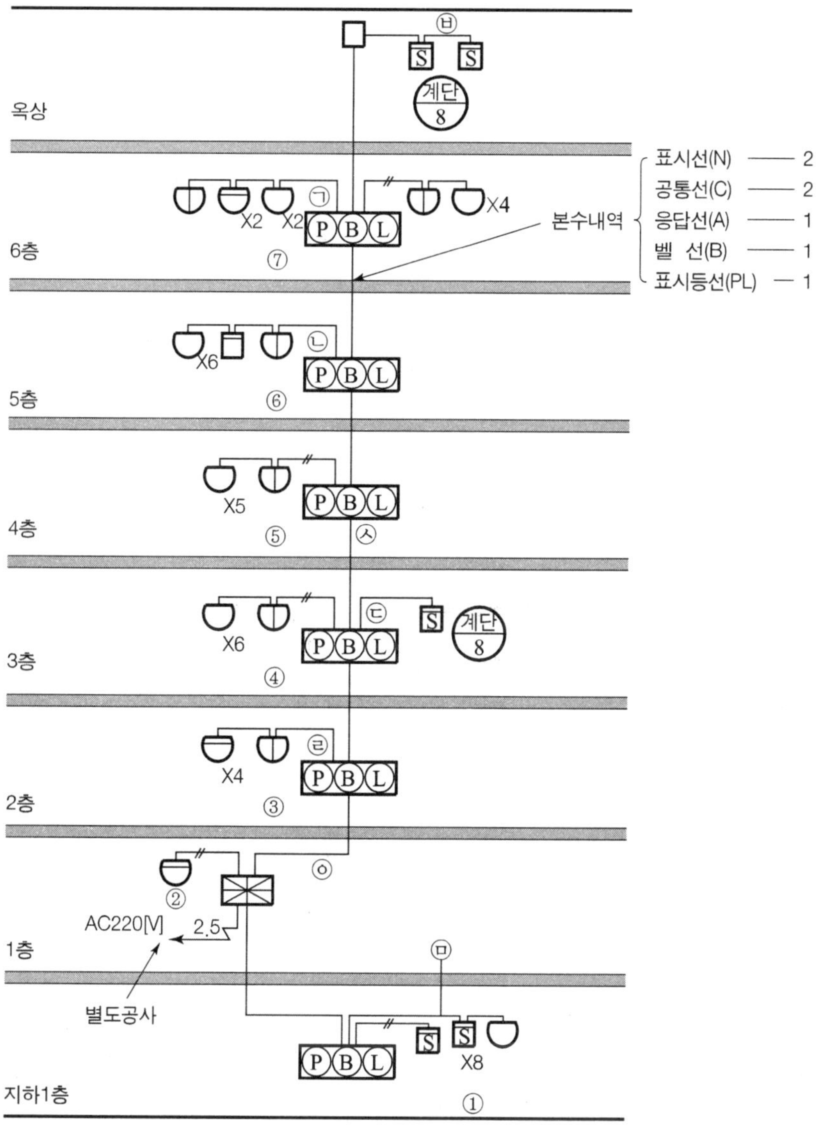

정답

기호	가닥수	배선용도
㉠	2	표시선1, 공통선1
㉡	2	표시선1, 공통선1
㉢	4	표시선2, 공통선2
㉣	2	표시선1, 공통선1
㉤	2	표시선1, 공통선1
㉥	2	표시선1, 공통선1, (표시선2, 공통선2)
㉦	9	표시선4, 공통선2, 벨선1, ~~경종표시등공통선1~~, 응답선1, 표시등선1
㉧	11	표시선6, 공통선2, 벨선1, ~~경종표시등공통선1~~, 응답선1, 표시등선1

Solution

기호	가닥수	배선내역	배선용도
㉠	2	16C (HFIX1.5-2)	표시선1, 공통선1
㉡	2	16C (HFIX1.5-2)	표시선1, 공통선1
㉢	4	16C (HFIX1.5-4)	표시선2, 공통선2
㉣	2	16C (HFIX1.5-2)	표시선1, 공통선1
㉤	2	16C (HFIX1.5-2)	표시선1, 공통선1
㉥	2	16C (HFIX1.5-2)	표시선1, 공통선1, (표시선2, 공통선2)
㉦	9	28C (HFIX2.5-9)	표시선4, 공통선2, 벨선1, ~~경종표시등공통선1~~, 응답선1, 표시등선1
㉧	11	28C (HFIX2.5-11)	표시선6, 공통선2, 벨선1, ~~경종표시등공통선1~~, 응답선1, 표시등선1

① 자동화재탐지설비의 도면문제에서는 경종선의 가닥수 때문에 반드시 소방대상물이 우선경보방식인지 일제경보방식인지를 먼저 구분해야 한다. 상기 계통도는 지하 1층, **지상 6층의 연면적 3,500m²**(각 층의 바닥면적 500m² × 7층)인 소방대상물이므로 **일제경보방식**을 적용해야 한다.

② 도면에 **배선내역이 주어지면 주어진 대로 배선용도를 나타내어야 한다.**
자동화재탐지설비의 일반적인 배선내역은 회로선, (회로)공통선, 경종선, 경종표시등공통선, 응답선, 표시등선으로 6가닥이 기본이나 상기도면의 본수내역은 표시선, 공통선, 응답선, 벨선, 표시등선으로 5가닥으로 나타내고 있다. 즉, **회로선 → 표시선, (회로)공통선＋경종표시등공통선 → 공통선, 경종선 → 벨선**으로 바꾸어서 표현해야 한다.

caution

① 경종표시등공통선을 따로 구분하지 않고 회로공통선과 같이 묶어서 표현한다.

② 종단저항이 감지기 말단에 설치되어 있고 (계단 8)이 2곳에 있으므로 기호 ㉢은 4가닥이 된다.

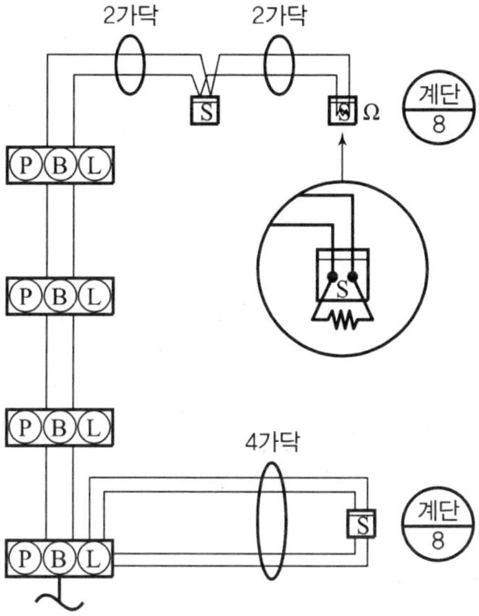

③ 기호 ◎에서 자동화재탐지설비의 일반적인 배선내역을 나타내면 경계구역번호 개수가 6개이므로 6가닥, (회로)공통선은 조건이 없으므로 [(회로선 6)/7 = 0.85(절상) → 1개] 1가닥, 경종선은 일제경보방식이므로 1가닥이 되며 경종표시등공통선 1가닥, 응답선, 표시등선은 각각 1가닥으로 전체 가닥수는 11가닥이 되나 도면에 주어진 배선내역대로 수정해야 하므로 **표시선 6가닥, (회로)공통선 1가닥과 경종표시등공통선 1가닥을 묶어 공통선 2가닥, 벨선 1가닥, 응답선 1가닥, 표시등선 1가닥**으로 표현된다. 이 때 **경종표시등공통선을 삭제**되어야한다.

15

다음은 자동화재탐지설비 계통도이다. 조건을 보고 ㉠~㉤까지의 최소 가닥수를 산정하고 배선용도를 구하시오.

[조건]

① 설치대상 건물의 연면적은 5,000m²이다.

② 종단저항은 감지기 말단에 설치한다.

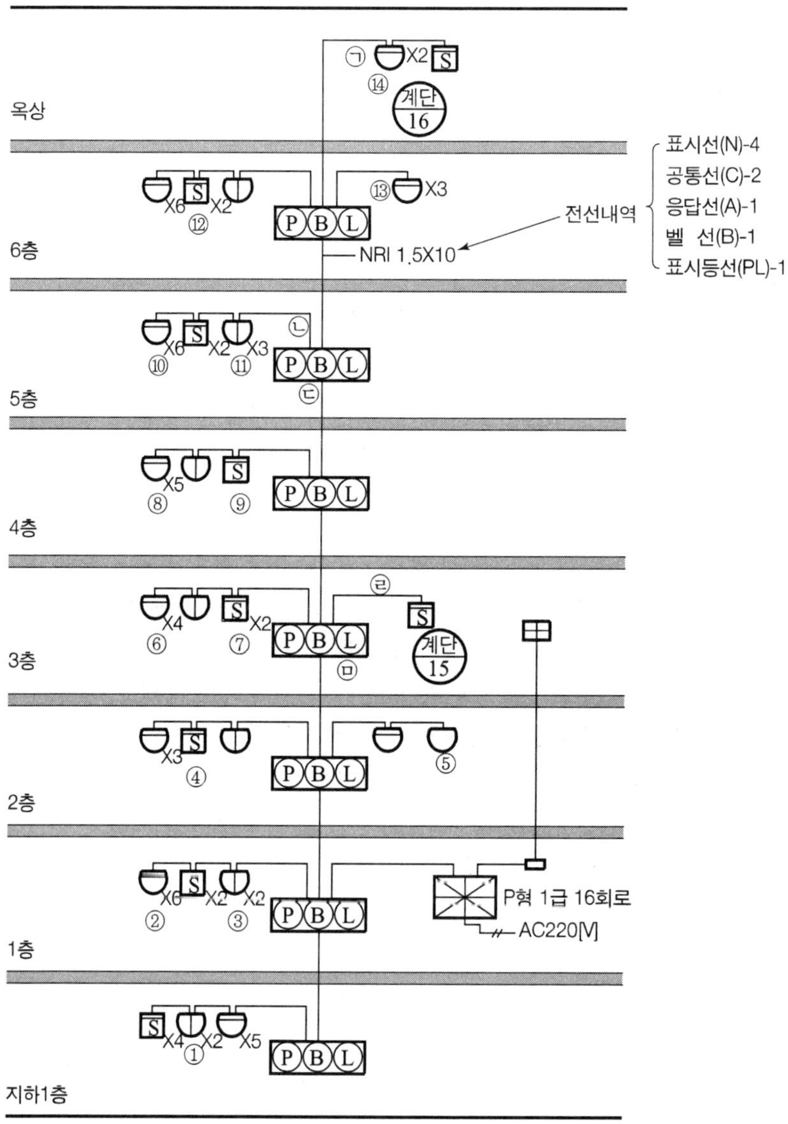

정답

기호	가닥수	배선용도
㉠	4	표시선2, 공통선2 – **경계구역이 2개이므로**
㉡	4	표시선2, 공통선2
㉢	11	표시선6, 공통선2, 벨선1, 응답선1, 표시등선1
㉣	2	표시선1, 공통선1
㉤	17	**표시선11, 공통선3, 벨선1**, 응답선1, 표시등선1

Solution

기호	가닥수	배선내역	배선용도
㉠	4	16C (HFIX1.5-4)	표시선2, 공통선2 – **경계구역이 2개이므로**
㉡	4	16C (HFIX1.5-4)	표시선2, 공통선2
㉢	11	36C (HFIX2.5-11)	표시선6, 공통선2, 벨선1, 응답선1, 표시등선1
㉣	2	16C (HFIX1.5-2)	표시선1, 공통선1
㉤	17	36C (HFIX2.5-17)	**표시선11, 공통선3, 벨선1**, 응답선1, 표시등선1

caution

① 기호 ㉤에서 자동화재탐지설비의 일반적인 배선내역을 나타내면 경계구역번호 개수가 11개이므로 11가닥, (회로)공통선은 조건이 없으므로 [(회로선 11)/7 = 1.57(절상) → 2개] 2가닥, 경종선은 일제경보방식이므로 1가닥이 되며 경종표시등공통선 1가닥, 응답선, 표시등선은 각각 1가닥으로 전체 가닥수는 17가닥이 되나 도면에 주어진 배선내역대로 수정해야 하므로 **표시선 11가닥, (회로)공통선 2가닥**과 **경종표시등공통선 1가닥을 묶어 공통선 3가닥, 벨선 1가닥, 응답선 1가닥, 표시등선 1가닥**으로 표현된다. 이 때 **경종표시등공통선은 삭제**되어야 한다.

② ㉠, ㉡의 가닥수가 3가닥(표시선2, 공통선1)으로 표시된 경우가 있는데 이럴 경우 동작하는 것에는 문제가 없으나 만약, 공통선이 단선된다면 어떤 경계구역에서의 감지기가 이상인지를 확인할 수 없는 문제가 발생한다. 즉, 국내의 감지기배선에서 감지기의 이상 유무를 확인하기 위해 송배선방식을 적용하는데 3가닥으로 표현될 경우 송배선방식의 장점이 사라진다. 따라서, 송배선방식을 적용할 경우 **경계구역**이 **2개**이므로 반드시 **4가닥(표시선2, 공통선2)**으로 해주는 것이 바람직하다.

16

다음은 철골철근콘크리트 건물의 자동화재탐지설비에 대한 설명이다. 조건을 참조하여 다음 물음에 답하시오.

[조건]

① 이 건물은 지상 1층에서 8층까지의 사무실용 건축물이다.
② 각 층의 높이는 3.7m이며, 각 층의 면적은 580m^{2}이다.
③ 계단은 각 층에 2개가 있고 별도의 감지기회로를 구성하여 4층의 발신기세트와 각각 연결된다.
④ 수신기는 지상 1층에 설치된다.
⑤ 종단저항은 발신기세트에 내장되어있다.

1) 각 층에 설치하는 감지기의 종류와 수량을 산정하시오.
① 감지기의 종류 :
② 감지기의 수량 :

층 수	1층	2층	3층	4층	5층	6층	7층	8층	합계
수 량									

2) 각 층에 설치하는 발신기의 종류와 수량을 산정하시오.
① 발신기의 종류 :
② 발신기의 수량 :

층 수	1층	2층	3층	4층	5층	6층	7층	8층	합계
수 량									

3) 각 층에 설치하는 수신기의 종류와 회로수를 산정하시오.
① 수신기의 종류 :
② 회로수 :

층 수	1층	2층	3층	4층	5층	6층	7층	8층	합계
수 량									

4) 계단에 설치하는 감지기의 종류와 수량을 산정하시오.
① 감지기의 종류 :
② 감지기의 수량 :

5) 계통도를 그리고 간선의 최소 가닥수를 표시하시오.

정답

1) 각 층에 설치하는 감지기의 종류와 수량을 산정하시오.
① 감지기의 종류 : 차동식 스포트형 감지기(2종)
② 감지기의 수량 :

층 수	1층	2층	3층	4층	5층	6층	7층	8층	합계
수 량	$\frac{580}{70} ≒ 9$	$\frac{580}{70} ≒ 9$	$\frac{580}{70} ≒ 9$	$\frac{580}{70} ≒ 9$	$\frac{580}{70} ≒ 9$	$\frac{580}{70} ≒ 9$	$\frac{580}{70} ≒ 9$	$\frac{580}{70} ≒ 9$	72개

2) 각 층에 설치하는 발신기의 종류와 수량을 산정하시오.

① 발신기의 종류 : P형 1급 발신기

② 발신기의 수량 :

층 수	1층	2층	3층	4층	5층	6층	7층	8층	합계
수 량	$\frac{580}{600} \fallingdotseq 1$	$\frac{580}{600} \fallingdotseq 1$	$\frac{580}{600} \fallingdotseq 1$	$\frac{580}{600} \fallingdotseq 1$	$\frac{580}{600} \fallingdotseq 1$	$\frac{580}{600} \fallingdotseq 1$	$\frac{580}{600} \fallingdotseq 1$	$\frac{580}{600} \fallingdotseq 1$	8개

3) 각 층에 설치하는 수신기의 종류와 회로수를 산정하시오.

① 수신기의 종류 : P형 1급 수신기

② 회로수

층 수	1층	2층	3층	4층	5층	6층	7층	8층	합계
수 량	1	1	1	3	1	1	1	1	10개

4) 계단에 설치하는 감지기의 종류와 수량을 산정하시오.

① 감지기의 종류 : 연기감기지(2종)

② 감지기의 수량 : 4개

5) 계통도를 그리고 간선의 최소 가닥수를 표시하시오.

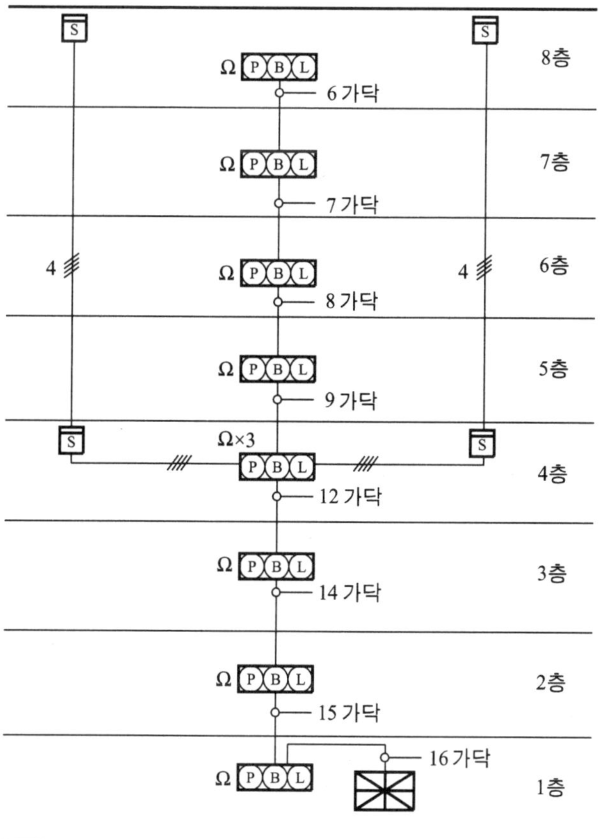

Solution

1) **감지기**의 **종류**와 **수량**

각 층의 높이가 3.7m이고, 철근철골콘트리트 건물로서 **내화구조**이며 적용대상이 사무실이므로 **차동식 스포트형 감지기**를 선택하고 일반적으로 사용되는 **2종**을 선택하면 감지기 1개의 최대바닥면적은 $70m^2$가 된다.

부착높이 및 소방대상물의 구분	감지기의 종류				
	차동식·보상식 스포트형		정온식 스포트형		
	1종	2종	특종	1종	2종
4m 미만	$90m^2$	$70m^2$	$70m^2$	$60m^2$	$20m^2$
	$50m^2$	$40m^2$	$40m^2$	$30m^2$	$15m^2$
4m 이상 8m 미만	$45m^2$	$35m^2$	$35m^2$	$30m^2$	-
	$30m^2$	$25m^2$	$25m^2$	$15m^2$	-

2) **발신기**의 **종류**와 **수량**

① 사무실의 경계구역 $= \frac{\text{바닥면적}}{600} =$ 결과값(절상)

② 발신기의 설치장소 및 적응 수신기

P형 1급 발신기		P형 2급 발신기
중계기가 사용되는 대형 건축물 (40회로 초과)	4층 이상이거나 5회선 초과 40회로 이하	4층 미만이거나 5회선 이하
R형 수신기	P형 1급 수신기	P형 2급 수신기

지상 8층으로서 4층 이상이므로 P형 1급 발신기를 설치한다.

3) **수신기**의 **종류**와 **회로수**

① 지상 8층으로서 4층 이상이므로 P형 1급 수신기를 설치한다.

② 회로수 : 각 층(8회로) + 계단(2회로) = 10회로

4) **계단**에 **설치**하는 **감지기**의 **종류**와 **수량**

① 계단에 설치하는 연기감지기 산정방법

1, 2종	3종
감지기 개수 = $\frac{\text{수직거리}}{15\,m}$	감지기 개수 = $\frac{\text{수직거리}}{10\,m}$

② 계단에 설치하는 연기감지기(2종) 설치 수량

감지기 개수 $= \frac{\text{수직 거리}}{15m} = \frac{8\text{층} \times 3.7m}{15m} = \frac{29.6m}{15m} = 1.97 \fallingdotseq 2$개

2개 계단이므로 2개 × 2개 계단 = 총 4개

5) **계통도**

① 8층이고 연면적이 4,640m^2(8층×580m^2)이므로 우선경보방식을 적용하여야 한다(개정 전 방식). (우선경보방식 : 지상 5층 이상으로서 연면적 3,000m^{2}를 초과하는 소방대상물 적용)

층	가닥수	배선용도
8층	6	회로선1, 공통선1, 경종선1, 경종표시등공통선1, 응답선1, 표시등선1
7층	7	회로선2, 공통선1, **경종선1**, **경종표시등공통선1**, 응답선1, 표시등선1
6층	8	회로선3, 공통선1, 경종선1, 경종표시등공통선1, 응답선1, 표시등선1
5층	9	회로선4, 공통선1, 경종선1, 경종표시등공통선1, 응답선1, 표시등선1
4층	12	회로선7, 공통선1, 경종선1, 경종표시등공통선1, 응답선1, 표시등선1
3층	14	**회로선8**, **공통선2**, **경종선1**, **경종표시등공통선1**, 응답선1, 표시등선1
2층	15	회로선9, 공통선2, 경종선1, 경종표시등공통선1, 응답선1, 표시등선1
1층	16	**회로선10**, **공통선2**, **경종선1**, **경종표시등공통선1**, **응답선1**, **표시등선1**

※ 각 층 배선 상에 유효한 조치(단락보호장치 설치)를 하였음.

② 우선경보방식의 설치대상이 변경되기 전에는 8층이고 연면적이 4,640m^2(8층×580m^2)이므로 우선경보방식(지상 5층 이상으로서 연면적 3,000m^{2}를 초과하는 소방대상물)을 적용해야 하나 **우선경보방식의 설치대상이 변경(2022.5.9.)**됨에 따라 건물의 **연면적 개념은 배제**되므로 상기 계통도는 **일제경보방식**을 **적용**하면 된다.

③ <u>화재로 인하여 하나의 층의 지구음향장치 또는 배선이 단락되어도 다른 층의 화재통보에 지장이 없도록 각 층 배선 상에 유효한 조치를 할 것</u>(NFSC 제5조제3항제9호 신설)이란 문구가 신설됨에 따라 **각 층 배선 상에 유효한 조치(단락보호장치 설치)를 하고 최소 가닥수 기준인 일제경보방식일 경우 경종표시등공통선**과 **경종선**은 **1가닥으로 산정**한다.

④ 1층 배선용도에서 회로선은 종단저항 수를 세면 되므로 10가닥, 공통선은 주어진 조건이 없으므로[(회로선10)/7 = 1.43(절상) → 2개] 2가닥, 경종선은 각 층 배선 상에 유효한 조치(단락보호장치 설치)를 한 일제경보방식에서는 1가닥, 경종표시등공통선은 유효한 조치(단락보호장치 설치)를 하였으므로 1가닥, 응답선, 표시등선은 각각 1가닥으로 전체 가닥수는 16가닥이 된다.

17

다음은 자동화재탐지설비의 평면을 나타낸 도면이다. 도면의 잘못된 배관 및 배선을 올바르게 고치시오(단, 배관 및 배선 가닥수는 최소화하여야 한다).

[범례] : 차동식 스포트형 감지기(2종) : 수신기 P형 1급(10회로)

: 수동발신기 세트함

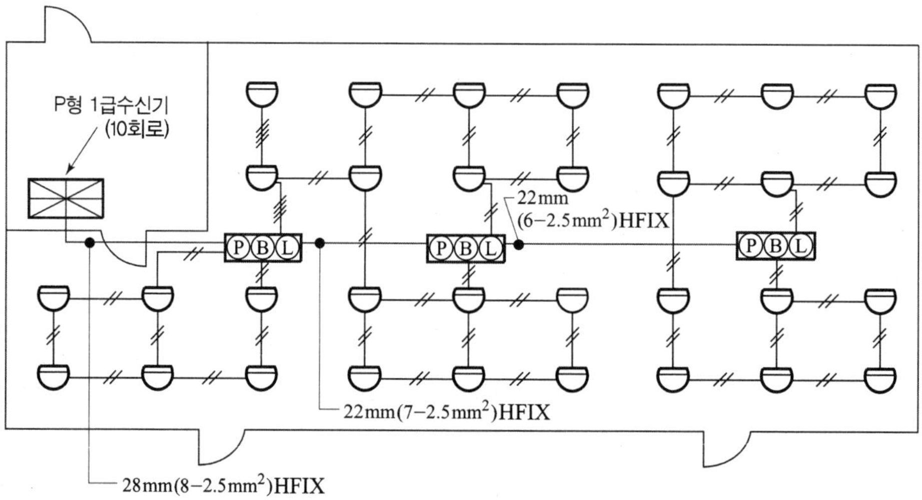

정답

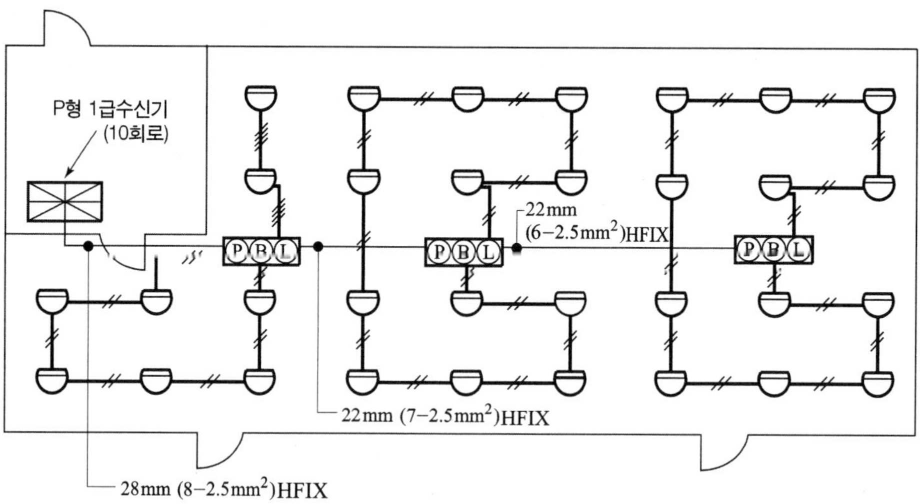

Solution

① **자동화재탐지설비**의 **감지기 배선**은 **송배선방식**으로 **Loop인 경우** 지구선 1가닥, 공통선 1가닥으로 전체 **2가닥**이 되며, **Loop가 아닌 경우** 지구선 2가닥, 공통선 2가닥이 되어 전체 **4가닥**이 된다.

② 따라서, **경제성을 높이기 위해** 가능하면 **Loop형태**로 **배선**을 하는 게 바람직하다.

caution

자동화재탐지설비의 평면도에서 수신기와 발신기, 발신기와 발신기 사이의 배선가닥수를 산정할 경우에는 **수신기나 TB를 먼저 찾고 수신기나 TB로부터 가장 멀리 떨어져 있는 곳부터 배선내역을 산정**한다. 즉, 상기평면에서 가장 우측에 있는 발신기와 발신기 사이의 배선내역은 회로선 1가닥, (회로)공통선 1가닥, 경종선 1가닥, 경종표시등공통선 1가닥, 응답선 1가닥, 표시등선 1가닥으로 전체 가닥수는 기본 가닥수인 6가닥이 된다. 또한, 상기평면에서 가장 좌측에 있는 수신기와 발신기 사이의 배선내역은 회로선 3가닥(발신기 세트 개수가 3개), 나머지 각 1가닥으로 전체 가닥수는 8가닥이 된다.

18

다음은 자동화재탐지설비의 평면을 나타낸 도면이다. 평면도 전체에 전선 가닥수를 표기하시오
(표기예 : -////-).

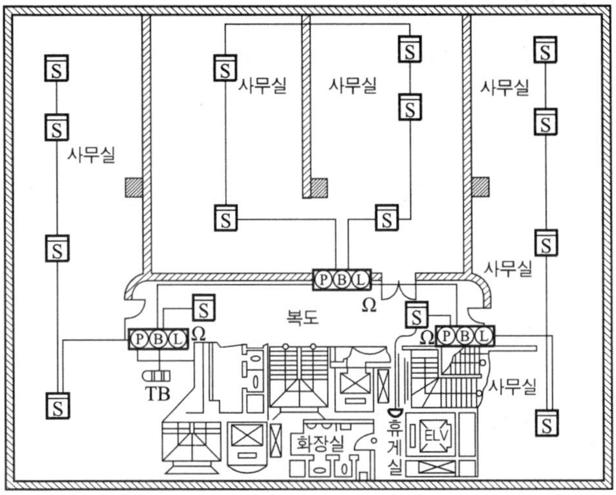

정답

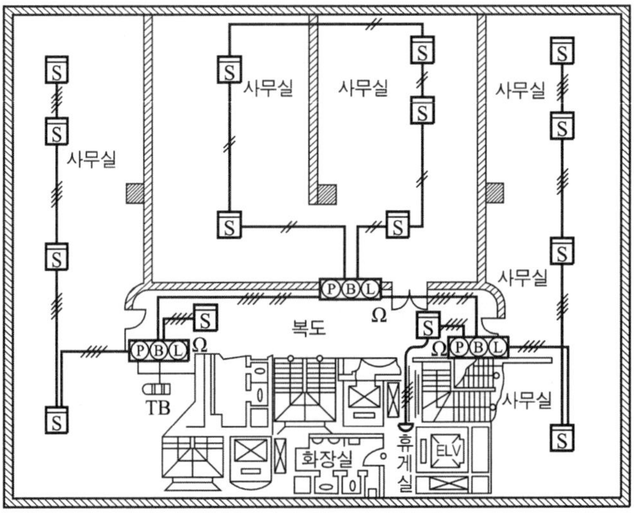

Solution

① 자동화재탐지설비의 감지기 배선은 **송배선방식**으로 **Loop인 경우** 지구선 1가닥, 공통선 1가닥으로 전체 **2가닥**이 되며, **Loop가 아닌 경우** 지구선 2가닥, 공통선 2가닥이 되어 전체 **4가닥**이 된다.

② 상기평면에서 **가장 우측에 있는 발신기와 발신기 사이의 배선내역**은 회로선 1가닥, (회로)공통선 1가닥, 경종선 1가닥, 경종표시등공통선 1가닥, 전화선 1가닥, 응답선 1가닥, 표시등선 1가닥으로 전체 가닥수는 기본 가닥수인 **7가닥**이 된다.

③ 상기평면에서 **TB 위에 있는 발신기와 발신기 사이의 배선내역**은 회로선 2가닥(발신기 세트 개수가 2개), 나머지 각 1가닥으로 전체 가닥수는 **8가닥**이 된다.

19

다음은 자동화재탐지설비의 평면을 나타낸 도면이다. 평면도 전체에 전선 가닥수를 표기하시오(표기예 : -////-).

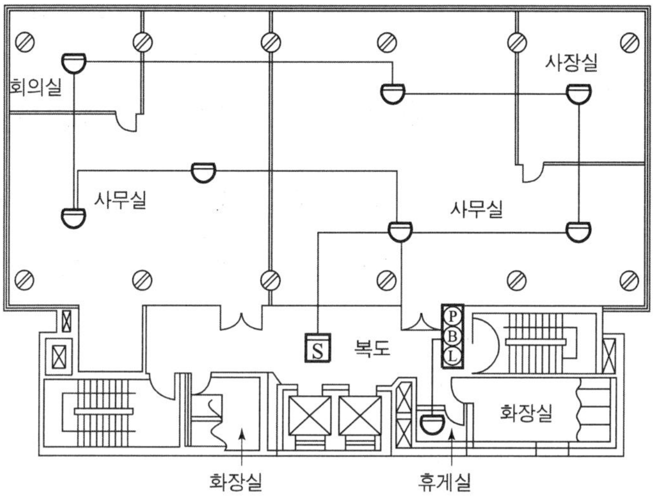

정답

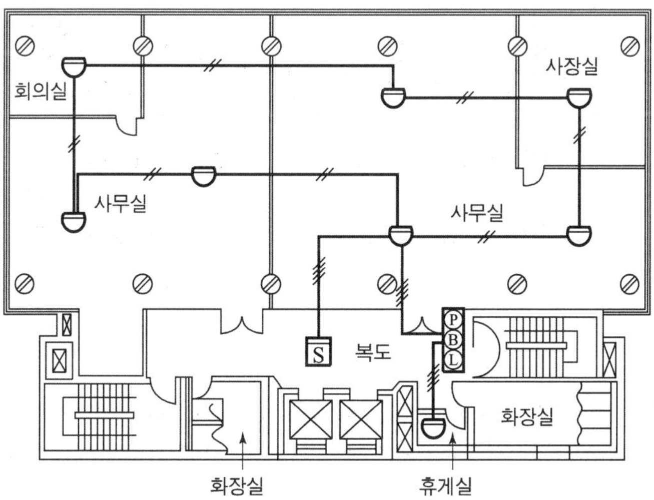

Solution

자동화재탐지설비의 감지기 배선은 **송배선방식**으로 **Loop인 경우** 지구선 1가닥, 공통선 1가닥으로 전체 **2가닥**이 되며, **Loop가 아닌 경우** 지구선 2가닥, 공통선 2가닥이 되어 전체 **4가닥**이 된다.

20

다음은 자동화재탐지설비의 평면을 나타낸 도면이다. 평면도 전체에 전선 가닥수를 표기하시오
(표기예 : —////—).

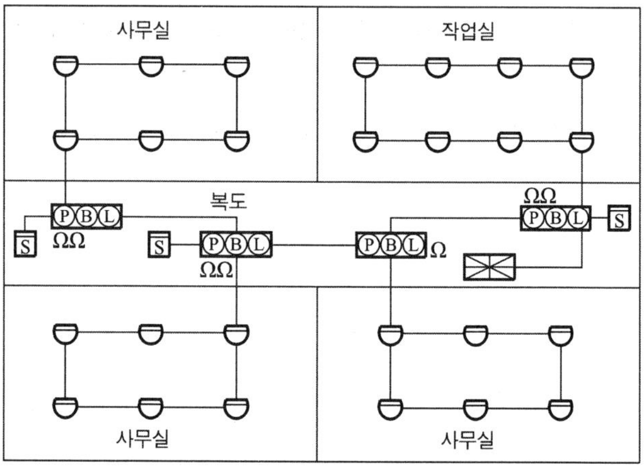

정답

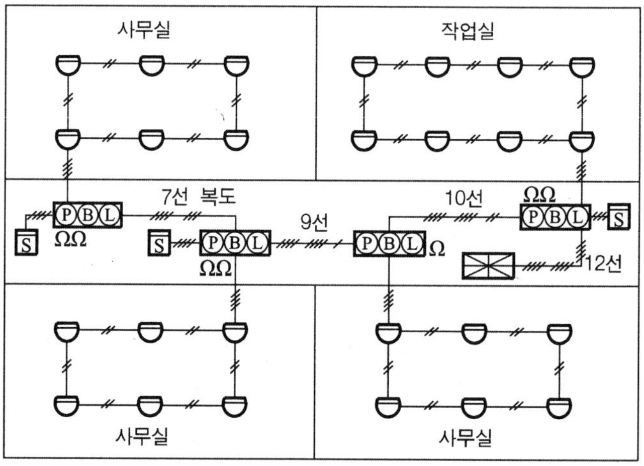

Solution

① 자동화재탐지설비의 감지기 배선은 **송배선방식**으로 **Loop인 경우** 지구신 1가닥, 공통선 1가닥으로 전체 **2가닥**이 되며, **Loop가 아닌 경우** 지구선 2가닥, 공통선 2가닥이 되어 전체 **4가닥**이 된다.

② 상기평면에서 **가장 좌측에 있는 발신기와 발신기 사이의 배선내역**은 회로선 2가닥(종단저항 개수가 2개), (회로)공통선 1가닥, 경종선 1가닥, 경종표시등공통선 1가닥, 응답선 1가닥, 표시등선 1가닥으로 전체 가닥수는 **7가닥**이 된다.

③ 상기평면에서 **수신기와 발신기사이의 배선내역**은 회로선 7가닥(종단저항 개수가 7개), 나머지 각 1가닥으로 전체 가닥수는 **12가닥**이 된다.

21

다음은 자동화재탐지설비의 평면도이다. 조건을 고려하여 다음 물음에 답하시오.

[조건]

① 배선내역은 공통선 1선, 회로선 n선, 응답선 1선, 경종선 2선, 표시등선 2선으로 한다.

② 경계구역이 추가됨에 따라 가닥수는 7+n으로 늘어난다.

③ 수신기는 1층에 설치하고 종단저항은 감지기 말단에 설치한다.

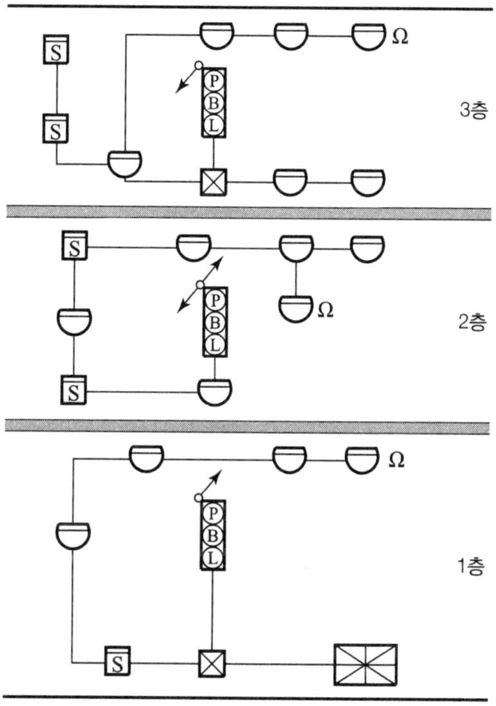

1) 지상 1~3층의 평면도 전체에 전선 가닥수를 표기하시오(표기예 : 4가닥 ////).

2) 계통도를 그리고 간선의 최소 가닥수를 표시하시오.

정답

1) 평면도(가닥수 표기)

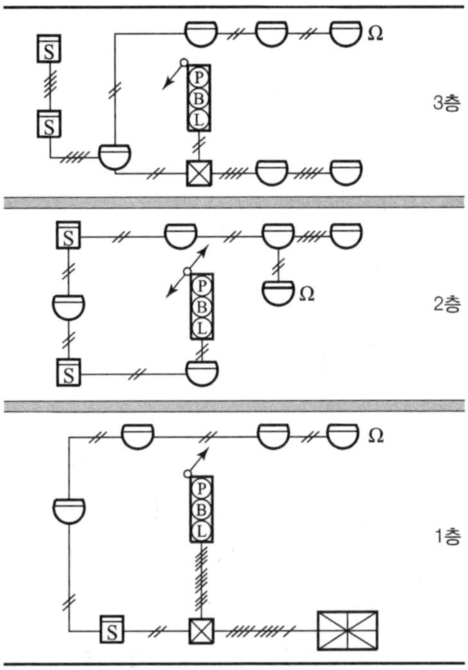

2) 계통도

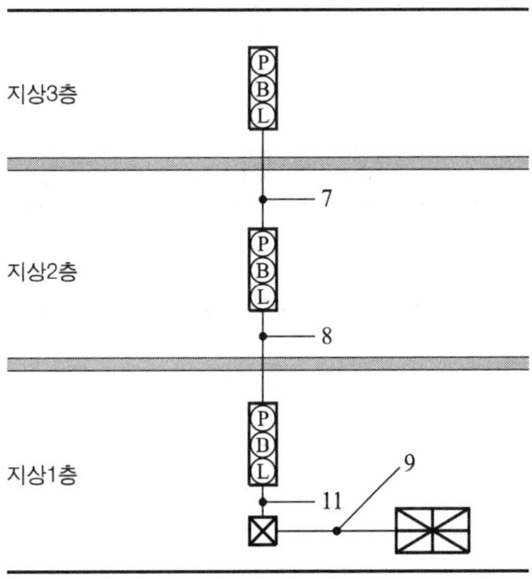

기호	가닥수	배선용도
①	7	회로선1, 공통선1, 경종선2, 응답선1, 표시등선2
②	8	회로선2, 공통선1, 경종선2, 응답선1, 표시등선2
③	9	회로선3, 공통선1, 경종선2, 응답선1, 표시등선2
④	11	**회로선4**, **공통선2**, 경종선2, 응답선1, 표시등선2

Solution

기호	가닥수	배선내역	배선용도
①	7	22C (HFIX2.5-7)	회로선1, 공통선1, 경종선2, 응답선1, 표시등선2
②	8	28C (HFIX2.5-8)	회로선2, 공통선1, 경종선2, 응답선1, 표시등선2
③	9	28C (HFIX2.5-9)	회로선3, 공통선1, 경종선2, 응답선1, 표시등선2
④	11	28C (HFIX2.5-11)	**회로선4, 공통선2**, 경종선2, 응답선1, 표시등선2

① 기호 ④에서 자동화재탐지설비의 일반적인 배선내역을 나타내면 회로선은 발신기세트 개수가 3개이므로 3가닥, (회로)공통선은 조건이 없으므로 [(회로선 3)/7 = 0.42(절상) → 1개] 1가닥, 경종선과 표시등선은 조건에서 주어진 대로 2가닥, 경종표시등공통선은 조건에 없으므로 생략되며, 나머지 응답선 1가닥, 지구선 1가닥, 지구공통선 1가닥으로 전체 가닥수는 11가닥이 되나 도면에 주어진 배선내역대로 수정해야 하므로 **회로선 4가닥, (회로)공통선 2가닥, 경종선 2가닥, 표시등선 2가닥, 응답선 1가닥**으로 표현된다. 즉, 지구선 1가닥, 지구공통선 1가닥이 회로선 1가닥, (회로)공통선 1가닥으로 바뀌어서 회로선 4가닥, (회로)공통선 2가닥이 된다.

caution

※ **실제 배선도**

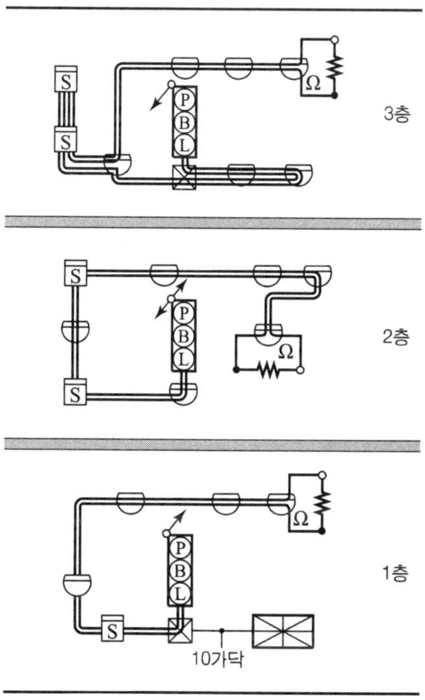

22

어떤 건물에 대한 소방설비의 배선도면을 보고 다음 각 물음에 답하시오(단, 배선공사는 후강 전선관을 사용한다고 한다).

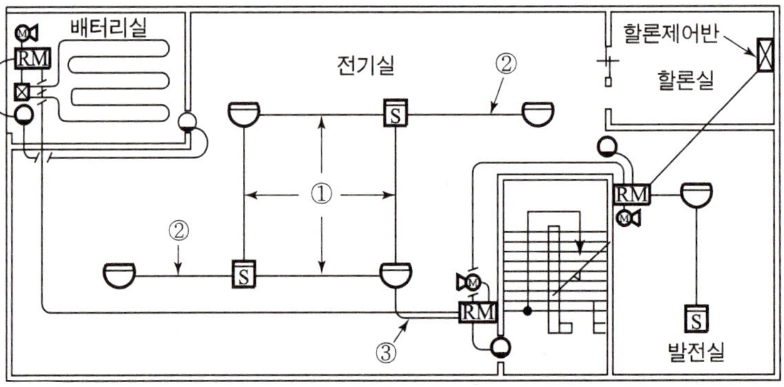

1) 도면에서 ①~③의 배선 가닥수는 몇 개인가?
2) 도면에서 물량을 산출할 때 박스는 몇 개가 필요한가?
3) 부싱은 몇 개가 소요되겠는가?

정답

1) ① 4가닥 ② 4가닥 ③ 8가닥
2) 20개
3) 40개

Solution

할론소화설비의 **감지기 배선**은 **교차회로방식**으로 Loop, **말단**인 경우 지구선 2가닥, 공통선 2가닥으로 전체 **4가닥**이 되며, Loop, **말단이 아닌 경우** 지구선 4가닥, 공통선 4가닥이 되어 전체 **8가닥**이 된다.

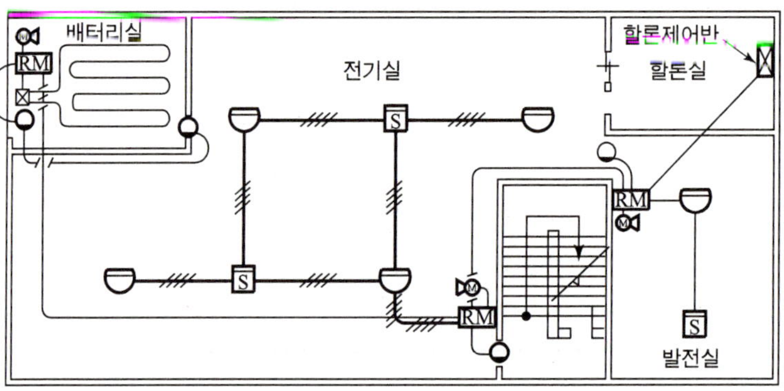

• ◌ : 20개

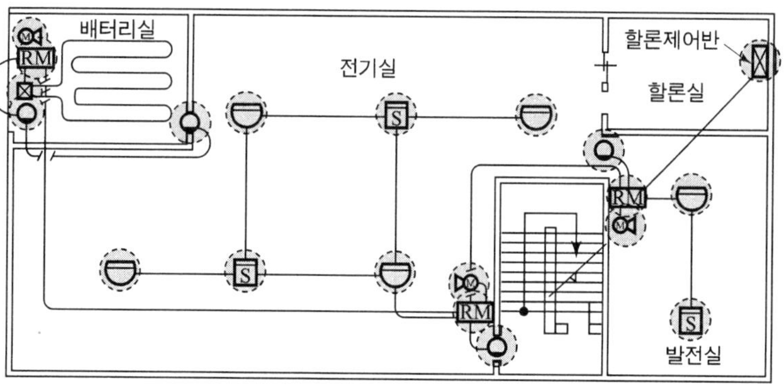

• ● : 부싱표시(40개)

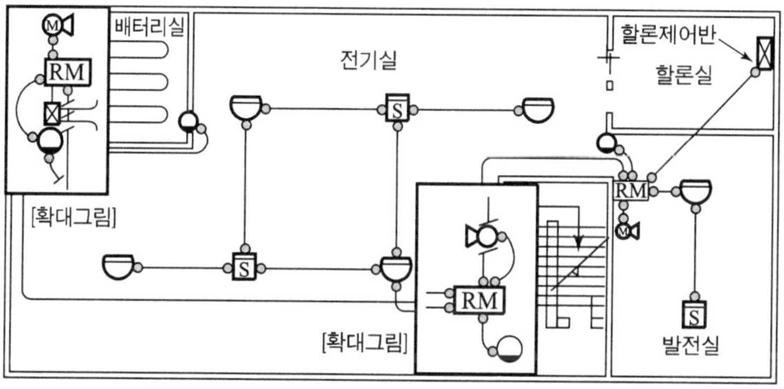

caution

박스	부싱, 로크너트
1. 4각 박스 1) 4방출 이상 2) 한쪽 면이 2방출 이상 3) 간선 배관 ① 수신기, 부수신기, 제어반 ② 발신기세트 ③ 수동조작함(RM) ④ 슈퍼비조리판넬(SVP) ⑤ 할론컨트롤판넬 2. 8각 박스 – 4각 박스를 제외한 박스	부싱 = 박스×2배 + 상승, 하강, 전원개수 로크너트 = 부싱×2배

23

다음 평면도는 어느 사무실 건물의 1층 자동화재탐지설비 미완성 도면을 나타낸 것이다. 이 건물은 지상 3층으로 각 층의 평면은 1층과 동일하다고 할 경우 평면도 및 주어진 조건을 이용하여 다음 각 물음에 답하시오.

1) 수신기에서 발신기 세트까지의 배선 가닥수는 몇 가닥이며, 여기에 사용되는 후강전선관은 몇 mm를 사용하는가?
   - 가닥수 :
   - 후강전선관 :

2) 배관 및 배선을 하여 자동화재탐지설비의 도면을 완성하고 배선 가닥수를 표기하도록 하시오.

3) 간선계통도를 그리시오.

[조건]

- 간선의 사용전선은 HFIX 2.5mm^{2}이며, 공통선은 발신기 공통 1선, 경종·표시등 공통 1선을 각각 사용한다.
- 계통도 작성시 선수는 최소로 한다.
- 후강전선관의 굵기표는 다음과 같다.

도체 단면적 (mm^2)	전선본수									
	1	2	3	4	5	6	7	8	9	10
	전선관의 최소굵기(mm)									
2.5	16	16	16	16	22	22	22	28	28	28
4	16	16	16	22	22	22	28	28	28	28
6	16	16	22	22	22	28	28	28	36	36
10	16	22	22	28	28	36	36	36	36	36

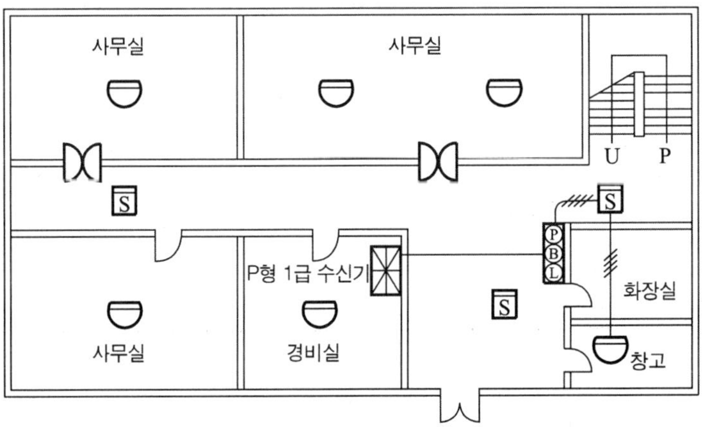

정답

1) ① 가닥수 : 8가닥　　② 후강전선관 : 28mm

2) 배관 및 배선

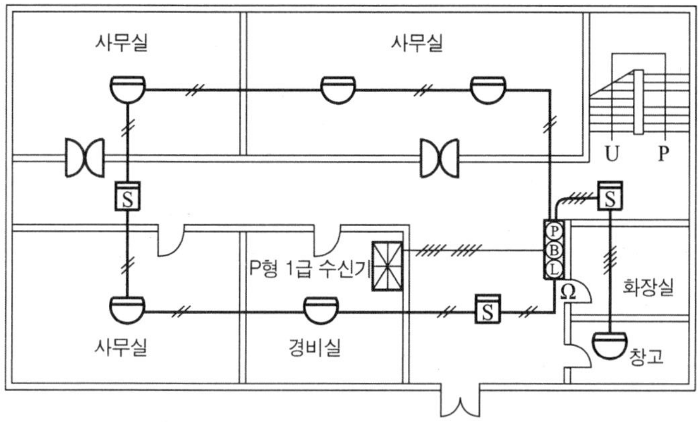

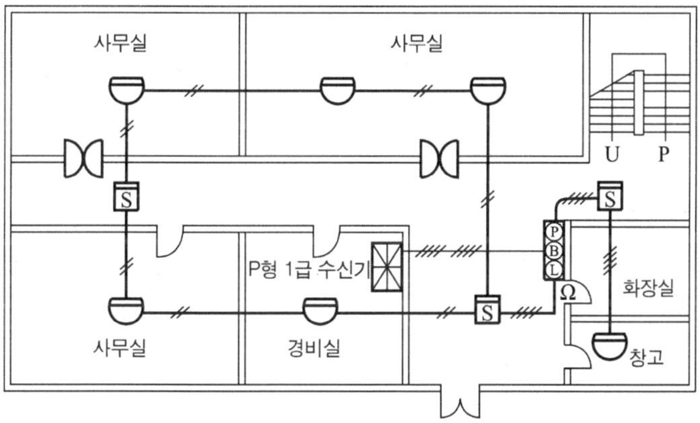

3) 간선계통도

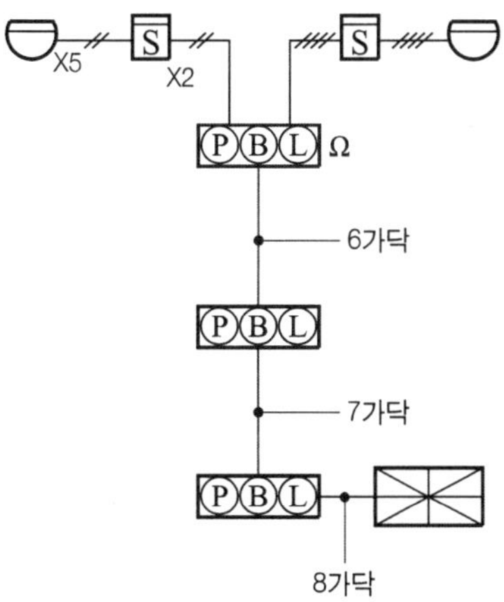

Solution

① 상기평면에서 수신기와 발신기 사이의 배선내역은 회로선 3가닥(발신기세트 개수가 3개), (회로)공통선 1가닥, 경종선 1가닥, 경종표시등공통선 1가닥, 응답선 1가닥, 표시등선 1가닥으로 전체 가닥수는 8가닥이 된다.

② 자동화재탐지설비의 감지기 배선은 송배선방식으로 Loop인 경우 지구선 1가닥, 공통선 1가닥으로 전체 2가닥이 되며, Loop가 아닌 경우 지구선 2가닥, 공통선 2가닥이 되어 전체 4가닥이 된다.

③ **후강전선관**의 전선본수에 따른 굵기

배선종류	전선굵기	후강전선관 전선본수에 따른 굵기				
		1~4	5~7	8~12	13~21	22~28
감지기 포함 배선	1.5mm²	16mm	22mm	28mm	36mm	42mm
감지기 제외 배선	2.5mm²					

caution

1) 1층 평면도상에는 회로선이 1선이나 문제에서 지상 3층 건물이라고 하였으므로 회로선은 3선이 되어야 한다.

2) 만약 문제에서 지상 3층으로 **연면적이 2,000m²**이고 각 층의 평면은 1층과 동일하다. 라고 가정할 경우의 문제풀이는 다음과 같다[**2022.5.9. 개정 전의 방식**으로 이때는 우선경보방식 대상에 연면적 개념이 포함되어 있고 전화선도 있다. **개정 후의 방식으로 풀려면 solution 형태로 풀어야 한다(전화선 삭제, 연면적 개념 삭제)**].

(1) ① 가닥수 : 12가닥 (회로선6, 공통선1, 경종선1, 경종표시등공통선1, 전화선1, 응답선1, 표시등선1)

$$\text{한 층의 바닥면적} = \frac{\text{연면적}}{\text{층 수}} = \frac{2{,}000\ \text{m}^2}{3\text{층}} = 666.67\ \text{m}^2$$

$$\text{한 층의 경계구역 수} = \frac{\text{한 층의 바닥면적}}{600\ \text{m}^2} = \frac{666.67}{600} = 1.1 ≒ 2\text{경계구역}$$

회로선 = 2경계구역 × 3층 = 6회로

② 가닥수가 12가닥이므로 후강전선관은 28mm을 적용해야 한다.

(2)

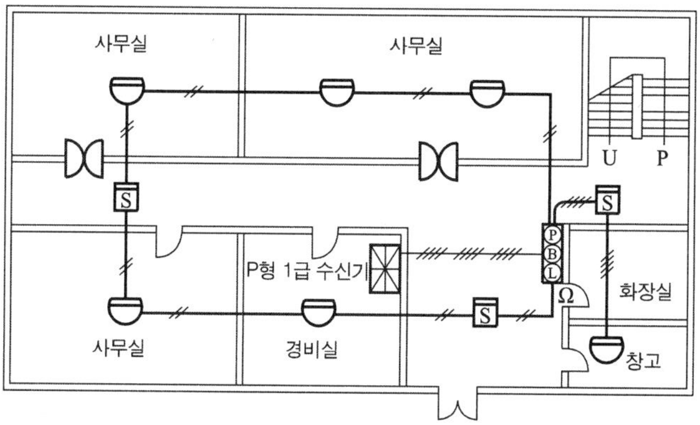
사무실
사무실
U
P
S
S
P
B
L
P형 1급 수신기
Ω
화장실
S
사무실
경비실
창고

(3)

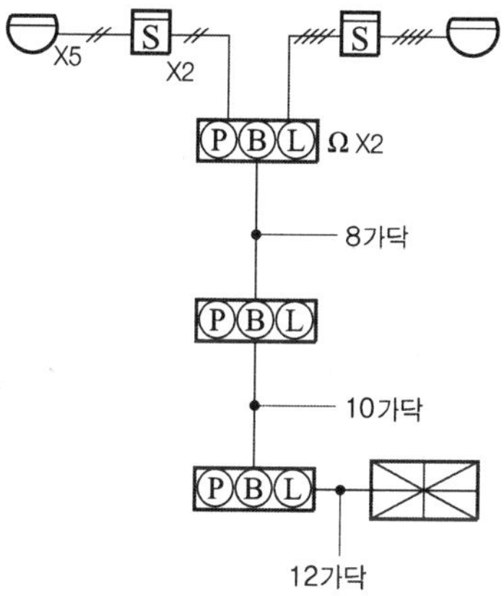
X5
S
X2
S
P B L
Ω X2
8가닥
P B L
10가닥
P B L
12가닥

24

공장의 건축평면도에 자동화재탐지설비를 설계하고자 한다. 주어진 조건을 이용하여 다음 각 물음에 답하시오.

[조건]

① 바닥으로부터 천장의 높이는 10m이다.
② 공장 내와 방재실은 칸막이가 없다.
③ 감지기 설치도면을 작성할 때 축적은 무시하고 작성한다.
④ 하나의 경계구역은 600m^2 이내로 한다.
⑤ 방재실에 사용되는 감지기는 공장 내의 감지기와 연결한다.
⑥ 각 수동발신기세트에 연결되는 공장 내의 감지기는 같은 수로 한다.
⑦ 감지기는 연기감지기를 사용한다.

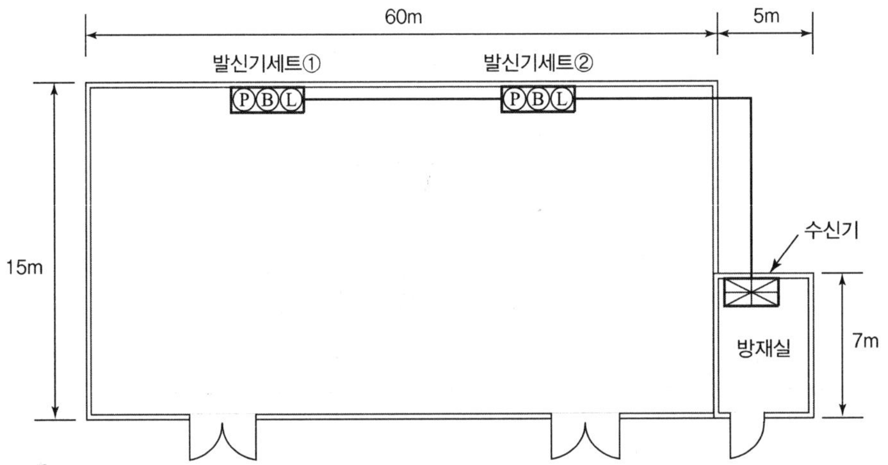

1) 본 소방대상물에는 연기감지기를 제외하고 어떤 감지기들을 사용할 수 있는지 그 사용 가능한 감지기를 쓰시오.
2) 공장과 방재실에 설치하여야 할 연기감지기의 개수를 산정하시오.
3) 주어진 건축평면도에 감지기를 그려 넣고 평면도 전체에 전선 가닥수를 표시하시오 (표기 예 : -////-).

정답

1) ① 차동식 분포형 감지기　　② 불꽃 감지기
2) ① 공장 : 12개　　② 방재실 : 1개

3)

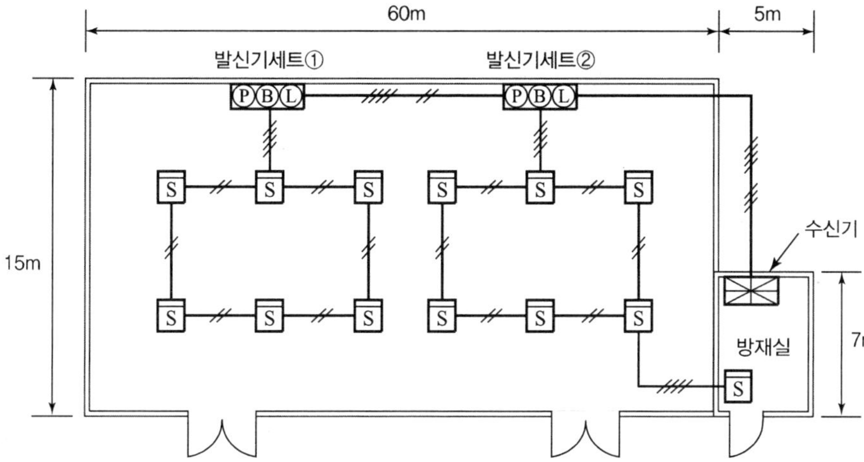

Solution

1) **부착높이에 따른 감지기의 분류** [열/차.정.보, 연/이.광-광.스.분.공, 복, 불]

감지기 종 류	설치높이(m)				
	4 미만	4~8 미만	8~15 미만	15~20 미만	20 이상
차동식 스포트형	●	●			
차동식 분포형	●	●	●		
정온식 스포트형	●	특/1종			
정온식 감지선형	●	특/1종			
보상식 스포트형	●	●			
이온화식	●	1/2종	1/2종	1종	
광전식 스포트형	●	1/2종	1/2종	1종	
광전식 분리형	●	1/2종	1/2종	1종	아날로그식
공기흡입형	●	1/2종	1/2종	1종	아날로그식
열복합형	●	●			
연기복합형	●	●	●	●	
열연기복합형	●	●			
불꽃 감지기	●	●	●	●	●

주) 광전식 분리형 연기감지기는 아날로그 제품이 생산되지 않으므로 실제로 20 m 이상 장소에 설치할 수 있는 감지기는 공기흡입형과 불꽃 감지기이다.

[조건 ①]에서 높이가 10m 이상에 설치할 수 있는 감지기에는 차동식 분포형, 이온화식 1/2종, 광전식(스포트형, 분리형, 공기흡입형) 1/2종, 연기복합형, 불꽃 감지기가 있으나 연기 감지기를 제외하면 **차동식 분포형 감지기**와 **불꽃 감지기**를 설치할 수 있다.

2) **연기감지기의 개수**

① 연기감지기 1개의 최대바닥면적

부착높이[m]	1종, 2종	3종
4 [m] 미만	150	50
4 [m]~20 [m]미만	**75**	

· 연기감지기의 종별은 일반적으로 **2종**을 사용한다.

· [조건 ①]에서 높이가 10m이므로 2종 연기감지기 1개가 담당하는 바닥면적은 **75m²**가 된다.

② 공장

· 최소 감지기 개수 $= \dfrac{\text{전체 바닥면적}(m^2)}{\text{기준 면적}(m^2)} = \dfrac{(60 \times 15)}{75} = \dfrac{900}{75} = 12\text{개}$

· 감지기 개수 $= \dfrac{\text{적용 면적}[m^2]}{\text{기준 면적}[m^2]} = \left[\left(\dfrac{450}{75} = 6\text{개}\right) + \left(\dfrac{450}{75} = 6\text{개}\right)\right] = 12\text{개}$

③ 방재실

· 최소 감지기 개수 $= \dfrac{\text{전체 바닥면적}(m^2)}{\text{기준 면적}(m^2)} = \dfrac{35}{75} \fallingdotseq 0.467 = 1\text{개}$

3) **평면도**와 **전선 가닥수**

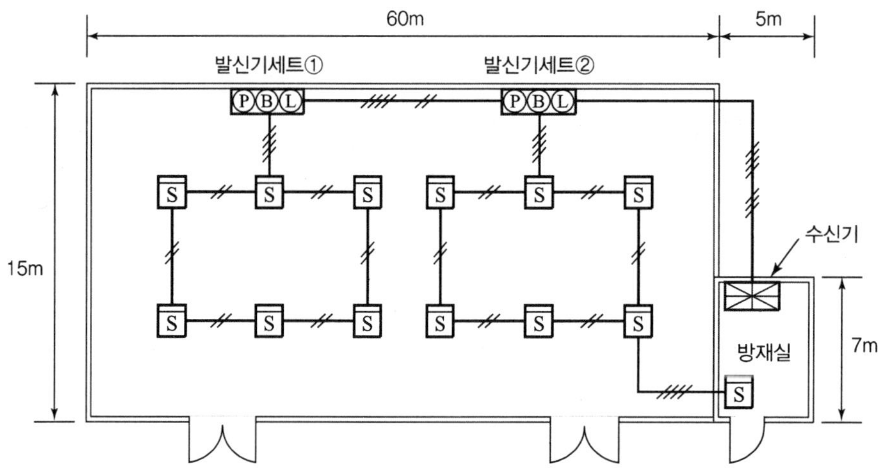

기호	가닥수	배선내역	배선용도
①	2	16C(HFIX 1.5-2)	지구선1, 공통선1
②	4	16C(HFIX 1.5-4)	지구선2, 공통선2
③	6	22C(HFIX 2.5-6)	회로선1, 공통선1, 경종선1, 경종표시등공통선1, 응답선1, 표시등선1
④	7	28C(HFIX 2.5-7)	회로선2, 공통선1, 경종선1, 경종표시등공통선1, 응답선1, 표시등선1

caution

① [조건 ②, ⑤]에 의해 공장과 방재실은 하나의 **경계구역**으로 한다.
② [조건 ④]에 의해 하나의 경계구역은 **600m^2** 이내로 한다.
③ [조건 ⑥]에 의해 '각 수동발신기세트에 연결되는 공장 내의 감지기는 같은 수로 한다.' 라고 하였으므로 공장의 바닥면적 900m^{2}를 절반(450m^2)으로 나누어야 한다.
④ [조건 ⑦]에 의해 **연기감지기**를 선정한다.
⑤ 방재실의 경우 실내 면적이 35m^{2}로 40m^2 미만이므로 비화재보 적응성 감지기를 설치하여야 하나 [조건 ⑦]에서 연기감지기를 사용한다고 했으므로 연기감지기의 설치기준에 따라 좁은 실내에 있어서는 **출입구의 가까운 부분에 설치**를 하여야 한다. 중앙에 설치하지 않도록 주의해야 한다.

25

다음은 내화구조인 지하 1층, 지상 5층인 건물의 지상 1층 평면도이다. 각 층의 층고는 4.4m이고 천장과 반자 사이 높이는 0.5m이다. 각 실에는 반자가 설치되어 있으며, 계단 감지기는 3층과 5층에 설치되어 있다. 다음 각 물음에 답하시오.

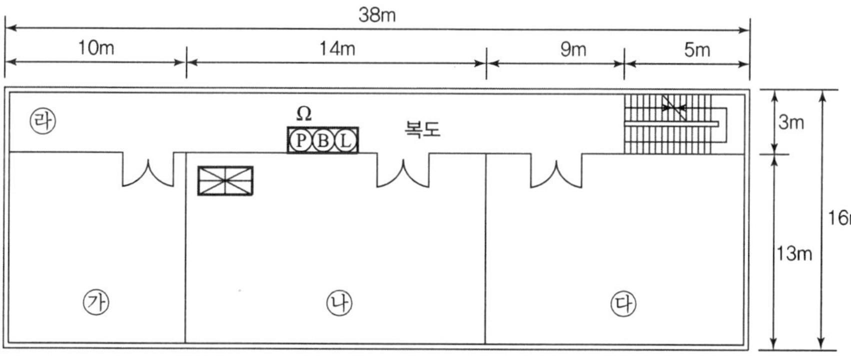

1) 다음의 빈 칸에 해당 개소에 설치하여야 하는 감지기의 수량을 산출식과 함께 쓰시오.

개 소	적응 감지기	산출식	수량(개)
㉮실	차동식 스포트형 2종		
㉯실	연기감지기 2종		
㉰실	정온식 스포트형 1종		
㉱실	연기감지기 2종		

2) 1)에서 구한 감지기수량을 위 평면도상에 각 감지기의 도시기호를 이용하여 그려 넣고 각 기기 간을 배선하되 배선수를 명시하시오(표기 예 : -////-).

정답

1) 해당 개소의 감지기 수량과 산출식

개 소	적응 감지기	산출식	수량(개)
㉮실	차동식 스포트형 2종	$\frac{10\times13}{70}=1.86 ≒ 2$	2개
㉯실	연기감지기 2종	$\frac{14\times13}{150}=1.21 ≒ 2$	2개
㉰실	정온식 스포트형 1종	$\frac{14\times13}{60}=3.03 ≒ 4$	4개
㉱실	연기감지기 2종	$\frac{(10+14+9)}{30}=1.1 ≒ 2$	2개

2)

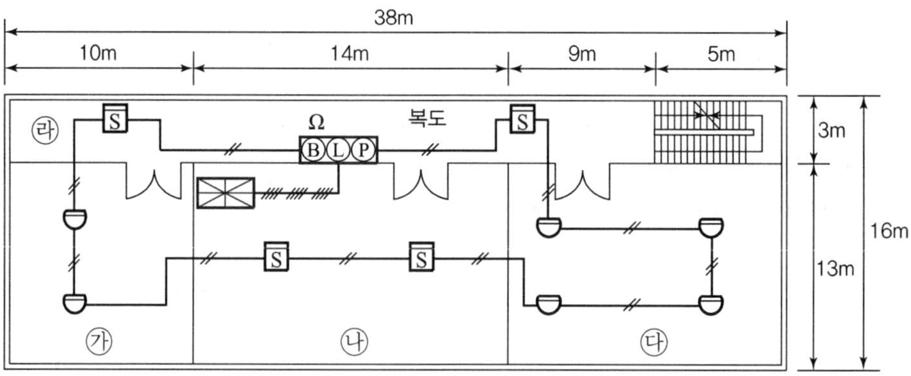

Solution

1) 해당 개소의 **감지기 수량**과 **산출식**

① 열감지기 1개의 최대바닥면적

부착높이[m]		차동식, 보상식 스포트형		정온식 스포트형		
		1종	2종	특종	1종	2종
4[m] 미만	내화 구조	90	70	70	60	20
	기타 구조	50	40	40	30	15
4~8[m]미만	내화 구조	45	35	35	30	-
	기타 구조	30	25	25	15	-

② 연기감지기(스포트형 감지기) 1개의 최대바닥면적

부착높이[m]	1종, 2종	3종
4[m] 미만	150	50
4[m]~20[m]미만	75	

③ 연기감지기(스포트형 감지기) 복도, 계단의 설치기준

구 분	1,2종	3종
복도 및 통로	**보행거리 30[m] 마다**	보행거리 20[m] 마다
계단 및 경사로	수직거리 15[m] 마다	수직거리 10[m] 마다

④ 해당 개소의 감지기 수량과 산출식

개 소	적응 감지기	산출식	수량(개)
㉮ 실	차동식 스포트형 2종	$\frac{10\times13}{70}=1.86≒2$	2개
㉯ 실	연기감지기 2종	$\frac{14\times13}{150}=1.21≒2$	2개
㉰ 실	정온식 스포트형 1종	$\frac{14\times13}{60}=3.03≒4$	4개
㉱ 실	연기감지기 2종	$\frac{(10+14+9)}{30}=1.1≒2$	2개

2) **평면도**

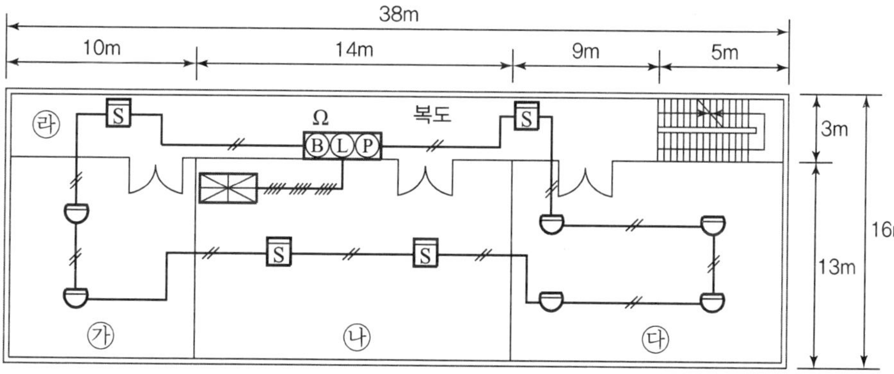

① 계단은 복도의 길이에 포함시키지 않는다.

② 지상 5층이고 연면적 3,558m^2[1층의 바닥면적 : 38m×16m－5m×3m = 593m^2, 연면적 : 1층의 바닥면적(593m^2)×6개 층 = 3,558m^2]이므로 우선경보방식으로 적용해야 한다 (**2022.5.9 개정 전의 방식 → 개정 후의 방식**은 연면적 개념이 사라져서 **일제경보방식**을 적용해야 한다).

③ **회로선 7가닥**[지하 1층에서 지상 5층으로 6회로, 계단의 회로선($\frac{4.4\text{m}\times6\text{개 층}}{45}=0.59≒$ 1회로)], 공통선 1가닥, **경종선 1가닥**, 경종표시등공통선 1가닥, 응답선 1가닥, 표시등선 1가닥으로 총 가닥수는 **12가닥**이 된다[유효한 조치(단락보호장치 설치)를 하였음].

26

다음은 철골철근콘크리트 건물의 자동화재탐지설비 평면도이다. 감지기와 감지기 사이 및 감지기와 발신기세트 사이의 거리가 각각 10m라고 할 때 다음 각 물음에 답하시오.

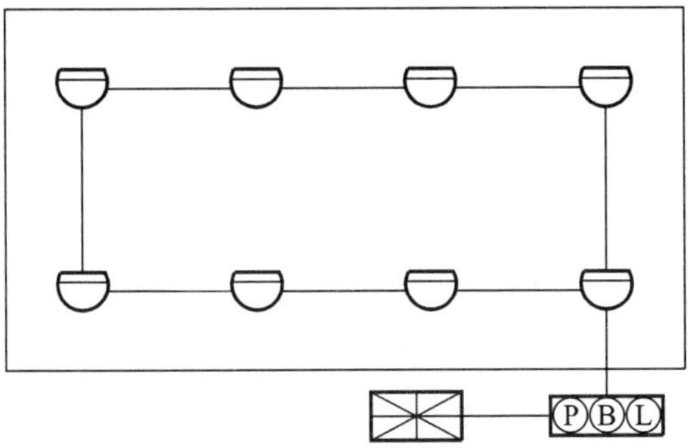

1) 수신기와 발신기세트 사이의 거리가 15m라고 할 때 전선관의 총길이는 얼마인가?
2) 차동식 스포트형 2종을 부착면의 높이가 3.5m인 곳에 설치할 경우 소방대상물의 바닥면적(m^2)은?
3) 전선관과 전선의 물량을 산출하시오(단, 수신기와 발신기세트 사이의 물량은 제외한다).

정답

1) 전선관의 총길이 : 10m × 9개 + 15m = 105m
2) 소방대상물의 바닥면적 : 70m^2 × 8개 = 560m^2 이하
3) 전선관과 전선의 물량(수신기와 발신기세트 사이의 물량 제외)
   ① 전선관 : 10m × 9개 = 90m
   ② 전선 : 10m × 8개 × 2가닥 + 10m × 1개 × 4가닥 = 200m

Solution

① **전선관**과 **전선**의 전체 **물량**

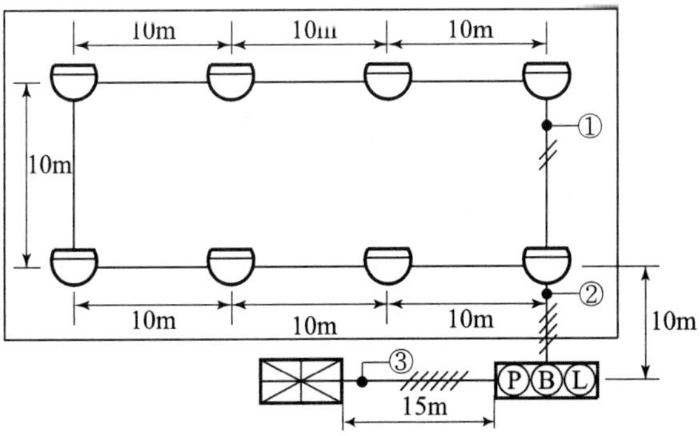

구 분	산출내역	총길이	수신기부분 제외
전선관	• 감지기와 감지기 사이 : 10m × 8 = 80m • 감지기와 발신기세트 사이 : 10m × 1 = 10m • 수신기와 발신기세트 사이 : 15m × 1 = 15m	105m	90m
전 선	• 감지기와 감지기 사이 : 10m × 8 × 2가닥 = 160m • 감지기와 발신기세트 사이 : 10m × 1 × 4가닥 = 40m • 수신기와 발신기세트 사이 : 15m × 1 × 6가닥 = 90m	290m	200m

② **최소 가닥수**

기호	가닥수	배선용도
①	2	지구선1, 공통선1
②	4	지구선2, 공통선2
③	6	회로선1, (회로)공통선1, 경종선1, 경종표시등공통선1, 응답선1, 표시등선1

③ **내화구조**인 건물에 **부착높이가 3.5m**인 **차동식 스포트형 2종** 감지기의 1개의 최대바닥면적은 **70m²**이고 감지기 개수가 8개 이므로 $70m^2 \times 8$개 $= 560m^2$ 이하로 한다.

(m^2)

부착높이(m)		차동식, 보상식 스포트형		정온식 스포트형		
		1종	2종	특종	1종	2종
4m 미만	내화 구조	90	70	70	60	20
	기타 구조	50	40	40	30	15
4~8m 미만	내화 구조	45	35	35	30	–
	기타 구조	30	25	25	15	–

caution

① 전선관의 총길이를 구할 때 **총길이**라고 하였으므로 수신기와 발신기세트 사이의 거리인 **15m**를 포함해야 한다.

② 자동화재탐지설비의 감지기 배선은 송배선방식으로 Loop인 경우 지구선 1가닥, 공통선 1가닥으로 전체 2가닥이 되며, Loop가 아닌 경우 지구선 2가닥, 공통선 2가닥이 되어 전체 4가닥이 된다.

③ 철골철근콘크리트 구조는 내화구조이다(**내화구조인지 기타구조인지를 잘 구분하여야 한다**. 실수가 많은 부분이다).

27

다음은 자동화재탐지설비의 평면도이다. 다음 조건을 참고하여 각 물음에 답하시오.

[조건]

① 천장의 높이는 4m이고 반자는 없다.

② 발신기세트와 수신기는 바닥으로부터 1.2m의 높이에 설치되어 있다.

③ 배선의 할증은 10%를 적용한다.

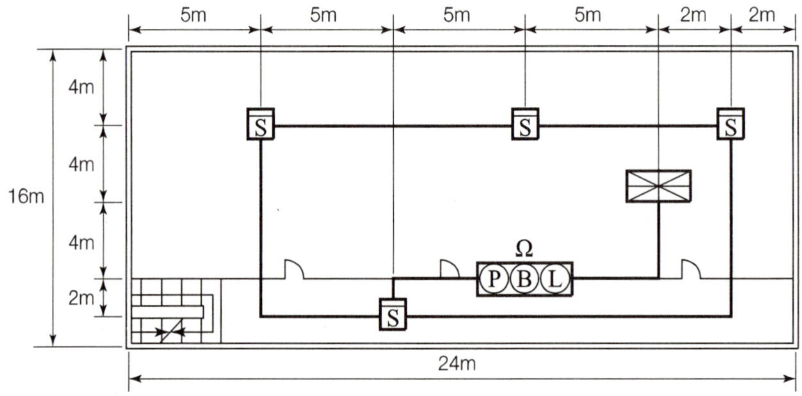

1) 감지기간의 배관, 배선의 물량을 구하시오.

2) 감지기와 발신기세트간의 배관, 배선의 물량을 구하시오.

3) 발신기세트와 수신기간의 배관, 배선의 물량을 구하시오.

정답

1) 감지기간의 물량

① 전선관 : 10+7+10+12+5+10=54m

② 전선 : 54m × 2가닥(Loop 방식)=108m × 1.1(10% 할증)=118.8m

2) 감지기와 발신기세트간의 물량

① 전선관 : 2+5+2.8=9.8m

② 전선 : 9.8m × 4가닥(Loop 방식이 아님)=39.2m × 1.1(10% 할증)=43.12m

3) 발신기세트와 수신기간의 물량

① 전선관 : 2.8+5+4+2.8=14.6m

② 전선 : 14.6m × 6가닥(기본 가닥수)=87.6m × 1.1(10% 할증)=96.36m

Solution

① 감지기간의 물량

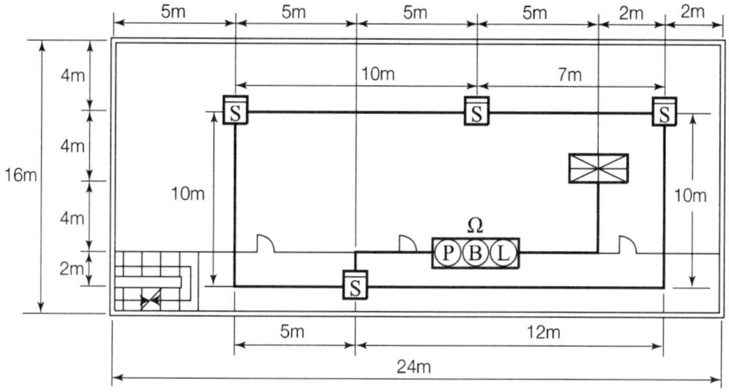

[감지기와 감지기간의 전선관]

구분	산출내역	총길이
전선관	• 10+7+10+12+5+10=54m	54m
전 선	• 54m × 2가닥(Loop 방식)=108m	108m × 1.1(10% 할증)=118.8m

② 감지기와 발신기세트간의 물량

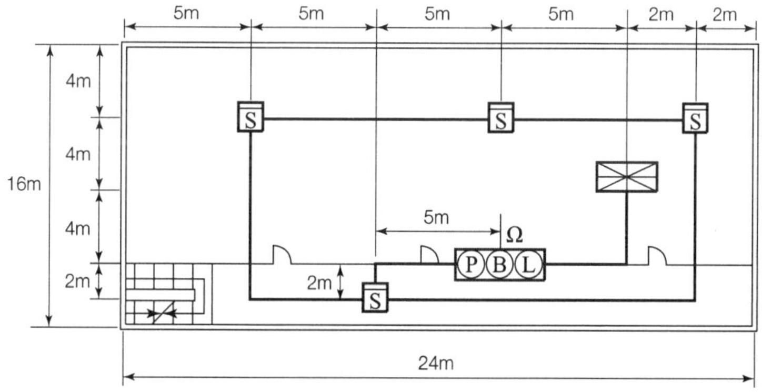

[감지기와 발신기세트간의 전선관(평면도)]

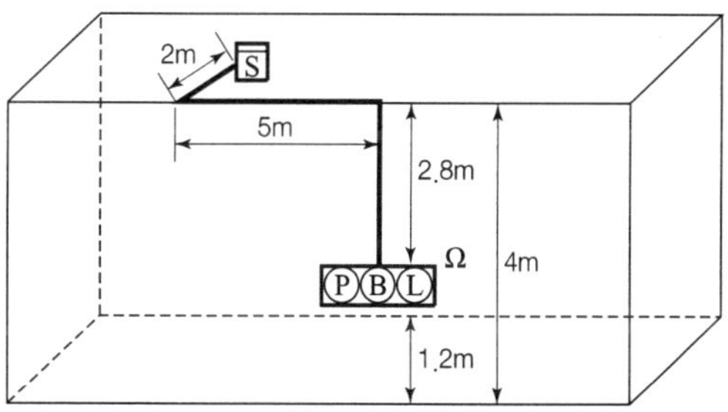

[감지기와 발신기세트간의 전선관(입면도)]

구분	산출내역	총길이
전선관	• 2+5+2.8=9.8m	9.8m
전 선	• 9.8m x 4가닥(기타방식)=39.2m	39.2m x 1.1(10% 할증)=43.12m

③ **발신기세트와 수신기간의 물량**

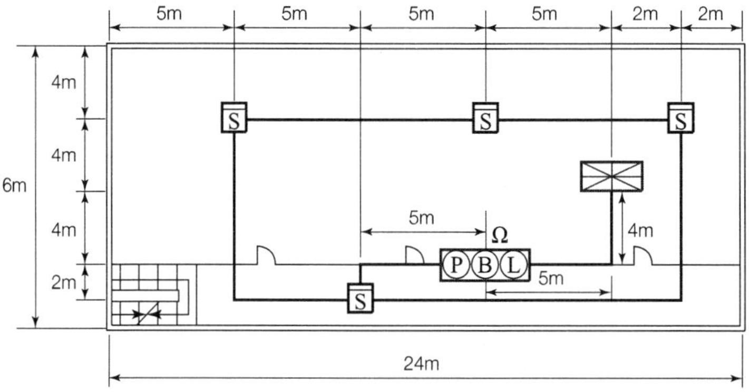

[발신기세트와 수신기간의 전선관(평면도)]

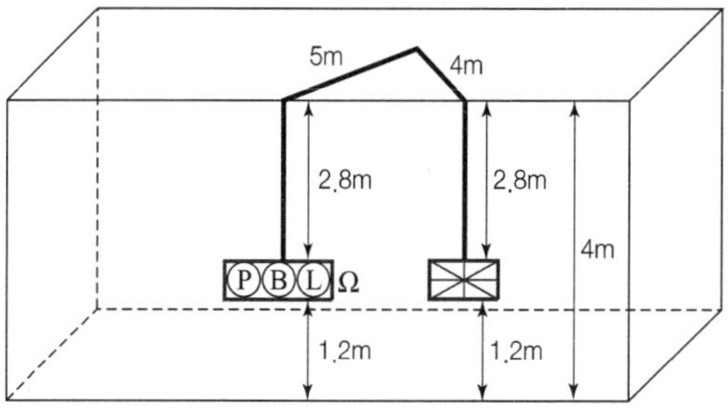

[발신기세트와 수신기간의 전선관(평면도)]

구분	산출내역	총길이
전선관	• 2.8+5+4+2.8=14.6m	14.6m
전 선	• 14.6m x 6가닥(기본 가닥수)=87.6m	87.6m x 1.1(10%할증)=96.36m

caution

① 배선, 배관의 물량 산출시 평면도 이지만 **입면도**를 고려해서 산출해야한다.

② 배선 물량 산출시 조건에 의해 **10% 가산**되는 것에 주의해야 한다.

28

다음은 자동화재탐지설비의 평면을 나타낸 도면이다. 조건을 참조하여 ①~④까지의 전선관의 굵기를 구하시오.

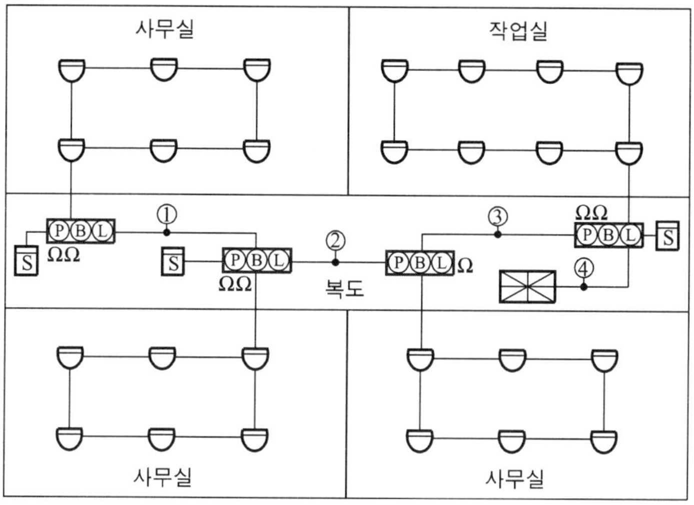

[조건]

표 1. 후강전선관의 굵기 선정표

도체 단면적 (mm²)	전선 본수									
	1	2	3	4	5	6	7	8	9	10
	전선관의 최소 굵기(mm)									
2.5	16	16	16	16	22	22	22	28	28	28
4	16	16	16	22	22	22	28	28	28	28
6	16	16	22	22	22	28	28	28	36	36
10	16	22	22	28	28	36	36	36	36	36
16	16	22	28	28	36	36	36	42	42	42
25	22	28	28	36	36	42	54	54	54	54
35	22	28	36	42	54	54	54	70	70	70
50	22	36	54	54	70	70	70	82	82	82
70	28	42	54	54	70	70	70	82	82	82
95	28	54	54	70	70	82	82	92	92	104
120	36	54	54	70	70	82	82	92		
150	36	70	70	82	92	92	104	104		
185	36	70	70	82	92	104				
240	42	82	82	92	104					

[비고] 1. 전선 1본에 대한 숫자는 접지선 및 직류회로의 전선에 적용한다.
2. 이 표는 실험결과와 경험을 토대로 하여 결정한 것이다.

표 2. 전선(피복절연물을 포함한)의 단면적

도체 단면적(mm^2)	절연체 두께(mm)	평균 완성 바깥지름(mm)	전선의 단면적(mm^2)
1.5	0.7	3.3	9
2.5	0.8	4.0	13
4	0.8	4.6	17
6	0.8	5.2	21
10	1.0	6.7	35
16	1.0	7.8	48
25	1.2	9.7	74
35	1.2	10.9	93
50	1.4	12.8	128
70	1.4	14.6	167
95	1.6	17.1	230
120	1.6	18.8	277
150	1.8	20.9	343
185	2.0	23.3	426
240	2.2	26.6	555
300	2.4	29.6	688
400	2.6	33.2	865

표 3. 절연전선을 금속관 내에 넣을 경우의 보정계수

도체 단면적(mm^2)	보정계수
2.5, 4	2.0
6, 10	1.2
16 이상	1.0

표 4. 후강전선관의 내단면적 32% 및 48%

전선관의 굵기(mm)	내단면적의 32%(mm^2)	내단면적의 48%(mm^2)	전선관의 굵기(mm)	내단면적의 32%(mm^2)	내단면적의 48%(mm^2)
16	67	101	54	732	1098
22	120	180	70	1216	1825
28	201	301	82	1701	2552
36	342	513	92	2206	3308
42	460	690	104	2843	1964

정답

① 22mm ② 28mm ③ 28mm ④ 36mm

Solution

전선관의 굵기를 구할 때에는 주어지는 표에 따라 선정해야하는데 어떤 표를 사용할 것인가에 대한 결정은 전선가닥수에 따라 결정되어진다. 즉, **전선가닥수가 10가닥 이하**일 경우에는 **표 1**을 적용하여 도체 단면적과 전선가닥수에 따른 전선관의 굵기를 선정하면 되고, **11가닥 이상**일 경우 **표 2, 3**을 적용하여 도체 단면적에 따른 피복절연물을 포함한 전선의 단면적과 절연전선

을 금속관 내에 넣을 경우의 보정계수를 적용하여 전체가닥수의 도체 단면적을 구한다. 그런 다음 **표 4**를 적용하여 동일 굵기 절연전선일 경우 48%이하, 다른 굵기 절연전선일 경우 32% 이하의 상위 값을 선택하여 전선관의 굵기를 선정한다.

<table>
<tr><th>기호</th><th>전선 가닥수</th><th>설 명</th><th>전선관 굵기</th></tr>
<tr><td>①</td><td>7</td><td>감지기 포함 배선은 1.5mm^{2}이고 감지기 제외 배선은 2.5mm^{2}이므로 표 1에서 2.5mm^{2}의 7가닥을 선택하면 전선관의 굵기는 22mm가 된다.</td><td>22mm</td></tr>
<tr><td>②</td><td>9</td><td>감지기 포함 배선은 1.5mm^{2}이고 감지기 제외 배선은 2.5mm^{2}이므로 표 1에서 2.5mm^{2}의 9가닥을 선택하면 전선관의 굵기는 28mm가 된다.</td><td>28mm</td></tr>
<tr><td>③</td><td>10</td><td>감지기 포함 배선은 1.5mm^{2}이고 감지기 제외 배선은 2.5mm^{2}이므로 2.5mm^{2}를 적용해야 하나 10가닥을 선택하면 전선관의 굵기는 28mm가 된다.</td><td>28mm</td></tr>
<tr><td>④</td><td>12</td><td>감지기 포함 배선은 1.5mm^{2}이고 감지기 제외 배선은 2.5mm^{2}이므로 2.5mm^{2}를 적용해야 하나 12가닥은 표 1로 구할 수 없으므로 표 2~4를 적용해서 구해야 한다. 도체단면적이 2.5mm^{2}일 때 표 2에서 절연전선의 단면적은 13mm^{2}이고, 절연전선을 금속관 내에 넣을 경우의 보정계수는 2.0이다.
<table>
<tr><th>도체 단면적(mm^2)</th><th>절연체 두께(mm)</th><th>평균완성 바깥지름(mm)</th><th>전선의 단면적(mm^2)</th></tr>
<tr><td>1.5</td><td>0.7</td><td>3.3</td><td>9</td></tr>
<tr><td>2.5 →</td><td>0.8</td><td>4.0</td><td>→ (13)</td></tr>
<tr><td>4</td><td>0.8</td><td>4.6</td><td>17</td></tr>
</table>
<table>
<tr><th>도체 단면적(mm^2)</th><th>보정계수</th></tr>
<tr><td>2.5, 4 →</td><td>→ (2.0)</td></tr>
<tr><td>6, 10</td><td>1.2</td></tr>
</table>
따라서 12가닥 전체의 단면적은 12가닥×13mm×2.0=312mm^{2}이다.
동일 굵기의 절연전선을 동일관 내에 넣은 경우의 금속관 굵기는 전선의 피복절연물을 포함한 단면적의 총합계가 관 내 단면적의 48% 이하가 되도록 결정(다른 굵기의 전선은 32% 이하)해야 하므로 312mm^{2}의 상위 값인 513mm^{2}의 선택하여 전선관의 굵기는 36mm가 된다.
<table>
<tr><th>전선관의 굵기(mm)</th><th>내단면적의 32%(mm^2)</th><th>내단면적의 48%(mm^2)</th></tr>
<tr><td>16</td><td>67</td><td>101</td></tr>
<tr><td>22</td><td>120</td><td>180</td></tr>
<tr><td>28</td><td>201</td><td>301</td></tr>
<tr><td>(36) ←</td><td>342</td><td>← 513</td></tr>
<tr><td>42</td><td>480</td><td>690</td></tr>
</table>
</td><td>36mm</td></tr>
</table>

29

다음은 자동화재탐지설비의 평면을 나타낸 도면이다. 다음의 조건을 참조하여 ①~⑱까지의 공사에 소요되는 자재물량과 공사비를 구하시오.

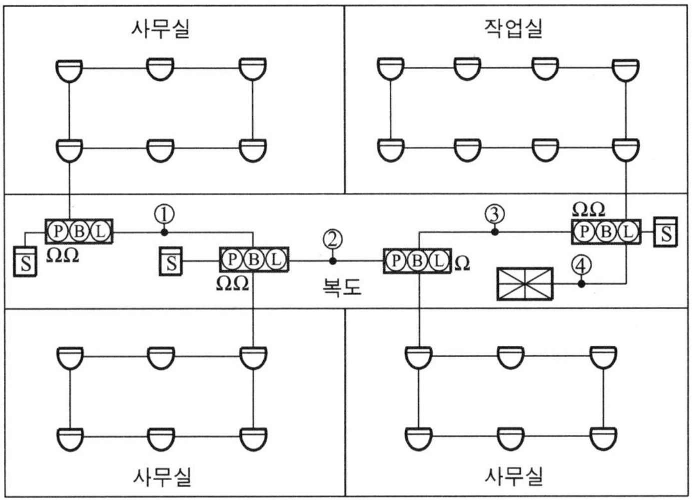

[조건]

① 주어진 도면은 1층의 평면도로 10층 건물 모든 층의 구조는 동일하다.

② 배관공사는 콘크리트 매입으로 전선관은 후강전선관을 사용한다.

③ 내선전공 1인의 1일 최저 노임단가는 100,000원으로 책정한다.

④ 공량산출 시 내선전공의 단위공량은 다음 품셈표를 찾아 적용한다.

품명	단위	내선전공 공량	품명	단위	내선전공 공량
P-1 수신기(기본 공수)	대	6	후강전선관(36mm)	m	0.2
P-1 수신기 회선당 할증	회선	0.3	전선 $1.5mm^2$	m	0.01
부수신기(기본 공수)	대	3.0	전선 $2.5mm^2$	m	0.01
아우트렛 박스	개	0.2	발신기세트	개	0.9
후강전선관(16mm)	m	0.08	연기감지기	개	0.13
후강전선관(22mm)	m	0.11	차동식 감지기	개	0.13
후강전선관(28mm)	m	0.14			

품 명	수 량	단 위	공량계(인)	공량합계(인)
수신기	(①)	대	(②)	(⑮)
발신기세트	(③)	개	(④)	
연기감지기	(⑤)	개	(⑥)	
차동식감지기	(⑦)	개	(⑧)	
후강전선관(16mm)	700	m	(⑨)	

품 명	수 량	단 위	공량계(인)	공량합계(인)
후강전선관(22mm)	320	m	(⑩)	
후강전선관(28mm)	40	m	(⑪)	
후강전선관(36mm)	20	m	(⑫)	
전선($1.5mm^2$)	3,500	m	(⑬)	
전선($2.5mm^2$)	1,000	m	(⑭)	
직접노무비				(⑯)
공구손료(3%)				(⑰)
공구손료를 고려한 공사비합계				(⑱)

정답

① 1 ② 27인 ③ 40 ④ 36인 ⑤ 30
⑥ 3.9인 ⑦ 260 ⑧ 33.8인 ⑨ 56인 ⑩ 35.2인
⑪ 5.6인 ⑫ 4인 ⑬ 35인 ⑭ 10인 ⑮ 246.5인
⑯ 24,650,000원 ⑰ 739,500원 ⑱ 25,389,500원

Solution

1) **회선**은 **종단저항 개수**를 세면 쉽게 구할 수 있다. 따라서 **한 층당 회선수**는 7개이므로 **전체 회선수**는 7회선×10층 = **70회선**이 된다.
2) 공구손료는 공구를 사용하는데 따른 손실비용으로 직접노무비의 3%까지 적용한다.
3) 공구손료를 고려한 공사비합계 = 직접노무비 + 공구손료

품 명	수 량	단위	내선전공 공량	공량계(인)	공량합계(인)
수신기	1	대	6(회선당 0.3할증)	6 + (70×0.3) = 27인	27 + 36 + 3.9 + 33.8 + 56 + 35.2 + 5.6 + 4 + 35 + 10 = 246.5인
발신기세트	4개×10층=40	개	0.9	40×0.9 = 36인	
연기감지기	3개×10층=30	개	0.13	30×0.13 = 3.9인	
차동식감지기	26개×10층=260	개	0.13	260×0.13 = 33.8인	
후강전선관(16mm)	700	m	0.08	700×0.08 = 56인	
후강전선관(22mm)	320	m	0.11	320×0.11 = 35.2인	
후강전선관(28mm)	40	m	0.14	40×0.14 = 5.6인	
후강전선관(36mm)	20	m	0.2	20×0.2 = 4인	
전선($1.5mm^2$)	3,500	m	0.01	3,500×0.01 = 35인	
전선($2.5mm^2$)	1,000	m	0.01	1,000×0.01 = 10인	
직접노무비					246.5인×100,000원 = 24,650,000원
공구손료(3%)					24,650,000원×0.03 = 739,500원
공구손료를 고려한 공사비합계					24,650,000 + 739,500 = 25,389,500

30

다음은 자동화재탐지설비의 평면을 나타낸 도면이다. 다음의 조건을 참조하여 다음 각 물음에 답하시오.

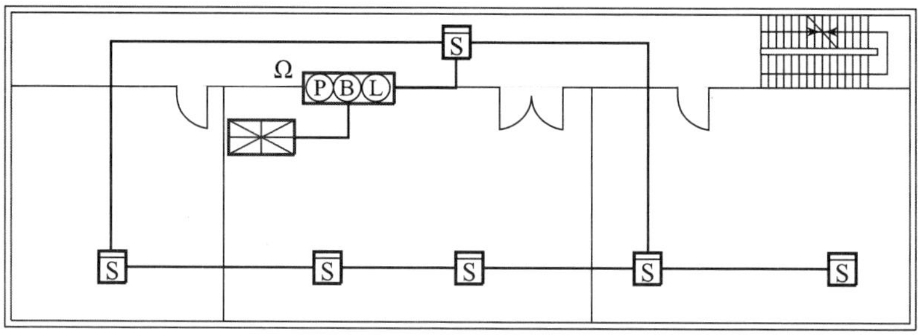

[조건] ① 바닥으로부터 천장의 높이는 3.5m이다.
② 내선전공 1인의 1일 최저 노임단가는 100,000원으로 책정한다.
③ 공량산출 시 내선전공의 단위공량은 다음 품셈 표를 찾아 적용한다.

<table>
<tr><th>공 종</th><th>단 위</th><th>내선전공</th><th colspan="3">비 고</th></tr>
<tr><td rowspan="2">수신기 P형(기본공수)
(회선수 공수 산출 가산요)</td><td rowspan="2">대</td><td rowspan="2">6.0</td><td colspan="3">회선수에 대한 산정(매 1회선에 대하여)</td></tr>
<tr><td>직종 \ 형식</td><td>P형</td><td>R형</td></tr>
<tr><td>부수신기(기본공수)</td><td>대</td><td>3.0</td><td>내선 전공</td><td>0.3</td><td>0.2</td></tr>
<tr><td>연기감지기</td><td>개</td><td>0.13</td><td colspan="3">① 천장높이 4m 기준 1m 증가 시 마다 5% 가산
② 매입형 또는 특수구조인 경우 조건에 따라 선정</td></tr>
<tr><td>시험기(공기관 포함)</td><td>개</td><td>0.15</td><td colspan="3">①, ② 상동</td></tr>
<tr><td>분포형의 공기관</td><td>m</td><td>0.023</td><td colspan="3">①, ② 상동</td></tr>
<tr><td>검출기</td><td>개</td><td>0.30</td><td colspan="3"></td></tr>
<tr><td>공기관식의 Booster</td><td>개</td><td>0.10</td><td colspan="3"></td></tr>
<tr><td>발신기 P형</td><td>개</td><td>0.30</td><td colspan="3">1급(방수형)</td></tr>
<tr><td>회로시험기</td><td>개</td><td>0.10</td><td colspan="3"></td></tr>
<tr><td>소화전 기동 릴레이</td><td>대</td><td>1.5</td><td colspan="3"></td></tr>
<tr><td>경종</td><td>개</td><td>0.15</td><td colspan="3"></td></tr>
<tr><td>표시등</td><td>개</td><td>0.20</td><td colspan="3"></td></tr>
<tr><td>표지판</td><td>개</td><td>0.15</td><td colspan="3"></td></tr>
</table>

1) 평면도 전체에 전선 가닥수를 표기하시오(표기 예 : ////).

2) 상기의 조건을 참조하여 공사에 소요되는 수량, 공량, 노임단가, 노무비를 구하시오.

품 명	규 격	단 위	수 량	공 량	노임단가(원)	노무비(원)
감지기	연기감지기	개				
발신기	P형	개				
표시등	DC 24V	개				
경 종	DC 24V	개				
전선관	16C	m	76	0.08		
전선관	28C	m	7	0.14		
전 선	HFIX $1.5mm^2$	m	208	0.01		
전 선	HFIX $2.5mm^2$	m	77	0.01		
P형 수신기	5회로	대				
					소계	

정답

1)

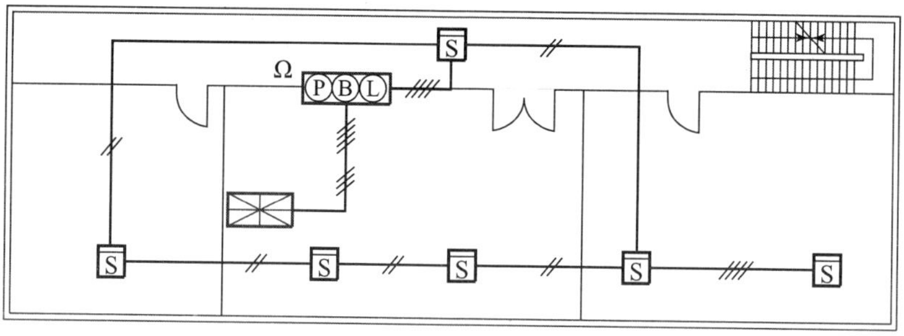

2)

품 명	규 격	단 위	수 량	공 량	노임단가(원)	노무비원)
감지기	연기감지기	개	6	0.13	100,000	78,000
발신기	P형	개	1	0.30	100,000	30,000
표시등	DC 24V	개	1	0.20	100,000	20,000
경 종	DC 24V	개	2	0.15	100,000	30,000
전선관	16C	m	76	0.08	100,000	608,000
전선관	28C	m	7	0.14	100,000	98,000
전 선	HFIX $1.5mm^2$	m	208	0.01	100,000	208,000
전 선	HFIX $2.5mm^2$	m	77	0.01	100,000	77,000
P형 수신기	5회로	대	1	(6+1×0.3)=6.3	100,000	630,000
					소계	1,779,000

Solution

1) **송배선방식**이므로 **Loop**는 **2가닥, 기타 4가닥**이어야 한다.

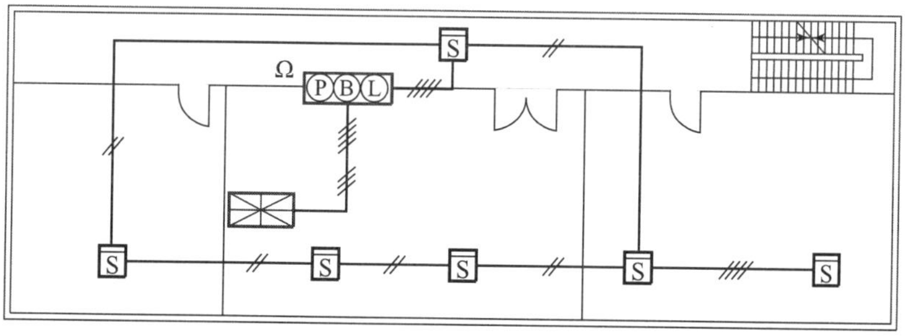

2) **경종**은 **주경종 1개**(수신기 내부 또는 직근), 발신기세트의 **지구경종 1개 총 2개**가 된다.

3) P형 수신기는 1대 5회로용이지만 실제 사용되는 회로수는 **종단저항 1개**이므로 **1회로에 대해서 수신기 할증 0.3을 적용**하면 된다(회로수는 종단저항 개수를 세면 쉽게 구할 수 있다).

31

다음은 어느 건물의 자동화재탐지설비 공사에 소요되는 자재물량이다. 주어진 품셈 표를 이용하여 내선전공의 노임요율 및 공량을 채우고 인건비를 산출하시오.

[조건]

① 내선전공 1인의 1일 최저 노임단가는 100,000원으로 책정한다.
② 공구손료는 인건비의 3%를 적용한다.
③ 콘크리트박스는 매입을 원칙으로 하며, 박스커버의 내선전공은 적용하지 않는다.
④ 빈칸에 숫자를 적을 필요가 없는 부분은 공란으로 남겨 둔다.

[표 1] 전선관 배관

(m당)

합성수지 전선관		후강 전선관		금속제 가요전선관	
관의 호칭	내선 전공	관의 호칭	내선 전공	관의 호칭	내선 전공
14	0.04				
16	0.05	16	0.08	16	0.044
22	0.06	22	0.11	22	0.059
28	0.08	28	0.14	28	0.072
36	0.10	36	0.20	36	0.087
42	0.13	42	0.25	42	0.104
54	0.19	54	0.34	54	0.136
70	0.28	70	0.44	70	0.156

[표 2] 옥내 배선

(m당, 직종 : 내선전공)

규 격[mm^2]	관내 배선	규 격[mm^2]	관내 배선
6 이하	0.010	120 이하	0.077
16 이하	0.023	150 이하	0.088
38 이하	0.031	200 이하	0.107
50 이하	0.043	250 이하	0.130
60 이하	0.052	300 이하	0.148
70 이하	0.061	325 이하	0.160
100 이하	0.064	400 이하	0.197

[표 3] 박스(box) 신설

(개당)

종 별	내선 전공	종 별	내선 전공
8각 Concrete Box	0.12	1개용 Switch Box	0.20
4각 Concrete Box	0.12	2~3개용 Switch Box	0.20
8각 Outlet Box	0.20	4~5개용 Switch Box	0.25
중형 4각 Outlet Box	0.20	노출형 Box(Concrete)	0.29
대형 4각 Outlet Box	0.20	플로어 Box	0.20

[표 4] 자동화재탐지설비 설치

<table>
<tr><th>공 종</th><th>단 위</th><th>내선전공</th><th>비 고</th></tr>
<tr><td>수신기 P형(기본공수)
(회선수 공수 산출 가산요)</td><td>대</td><td>6.0</td><td rowspan="2">회선수에 대한 산정(매 1회선에 대하여)<table><tr><th>직종＼형식</th><th>P형</th><th>R형</th></tr><tr><td>내선 전공</td><td>0.3</td><td>0.2</td></tr></table></td></tr>
<tr><td>부수신기(기본공수)</td><td>대</td><td>3.0</td></tr>
<tr><td>연기감지기</td><td>개</td><td>0.13</td><td>① 천장높이 4m 기준 1m 증가 시 마다 5% 가산
② 매입형 또는 특수구조인 경우 조건에 따라 선정</td></tr>
<tr><td>시험기(공기관 포함)</td><td>개</td><td>0.15</td><td>①, ② 상동</td></tr>
<tr><td>분포형의 공기관</td><td>m</td><td>0.023</td><td>①, ② 상동</td></tr>
<tr><td>검출기</td><td>개</td><td>0.30</td><td></td></tr>
<tr><td>공기관식의 Booster</td><td>개</td><td>0.10</td><td></td></tr>
<tr><td>발신기 P형</td><td>개</td><td>0.30</td><td>1급(방수형)</td></tr>
<tr><td>회로시험기</td><td>개</td><td>0.10</td><td></td></tr>
<tr><td>소화전 기동 릴레이</td><td>대</td><td>1.5</td><td></td></tr>
<tr><td>경종</td><td>개</td><td>0.15</td><td></td></tr>
<tr><td>표시등</td><td>개</td><td>0.20</td><td></td></tr>
<tr><td>표지판</td><td>개</td><td>0.15</td><td></td></tr>
</table>

1) 내선전공의 노임요율 및 공량

품 명	규 격	단 위	수 량	노임 요율(원)	공 량
수신기	P형 5회로	EA	1		
발신기	P형	EA	5		
경 종	DC 24V	EA	5		
표시등	DC 24V	EA	5		
연기 감지기	spot형	EA	60		
후강 전선관	steel 16호	m	70		
후강 전선관	steel 22호	m	100		
후강 전선관	steel 28호	m	400		
전 선	1.5 mm^2	m	10,000		
전 선	2.5 mm^2	m	15,000		
콘크리트 박스	4각	EA	5		
콘크리트 박스	8각	EA	55		
박스 커버	4각	EA	5		
박스 커버	8각	EA	55		
계					

2) 인건비

품 명	단 위	공 량	단가(원)	금액(원)
내선전공	인			
공구손료	식			
계				

정답

1) 내선전공의 노임요율 및 공량

품 명	규 격	단 위	수 량	노임 요율(원)	공 량
수신기	P형 5회로	EA	1	100,000원	6+(5×0.3)=7.5
발신기	P형	EA	5	100,000원	5×0.3=1.5
경 종	DC 24V	EA	5	100,000원	5×0.15=0.75
표시등	DC 24V	EA	5	100,000원	5×0.2=1.0
연기 감지기	spot형	EA	60	100,000원	60×0.13=7.8
후강 전선관	steel 16호	m	70	100,000원	70×0.08=5.6
후강 전선관	steel 22호	m	100	100,000원	100×0.11=11
후강 전선관	steel 28호	m	400	100,000원	400×0.14=56
전 선	1.5 mm^2	m	10,000	100,000원	10,000×0.01=100
전 선	2.5 mm^2	m	15,000	100,000원	15,000×0.01=150
콘크리트 박스	4각	EA	5	100,000원	5×0.12=0.6
콘크리트 박스	8각	EA	55	100,000원	55×0.12=6.6
박스 커버	4각	EA	5		
박스 커버	8각	EA	55		
계					348.35

2) 인건비

품 명	단 위	공 량	단가(원)	금액(원)
내선전공	인	348.35	100,000	34,835,000
공구손료	식	3%	34,835,000	1,045,050
계				35,880,050

Solution

1) P형 수신기는 1대 5회로용이지만 예제 5와는 다르게 **실제 사용되는 회로수(종단저항)가 없으므로 규격**에서 적용된 **5회로**를 적용한다. 단, **실제 사용되는 회로수(종단저항)가 있다면** 규격을 적용하는 것이 아니고 실제 사용되는 회로수(**종단저항**)를 적용해야 한다.
2) [조건 ③, ④]에 의해 박스커버의 내선전공은 적용하지 않고 **공란**으로 남겨 두어야 하며, 박스커버의 내선전공이 없으므로 공량도 공란으로 남겨 두어야 한다.

32

다음은 옥내소화전설비 계통도이다. ①~⑤까지의 최소 가닥수를 산정하고 배선용도를 구하시오.

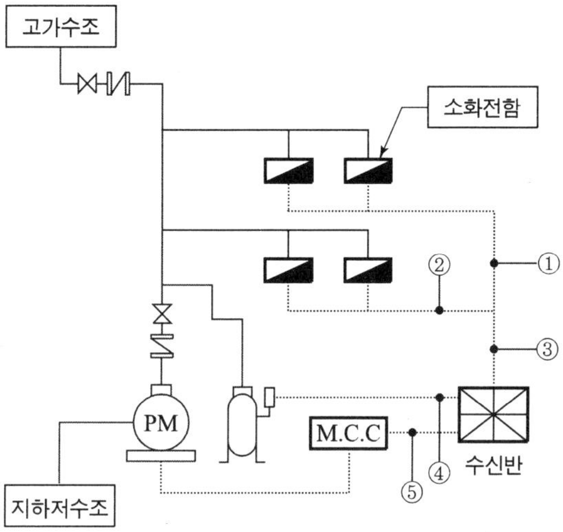

정답

기호	배선위치		가닥	배선용도(내역)
①, ②,③	소화전함 ↔ 수신반	수동기동	5	기동1, 정지1, 공통1, 기동확인표시등2
		자동기동	2	기동확인표시등2
④	압력탱크 ↔ 수신반		2	압력스위치2
⑤	MCC ↔ 수신반		5(4)	기동1, 정지1, 공통1, 기동확인표시등1, **전원표시등1(조건)**

Solution

기호	배선위치		가닥	배선내역	배선용도
①, ②,③	소화전함 ↔ 수신반	수동기동	5	HFIX2.5-5	기동1, 정지1, 공통1, 기동확인표시등2
		자동기동	2	HFIX2.5-2	기동확인표시등2
④	압력탱크 ↔ 수신반		2	HFIX2.5-2	압력스위치2
⑤	MCC ↔ 수신반		5(4)	HFIX2.5-5(4)	기동1, 정지1, 공통1, 기동확인표시등1, **전원표시등1(조건)**

① **옥내소화전설비**의 **도면문제**에서는 수신기(반)와 소화전함 사이의 배선 가닥수 때문에 반드시 **기동방식**이 **수동(On－Off)방식**인지 **자동(기동용수압개폐장치)방식**인지를 **구분**해야 한다. **수동방식**인 경우 **기동 1가닥, 정지 1가닥, 공통선 1가닥, 기동확인표시등 2가닥**으로 전체 **5가닥**이 되지만 **자동방식**인 경우 **기동확인표시등 2가닥**만 존재한다.

② MCC와 수신반 사이의 배선가닥수는 **전원표시등**의 **추가** 또는 **생략** 여부에 따라 전체 가닥

수는 **4가닥** 또는 **5가닥**이 되며 배선용도는 기동 1가닥, 정지 1가닥, 공통선 1가닥, 기동확인표시등 1가닥, 전원표시등1(생략) 또는 전원표시등1(추가)가 된다. 만약, **4가닥이라면 전원표시등1(생략)**이라고 표시해야하며, **5가닥이라면 전원표시등1(추가)**라고 표시해야 한다.

33

다음은 옥내소화전설비 계통도이다. ①~④까지의 최소 가닥수를 산정하고 배선용도를 구하시오.

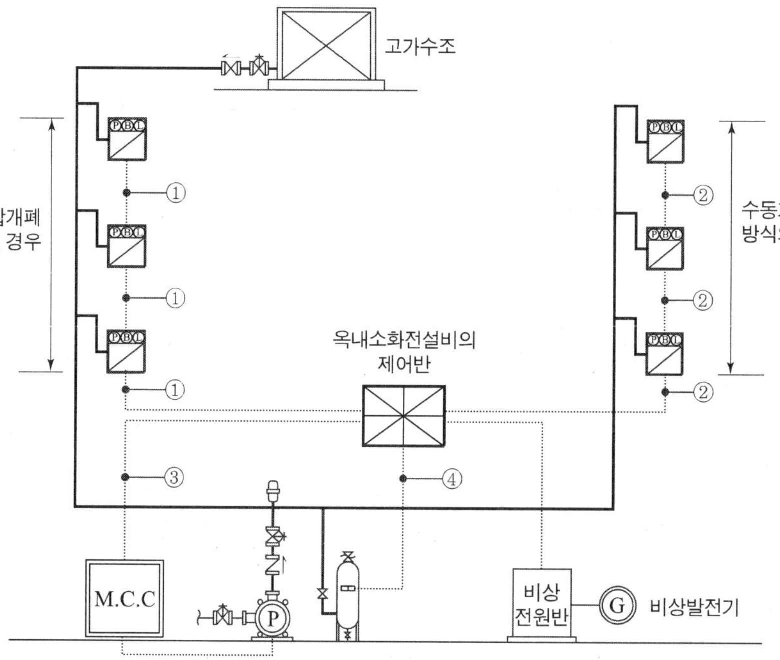

정답

기호	배선위치	가닥수	배선용도
①	소화전함 ↔ 수신반	2	기동확인표시등2
②	소화전함 ↔ 수신반	5	기동1, 정지1, 공통1, 기동확인표시등2
③	MCC ↔ 수신반	4	기동1, 정지1, 공통1, 기동확인표시등1, **전원표시등1(생략)**
④	압력쳄버 ↔ 수신반	2	압력스위치2

Solution

기호	배선위치	가닥수	배선내역	배선용도
①	소화전함 ↔ 수신반	2	HFIX2.5-2	기동확인표시등2
②	소화전함 ↔ 수신반	5	HFIX2.5-5	기동1, 정지1, 공통1, 기동확인표시등2
③	MCC ↔ 수신반	4	HFIX2.5-4	기동1, 정지1, 공통1, 기동확인표시등1, **전원표시등1(생략)**
④	압력쳄버 ↔ 수신반	2	HFIX2.5-2	압력스위치2

① 옥내소화전설비의 도면문제에서는 수신기(반)와 소화전함 사이의 배선 가닥수 때문에 반드시 기동방식이 수동(On－Off)방식인지 자동(기동용수압개폐장치)방식인지를 구분해야 한다. **수동방식**인 경우 **기동 1가닥, 정지 1가닥, 공통선 1가닥, 기동확인표시등 2가닥**으로 전체 **5가닥**이 되지만 **자동방식**인 경우 **기동확인표시등 2가닥**만 존재한다.

② 기호 **①번**에서 수신기(반)와 소화전함 사이의 배선 가닥수는 **기동방식**이 **수압개폐방식으로 자동기동방식**이 되므로 기동확인표시등 **2가닥**만 존재한다.

③ 기호 **②번**에서 수신기(반)와 소화전함 사이의 배선 가닥수는 **기동방식**이 **수동기동방식**이므로 기동 1가닥, 정지 1가닥, 공통선 1가닥, 기동확인표시등 2가닥으로 전체 **5가닥**이 된다.

④ 기호 **③번**에서 MCC와 수신반 사이의 배선가닥수는 전원표시등의 추가 또는 생략 여부에 따라 전체 가닥수는 4가닥 또는 5가닥이 되는데 배선용도에서 **전원표시등1(생략)** 되어서 배선 가닥수는 **4가닥**이 된다.

34

다음은 옥내소화전설비의 감시 및 동력제어반의 연결계통도이다. ①~⑦까지의 최소 가닥수를 산정하고 배선용도를 구하시오.

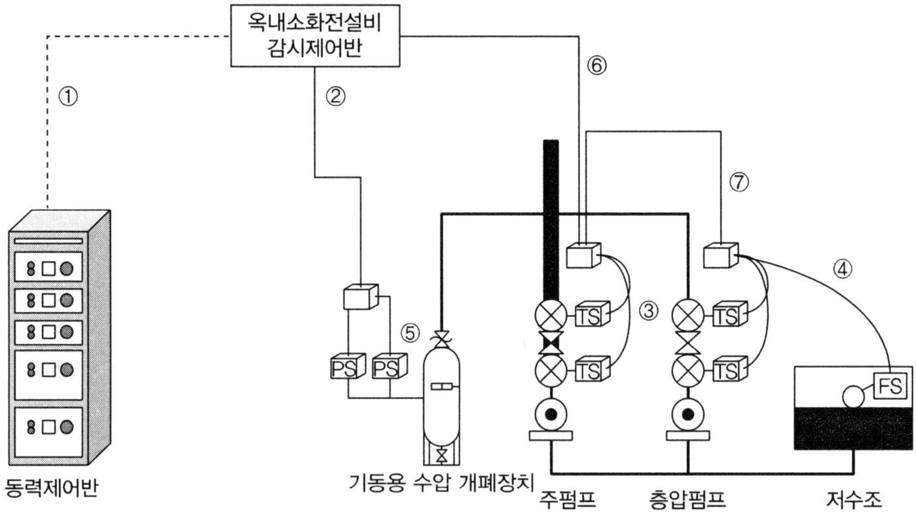

정답

기호	가닥수	배선용도
①	4	기동1, 정지1, 공통1, 기동확인표시등1, 전원표시등1(생략)
②	3	압력스위치2, 공통1
③	2	탬퍼스위치2
④	2	플로트스위치2
⑤	2	압력스위치2
⑥	6	탬퍼스위치4, 플로트스위치1, 공통1
⑦	4	탬퍼스위치2, 플로트스위치1, 공통1

Solution

기호	가닥수	배선내역	배선용도
①	4	HFIX 2.5-4	기동1, 정지1, 공통1, 기동확인표시등1, 전원표시등1(생략)
②	3	HFIX 2.5-3	압력스위치2, 공통1
③	2	HFIX 2.5-2	탬퍼스위치2
④	2	HFIX 2.5-2	플로트스위치2
⑤	2	HFIX 2.5-2	압력스위치2
⑥	6	HFIX 2.5-6	탬퍼스위치4, 플로트스위치1, 공통1
⑦	4	HFIX 2.5-4	탬퍼스위치2, 플로트스위치1, 공통1

35

다음은 옥내소화전설비 감시제어반의 기능에 대한 적합기준이다. 다음 ( )안에 알맞은 내용을 쓰시오.

1) 각 펌프의 작동여부를 확인할 수 있는 (①) 및 (②) 기능이 있을 것
2) 수조 및 물올림탱크가 (③)로 될 때 표시등 및 음향으로 경보할 것
3) 각 확인회로(기동용 수압개폐장치의 압력스위치회로 · 수조 또는 물올림탱크의 감시회로를 말한다)마다 (④)시험 및 (⑤)시험을 할 수 있어야 할 것

정답

① 표시등 ② 음향경보 ③ 저수위 ④ 도통 ⑤ 작동

Solution

1) **옥내소화전설비**의 **감시제어반**의 **적합기준**(국가화재안전기술기준 NFTC 102 2.6.2)
   ① 각 펌프의 작동여부를 확인할 수 있는 **표시등** 및 **음향경보**기능이 있어야 할 것
   ② 각 펌프를 **자동** 및 **수동**으로 작동시키거나 중단시킬 수 있어야 할 것
   ③ 비상전원을 설치한 경우에는 **상용전원** 및 **비상전원**의 공급여부를 확인할 수 있어야 할 것
   ④ 수조 또는 물올림탱크가 **저수위**로 될 때 **표시등** 및 **음향**으로 경보할 것
   ⑤ 각 확인회로(**기동용수압개폐장치**의 **압력스위치회로** · **수조** 또는 **물올림탱크**의 **감시회로**를 말한다)마다 **도통시험** 및 **작동시험**을 할 수 있어야 할 것
   ⑥ 예비전원이 확보되고 예비전원의 적합여부를 시험할 수 있어야 할 것

2) **감시제어반**에서 **도통시험** 및 **작동시험** 확인회로
   ① 스프링클러설비 [일.급.수.기.유]
      ㉠ **일**제개방밸브를 사용하는 설비의 **화재감지기회로**
      ㉡ **급**수배관 **개폐밸브**의 **폐쇄상태 확인회로**
      ㉢ **수**조 및 물올림탱크의 **저수위 감시회로**
      ㉣ **기**동용 수압개폐장치의 **압력스위치회로**
      ㉤ **유**수검지장치 또는 일제개방밸브의 **압력스위치회로**
   ② 화재조기진압용 스프링클러설비 [급.수.기.유]
   ③ 옥내, 옥외, 물분무, 포소화설비 [수.기]

36

다음은 스프링클러설비 계통도의 일부분이다. ①~⑤까지의 최소 가닥수를 산정하고 배선용도를 구하시오.

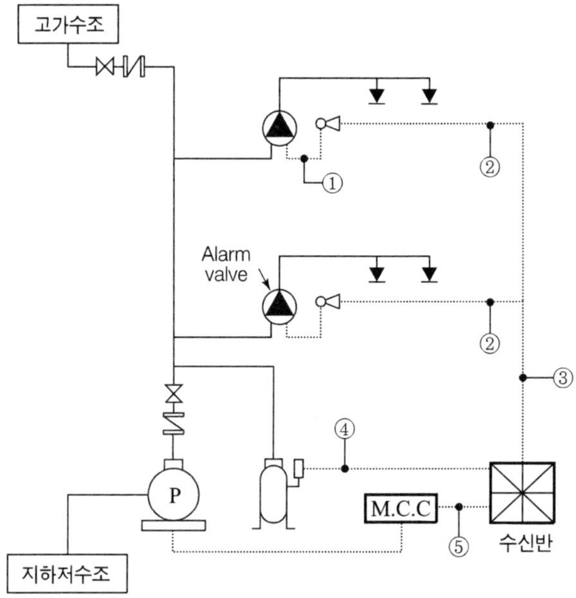

정답

기호	가닥수	배선용도
①	3	공통선1, 유수검지스위치1, 탬퍼스위치1
②	4	공통선1, 유수검지스위치1, 사이렌1, 탬퍼스위치1
③	7	공통선1, **(유수검지스위치1, 사이렌1, 탬퍼스위치1) × 2**
④	2	압력스위치2
⑤	5	기동1, 정지1, 공통1, 기동확인표시등1, 전원표시등1(추가)

Solution

기호	가닥수	배선내역	배선용도
①	3	HFIX2.5-3	공통선1, 유수검지스위치1, 탬퍼스위치1
②	4	HFIX2.5-4	공통선1, 유수검지스위치1, 사이렌1, 탬퍼스위치1
③	7	HFIX2.5-7	공통선1, **(유수검지스위치1, 사이렌1, 탬퍼스위치1) × 2**
④	2	HFIX2.5-2	압력스위치2
⑤	5	HFIX2.5-5	기동1, 정지1, 공통1, 기동확인표시등1, 전원표시등1(추가)

① 기호 **①번**에서 습식 V/V와 사이렌 사이의 배선 가닥수는 유수검지스위치 1가닥, 탬퍼스위치 1가닥, 공통선 1가닥으로 전체 **3가닥**이 된다.

② 기호 **②번**에서 사이렌과 수신반 사이의 배선 가닥수는 유수검지스위치 1가닥, 사이렌 1가닥, 탬퍼스위치 1가닥, 공통선 1가닥으로 전체 **4가닥**이 된다.

③ 습식 V/V와 수신반 사이의 배선 가닥수는 기호 ②번과 같이 유수검지스위치 1가닥, 사이렌 1가닥, 탬퍼스위치 1가닥, 공통선 1가닥으로 전체 4가닥이 오다가 그중에서 기호 ①과 같이 유수검지스위치 1가닥, 공통선 1가닥 전체 3가닥만 습식 V/V에 이르게 된다. 기호 ①, ②의 실제 배선도를 나타내면 다음과 같다.

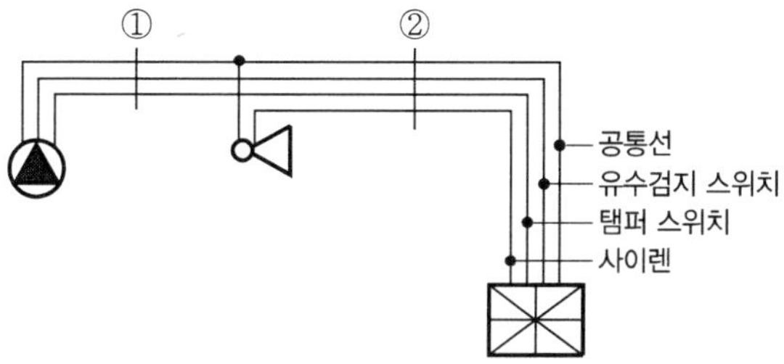

④ 스프링클러설비의 도면문제에서는 Zone이라는 개념이 도입되는데 Zone수에 따라 배선가닥수가 다르게 표현된다. **습식과 건식 스프링클러설비에서의 Zone수는 습식 또는 건식 V/V 수를 세면되고, 준비작동식과 일제살수식 스프링클러설비에서의 Zone수는 준비작동식 또는 일제살수식 V/V수나 SVP(Super Visory control Panel)수를 세면된다.** 따라서, 기호 **③번**에서 사이렌과 수신반 사이의 배선 가닥수는 Zone수(습식V/V 수)가 2개로 공통선 1가닥, 유수검지스위치 2가닥, 사이렌 2가닥, 탬퍼스위치 2가닥으로 전체 **7가닥**이 된다. 이것을 공통선 1가닥, (유수검지스위치 1가닥, 사이렌 1가닥, 탬퍼스위치 1가닥) × 2(Zone수)로 표현하기도 한다.

⑤ 기호 **⑤번**에서 MCC와 수신반 사이의 배선가닥수는 전원표시등의 추가 또는 생략 여부에 따라 전체 가닥수는 4가닥 또는 5가닥이 되는데 배선용도에서 **전원표시등1(생략)** 되어서 배선 가닥수는 **4가닥**이 된다.

caution

만약 '각 유수검지장치에 탬퍼스위치는 부착되어 있지 않은 것으로 한다' 라는 조건이 있으면 ①번은 유수검지스위치 2가닥, ②번은 3가닥, ③번은 5가닥이 된다.

37

다음은 스프링클러설비 계통도의 일부분이다. ①~⑤까지의 최소 가닥수를 산정하고 배선용도를 구하시오.

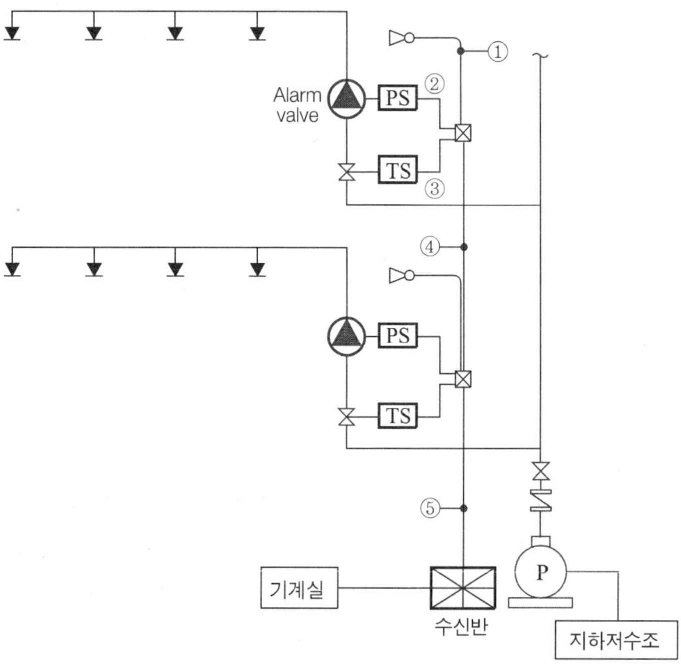

정답

기호	가닥수	배선용도
①	2	사이렌2
②	2	유수검지스위치2
③	2	밸브모니터링스위치2
④	4	공통선1, 유수검지스위치1, 사이렌1, 밸브모니터링스위치1
⑤	7	공통선1, (유수검지스위치1, 사이렌1, 밸브모니터링스위치1)×2

Solution

기호	가닥수	배선내역	배선용도
①	2	HFIX2.5-2	사이렌2
②	2	HFIX2.5-2	유수검지스위치2
③	2	HFIX2.5-2	밸브모니터링스위치2
④	4	HFIX2.5-4	공통선1, 유수검지스위치1, 사이렌1, 밸브모니터링스위치1
⑤	7	HFIX2.5-7	공통선1, **(유수검지스위치1, 사이렌1, 밸브모니터링스위치1)×2**

① 기호 ①번에서의 배선 가닥수는 사이렌 1가닥, 공통선 1가닥으로 전체 2가닥이 되는데 일반적으로 사이렌 2가닥이라고 표현한다.

② 기호 ②번에서의 배선 가닥수는 유수검지스위치 1가닥, 공통선 1가닥으로 전체 2가닥이 되는데 일반적으로 유수검지스위치 2가닥이라고 표현한다.

③ 기호 ③번에서의 배선 가닥수는 밸브모니터링스위치 1가닥, 공통선 1가닥으로 전체 2가닥이 되는데 일반적으로 밸브모니터링스위치 2가닥이라고 표현한다.

④ 기호 ④번의 **습식 스프링클러설비** 배선내역은 다음과 같다.

배 선	설치유무	비고
• 공통선	1선	Zone수와 무관
• 유수검지스위치(PS)	▲	Zone수마다 증가 (습식, 건식 V/V수를 센다)
• 사이렌	▲	
• 밸브모니터링스위치(TS)	▲	

⑤ 스프링클러설비의 도면문제에서는 Zone이라는 개념이 도입되는데 Zone수에 따라 배선가닥수가 다르게 표현된다. **습식과 건식 스프링클러설비에서의 Zone수는 습식 또는 건식 V/V 수를 세면된다.** 기호 **⑤번**에서의 배선 가닥수는 Zone수(습식V/V 수)가 2개로 공통선 1가닥, 유수검지스위치 2가닥, 사이렌 2가닥, 밸브모니터링스위치 2가닥으로 전체 **7가닥**이 된다. 이것을 공통선 1가닥, (유수검지스위치 1가닥, 사이렌 1가닥, 밸브모니터링스위치 1가닥) × 2(Zone수)으로 표현하기도 한다.

38

다음은 스프링클러설비 계통도의 일부분이다. ①~⑥까지의 최소 가닥수를 산정하고 배선용도를 구하시오.

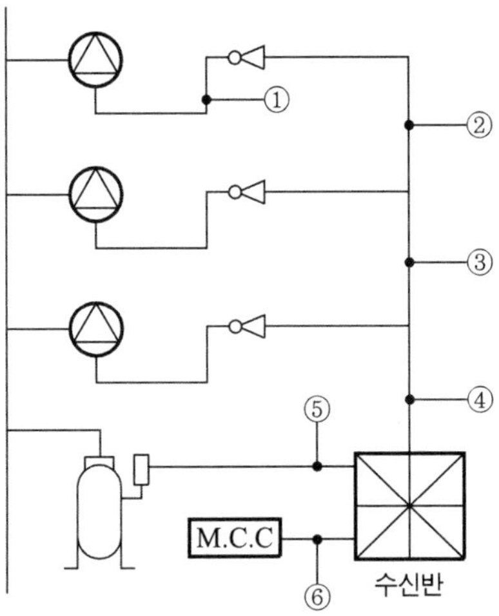

정답

기호	가닥수	배선용도
①	3	공통선1, 유수검지스위치1, 탬퍼스위치1
②	4	공통선1, 유수검지스위치1, 사이렌1, 탬퍼스위치1
③	7	공통선1, **(유수검지스위치1, 사이렌1, 탬퍼스위치1) × 2**
④	10	공통선1, **(유수검지스위치1, 사이렌1, 탬퍼스위치1) × 3**
⑤	2	압력스위치2
⑥	5	기동1, 정지1, 공통1, 기동확인표시등1, 전원표시등1(추가)

Solution

기호	가닥수	배선내역	배선용도
①	3	HFIX2.5-3	공통선1, 유수검지스위치1, 탬퍼스위치1
②	4	HFIX2.5-4	공통선1, 유수검지스위치1, 사이렌1, 탬퍼스위치1
③	7	HFIX2.5-7	공통선1, **(유수검지스위치1, 사이렌1, 탬퍼스위치1) × 2**
④	10	HFIX2.5-10	공통선1, **(유수검지스위치1, 사이렌1, 탬퍼스위치1) × 3**
⑤	2	HFIX2.5-2	압력스위치2
⑥	5	HFIX2.5-5	기동1, 정지1, 공통1, 기동확인표시등1, 전원표시등1(추가)

① 기호 **①번**에서 건식 V/V와 사이렌 사이의 배선 가닥수는 유수검지스위치 1가닥, 탬퍼스위치 1가닥, 공통선 1가닥으로 전체 **3가닥**이 된다.

② 기호 **②번**에서 사이렌과 수신반 사이의 배선 가닥수는 공통선 1가닥, 유수검지스위치 1가닥, 사이렌 1가닥, 탬퍼스위치 1가닥으로 전체 **4가닥**이 된다.

③ 건식 V/V와 수신반 사이의 배선 가닥수는 기호 ②번과 같이 유수검지스위치 1가닥, 사이렌 1가닥, 탬퍼스위치 1가닥, 공통선 1가닥으로 전체 **4가닥**이 오다가 그중에서 기호 ①과 같이 유수검지스위치 1가닥, 탬퍼스위치 1가닥, 공통선 1가닥 전체 **3가닥**만 건식 V/V에 이르게 된다. 기호 ①, ②의 실제 배선도를 나타내면 다음과 같다.

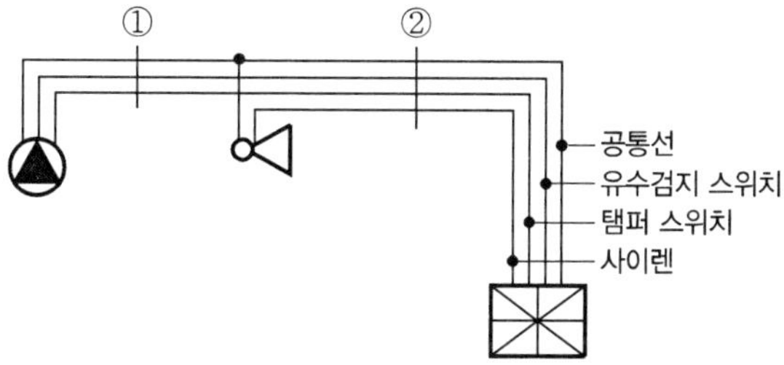

④ 스프링클러설비의 도면문제에서는 Zone이라는 개념이 도입되는데 Zone수에 따라 배선가닥수가 다르게 표현된다. **습식과 건식 스프링클러설비에서의 Zone수는 습식 또는 건식 V/V수를 세면 되고, 준비작동식과 일제살수식 스프링클러설비에서의 Zone수는 준비작동식 또는 일제살수식 V/V수나 SVP(Super Visory control Panel)수를 세면된다.** 따라서, 기호 **③번**에서 사이렌과 수신반 사이의 배선 가닥수는 Zone수(건식V/V 수)가 2개로 공통선 1가닥, 유수검지스위치 2가닥, 탬퍼스위치 2가닥, 사이렌 2가닥으로 전체 **7가닥**이 된다. 이것을 공통선 1가닥, (유수검지스위치 1가닥, 탬퍼스위치 1가닥, 사이렌 1가닥) × 2(Zone수)으로 표현하기도 한다.

⑤ 기호 **④번**에서 사이렌과 수신반 사이의 배선 가닥수는 Zone수(건식V/V 수)가 3개로 공통선 1가닥, 유수검지스위치 3가닥, 탬퍼스위치 3가닥, 사이렌 3가닥으로 전체 **10가닥**이 된다. 이것을 공통선 1가닥, (유수검지스위치 1가닥, 탬퍼스위치 1가닥, 사이렌 1가닥) × 3(Zone수)으로 표현하기도 한다.

⑥ 기호 **⑤번**에서 MCC와 수신반 사이의 배선가닥수는 전원표시등의 추가 또는 생략 여부에 따라 전체 가닥수는 4가닥 또는 5가닥이 되는데 배선용도에서 **전원표시등1(추가)** 되어서 배선 가닥수는 **5가닥**이 된다.

caution

습식 스프링클러설비와 **건식 스프링클러설비**의 배선내역은 다음과 같이 동일하다.

배 선	설치유무	비고
• 공통선	1선	Zone수와 무관
• 유수검지스위치(PS)	▲	Zone수마다 증가 (습식, 건식 V/V수를 센다)
• 사이렌	▲	
• 밸브모니터링스위치(TS)	▲	

39

다음은 준비작동식 스프링클러설비 계통도의 일부분이다. ①~⑫까지의 최소 가닥수를 산정하고 배선용도를 구하시오.

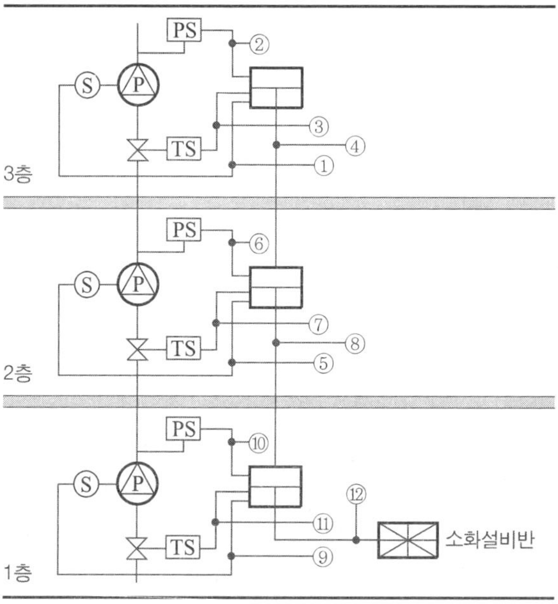

정답

기호	가닥수	배선용도
①, ⑤, ⑨	2	솔레노이드밸브기동(SV)2
②, ⑥, ⑩	2	압력스위치(PS)2
③, ⑦, ⑪	2	밸브모니터링스위치(TS)2
④	7	전원(+)1, 전원(−)1, 전화1, SV1, PS1, TS1, 사이렌1
⑧	11	**전원(+)1, 전원(−)1, 전화1, (SV1, PS1, TS1, 사이렌1)×2**
⑫	15	전원(+)1, 전원(−)1, 전화1, (SV1, PS1, TS1, 사이렌1)×3

Solution

기호	가닥수	배선내역	배선용도
①, ⑤, ⑨	2	HFIX2.5-2	솔레노이드밸브기동(SV)2
②, ⑥, ⑩	2	HFIX2.5-2	압력스위치(PS)2
③, ⑦, ⑪	2	HFIX2.5-2	밸브모니터링스위치(TS)2
④	7	HFIX2.5-7	전원(+)1, 전원(−)1, 전화1, SV1, PS1, TS1, 사이렌1
⑧	11	HFIX2.5-11	**전원(+)1, 전원(−)1, 전화1, (SV1, PS1, TS1, 사이렌1)×2**
⑫	15	HFIX2.5-15	전원(+)1, 전원(−)1, 전화1, (SV1, PS1, TS1, 사이렌1)×3

① 기호 **①, ⑤, ⑨번**에서의 배선 가닥수는 솔레노이드밸브 기동인 밸브기동 **2가닥**이 된다.
② 기호 **②, ⑥, ⑩번**에서의 배선 가닥수는 압력스위치(PS)인 밸브개방확인 **2가닥**이 된다.
③ 기호 **③, ⑦, ⑪번**에서의 배선 가닥수는 밸브모니터링스위치(TS)인 밸브주의 **2가닥**이 된다.
④ **준비작동식**과 **일제살수식 스프링클러설비**의 도면문제에서 배선내역은 아래와 같다.

배 선	설치유무	비고
• 감지기공통	▲(조건)	Zone수와 무관
• 전원 (+)	▲	
• 전원 (−)	▲	
• 전화	▲	
• 감지기 A	▲	Zone수마다 증가 (V/V 또는 SVP수를 센다)
• 감지기 B	▲	
• 밸브기동(SV)	▲	
• 밸브개방확인(PS)	▲	
• 밸브주의(TS)	▲	
• 사이렌	▲	
• 수동기동	▲(조건)	

이 때 도면에서 **감지기공통, 수동기동**이 없거나 조건에서 언급이 없으면 배선내역에서 삭제된다. 예를 들어, 기호 **④번**에서 중계기와 중계기 사이의 배선 가닥수는 도면과 조건에서 별다른 언급이 없으므로 **감지기공통, 수동기동은 삭제**되고 감지기와 연결된 배선도 없으므로 **감지기 A, 감지기 B도 삭제**된다. 따라서 기호 ④의 배선내역은 전원(+) 1가닥, 전원(−) 1가닥, 전화 1가닥, 밸브기동(SV) 1가닥, 밸브개방확인(PS) 1가닥, 밸브주의(TS) 1가닥, 사이렌 1가닥으로 전체 **7가닥**이 된다.

⑤ 스프링클러설비의 도면문제에서는 Zone이라는 개념이 도입되는데 Zone수에 따라 배선가닥수가 다르게 표현된다. **준비작동식과 일제살수식 스프링클러설비에서의 Zone수는 준비작동식 또는 일제살수식 V/V수나 SVP (Super Visory control Panel)수를 세면된다.** Zone수에 따라 증가되는 배선내역에는 감지기 A, 감지기 B, 밸브기동(SV), 밸브개방확인(PS), 밸브주의(TS), 사이렌, 수동기동이 있다. 이때도 수동기동은 도면이나 조건에서 언급이 없으면 배선내역에서 삭제된다. 따라서 기호 **⑧번**에서 중계기와 중계기 사이의 배선 가닥수는 **Zone수(준비작동식V/V 수)가 2개**로 밸브기동(SV) 2가닥, 밸브개방확인(PS) 2가닥, 밸브주의(TS) 2가닥, 사이렌 2가닥, 전원(+) 1가닥, 전원(−) 1가닥, 전화 1가닥으로 전체 **11가닥**이 된다. 이것을 (SV 1가닥, PS 1가닥, TS 1가닥, 사이렌 1가닥) × 2(Zone수), 전원(+) 1가닥, 전원(−) 1가닥, 전화 1가닥으로 표현하기도 한다.

⑥ 기호 **⑫번**에서 중계기와 소화설비반 사이의 배선 가닥수는 **Zone수(준비작동식V/V 수)가 3개**로 밸브기동(SV) 3가닥, 밸브개방확인(PS) 3가닥, 밸브주의(TS) 3가닥, 사이렌 3가닥, 전원(+) 1가닥, 전원(−) 1가닥, 전화 1가닥으로 전체 **15가닥**이 된다. 이것을 (SV 1가닥, PS 1가닥, TS 1가닥, 사이렌 1가닥) × 3(Zone수), 전원(+) 1가닥, 전원(−) 1가닥, 전화 1가닥으로 표현하기도 한다.

caution

① **준비작동식**과 **일제살수식 스프링클러설비**의 **도면문제**에서 배선내역은 감지기공통, 전원(+), 전원(−), 전화, 감지기 A, 감지기 B, 밸브기동(SV), 밸브개방확인(PS), 밸브주의(TS), 사이렌, 수동기동 각 1가닥으로 **전체 11가닥**이 된다. 이 때 도면에서 **감지기공통, 수동기동**이 **없거나 조건에서 언급이 없으면 삭제되어** 배선가닥수는 **전체 9가닥**이 된다.

② 준비작동식과 일제살수식 스프링클러설비의 도면문제에서 **감지기공통, 감지기 A, 감지기 B 배선내역**은 도면이나 조건에 언급되어 있다고 하더라도 구하고자 하는 배선에서의 가닥수에 **감지기와 관계가 없다면 삭제**된다.

40

다음은 준비작동식 스프링클러설비 계통도의 일부분이다. ①~④까지의 최소 가닥수를 산정하고 배선용도를 구하시오.

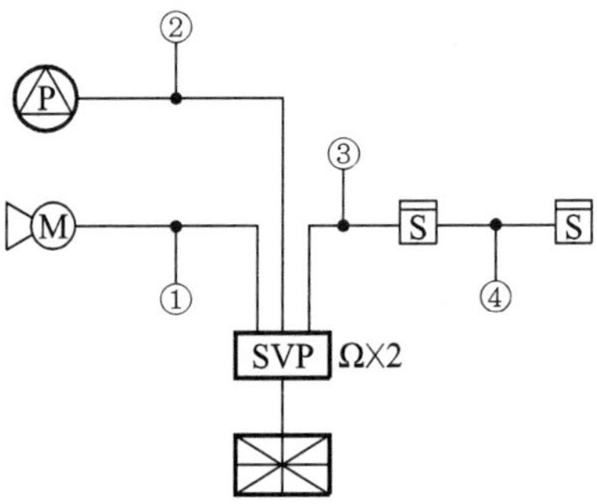

정답

기호	가닥수	배선용도
①	2	모터사이렌2
②	6(4)	밸브기동(SV)2, 밸브개방확인(PS)2, 밸브주의(TS)2
③	8	지구선4, 공통선4
④	4	지구선2, 공통선2

Solution

기호	가닥수	배선내역	배선용도
①	2	HFIX2.5-2	모터사이렌2
②	6(4)	HFIX2.5-6(4)	밸브기동(SV)2, 밸브개방확인(PS)2, 밸브주의(TS)2
③	8	HFIX1.5-8	**지구선4, 공통선4**
④	4	HFIX1.5-4	**지구선2, 공통선2**

① 기호 **①번**에서의 배선 가닥수는 모터사이렌 **4가닥**이 된다.

② 기호 **②번**에서의 배선 가닥수는 준비작동식 밸브와 관련된 **밸브기동(SV) 2가닥, 밸브개방확인(PS) 2가닥, 밸브주의(TS) 2가닥**으로 전체 **6가닥**이 된다. ②번 배선용도에서 '**(4)**'는 **준비작동식밸브**의 **공통선**을 **공통(1가닥)**으로 사용한 경우이다.

③ **준비작동식 스프링클러설비**의 도면문제에서 **감지기 배선방식**은 **교차회로방식**이므로 **Loop, 말단인 경우 지구선 2가닥, 공통선 2가닥으로 전체 4가닥**이 되며 **Loop, 말단이 아닌 경우 지구선 4가닥, 공통선 4가닥으로 전체 8가닥**이 된다. 따라서 기호 **③번**에서의 배선 가닥수는 Loop, 말단이 아닌 경우로 지구선 4가닥, 공통선 4가닥으로 전체 **8가닥**이 된다. 기호 **④번**에서의 배선 가닥수는 말단인 경우로 지구선 2가닥, 공통선 2가닥으로 전체 **4가닥**이 된다.

caution

① 스프링클러설비의 도면문제에서는 감지기간, 감지기와 발신기, 감지기와 수신기(반) 사이의 배선 가닥수 때문에 반드시 감지기 배선방식이 송배선방식인지 교차회로방식인지를 구분해야 한다. **습식과 건식 스프링클러설비는 송배선방식이며 준비작동식과 일제살수식 스프링클러설비는 교차회로방식**이다.

② 송배선방식의 Loop인 경우 **지구선 1가닥, 공통선 1가닥**으로 전체 2가닥이 되며, Loop가 아닌 경우 **지구선 2가닥, 공통선 2가닥**이 되어 전체 **4가닥**이 된다.

③ 교차회로방식의 Loop, 말단인 경우 **지구선 2가닥, 공통선 2가닥**으로 전체 4가닥이 되며, Loop, 말단이 아닌 경우 **지구선 4가닥, 공통선 4가닥**이 되어 전체 **8가닥**이 된다.

④ 준비작동식밸브의 배선내역은 공통선을 별도로 사용하여 밸브기동(SV)2, 밸브개방확인(PS)2, 밸브주의(TS)2로 사용되었으나, 최근에는 공통선을 공통(1가닥)으로 사용하여 밸브기동(SV)1, 밸브개방확인(PS)1, 밸브주의(TS)1, 공통선1로 사용하기도 한다. 따라서 **②번** 배선내역에서 **6가닥**을 사용할 경우에는 '준비작동식밸브의 **공통선**을 **별도**로 **사용**한다'라고 표기하고, **4가닥**을 사용할 경우 '준비작동식밸브의 **공통선**을 **공통(1가닥)**으로 **사용**한다'라고 표기한다.

⑤ 기호 ①번 배선용도에서 ▷Ⓜ이 표시되어 있으므로 사이렌이 아닌 '**모터사이렌**'으로 표현한다.

41

다음은 준비작동식 스프링클러설비의 계통도이다. ①~⑥까지의 최소 가닥수를 산정하고 배선용도를 구하시오.

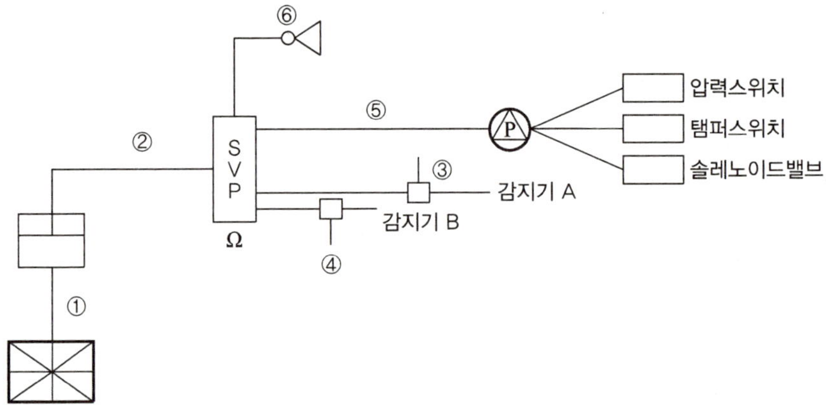

정답

기호	가닥수	배선용도
①	4	전원(+)1, 전원(-)1, 신호선2
②	9(8)	전원(+)1, 전원(-)1, 전화1, 감지기A1, 감지기B1, 솔레노이드밸브1, 압력스위치1, 탬퍼스위치1, 사이렌1
③	4	지구선2, 공통선2
④	4	지구선2, 공통선2
⑤	4	솔레노이드밸브1, 압력스위치1, 탬퍼스위치1, 공통선1선(공통선1선 공통사용)
⑥	2	사이렌2

Solution

기호	가닥수	배선내역	배선용도
①	4	HFIX 2.5-4	전원(+)1, 전원(-)1, 신호선2
②	9(8)	HFIX2.5-9(8)	전원(+)1, 전원(-)1, 전화1, 감지기A1, 감지기B1, 솔레노이드밸브1, 압력스위치1, 탬퍼스위치1, 사이렌1
③	4	HFIX 1.5-4	지구선2, 공통선2
④	4	HFIX 1.5-4	지구선2, 공통선2
⑤	4	HFIX 2.5-4	솔레노이드밸브1, 압력스위치1, 탬퍼스위치1, 공통선1선(공통선1선 공통사용)
⑥	2	HFIX 2.5-2	사이렌2

① 기호 ②번의 가닥수는 9가닥이 원칙이지만 만약 ( )처럼 **8가닥**으로 표현된다면 최근에는 전화선을 사용하지 않는 경우가 있으므로 배선용도에서 **전화선**을 **삭제**하면 된다.

42

다음은 준비작동식 스프링클러설비 계통도의 일부분이다. ①~⑤까지의 최소 가닥수를 산정하고 배선용도를 구하시오.

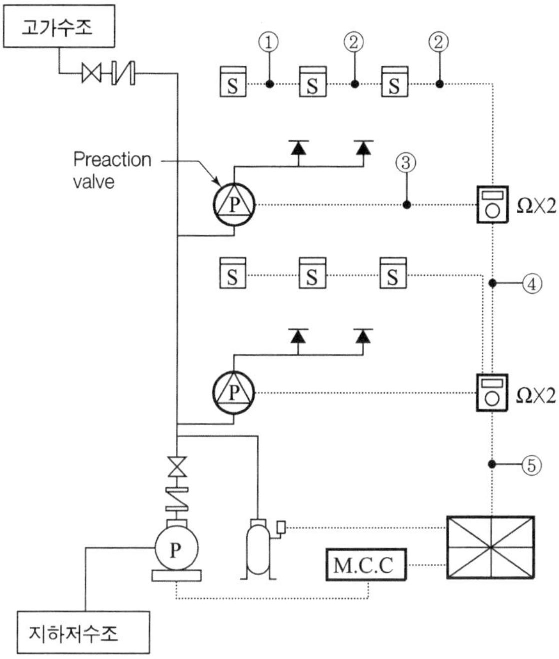

정답

기호	가닥수	배선용도
①	4	지구선2, 공통선2
②	8	(지구선2, 공통선2)×2
③	6(4)	밸브기동(SV)2, 밸브개방확인(PS)2, 밸브주의(TS)2
④	9	전원(+)1, 전원(−)1, 전화1, 감지기A1, 감지기B1, SV1, PS1, TS1, 사이렌1
⑤	15	**전원(+)1, 전원(−)1, 전화1, (감지기A1, 감지기B1, SV1, PS1, TS1, 사이렌1)×2**

Solution

기호	가닥수	배선내역	배선용도
①	4	HFIX 1.5-4	지구선2, 공통선2
②	8	HFIX 1.5-8	(지구선2, 공통선2)×2
③	6(4)	HFIX 2.5-6(4)	밸브기동(SV)2, 밸브개방확인(PS)2, 밸브주의(TS)2
④	9	HFIX 2.5-9	전원(+)1, 전원(−)1, 전화1, 감지기A1, 감지기B1, SV1, PS1, TS1, 사이렌1
⑤	15	HFIX 2.5-15	**전원(+)1, 전원(−)1, 전화1, (감지기A1, 감지기B1, SV1, PS1, TS1, 사이렌1)×2**

① **준비작동식 스프링클러설비**의 도면문제에서 **감지기 배선방식**은 **교차회로방식**이므로 **Loop, 말단인 경우 지구선 2가닥, 공통선 2가닥으로 전체 4가닥**이 되며 **Loop, 말단이 아닌 경우 지구선 4가닥, 공통선 4가닥으로 전체 8가닥**이 된다. 따라서 기호 **①번**에서의 배선 가닥수는 말단인 경우로 지구선 2가닥, 공통선 2가닥으로 전체 **4가닥**이 되며 기호 **②번**에서의 배선 가닥수는 말단, Loop가 아닌 경우로 지구선 4가닥, 공통선 4가닥으로 전체 **8가닥**이 된다.

② 기호 **③번**에서의 배선 가닥수는 준비작동식 밸브와 관련된 밸브기동(SV) 2가닥, 밸브개방확인(PS) 2가닥, 밸브주의(TS) 2가닥으로 전체 **6가닥**이 된다. ③번 배선용도에서 '(4)'는 준비작동식밸브의 **공통선**을 **공통(1가닥)**으로 **사용**한 경우이다.

③ 기호 **④번**에서 수동조작함과 수동조작함 사이의 배선 가닥수는 Zone수(준비작동식V/V 수)가 1개로 감지기A 1가닥, 감지기 B 1가닥, 밸브기동(SV) 1가닥, 밸브개방확인(PS) 1가닥, 밸브주의(TS) 1가닥, 사이렌 1가닥, 전원(+) 1가닥, 전원(−) 1가닥, 전화 1가닥으로 전체 **9가닥**이 된다.

④ 기호 **⑤번**에서 수동조작함과 수신반 사이의 배선 가닥수는 Zone수(준비작동식V/V 수)가 2개로 감지기A 2가닥, 감지기 B 2가닥, 밸브기동(SV) 2가닥, 밸브개방확인(PS) 2가닥, 밸브주의(TS) 2가닥, 사이렌 2가닥, 전원(+) 1가닥, 전원(−) 1가닥, 전화 1가닥으로 전체 **15가닥**이 된다. 이것을 (감지기 A 1가닥, 감지기 B 1가닥, SV 1가닥, PS 1가닥, TS 1가닥, 사이렌 1가닥) × 2(Zone수), 전원(+) 1가닥, 전원(−) 1가닥, 전화 1가닥으로 표현하기도 한다.

caution

도면과 조건에서 **감지기공통, 수동기동이 없으므로 배선내역에서 삭제**된다.

43

다음은 준비작동식 스프링클러설비 계통도의 일부분이다. ①~⑥까지의 최소 가닥수를 산정하고 배선용도를 구하시오.

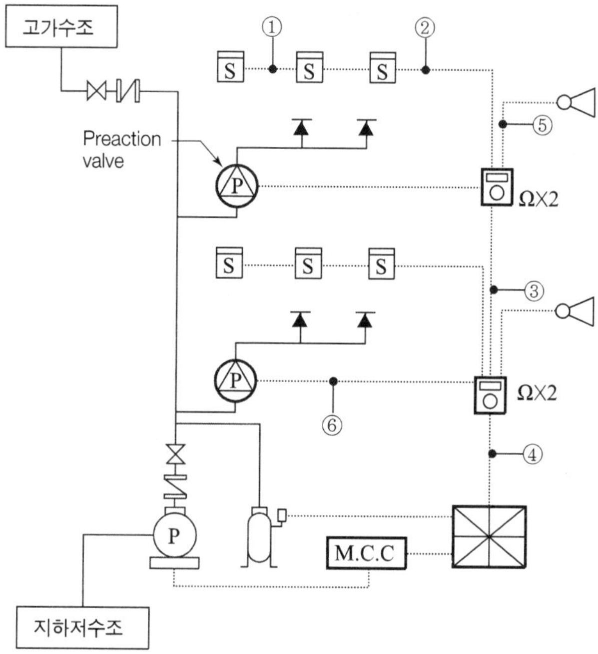

정답

기호	가닥수	배선용도
①	4	지구선2, 공통선2
②	8	(지구선2, 공통선2)×2
③	9	전원(+)1, 전원(−)1, 전화1, 감지기A1, 감지기B1, SV1, PS1, TS1, 사이렌1
④	15	**전원(+)1, 전원(−)1, 전화1, (감지기A1, 감지기B1, SV1, PS1, TS1, 사이렌1)×2**
⑤	2	사이렌2
⑥	6(4)	밸브기동(SV)2, 밸브개방확인(PS)2, 밸브주의(TS)2

Solution

기호	가닥수	배선내역	배선용도
①	4	HFIX 1.5-4	지구선2, 공통선2
②	8	HFIX 1.5-8	(지구선2, 공통선2)×2
③	9	HFIX 2.5-9	전원(+)1, 전원(−)1, 전화1, 감지기A1, 감지기B1, SV1, PS1, TS1, 사이렌1
④	15	HFIX 2.5-15	**전원(+)1, 전원(−)1, 전화1, (감지기A1, 감지기B1, SV1, PS1, TS1, 사이렌1)×2**
⑤	2	HFIX 2.5-2	사이렌2
⑥	6(4)	HFIX 2.5-6(4)	밸브기동(SV)2, 밸브개방확인(PS)2, 밸브주의(TS)2

① **준비작동식 스프링클러설비**의 도면문제에서 **감지기 배선방식**은 **교차회로방식**이므로 Loop, **말단인 경우 지구선 2가닥, 공통선 2가닥으로 전체 4가닥**이 되며 Loop, **말단이 아닌 경우 지구선 4가닥, 공통선 4가닥으로 전체 8가닥**이 된다. 따라서 기호 ①번에서의 배선 가닥수는 말단인 경우로 지구선 2가닥, 공통선 2가닥으로 전체 **4가닥**이 되며 기호 ②번에서의 배선 가닥수는 말단, Loop가 아닌 경우로 지구선 4가닥, 공통선 4가닥으로 전체 **8가닥**이 된다.

② 기호 **③번**에서 수동조작함과 수동조작함 사이의 배선 가닥수는 Zone수(준비작동식V/V 수)가 1개로 감지기A 1가닥, 감지기 B 1가닥, 밸브기동(SV) 1가닥, 밸브개방확인(PS) 1가닥, 밸브주의(TS) 1가닥, **사이렌 1가닥**, 전원(+) 1가닥, 전원(−) 1가닥, 전화 1가닥으로 전체 **9가닥**이 된다.

③ 기호 **④번**에서 수동조작함과 수신반 사이의 배선 가닥수는 Zone수(준비작동식V/V 수)가 2개로 감지기A 2가닥, 감지기 B 2가닥, 밸브기동(SV) 2가닥, 밸브개방확인(PS) 2가닥, 밸브주의(TS) 2가닥, **사이렌 2가닥**, 전원(+) 1가닥, 전원(−) 1가닥, 전화 1가닥으로 전체 **15가닥**이 된다. 이것을 (감지기 A 1가닥, 감지기 B 1가닥, SV 1가닥, PS 1가닥, TS 1가닥, 사이렌 1가닥) × 2(Zone수), 전원(+) 1가닥, 전원(−) 1가닥, 전화 1가닥으로 표현하기도 한다.

④ 기호 **⑤번**에서의 배선 가닥수는 사이렌 **2가닥**이 된다.

⑤ 기호 **⑥번**에서의 배선 가닥수는 준비작동식 밸브와 관련된 밸브기동(SV) 2가닥, 밸브개방확인(PS) 2가닥, 밸브주의(TS) 2가닥으로 전체 **6가닥**이 된다. ⑥번 배선용도에서 **'(4)'**는 준비작동식밸브의 **공통선**을 **공통(1가닥)**으로 **사용**한 경우이다.

caution

도면에 **사이렌 기호**의 유무에 관계없이 배선내역에 **사이렌**을 **포함**해야 한다.

44

다음은 준비작동식 스프링클러설비 계통도의 일부분이다. 조건을 참조하여 ①~⑦까지의 최소 가닥수를 산정하고 배선용도를 구하시오.

[조건]

- 감지기회로에 공통선은 별도로 취한다.

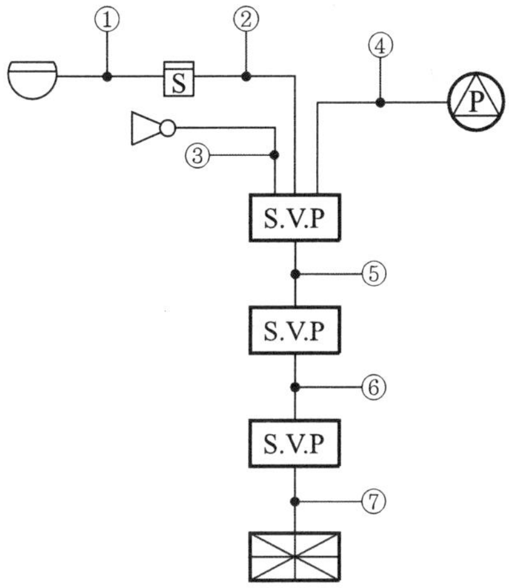

정답

기호	가닥수	배선용도
①	4	지구선2, 공통선2
②	8	(지구선2, 공통선2) × 2
③	2	사이렌2
④	6(4)	밸브기동(SV)2, 밸브개방확인(PS)2, 밸브주의(TS)2
⑤	10	전원(+)1, 전원(−)1, 전화1, 감지기공통1, 감지기A1, 감지기B1, SV1, PS1, TS1, 사이렌1
⑥	16	전원(+)1, 전원(−)1, 전화1, 감지기공통1, (감지기A1, 감지기B1, SV1, PS1, TS1, 사이렌1) × 2
⑦	22	전원(+)1, 전원(−)1, 전화1, 감지기공통1, (감지기A1, 감지기B1, SV1, PS1, TS1, 사이렌1)×3

Solution

기호	가닥수	배선내역	배선용도
①	4	HFIX 1.5-4	지구선2, 공통선2
②	8	HFIX 1.5-8	(지구선2, 공통선2) × 2

③	2	HFIX 2.5-2	사이렌2
④	6(4)	HFIX 2.5-6(4)	밸브기동(SV)2, 밸브개방확인(PS)2, 밸브주의(TS)2
⑤	10	HFIX 2.5-10	전원(+)1, 전원(−)1, 전화1, 감지기공통1, 감지기A1, 감지기B1, SV1, PS1, TS1, 사이렌1
⑥	16	HFIX 2.5-16	전원(+)1, 전원(−)1, 전화1, 감지기공통1, (감지기A1, 감지기B1, SV1, PS1, TS1, 사이렌1) × 2
⑦	22	HFIX 2.5-22	**전원(+)1, 전원(−)1, 전화1, 감지기공통1, (감지기A1, 감지기B1, SV1, PS1, TS1, 사이렌1)×3**

① **준비작동식 스프링클러설비**의 도면문제에서 **감지기 배선방식**은 **교차회로방식**이므로 Loop, **말단인 경우 지구선 2가닥, 공통선 2가닥으로 전체 4가닥**이 되며 Loop, **말단이 아닌 경우 지구선 4가닥, 공통선 4가닥으로 전체 8가닥**이 된다. 따라서 기호 ①번에서의 배선 가닥수는 말단인 경우로 지구선 2가닥, 공통선 2가닥으로 전체 **4가닥**이 되며 기호 ②번에서의 배선 가닥수는 말단, Loop가 아닌 경우로 지구선 4가닥, 공통선 4가닥으로 전체 **8가닥**이 된다.

② 기호 **③번**에서의 배선 가닥수는 사이렌 **2가닥**이 된다.

③ 기호 **④번**에서의 배선 가닥수는 준비작동식 밸브와 관련된 밸브기동(SV) 2가닥, 밸브개방확인(PS) 2가닥, 밸브주의(TS) 2가닥으로 전체 **6가닥**이 된다. ④번 배선용도에서 **'(4)'**는 준비작동식밸브의 **공통선**을 **공통(1가닥)**으로 **사용**한 경우이다.

④ 기호 **⑤번**에서 SVP와 SVP 사이의 배선 가닥수는 **Zone수(SVP수)가 1개**로 감지기A 1가닥, 감지기 B 1가닥, 밸브기동(SV) 1가닥, 밸브개방확인(PS) 1가닥, 밸브주의(TS) 1가닥, 사이렌 1가닥, **감지기공통선 1가닥**, 전원(+) 1가닥, 전원(−) 1가닥, 전화 1가닥으로 전체 **10가닥**이 된다.

⑤ 기호 **⑦번**에서 SVP와 수신반 사이의 배선 가닥수는 **Zone수(SVP수)가 3개**로 감지기A 3가닥, 감지기 B 3가닥, 밸브기동(SV) 3가닥, 밸브개방확인(PS) 3가닥, 밸브주의(TS) 3가닥, 사이렌 3가닥, **감지기공통선 1가닥**, 전원(+) 1가닥, 전원(−) 1가닥, 전화 1가닥으로 전체 **22가닥**이 된다. 이것을 (감지기 A 1가닥, 감지기 B 1가닥, SV 1가닥, PS 1가닥, TS 1가닥, 사이렌 1가닥) × 3(Zone수), **감지기공통선 1가닥**, 전원(+) 1가닥, 전원(−) 1가닥, 전화 1가닥으로 표현하기도 한다.

caution

조건에 **감지기공통선을 별도로 취한다는 내용이 있으므로 배선가닥 산정 시 감지기공통을 추가**해주어야 한다.

45

다음은 준비작동식 스프링클러설비 계통도의 일부분이다. 조건을 참조하여 ①~⑨까지의 최소 가닥수를 산정하고 배선용도를 구하시오.

[조건]

- 감지기공통선은 전원(−)과 분리한다.

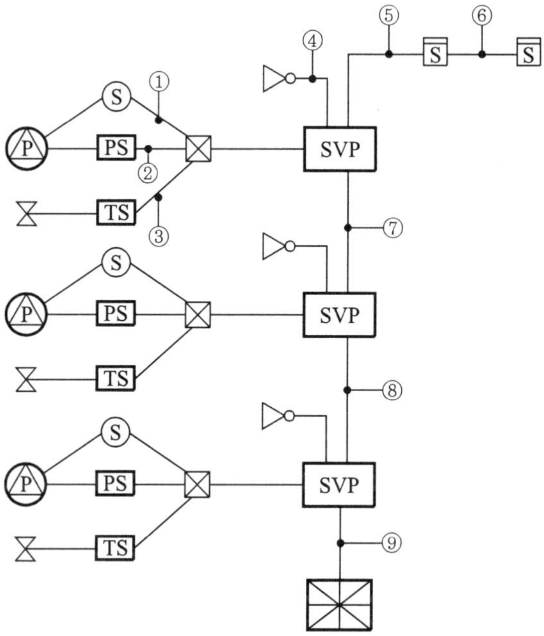

정답

기호	가닥수	배선용도
①	2	밸브기동(SV)2
②	2	밸브개방확인(PS)2
③	2	밸브주의(TS)2
④	2	사이렌2
⑤	8	(지구선2, 공통선2) x 2
⑥	4	지구선2, 공통선2
⑦	10	감지기공통선1, 전원(+)1, 전원(−)1, 전화1, 감지기A1, 감지기B1, SV1, PS1, TS1, 사이렌1
⑧	16	감지기공통선1, 전원(+)1, 전원(−)1, 전화1, (감지기A1, 감지기B1, SV1, PS1, TS1, 사이렌1)×2
⑨	22	**감지기공통선1, 전원(+)1, 전원(−)1, 전화1, (감지기A1, 감지기B1, SV1, PS1, TS1, 사이렌1)×3**

Solution

기호	가닥수	배선내역	배선용도
①	2	HFIX 2.5-2	밸브기동(SV)2
②	2	HFIX 2.5-2	밸브개방확인(PS)2
③	2	HFIX 2.5-2	밸브주의(TS)2
④	2	HFIX 2.5-2	사이렌2
⑤	8	HFIX 1.5-8	(지구선2, 공통선2) x 2
⑥	4	HFIX 1.5-4	지구선2, 공통선2
⑦	10	HFIX 2.5-10	감지기공통선1, 전원(+)1, 전원(−)1, 전화1, 감지기A1, 감지기B1, SV1, PS1, TS1, 사이렌1
⑧	16	HFIX 2.5-16	감지기공통선1, 전원(+)1, 전원(−)1, 전화1, (감지기A1, 감지기B1, SV1, PS1, TS1, 사이렌1)×2
⑨	22	HFIX 2.5-22	**감지기공통선1, 전원(+)1, 전원(−)1, 전화1, (감지기A1, 감지기B1, SV1, PS1, TS1, 사이렌1)×3**

① 기호 **①번**에서의 배선 가닥수는 솔레노이드밸브 기동인 밸브기동 **2가닥**이 된다.

② 기호 **②번**에서의 배선 가닥수는 압력스위치(PS)인 밸브개방확인 **2가닥**이 된다.

③ 기호 **③번**에서의 배선 가닥수는 밸브모니터링스위치(TS)인 밸브주의 **2가닥**이 된다.

④ 기호 **④번**에서의 배선 가닥수는 사이렌 **2가닥**이 된다.

⑤ 준비작동식 스프링클러설비의 도면문제에서 감지기 배선방식은 교차회로방식이므로 Loop, 말단인 경우 지구선 2가닥, 공통선 2가닥으로 전체 4가닥이 되며 Loop, 말단이 아닌 경우 지구선 4가닥, 공통선 4가닥으로 전체 8가닥이 된다. 따라서 기호 **⑤번**에서의 배선 가닥수는 Loop, 말단이 아닌 경우로 지구선 4가닥, 공통선 4가닥으로 전체 **8가닥**이 되며 기호 **⑥번**에서의 배선 가닥수는 말단인 경우로 지구선 2가닥, 공통선 2가닥으로 전체 **4가닥**이 된다.

⑥ 기호 **⑦번**에서 SVP와 SVP 사이의 배선 가닥수는 **Zone수(SVP수)가 1개**로 감지기A 1가닥, 감지기 B 1가닥, 밸브기동(SV) 1가닥, 밸브개방확인(PS) 1가닥, 밸브주의(TS) 1가닥, 사이렌 1가닥, 감지기공통 1가닥, 전원(+) 1가닥, 전원(−) 1가닥, 전화 1가닥으로 전체 **10가닥**이 된다.

⑦ 기호 **⑨번**에서 SVP와 수신반 사이의 배선 가닥수는 **Zone수(SVP수)가 3개**로 감지기A 3가닥, 감지기 B 3가닥, 밸브기동(SV) 3가닥, 밸브개방확인(PS) 3가닥, 밸브주의(TS) 3가닥, 사이렌 3가닥, **감지기공통 1가닥**, 전원(+) 1가닥, 전원(−) 1가닥, 전화 1가닥으로 전체 **22가닥**이 된다. 이것을 (감지기 A 1가닥, 감지기 B 1가닥, SV 1가닥, PS 1가닥, TS 1가닥, 사이렌 1가닥) × 3(Zone수), **감지기공통 1가닥**, 전원(+) 1가닥, 전원(−) 1가닥, 전화 1가닥으로 표현하기도 한다.

caution

조건에 **감지기공통선을 전원(−)과 분리한다는 내용이 있으므로 배선가닥 산정 시 감지기공통을 추가**해주어야 한다.

46

다음은 준비작동식 스프링클러설비의 계통도이다. 다음 물음에 답하시오.

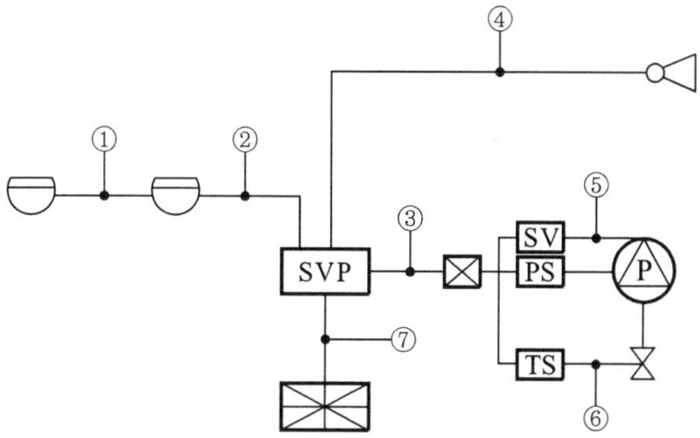

1) ①~⑦까지의 최소 가닥수를 산정하고 배선용도를 구하시오.
2) 음향장치는 어떤 경우에 작동하는지 설명하시오.
3) 준비작동식 밸브의 2차측 주밸브를 잠근 상태에서 유수검지장치의 전기적 작동방법 2가지를 설명하시오.
4) 감지기 A, B회로로 구분하여 결선하는 이유는 무엇이며, 이와 같은 회로방식을 무슨 회로 방식이라고 하는가?
5) 4)와 같은 회로방식을 적용하지 않고 하나의 회로로 구성하여도 관계가 없는 감지기의 종류를 쓰시오.

정답

1) 최소 가닥수 및 배선용도

기호	가닥수	배선용도
①	4	지구선2, 공통선2
②	8	지구선4, 공통선4
③	4	솔레노이드밸브(SV)1, 압력스위치(PS)1, 탬퍼스위치(TS)1, 공통선1
④	2	사이렌2
⑤	2	솔레노이드밸브2
⑥	2	탬퍼스위치2
⑦	9	전원(+)1, 전원(−)1, 전화1, 감지기A1, 감지기B1, 솔레노이드밸브(SV)1, 압력스위치(PS)1, 탬퍼스위치(TS)1, 사이렌1

2) 감지기 A, B회로 중 1개회로 이상이 작동한 경우 음향 경보된다.

3) ① 감지기 A, B회로에서 2개의 감지기가 동시에 작동한다.
   ② 슈퍼비죠리판넬(SVP)의 기동 스위치를 ON한다.

4) ① 교차회로방식의 적용 이유 – 감지기의 오동작 방지
   ② 회로방식 – 교차회로방식

5) 비화재보 적응성 감지기 = 교차회로 방식을 적용하지 않아도 되는 감지기
   ① 축적방식의 감지기　　② 복합형 감지기
   ③ 아날로그방식의 감지기　　④ 다신호방식의 감지기
   ⑤ 광전식 분리형 감지기　　⑥ 분포형 감지기
   ⑦ 정온식 감지선형 감지기　　⑧ 불꽃 감지기

Solution

1) 최소 가닥수 및 배선용도

기호	가닥수	배선내역	배선용도
①	4	HFIX 1.5-4	지구선2, 공통선2
②	8	HFIX 1.5-8	지구선4, 공통선4
③	4	HFIX 2.5-4	솔레노이드밸브(SV)1, 압력스위치(PS)1, 탬퍼스위치(TS)1, 공통선1
④	2	HFIX 2.5-2	사이렌2
⑤	2	HFIX 2.5-2	솔레노이드밸브2
⑥	2	HFIX 2.5-2	탬퍼스위치2
⑦	9	HFIX 2.5-9	전원(+)1, 전원(−)1, 전화1, 감지기A1, 감지기B1, 솔레노이드밸브(SV)1, 압력스위치(PS)1, 탬퍼스위치(TS)1, 사이렌1

① 기호 ③의 배선용도는 **4가닥**으로 **준비작동식 밸브**의 **공통선**의 **공통(1가닥)**으로 **사용**한 경우이다.
② 솔레노이드밸브 = SV(Solenoid Valve) = 밸브기동
③ 압력스위치 = PS(Pressure Switch) = 밸브개방확인
④ 탬퍼스위치 = TS(Tamper Swtich) = 밸브주의

2) **음향장치**가 작동하는 경우

감지기 A, B회로 중 1개 이상이 작동한 경우	감지기 A, B회로 중 2개 이상이 작동한 경우
음향장치로 경보하여 관계인이 확인할 수 있도록 함	음향장치로 경보하여 실내에 있는 사람을 대피시키고 스프링클러설비를 작동시킴

3) 유수검지장치의 **전기적 작동방법**
   ① 감지기 A, B회로에서 2개의 감지기가 동시에 작동한다.
   ② 슈퍼비죠리판넬(SVP)의 기동 스위치를 ON한다.

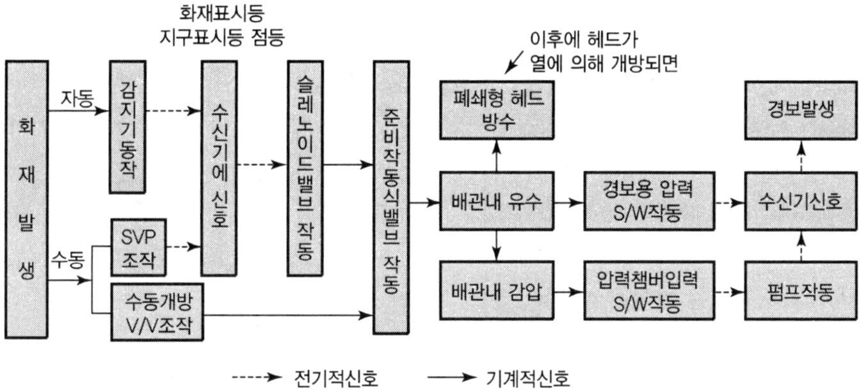

4) 송배선방식과 교차회로방식의 비교

구분	송배선방식	교차회로방식
목적	감지기회로의 **도통시험**을 **용이**하기 위해	감지기의 **오동작 방지**
원리	배선의 **도중에 분기하지 않는 방식** **보내기 방식**이라고도 함.	하나의 담당구역 내에 **2이상**의 **감지기회로**를 설치하고 **2이상**의 **감지기회로**가 **동시**에 **작동**되는 때에 **설비**가 **작동**하는 방식으로 **AND 회로**에 해당된다.
적용 설비	자동화재탐지설비 제연설비	준비작동식 스프링클러설비 일제살수식 스프링클러설비 이산화탄소 소화설비 할론 소화설비 분말 소화설비 할로겐화합물 및 불활성기체 소화설비
배선 가닥 수	**Loop - 2가닥, 기타 - 4가닥** 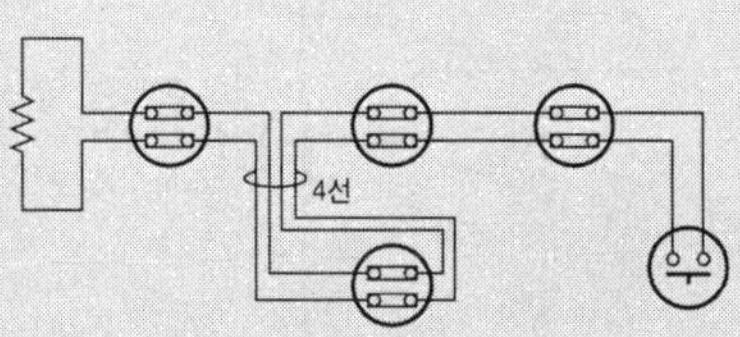	**Loop, 말단 - 4가닥, 기타 - 8가닥** 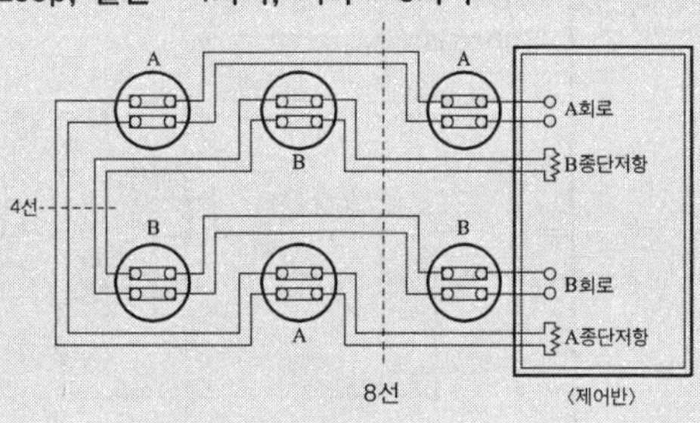

5) **비화재보 적응성 감지기** = 교차회로 방식을 적용하지 않아도 되는 감지기

① 축적방식의 감지기　　② 복합형 감지기

③ 아날로그방식의 감지기　　④ 다신호방식의 감지기

⑤ 광전식 분리형 감지기　　⑥ 분포형 감지기

⑦ 정온식 감지선형 감지기　　⑧ 불꽃 감지기

47

다음은 준비작동식 스프링클러설비에 사용되는 Super Visory Panel에서 수신기까지의 내부결선도이다. 다음 물음에 답하시오.

1) ①~⑨ 단자의 명칭을 쓰시오.
2) 미완성 도면을 완성하시오.

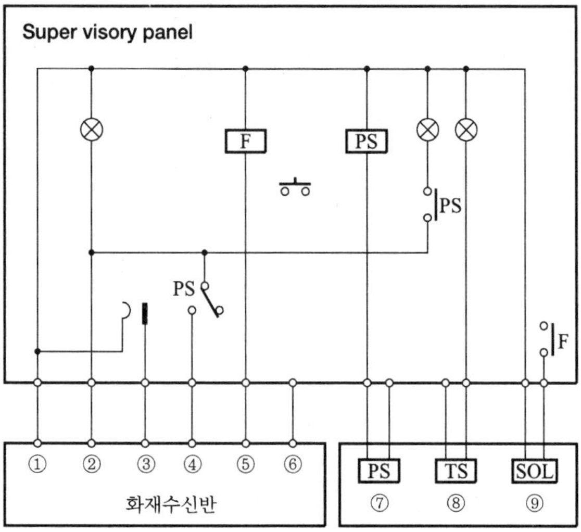

정답

1)

번호	명칭	번호	명칭	번호	명칭
①	전원 −	④	밸브개방확인	⑦	압력스위치
②	전원 +	⑤	밸브기동	⑧	탬퍼스위치
③	전화	⑥	밸브주의	⑨	솔레노이드밸브

2)

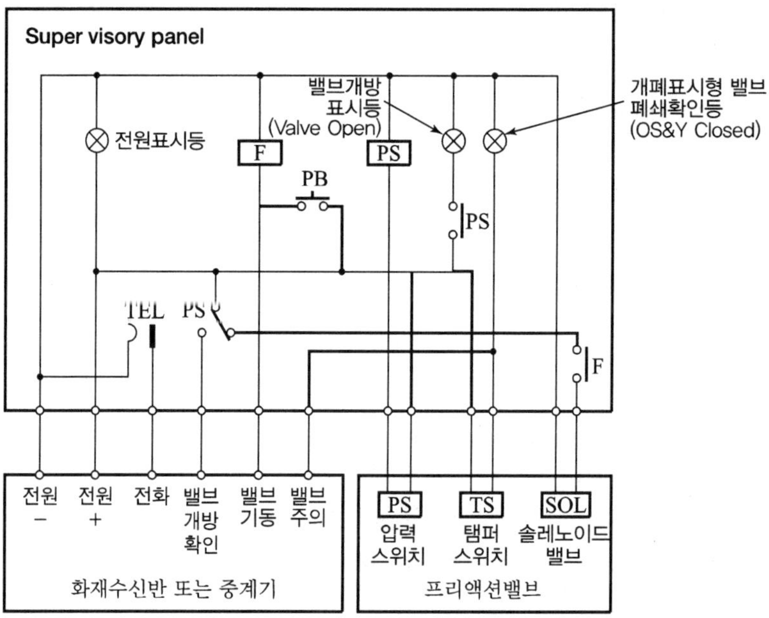

Solution

슈퍼비조리 판넬 접속도

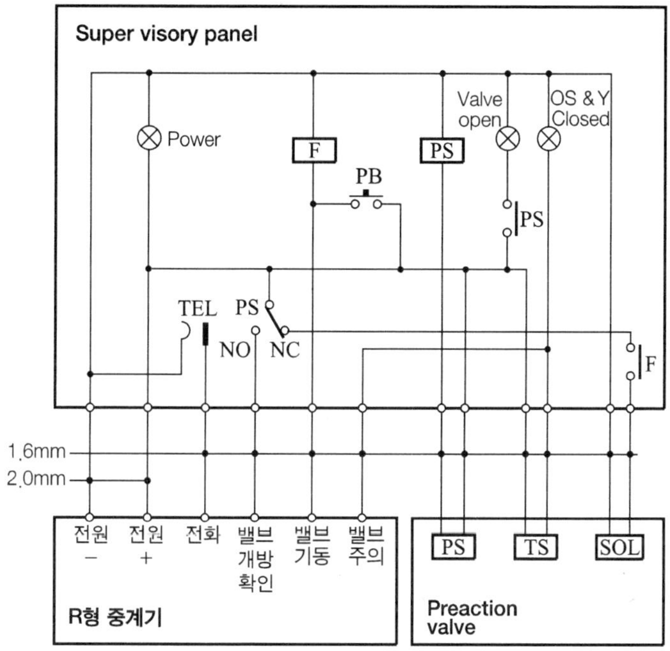

▣ 동작 설명

① 준비작동식 스프링클러설비를 기동시키기 위해 푸시버튼 스위치(PB)를 누르면 릴레이(F)가 여자되고 릴레이(F)의 a접점(F)이 닫히면서 솔레노이드밸브(SOL)가 작동된다.

② 솔레노이드밸브가 작동되어 준비작동식밸브가 개방되면 준비작동식밸브의 1차측 물이 2차측으로 이동한다.

③ 이로 인해 배관내의 압력이 변하게 되면 압력스위치(PS)가 작동되어 릴레이(PS)가 여자되고 릴레이(PS)의 a접점(PS)이 닫히면서 밸브개방표시등(Valve open, ⊗)을 점등시키고 밸브개방확인 신호를 보낸다.

④ 평상시 게이트밸브가 열려있어 개폐표시형밸프 폐쇄 확인등(OS&Y Closed, ⊗) 이 OFF되어 있지만, 어떤 원인에 의해서 게이트 밸브가 닫히면 탬퍼스위치(TS)가 작동(폐로)되어 개폐표시형밸프 폐쇄 확인등(OS&Y Closed, ⊗)이 점등되어 게이트밸브가 닫혀 있다는 것을 수신기에 알려준다.

48

다음은 준비작동식 스프링클러설비의 평면도이다. ①~③까지의 최소 가닥수를 도면에 표시하시오.

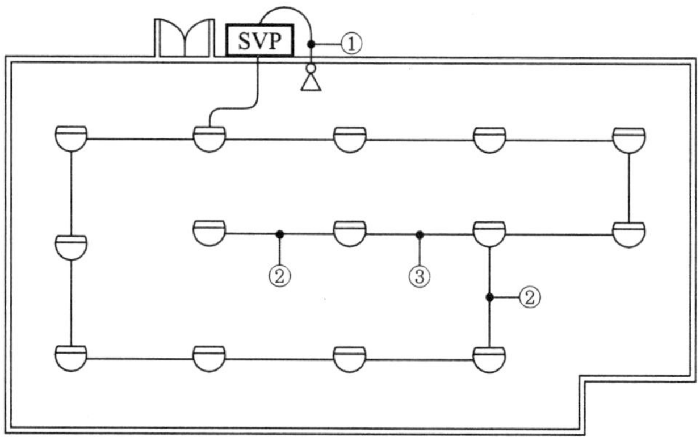

정답

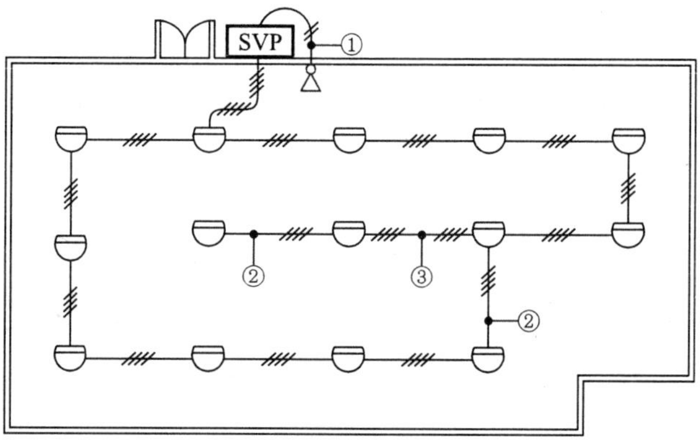

① 사이렌 – 2가닥 ② Loop, 말단 – 4가닥 ③ 기타 – 8가닥

Solution

① 기호 **①번**에서의 배선 가닥수는 사이렌 **2가닥**이 된다.

② 준비작동식 스프링클러설비의 도면문제에서 감지기 배선방식은 **교차회로방식**이므로 Loop, **말단인 경우 지구선 2가닥, 공통선 2가닥**으로 **전체 4가닥**이 되며 Loop, **말단이 아닌 경우 지구선 4가닥, 공통선 4가닥**으로 **전체 8가닥**이 된다.

따라서 기호 **②번**에서의 배선 가닥수는 말단인 경우로 지구선 2가닥, 공통선 2가닥으로 전체 **4가닥**이 되며 기호 **③번**에서의 배선 가닥수는 말단, Loop가 아닌 경우로 지구선 4가닥, 공통선 4가닥으로 전체 **8가닥**이 된다.

49

다음은 준비작동식 스프링클러설비의 평면도이다. ①~⑱까지의 최소 가닥수를 산정하고 배선용도를 구하시오.

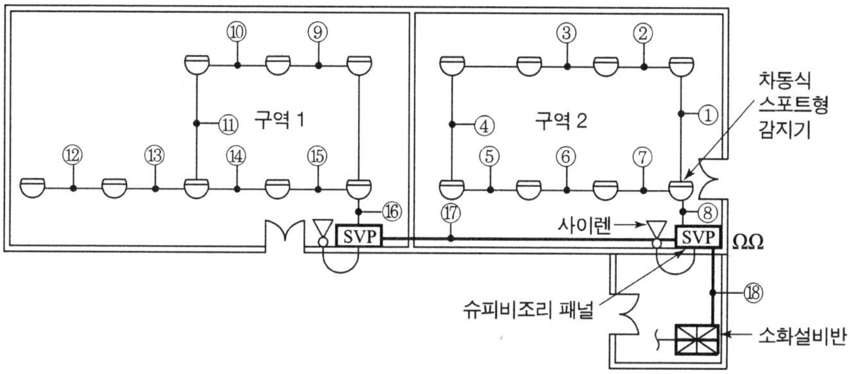

정답

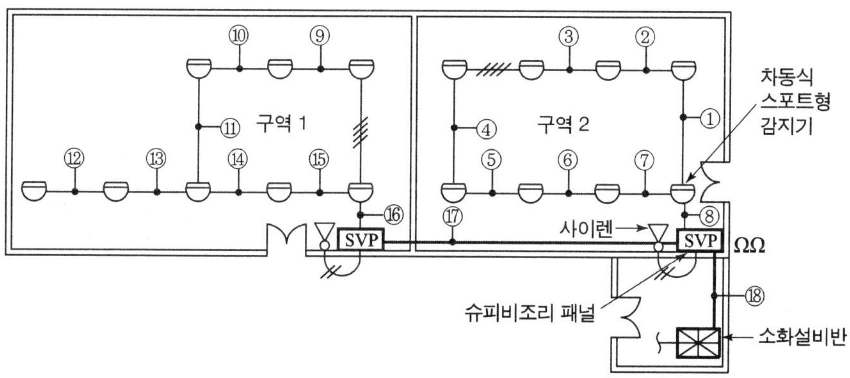

기호	가닥수	배선용도
①~⑦, ⑨~⑫, ⑭, ⑮	4	지구선2, 공통선2
⑧, ⑬, ⑯	8	지구선4, 공통선4
⑰	9	전원(+)1, 전원(−)1, 전화1, 감지기A1, 감지기B1, SV1, PS1, TS1, 사이렌1
⑱	15	전원(+)1, 전원(−)1, 전화1, (감지기A1, 감지기B1, SV1, PS1, TS1, 사이렌1) × 2

Solution

① 준비작동식 스프링클러설비의 도면문제에서 감지기 배선방식은 **교차회로방식**이므로 **Loop, 말단인 경우 지구선 2가닥, 공통선 2가닥**으로 **전체 4가닥**이 되며 **Loop, 말단이 아닌 경우 지구선 4가닥, 공통선 4가닥**으로 **전체 8가닥**이 된다.
따라서 기호 **①~⑦, ⑨~⑫, ⑭, ⑮번**에서의 배선 가닥수는 말단, Loop인 경우로 지구선 2가닥, 공통선 2가닥으로 전체 **4가닥**이 되며 기호 **⑧, ⑬, ⑯번**에서의 배선 가닥수는 말단, Loop가 아닌 경우로 지구선 4가닥, 공통선 4가닥으로 전체 **8가닥**이 된다.

② 기호 **⑰번**에서 SVP와 SVP 사이의 배선 가닥수는 **Zone수(SVP수)가 1개**로 감지기A 1가닥, 감지기 B 1가닥, 밸브기동(SV) 1가닥, 밸브개방확인(PS) 1가닥, 밸브주의(TS) 1가닥, 사이렌 1가닥, 전원(+) 1가닥, 전원(−) 1가닥, 전화 1가닥으로 전체 **9가닥**이 된다.

③ 기호 **⑱번**에서 SVP와 소화설비반 사이의 배선 가닥수는 **Zone수(SVP수)가 2개**로 감지기A 2가닥, 감지기B 2가닥, 밸브기동(SV) 2가닥, 밸브개방확인(PS) 2가닥, 밸브주의(TS) 2가닥, 사이렌 2가닥, 전원(+) 1가닥, 전원(−) 1가닥, 전화 1가닥으로 전체 **15가닥**이 된다. 이것을 (감지기A 1가닥, 감지기B 1가닥, SV 1가닥, PS 1가닥, TS 1가닥, 사이렌 1가닥) × 2(Zone수), 전원(+) 1가닥, 전원(−) 1가닥, 전화 1가닥으로 표현하기도 한다.

caution

① 준비작동식과 일제살수식 스프링클러설비의 평면도에서 SVP와 SVP, SVP와 수신반(소화설비반) 사이의 배선가닥수를 산정할 경우에는 **수신반(소화설비반)이나 TB를 먼저 찾고 수신반(소화설비반)이나 TB로부터 가장 멀리 떨어져 있는 곳부터 배선내역을 산정**한다.

② 준비작동식과 일제살수식 스프링클러설비의 도면문제에서 일반적인 배선내역은 감지기 공통, 전원(+), 전원(−), 전화, 감지기 A, 감지기 B, 밸브기동(SV), 밸브개방확인(PS), 밸브주의(TS), 사이렌, 수동기동 각 1가닥으로 전체 11가닥이 된다. 이 때 도면에서 **감지기공통, 사이렌, 수동기동이 없거나 조건에서 언급이 없으면 삭제**되어 배선가닥수는 전체 8가닥이 된다. 예를 들어 기호 ⑰번에서의 배선 가닥수는 도면과 조건에서 감지기공통, 수동기동에 대한 언급이 없으므로 삭제되나 사이렌은 도면에 표시되어 있으므로 배선가닥수에 포함되어야 한다. 따라서 배선 가닥수는 감지기A 1가닥, 감지기 B 1가닥, 밸브기동(SV) 1가닥, 밸브개방확인(PS) 1가닥, 밸브주의(TS) 1가닥, **사이렌 1가닥**, 전원(+) 1가닥, 전원(−) 1가닥, 전화 1가닥으로 전체 9가닥이 된다.

50

주어진 도면을 보고 다음 각 물음에 답하시오.

1) 도면의 ①~⑥에 해당하는 전선 가닥수는 최소 몇 가닥인가?
2) 4각박스, 8각박스, 로크너트, 부싱의 물량을 구하시오.

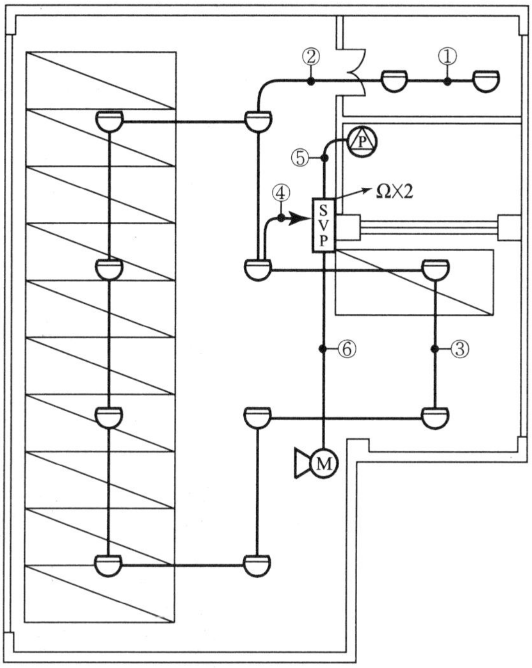

정답

1) 전선 가닥수

기호	가닥수	배선용도
①, ③	4	지구선 2, 공통선 2
②, ④	8	지구선 4, 공통선 4
⑤	6(4)	SV2, PS2, TS2 or SV1, PS1, TS1, 공통선1
⑥	2	모터사이렌 2

2) ① 4각박스 - 2개 ② 8각박스 - 13개 ③ 부싱 - 31개 ④ 로크너트 - 62개

Solution

1) 전선가닥수

기호	가닥수	배선내역	배선용도
①, ③	4	HFIX 1.5-4	지구선 2, 공통선 2
②, ④	8	HFIX 1.5-8	지구선 4, 공통선 4
⑤	6(4)	HFIX 2.5-6(4)	SV2, PS2, TS2 or SV1, PS1, TS1, 공통선1
⑥	2	HFIX 2.5-2	모터사이렌 2

2) 4각박스, 8각박스, 부싱, 로크너트의 물량

① 4각박스 : 4방출 이상 or 간선배관인 곳(1개) + 한쪽 면이 2방출 이상인 곳(1개) = 2개

(⬚ : 4각박스 표시)

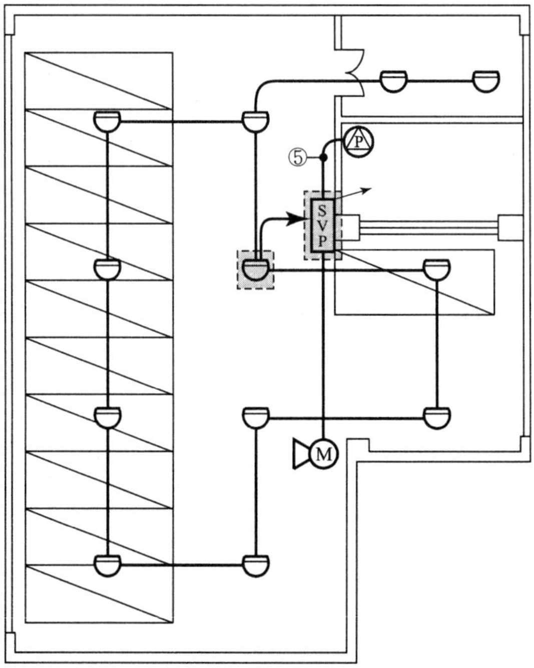

② 8각박스 : 4각박스를 제외한 박스의 개수 = 13개

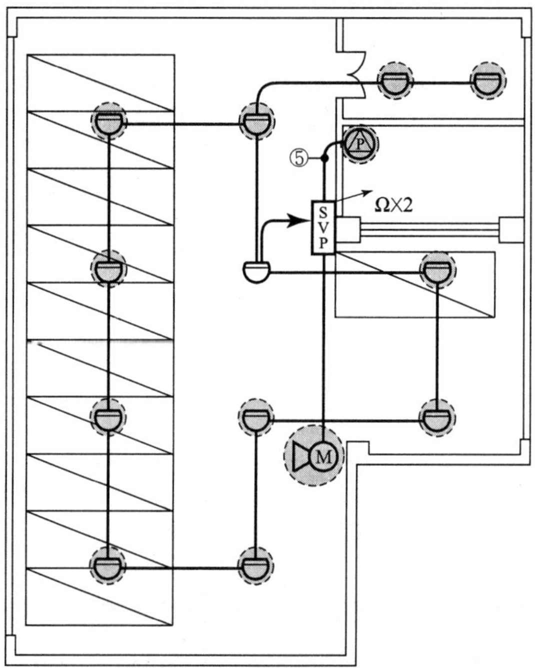

③ 부싱 : 전선의 절연피복을 보호하기 위한 것으로 전선의 출입과 출구에 모두 적용
= 31개

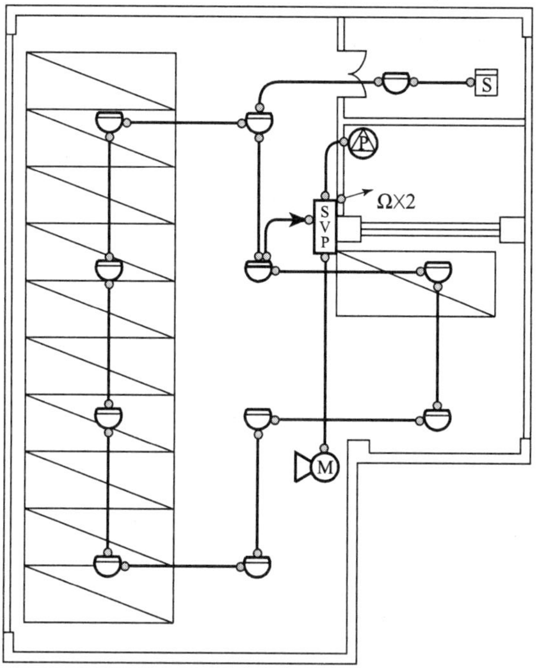

④ 로크너트 : 금속관과 박스의 접속에 사용되는 것으로 부싱의 2배 = 62개

caution

① 박스, 부싱, 로크너트 물량 산출방식

박스	부싱, 로크너트
1. 4각 박스 1) 4방출 이상 2) 한쪽 면이 2방출 이상 3) 간선 배관 ① 수신기, 부수신기, 제어반 ② 발신기세트 ③ 수동조작함(RM) ④ 슈퍼비조리판넬(SVP) ⑤ 할론컨트롤판넬 2. 8각 박스 - 4각 박스를 제외한 박스	부싱 = 박스×2배 + 상승, 하강, 전원개수 로크너트 = 부싱×2배

② 기호 ⑤번 배선용도에서 '(4)'는 준비작동식밸브의 **공통선**을 **공통(1가닥)**으로 **사용**한 경우이다.

51

도면은 준비작동식 스프링클러설비의 평면도이다. 도면을 보고 다음 각 물음에 답하시오.

1) 기호 ①~④까지 최소 가닥수를 쓰시오.

2) 기호 ⑤~⑦의 명칭을 쓰시오.

3) 3층 건물일 경우 간선 계통도를 그리시오.

4) 도면에서 HFIX1.5(16) 이 의미하는 바를 쓰시오.

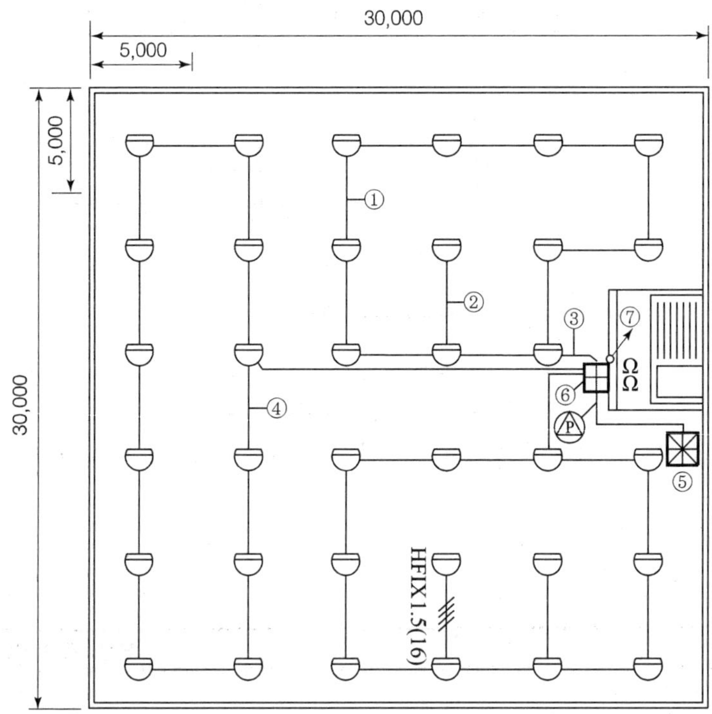

정답

1) 최소 가닥수

기호	가닥수	배선내역
①, ②, ④	4	지구선 2, 공통선 2
③	8	지구선 4, 공통선 4

2) 기호 ⑤~⑦의 명칭

⑤ 수신반(감시제어반)　⑥ 슈퍼비조리 판넬　⑦ 상승

3) 3층 건물 간선 계통도

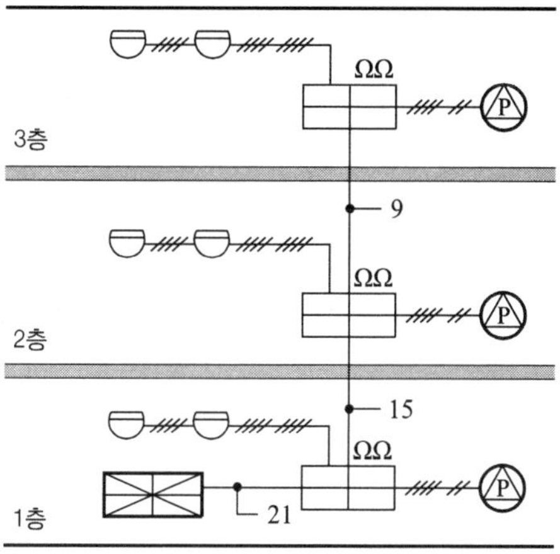

기호	가닥수	배선용도
3층	9	전원(+)1, 전원(−)1, 전화1, 감지기A1, 감지기B1, SV1, PS1, TS1, 사이렌1
2층	15	전원(+)1, 전원(−)1, 전화1, (감지기A1, 감지기B1, SV1, PS1, TS1, 사이렌1) × 2
1층	21	전원(+)1, 전원(−)1, 전화1, (감지기A1, 감지기B1, SV1, PS1, TS1, 사이렌1) × 3

4) //// HFIX1.5(16) : 16mm 후강전선관에 1.5mm^2 450/750V 저독성 난연 가교폴리올레핀 절연전선 4가닥을 넣어 천장은폐배선 한다.

Solution

① 준비작동식 스프링클러설비의 도면문제에서 감지기 배선방식은 **교차회로방식**이므로 Loop, **말단인 경우 지구선 2가닥, 공통선 2가닥**으로 **전체 4가닥**이 되며 Loop, **말단이 아닌 경우 지구선 4가닥, 공통선 4가닥**으로 **전체 8가닥**이 된다.
따라서 기호 **①, ②, ④번**에서의 배선 가닥수는 말단, Loop인 경우로 지구선 2가닥, 공통선 2가닥으로 전체 **4가닥**이 되며 기호 ③번에서의 배선 가닥수는 말단, Loop가 아닌 경우로 지구선 4가닥, 공통선 4가닥으로 전체 **8가닥**이 된다.

② **1층**에서 배선 가닥수는 **Zone수(SVP수)가 3개**로 감지기A 3가닥, 감지기 B 3가닥, 밸브기동(SV) 3가닥, 밸브개방확인(PS) 3가닥, 밸브주의(TS) 3가닥, 사이렌 3가닥, 전원(+) 1가닥, 전원(−) 1가닥, 전화 1가닥으로 전체 **21가닥**이 된다.

③ 배선기입방법

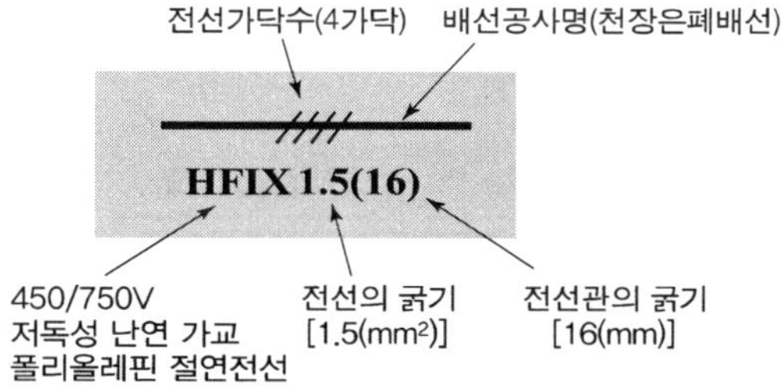

caution

「스프링클러설비의 화재안전기준(NFSC 103)」 제9조제4항에서 '음향장치인 경종 또는 사이렌은 자동화재탐지설비·비상벨설비 또는 자동식사이렌설비의 음향장치와 겸용할 수 있다.'라는 조건에 의해서 도면이나 조건에 사이렌이 없으면 삭제하였으나 최근에는 현장에서 음향장치 작동 시 스프링클러설비의 유수검지장치 및 일제개방밸브가 작동한 것인지 자동화재탐지설비·비상벨설비 또는 자동식사이렌설비의 음향장치가 작동한 것인지에 대한 구분이 어려운 점과 「스프링클러설비의 화재안전성능기준(NFPC 103)」 제9조제1항제2~3호에서 '준비작동식유수검지장치 또는 일제개방밸브를 사용하는 설비에는 화재감지기의 감지에 따라 **음향장치**가 경보되도록 할 것.'이라는 기준과 '음향장치는 **유수검지장치 및 일제개방밸브 등의 담당구역마다 설치**하되 그 구역의 각 부분으로부터 하나의 음향장치까지의 수평거리는 25m 이하가 되도록 할 것'이란 기준에 의해서 **사이렌**을 **배선내역**에 **포함**시키고 있다.

따라서, 준비작동식 스프링클러설비의 문제에서 조건에 '음향장치를 자동화재탐지설비·비상벨설비 또는 자동식사이렌설비의 음향장치와 겸용한다.'라는 조건이 들어갈 경우에만 배선내역에서 사이렌을 삭제하고 아무런 조건이 없을 경우에는 배선내역에서 사이렌을 포함시키는 것이 바람직한 배선내역 산출 방식이라고 사료된다.

52

내화구조인 지하1층, 2층, 3층의 주차장에 프리액션형의 스프링클러 시설을 하고 차동식 스포트형 감지기 2종을 설치하여 소화설비와 연동하는 감지기 배선을 하려고 한다. 주어진 평면도를 이용하여 다음 각 물음에 답하시오(단, 층고는 3.6m이다).

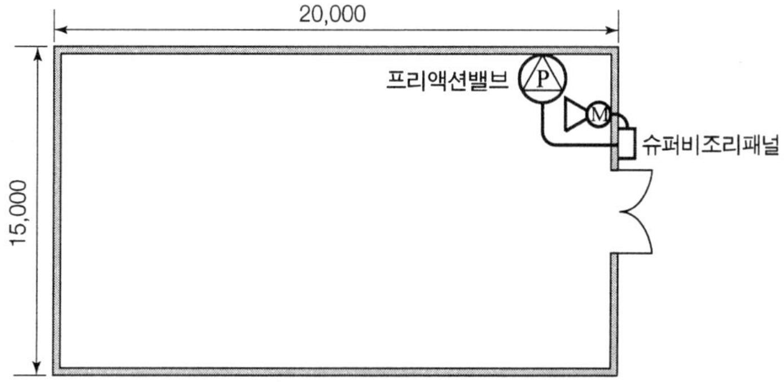

1) 본 설비에서 지하1층에 필요한 감지기 수량을 산정하시오.
2) 본 설비의 계통도를 작성하고 계통도상에 전선수를 쓰도록 하시오.

정답

1) 지하 1층에 필요한 감지기 수량

내화구조인 건물에 부착높이가 3.6m인 차동식 스포트형(2종)의 1개의 최대바닥면적은 $70m^2$

이므로 감지기 개수= $\dfrac{15\times 20}{70}$ = 4.28(절상) → 5개×2배(교차회로방식) = 10개

2) 계통도

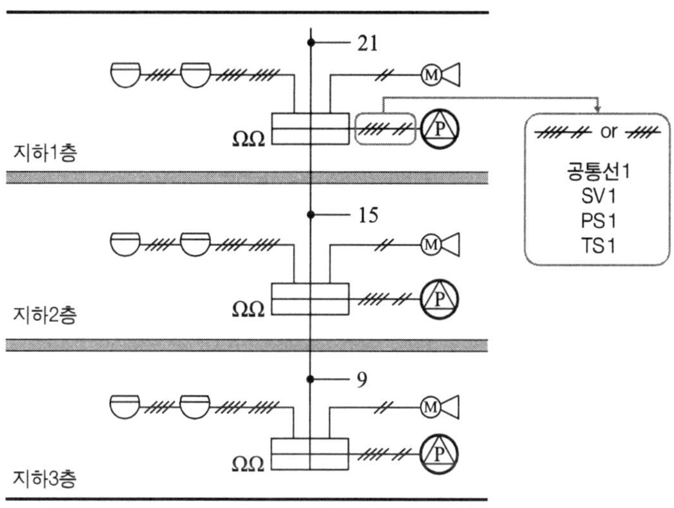

기호	가닥수	배선용도
①	9	전원(+)1, 전원(−)1, 전화1, 감지기A1, 감지기B1, SV1, PS1, TS1, 사이렌1
②	15	전원(+)1, 전원(−)1, 전화1, (감지기A1, 감지기B1, SV1, PS1, TS1, 사이렌1)×2
③	21	전원(+)1, 전원(−)1, 전화1, (감지기A1, 감지기B1, SV1, PS1, TS1, 사이렌1)×3

Solution

① **열감지기 1개의 최대 바닥면적**

(m^2)

부착높이(m)		차동식, 보상식 스포트형		정온식 스포트형		
		1종	2종	특종	1종	2종
4m 미만	내화 구조	90	70	70	60	20
	기타 구조	50	40	40	30	15
4~8m 미만	내화 구조	45	35	35	30	-
	기타 구조	30	25	25	15	-

내화구조인 건물에 부착높이가 3.6m인 차동식 스포트형(2종)의 1개의 최대바닥 면적은 **70m^2**

② **감지기 개수**

감지기 개수 $= \dfrac{15\times 20}{70} = 4.28$(절상) → 5개 × 2배(교차회로방식) = **10개**

③ **지하 3층**에서 배선 가닥수는 **Zone수(SVP수)가 3개**로 감지기A 3가닥, 감지기 B 3가닥, 밸브기동(SV) 3가닥, 밸브개방확인(PS) 3가닥, 밸브주의(TS) 3가닥, 사이렌 3가닥, 전원(+) 1가닥, 전원(−) 1가닥, 전화 1가닥으로 전체 **21가닥**이 된다.

53

다음은 CO_2설비 계통도의 일부분이다. ①~⑪까지의 최소 가닥수를 산정하고 배선용도를 구하시오.

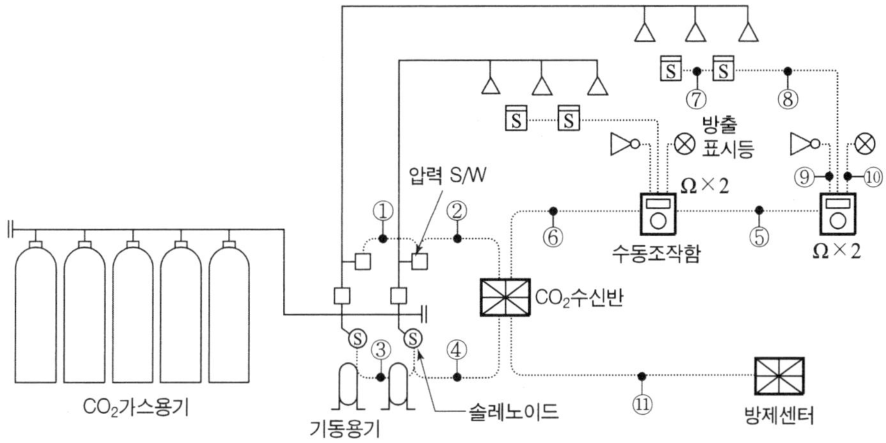

정답

기호	가닥수	배선용도
①	2	압력스위치2
②	3	압력스위치2, 공통1
③	2	솔레노이드 밸브기동2
④	3	솔레노이드 밸브기동2, 공통1
⑤	8	전원(+)1, 전원(−)1, 방출지연스위치1, 감지기A1, 감지기B1, 기동스위치1, 사이렌1, 방출표시등1
⑥	13	전원(+)1, 전원(−)1, 방출지연스위치1, (감지기A1, 감지기B1, 기동스위치1, 사이렌1, 방출표시등1)×2
⑦	4	지구선2, 공통선2
⑧	8	지구선4, 공통선4
⑨	2	사이렌2
⑩	2	방출표시등2
⑪	9	공통1, 전원표시등1, 화재표시등1, (감지기A1, 감지기B1, 방출표시등1)×2

Solution

기호	가닥수	배선내역	배선용도
①	2	HFIX 2.5-2	압력스위치2
②	3	HFIX 2.5-3	압력스위치2, 공통1
③	2	HFIX 2.5-2	솔레노이드 밸브기동2
④	3	HFIX 2.5-3	솔레노이드 밸브기동2, 공통1
⑤	8	HFIX 2.5-8	전원(+)1, 전원(−)1, 방출지연스위치1, 감지기A1, 감지기B1, 기동스위치1, 사이렌1, 방출표시등1
⑥	13	HFIX 2.5-13	전원(+)1, 전원(−)1, 방출지연스위치1, (감지기A1, 감지기B1, 기동스위치1, 사이렌1, 방출표시등1)×2
⑦	4	HFIX 1.5-4	지구선2, 공통선2
⑧	8	HFIX 1.5-8	지구선4, 공통선4
⑨	2	HFIX 2.5-2	사이렌2
⑩	2	HFIX 2.5-2	방출표시등2
⑪	9	HFIX 2.5-9	공통1, 전원표시등1, 화재표시등1, (감지기A1, 감지기B1, 방출표시등1)×2

① 기호 **①번**에서 압력스위치와 압력스위치 사이의 배선 가닥수는 압력스위치 1가닥, 공통선 1가닥으로 전체 2가닥이 되는데 일반적으로 압력스위치 **2가닥**이라고 표현한다.

② 기호 **②번**에서 압력스위치와 수신반 사이의 배선 가닥수는 압력스위치 2가닥, 공통선 1가닥으로 전체 **3가닥**이 된다.

③ 압력스위치와 수신반 사이의 배선 가닥수는 기호 ②번과 같이 압력스위치 2가닥, 공통선 1가닥으로 전체 3가닥이 오다가 그중에서 기호 ①과 같이 압력스위치 1가닥, 공통선 1가닥 전체 2가닥만 압력스위치에 이르게 된다. 기호 **①, ②**의 **실제 배선도**를 나타내면 다음과 같다.

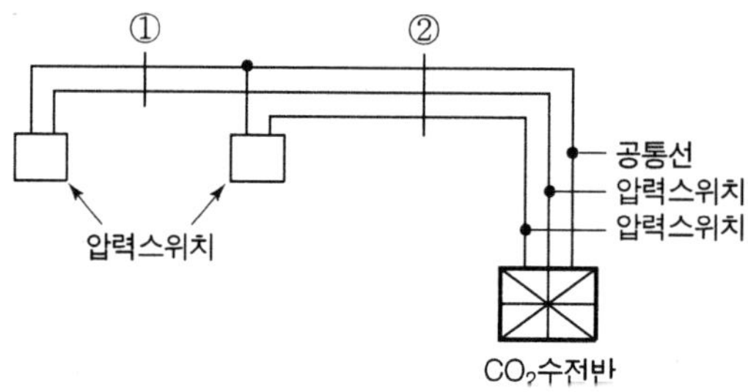

④ 기호 **③번**에서 솔레노이드밸브와 솔레노이드밸브 사이의 배선 가닥수는 솔레노이드 밸브기동 1가닥, 공통선 1가닥으로 전체 **2가닥**이 되는데 일반적으로 솔레노이드 밸브기동 2가닥이라고 표현한다.

⑤ 기호 **④번**에서 솔레노이드밸브와 수신반 사이의 배선 가닥수는 솔레노이드 밸브기동 2가닥, 공통선 1가닥으로 전체 **3가닥**이 된다.

⑥ 솔레노이드밸브와 수신반 사이의 배선 가닥수는 기호 ④번과 같이 솔레노이드 밸브기동 2가닥, 공통선 1가닥으로 전체 3가닥이 오다가 그중에서 기호 ③과 같이 솔레노이드 밸브기동 1가닥, 공통선 1가닥 전체 2가닥만 솔레노이드밸브에 이르게 된다. 기호 **③, ④**의 **실제**

배선도를 나타내면 다음과 같다.

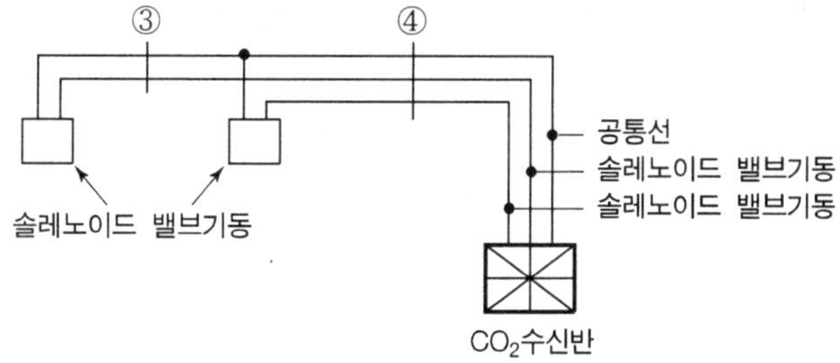

⑦ 가스계설비의 도면문제에서는 배선내역 및 배선 가닥수 때문에 반드시 **배선 대상**이 **수신반(감시제어반) ↔ 수동조작함(RM)**인지, **수신반(감시반) ↔ 방재센터**인지, **수신반(감시반) ↔ 방재센터[Package 형태] · Package ↔ Package** 인지를 먼저 구분해야 한다. 또한, 가스계설비의 도면문제에서는 Zone이라는 개념이 도입되는데 Zone수에 따라 배선가닥수가 다르게 표현된다. 배선대상이 **수신반(감시제어반) ↔ 수동조작함(RM), 수신반(감시반) ↔ 방재센터인 경우 Zone수는 수동조작함(RM)수를 세면되고, 수신반(감시반) ↔ 방재센터[Package 형태] · Package ↔ Package인 경우 Zone수는 Package수를 세면된다**. 따라서 기호 **⑥번**에서 수신반과 수동조작함 사이의 배선 가닥수는 **Zone수(RM수)가 2개**로 전원(+) 1가닥, 전원(−) 1가닥, 방출지연스위치 1가닥, 감지기 A 2가닥, 감지기 B 2가닥, 기동스위치 2가닥, 사이렌 2가닥, 방출표시등 2가닥으로 전체 **13가닥**이 된다. 이것을 전원(+) 1가닥, 전원(−) 1가닥, 방출지연스위치 1가닥, (감지기 A 1가닥, 감지기 B 1가닥, 기동스위치 1가닥, 사이렌 1가닥, 방출표시등 1가닥) × 2(Zone수)로 표현하기도 한다.

⑧ 가스계설비의 도면문제에서 **감지기 배선방식**은 **교차회로방식**이므로 **Loop, 말단인 경우 지구선 2가닥, 공통선 2가닥으로 전체 4가닥**이 되며 **Loop, 말단이 아닌 경우 지구선 4가닥, 공통선 4가닥으로 전체 8가닥**이 된다. 따라서 기호 **⑦번**에서의 배선 가닥수는 말단인 경우로 지구선 2가닥, 공통선 2가닥으로 전체 **4가닥**이 된다. 기호 **⑧번**에서의 배선 가닥수는 Loop, 말단이 아닌 경우로 지구선 4가닥, 공통선 4가닥으로 전체 **8가닥**이 된다.

⑨ 기호 **⑪번**에서 배선내역은 배선대상이 **수신반(감시반) ↔ 방재센터**이고 Zone수(RM수)가 2개이므로 공통 1가닥, 전원표시등 1가닥, 화재표시등 1가닥, 감지기 A 2가닥, 감지기 B 2가닥, 방출표시등 2가닥으로 전체 **9가닥**이 된다. 이것을 공통 1가닥, 전원표시등 1가닥, 화재표시등 1가닥, (감지기 A 1가닥, 감지기 B 1가닥, 방출표시등 1가닥) × 2(Zone수)로 표현하기도 한다.

caution

① 가스계설비의 도면문제에서는 배선내역 및 배선 가닥수 때문에 반드시 **배선 대상**이 **수신반(감시제어반) ↔ 수동조작함(RM)**인지, **수신반(감시반) ↔ 방재센터**인지, **수신반(감시반) ↔ 방재센터[Package 형태] · Package ↔ Package** 인지를 먼저 구분해야 한다.

② **수신반(감시제어반) ↔ 수동조작함(RM)** 배선내역은 아래와 같다.

배 선	설치유무	비고
• 전원 (+)	▲	Zone수와 무관
• 전원 (−)	▲	
• 방출지연스위치(About S/W)	▲	
• 감지기공통	▲(조건)	
• 복구스위치	▲(조건)	
• 감지기 A	▲	Zone수마다 증가 (RM수를 센다) Package Type에서는 사이렌에 주의할 것!!
• 감지기 B	▲	
• 기동스위치	▲	
• 사이렌	▲	
• 방출표시등	▲	
• Door S/W	▲(조건)	

이 때 도면에서 감지기공통, 복구스위치, Door S/W가 없거나 조건에서 언급이 없으면 배선내역에서 삭제된다.

③ **수신반(감시제어반) ↔ 방재센터** 배선내역은 아래와 같다.

배 선	설치유무	비고
• 공통	▲	Zone수와 무관
• 전원표시등	▲	
• 화재표시등	▲	
• 감지기 A	▲	Zone수마다 증가 (RM수를 센다)
• 감지기 B	▲	
• 방출표시등	▲	
• 수동기동스위치	▲(조건)	

이 때 도면에서 수동기동스위치가 없거나 조건에서 언급이 없으면 배선내역에서 삭제된다.

④ **수신반(감시반) ↔ 방재센터[Package 형태] · Package ↔ Package** 배선내역은 아래와 같다.

배 선	설치유무	비고
• 공통	▲	Zone수마다 증가 (Package수를 센다)
• 감지기 A	▲	
• 감지기 B	▲	
• 방출표시등	▲	
• 수동기동스위치	▲(조건)	

이 때 도면에서 수동기동스위치가 없거나 조건에서 언급이 없으면 배선내역에서 삭제된다.

⑤ 가스계설비의 도면문제에서는 Zone이라는 개념이 도입되는데 Zone수에 따라 배선가닥수가 다르게 표현된다. 배선대상이 **수신반(감시제어반) ↔ 수동조작함(RM), 수신반(감시반) ↔ 방재센터인 경우 Zone수는 수동조작함(RM)수**를 세고, **수신반(감시반) ↔ 방재센터[Package 형태] · Package ↔ Package인 경우 Zone수는 Package수**를 센다.

⑥ 가스계설비의 도면문제에서 감지기 배선방식은 **교차회로방식**이므로 Loop, **말단인 경우 지구선 2가닥, 공통선 2가닥**으로 **전체 4가닥**이 되며 Loop, **말단이 아닌 경우 지구선 4가닥, 공통선 4가닥으로 전체 8가닥**이 된다.

54

다음은 할론설비 계통도의 일부분이다. 조건을 참조하여 ①~⑧까지의 가닥수를 산정하고 배선용도를 구하시오.

[조건]

① 복구스위치 및 도어스위치는 없다.

② 최소 가닥수로 한다.

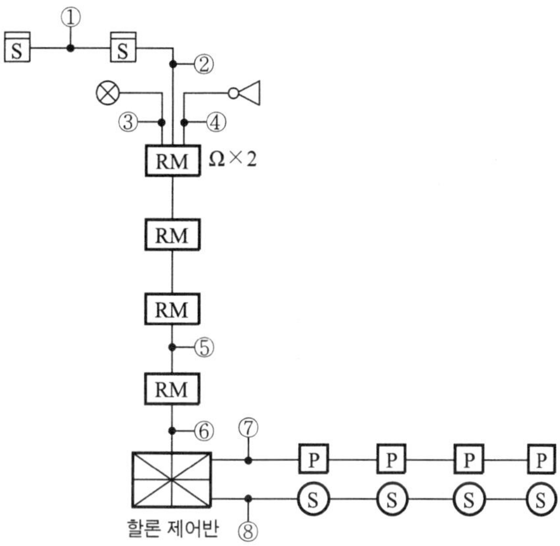

정답

기호	가닥수	배선용도
①	4	지구선2, 공통선2
②	8	지구선4, 공통선4
③	2	방출표시등2
④	2	사이렌2
⑤	18	전원(+)1, 전원(−)1, 방출지연스위치1, (감지기A1, 감지기B1, 기동스위치1, 사이렌1, 방출표시등1)×3
⑥	23	전원(+)1, 전원(−)1, 방출지연스위치1, (감지기A1, 감지기B1, 기동스위치1, 사이렌1, 방출표시등1)×4
⑦	5	압력스위치4, 공통1
⑧	5	솔레노이드 밸브기동4, 공통1

Solution

기호	가닥수	배선내역	배선용도
①	4	HFIX 1.5-4	지구선2, 공통선2
②	8	HFIX 1.5-8	지구선4, 공통선4
③	2	HFIX 2.5-2	방출표시등2
④	2	HFIX 2.5-2	사이렌2
⑤	18	HFIX 2.5-18	전원(+)1, 전원(−)1, 방출지연스위치1, (감지기A1, 감지기B1, 기동스위치1, 사이렌1, 방출표시등1)×3
⑥	23	HFIX 2.5-23	전원(+)1, 전원(−)1, 방출지연스위치1, (감지기A1, 감지기B1, 기동스위치1, 사이렌1, 방출표시등1)×4
⑦	5	HFIX 2.5-5	압력스위치4, 공통1
⑧	5	HFIX 2.5-5	솔레노이드 밸브기동4, 공통1

① 가스계설비의 도면문제에서 **감지기 배선방식**은 **교차회로방식**이므로 Loop, **말단인 경우 지구선 2가닥, 공통선 2가닥으로 전체 4가닥**이 되며 Loop, **말단이 아닌 경우 지구선 4가닥, 공통선 4가닥으로 전체 8가닥**이 된다. 따라서 기호 **①번**에서의 배선 가닥수는 말단인 경우로 지구선 2가닥, 공통선 2가닥으로 전체 **4가닥**이 된다. 기호 **②번**에서의 배선 가닥수는 Loop, 말단이 아닌 경우로 지구선 4가닥, 공통선 4가닥으로 전체 **8가닥**이 된다.

② 기호 **⑥번**에서 수신반과 수동조작함 사이의 배선 가닥수는 **Zone수(RM수)가 4개**로 전원(+) 1가닥, 전원(−) 1가닥, 방출지연스위치 1가닥, (감지기 A 1가닥, 감지기 B 1가닥, 기동스위치 1가닥, 사이렌 1가닥, 방출표시등 1가닥) × 4(Zone수)로 전체 **23가닥**이 된다.

③ 기호 **⑦번**에서 압력스위치와 수신반 사이의 배선 가닥수는 압력스위치 4가닥, 공통선 1가닥으로 전체 **5가닥**이 된다.

④ 기호 **⑧번**에서 솔레노이드밸브와 수신반 사이의 배선 가닥수는 솔레노이드 밸브기동 4가닥, 공통선 1가닥으로 전체 **5가닥**이 된다.

55

다음은 가스계설비 계통도의 일부분이다. ①~⑥까지의 최소 가닥수를 산정하고 배선용도를 구하시오.

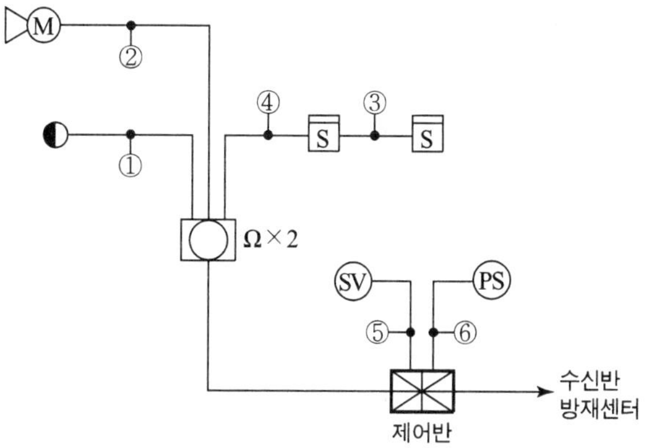

정답

기호	가닥수	배선용도
①	2	방출표시등2
②	2	모터사이렌2
③	4	지구선2, 공통선2
④	8	지구선4, 공통선4
⑤	2	솔레노이드 밸브기동2
⑥	2	압력스위치2

Solution

기호	가닥수	배선내역	배선용도
①	2	HFIX 2.5-2	방출표시등2
②	2	HFIX 2.5-2	모터사이렌2
③	4	HFIX 1.5-4	지구선2, 공통선2
④	8	HFIX 1.5-8	지구선4, 공통선4
⑤	2	HFIX 2.5-2	솔레노이드 밸브기동2
⑥	2	HFIX 2.5-2	압력스위치2

① 가스계설비의 도면문제에서 **감지기 배선방식**은 **교차회로방식**이므로 Loop, **말단인 경우 지구선 2가닥, 공통선 2가닥으로 전체 4가닥**이 되며 Loop, **말단이 아닌 경우 지구선 4가닥, 공통선 4가닥으로 전체 8가닥**이 된다. 따라서 기호 **③번**에서의 배선 가닥수는 말단인 경우로 지구선 2가닥, 공통선 2가닥으로 전체 **4가닥**이 된다. 기호 **④번**에서의 배선 가닥수는 Loop, 말단이 아닌 경우로 지구선 4가닥, 공통선 4가닥으로 전체 **8가닥**이 된다.

56

다음은 Package 형태의 가스계설비 계통도이다. ①~④까지의 최소 가닥수를 산정하고 배선용도를 구하시오.

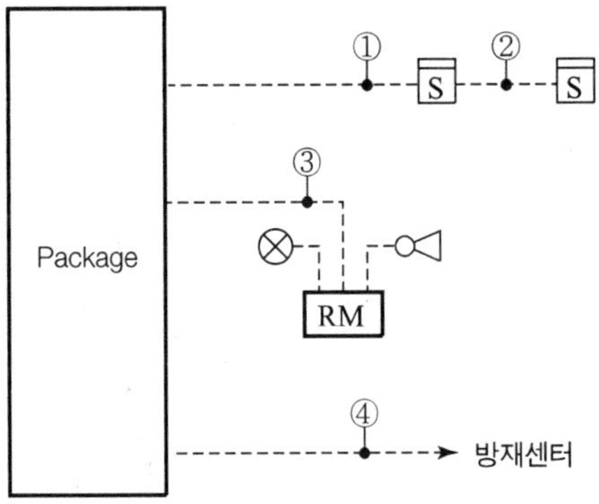

정답

기호	가닥수	배선용도
①	8	(지구선2, 공통선2)×2
②	4	지구선2, 공통선2
③	6	전원(+)1, 전원(−)1, 방출지연스위치1, 기동스위치1, 사이렌1, 방출표시등1
④	4	공통1, 감지기A1, 감지기B1, 방출표시등1

Solution

기호	가닥수	배선내역	배선용도
①	8	HFIX 1.5-8	(지구선2, 공통선2)×2
②	4	HFIX 1.5-4	지구선2, 공통선2
③	6	HFIX 2.5-6	전원(+)1, 전원(−)1, 방출지연스위치1, 기동스위치1, 사이렌1, 방출표시등1
④	4	HFIX 2.5-4	공통1, 감지기A1, 감지기B1, 방출표시등1

① 가스계설비의 도면문제에서 **감지기 배선방식**은 **교차회로방식**이므로 Loop, **말단인 경우 지구선 2가닥, 공통선 2가닥으로 전체 4가닥**이 되며 Loop, **말단이 아닌 경우 지구선 4가닥, 공통선 4가닥으로 전체 8가닥**이 된다. 따라서 기호 **①번**에서의 배선 가닥수는 Loop, 말단이 아닌 경우로 지구선 4가닥, 공통선 4가닥으로 전체 **8가닥**이 된다. 기호 **②번**에서의 배선 가닥수는 말단인 경우로 지구선 2가닥, 공통선 2가닥으로 전체 **4가닥**이 된다.

② 기호 **③번**은 도면에 수동조작함(RM)이 있으므로 **배선 대상**이 **수신반(감시제어반) ↔ 수동조작함(RM)**으로 다음의 배선내역 및 배선가닥수를 따라야 한다.

배 선	설치유무	비고
• 전원 (+)	▲	Zone수와 무관
• 전원 (−)	▲	
• 방출지연스위치(About S/W)	▲	
• 감지기공통	▲(조건)	
• 복구스위치	▲(조건)	
• 감지기 A	▲	Zone수마다 증가 (RM수를 센다) Package Type에서는 사이렌에 주의할 것!!
• 감지기 B	▲	
• 기동스위치	▲	
• 사이렌	▲	
• 방출표시등	▲	
• Door S/W	▲(조건)	

이 때 도면에서 감지기공통, 복구스위치, Door S/W가 없고 조건에서도 언급이 없으므로 배선내역에서 삭제되며, 감지기 A, 감지기 B도 별도로 빠져 있으므로 배선내역에서 삭제된다. 이것을 정리하면, 전원(+) 1가닥, 전원(−) 1가닥, 방출지연스위치 1가닥, 기동스위치 1가닥, 사이렌 1가닥, 방출표시등 1가닥으로 전체 **6가닥**이 된다.

③ 기호 ④번은 **배선 대상**이 **수신반(감시제어반) ↔ 방재센터[Package 형태]**로 다음의 배선내역 및 배선가닥수를 따라야 한다.

배 선	설치유무	비고
• 공통	▲	Zone수마다 증가 (Package수를 센다)
• 감지기 A	▲	
• 감지기 B	▲	
• 방출표시등	▲	
• 수동기동스위치	▲(조건)	

이 때 도면에서 수동기동스위치가 없고 조건에서도 언급이 없어 배선내역에서 삭제된다. 이것을 정리하면, 공통 1가닥, 감지기A 1가닥, 감지기B 1가닥, 방출표시등 1가닥으로 전체 **4가닥**이 된다.

caution

① 기호 **③번**의 배선내역 및 배선가닥수에서 만약, **도면에 사이렌이 표시되어 있지 않으면** 사이렌이 Package에 들어간 경우로 배선가닥수는 전원(+) 1가닥, 전원(−) 1가닥, 방출지연스위치 1가닥, 기동스위치 1가닥, 방출표시등 1가닥으로 **전체 5가닥**이 된다.

② 기호 **③번**의 배선내역 및 배선가닥수에서 만약, 도면에 **수동조작함(RM)옆에 종단저항(Ω×2)이 있다면** 배선 가닥수는 전원(+) 1가닥, 전원(−) 1가닥, 방출지연스위치 1가닥, **감지기A 1가닥, 감지기B 1가닥**, 기동스위치 1가닥, 사이렌 1가닥, 방출표시등 1가닥으로 **전체 8가닥**이 된다.

57

다음은 Package 형태의 가스계설비 계통도이다. ①~⑦까지의 최소 가닥수를 산정하고 배선용도를 구하시오.

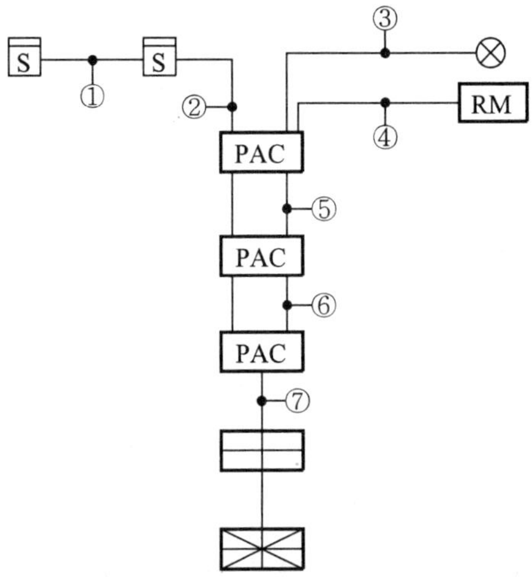

정답

기호	가닥수	배선용도
①	4	지구선2, 공통선2
②	8	(지구선2, 공통선2)×2
③	2	방출표시등2
④	4	전원(+)1, 전원(−)1, 방출지연스위치1, 기동스위치1, ~~**방출표시등(x), 사이렌(x)**~~
⑤	4	공통1, 감지기A1, 감지기B1, 방출표시등1
⑥	8	(공통1, 감지기A1, 감지기B1, 방출표시등1)×2
⑦	12	(공통1, 감지기A1, 감지기B1, 방출표시등1)×3

Solution

기호	가닥수	배선내역	배선용도
①	4	HFIX 1.5-4	지구선2, 공통선2
②	8	HFIX 1.5-8	(지구선2, 공통선2)×2
③	2	HFIX 2.5-2	방출표시등2
④	4	HFIX 2.5-4	전원(+)1, 전원(−)1, 방출지연스위치1, 기동스위치1, ~~**방출표시등(x), 사이렌(x)**~~
⑤	4	HFIX 2.5-4	공통1, 감지기A1, 감지기B1, 방출표시등1
⑥	8	HFIX 2.5-8	(공통1, 감지기A1, 감지기B1, 방출표시등1)×2
⑦	12	HFIX 2.5-12	(공통1, 감지기A1, 감지기B1, 방출표시등1)×3

① 가스계설비의 도면문제에서 **감지기 배선방식**은 **교차회로방식**이므로 Loop, **말단인 경우 지구선 2가닥, 공통선 2가닥으로 전체 4가닥**이 되며 Loop, **말단이 아닌 경우 지구선 4가닥, 공통선 4가닥으로 전체 8가닥**이 된다. 따라서 기호 **①번**에서의 배선 가닥수는 말단인 경우로 지구선 2가닥, 공통선 2가닥으로 전체 **4가닥**이 된다. 기호 **②번**에서의 배선 가닥수는 Loop, 말단이 아닌 경우로 지구선 4가닥, 공통선 4가닥으로 전체 **8가닥**이 된다.

② 기호 **④번**은 도면에 수동조작함(RM)이 있으므로 **배선 대상**이 **수신반(감시제어반) ↔ 수동조작함(RM)**으로 다음의 배선내역 및 배선가닥수를 따라야 한다.

배 선	설치유무	비고
• 전원 (+)	▲	Zone수와 무관
• 전원 (−)	▲	
• 방출지연스위치(About S/W)	▲	
• 감지기공통	▲(조건)	
• 복구스위치	▲(조건)	
• 감지기 A	▲	Zone수마다 증가 (RM수를 센다) Package Type에서는 사이렌에 주의할 것!!
• 감지기 B	▲	
• 기동스위치	▲	
• 사이렌	▲	
• 방출표시등	▲	
• Door S/W	▲(조건)	

이 때 도면에서 감지기공통, 복구스위치, Door S/W가 없고 조건에서도 언급이 없으므로 배선내역에서 삭제되며, 감지기 A, 감지기 B, 방출표시등도 별도로 빠져 있으므로 배선내역에서 삭제되고 사이렌도 도면에서 없어서(Package에 포함되어 있음)배선내역에서 삭제된다. 이것을 정리하면, 전원(+) 1가닥, 전원(−) 1가닥, 방출지연스위치 1가닥, 기동스위치 1가닥으로 전체 **4가닥**이 된다.

③ 기호 **⑤번**은 **배선 대상**이 Package ↔ Package **형태**로 다음의 배선내역 및 배선가닥수를 따라야 한다.

배 선	설치유무	비고
• 공통	▲	Zone수마다 증가 (Package수를 센다)
• 감지기 A	▲	
• 감지기 B	▲	
• 방출표시등	▲	
• 수동기동스위치	▲(조건)	

이 때 도면에서 수동기동스위치가 없고 조건에서도 언급이 없어 배선내역에서 삭제된다. 이것을 정리하면, 공통 1가닥, 감지기A 1가닥, 감지기B 1가닥, 방출표시등 1가닥으로 전체 **4가닥**이 된다.

④ 가스계설비의 도면문제에서는 Zone이라는 개념이 도입되는데 Zone수에 따라 배선가닥수가 다르게 표현된다. 기호 **⑦번**은 **배선 대상**이 Package ↔ Package **형태로 Zone수는**

Package수를 센다. 따라서 배선가닥수는 Zone수(Package수)가 3개로 공통 3가닥, 감지기A 3가닥, 감지기B 3가닥, 방출표시등 3가닥으로 전체 **12가닥**이 된다. 이것을 (공통 1가닥, 감지기A 1가닥, 감지기B 1가닥, 방출표시등 1가닥) × 3(Zone수)로 표현하기도 한다.

caution

기호 ④번의 배선내역 및 배선가닥수는 도면에서 감지기공통, 복구스위치, Door S/W가 없고 조건에서도 언급이 없으므로 배선내역에서 삭제되고, 감지기 A, 감지기 B, 방출표시등도 별도로 빠져 있으므로 배선내역에서 삭제되며 사이렌도 도면에서 없어서(Package에 포함되어 있음) 배선내역에서 삭제된다. **방출표시등과 사이렌이 무조건 추가되지 않는다는 것을 주의**해야 한다.

58

다음은 CO_2설비 계통도의 일부분이다. ①~⑲까지의 최소 가닥수를 산정하고 배선용도를 구하시오.

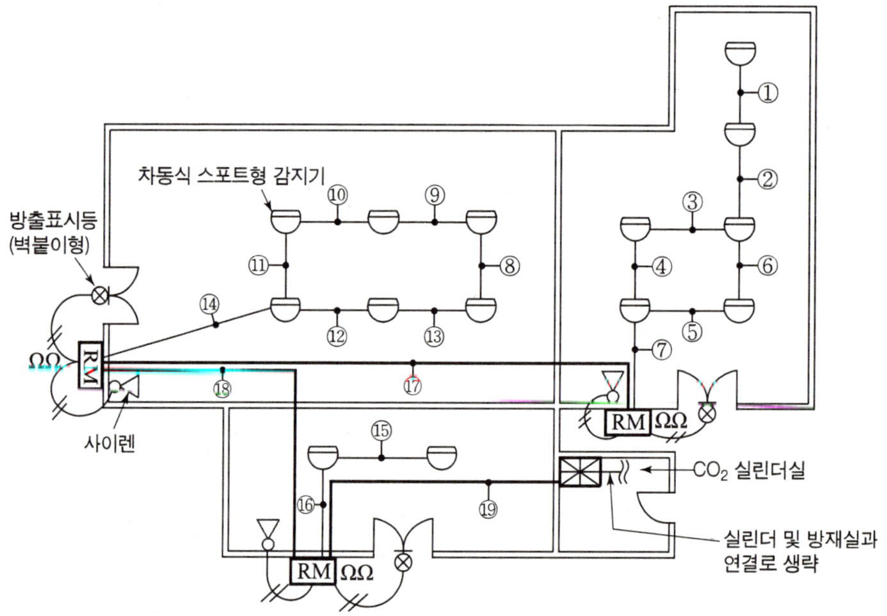

정답

기호	가닥수	배선용도
①, ③~⑥, ⑧~⑬, ⑮	4	지구선2, 공통선2
②, ⑦, ⑭, ⑯	8	지구선4, 공통선4
⑰	8	전원(+)1, 전원(−)1, 방출지연스위치1, 감지기A1, 감지기B1, 기동스위치1, 사이렌1, 방출표시등1
⑱	13	전원(+)1, 전원(−)1, 방출지연스위치1, (감지기A1, 감지기B1, 기동스위치1, 사이렌1, 방출표시등1)×2
⑲	18	전원(+)1, 전원(−)1, 방출지연스위치1, (감지기A1, 감지기B1, 기동스위치1, 사이렌1, 방출표시등1)×3

Solution

기호	가닥수	배선내역	배선용도
①, ③~⑥, ⑧~⑬, ⑮	4	HFIX 1.5-4	지구선2, 공통선2
②, ⑦, ⑭, ⑯	8	HFIX 1.5-8	지구선4, 공통선4
⑰	8	HFIX 2.5-8	전원(+)1, 전원(−)1, 방출지연스위치1, 감지기A1, 감지기B1, 기동스위치1, 사이렌1, 방출표시등1
⑱	13	HFIX 2.5-13	전원(+)1, 전원(−)1, 방출지연스위치1, (감지기A1, 감지기B1, 기동스위치1, 사이렌1, 방출표시등1)×2
⑲	18	HFIX 2.5-18	전원(+)1, 전원(−)1, 방출지연스위치1, (감지기A1, 감지기B1, 기동스위치1, 사이렌1, 방출표시등1)×3

① 가스계설비의 도면문제에서 **감지기 배선방식**은 **교차회로방식**이므로 **Loop, 말단인 경우 지구선 2가닥, 공통선 2가닥으로 전체 4가닥**이 되며 **Loop, 말단이 아닌 경우 지구선 4가닥, 공통선 4가닥으로 전체 8가닥**이 된다. 따라서 기호 **①, ③~⑥, ⑧~⑬, ⑮번**에서의 배선 가닥수는 Loop, 말단인 경우로 지구선 2가닥, 공통선 2가닥으로 전체 **4가닥**이 된다. 기호 **②, ⑦, ⑭, ⑯ 번**에서의 배선 가닥수는 Loop, 말단이 아닌 경우로 지구선 4가닥, 공통선 4가닥으로 전체 **8가닥**이 된다.

② 기호 ⑰ **번**은 도면에 수동조작함(RM)이 있으므로 **배선 대상**이 **수신반(감시제어반) ↔ 수동조작함(RM)**으로 다음의 배선내역 및 배선가닥수를 따라야 한다.

배 선	설치유무	비고
• 전원 (+)	▲	Zone수와 무관
• 전원 (−)	▲	
• 방출지연스위치(About S/W)	▲	
• 감지기공통	▲(조건)	
• 복구스위치	▲(조건)	
• 감지기 A	▲	Zone수마다 증가 (RM수를 센다) Package Type에서는 사이렌에 주의할 것!!
• 감지기 B	▲	
• 기동스위치	▲	
• 사이렌	▲	
• 방출표시등	▲	
• Door S/W	▲(조건)	

이 때 도면에서 감지기공통, 복구스위치, Door S/W가 없고 조건에서도 언급이 없으므로 배선내역에서 삭제된다. 이것을 정리하면, 전원(+) 1가닥, 전원(−) 1가닥, 방출지연스위치 1가닥, 감지기A 1가닥, 감지기B 1가닥, 기동스위치 1가닥, 사이렌 1가닥, 방출표시등 1가닥으로 전체 **8가닥**이 된다.

③ 가스계설비의 도면문제에서는 Zone이라는 개념이 도입되는데 Zone수에 따라 배선가닥수가 다르게 표현된다. 기호 ⑲ 번은 **배선 대상**이 **수신반(감시제어반) ↔ 수동조작함**(RM) **형태**로 **Zone수는 RM수**를 센다. 따라서 배선가닥수는 Zone수(RM수)가 3개로 전원(+) 1가닥, 전원(−) 1가닥, 방출지연스위치 1가닥, 감지기A 3가닥, 감지기B 3가닥, 기동스위치 3가닥, 사이렌 3가닥, 방출표시등 3가닥으로 전체 **18가닥**이 된다. 이것을 전원(+) 1가닥, 전원(−) 1가닥, 방출지연스위치 1가닥, (감지기A 1가닥, 감지기B 1가닥, 기동스위치 1가닥, 사이렌 1가닥, 방출표시등 1가닥) × 3(Zone수)로 표현하기도 한다.

caution

가스계설비의 평면도에서 수신기와 수동조작함(RM), 수동조작함(RM)와 수동조작함(RM) 사이의 배선가닥수를 산정할 경우에는 **수신기나 TB를 먼저 찾고 수신기나 TB로부터 가장 멀리 떨어져 있는 곳부터 배선내역을 산정**한다. 즉, 기호 ⑰ **번**의 수동조작함과 수동조작함 사이의 배선내역은 전원(+) 1가닥, 전원(−) 1가닥, 방출지연스위치 1가닥, 감지기A 1가닥, 감지기B 1가닥, 기동스위치 1가닥, 사이렌 1가닥, 방출표시등 1가닥으로 전체 **8가닥**이 된다.

59

다음은 CO_2설비 계통도의 일부분이다. ①~③까지의 최소 가닥수를 산정하고 배선용도를 구하시오.

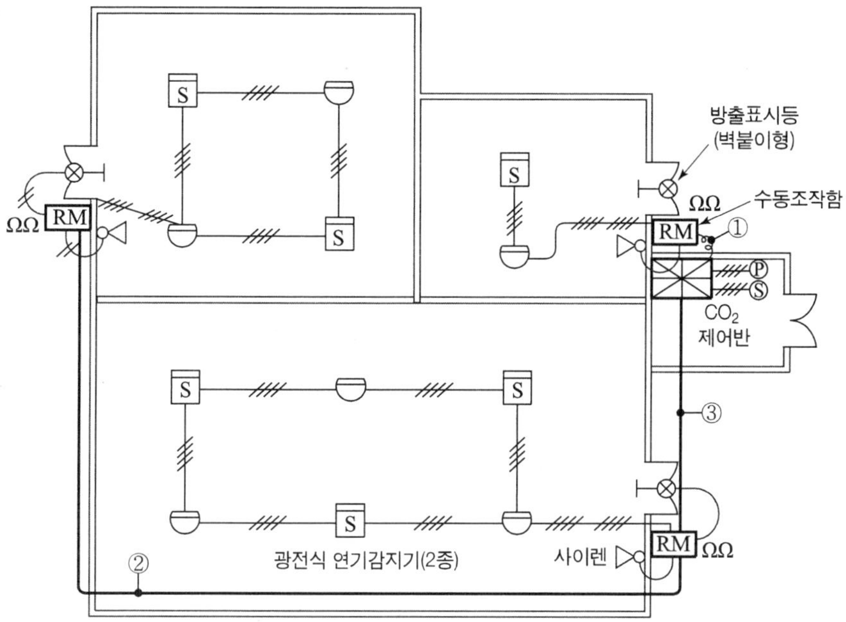

정답

기호	가닥수	배선용도
①, ②	8	전원(+)1, 전원(−)1, 방출지연스위치1, 감지기A1, 감지기B1, 기동스위치1, 사이렌1, 방출표시등1
③	13	전원(+)1, 전원(−)1, 방출지연스위치1, (감지기A1, 감지기B1, 기동스위치1, 사이렌1, 방출표시등1)×2

Solution

기호	가닥수	배선내역	배선용도
①, ②	8	HFIX 2.5-8	전원(+)1, 전원(−)1, 방출지연스위치1, 감지기A1, 감지기B1, 기동스위치1, 사이렌1, 방출표시등1
③	13	HFIX 2.5-13	전원(+)1, 전원(−)1, 방출지연스위치1, (감지기A1, 감지기B1, 기동스위치1, 사이렌1, 방출표시등1)×2

① 기호 ①, ②번은 도면에 수동조작함(RM)이 있으므로 **배선 대상이 수신반(감시제어반) ↔ 수동조작함**(RM)으로 다음의 배선내역 및 배선가닥수를 따라야 한다.

배 선	설치유무	비고
• 전원 (+)	▲	Zone수와 무관
• 전원 (−)	▲	
• 방출지연스위치(About S/W)	▲	
• 감지기공통	▲(조건)	
• 복구스위치	▲(조건)	
• 감지기 A	▲	Zone수마다 증가 (RM수를 센다) Package Type에서는 사이렌에 주의할 것!!
• 감지기 B	▲	
• 기동스위치	▲	
• 사이렌	▲	
• 방출표시등	▲	
• Door S/W	▲(조건)	

이 때 도면에서 감지기공통, 복구스위치, Door S/W가 없고 조건에서도 언급이 없으므로 배선내역에서 삭제된다. 이것을 정리하면, 전원(+) 1가닥, 전원(−) 1가닥, 방출지연스위치 1가닥, 감지기A 1가닥, 감지기B 1가닥, 기동스위치 1가닥, 사이렌 1가닥, 방출표시등 1가닥으로 전체 **8가닥**이 된다.

② 가스계설비의 도면문제에서는 Zone이라는 개념이 도입되는데 Zone수에 따라 배선가닥수가 다르게 표현된다. 기호 ③번은 **배선 대상이 수신반(감시제어반) ↔ 수동조작함(RM) 형태**로 **Zone수는 RM수**를 센다. 따라서 배선가닥수는 Zone수(RM수)가 2개로 전원(+) 1가닥, 전원(−) 1가닥, 방출지연스위치 1가닥, 감지기A 2가닥, 감지기B 2가닥, 기동스위치 2가닥, 사이렌 2가닥, 방출표시등 2가닥으로 전체 **13가닥**이 된다. 이것을 전원(+) 1가닥, 전원(−) 1가닥, 방출지연스위치 1가닥, (감지기A 1가닥, 감지기B 1가닥, 기동스위치 1가닥, 사이렌 1가닥, 방출표시등 1가닥) × 2(Zone수)로 표현하기도 한다.

60

다음은 CO_2 소화설비의 평면도이다. ①~⑪까지의 최소 가닥수를 산정하고 배선용도를 구하시오.

[조건]

- 감지기 공통선과 전원 공통선은 각각 분리해서 사용된다.

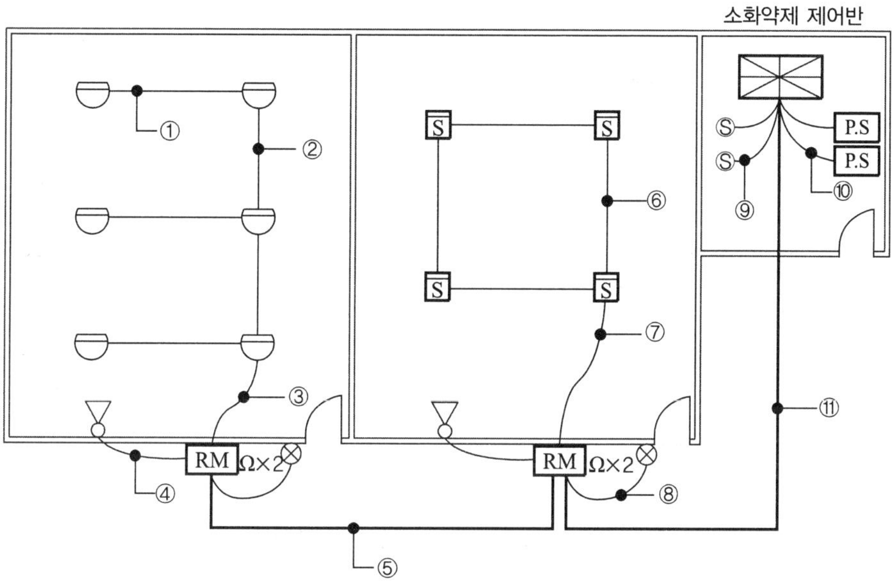

정답

기호	가닥수	배선용도
①, ⑥	4	지구선2, 공통선2
②, ③, ⑦	8	지구선4, 공통선4
④	2	사이렌2
⑤	9	전원(+)1, 전원(-)1, 방출지연스위치1, 감지기공통1, 감지기A1, 감지기B1, 기동스위치1, 사이렌1, 방출표시등1
⑧	2	방출표시등2
⑨	2	솔레노이브밸브2
⑩	2	압력스위치2
⑪	14	전원(+)1, 전원(-)1, 방출지연스위치1, 감지기공통1, (감지기A1, 감지기B1, 기동스위치1, 사이렌1, 방출표시등1)×2

Solution

기호	가닥수	배선내역	배선용도
①, ⑥	4	HFIX 1.5-4	지구선2, 공통선2
②, ③, ⑦	8	HFIX 1.5-8	지구선4, 공통선4
④	2	HFIX 2.5-2	사이렌2
⑤	9	HFIX 2.5-9	전원(+)1, 전원(-)1, 방출지연스위치1, 감지기공통1, 감지기A1, 감지기B1, 기동스위치1, 사이렌1, 방출표시등1
⑧	2	HFIX 2.5-2	방출표시등2
⑨	2	HFIX 2.5-2	솔레노이브밸브2
⑩	2	HFIX 2.5-2	압력스위치2
⑪	14	HFIX 2.5-14	전원(+)1, 전원(-)1, 방출지연스위치1, 감지기공통1, (감지기A1, 감지기B1, 기동스위치1, 사이렌1, 방출표시등1)×2

61

그림은 할론 1301 소화설비를 나타낸 것이다. 다음 각 물음에 답하시오.

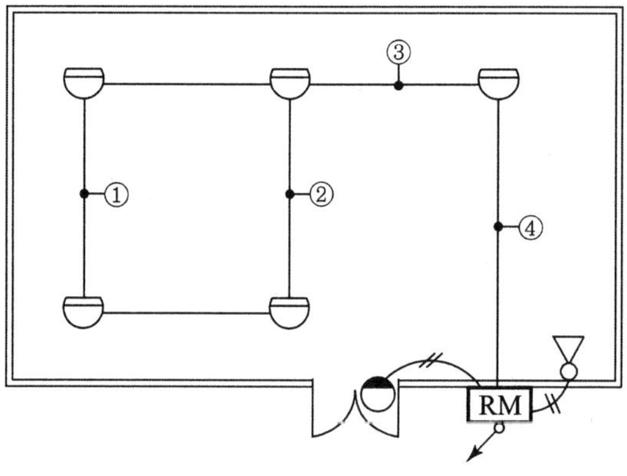

1) ①~④의 전선 가닥수를 쓰시오.
2) 4각박스와 8각박스는 합해서 모두 몇 개가 필요한가?
3) 부싱의 개수를 산출하시오.

정답

1) 전선 가닥수

기호	가닥수	배선용도
①, ②	4	지구선2, 공통선2
③, ④	8	지구선4, 공통선4

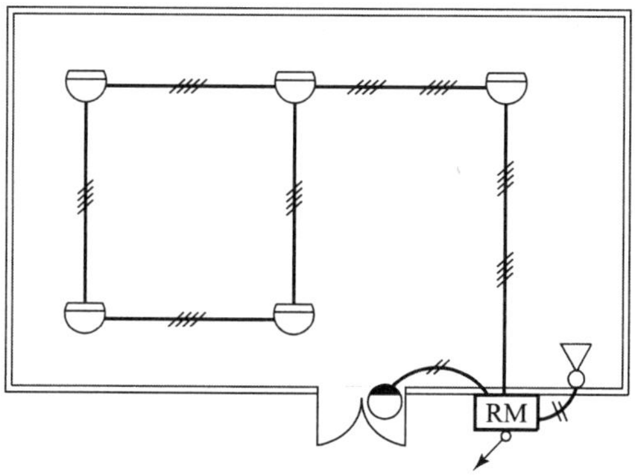

2) 박스 개수 = 4각박스(1개) + 8각박스(7개) = 8개

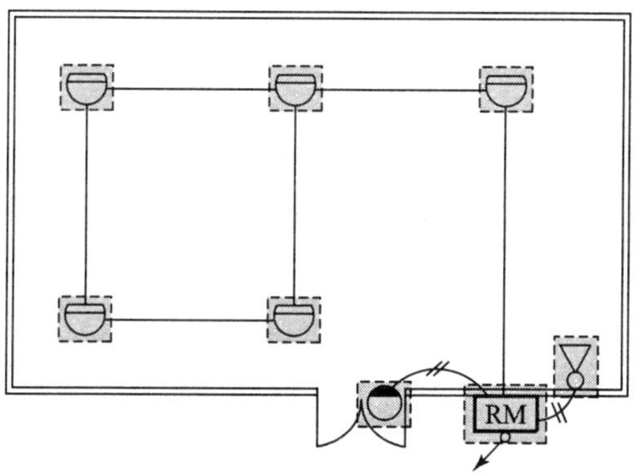

3) 부싱 개수 = [박스 개수(8개) × 2배 + 상승, 하강, 전원의 개수(1개)] = 17개

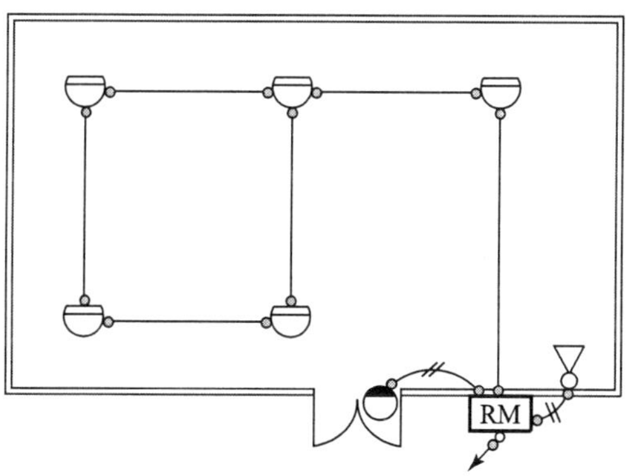

Solution

기호	가닥수	배선내역	배선용도
①, ②	4	HFIX 1.5-4	지구선2, 공통선2
③, ④	8	HFIX 1.5-8	지구선4, 공통선4

① 가스계설비의 도면문제에서 **감지기 배선방식**은 **교차회로방식**이므로 Loop, **말단인 경우 지구선 2가닥, 공통선 2가닥으로 전체 4가닥**이 되며 Loop, **말단이 아닌 경우 지구선 4가닥, 공통선 4가닥으로 전체 8가닥**이 된다. 따라서 기호 **①, ②번**에서의 배선 가닥수는 Loop, 말단인 경우로 지구선 2가닥, 공통선 2가닥으로 전체 **4가닥**이 된다. 기호 **③, ④번**에서의 배선 가닥수는 Loop, 말단이 아닌 경우로 지구선 4가닥, 공통선 4가닥으로 전체 **8가닥**이 된다.

② 4각박스는 일반적으로 4방출 이상 or 간선배관인 곳과 한쪽 면이 2방출 이상인 곳에 적용하므로 1개이며 8각박스는 4각박스를 제외한 박스의 개수를 적용하므로 7개가 되어 전체 박스의 개수는 8개이다.

③ 부싱 = 박스 × 2배 + 상승, 하강, 전원의 개수를 적용하여 부싱 = 8개 × 2배 + 1개 = 17개가 된다.

caution

① 부싱은 전선의 절연피복을 보호하기 위한 것으로 전선의 출입과 출구에 모두 적용한다. 즉, 각 설비에 출입하는 전선의 입, 출구를 하나씩 세면되는데 이렇게 할 경우 정확성은 높아지나 시간이 지연되는 문제가 있으므로 **부싱 = 박스 × 2배 + (상승, 하강, 전원의 개수)**를 적용하면 쉽게 구할 수 있다.

② **로크너트**는 금속관과 박스의 접속에 사용되는 것으로 **부싱**의 **2배**가 적용된다. 따라서 상기도면의 로크너트는 부싱의 개수(17개) × 2배 = 34개가 된다.

62

도면은 어느 방호대상물의 할론설비 부대전기설비를 설계한 도면이다. 잘못 설계된 점 5가지를 지적하고 계통도를 그리시오.

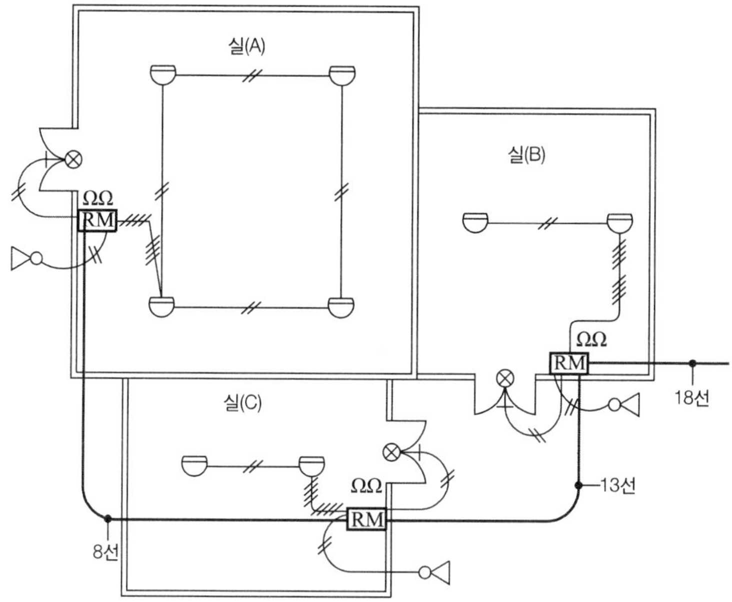

정답

1) 계통도

기호	가닥수	배선용도
①	8	전원(+)1, 전원(−)1, 방출지연스위치1, 감지기A1, 감지기B1, 기동스위치1, 사이렌1, 방출표시등1
②	13	전원(+)1, 전원(−)1, 방출지연스위치1, (감지기A1, 감지기B1, 기동스위치1, 사이렌1, 방출표시등1)×2
③	18	전원(+)1, 전원(−)1, 방출지연스위치1, 감지기A1, 감지기B1, 기동스위치1, 사이렌1, 방출표시등1)×3

2) 잘못된 점

① 할론 수동조작함이 실내에 설치되어 있다(화재 시 유효한 조작을 위하여 실외에 설치되어야 한다).

② 사이렌이 실외에 설치되어 있다(실내에 있는 인명을 대피시키기 위하여 실내에 설치되어야 한다).

③ 할론 방출표시등이 실내의 출입구 부근에 설치되어 있다(외부인의 출입을 금지시키기 위하여 실외의 출입구 부근에 설치되어야 한다).

④ 실(A)의 감지기 상호간 배선가닥수가 2가닥으로 되어 있다(할론설비의 감지기 배선은 교차회로

방식으로 Loop의 배선가닥수는 4가닥(지구선, 공통선 각각 2가닥)으로 되어야 한다).

⑤ 실(B), 실(C)의 감지기 말단의 배선가닥수가 2가닥으로 되어 있다(할론설비의 감지기 배선은 교차회로 방식으로 말단의 배선 가닥수는 4가닥(지구선, 공통선 각 2가닥)으로 되어야 한다).

Solution

1) 계통도

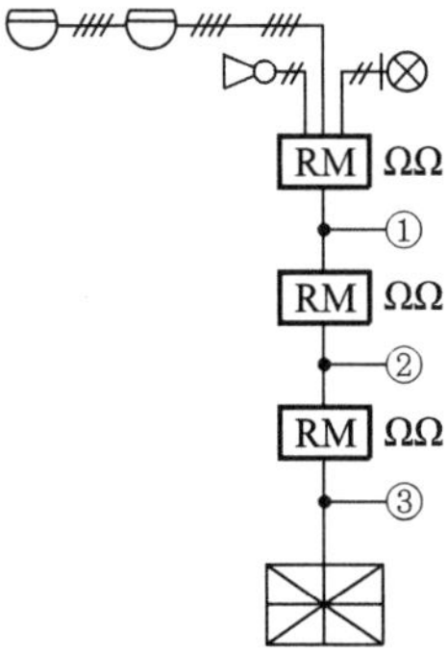

기호	가닥수	배선내역	배선용도
①	8	28C (HFIX2.5-8)	전원(+)1, 전원(−)1, 방출지연스위치1, 감지기A1, 감지기B1, 기동스위치1, 사이렌1, 방출표시등1
②	13	36C (HFIX2.5-13)	전원(+)1, 전원(−)1, 방출지연스위치1, (감지기A1, 감지기B1, 기동스위치1, 사이렌1, 방출표시등1)×2
③	18	36C (HFIX2.5-18)	전원(+)1, 전원(−)1, 방출지연스위치1, 감지기A1, 감지기B1, 기동스위치1, 사이렌1, 방출표시등1)×3

2) 올바른 설계도면

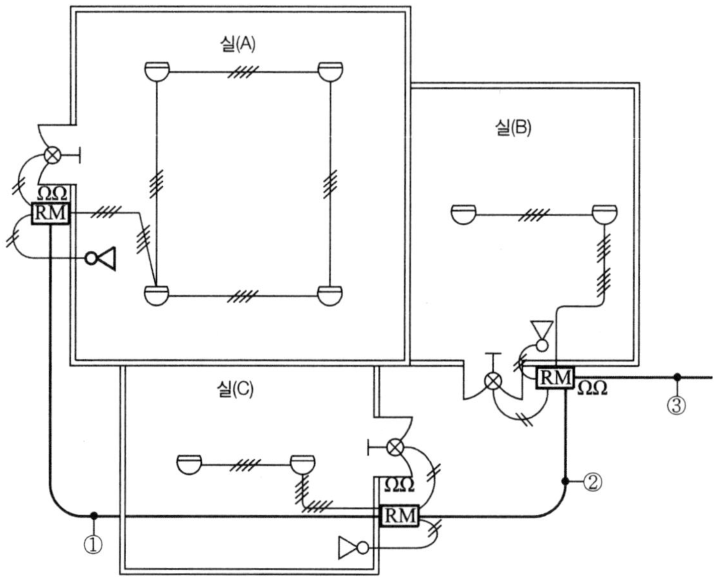

3) 가스계 설비 부속장치

부속장치	사이렌	방출표시등	수동조작함	비상스위치 (방출지연 S/W)
설치위치	실내	실외 출입구 위	실외 출입구 부근	수동식기동장치 부근
설치목적	음향 경보하여 실내인명 대피	소화약제 방출을 알려 외부인 출입금지	• 수동으로 자동문 폐쇄 • 약제방출 신호를 보내 화재진화	소화약제 방출지연

63

그림과 같은 통신실에 하론 1301 가스설비와 연동되는 감지기설비를 하려고 한다. 주어진 조건을 이용하여 다음 각 물음에 답하시오.

[조건]

- 감지기 배선은 교차회로방식으로 한다.
- 전원 및 각종 신호선은 1개의 선으로 표시하며 배선 가닥수는 표시된 선 위에 빗금으로 표시하도록 한다.
- 감지기 설치 및 배관배선은 규정된 심벌을 사용한다.
- 수동조작반으로 연결되는 배관배선은 감지기, 사이렌, 방출표시등 등이다.
- 모든 배관배선의 개소에는 가닥수를 표시하도록 한다.
- 통신실의 높이는 4m이며, 주요구조부가 내화구조이다.

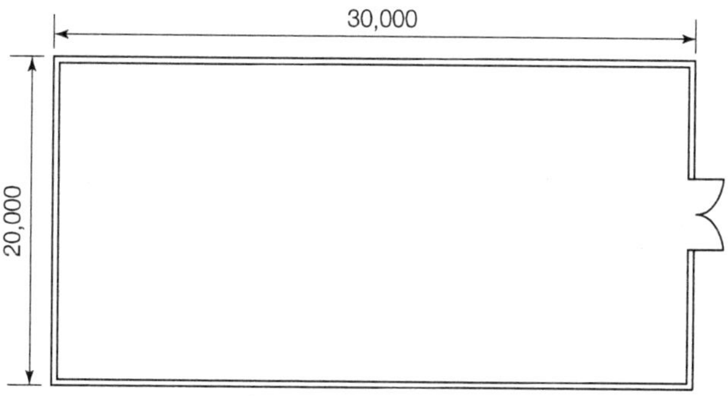

1) 감지기는 차동식 스포트형 감지기 2종을 사용하려고 한다. 필요한 개수를 산정하여 도면에 적당한 간격으로 배치하여 설치하고 배선 가닥수를 표시하시오.
2) 모터사이렌, 할론방출표시등, 수동조작함을 도면의 적당한 위치에 설치하고 배선가닥수도 표시하시오.
3) 수동조작반과 주조작반 사이의 배선에 대한 전선의 명칭을 쓰시오(단, 감지기의 공통선은 전원선과 분리하여 사용하는 것으로 한다).

정답

1) 평면도

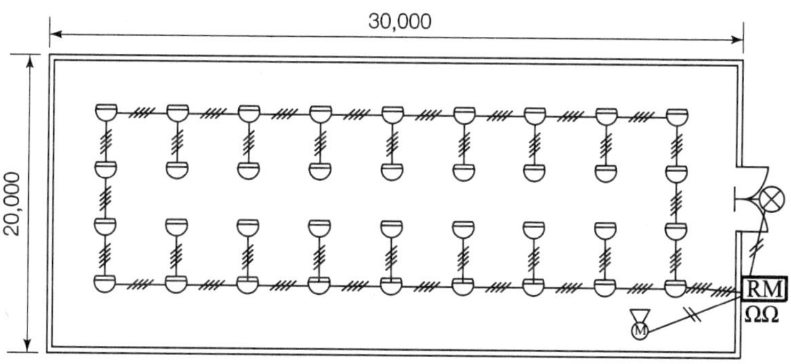

2) 배선내역

가닥수	배선용도
9	전원(+)1, 전원(−)1, 방출지연스위치1, **감지기공통1**, 감지기A1, 감지기B1, 기동스위치1, 사이렌1, 방출표시등1

Solution

① **내화구조**인 건물에 부착높이가 **4m**인 **차동식스포트형(2종)**의 1개 경계구역 면적은 **35**m^2이므로

감지기 개수$=\dfrac{30\times 20}{35}=17.14$(절상) → 18개×2배(교차회로방식)=**36개**

② **부속장치**의 **설치위치** 및 **설치목적**

부속장치	사이렌	방출표시등	수동조작함	비상스위치 (방출지연S/W)
설치위치	실내	실외 출입구 위	실외 출입구 부근	수동식기동장치 부근
설치목적	음향 경보하여 실내인명 대피	소화약제 방출을 알려 외부인 출입금지	·수동으로 자동문 폐쇄 ·약제방출 신호를 보내 화재진화	소화약제 방출지연

③ 수동조작반과 주조작반 사이의 배선내역은 **배선 대상**이 **수신반(감시제어반) ↔ 수동조작함(RM)**으로 다음의 배선내역 및 배선가닥수를 따라야 한다.

배 선	설치유무	비고
• 전원 (+)	▲	Zone수와 무관
• 전원 (−)	▲	
• 방출지연스위치(About S/W)	▲	
• 감지기공통	▲(조건)	
• 복구스위치	▲(조건)	
• 감지기 A	▲	Zone수마다 증가 (RM수를 센다) Package Type에서는 사이렌에 주의할 것!!
• 감지기 B	▲	
• 기동스위치	▲	
• 사이렌	▲	
• 방출표시등	▲	
• Door S/W	▲(조건)	

이 때 도면에서 복구스위치, Door S/W가 없고 조건에서도 언급이 없으므로 배선내역에서 삭제되나 감지기공통선은 전원선과 분리하여 사용된다는 조건이 있으므로 감지기공통선은 배선내역에 포함된다. 이것을 정리하면, 전원(+) 1가닥, 전원(−) 1가닥, 방출지연스위치 1가닥, **감지기공통선 1가닥**, 감지기A 1가닥, 감지기B 1가닥, 기동스위치 1가닥, 사이렌 1가닥, 방출표시등 1가닥으로 전체 **9가닥**이 된다.

caution

※ 열감지기 1개의 최대 바닥면적

(m^2)

부착높이(m)		차동식, 보상식 스포트형		정온식 스포트형		
		1종	2종	특종	1종	2종
4m 미만	내화 구조	90	70	70	60	20
	기타 구조	50	40	40	30	15
4～8m 미만	내화 구조	45	35	35	30	-
	기타 구조	30	25	25	15	-

내화구조인 건물에 부착높이가 4m인 **차동식 스포트형(2종)**의 1개 경계구역 면적은 35m^2

64

다음은 가스계설비의 평면도이다. 각 설비간의 배선접속을 완성하고 최소 가닥수를 도면에 표시하시오.

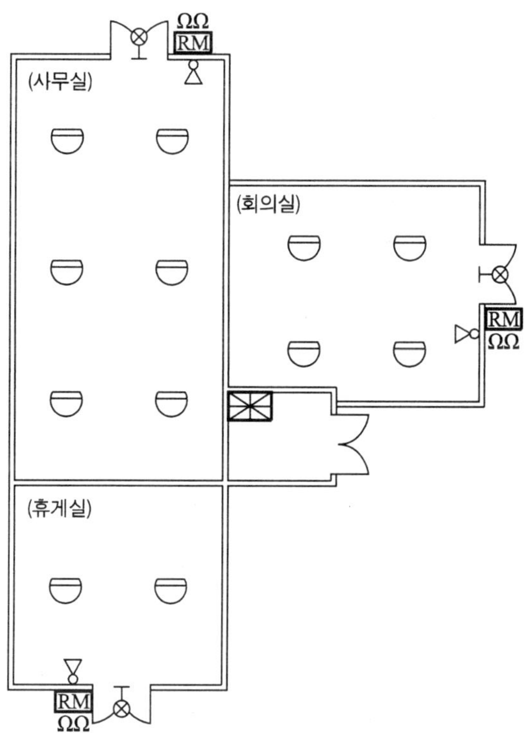

정답

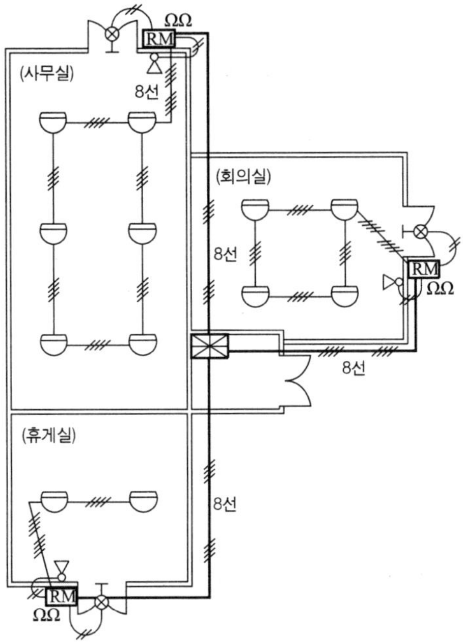

Solution

① 가스계설비의 도면문제에서 **감지기 배선방식**은 **교차회로방식**이므로 **Loop, 말단인 경우 지구선 2가닥, 공통선 2가닥으로 전체 4가닥**이 되며 **Loop, 말단이 아닌 경우 지구선 4가닥, 공통선 4가닥으로 전체 8가닥**이 된다.

② **배선 대상**이 **수신반(감시제어반) ↔ 수동조작함(RM)**으로 다음의 배선내역 및 배선가닥수를 따라야 한다.

배 선	설치유무	비고
• 전원 (+)	▲	Zone수와 무관
• 전원 (−)	▲	
• 방출지연스위치(About S/W)	▲	
• 감지기공통	▲(조건)	
• 복구스위치	▲(조건)	
• 감지기 A	▲	Zone수마다 증가 (RM수를 센다) Package Type에서는 사이렌에 주의할 것!!
• 감지기 B	▲	
• 기동스위치	▲	
• 사이렌	▲	
• 방출표시등	▲	
• Door S/W	▲(조건)	

이 때 도면에서 감지기공통, 복구스위치, Door S/W가 없고 조건에서도 언급이 없으므로 배선내역에서 삭제된다. 이것을 정리하면, 전원(+) 1가닥, 전원(−) 1가닥, 방출지연스위치 1가닥, 감지기A 1가닥, 감지기B 1가닥, 기동스위치 1가닥, 사이렌 1가닥, 방출표시등 1가닥으로 전체 **8가닥**이 된다.

65

다음의 수동조작함과 할론제어반 사이의 회로를 참조하여 수동조작함과 할론제어반 사이의 결선도를 완성하시오.

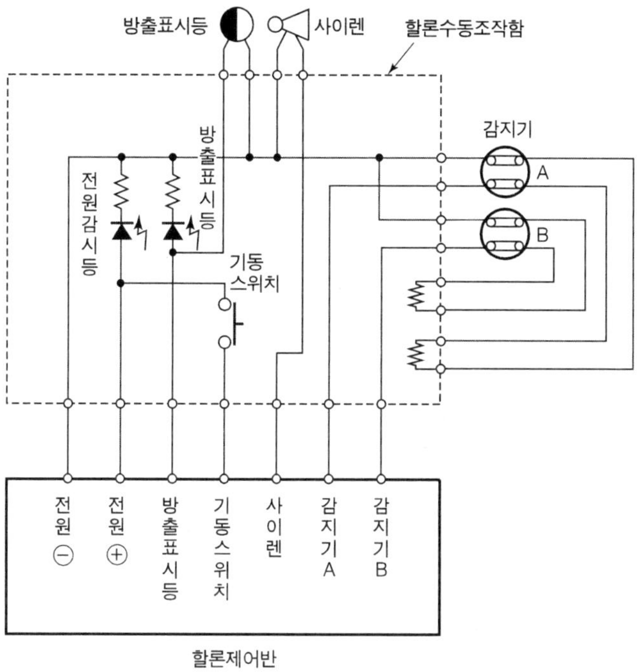

정답

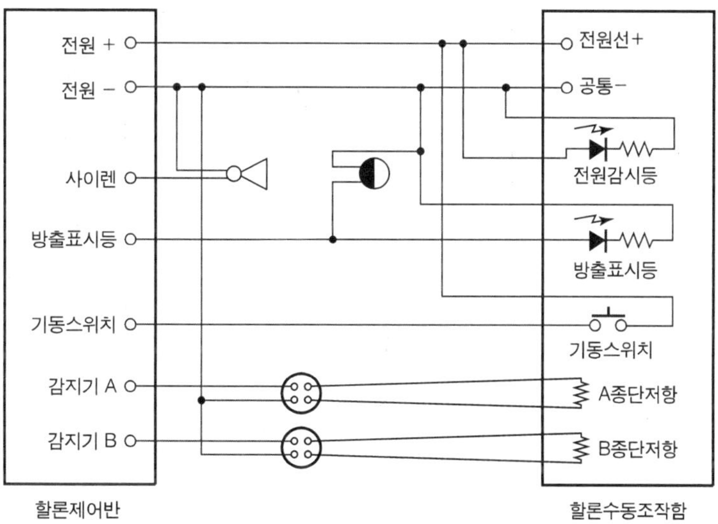

caution

※ 방출지연 스위치가 있는 경우

1) 회로도 1

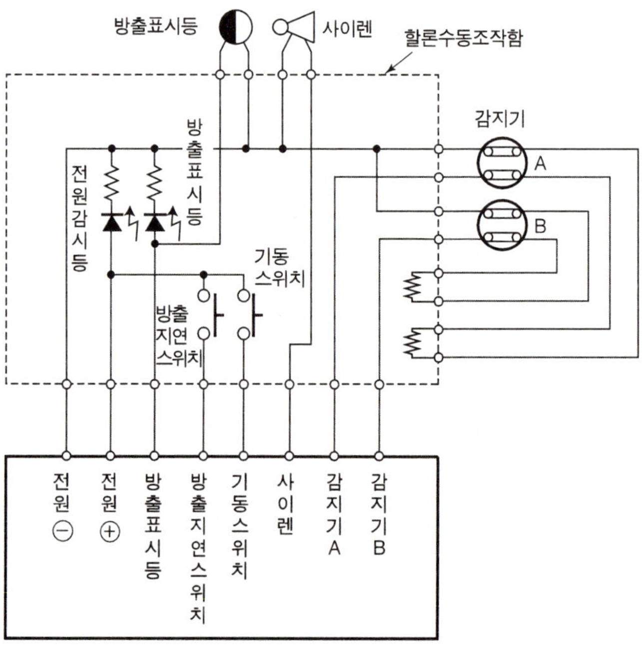

할론제어반

2) 회로도 2

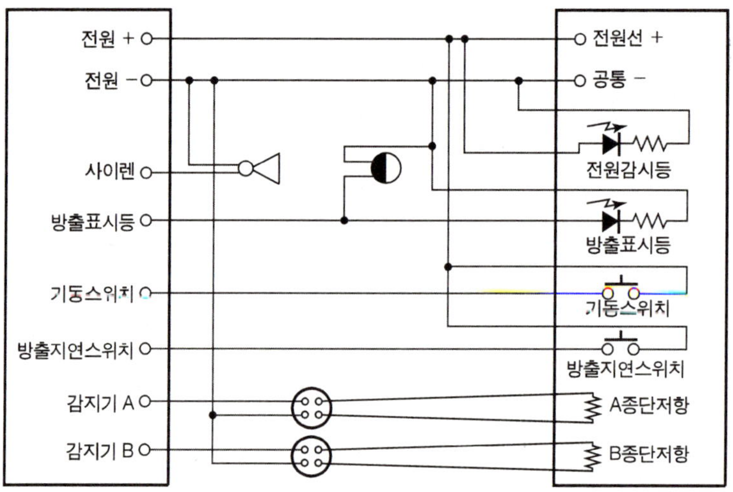

할론 제어반　　할론 수동조작함

66

수동조작함에서 할론제어반까지의 결선도이다. ①~⑦ 전선 명칭을 쓰시오.

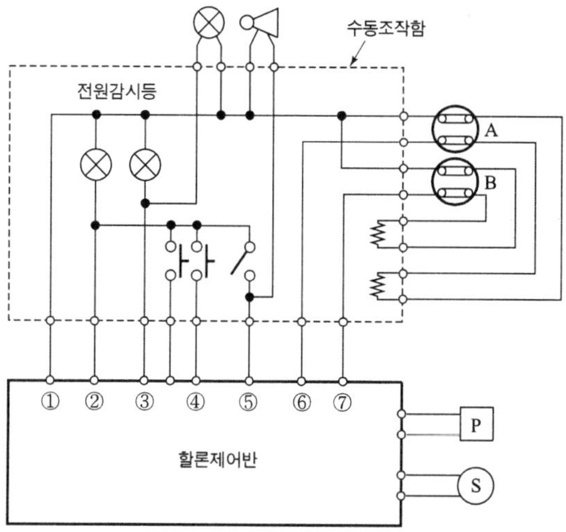

정답

① 전원(−) ② 전원(+) ③ 방출표시등 ④ 기동스위치

⑤ 사이렌 ⑥ 감지기A ⑦ 감지기B

Solution

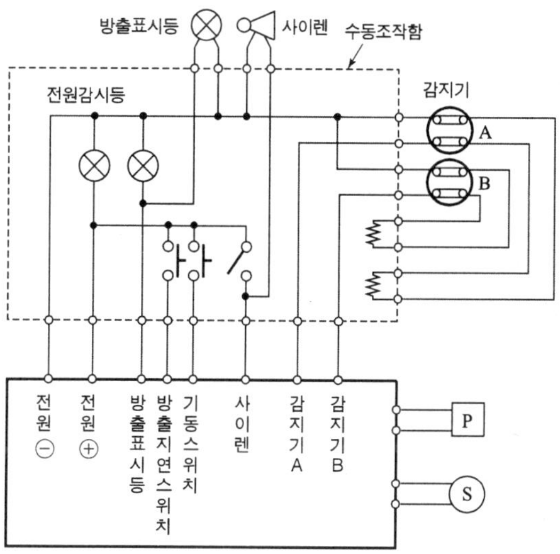

caution

전선의 용도에 관한 명칭 작성시 '전원(−)'와 '전원(+)'가 바뀌지 않도록 주의해야 한다. 일반적으로 공통선(common line)은 전원(−)를 사용하므로 **기호①**이 **전원(−)**가 된다.

67

다음은 제연설비 계통도의 일부분이다. 조건을 참조하여 ①~⑤까지의 최소 가닥수를 산정하고 배선용도를 구하시오.

[조건]

① 전실 동시기동방식이다.

② 자동복구방식이다.

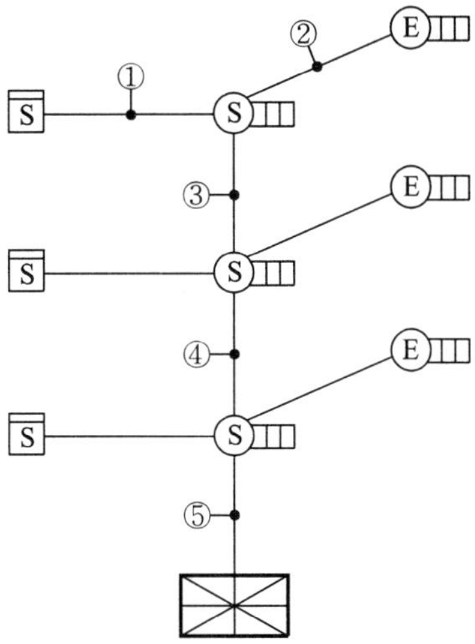

정답

기호	가닥수	배선용도
①	4	지구선2, 공통선2
②	4	전원(+)1, 전원(−)1, 기동1, 배기기동확인1
③	7(8)	전원(+)1, 전원(−)1, 지구선1, 기동1, 배기기동확인1, 급기기동확인1, 수동기동확인1
④	12(13)	전원(+)1, 전원(−)1, (지구선1, 기동1, 배기기동확인1, 급기기동확인1, 수동기동확인1)×2
⑤	17(18)	전원(+)1, 전원(−)1, (지구선1, 기동1, 배기기동확인1, 급기기동확인1, 수동기동확인1)×3

※ ( )는 감지기공통선과 전원(−)를 분리한다고 했을 때 감지기공통선이 추가된 것이다.

Solution

기호	가닥수	배선내역	배선용도
①	4	HFIX 1.5-4	지구선2, 공통선2
②	4	HFIX 2.5-4	전원(+)1, 전원(−)1, 기동1, 배기기동확인1
③	7(8)	HFIX 2.5-7(8)	전원(+)1, 전원(−)1, 지구선1, 기동1, 배기기동확인1, 급기기동확인1, 수동기동확인1
④	12(13)	HFIX 2.5-12(13)	전원(+)1, 전원(−)1, (지구선1, 기동1, 배기기동확인1, 급기기동확인1, 수동기동확인1)×2
⑤	17(18)	HFIX 2.5-17(18)	전원(+)1, 전원(−)1, (지구선1, 기동1, 배기기동확인1, 급기기동확인1, 수동기동확인1)×3

① 제연설비의 도면문제에서 **감지기 배선방식**은 **송배선방식**이므로 **Loop인 경우 지구선 1가닥, 공통선 1가닥으로 전체 2가닥**이 되며 **Loop가 아닌 경우 지구선 2가닥, 공통선 2가닥으로 전체**

4가닥이 된다. 따라서 기호 **①번**에서의 배선 가닥수는 Loop가 아닌 경우로 지구선 2가닥, 공통선 2가닥으로 전체 **4가닥**이 된다.

② 기호 **②번**의 수신반(감시제어반)과 댐퍼(damper) 사이의 배선내역은 **배선 대상**이 **전실제연설비**로 다음의 배선내역 및 배선가닥수를 따라야 한다.

배 선	설치유무	비 고
• 전원 (+)	▲	Zone수와 무관
• 전원 (−)	▲	
• 복구스위치	▲(수동복구일 때만)	
• 감지기공통	▲(조건)	
• 지구선(감지기)	▲	Zone수마다 증가 (damper수를 센다) **주의 : 급기, 배기 하나만 센다.**
• 기동	▲	
• 배기기동확인	▲	
• 급기기동확인	▲	
• 수동기동확인	▲	

이 때 도면에서 복구스위치, 감지기공통이 없고 조건에서도 언급이 없으므로 배선내역에서 삭제되며, 지구선도 별도로 빠져 있으므로 삭제되고 배기댐퍼만 포함되므로 급기기동확인도 삭제된다. 이것을 정리하면 전원(+) 1가닥, 전원(−) 1가닥, 기동 1가닥, 배기기동확인 1가닥으로 전체 **4가닥**이 된다.

③ 기호 **③번**의 수신반(감시제어반)과 댐퍼(damper) 사이의 배선내역은 **전실제연설비**의 배선내역 및 배선가닥수를 따라야 한다. 이 때 도면에서 복구스위치, 감지기공통이 없고 조건에서도 언급이 없으므로 배선내역에서 삭제되나 기호 ②번과 다르게 **지구선과 급기댐퍼와 배기댐퍼가 도면에 있으므로 배선내역에는 포함**되어야 한다. 이것을 정리하면 전원(+) 1가닥, 전원(−) 1가닥, 지구선 1가닥, 기동 1가닥, 배기기동확인 1가닥, 급기기동확인 1가닥, 수동기동확인 1가닥으로 전체 7가닥이 된다.

④ 제연설비의 도면문제에서도 Zone이라는 개념이 도입되는데 Zone수에 따라 배선가닥수가 다르게 표현된다. **Zone수는 댐퍼(damper)수**를 센다. **이때 주의할 것은 급기댐퍼 또는 배기댐퍼 하나만 세어야 한다. 급기댐퍼와 배기댐퍼를 동시에 세면 안 된다.** 따라서 기호 **④번**에서의 배선 가닥수는 Zone수(damper수)가 2개로 전원(+) 1가닥, 전원(−) 1가닥, 지구선 2가닥, 기동 2가닥, 배기기동확인 2가닥, 급기기동확인 2가닥, 수동기동확인 2가닥으로 전체 **12가닥**이 된다. 이것을 전원(+) 1가닥, 전원(−) 1가닥, (지구선 1가닥, 기동 1가닥, 배기기동확인 1가닥, 급기기동확인 1가닥, 수동기동확인 1가닥) × 2(Zone수)로 표현하기도 한다.

⑤ 기호 **⑤번**에서의 배선 가닥수는 Zone수(damper수)가 3개로 전원(+) 1가닥, 전원(−) 1가닥, (지구선 1가닥, 기동 1가닥, 배기기동확인 1가닥, 급기기동확인 1가닥, 수동기동확인 1가닥) × 3(Zone수)로 전체 **17가닥**이 된다.

⑥ 기호 **③, ④, ⑤번**에서 ( )는 **감지기공통선과 전원(−)을 분리한다고 했을 때 감지기 공통선이 배선내역에 포함된 배선가닥수**를 나타낸 것이다.

caution

① 제연설비의 도면문제에서는 **수신반(감시제어반) ↔ 댐퍼(damper)** 사이의 배선내역 및 배선 가닥수 때문에 반드시 **배선 대상**이 **전실제연설비**인지, **상가제연설비(밀폐형)**인지, **상가제연설비(개방형)**인지를 먼저 구분해야 한다.

② **전실제연설비[수신반(감시제어반) ↔ 댐퍼(damper)]** 배선내역은 아래와 같다.

배 선	설치유무	비 고
• 전원 (+)	▲	Zone수와 무관
• 전원 (−)	▲	
• 복구스위치	▲(수동복구일 때만)	
• 감지기공통	▲(조건)	
• 지구선(감지기)	▲	Zone수마다 증가 (damper수를 센다) **주의 : 급기, 배기 하나만 센다.**
• 기동	▲	
• 배기기동확인	▲	
• 급기기동확인	▲	
• 수동기동확인	▲	

이 때 도면에서 복구스위치, 감지기공통이 없거나 조건에서 언급이 없으면 배선내역에서 삭제된다. 복구스위치는 수동복구일 때만 배선내역에 포함된다.

③ **상가제연설비(밀폐형)[수신반(감시제어반) ↔ 댐퍼(damper)]** 배선내역은 아래와 같다.

배 선	설치유무	비 고
• 전원 (+)	▲	Zone수와 무관
• 전원 (−)	▲	
• 복구스위치	▲(수동복구일 때만)	
• 감지기공통	▲(조건)	
• 지구선(감지기)	▲	Zone수마다 증가 (damper수를 센다) **주의 : 급기, 배기 하나만 센다.**
• 기동	▲	
• 기동확인	▲	

이 때 도면에서 복구스위치, 감지기공통이 없거나 조건에서 언급이 없으면 배선내역에서 삭제된다. 복구스위치는 수동복구일 때만 배선내역에 포함된다.

④ **상가제연설비(개방형)[수신반(감시제어반) ↔ 댐퍼(damper)]** 배선내역은 아래와 같다.

배 선	설치유무	비고
• 전원 (+)	▲	Zone수와 무관
• 전원 (−)	▲	
• 복구스위치	▲(수동복구일 때만)	
• 감지기공통	▲(조건)	
• 지구선(감지기)	▲	Zone수마다 증가 (damper수를 센다) **주의 : 급기, 배기 하나만 센다.**
• 기동 − 배기	▲	
• 기동 − 급기	▲	
• 기동(확인) − 배기	▲	
• 기동(확인) − 급기	▲	

이 때 도면에서 복구스위치, 감지기공통이 없거나 조건에서 언급이 없으면 배선내역에서 삭제된다. 복구스위치는 수동복구일 때만 배선내역에 포함된다.

⑤ 제연설비의 도면문제에서도 Zone이라는 개념이 도입되는데 Zone수에 따라 배선가닥수가 다르게 표현된다. **Zone수는 댐퍼(damper)수**를 센다. **이때 주의할 것은 급기댐퍼 또는 배기댐퍼 하나만 세어야 한다. 급기댐퍼와 배기댐퍼를 동시에 세면 안 된다.**

⑥ 제연설비의 도면문제에서 **감지기 배선방식**은 **송배선방식**이므로 **Loop인 경우 지구선 1가닥, 공통선 1가닥으로 전체 2가닥**이 되며 **Loop가 아닌 경우 지구선 2가닥, 공통선 2가닥으로 전체 4가닥**이 된다.

68

다음은 제연설비 계통도의 일부분이다. 조건을 참조하여 ①~④까지의 최소 가닥수를 산정하고 배선용도를 구하시오.

[조건]

① 전실 동시기동방식이다.

② 자동복구방식이다.

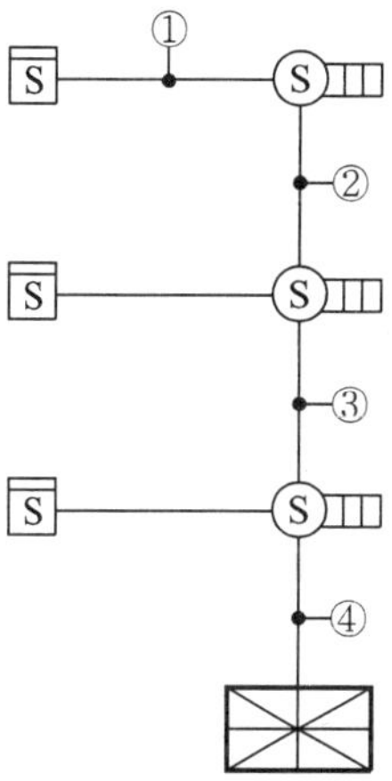

정답

기호	가닥수	배선용도
①	4	지구선2, 공통선2
②	6	전원(+)1, 전원(−)1, 지구선1, 기동1, 급기기동확인1, 수동기동확인1
③	10	전원(+)1, 전원(−)1, (지구선1, 기동1, 급기기동확인1, 수동기동확인1)×2
④	14	전원(+)1, 전원(−)1, (지구선1, 기동1, 급기기동확인1, 수동기동확인1)×3

Solution

기호	가닥수	배선내역	배선용도
①	4	HFIX 1.5-4	지구선2, 공통선2
②	6	HFIX 2.5-6	전원(+)1, 전원(−)1, 지구선1, 기동1, 급기기동확인1, 수동기동확인1
③	10	HFIX 2.5-10	전원(+)1, 전원(−)1, (지구선1, 기동1, 급기기동확인1, 수동기동확인1)×2
④	14	HFIX 2.5-14	전원(+)1, 전원(−)1, (지구선1, 기동1, 급기기동확인1, 수동기동확인1)×3

① 제연설비의 도면문제에서 **감지기 배선방식**은 **송배선방식**이므로 **Loop인 경우 지구선 1가닥, 공통선 1가닥으로 전체 2가닥**이 되며 **Loop가 아닌 경우 지구선 2가닥, 공통선 2가닥으로 전체 4가닥**이 된다. 따라서 기호 **①번**에서의 배선 가닥수는 Loop가 아닌 경우로 지구선 2가닥, 공통선 2가닥으로 전체 **4가닥**이 된다.

② 기호 **②번**의 수신반(감시제어반)과 댐퍼(damper) 사이의 배선내역은 **배선 대상**이 **전실제연설비**로 다음의 배선내역 및 배선가닥수를 따라야 한다.

배 선	설치유무	비 고
• 전원 (+)	▲	Zone수와 무관
• 전원 (−)	▲	
• 복구스위치	▲(수동복구일 때만)	
• 감지기공통	▲(조건)	
• 지구선(감지기)	▲	Zone수마다 증가 (damper수를 센다) **주의 : 급기, 배기 하나만 센다.**
• 기동	▲	
• 배기기동확인	▲	
• 급기기동확인	▲	
• 수동기동확인	▲	

이 때 도면에서 복구스위치, 감지기공통이 없고 조건에서도 언급이 없으므로 배선내역에서 삭제되며, 배기댐퍼가 도면에서 없으므로 배기기동확인도 삭제된다. 이것을 정리하면 전원(+) 1가닥, 전원(−) 1가닥, 지구선 1가닥, 기동 1가닥, 급기기동확인 1가닥, 수동기동확인 1가닥으로 전체 **5가닥**이 된다.

③ 제연설비의 도면문제에서도 Zone이라는 개념이 도입되는데 Zone수에 따라 배선가닥수가 다르게 표현된다. **Zone수는 댐퍼(damper)수**를 센다. **이때 주의할 것은 급기댐퍼 또는 배기댐퍼 하나만 세어야 한다. 급기댐퍼와 배기댐퍼를 동시에 세면 안 된다.** 따라서 기호 **③번**에서의 배선 가닥수는 Zone수(damper수)가 2개로 전원(+) 1가닥, 전원(−) 1가닥, 지구선 2가닥, 기동 2가닥, 급기기동확인 2가닥, 수동기동확인 2가닥으로 전체 **10가닥**이 된다. 이것을 전원(+) 1가닥, 전원(−) 1가닥, (지구선 1가닥, 기동 1가닥, 급기기동확인 1가닥, 수동기동확인 1가닥) × 2(Zone수)로 표현하기도 한다.

④ 기호 **④번**에서의 배선 가닥수는 Zone수(damper수)가 3개로 전원(+) 1가닥, 전원(−) 1가닥, (지구선 1가닥, 기동 1가닥, 급기기동확인 1가닥, 수동기동확인 1가닥) × 3(Zone수)로 전체 **14가닥**이 된다.

caution

기호 **②, ③, ④번**에서 **'감지기공통선과 전원(−)을 분리한다.'**라는 조건이 있으면 감지기공통선이 배선내역에 포함되어 배선가닥수가 하나씩 늘어서 **7, 11, 15가닥**이 된다.

69

다음은 전실제연설비 계통도의 일부분이다. 조건을 참조하여 ①~④까지의 최소 가닥수를 산정하고 배선용도를 구하시오.

[조건]

• 모든 댐퍼는 모터구동방식이며, 별도의 복구선은 없다.

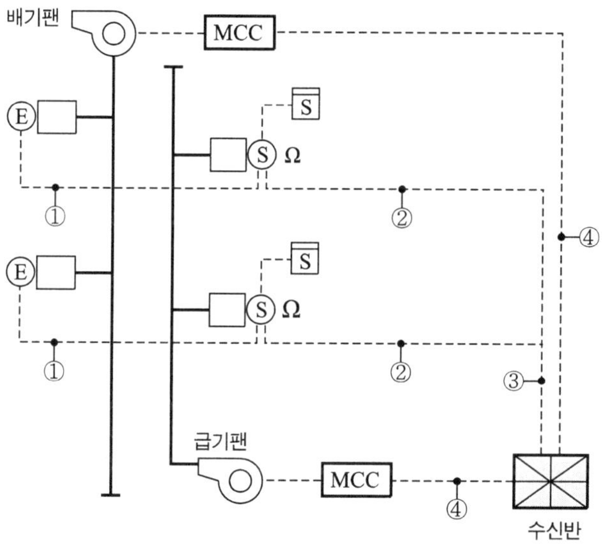

정답

기호	가닥수	배선용도
①	4	전원(+)1, 전원(−)1, 기동1, 배기기동확인1
②	7	전원(+)1, 전원(−)1, 지구선1, 기동1, 배기기동확인1, 급기기동확인1, 수동기동확인1
③	12	전원(+)1, 전원(−)1, (지구선1, 기동1, 배기기동확인1, 급기기동확인1, 수동기동확인1)×2
④	5	기동1, 정지1, 공통1, 기동확인표시등1, 전원표시등1(추가)

Solution

기호	가닥수	배선내역	배선용도
①	4	HFIX 2.5-4	전원(+)1, 전원(−)1, 기동1, 배기기동확인1
②	7	HFIX 2.5-7	전원(+)1, 전원(−)1, 지구선1, 기동1, 배기기동확인1, 급기기동확인1, 수동기동확인1
③	12	HFIX 2.5-12	전원(+)1, 전원(−)1, (지구선1, 기동1, 배기기동확인1, 급기기동확인1, 수동기동확인1)×2
④	5	HFIX 2.5-5	기동1, 정지1, 공통1, 기동확인표시등1, 전원표시등1(추가)

① 기호 ①번의 수신반(감시제어반)과 댐퍼(damper) 사이의 배선내역은 **배선 대상**이 **전실제연설비**로 다음의 배선내역 및 배선가닥수를 따라야 한다.

배 선	설치유무	비 고
• 전원 (+)	▲	Zone수와 무관
• 전원 (−)	▲	
• 복구스위치	▲(수동복구일 때만)	
• 감지기공통	▲(조건)	
• 지구선(감지기)	▲	Zone수마다 증가 (damper수를 센다) **주의 : 급기, 배기 하나만 센다.**
• 기동	▲	
• 배기기동확인	▲	
• 급기기동확인	▲	
• 수동기동확인	▲	

이 때 도면에서 복구스위치, 감지기공통이 없고 조건에서도 언급이 없으므로 배선내역에서 삭제되며, 지구선도 별도로 빠져 있으므로 삭제되고 배기댐퍼만 포함되므로 급기기동확인도 삭제된다. 이것을 정리하면 전원(+) 1가닥, 전원(−) 1가닥, 기동 1가닥, 배기기동확인 1가닥으로 전체 **4가닥**이 된다.

② 기호 ②번의 수신반(감시제어반)과 댐퍼(damper) 사이의 배선내역은 **전실제연설비**의 배선내역 및 배선가닥수를 따라야 한다. 이 때 도면에서 복구스위치, 감지기공통이 없고 조건에서도 언급이 없으므로 배선내역에서 삭제되나 기호 ①번과 다르게 **지구선과 급기댐퍼와 배기댐퍼가 도면에 있으므로 배선내역에는 포함**되어야 한다. 이것을 정리하면 전원(+) 1가닥, 전원(−) 1가닥, 지구선 1가닥, 기동 1가닥, 배기기동확인 1가닥, 급기기동확인 1가닥, 수동기동확인 1가닥으로 전체 **7가닥**이 된다.

③ 제연설비의 도면문제에서도 Zone이라는 개념이 도입되는데 Zone수에 따라 배선가닥수가 다르게 표현된다. **Zone수는 댐퍼(damper)수**를 센다. **이때 주의할 것은 급기댐퍼 또는 배기댐퍼 하나만 세어야 한다. 급기댐퍼와 배기댐퍼를 동시에 세면 안 된다.** 따라서 기호 ③번에서의 배선 가닥수는 Zone수(damper수)가 2개로 전원(+) 1가닥, 전원(−) 1가닥, 지구선 2가닥, 기동 2가닥, 배기기동확인 2가닥, 급기기동확인 2가닥, 수동기동확인 2가닥으로 전체 **12가닥**이 된다. 이것을 전원(+) 1가닥, 전원(−) 1가닥, (지구선 1가닥, 기동 1가닥, 배기기동확인 1가닥, 급기기동확인 1가닥, 수동기동확인 1가닥) × 2(Zone수)로 표현하기도 한다.

④ 기호 ④번에서 MCC와 수신반 사이의 배선가닥수는 **전원표시등**의 **추가** 또는 **생략** 여부에 따라 전체 가닥수는 **4가닥** 또는 **5가닥**이 되며 배선용도는 기동 1가닥, 정지 1가닥, 공통 1가닥, 기동확인표시등 1가닥, 전원표시등(생략) 또는 전원표시등(추가)가 된다. 만약, **4가닥이라면 전원표시등1(생략)**이라고 표시해야하며, **5가닥이라면 전원표시등1(추가)**라고 표시해야 한다.

70

다음은 전실제연설비 계통도의 일부분이다. 조건을 참조하여 ①~⑤까지의 최소 가닥수를 산정하고 배선용도를 구하시오.

[조건]

① 각 댐퍼의 기동은 동시기동이다.

② 감지기의 공통선은 별도로 한다.

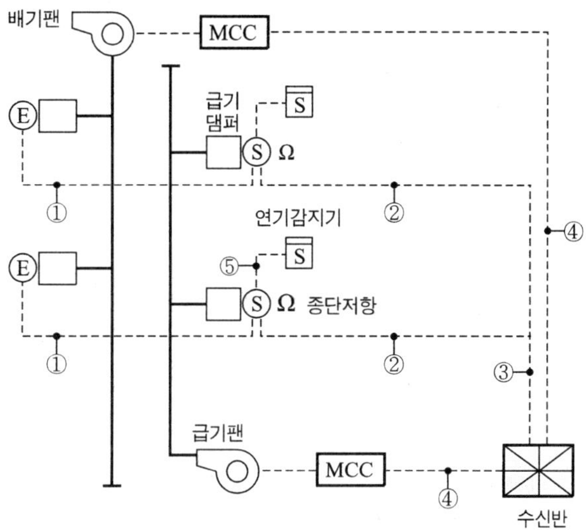

정답

기호	가닥수	배선용도
①	4	전원(+)1, 전원(−)1 기동1, 배기기동확인1
②	8	전원(+)1, 전원(−)1, 감지기공통선1, 지구선1, 기동1, 배기기동확인1, 급기기동확인1, 수동기동확인1
③	13	전원(+)1, 전원(−)1, 감지기공통선1, (지구선1, 기동1, 배기기동확인1, 급기기동확인1, 수동기동확인1)×2
④	5	기동1, 정지1, 공통1, 기동확인표시등1, 전원표시등1(추가)
⑤	4	지구선2, 공통선2

Solution

기호	가닥수	배선내역	배선용도
①	4	HFIX 2.5-4	전원(+)1, 전원(−)1 기동1, 배기기동확인1
②	8	HFIX 2.5-8	전원(+)1, 전원(−)1, 감지기공통선1, 지구선1, 기동1, 배기기동확인1, 급기기동확인1, 수동기동확인1
③	13	HFIX 2.5-13	전원(+)1, 전원(−)1, 감지기공통선1, (지구선1, 기동1, 배기기동확인1, 급기기동확인1, 수동기동확인1)×2
④	5	HFIX 2.5-5	기동1, 정지1, 공통1, 기동확인표시등1, 전원표시등1(추가)
⑤	4	HFIX 1.5-4	지구선2, 공통선2

① 기호 **①번**의 수신반(감시제어반)과 댐퍼(damper) 사이의 배선내역은 **배선 대상**이 **전실제연설비**로 다음의 배선내역 및 배선가닥수를 따라야 한다.

배 선	설치유무	비 고
• 전원 (+)	▲	Zone수와 무관
• 전원 (−)	▲	
• 복구스위치	▲(수동복구일 때만)	
• 감지기공통	▲(조건)	
• 지구선(감지기)	▲	Zone수마다 증가 (damper수를 센다) **주의 : 급기, 배기 하나만 센다.**
• 기동	▲	
• 배기기동확인	▲	
• 급기기동확인	▲	
• 수동기동확인	▲	

이 때 도면에서 복구스위치, 감지기공통이 없고 조건에서도 언급이 없으므로 배선내역에서 삭제되며, 지구선(감지기)도 별도로 빠져 있으므로 삭제되고 배기댐퍼만 포함되므로 급기기동확인도 삭제된다. 이것을 정리하면 전원(+) 1가닥, 전원(−) 1가닥, 기동 1가닥, 배기기동확인 1가닥으로 전체 **4가닥**이 된다. **이 때 지구선(감지기)이 별도로 빠져 있기 때문에 '감지기공통선을 별도로 한다.' 라는 조건이 있더라도 감지기가 없으면 감지기공통선도 사용되지 않으므로 감지기공통선을 배선내역에 포함시켜서는 안 된다.**

② 기호 **②번**의 수신반(감시제어반)과 댐퍼(damper) 사이의 배선내역은 **전실제연설비**의 배선내역 및 배선가닥수를 따라야 한다. 이 때 도면에서 복구스위치는 없고 조건에서도 언급이 없으므로 배선내역에서 삭제되나 **감지기공통선은 별도로 한다 라는 조건이 있으므로 배선내역에는 포함**된다. 또한, **지구선과 급기댐퍼와 배기댐퍼가 도면에 있으므로 배선내역에는 포함**되어야 한다. 이것을 정리하면 전원(+) 1가닥, 전원(−) 1가닥, 감지기공통선 1가닥, 지구선 1가닥, 기동 1가닥, 배기기동확인 1가닥, 급기기동확인 1가닥, 수동기동확인 1가닥으로 전체 **8가닥**이 된다.

③ 제연설비의 도면문제에서도 Zone이라는 개념이 도입되는데 Zone수에 따라 배선가닥수가 다르게 표현된다. **Zone수는 댐퍼(damper)수**를 센다. **이때 주의할 것은 급기댐퍼 또는 배기댐퍼 하나만 세어야 한다. 급기댐퍼와 배기댐퍼를 동시에 세면 안 된다.** 따라서 기호 **③번**에서의 배선 가닥수는 Zone수(damper수)가 2개로 전원(+) 1가닥, 전원(−) 1가닥, 감지기공통선 1가닥, 지구선 2가닥, 기동 2가닥, 배기기동확인 2가닥, 급기기동확인 2가닥, 수동기동확인 2가닥으로 전체 **13가닥**이 된다. 이것을 전원(+) 1가닥, 전원(−) 1가닥, 감지기공통선 1가닥, (지구선 1가닥, 기동 1가닥, 배기기동확인 1가닥, 급기기동확인 1가닥, 수동기동확인 1가닥) × 2 (Zone수)로 표현하기도 한다.

④ 기호 **④번**에서 MCC와 수신반 사이의 배선가닥수는 **전원표시등**의 **추가** 또는 **생략** 여부에 따라 전체 가닥수는 **4가닥** 또는 **5가닥**이 되며 배선용도는 기동 1가닥, 정지 1가닥, 공통 1가닥, 기동확인표시등 1가닥, 전원표시등(생략) 또는 전원표시등(추가)가 된다. 만약, **4가닥이라면 전원표시등1(생략)**이라고 표시해야하며, **5가닥이라면 전원표시등1(추가)**라고 표시해야 한다.

⑤ 제연설비의 도면문제에서 **감지기 배선방식**은 **송배선방식**이므로 Loop인 경우 **지구선 1가닥, 공통선 1가닥으로 전체 2가닥**이 되며 Loop가 아닌 경우 **지구선 2가닥, 공통선 2가닥으로 전체**

4가닥이 된다. 따라서 기호 ⑤**번**에서의 배선 가닥수는 Loop가 아닌 경우로 지구선 2가닥, 공통선 2가닥으로 전체 **4가닥**이 된다.

> **caution**
>
> 조건에서 **'감지기공통선이 전원(−)과 분리해서 사용된다.'** 또는 **'감지기공통선을 별도로 한다.'** 라는 **조건이 있더라도** 감지기가 없으면 감지기공통선도 사용되지 않기 때문에 구하고자하는 기호의 배선내역에 **감지기가 없을 경우에는 감지기공통선을 배선내역에 포함해서는 안 된다.**

71

다음은 전실제연설비 계통도의 일부분이다. 조건을 참조하여 ①~④까지의 최소 가닥수를 산정하고 배선용도를 구하시오.

[조건]

• 각 댐퍼의 기동은 동시기동이며 자동복구방식이다.

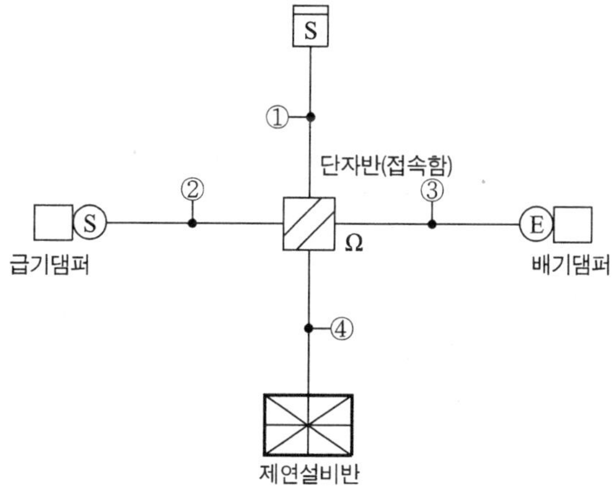

정답

기호	가닥수	배선용도
①	4	지구선2, 공통선2
②	4	전원(+)1, 전원(−)1, 기동스위치1, 급기기동확인표시등1
③	4	전원(+)1, 전원(−)1, 기동스위치1, 배기기동확인표시등1
④	7	전원(+)1, 전원(−)1, 지구선1, 기동1, 배기기동확인1, 급기기동확인1, 수동기동확인1

Solution

기호	가닥수	배선내역	배선용도
①	4	HFIX 1.5-4	지구선2, 공통선2
②	4	HFIX 2.5-4	전원(+)1, 전원(−)1, 기동1, 급기기동확인1
③	4	HFIX 2.5-4	전원(+)1, 전원(−)1, 기동1, 배기기동확인1
④	7	HFIX 2.5-7	전원(+)1, 전원(−)1, 지구선1, 기동1, 배기기동확인1, 급기기동확인1, 수동기동확인1

① 제연설비의 도면문제에서 **감지기 배선방식**은 **송배선방식**이므로 Loop인 **경우 지구선 1가닥, 공통선 1가닥으로 전체 2가닥**이 되며 Loop가 아닌 **경우 지구선 2가닥, 공통선 2가닥으로 전체 4가닥**이 된다. 따라서 기호 **①번**에서의 배선 가닥수는 Loop가 아닌 경우로 지구선 2가닥, 공통선 2가닥으로 전체 **4가닥**이 된다.

② 기호 **②번**의 수신반(감시제어반)과 댐퍼(damper) 사이의 배선내역은 **배선 대상**이 **전실제연설비**로 다음의 배선내역 및 배선가닥수를 따라야 한다.

배 선	설치유무	비 고
• 전원 (+)	▲	Zone수와 무관
• 전원 (−)	▲	
• 복구스위치	▲(수동복구일 때만)	
• 감지기공통	▲(조건)	
• 지구선(감지기)	▲	Zone수마다 증가 (damper수를 센다) **주의 : 급기, 배기 하나만 센다.**
• 기동	▲	
• 배기기동확인	▲	
• 급기기동확인	▲	
• 수동기동확인	▲	

이 때 도면에서 복구스위치, 감지기공통이 없고 조건에서도 언급이 없으므로 배선내역에서 삭제되며, 지구선(감지기)도 별도로 빠져 있으므로 삭제되고 급기댐퍼만 포함되므로 배기기동확인도 삭제된다. 이것을 정리하면 전원(+) 1가닥, 전원(−) 1가닥, 기동 1가닥, 급기기동확인 1가닥으로 전체 **4가닥**이 된다.

③ 기호 **③번**의 수신반(감시제어반)과 댐퍼(damper) 사이의 배선내역은 **전실제연설비**의 배선내역 및 배선가닥수를 따라야 한다. 이 때 도면에서 복구스위치, 감지기공통이 없고 조건에서도 언급이 없으므로 배선내역에서 삭제되며, 지구선(감지기)도 별도로 빠져있으므로 삭제되고 배기댐퍼만 포함되므로 급기기동확인도 삭제된다. 이것을 정리하면 전원(+) 1가닥, 전원(−) 1가닥, 기동 1가닥, 배기기동확인 1가닥으로 전체 **4가닥**이 된다.

④ 기호 **④번**의 수신반(감시제어반)과 댐퍼(damper) 사이의 배선내역은 **전실제연설비**의 배선내역 및 배선가닥수를 따라야 한다. 이 때 도면에서 복구스위치, 감지기공통이 없고 조건에서도 언급이 없으므로 배선내역에서 삭제되나 기호 ②, ③번과 다르게 **지구선과 급기댐퍼와 배기댐퍼가 도면에 있으므로 배선내역에는 포함**되어야 한다. 이것을 정리하면 전원(+) 1가닥, 전원(−) 1가닥, 지구선 1가닥, 기동 1가닥, 배기기동확인 1가닥, 급기기동확인 1가닥, 수동기동확인 1가닥으로 전체 **7가닥**이 된다.

72

다음은 전실제연설비 계통도의 일부분이다. 조건을 참조하여 ①~④까지의 최소 가닥수를 산정하고 배선용도를 구하시오.

[조건]

- 솔레노이드 댐퍼기동방식과 모터운전 댐퍼복구방식이다.

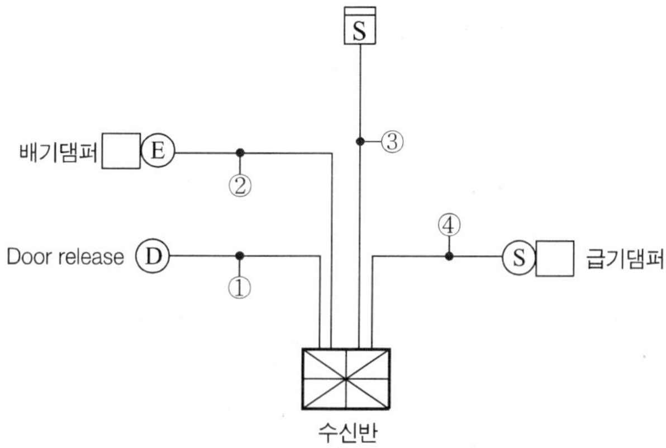

정답

기호	가닥수	배선용도
①	3	공통1, 기동1, 확인1
②	5	전원(+)1, 전원(−)1, 기동1, 배기기동확인1, 수동기동확인1
③	4	지구선2, 공통선2
④	5	전원(+)1, 전원(−)1, 기동1, 급기기동확인1, 수동기동확인1

Solution

기호	가닥수	배선내역	배선용도
①	3	HFIX 2.5-3	공통1, 기동1, 확인1
②	5	HFIX 2.5-5	전원(+)1, 전원(−)1, 기동1, 배기기동확인1, 수동기동확인1
③	4	HFIX 1.5-4	지구선2, 공통선2
④	5	HFIX 2.5-5	전원(+)1, 전원(−)1, 기동1, 급기기동확인1, 수동기동확인1

① 기호 **①번**의 배선내역은 **배선 대상**이 **자동방화문**으로 다음의 배선내역 및 배선가닥수를 따라야 한다.

배 선	설치유무	비고
• 전원 (+)	▲(AC 전원 사용 시)	Zone수와 무관
• 전원 (−)	▲(AC 전원 사용 시)	
• 공통	▲	
• 지구(감지기)	▲(조건, 도면)	Zone수마다 증가 (층수를 센다)
• 기동	▲	
• 확인	▲(층당 방화문 개수)	

이 때 도면에서 지구(감지기)가 없고 조건에서 AC 전원을 사용한다는 언급이 없으므로 전원(+), 전원(−)가 배선내역에서 삭제된다. 이것을 정리하면 공통 1가닥, 기동 1가닥, 확인 1가닥으로 전체 **3가닥**이 된다.

② 기호 **②번**의 수신반(감시제어반)과 댐퍼(damper) 사이의 배선내역은 **배선 대상**이 **전실제연설비**로 다음의 배선내역 및 배선가닥수를 따라야 한다.

배 선	설치유무	비 고
• 전원 (+)	▲	Zone수와 무관
• 전원 (−)	▲	
• 복구스위치	▲(수동복구일 때만)	
• 감지기공통	▲(조건)	
• 지구선(감지기)	▲	Zone수마다 증가 (damper수를 센다) **주의 : 급기, 배기 하나만 센다.**
• 기동	▲	
• 배기기동확인	▲	
• 급기기동확인	▲	
• 수동기동확인	▲	

이 때 도면에서 복구스위치, 감지기공통이 없고 조건에서도 언급이 없으므로 배선내역에서 삭제되며, 지구선(감지기)도 별도로 빠져 있으므로 삭제되고 배기댐퍼만 포함되므로 급기기동확인도 삭제된다. 이것을 정리하면 전원(+) 1가닥, 전원(−) 1가닥, 기동 1가닥, 배기기동확인 1가닥, 수동기동확인 1가닥으로 전체 **5가닥**이 된다.

③ 제연설비의 도면문제에서 **감지기 배선방식**은 **송배선방식**이므로 **Loop인 경우 지구선 1가닥, 공통선 1가닥으로 전체 2가닥**이 되며 **Loop가 아닌 경우 지구선 2가닥, 공통선 2가닥으로 전체 4가닥**이 된다. 따라서 기호 **③번**에서의 배선 가닥수는 Loop가 아닌 경우로 지구선 2가닥, 공통선 2가닥으로 전체 **4가닥**이 된다

④ 기호 **④번**의 수신반(감시제어반)과 댐퍼(damper) 사이의 배선내역은 **전실제연설비**의 배선내역 및 배선가닥수를 따라야 한다. 이 때 도면에서 복구스위치, 감지기공통이 없고 조건에서도 언급이 없으므로 배선내역에서 삭제되며, 지구선(감지기)도 별도로 빠져 있으므로 삭제되고 급기댐퍼만 포함되므로 배기기동확인도 삭제된다. 이것을 정리하면 전원(+) 1가닥, 전원(−) 1가닥, 기동 1가닥, 급기기동확인 1가닥, 수동기동확인 1가닥으로 전체 **5가닥**이 된다.

73

다음은 개방형 상가제연설비 계통도의 일부분이다. 조건을 참조하여 ①~⑧까지의 최소 가닥수를 산정하고 배선용도를 구하시오.

[조건]

- 자동복구방식이다.

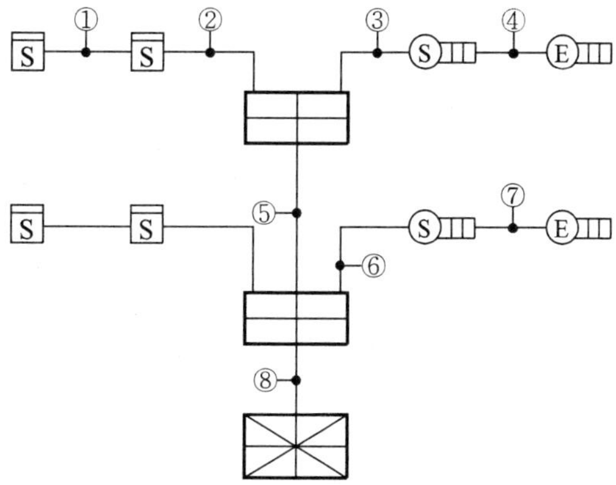

정답

기호	가닥수	배선용도
①	4	지구선2, 공통선2
②	4	지구선2, 공통선2
③, ⑥	6	전원(+)1, 전원(−)1, 기동2, 기동확인2
④, ⑦	4	전원(+)1, 전원(−)1, 배기기동1, 배기기동확인1
⑤	7	전원(+)1, 전원(−)1, (지구선1, 기동2, 기동확인2)×1
⑧	12	전원(+)1, 전원(−)1, (지구선1, 기동2, 기동확인2)×2

Solution

기호	가닥수	배선내역	배선용도
①	4	HFIX 1.5-4	지구선2, 공통선2
②	4	HFIX 1.5-4	지구선2, 공통선2
③, ⑥	6	HFIX 2.5-6	전원(+)1, 전원(−)1, 기동2, 기동확인2
④, ⑦	4	HFIX 2.5-4	전원(+)1, 전원(−)1, 배기기동1, 배기기동확인1
⑤	7	HFIX 2.5-7	전원(+)1, 전원(−)1, (지구선1, 기동2, 기동확인2)×1
⑧	12	HFIX 2.5-12	전원(+)1, 전원(−)1, (지구선1, 기동2, 기동확인2)×2

① 제연설비의 도면문제에서 **감지기 배선방식**은 **송배선방식**이므로 **Loop인 경우 지구선 1가닥, 공통선 1가닥으로 전체 2가닥**이 되며 **Loop가 아닌 경우 지구선 2가닥, 공통선 2가닥으로 전체 4가닥**이 된다. 따라서 기호 **①, ②번**에서의 배선 가닥수는 Loop가 아닌 경우로 지구선 2가닥, 공통선 2가닥으로 전체 **4가닥**이 된다.

② 기호 **③, ⑥번**의 수신반(감시제어반)과 댐퍼(damper) 사이의 배선내역은 **배선 대상**이 **개방형 상가제연설비**로 다음의 배선내역 및 배선가닥수를 따라야 한다.

배 선	설치유무	비고
• 전원 (+)	▲	Zone수와 무관
• 전원 (−)	▲	
• 복구스위치	▲(수동복구일 때만)	
• 감지기공통	▲(조건)	
• 지구선(감지기)	▲	Zone수마다 증가 (damper수를 센다) **주의 : 급기, 배기 하나만 센다.**
• 기동－배기	▲	
• 기동－급기	▲	
• 기동확인－배기	▲	
• 기동확인－급기	▲	

이 때 도면에서 복구스위치, 감지기공통이 없고 조건에서도 언급이 없으므로 배선내역에서 삭제되며, 지구선(감지기)도 별도로 빠져있으므로 삭제되고 배기댐퍼와 급기댐퍼는 배선내역에 포함된다. 이것을 정리하면 전원(+) 1가닥, 전원(−) 1가닥, 배기기동 1가닥, 급기기동 1가닥, 배기기동확인 1가닥, 급기기동확인 1가닥으로 전체 **6가닥**이 된다. 이것을 전원(+) 1가닥, 전원(−) 1가닥, 기동 2가닥, 기동확인 2가닥으로 표현하기도 한다.

③ 기호 **④**, **⑦번**의 수신반(감시제어반)과 댐퍼(damper) 사이의 배선내역은 **배선 대상**이 **개방형 상가제연설비**로 위 표의 배선내역 및 배선가닥수를 따라야 한다.
이 때 도면에서 복구스위치, 감지기공통이 없고 조건에서도 언급이 없으므로 배선내역에서 삭제되며, 지구선(감지기)도 별도로 빠져 있으므로 삭제되고 배기댐퍼만 포함되므로 급기기동, 급기기동확인도 삭제된다. 이것을 정리하면 전원(+) 1가닥, 전원(−) 1가닥, 배기기동 1가닥, 배기기동확인 1가닥으로 전체 **4가닥**이 된다.

④ 기호 **⑤번**의 배선내역은 **개방형 상가제연설비**의 배선내역 및 배선가닥수를 따라야 한다. 이 때 도면에서 복구스위치, 감지기공통이 없고 조건에서도 언급이 없으므로 배선내역에서 삭제된다. 이것을 정리하면 이것을 정리하면 전원(+) 1가닥, 전원(−) 1가닥, 지구선 1가닥, 배기기동 1가닥, 급기기동 1가닥, 배기기동확인 1가닥, 급기기동확인 1가닥으로 전체 **7가닥**이 된다. 이것을 전원(+) 1가닥, 전원(−) 1가닥, 지구선 1가닥, 기동 2가닥, 기동확인 2가닥으로 표현하기도 한다.

⑤ 제연설비의 도면 문제에서도 Zone이라는 개념이 도입되는데 Zone수에 따라 배선가닥수가 다르게 표현된다. **Zone수는 댐퍼(damper)수**를 센다. **이때 주의할 것은 급기댐퍼 또는 배기댐퍼 하나만 세어야 한다. 급기댐퍼와 배기댐퍼를 동시에 세면 안 된다.** 따라서 기호 **⑧번**에서의 배선 가닥수는 Zone수(damper수)가 2개로 전원(+) 1가닥, 전원(−) 1가닥, 지구선 2가닥, 배기기동 2가닥, 급기기동 2가닥, 배기기동확인 2가닥, 급기기동확인 2가닥으로 전체 **12가닥**이 된다. 이것을 전원(+) 1가닥, 전원(−) 1가닥, (지구선 1가닥, 기동 2가닥, 기동확인 2가닥) × 2(Zone수)로 표현하기도 한다.

caution

배기기동 1가닥과 급기기동 1가닥을 **기동 2가닥**, 배기기동확인 1가닥과 급기기동확인 1가닥을 **기동확인 2가닥**으로 표현할 수 있다.

74

다음은 밀폐형 상가제연설비 계통도의 일부분이다. 조건을 참조하여 ①~⑥까지의 최소 가닥수를 산정하고 배선용도를 구하시오.

[조건] 모든 댐퍼는 모터구동방식이며, 별도의 복구선은 없는 것으로 한다.

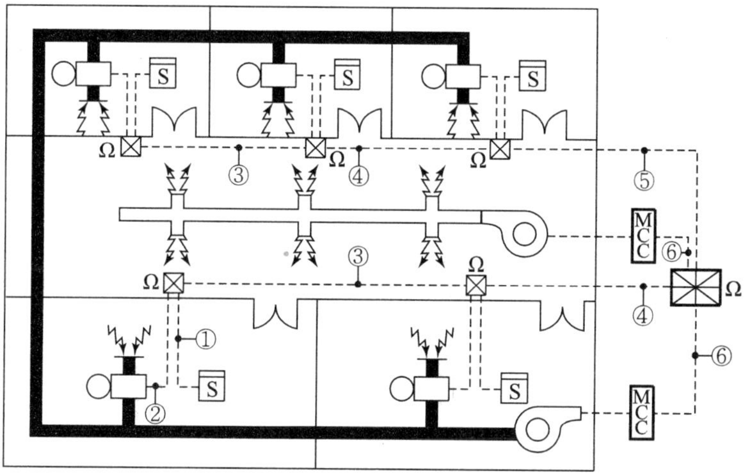

정답

기호	가닥수	배선용도
①	4	지구선2, 공통선2
②	4	전원(+)1, 전원(−)1, 기동1, 기동확인1
③	5	전원(+)1, 전원(−)1, 지구선1, 기동1, 기동확인1
④	8	전원(+)1, 전원(−)1, (지구선1, 기동1, 기동확인1)×2
⑤	11	전원(+)1, 전원(−)1, (지구선1, 기동1, 기동확인1)×3
⑥	5	기동1, 정지1, 공통1, 기동확인표시등1, 전원표시등1(추가)

Solution

기호	가닥수	배선내역	배선용도
①	4	HFIX 1.5-4	지구선2, 공통선2
②	4	HFIX 2.5-4	전원(+)1, 전원(−)1, 기동1, 기동확인1
③	5	HFIX 2.5-5	전원(+)1, 전원(−)1, 지구선1, 기동1, 기동확인1
④	8	HFIX 2.5-8	전원(+)1, 전원(−)1, (지구선1, 기동1, 기동확인1)×2
⑤	11	HFIX 2.5-11	전원(+)1, 전원(−)1, (지구선1, 기동1, 기동확인1)×3
⑥	5	HFIX 2.5-5	기동1, 정지1, 공통1, 기동확인표시등1, 전원표시등1(추가)

① 제연설비의 도면문제에서 **감지기 배선방식**은 **송배선방식**이므로 **Loop인 경우 지구선 1가닥, 공통선 1가닥으로 전체 2가닥**이 되며 **Loop가 아닌 경우 지구선 2가닥, 공통선 2가닥으로 전체 4가닥**이 된다. 따라서 기호 **①번**에서의 배선 가닥수는 Loop가 아닌 경우로 지구선 2가닥, 공통선 2가닥으로 전체 **4가닥**이 된다.

② 기호 **②번**의 수신반(감시제어반)과 댐퍼(damper) 사이의 배선내역은 **배선 대상**이 **밀폐형 상가제연설비**로 다음의 배선내역 및 배선가닥수를 따라야 한다.

배 선	설치유무	비 고
• 전원 (+)	▲	Zone수와 무관
• 전원 (−)	▲	
• 복구스위치	▲(수동복구일 때만)	
• 감지기공통	▲(조건)	
• 지구선(감지기)	▲	Zone수마다 증가 (damper수를 센다) **주의 : 급기, 배기 하나만 센다.**
• 기동	▲	
• 기동확인	▲	

이 때 도면에서 복구스위치, 감지기공통이 없고 조건에서도 언급이 없으므로 배선내역에서 삭제되며, 지구선(감지기)도 별도로 빠져 있으므로 삭제된다. 이것을 정리하면 전원(+) 1가닥, 전원(−) 1가닥, 기동 1가닥, 기동확인 1가닥으로 전체 **4가닥**이 된다.

③ 기호 **③번**의 배선내역은 **밀폐형 상가제연설비**의 배선내역 및 배선가닥수를 따라야 한다. 이 때 도면에서 복구스위치, 감지기공통이 없고 조건에서도 언급이 없으므로 배선내역에서 삭제되며, **지구선(감지기)와 댐퍼는 배선내역에 포함**되어야 한다. 이것을 정리하면 전원(+) 1가닥, 전원(−) 1가닥, 지구선 1가닥, 기동 1가닥, 기동확인 1가닥으로 전체 **5가닥**이 된다.

④ 제연설비의 도면 문제에서도 Zone이라는 개념이 도입되는데 Zone수에 따라 배선가닥수가 다르게 표현된다. **Zone수는 댐퍼(damper)수**를 센다. **이때 주의할 것은 급기댐퍼 또는 배기댐퍼 하나만 세어야 한다. 급기댐퍼와 배기댐퍼를 동시에 세면 안 된다.** 따라서 기호 **④번**에서의 배선 가닥수는 Zone수(damper수)가 2개로 전원(+) 1가닥, 전원(−) 1가닥, 지구선 2가닥, 기동 2가닥, 기동확인 2가닥으로 전체 **8가닥**이 된다. 이것을 전원(+) 1가닥, 전원(−) 1가닥, (지구선 1가닥, 기동 1가닥, 기동확인 1가닥) × 2(Zone수)로 표현하기도 한다.

⑤ 기호 **⑤번**에서의 배선 가닥수는 Zone수(damper수)가 3개로 전원(+) 1가닥, 전원(−) 1가닥, 지구선 3가닥, 기동 3가닥, 기동확인 3가닥으로 전체 **11가닥**이 된다. 이것을 전원(+) 1가닥, 전원(−) 1가닥, (지구선 1가닥, 기동 1가닥, 기동확인 1가닥) × 3(Zone수)로 표현하기도 한다.

⑥ 기호 **⑥번**에서 MCC와 수신반 사이의 배선가닥수는 **전원표시등**의 **추가** 또는 **생략** 여부에 따라 전체 가닥수는 **4가닥** 또는 **5가닥**이 되며 배선용도는 기동 1가닥, 정지 1가닥, 공통 1가닥, 기동확인표시등 1가닥, 전원표시등1(생략) 또는 전원표시등1(추가)가 된다. 만약, **4가닥이라면 전원표시등1(생략)**이라고 표시해야하며, **5가닥이라면 전원표시등1(추가)**라고 표시해야 한다.

75

다음은 개방형 상가제연설비 계통도의 일부분이다. 조건을 참조하여 ①~⑥까지의 최소 가닥수를 산정하고 배선용도를 구하시오.

[조건] 모든 댐퍼는 모터구동방식이며, 별도의 복구선은 없는 것으로 한다.

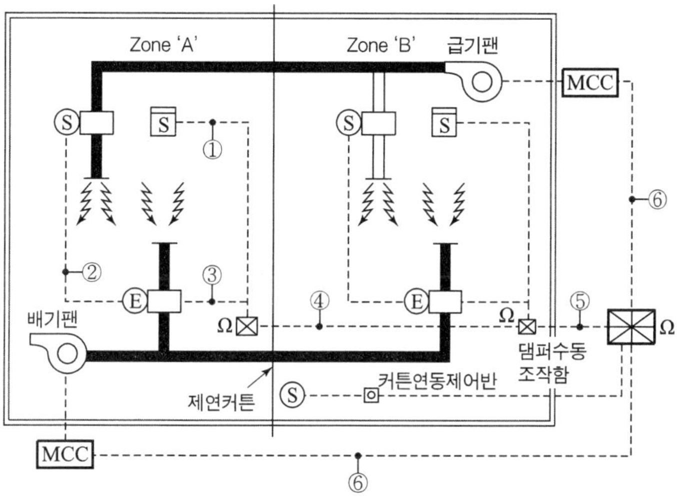

정답

기호	가닥수	배선용도
①	4	지구선2, 공통선2
②	4	전원(+)1, 전원(−)1, 기동1, 기동확인1
③	6	전원(+)1, 전원(−)1, 배기기동1, 급기기동1, 배기기동확인1, 급기기동확인1
④	7	전원(+)1, 전원(−)1, 지구선1, 배기기동1, 급기기동1, 배기기동확인1, 급기기동확인1
⑤	12	전원(+)1, 전원(−)1, (지구선1, 배기기동1, 급기기동1, 배기기동확인1, 급기기동확인1)×2
⑥	5	기동1, 정지1, 공통1, 기동확인표시등1, 전원표시등1(추가)

Solution

기호	가닥수	배선내역	배선용도
①	4	HFIX 1.5-4	지구선2, 공통선2
②	4	HFIX 2.5-4	전원(+)1, 전원(−)1, 기동1, 기동확인1
③	6	HFIX 2.5-6	전원(+)1, 전원(−)1, 배기기동1, 급기기동1, 배기기동확인1, 급기기동확인1
④	7	HFIX 2.5-7	전원(+)1, 전원(−)1, 지구선1, 배기기동1, 급기기동1, 배기기동확인1, 급기기동확인1
⑤	12	HFIX 2.5-12	전원(+)1, 전원(−)1, (지구선1, 배기기동1, 급기기동1, 배기기동확인1, 급기기동확인1)×2
⑥	5	HFIX 2.5-5	기동1, 정지1, 공통1, 기동확인표시등1, 전원표시등1(추가)

① 제연설비의 도면문제에서 **감지기 배선방식**은 **송배선방식**이므로 **Loop인 경우 지구선 1가닥, 공통선 1가닥으로 전체 2가닥**이 되며 **Loop가 아닌 경우 지구선 2가닥, 공통선 2가닥으로 전체 4가닥**이 된다. 따라서 기호 **①번**에서의 배선 가닥수는 Loop가 아닌 경우로 지구선 2가닥, 공통선 2가닥으로 전체 **4가닥**이 된다.

② 기호 **②번**의 배선내역은 **배선 대상**이 **개방형 상가제연설비**로 다음의 배선내역 및 배선가닥수를 따라야 한다.

배 선	설치유무	비고
• 전원 (+)	▲	Zone수와 무관
• 전원 (−)	▲	
• 복구스위치	▲(수동복구일 때만)	
• 감지기공통	▲(조건)	
• 지구선(감지기)	▲	Zone수마다 증가 (damper수를 센다) **주의 : 급기, 배기 하나만 센다.**
• 기동－배기	▲	
• 기동－급기	▲	
• 기동확인－배기	▲	
• 기동확인－급기	▲	

이 때 도면에서 복구스위치, 감지기공통이 없고 조건에서도 언급이 없으므로 배선내역에서 삭제되며, 지구선(감지기)도 별도로 빠져 있으므로 삭제되고 급기댐퍼만 포함되므로 배기기동, 배기기동확인도 삭제된다. 이것을 정리하면 전원(+) 1가닥, 전원(−) 1가닥, 급기기동 1가닥, 급기기동확인 1가닥으로 전체 **4가닥**이 된다.

③ 기호 **③번**의 배선내역은 **개방형 상가제연설비**의 배선내역 및 배선가닥수를 **따라야** 한다. 이 때 도면에서 복구스위치, 감지기공통이 없고 조건에서도 언급이 없으므로 배선내역에서 삭제되며, 지구선(감지기)도 별도로 빠져 있으므로 삭제되나 급기댐퍼와 배기댐퍼는 도면에 있으므로 배선내역에 포함되어야 한다. 이것을 정리하면 전원(+) 1가닥, 전원(−) 1가닥, 배기기동 1가닥, 급기기동 1가닥, 배기기동확인 1가닥, 급기기동확인 1가닥으로 전체 **6가닥**이 된다.

④ 기호 **④번**의 배선내역은 **개방형 상가제연설비**의 배선내역 및 배선가닥수를 따라야 한다. 이 때 도면에서 복구스위치, 감지기공통이 없고 조건에서도 언급이 없으므로 배선내역에서 삭제되나 지구선, 급기댐퍼와 배기댐퍼는 도면에 있으므로 배선내역에 포함되어야 한다. 이것을 정리하면 전원(+) 1가닥, 전원(−) 1가닥, 지구선 1가닥, 배기기동 1가닥, 급기기동 1가닥, 배기기동확인 1가닥, 급기기동확인 1가닥으로 전체 **7가닥**이 된다.

⑤ 기호 **⑤번**에서의 배선 가닥수는 Zone수(damper수)가 2개로 전원(+) 1가닥, 전원(−) 1가닥, 지구선 2가닥, 배기기동 2가닥, 급기기동 2가닥, 배기기동확인 2가닥, 급기기동확인 2가닥으로 전체 **12가닥**이 된다. 이것을 전원(+) 1가닥, 전원(−) 1가닥, (지구선 1가닥, 배기기동 1가닥, 급기기동 1가닥, 배기기동확인 1가닥, 급기기동확인 1가닥) × 2(Zone수)로 표현하기도 한다.

⑥ 기호 **⑥번**에서 MCC와 수신반 사이의 배선가닥수는 **전원표시등**의 **추가** 또는 **생략** 여부에 따라 전체 가닥수는 **4가닥** 또는 **5가닥**이 되며 배선용도는 기동 1가닥, 정지 1가닥, 공통 1가닥, 기동확인표시등 1가닥, 전원표시등1(생략) 또는 전원표시등1(추가)가 된다. 만약, **4가닥이라면 전원표시등1(생략)**이라고 표시해야하며, **5가닥이라면 전원표시등1(추가)**라고 표시해야 한다.

76

다음은 개방형 상가제연설비 계통도의 일부분이다. 조건을 참조하여 ①~③까지의 최소 가닥수를 산정하고 배선용도를 구하시오.

[조건] 모든 댐퍼는 모터구동방식이며, 복구선은 1선 추가한다.

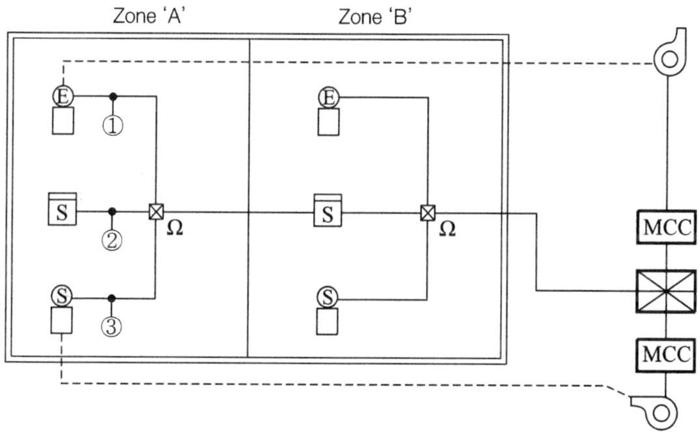

정답

기호	가닥수	배선용도
①	5	전원(+)1, 전원(−)1, 복구S/W1, 배기기동1, 배기기동확인1
②	4	지구선2, 공통선2
③	5	전원(+)1, 전원(−)1, 복구S/W1, 급기기동1, 급기기동확인1

Solution

기호	가닥수	배선내역	배선용도
①	5	HFIX 2.5-5	전원(+)1, 전원(−)1, 복구S/W1, 배기기동1, 배기기동확인1
②	4	HFIX 1.5-4	지구선2, 공통선2
③	5	HFIX 2.5-5	전원(+)1, 전원(−)1, 복구S/W1, 급기기동1, 급기기동확인1

① 기호 ①번의 배선내역은 **배선 대상**이 **개방형 상가제연설비**로 다음의 배선내역 및 배선가닥수를 따라야 한다.

배 선	설치유무	비고
• 전원 (+)	▲	Zone수와 무관
• 전원 (−)	▲	
• 복구스위치	▲(수동복구일 때만)	
• 감지기공통	▲(조건)	
• 지구선(감지기)	▲	Zone수마다 증가 (damper수를 센다) **주의 : 급기, 배기 하나만 센다.**
• 기동 − 배기	▲	
• 기동 − 급기	▲	
• 기동확인 − 배기	▲	
• 기동확인 − 급기	▲	

이 때 도면에서 복구스위치, 감지기공통이 없고 조건에서도 언급이 없으므로 배선내역에서 삭제되며, 지구선(감지기)도 별도로 빠져 있으므로 삭제되고 배기댐퍼만 포함되므로 급기기동, 급기기동확인도 삭제되나 조건에서 복구선이 1선 추가되므로 복구스위치는 배선내역에 포함된다. 이것을 정리하면 전원(+) 1가닥, 전원(−) 1가닥, 복구스위치 1가닥, 배기기동 1가닥, 배기기동확인 1가닥으로 전체 **5가닥**이 된다.

② 제연설비의 도면문제에서 **감지기 배선방식**은 **송배선방식**이므로 **Loop인 경우 지구선 1가닥, 공통선 1가닥으로 전체 2가닥**이 되며 **Loop가 아닌 경우 지구선 2가닥, 공통선 2가닥으로 전체 4가닥**이 된다. 따라서 기호 **②번**에서의 배선 가닥수는 Loop가 아닌 경우로 지구선 2가닥, 공통선 2가닥으로 전체 **4가닥**이 된다

③ 기호 **③번**의 배선내역은 **개방형 상가제연설비**로 다음의 배선내역 및 배선가닥수를 따라야 한다. 이 때 도면에서 복구스위치, 감지기공통이 없고 조건에서도 언급이 없으므로 배선내역에서 삭제되며, 지구선(감지기)도 별도로 빠져있으므로 삭제되고 급기댐퍼만 포함되므로 배기기동, 배기기동확인도 삭제되나 조건에서 복구선이 1선 추가되므로 복구스위치는 배선내역에 포함된다. 이것을 정리하면 전원(+) 1가닥, 전원(−) 1가닥, 복구스위치 1가닥, 급기기동 1가닥, 급기기동확인 1가닥으로 전체 **5가닥**이 된다.

77

다음은 전실제연설비 계통도의 일부분이다. 조건을 참조하여 ①~⑨까지의 최소 가닥수를 산정하고 배선용도를 구하시오.

[조건]

① 솔레노이드기동, 모터복구방식이다.
② 터미널보드(TB)에 종단저항이 내장되어 있다.
③ 중계기와 중계기사이에는 전원(+),(−), 신호 2선을 사용한다.
④ 전원공통선과 감지기공통선을 별개로 사용한다.

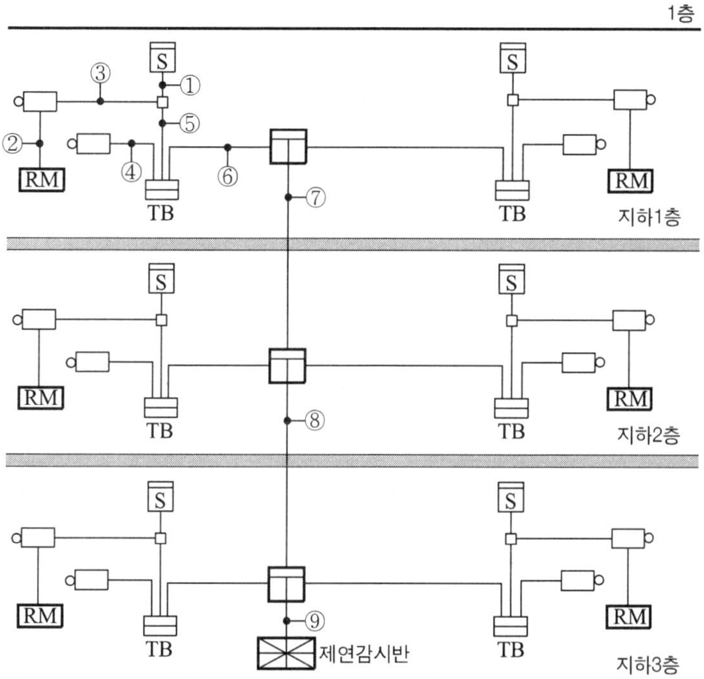

정답

기호	가닥수	배선용도
①	4	지구선2, (감지기)공통선2
②	6	전원(+)1, 전원(−)1, 기동1, 기동확인3
③	6	전원(+)1, 전원(−)1, 기동1, 기동확인3
④	5	전원(+)1, 전원(−)1, 기동1, 기동확인2
⑤	10	전원(+)1, 전원(−)1, 지구선2, 감지기공통2, 기동1, 기동확인3
⑥	8	전원(+)1, 전원(−)1, 지구선1, 감지기공통1, 기동1, 기동확인3
⑦~⑨	4	전원(+)1, 전원(−)1, 신호선2

Solution

기호	가닥수	배선내역	배선용도
①	4	HFIX 1.5-4	지구선2, (감지기)공통선2
②	6	HFIX 2.5-6	전원(+)1, 전원(−)1, 기동1, 기동확인3
③	6	HFIX 2.5-6	전원(+)1, 전원(−)1, 기동1, 기동확인3
④	5	HFIX 2.5-5	전원(+)1, 전원(−)1, 기동1, 기동확인2
⑤	10	HFIX 2.5-10	전원(+)1, 전원(−)1, 지구선2, 감지기공통2, 기동1, 기동확인3
⑥	8	HFIX 2.5-8	전원(+)1, 전원(−)1, 지구선1, 감지기공통1, 기동1, 기동확인3
⑦~⑨	4	HFIX 2.5-4	전원(+)1, 전원(−)1, 신호선2

• 실제 배선도

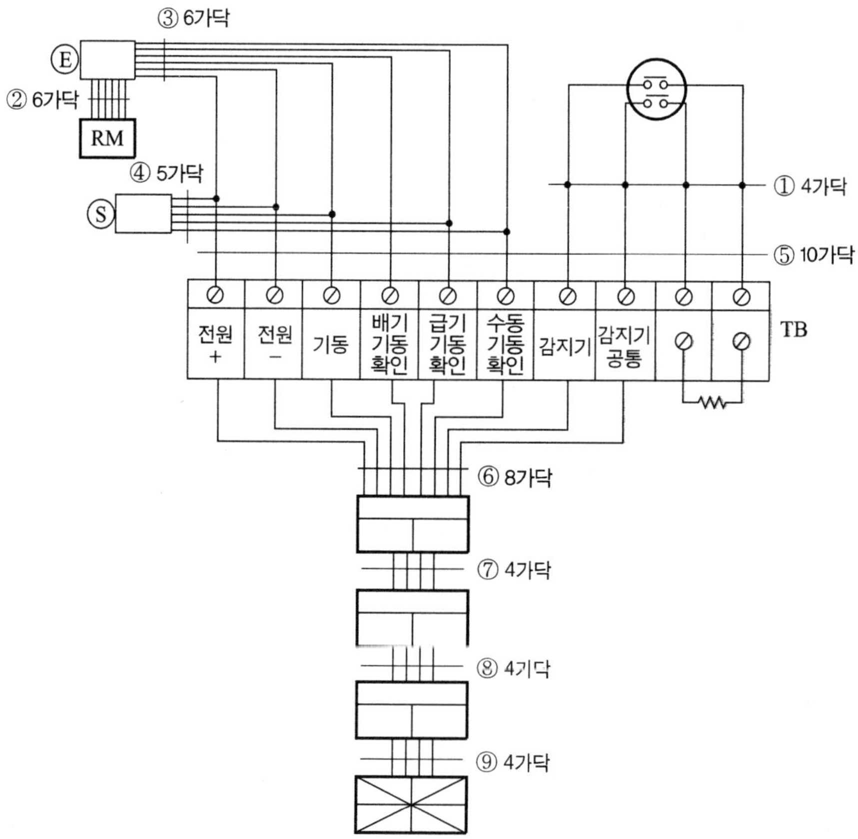

78

다음은 솔레노이드 방식 제연창설비 계통도이다. ①~⑤까지의 최소 가닥수를 산정하고 배선 용도를 구하시오.

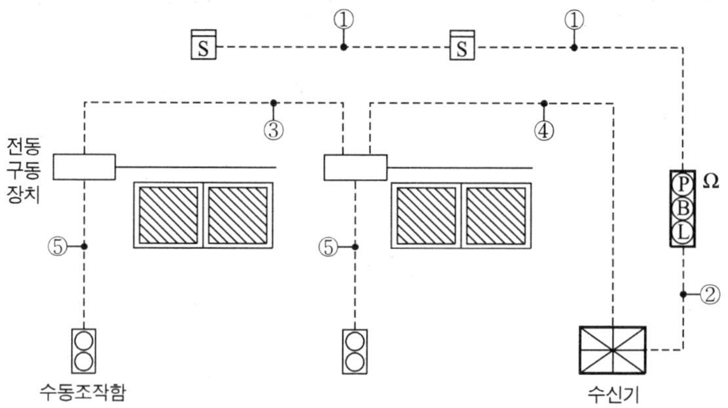

정답

기호	가닥수	배선용도
①	4	지구선2, 공통선2
②	6	회로선1, 공통선1, 경종선1, 경종표시등공통선1, 응답선1, 표시등선1
③	3	공통1, 기동1, 확인1
④	5	공통1, (기동1, 확인1)×2
⑤	3	공통1, 기동1, 확인1

Solution

기호	가닥수	배선내역	배선용도
①	4	16C (HFIX1.5-4)	지구선2, 공통선2
②	6	22C (HFIX2.5-6)	회로선1, 공통선1, 경종선1, 경종표시등공통선1, 응답선1, 표시등선1
③	3	16C (HFIX2.5-3)	공통1, 기동1, 확인1
④	5	22C (HFIX2.5-5)	공통1, (기동1, 확인1)×2
⑤	3	16C (HFIX2.5-3)	공통1, 기동1, 확인1

① 제연창설비의 도면문제에서 **감지기 배선방식**은 **송배선방식**이므로 Loop인 **경우 지구선 1가닥, 공통선 1가닥으로 전체 2가닥**이 되며 Loop가 아닌 **경우 지구선 2가닥, 공통선 2가닥으로 전체 4가닥**이 된다. 따라서 기호 **①번**에서의 배선 가닥수는 Loop가 아닌 경우로 지구선 2가닥, 공통선 2가닥으로 전체 **4가닥**이 된다.

② 기호 **②번**에서 회로선은 발신기세트 개수가 1개이므로 1가닥, 공통선은 조건이 없으면 7회로마다 하나씩 추가되므로 [(회로선 1)/7 = 0.14(절상) → 1개] 1가닥, 경종선은 일제경보방

식으로 1가닥, 응답선, 표시등선은 각각 1가닥으로 전체 가닥수는 **6가닥**이 된다.

③ 기호 **③, ⑤번**의 수신반 또는 수동조작함과 전동구동장치 사이의 배선내역은 **배선 대상**이 **솔레노이드방식 제연창설비**로 다음의 배선내역 및 배선가닥수를 따라야 한다.

배 선	설치유무	비고
• 공통	▲	Zone수와 무관
• 기동	▲	Zone수마다 증가 (**전동구동장치 수**를 센다)
• 확인	▲	

이것을 정리하면 공통 1가닥, 기동 1가닥, 확인 1가닥 전체 **3가닥**이 된다.

④ 제연창설비의 도면문제에서도 Zone이라는 개념이 도입되는데 Zone수에 따라 배선가닥수가 다르게 표현된다. **Zone수는 전동구동장치수**를 센다. 따라서 기호 **④번**에서의 배선 가닥수는 Zone수(전동구동장치수)가 2개로 공통 1가닥, 기동 2가닥, 확인 2가닥으로 전체 **5가닥**이 된다. 이것을 공통 1가닥, (기동 1가닥, 확인 1가닥) × 2(Zone수)로 표현하기도 한다.

79

다음은 Motor 방식 제연창설비 계통도이다. ①~⑥까지의 최소 가닥수를 산정하고 배선용도를 구하시오.

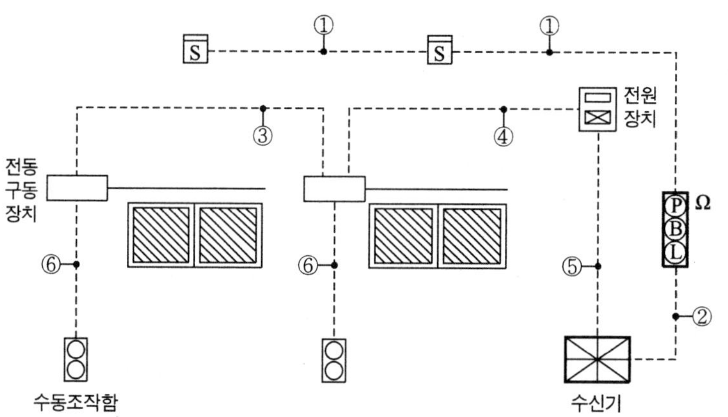

정답

기호	가닥수	배선용도
①	4	지구선2, 공통선2
②	6	회로선1, 공통선1, 경종선1, 경종표시등공통선1, 응답선1, 표시등선1
③	5	전원(+)1, 전원(−)1, 기동1, 복구1, 확인1
④	6	전원(+)1, 전원(−)1, 기동1, 복구1, 확인2
⑤	8	전원(+)1, 전원(−)1, 기동1, 복구1, 확인2, **교류전원2**
⑥	5	전원(+)1, 전원(−)1, 기동1, 복구1, **정지1**

Solution

기호	가닥수	배선내역	배선용도
①	4	16C (HFIX1.5-4)	지구선2, 공통선2
②	6	22C (HFIX2.5-6)	회로선1, 공통선1, 경종선1, 경종표시등공통선1, 응답선1, 표시등선1
③	5	22C (HFIX2.5-5)	전원(+)1, 전원(−)1, 기동1, 복구1, 확인1
④	6	22C (HFIX2.5-6)	전원(+)1, 전원(−)1, 기동1, 복구1, 확인2
⑤	8	28C (HFIX2.5-8)	전원(+)1, 전원(−)1, 기동1, 복구1, 확인2, **교류전원2**
⑥	5	22C (HFIX2.5-5)	전원(+)1, 전원(−)1, 기동1, 복구1, **정지1**

① 제연창설비의 도면문제에서 **감지기 배선방식**은 **송배선방식**이므로 Loop인 **경우 지구선 1가닥, 공통선 1가닥으로 전체 2가닥**이 되며 Loop가 아닌 경우 **지구선 2가닥, 공통선 2가닥으로 전체 4가닥**이 된다. 따라서 기호 **①번**에서의 배선 가닥수는 Loop가 아닌 경우로 지구선 2가닥, 공통선 2가닥으로 전체 **4가닥**이 된다.

② 기호 **②번**에서 회로선은 발신기세트 개수가 1개이므로 1가닥, 공통선은 조건이 없으면 7회로마다 하나씩 추가되므로 [(회로선 1)/7 = 0.14(절상) → 1개] 1가닥, 경종선은 일제경보방식으로 1가닥, 응답선, 표시등선은 각각 1가닥으로 전체 가닥수는 **6가닥**이 된다.

③ 기호 **③, ⑥번**의 수신반 또는 수동조작함과 전동구동장치 사이의 배선내역은 **배선 대상**이 **Motor방식 제연창설비**로 다음의 배선내역 및 배선가닥수를 따라야 한다.

배 선	설치유무	비 고
• 전원(+)	▲	Zone수와 무관
• 전원(−)	▲	
• 기동	▲	
• 복구	▲	
• 확인	▲	Zone수마다 증가 (**전동구동장치 수를 센다**)

이것을 정리하면 전원(+) 1가닥, 전원(−) 1가닥, 기동 1가닥, 복구 1가닥, 확인 1가닥으로 전체 **5가닥**이 된다. 이 때 **⑥번**의 수동조작함과 전동구동장치 사이의 배선내역에서는 확인 대신 **정지**를 사용한다.

④ 제연창설비의 도면문제에서도 Zone이라는 개념이 도입되는데 Zone수에 따라 배선가닥수가 다르게 표현된다. **Zone수는 전동구동장치수**를 센다. 따라서 기호 **④번**에서의 배선 가닥수는 Zone수(전동구동장치수)가 2개로 전원(+) 1가닥, 전원(−) 1가닥, 기동 1가닥, 복구 1가닥, 확인 2가닥으로 전체 **6가닥**이 된다.

⑤ 기호 **⑤번**에서의 배선 가닥수는 ④번의 배선 가닥수에 전원장치에 전원을 공급하기 위한 교류전원 2가닥이 추가된다. 이것을 정리하면 전원(+) 1가닥, 전원(−) 1가닥, 기동 1가닥, 복구 1가닥, 확인 2가닥, 교류전원 2가닥으로 전체 **8가닥**이 된다.

80

다음은 자동방화문설비 계통도의 일부분이다. 조건을 참조하여 ①~④까지의 최소 가닥수를 산정하고 배선용도를 구하시오.

[조건] 교류전원을 사용한다.

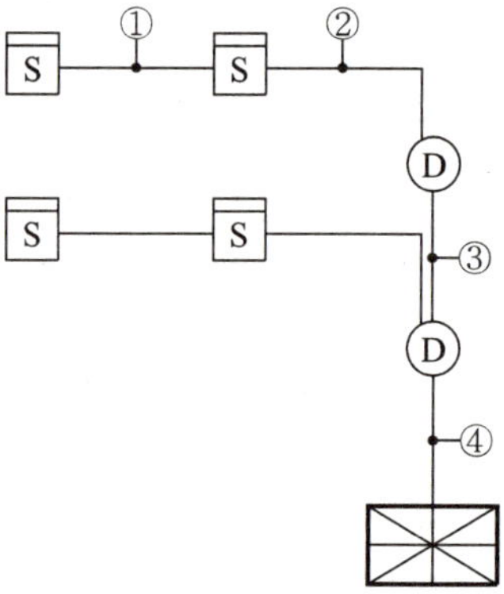

정답

기호	가닥수	배선용도
①	4	지구선2, 공통선2
②	4	지구선2, 공통선2
③	6	전원(+)1, 전원(−)1, 공통1, (지구1, 기동1, 확인1) × 1
④	9	전원(+)1, 전원(−)1, 공통1, (지구1, 기동1, 확인1) × 2

Solution

기호	가닥수	배선내역	배선용도
①	4	16C (HFIX 1.5-4)	지구선2, 공통선2
②	4	16C (HFIX 1.5-4)	지구선2, 공통선2
③	6	22C (HFIX 2.5-6)	전원(+)1, 전원(−)1, 공통1, (지구1, 기동1, 확인1) × 1
④	9	28C (HFIX 2.5-9)	전원(+)1, 전원(−)1, 공통1, (지구1, 기동1, 확인1) × 2

① 자동 방화문의 도면문제에서 **감지기 배선방식**은 **송배선방식**이므로 **Loop인 경우 지구선 1가닥, 공통선 1가닥으로 전체 2가닥**이 되며 **Loop가 아닌 경우 지구선 2가닥, 공통선 2가닥으로 전체 4가닥**이 된다. 따라서 기호 **①, ②번**에서의 배선 가닥수는 Loop가 아닌 경우로 지구선 2가닥, 공통선 2가닥으로 전체 **4가닥**이 된다.

② 기호 **③번**의 배선내역은 **배선 대상**이 **자동 방화문**으로 다음의 배선내역 및 배선가닥수를 따라야 한다.

배 선	설치유무	비고
• 전원 (+)	▲(AC전원사용시)	Zone수와 무관
• 전원 (−)	▲(AC전원사용시)	
• 공통	▲	
• 지구(감지기)	▲(조건, 도면)	Zone수마다 증가 (**층수**를 센다)
• 기동	▲	
• 확인	▲(층당 방화문 개수)	

이때 전원(+), 전원(−)은 조건에서 교류전원을 사용한다고 했으므로 배선내역에 포함되고, 감지기도 도면에 있으므로 배선내역에 포함된다. 이것을 정리하면 전원(+) 1가닥, 전원(−) 1가닥, 공통 1가닥, 지구 1가닥, 기동 1가닥, 확인 1가닥으로 전체 **6가닥**이 된다.

③ 자동 방화문의 도면문제에서도 Zone이라는 개념이 도입되는데 Zone수에 따라 배선가닥수가 다르게 표현된다. **Zone수는 층수**를 센다. 따라서 기호 **④번**에서의 배선 가닥수는 Zone수(층수)가 2개로 전원(+) 1가닥, 전원(−) 1가닥, 공통 1가닥, 지구 2가닥, 기동 2가닥, 확인 2가닥으로 전체 **9가닥**이 된다. 이것을 전원(+) 1가닥, 전원(−) 1가닥, 공통 1가닥, (지구 1가닥, 기동 1가닥, 확인 1가닥) × 2(Zone수)로 표현하기도 한다.

81

다음은 자동방화문설비 계통도의 일부분이다. ①~④까지의 최소 가닥수를 산정하고 배선용도를 구하시오.

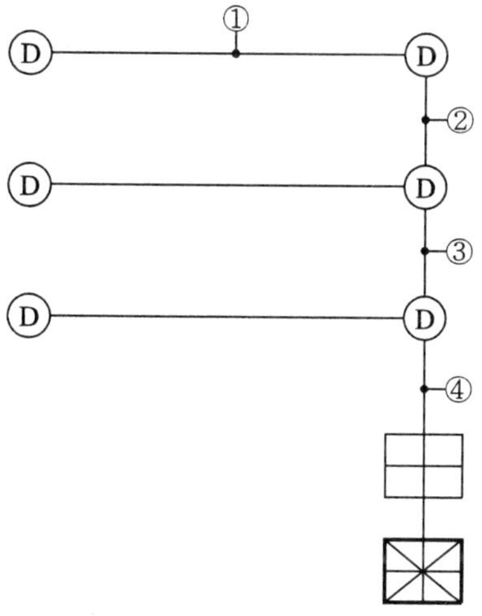

정답

기호	가닥수	배선용도
①	3	공통1, 기동1, 확인1
②	4	공통1, 기동1, 확인2
③	7	공통1, (기동1, 확인2) × 2
④	10	공통1, (기동1, 확인2) × 3

Solution

기호	가닥수	배선내역	배선용도
①	3	16C (HFIX2.5-3)	공통1, 기동1, 확인1
②	4	16C (HFIX2.5-4)	공통1, 기동1, 확인2
③	7	22C (HFIX2.5-7)	공통1, (기동1, 확인2) × 2
④	10	28C (HFIX2.5-10)	공통1, (기동1, 확인2) × 3

① 기호 **①번**의 배선내역은 **배선 대상**이 **자동 방화문**으로 다음의 배선내역 및 배선가닥수를 따라야 한다.

배 선	설치유무	비고
• 전원 (+)	▲(AC전원사용시)	Zone수와 무관
• 전원 (−)	▲(AC전원사용시)	
• 공통	▲	
• 지구(감지기)	▲(조건, 도면)	Zone수마다 증가 (**층수**를 센다)
• 기동	▲	
• 확인	▲(층당 방화문 개수)	

이때 전원(+), 전원(−), 지구(감지기)는 도면에 없고 조건에서도 언급이 없으므로 배선내역에 삭제된다. 이것을 정리하면 공통 1가닥, 기동 1가닥, 확인 1가닥으로 전체 **3가닥**이 된다.

② 기호 **②번**의 배선내역은 기호 ①번의 배선내역에 **층당 방화문 개수**를 추가해야 한다. 즉, 층당 방화문 개수가 2개이므로 확인이 1가닥이 아닌 2가닥이 된다. 이것을 정리하면 공통 1가닥, 기동 1가닥, **확인 2가닥**으로 전체 **4가닥**이 된다.

③ 자동 방화문의 도면문제에서도 Zone이라는 개념이 도입되는데 Zone수에 따라 배선가닥수가 다르게 표현된다. **Zone수는 층수**를 센다. 따라서 기호 **③번**에서의 배선 가닥수는 Zone수(층수)가 2개로 공통 1가닥, 기동 2가닥, 확인 4가닥으로 전체 **7가닥**이 된다. 이것을 **공통 1가닥, (기동 1가닥, 확인 2가닥) × 2(Zone수)**로 표현하기도 한다.

④ 기호 **④번**에서의 배선 가닥수는 Zone수(층수)가 3개로 **공통 1가닥, (기동 1가닥, 확인 2가닥) × 3(Zone수)**로 전체 **10가닥**이 된다.

caution

기호 ②번의 배선내역에서 **확인은 층당 방화문 개수를 세어야 하므로 확인은 2가닥이 된다.**

82

다음은 1층에서 동시 작동하는 자동방화문설비의 평면도이다. ①~④까지의 최소 가닥수를 산정하고 배선용도를 구하시오.

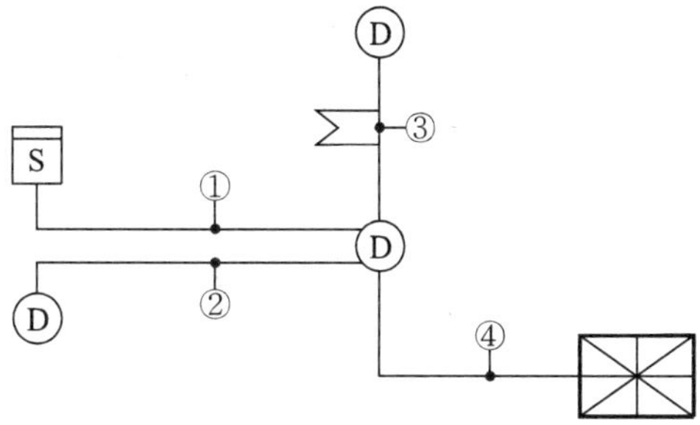

정답

기호	가닥수	배선용도
①	4	지구선2, 공통선2
②	3	공통1, 기동1, 확인1
③	3	공통1, 기동1, 확인1
④	9	공통1, 기동1, **확인3**, 지구선2, 공통선2

Solution

기호	가닥수	배선내역	배선용도
①	4	16C (HFIX1.5-4)	지구선2, 공통선2
②	3	16C (HFIX2.5-3)	공통1, 기동1, 확인1
③	3	16C (HFIX2.5-3)	공통1, 기동1, 확인1
④	9	28C (HFIX2.5-9)	공통1, 기동1, **확인3**, 지구선2, 공통선2

① 자동 방화문의 도면문제에서 **감지기 배선방식**은 **송배선방식**이므로 Loop인 경우 **지구선 1가닥, 공통선 1가닥으로 전체 2가닥**이 되며 Loop가 아닌 경우 **지구선 2가닥, 공통선 2가닥으로 전체 4가닥**이 된다. 따라서 기호 **①번**에서의 배선 가닥수는 Loop가 아닌 경우로 지구선 2가닥, 공통선 2가닥으로 전체 **4가닥**이 된다.

② 기호 **②, ③번**의 배선내역은 **배선 대상**이 **자동 방화문**으로 다음의 배선내역 및 배선가닥수를 따라야 한다.

배 선	설치유무	비고
• 전원 (+)	▲(AC전원사용시)	Zone수와 무관
• 전원 (−)	▲(AC전원사용시)	
• 공통	▲	
• 지구(감지기)	▲(조건, 도면)	Zone수마다 증가 (**층수**를 센다)
• 기동	▲	
• 확인	▲(층당 방화문 개수)	

이때 전원(+), 전원(−)은 도면에 없고 조건에서도 언급이 없으므로 배선내역에 삭제되고, 지구(감지기)는 도면에는 있으나 구하고자 하는 기호의 배선내역에는 포함되지 않으므로 배선내역에 삭제된다. 이것을 정리하면 공통 1가닥, 기동 1가닥, 확인 1가닥으로 전체 **3가닥**이 된다.

③ 기호 **④번**의 배선내역은 **층당 방화문 개수와 감지기의 송배선방식(평면도 이므로)**을 추가해야 한다. 즉, 층당 방화문 개수가 3개이므로 확인 3가닥과 지구선 2가닥, 공통선 2가닥이 배선내역에 포함된다. 이것을 정리하면 공통 1가닥, 기동 1가닥, **확인 3가닥, 지구선 2가닥, 공통선 2가닥**으로 전체 **9가닥**이 된다.

caution

기호 **④번**의 배선내역에서 **확인은 층당 방화문 개수를 세어야 하므로 확인은 3가닥이 되며, 도면이 평면도 이므로 감지기의 송배선방식을 추가하여 지구선 2가닥, 공통선 2가닥을 추가해야 한다.**

83

Door Release의 설치 목적 및 미완성 도면을 완성하시오.

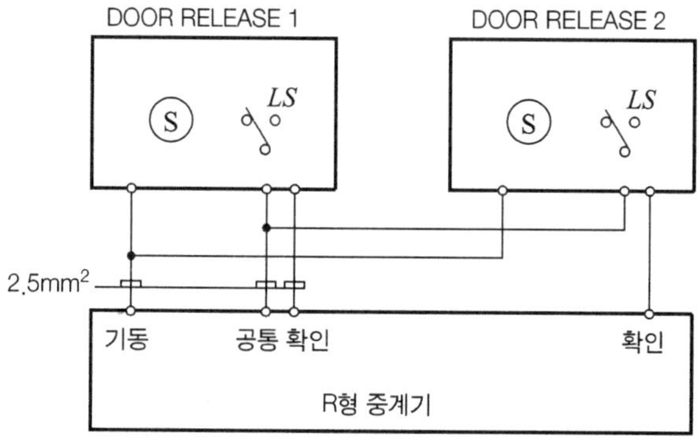

정답

1) 설치목적 : 화재 발생으로 인한 연기가 계단측으로 유입되는 것을 방지하기 위함

2) 완성 도면

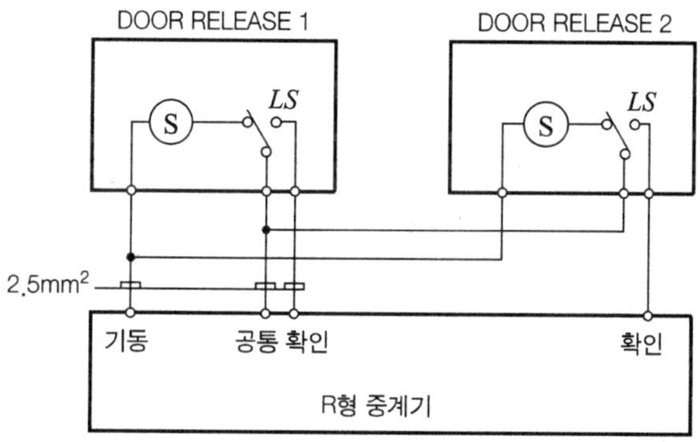

Solution

자동방화문(Door Release)은 화재발생으로 인한 **연기**가 **유입**되는 것을 **방지**하기 위하여 피난계단전실 등의 출입문에 시설하는 설비

84

다음은 방화셔터 계통도의 일부분이다. ①~④까지의 최소가닥수를 산정하고 배선용도를 구하시오.

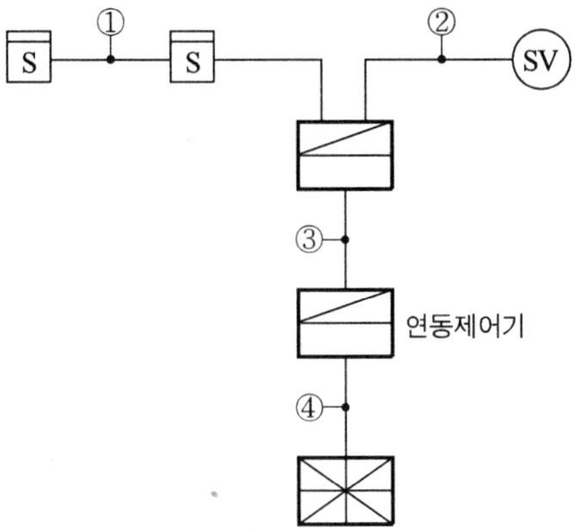

정답

기호	가닥수	배선용도
①	4	지구선2, 공통선2
②	2	밸브기동(SV)2
③	4	공통1, 지구1, 기동1, 확인1
④	7	공통1, (지구1, 기동1, 확인1) × 2

Solution

기호	가닥수	배선내역	배선용도
①	4	16C (HFIX1.5-4)	지구선2, 공통선2
②	2	16C (HFIX2.5-2)	밸브기동(SV)2
③	4	16C (HFIX2.5-4)	공통1, 지구1, 기동1, 확인1
④	7	22C (HFIX2.5-7)	공통1, (지구1, 기동1, 확인1) × 2

① 방화셔터의 도면문제에서 **감지기 배선방식은 송배선방식**이므로 **Loop인 경우 지구선 1가닥, 공통선 1가닥으로 전체 2가닥**이 되며 **Loop가 아닌 경우 지구선 2가닥, 공통선 2가닥으로 전체 4가닥**이 된다. 따라서 기호 **①번**에서의 배선 가닥수는 Loop가 아닌 경우로 지구선 2가닥, 공통선 2가닥으로 전체 **4가닥**이 된다.

② 기호 **③번**의 배선내역은 **배선 대상**이 **방화셔터**로 다음의 배선내역 및 배선가닥수를 따라야 한다.

배 선	설치유무	비고
• 공통	▲	Zone수와 무관
• 지구(감지기)	▲(조건, 도면)	Zone수마다 증가 (**연동제어기**를 센다)
• 기동	▲	
• 확인	▲	

이때 지구(감지기)는 도면에 있으므로 배선내역에는 포함되어야 한다. 이것을 정리하면 공통 1가닥, 지구 1가닥, 기동 1가닥, 확인 1가닥으로 전체 **4가닥**이 된다.

③ 방화셔터의 도면문제에서도 Zone이라는 개념이 도입되는데 Zone수에 따라 배선가닥수가 다르게 표현된다. **Zone수는 연동제어기수**를 센다. 따라서 기호 **④번**에서의 배선 가닥수는 Zone수(연동제어기수)가 2개로 공통 1가닥, 지구 2가닥, 기동 2가닥, 확인 2가닥으로 전체 **7가닥**이 된다. 이것을 **공통 1가닥, (지구 1가닥, 기동 1가닥, 확인 1가닥) × 2(Zone수)**로 표현하기도 한다.

85

다음은 옥내소화전설비 계통도의 일부분이다. ①~⑥까지의 최소 가닥수를 산정하고 배선용도를 구하시오.

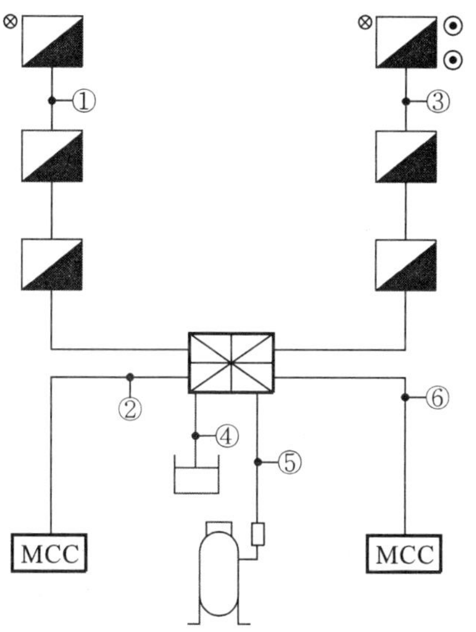

정답

기호	가닥수	배선용도
①	2	기동확인표시등2
②	5	기동1, 정지1, 공통1, 기동확인표시등1, 전원표시등1(추가)
③	5	기동1, 정지1, 공통1, 기동확인표시등2
④	2	소화수조2
⑤	2	압력스위치2
⑥	5	기동1, 정지1, 공통1, 기동확인표시등1, 전원표시등1(추가)

Solution

기호	가닥수	배선내역	배선용도
①	2	HFIX 2.5-2	기동확인표시등2
②	5	HFIX 2.5-5	기동1, 정지1, 공통1, 기동확인표시등1, 전원표시등1(추가)
③	5	HFIX 2.5-5	기동1, 정지1, 공통1, 기동확인표시등2
④	2	HFIX 2.5-2	소화수조2
⑤	2	HFIX 2.5-2	압력스위치2
⑥	5	HFIX 2.5-5	기동1, 정지1, 공통1, 기동확인표시등1, 전원표시등1(추가)

① 기호 **①번**에서 수신기(반)와 소화전함 사이의 배선 가닥수는 기동방식이 자동기동방식이 되므로 기동확인표시등 **2가닥**만 존재한다.

② 기호 **②, ⑥번**에서 MCC와 수신반 사이의 배선가닥수는 전원표시등의 추가 또는 생략 여부에 따라 전체 가닥수는 **4가닥** 또는 **5가닥**이 되는데 배선용도에서 **전원표시등1(추가)** 되어서 배선 가닥수는 **5가닥**이 된다.

③ 기호 **③번**에서 수신기(반)와 소화전함 사이의 배선 가닥수는 기동방식이 수동기동방식이므로 기동 1가닥, 정지 1가닥, 공통 1가닥, 기동확인표시등 2가닥으로 전체 **5가닥**이 된다.

④ 기호 **④번**에서의 배선 가닥수는 소화수조 **2가닥**이 된다.

⑤ 기호 **⑤번**에서의 배선 가닥수는 압력스위치 **2가닥**이 된다.

caution

① 옥내소화전설비의 도면문제에서는 수신기(반)와 소화전함 사이의 배선 가닥수 때문에 반드시 기동방식이 수동(On-Off)방식인지 자동(기동용수압개폐장치)방식인지를 구분해야 한다. **수동방식**인 경우 **기동 1가닥, 정지 1가닥, 공통 1가닥, 기동확인표시등 2가닥**으로 전체 **5가닥**이 되지만 **자동방식**인 경우 **기동확인표시등 2가닥**만 존재한다.

② 도면에서 기호 **①번**은 소화전함 좌측에 표시등이 하나 있으므로 기동방식이 **자동방식**인 것을 나타내는 것이고, 기호 **③번**은 소화전함 옆에 표시등 하나와 버튼이 2개 있으므로 기동방식이 **수동방식**인 것을 나타낸다.

86

다음은 옥내소화전설비와 자동화재탐지설비 겸용 계통도의 일부분이다. 조건을 참조하여 ①~⑥까지의 최소 가닥수를 산정하고 배선용도를 구하시오.

[조건] 왼쪽(옥내자동기동방식), 오른쪽(자동화재탐지설비)

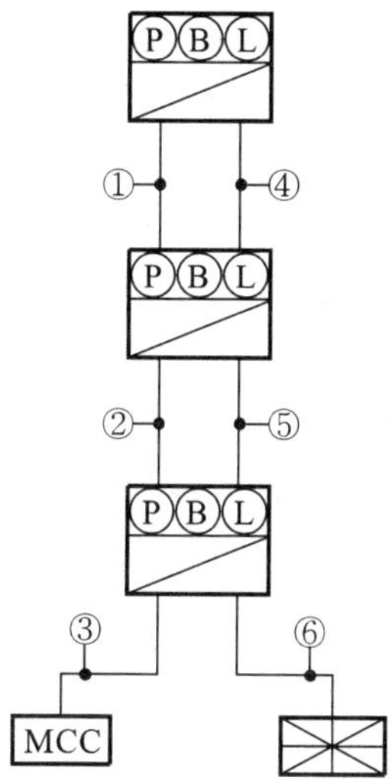

정답

기호	가닥수	배선용도
①	2	기동확인표시등2
②	2	기동확인표시등2
③	5	기동1, 정지1, 공통1, 기동확인표시등1, 전원표시등1(추가)
④	6	회로선1, 공통선1, 경종선1, 경종표시등공통선1, 응답선1, 표시등선1
⑤	7	회로선2, 공통선1, 경종선1, 경종표시등공통선1, 응답선1, 표시등선1
⑥	8	회로선3, 공통선1, 경종선1, 경종표시등공통선1, 응답선1, 표시등선1

Solution

기호	가닥수	배선내역	배선용도
①	2	16C (HFIX2.5-2)	기동확인표시등2
②	2	16C (HFIX2.5-2)	기동확인표시등2
③	5	22C (HFIX2.5-5)	기동1, 정지1, 공통1, 기동확인표시등1, 전원표시등1(추가)
④	6	22C (HFIX2.5-6)	회로선1, 공통선1, 경종선1, 경종표시등공통선1, 응답선1, 표시등선1
⑤	7	22C (HFIX2.5-7)	회로선2, 공통선1, 경종선1, 경종표시등공통선1, 응답선1, 표시등선1
⑥	8	28C (HFIX2.5-8)	회로선3, 공통선1, 경종선1, 경종표시등공통선1, 응답선1, 표시등선1

① 기호 **①, ②번**에서 소화전함 사이의 배선 가닥수는 기동방식이 자동기동방식이 되므로 기동확인표시등 **2가닥**만 존재한다.

② 기호 **③번**에서 MCC와 수신반 사이의 배선가닥수는 전원표시등의 추가 또는 생략 여부에 따라 전체 가닥수는 4가닥 또는 5가닥이 되는데 배선용도에서 **전원표시등1(추가)** 되어서 배선 가닥수는 **5가닥**이 된다.

③ 기호 **④번**에서 회로선은 발신기세트가 1개이므로 1가닥, 공통선은 주어진 조건이 없으므로 [(회로선 1)/7 = 0.14(절상) → 1개] 1가닥, 경종선은 일제경보방식이므로 1가닥, 경종표시등 공통선도 아무런 조건이 없으므로 1가닥, 응답선은 1가닥으로 전체 가닥수는 **6가닥**이 된다.

④ 기호 **⑤번**에서 회로선은 발신기세트가 2개이므로 2가닥, 공통선은 주어진 조건이 없으므로 [(회로선 2)/7 = 0.28(절상) → 1개] 1가닥, 경종선은 일제경보방식이므로 1가닥, 경종표시등 공통선도 아무런 조건이 없으므로 1가닥, 응답선은 1가닥으로 전체 가닥수는 **7가닥**이 된다.

⑤ 기호 **⑥번**에서 회로선은 발신기세트가 3개이므로 3가닥, 공통선은 주어진 조건이 없으므로 [(회로선 3)/7 = 0.43(절상) → 1개] 1가닥, 경종선은 일제경보방식이므로 1가닥, 경종표시등 공통선도 아무런 조건이 없으므로 1가닥, 응답선은 1가닥으로 전체 가닥수는 **8가닥**이 된다.

87

가압송수장치를 기동용 수압개폐방식으로 사용하는 1, 2, 3동의 공장 내부에 옥내소화전함과 자동화재탐지설비용 발신기를 다음과 같이 설치하였다. 다음 각 물음에 답하시오.

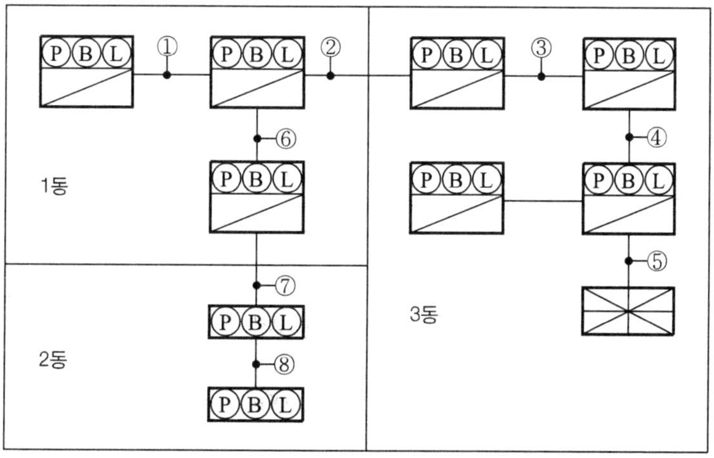

1) 기호 ①~⑧의 전선가닥수를 표시한 도표이다. 전선가닥수를 표 안에 숫자로 쓰시오 (단, 가닥수가 필요없는 곳은 공란으로 둘 것).

기호	회로선	회로 공통선	경종선	경종표시등 공통선	응답선	표시등선	기동확인 표시등	합계
①								
②								
③								
④								
⑤								
⑥								
⑦								
⑧								

2) 도면의 P형 1급 수신기는 최소 몇 회로용을 사용하여야 하는가?(단, 회로수 산정시 10%의 여유를 둔다.)

3) 상시 사람이 근무하는 장소가 없는 경우 수신기는 어디에 설치하여야 하는가?

4) 수신기가 설치된 장소에는 무엇을 비치하여야 하는가?

정답

1) 전선가닥수

기호	회로선	회로 공통선	경종선	경종표시등 공통선	응답선	표시등선	기동확인 표시등	합계
①	1	1	1	1	1	1	2	8
②	5	1	2	1	1	1	2	13
③	6	1	3	1	1	1	2	15
④	7	1	3	1	1	1	2	16
⑤	9	2	3	1	1	1	2	19
⑥	3	1	2	1	1	1	2	11
⑦	2	1	1	1	1	1		7
⑧	1	1	1	1	1	1		6

2) 10회로

3) 관계인이 쉽게 접근할 수 있고 관리가 용이한 장소

4) 경계구역 일람도

Solution

1) 최소가닥수 및 배선용도

① 자동화재탐지설비의 도면문제에서는 경종선의 가닥수 때문에 반드시 소방대상물이 우선경보방식인지 일제경보방식인지를 먼저 구분해야 한다. 그러나 이 문제는 층수에 따라 경종선의 가닥수가 결정되는 일제경보방식이나 우선경보방식이 아닌 **동수에 따라 경종선이 증가되는 동별구분방식**인 것을 주의해야 한다.

② 옥내소화전설비의 도면문제에서는 수신기와 소화전함 사이의 배선 가닥수 때문에 반드시 기동방식이 수동(On-Off)방식인지 자동(기동용수압개폐장치)방식인지를 구분해야 한다. **수동기동방식**인 경우 **기동 1가닥, 정지 1가닥, 공통 1가닥, 기동확인표시등 2가닥**으로 전체 **5가닥**이 되지만 **자동기동방식**인 경우 **기동확인표시등 2가닥**만 존재한다.

③ 기호 **①번**에서 회로선은 발신기세트 개수가 1개이므로 1가닥, (회로)공통선은 조건이 없으므로 [(회로선 1)/7 = 0.14(절상) → 1개] 1가닥, 경종선은 동별구분방식이므로 동수를 세면되는데 **1동으로 1가닥**이 되며 경종표시등공통선, 응답선, 표시등선은 각각 1가닥, 옥내소화전설비가 자동기동방식이므로 기동확인표시등 2가닥으로 전체 가닥수는 **8가닥**이 된다.

④ 기호 **②번**에서 회로선은 발신기세트 개수가 5개이므로 5가닥, (회로)공통선은 조건이 없으므로 [(회로선 5)/7 = 0.71(절상) → 1개] 1가닥, 경종선은 동별구분방식이므로 동수를 세면되는데 **1동, 2동으로 2가닥**이 되며 경종표시등공통선, 응답선, 표시등선은 각각 1가닥, 옥내소화전설비가 자동기동방식이므로 기동확인표시등 2가닥으로 전체 가닥수

는 **13가닥**이 된다.

⑤ 기호 **③번**에서 회로선은 발신기세트 개수가 6개이므로 6가닥, (회로)공통선은 조건이 없으므로 [(회로선 6)/7 = 0.86(절상) → 1개] 1가닥, 경종선은 동별구분방식이므로 동수를 세면되는데 **1동, 2동, 3동으로 3가닥**이 되며 경종표시등공통선, 응답선, 표시등선은 각각 1가닥, 옥내소화전설비가 자동기동방식이므로 기동확인표시등 2가닥으로 전체 가닥수는 **15가닥**이 된다.

⑥ 기호 **④번**에서 회로선은 발신기세트 개수가 7개이므로 7가닥, (회로)공통선은 조건이 없으므로 [(회로선 7)/7 = 1(절상) → 1개] 1가닥, 경종선은 동별구분방식이므로 동수를 세면되는데 **1동, 2동, 3동으로 3가닥**이 되며 경종표시등공통선, 응답선, 표시등선은 각각 1가닥, 옥내소화전설비가 자동기동방식이므로 기동확인표시등 2가닥으로 전체 가닥수는 **16가닥**이 된다.

⑦ 기호 **⑤번**에서 회로선은 발신기세트 개수가 9개이므로 **9가닥**, (회로)공통선은 조건이 없으므로 [(회로선 9)/7 = 1.29(절상) → 2개] **2가닥**, 경종선은 동별구분방식이므로 동수를 세면되는데 **1동, 2동, 3동으로 3가닥**이 되며 경종표시등공통선, 응답선, 표시등선은 각각 1가닥, 옥내소화전설비가 자동기동방식이므로 기동확인표시등 2가닥으로 전체 가닥수는 **19가닥**이 된다.

⑧ 기호 **⑥번**에서 회로선은 발신기세트 개수가 3개이므로 3가닥, (회로)공통선은 조건이 없으므로 [(회로선 3)/7 = 0.43(절상) → 1개] 1가닥, 경종선은 동별구분방식이므로 동수를 세면되는데 **1동, 2동으로 2가닥**이 되며 경종표시등공통선, 응답선, 표시등선은 각각 1가닥, 옥내소화전설비가 자동기동방식이므로 기동확인표시등 2가닥으로 전체 가닥수는 **11가닥**이 된다.

⑨ 기호 **⑦번**에서 회로선은 발신기세트 개수가 2개이므로 2가닥, (회로)공통선은 조건이 없으므로 [(회로선 2)/7 = 0.29(절상) → 1개] 1가닥, 경종선은 동별구분방식이므로 동수를 세면되는데 **2동으로 1가닥**이 되며 경종표시등공통선, 응답선, 표시등선은 각각 1가닥으로 전체 가닥수는 **7가닥**이 된다. 이 때 소화전함이 없으므로 기동확인표시등 2가닥을 넣어서는 안 된다.

⑩ 기호 **⑧번**에서 회로선은 발신기세트 개수가 1개이므로 1가닥, (회로)공통선은 조건이 없으므로 [(회로선 1)/7 = 0.14(절상) → 1개] 1가닥, 경종선은 동별구분방식이므로 동수를 세면되는데 **2동으로 1가닥**이 되며 경종표시등공통선, 응답선, 표시등선은 각각 1가닥으로 전체 가닥수는 **6가닥**이 된다. 이 때 소화전함이 없으므로 기동확인표시등 2가닥을 넣어서는 안 된다.

⑪ 만약, **옥내소화전설비**의 **기동방식**이 **수동기동방식**일 때 가닥수를 나타내면 다음과 같다.

기호	가닥수	배선용도
①	11	회로선1, 공통선1, 경종선1, 경종표시등공통선1, 응답선1, 표시등선1, 기동1, 정지1, 공통1, 기동확인표시등2
②	16	**회로선5**, 공통선1, **경종선2**, 경종표시등공통선1, 응답선1, 표시등선1, 기동1, 정지1, 공통1, 기동확인표시등2
③	18	**회로선6**, 공통선1, **경종선3**, 경종표시등공통선1, 응답선1, 표시등선1, 기동1, 정지1, 공통1, 기동확인표시등2
④	19	**회로선7**, 공통선1, **경종선3**, 경종표시등공통선1, 응답선1, 표시등선1, 기동1, 정지1, 공통1, 기동확인표시등2
⑤	22	**회로선9, 공통선2, 경종선3**, 경종표시등공통선1, 응답선1, 표시등선1, 기동1, 정지1, 공통1, 기동확인표시등2
⑥	14	**회로선3**, 공통선1, **경종선2**, 경종표시등공통선1, 응답선1, 표시등선1, 기동1, 정지1, 공통1, 기동확인표시등2
⑦	7	회로선2, 공통선1, 경종선1, 경종표시등공통선1, 응답선1, 표시등선1
⑧	6	회로선1, 공통선1, 경종선1, 경종표시등공통선1, 응답선1, 표시등선1

2) P형 1급 수신기 회로 수

① 기호 ⑤번에서 회로선은 발신기세트 개수가 9개이므로 **9가닥**이 되며 회로 산정시 10%의 여유를 두므로 9 × 1.1 = 9.9 ≒ **10회로**가 된다.

3), 4) **수신기 설치기준** (조.수.설.음.경.종.하나.2)

① **조**작 S/W는 바닥으로부터 0.8 ~ 1.5m 이하인 장소에 설치할 것

② **수**위실 등 사람이 상주하는 장소에 설치할 것, **만약 상시 사람이 근무하는 장소가 없으면 관계인이 쉽게 접근할 수 있고 관리가 용이한 장소에 설치할 것**

③ **설**치장소에는 **경계구역 일람표를 비치할 것**

④ **음**향 기구는 타 기기의 음향 등과 구분될 것

⑤ 감지기, 중계기, 발신기가 작동하는 **경**계구역을 표시할 수 있을 것

⑥ **종**합방재반 설치 시 수신기와 연계하여 경계구역을 표시할 수 있을 것

⑦ **하나**의 경계구역은 하나의 표시등 또는 문자로 표시되도록 할 것

⑧ 하나의 소방대상물에 **2** 이상의 수신기 설치 시 각 수신기마다 화재발생 상황을 확인 가능할 것

caution

자동화재탐지설비의 도면문제에서는 경종선의 가닥수 때문에 반드시 소방대상물이 우선경보방식인지 일제경보방식인지를 먼저 구분해야 한다. 그러나 이 문제는 층수에 따라 경종선의 가닥수가 결정되는 일제경보방식이나 우선경보방식이 아닌 **동수에 따라 경종선이 증가되는 동별구분방식**인 것을 주의해야 한다. 즉, 동별구분방식은 동수가 증가됨에 따라 경종선의 가닥수가 증가된다.

88

그림은 수압개폐장치를 이용한 자동기동방식의 옥내소화전설비와 P형 1급 수동발신기를 사용한 자동화재탐지설비의 계통도이다. 다음 물음에 답하시오.

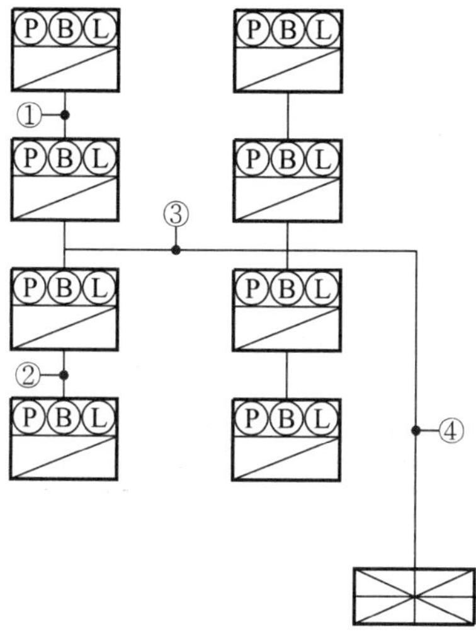

1) 기호 ①~⑥의 전선 가닥수를 표시하시오.

정답

기호	가닥수	배선용도
①	8(11)	회로선1, 공통선1, 경종선1, 경종표시등공통선1, 응답선1, 표시등선1 기동확인표시등2, (기동1, 정지1, 공통1)
②	8(11)	회로선1, 공통선1, 경종선1, 경종표시등공통선1, 응답선1, 표시등선1 기동확인표시등2, (기동1, 정지1, 공통1)
③	11(14)	**회로선4**, 공통선1, 경종선1, 경종표시등공통선1, 응답선1, 표시등선1 기동확인표시등2, (기동1, 정지1, 공통1)
④	16(19)	**회로선8, 공통선2**, 경종선1, 경종표시등공통선1, 응답선1, 표시등선1 기동확인표시등2, (기동1, 정지1, 공통1)
⑤	9(12)	**회로선2**, 공통선1, 경종선1, 경종표시등공통선1, 응답선1, 표시등선1 기동확인표시등2, (기동1, 정지1, 공통1)
⑥	10(13)	**회로선3**, 공통선1, 경종선1, 경종표시등공통선1, 응답선1, 표시등선1 기동확인표시등2, (기동1, 정지1, 공통1)

※ (   )는 옥내소화전이 수동기동방식인 경우

Solution

기호	가닥수	배선내역	배선용도
①	8(11)	28C (HFIX2.5-8)	회로선1, 공통선1, 경종선1, 경종표시등공통선1, 응답선1, 표시등선1, 기동확인표시등2, (기동1, 정지1, 공통1)
②	8(11)	28C (HFIX2.5-8)	회로선1, 공통선1, 경종선1, 경종표시등공통선1, 응답선1, 표시등선1, 기동확인표시등2, (기동1, 정지1, 공통1)
③	11(14)	28C (HFIX2.5-11)	**회로선4**, 공통선1, 경종선1, 경종표시등공통선1, 응답선1, 표시등선1, 기동확인표시등2, (기동1, 정지1, 공통1)
④	16(19)	36C (HFIX2.5-16)	**회로선8, 공통선2**, 경종선1, 경종표시등공통선1, 응답선1, 표시등선1, 기동확인표시등2, (기동1, 정지1, 공통1)
⑤	9(12)	28C (HFIX2.5-9)	**회로선2**, 공통선1, 경종선1, 경종표시등공통선1, 응답선1, 표시등선1, 기동확인표시등2, (기동1, 정지1, 공통1)
⑥	10(13)	28C (HFIX2.5-10)	**회로선3**, 공통선1, 경종선1, 경종표시등공통선1, 응답선1, 표시등선1, 기동확인표시등2, (기동1, 정지1, 공통1)

1) 최소가닥수 및 배선용도

① 자동화재탐지설비의 도면문제에서는 경종선의 가닥수 때문에 반드시 소방대상물이 우선경보방식인지 일제경보방식인지를 먼저 구분해야 한다. 상기 계통도는 **아무런 조건이 없으므로 일제경보방식**을 적용해야 한다.

② 옥내소화전설비의 도면문제에서는 수신기와 소화전함 사이의 배선 가닥수 때문에 반드시 기동방식이 수동(On-Off)방식인지 자동(기동용수압개폐장치)방식인지를 구분해야 한다. **수동방식**인 경우 **기동 1가닥, 정지 1가닥, 공통 1가닥, 기동확인표시등 2가닥**으로 전체 **5가닥**이 되지만 **자동방식**인 경우 **기동확인표시등 2가닥**만 존재한다.

③ 기호 **①, ②번**에서 회로선은 발신기세트 개수가 1개이므로 1가닥, (회로)공통선은 조건이 없으므로 [(회로선 1)/7 = 0.14(절상) → 1개] 1가닥, 경종선은 일제경보방식으로 1가닥이 되며 경종표시등공통선, 응답선, 표시등선은 각각 1가닥, 옥내소화전설비가 자동기동방식이므로 기동확인표시등 2가닥으로 전체 가닥수는 **8가닥**이 된다.

④ 기호 **③번**에서 회로선은 발신기세트 개수가 4개이므로 4가닥, (회로)공통선은 조건이 없으므로 [(회로선 1)/7 = 0.14(절상) → 1개] 1가닥, 경종선은 일제경보방식으로 1가닥이 되며 경종표시등공통선, 응답선, 표시등선은 각각 1가닥, 옥내소화전설비가 자동기동방식이므로 기동확인표시등 2가닥으로 전체 가닥수는 **11가닥**이 된다.

⑤ 기호 **④번**에서 회로선은 발신기세트 개수가 8개이므로 8가닥, (회로)공통선은 조건이 없으므로 [(회로선 8)/7 = 1.14(절상) → 2개] 2가닥, 경종선은 일제경보방식으로 1가닥이 되며 경종표시등공통선, 응답선, 표시등선은 각각 1가닥, 옥내소화전설비가 자동기동방식이므로 기동확인표시등 2가닥으로 전체 가닥수는 **16가닥**이 된다.

⑥ 기호 **⑤번**에서 회로선은 발신기세트 개수가 2개이므로 2가닥, (회로)공통선은 조건이 없으므로 [(회로선 2)/7 = 0.29(절상) → 1개] 1가닥, 경종선은 일제경보방식으로 1가닥이 되며 경종표시등공통선, 응답선, 표시등선은 각각 1가닥, 옥내소화전설비가 자동기동방식이므로 기동확인표시등 2가닥으로 전체 가닥수는 **9가닥**이 된다.

⑦ 기호 **⑥번**에서 회로선은 발신기세트 개수가 3개이므로 3가닥, (회로)공통선은 조건이 없으므로 [(회로선 3)/7 = 0.43(절상) → 1개] 1가닥, 경종선은 일제경보방식으로 1가닥이 되며 경종표시등공통선, 응답선, 표시등선은 각각 1가닥, 옥내소화전설비가 자동기동방식이므로 기동확인표시등 2가닥으로 전체 가닥수는 **10가닥**이 된다.

⑧ '( )'는 옥내소화설비의 기동방식이 **수동방식**일 때의 **가닥수**이다.

89

가압송수장치를 기동용 수압개폐방식으로 사용하는 1층 공장 내부에 옥내소화전함과 자동화재탐지설비용 발신기를 다음과 같이 설치하였다. 다음 각 물음에 답하시오.

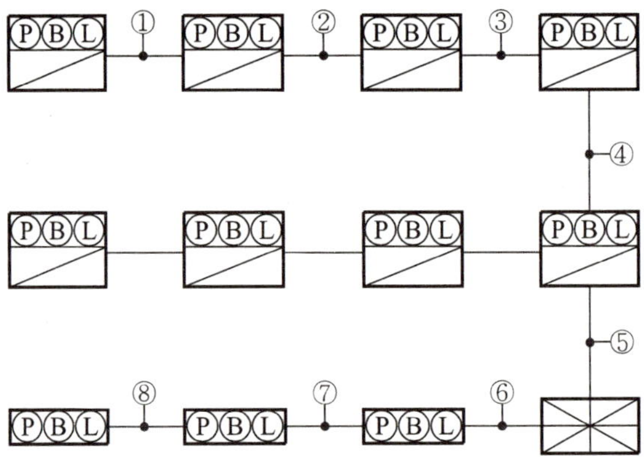

1) 기호 ①~⑧의 전선 가닥수를 표시하시오.

2)  와 ⓅⒷⓁ 의 명칭과 전면부착기기 장치의 명칭을 설명하시오.

정답

1)

기호	가닥수	배선용도
①	8(11)	회로선1, 공통선1, 경종선1, 경종표시등공통선1, 응답선1, 표시등선1 기동확인표시등2, (기동1, 정지1, 공통1)
②	9(12)	**회로선2**, 공통선1, 경종선1, 경종표시등공통선1, 응답선1, 표시등선1 기동확인표시등2, (기동1, 정지1, 공통1)
③	10(13)	**회로선3**, 공통선1, 경종선1, 경종표시등공통선1, 응답선1, 표시등선1 기동확인표시등2, (기동1, 정지1, 공통1)
④	11(14)	**회로선4**, **공통선1**, 경종선1, 경종표시등공통선1, 응답선1, 표시등선1 기동확인표시등2, (기동1, 정지1, 공통1)
⑤	16(19)	**회로선8**, **공통선2**, 경종선1, 경종표시등공통선1, 응답선1, 표시등선1 기동확인표시등2, (기동1, 정지1, 공통1)
⑥	8	회로선3, 공통선1, 경종선1, 경종표시등공통선1, 응답선1, 표시등선1
⑦	7	회로선2, 공통선1, 경종선1, 경종표시등공통선1, 응답선1, 표시등선1
⑧	6	회로선1, 공통선1, 경종선1, 경종표시등공통선1, 응답선1, 표시등선1

※ (　)는 옥내소화전이 수동기동방식인 경우

2) 명칭

ⓅⒷⓁ(사선 구획) : 발신기세트 옥내소화전 내장형(발신기, 경종, 표시등, 기동확인표시등)

ⓅⒷⓁ : 발신기세트 단독형(발신기, 경종, 표시등)

Solution

기호	가닥수	배선내역	배선용도
①	8(11)	28C (HFIX2.5-8)	회로선1, 공통선1, 경종선1, 경종표시등공통선1, 응답선1, 표시등선1, 기동확인표시등2, (기동1, 정지1, 공통1)
②	9(12)	28C (HFIX2.5-9)	**회로선2**, 공통선1, 경종선1, 경종표시등공통선1, 응답선1, 표시등선1, 기동확인표시등2, (기동1, 정지1, 공통1)
③	10(13)	28C (HFIX2.5-10)	**회로선3**, 공통선1, 경종선1, 경종표시등공통선1, 응답선1, 표시등선1, 기동확인표시등2, (기동1, 정지1, 공통1)
④	11(14)	28C (HFIX2.5-11)	**회로선4**, **공통선1**, 경종선1, 경종표시등공통선1, 응답선1, 표시등선1, 기동확인표시등2, (기동1, 정지1, 공통1)
⑤	16(19)	36C (HFIX2.5-16)	**회로선8**, **공통선2**, 경종선1, 경종표시등공통선1, 응답선1, 표시등선1, 기동확인표시등2, (기동1, 정지1, 공통1)
⑥	8	28C (HFIX2.5-8)	회로선3, 공통선1, 경종선1, 경종표시등공통선1, 응답선1, 표시등선1
⑦	7	22C (HFIX2.5-7)	회로선2, 공통선1, 경종선1, 경종표시등공통선1, 응답선1, 표시등선1
⑧	6	22C (HFIX2.5-6)	회로선1, 공통선1, 경종선1, 경종표시등공통선1, 응답선1, 표시등선1

1) 최소가닥수 및 배선용도

① 자동화재탐지설비의 도면문제에서는 경종선의 가닥수 때문에 반드시 소방대상물이 우선경보방식인지 일제경보방식인지를 먼저 구분해야 한다. 상기 계통도는 **아무런 조건이 없으므로 일제경보방식을 적용**해야 한다.

② 옥내소화전설비의 도면문제에서는 수신기와 소화전함 사이의 배선 가닥수 때문에 반드시 기동방식이 수동(On-Off)방식인지 자동(기동용수압개폐장치)방식인지를 구분해야 한다. **수동방식**인 경우 **기동 1가닥, 정지 1가닥, 공통 1가닥, 기동확인표시등 2가닥**으로 전체 **5가닥**이 되지만 **자동방식**인 경우 **기동확인표시등 2가닥**만 존재한다.

③ 기호 **①번**에서 회로선은 발신기세트 개수가 1개이므로 1가닥, (회로)공통선은 조건이 없으므로 [(회로선 1)/7 = 0.14(절상) → 1개] 1가닥, 경종선은 일제경보방식으로 1가닥이 되며 경종표시등공통선, 응답선, 표시등선은 각각 1가닥, 옥내소화전설비가 자동기동방식이므로 기동확인표시등 2가닥으로 전체 가닥수는 **8가닥**이 된다.

④ 기호 **②번**에서 회로선은 발신기세트 개수가 2개이므로 2가닥, (회로)공통선은 조건이 없으므로 [(회로선 2)/7 = 0.29(절상) → 1개] 1가닥, 경종선은 일제경보방식으로 1가닥이 되며 경종표시등공통선, 응답선, 표시등선은 각각 1가닥, 옥내소화전설비가 자동기동방식이므로 기동확인표시등 2가닥으로 전체 가닥수는 **9가닥**이 된다.

⑤ 기호 **③번**에서 회로선은 발신기세트 개수가 3개이므로 3가닥, (회로)공통선은 조건이 없으므로 [(회로선 3)/7 = 0.43(절상) → 1개] 1가닥, 경종선은 일제경보방식으로 1가닥이 되며 경종표시등공통선, 응답선, 표시등선은 각각 1가닥, 옥내소화전설비가 자동기동방식이므로 기동확인표시등 2가닥으로 전체 가닥수는 **10가닥**이 된다.

⑥ 기호 **④번**에서 회로선은 발신기세트 개수가 4개이므로 4가닥, (회로)공통선은 조건이 없으므로 [(회로선 4)/7 = 0.57(절상) → 1개] 1가닥, 경종선은 일제경보방식으로 1가닥이 되며 경종표시등공통선, 응답선, 표시등선은 각각 1가닥, 옥내소화전설비가 자동기동방식이므로 기동확인표시등 2가닥으로 전체 가닥수는 **11가닥**이 된다.

⑦ 기호 **⑤번**에서 회로선은 발신기세트 개수가 8개이므로 8가닥, (회로)공통선은 조건이 없으므로 [(회로선 8)/7 = 1.14(절상) → 2개] 2가닥, 경종선은 일제경보방식으로 1가닥이 되며 경종표시등공통선, 응답선, 표시등선은 각각 1가닥, 옥내소화전설비가 자동기동방식이므로 기동확인표시등 2가닥으로 전체 가닥수는 **16가닥**이 된다.

⑧ 기호 **⑥번**에서 회로선은 발신기세트 개수가 3개이므로 3가닥, (회로)공통선은 조건이 없으므로 [(회로선 3)/7 = 0.43(절상) → 1개] 1가닥, 경종선은 일제경보방식으로 1가닥이 되며 경종표시등공통선, 응답선, 표시등선은 각각 1가닥으로 전체 가닥수는 **8가닥**이 된다. 이 때 소화전함이 없으므로 기동확인표시등 2가닥을 넣어서는 안 된다.

⑨ 기호 **⑦번**에서 회로선은 발신기세트 개수가 2개이므로 2가닥, (회로)공통선은 조건이 없으므로 [(회로선 2)/7 = 0.29(절상) → 1개] 1가닥, 경종선은 일제경보방식으로 1가닥이 되며 경종표시등공통선, 응답선, 표시등선은 각각 1가닥으로 전체 가닥수는 **7가닥**이 된다. 이 때 소화전함이 없으므로 기동확인표시등 2가닥을 넣어서는 안 된다.

⑩ 기호 **⑧번**에서 회로선은 발신기세트 개수가 1개이므로 1가닥, (회로)공통선은 조건이 없으므로 [(회로선 2)/7 = 0.29(절상) → 1개] 1가닥, 경종선은 일제경보방식으로 1가닥이 되며 경종표시등공통선, 응답선, 표시등선은 각각 1가닥으로 전체 가닥수는 **6가닥**이 된다. 이 때 소화전함이 없으므로 기동확인표시등 2가닥을 넣어서는 안 된다.

90

다음은 옥내소화전설비를 겸용한 자동화재탐지설비의 계통도이다. 기호 ①~⑤의 최소 전선 가닥수를 쓰시오(단, 옥내소화전은 기동용 수압개폐장치를 이용하는 방식을 채택한다).

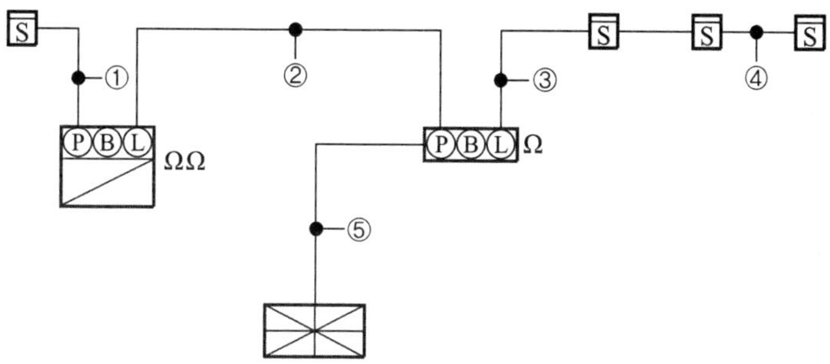

①	②	③	④	⑤

정답

기호	가닥수	배선용도
①	4	지구선2, 공통선2
②	9	회로선2, 공통선1, 경종선1, 경종표시등공통선1, 응답선1, 표시등선1, 기동확인표시등2
③	4	지구선2, 공통선2
④	4	지구선2, 공통선2
⑤	10	회로선3, 공통선1, 경종선1, 경종표시등공통선1, 응답선1, 표시등선1, 기동확인표시등2

Solution

기호	가닥수	배선내역	배선용도
①	4	16C(HFIX 1.5-4)	지구선2, 공통선2
②	9	28C(HFIX 2.5-9)	회로선2, 공통선1, 경종선1, 경종표시등공통선1, 응답선1, 표시등선1, 기동확인표시등2
③	4	16C(HFIX 1.5-4)	지구선2, 공통선2
④	4	16C(HFIX 1.5-4)	지구선2, 공통선2
⑤	10	28C(HFIX 2.5-10)	회로선3, 공통선1, 경종선1, 경종표시등공통선1, 응답선1, 표시등선1, 기동확인표시등2

91

가압송수장치를 기동용 수압계폐장치로 사용하는 옥내소화전함과 P형 발신기세트를 다음과 같이 설치하였다. 다음 각 물음에 답하시오.

1) 기호 ①~⑥의 전선가닥수를 표시하시오.

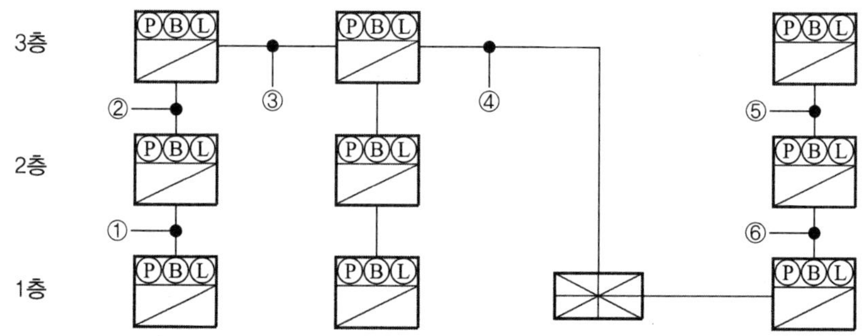

①	②	③	④	⑤	⑥

2) 감지기회로의 종단저항의 설치목적을 쓰시오.

3) 감지기회로의 전로저항은 몇 Ω 이하이어야 하는지 쓰시오.

4) 수신기의 각 회로별 종단에 설치되는 감지기에 접속되는 배선의 전압은 감지기 정격전압의 몇 % 이상이어야 하는지 쓰시오.

정답

1)

기호	가닥수	배선용도
①	8	회로선1, 공통선1, 경종선1, 경종표시등공통선1, 응답선1, 표시등선1, 기동확인표시등2
②	9	회로선2, 공통선1, 경종선1, 경종표시등공통선1, 응답선1, 표시등선1, 기동확인표시등2
③	10	회로선3, 공통선1, 경종선1, 경종표시등공통선1, 응답선1, 표시등선1, 기동확인표시등2
④	13	회로선6, 공통선1, 경종선1, 경종표시등공통선1, 응답선1, 표시등선1, 기동확인표시등2
⑤	8	회로선1, 공통선1, 경종선1, 경종표시등공통선1, 응답선1, 표시등선1, 기동확인표시등2
⑥	9	회로선2, 공통선1, 경종선1, 경종표시등공통선1, 응답선1, 표시등선1, 기동확인표시등2

2) 감지기회로의 도통시험 용이

3) 50Ω 이하

4) 80%

Solution

1) 최소 가닥수 및 배선용도

기호	가닥수	배선내역	배선용도
①	8	28C (HFIX 2.5-8)	회로선1, 공통선1, 경종선1, 경종표시등공통선1, 응답선1, 표시등선1, 기동확인표시등2
②	9	28C (HFIX 2.5-9)	회로선2, 공통선1, 경종선1, 경종표시등공통선1, 응답선1, 표시등선1, 기동확인표시등2
③	10	28C (HFIX 2.5-10)	회로선3, 공통선1, 경종선1, 경종표시등공통선1, 응답선1, 표시등선1, 기동확인표시등2
④	13	36C (HFIX 2.5-13)	회로선6, 공통선1, 경종선1, 경종표시등공통선1, 응답선1, 표시등선1, 기동확인표시등2
⑤	8	28C (HFIX 2.5-8)	회로선1, 공통선1, 경종선1, 경종표시등공통선1, 응답선1, 표시등선1, 기동확인표시등2
⑥	9	28C (HFIX 2.5-9)	회로선2, 공통선1, 경종선1, 경종표시등공통선1, 응답선1, 표시등선1, 기동확인표시등2

2) **송배선방식**과 **교차회로방식**의 비교

<table>
<tr><th>구분</th><th>송배선방식</th><th>교차회로방식</th></tr>
<tr><td>목적</td><td>감지기회로의 도통시험을 용이하기 위해</td><td>감지기의 오동작 방지</td></tr>
<tr><td>원리</td><td>배선의 도중에 분기하지 않는 방식
보내기 방식이라고도 함.</td><td>하나의 담당구역 내에 2이상의 감지기회로를 설치하고 2이상의 감지기회로가 동시에 작동되는 때에 설비가 작동하는 방식으로 AND 회로에 해당된다.</td></tr>
<tr><td>적용설비</td><td>자동화재탐지설비
제연설비</td><td>준비작동식 스프링클러설비
일제살수식 스프링클러설비
이산화탄소 소화설비
할론 소화설비
분말 소화설비
할로겐화합물 및 불활성기체 소화설비</td></tr>
<tr><td>배선가닥수</td><td>Loop - 2가닥, 기타 - 4가닥
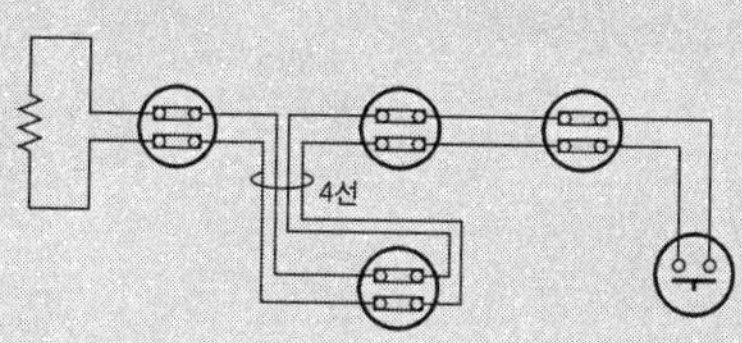
</td><td>Loop, 말단 - 4가닥, 기타 - 8가닥
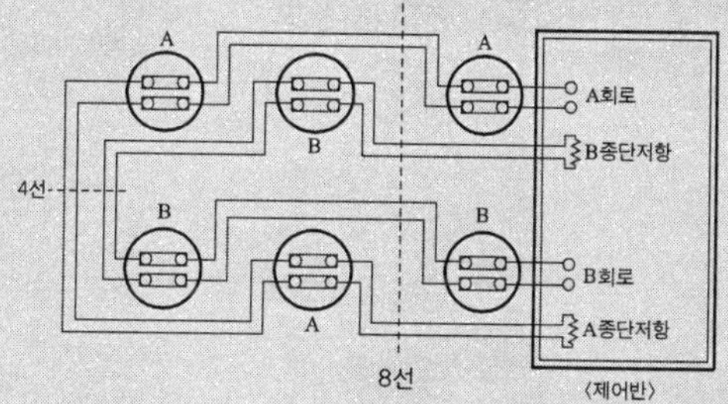
</td></tr>
</table>

3) **자동화재탐지설비 배선의 설치기준**(국가화재안전기준 NFSC 203 제11조)

① **전원회로**의 **배선**은 **내화배선**에 따르고, **그 밖의 배선**은 **내화배선** 또는 **내열배선**에 따라 설치할 것

② **감지기 상호간** 또는 **감지기로부터 수신기에 이르는 감지기회로**의 **배선**은 다음 각목의 기준에 따라 설치할 것.

가. 아날로그식, 다신호식 감지기나 R형수신기용으로 사용되는 것은 전자파 방해를 받지 아니하는 실드선 등을 사용하여야 하며, 광케이블의 경우에는 전자파 방해를 받지 아니하고 내열성능이 있는 경우 사용할 수 있다. 다만, 전자파 방해를 받지 아니하는 방식의 경우에는 그러하지 아니하다.

나. 가목 외의 일반배선을 사용할 때는 내화배선 또는 내열배선으로 사용 할 것

③ **감지기회로의 도통시험**을 위한 **종단저항**은 다음의 기준에 따를 것

가. 점검 및 관리가 쉬운 장소에 설치할 것

나. 전용함을 설치하는 경우 그 설치 높이는 바닥으로부터 **1.5m** 이내로 할 것

다. 감지기 회로의 끝부분에 설치하며, 종단감지기에 설치할 경우에는 구별이 쉽도록 해당감지기의 기판 및 감지기 외부 등에 별도의 표시를 할 것

④ 감지기 사이의 회로의 배선은 **송배선식**으로 할 것

⑤ 전원회로의 전로와 대지 사이 및 배선 상호 간의 절연저항은 전기설비기술기준이 정하는 바에 의하고, 감지기회로 및 부속회로의 전로와 대지 사이 및 배선 상호간의 절연저항은 1경계구역마다 **직류 250V Megger**로 **측정 시 0.1MΩ 이상**이 되도록 할 것

⑥ 자동화재탐지설비의 배선은 다른 전선과 별도의 관·덕트·몰드 또는 풀박스 등에 설치할 것

⑦ P형, GP형 수신기 사용 시 하나의 공통선에 접속할 수 있는 **경계구역**은 **7개 이하**로 할 것

⑧ 자동화재탐지설비의 감지기회로의 **전로저항**은 **50Ω 이하**가 되도록 하여야 하며, 수신기의 각 회로별 종단에 설치되는 감지기에 접속되는 배선의 전압은 감지기 정격전압의 **80% 이상**이어야 할 것

92

다음은 자동화재탐지설비와 준비작동식 스프링클러설비의 겸용 계통도이다. 조건을 참조하여 ①~⑧까지의 최소 가닥수를 산정하고 배선용도를 구하시오.

[조건]

① 감지기공통선과 전원공통선은 분리하여 사용한다.

② 준비작동식밸브용 압력스위치, 탬퍼스위치, 솔레노이드밸브의 공통선은 1가닥을 사용한다.

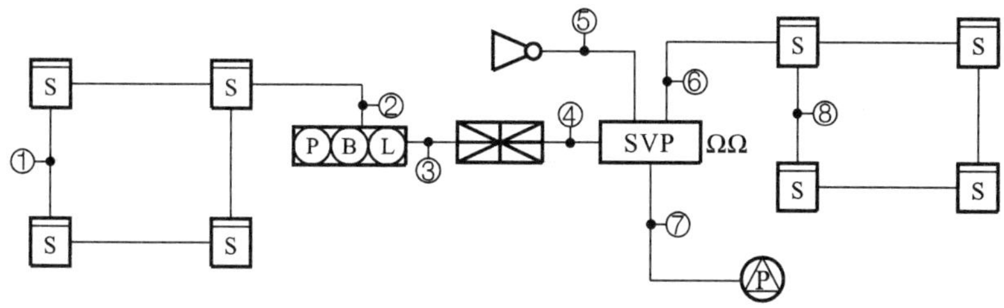

정답

기호	가닥수	배선용도
①	2	지구선1, 공통선1
②	4	지구선2, 공통선2
③	6	회로선1, 공통선1, 경종선1, 경종표시등공통선1, 응답선1, 표시등선1
④	10	**감지기공통선1, 전원(+)1, 전원(−)1, 전화1, 감지기A1, 감지기B1, SV1, PS1, TS1, 사이렌1**
⑤	2	사이렌2
⑥	8	지구선4, 공통선4
⑦	4	**솔레노이드밸브(SV)1, 압력스위치(PS)1, 탬퍼스위치(TS)1, 공통선1**
⑧	4	지구선2, 공통선2

※ 각층 배선 상에 유효한 조치(단락보호장치 설치)를 하였음.

Solution

기호	가닥수	배선내역	배선용도
①	2	HFIX 1.5-2	지구선1, 공통선1
②	4	HFIX 1.5-4	지구선2, 공통선2
③	6	HFIX 2.5-6	회로선1, 공통선1, 경종선1, 경종표시등공통선1, 응답선1, 표시등선1
④	10	HFIX 2.5-10	**감지기공통선1, 전원(+)1, 전원(−)1, 전화1, 감지기A1, 감지기B1, SV1, PS1, TS1, 사이렌1**
⑤	2	HFIX 2.5-2	사이렌2
⑥	8	HFIX 1.5-8	지구선4, 공통선4
⑦	4	HFIX 2.5-4	**솔레노이드밸브(SV)1, 압력스위치(PS)1, 탬퍼스위치(TS)1, 공통선1**
⑧	4	HFIX 1.5-4	지구선2, 공통선2

※ 각층 배선 상에 유효한 조치(단락보호장치 설치)를 하였음.

93

사무실(1동)과 공장(2동)으로 구분되어 있는 건물에 자동화재탐지설비의 P형 1급 발신기세트와 습식스프링클러설비를 설치하였다. 경보방식은 동별구분 경보방식을 적용하였으며, 옥내소화전의 가압송수장치는 수동기동방식을 사용하는 경우에 최소 가닥수를 구하시오(단, 밸브모니터링 S/W 사용함).

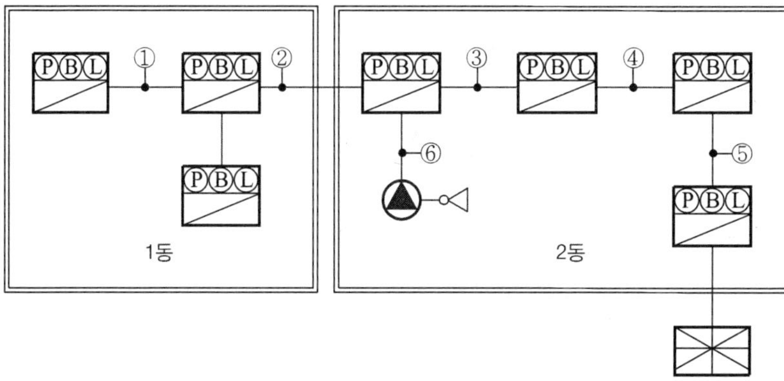

정답

기호	가닥수	배선용도
①	11	회로선1, 공통선1, 경종선1, 경종표시등공통선1, 응답선1, 표시등선1, 기동확인표시등2, 기동1, 정지1, 공통1
②	13	**회로선3**, 공통선1, 경종선1, 경종표시등공통선1, 응답선1, 표시등선1, 기동확인표시등2, 기동1, 정지1, 공통1
③	19	**회로선4**, 공통선1, **경종선2**, 경종표시등공통선1, 응답선1, 표시등선1, 기동1, 정지1, 공통1, 기동확인표시등2, 공통선1, 유수검지스위치1, 사이렌1, 밸브모니터링스위치1
④	20	**회로선5**, 공통선1, **경종선2**, 경종표시등공통선1, 응답선1, 표시등선1, 기동1, 정지1, 공통1, 기동확인표시등2, 공통선1, 유수검지스위치1, 사이렌1, 밸브모니터링스위치1
⑤	21	**회로선6**, 공통선1, **경종선2**, 경종표시등공통선1, 응답선1, 표시등선1, 기동1, 정지1, 공통1, 기동확인표시등2, 공통선1, 유수검지스위치1, 사이렌1, 밸브모니터링스위치1
⑥	4	공통선1, 유수검지스위치1, 사이렌1, 밸브모니터링스위치1

※ 각층 배선 상에 유효한 조치(단락보호장치 설치)를 하였음.

Solution

기호	가닥수	배선내역	배선용도
①	11	HFIX 2.5-11	회로선1, 공통선1, 경종선1, 경종표시등공통선1, 응답선1, 표시등선1, 기동확인표시등2, 기동1, 정지1, 공통1
②	13	HFIX 2.5-13	**회로선3**, 공통선1, 경종선1, 경종표시등공통선1, 응답선1, 표시등선1, 기동확인표시등2, 기동1, 정지1, 공통1
③	19	HFIX 2.5-19	**회로선4**, 공통선1, **경종선2**, 경종표시등공통선1, 응답선1, 표시등선1, 기동1, 정지1, 공통1, 기동확인표시등2, 공통선1, 유수검지스위치1, 사이렌1, 밸브모니터링스위치1
④	20	HFIX 2.5-20	**회로선5**, 공통선1, **경종선2**, 경종표시등공통선1, 응답선1, 표시등선1, 기동1, 정지1, 공통1, 기동확인표시등2, 공통선1, 유수검지스위치1, 사이렌1, 밸브모니터링스위치1
⑤	21	HFIX 2.5-21	**회로선6**, 공통선1, **경종선2**, 경종표시등공통선1, 응답선1, 표시등선1, 기동1, 정지1, 공통1, 기동확인표시등2, 공통선1, 유수검지스위치1, 사이렌1, 밸브모니터링스위치1
⑥	4	HFIX 2.5-4	공통선1, 유수검지스위치1, 사이렌1, 밸브모니터링스위치1

※ 각층 배선 상에 유효한 조치(단락보호장치 설치)를 하였음.

① 자동화재탐지설비의 도면문제에서는 경종선의 가닥수 때문에 반드시 소방대상물이 **우선경보방식**인지 **일제경보방식**인지를 먼저 **구분**해야 한다. 그러나 이 문제는 층수에 따라 경종선의 가닥수가 결정되는 일제경보방식이나 우선경보방식이 아닌 **동수에 따라 경종선이 증가되는 동별구분방식**인 것을 주의해야 한다.

② 옥내소화전설비의 도면문제에서는 수신기와 소화전함 사이의 배선 가닥수 때문에 반드시 기동방식이 수동(On-Off)방식인지 자동(기동용수압개폐장치)방식인지를 구분해야 한다. **수동방식**인 경우 **기동 1가닥, 정지 1가닥, 공통 1가닥, 기동확인표시등 2가닥**으로 전체 **5가닥**이 되지만 **자동방식**인 경우 **기동확인표시등 2가닥**만 존재한다.

③ **습식 스프링클러설비** 배선내역은 다음과 같다.

배 선	설치유무	비고
• 공통선	1선	Zone수와 무관
• 유수검지스위치(PS)	▲	Zone수마다 증가 (습식, 건식 V/V수를 센다)
• 사이렌	▲	
• 밸브모니터링스위치(TS)	▲	

④ 기호 **①번**에서 회로선은 발신기세트 개수가 1개이므로 1가닥, (회로)공통선은 조건이 없으므로 [(회로선 1)/7 = 0.14(절상) → 1개] 1가닥, 경종선은 동별구분방식이므로 동수를 세면 되는데 **1동으로 1가닥**이 되며 경종표시등공통선, 응답선, 표시등선은 각각 1가닥, 옥내소화전설비가 수동기동방식이므로 기동 1가닥, 정지 1가닥, 공통 1가닥, 기동확인표시등 2가닥으로 전체 가닥수는 **11가닥**이 된다.

⑤ 기호 **②번**에서 회로선은 발신기세트 개수가 3개이므로 3가닥, (회로)공통선은 조건이 없으므로 [(회로선 3)/7 = 0.43(절상) → 1개] 1가닥, 경종선은 동별구분방식이므로 동수를 세면 되는데 **1동으로 1가닥**이 되며 경종표시등공통선, 응답선, 표시등선은 각각 1가닥, 옥내소화전설비가 수동기동방식이므로 기동 1가닥, 정지 1가닥, 공통 1가닥, 기동확인표시등 2가닥으로 전체 가닥수는 **13가닥**이 된다.

⑥ 기호 **③번**에서 회로선은 발신기세트 개수가 4개이므로 4가닥, (회로)공통선은 조건이 없으므로 [(회로선 4)/7 = 0.57(절상) → 1개] 1가닥, 경종선은 동별구분방식이므로 동수를 세면 되는데 **2동으로 2가닥**이 되며 경종표시등공통선, 응답선, 표시등선은 각각 1가닥, 옥내소화전설비가 수동기동방식이므로 기동 1가닥, 정지 1가닥, 공통 1가닥, 기동확인표시등 2가닥, 습식S/P에 사용되는 배선내역은 공통선 1가닥, 유수검지스위치 1가닥, 사이렌 1가닥, 밸브모니터링스위치 1가닥으로 전체 가닥수는 **19가닥**이 된다.

⑦ 기호 **④번**에서 회로선은 발신기세트 개수가 5개이므로 5가닥, (회로)공통선은 조건이 없으므로 [(회로선 5)/7 = 0.71(절상) → 1개] 1가닥, 경종선은 동별구분방식이므로 동수를 세면 되는데 **2동으로 2가닥**이 되며 경종표시등공통선, 응답선, 표시등선은 각각 1가닥, 옥내소화전설비가 수동기동방식이므로 기동 1가닥, 정지 1가닥, 공통 1가닥, 기동확인표시등 2가닥, 습식S/P에 사용되는 배선내역은 공통선 1가닥, 유수검지스위치 1가닥, 사이렌 1가닥, 밸브모니터링스위치 1가닥으로 전체 가닥수는 **20가닥**이 된다.

⑧ 기호 **⑤번**에서 회로선은 발신기세트 개수가 6개이므로 6가닥, (회로)공통선은 조건이 없으므로 [(회로선 6)/7 = 0.86(절상) → 1개] 1가닥, 경종선은 동별구분방식이므로 동수를 세면 되는데 **2동으로 2가닥**이 되며 경종표시등공통선, 응답선, 표시등선은 각각 1가닥, 옥내소화전설비가 수동기동방식이므로 기동 1가닥, 정지 1가닥, 공통 1가닥, 기동확인표시등 2가닥, 습식S/P에 사용되는 배선내역은 공통선 1가닥, 유수검지스위치 1가닥, 사이렌 1가닥, 밸브모니터링스위치 1가닥으로 전체 가닥수는 **21가닥**이 된다.

⑨ 기호 **⑥번**의 습식S/P에 사용되는 배선내역은 공통선 1가닥, 유수검지스위치 1가닥, 사이렌 1가닥, 밸브모니터링스위치 1가닥으로 전체 가닥수는 **4가닥**이 된다.

94

다음은 기동용 수압 개폐장치를 사용하는 옥내소화전설비와 습식 스프링클러 설비가 설치된 지상 6층 건축물의 계통도이다. ①~⑧까지의 최소 가닥수를 산정하고 배선용도를 구하시오.

[조건]

- 우선경보방식을 적용한다.

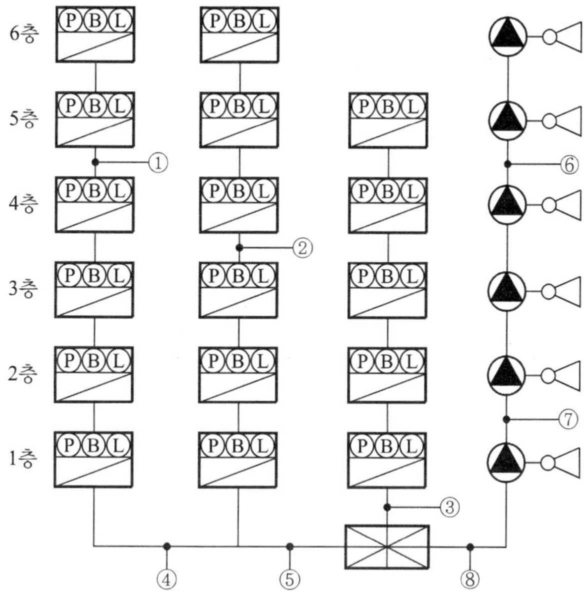

정답

기호	가닥수	배선용도
①	10	회로선2, 공통선1, 경종선2, 경종표시등공통선1, 응답선1, 표시등선1, 기동확인표시등2
②	12	회로선3, 공통선1, 경종선3, 경종표시등공통선1, 응답선1, 표시등선1, 기동확인표시등2
③	16	회로선5, 공통선1, 경종선5, 경종표시등공통선1, 응답선1, 표시등선1, 기동확인표시등2
④	18	회로선6, 공통선1, 경종선6, 경종표시등공통선1, 응답선1, 표시등선1, 기동확인표시등2
⑤	25	회로선12, 공통선2, 경종선6, 경종표시등공통선1, 응답선1, 표시등선1, 기동확인표시등2
⑥	7	공통선1, (유수검지스위치1, 사이렌1, 탬퍼스위치1)×2
⑦	16	공통선1, (유수검지스위치1, 사이렌1, 탬퍼스위치1)×5
⑧	19	공통선1, (유수검지스위치1, 사이렌1, 탬퍼스위치1)×6

Solution

기호	가닥수	배선내역	배선용도
①	10	HFIX 2.5-10	회로선2, 공통선1, 경종선2, 경종표시등공통선1, 응답선1, 표시등선1, 기동확인표시등2
②	12	HFIX 2.5-12	회로선3, 공통선1, 경종선3, 경종표시등공통선1, 응답선1, 표시등선1, 기동확인표시등2
③	16	HFIX 2.5-16	회로선5, 공통선1, 경종선5, 경종표시등공통선1, 응답선1, 표시등선1, 기동확인표시등2
④	18	HFIX 2.5-18	회로선6, 공통선1, 경종선6, 경종표시등공통선1, 응답선1, 표시등선1, 기동확인표시등2
⑤	25	HFIX 2.5-25	회로선12, 공통선2, 경종선6, 경종표시등공통선1, 응답선1, 표시등선1, 기동확인표시등2
⑥	7	HFIX 2.5-7	공통선1, (유수검지스위치1, 사이렌1, 탬퍼스위치1)×2
⑦	16	HFIX 2.5-16	공통선1, (유수검지스위치1, 사이렌1, 탬퍼스위치1)×5
⑧	19	HFIX 2.5-19	공통선1, (유수검지스위치1, 사이렌1, 탬퍼스위치1)×6

95

다음은 습식 S/P설비 계통도이다. ①~⑥까지의 최소 가닥수를 산정하고 배선용도를 구하시오.

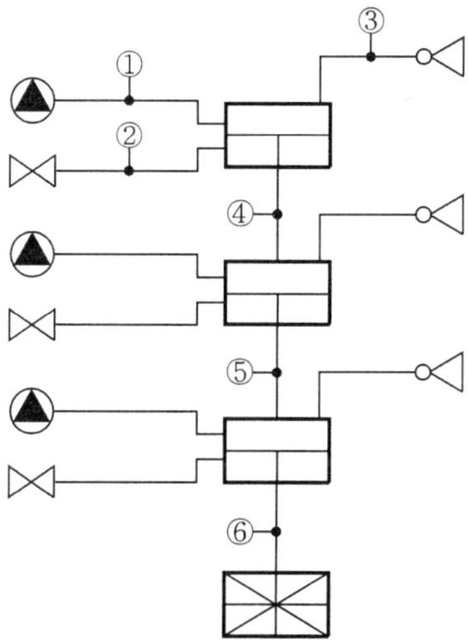

정답

기호	가닥수	배선용도
①	2	유수검지스위치(PS)2
②	2	개폐표시형밸브(TS)2 or 밸브모니터링 스위치2
③	2	사이렌2
④	4	공통선1, 유수검지스위치1, 사이렌1, 밸브모니터링스위치1
⑤	7	공통선1, (유수검지스위치1, 사이렌1, 밸브모니터링스위치1) × 2
⑥	10	공통선1, (유수검지스위치1, 사이렌1, 밸브모니터링스위치1) × 3

Solution

기호	가닥수	배선내역	배선용도
①	2	HFIX 2.5-2	유수검지스위치(PS)2
②	2	HFIX 2.5-2	개폐표시형밸브(TS)2 or 밸브모니터링 스위치2
③	2	HFIX 2.5-2	사이렌2
④	4	HFIX 2.5-4	공통선1, 유수검지스위치1, 사이렌1, 밸브모니터링스위치1
⑤	7	HFIX 2.5-7	공통선1, (유수검지스위치1, 사이렌1, 밸브모니터링스위치1) × 2
⑥	10	HFIX 2.5-10	공통선1, (유수검지스위치1, 사이렌1, 밸브모니터링스위치1) × 3

① 기호 **①번**의 배선 가닥수는 유수검지스위치 1가닥, 공통선 1가닥으로 전체 **2가닥**이 되는데 일반적으로 유수검지스위치 2가닥이라고 표현한다.

② 기호 **②번**에의 배선 가닥수는 밸브모니터링스위치 1가닥, 공통선 1가닥으로 전체 **2가닥**이 되는데 일반적으로 밸브모니터링스위치 2가닥이라고 표현한다. 밸브모니터링스위치를 개폐표시형밸브라고도 한다.

③ 기호 **③번**의 배선 가닥수는 사이렌 1가닥, 공통선 1가닥으로 전체 **2가닥**이 되는데 일반적으로 사이렌 2가닥이라고 표현한다.

④ 기호 **④번**의 **습식 스프링클러설비** 배선내역은 다음과 같다.

배 선	설치유무	비고
• 공통선	1선	Zone수와 무관
• 유수검지스위치(PS)	▲	Zone수마다 증가 (습식, 건식 V/V수를 센다)
• 사이렌	▲	
• 밸브모니터링스위치(TS)	▲(조건)	

이 때 밸브모니터링스위치(TS)는 도면에 없거나 조건에 없으면 배선내역에서 삭제되나 구하고자하는 기호 ④의 도면에 밸브모니터링스위치가 있으므로 배선내역에 포함되어야 한다. 이것을 정리하면 공통선 1가닥, 유수검지스위치 1가닥, 사이렌 1가닥, 밸브모니터링스위치 1가닥으로 전체 **4가닥**이 된다.

⑤ 스프링클러설비의 도면문제에서는 Zone이라는 개념이 도입되는데 Zone수에 따라 배선가닥수가 다르게 표현된다. **습식스프링클러설비에서의 Zone수는 습식 V/V 수를 세면된다**. 따라서, 기호 **⑤번**에서의 배선 가닥수는 Zone수(습식V/V 수)가 2개로 공통선 1가닥, 유수검지스위치 2가닥, 사이렌 2가닥, 밸브모니터링스위치 2가닥으로 전체 **7가닥**이 된다. 이것을 공통선 1가닥, (유수검지스위치 1가닥, 사이렌 1가닥, 밸브모니터링스위치 1가닥) × 2(Zone수)로 표현하기도 한다.

⑥ 기호 **⑥번**에서의 배선 가닥수는 Zone수(습식V/V 수)가 3개로 공통선 1가닥, 유수검지스위치 3가닥, 사이렌 3가닥, 밸브모니터링스위치 3가닥으로 전체 **10가닥**이 된다. 이것을 공통선 1가닥, (유수검지스위치 1가닥, 사이렌 1가닥, 밸브모니터링스위치 1가닥) × 3(Zone수)로 표현하기도 한다.

96

다음은 준비작동식 S/P설비 계통도의 일부분이다. ①~⑤까지의 최소 가닥수를 산정하고 배선용도를 구하시오.

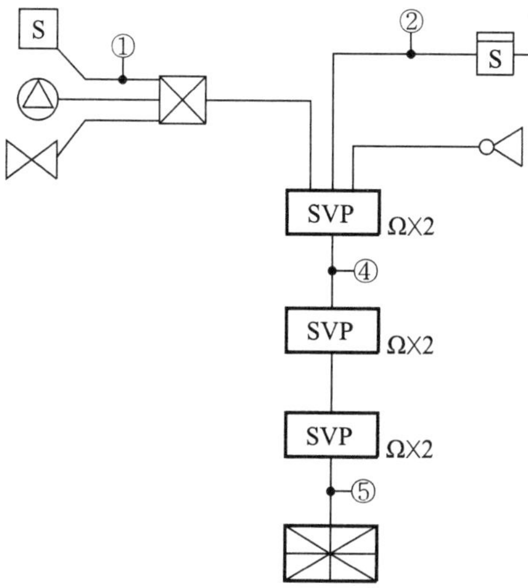

정답

기호	가닥수	배선용도
①	2	밸브기동(SV)2
②	8	(지구선2, 공통선2) × 2
③	4	지구선2, 공통선2
④	9	전원(+)1, 전원(−)1, 전화1, 감지기A1, 감지기B1, SV1, PS1, TS1, 사이렌1
⑤	21	전원(+)1, 전원(−)1, 전화1, (감지기A1, 감지기B1, SV1, PS1, TS1, 사이렌1) × 3

Solution

기호	가닥수	배선내역	배선용도
①	2	HFIX 2.5-2	밸브기동(SV)2
②	8	HFIX 2.5-8	(지구선2, 공통선2) × 2
③	4	HFIX 1.5-4	지구선2, 공통선2
④	9	HFIX 2.5-9	전원(+)1, 전원(−)1, 전화1, 감지기A1, 감지기B1, SV1, PS1, TS1, 사이렌1
⑤	21	HFIX 2.5-21	전원(+)1, 전원(−)1, 전화1, (감지기A1, 감지기B1, SV1, PS1, TS1, 사이렌1) × 3

① 기호 **①번**에서의 배선 가닥수는 솔레노이드밸브 기동인 밸브기동(SV) **2가닥**이 된다.

② **준비작동식 스프링클러설비**의 도면문제에서 **감지기 배선방식**은 **교차회로방식**이므로 **Loop, 말단인 경우 지구선 2가닥, 공통선 2가닥으로 전체 4가닥**이 되며 **Loop, 말단이 아닌 경우 지구선 4가닥, 공통선 4가닥으로 전체 8가닥**이 된다. 따라서 기호 **②번**에서의 배선 가닥수는 말단, Loop가 아닌 경우로 지구선 4가닥, 공통선 4가닥으로 전체 **8가닥**이 되며, 기호 **③번**에서의 배선 가닥수는 말단인 경우로 지구선 2가닥, 공통선 2가닥으로 전체 **4가닥**이 된다.

③ **준비작동식과 일제살수식 스프링클러설비**의 도면문제에서 배선내역은 아래와 같다.

배 선	설치유무	비고
• 감지기공통	▲(조건)	Zone수와 무관
• 전원 (+)	▲	
• 전원 (−)	▲	
• 전화	▲	
• 감지기 A	▲	Zone수마다 증가 (V/V 또는 SVP수를 센다)
• 감지기 B	▲	
• 밸브기동(SV)	▲	
• 밸브개방확인(PS)	▲	
• 밸브주의(TS)	▲	
• 사이렌	▲(조건)	
• 수동기동	▲(조건)	

이 때 도면에서 감지기공통, 사이렌, 수동기동이 없거나 조건에서 언급이 없으면 배선내역에서 삭제된다. 예를 들어, 기호 **④번**의 SVP와 SVP사이의 배선 내역에서 감지기공통과 수동기동은 도면과 조건에서 별다른 언급이 없으므로 **삭제**되나 사이렌은 도면에 있으므로 배선내역에 포함된다. 이것을 정리하면 전원(+) 1가닥, 전원(−) 1가닥, 전화 1가닥, 감지기 A 1가닥, 감지기B 1가닥, 밸브기동(SV) 1가닥, 밸브개방확인(PS) 1가닥, 밸브주의(TS) 1가닥, 사이렌 1가닥으로 전체 **9가닥**이 된다.

④ 스프링클러설비의 도면문제에서는 Zone이라는 개념이 도입되는데 Zone수에 따라 배선가닥수가 다르게 표현된다. **준비작동식과 일제살수식 스프링클러설비에서의 Zone수는 준비작동식 또는 일제살수식 V/V수나 SVP (Super Visory Control Panel)수를 세면된다.** Zone수에 따라 증가되는 배선내역에는 감지기A, 감지기B, 밸브기동(SV), 밸브개방확인(PS), 밸브주의(TS), 사이렌, 수동기동이 있다 이때도 도면이나 조건에 언급이 없으면 배선내역에서 삭제된다. 따라서 기호 **⑤번**에서 SVP와 수신기 사이의 배선 가닥수는 Zone수(SVP 수)가 3개로 전원(+) 1가닥, 전원(−) 1가닥, 전화 1가닥, 감지기A 3가닥, 감지기B 3가닥, 밸브기동(SV) 3가닥, 밸브개방확인(PS) 3가닥, 밸브주의(TS) 3가닥, 사이렌 3가닥으로 전체 **21가닥**이 된다. 이것을 전원(+) 1가닥, 전원(−) 1가닥, 전화 1가닥, (감지기A 1가닥, 감지기B 1가닥, SV 1가닥, PS 1가닥, TS 1가닥, 사이렌 1가닥) × 3(Zone수)으로 표현하기도 한다.

97

다음은 가스계설비 계통도의 일부분이다. ①~⑥까지의 최소 가닥수를 산정하고 배선용도를 구하시오.

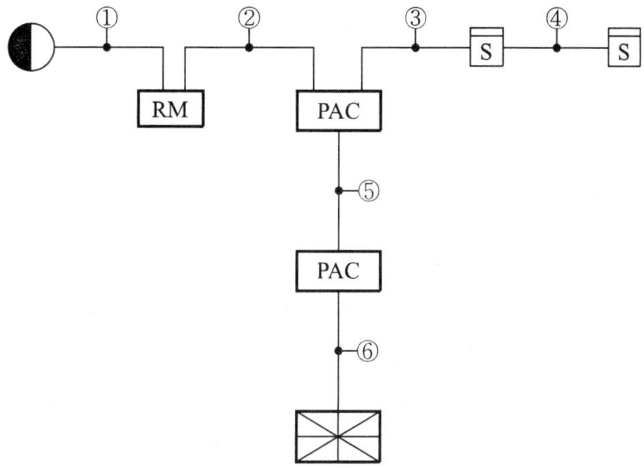

정답

기호	가닥수	배선용도
①	2	방출표시등2
②	5	전원(+)1, 전원(−)1, 방출지연스위치1, 기동스위치1, 방출표시등1
③	8	(지구선2, 공통선2) × 2
④	4	지구선2, 공통선2
⑤	4	공통1, 감지기A1, 감지기B1, 방출표시등1
⑥	8	(공통1, 감지기A1, 감지기B1, 방출표시등1) × 2

Solution

기호	가닥수	배선내역	배선용도
①	2	HFIX 2.5-2	방출표시등2
②	5	HFIX 2.5-5	전원(+)1, 전원(−)1, 방출지연스위치1, 기동스위치1, 방출표시등1
③	8	HFIX 1.5-8	(지구선2, 공통선2) × 2
④	4	HFIX 1.5-4	지구선2, 공통선2
⑤	4	HFIX 2.5-4	공통1, 감지기A1, 감지기B1, 방출표시등1
⑥	8	HFIX 2.5-8	(공통1, 감지기A1, 감지기B1, 방출표시등1) × 2

① 기호 **①번**에서의 배선 가닥수는 방출표시등 **2가닥**이 된다.

② 기호 **②번**은 도면에 수동조작함(RM)이 있으므로 **배선 대상**이 **수신반(감시제어반) ↔ 수동조작함(RM)**으로 다음의 배선내역 및 배선가닥수를 따라야 한다.

배 선	설치유무	비고
• 전원 (+)	▲	Zone수와 무관
• 전원 (−)	▲	
• 방출지연스위치(About S/W)	▲	
• 감지기공통	▲(조건)	
• 복구스위치	▲(조건)	
• 감지기 A	▲	Zone수마다 증가 (RM수를 센다) Package Type에서는 사이렌에 주의할 것!!
• 감지기 B	▲	
• 기동스위치	▲	
• 사이렌	▲	
• 방출표시등	▲	
• Door S/W	▲(조건)	

이 때 도면에서 감지기공통, 복구스위치, Door S/W가 없고 조건에서도 언급이 없으므로 배선내역에서 삭제되며, 감지기A, 감지기B도 별도로 빠져 있으므로 배선내역에서 삭제되고 사이렌도 도면에 없으므로(SVP속 포함) 배선내역에서는 삭제된다. 이것을 정리하면, 전원(+) 1가닥, 전원(−) 1가닥, 방출지연스위치 1가닥, 기동스위치 1가닥, 방출표시등 1가닥으로 전체 **5가닥**이 된다.

③ 가스계설비의 도면문제에서 **감지기 배선방식**은 **교차회로방식**이므로 Loop, **말단인 경우 지구선 2가닥, 공통선 2가닥으로 전체 4가닥**이 되며 Loop, **말단이 아닌 경우 지구선 4가닥, 공통선 4가닥으로 전체 8가닥**이 된다. 따라서 기호 **③번**에서의 배선 가닥수는 Loop, 말단이 아닌 경우로 지구선 4가닥, 공통선 4가닥으로 전체 **8가닥**이 된다. 기호 **④번**에서의 배선 가닥수는 말단인 경우로 지구선 2가닥, 공통선 2가닥으로 전체 **4가닥**이 된다.

④ 기호 **⑤번**은 **배선 대상**이 Package ↔ Package **형태**로 다음의 배선내역 및 배선가닥수를 따라야 한다.

배 선	설치유무	비고
• 공통	▲	Zone수마다 증가 (Package수를 센다)
• 감지기 A	▲	
• 감지기 B	▲	
• 방출표시등	▲	
• 수동기동스위치	▲(조건)	

이 때 도면에서 수동기동스위치가 없고 조건에서도 언급이 없어 배선내역에서 삭제된다. 이것을 정리하면 공통 1가닥, 감지기A 1가닥, 감지기B 1가닥, 방출표시등 1가닥으로 전체 **4가닥**이 된다.

⑤ 가스계설비의 도면문제에서는 Zone이라는 개념이 도입되는데 Zone수에 따라 배선가닥수가 다르게 표현된다. 기호 **⑥번**은 **배선 대상**이 Package ↔ Package **형태**로 **Zone수는 Package수**를 센다. 따라서 배선가닥수는 **Zone수(SVP 수)가 2개**로 공통선 2가닥, 감지기A 2가닥, 감지기B 2가닥, 방출표시등 2가닥으로 전체 **8가닥**이 된다. 이것을 (공통 1가닥, 감지기A 1가닥, 감지기B 1가닥, 방출표시등 1가닥) × 2(Zone수)로 표현하기도 한다.

98

다음은 가스계설비 계통도의 일부분이다. 조건을 참조하여 ①~⑧까지의 최소 가닥수를 산정하고 배선용도를 구하시오.

[조건]

① 전원(−)과 감지기공통선은 별도로 한다.

② Door S/W를 추가한다.

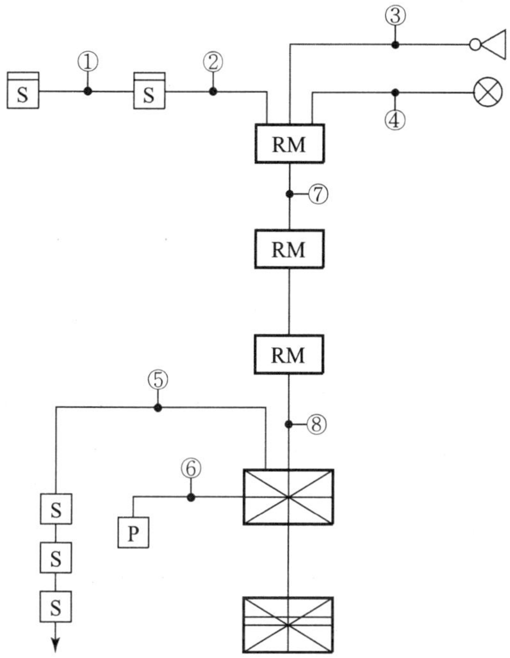

정답

기호	가닥수	배선용도
①	4	지구선2, 공통선2
②	8	(지구선2, 공통선2) × 2
③	2	사이렌2
④	2	방출표시등2
⑤	4	SV3, 공통1
⑥	4	PS3, 공통1
⑦	10	전원(+)1, 전원(−)1, 방출지연스위치1, 감지기공통1, 감지기A1, 감지기B1, 기동1, 사이렌1, 방출표시등1, Door S/W1
⑧	22	전원(+)1, 전원(−)1, 방출지연스위치1, 감지기공통1, (감지기A1, 감지기B1, 기동1, 사이렌1, 방출표시등1, Door S/W1) × 3

Solution

기호	가닥수	배선내역	배선용도
①	4	HFIX 1.5-4	지구선2, 공통선2
②	8	HFIX 1.5-8	(지구선2, 공통선2) × 2
③	2	HFIX 2.5-2	사이렌2
④	2	HFIX 2.5-2	방출표시등2
⑤	4	HFIX 2.5-4	SV3, 공통1
⑥	4	HFIX 2.5-4	PS3, 공통1
⑦	10	HFIX 2.5-10	전원(+)1, 전원(−)1, 방출지연스위치1, 감지기공통1, 감지기A1, 감지기B1, 기동1, 사이렌1, 방출표시등1, Door S/W1
⑧	22	HFIX 2.5-22	전원(+)1, 전원(−)1, 방출지연스위치1, 감지기공통1, (감지기A1, 감지기B1, 기동1, 사이렌1, 방출표시등1, Door S/W1) × 3

① 가스계설비의 도면문제에서 **감지기 배선방식**은 **교차회로방식**이므로 Loop, **말단인 경우 지구선 2가닥, 공통선 2가닥으로 전체 4가닥**이 되며 Loop, **말단이 아닌 경우 지구선 4가닥, 공통선 4가닥으로 전체 8가닥**이 된다. 따라서 기호 **①번**에서의 배선 가닥수는 말단인 경우로 지구선 2가닥, 공통선 2가닥으로 전체 **4가닥**이 된다. 기호 **②번**에서의 배선 가닥수는 Loop, 말단이 아닌 경우로 지구선 4가닥, 공통선 4가닥으로 전체 **8가닥**이 된다.

② 기호 **③번**에서의 배선 가닥수는 사이렌 **2가닥**이 된다.

③ 기호 **④번**에서의 배선 가닥수는 방출표시등 **2가닥**이 된다.

④ SV와 수신반사이의 배선 가닥수는 SV마다 SV 1가닥과 공통선 1가닥을 사용하므로, 기호 **⑤번**에서의 배선 가닥수는 SV 3가닥과 공통선 1가닥으로 전체 **4가닥**이 된다.

⑤ PS와 수신반사이의 배선 가닥수는 PS마다 PS 1가닥과 공통선 1가닥을 사용하므로, 기호 **⑥번**에서의 배선 가닥수는 PS 3가닥과 공통선 1가닥으로 전체 **4가닥**이 된다.

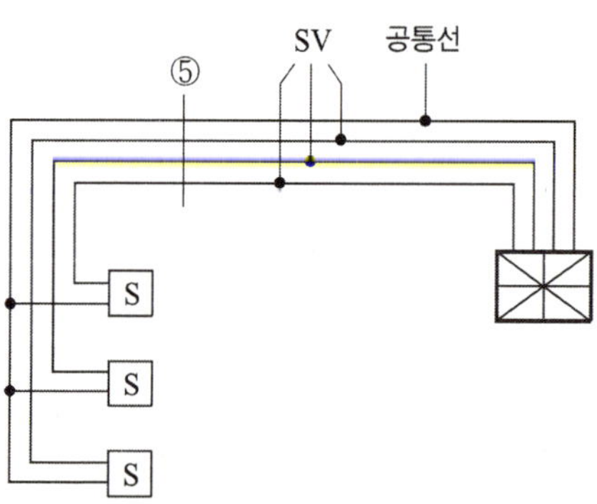

[기호 ⑤번]

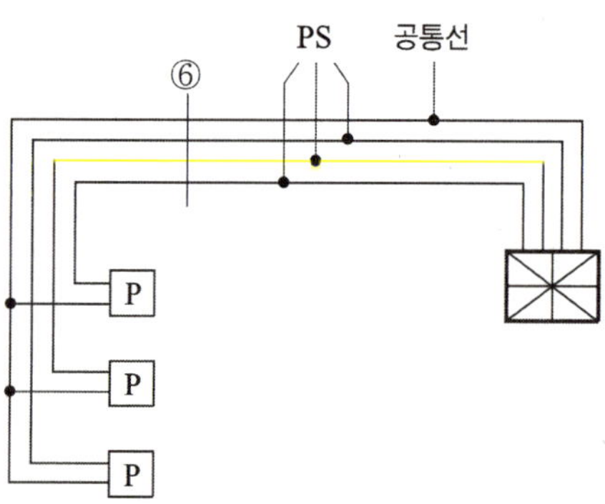

[기호 ⑥번]

⑥ 기호 ⑦번은 도면에 수동조작함(RM)이 있으므로 **배선 대상이 수신반(감시제어반) ↔ 수동조작함(RM)**으로 다음의 배선내역 및 배선가닥수를 따라야 한다.

배 선	설치유무	비고
• 전원 (+)	▲	Zone수와 무관
• 전원 (−)	▲	
• 방출지연스위치(About S/W)	▲	
• 감지기공통	▲(조건)	
• 복구스위치	▲(조건)	
• 감지기A	▲	Zone수마다 증가 (RM수를 센다) Package Type에서는 사이렌에 주의할 것!!
• 감지기B	▲	
• 기동스위치	▲	
• 사이렌	▲	
• 방출표시등	▲	
• Door S/W	▲(조건)	

이 때 도면에서 감지기공통, 복구스위치, Door S/W가 없고 조건에서도 언급이 없으면 배선내역에서 삭제되나 조건에서 감지기공통선은 별도로 하며 Door S/W를 추가하므로 복구스위치만 삭제되고 감지기공통과 Door S/W는 배선내역에 포함된다. 이것을 정리하면 전원(+) 1가닥, 전원(−) 1가닥, 방출지연스위치 1가닥, 감지기공통 1가닥, 감지기A 1가닥, 감지기B 1가닥, 기동스위치 1가닥, 사이렌 1가닥, 방출표시등 1가닥, Door S/W 1가닥으로 전체 **10가닥**이 된다.

⑦ 가스계설비의 도면문제에서는 Zone이라는 개념이 도입되는데 Zone수에 따라 배선가닥수가 다르게 표현된다. 기호 **⑧번**은 **배선 대상**이 **수신반(감시제어반) ↔ 수동조작함(RM) 형태**로 **Zone수는 RM수**를 센다. 따라서 배선가닥수는 Zone수(RM수)가 3개 이므로 전원(+) 1가닥, 전원(−) 1가닥, 방출지연스위치 1가닥,감지기공통 1가닥, 감지기A 3가닥, 감지기B 3가닥, 기동스위치 3가닥, 사이렌 3가닥, 방출표시등 3가닥, Door S/W 3가닥으로 전체 **22가닥**이 된다. 이것을 전원(+) 1가닥, 전원(−) 1가닥, 방출지연스위치 1가닥, 감지기공통 1가닥, (감지기A 1가닥, 감지기B 1가닥, 기동스위치 1가닥, 사이렌 1가닥, 방출표시등 1가닥, Door S/W 1가닥) × 3(Zone수)로 표현하기도 한다.

caution

기호 **⑥번**에서의 배선 가닥수는 도면에서 PS가 하나밖에 없으므로 PS 1가닥, 공통선 1가닥으로 전체 2가닥으로 잘못 표현할 수 있다. 그러나 가스계설비에서 SV, PS는 하나의 Zone에 같이 사용되는 설비이므로 **PS가 하나로 표현되었지만 SV가 3개**이면 **실제로 PS는 3개로 배선가닥수는 PS 3가닥과 공통선 1가닥**으로 **전체 4가닥**이 된다.

99

각 층에 수동발신기 1회로, 알람밸브 1회로, 제연댐퍼 1회로가 설치되어 있고 층별 R형 중계기가 1대씩 설치되고 있는 지상 5층 지하 1층인 소방대상물이 있다. 이 건물의 소방설비 간선 계통도를 그리고 선수를 표시하시오(단, R형 수신기는 지상 1층에 설치하고, R형 중계기와 수신기 간의 선로는 신호선 2선, 전화선 2선, 전원선 2선을 연결하며 이 선들은 층간 중계기의 증가에 따라 회선이 증가하지 않는다).

[범례]

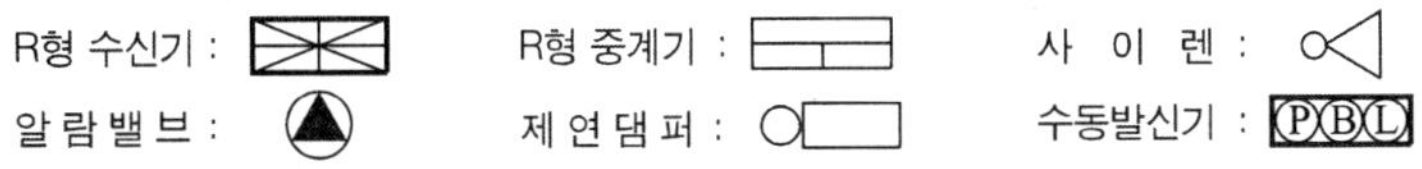

정답

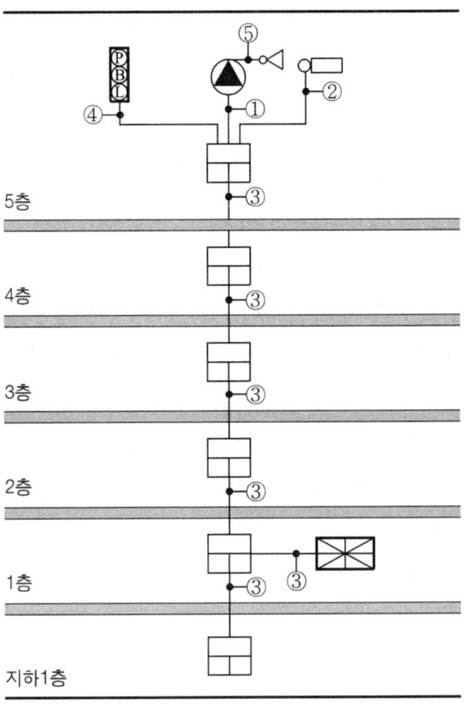

기호	가닥수	배선용도
①	4	공통선1, 유수검지스위치1, 사이렌1, 탬퍼스위치1
②	4	전원(+)1, 전원(−)1, 기동스위치1, 기동확인표시등1
③	4	신호선2, 전화선2
④	6	회로선1, 공통선1, 경종선1, 경종표시등공통선1, 응답선1, 표시등선1
⑤	2	사이렌2

Solution

기호	가닥수	배선내역	배선용도
①	4	HFIX 2.5-4	공통선1, 유수검지스위치1, 사이렌1, 탬퍼스위치1
②	4	HFIX 2.5-4	전원(+)1, 전원(−)1, 기동스위치1, 기동확인표시등1
③	4	HFIX 2.5-4	신호선2, 전화선2
④	6	HFIX 2.5-6	회로선1, 공통선1, 경종선1, 경종표시등공통선1, 응답선1, 표시등선1
⑤	2	HFIX 2.5-2	사이렌2

① 기호 **①번**의 **습식 스프링클러설비** 배선내역은 다음과 같다.

배 선	설치유무	비고
• 공통선	1선	Zone수와 무관
• 유수검지스위치(PS)	▲	Zone수마다 증가 (습식, 건식 V/V수를 센다)
• 사이렌	▲	
• 밸브모니터링스위치(TS)	▲	

이 때 밸브모니터링스위치(TS)는 도면에 없거나 조건에 없으므로 배선내역에서 삭제된다. 이것을 정리하면 공통선 1가닥, 유수검지스위치 1가닥, 사이렌 1가닥, 탬퍼스위치 1가닥으로 전체 **4가닥**이 된다.

② 제연설비의 도면문제에서는 수신반(감시제어반) ↔ 댐퍼(damper) 사이의 배선내역 및 배선 가닥수 때문에 반드시 배선 대상이 전실제연설비인지, 상가제연설비(밀폐형)인지, 상가제연설비(개방형)인지를 먼저 구분해야 하는데 아무런 조건이 주어지지 않았으므로 최소가닥수를 적용하며 기호 **②번**에서는 **상가제연설비(밀폐형)**을 적용한다.

배 선	설치유무	비 고
• 전원 (+)	▲	Zone수와 무관
• 전원 (−)	▲	
• 복구스위치	▲(수동복구일 때만)	
• 감지기공통	▲(조건)	
• 지구선(감지기)	▲	Zone수마다 증가 (damper수를 센다) **주의 : 급기, 배기 하나만 센다.**
• 기동	▲	
• 기동확인	▲	

이 때 도면에서 복구스위치, 감지기공통이 없거나 조건에서 언급이 없으므로 배선내역에서 삭제되며, 지구선(감지기)도 조건에서 언급이 없으므로 배선내역에서 삭제된다. 이것을 정리하면 전원(+) 1가닥, 전원(−) 1가닥, 기동 1가닥, 기동확인 1가닥으로 전체 **4가닥**이 된다.

③ 기호 **③번**의 R형 중계기와 수신기 사이의 배선내역은 조건에 주어진 대로 신호선 2선, 전화선 2선으로 전체 **4가닥**이 된다.

④ 기호 **④번**은 일제경보방식의 자동화재탐지설비의 배선내역으로 회로선 1가닥, 공통선 1가닥, 경종선 1가닥, 경종표시등공통선 1가닥, 응답선 1가닥, 표시등선 1가닥으로 전체 **6가닥**이 된다.

⑤ 기호 **⑤번**의 배선내역은 사이렌 **2가닥**이다.

100

3로 점멸기를 사용하여 1개의 등을 2개소에서 점멸 가능하도록 한 그림이다. 배선가닥수와 실제배선도, 시퀀스를 나타내시오.

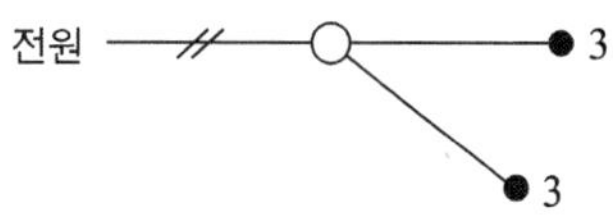

정답

1) 배선가닥수

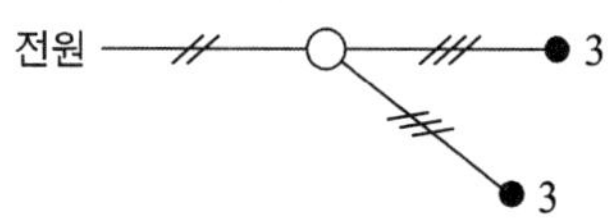

2) 실제배선도(전선접속도)

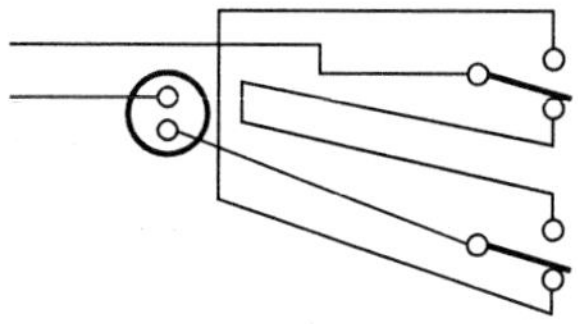

3) 시퀀스

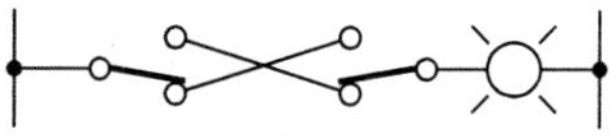

CHAPTER 07

시퀀스

과년도 문제분석

1. 상세분류

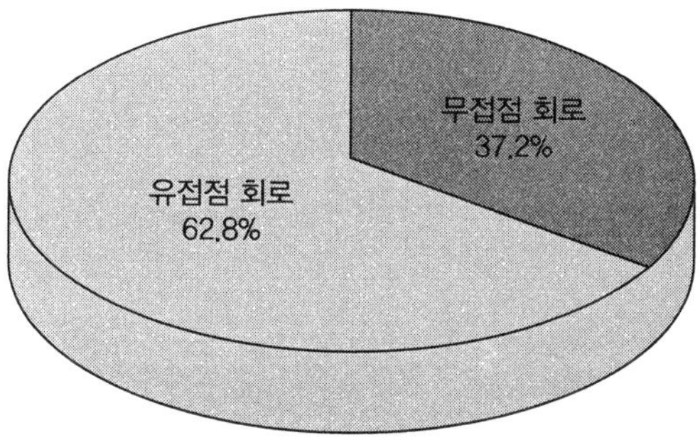

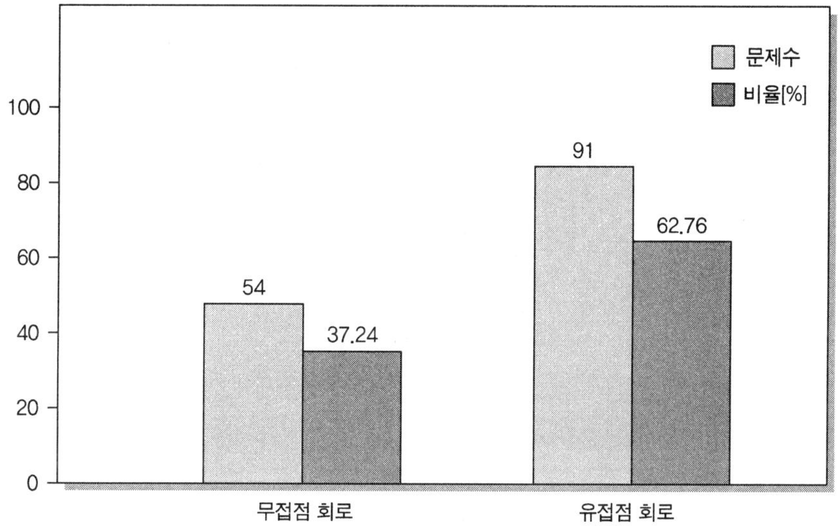

2. 문제유형

시퀀스 과년도 문제분석(1996~2022년)

번호	출제년도	문항	시설분류	상세분류(대)	상세분류(중)	문제유형	회수	출제비율
1	2000.08.13	5	시퀀스	무접점회로	논리식	논리회로	54	37.2%
2	1998.02.32	11	시퀀스	무접점회로	논리식	논리회로		
3	2017.06.25	14	시퀀스	무접점회로	논리식	논리회로, 릴레이회로		
4	2003.10.26	4	시퀀스	무접점회로	논리식	논리회로, 릴레이회로		
5	2020.07.25	2	시퀀스	무접점회로	논리식	논리회로, 릴레이회로, 진리표		
6	2020.11.29	9	시퀀스	무접점회로	논리식	유접점회로, 무접점회로 변환		
7	2005.05.01	2	시퀀스	무접점회로	논리식	유접점회로, 무접점회로 변환		
8	1999.01.31	6	시퀀스	무접점회로	논리식	유접점회로, 무접점회로 변환		
9	1998.05.10	5	시퀀스	무접점회로	논리식	유접점회로, 무접점회로 변환		
10	2010.04.17	14	시퀀스	무접점회로	논리회로	AND회로		
11	2021.11.13	8	시퀀스	무접점회로	논리회로	Exclusive OR 논리식, 유접점, 타임 차트, 진리표		
12	2011.07.24	15	시퀀스	무접점회로	논리회로	논리소자의 명칭과 출력에 대한 진리표		
13	2004.07.04	4	시퀀스	무접점회로	논리회로	논리식		
14	1999.09.19	4	시퀀스	무접점회로	논리회로	논리식		
15	2000.04.23	8	시퀀스	무접점회로	논리회로	논리식, 논리회로		
16	2002.04.21	7	시퀀스	무접점회로	논리회로	논리식, 논리회로, 유접점회로		
17	2020.05.24	1	시퀀스	무접점회로	논리회로	논리식, 등가회로, 유접점회로		
18	1998.08.30	2	시퀀스	무접점회로	논리회로	논리식, 등가회로, 유접점회로		
19	2016.04.17	13	시퀀스	무접점회로	논리회로	논리식, 무접점회로		
20	2012.11.03	8	시퀀스	무접점회로	논리회로	논리식, 무접점회로		
21	2022.07.24	16	시퀀스	무접점회로	논리회로	논리식, 무접점회로, 유접점회로		
22	2021.07.10	5	시퀀스	무접점회로	논리회로	논리식, 무접점회로, 유접점회로		
23	2020.11.15	18	시퀀스	무접점회로	논리회로	논리식, 무접점회로, 타임 차트		
24	2022.11.19	1	시퀀스	무접점회로	논리회로	논리식, 스위칭회로		
25	2016.11.12	5	시퀀스	무접점회로	논리회로	논리식, 스위칭회로		
26	2005.10.23	4	시퀀스	무접점회로	논리회로	논리식, 스위칭회로		
27	2005.07.10	1	시퀀스	무접점회로	논리회로	논리식, 유접점회로		
28	1996.11.17	4	시퀀스	무접점회로	논리회로	논리식, 유접점회로, 논리회로		
29	2012.04.22	10	시퀀스	무접점회로	논리회로	논리식, 유접점회로, 타임 차트, 진리표		
30	2012.07.08	1	시퀀스	무접점회로	논리회로	논리식, 출력값		
31	2006.11.05	9	시퀀스	무접점회로	논리회로	논리회로		
32	2003.07.13	7	시퀀스	무접점회로	논리회로	논리회로		
33	2002.10.27	7	시퀀스	무접점회로	논리회로	논리회로		
34	2000.02.20	4	시퀀스	무접점회로	논리회로	논리회로		
35	1997.08.24	7	시퀀스	무접점회로	논리회로	논리회로		
36	1997.05.11	13	시퀀스	무접점회로	논리회로	논리회로		
37	2020.11.29	6	시퀀스	무접점회로	논리회로	논리회로, 타임 차트		
38	2007.11.04	4	시퀀스	무접점회로	논리회로	논리회로, 타임 차트		
39	2019.06.29	5	시퀀스	무접점회로	논리회로	논리회로, 타임 차트, 인터록회로		
40	2013.11.09	11	시퀀스	무접점회로	논리회로	논리회로, 타임 차트, 인터록회로		
41	2004.10.31	6	시퀀스	무접점회로	논리회로	논리회로, 타임 차트, 인터록회로		
42	2008.07.06	6	시퀀스	무접점회로	논리회로	진리표 작성		
43	2006.07.09	13	시퀀스	무접점회로	논리회로	진리표 작성		
44	2014.04.20	18	시퀀스	무접점회로	논리회로	진리표, 카르노맵, 유접점회로, 무접점회로		

번호	출제년도	문항	시설분류	상세분류(대)	상세분류(중)	문제유형	회수	출제비율
45	2016.11.12	9	시퀀스	무접점회로	논리회로	타임 차트	54	37.2%
46	2003.04.27	5	시퀀스	무접점회로	논리회로	타임 차트		
47	2002.07.07	14	시퀀스	무접점회로	논리회로	타임 차트		
48	1999.09.19	12	시퀀스	무접점회로	논리회로	타임 차트		
49	1997.08.24	12	시퀀스	무접점회로	논리회로	타임 차트		
50	2020.10.17	17	시퀀스	무접점회로	논리회로	타임 차트, 유접점회로, 무접점회로		
51	2022.05.07	11	시퀀스	무접점회로	논리회로	타임 차트, 논리회로		
52	2021.04.24	12	시퀀스	무접점회로	타임 차트	논리식, 유접점회로, 무접점회로		
53	2021.11.13	16	시퀀스	무접점회로	타임 차트	논리식, 타임 차트		
54	2006.04.23	8	시퀀스	무접점회로	타임 차트	논리식 유출		
55	2021.11.13	10	시퀀스	유접점회로	Y-Δ회로	Y-Δ회로 제어회로	91	62.8%
56	2021.04.24	1	시퀀스	유접점회로	Y-Δ회로	Y-Δ회로 제어회로		
57	2020.07.25	12	시퀀스	유접점회로	Y-Δ회로	Y-Δ회로 제어회로		
58	2018.11.10	10	시퀀스	유접점회로	Y-Δ회로	Y-Δ회로 제어회로		
59	2017.04.16	12	시퀀스	유접점회로	Y-Δ회로	Y-Δ회로 제어회로		
60	2015.11.07	2	시퀀스	유접점회로	Y-Δ회로	Y-Δ회로 제어회로		
61	2014.07.06	16	시퀀스	유접점회로	Y-Δ회로	Y-Δ회로 제어회로		
62	2014.04.20	1	시퀀스	유접점회로	Y-Δ회로	Y-Δ회로 제어회로		
63	2013.04.21	6	시퀀스	유접점회로	Y-Δ회로	Y-Δ회로 제어회로		
64	2012.07.08	9	시퀀스	유접점회로	Y-Δ회로	Y-Δ회로 제어회로		
65	2008.07.06	14	시퀀스	유접점회로	Y-Δ회로	Y-Δ회로 제어회로		
66	2003.04.27	7	시퀀스	유접점회로	Y-Δ회로	Y-Δ회로 제어회로		
67	2000.11.12	10	시퀀스	유접점회로	Y-Δ회로	Y-Δ회로 제어회로		
68	1999.11.21	5	시퀀스	유접점회로	Y-Δ회로	Y-Δ회로 제어회로		
69	1998.02.33	12	시퀀스	유접점회로	Y-Δ회로	Y-Δ회로 제어회로		
70	1997.01.26	7	시퀀스	유접점회로	Y-Δ회로	Y-Δ회로 제어회로		
71	1996.09.01	7	시퀀스	유접점회로	Y-Δ회로	Y-Δ회로 제어회로		
72	1999.01.31	5	시퀀스	유접점회로	급수펌프	급수펌프 제어회로		
73	1998.05.10	13	시퀀스	유접점회로	급수펌프	급수펌프 제어회로		
74	2022.11.19	13	시퀀스	유접점회로	기동정지	1개소 기동정지 제어회로		
75	2022.07.24	17	시퀀스	유접점회로	기동정지	1개소 기동정지 제어회로		
76	2022.05.07	4	시퀀스	유접점회로	기동정지	1개소 기동정지 제어회로		
77	2021.07.10	15	시퀀스	유접점회로	기동정지	1개소 기동정지 제어회로		
78	2020.11.15	15	시퀀스	유접점회로	기동정지	1개소 기동정지 제어회로		
79	2020.05.24	9	시퀀스	유접점회로	기동정지	1개소 기동정지 제어회로		
80	2019.04.14	12	시퀀스	유접점회로	기동정지	1개소 기동정지 제어회로		
81	2018.11.10	16	시퀀스	유접점회로	기동정지	1개소 기동정지 제어회로		
82	2013.11.09	5	시퀀스	유접점회로	기동정지	1개소 기동정지 제어회로		
83	2009.10.18	10	시퀀스	유접점회로	기동정지	1개소 기동정지 제어회로		
84	2008.11.02	16	시퀀스	유접점회로	기동정지	1개소 기동정지 제어회로		
85	2008.04.20	15	시퀀스	유접점회로	기동정지	1개소 기동정지 제어회로		
86	2007.11.04	6	시퀀스	유접점회로	기동정지	1개소 기동정지 제어회로		
87	2006.11.05	7	시퀀스	유접점회로	기동정지	1개소 기동정지 제어회로		
88	2005.05.01	4	시퀀스	유접점회로	기동정지	1개소 기동정지 제어회로		
89	2004.10.31	13	시퀀스	유접점회로	기동정지	1개소 기동정지 제어회로		
90	2004.04.25	13	시퀀스	유접점회로	기동정지	1개소 기동정지 제어회로		
91	2003.10.26	6	시퀀스	유접점회로	기동정지	1개소 기동정지 제어회로		
92	2001.04.22	6	시퀀스	유접점회로	기동정지	1개소 기동정지 제어회로		
93	1999.05.30	3	시퀀스	유접점회로	기동정지	1개소 기동정지 제어회로		
94	2012.04.22	4	시퀀스	유접점회로	기동정지	1개소 기동정지 제어회로(타이머 사용)		
95	2007.04.22	4	시퀀스	유접점회로	기동정지	1개소 기동정지 제어회로(타이머 사용)		
96	2002.04.21	13	시퀀스	유접점회로	기동정지	1개소 기동정지 회로		

번호	출제년도	문항	시설분류	상세분류(대)	상세분류(중)	문제유형	회수	출제비율
97	2013.07.14	3	시퀀스	유접점회로	기동정지	2개소 기동정지 제어회로		
98	2006.07.09	8	시퀀스	유접점회로	기동정지	2개소 기동정지 제어회로		
99	2005.10.23	10	시퀀스	유접점회로	기동정지	2개소 기동정지 제어회로		
100	1998.02.26	5	시퀀스	유접점회로	기동정지	2개소 기동정지 제어회로		
101	1997.05.11	14	시퀀스	유접점회로	기동정지	2개소 기동정지 제어회로		
102	2007.07.08	10	시퀀스	유접점회로	기동정지	3개소 기동정지 제어회로		
103	2006.04.23	9	시퀀스	유접점회로	기타	배선용차단기 특징		
104	1996.01.21	3	시퀀스	유접점회로	기타	배선용차단기 특징		
105	2021.04.24	10	시퀀스	유접점회로	기타	전동기 교대운전		
106	2005.07.10	15	시퀀스	유접점회로	기타	전동기 교대운전		
107	2017.04.16	10	시퀀스	유접점회로	릴레이회로	릴레이회로(자탐과 비상방송설비 연동)		
108	2012.11.03	16	시퀀스	유접점회로	릴레이회로	릴레이회로		
109	1997.08.24	13	시퀀스	유접점회로	비상방송설비	비상방송의 제어회로		
110	2019.06.29	16	시퀀스	유접점회로	상용예비전환	상용, 비상용 전환회로		
111	2015.07.12	15	시퀀스	유접점회로	상용예비전환	상용, 비상용 전환회로		
112	2011.11.13	1	시퀀스	유접점회로	상용예비전환	상용, 비상용 전환회로		
113	2010.10.30	3	시퀀스	유접점회로	상용예비전환	상용, 비상용 전환회로		
114	2009.07.05	11	시퀀스	유접점회로	상용예비전환	상용, 비상용 전환회로		
115	2004.07.04	14	시퀀스	유접점회로	상용예비전환	상용, 비상용 전환회로		
116	2020.10.17	4	시퀀스	유접점회로	양수펌프	양수펌프 제어회로		
117	2019.11.09	9	시퀀스	유접점회로	양수펌프	양수펌프 제어회로		
118	2016.06.26	8	시퀀스	유접점회로	양수펌프	양수펌프 제어회로		
119	2012.04.22	17	시퀀스	유접점회로	양수펌프	양수펌프 제어회로		
120	2011.05.01	5	시퀀스	유접점회로	양수펌프	양수펌프 제어회로		
121	2010.07.04	13	시퀀스	유접점회로	양수펌프	양수펌프 제어회로	91	62.8%
122	2009.04.19	12	시퀀스	유접점회로	양수펌프	양수펌프 제어회로		
123	2008.11.02	15	시퀀스	유접점회로	양수펌프	양수펌프 제어회로		
124	2002.10.27	6	시퀀스	유접점회로	양수펌프	양수펌프 제어회로		
125	2002.07.07	1	시퀀스	유접점회로	양수펌프	양수펌프 제어회로		
126	2001.11.04	3	시퀀스	유접점회로	양수펌프	양수펌프 제어회로		
127	2000.04.23	1	시퀀스	유접점회로	양수펌프	양수펌프 제어회로		
128	1999.09.19	11	시퀀스	유접점회로	양수펌프	양수펌프 제어회로		
129	1997.11.16	9	시퀀스	유접점회로	양수펌프	양수펌프 제어회로		
130	1997.08.24	8	시퀀스	유접점회로	양수펌프	양수펌프 제어회로		
131	1996.11.17	14	시퀀스	유접점회로	양수펌프	양수펌프 제어회로		
132	1996.05.19	13	시퀀스	유접점회로	양수펌프	양수펌프 제어회로		
133	1996.01.21	7	시퀀스	유접점회로	양수펌프	양수펌프 제어회로		
134	2006.04.23	3	시퀀스	유접점회로	양수펌프	양수펌프 제어회로, 전동기용량		
135	2020.11.29	2	시퀀스	유접점회로	인터록회로	인터록 제어회로		
136	2017.06.25	15	시퀀스	유접점회로	인터록회로	인터록 제어회로		
137	2010.04.17	1	시퀀스	유접점회로	인터록회로	인터록 제어회로		
138	2000.11.12	11	시퀀스	유접점회로	인터록회로	인터록 제어회로		
139	1998.11.15	7	시퀀스	유접점회로	인터록회로	인터록 제어회로		
140	2003.07.13	5	시퀀스	유접점회로	정역회로	정역회로 제어회로		
141	2000.08.13	7	시퀀스	유접점회로	정역회로	정역회로 제어회로		
142	1998.08.30	10	시퀀스	유접점회로	정역회로	정역회로 제어회로		
143	2009.04.19	5	시퀀스	유접점회로	타임 차트	논리식, 유접점회로, 무접점회로		
144	2010.07.04	3	시퀀스	유접점회로	타임 차트	타임 차트		
145	2008.04.20	1	시퀀스	유접점회로	타임 차트	타임 차트		

연습문제 풀이 및 해설

01

스위치(접점) A, B, C 3개가 있다. 다음의 경우 출력이 생기는 유접점회로, 무접점회로, 논리식을 작성하시오. 단, 여닫는 순서가 필요하면 A, B, C 순으로 한다.

① 스위치 3개를 모두 닫을 때에만 출력 X_1이 생긴다.

② 스위치 3개중 어느 한 개만을 닫아도 출력 X_2가 생긴다.

③ 스위치 3개중 A와 B를 닫거나, 또는 C만을 닫을 때 출력 X_3이 생긴다.

④ 스위치 3개중 A를 닫고, B또는 C를 닫을 때 출력 X_4가 생긴다.

정답

번호	유접점회로	무접점회로	논리식
①	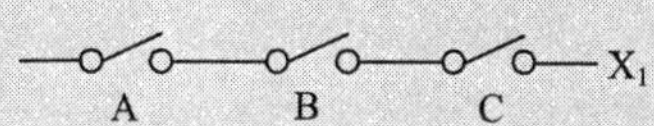	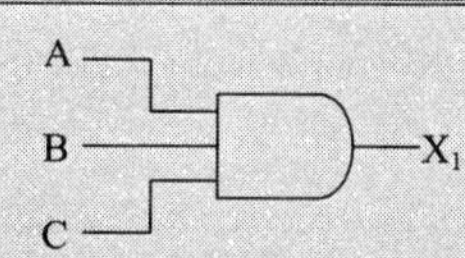	$X_1 = ABC$
②	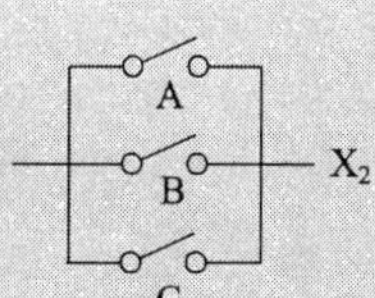	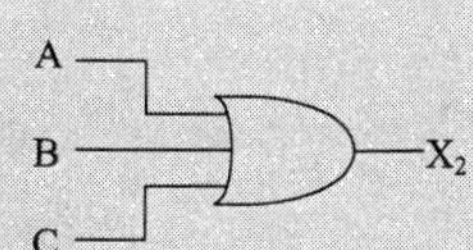	$X_2 = A+B+C$
③	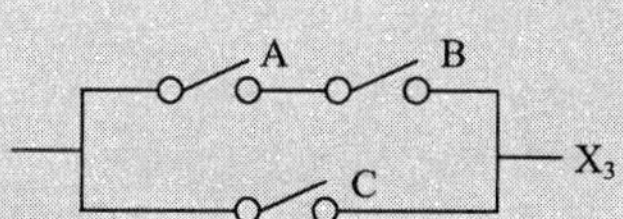	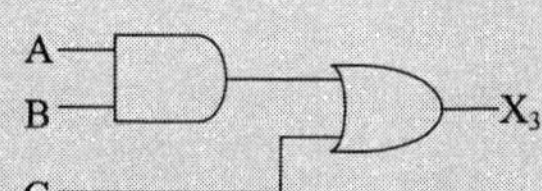	$X_3 = AB+C$
④	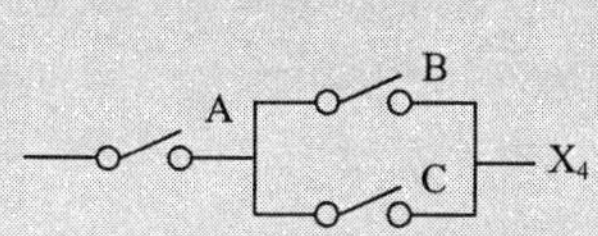	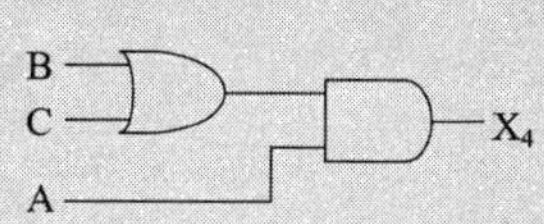	$X_4 = A(B+C)$

Solution

① 문제①번에서 '스위치 3개를 모두 닫을 때에만'라는 조건은 **입력신호 A, B, C가 동시에 작동될 때('1')**라는 뜻으로 ①번의 논리회로는 입력신호 A, B가 동시에 '1'일 때만 출력신호 X가 '1'이 되는 **AND회로(논리곱회로, 직렬회로)**에 스위치 1개가 추가한 회로이다.

명칭	논리회로(무접점회로)	시퀀스회로(유접점회로)	진리표
AND회로 (직렬회로) (논리곱회로)	입력신호 A, B가 동시에 1일 때만 출력신호 X가 1이 된다.		
	$X = A \cdot B$ 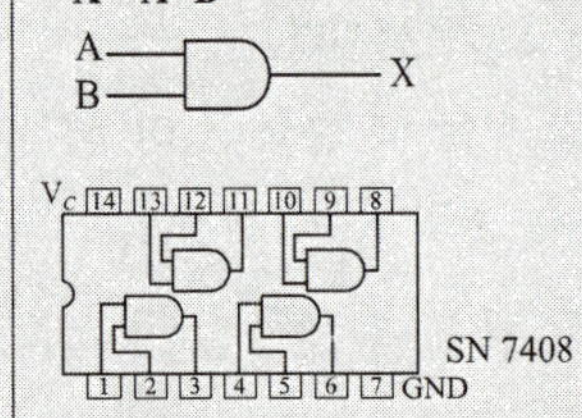	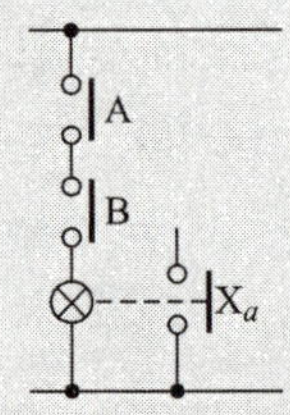	(아래 진리표)

AND회로 진리표:

입력		출력
A	B	X
0	0	0
0	1	0
1	0	0
1	1	1

② 문제②번에서 '스위치 3개중 어느 한 개만을 닫아도'라는 조건은 **입력신호 A, B, C중 어느 하나라도 작동될 때('1')**라는 뜻으로 ②번의 논리회로는 입력신호 A, B중 어느 하나라도 '1'이면 출력신호 X가 '1'이 되는 **OR회로(논리합회로, 병렬회로)**에 스위치 1개가 추가한 회로이다.

명칭	논리회로(무접점회로)	시퀀스회로(유접점회로)	진리표
OR회로 (병렬회로) (논리합회로)	입력신호 A, B 중 어느 하나라도 1이면 출력신호 X가 1이 된다.		
	$X = A + B$ 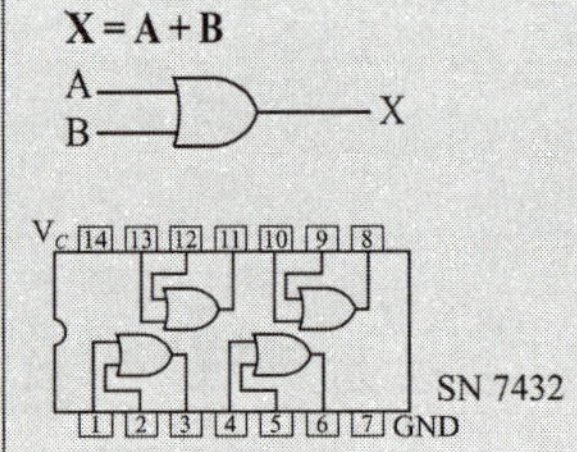	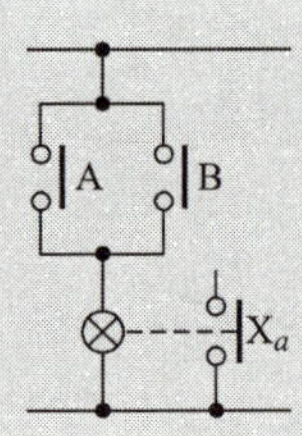	(아래 진리표)

OR회로 진리표:

입력		출력
A	B	X
0	0	0
0	1	1
1	0	1
1	1	1

③ 문제③번에서 '스위치 3개중 A와 B를 닫거나'라는 조건은 **입력신호 A, B가 동시에 작동될 때('1')**라는 뜻으로 **AND회로(논리곱회로, 직렬회로)**를 나타낸 것이고 '또는 C만을 닫을 때'라는 조건은 **입력신호 AB와 C중 어느 하나라도 작동될 때('1')** 라는 뜻으로 **OR회로(논리합회로, 병렬회로)**를 나타낸 것으로 ③번의 논리회로는 AB의 AND회로와 C의 OR회로 조합으로 나타낼 수 있다.

④ 문제④번에서 '스위치 3개중 B또는 C를 닫을 때'라는 조건은 **입력신호 B, C중 어느 하나라도 작동될 때('1')**라는 뜻으로 **OR회로(논리합회로, 병렬회로)**를 나타낸 것이고 'A를 닫고'라는 조건은 **입력신호 B또는 C와 A가 동시에 작동될 때('1')** 라는 뜻으로 **AND회로(논리곱회로, 직렬회로)**를 나타낸 것으로 ④번의 논리회로는 BC의 OR회로와 A의 AND회로 조합으로 나타낼 수 있다.

02

다음 논리회로의 논리식과 진리표, 시퀀스회로를 작성하시오.

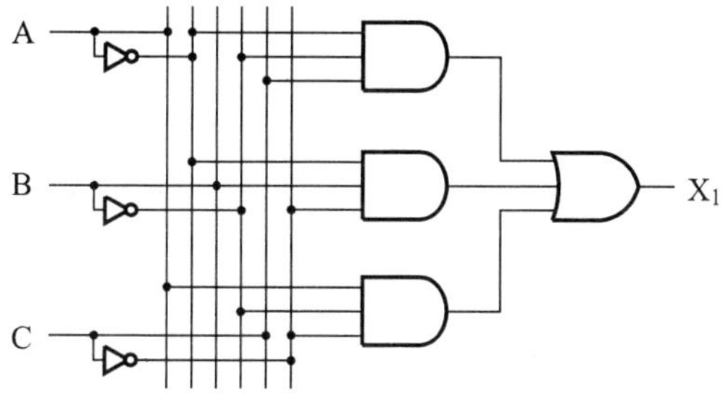

정답

<table>
<tr><th>논리식</th><th>진리표</th><th>시퀀스회로</th></tr>
<tr>
<td>$X_1 = \overline{A}\,\overline{B}C + \overline{A}B\overline{C} + A\overline{B}\,\overline{C}$</td>
<td>
<table>
<tr><th>A</th><th>B</th><th>C</th><th>X_1</th></tr>
<tr><td>0</td><td>0</td><td>0</td><td>0</td></tr>
<tr><td>0</td><td>0</td><td>1</td><td>1</td></tr>
<tr><td>0</td><td>1</td><td>0</td><td>1</td></tr>
<tr><td>0</td><td>1</td><td>1</td><td>0</td></tr>
<tr><td>1</td><td>0</td><td>0</td><td>1</td></tr>
<tr><td>1</td><td>0</td><td>1</td><td>0</td></tr>
<tr><td>1</td><td>1</td><td>0</td><td>0</td></tr>
<tr><td>1</td><td>1</td><td>1</td><td>0</td></tr>
</table>
</td>
<td>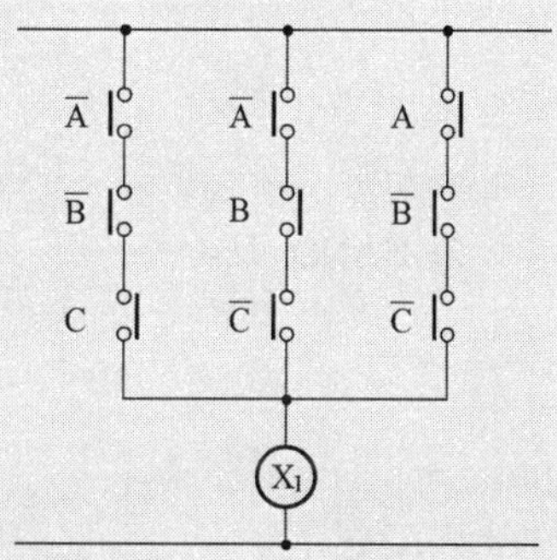</td>
</tr>
</table>

Solution

논리식에서 **곱하기로 표현되는 AND회로**는 시퀀스 회로에서 **직렬**로 표현되고, 논리식에서 **더하기로 표현되는 OR회로**는 시퀀스 회로에서 **병렬**로 표현된다.

구분	논리식	논리회로	시퀀스
논리곱	곱하기(•)	AND회로 (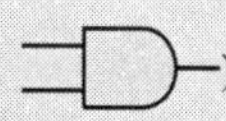)	직렬회로
논리합	더하기(+)	OR회로 (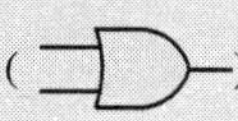)	병렬회로

03

그림과 같이 입력 A, B의 파형을 AND회로와 NAND 회로에 줄 때 출력 X의 파형을 각각 그리시오.

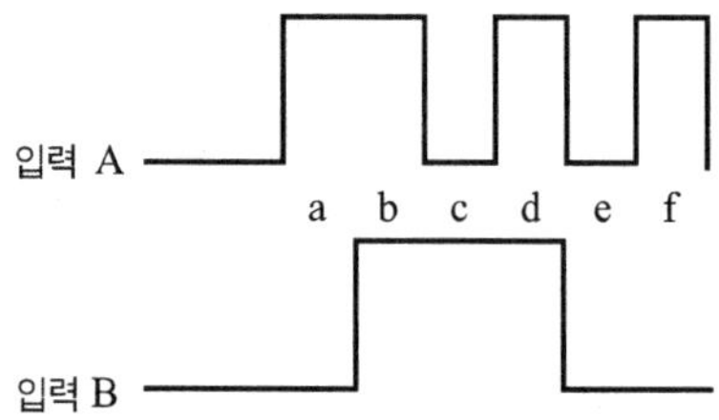

정답

1) AND 회로

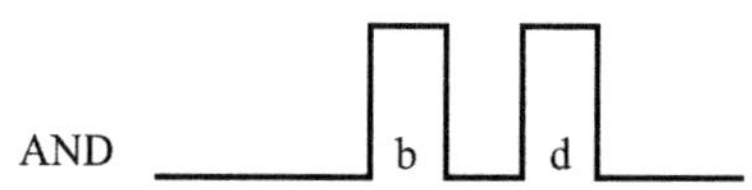

2) NAND 회로

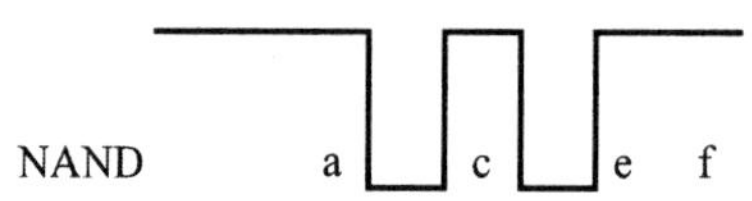

Solution

AND회로(직렬회로, 논리곱회로)는 입력신호 A, B가 동시에 '1'일 때만 출력신호 X가 '1'이 되며, **NAND회로**는 AND회로의 부정으로 입력신호 A, B가 동시에 '1'일 때만 출력신호 X가 '0'이 된다.

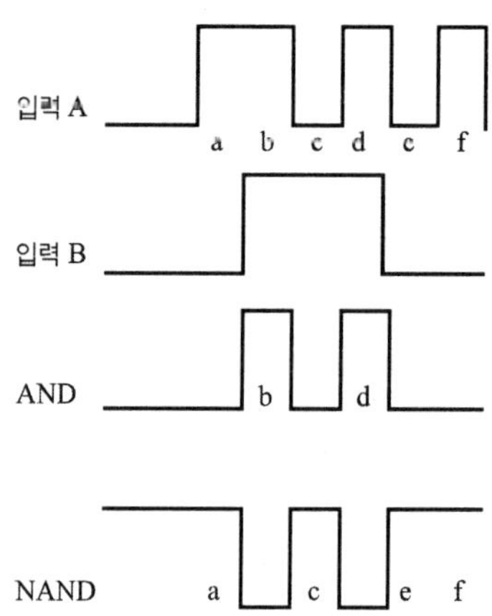

04

그림에서 입력이 A, B일 때 출력 $L_1 \sim L_4$의 논리식을 쓰고, 같은 기능의 무접점 논리 소자의 이름을 쓰시오.

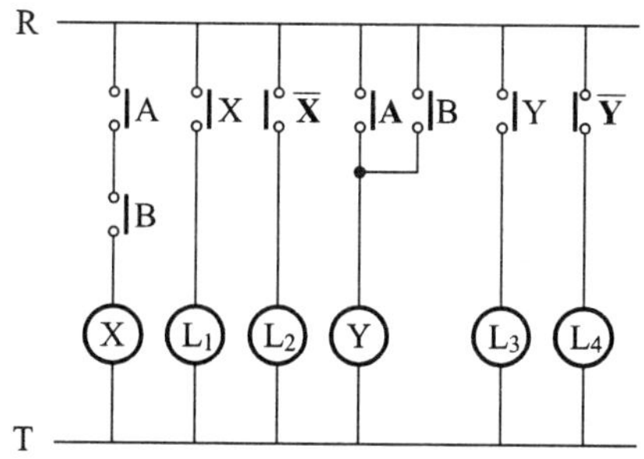

정답

1) AND 회로 : $L_1 = X = AB$
2) NAND 회로 : $L_2 = \overline{X} = \overline{AB}$
3) OR 회로 : $L_3 = Y = A + B$
4) NOR 회로 : $L_4 = \overline{Y} = \overline{A+B}$

Solution

① 시퀀스 회로에서 직렬로 표현되는 **AND회로**는 논리식에서 **곱하기로 표현**된다.

② 시퀀스 회로에서 AND회로의 'b'접점으로 표현되는 **NAND회로**는 논리식에서 **AND회로 수식의 윗부분에 '바($\overline{\square}$)'** 를 사용하여 표현된다. 즉, NAND회로 논리식= $\overline{\text{AND회로논리식}}$ 형태로 표현된다.

③ 시퀀스 회로에서 병렬로 표현되는 **OR회로**는 논리식에서 **더하기로 표현**된다.

④ 시퀀스 회로에서 OR회로의 'b'접점으로 표현되는 **NOR회로**는 논리식에서 **OR회로 수식의 윗부분에 '바($\overline{\square}$)'** 를 사용하여 표현된다. 즉, NOR회로 논리식= $\overline{\text{OR회로논리식}}$ 형태로 표현된다.

05

다음 논리회로의 출력 X에 대한 진리표와 타임차트를 완성하시오.

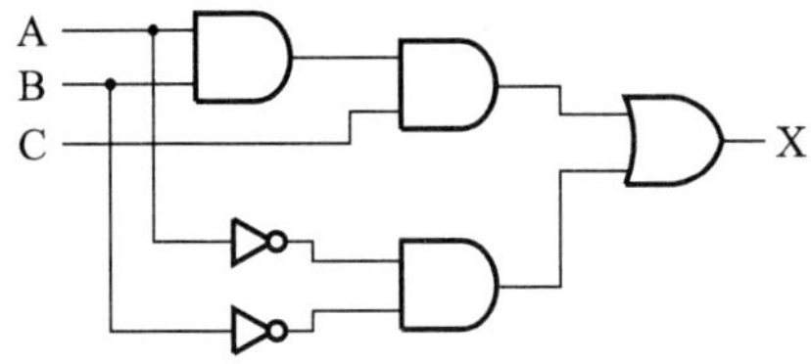

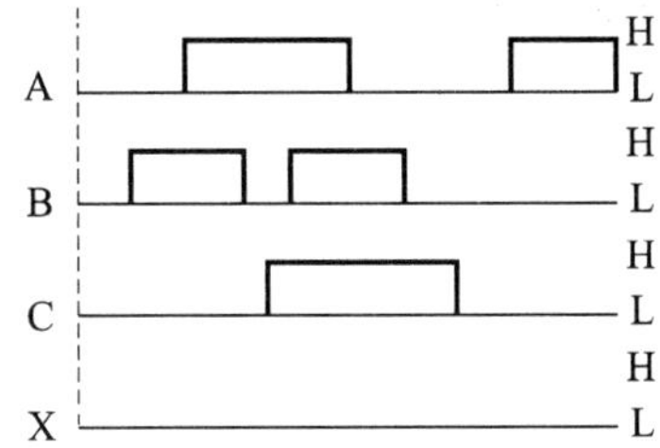

정답

진리표

A	B	C	X
0	0	0	1
0	0	1	1
0	1	0	0
0	1	1	0
1	0	0	0
1	0	1	0
1	1	0	0
1	1	1	1

타임차트

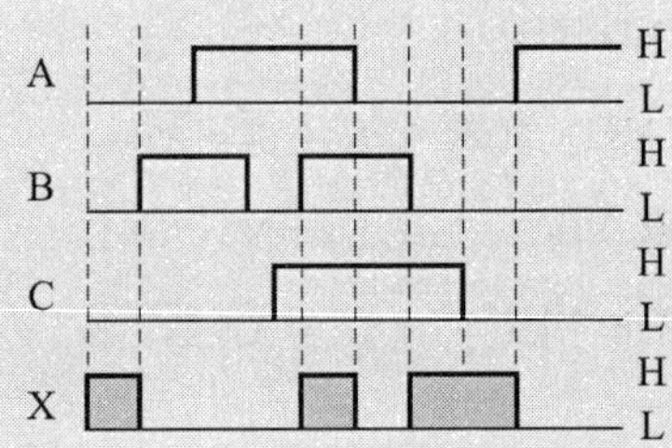

Solution

① 논리식 $X=(AB)C+\overline{A}\,\overline{B}$

② 이 문제의 논리회로는 입력신호 A, B, C가 동시에 '1'일 때 출력신호 X가 '1'이 되거나 C와 관계없이 입력신호 A, B가 동시에 '0'일 때 출력신호 X가 '1'이 된다.

caution

논리회로나 시퀀스 회로가 주어지고 타임차트를 완성하는 문제에서는 먼저 **논리식**을 세우고 **진리표**를 작성하여 **출력신호가 발생되는 경우**를 구한다음 **타임차트에 표시**하면 실수를 줄일 수 있다.

06

다음 논리식을 간단히 하시오

1) $X = A(A+B+C)$

2) $Y = AB + \overline{A}C + BCD$

3) $Z = \overline{A}C + BC + AB + \overline{B}C$

정답

1) $X = A$

2) $Y = AB + \overline{A}C$

3) $Z = C + AB$

Solution

1) $X = A(A+B+C) = AA + AB + AC$ [분배법칙]

$= AA + AB + AC = A + AB + AC$ [동일법칙($A \cdot A = A$)]

$= A + AB + AC = A(1+B+C)$ [결합법칙]

$= A(1+B+C)$ [한계법칙($1+B+C=1$)]

$= A \cdot 1 = A$ [항등원법칙($A \cdot 1 = A$)]

2) $Y = AB + \overline{A}C + BCD = AB + \overline{A}C + BCD \cdot 1$ [항등원법칙($A \cdot 1 = A$)]

$= AB + \overline{A}C + BCD(A + \overline{A})$ [부정법칙($A + \overline{A} = 1$)]

$= AB + \overline{A}C + ABCD + \overline{A}BCD$ [분배법칙]

$= AB(1+CD) + \overline{A}C(1+BD)$ [결합법칙]

$= AB \cdot 1 + \overline{A}C \cdot 1$ [한계법칙($1+CD=1$, $1+BD=1$)]

$= AB + \overline{A}C$ [항등원법칙($AB \cdot 1 = AB$, $\overline{A}C \cdot 1 = \overline{A}C$)]

3) $Z = \overline{A}C + BC + AB + \overline{B}C = \overline{A}C + AB + C(B + \overline{B})$ [결합법칙]

$= \overline{A}C + AB + C(B + \overline{B}) = \overline{A}C + AB + C \cdot 1$ [부정법칙($B + \overline{B} = 1$)]

$= \overline{A}C + AB + C \cdot 1 = \overline{A}C + AB + C$ [항등원법칙($C \cdot 1 = C$)]

$= \overline{A}C + AB + C = C(\overline{A}+1) + AB$ [결합법칙]

$= C(\overline{A}+1) + AB = C \cdot 1 + AB$ [한계법칙($\overline{A}+1=1$)]

$= C \cdot 1 + AB = C + AB$ [항등원법칙($C \cdot 1 = C$)]

07

다음 논리식을 NAND 회로만을 사용하여 로직 회로를 작성하시오.

$X = \overline{A}BC + A\overline{B}C + AB\overline{C}$

정답

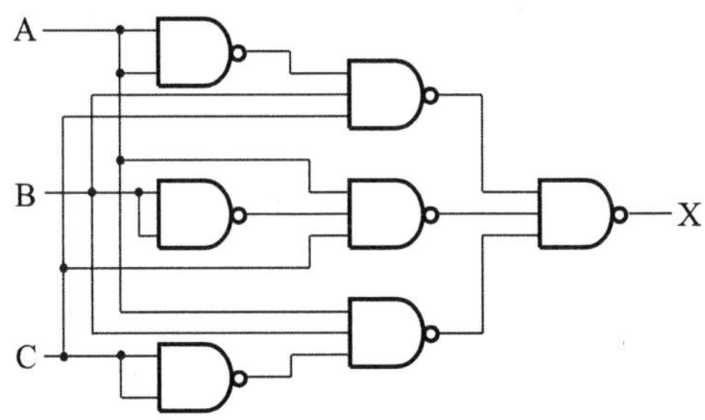

Solution

① 논리식을 NAND회로로 바꾸기 위해 논리회로의 이중부정 법칙과 드모르간 법칙을 적용한다.

$$X = \overline{A}BC + A\overline{B}C + AB\overline{C} = \overline{\overline{\overline{A}BC + A\overline{B}C + AB\overline{C}}}$$ [이중부정 법칙($\overline{\overline{A}} = A$)]

$$= \overline{\overline{\overline{A}BC + A\overline{B}C + AB\overline{C}}} = \overline{\overline{\overline{A}BC} \cdot \overline{A\overline{B}C} \cdot \overline{AB\overline{C}}}$$ [드모르간 법칙($\overline{A+B} = \overline{A} \cdot \overline{B}$)]

② B접점을 NAND회로로 표현하면 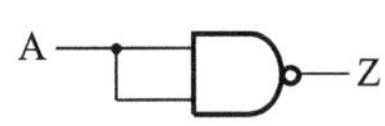

과 같다.

③ 이것을 이용하여 NAND회로만으로 로직회로를 작성하면 다음과 같다.

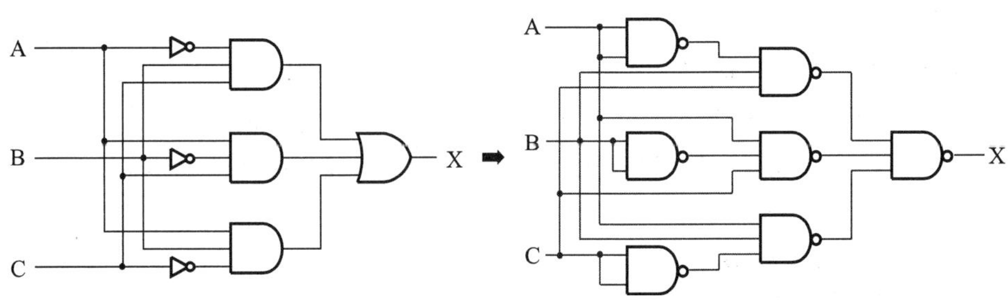

08

시퀀스(릴레이 접점)회로가 다음과 같을 때 다음 물음에 답하시오.

1) 이 회로의 논리식을 쓰시오.
2) 논리식을 NAND회로만을 사용하여 논리(무접점)회로를 그리시오.

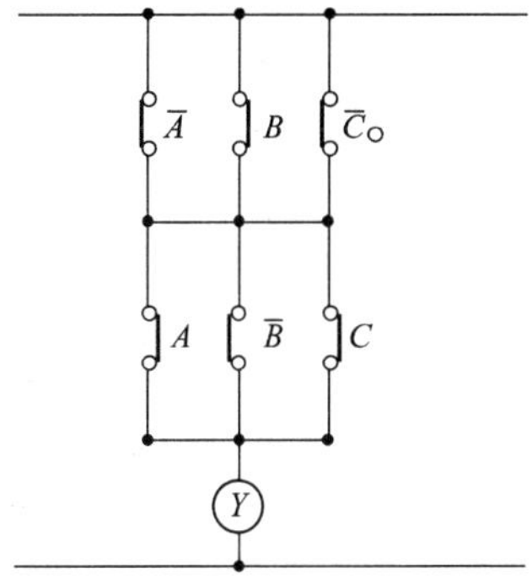

정답

1) $Y=(A+\overline{B}+C)(\overline{A}+B+\overline{C})$

2)

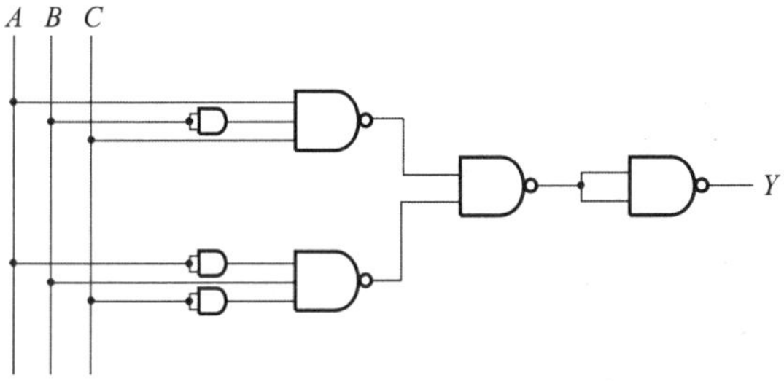

Solution

1) **시퀀스회로**와 **논리회로**의 관계

회로	논리식	논리회로	시퀀스 회로
직렬회로	Z=A · B Z=AB	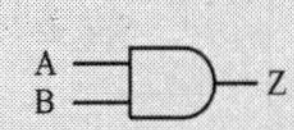	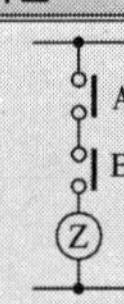
병렬회로	Z=A+B	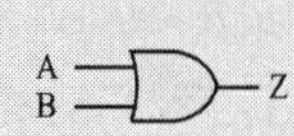	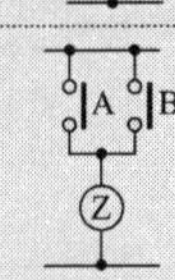
a접점	Z=A	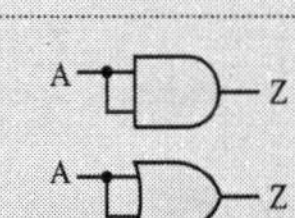	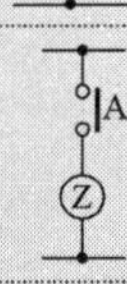
b접점	$Z=\overline{A}$	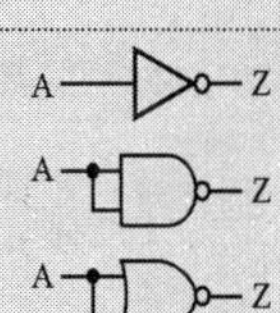	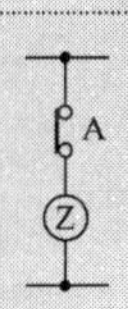

2) **치환법**

① AND회로 → OR회로, OR회로 → AND회로로 바꾼다.

② 버블(=작은 동그라미)이 있는 것은 버블을 없애고, 버블이 없는 것은 버블을 붙인다.

③ NOT의 등가회로 : 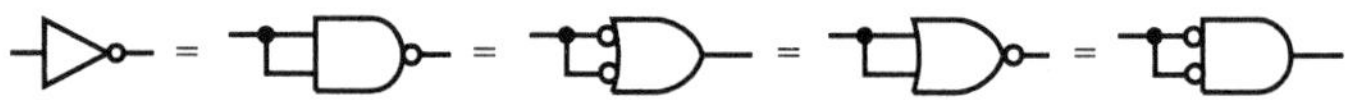

논리회로		치환	명칭
	➡	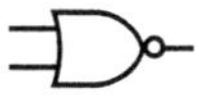	NOR 회로
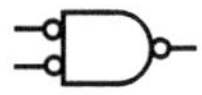	➡	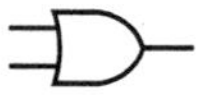	OR 회로
	➡	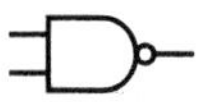	NAND 회로
	➡		AND 회로

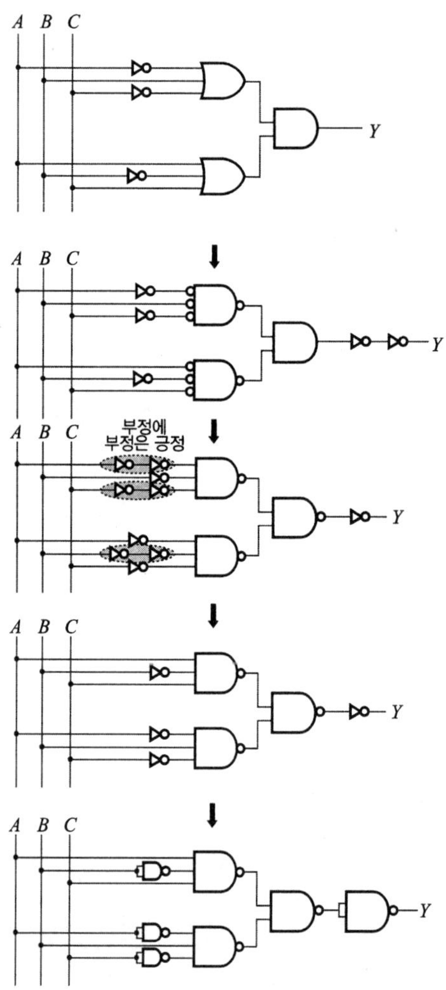

09

그림과 같은 배타적 논리합(Exclusive OR) 회로에서 다음 각 물음에 답하시오.

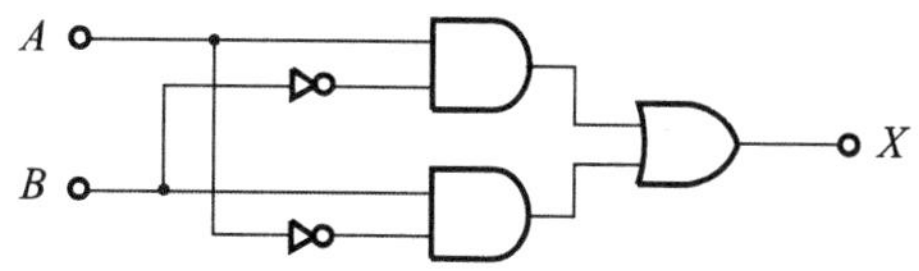

1) 이 회로의 논리식 쓰시오.
2) 이 회로에 대한 유접점 릴레이(시퀀스)회로를 그리시오.
3) 이 회로의 타임챠트를 완성하시오.

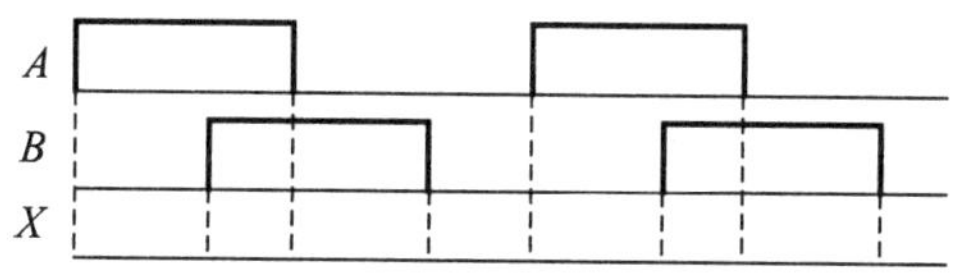

4) 이 회로의 진리표를 완성하시오.

A	B	X

정답

1) $X = A\overline{B} + \overline{A}B$

2)

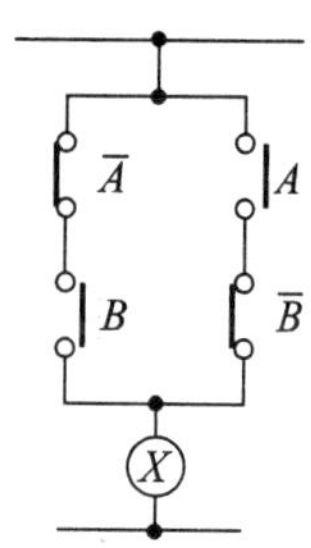

3)

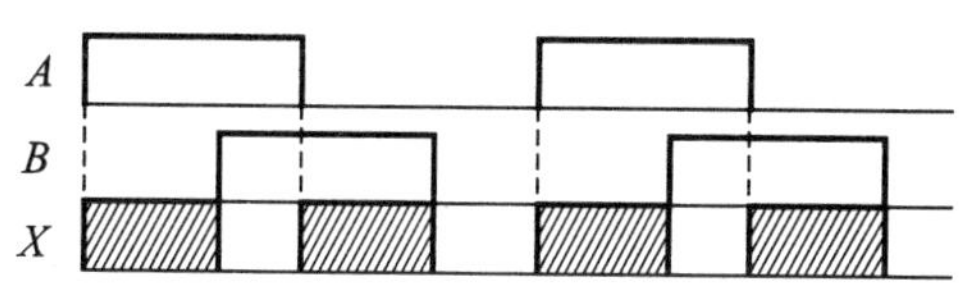

4)

A	B	X
0	0	0
0	1	1
1	0	1
1	1	0

Solution

1) **시퀀스회로**와 **논리회로**의 관계

<table>
<tr><th>명칭</th><th>논리회로</th><th>시퀀스회로</th><th>진리표</th></tr>
<tr><td rowspan="2">AND회로
(직렬회로)
(논리곱회로)</td><td colspan="3">입력신호 A, B가 동시에 1일 때만 출력신호 X가 1이 된다.</td></tr>
<tr><td>$X = A \cdot B$
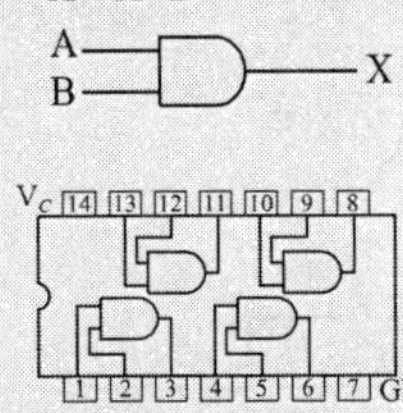
SN 7408</td><td>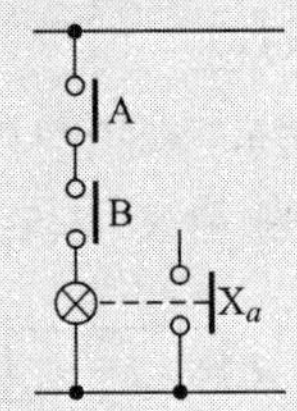</td><td><table><tr><th colspan="2">입력</th><th>출력</th></tr><tr><th>A</th><th>B</th><th>X</th></tr><tr><td>0</td><td>0</td><td>0</td></tr><tr><td>0</td><td>1</td><td>0</td></tr><tr><td>1</td><td>0</td><td>0</td></tr><tr><td>1</td><td>1</td><td>1</td></tr></table></td></tr>
<tr><td rowspan="2">OR회로
(병렬회로)
(논리합회로)</td><td colspan="3">입력신호 A, B 중 어느 하나라도 1이면 출력신호 X가 1이 된다.</td></tr>
<tr><td>$X = A + B$
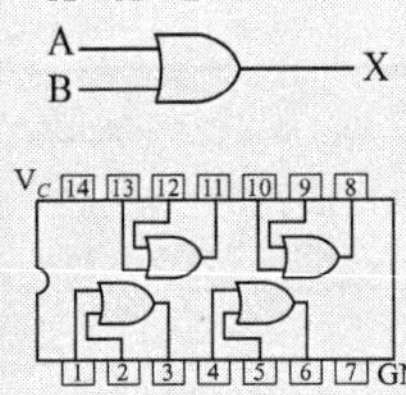
SN 7432</td><td>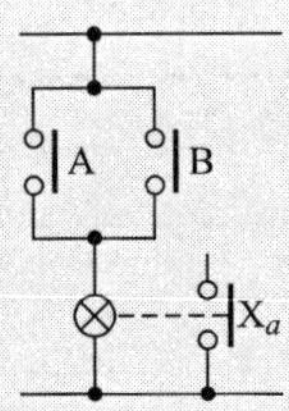</td><td><table><tr><th colspan="2">입력</th><th>출력</th></tr><tr><th>A</th><th>B</th><th>X</th></tr><tr><td>0</td><td>0</td><td>0</td></tr><tr><td>0</td><td>1</td><td>1</td></tr><tr><td>1</td><td>0</td><td>1</td></tr><tr><td>1</td><td>1</td><td>1</td></tr></table></td></tr>
<tr><td rowspan="2">NOT회로
(B접점)
(부정회로)</td><td colspan="3">입력신호 A가 0일 때만 출력신호 X가 1이 된다.</td></tr>
<tr><td>$X = \overline{A}$
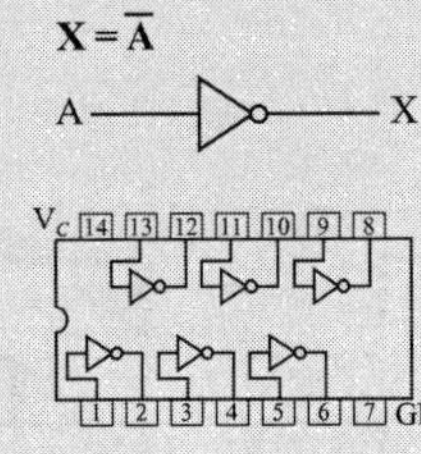
SN 7404</td><td>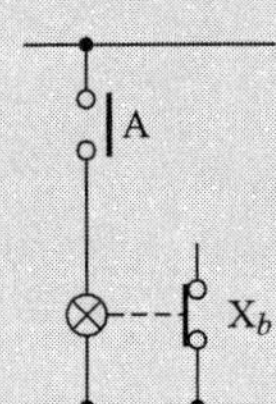</td><td><table><tr><th>입력</th><th>출력</th></tr><tr><th>A</th><th>X</th></tr><tr><td>0</td><td>1</td></tr><tr><td>1</td><td>0</td></tr></table></td></tr>
<tr><td rowspan="2">NAND회로</td><td colspan="3">입력신호 A, B가 동시에 1일 때만 출력신호 X가 0이 된다(AND회로의 부정).</td></tr>
<tr><td>$X = \overline{A \cdot B} = \overline{A} + \overline{B}$
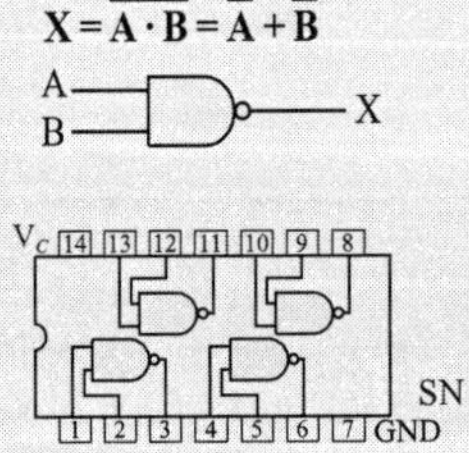
SN 7408</td><td>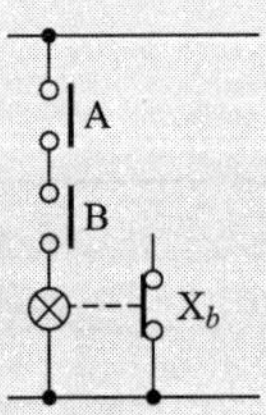</td><td><table><tr><th colspan="2">입력</th><th>출력</th></tr><tr><th>A</th><th>B</th><th>X</th></tr><tr><td>0</td><td>0</td><td>1</td></tr><tr><td>0</td><td>1</td><td>1</td></tr><tr><td>1</td><td>0</td><td>1</td></tr><tr><td>1</td><td>1</td><td>0</td></tr></table></td></tr>
</table>

<table>
<tr><th>명칭</th><th>논리회로</th><th>시퀀스회로</th><th>진리표</th></tr>
<tr><td rowspan="2">NOR회로</td><td colspan="3">입력신호 A, B가 동시에 0일 때만 출력신호 X가 1이 된다(OR회로의 부정).</td></tr>
<tr><td>$X = \overline{A+B} = \overline{A} \cdot \overline{B}$
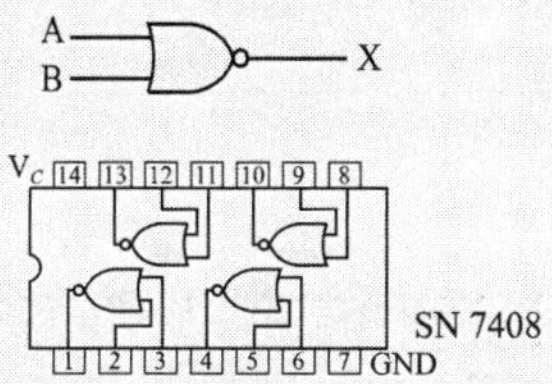</td><td>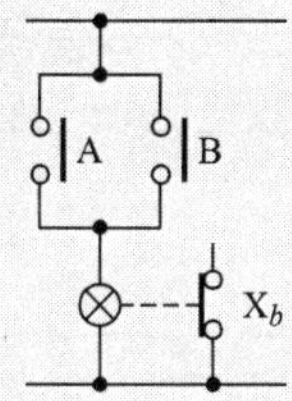</td><td>
<table>
<tr><th colspan="2">입력</th><th>출력</th></tr>
<tr><th>A</th><th>B</th><th>X</th></tr>
<tr><td>0</td><td>0</td><td>1</td></tr>
<tr><td>0</td><td>1</td><td>0</td></tr>
<tr><td>1</td><td>0</td><td>0</td></tr>
<tr><td>1</td><td>1</td><td>0</td></tr>
</table></td></tr>
<tr><td rowspan="2">Exclusive OR회로</td><td colspan="3">입력신호 A, B 중 어느 한쪽만이 1이면 출력신호 X가 1이 된다.</td></tr>
<tr><td>$X = A \oplus B = \overline{A}B + A\overline{B}$
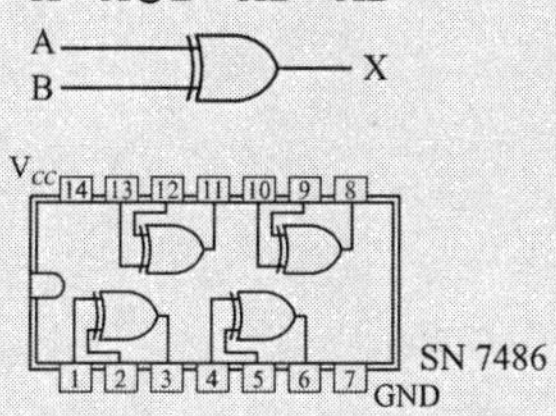</td><td>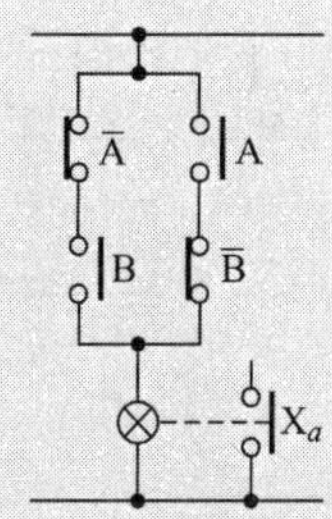</td><td>
<table>
<tr><th colspan="2">입력</th><th>출력</th></tr>
<tr><th>A</th><th>B</th><th>X</th></tr>
<tr><td>0</td><td>0</td><td>0</td></tr>
<tr><td>0</td><td>1</td><td>1</td></tr>
<tr><td>1</td><td>0</td><td>1</td></tr>
<tr><td>1</td><td>1</td><td>0</td></tr>
</table></td></tr>
<tr><td rowspan="2">Exclusive NOR회로</td><td colspan="3">입력신호 A, B가 동시에 0이거나 1일 때만 출력신호 X가 1이 된다.</td></tr>
<tr><td>$X = \overline{A \oplus B} = AB + \overline{A}\overline{B}$
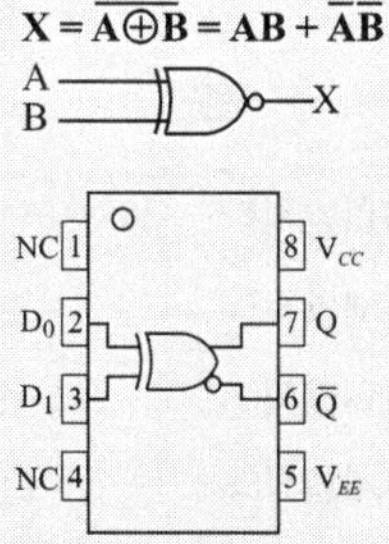</td><td>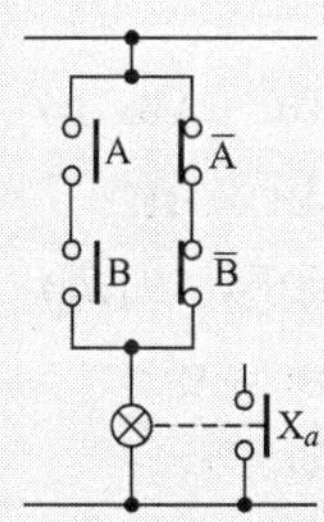</td><td>
<table>
<tr><th colspan="2">입력</th><th>출력</th></tr>
<tr><th>A</th><th>B</th><th>X</th></tr>
<tr><td>0</td><td>0</td><td>1</td></tr>
<tr><td>0</td><td>1</td><td>0</td></tr>
<tr><td>1</td><td>0</td><td>0</td></tr>
<tr><td>1</td><td>1</td><td>1</td></tr>
</table></td></tr>
</table>

2) 배타적 논리곱(Exclusive NOR)회로

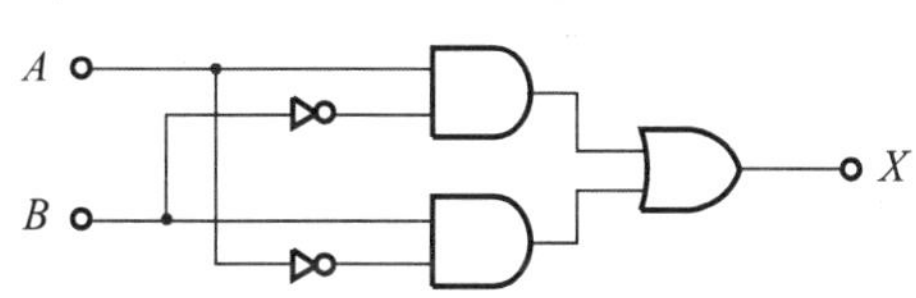

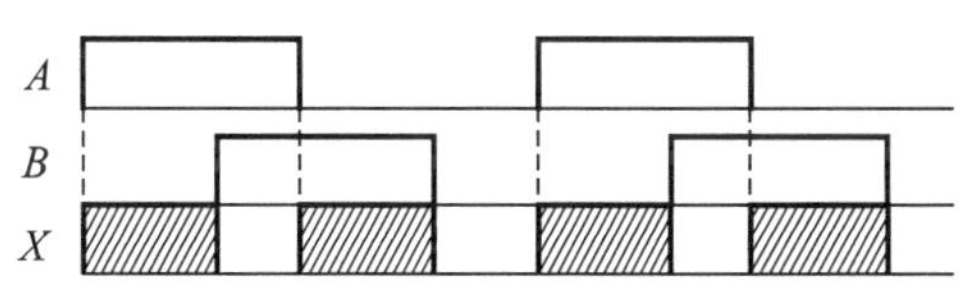

10

다음 논리식을 가장 간단한 식으로 변형하고 간략화된 논리회로와 시퀀스회로로 작성하시오.

$$X=(A+B+\overline{C})(A\overline{B}C+AB\overline{C})$$

정답

간소화된 논리식	논리회로	시퀀스회로
$X=A(\overline{B}C+B\overline{C})$	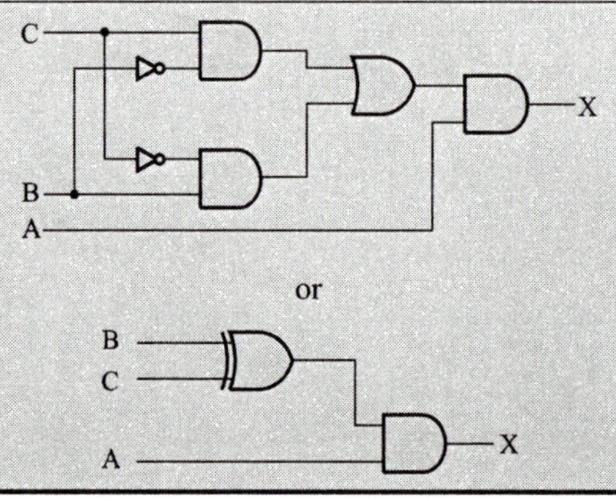	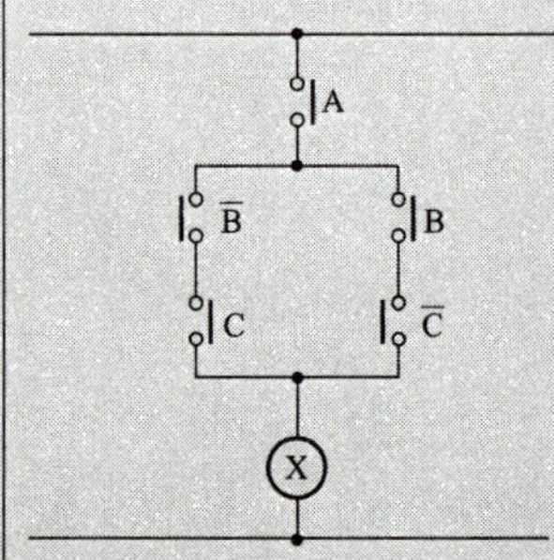

Solution

① 간소화된 논리식

$X=(A+B+\overline{C})(A\overline{B}C+AB\overline{C})$

$=(A+B+\overline{C})A(\overline{B}C+B\overline{C})$ [결합법칙]

$=(AA+AB+A\overline{C})(\overline{B}C+B\overline{C})$ [분배법칙]

$=A(1+B+\overline{C})(\overline{B}C+B\overline{C})$ [동일법칙($A \cdot A=A$), 결합법칙]

$=(A \cdot 1)(\overline{B}C+B\overline{C})$ [한계법칙($1+B+\overline{C}=1$)]

$=A(\overline{B}C+B\overline{C})$ [항등원법칙($A \cdot 1=A$)]

② 진리표 및 출력신호

진리표

A	B	C	X
0	0	0	0
0	0	1	0
0	1	0	0
0	1	1	0
1	0	0	0
1	0	1	1
1	1	0	1
1	1	1	0

출력신호

- 입력신호 A가 '1'이고 입력신호 B, C중 어느 한 쪽만이 '1'일 때 출력신호 X가 '1'이 된다.

11

그림은 6개의 접점을 가진 릴레이회로이다. 다음 물음에 답하시오.

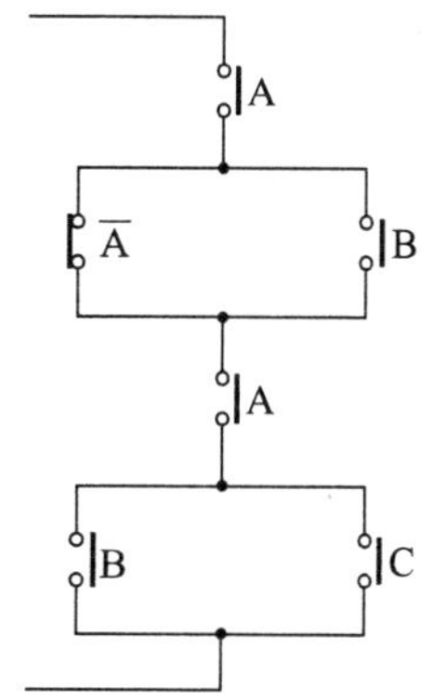

1) 회로도의 접점 6개를 모두 사용한 릴레이회로의 논리식은?
2) 간략화된 논리식은?
3) 간략화된 릴레이 접점회로는?
4) 간략화된 논리회로는?

정답

1) $A(\overline{A}+B)\cdot A(B+C)$

2) AB

3) 

4) 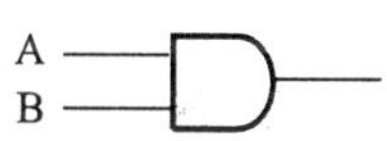

Solution

간소화된 논리식

$X = A(\overline{A}+B)\cdot A(B+C)$

$= A(\overline{A}+B)\cdot(B+C)$	[동일법칙($A\cdot A=A$)]
$= A(\overline{A}B+\overline{A}C+BB+BC)$	[분배법칙]
$= A\overline{A}B+A\overline{A}C+ABB+ABC$	[분배법칙]
$= AB+ABC$	[부정법칙($A\cdot\overline{A}=0$), 동일법칙($B\cdot B=B$)]
$= AB(1+C)$	[결합법칙]
$= AB\cdot 1$	[한계법칙($1+C=1$)]
$= AB$	[항등원법칙($AB\cdot 1=AB$)]

12

그림과 같은 스위칭 회로에 대해 접점수를 최소화하여 그리시오.

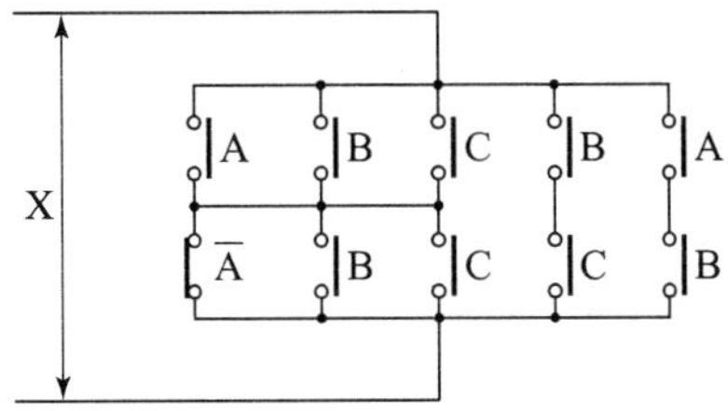

정답

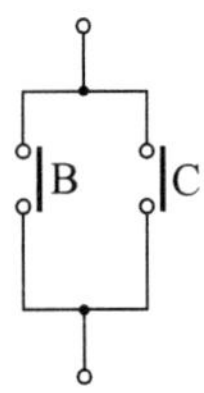

Solution

간소화된 논리식

$X = (A+B+C)\cdot(\overline{A}+B+C)+BC+AB$

$= A\overline{A}+AB+AC+\overline{A}B+BB+BC$ [분배법칙]

$+\overline{A}C+BC+CC+BC+AB$

$= AB+AC+\overline{A}B+B+BC+\overline{A}C+C$ [부정법칙($A\cdot\overline{A}=0$)]

[동일법칙($B\cdot B=B, C\cdot C=C, AB+AB=AB, BC+BC=BC$)]

$= B(A+\overline{A}+1+C)+C(A+\overline{A}+1)$ [결합법칙]

$= B+C$ [한계법칙($A+\overline{A}+1+C=1$), ($A+\overline{A}+1=1$)]

13

릴레이 접점회로가 그림과 같을 때 AND, OR, NOT 등의 논리기호를 사용하여 논리회로를 작성하시오.

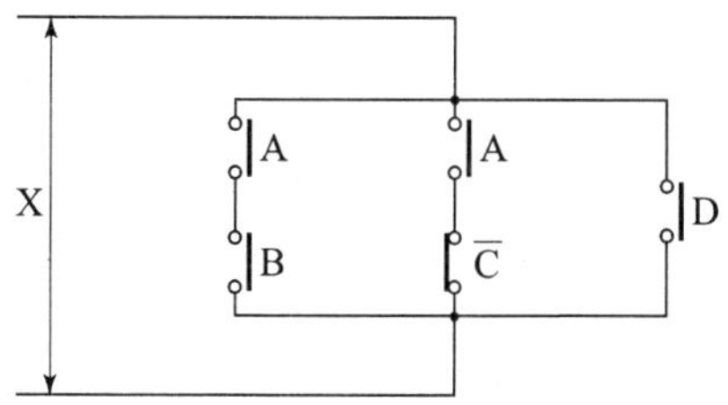

정답

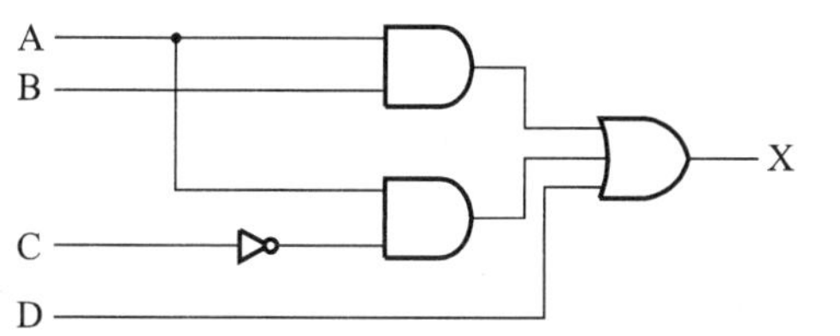

Solution

논리식	논리회로
$X = AB + A\overline{C} + D$	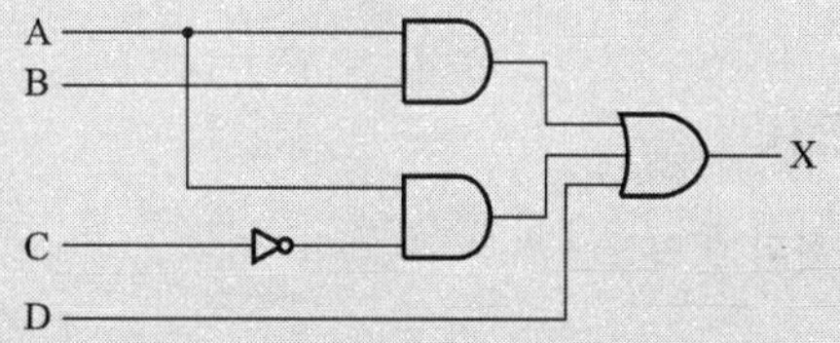

14

그림과 같은 유접점회로의 출력 X의 논리식을 가장 간단하게 표현하고, 이것을 무접점논리회로로 표현하여 그리시오.

1) 간소화식 :

2) 무접점 논리회로 :

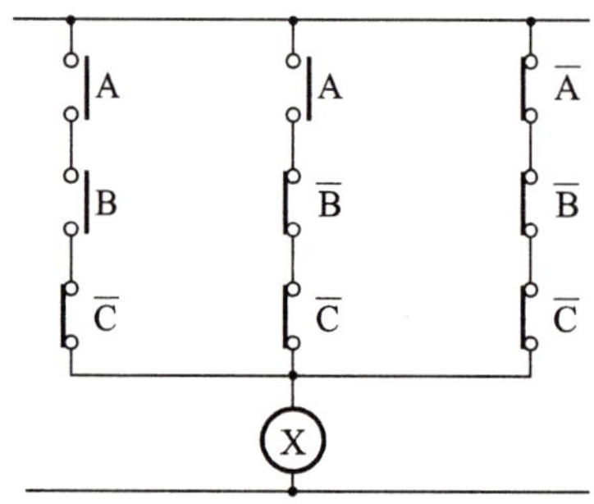

정답

1) 간소화식 : $X = \overline{C}(A + \overline{B})$

2) 무접점 논리회로

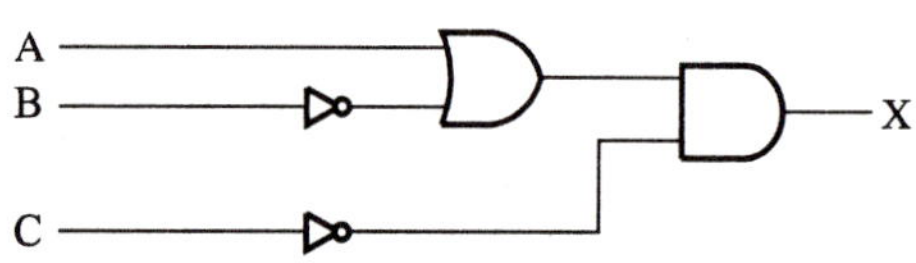

Solution

간소화된 논리식

$$
\begin{aligned}
X &= AB\overline{C} + A\overline{B}\,\overline{C} + \overline{A}\,\overline{B}\,\overline{C} \\
&= A\overline{C}(B + \overline{B}) + \overline{A}\,\overline{B}\,\overline{C} && \text{[결합법칙]} \\
&= A\overline{C} + \overline{A}\,\overline{B}\,\overline{C} && \text{[부정법칙}(B + \overline{B} = 1)] \\
&= \overline{C}(A + \overline{A}\,\overline{B}) && \text{[결합법칙]} \\
&= \overline{C}(A + \overline{B}) && \text{[흡수법칙}(A + \overline{A}\,\overline{B} = A + \overline{B})]
\end{aligned}
$$

[참조] 흡수법칙 증명

$$
\begin{aligned}
A + \overline{A}\,\overline{B} &= A \cdot 1 + \overline{A}\,\overline{B} \\
&= A(1 + \overline{B}) + \overline{A}\,\overline{B} \\
&= A + A\overline{B} + \overline{A}\,\overline{B} \\
&= A + \overline{B}(A + \overline{A}) \\
&= A + \overline{B}
\end{aligned}
$$

15

주어진 논리식을 릴레이회로(유접점회로) 및 논리회로로 바꾸어 그리시오.

논리식 : $Z = A \cdot \overline{B} + \overline{A} \cdot \overline{B}$

- 릴레이회로(유접점회로) :
- 논리회로 :

정답

① 릴레이회로(유접점회로)

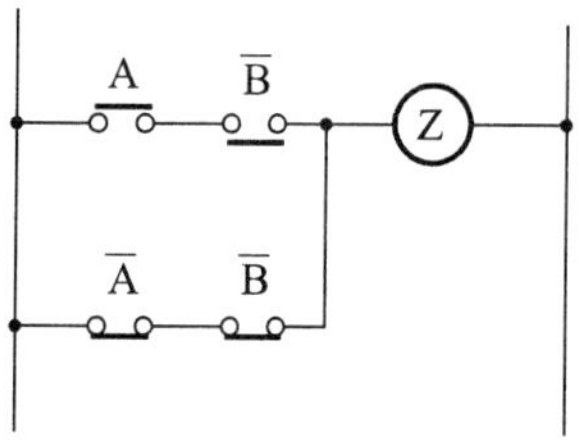

② 논리회로

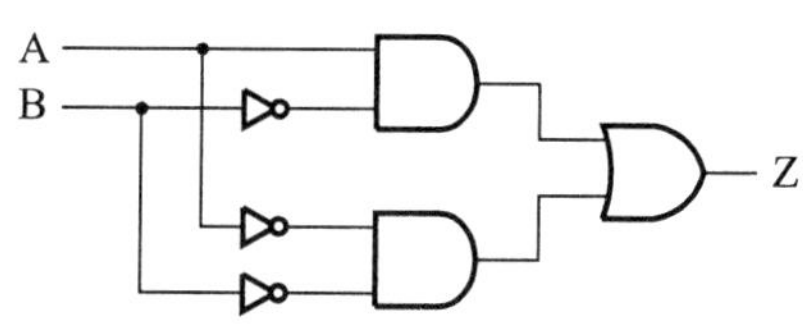

Solution

시퀀스회로	논리회로	진리표
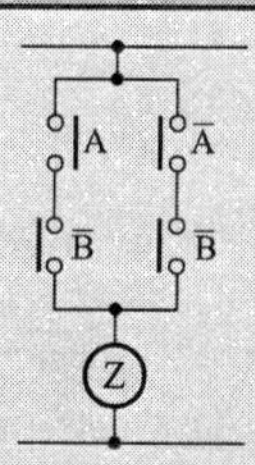	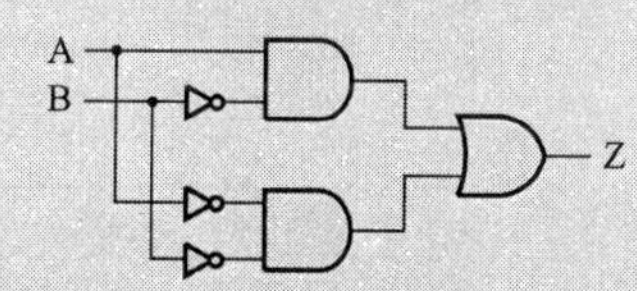	아래 표 참조

입력		출력
A	B	Z
0	0	1
0	1	0
1	0	1
1	1	0

16

주어진 논리대수식을 릴레이회로(유접점회로) 및 논리회로(무접점회로)로 바꾸어 그리시오.

1) $Z = A \cdot B + \overline{A} \cdot \overline{B}$

- 릴레이회로 :
- 논리회로 :

2) $Z = (A + B) \cdot (\overline{A} + \overline{B})$

- 릴레이회로 :
- 논리회로 :

정답

1) ① 릴레이회로 ② 논리회로

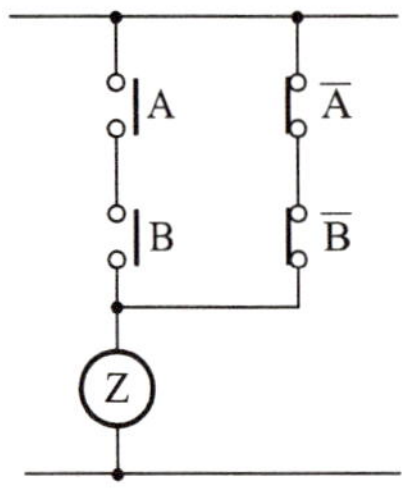

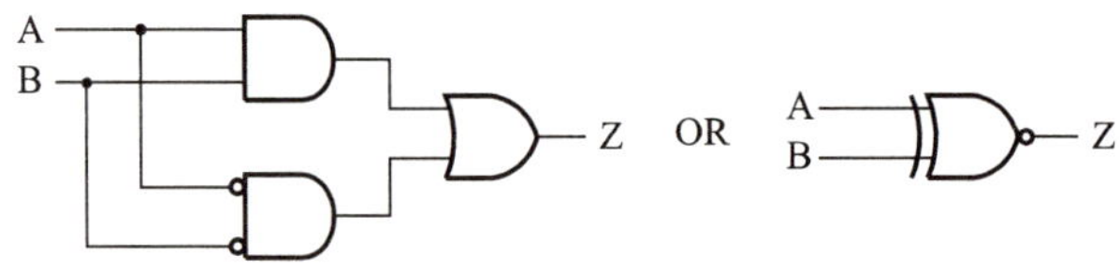

2) ① 릴레이회로 ② 논리회로

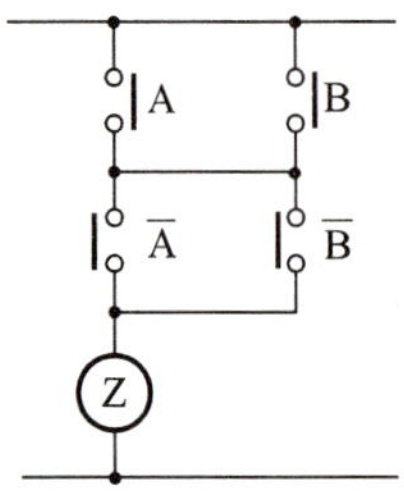

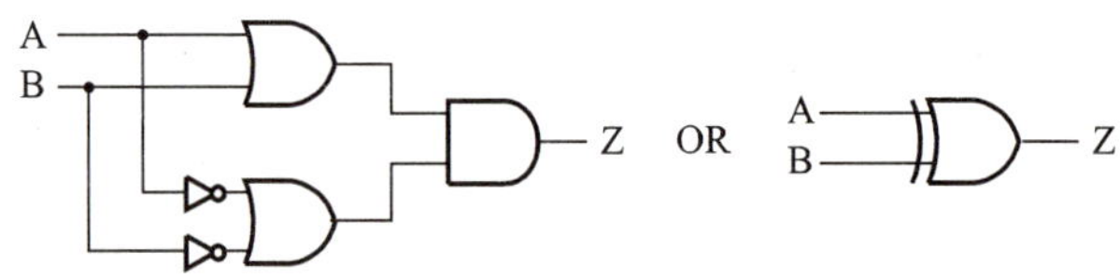

Solution

2)번의 간소화된 논리식

$X = (A+B) \cdot (\overline{A}+\overline{B})$

$= A\overline{A} + A\overline{B} + \overline{A}B + \overline{B}B$ [분배법칙]

$= A\overline{B} + \overline{A}B$ [부정법칙($A \cdot \overline{A} = 0$), ($B \cdot \overline{B} = 0$)]

<table>
<tr><th>명칭</th><th>논리회로</th><th>시퀀스회로</th><th>진리표</th></tr>
<tr><td rowspan="2">Exclusive OR회로</td><td colspan="3">입력신호 A, B 중 어느 한쪽만이 1이면 출력신호 X가 1이 된다.</td></tr>
<tr><td>$X = A \oplus B = \overline{A}B + A\overline{B}$
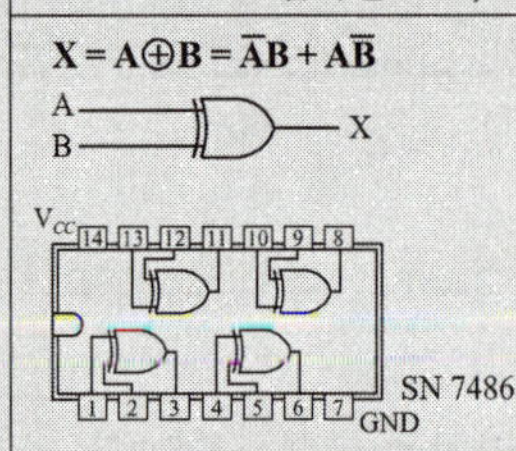</td><td>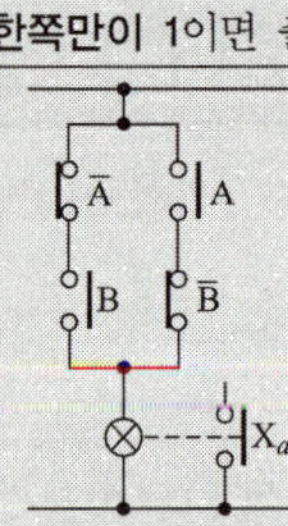</td><td><table><tr><th colspan="2">입력</th><th>출력</th></tr><tr><th>A</th><th>B</th><th>X</th></tr><tr><td>0</td><td>0</td><td>0</td></tr><tr><td>0</td><td>1</td><td>1</td></tr><tr><td>1</td><td>0</td><td>1</td></tr><tr><td>1</td><td>1</td><td>0</td></tr></table></td></tr>
<tr><td rowspan="2">Exclusive NOR회로</td><td colspan="3">입력신호 A, B가 동시에 0이거나 1일 때만 출력신호 X가 1이 된다.</td></tr>
<tr><td>$X = \overline{A \oplus B} = AB + \overline{A}\overline{B}$
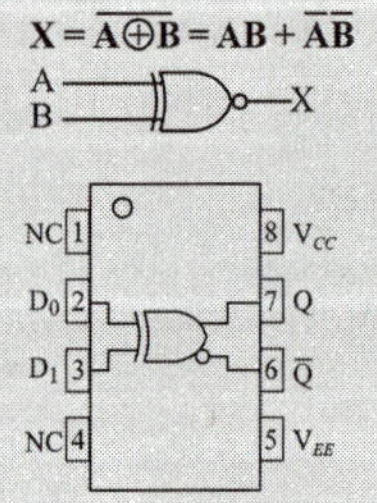</td><td>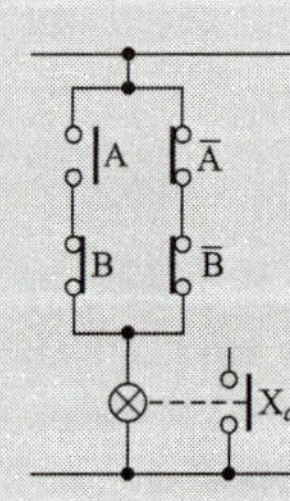</td><td><table><tr><th colspan="2">입력</th><th>출력</th></tr><tr><th>A</th><th>B</th><th>X</th></tr><tr><td>0</td><td>0</td><td>1</td></tr><tr><td>0</td><td>1</td><td>0</td></tr><tr><td>1</td><td>0</td><td>0</td></tr><tr><td>1</td><td>1</td><td>1</td></tr></table></td></tr>
</table>

17

논리식 $Z=(A+B+C)\cdot(\overline{A}\cdot\overline{B}\cdot\overline{C}+D)$를 릴레이회로(유접점회로)와 논리회로(무접점회로)로 바꾸어 그리시오.

정답

① 릴레이회로(유접점회로) ② 논리회로

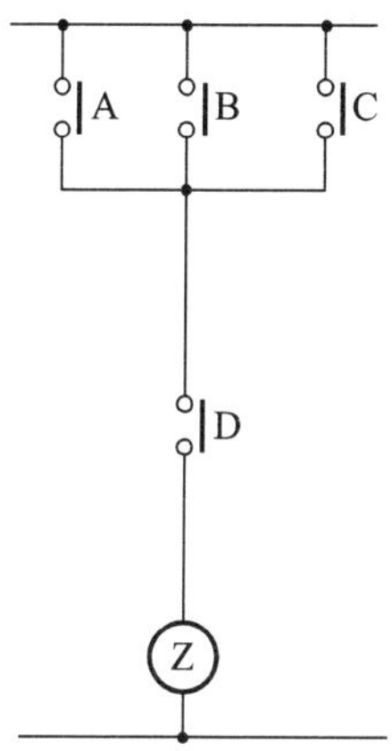

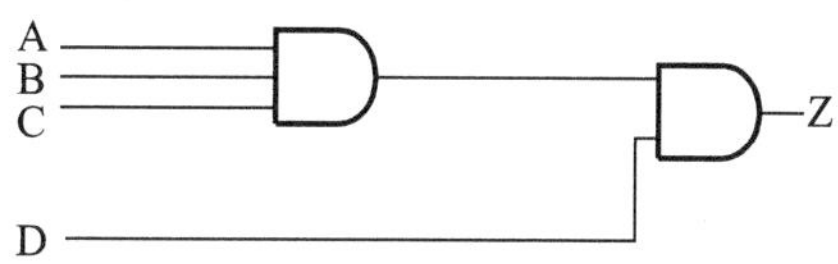

Solution

① 간소화된 논리식

$$\begin{aligned} Z &= (A+B+C)\cdot(\overline{A}\,\overline{B}\,\overline{C}+D) \\ &= A\overline{A}\,\overline{B}\,\overline{C}+AD+\overline{A}B\overline{B}\,\overline{C}+BD+\overline{A}\,\overline{B}C\overline{C}+CD \\ &= AD+BD+CD \\ &= D(A+B+C) \end{aligned}$$

② 릴레이회로(유접점회로) ③ 논리회로

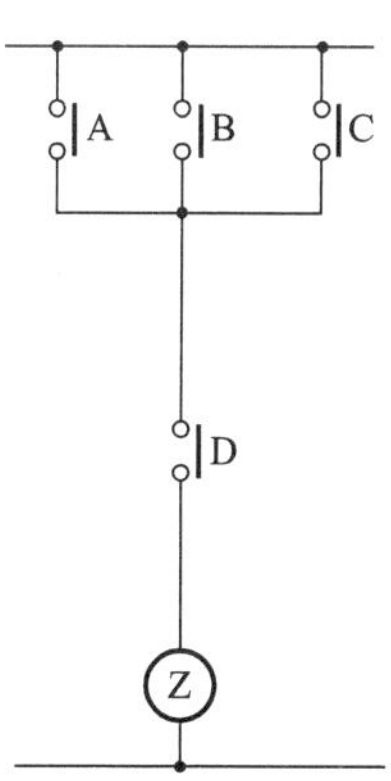

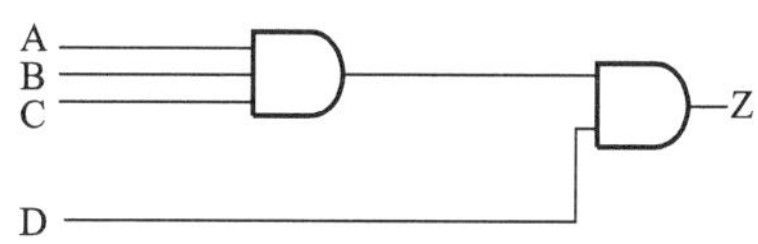

18

그림과 같은 논리회로를 보고 논리식, 릴레이회로를 그리시오.

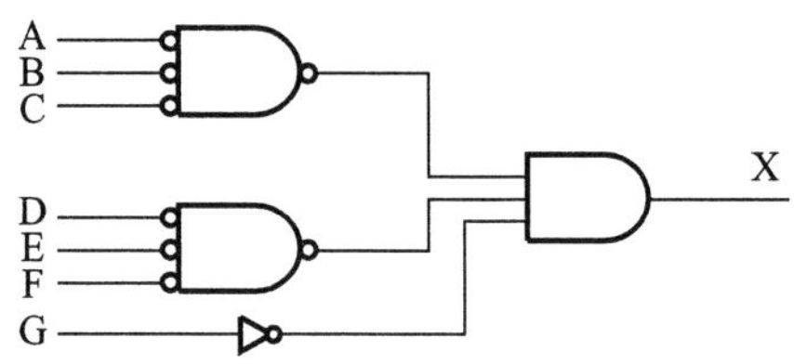

정답

1) 논리식 $X=(A+B+C)\cdot(D+E+F)\cdot\overline{G}$

2) 릴레이회로

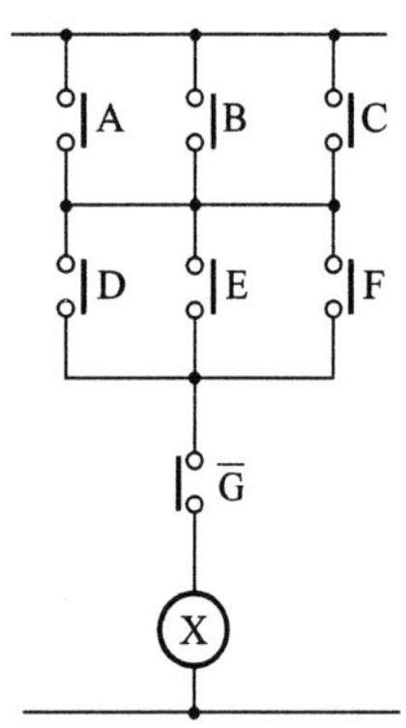

Solution

간소화된 논리식

$$X=\left(\overline{\overline{A}\,\overline{B}\,\overline{C}}\right)\cdot\left(\overline{\overline{D}\,\overline{E}\,\overline{F}}\right)\cdot\overline{G}$$

$$=\left(\overline{\overline{A}}+\overline{\overline{B}}+\overline{\overline{C}}\right)\cdot\left(\overline{\overline{D}}+\overline{\overline{E}}+\overline{\overline{F}}\right)\cdot\overline{G}$$

$$=(A+B+C)\cdot(D+E+F)\cdot\overline{G}$$

19

그림과 같은 시퀀스(릴레이 접점)회로를 보고 다음 각 물음에 답하시오.

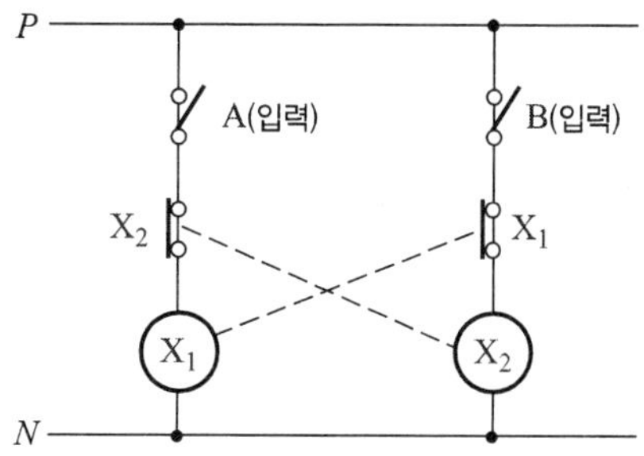

1) 회로에 대한 논리식을 쓰시오.
2) 회로에 대한 논리회로를 그리시오.
3) 회로의 동작상황을 보고 타임차트를 완성하시오.

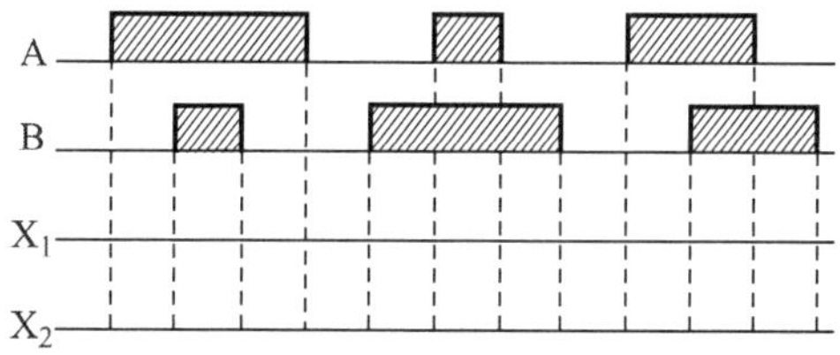

4) 접점 X_1과 X_2의 관계를 무엇이라고 하는가?

정답

1) $X_1 = A\overline{X_2}$, $X_2 = B\overline{X_1}$

2)

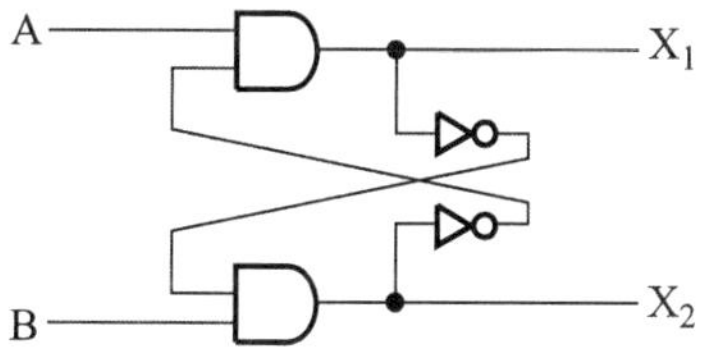

3)

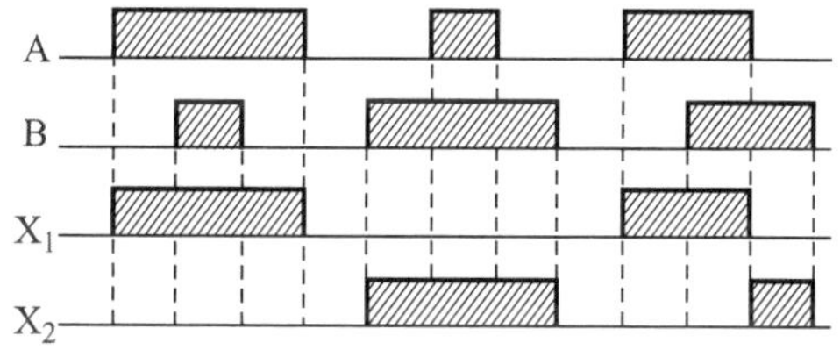

4) 인터록(Interlock)

Solution

1) 논리식

구분	논리식	논리회로	시퀀스
논리곱	곱하기(•)	AND회로 (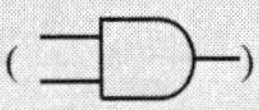)	직렬회로
논리합	더하기(+)	OR회로 (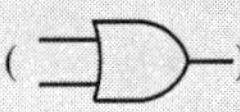)	병렬회로

$X_1 = A\overline{X_2}$, $X_2 = B\overline{X_1}$

2) 논리회로

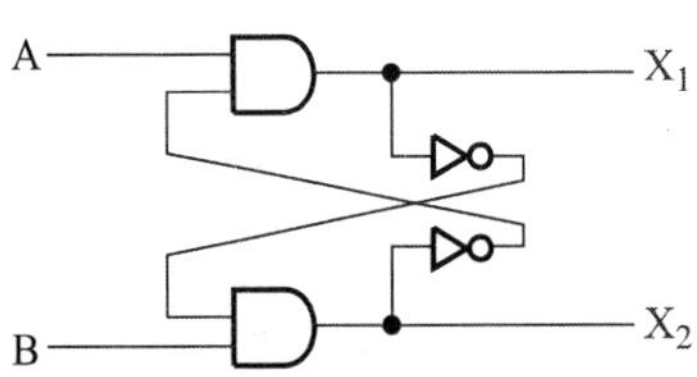

or

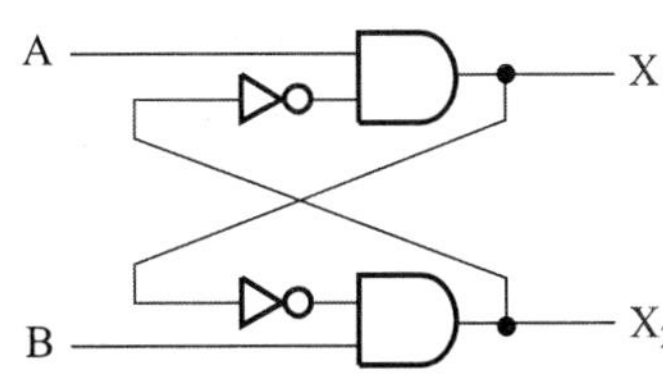

3) 타임차트

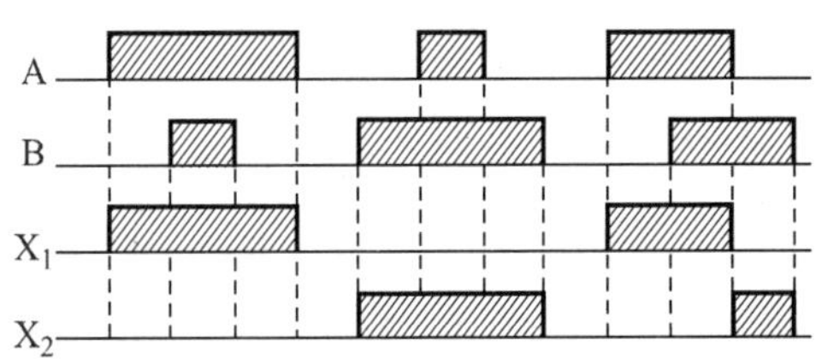

4) **인터록** 회로

두 입력 신호 중 **어느 한 가지 동작만 이루어질 수 있도록** 배선 도중에 **상대방의 b접점을 추가하는 방식**으로 전동기의 Y-△회로에 많이 적용한다.

20

다음에 주어진 진리표를 보고 다음 각 물음에 답하시오.

A	B	C	X
0	0	0	1
0	0	1	1
0	1	0	0
0	1	1	0
1	0	0	0
1	0	1	0
1	1	0	1
1	1	1	1

1) 카르노 맵을 이용하여 간략화하고 논리식을 쓰시오.

2) 논리식을 부울대수식을 이용하여 증명하시오.

3) 간략화된 논리식을 보고 유접점회로와 무접점회로로 나타내시오.

정답

1) 카르노 맵을 이용하여 간략화하고 논리식을 쓰시오.

A \ BC	00	01	11	10
0	1	1	0	0
1	0	0	1	1

$X = \overline{A}\,\overline{B} + AB$

2) 논리식을 부울대수식을 이용하여 증명하시오.

$X = \overline{A}\,\overline{B}\,\overline{C} + \overline{A}\,\overline{B}\,C + AB\,\overline{C} + ABC$

$= \overline{A}\,\overline{B}(\overline{C} + C) + AB(\overline{C} + C)$

$= \overline{A}\,\overline{B} + AB$

3) 간략화된 논리식을 보고 유접점회로와 무접점회로로 나타내시오.

① 유접점회로

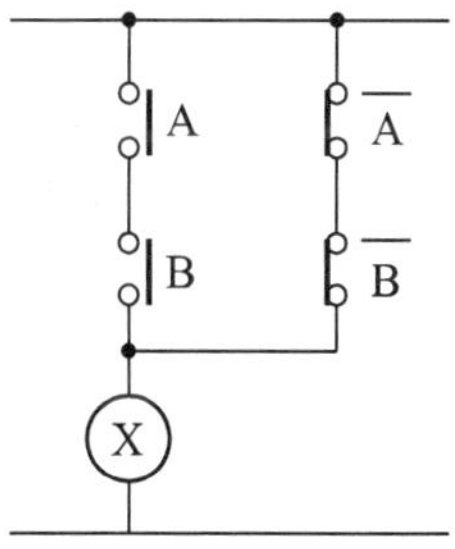

② 무접점회로

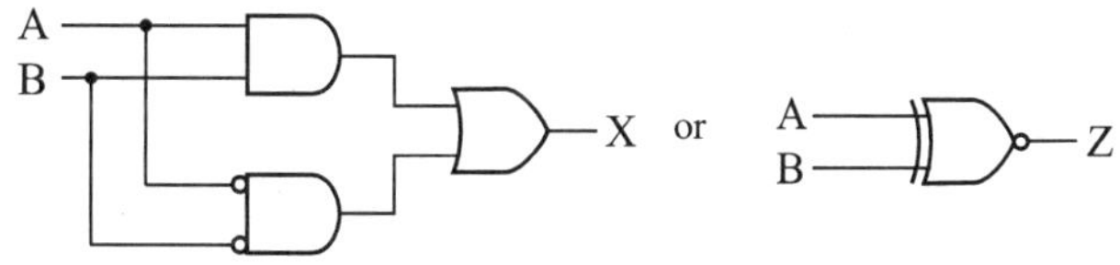

Solution

카르노 맵을 이용하여 논리식 간소화 하는 방법

① 진리표에 출력이 1인 항목을 논리식으로 표현한다.

$X = \overline{A}\,\overline{B}\,\overline{C} + \overline{A}\,\overline{B}\,C + AB\overline{C} + ABC$

② 출력이 1인 항목의 논리식을 카르노 맵으로 작성한다.
카르노 맵에 진리표의 각 값을 적합한 칸에 표시한다.

A \ BC	00	01	11	10
0	1	1	0	0
1	0	0	1	1

③ SOP(Sum of products)로 최소화 하여 '1'로 구성되는 최대 인접항으로 묶는다.

A \ BC	00	01	11	10
0	1	1	0	0
1	0	0	1	1

④ 묶음에서 남아있는 변수들로 간소화된 부울대수식을 구한다.

정규(x) 및 부정($\overline{x}$)인 변수가 묶음 내에 존재하면 그 변수는 식으로부터 소거되며 모든 칸에 나타나는 같은 변수는 최종식에 남는다. 윗 칸의 첫 번째 묶음에서 C는 '0'과 '1'로 모두 존재하므로 소거된다. 반면 $\overline{A}$와 $\overline{B}$는 모든 칸에 나타나므로 최종식에 남는다. 따라서 첫 번째 묶음에서 간소화된 부울대수식은 $\overline{A}\overline{B}$가 된다. 아래 칸의 두 번째 묶음에서 C는 '1'과 '0'이 모두 존재하므로 소거된다. 반면 A와 B는 모든 칸에 나타나므로 최종식에 남는다. 따라서 두 번째 묶음에서 간소화된 부울대수식은 AB가 된다.
그런 다음 묶음에서 간소화된 수식을 더하면 우리가 구하고자하는 부울대수식이 된다.
$X = \overline{A}\overline{B} + AB$

⑤ 간략화된 논리식을 유접점회로와 무접점회로로 나타내면 다음과 같다.

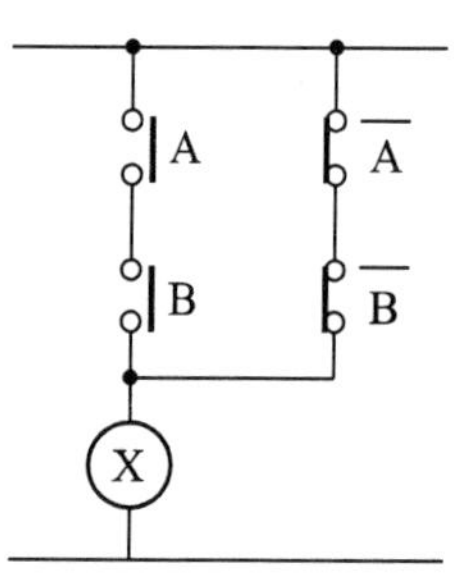

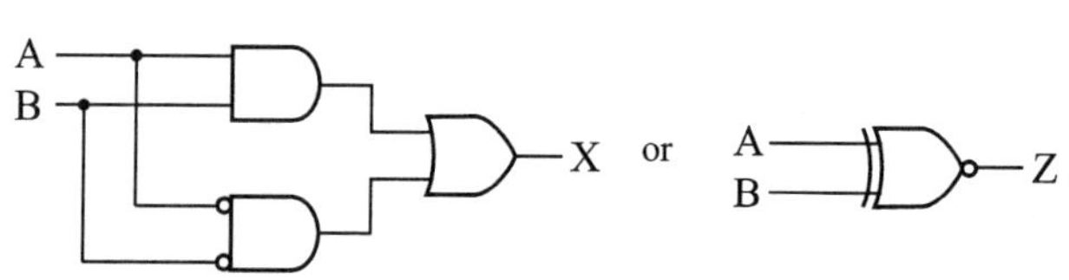

21

다음 회로를 인터록 회로로 수정하시오. 단, 전자접촉기 MC_1, MC_2의 B접점을 1개씩만 사용할 수 있다.

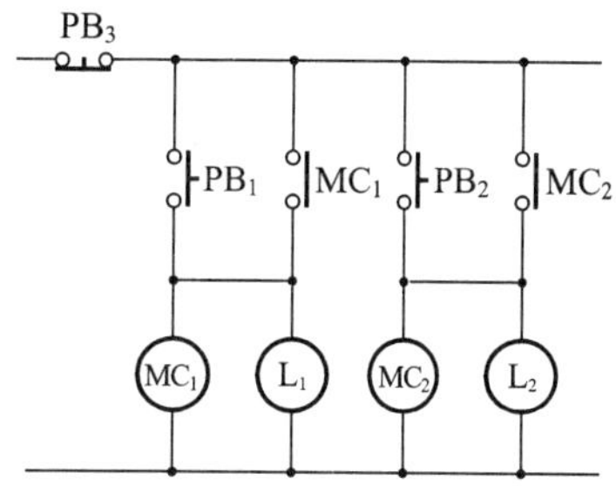

정답

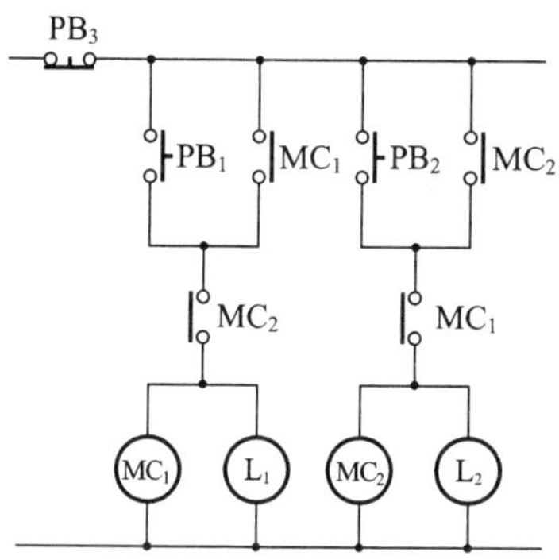

Solution

1) 인터록 회로(Interlock circuit)의 개요

① 두 기기 중 한 기기가 먼저 동작하면 다른 기기는 동작할 수 없다.

② 인명이나 기기를 보호하기 위하여 **자기 회로 또는 접점(b접점)으로 상대방 회로의 운전 회로 동작을 금지**시킨다.

③ 상대 동작 금지 회로, 선행 동작 우선 회로, 병렬 우선 회로라고도 한다.

④ 전동기의 정・역회전 운전 및 Y－Δ 기동 회로 등에 많이 사용한다.

2) 인터록 회로(Interlock circuit)의 시퀀스 및 타임차트

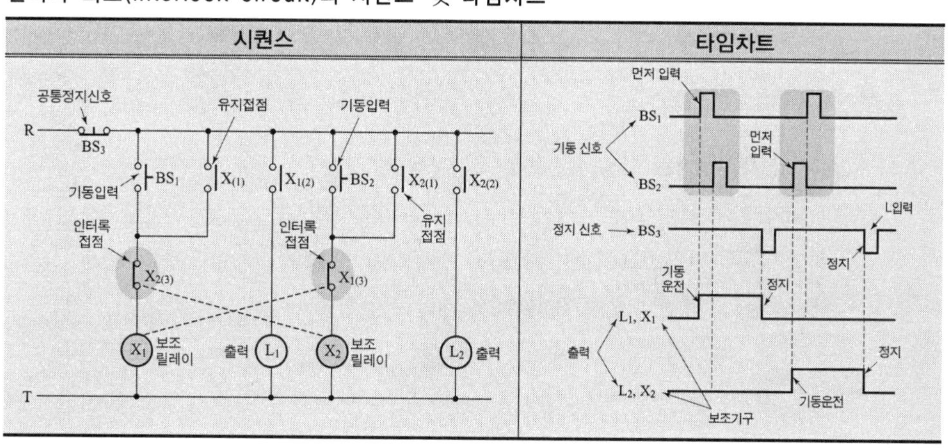

22

그림과 같이 미완성된 3상 유도전동기의 전전압기동 조작회로를 완성하시오.

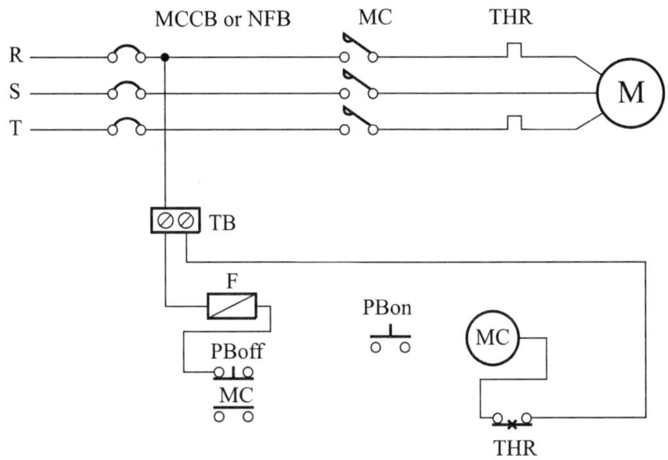

정답

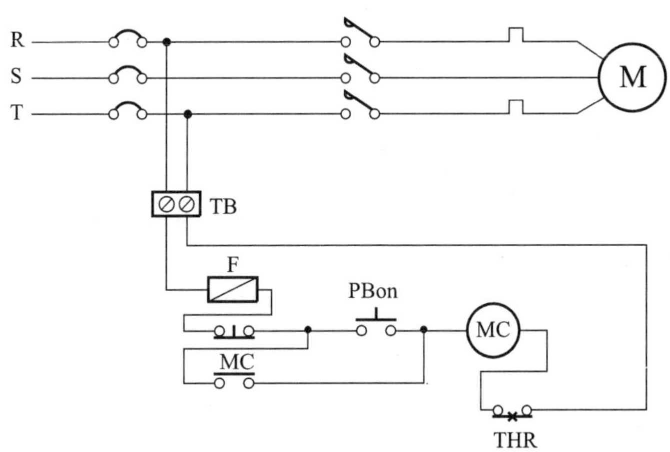

Solution

1) **3상 유도전동기 1개소 기동 운전회로(직입기동)의 개요**

① 전동기에 정격 전압을 가하여 기동하는 방법을 전전압기동 또는 직입기동이라고도 한다.

② 직입기동은 전자접촉기 MC에 의해 전동기에 직접 정격전압을 인가하여 기동하는 방식으로 중·소용량의 전동기 제어에 많이 사용된다.

2) 3상 유도전동기 1개소 기동 운전회로(직입기동)의 시퀀스 및 동작설명

시퀀스	동작설명
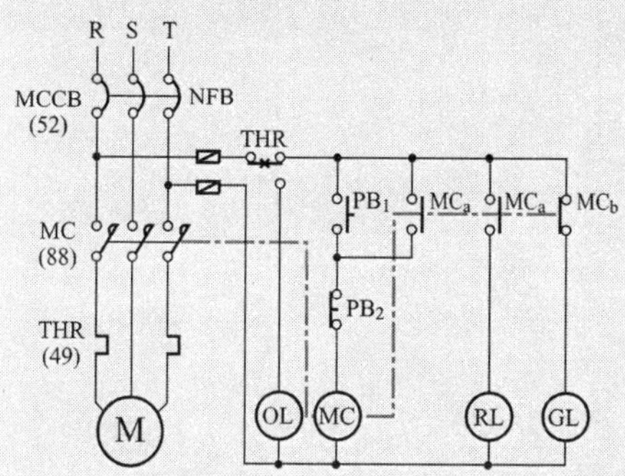	**1. 전원 투입** • 배선용 차단기 MCCB or NFB를 투입한다. • 이 때 MC_{-b}접점을 통하여 정지 표시등 GL이 점등한다. **기동 : PB_1을 누른다.** • PB_1을 누르면 MC가 여자되어 MC의 주접점 MC_a가 닫혀 전동기가 운전된다. • 동시에 MC의 보조접점 MC_a가 닫혀 자기유지회로가 구성되고 운전 표시등 RL이 점등되며 MC_b가 열려 GL이 소등된다. **정지 : PB_2를 누른다.** • PB_2를 누르면 MC가 소자되어 주접점 MC_a가 열려 전동기는 정지 • 동시에 보조접점 MC_a접점이 열려 자기유지가 해제되고 RL이 소등되며 MC_b접점이 닫혀 GL이 점등된다(원상태로 모두 복귀).

3) 동일한 동작회로

가로표현	보조릴레이 R을 사용
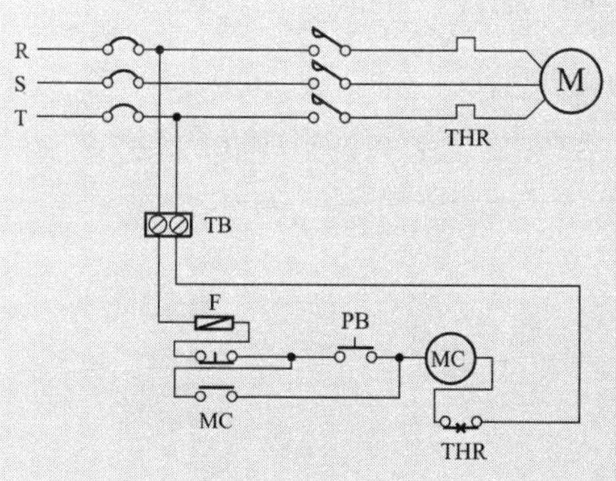	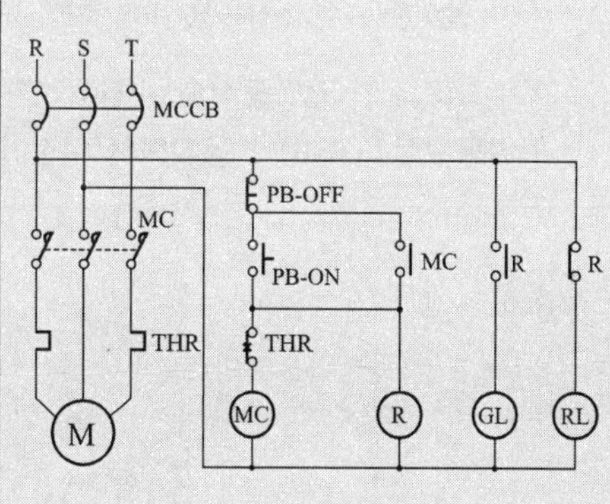

caution

① **자기유지접점**(MC)은 푸시버튼(ON)()과 **병렬**로 접속된다.

② **운전(제어)회로 분기 시 서로 다른 상**에서 **분기**해야 한다(일반적으로 R, T상에서 분기한다).

23

3상 유도전동기 1개소 기동 운전회로도의 미완성 도면이다. 다음 각 물음에 답하시오.

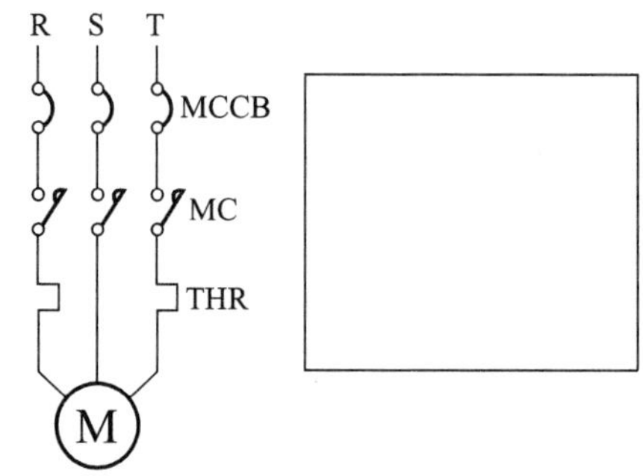

1) 주어진 기구를 이용하여 미완성 도면을 완성하시오.

- 전자접촉기 : (MC)
- 기동용 표시등 : (GL)
- 정지용 표시등 : (RL)
- 열동계전기 : THR
- 누름버튼 스위치 ON용 PBS-ON : PBS-ON
- 누름버튼 스위치 OFF용 PBS-OFF : PBS-OFF

2) 주회로의 THR이 동작되는 경우 2가지를 쓰시오.

3) 열동계전기(THR)가 동작되어 운전이 정지되는 경우 어떻게 하여야 하는가?

정답

1) 1개소 기동정지운전회로

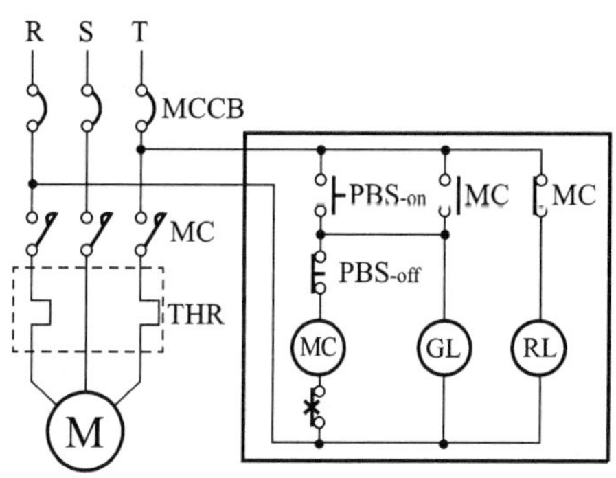

2) THR이 동작되는 경우

① 전동기에 과부하가 걸릴 때

② 전류조정 다이얼 Setting치를 적정전류보다 낮게 세팅했을 때

3) THR 복구방법

THR 작동원인을 파악한 후 THR의 리셋버튼을 수동으로 복구시키고, PBS-on을 누른다.

Solution

1) 1개소 기동정지운전회로

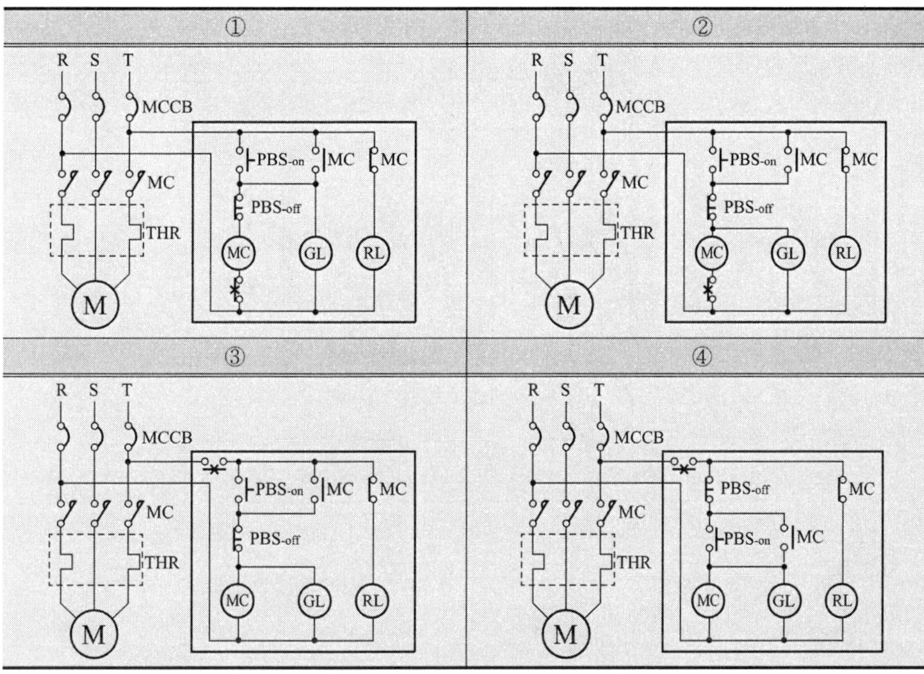

2), 3) THR 동작복구

① 열동계전기(THR)는 전동기 과부하 보호용으로 전동기의 허용 정격전류보다 더 많은 전류가 흐를 경우 전동기를 정지시키는 기계적인 접점이다. 따라서 전동기를 정지시키기 위해서는 전원회로의 MC 주접점을 Open하면 된다.

② MC 주접점을 여는 방법은 운전회로의 MC 전자접촉기에 공급되는 전원을 중단 시키면 되는데 열동계전기 b접점을 MC 전자접촉기 바로 아래에 연결하는 방법[정답1) ①,②]과 전원선 한선에 연결하는 방법[정답1) ③,④] 등이 있다.

③ 열동계전기(THR)가 작동되면 작동원인을 파악한 후 열동계전기의 리셋버튼을 반드시 **수동으로 복구**시켜야 한다.

caution

PBS-off 정지용 누름버튼 스위치의 위치는 MC 전자접촉기에 전원 공급을 중단 시키는 곳에 연결하기만 하면 되는데 일반적으로 MC **전자접촉기 바로 위**에 연결하는 방법[정답 (1) ①,②,③]과 MC **전자접촉기가 있는 배선**에 연결하는 방법[정답1) ④] 그리고 **전원선 한선**에 연결하는 방법 등이 있다.

24

전동기 Ⓜ을 현장측과 관리실측 어느 쪽에서도 기동 및 정지제어가 가능하도록 배선하시오 (단, 푸시버튼스위치 기동용(PB-ON) 2개, 정지용(PB-OFF) 2개, 전자접촉기 a접점 1개(자기유지용)를 사용할 것).

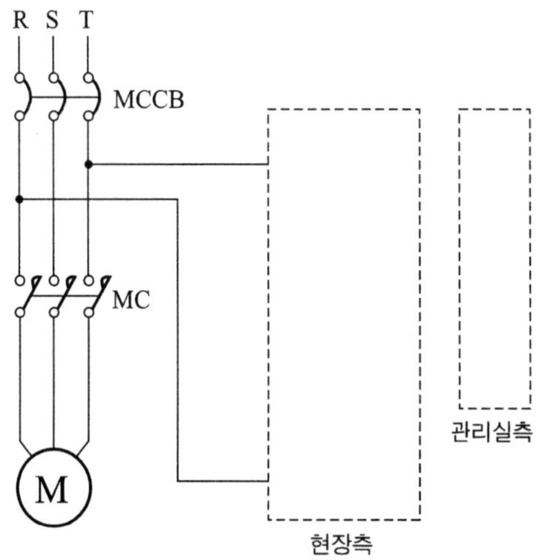

정답

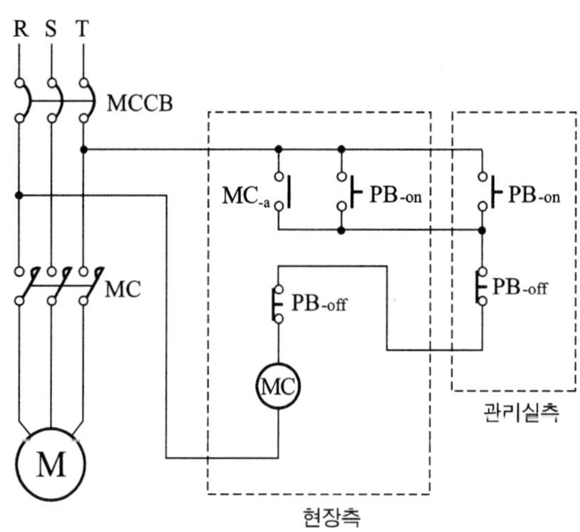

Solution

1) **3상 유도전동기 2개소 기동 운전회로(직입기동)의 개요**

① 3상 유도전동기 1대를 2개소에서 제어하고자 할 때는 기동 및 정지 스위치, 표시등 램프를 각각 2개씩 접속하여 어느 곳에서나 운전이 되도록 하여야 한다.

② 전자접촉기를 2개소 이상에서 조작하는 경우, 2개소 중 어느 곳에서나 한 번의 누르는

동작으로 기동 정지되어야 하므로 기동 시에는 자기유지회로에 의해 계속 운전되어야 하고 반대로 정지 시에는 바로 끊을 수 있도록 **기동 ON(a접점)은 병렬**로, **정지 OFF(b접점)는 직렬**로 접속한다.

2) 3상 유도전동기 2개소 기동 운전회로(직입기동)의 시퀀스

시퀀스 1

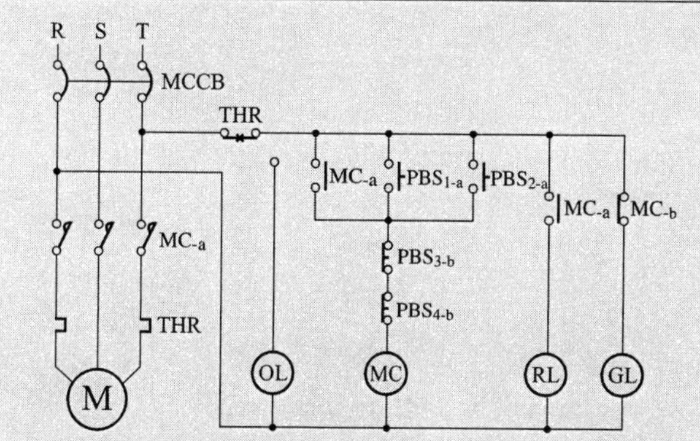

시퀀스 2

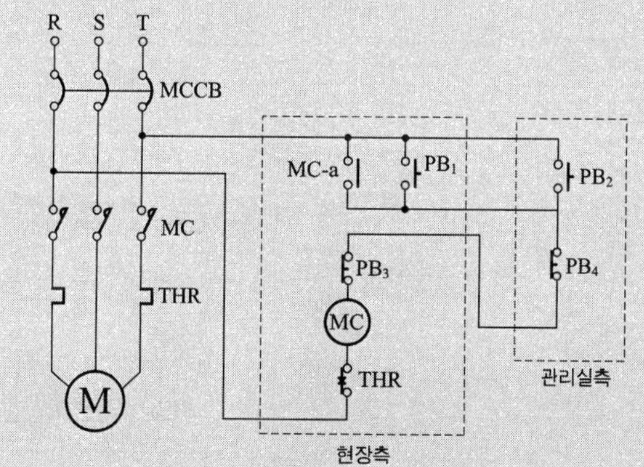

3) 3상 유도전동기 2개소 기동 운전회로(직입기동)의 동작설명

1개소 기동의 동작설명과 같으나 다만 기동 시에는 PBS1−a와 PBS2−b를 병렬로 사용하여 2개소에서 기동시키고 정지 시에는 PBS3−b와 PBS4−b를 직렬로 접속하여 2개소에서 정지시킬 수 있다(시퀀스 1 기준).

caution

시퀀스 2는 시퀀스 1과 동일한 회로로 2개소 기동위치를 알기 쉽게 하기위해 배선 모양을 다르게 표현 한 것이다.

25

도면은 농형 3상 유도전동기의 정·역전 정지제어의 미완성회로이다. 다음 각 물음에 답하시오(단, 2), 3), 4)는 한 개의 도면으로 작성하도록 한다).

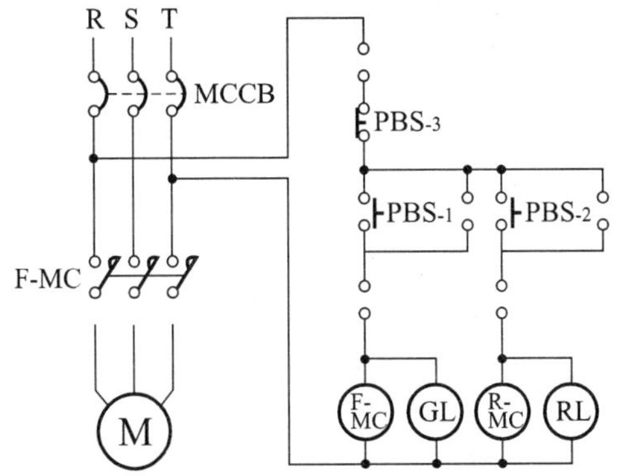

1) 배선용 차단기 MCCB의 주된 역할을 설명하시오.
2) 열동형 과전류차단기 THR과 그의 접점(b접점)을 회로도에 그려 넣으시오.
3) 정·역이 가능하도록 주회로 부분의 R-MC의 주접점을 그려 넣으시오.
4) 보조회로에 F-MC의 보조접점과 R-MC의 보조접점을 그려서 미완성회로를 완성하시오.

정답

1) 과부하 및 단락보호용
2), 3), 4)

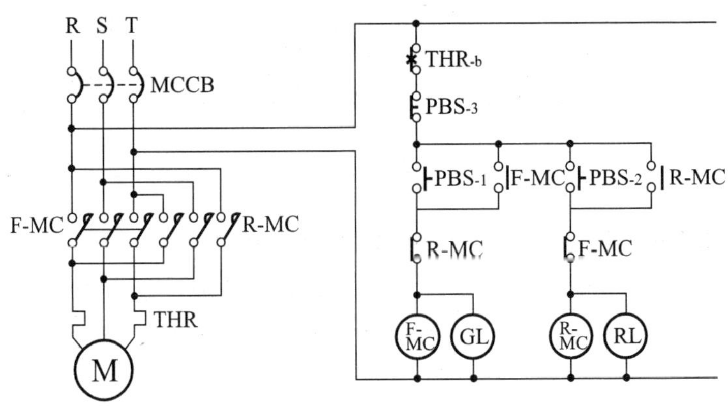

Solution

1) **3상 유도전동기 정역 운전회로(직입기동)의 개요**

① 3상 유도전동기를 역회전시키려면 회전 자장의 방향을 반대로 하면 되므로 전자접촉기 2개를 사용하여 R,S,T 3단자 중 편리한 쪽 임의의 두 상을 서로 바꾸면 된다.

② 전자접촉기 2개가 동시에 동작하여 두 회로가 폐로가 되면 전원회로에 단락사고가 발생하므로 MCF(정방향 MC)와 MCR(역방향 MC)의 **b접점을 상대 MC 코일회로에 직렬로 넣는 인터록(Interlock)회로를 사용**하여 한쪽이 동작 시 다른 한 쪽은 동작하지 않는다.

③ 즉, 한쪽 방향으로 돌 때 다른 쪽 누름버튼 스위치를 누르더라도 회로가 열려있어 안정하다.

④ 운전 중에 회전 방향을 변경할 수는 없으며 일단 정지 스위치를 누른 후 회전방향을 변경해야 한다.

2) 3상 유도전동기 정역 운전회로(직입기동)의 시퀀스

시퀀스 1

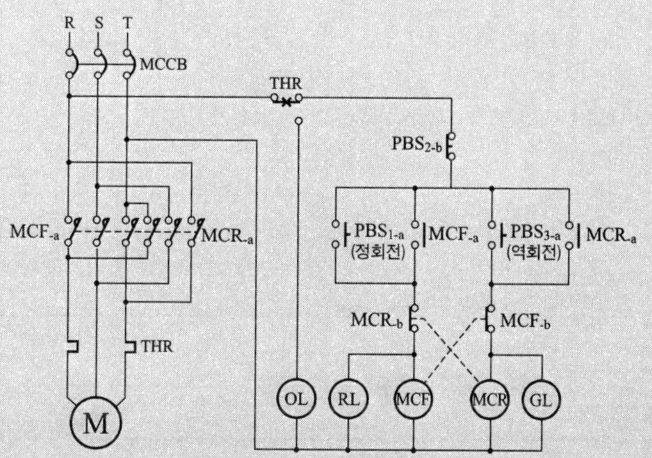

시퀀스 2

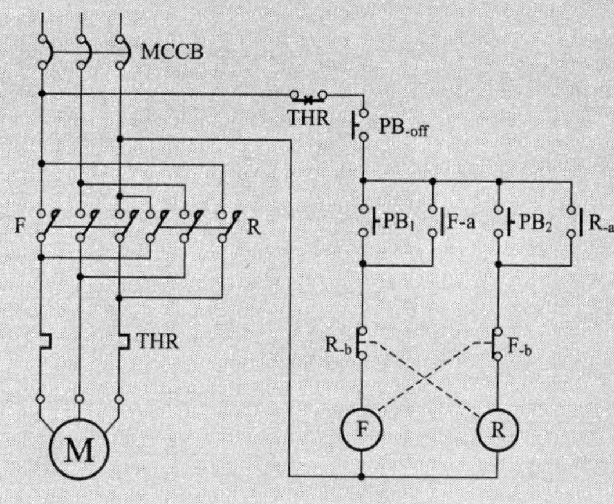

3) 3상 유도전동기 정역 운전회로(직입기동)의 시퀀스 1 동작설명

순서	동작설명
1	**전원 투입** • 배선용 차단기 MCCB를 투입한다.
2	**정회전 : PBS_{1-a}를 누른다.** • PBS_{1-a}를 누르면 MCF가 여자되어 MCF의 주접점 MCF_{-a}가 닫혀 전동기가 정회전 한다. • 동시에 MCF의 보조접점 MCF_{-a}가 닫혀 자기유지회로가 구성되고 정회전 운전 표시등 RL이 점등되며 MCF_{-b}가 열려 인터록이 구성되어 안전운전이 된다.
3	**정지 : PBS_{2-b}를 누른다.** • PBS_{2-b}를 누르면 회로가 차단되어 MCF가 소자되고 MCF의 주접점 MCF_{-a}가 열려 전동기가 정지되고 MCF의 보조접점 MCF_{-a}가 열려 자기유지회로가 해제되고 정회전 운전 표시등 RL이 소등된다.
4	**역회전 : PBS_{3-a}를 누른다.** • PBS_{3-a}를 누르면 MCR가 여자되어 MCR의 주접점 MCR_{-a}가 닫혀 전동기가 역회전 한다. • 동시에 MCR의 보조접점 MCR_{-a}가 닫혀 자기유지회로가 구성되고 역회전 운전 표시등 GL이 점등되며 MCR_{-b}가 열려 인터록이 구성되어 안전운전이 된다.
5	**과부하** • 정상운전 상태에서 과부하가 걸리면 열동계전기(THR)가 동작한다. 즉 THR_{-b} 접점이 열려 전원이 차단되고 MCF or MCR이 소자되어 전동기는 정지하고 RL 또는 GL 소등, 경고등 OL이 점등된다.

caution

설명	적용 회로 부분
• **정회전중 역회전**을 시키기 위해서는 전자접촉기 2개를 사용하여 전원회로의 R, S, T **3단자 중 임의의 두 상을 서로 바꾸어 주어야 한다**. 일반적으로 R상과 T상을 교환한다.	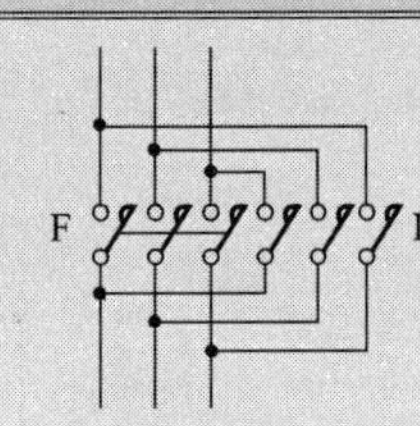
• 정회전중 역회전신호가 입력되어 전자접촉기 2개가 동시 작동되면 두 회로가 폐로가 되어 단락사고가 발생하므로 반드시 MCF(정방향 MC)와 MCR(역방향 MC)의 **b접점을 상대 MC 코일회로에 직렬로 넣는 인터록(interlock)회로를 사용**하여 한쪽이 동작 할 때 다른 한 쪽이 동작되지 않도록 해야 한다.	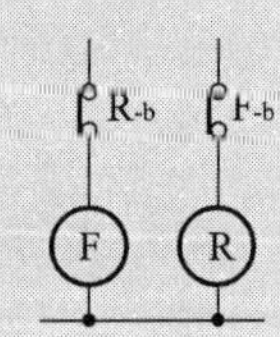

26

그림은 Y-△ 기동에 대한 시퀀스 다이어그램이다. 그림을 보고 다음 각 물음에 답하시오.

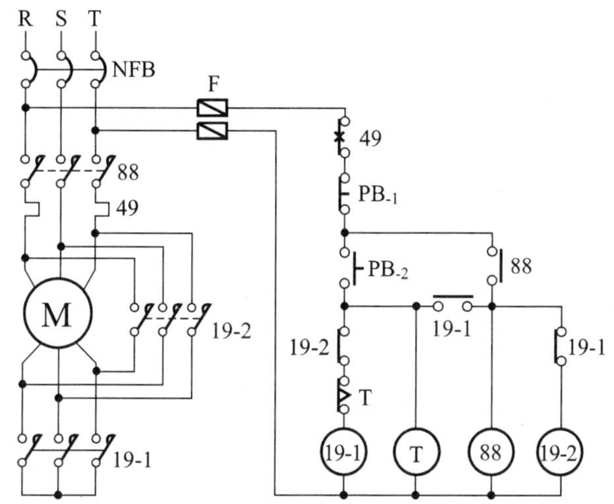

1) 19-1과 19-2의 용도는 무엇인가? ① 19-1 ② 19-2

2) 그림에서 ⑧⑧은 어떤 용도의 전자접촉기인가?

3) 그림에서 49는 어떤 계전기의 제어약호인가?

정답

1) ① 19-1 : Y 기동용 ② 19-2 : △ 운전용

2) 주전원 개폐용

3) 열동계전기

Solution

① 계전기 번호 19번의 명칭은 기동, 운전 전환 접촉기이며 여기서 **19-1**은 **Y 기동용**이며, **19-2**는 **△운전용**이다.

② **전원회로 부품의 명칭, 기호, 원어, 번호, 역할**

명칭	기호	원어	번호	역할
배선용 차단기	MCCB	Mold Case Circuit Breaker	52	과부하 단락사고시 전원차단 (과부하 및 단락보호용)
	NFB	No Fuse Breaker		
전자 접촉기	MC	Magnetic Contactor	88	주전원 개폐용
열동 계전기	THR	THermal Relay	49	전동기 과부하 보호용(수동복귀)
전자식 과전류 계전기	EOCR	Electronic Over Current Relay		

27

도면은 3상 농형 유도전동기의 Y-△ 기동방식의 미완성 시퀀스 도면이다. 이 도면을 보고 다음 각 물음에 답하시오.

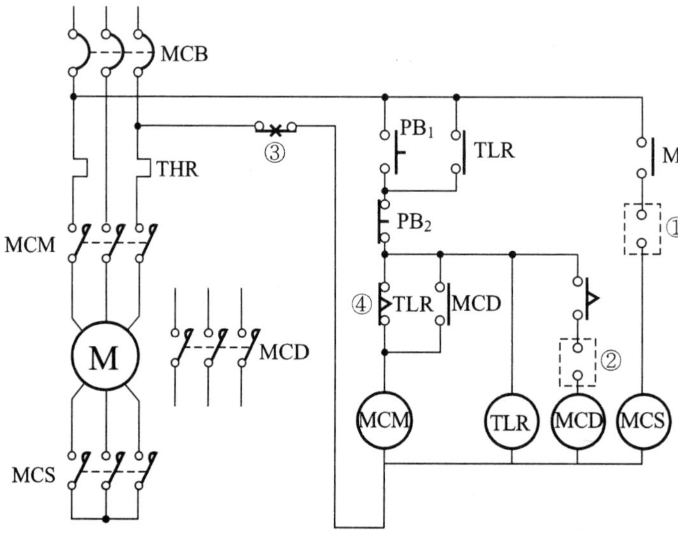

1) 이 기동방식을 채용하는 이유는 무엇 때문인가?

2) 제어회로의 미완성부분 ①과 ②에 Y-△운전이 가능하도록 접점 및 접점 기호를 표시하시오.

3) 주접점 부분의 미완성 부분(MCD 부분)의 회로를 완성하시오.

정답

1) 기동전류를 작게 하기 위하여

2) ①

②

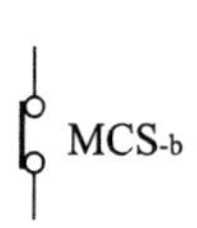

3)

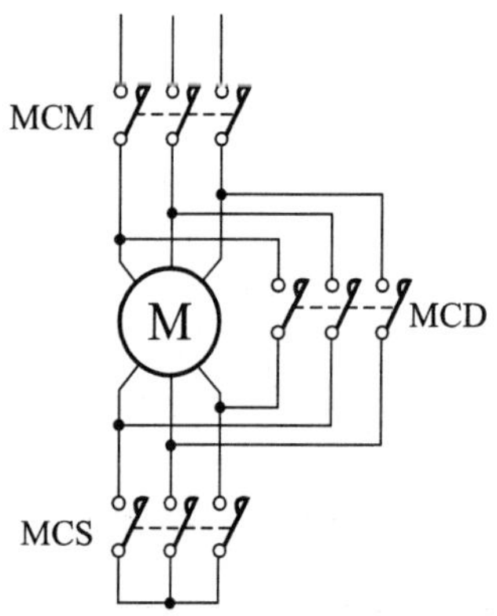

Solution

1) 3상 유도전동기 Y－Δ 운전회로의 개요

① 3상 유도전동기의 전전압 기동은 기동전류가 정격전류의 약 5～7배가 되어 계통에 전압강하를 일으켜 다른 기기에도 큰 영향을 주므로 10～15kW 이하의 전동기는 Y로 기동하고 몇 초 후 Δ로 전환하면 선간전압이 모두 가해져 정상운전이 된다.

② 즉, 3상 유도전동기에서 **기동전류를 줄이기 위해** 전동기의 권선을 **Y결선**으로 하여 **기동**하고 기동 후 △**결선**으로 바꾸어 **운전**을 하는데 이를 Y－Δ 기동방식이라고 한다.

③ Y－Δ기동방식의 특징은 Y로 기동시 전전압 기동에 비해 선간전압은 $1/\sqrt{3}$이 가해지고 기동전류는 **1/3**로 감소되어 정격전압의 약 58%에서 기동하게 되어 안전한 기동이 된다.

2) 3상 유도전동기 Y－Δ 운전회로의 인터록 부분

설명	적용 회로 부분
• 전자접촉기 2개가 동시에 동작하여 두 회로가 폐로가 되면 전원회로의 단락사고가 발생하므로 MCS(Y기동용 MC)와 MCD(△운전용 MC)의 **b접점을 상대 MC 코일회로에 직렬로 넣는 인터록(interlock)회로를 사용**하여 한쪽이 동작 시 다른 한 쪽은 동작하지 않는다.	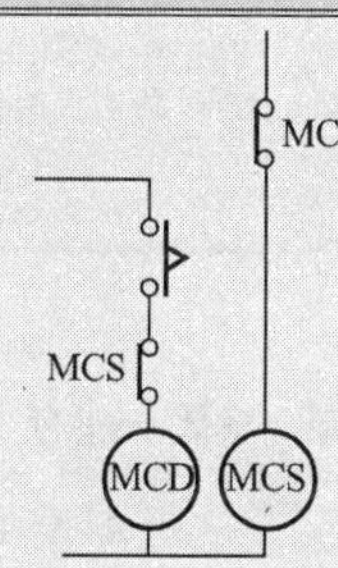

3) 접점 명칭 및 그림 기호

번호	접점 명칭	기 능	그림 기호		적용
			a 접점	b 접점	
1	전자접촉기 접점	주접점 : 전동기 개폐 보조접점 : 제어회로에 적용	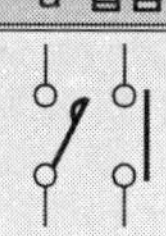	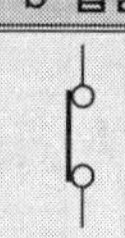	• 전자 접촉기
2	수동조작 자동복귀접점	조작 후에 손을 떼면 복귀하는 접점	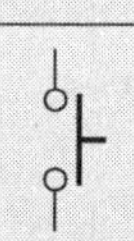		• 누름버튼 스위치(복귀형)
3	접점 또는 수동접점	조작을 가하면 그 상태를 유지하는 접점	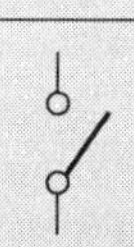		• 토글 스위치 • 텀블러 스위치
4	계전기 또는 보조스위치접점	보조접점 : 제어회로에 적용	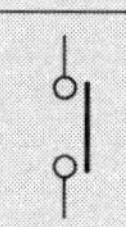	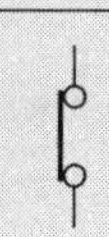	• 계전기 • 전자 접촉기

5	조작스위치 잔류접점	조작 후에 손을 떼면 상태를 유지하는 잔류접점	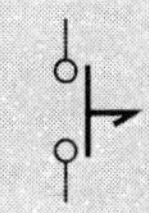	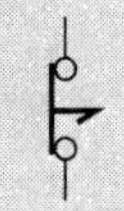	• 캠 스위치 • 누름버튼 스위치(유지형)
6	기계적 접점	전기적 원인 이외의 원인에 의해 접점이 개폐되는 접점	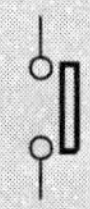	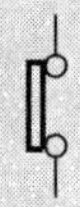	• 리미트 스위치
7			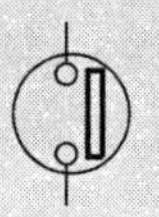	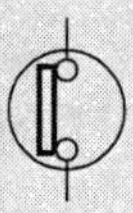	• 플로트 스위치
8	한시동작 (순시복귀)접점	동작시간이 늦은 타이머 접점 (복귀는 순시에 접점 동작)	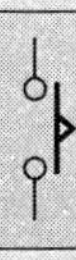		• 타이머
9	(순시동작) 한시복귀접점	복귀시간이 늦은 타이머 접점 (동작은 순시에 접점 동작)	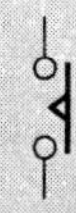	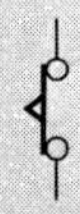	
10	수동복귀접점	수동으로 복귀시키는 것으로 전자석 복귀도 포함되는 접점	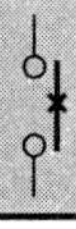		• 열동 계전기

4) 타이머를 사용한 3상 유도전동기 Y-Δ 운전회로 시퀀스의 예

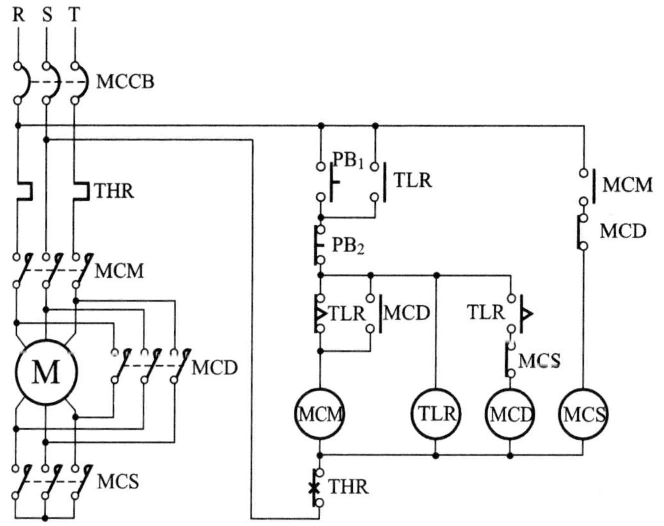

28

도면은 Y-△ 기동회로의 미완성회로이다. 이 회로를 보고 다음 각 물음에 답하시오.

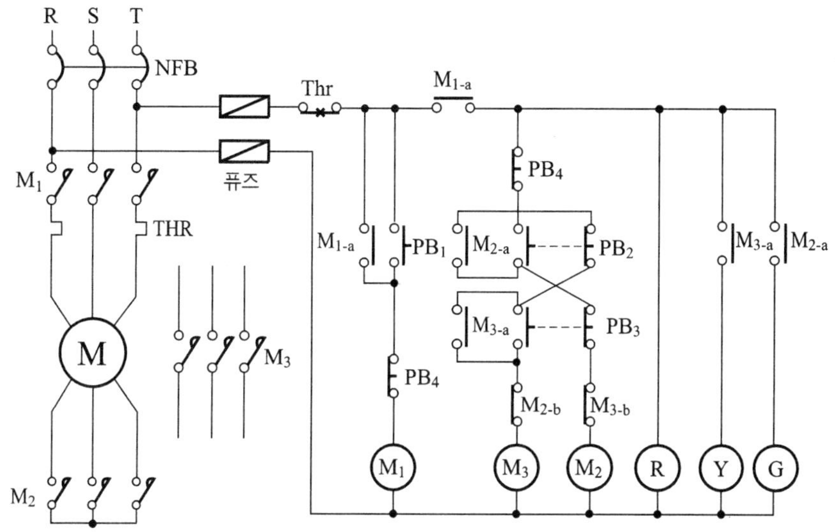

Ⓡ : 적색램프 Ⓨ : 황색램프 Ⓖ : 녹색램프

1) 주회로 부분의 미완성된 Y-△ 회로를 완성하시오.

2) 누름버튼스위치 PB_1을 누르면 어느 램프가 점등되는가?

3) 전자개폐기 Ⓜ₁이 동작되고 있는 상태에서 PB_2를 눌렀을 때 어느 램프가 점등되는가?

4) 전자개폐기 Ⓜ₁이 동작되고 있는 상태에서 PB_3를 눌렀을 때 어느 램프가 점등되는가?

정답

1)

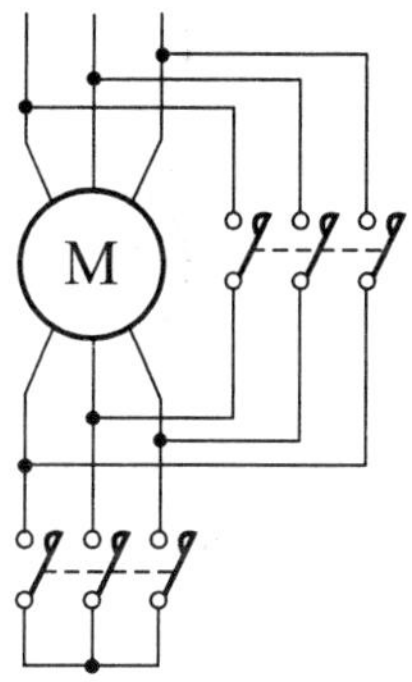

2) Ⓡ : 적색램프

3) Ⓖ : 녹색램프

4) Ⓨ : 황색램프

Solution

푸시버튼 스위치 4개를 사용한 3상 유도전동기 Y－△ 운전회로 시퀀스와 동작설명

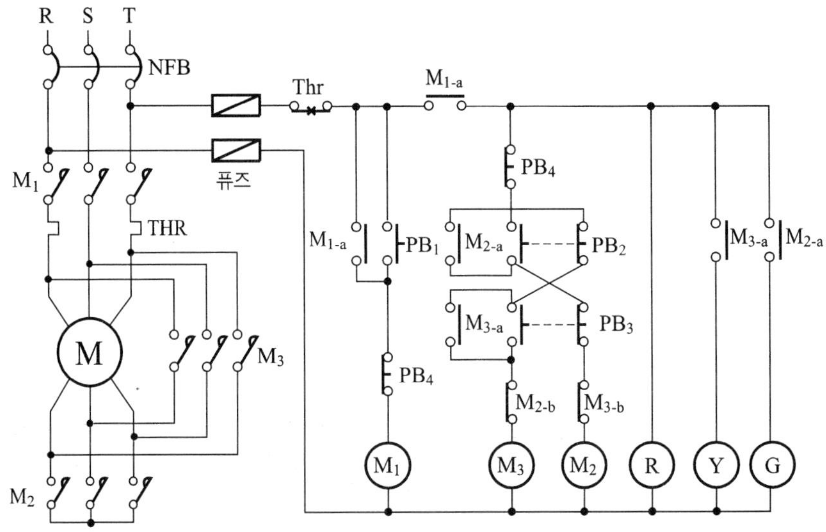

순서	동작설명
1	**전원 투입** • 배선용 차단기 NFB를 투입한다.
2	**PB_1을 누른다.** • PB_1을 누르면 M_1이 여자되어 M_1의 주접점이 닫힌다. • 동시에 M_1의 보조접점 M_{1-a}가 닫혀 자기유지회로가 구성되고 또 다른 M_{1-a}가 닫혀 적색 램프 R이 점등된다.
3	**PB_2를 누른다. Y기동** • PB_2를 누르면 M_2가 여자되어 M_2의 주접점이 닫혀 Y 기동한다. • 동시에 M_2의 보조접점 M_{2-a}가 닫혀 자기유지회로가 구성되고 또 다른 M_{2-a}가 닫혀 녹색 램프 G가 점등된다.
4	**PB_3를 누른다. △운전** • PB_3을 누르면 M_3이 여자되어 M_3의 주접점이 닫혀 △ 운전한다. • 동시에 M_3의 보조접점 M_{3-a}가 닫혀 자기유지회로가 구성되고 또 다른 M_{3-a}가 닫혀 황색 램프 Y가 점등된다.
5	**PB_4를 누름 : 정지** • PB_4를 누르면 M_1이 소자되어 M_1의 주접점이 열리고 전원이 차단되어 전동기는 정지된다. • 동시에 M_1의 보조접점 M_{1-a}가 열려 자기유지회로가 해지되고 또 다른 M_{1-a}가 열려 M_2, M_3가 소자되고, 적색램프 R, 녹색램프 G, 황색램프 Y가 모두 소등된다.

29

다음은 Y-△ 기동제어회로의 미완성 도면이다. 도면을 보고 다음 물음에 답하시오.

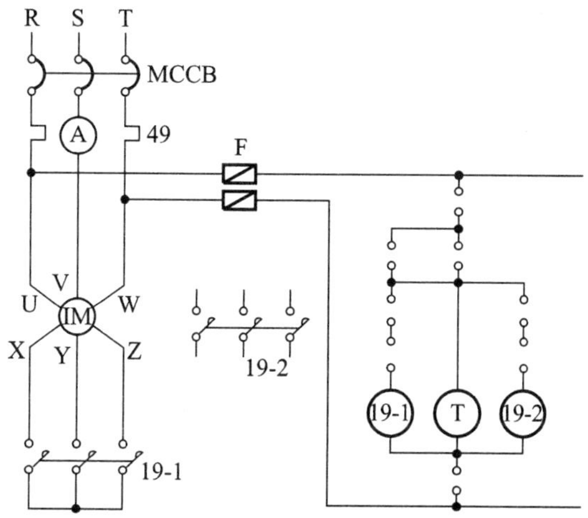

1) Y-△ 운전이 가능하도록 주회로, 제어회로의 미완성 도면을 완성하시오.
2) Y 결선에서 각 상의 권선에 가해지는 전압은 정격전압의 몇 배가 되는가?
3) Y 결선에서의 기동전류는 △ 결선에 비하여 얼마정도 감소되는가?

정답

1)

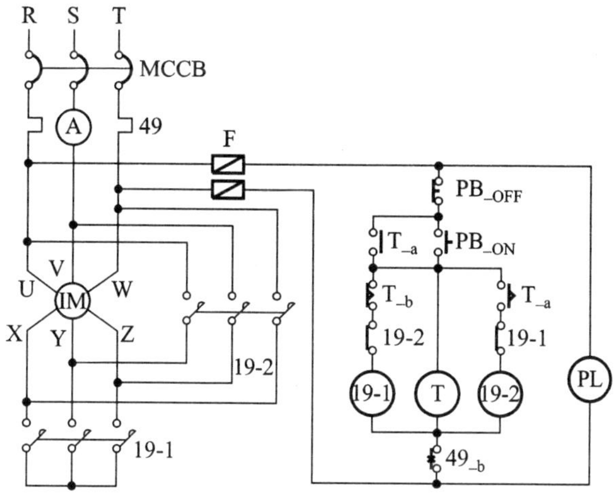

2) $\frac{1}{\sqrt{3}}$

3) $\frac{1}{3}$

Solution

1)

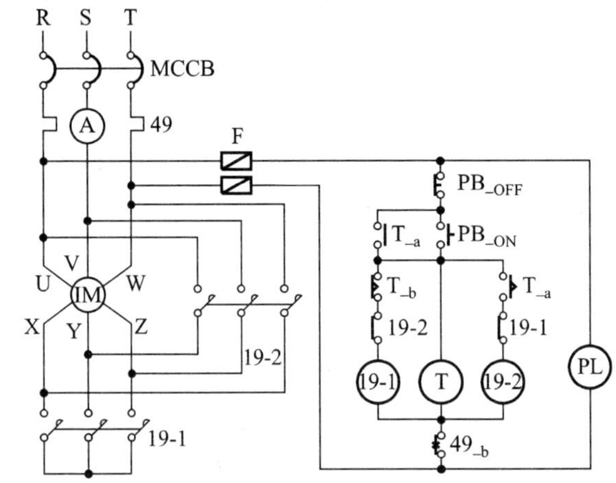

2)

Y 결선	△ 결선
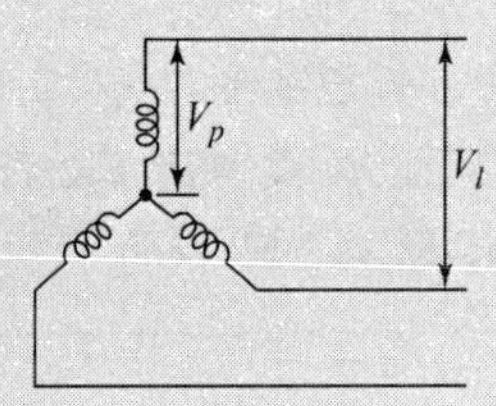 $V_l = \sqrt{3}\, V_p$ 여기서, V_p : 상전압, V_l : 선간전압 상전압 $V_p = \dfrac{V_l}{\sqrt{3}} \rightarrow \left(\because \dfrac{1}{\sqrt{3}} \text{배}\right)$	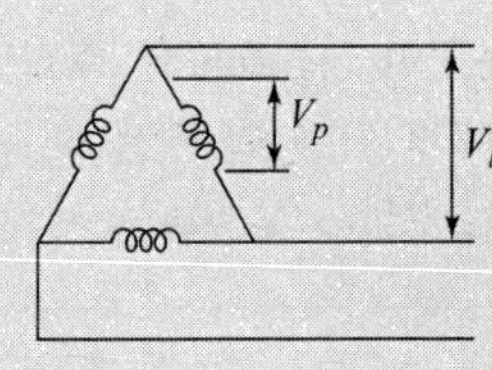 $V_l = V_p$ 여기서, V_p : 상전압, V_l : 선간전압 상전압 $V_p = V_l$

3)

$$\frac{I_Y \text{ 선간 전류}}{I_\Delta \text{ 선간 전류}} = \frac{I_{Yl}}{I_{\Delta l}} = \frac{\dfrac{V_l}{\sqrt{3}\,Z}}{\dfrac{\sqrt{3}\,V_l}{Z}} = \frac{1}{3}$$

caution

T_{-a} 대신 $19\text{-}1_a$의 기호를 쓸 수 없는 이유는 Y 기동 시에는 문제가 없으나 누름버튼 스위치 PB_{-ON}의 손을 놓은 상태에서 타이머 (T)의 동작으로 (19-1)이 소자되면 $19\text{-}1_a$이 떨어져 모든 회선이 떨어진 상태가 되므로 (19-2)를 여자 시킬 수 없어 △ 운전을 할 수 없기 때문이다.

30

다음은 Y-Δ 기동제어회로의 미완성 도면이다. 도면을 보고 다음 물음에 답하시오.

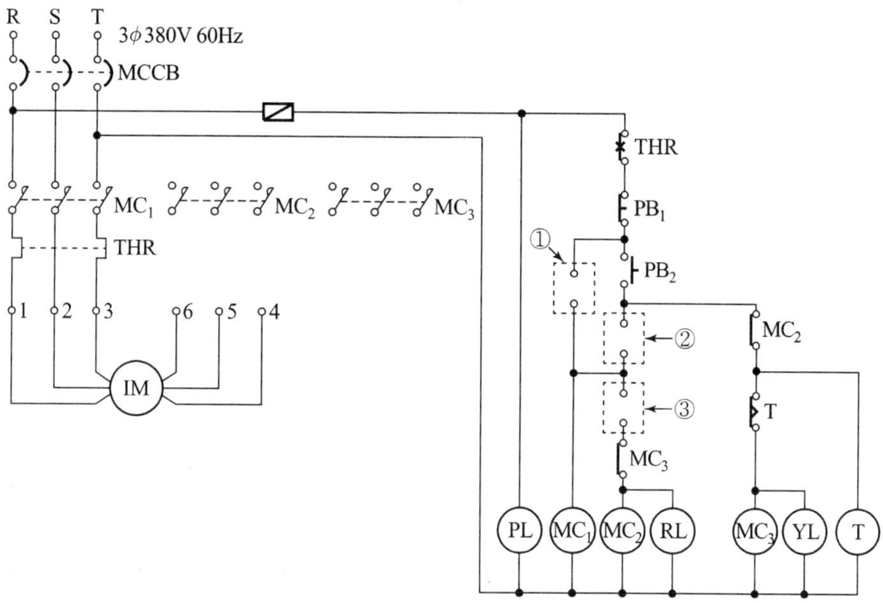

1) 주회로의 미완성 부분을 완성하시오.

2) ①~③의 접점 및 접점기호를 표시하시오.

정답

1)

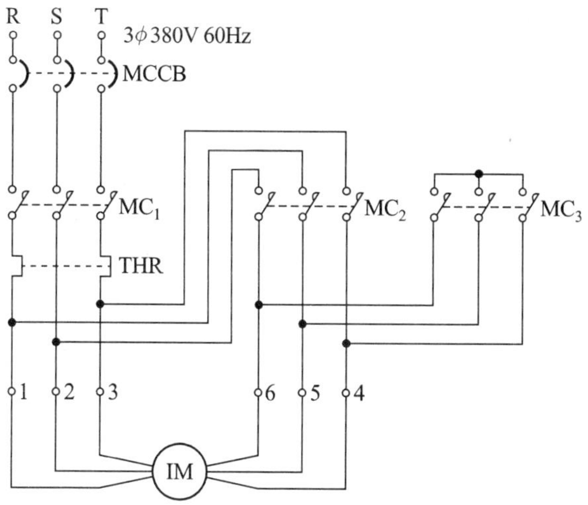

2)

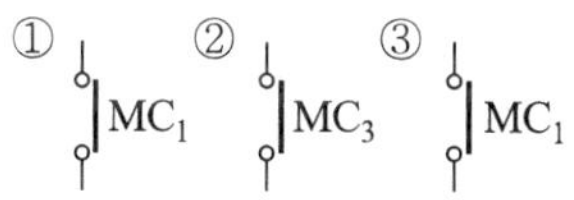

Solution

1), 2) 완성된 Y－△ 회로

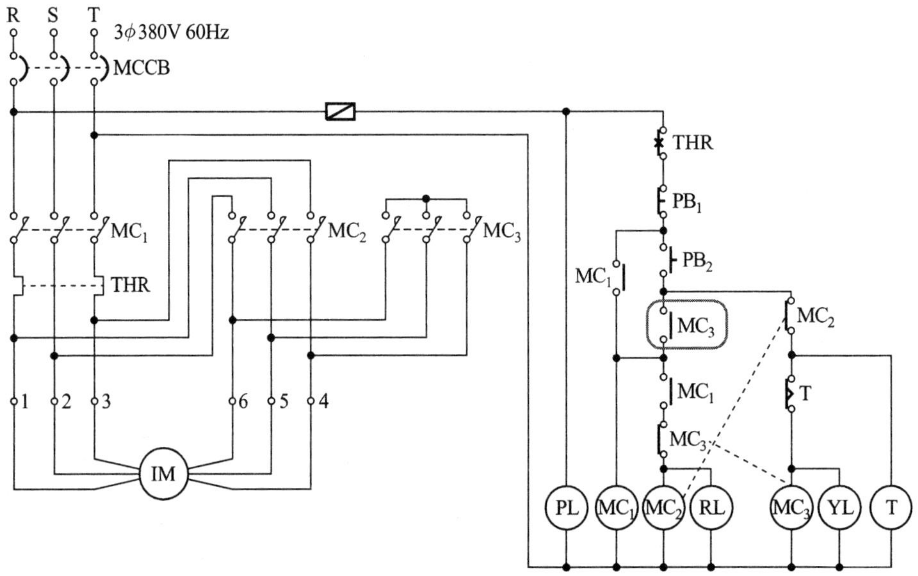

기호 ②의 MC_3를 넣은 이유는 MC_2의 Relay보다 MC_3의 Relay를 먼저 동작시키기 위해 삽입된 것이다.

caution

다음과 같은 시퀀스도 동작 가능하다.

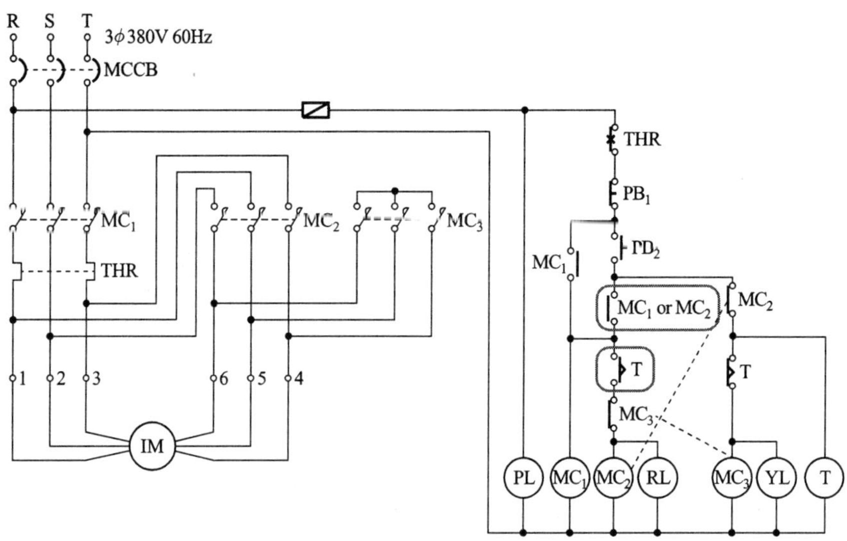

31

그림은 플롯스위치에 의한 펌프모터의 레벨제어에 관한 미완성 도면이다. 이 도면을 보고 다음 물음에 답하시오.

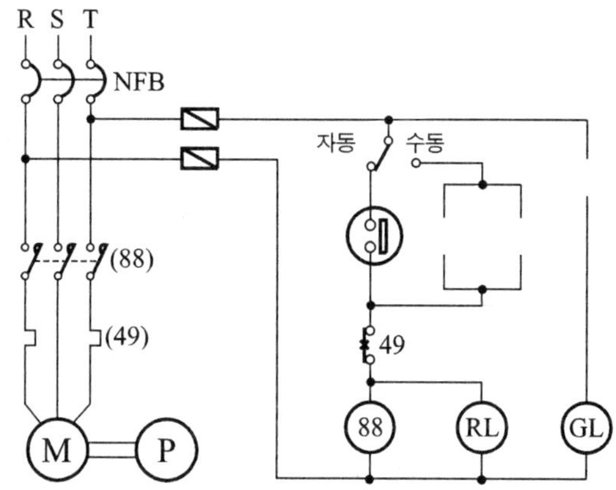

1) 배선용 차단기 NFB의 명칭을 원어(또는 원어에 대한 우리말 발음)로 쓰고 이 차단기의 특징을 쓰시오.
2) 제어약호 "49" 의 명칭은 무엇인가?
3) 동작접점을 "수동" 으로 연결하였을 때 누름버튼스위치(PB-on, PB-off)와 접촉기 접점으로 제어회로를 구성하시오(단, 전원을 투입하면 GL램프가 점등되나 PB-on 스위치를 ON하면 GL램프가 소등되고 RL램프가 점등된다).

정답

1) ① No Fuse Breaker
   ② 퓨즈가 필요없으므로 반영구적으로 사용이 가능하며, 부하차단능력이 우수하다.
2) 열동계전기
3)

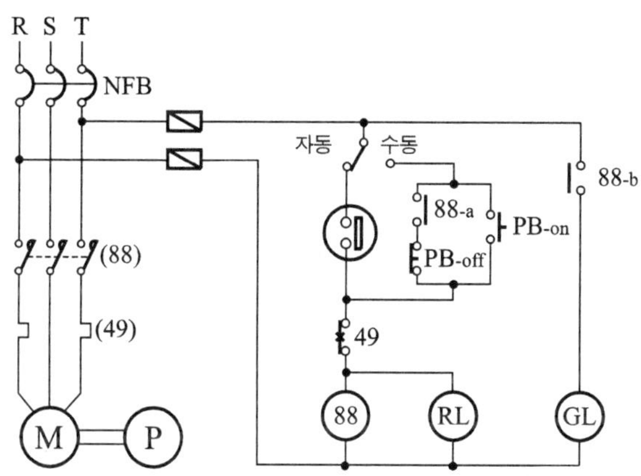

Solution

1), 2) 전원회로 부품의 명칭, 기호, 원어, 번호, 역할

명칭	기호	원어	번호	역할
배선용 차단기	MCCB	Mold Case Circuit Breaker	52	과부하 단락사고시 전원차단 (과부하 및 단락보호용)
	NFB	No Fuse Breaker		
전자 접촉기	MC	Magnetic Contactor	88	주전원 개폐용
열동 계전기	THR	THermal Relay	49	전동기 과부하 보호용(수동복귀)

3) 3상 유도전동기 양수회로의 개요

개요	개념도
• 양수 장치는 물저장 탱크의 수위 상한선과 하한선을 정하고 수위가 하한선까지 내려가면 양수펌프가 자동으로 동작하고, 수위가 상한선에 이르면 펌프를 정지시키며 수위가 다시 하한선에 도달하여 재 동작하기 전까지는 펌프는 정지해 있다. • 급·배수용 펌프 전동기의 제어회로에는 플로트 스위치(Float switch), 리미트 스위치(Limit switch), 전극식 레벨제어 등을 사용한다.	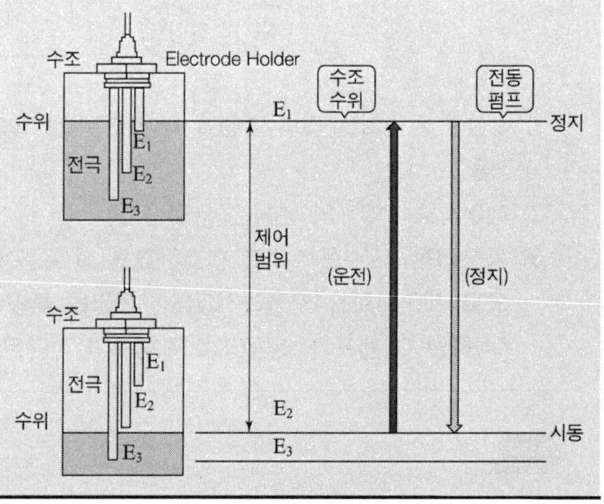

① 플로트 스위치를 사용한 3상 유도전동기 양수회로 시퀀스와 동작설명

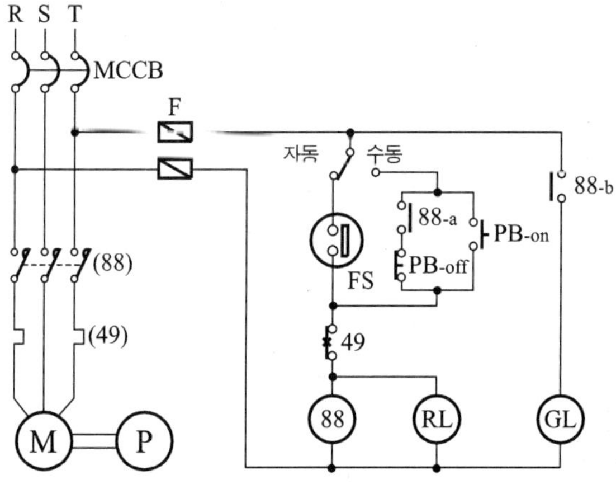

순서	동작설명
	수동 제어
1	**전원 투입** • 배선용 차단기 MCCB를 투입한다. • 이 때 MC(88)의 보조접점 b접점을 통하여 전원 표시등 GL이 점등된다.
2	**기동 : PB$_{-on}$을 누른다.** • 선택스위치를 수동위치에 놓고, PB$_{-on}$를 누르면 MC(88)가 여자되어 MC(88)의 주접점이 닫혀 전동기(M)가 회전한다. • 동시에 MC(88)의 보조접점 a접점(88$_{-a}$)이 닫혀 자기유지회로가 구성되고 운전표시등 RL이 점등되고 b점접점(88$_{-b}$)이 열려 GL이 소등된다.
3	**정지 : PB$_{-off}$을 누른다.** • PB$_{-off}$를 누르면 MC(88)가 소자되어 MC(88)의 주접점이 열려 전동기(M)가 정지한다. · 동시에 MC(88)의 보조접점 a접점(88$_{-a}$)이 열려 자기유지회로가 해지되고 운전표시등 RL이 소등되고 b접점(88$_{-b}$)이 닫혀 GL이 점등된다.
	자동 제어
1	**전원 투입** • 배선용 차단기 MCCB를 투입한다. • 이 때 MC(88)의 보조접점 b접점을 통하여 전원표시등 GL이 점등된다.
2	**기동 : 저수위** • 선택스위치를 자동위치에 놓으면 저수위일 때 플로트 스위치(FS)가 폐로 되어 MC(88)가 여자되고 MC(88)의 주접점이 닫혀 전동기(M)가 회전한다. • 동시에 MC의 보조접점 a접점(88$_{-a}$)이 닫혀 자기유지회로가 구성되고 운전표시등 RL이 점등되며 b접점(88$_{-b}$)이 열려 GL이 소등된다.
3	**정지 : 고수위** • 고수위가 되면 플로트 스위치(FS)가 개로 되어 MC(88)의 주접점이 열려 전동기(M)가 정지한다. • 동시에 MC의 보조접점 a접점(88$_{-a}$)이 열려 자기유지회로가 해지되고 운전표시등 RL이 소등되며 b접점(88$_{-b}$)이 닫혀 GL이 점등된다.

② 동일한 3상 유도전동기 양수회로 시퀀스

시퀀스 1

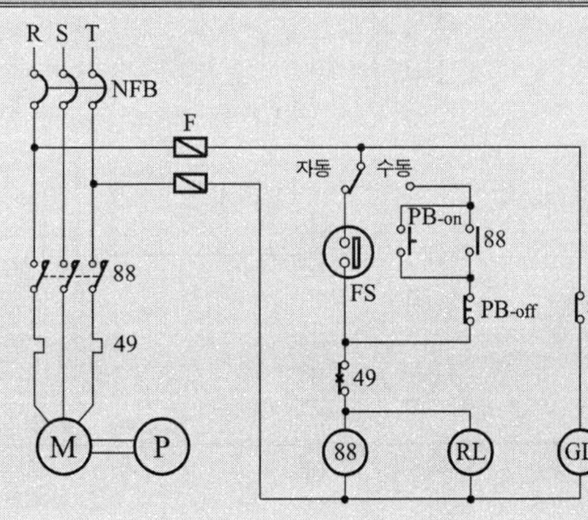

시퀀스 2

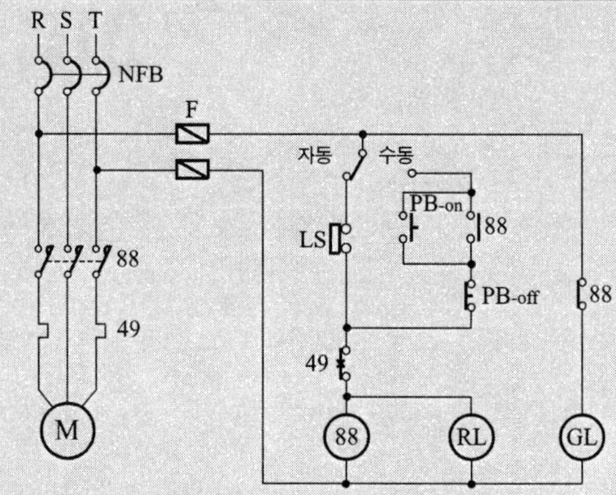

시퀀스 3

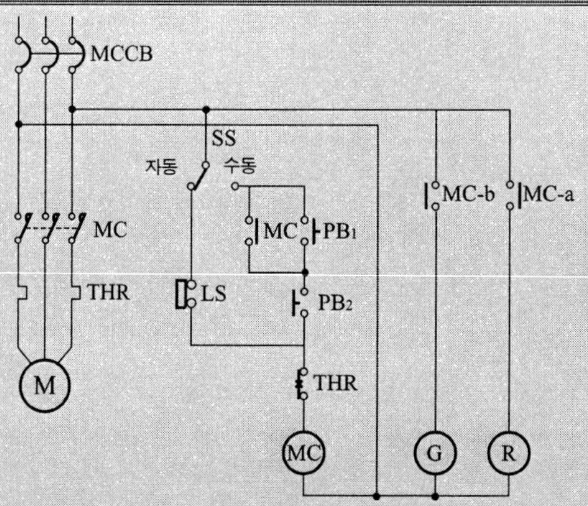

시퀀스 4

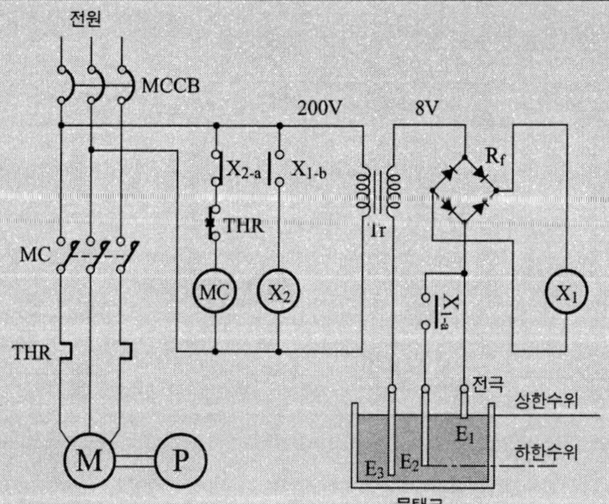

caution

① **운전표시등 RL의 병렬접속 위치**는 THR **b접점 아래**에 위치해야한다.

운전표시등 RL의 병렬접속 위치가 THR(49) b접점 위에 놓인다면, 자동운전 상태에서 과부하가 걸릴 때 THR b접점이 열려 전동기가 정지함에도 불구하고 운전표시등은 계속 점등되어 있는 문제가 있다. 그러므로 운전표시등 RL의 병렬접속 위치는 (b)와 같이 수정되어야 한다.

잘못된 회로(a)	올바른 회로(b)
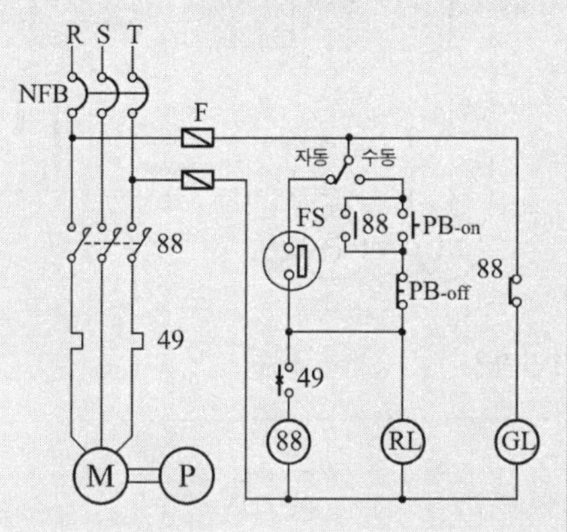	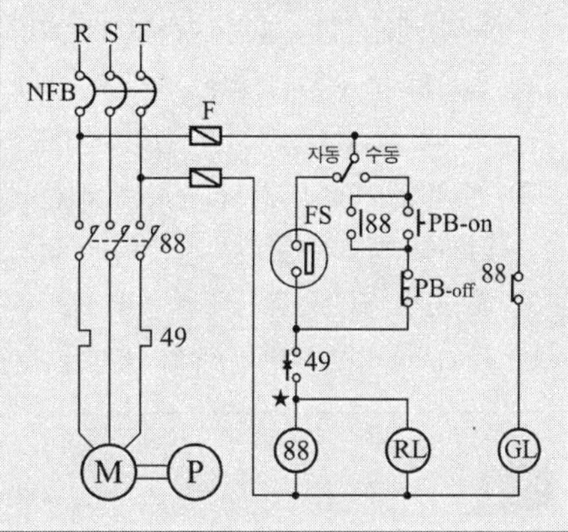

② **정지버튼 스위치 PB－off의 위치**는 **자기유지접점을 해지시킬 수 있는 MC의 a접점(88－a) 아래**에 위치해야한다.

정지버튼 스위치(PB－off)의 위치가 MC(88)의 a접점 밑이 아닌 기동버튼 스위치 밑에 놓인다면, 정지버튼 스위치를 눌러도 전동기는 정지하지 않는다. 따라서 정지버튼 스위치는 반드시 자기유지접점을 해지시킬 수 있는 (b)와 같이 수정되어야 한다.

잘못된 회로(a)	올바른 회로(b)
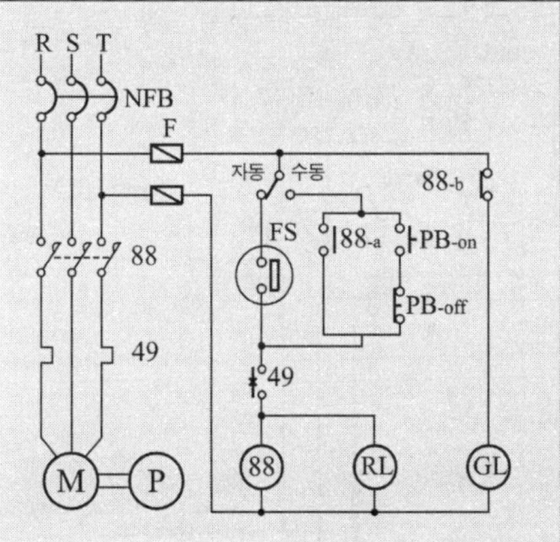	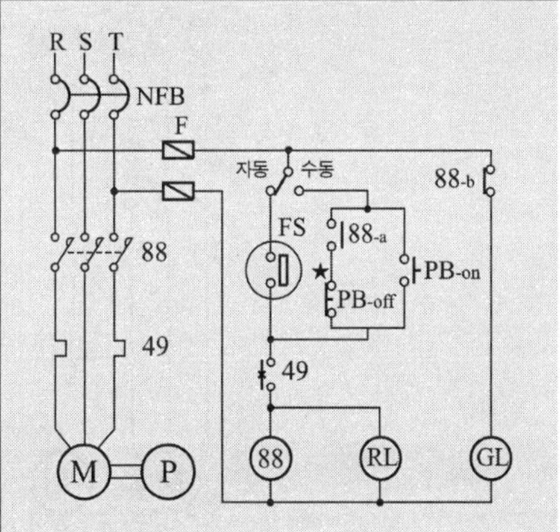

32

그림은 전극식 레벨제어로서 플로트가 없는 스위치에 의한 자동급수제어회로이다. 이 도면을 보고 다음 각 물음에 답하시오.

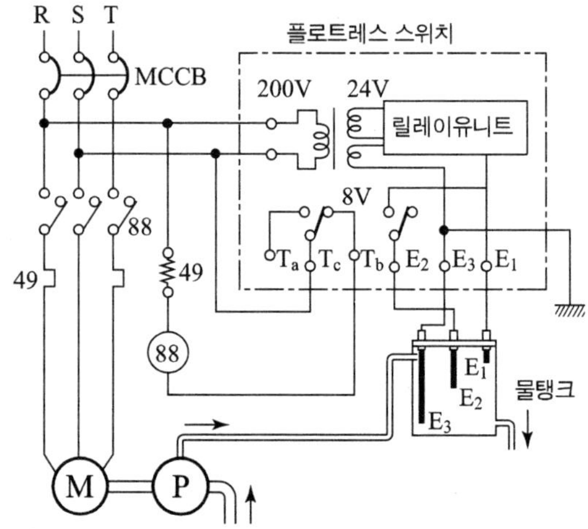

1) 자동급수제어회로의 일부분을 변경하는 것만으로도 자동배수제어회로가 된다. 어떤 접속을 변경하면 되는가?
2) 플로트 스위치에 의한 제어와 비교할 때 장점을 2가지만 설명하시오.
3) 전극 E_1, E_2, E_3를 접속하는 배선에 접지를 하고자 한다. 어느 쪽에 접지를 하면 되는가?
4) 제어기구번호 49와 88의 명칭은 무엇인가?

정답

1) T_b 단자에 접속된 전선을 T_a 단자로 변경하여 접속시킨다.
2) ① 전동기의 잦은 기동을 방지한다. ② 전동기의 수명이 연장된다.
3) E_3
4) ① 49 : 열동계전기(회전기 온도계전기) ② 88 : 전자접촉기(보기용 접촉기)

Solution

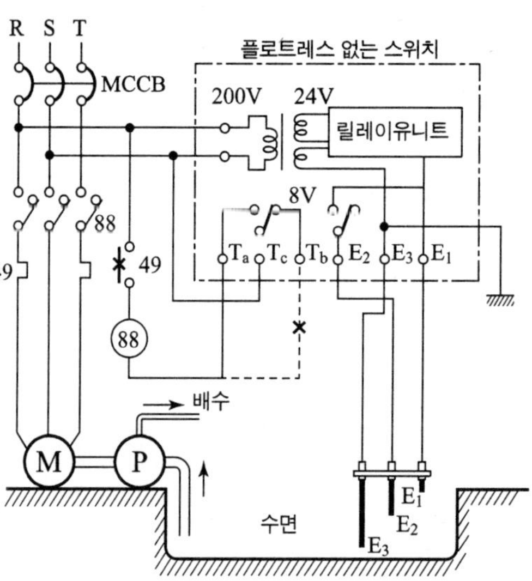

33

도면은 상용전원과 예비전원의 절환회로이다. 미완성된 부분을 완성하시오.

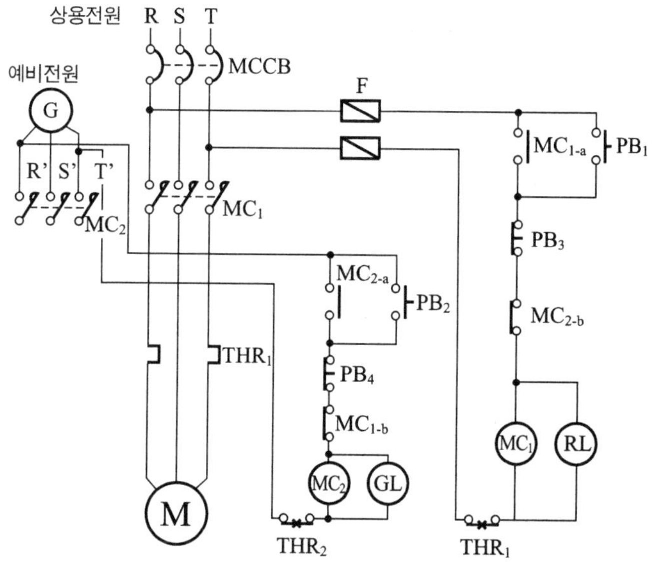

정답

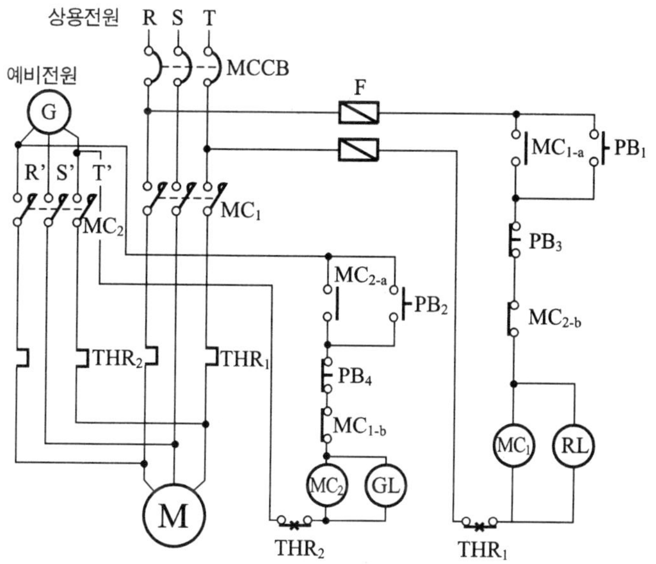

Solution

① **3상 유도전동기 비상전원 전환회로의 개요**

상용전원의 정전 시, 정전으로 인하여 기능이 마비되어서는 안되는 소방설비에 대해 전기를 공급하기 위하여 비상전원으로 전환되고, 상용전원의 복구 시 자동으로 비상전원에서 상용전원으로 전환되는 시퀀스회로이다.

② **3상 유도전동기 비상전원 전환회로의 시퀀스와 동작설명**

분 류	회로도 및 동작설명
회로도	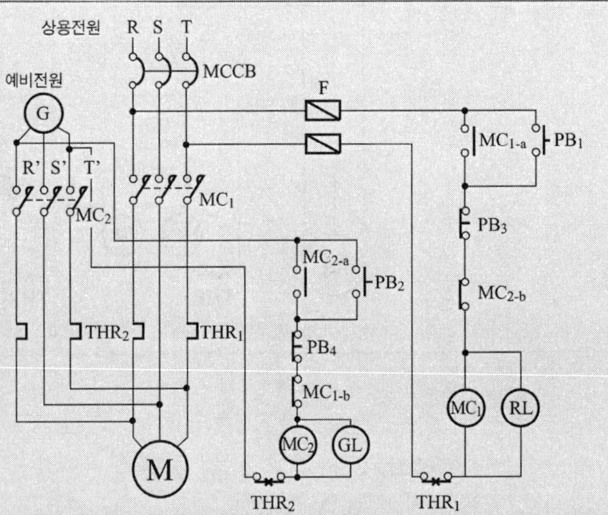
동작설명	

1	**상용전원 운전** • 배선용 차단기 MCCB를 투입하고 PB_1을 누르면 MC_1이 여자된다. • 이때 MC_1의 주접점이 닫혀 상용전원에 의해 전동기 M이 회전하고 동시에 보조접점 MC_{1-a}가 닫혀 자기유지회로가 구성되고 상용전원 운전표시등 RL이 점등되며, MC_{1-b}가 열려 MC_2가 동작되지 않도록 한다.
2	**상용전원 정지** • 상용전원 운전 중 PB_3을 누르면 MC_1이 소자되어 MC_1의 주접점이 열려 전동기는 정지하고, 보조접점들은 원상태로 복귀하며 RL은 소등된다
3	**예비전원 운전** • 상용전원 정전 시 PB_2을 누르면 MC_2가 여자 된다. • 이때 MC_2의 주접점이 닫혀 예비전원에 의해 전동기 M이 회전하고 동시에 보조접점 MC_{2-a}가 닫혀 자기유지회로가 구성되고 예비전원 운전표시등 GL이 점등되며, MC_{2-b}가 열려 MC_1이 동작되지 않도록 한다.
4	**예비전원 정지** • 예비전원 운전 중 PB_4를 누르면 MC_2가 소자되어 MC_2의 주접점이 열려 전동기는 정지하고, 보조접점들은 원상태로 복귀하며 GL은 소등된다.
5	• 상용전원으로 다시 운전을 하려면 '1'의 절차를 따른다.

34

그림의 도면은 타이머에 의한 전동기의 교대운전이 가능하도록 설계된 전동기의 시퀀스회로이다. 이 도면을 이용해 다음 각 물음에 답하시오.

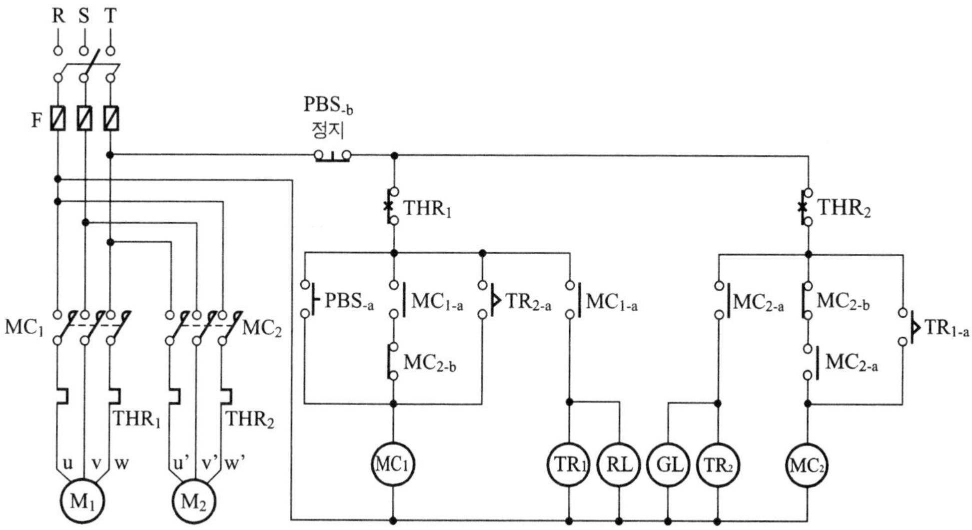

1) 도면에서 제어회로 부분에 잘못된 곳이 있다. 이곳을 지적하고 올바르게 고치는 방법을 설명하시오.

2) 타이머 TR_1이 2시간 타이머 TR_2가 6시간으로 각각 세팅이 되어 있다면 하루에 전동기 M_1과 M_2는 몇 시간씩 운전되는가?

   ① M1 :

   ② M2 :

3) 도면의 나이프 스위치 KS와 퓨즈 F가 합쳐진 기능을 갖는 것을 사용하려고 한다. 어느 것을 사용하면 되는지 한 가지만 쓰시오.

정답

1)

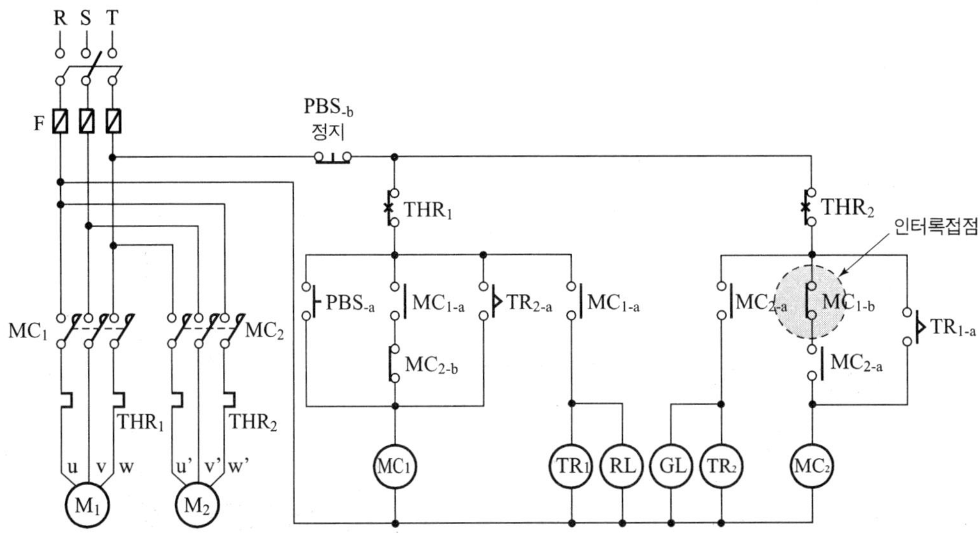

2) 하루는 24시간이므로

$\frac{24\text{시간}}{(2+6)\text{시간}} = 3$회(하루에 3회를 반복한다.)

① M1 = TR1 = 2시간 × 3회 = 6시간

② M2 = TR2 = 6시간 × 3회 = 18시간

3) 배선용차단기(Molded Case Circuit Breaker) : 퓨즈를 사용하지 않고 바이메탈이나 전자석으로 회로를 차단하는 저압용 개폐기이다. 예전에는 'NFB'라고 불리어졌다.

Solution

① 3상 유도전동기 교대운전 회로의 개요

타이머를 이용하여 2대의 전동기를 연속 교대 운전하는 회로로 TR1초간 M1이 운전하고 TR2초간 M2가 연속 교환 운전하는 제어회로 시퀀스이다.

② 3상 유도전동기 교대운전 회로의 시퀀스와 동작설명

<table>
<tr><th>분 류</th><th>회로도 및 동작설명</th></tr>
<tr><td>회로도</td><td>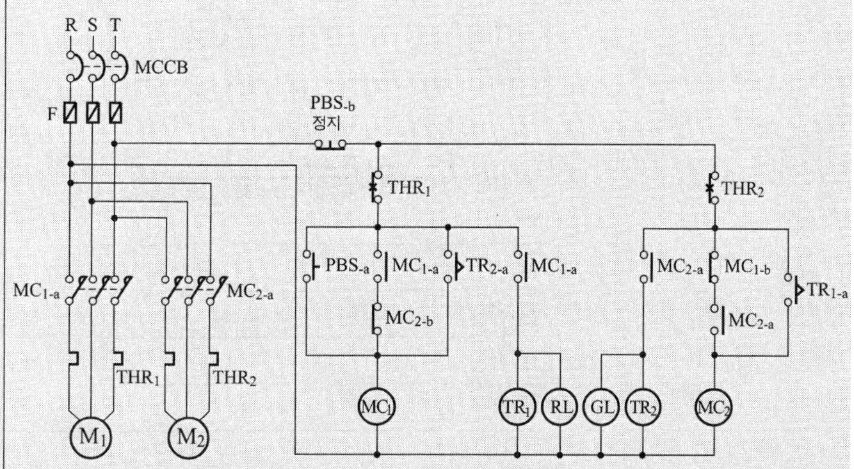
</td></tr>
<tr><td>동작
설명</td><td>
<table>
<tr><td>1</td><td>전원 투입
• 배선용 차단기 MCCB를 투입한다.</td></tr>
<tr><td>2</td><td>M_1 운전
• 기동 스위치 PBS_{-a}를 누르면 MC_1이 여자된다.
• 이 때 주접점 MC_{1-a}가 닫혀 전동기 M_1이 운전되고 보조접점 MC_{1-a}가 닫혀 자기유지회로를 구성하며 타이머 TR_1이 여자되고 RL이 점등된다.</td></tr>
<tr><td>3</td><td>타이머 T_1 운전
• 일정시간 t_1초 후 타이머 TR_1의 보조접점 TR_{1-a}가 닫혀 MC_2가 여자된다.
• 이때 MC_2의 주접점 MC_{2-a}가 닫혀 전동기 M_2가 운전되고 보조접점 MC_{2-a}가 닫혀 자기유지회로를 구성하며 타이머 TR_2가 여자되고 GL이 점등된다.
• 또한, MC_2의 보조접점 MC_{2-b}가 열려 전동기 M_1이 정지한다.</td></tr>
<tr><td>4</td><td>타이머 T_2 운전
• 일정시간 t_2초 후 타이머 TR_2의 보조접점 TR_{2-a}가 닫혀 MC_1이 여자된다.
• 이때 MC_1의 주접점 MC_{1-a}가 닫혀 전동기 M_1이 운전되고 보조접점 MC_{1-a}가 닫혀 자기유지회로를 구성하며 타이머 TR_1이 여자되고 RL이 점등된다.
• 또한, MC_1의 보조접점 MC_{1-b}가 열려 전동기 M_2가 정지한다.</td></tr>
</table>
</td></tr>
</table>

35

그림과 같은 시퀀스회로에서 X접점이 닫혀서 폐회로가 될 때 타이머 T_1(설정시간 : t_1), T_2(설정시간 : t_2), 릴레이 R, 램프 L에 대한 타임차트를 완성하시오(단, 설정시간 이외의 시간지연은 없다고 본다).

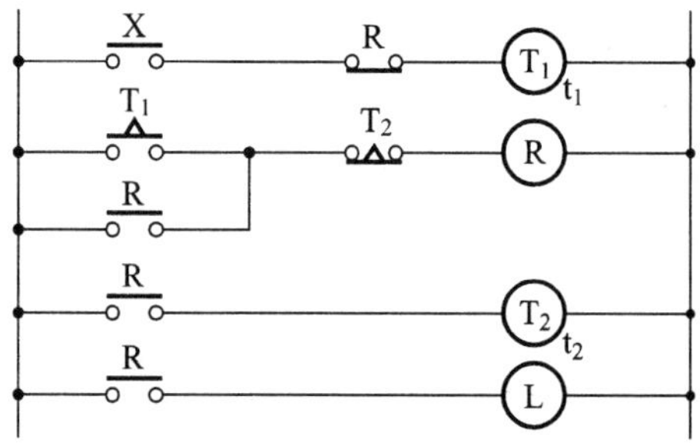

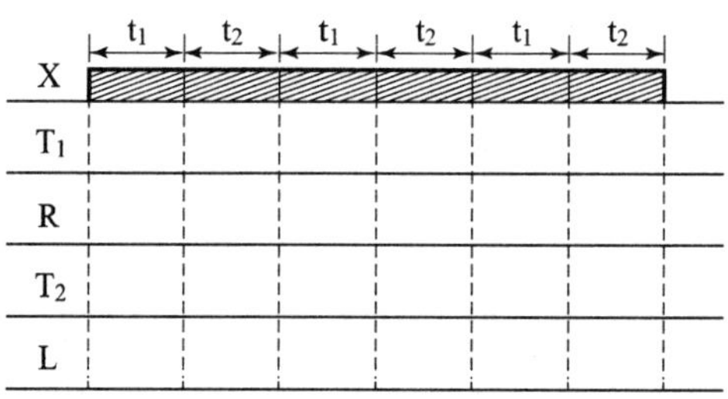

정답

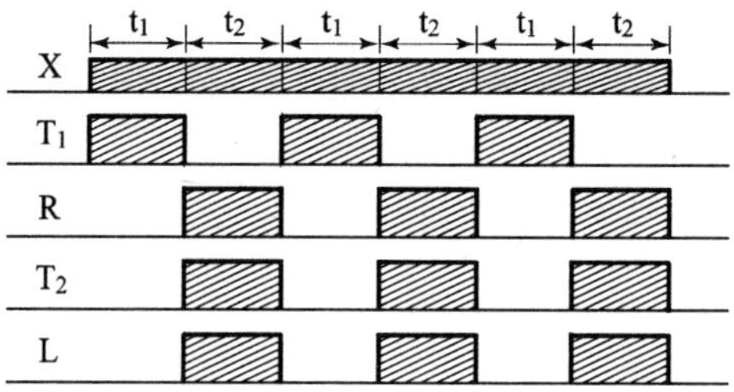

Solution

① **동작 설명**

1	**첫 번째 t_1 시간** • X의 a접점이 작동되어 타이머 T_1이 여자된다.
2	**첫 번째 t_2 시간** • 타이머 T_1의 설정시간(t_1) 이후 즉, t_2시간동안 릴레이 R이 여자된다. • 동시에 R의 a접점이 닫혀 자기유지회로가 구성되고 타이머 T_2가 여자되며 신호등 PL이 점등된다. • 또한, R의 b접점이 열려 타이머 T_1이 소자된다.
3	**두 번째 t_1 시간** • 타이머 T_2의 설정시간(t_2) 이후 즉, 두 번째 t_1시간동안 릴레이 R이 소자된다. • 동시에 R의 a접점이 열려 자기유지회로가 해지되고 타이머 T_2가 소자되며 신호등 PL이 소등된다. • 또한, R의 b접점이 닫히고 '1'번 과정을 반복하게 된다.
4	**두 번째 t_2 시간** • '2'번 과정을 반복하게 된다.
5	• 나머지 t_1, t_2시간 동안은 '1', '2'번 과정을 교대로 반복하게 된다.

② **타이머의 종류**

신호			접점 심벌	논리 심벌	동작
입력신호(코일)			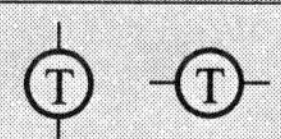		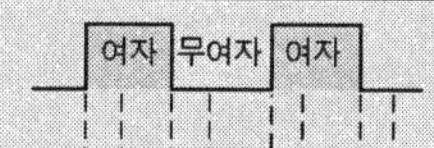
출력신호	순시동작 순시복귀	a 접점	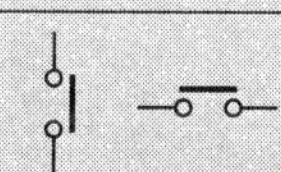		
		b 접점	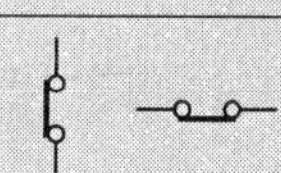		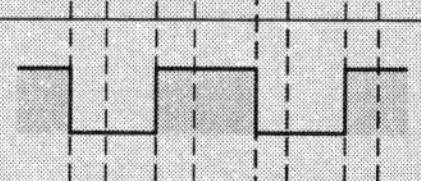
	한시동작회로	a 접점	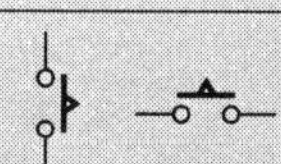	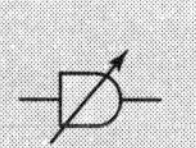	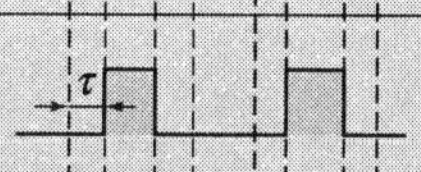
		b 접점	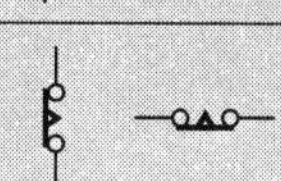	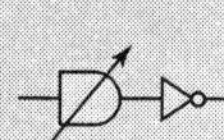	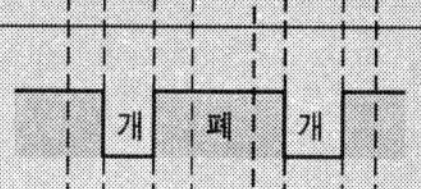
	한시복귀회로	a 접점	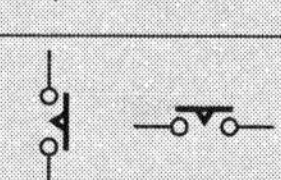		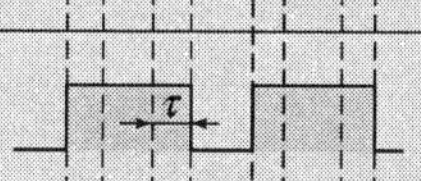
		b 접점	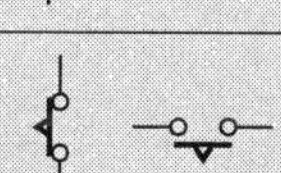		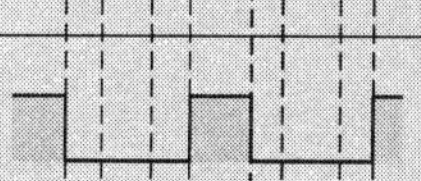
	뒤진회로	a 접점	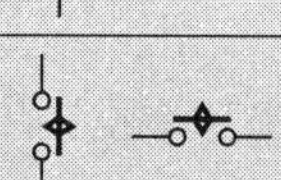		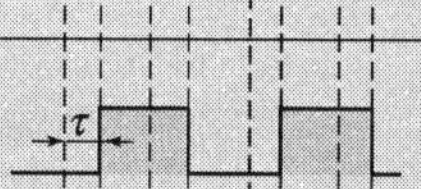
		b 접점	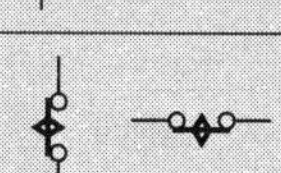	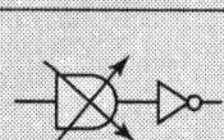	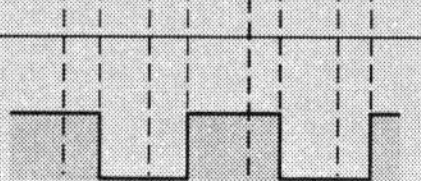

36

자동화재탐지설비의 지구음향장치가 작동중 비상 방송을 하려고 할 때 주어진 기호를 사용하여 시퀀스도를 완성하시오.

[기호]

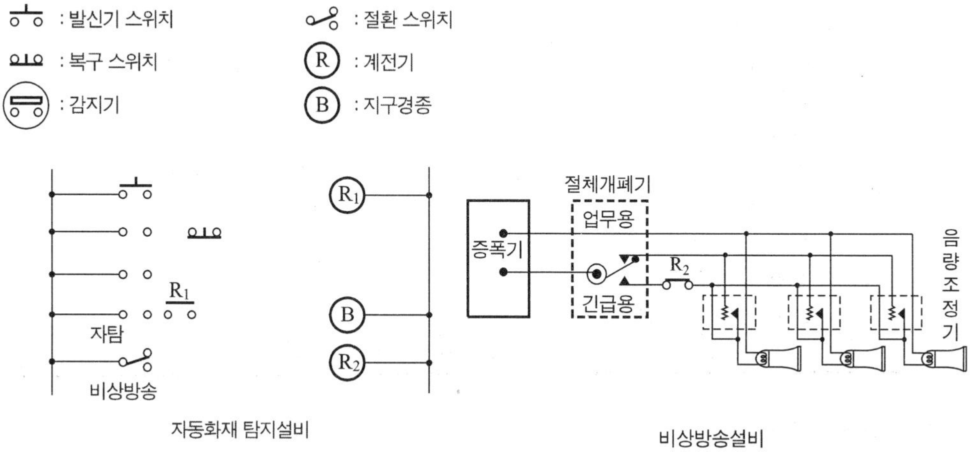

자동화재 탐지설비

비상방송설비

정답

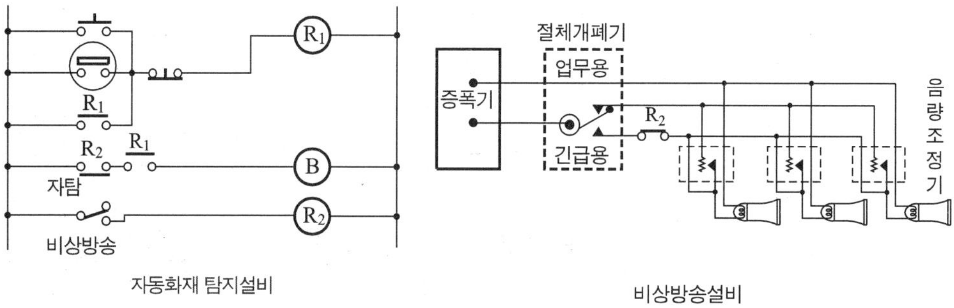

자동화재 탐지설비

비상방송설비

Solution

동작 설명

1	**지구경종 작동** • 수동조작에 의해 발신기 스위치를 누르거나 화재에 의해 감지기가 작동되면 릴레이 R_1이 여자된다. • 동시에 R_1의 a접점이 닫혀 자기유지회로가 구성되고, 또 다른 R_1의 a접점이 닫혀 지구경종 B가 작동된다.
2	**비상방송설비 작동** • 절환스위치를 비상방송 쪽으로 이동시키면 릴레이 R_2가 여자된다. • 동시에 R_2의 b접점이 열려 지구경종 작동이 중지되며, R_2의 a접점이 닫혀 비상시에 방송을 할 수 있다.
3	**지구경종 작동 중지** • 절환스위치를 비상방송 쪽으로 이동시키거나 복구스위치를 누르면 지구경종 B가 작동 중지된다.

PART 3

부 록

1. 소방용 기계기구의 형식승인/성능인증 및 제품검사의 기술기준 (소방전기시설)

1.1 소방용 기계기구의 형식승인 및 제품검사의 기술기준

번호	행정규칙명	발령번호	발령일자
1	가스누설경보기의 형식승인 및 제품검사의 기술기준	제2023-8호	2023.03.02.
2	감지기의 형식승인 및 제품검사의 기술기준	제2023-51호	2023.12.07.
3	경종의 형식승인 및 제품검사의 기술기준	제2023-15호	2023.05.31.
4	누전경보기의 형식승인 및 제품검사의 기술기준	제2022-27호	2022.12.01.
5	발신기의 형식승인 및 제품검사의 기술기준	제2022-27호	2022.12.01.
6	비상조명등의 형식승인 및 제품검사의 기술기준	제2018-2호	2018.03.12
7	수신기의 형식승인 및 제품검사의 기술기준	제2023-49호	2023.12.07.
8	유도등의 형식승인 및 제품검사의 기술기준	제2022-27호	2022.12.01.
9	중계기의 형식승인 및 제품검사의 기술기준	제2023-50호	2023.12.07.

1.2 소방용 기계기구의 성능인증 및 제품검사의 기술기준

번호	행정규칙명	발령번호	발령일자
1	간이형 수신기의 성능인증 및 제품검사의 기술기준	제2023-20호	2023.05.31.
2	비상경보설비의 축전지의 성능인증 및 제품검사의 기술기준	제2022-28호	2022.12.01.
3	비상콘센트설비의 성능인증 및 제품검사의 기술기준	제2022-28호	2022.12.01.
4	비화재보방지기의 성능인증 및 제품검사의 기술기준	제2012-41호	2012.02.09.
5	시각경보장치의 성능인증 및 제품검사의 기술기준	제2023-18호	2023.05.31.
6	소방용전선 성능인증 및 제품검사의 기술기준	제2022-28호	2022.12.01.
7	예비전원의 성능인증 및 제품검사의 기술기준	제2022-28호	2022.12.01.
8	자동화재속보설비의 속보기의 성능인증 및 제품검사의 기술기준	제2023-19호	2023.05.31.
9	축광표지의 성능인증 및 제품검사의 기술기준	제2018-30호	2018.12.14.
10	탐지부의 성능인증 및 제품검사의 기술기준	제2022-28호	2022.12.01.
11	표시등의 성능인증 및 제품검사의 기술기준	제2023-41호	2023.11.30.
12	피난유도선의 성능인증 및 제품검사의 기술기준	제2022-28호	2022.12.01.

2. 화재안전기술기준(NFTC 203)에 의한 설치장소별 감지기 적응성

[표 2.4.6(1)] 설치장소별 감지기 적응성(연기감지기를 설치할 수 없는 경우 적용)

설치장소		적응열감지기										
환경상태	적응장소	차동식스포트형		차동식분포형		보상식스포트형		정온식		열아날로그식	불꽃감지기	비고
		1종	2종	1종	2종	1종	2종	특종	1종			
먼지 또는 미분 등이 다량으로 체류하는 장소	쓰레기장, 하역장, 도장실, 섬유·목재·석재 등 가공 공장	○	○	○	○	○	○	○	○	○	○	1. 불꽃감지기에 따라 감시가 곤란한 장소는 적응성이 있는 열감지기를 설치할 것 2. 차동식분포형감지기를 설치하는 경우에는 검출부에 먼지, 미분 등이 침입하지 않도록 조치할 것 3. 차동식스포트형감지기 또는 보상식스포트형감지기를 설치하는 경우에는 검출부에 먼지, 미분 등이 침입하지 않도록 조치할 것 4. 정온식감지기를 설치하는 경우에는 특종으로 설치할 것 5. 섬유, 목재가공 공장 등 화재확대가 급속하게 진행될 우려가 있는 장소에 설치하는 경우 정온식감지기는 특종으로 설치할 것, 공칭작동 온도 75℃ 이하, 열아날로그식스포트형 감지기는 화재표시 설정은 80℃ 이하가 되도록 할 것.
수증기가 다량으로 머무는 장소	증기세정실, 탕비실, 소독실 등	×	×	×	○	×	○	○	○	○	○	1. 차동식분포형감지기 또는 보상식스포트형감지기는 급격한 온도변화가 없는 장소에 한하여 사용할 것 2. 차동식분포형감지기를 설치하는 경우에는 검출부에 수증기가 침입하지 않도록 조치할 것 3. 보상식스포트형감지기, 정온식감지기 또는 열아날로그식감지기를 설치하는 경우에는 방수형으로 설치 할 것 4. 불꽃감지기를 설치할 경우 방수형으로 할 것

설치장소		적응열감지기									불꽃감지기	비고
환경상태	적응장소	차동식스포트형		차동식분포형		보상식스포트형		정온식		열아날로그식		
		1종	2종	1종	2종	1종	2종	특종	1종			
부식성가스가 발생할 우려가 있는 장소	도금공장, 축전지실, 오수처리장 등	×	×	○	○	○	○	○	○	○	○	1. 차동식분포형감지기를 설치하는 경우에는 감지부가 피복되어 있고 검출부가 부식성가스에 영향을 받지 않는 것 또는 검출부에 부식성가스가 침입하지 않도록 조치할 것 2. 보상식스포트형감지기, 정온식감지기 또는 열아날로그식스포트형감지기를 설치하는 경우에는 부식성가스의 성상에 반응하지 않는 내산형 또는 내알칼리형으로 설치할 것 3. 정온식감지기를 설치하는 경우에는 특종으로 설치할 것
주방, 기타 평상시에 연기가 체류하는 장소	주방, 조리실, 용접작업장 등	×	×	×	×	×	×	○	○	○	○	1. 주방, 조리실 등 습도가 많은 장소에는 방수형 감지기를 설치할 것 2. 불꽃감지기는 UV/IR형을 설치할 것
현저하게 고온으로 되는 장소	건조실, 살균실, 보일러실, 주조실, 영사실, 스튜디오	×	×	×	×	×	×	○	○	○	×	
배기가스가 다량으로 체류하는 장소	주차장, 차고, 화물취급소 차로, 자가발전실, 트럭 터미널, 엔진시험실	○	○	○	○	○	○	×	×	○	○	1. 불꽃감지기에 따라 감시가 곤란한 장소는 적응성이 있는 열감지기를 설치할 것 2. 열아날로그식스포트형감지기는 화재표시 설정이 60℃ 이하가 바람직하다.
연기가 다량으로 유입할 우려가 있는 장소	음식물배급실, 주방전실, 주방 내 식품저장실, 음식물운반용 엘리베이터, 주방주변의 복도 및 통로, 식당 등	○	○	○	○	○	○	○	○	○	×	1. 고체연료 등 가연물이 수납되어 있는 음식물배급실, 주방전실에 설치하는 정온식감지기는 특종으로 설치할 것 2. 주방주변의 복도 및 통로, 식당 등에는 정온식감지기를 설치하지 말 것 3. 제1호 및 제2호의 장소에 열아날로그식스포트형감지기를 설치하는 경우에는 화재표시 설정을 60℃ 이하로 할 것

설치장소		적응열감지기									불꽃감지기	비고
환경상태	적응장소	차동식스포트형		차동식분포형		보상식스포트형		정온식		열아날로그식		
		1종	2종	1종	2종	1종	2종	특종	1종			
물방울이 발생하는 장소	스레트 또는 철판으로 설치한 지붕 창고·공장, 패키지형냉각기 전용수납실, 밀폐된 지하창고, 냉동실 주변 등	×	×	○	○	○	○	○	○	○	○	1. 보상식스포트형감지기, 정온식감지기 또는 열아날로그식스포트형감지기를 설치하는 경우에는 방수형으로 설치할 것 2. 보상식스포트형감지기는 급격한 온도 변화가 없는 장소에 한하여 설치할 것 3. 불꽃감지기를 설치하는 경우에는 방수형으로 설치할 것
불을 사용하는 설비로서 불꽃이 노출되는 장소	유리공장, 용선로가 있는 장소, 용접실, 주방, 작업장, 주방, 주조실 등	×	×	×	×	×	×	○	○	○	×	

주) 1. "○"는 당해 설치장소에 적응하는 것을 표시, "×"는 당해 설치장소에 적응하지 않는 것을 표시

2. 차동식스포트형, 차동식분포형 및 보상식스포트형 1종은 감도가 예민하기 때문에 비화재보 발생은 2종에 비해 불리한 조건이라는 것을 유의할 것

3. 차동식분포형 3종 및 정온식 2종은 소화설비와 연동하는 경우에 한해서 사용 할 것.

4. 다신호식감지기는 그 감지기가 가지고 있는 종별, 공칭작동온도별로 따르지 말고 상기 표에 따른 적응성이 있는 감지기로 할 것

[표 2.4.6(2)] 설치장소별 감지기 적응성

설치장소		적응열감지기					적응연기감지기						불꽃감지기	비고
환경상태	적응장소	차동식스포트형	차동식분포형	보상식스포트형	정온식	열아날로그식	이온화식스포트형	광전식스포트형	이온아날로그식스포트형	광전아날로그식스포트형	광전식분리형	광전아날로그식분리형		
1. 흡연에 의해 연기가 체류하며 환기가 되지 않는 장소	회의실, 응접실, 휴게실, 노래연습실, 오락실, 다방, 음식점, 대합실, 카바레 등의 객실, 집회장, 연회장 등	○	○	○				◎		◎	○	○		
2. 취침시설로 사용하는 장소	호텔 객실, 여관, 수면실 등						◎	◎	◎	◎	○	○		
3. 연기이외의 미분이 떠다니는 장소	복도, 통로 등						◎	◎	◎	◎	○	○	○	
4. 바람에 영향을 받기쉬운 장소	로비, 교회, 관람장, 옥탑에 있는 기계실		○					◎		◎	○	○	○	
5. 연기가 멀리 이동해서 감지기에 도달하는 장소	계단, 경사로							○		○	○	○		광전식스포트형감지기 또는 광전아날로그식스포트형감지기를 설치하는 경우에는 당해 감지기회로에 축적기능을 갖지 않는 것으로 할 것
6. 훈소화재의 우려가 있는 장소	전화기기실, 통신기기실, 전산실, 기계제어실							○		○	○	○		
7. 넓은 공간으로 천장이 높아 열 및 연기가 확산하는 장소	체육관, 항공기 격납고, 높은 천장의 창고·공장, 관람석 상부 등 감지기 부착 높이가 8m 이상의 장소		○								○	○	○	

주) 1. “○”는 당해 설치장소에 적응하는 것을 표시
2. “◎” 당해 설치장소에 연감지기를 설치하는 경우에는 당해 감지회로에 축적기능을 갖는 것을 표시
3. 차동식스포트형, 차동식분포형, 보상식스포트형 및 연기식(당해 감지기회로에 축적기능을 갖지 않는 것)1종은 감도가 예민하기 때문에 비화재보 발생은 2종에 비해 불리한 조건이라는 것을 유의하여 따를 것
4. 차동식분포형 3종 및 정온식 2종은 소화설비와 연동하는 경우에 한해서 사용 할 것
5. 광전식분리형감지기는 평상시 연기가 발생하는 장소 또는 공간이 협소한 경우에는 적응성이 없음
6. 넓은 공간으로 천장이 높아 열 및 연기가 확산하는 장소로서 차동식분포형 또는 광전식분리형 2종을 설치하는 경우에는 제조사의 사양에 따를 것
7. 다신호식감지기는 그 감지기가 가지고 있는 종별, 공칭작동온도별로 따르고 표에 따른 적응성이 있는 감지기로 할 것
8. 축적형감지기 또는 축적형중계기 혹은 축적형수신기를 설치하는 경우에는 제7조에 따를 것

3. 소방시설 도시기호

분 류	명 칭	도시기호	분 류	명 칭	도시기호
배관	일반배관	————	헤드류	스프링클러헤드폐쇄형 상향식(평면도)	
	옥내·외소화전	—— H ——		스프링클러헤드폐쇄형 하향식(평면도)	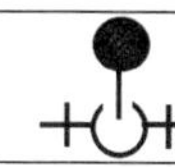
	스프링클러	—— SP ——		스프링클러헤드개방형 상향식(평면도)	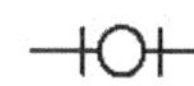
	물분무	—— WS ——		스프링클러헤드개방형 하향식(평면도)	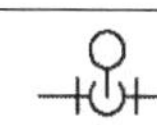
	포소화	—— F ——		스프링클러헤드폐쇄형 상향식(계통도)	
	배수관	—— D ——		스프링클러헤드폐쇄형 하향식(입면도)	
	전선관 입상	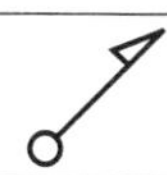		스프링클러헤드폐쇄형 상·하향식(입면도)	
	전선관 입하	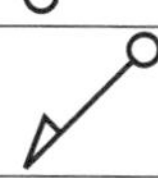		스프링클러헤드 상향형(입면도)	
	전선관 통과	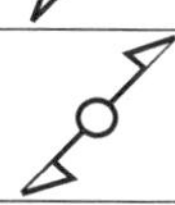		스프링클러헤드 하향형(입면도)	
관이음쇠	후렌지	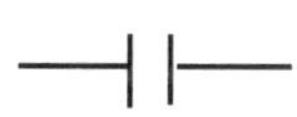		분말·탄산가스·할로겐헤드	
	유니온	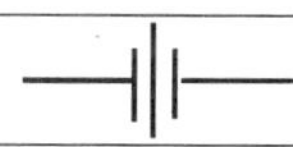		연결살수헤드	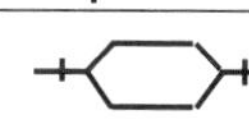
	플러그	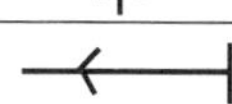		물분무헤드(평면도)	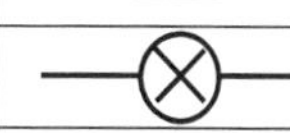
	90°엘보	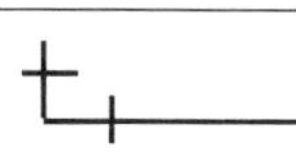		물분무헤드(입면도)	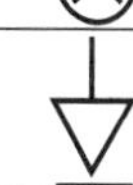
	45°엘보	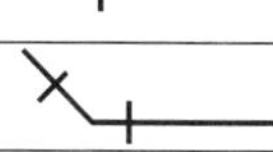		드랜쳐헤드(평면도)	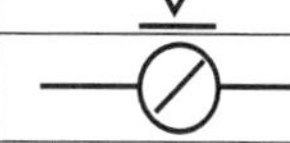
	티	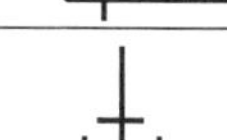		드랜쳐헤드(입면도)	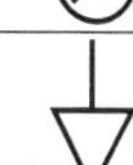
	크로스	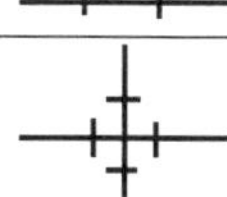		포헤드(평면도)	
	맹후렌지			포헤드(입면도)	
	캡			감지헤드(평면도)	

분 류	명 칭	도시기호	분 류	명 칭	도시기호
헤드류	감지헤드(입면도)		밸브류	릴리프밸브 (이산화탄소용)	
	청정소화약제방출헤드 (평면도)			릴리프밸브 (일반)	
	청정소화약제방출헤드 (입면도)			동체크밸브	
밸브류	체크밸브	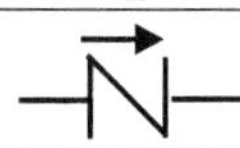		앵글밸브	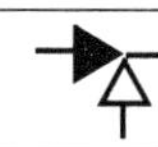
	가스체크밸브	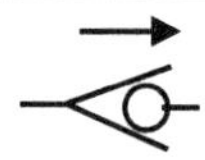		FOOT밸브	
	게이트밸브(상시개방)			볼밸브	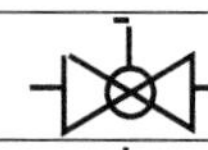
	게이트밸브(상시폐쇄)			배수밸브	
	선택밸브			자동배수밸브	
	조작밸브(일반)	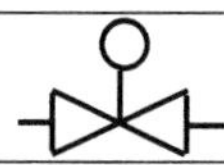		여과망	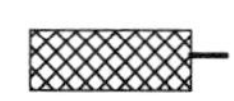
	조작밸브(전자식)	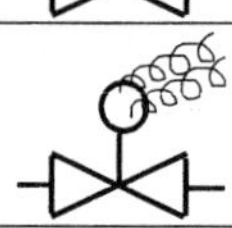		자동밸브	
	조작밸브(가스식)			감압밸브	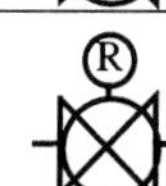
	경보밸브(습식)			공기조절밸브	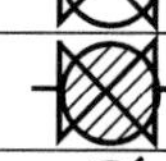
	경보밸브(건식)	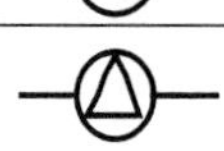	계기류	압력계	
	프리액션밸브	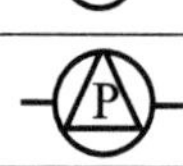		연성계	
	경보델류지밸브			유량계	
	프리액션밸브수동조작함	SVP	소화전	옥내소화전함	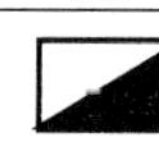
	플렉시블조인트	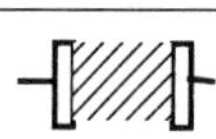		옥내소화전 방수용기구병설	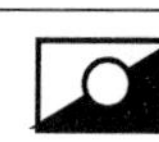
	솔레노이드밸브			옥외소화전	
	모터밸브	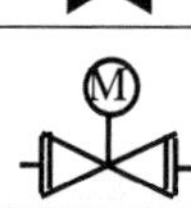		포말소화전	

분 류	명 칭	도시기호
소화전	송수구	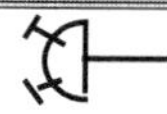
	방수구	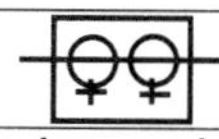
스 트 레이너	Y형	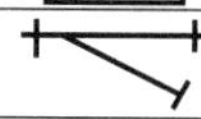
	U형	
저 장 탱크류	고가수조 (물올림장치)	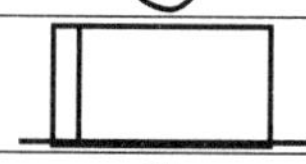
	압력챔버	
	포말원액탱크	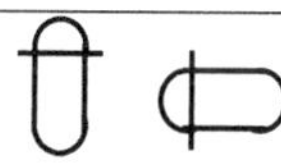 (수직) (수평)
레듀셔	편심레듀셔	
	원심레듀셔	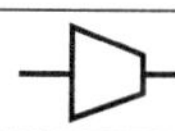
혼합장치류	프레져푸로포셔너	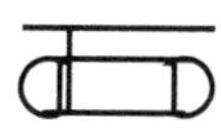
	라인푸로포셔너	
	프레져사이드 푸로포셔너	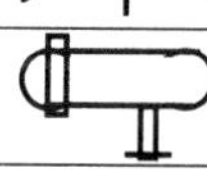
	기 타	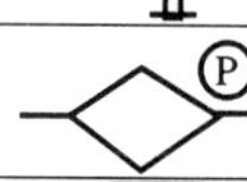
펌프류	일반펌프	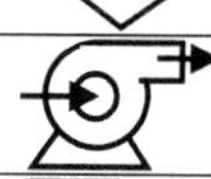
	펌프모터(수평)	
	펌프모토(수직)	
저장용기류	분말약제 저장용기	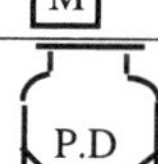
	저장용기	

분 류	명 칭	도시기호
경보설비기기류	차동식스포트형감지기	
	보상식스포트형감지기	
	정온식스포트형감지기	
	연기감지기	S
	감지선	
	공기관	
	열전대	
	열반도체	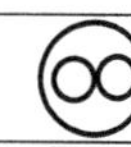
	차동식분포형 감지기의검출기	
	발신기셋트 단독형	
	발신기셋트 옥내소화전내장형	
	경계구역번호	
	비상용누름버튼	F
	비상전화기	ET
	비상벨	B
	사이렌	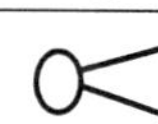
	모터사이렌	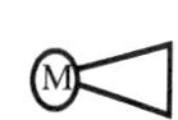
	전자사이렌	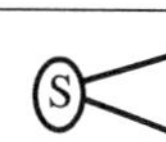
	조작장치	E P
	증폭기	AMP

분 류	명 칭	도시기호
경보설비기기류	기동누름버튼	E
	이온화식감지기(스포트형)	S I
	광전식연기감지기(아나로그)	S A
	광전식연기감지기(스포트형)	S P
	감지기간선, HIV1.2mm×4(22C)	— F —////
	감지기간선, HIV1.2mm×8(22C)	— F —////—////
	유도등간선 HIV2.0mm×3(22C)	—— EX ——
	경보부저	BZ
	제어반	
	표시반	
	회로시험기	
	화재경보벨	B
	시각경보기(스트로브)	
	수신기	
	부수신기	
	중계기	
	표시등	
	피난구유도등	
	통로유도등	
	표시판	
	보조전원	T R

분 류		명 칭	도시기호
경보설비기기류		종단저항	
제연설비		수동식제어	
		천장용배풍기	
		벽부착용 배풍기	
	배풍기	일반배풍기	
		관로배풍기	
	댐퍼	화재댐퍼	
		연기댐퍼	
		화재/연기 댐퍼	
스위치류		압력스위치	PS
		탬퍼스위치	TS
방연·방화문		연기감지기(전용)	S
		열감지기(전용)	
		자동폐쇄장치	ER
		연동제어기	
		배연창기동 모터	M
		배연창수동조작함	
피뢰침		피뢰부(평면도)	
		피뢰부(입면도)	
		피뢰도선 및 지붕위 도체	

분 류	명 칭	도시기호	분 류	명 칭	도시기호
제연설비	접 지	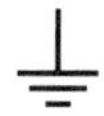	기타	비상콘센트	
	접지저항 측정용단자			비상분전반	
소화기류	ABC소화기			가스계소화설비의 수동조작함	RM
	자동확산 소화기			전동기구동	M
	자동식소화기			엔진구동	E
	이산화탄소 소화기			배관행거	
	할로겐화합물 소화기			기압계	
기타	안테나			배기구	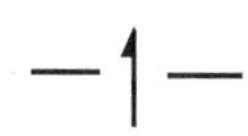
	스피커			바닥은폐선	
	연기 방연벽	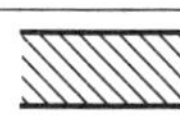		노출배선	
	화재방화벽			소화가스 패키지	PAC
	화재 및 연기방벽				

4. 옥내배선용 그림기호(KSC 0301)

1. 적용범위

이 규격은 일반 옥내배선에서 전등 · 전력 · 통신 · 신호 · 재해방지 · 피뢰설비 등의 배선, 기기 및 그들의 부착위치, 부착방법을 표시하는 도면에 사용하는 그림기호에 대하여 규정한다.

2. 배선

2.1 일반 배선(배관 · 덕트 · 금속선 홈통 등을 포함한다)

명 칭	그림기호	적 요
천장은폐배선	————————	(1) 천장은폐배선 중 천장 속의 배선을 구별하는 경우는 천장 속의 배선에 —·——·—를 사용하여도 좋다.
바닥은폐배선	— — — —	(2) 노출배선 중 바닥면 노출배선을 구별하는 경우는 바닥면 노출배선에 —··——··—를 사용하여도 좋다.
노출배선	- - - - - - - - - -	(3) 전선의 종류를 표시할 필요가 있는 경우는 기호를 기입한다. 보기 : 600V 비닐절연전선 IV 600V 2종 비닐절연전선 HIV 가교 폴리에틸렌 절연비닐 시스 케이블 CV 600V 비닐 절연비닐 시스 케이블(평형) VVF 내화 케이블 FP 내열전선 HP 통신용 PVC 옥내선 TIV (4) 절연전선의 굵기 및 전선수는 다음과 같이 기입한다. 단위가 명백한 경우는 단위를 생략하여도 좋다. 보기 : —///— 1.6 —//— 2 —//— $2mm^2$ —///— 8 숫자 방기의 보기 : $\overline{1.6 \times 5}$ 5.5 × 1 다만, 시방서 등에 전선의 굵기 및 전선수가 명백한 경우는 기입하지 않아도 좋다. (5) 케이블의 굵기 및 선심수(또는 쌍수)는 다음과 같이 기입하고 필요에 따라 전압을 기입한다. 보기 : 1.6mm 3심인 경우 $\overline{1.6-3C}$ 0.5mm 100쌍인 경우 $\overline{0.5-100P}$ 다만, 시방서 등에 케이블의 굵기 및 선심수가 명백한 경우는 기입하지 않아도 좋다. (6) 전선의 접속점은 다음에 따른다. 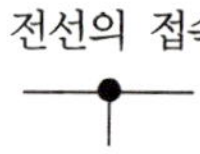

(7) 배관은 다음과 같이 표시한다.

1.6(19)	강제 전선관인 경우
1.6(VE 16)	경질비닐 전선관인 경우
1.6(F_2 16)	2종 금속제가요전선관인 경우
1.6(PF 16)	합성수지제 가요관인 경우
(19)	전선이 들어있지 않은 경우

다만, 시방서 등에 명백한 경우는 기입하지 않아도 좋다.

(8) 플로어 덕트의 표시는 다음과 같다.

보기 : (F7) (FC6)

정크션 박스를 표시하는 경우는 다음과 같다.

----◎---

(9) 금속 덕트의 표시는 다음과 같다.

MD

(10) 금속선 홈통의 표시는 다음과 같다.

1종 ---------- MM_1 2종 ---------- MM_2

(11) 라이팅 덕트의 표시는 다음과 같다.

□---------- LD ---□----- LD

□는 피드인 박스를 표시한다.

필요에 따라 전압, 극수, 용량을 기입한다.

보기 : □---------- LD125V 2P 15A

(12) 접지선의 표시는 다음과 같다.

보기 : E 2.0

(13) 접지선과 배관을 동일관 내에 넣는 경우는 다음과 같다.

보기 : 2.0(25) E 2.0

다만, 접지선의 표시 E가 명백한 경우는 기입하지 않아도 좋다.

(14) 케이블의 방화구획 관통부는 다음과 같이 표시한다.

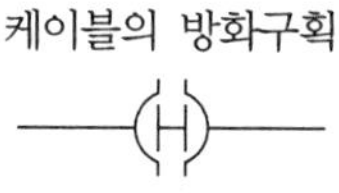

(15) 정원등 등에 사용하는 지중매설배선은 다음과 같다.

—— · —— · ——

(16) 옥외배선은 옥내배선의 그림기호를 준용한다.

(17) 구별을 필요로 하지 않는 경우는 실선만으로 표시하여도 좋다.

(18) 건축도의 선과 명확히 구별한다.

상승		(1) 동일층의 상승, 인하는 특별히 표시하지 않는다.
인하		(2) 관, 선 등의 굵기를 명기한다. 다만, 명백한 경우는 기입하지 않아도 좋다.
소통	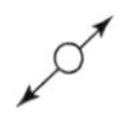	(3) 필요에 따라 공사종별을 방기한다. (4) 케이블의 방화구획 관통부는 다음과 같이 표시한다. 상승 인하 소통 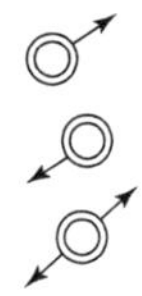
풀박스 및 접속상자		(1) 재료의 종류, 치수를 표시한다. (2) 박스의 대소 및 모양에 따라 표시한다.
VVF용 조인트 박스		단자붙이임을 표시하는 경우에는 t를 방기한다. t
접지단자		의료용인 것은 H를 방기한다.
접지센터	EC	의료용인 것은 H를 방기한다.
접지극		(1) 접지종별을 다음과 같이 방기한다. 제1종 E_1, 제2종 E_2, 제3종 E_3, 특별 제3종 Es_3 보기 : E_1 (2) 필요에 따라 재료의 종류, 크기, 필요한 접지저항값 등을 방기한다.
수전점		인입구에 이것을 적용하여도 좋다.
점검구		

2.2 버스덕트

명 칭	그림기호	적 요
버스덕트		(1) 필요에 따라 다음 사항을 표시한다. ① 피드 버스덕트 FBD 플러그 인 버스덕트 PBD 트롤리 버스덕트 TBD ② 방수형인 경우는 WP ③ 전기방식, 정격전압, 정격전류 보기 :  FBD3ϕ3W 300V 600A (2) 익스팬션을 표시하는 경우는 다음과 같다. 

<table>
<tr><td></td><td></td><td>(3) 오프셋을 표시하는 경우는 다음과 같다.

(4) 탭붙이를 표시하는 경우는 다음과 같다.

(5) 상승, 인하를 표시하는 경우는 다음과 같다.
상승  인하 
(6) 필요에 따라 정격전류에 의해 너비를 바꾸어 표시하여도 좋다.</td></tr>
<tr><td>합성수지선 홈통</td><td></td><td>(1) 필요에 따라 전선의 종류, 굵기, 가닥수, 선홈통의 크기 등을 기입한다.

보기 : IV 16×4(PR35×18)
 전선이 들어있지 않은 경우
(PR35×18)
(2) 회선수를 다음과 같이 표시하여도 좋다.
보기 :  2회선인 경우
(3) 그림기호 는 — — PR — — 로 표시하여도 좋다.
(4) 조인트 박스를 표시하는 경우는 다음과 같다.

(5) 콘센트를 표시하는 경우는 다음과 같다.
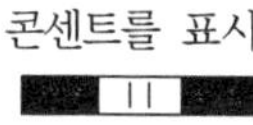
(6) 점멸기를 표시하는 경우는 다음과 같다.

(7) 걸림 로제트를 표시하는 경우는 다음과 같다.
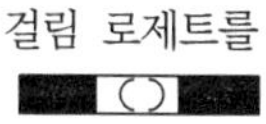</td></tr>
</table>

2.3 증설

동일 · 도면에서 증설 · 기설을 표시하는 경우 증설은 굵은선, 기설은 가는선 또는 점선으로 한다. 또한, 증설은 적색, 기설은 흑색 또는 청색으로 하여도 좋다.

2.4 철거

철거인 경우는 ×를 붙인다.

보기 : 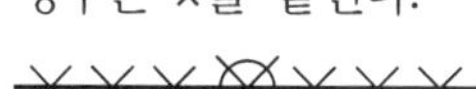

3. 기기

명 칭	그림기호	적 요
전동기	Ⓜ	필요에 따라 전기방식, 전압, 용량을 방기한다. 보기 : Ⓜ $^{3\phi\,200V}_{3.7kW}$
콘덴서		전동기의 적요를 준용한다.
전열기	Ⓗ	전동기의 적요를 준용한다.
환기팬 (선풍기를 포함한다.)		필요에 따라 종류 및 크기를 방기한다.
룸 에어컨	[RC]	(1) 옥외 유닛에는 O을, 옥내 유닛에는 I를 방기한다. [RC]$_O$ [RC]$_I$ (2) 필요에 따라 전동기, 전열기의 전기방식, 전압, 용량 등을 방기한다.
소형 변압기	Ⓣ	(1) 필요에 따라 용량, 2차 전압을 방기한다. (2) 필요에 따라 벨 변압기는 B, 리모컨 변압기는 R, 네온 변압기는 N, 형광등용 안정기는 F, HID등(고효율 방전등)용 안정기는 H를 방기한다. Ⓣ$_B$ Ⓣ$_R$ Ⓣ$_N$ Ⓣ$_F$ Ⓣ$_H$ (3) 형광등용 안정기 및 HID등용 안정기로서 기구에 넣는 것은 표시하지 않는다.
정류장치		필요에 따라 종류, 용량, 전압 등을 방기한다.
축전지	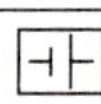	필요에 따라 종류, 용량, 전압 등을 방기한다.
발전기	Ⓖ	전동기의 적요를 준용한다.

4. 전등 · 전력

4.1 조명기구

명 칭	그림기호	적 요
일반용 조명 백열등 HID등	○	(1) 벽붙이는 벽 옆을 칠한다.  (2) 기구종류를 표시하는 경우는 ○ 안이나 또는 방기로 글자명, 숫자 등의 문자기호를 기입하고 도면의 비고 등에 표시한다. 보기 : ㉯ ○$_나$ ① ○$_1$ Ⓐ ○$_A$ 등 같은 방에 같은 기구를 여러 개 시설하는 경우는 통합하여 문자기호와 기구수를 기입하여도 좋다.

		(3) (2)에 따르기 어려운 경우는 다음 보기에 따른다. 걸림 로제트만 ◎ 펜던트 ⊖ 실링. 직접부착 (CL) 샹들리에 (CH) 매입기구 (DL) (◎로 하여도 좋다.) (4) 용량을 표시하는 경우는 와트수(W) × 램프로 표시한다. 보기 : 100 200 × 3 (5) 옥외등은 ⊗로 하여도 좋다. (6) HID등의 종류를 표시하는 경우는 용량 앞에 다음 기호를 붙인다. 수은등 H 메탈 헬라이드등 M 나트륨등 N 보기 : H400
형광등	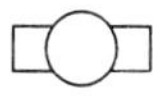	(1) 그림기호 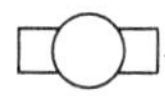는 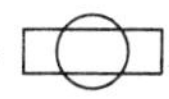로 표시하여도 좋다. (2) 벽붙이는 벽 옆을 칠한다. 가로로 붙이는 경우 : 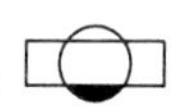 세로로 붙이는 경우 :  (3) 기구종류를 표시하는 경우는 ◯ 안이나 또는 방기로 글자명, 숫자 등의 문자기호를 기입하고 도면의 비고 등에 표시한다. 보기 : (나) ◯$_{나}$ (1) ◯$_{1}$ (A) ◯$_{A}$ 등 같은 방에 같은 기구를 여러 개 시설하는 경우는 통합하여 문자기호와 기구수를 기입하여도 좋다. 또한, 여기에 따르기 어려운 경우는 일반용 조명 백열등, HID등의 적용 (3)을 준용한다. (4) 용량을 표시하는 경우는 램프의 크기(형) × 램프수로 표시한다. 또, 용량 앞에 F를 붙인다. 보기 : F 40 F 40 × 2 (5) 용량 외에 기구수를 표시하는 경우는 램프의 크기(형) × 램프수 − 기구수로 표시한다. 보기 : F 40 − 2 F 40 × 2 − 3 (6) 기구 내 배선의 연결방법을 표시하는 경우는 다음과 같다. 보기 : 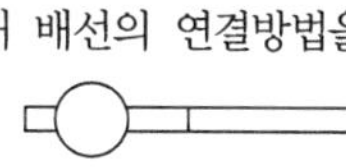 F 40-2 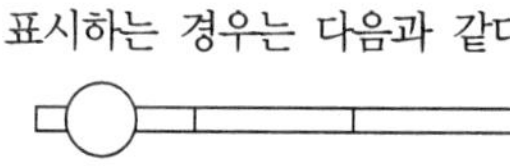 F 40-3

		(7) 기구의 대소 및 모양에 따라 표시하여도 좋다. 보기 : 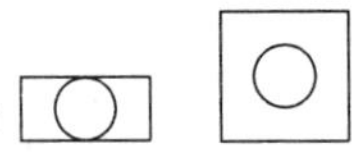
비상용 조명(건축 기준법에 따르는 것) 백열등		(1) 일반용 조명 백열등의 적요를 준용한다. 다만, 구의 종류를 표시하는 경우는 방기한다. (2) 일반용 조명 형광등에 조립하는 경우는 다음과 같다. 
형광등		(1) 일반용 조명 백열등의 적요를 준용한다. 다만, 기구의 종류를 표시하는 경우는 방기한다. (2) 계단에 설치하는 통로 유도등과 겸용인 것은 로 한다.
유도등 (소방법에 따르는 것) 백열등		(1) 일반용 조명 백열등의 적요를 준용한다. (2) 객석 유도등인 경우는 필요에 따라 S를 방기한다. S
형광등		(1) 일반용 조명 백열등의 적요를 준용한다. (2) 기구의 종류를 표시하는 경우는 방기한다. 보기 :  중 (3) 통로 유도등인 경우는 필요에 따라 화살표를 기입한다. 보기 :  (4) 계단에 설치하는 비상용 조명등과 겸용인 것은 로 한다.
불멸 또는 비상용등 (건축기준법, 소방법에 따르지 않는 것) 백열등		(1) 벽붙이는 벽 옆을 칠한다.  (2) 일반용 조명 백열등의 적요를 준용한다. 다만, 기구의 종류를 표시하는 경우는 방기한다.
형광등	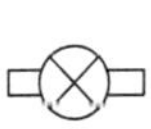	(1) 벽붙이는 벽 옆을 칠한다.  (2) 일반용 조명 형광등의 적요를 준용한다. 다만, 기구의 종류를 표시하는 경우는 방기한다.

4.2 콘센트

명 칭	그림기호	적 요
콘센트		(1) 그림기호는 벽붙이를 표시하고 옆벽을 칠한다. (2) 그림기호 는 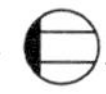로 표시하여도 좋다. (3) 천장에 부착하는 경우는 다음과 같다.  (4) 바닥에 부착하는 경우는 다음과 같다.  (5) 용량의 표시방법은 다음과 같다. ① 15[A]는 방기하지 않는다. ② 20[A] 이상은 암페어수를 방기한다. 보기 : 20A (6) 2구 이상인 경우는 구수를 방기한다. 보기 : 2 (7) 3극 이상인 것은 극수를 방기한다. 보기 : 3P (8) 종류를 표시하는 경우는 다음과 같다. 빠짐 방지형 LK 접지단자붙이 ET 걸림형 T 누전차단기붙이 EL 접지극붙이 E (9) 방수형은 WP를 방기한다. WP (10) 방폭형은 EX를 방기한다. EX (11) 타이머붙이, 덮개붙이 등 특수한 것은 방기한다. (12) 의료용은 H를 방기한다. H (13) 전원종별을 명확히 하고 싶은 경우는 그 뜻을 방기한다.
비상콘센트 (소방법에 따르는 것)	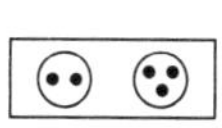	

PART 3

명 칭	그림기호	적 요
점멸기	●	(1) 용량의 표시방법은 다음과 같다. ① 10A는 방기하지 않는다. ② 15A 이상은 전류값을 방기한다. 보기 : $●_{15A}$ (2) 극수의 표시방법은 다음과 같다. ① 단극은 방기하지 않는다. ② 2극 또는 3로, 4로는 각각 2P 또는 3, 4의 숫자를 방기한다. 보기 : $●_{2P}$, $●_{3}$ (3) 플라스틱은 P를 방기한다. $●_{P}$ (4) 파일럿 램프를 내장하는 것은 L을 방기한다. $●_{L}$ (5) 따로 놓여진 파일럿 램프는 ○로 표시한다. 보기 : ○● (6) 방수형은 WP를 방기한다. $●_{WP}$ (7) 방폭형은 EX를 방기한다. $●_{EX}$ (8) 타이머붙이는 T를 방기한다. $●_{T}$ (9) 지동형, 덮개붙이 등 특수한 것은 방기한다. (10) 옥외등 등에 사용하는 자동점멸기는 A 및 용량을 방기한다. 보기 : $●_{A(3A)}$
조광기	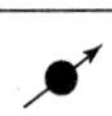	용량을 표시하는 경우에는 방기한다. 보기 : 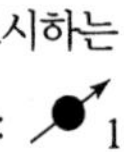 15A
리모컨 스위치	$●_{R}$	(1) 파일럿 램프붙이는 ○을 방기한다. 보기 : $○●_{R}$ (2) 리모컨 스위치임이 명백한 경우는 R을 생략하여도 좋다.
셀렉터 스위치		(1) 점멸 회로수를 방기한다. 보기 :  9 (2) 파일럿 램프붙이는 L을 방기한다. 보기 :  9L
리모컨 릴레이	▲	리모컨 릴레이를 집합하여 부착하는 경우는 [▲▲▲]를 사용하고 릴레이 수를 방기한다. 보기 : $[▲▲▲]_{10}$

명 칭	그림기호	적 요
개폐기	S	(1) 상자들이인 경우는 상자의 재질 등을 방기한다. (2) 극수, 정격전류, 퓨즈 정격전류 등을 방기한다. 보기 : S 2P 30A f 15A (3) 전류계붙이는 (S)를 사용하고 전류계의 정격전류를 방기한다. 보기 : (S) 3P 30A f 15A A5
배선용차단기	B	(1) 상자들이인 경우에는 상자의 재질 등을 방기한다. (2) 극수, 프레임의 크기, 정격전류 등을 방기한다. 보기 : B P 225AF 150A (3) 모터 브레이커를 표시하는 경우는 B를 사용한다. (4) B를 S_{MCB}로서 표시하여도 좋다.
누전차단기	E	(1) 상자들이인 경우에는 상자의 재질 등을 방기한다. (2) 과전류 소자붙이는 극수, 프레임의 크기, 정격전류, 정격감도전류 등 과전류 소자 없음은 극수, 정격전류, 정격감도전류 등을 방기한다. 과전류 소자붙이의 보기 : E 2P 30AF 15A 30mA 과전류 소자없음의 보기 : E 2P 15A 30mA (3) 과전류 소자붙이는 BE를 사용하여도 좋다. (4) E를 S_{ELB}로 표시하여도 좋다.
전자개폐기용 누름버튼	$⊙_B$	텀블러형 등인 경우도 이것을 사용한다. 파일럿 램프붙이인 경우는 L을 방기한다.
압력스위치	$⊙_P$	
플로트스위치	$⊙_F$	
플로트리스스위치 전극	$⊙_{LF}$	전극수를 방기한다. 보기 : $⊙_{LF3}$
타임스위치	TS	
전력량계	(Wh)	(1) 필요에 따라 전기방식, 전압, 전류 등을 방기한다. (2) 그림기호 (Wh)는 (WH)로 표시하여도 좋다.
전력량계 (상자들이 또는 후드붙이)	Wh	(1) 전력량계의 적요를 준용한다. (2) 집합 계기 상자에 넣는 경우는 전력량계의 수를 방기한다. 보기 : Wh_{12}

변류기(상자들이)	CT	필요에 따라 전류를 방기한다.
전류 제한기	(L)	(1) 필요에 따라 전류를 방기한다. (2) 상자들이인 경우는 그 뜻을 방기한다.
누전경보기	 G	필요에 따라 종류를 방기한다.
누전화재경보기 (소방법에 따르는 것)	 F	필요에 따라 급별을 방기한다.
지진 감지기	(EQ)	필요에 따라 작동특성을 방기한다. 보기 : (EQ) 100~170cm/s^2 (EQ) 100~170Gal

4.5 분전반, 배전반, 제어반

명 칭	그림기호	적 요
배전반, 분전반 및 제어반	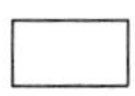	(1) 종류를 구별하는 경우는 다음과 같다. 배전반  분전반  제어반  (2) 직류용은 그 뜻을 방기한다. (3) 재해방지 전원회로용 배전반 등인 경우는 2중 틀로 하고 필요에 따라 종별을 방기한다. 보기 : 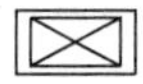1종 2종

5. 통신 · 신호

5.1 전화

명 칭	그림기호	적 요
내선 전화기	(T)	버튼 전화기를 구별하는 경우는 BT를 방기한다. (T) BT
가입 전화기	◎T	
공중 전화기	(PT)	
팩시밀리	MF	
전환기		양쪽을 끊는 전환기인 경우는 다음과 같다.
보안기		집합 보안기인 경우는 다음과 같이 표시하고 개수(실장/용량)를 방기한다. 보기 : $\frac{3}{5}$
단자반		(1) 대수(실장/용량)를 방기한다. 보기 : $\frac{30P}{40P}$ (2) 전환 이외의 단자반에도 이것을 적용한다. (3) 중간 단자반, 주 단자반, 국선용 단자반을 구별하는 경우는 다음과 같다. 중간 단자반 주 단자반 국선용 단자반
본 배선반	MDF	
교환기		
버튼 전화 주장치		형식을 기입한다. 보기 : 206
전화용 아웃렛(콘센트)		(1) 벽붙이는 벽 옆을 칠한다. (2) 바닥에 설치하는 경우는 다음에 따라도 좋다.

5.2 경보 · 호출 · 표시장치

명 칭	그림기호	적 요
누름버튼		(1) 벽붙이는 벽 옆을 칠한다.  (2) 2개 이상인 경우는 버튼수를 방기한다. 보기 :  (3) 간호사 호출용은 N 또는 로 한다. (4) 복귀용은 다음에 따른다. 
손잡이 누름버튼		간호사 호출용은 N 또는 로 한다.
벨		경보용, 시보용을 구별하는 경우는 다음과 같다. 경보용  시보용 
버저		경보용, 시보용을 구별하는 경우는 다음과 같다. 경보용  시보용 
차임		
경보수신반		
간호사 호출용 수신반	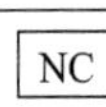	창수를 방기한다. 보기 : 10
표시기(반)	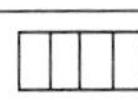	창수를 방기한다. 보기 : 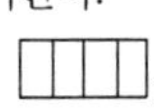10
표시스위치(발신기)	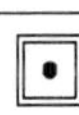	표시스위치반은 다음에 따라 표시하고 스위치수를 방기한다. 보기 : 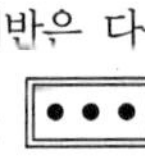10
표시등		벽붙이는 벽 옆을 칠한다. 

5.3 전기시계 설비

명 칭	그림기호	적 요
자시계		(1) 모양, 종류 등을 표시하는 경우는 그 뜻을 방기한다. (2) 아웃렛만인 경우는  로 한다. (3) 스피커붙이 자시계는 다음과 같이 표시한다. 
시보 자시계		자시계의 적요를 준용한다.
부시계		시계 감시반에 부시계를 조립한 경우는 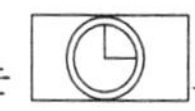 로 한다.

5.4 확성장치 및 인터폰

명 칭	그림기호	적 요
스피커		(1) 벽붙이는 벽 옆을 칠한다.  (2) 모양, 종류를 표시하는 경우는 그 뜻을 방기한다. (3) 소방용 설비 등에 사용하는 것은 필요에 따라 F를 방기한다. (4) 아웃렛만인 경우는 다음과 같다.  (5) 방향을 표시하는 경우는 다음과 같다. 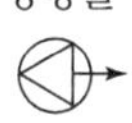 (6) 폰형 스피커를 구별하는 경우는 다음과 같다. 
잭		종별을 표시할 때는 방기한다. 마이크로폰용 잭  스피커폰용 잭 
감쇠기	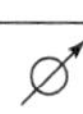	
라디오 안테나	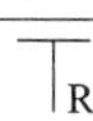	
전화기형 인터폰(부)		
전화기형 인터폰(자)	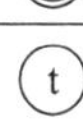	
스피커형 인터폰(부)		
스피커형 인터폰(자)		간호사 호출용으로 사용하는 경우는 N을 방기한다. 
증폭기	AMP	소방용 설비 등에 사용하는 것은 필요에 따라 F를 방기한다.
원격조작기	RM	소방용 설비 등에 사용하는 것은 필요에 따라 F를 방기한다.

5.5 텔레비전

명 칭	그림기호	적 요
텔레비전 안테나		필요에 따라 VHF, UHF, 소자수 등을 방기한다.
혼합·분파기		
증폭기	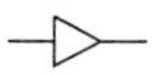	
4분기기	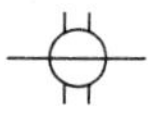	
2분기기	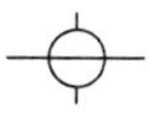	
4분배기		
2분배기	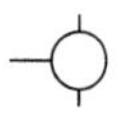	
직렬 유닛 1단자형 (75Ω)		(1) 분기단자 300Ω형인 경우는 로 한다. (2) 종단 저항붙이인 경우는 R을 방기한다. R
직렬 유닛 2단자형 (75Ω, 300Ω)		(1) 분기단자 75Ω 2단자인 경우는 로 한다. (2) 종단 저항붙이인 경우는 R을 방기한다. R
벽면단자	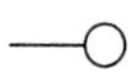	
기기수용상자		

6. 방화

6.1 자동화재탐지설비

명 칭	그림기호	적 요
차동식 스포트형 감지기		필요에 따라 종별을 방기한다.
보상식 스포트형 감지기		필요에 따라 종별을 방기한다.
정온식 스포트형 감지기		(1) 필요에 따라 종별을 방기한다. (2) 방수인 것은 로 한다. (3) 내산인 것은 로 한다. (4) 내알칼리인 것은 로 한다. (5) 방폭인 것은 EX를 방기한다.
연기감지기		(1) 필요에 따라 종별을 방기한다. (2) 점검 박스붙이인 경우는 로 한다. (3) 매입인 것은 로 한다.
감지선	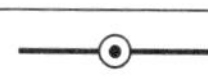	(1) 필요에 따라 종별을 방기한다. (2) 감지선과 전선의 접속점은 로 한다. (3) 가건물 및 천장 안에 시설할 경우는 로 한다. (4) 관통 위치는 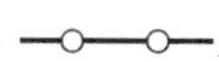로 한다.
공기관	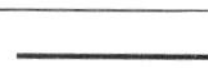	(1) 배선용 그림기호보다 굵게 한다. (2) 가건물 및 천장 안에 시설할 경우는  로 한다. (3) 관통 위치는 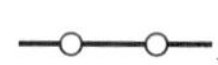로 한다.
열전대		가건물 및 천장 안에 시설할 경우는 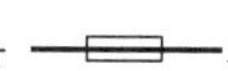로 한다.
열반도체		
차동식 분포형 감지기의 검출부		필요에 따라 종별을 방기한다.
P형 발신기	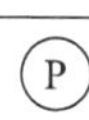	(1) 옥외용인 것은 로 한다. (2) 방폭인 것은 EX를 방기한다.
회로시험기		
경보벨	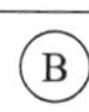	(1) 방수용인 것은 로 한다. (2) 방폭인 것은 EX를 방기한다.

수신기	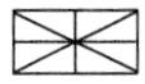	다른 설비의 기능을 갖는 경우는 필요에 따라 해당설비의 그림기호를 방기한다. 보기 : 가스누설경보설비와 일체인 것 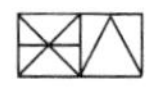 가스누설경보설비 및 방배연 연동과 일체인 것 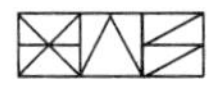
부수신기(표시기)	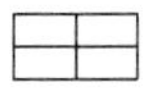	
중계기	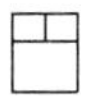	
표시등		
표지판		
보조전원	TR	
이보기	R	필요에 따라 해당설비의 기호를 방기한다. 경비회사 등 기기 G 비상방송 E 소화장치 X 소화전 H 방화문·배연 등 D 기타 F
차동스포트시험기	T	필요에 따라 개수를 방기한다.
종단저항기	Ω	보기 : 
기기수용상자	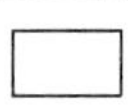	
경계구역 경계선	—— - ——	배선의 그림기호보다 굵게 한다.
경계구역 번호		(1)  안에 경계구역 굵게 한다. (2) 필요에 따라 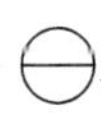로 하고 상부에 필요사항, 하부에 경계구역 번호를 넣는다. 보기 : 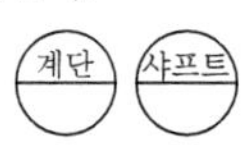

6.2 비상경보설비

명 칭	그림기호	적 요
기동장치	Ⓕ	(1) 방수용인 것은 Ⓕ로 한다. (2) 방폭인 것은 EX를 방기한다.
비상전화기	(ET)	필요에 따라 번호를 방기한다.
경보벨	Ⓑ	
경보사이렌	○◁	
경보구역 경계선	—‐‐—	자동화재경보설비의 경계구역 경계선의 적요를 준용한다.
경보구역 번호	△	△ 안에 경보구역 번호를 넣는다.

주 : 상기 이외의 그림기호에 대하여는 6.1을 준용한다.

6.3 소화설비

명 칭	그림기호	적 요
기동버튼	Ⓔ	가스계 소화설비는 G, 수계 소화설비는 W를 방기한다.
경보벨	Ⓑ	자동화재경보설비의 경보벨 적요를 준용한다.
경보버저	(BZ)	자동화재경보설비의 경보벨 적요를 준용한다.
사이렌	○◁	자동화재경보설비의 경보벨 적요를 준용한다.
제어반	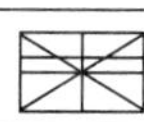	
표시반	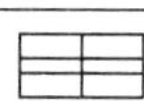	필요에 따라 창수를 방기한다. 보기 : 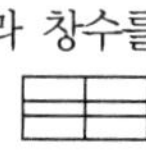 3
표시등	◐	시동 표시등과 겸용인 것은 ◉로 한다.

6.4 방화댐퍼, 방화문 등의 제어기기

명 칭	그림기호	적 요
연기감지기 (전용인 것)	(S)	(1) 필요에 따라 종별을 방기한다. (2) 매입인 것은 (S)로 한다.
열감지기(전용인 것)		필요에 따라 종류, 종별을 방기한다.
자동폐쇄장치	(ER)	용도를 표시하는 경우는 다음 기호를 방기한다. 방화문용 D 방화셔터용 S 연기방지 수직벽용 W 방화댐퍼용 SD
연동제어기	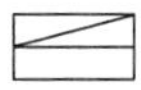	조작부를 가진 것은 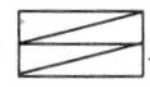로 한다.
동작구역 번호		 안에 동작구역 번호를 넣는다.

6.5 가스누설경보설비

명 칭	그림기호	적 요
검지기	G	(1) 벽걸이형인 것에는 G로 한다. (2) 분리형의 검지부는 G로 한다. (3) 버저, 램프를 내장하고 있는 것은 필요에 따라 그 뜻을 방기한다. 보기 : G L G L,B
검지구역 경보장치	(BZ)	자동화재경보설비의 경보벨 적요를 준용한다.
음성경보장치		5.4의 스피커 적요를 준용한다.
수신기	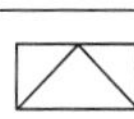	
중계기		(1) 복수 개로 일체인 것은 개수를 방기한다. 보기 : 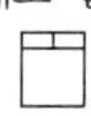 X3 (2) 가스누설표시등의 중계기에서는 L로 한다.
표시등		
경계구역 경계선	— - - —	
경계구역 번호	△	△ 안에 경계구역 번호를 넣는다.

6.6 무선통신설비

명 칭	그림기호	적 요
누설동축케이블	———	(1) 일반 배선용 그림기호보다 굵게 한다. (2) 천장에 은폐하는 경우는 —— - ——를 사용하여도 좋다. (3) 필요에 따라 종별 , 형식, 사용길이 등을 기입한다. 보기 : —— - —— LCX 500 100m (4) 내열형인 것은 필요에 따라 H를 기입한다. 보기 : —— - —— H-LCX 200 50m
안테나		(1) 필요에 따라 종별 , 형식 등을 기입한다. (2) 내열형인 것은 필요에 따라 H를 방기한다.
혼합기		주파수가 다른 경우는 다음과 같다. 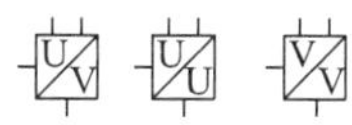
분배기	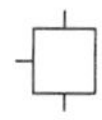	(1) 분배수에 따른 그림기호로 한다. 4분기기의 보기 : 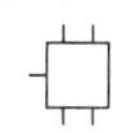 (2) 필요에 따라 종별 등을 방기한다.
분기기	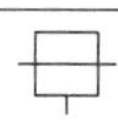	필요에 따라 분기수에 따른 그림기호로 한다. 2분기기의 보기 : 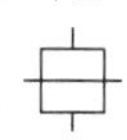
종단저항기		
무선접속단자		필요에 따라 소방용 F, 경찰용 P, 자위용 G를 방기한다. 보기 : F
커넥터	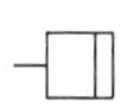	필요에 따라 생략할 수 있다.
분파기 (필터를 포함한다.)	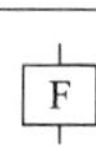	

7. 피뢰설비

명 칭	그림기호	적 요
돌침부		평면도용
		입면도용
피뢰도선 및 지붕위도체	─────	(1) 필요에 따라 재료의 종류, 크기 등을 방기한다. (2) 접속점은 다음과 같다. 
접지저항 측정용 단자		접지용 단자상자에 넣는 경우는 다음과 같다. 

5. SI단위와 단위환산표

국제단위계는 현재 세계 대부분의 국가에서 채택하여 사용하고 있는 단위계이며, 이 단위계의 명칭인 '**국제단위계(The International System of Units : SI)**'와 국제적인 약칭인 'SI'는 1960년 제 11차 국제도량형총회(CGPM)에서 결정된 것이다.

SI는 7개의 **기본단위**가 그 바탕을 이루고 있으며 이 밖의 다른 모든 단위는 이들로부터 유도되는데 그중 21개의 **유도단위**는 편의상 특별한 명칭이 주어져 있다. 또한, SI단위의 배수는 십진법에 따르고 이를 나타내기 위해 **20개의 접두어**를 사용한다. SI 기본단위의 정의는 과학과 기술의 발달에 따라 바뀔 수 있으며 CGMP에서 결정된다.

5.1 SI 기본단위(국가표준기본법 시행령 제 8조 1항)

1) SI 기본단위

양	단위명칭	단위기호	정의
시간	초	s	초(기호: s)는 시간의 SI 단위이다. 초는 **세슘-133 원자**의 섭동이 없는 바닥상태의 초미세 **전이 주파수** ΔV_{Cs}를 Hz 단위로 나타낼 때 그 수치를 9 192 631 770으로 고정함으로써 정의된다. 여기서 Hz는 s^{-1}과 같다.
길이	미터	m	미터(기호: m)는 길이의 SI 단위이다. 미터는 진공에서의 **빛의 속력** c를 ms^{-1} 단위로 나타낼 때 그 수치를 299 792 458로 고정함으로써 정의된다. 여기서 초(기호: s)는 세슘 전이 주파수 ΔV_{Cs}를 통하여 정의된다.
질량	킬로그램	kg	킬로그램(기호: kg)은 질량의 SI 단위이다. 킬로그램은 **플랑크 상수** h를 J s 단위로 나타낼 때 그 수치를 6.626 070 15×10^{-34} 으로 고정함으로써 정의된다. 여기서 J s는 kg m^2 s^{-1}과 같고, 미터(기호: m)와 초(기호: s)는 c와 ΔV_{Cs}를 통하여 정의된다.
전류	암페어	A	암페어(기호: A)는 전류의 SI 단위이다. 암페어는 **기본전하** e를 C 단위로 나타낼 때 그 수치를 1.602 176 634 × 10^{-19} 으로 고정함으로써 정의된다. 여기서 C은 A s와 같고, 초(기호: s)는 ΔV_{Cs}를 통하여 정의된다.
열역학 온도	켈빈	K	켈빈(기호: K)은 열역학 온도의 SI 단위이다. 켈빈은 **볼츠만 상수** k를 J K^{-1} 단위로 나타낼 때 그 수치를 1.380 649 × 10^{-23} 으로 고정함으로써 정의된다. 여기서 J K^{-1}은 kg m^2 s^{-2} K^{-1}과 같고, 킬로그램(기호: kg), 미터(기호: m)와 초(기호: s)는 h, c와 ΔV_{Cs}를 통하여 정의된다.

물질량	몰	mol	몰(기호: mol)은 물질량의 SI 단위이다. 1 몰은 정확히 $6.022\ 140\ 76 \times 10^{23}$개의 구성요소를 포함한다. 이 숫자는 mol^{-1} 단위로 표현된 **아보가드로 상수** N_A의 고정된 수치로서 아보가드로 수라고 부른다. 어떤 계의 물질량(기호: n)은 명시된 구성요소의 수를 나타내는 척도이다. 구성요소란 원자, 분자, 이온, 전자, 그 외의 입자 또는 명시된 입자들의 집합체가 될 수 있다.
광도	칸델라	cd	칸델라(기호: cd)는 어떤 주어진 방향에서 광도의 SI 단위이다. 칸델라는 주파수가 540×10^{12} Hz인 **단색광의 시감효능** K_{cd}를 1m W^{-1} 단위로 나타낼 때 그 수치를 683으로 고정함으로써 정의된다. 여기서 1m W^{-1}은 cd sr W^{-1} 또는 $\text{cd sr kg}^{-1}\ \text{m}^{-2}\ \text{s}^3$ 과 같고, 킬로그램(기호: kg), 미터(기호: m)와 초(기호: s)는 h, c와 ΔV_{Cs}를 통하여 정의된다.

2) SI의 7개 정의 상수와 단위

단위(기호, 명칭)	정의상수	기호	수치	단위
시간(s, 초)	**세슘의 초미세 전이 주파수**	ΔV_{Cs}	9 192 631 770	Hz
길이(m, 미터)	**진공에서의 빛의 속력**	c	299 792 458	$m\ s^{-1}$
질량(kg, 킬로그램)	**플랑크 상수**	h	$6.626\ 070\ 15 \times 10^{-34}$	J s
전류(A, 암페어)	**기본 전하**	e	$1.602\ 176\ 634 \times 10^{-19}$	C
열역학온도(K, 켈빈)	**볼츠만 상수**	k	$1.380\ 649 \times 10^{-23}$	$J\ K^{-1}$
물질량(mol, 몰)	**아보가드로 상수**	N_A	$6.022\ 140\ 76 \times 10^{23}$	mol^{-1}
광도(cd, 칸델라)	**단색광 시감효능**	K_{cd}	683	$1\text{m}\ W^{-1}$

5.2 SI 유도단위

1) 기본단위로 표시되는 유도단위

유도단위는 어떤 관련된 양들을 물리적 원리에 따라 연결시키는 대수(代數) 관계에 따라 여러 기본단위들이 조합하여 형성되는 단위이다. 즉 이들은 기본단위들을 곱하기와 나누기의 수학적 기호로 연결하여 표현하게 된다. 따라서 원리적으로는 물리적 원리에 따라 무수히 많은 유도단위가 생성될 수 있다. 이들 가운데 어떤 유도단위에는 특별한 명칭과 기호가 주어져있고, 이 특별한 명칭과 기호는 또한 그 자체가 기본단위나 다른 유도단위와 조합하여 다른 양의 단위를 표시하는데 사용되기도 한다.

유도량	SI 유도단위	
	명칭	기호
넓이	제곱미터	m^2
부피	세제곱미터	m^3
속력, 속도	미터 매 초	m/s
가속도	미터 매 초 제곱	m/s^2
파동수	역 미터	m^{-1}
밀도, 질량밀도	킬로그램 매 세제곱미터	kg/m^3
비(比)부피	세제곱미터 매 킬로그램	m^3/kg
전류밀도	암페어 매 제곱미터	A/m^2
자기장의 세기	암페어 매 미터	A/m
(물질량의) 농도	몰 매 세제곱미터	mol/m^3
광휘도	칸델라 매 제곱미터	cd/m^2
굴절률	하나 (숫자)	1 (가)

2) 특별한 명칭과 기호를 갖는 국제단위계(SI) 유도단위

유도량	SI 유도단위			
	명칭	기호	다른 SI단위로 표시	SI 기본단위로 표시
평면각	라디안	rad		$m \cdot m^{-1} = 1$
입체각	스테라디안	sr		$m^2 \cdot m^{-2} = 1$
주파수	헤르츠	Hz		s^{-1}
힘	뉴턴	N		$m \cdot kg \cdot s^{-2}$
압력, 응력	파스칼	Pa	N/m^2	$m^{-1} \cdot kg \cdot s^{-2}$
에너지, 일, 열량	줄	J	$N \cdot m$	$m^2 \cdot kg \cdot s^{-2}$
일률, 전력	와트	W	J/s	$m^2 \cdot kg \cdot s^{-3}$
전하량, 전기량	쿨롱	C		$s \cdot A$
전위차, 기전력	볼트	V	W/A	$m^2 \cdot kg \cdot s^{-3} \cdot A^{-1}$
전기용량	패럿	F	C/V	$m^{-2} \cdot kg^{-1} \cdot s^4 \cdot A^2$
전기저항	옴	Ω	V/A	$m^2 \cdot kg \cdot s^{-3} \cdot A^{-2}$
전기전도도	지멘스	S	A/V	$m^{-2} \cdot kg^{-1} \cdot s^3 \cdot A^2$
자기선속	웨버	Wb	$V \cdot s$	$m^2 \cdot kg \cdot s^{-2} \cdot A^{-1}$
자기선속밀도	테슬라	T	Wb/m^2	$kg \cdot s^{-2} \cdot A^{-1}$
인덕턴스	헨리	H	Wb/A	$m^2 \cdot kg \cdot s^{-2} \cdot A^{-2}$
섭씨온도	섭씨도	℃		K
광선속	루멘	lm	$cd \cdot sr$	$m^2 \cdot m^{-2} \cdot cd = cd$
조명도	럭스	lx	lm/m^2	$m^2 \cdot m^{-4} \cdot cd = m^{-2} \cdot cd$
(방사성 핵종의)방사능	베크렐	Bq		s^{-1}
흡수선량, 비(부여) 에너지	그레이	Gy	J/kg	$m^2 \cdot s^{-2}$
선량당량, 환경선량당량, 방향선량당량, 개인선량당량, 장기등가선량	시버트	Sv	J/kg	$m^2 \cdot s^{-2}$
촉매활성도	캐탈	kat		$mol \cdot s^{-1}$

3) 특별한 명칭과 기호가 포함된 유도단위의 예

유도량	SI유도단위		
	명칭	기호	SI 기본단위로 표시
점성도	파스칼 초	Pa · s	$m^{-1} \cdot kg \cdot s^{-1}$
힘의 모멘트	뉴턴 미터	N · m	$m^2 \cdot kg \cdot s^{-2}$
표면장력	뉴턴 매 미터	N/m	$kg \cdot s^{-2}$
각속도	라디안 매 초	rad/s	$m \cdot m^{-1} \cdot s^{-1} = s^{-1}$
각가속도	라디안 매 초 제곱	rad/s^2	$m \cdot m^{-1} \cdot s^{-2} = s^{-2}$
열속밀도, 복사조도	와트 매 제곱미터	W/m^2	$kg \cdot s^{-3}$
열용량, 엔트로피	줄 매 켈빈	J/K	$m^2 \cdot kg \cdot s^{-2} \cdot K^{-1}$
비열용량, 비엔트로피	줄 매 킬로그램 켈빈	J/(kg · K)	$m^2 \cdot s^{-2} \cdot K^{-1}$
비에너지	줄 매 킬로그램	J/kg	$m^2 \cdot s^{-2}$
열전도도	와트 매 미터 켈빈	W/(m · K)	$m \cdot kg \cdot s^{-3} \cdot K^{-1}$
에너지 밀도	줄 매 세제곱미터	J/m^3	$m^{-1} \cdot kg \cdot s^{-2}$
전기장의 세기	볼트 매 미터	V/m	$m \cdot kg \cdot s^{-3} \cdot A^{-1}$
전하밀도	쿨롱 매 세제곱미터	C/m^3	$m^{-3} \cdot s \cdot A$
전기선속밀도	쿨롱 매 제곱미터	C/m^2	$m^{-2} \cdot s \cdot A$
유전율	패럿 매 미터	F/m	$m^{-3} \cdot kg^{-1} \cdot s^4 \cdot A^2$
투자율	헨리 매 미터	H/m	$m \cdot kg \cdot s^{-2} \cdot A^{-2}$
몰에너지	줄 매 몰	J/mol	$m^2 \cdot kg \cdot s^{-2} \cdot mol^{-1}$
몰엔트로피, 몰열용량	줄 매 몰 켈빈	J/(mol · K)	$m^2 \cdot kg \cdot s^{-2} \cdot K^{-1} \cdot mol^{-1}$
(X선 및 γ선의) 조사선량	쿨롱 매 킬로그램	C/kg	$kg^{-1} \cdot s \cdot A$
흡수선량률	그레이 매 초	Gy/s	$m^2 \cdot s^{-3}$
복사도	와트 매 스테라디안	W/sr	$m^4 \cdot m^{-2} \cdot kg \cdot s^{-3} = m^2 \cdot kg \cdot s^{-3}$
복사휘도	와트 매 제곱미터 스테라디안	$W/(m^2 \cdot sr)$	$m^2 \cdot m^{-2} \cdot kg \cdot s^{-3} = kg \cdot s^{-3}$

5.3 SI단위와 함께 사용할 수 있는 단위

양	단위 명칭	단위 기호	정 의	적용범위
시 간	분 시 일	min h d	1 min = 60 s 1 h = 60 min = 3,600 s 1 d = 24 h = 86,400 s	
평면각	도 분 초	° ′ ″	$1° = \pi/180$rad $1' = (1/60)° = (\pi/10,800)$rad $1'' = (1/60)' = (\pi/648,800)$rad	
체 적	리터	L, l	$1\ L = 1\ dm^3 = 10^{-3} m^3$	
질 량	톤	t	$1\ t = 10^3$ kg	
비 율	네퍼	Np	1 Np = 1	
소리의 세기	벨	B	1 B = (1/2) ln 10 Np	
유체의 압력	바	bar	$1\ bar = 10^5$ Pa	ISO, IEC에서 사용되고 있는 경우에 한하여 사용
회전속도	1분당 회전수	r/min min^{-1} rpm	r/min, min^{-1}, rpm] $1/60s^{-1}$	기계공학
피상전력 무효전력	볼트 암페어 바 르	VA var		전력공학
에너지	전자볼트	eV	1전자볼트는 진공 중에서 1V의 전위차를 차단하여 전자가 얻을 수 있는 운동에너지이다.	원자물리학 핵물리학
원자질량	원자질량 단위	u	1원자질량의 단위는 C 1개의 원자질량의 1/12과 같다. $u = 1.6605655 \times 10^{-27}$kg	핵반응 전리성 방사선
레벨차이	데시벨	dB		음 및 주기현상

5.4 SI 단위 접두어

배수	SI 접두어		배수	SI 접두어	
	명칭	기호		명칭	기호
10^{24}	요타(yotta)	Y	10^{-24}	욕토(yocto)	y
10^{21}	제타(zetta)	Z	10^{-21}	젭토(zepto)	z
10^{18}	엑사(exa)	E	10^{-18}	아토(atto)	a
10^{15}	페타(peta)	P	10^{-15}	펨토(femto)	f
10^{12}	테라(tera)	T	10^{-12}	피코(pico)	p
10^{9}	기가(giga)	G	10^{-9}	나노(nano)	n
10^{6}	메가(mega)	M	10^{-6}	마이크로(micro)	μ
10^{3}	킬로(kilo)	k	10^{-3}	밀리(milli)	m
10^{2}	헥토(hecto)	h	10^{-2}	센티(centi)	c
10^{1}	데카(deka)	da	10^{-1}	데시(deci)	d

5.5 SI 단위 주의 사항

1) 단위는 로마체(직립체)로 쓴다(이탤릭체 아님).

> 잘못된 사례 : 100 *m*, 70 *kg*, 60 *s*, 20 *℃*
> 올바른 사례 : 100 m, 70 kg, 60 s, 20℃

2) 숫자와 단위는 반드시 띄어 쓴다(단, 도(°), 분(′), 초(″)는 띄우지 않음).

> 잘못된 사례 : 100m, 70kg, 60s, 20℃, 50%, 90 °
> 올바른 사례 : 100 m, 70 kg, 60 s, 20 ℃, 50 %, 90°

3) 대문자, 소문자를 정확히 사용한다(단, 리터는 대, 소문자 동시 사용 가능).

> 잘못된 사례 : 100 M, 70 KG, 60 S
> 올바른 사례 : 100 m, 70 kg, 60 s

4) 소수점을 중심으로 세 자리씩 묶어서 약간 사이를 띄어서 쓴다.

> c = 299 792 458 m/s
> 1eV = 1.602 177 33 × 10^{-19} J

5.6 단위 환산표

양	SI 단위	기타 단위			
속도	m/s	km/h	kn	ft/s	mile/h
	1	3.6	1.944	3.281	2.237
	2.7778×10^{-1}	1	5.400×10^{-1}	9.113×10^{-1}	6.214×10^{-1}
	5.144×10^{-1}	1.852	1	1.688	1.151
	3.048×10^{-1}	1.097	5.925×10^{-1}	1	6.818×10^{-1}
	4.470×10^{-1}	1.609	8.690×10^{-1}	1.467	1
가속도	m/s^2	Gal	G		
	1	1×10^{2}	1.01972×10^{-1}		
	1×10^{-2}	1	1.01972×10^{-3}		
	9.80665	9.80665×10^{2}	1		
힘	N	dyn	kg_f	tf(중량톤)	
	1	1×10^{5}	1.01972×10^{-1}	1.01972×10^{-4}	
	1×10^{-5}	1	1.01972×10^{-6}	1.01972×10^{-9}	
	9.80665	9.80665×10^{5}	1	1×10^{-3}	
	9.80665×10^{3}	9.80665×10^{6}	1×10^{3}	1	
토크	Nm	kg_f m			
	1	1.01972×10^{-1}			
	9.80665	1			
길이	m	mile	yd	ft	in
	1	6.21373×10^{-4}	1.09361	3.28084	3.93701×10
	1.60934×10^{3}	1	1.760×10^{3}	5.280×10^{3}	6.33599×10^{4}
	9.144×10^{-1}	5.68181×10^{-4}	1	3	3.6×10
	3.048×10^{-1}	1.89393×10^{-4}	3.33333×10^{-1}	1	1.2×10
	2.54×10^{-2}	1.57829×10^{-5}	2.77777×10^{-3}	8.33333×10^{-2}	1

양	SI 단위	기타 단위				
압력 (응력)	Pa	bar	kg_f/cm^2	atm	mmH_2O	mmHg · Torr
	1	1×10^{5}	1.01972×10^{-5}	9.86923×10^{-5}	1.01972×10^{-1}	7.50062×10^{-3}
	1×10^{5}	1	1.01972	9.86923×10^{-1}	1.01972×10^{4}	7.50062×10^{2}
	9.80665×10^{4}	9.80665×10^{-1}	1	9.67841×10^{-1}	1×10^{4}	7.35559×10^{2}
	9.80665×10^{5}	1.01325	1.03323	1	1.03323×10^{4}	760
	9.80665	9.80665×10^{-6}	1×10^{-4}	9.67841×10^{-5}	1	7.35559×10^{-2}
	1.33322×10^{2}	1.33322×10^{-3}	1.5951×10^{-3}	1.31579×10^{-3}	13.5910	1
동점도	m^2/s	cSt	St	ft^2/s		
	1	1×10^{6}	1×10^{4}	1.076×10		
	1×10^{-6}	1	1×10^{-2}	1.076×10^{-5}		
	1×10^{-4}	1.00×10^{3}	1	1.076×10^{-3}		
	9.290×10^{-2}	9.290×10^{4}	9.290×10^{2}	1		
점도	Pas	cP	P	$kg_f \cdot s/m^2$		
	1	1×10^{3}	1×10	1.01972×10^{-1}		
	1×10^{-3}	1	1×10^{-2}	1.01972×10^{2}		
	1×10^{-1}	1×10^{2}	1	1.01972		
	9.80665	9.80665×10^{3}	9.80665×10	1		
일, 에너지 열량	J	kW · h	erg	$kg_f\,m$	PS · h	cal
	1	2.7778×10^{-7}	1×10^{-7}	1.01972×10^{-1}	3.7767×10^{-7}	2.38889×10^{-4}
	3.600×10^{6}	1	3.600×10^{13}	3.67098×10^{5}	1.35962	8.60421×10^{5}
	1×10^{-7}	2.7778×10^{-14}	1	1.01972×10^{-8}	3.77673×10^{-14}	2.38889×10^{-11}
	9.80665	2.72407×10^{-8}	9.80665×10^{7}	1	3.70370×10^{-8}	2.34385×10^{-6}
	2.64779×10^{5}	7.35499×10^{-1}	2.64779×10^{12}	2.7000×10^{5}	1	6.32839×10^{5}
	4.18605	1.16222×10^{-6}	4.18605×10^{7}	4.26649×10^{-1}	1.58018×10^{-5}	1
일률	W	$kg_f\,m/s$	PS	kcal/h		
	1	1.01972×10^{-1}	1.35962×10^{-3}	8.5885×10^{-1}		
	9.80665	1	1.33333×10^{-2}	8.43371		
	7.35499×10^{2}	7.5×10	1	6.32529×10^{2}		
	1.16279	1.18572×10^{-1}	1.58095×10^{-3}	1		

예 1) 압력단위 변환

1 atm = 760 mmHg = 1.03323 kg_f/cm^2 = 10332 mmH_2O, mmAq, kg_f/m^2

= 14.7 psi = 101.325 kPa = 1013 mbar

예 2) 전력단위 변환

1 kW = 102 $kg_f \cdot m/s$

1 hp = 0.746 kW

1 ps = 0.736 kW

6. 영문약자표기

용 어	국 문	영 문
MCCB	배선용 차단기	Mold Case Circuit Breaker
NFB	배선용 차단기	No Fuse Breaker
MC	전자 접촉기	Magnetic Contactor
THR	열동 계전기	THermal Relay
ELB	누전 차단기	Earth Leakage Breaker
ELD	누전 경보기	Earth Leakage Detector
OCB	유입 차단기	Oil Circuit Breaker
ZCT	영상 변류기	Zero−phase−sequence Current Transformer
CT	변류기	Current Transformer
UPS	무정전 전원장치	Uninterruptible Power Supply
VVVF	가변전압가변주파수장치	Variable Voltage Variable Frequency
CVCF	정전압정주파수장치	Constant Voltage Constant Frequency
AVR	자동전압조정기	Automatic Voltage Regulator
IVR	유도형 자동전압조정기	Induction automatic Voltage Regulator
MDF	주배선반	Main Distributing Framed
LAN	구내정보통신망	Local Area Network
PBX	사설구내교환기	Private Branch Exchange
CAD	컴퓨터지원설계	Computer Aided Design
VS	전압계용 절환 스위치	Volt meter Switch
AS	전류계용 절환 스위치	Ampere meter Switch
KS	나이프 스위치	Knife Switch
DS	단로기	Disconnecting Switch
DC	방전코일	Discharge Coil
SR	직렬리액터	Series Reactor
SC	전력용콘덴서	Static Condenser

저 자 : **송 영 주**

홍익대학교 전기공학과 졸업
홍익대학교 일반대학원 전기공학과 졸업(공학석사/공학박사)
건축전기설비기술사/소방기술사
현) 동신대학교 소방행정학과 교수
광주광역시 소방기술심의위원회 위원장
광주광역시 성능위주설계확인 · 평가단 위원장
소방청 중앙소방기술심의위원회 위원
소방청 소방장비기술심의위원회 위원
국립소방연구원 연구심의위원회 위원
국립소방연구원 화재안전기술기준 전문위원회 위원
광주광역시 소방안전본부 정책자문협의회 위원
국토교통과학기술진흥원 R&D/건설/교통/녹색신기술심사 위원
한국산업기술평가관리원 산업기술혁신평가단 위원
한국화재소방학회 연구이사/평의원
한국안전인증원 대한민국안전대상 심사위원
중앙소방학교 소방간부후보생 출제위원
전) 전라남도 성능위주설계 확인 · 평가단 위원
전라남도 소방기술심의위원회 위원
한국산업안전보건공단 유해 · 위험방지계획서/위험성평가 인정심사 위원
한국소방기술사회 전기분과 위원장/교육이사 등

해설
쉽게 배우는 소방전기설비 및 설계 정가 39,000원

발 행 2024년 3월 10일 4판 1쇄
저 자 송영주
발행인 정우용
발행처 도서출판 **동화기술**
경기도 파주시 광인사길 201(문발동, 파주출판도시)
Tel (031)955-4211~6 donghwapub@nate.com
Fax (031)955-4217 www.donghwapub.co.kr
(등록) 1977년 12월 19일/9-16호

ISBN 978-89-425-9561-7